U0223269

本书为河南省哲学社会科学规划项目——中原科学技术史研究（2009BLS002）的结项成果，获郑州大学“河南省特色学科——中原历史文化学科群”等资助。

河南省哲学社会科学规划项目

中原科学技术史

王星光　主　编

科　学　出　版　社

北　京

内 容 简 介

本书是对以今河南省行政区域为主的中原科学技术发展历史较为全面系统的述论。由于古代中原长期居于中国政治、经济、文化的中心，了解中原地区数学、物理、化学、天文、地理、生物、医学和农业、水利、冶金、纺织、陶瓷、交通等科学技术的发展历程，不啻是对中国传统科学技术历史缩影之概览。书中还对古今交替转型时期的近代中原科技发展的进程做有论述。是富有代表性的区域科技史研究的重要成果。

本书可作为关注科技史、文化史、区域史的科研工作者参考，也可作为中等以上文史爱好者阅读参鉴。

图书在版编目（CIP）数据

中原科学技术史 / 王星光主编. —北京：科学出版社，2016. 12
河南省哲学社会科学规划项目
ISBN 978-7-03-051486-8

Ⅰ. ①中… Ⅱ. ①王… Ⅲ. ①自然科学史-中原 Ⅳ. ①N092

中国版本图书馆CIP数据核字（2016）第320281号

责任编辑：孙 莉 曹 伟 / 责任校对：张凤琴
责任印制：肖 兴 / 封面设计：张 放

科学出版社 出版
北京东黄城根北街16号
邮政编码：100717
http://www.sciencep.com

中国科学院印刷厂 印刷

科学出版社发行 各地新华书店经销

*

2016年12月第 一 版 开本：889 × 1196 1/16
2016年12月第一次印刷 印张：31 1/4
字数：831 000

定价：280.00元

（如有印装质量问题，我社负责调换）

主　编　王星光

撰著人　王星光　符　奎

　　　　张军涛　刘　齐

前　言

一

中原是一个区域概念，但又不是一般意义上的区域范畴。这一概念的形成经历了一个漫长的发展历程。“中原”一词，与先秦时期人们开始认可的“天地之中”的位置相关，也与这一区域在全新世大暖期较为适宜的生态环境有着密切联系。在今河南境内的广大地区，先后发现了距今10000年前后的李家沟文化、8000年左右的裴李岗文化、6000年左右的仰韶文化和距今5000～4000年的龙山文化，可知这里是早期人类最早的密集聚居区。文明的曙光最早在这一地区升起。在龙山文化晚期，黄河流域出现了大洪水，“汤汤洪水方割，荡荡怀山襄陵，浩浩滔天，下民其咨”[①]，滔滔洪水直接威胁着黄河中下游地区人民的生活。子承父业，受命于危难之中的大禹，担当起治理洪水的重任：“予乘四载，随山刊木”“予决九川距四海，浚畎浍距川”“烝民乃粒，万邦作乂。”[②]治理洪水的过程，充满了艰辛和磨难，也因此把黄河流域的广大民众动员和凝聚起来，而要组织和管理这样庞大和复杂的水利工程，需要一套完备的组织体系和严格的管理制度，必然要突破原有的血缘家族的组织形式和部落酋长式的管理体制，带有强制性的管理机构和个人权威的王权体制随之孕育产生。于是具有专制统治性质的强有力的国家机器悄然诞生了，这就是在黄河中下游地区最早出现的国家政权——夏王朝的建立[③]。

夏王朝绵延了400多年，商汤灭夏，不管郑亳、西亳、南亳或北亳，商代国都都营建在黄河中下游的中原地区，夏商相连长达900多年。周革商命，终以小邦周取代了大邦殷。虽然周先后建都在关中的丰、镐，但要统治辽阔的疆域，武王深知偏居西北颇有不便，便设法在今洛阳营建东都成周，使商代隐约出现的“一国两京制”形成规制。周公测影以定地中，《何尊》铭文载：“唯王初相宅于成周，复禀武王礼，福自天。在四月丙戌，王诰宗小子于京室。……唯武王既克大邑商，则廷告于天，曰：余其宅兹中国，自兹乂民。”[④]如果从西周成王即位的公元前1040年算起，到公元前256年（东）周赧王逝世，两周在洛阳一带建都长达近800年。由上可见，从夏到商周三代，中国的政治、经济、文化中心在黄河中下游的中原地区延续发展达1700年之久。正如司马迁《史记·货殖列传》所言：“昔唐人都河东，殷人都河内，周人都河南，夫三河在天下之中，若鼎足，王者所

① 李民、王健：《尚书译注》，上海古籍出版社，2000年，第7页。

② 李民、王健：《尚书译注》，上海古籍出版社，2000年，第43页。

③ 王星光：《生态环境变迁与夏代的兴起探索》，科学出版社，2004年，第77～90页。

④ 王玉哲：《中华远古史》，上海人民出版社，2000年，第523页。

更居也，建国各数百千岁。”[1]司马迁所说的“天下之中”之“三河”，实际上是指以今河南为中心，而与河南相邻的山西、河北一带的中原核心区域，也正是夏商周立国建都之地。由于三代奠定的扎实根基和中原地区处在“天地之中”的独特地位，秦汉魏晋至隋唐北宋，古代都城大都沿黄河一线在西移东进。即使西汉、隋唐立长安为国都，但也随之将洛阳建为东都或神都，这实是“一国两京”制的延续。

如果屈指略算一下便可发现，若从公元前2070年夏王朝建立算起，到1911年辛亥革命成功，中国有明确记载的古代及近代的历史共有3981年；而从夏代在中原立国，到商周秦汉、魏晋南北朝隋唐，直至1127年东京开封为金人占领并据以为都20年，在这长达3217年当中，中原地区几乎一直处于中国政治、经济、文化的中心地位。也可以说，在这3981年的中国历代王朝兴衰史和经济文化发展史中，有3217年的历史主要是在中原大地上演的。中原在古代科学技术方面更有着自己独特的地位。及至近代，1908年京汉铁路和汴洛铁路在郑州贯通交汇，这实为我国两大铁路动脉——京广和陇海铁路枢纽的前身。从此，中原也随着呼啸向前的滚滚车轮融入了世界科技发展的新时代。

由于中原文化强大的辐射和影响力，经过漫长的衍化和发展，中原的概念也在逐渐扩展，广义的中原泛指黄河中下游地区，包括今河南全省及其周围的陕西、山西、河北、山东、湖北、安徽等邻省的部分地区。而狭义的中原或中州，则主要指的是今河南省的行政区域。本书所指的中原，也主要指现今的河南省域。不过，由于历代河南的区界多有变化，加之文化的渗透和影响难免有千丝万缕的交织和纠节，更何况中原文化所特有的淳厚博大的禀赋，因此在内容的叙述上也会尽量避免陷入绝对化的刻板和囿于一隅的局限。《中原科学技术史》主要探讨今河南省辖境内科学技术发展演化的历史。

二

中原科学技术史是在“天地之中”的自然和社会环境条件下，经过长期的发展演变而逐步形成的，因此具有自己的特征。

1. 历史悠久，连绵不断

中原是中华文化的发祥地，科技发明创造的历史也极为悠久，自产生以来，虽有高低起伏，但却从未止步，可谓源远流长，连绵不绝。以农业和生物学为例，自新石器时代之初即在嵩山丘陵向黄淮平原过渡的交接地带产生了李家沟文化，先民们创制了石锛、砍砸器、刮削器、石磨盘等工具，进行简单的垦荒劳作，驯服了牛、马、羊、猪等家畜，表明距今10000年前后农耕文明即已发轫。到了裴李岗文化时期，石铲、石镰、石斧、石磨盘、石磨棒等精制的农具出现，栽培的农作物有粟、水稻等，形成了河淮之间的粟稻混作区。到了仰韶文化和龙山文化时期，生产工具更为进步，耕作范围进一步扩大，黍、粟、稻、麦、菽五谷均已栽培。夏代大禹治水后的豫州土地更为辽阔肥沃，除黍、粟大量种植外，禹“令益予众庶稻，可种卑湿”，水稻种植得以扩大。到了商代，中耕除草和施肥技术得以应用。到了东周时代，最早的农业文献《吕氏春秋》上农四篇问世，东汉

[1] 司马迁：《史记》卷一百二十九《货殖列传》，中华书局，1959年，第3262、3263页。

时最早的月令类农书《四民月令》出版，西晋时嵇含所撰《南方草木状》是最早的地方植物志，元代《农桑辑要》出版，明代《救荒本草》出版，清代《植物名实图考》出版。由此可见中原科学技术的源远流长，绵延不断。

2. 富于首创，长期领先

由于中原是中华文明的发祥地，长期成为中国政治、经济、文化的中心，是历代文化巨匠、科技精英向往集聚之地，许多科技发明和技术创造都率先在此产生。以物理为例，春秋战国时期，韩非子在其著作中最早对指南仪器“司南”加以记述，这为指南针发明于中国提供了明证。《墨经》中从小孔成像、平面镜、凹面镜、凸面镜成像等方面论述了几何光学问题，这比古希腊欧几里得的光学记载早100多年。东汉杜诗发明的水排已具备了动力机构、传动机构、工作机构三个主要部分，比西方同类机械早了1000多年。张衡发明了世界上最早的地动仪——候风地动仪。苏颂研制的水运仪象台是世界上最早的天文钟，其中浑仪的四游仪窥管、顶部的活动屋板、控制枢轮规律运转的擒纵装置均为世界首创。诸如此类的科技发明代表了中国古代科技的最高水平，在世界文明史上写下了辉煌的篇章。

3. 讲求实用，全面发展

中原古代科技以讲求实用而形成鲜明特色，并保持了强劲的发展势头。大禹是主要活动在中原地区的治水英雄，他运用“疏川导滞”的科学方法，以不畏艰险、百折不挠的精神，率领民众取得了治水的成功，并使其获得了崇高的威望，成为中国第一个王朝夏的创立者。治水活动是一个庞大的科技工程，促进了数学、力学、机械、冶金、纺织、水利、农业等科学技术的发展。由此对中原乃至中国古代科技讲求实用、不尚虚浮奢华传统的形成和发展产生了深远的影响。就以数学为例，西汉时张苍等将先秦时期流传下来的《九数》整理删补为《九章算术》，分方田、粟米、衰分、少广、商功、均输、盈不足、方程、勾股九章，三国魏时刘徽为之作注，全面论证了各种算法，编著了《九章算术注》，所提出的146个问题，都是当时社会生产生活中的实际问题，如计算田亩面积，水利、土木工程的体积和合理地使用人力物力，商业贸易中的各种计算问题等。以后各代也是在不断对《九章算术》的校释增补中推动了数学的发展，同时适应和满足了社会生产及生活发展的需要。

并且，中原地区的科学技术无论是在数学、物理、化学、天文、地理、生物、医学还是在农业、水利、冶金、纺织、陶瓷、建筑等领域都取得了较为全面的发展，这是与其长期的政治、经济、文化中心地位和社会发展的广泛需要相适应的。

4. 兼容并蓄，主导性强

中原地处我国中部，自古就是连接南北、沟通东西的交通枢纽，科技文化交流十分便利，加之自夏代起至金代的3200多年间，先后有17个王朝在此建都，或把中原作为辅都，吸引和集聚了历代王朝中的杰出人才，其中包括科技方面的人才，国外科技文化贤达巨匠也纷至沓来，长期引领中国古代科技前行。例如，北宋科学家沈括，钱塘（杭州）人，熙宁年间（1072～1076年）任宋朝司天监、军械监等官职，此间他在天文、数学、水利、地理、机械等方面都有出色的成就，为日后从事

《梦溪笔谈》的写作积累了经验和资料。中原长期的政治、经济、军事和文化中心地位，为科学技术的创新、研发、推广提供了得天独厚的条件，使其长期居于领先和示范地位，对中国古代甚至周边国家科技的发展发挥着引导和辐射带动作用。

三

中原古代科学技术发展全面，成就巨大，是中国古代科技的代表和精华所在，举世闻名的四大发明都是率先在这里出现并传往国内各地和国外的。中原古代科技长期居于全国科技的领先水平和主导地位，对中国的科技文化事业做出了卓越贡献，并对世界科技文明产生了重要影响。

东汉蔡伦在洛阳任尚方令时，与工匠们一起总结前人造纸经验，于105年制造了第一批较高质量的植物纤维纸，形成了较为完备的造纸工艺。造纸工艺的改进和推广，为书籍的发展提供了更为广阔的空间。这是我国书籍史上，也是世界书籍史上的一件大事。有了纸，才能大量抄书、藏书，才可能有印刷术的发明，从而大量印书。书籍数量的增加，使人类创造的文化知识得以较多地记载和保存，并广泛传播，从而促进了整个社会文化水平的提高。可以说，没有汉代纸的发明就没有灿烂的唐宋文化。中国古代造纸术发明后，纸至少在5世纪以前已传到朝鲜和日本，而造纸术在610年也传到了日本。到了9世纪，造纸术已被阿拉伯人掌握。以后又传到叙利亚、埃及及北非海岸，11世纪时传到君士坦丁堡，12世纪西班牙已开始造纸，以后便在欧洲大陆风行。13世纪蒙古人的西征促使纸币及纸制品在西方更加盛行。欧洲人评价说，纸是发生文艺复兴和宗教改革的重要因素。总之，纸促进了世界文化的发展，促进了人类社会的进化。

中原是甲骨文的故乡，甲骨文是我国最早的成熟文字。文字的成熟和大量在中原地区使用，促使其传播手段的进步。战国时李斯先制作小篆，后改进为隶书，作为秦朝通用的书体在全国推广，为统一文字做出了贡献。而东汉许慎编撰的《说文解字》，是中国历史上第一部字典。印刷术在中原发明并最先得到应用实为水到渠成。印刷术经历了雕版印刷和活字印刷两个阶段。一般认为雕版印刷产生在隋唐之际，与印刷佛经有关。我国最早的寺院为东汉永平七年（64年）建于洛阳的白马寺，洛阳又是蔡伦“造纸”的所在地。隋唐时期，中原之地佛教兴盛，推动了佛经印刷的盛行。到了北宋，文风大盛，朝廷的崇文院、秘书省、司天监、国子监等机构都刻印书籍。开封城内还设有许多私家印书作坊，成为全国的印刷中心之一。私人刊印书籍之风也很盛行，且印刷精美，质量上乘。这都为印刷技术的改进创造了条件。据沈括《梦溪笔谈》记载，北宋庆历年间，平民毕昇发明胶泥活字印刷。沈括长期在京城开封做官，对京城的印刷业更为熟悉；在开封外的四川成都、浙江杭州、福建建安这三大印刷中心，都不易找到制造活字的胶泥用土，而在包括开封在内的河南境内，胶泥土壤则唾手可得。据此推测，胶泥活字印刷技术很有可能在京城开封一带较早出现。活字印刷使印刷效率大大提高，以后又逐渐出现木活字、铅活字、铜活字、锡活字等，印刷技术也不断得到改进。印刷技术也由京城向全国各地和海外传播开来。中国古代文化典籍号称浩若烟海，为世界之最，这与中国的造纸和印刷术发达直接相关。印刷术通过文化交流、战争等方式先后传到了东亚、南亚及西方国家。朝鲜受中国活字印刷术的影响，发明了铜活字，1485年朝鲜金宗直在为《白氏文集》作序时，明确表示，“活字法由沈括首创”，说明朝鲜的活字知识来源于沈括和他的《梦溪笔谈》。日本在与中国的交往中获得过较多的中国印刷品。元末大乱，有大批雕版工匠东渡日本，为日本印刷业的发展做出了重要贡献。1592～1598年，丰臣秀吉在对朝鲜的战争中将活字印刷设备掠回日本，活字印刷术在日本得以发展，但日本更通用木活字。15世纪，在越南出现了木活字的印刷物，也与中国印刷术的南传有着密切的关系。随着蒙古军队的西征和马可·波罗返回欧洲，中国的印刷术可能由此而传入欧洲。印刷术传到欧洲后，改变了原来只有僧侣才能读书和接受高等教育的状况，为欧洲的科学从中世纪漫长黑夜之后突飞猛进的发展，以及文艺复兴运动的出现，提供了一个重要的物质条件。马克思在1863年1月28日给恩格斯的信里认为，印刷术、火药和指南针的发明"是资产阶级发展的必要前提"。由此可见印刷术的发明意义是多么重大。

火药配方约在唐代业已为炼丹术士所掌握。唐、五代时也偶见火药用于战争的记载。北宋时期，由于宋与辽、西夏、金的战争连绵不断，火药兵器受到特别重视。开宝三年（970年），兵部令使冯继昇献火箭法，宋太祖赵匡胤赐衣物束帛，并在开封试制。到开宝八年（975年），宋已拥有火箭2万多支，并有火炮等抛射武器。宋真宗时，唐福、石普先后献火箭、火球、火蒺藜等火器。11世纪，宋敏求的《东京记》中就记载了东京设立国家火药兵工厂的情况。宋仁宗还命曾公亮、丁度编著《武经总要》，书中记载了东京制造的火箭、火枪、火药鞭炮、火鸡、竹火鹞、铁嘴火鹞、烟球、毒药烟球、霹雳火球、火炮等火器，制定了火药、火器的制造规范。该书是我国古代重要的军事科技著作。宋王朝已将火器用于战争，在与西夏的战争中，一次就从东京向陕西运送火箭25万支。由此可见河南在火药及火兵器发展史上的重要地位。火药从中国经过印度传给阿拉伯人，又由阿拉伯人将火药武器传至西班牙，后传遍欧洲，尤其是蒙古人的西征加快了火药及火药武器的西传。阿拉伯称由中国传来的火药武器为"中国铁""契丹火花""契丹花""契丹火箭""契丹火枪"等。火药、火器传到欧洲，不仅改变了作战方法，重要的是帮助资产阶级把封建骑士阶层炸得粉碎，为资本主义的到来做出了贡献。

早在战国时期，韩国（今河南新郑）人韩非在《韩非子·有度》篇中就有"先王立司南以定朝夕"的记载。但方便实用的指南针见于宋代文献。北宋大中祥符年间曾在东京任司天监的杨维德在此后所著《茔原总录》一书中首先记载了一种指示方向的磁针，当为指南针。曾公亮、丁度在《武经总要》中记载了可辨别方向的指南鱼。沈括在《梦溪笔谈》中记述了水浮、置指甲上、置碗唇上和旋丝四种指南针的装置方法。北宋宣和（1119～1125年）时朱彧在《萍州可谈》卷二记载："舟师识地理，夜则观星，昼则观日，阴晦则观指南针。"稍后徐兢在《宣和奉使高丽图经》中说："惟视星斗前迈，若晦则用指南浮针，以揆南北。"这说明指南针在水上行船时已作为辨别方向的常用工具。宋代是指南针向实用化发展的重要时期，而开封作为北宋国都，对指南针的制造和传播理应起到重要作用。指南针的发明和传播，为海上丝绸之路的形成和发展插上了翅膀、指引了方向。指南针发明后，在12世纪末传到阿拉伯，恩格斯在《自然辩证法》一书中认为，指南针由阿拉伯人传到欧洲是在1180年左右。指南针的西传，为欧洲的社会巨变提供了极其有利的条件，它不仅促进了航海事业的发展，对15世纪哥伦布发现新大陆以及横渡大西洋的壮举，对16世纪麦哲伦的环球航行均起到了关键作用，它为资本的原始积累及市场开拓，对资本主义社会取代封建中世纪立下了重要功勋。这也是中原古代人民对世界文明所做出的伟大贡献。

四大发明对中国古代的政治、经济、文化的发展产生了巨大的推动作用，而且对世界文明发展史也产生了深远的影响。英国哲学家弗兰西斯·培根指出，印刷术、火药、磁石“这三种发明已经在世界范围内把事物的全部面貌和情况都改变了：第一种是在学术方面，第二种是在战事方面，第三种是在航行方面；并由此又引起难以数计的变化来：竟至任何帝国、任何教派、任何星辰对人类事务的力量和影响都仿佛无过于这些机械性的发现了”①。马克思评论道：“火药、指南针、印刷术——这是预告资产阶级社会到来的三大发明。火药把骑士阶层炸得粉碎，指南针打开了世界市场并建立了殖民地，而印刷术则变成新教的工具，总的来说变成科学复兴的手段，变成对精神发展创造必要前提的最强大的杠杆。”②“四大发明”只是中原古代科技文明的冰山一角，由此可见古代中原在中国传统科学技术史上的重要地位和对世界文明做出的杰出贡献。

中原科技史是中华科技文明的一个缩影。中原璀璨的古代科技成就对今天的河南来说，是一笔巨大的财富，为人们积累了宝贵经验，留下了资源富矿，鼓舞着后来者的旺盛热情和信心。

历史为未来壮行。独特的中原科技史对今天的河南来说，是一本深刻的教材，为人们带来了深刻启迪，提供了精神支撑。

今天的文明，发轫于昨天；光辉的未来，肇始于现在。以史为鉴、古为今用，整理好、研究好中原科技史，把历史文化的深厚积淀转化为加快中原崛起的强大力量，让中原复兴的“中原梦”的强烈期盼早日变成美好现实。

曾经创造出璀璨的科技文明的中原人民一定能够创造出更加辉煌的未来！

四

如上所述，古代中原的科学技术达到了很高的水平，在相当长的时期内、很大程度上代表着中国整体的科技水平，无论是在农学、医学、天文学，还是数学、生物、地理等领域都取得了辉煌的成就，涌现出一大批卓越的科学家，如张苍、张衡、张仲景、嵇含、一行、李诫、朱橚、朱载堉、吴其濬等。在技术领域，在农业、水利与纺织技术，建筑、交通与桥梁技术，度量衡与机械制造技术，矿冶与陶瓷制造技术，造纸与印刷技术，以及军事技术等方面也硕果累累，取得了辉煌的成就，成为学术界关注的对象。关于中原科学技术史，尤其是中原古代科技史的研究成果相当丰富，可简要综述如下。

（一）综合研究

有关中原科技史较为全面的研究著作，有王星光主编的《中原文化大典·科学技术典》③，该书作为《中原文化大典》中的分典共四卷，按科学技术的学科分为数学、物理、化学、天文、地理、生物、医学、农业、水利、纺织、矿业、建筑、交通等篇章加以论述，应是第一部较系统论

① 培根：《新工具》，商务印书馆，1984年，第103页。

② 中共中央马克思恩格斯列宁斯大林著作编译局：《马克思恩格斯全集》第四十七卷，人民出版社，1979年，第427页。

③ 王星光主编：《中原文化大典·科学技术典》，中州古籍出版社，2008年。

述中原科技史的著作。许永璋的《河南古代科学家》[①]对河南古代科学家的科学事迹加以介绍，是较早出版的河南古代科学家的普及读物。河南省地方史志办公室编纂的《河南省志·科学技术志》[②]，主要介绍了河南省自新中国成立以来的科技成就，仅在序言中简略回顾了河南古代的科技成就。此外，王星光等的《黄河与科技文明》《郑州与黄河文明》等虽然不是专论河南科技史的著作，但书中涉及大量河南及郑州古代科技的内容。

（二）中原科学技术史各分支学科的研究

1. 农业历史研究

关于农业历史的研究，涉及农业起源、农业耕作制度、农作物、经济作物、农业生产工具、农田水利、食品加工等各个方面。关于早期农业的文章有王星光等的《李家沟遗址与中原农业的起源》[③]《太行山地区与粟作农业的起源》[④]《大禹治水与早期农业发展略论》[⑤]《中国全新世大暖期与黄河中下游地区的农业文明》[⑥]《商代的生态环境与农业发展》[⑦]《气候变化与黄河中下游地区的早期稻作农业》[⑧]，郑乃武的《小谈裴李岗文化的农业》[⑨]，李友谋的《中原地区原始农业发展状况及其意义》[⑩]，贾兵强的《裴李岗文化时期的农作物与农耕文明》[⑪]《河南先秦水井与中原农业文明变迁》[⑫]，杨肇清的《河南舞阳贾湖遗址生产工具的初步研究》[⑬]，吴汝祚的《初探中原和渭河流域的史前农业及其有关问题》[⑭]，张之恒的《黄河流域的史前粟作农业》[⑮]，许天申的《论裴李岗文化时期的原始农业——河南古代农业研究之一》[⑯]，王吉怀的《从裴李岗文化的生产工具看中原地区早期农业》[⑰]，陈星灿的《黄河流域农业的起源：现象和假设》[⑱]。关于商代农业

① 许永璋：《河南古代科学家》，河南人民出版社，1978年。
② 河南省地方史志办公室：《河南省志·科学技术志》，河南人民出版社，1995年。
③ 王星光：《李家沟遗址与中原农业的起源》，《中国农史》2013年第6期。
④ 王星光、李秋芳：《太行山地区与粟作农业的起源》，《中国农史》2002年第1期。
⑤ 王星光：《大禹治水与早期农业发展略论》，《中原文化研究》2014年第2期。
⑥ 王星光：《中国全新世大暖期与黄河中下游地区的农业文明》，《史学月刊》2005年第4期。
⑦ 王星光：《商代的生态环境与农业发展》，《中原文物》2008年第5期。
⑧ 王星光：《气候变化与黄河中下游地区的早期稻作农业》，《中国农史》2011年第3期。
⑨ 郑乃武：《小谈裴李岗文化的农业》，《农业考古》1983年第2期。
⑩ 李友谋：《中原地区原始农业发展状况及其意义》，《农业考古》1998年第3期。
⑪ 贾兵强：《裴李岗文化时期的农作物与农耕文明》，《农业考古》2010年第1期。
⑫ 贾兵强：《河南先秦水井与中原农业文明变迁》，《华北水利水电学院学报（社会科学版）》2012年第1期。
⑬ 杨肇清：《河南舞阳贾湖遗址生产工具的初步研究》，《农业考古》1998年第1期。
⑭ 吴汝祚：《初探中原和渭河流域的史前农业及其有关问题》，《华夏考古》1993年第2期。
⑮ 张之恒：《黄河流域的史前粟作农业》，《中原文物》1998年第3期。
⑯ 许天申：《论裴李岗文化时期的原始农业——河南古代农业研究之一》，《中原文物》1998年第3期。
⑰ 王吉怀：《从裴李岗文化的生产工具看中原地区早期农业》，《农业考古》1985年第2期。
⑱ 陈星灿：《黄河流域农业的起源：现象和假设》，《中原文物》2001年第4期。

历史的论著有彭邦炯的《商代农业新探》[①]，《甲骨文农来资料考辨与研究》[②]，裘锡圭的《甲骨文中所见的商代农业》[③]，王克林的《殷周使用青铜农具之考察》[④]，刘学顺等的《武丁复兴与农业生产》[⑤]。东周汉唐农业的论著有李德保的《河南新郑出土的韩国农具范与铁农具》[⑥]、周军等的《从馆藏文物看洛阳汉代农业的发展》[⑦]、河南省文物考古研究所等的《河南内黄县三杨庄汉代庭院遗址》[⑧]、王星光等的《三杨庄遗址所反映的汉代农田耕作法》[⑨]、刘兴林的《河南内黄三杨庄农田遗迹与两汉铁犁》[⑩]、刘新等的《从"中耕图"看南阳汉代铁农具》[⑪]、河南省文化局文物工作队的《从南阳宛城遗址出土汉代犁铧模和铸范看犁铧的铸造工艺过程》[⑫]、王玉金的《试析南阳汉画中的农业图像》[⑬]，以及余扶危等的《洛阳农业考古概述》[⑭]、龚胜生的《汉唐时期南阳地区农业地理研究》[⑮]；元、清时期的有王兴亚的《关于元朝前期黄河中下游地区的农业问题》[⑯]、陈铮的《清代前期河南农业生产述略》[⑰]等。有关农作物的论文有高敏的《古代豫北的水稻生产问题》[⑱]、邹逸麟的《历史时期黄河流域水稻生产的地域分布和环境制约》[⑲]、马雪芹的《古代河南的水稻种植》[⑳]、中尾佐助的《河南省洛阳汉墓出土的稻米》[㉑]、秦玉美的《河南粮食作物发展概况》[㉒]、屠家骥的《中原种稻史考》[㉓]、王忠全的《许昌种稻史浅考》[㉔]、马雪芹的《明清时期玉

---

① 彭邦炯：《商代农业新探》，《农业考古》1988年第2期、1989年第1期。

② 彭邦炯：《甲骨文农业资料考辨与研究》，吉林文史出版社，1997年。

③ 裘锡圭：《甲骨文中所见的商代农业》，《农史研究》第八辑，农业出版社，1989年。

④ 王克林：《殷周使用青铜农具之考察》，《农业考古》1985年第1期。

⑤ 刘学顺、古月：《武丁复兴与农业生产》，《郑州大学学报（哲学社会科学版）》1991年第3期。

⑥ 李德保：《河南新郑出土的韩国农具范与铁农具》，《农业考古》1994年第1期。

⑦ 周军、冯健：《从馆藏文物看洛阳汉代农业的发展》，《农业考古》1991年第1期。

⑧ 河南省文物考古研究所、内黄县文物保护管理所：《河南内黄县三杨庄汉代庭院遗址》，《考古》2004年第7期。

⑨ 王星光、符奎：《三杨庄遗址所反映的汉代农田耕作法》，《中国农史》2013年第1期。

⑩ 刘兴林：《河南内黄三杨庄农田遗迹与两汉铁犁》，《北京师范大学学报（社会科学版）》2011年第5期。

⑪ 刘新等：《从"中耕图"看南阳汉代铁农具》，《江汉考古》1999年第1期。

⑫ 河南省文化局文物工作队等：《从南阳宛城遗址出土汉代犁铧模和铸范看犁铧的铸造工艺过程》，《文物》1965年第7期。

⑬ 王玉金：《试析南阳汉画中的农业图像》，《农业考古》1994年第1期。

⑭ 余扶危、叶万松：《洛阳农业考古概述》，《农业考古》1986年第1期。

⑮ 龚胜生：《汉唐时期南阳地区农业地理研究》，《中国历史地理论丛》1991年第2期。

⑯ 王兴亚：《关于元朝前期黄河中下游地区的农业问题》，《郑州大学学报（哲学社会科学版）》1963年第4期。

⑰ 陈铮：《清代前期河南农业生产述略》，《史学月刊》1990年第2期。

⑱ 高敏：《古代豫北的水稻生产问题》，《郑州大学学报（哲学社会科学版）》1964年第2期。

⑲ 邹逸麟：《历史时期黄河流域水稻生产的地域分布和环境制约》，《复旦学报：社会科学版》1985年第3期。

⑳ 马雪芹：《古代河南的水稻种植与推广》，《农业考古》1998年第3期。

㉑ 中尾佐助、王仲殊：《河南省洛阳汉墓出土的稻米》，《考古学报》1957年第4期。

㉒ 秦玉美：《河南粮食作物发展概况》，《中州今古》1984年第1期。

㉓ 屠家骥：《中原种稻史考》，《中州今古》1985年第4期。

㉔ 王忠全：《许昌种稻史浅考》，《河南大学学报（哲学社会科学版）》1989年第1期。

米、番薯在河南的栽种》[①]。其他作物的还有王星光等的《中国古代花卉饮食考略》[②]。农田水利方面的有王质彬的《黄河流域农田水利史略》[③]、李京华的《河南古代铁农具》[④]、徐海亮的《南阳陂塘水利的衰败》[⑤]、侯甬坚的《南阳盆地水利事业发展的曲折历程》[⑥]、魏林的《古代河南农田水利辑述》[⑦]、张民服的《河南古代农田水利灌溉事业》[⑧]等。畜牧业及副业有魏仁华的《南阳古代的畜牧业》[⑨]、梁振忠的《河南省柞蚕业发展史初探》[⑩]、周宝珠的《北宋时的河南酿酒业》[⑪]等。综合研究河南农业史的著作有胡廷积主编的《河南农业发展史》[⑫]，其中专门列出第二编叙述古代农业。此外，李向东等的《河南农业技术发展史探讨》[⑬]则是综述河南农业技术发展史的论文。

2. 医学史研究

在医学上，古代河南也是人才辈出，取得了辉煌的成就，其中以东汉医圣张仲景医学成就最为突出，因此关于张仲景医学贡献的研究成果相当丰富，如陈直的《张仲景事迹新考》[⑭]、宋向元的《张仲景生卒年问题的探讨》[⑮]、朱鸿铭的《论张仲景的医疗实践》[⑯]、姜春华的《伟大医学家张仲景》[⑰]、钱超尘等的《张仲景生平暨〈伤寒论〉版本流传考略》[⑱]和《〈伤寒杂病论〉六朝流传考》[⑲]、欧阳兵的《明代〈伤寒论〉研究方法述略》[⑳]、王立子的《从六朝医学文献看〈伤寒杂病论〉的学术渊源》[㉑]、杨殿兴的《从〈伤寒论〉看仲景创立辨证论治体系的思路与精髓》[㉒]、侯

① 马雪芹：《明清时期玉米、番薯在河南的栽种与推广》，《古今农业》1999年第1期。
② 王星光、高歌：《中国古代花卉饮食考略》，《农业考古》2006年第1期。
③ 王质彬：《黄河流域农田水利史略》，《农业考古》1985年第2期。
④ 李京华：《河南古代铁农具》，《农业考古》1984年第2期、1985年第1期。
⑤ 徐海亮：《南阳陂塘水利的衰败》，《农业考古》1987年第2期。
⑥ 侯甬坚：《南阳盆地水利事业发展的曲折历程》，《农业考古》1987年第2期。
⑦ 魏林：《古代河南农田水利辑述》，《中州今古》1987年第6期。
⑧ 张民服：《河南古代农田水利灌溉事业》，《郑州大学学报（哲学社会科学版）》1990年第5期。
⑨ 魏仁华：《南阳古代的畜牧业》，《南都学坛》1990年第4期。
⑩ 梁振忠：《河南省柞蚕业发展史初探》，《中国蚕业》2008年第1期。
⑪ 周宝珠：《北宋时的河南酿酒业》，《中州今古》1984年第4期。
⑫ 胡廷积主编：《河南农业发展史》，中国农业出版社，2005年。
⑬ 李向东等：《河南农业技术发展史探讨》，《河南农业大学学报》2006年第1期。
⑭ 陈直：《张仲景事迹新考》，《史学月刊》1964年第11期。
⑮ 宋向元：《张仲景生卒年问题的探讨》，《史学月刊》1965年第1期。
⑯ 朱鸿铭：《论张仲景的医疗实践》，《文史哲》1975年第3期。
⑰ 姜春华：《伟大医学家张仲景》，《自然杂志》1983年第5期。
⑱ 钱超尘、温长路：《张仲景生平暨〈伤寒论〉版本流传考略》，《河南中医》2005年第1期、2005年第2期、2005年第3期、2005年第4期。
⑲ 钱超尘等：《〈伤寒杂病论〉六朝流传考》，《中国医药学报》2003年第2期。
⑳ 欧阳兵：《明代〈伤寒论〉研究方法述略》，《国医论坛》1995年第6期。
㉑ 王立子：《从六朝医学文献看〈伤寒杂病论〉的学术渊源》，《中国医药学报》2004年第7期。
㉒ 杨殿兴：《从〈伤寒论〉看仲景创立辨证论治体系的思路与精髓》，《成都中医药大学学报》1998年第3期。

中伟的博士论文《张仲景针灸学术思想文献研究》①等。此外，关于甲骨文与医学的论著有李良松的《甲骨文化与中医学》②、彭邦炯的《甲骨文医学资料释文考辩与研究》③等文章。另有冯文林等的《〈吕氏春秋〉的中医治疗学思想探析》④，贺松其的《略论〈吕氏春秋〉中的情志医学思想》⑤，茅晓的《〈吕氏春秋〉中的先秦养生观》⑥，黄祥续的《嵇含〈南方草木状〉对岭南药用植物的论述》⑦，王星光、符奎的《1213年“汴京大疫”辨析》⑧，王星光的《许衡与医学探研》⑨等。

3. 天文学史研究

在天文学方面，相关的研究成果相当丰富，作为中国古代伟大科学家的张衡，对天文学上做出了杰出的贡献，相关的研究成果有王振铎的《汉张衡候风地动仪造法之推测》⑩和《张衡候风地动仪的复原研究》⑪、张荫麟的《张衡别传》⑫、孙文青的《张衡年谱》⑬、李啸虎的《张衡的科学思想与技术实践》⑭、曹景祥的《张衡“木雕犹能独飞”新探——兼论飞机的发明》⑮、许结的《张衡评传》⑯、刘永平的《张衡研究》⑰、王惠苑的《对张衡地动仪功能的几点思考》⑱、李志超等的《关于张衡水运浑象的考证和复原》⑲、陈久金的《〈浑天仪注〉非张衡所作考》⑳、陈美东的《张衡〈浑天仪注〉新探》㉑、葛红芳的《张衡浑天说与托勒密地心说的比较研究》㉒、王仁宇的《张衡与托勒密天文学思想的哲学基础之比较》㉓等著述。唐代的一行在中国古代历法的制定上做出了杰出贡献，因此后世对《大衍历》的研究成果也相当丰富，如胡铁珠的《大衍历与

① 侯中伟：《张仲景针灸学术思想文献研究》，北京中医药大学博士学位论文，2007年。
② 李良松：《甲骨文化与中医学》，福建科学技术出版社，1994年。
③ 彭邦炯：《甲骨文医学资料释文考辩与研究》，人民卫生出版社，2008年。
④ 冯文林、伍海涛：《〈吕氏春秋〉的中医治疗学思想探析》，《医学与哲学》2006年第7期。
⑤ 贺松其：《略论〈吕氏春秋〉中的情志医学思想》，《中医文献杂志》1998年第2期。
⑥ 茅晓：《〈吕氏春秋〉中的先秦养生观》，《中华医史杂志》2005年第4期。
⑦ 黄祥续：《嵇含〈南方草木状〉对岭南药用植物的论述》，《广西中医药》1989年第5期。
⑧ 王星光、符奎：《1213年“汴京大疫”辨析》，《中国史研究》2009年第1期。
⑨ 王星光：《许衡与医学探研》，《殷都学刊》2006年第3期。
⑩ 王振铎：《汉张衡候风地动仪造法之推测》，《燕京学报》1936年第20期。
⑪ 王振铎：《张衡候风地动仪的复原研究》，《文物》1963年第2、4、5期。
⑫ 张荫麟：《张衡别传》，《学衡》1925年第40期。
⑬ 孙文青：《张衡年谱》，商务印书馆，1935年。
⑭ 李啸虎：《张衡的科学思想与技术实践》，《史林》1997年第4期。
⑮ 曹景祥：《张衡“木雕犹能独飞”新探——兼论飞机的发明》，《南都学坛》1996年第2期。
⑯ 许结：《张衡评传》，南京大学出版社，1999年。
⑰ 刘永平：《张衡研究》，西苑出版社，1999年。
⑱ 王惠苑：《对张衡地动仪功能的几点思考》，《河南社会科学》2009年第3期。
⑲ 李志超、陈宇：《关于张衡水运浑象的考证和复原》，《自然科学史研究》1993年第2期。
⑳ 陈久金：《〈浑天仪注〉非张衡所作考》，《社会科学战线》1981年第3期。
㉑ 陈美东：《张衡〈浑天仪注〉新探》，《社会科学战线》1984年第3期。
㉒ 葛红芳：《张衡浑天说与托勒密地心说的比较研究》，《东华大学学报（社会科学）》2005年第3期。
㉓ 王仁宇：《张衡与托勒密天文学思想的哲学基础之比较》，《南阳师范学院学报》2002年第5期。

苏利亚历的五星运动计算》[①]和《〈大衍历〉交食计算精度》[②]、张培瑜的《〈大衍历议〉与今本〈竹书纪年〉》[③]、曲安京的《〈大衍历〉晷影差分表的重构》[④]、武家璧的《〈大衍历〉日躔表的数学结构及其内插法》[⑤]、王荣彬《关于一行〈大衍历〉的插值法》[⑥]、孙康的《中国的“大衍求一术”与古代印度不定分析理论比较研究》[⑦]等文章。考古发掘中发现了很多与天文有关的遗物遗迹等，如濮阳蚌壳龙虎图案、汉代汉画像石中的天文图像等，这些对我们了解古代的天文学有很大的帮助，相关的研究成果有方酉生的《濮阳西水坡M45蚌壳摆塑龙虎图的发现及重大学术意义》[⑧]、冯时的《河南濮阳西水坡45号墓的天文学研究》[⑨]、孙其刚的《对濮阳蚌塑龙虎墓的几点看法》[⑩]、何星亮的《河南濮阳仰韶文化蚌壳龙的象征意义》[⑪]、史道祥等的《西水坡三组摆塑综考——兼论原始天人关系》[⑫]、夏鼐的《洛阳西汉壁画墓中的星象图》[⑬]、彭曦的《大河村天文图象彩陶试析》[⑭]、冯时的《洛阳尹屯西汉壁画墓星象图研究》[⑮]、周到的《南阳汉画象石中的几幅天象图》[⑯]、孙常叙的《洛阳西汉壁画墓星象图考证》[⑰]、吴增德等的《南阳汉画像石中的神话与天文》[⑱]、韩玉祥主编的《南阳汉代天文画像石研究》[⑲]等著述。此外尚有黄秦安的《佛教的物理学和天文学思想》[⑳]和法乃亮的《河南的古代天文学成就》[㉑]等文章。

4. 生物学史研究

在生物学领域，嵇含的《南方草木状》、朱橚的《救荒本草》以及吴其濬的《植物名实图考》

---

① 胡铁珠：《大衍历与苏利亚历的五星运动计算》，《自然科学史研究》1990年第3期。

② 胡铁珠：《〈大衍历〉交食计算精度》，《自然科学史研究》2001年第4期。

③ 张培瑜：《〈大衍历议〉与今本〈竹书纪年〉》，《历史研究》1999年第3期。

④ 曲安京：《〈大衍历〉晷影差分表的重构》，《自然科学史研究》1997年第3期。

⑤ 武家璧：《〈大衍历〉日躔表的数学结构及其内插法》，《自然科学史研究》2008年第1期。

⑥ 王荣彬：《关于一行〈大衍历〉的插值法》，《陕西天文台台刊》1996年第19卷。

⑦ 孙康：《中国的“大衍求一术”与古代印度不定分析理论比较研究》，《辽宁师范大学学报（自然科学版）》1995年第1期。

⑧ 方酉生：《濮阳西水坡M45蚌壳摆塑龙虎图的发现及重大学术意义》，《中原文物》1996年第1期。

⑨ 冯时：《河南濮阳西水坡45号墓的天文学研究》，《文物》1990年第3期。

⑩ 孙其刚：《对濮阳蚌塑龙虎墓的几点看法》，《中国历史博物馆馆刊》2000年第1期。

⑪ 何星亮：《河南濮阳仰韶文化蚌壳龙的象征意义》，《中原文物》1998年第2期。

⑫ 史道祥、陆翔云：《西水坡三组摆塑综考——兼论原始天人关系》，《郑州大学学报（哲学社会科学版）》1992年第1期。

⑬ 夏鼐：《洛阳西汉壁画墓中的星象图》，《考古》1965年第2期。

⑭ 彭曦：《大河村天文图象彩陶试析》，《中原文物》1984年第4期。

⑮ 冯时：《洛阳尹屯西汉壁画墓星象图研究》，《考古》2005年第1期。

⑯ 周到：《南阳汉画象石中的几幅天象图》，《考古》1975年第1期。

⑰ 孙常叙：《洛阳西汉壁画墓星象图考证》，《吉林师大学报》1965年第1期。

⑱ 吴增德、周到：《南阳汉画像石中的神话与天文》，《郑州大学学报（哲学社会科学版）》1978年第4期。

⑲ 韩玉祥等：《南阳汉代天文画像石研究》，民族出版社，1995年。

⑳ 黄秦安：《佛教的物理学和天文学思想》，《陕西师范大学继续教育学报》2005年第1期。

㉑ 法乃亮：《河南的古代天文学成就》，《中原地理研究》1986年第2期。

可为古代生物学的代表。相关的研究成果有张宗子的《嵇含文辑注》[①]、梁家勉的《对〈南方草木状〉著者及若干有关问题的探索》[②]、陈重明等的《〈南方草木状〉一书中的民族植物学》[③]、芶萃华的《也谈〈南方草木状〉一书的作者和年代问题》[④]、罗桂环《关于今本〈南方草木状〉的思考》[⑤]和《我国古代重要植物学著作——〈救荒本草〉》[⑥]、刘振亚等的《〈救荒本草〉与我国食用本草及本草图谱的探讨》[⑦]、李会娥的《〈救荒本草〉中野菜利用方法初探》[⑧]、牛建强的《〈救荒本草〉三题》[⑨]、姚振生等的《〈救荒本草〉中的豆科药用植物》[⑩]、肖国士的《〈救荒本草〉在本草学上的成就》[⑪]、周肇基的《我国最早的救荒专著——〈救荒本草〉》[⑫]、河南省科学技术史学会等组织编写的《明藩王朱橚科学成就研究》也于2006年由中国文史出版社出版。吴其濬研究方面有徐萍的《吴其濬的学风与〈植物名实图考〉》[⑬]、谢新年等的《吴其濬及其〈植物名实图考〉对植物学的贡献》[⑭]、张卫等的《〈植物名实图考〉引书考析》[⑮]、祁振声等《对〈植物名实图考〉中几种植物的考订》[⑯]、姚振生等的《〈植物名实图考〉中的水龙骨科植物考证》[⑰]、张灵的《简论吴其濬的〈植物名实图考〉》[⑱]、唐德才的《〈植物名实图考〉中天蓬草考证》[⑲]、彭世奖的《试述吴其濬在农业上的贡献》[⑳]等文章。学术界还对这些植物学家的生平、学术成就及科学贡献等进行了研究，如王星光等的《朱橚生平及其科学道路》[㉑]，倪根金的《明代植物与方剂学者朱橚生年考》[㉒]，马万明的《试论朱橚的科学成就》[㉓]，马怀云的《朱橚生年有史可考》[㉔]，张

① 张宗子：《嵇含文辑注》，中国农业科技出版社，1992年。
② 梁家勉：《对〈南方草木状〉著者及若干有关问题的探索》，《自然科学史研究》1989年第3期。
③ 陈重明、陈迎晖：《〈南方草木状〉一书中的民族植物学》，《中国野生植物资源》2001年第6期。
④ 芶萃华：《也谈〈南方草木状〉一书的作者和年代问题》，《自然科学史研究》1984年第2期。
⑤ 罗桂环：《关于今本〈南方草木状〉的思考》，《自然科学史研究》1990年第2期。
⑥ 罗桂环：《我国古代重要植物学著作——〈救荒本草〉》，《植物杂志》1984年第1期。
⑦ 刘振亚、刘璞玉：《〈救荒本草〉与我国食用本草及本草图谱的探讨》，《古今农业》1995年第2期。
⑧ 李会娥：《〈救荒本草〉中野菜利用方法初探》，《农业考古》2004年第3期。
⑨ 牛建强：《〈救荒本草〉三题》，《南都学坛》1995年第5期。
⑩ 姚振生等：《〈救荒本草〉中的豆科药用植物》，《江西中医学院学报》1994年第4期。
⑪ 肖国士：《〈救荒本草〉在本草学上的成就》，《江西中医学院学报》1997年2期。
⑫ 周肇基：《我国最早的救荒专著——〈救荒本草〉》，《植物杂志》1990年第6期。
⑬ 徐萍：《吴其浚的学风与〈植物名实图考〉》，《古今农业》1989年第2期。
⑭ 谢新年等：《吴其浚及其〈植物名实图考〉对植物学的贡献》，《河南中医学院学报》2005年第6期。
⑮ 张卫、张瑞贤：《〈植物名实图考〉引书考析》，《中医文献杂志》2007年第4期。
⑯ 祁振声、刘四围：《对〈植物名实图考〉中几种植物的考订》，《河北林果研究》2001年第4期。
⑰ 姚振生等：《〈植物名实图考〉中的水龙骨科植物考证》，《中药材》1994年第10期。
⑱ 张灵：《简论吴其濬的〈植物名实图考〉》，《中国文化研究》2009年第3期。
⑲ 唐德才：《〈植物名实图考〉中天蓬草考证》，《中药材》1998年第12期。
⑳ 彭世奖：《试述吴其濬在农业上的贡献》，《农业考古》1989年第2期。
㉑ 王星光、彭勇：《朱橚生平及其科学道路》，《郑州大学学报（哲学社会科学版）》1996年第2期。
㉒ 倪根金：《明代植物与方剂学者朱橚生年考》，《学术研究》2002第12期。
㉓ 马万明：《试论朱橚的科学成就》，《史学月刊》1995第3期。
㉔ 马怀云：《朱橚生年有史可考》，《中州学刊》1988年第6期。

履鹏等的《吴其濬研究》[①]、《吴其濬的科学方法与精神》[②]，王国岭的《吴其濬的科学精神和科学方法——纪念吴其濬诞辰200周年》[③]，陈平平的《略论我国清代植物学家吴其濬的主要科学成就及其学术思想和治学方法》[④]等论著。此外尚有学者对洛阳牡丹等花果树木进行了研究，主要文章有冀涛等的《洛阳牡丹今昔谈》[⑤]、舒迎澜等的《牡丹史》[⑥]、陈平平的《我国宋代的牡丹谱录及其科学成就》[⑦]、刘振亚的《我国古代黄河中下游地域果树的分布与变迁》[⑧]和《方志中的河南果树资源初探》[⑨]、李庆卫的《河南新郑裴李岗遗址地下发掘炭化果核的研究》[⑩]、洛阳考古队《洛阳发现汉代的植物种子》[⑪]、樊宝敏等《黄河流域竹类资源历史分布状况研究》[⑫]、张宗子的《洛阳樱桃栽培的历史、现状和存在的问题》[⑬]等文章，还有刘海峰等的《古代大中原地区主要蔬菜的变迁》[⑭]。王星光等的《宋代传统燃料危机质疑》[⑮]《中国古代生物质能源的类型和利用略论》[⑯]，则是主要针对生物质能源的论文。

5. 建筑史研究

古代河南的建筑史上，以北宋李诫及其《营造法式》的成就最为突出，相关的研究成果有柳和城的《〈营造法式〉版本及其流布述略》[⑰]、刘克明的《〈营造法式〉中的图学成就及其贡献——纪念〈营造法式〉发表900周年》[⑱]、张十庆的《〈营造法式〉变造用材制度探析》[⑲]和《古代建筑生产的制度与技术——宋〈营造法式〉与日本〈延喜木工寮式〉的比较》[⑳]、王其亨等的《〈营

---

① 张履鹏、王星光主编：《吴其濬研究》，中州古籍出版社，1991年。

② 王星光：《吴其濬的科学方法与精神》，《中州学刊》1989年第2期。

③ 王国岭：《吴其濬的科学精神和科学方法——纪念吴其濬诞辰200周年》，《史学月刊》1989年第6期。

④ 陈平平：《略论我国清代植物学家吴其濬的主要科学成就及其学术思想和治学方法》，《南京教育学院学报（综合版）》1989年第3、4期。

⑤ 冀涛等：《洛阳牡丹今昔谈》，《园林》2009年第5期。

⑥ 舒迎澜等：《牡丹史》，《园林》2007年第7期。

⑦ 陈平平：《我国宋代的牡丹谱录及其科学成就》，《自然科学史研究》1998年第3期。

⑧ 刘振亚、刘璞玉：《我国古代黄河中下游地域果树的分布与变迁》，《农业考古》1982年第1期。

⑨ 刘振亚、刘璞玉：《方志中的河南果树资源初探》，《古今农业》1993年第2期。

⑩ 李庆卫等：《河南新郑裴李岗遗址地下发掘炭化果核的研究》，《北京林业大学学报》2007年第S1期。

⑪ 洛阳考古队：《洛阳发现汉代的植物种子》，《生物学通报》1953年第12期。

⑫ 樊宝敏等：《黄河流域竹类资源历史分布状况研究》，《林业科学》2005年第3期。

⑬ 张宗子：《洛阳樱桃栽培的历史、现状和存在的问题》，《古今农业》1993年第1期。

⑭ 刘海峰等：《古代大中原地区主要蔬菜的变迁》，《经济经纬》1999年第2期。

⑮ 王星光、柴国生：《宋代传统燃料危机质疑》，《中国史研究》2013年第4期。

⑯ 王星光、柴国生：《中国古代生物质能源的类型和利用略论》，《自然科学史研究》2010年第4期。

⑰ 柳和城：《〈营造法式〉版本及其流布述略》，《图书馆杂志》2005年第6期。

⑱ 刘克明：《〈营造法式〉中的图学成就及其贡献——纪念〈营造法式〉发表900周年》，《华中建筑》2004年第2期。

⑲ 张十庆：《〈营造法式〉变造用材制度探析》，《东南大学学报（自然科学版）》1990年第5期。

⑳ 张十庆：《古代建筑生产的制度与技术——宋〈营造法式〉与日本〈延喜木工寮式〉的比较》，《华中建筑》1992年第3期。

造法式〉文献编纂成就探析》[①]、陈望衡的《〈营造法式〉中的建筑美学思想》[②]、杜启明的《宋〈营造法式〉设计模数与规程论》[③]、徐怡涛的《"屋橊数"与〈营造法式〉关系考》[④]、陈仲篪的《〈营造法式〉初探》[⑤]、王英姿的《南京图书馆馆藏清抄本〈营造法式〉考略》[⑥]、乔迅翔的《试论〈营造法式〉中的定向、定平技术》[⑦]、潘谷西的《关于〈营造法式〉的性质、特点、研究方法》[⑧]、王其亨的《宋〈营造法式〉石作制度辨析》[⑨]和《〈营造法式〉材分制度的数理涵义及审美观照探析》[⑩]、韩寂《对〈营造法式〉八等级用材制度的思考》[⑪]、高潮的《〈营造法式〉材分制度的数理涵义及审美观照探析一文质疑》[⑫]、王昕等《从〈建筑十书〉与〈营造法式〉的比较看中西文化的不同》[⑬]、李灿的《〈营造法式〉中翼角檐细部处理及起翘探讨》[⑭]、朱永春的《〈营造法式〉殿阁地盘分槽图新探》[⑮]、徐振江的《"营造法式小木作"几种门制度初探》[⑯]和《〈营造法式〉瓦作制度初探》[⑰]等。其他相关的文章还有王国奇的《河南元代木结构建筑特征探析》[⑱]、乔迅翔的《宋代官方建筑设计考述》[⑲]和《宋代建筑台基营造技术》[⑳]等。建筑史通论著作有郧学德等的《河南古代建筑史》[㉑]及集体编写的《河南近代建筑史》[㉒]等。

6. 冶金史研究

在冶金史领域，研究成果也颇丰，李京华先生尤为显著，他出版有《中原古代冶金技术研

---

① 王其亨、刘江峰：《〈营造法式〉文献编纂成就探析》，《建筑师》2007年第5期。
② 陈望衡：《〈营造法式〉中的建筑美学思想》，《社会科学战线》2007年第6期。
③ 杜启明：《宋〈营造法式〉设计模数与规程论》，《中原文物》1999年第3期。
④ 徐怡涛：《"屋橊数"与〈营造法式〉关系考》，《华中建筑》2002年第6期。
⑤ 陈仲篪：《〈营造法式〉初探》，《文物》1962年第2期。
⑥ 王英姿：《南京图书馆馆藏清抄本〈营造法式〉考略》，《河南图书馆学刊》2005年第5期。
⑦ 乔迅翔：《试论〈营造法式〉中的定向、定平技术》，《中国科技史杂志》2006年第3期。
⑧ 潘谷西：《关于〈营造法式〉的性质、特点、研究方法》，《东南大学学报（自然科学版）》1990年第5期。
⑨ 王其亨：《宋〈营造法式〉石作制度辨析》，《古建园林技术》1993年第2期。
⑩ 王其亨：《〈营造法式〉材分制度的数理涵义及审美观照探析》，《建筑学报》1990年第3期。
⑪ 韩寂、刘文军：《对〈营造法式〉八等级用材制度的思考》，《古建园林技术》2000年第1期。
⑫ 高潮：《〈营造法式〉材分制度的数理涵义及审美观照探析一文质疑》，《建筑学报》1992年第7期。
⑬ 王昕等：《从〈建筑十书〉与〈营造法式〉的比较看中西文化的不同》，《华中建筑》2001年第5期。
⑭ 李灿：《〈营造法式〉中翼角檐细部处理及起翘探讨》，《古建园林技术》2006年第3期。
⑮ 朱永春：《〈营造法式〉殿阁地盘分槽图新探》，《建筑师》2006年第6期。
⑯ 徐振江：《"营造法式小木作"几种门制度初探》，《古建园林技术》2003年第4期。
⑰ 徐振江：《〈营造法式〉瓦作制度初探》，《古建园林技术》1999年第1期。
⑱ 王国奇：《河南元代木结构建筑特征探析》，《郑州大学学报（哲学社会科学版）》1996年第6期。
⑲ 乔迅翔：《宋代官方建筑设计考述》，《建筑师》2007年第1期。
⑳ 乔迅翔：《宋代建筑台基营造技术》，《古建园林技术》2007年第1期。
㉑ 郧学德、刘炎：《河南古代建筑史》，中州古籍出版社，2001年。
㉒ 《河南近代建筑史》编辑委员会：《河南近代建筑史》，中国建筑工业出版社，1995年。

究》第一集和第二集[1]、《南阳汉代冶铁》[2]等专著。另有陈梦家的《殷代铜器的合金成分及其铸造》[3]、石璋如的《殷代的铸铜工艺》[4]、韩玉玲的《谈二里头文化时期的青铜冶铸业》[5]、杨根等的《司母戊大鼎的合金成分及其铸造技术的初步研究》[6]、何堂坤的《罗山固始商代青铜器科学分析》[7]、杨育彬的《郑州二里岗期商代青铜容器的分期和铸造》[8]、李晓岑的《商周中原青铜器矿料来源的再研究》[9]、裴明相的《郑州商代铜方鼎的形制和铸造工艺》[10]和《略论楚国的红铜铸镶工艺》[11]、蔡全法等的《新郑郑韩故城出土的战国钱范、有关遗迹及反映的铸钱工艺》[12]、叶万松等的《东周时期我国的青铜铸型工艺试探》[13]、丘亮辉的《关于“河三”遗址的铁器分析》[14]、河南省博物馆的《河南汉代冶铁技术初探》[15]等文章。此外还有苗长兴等《从铁器鉴定论河南古代钢铁技术的发展》[16]、关保德的《河南省桐柏县金属矿古采冶遗址的分布》[17]等。

7. 物理、化学史的研究

在物理、化学等领域相关的研究成果也呈不断上升趋势。陶瓷器均为化学变化的产物，相关论文较集中。赵青云的《河南陶瓷史》[18]是河南陶瓷历史的通论之作。论文如周仁的《我国黄河流域新石器时代和殷周时代制陶工艺的科学总结》[19]，邓昌宏的《试论中原地区陶器的起源和早期制陶技术》[20]，李仰松的《仰韶文化慢轮制陶技术的研究》[21]，李文杰等的《黄河流域新石器时代制陶

① 李京华：《中原古代冶金技术研究》，中州古籍出版社，1994年；李京华：《中原古代冶金技术研究》第二集，中州古籍出版社，2003年。

② 李京华：《南阳汉代冶铁》，中州古籍出版社，1995年。

③ 陈梦家：《殷代铜器的合金成分及其铸造》，《考古学报》1954年第七册。

④ 石璋如：《殷代的铸铜工艺》，“中央”研究院历史语言研究所集刊（台北），1955年。

⑤ 韩玉玲：《谈二里头文化时期的青铜冶铸业》，《中原文物》1992年第2期。

⑥ 杨根、丁家盈：《司母戊大鼎的合金成分及其铸造技术的初步研究》，《文物》1959年第12期。

⑦ 何堂坤：《罗山固始商代青铜器科学分析》，《中原文物》1994年第3期。

⑧ 杨育彬：《郑州二里岗期商代青铜容器的分期和铸造》，《中原文物》1981年特刊。

⑨ 李晓岑：《商周中原青铜器矿料来源的再研究》，《自然科学史研究》1993年第3期。

⑩ 裴明相：《郑州商代铜方鼎的形制和铸造工艺》，《中原文物》1981年特刊。

⑪ 裴明相：《略论楚国的红铜铸镶工艺》，《中原文物》1992年第2期。

⑫ 蔡全法、马俊才：《新郑郑韩故城出土的战国钱范、有关遗迹及反映的铸钱工艺》，《中国钱币》1995年第2期。

⑬ 叶万松、余扶危：《东周时期我国的青铜铸型工艺试探》，《中原文物》1985年第4期。

⑭ 丘亮辉：《关于“河三”遗址的铁器分析》，《中原文物》1980年第4期。

⑮ 河南省博物馆等：《河南汉代冶铁技术初探》，《考古学报》1978年第1期。

⑯ 苗长兴等：《从铁器鉴定论河南古代钢铁技术的发展》，《中原文物》1993年第4期。

⑰ 关保德：《河南省桐柏县金属矿古采冶遗址的分布》，《中原文物》1983年特刊。

⑱ 赵青云：《河南陶瓷史》，紫禁城出版社，1993年。

⑲ 周仁等：《我国黄河流域新石器时代和殷周时代制陶工艺的科学总结》，《中原文物》1981年第3期。

⑳ 邓昌宏：《试论中原地区陶器的起源和早期制陶技术》，《中原文物》1981年第3期。

㉑ 李仰松：《仰韶文化慢轮制陶技术的研究》，《考古》1990年第12期。

工艺的成就》[①]，安金槐的《河南原始瓷器的发现与研究》[②]，蔡全法的《郑韩故城出土陶瓷器工艺浅析》[③]，李景洲等的《中国登封窑》[④]等。用现代物理技术对古陶瓷进行研究有系列成果，如高正耀等的《用中子活分分析研究古汝瓷起源》[⑤]《元代钧瓷釉的穆斯堡尔谱分析》[⑥]、李国霞的《多种釉色钧官窑瓷胎原料的质子激发X射线荧光分析》[⑦]、赵维娟等的《清凉寺窑汝瓷和张公巷窑青瓷釉的起源关系》[⑧]等。

物理史相关领域的有黄翔鹏的《舞阳贾湖骨笛的测音研究》[⑨]、夏季等的《新石器时期中国先民音乐调音技术水平的乐律数理分析——贾湖骨笛特殊小孔的调音功能与测音结果研究》[⑩]、王丽芬的《贾湖出土骨笛及相关问题》[⑪]、邱平等《贾湖遗址出土古陶产地的初步研究》[⑫]、萧兴华等的《七千年前的骨管定音器——河南省汝州市中山寨十孔骨笛测音研究》[⑬]、徐飞等的《贾湖骨笛音乐声学特性的新探索——最新出土的贾湖骨笛测音研究》[⑭]、吴钊的《贾湖龟铃骨笛与中国音乐文明之源》[⑮]、陈通等的《贾湖骨笛的乐音估算》[⑯]等；孙机的《关于焦作窖藏铜器与其中的杆秤》[⑰]、张居中的《试论裴李岗文化的原始数学——兼论我国度量衡的起源》[⑱]、钱临照的《古代中国物理学的成就Ⅰ：论墨经中关于形学、力学与光学的知识》[⑲]、钱宝琮的《墨经力学今释》[⑳]、洪震寰的《墨经力学综述》[㉑]和《墨经中的物理》[㉒]、徐克明的《墨家的物理学研究》[㉓]和

---

① 李文杰、黄素英：《黄河流域新石器时代制陶工艺的成就》，《华夏考古》1993年第3期。

② 安金槐：《河南原始瓷器的发现与研究》，《中原文物》1989年第3期。

③ 蔡全法：《郑韩故城出土陶瓷器工艺浅析》，《中原文物》1988年第4期。

④ 李景洲、刘爱叶：《中国登封窑》，文物出版社，2011年。

⑤ 高正耀等：《用中子活分分析研究古汝瓷起源》，《原子能科学技术》1997年第4期。

⑥ 高正耀等：《元代钧瓷釉的穆斯堡尔谱分析》，《核技术》1992年第3期。

⑦ 李国霞等：《多种釉色钧官窑瓷胎原料的质子激发X射线荧光分析》，《原子能科学技术》2007年第2期。

⑧ 赵维娟等：《清凉寺窑汝瓷和张公巷窑青瓷釉的起源关系》，《硅酸盐学报》2007年11期。

⑨ 黄翔鹏：《舞阳贾湖骨笛的测音研究》，《文物》1989年第1期。

⑩ 夏季等：《新石器时期中国先民音乐调音技术水平的乐律数理分析——贾湖骨笛特殊小孔的调音功能与测音结果研究》，《音乐研究》2003年第1期。

⑪ 王丽芬：《贾湖出土骨笛及相关问题》，《考古与文物》2002年第4期。

⑫ 邱平等：《贾湖遗址出土古陶产地的初步研究》，《东南文化》2000年第11期。

⑬ 萧兴华等：《七千年前的骨管定音器——河南省汝州市中山寨十孔骨笛测音研究》，《音乐研究》2001年第2期。

⑭ 徐飞等：《贾湖骨笛音乐声学特性的新探索——最新出土的贾湖骨笛测音研究》，《音乐研究》2004年第1期。

⑮ 吴钊：《贾湖龟铃骨笛与中国音乐文明之源》，《文物》1991年第3期。

⑯ 陈通等：《贾湖骨笛的乐音估算》，《中国音乐学》2002年第4期。

⑰ 孙机：《关于焦作窖藏铜器与其中的杆秤》，《华夏考古》1997年第1期。

⑱ 张居中：《试论裴李岗文化的原始数学——兼论我国度量衡的起源》，《中原文物》1992年第1期。

⑲ 钱临照：《古代中国物理学的成就Ⅰ：论墨经中关于形学、力学与光学的知识》，《物理通报》1951年第3期。

⑳ 钱宝琮：《〈墨经〉力学今释》，《科学史集刊》第8期，科学出版社，1965年。

㉑ 洪震寰：《〈墨经〉力学综述》，《科学史集刊》第7期，科学出版社，1964年。

㉒ 洪震寰：《〈墨经〉中的物理》，《物理》1958年第2期。

㉓ 徐克明：《墨家的物理学研究》，《科技史文集》第12辑，上海科学技术出版社，1984年。

《墨家物理学成就述评》[1]、荣伟群等的《浅析〈墨经〉中的观察实验法》[2]、杨向奎的《〈墨经〉中的时、空理论及其在自然科学方面的贡献》[3]、周衍勋的《试论〈墨经〉中的光学成就》[4]等文章。朱载堉是明代著名音律学家，在声学上有突出的贡献，戴念祖发表有关系列论著，如《关于朱载堉十二平均律对西方的影响问题》[5]《天潢真人朱载堉》[6]《朱载堉：明代的科学和艺术巨星》[7]等。

此外，在数学史上对数学家杜知耕、李子金、董恩新等的研究成果有台湾师范大学洪万生的硕士学位论文《清代数学家杜知耕及其〈数学钥〉之研究》、高宏林的《清初数学家李子金》[8]、邸利会的《李子金对西方历算学的反应》[9]、史爱英的硕士学位论文《董恩新〈中西算法一得全书〉研究》等。地理学史方面荆三林先生早年编著有关河南历史地理方面的论著，如《河南史迹研究专题十讲》《黄河游览区史话附史迹考证五篇》《浮戏山丛考》等，以及《荥阳故城址沿革考附论冶铁遗址的年代问题》《敖仓故城考》等[10]。陈隆文的《郑州历史地理研究》[11]、徐海亮的《郑州古代地理环境与文化探析》[12]为研究专著。而刘有富、刘道兴主编的《河南生态文化史纲》[13]则是对中原地区生态环境史较为系统研究的始创之作。

当然，由于中原科技史的内容十分丰富，研究成果可谓汗牛充栋。这里的介绍难免挂一漏万，留待以后进一步搜集补充。

（三）中原科技史研究的特点和期望

纵观以上中原科技史，主要是中原古代科技史的研究成果，可见其呈现出如下一些特点或问题，而据此我们提出一些建议和期望。

第一，研究农业史、天文史、冶金史、生物史、医学史、建筑史等学科的论著相对集中，相比之下，数学史、化学史、纺织史等方面的研究较为薄弱。甲骨文中有大量数学史料，古代中原的数学家也不在少数，有很大的研究空间。而在化学史中，主要论著集中在陶瓷史研究方面，其他方面的不够多。纺织方面，王星光、马伟华发表有《嫘祖被尊为蚕神的由来》[14]《葛天氏与葛麻纺织技

---

① 徐克明：《墨家物理学成就述评》，《物理》1976年第1、4期。

② 荣伟群等：《浅析〈墨经〉中的观察实验法》，《管子学刊》1996年第1期。

③ 杨向奎：《〈墨经〉中的时、空理论及其在自然科学方面的贡献》，《社会科学战线》1978年第4期。

④ 周衍勋：《试论〈墨经〉中的光学成就》，《陕西师大学报（自然科学版）》1975年第1期。

⑤ 戴念祖：《关于朱载堉十二平均律对西方的影响问题》，《自然科学史研究》1985年第2期。

⑥ 戴念祖：《天潢真人朱载堉》，大象出版社，2008年。

⑦ 戴念祖：《朱载堉：明代的科学和艺术巨星》，人民出版社，1986年。

⑧ 高宏林：《清初数学家李子金》，《中国科技史料》1990年第1期。

⑨ 邸利会：《李子金对西方历算学的反应》，《中国科技史杂志》2009年第4期。

⑩ 荆三林：《荥阳故城址沿革考附论冶铁遗址的年代问题》，《郑州大学学报（哲学社会科学版）》1978年第4期；《敖仓故城考》，《中原文物》1984年第1期。

⑪ 陈隆文：《郑州历史地理研究》，中国社会科学出版社，2011年。

⑫ 徐海亮：《郑州古代地理环境与文化探析》，科学出版社，2015年。

⑬ 刘有富、刘道兴主编：《河南生态文化史纲》，黄河水利出版社，2013年。

⑭ 王星光、马伟华：《嫘祖被尊为蚕神的由来》，《嫘祖文化研究》，文物出版社，2007年。

术的起源》[1]等文章。而专门论述各朝代纺织技术的文章很少。中原是丝绸之路的东方起点，在荥阳青台遗址发现有仰韶文化时期的丝织品。古代丝织、麻、棉等纺织技术都很发达，目前的研究状况是与中原纺织应有的地位不相称的。因此，应加强数学史、化学史、纺织史等学科的研究。

第二，研究著名科学家如张衡、张仲景、李诫等的较多，而研究其他科学家的较少，如笔者曾发表了《张苍学术贡献略论》[2]一文，已感觉值得深入研究。而中原古代科学家灿若星辰，在《中原文化大典·科学技术典》中列出的《河南籍古代科学家及其成就一览表》所载的科学家就有75人，其中有许多都未及研究或研究得不够深入。因此，期待加强对河南籍科学家的研究。当然，那些虽然祖籍不在河南，但主要是在河南做出贡献的科学家，也应列入研究的范围。

第三，按照科学技术各学科的特点进行分门别类的研究较多，而将各学科联系起来加以整合研究，尤其是研究科学技术与社会发展关系的论著很少。比如，农业的发展与水利、冶金技术等科技发展关系的研究，某个时代科技发展整体面貌的研究，科技机构和管理的研究，都很少见相关研究成果。

第四，研究科技史各分支学科的专著较少，综合研究的著作也不多见。科学技术分支学科通史类著作仅见《河南陶瓷史》《河南农业发展史》《河南古代建筑史》等。而综论河南科技史的著作虽然出版有《中原文化大典·科学技术典》，但作为《中原文化大典》大型套书中的一个分典，该书重在展示和典藏，未能展开深入细致的论述，还因价格昂贵，普通读者也不易看到，因此很有必要撰写一部方便阅读、通俗易懂的《中原科技通史》。笔者主持完成的河南省哲学社会科学项目“中原科学技术史研究”，正希望借此推动河南科技史的综合研究。

第五，考古学与科技史结合方面的研究成果丰硕，有很大的发展空间。河南是文物大省，考古发现不断涌现，如裴李岗文化遗址、三杨庄聚落遗址的发现，都为科技史研究提供了丰富的资料，相关的研究论文均超过百篇。2015年12月召开的“中原古代丝绸之路与大运河”学术研讨会中有关河南段隋唐大运河的论文，有不少是各地考古的新发现，也为水利史、交通史、农业史等提供了新材料。希望出现农业考古等科技考古的更多成果。

第六，应用型科技史研究成果在不断发展，但仍需拓展相关研究。科技史的应用性较强。古代冶金、陶瓷、医学、建筑、纺织等科技成就，有不少具有现实利用价值。2015年10月我国首个诺贝尔生物或医学奖获得者屠呦呦就是从葛洪《肘后备急方》中对青蒿的记载“青蒿一握，以水二升渍，绞取汁，尽服之”受到启发，而经反复提炼制成抗疟疾药物青蒿素的，为人类的健康事业做出了突出贡献。这有力地说明古代科技史中蕴藏有极大的值得挖掘开发的应用价值[3]。河南省的钧瓷、汝瓷、唐三彩、棠溪宝剑等的研制开发都得益于相关的古代科技史的研究。近年来对农业历史文化遗产、工业文化遗产、非物质文化遗产的申请和评审工作正在全国如火如荼的进行，如我国已进行了三批全国重要农业历史文化遗产的评选，共确定了62项，而我省只有灵宝川塬古枣林一项入选全国重要农业历史文化遗产，这是与中原农业大省的地位不相称的。中原工业文化遗产的研究、认证和保护也很薄弱，亟须大力开展相关工作，使中原科技史的研究为华夏历史文化传承创新区的建设做出应有的贡献。

---

① 王星光、马伟华：《葛天氏与葛麻纺织技术的起源》，《葛天氏与上古文明》，河南人民出版社，2013年。

② 王星光：《张苍学术贡献略论》，《档案事业创新与发展》，中国档案出版社，2007年。

③ 王星光：《深究中国科技史的应用价值》，《人民日报》2016年5月16日（学术版）。

第七，中原近现代科技史研究较为薄弱。中原古代科技取得了辉煌的成就，但在宋代以后，特别是近代以来开始落后于南方及京畿地区，其中的原因值得探究。然而，由于中原尤其是郑州一直保持着中国交通枢纽的地位，随着铁路的开通和信息的交流，西方先进的科学技术也逐步传播进来，而中原近代教育制度的建立，高等科学技术教育的开展，留学欧美日等浪潮的兴起，一批受过高等教育的知识分子成为近代河南科技发展的新生力量。在十分艰难困苦的条件下，科技工作者在机械、交通、水利、军工、纺织及医药等领域取得了不少的成就，表现出筚路蓝缕、拼搏奋进的开拓精神，为中原地区近现代科技的转型和发展做出了奠基性的贡献。尽管这段科技的历史短暂，资料也较为缺乏，但颇值深入研究。

总之，中原科技史成就巨大，内涵丰富，研究成果丰硕，研究领域广阔，但同时存在研究学科不够均衡，不少方面仍未得到深入挖掘和探讨的缺憾。我们期待更多的有识之士投身其中，以推动中原科技史研究的不断进展。

目　录

插图目录

第一章　中原地区技术和科学知识的萌芽（石器时代）

第一节　中原的自然环境和科技知识的萌芽

一、中原的自然环境

地理环境为人类文化的创造提供了丰富的物质资源，同时也影响着人类文化的发展趋势和色彩，作为人类文化的重要组成部分，科技文化也深受地理环境的影响。

中原整体处于我国由东部平原向西部丘陵山区的过渡地区。北、西、南三面群山环绕：西北有太行山，西有秦岭、崤山、熊耳山、伏牛山，中有嵩山，南有桐柏山、大别山；东部为辽阔的豫东平原，黄河以北为黄海平原，以南为黄淮平原；西南有南阳盆地。多样的地形蕴藏着丰富的资源，为生产技术的发展提供了优越的条件。

中原境内河流众多，经过历史的变迁，现有河流220条，自北向南，分属海河、黄河、淮河和汉水四大水系。其中黄河流经的里程最长，对中原政治、经济、文化等方面的影响也最大，无疑对科技文明的形成、发展产生了非常重要的影响①。河流众多使中原地区水利资源丰富，农业发展有了保障，形成了四通八达的水路交通网。

中原地区位于我国由南部亚热带向北部温暖带的过渡区，为湿润和半湿润的大陆性季风气候。伏牛山和淮河以南属亚热带，以北属温暖带。全区整体气候特点为春季干旱多风，夏季炎热多雨，冬季寒冷少雨雪，秋天天气晴朗。中原古代在相当长的时期气候比现在要温暖湿润得多，这为该地区提供了良好的生产、生活条件。土地肥沃、森林繁茂，动植物多样性特征显著，农作物种类齐全，具有南北兼备的特色和过渡特征，适宜多种多样农作物、林木和动物的生长、发育，为农业发展提供了良好的条件。

中原地区多样的地形、众多的河流、适宜的气候、肥沃的土壤，为农业的发展、科技文化的进步提供了良好的自然条件。正是在这较为优越的生态环境中，包括中原古代科技文化在内的中原文化才得以蓬勃发展、生生不息，为中国古代的科技文明做出了独特贡献。

二、中原史前文化和科技知识的萌芽

大约在300万年以前，伴随着生产工具的制作与使用，人类与动物分道扬镳，走上了独自进化

---

① 王星光、张新斌：《黄河与科技文明》，黄河水利出版社，2000年，第10～21页。

的道路。河南是华夏文明的摇篮地之一，在五六十万年以前这里就居住着原始人类——栾川人和南召猿人，近年来又发现了距今10万年左右的许昌人头盖骨化石。而栾川人与北京猿人活动的年代相当，距今约有69万年[①]。他们用勤劳的双手创造了远古时代辉煌的物质文明与精神财富。截至目前，河南境内大约已经发现了古人类旧石器地点70多处，主要有安阳小南海遗址、许昌灵井遗址、南召小空山遗址、荥阳织机洞遗址、舞阳大岗旧石器地点、新密李家沟遗址、登封西施遗址、栾川孙家洞遗址等。

新石器时代遗址在河南的分布更加广泛，形成了较为完整的考古学文化序列，即裴李岗文化、仰韶文化和河南龙山文化。尤其是河南龙山文化时期，在汝州煤山、登封王城岗、郑州牛砦等遗址发现了冶铜遗物，说明这些地方可能已经进入了铜石并用的时代。金属工具的使用促进了生产力的发展，社会上出现了较多的剩余产品，私有制发展，阶级也开始分化。在郾城郝家台、淮阳平粮台、登封王城岗、安阳后岗、辉县孟庄等地还发现了大小不等的土城，可见在河南龙山文化时期，文明与国家已经起源。

中原科学技术的历史可追溯到遥远的旧石器时代，距今五六十万年的南召猿人已经活动在中原大地上。在豫西三门峡水沟、会兴沟和灵宝营里一带发现大尖状器、砍砸器、刮削器、石球、石核等，年代属于旧石器时代早期，与北京猿人所在的周口店第一地点及山西匼河石器的时代相当，尽管这些石制工具还十分粗糙原始，但却是中原古人最早的技术产品。考古工作者在距今10万年前后的荥阳织机洞遗址发现用火遗迹达17处，出土石制品2000余件，其中刮削器达1055件，另有尖状器、石锥、雕刻器等；在距今2万年左右的安阳小南海洞穴遗址发现的7000余件石片和石器中，器类有石核、刮削器、尖状器、砍砸器等，石器以细小精巧为特点，表明此时的人类已能制作较为进步的复合工具。

进入新石器时代早期，河南出现了新密李家沟旧石器时代末向新石器时代过渡的李家沟文化遗址，出土有石锛、砍砸器、刮削器、尖状器、石磨盘等石质工具。而以河南中部为中心、颇具特色的裴李岗文化时期，原始农业已进入耜耕阶段，磨制的梯形石斧、舌形石铲、带锯齿状石镰、圆柱状石棒和鞋底形带矮足石磨盘的出现，不但标志着石器制造技术的进步，而且为农业生产的进步提供了有利条件。考古工作者在新郑裴李岗等地的裴李岗文化遗址发现了粟的遗存，在舞阳贾湖裴李岗文化遗址除发现粟的遗存外，还发现了水稻的遗存，结合当时正处在“全新世大暖期”初期的生态环境，表明在裴李岗文化时期既种植粟，也种植水稻。如果说裴李岗文化时期的农业主要分布在豫中地区，那么到了仰韶文化时期，农业已扩展到今河南省全境，并影响到整个黄河中下游地区。龙山文化时期，原始农业及畜牧业又得到进一步发展。

新石器时代人们的房屋普遍为土木结构，由半地穴式到高台式。陶器的制造是这一时期的一大技术创举，其制法由最初的盘筑法发展到慢轮制作和快轮制作，陶器种类不断丰富，仰韶文化和龙山文化的彩陶是这一时期的杰作。新石器时代末期，铜器及其冶炼技术的出现，使得金属工具的制造和使用成为可能，这必然有力地推动科技的进步。

新旧石器时代的科技知识处于萌芽状态，科学孕育于技术之中。物理学知识体现在石器、弓

---

① 崔志坚：《河南发掘出中更新世古人类化石》，《光明日报》2013年3月11日第8版。

箭、乐器等的制造上，化学知识主要体现在用火、制陶、冶铜、酿酒等方面，天文学知识体现在方向、季节、“四象”等观念的出现上，数学知识体现在数字符号的出现、器形、陶器上的几何纹饰等方面，生物学知识则主要体现在农作物的培育和家畜家禽的驯养等方面。

第二节　劳动工具的制造

制造和使用劳动工具是人区别于其他动物的标志，是人类劳动过程中独有的特征。人类劳动是从制造工具开始的。劳动工具在生产资料中起主导作用。社会生产的变化和发展，首先是从劳动工具的变化和发展开始的。劳动工具不仅是社会控制自然的尺度，也是生产关系的指示器。

一、石器的制造

在人类历史的长河中，使用打制石器的历史最长，人类的历史以300万年来计算，旧石器时代就占了299万年。在这漫长的岁月里人类一直在反复不间断地制造和使用着这些打制石器，也一点一点积累着石器的制造技术，为即将到来的磨制石器时代奠定了基础。

原始石器的制造过程一般分为三个阶段：首先是采集和选择石料，然后打制，最后修整石器。

（一）石料的采集

人类在长期打制石器的实践中，逐渐认识到不同性质石料的硬度、脆性、韧性的不同，以及它们对制造石器的影响，有意识地分辨和选择适合制造石器的石料。如果说制造工具是人之所以为人的根本原因，那么岩石学可能就是最早萌芽的科学门类之一，因为在制造石器工具的过程中，人类首先必须（自觉或不自觉地）积累关于岩石的感性认识。

中国古代旧石器时代的先民一般都是采集其住地附近的河滩或滚落在山麓上的石块作为石料。中原旧石器时代多以砾石石器为代表，这些砾石多采自附近的河滩地区，主要有石英岩、燧石、石英、火石、石髓、石灰岩、火成岩（辉绿岩）、石英砂岩、玛瑙、砂岩等。

当然，理论上存在人类自己开采石料的可能，考古工作者于2009年发现的新密李家沟遗址出土了数量较多的大型石制品，这类石制品加工简单，器物形态亦不稳定。除有明确人工打制痕迹的石制品以外，还出现数量较多的人工搬运石块。这些石块多呈扁平块状，岩性为砂岩或石英砂岩，当来自遗址附近的原生岩层。发掘者认为这种情况并不见于时代较早、流动性更强的旧石器遗址，而与稍晚的新石器时代的发现比较接近，应该是过渡阶段新出现的具有标志性意义的文化现象[①]。

同旧石器时代一样，新石器时代的石料也是以就地取材为主，如洛阳新安荒坡仰韶文化遗址，紧邻黄河，人们采集河边的河卵石用以制造石器，从遗址内发现的河卵石和半成品石器与黄河岸边

① 北京大学考古文博学院、郑州市文物考古研究院：《中原地区旧、新石器时代过渡的重要发现——新密李家沟遗址发掘收获》，《中国文物报》2010年1月22日第6版。

的河卵石质料完全一致，经鉴定的石器岩性为砂岩、叶岩、变质岩等[①]。因各地岩石在岩性等方面存在一定的差异，河南境内新石器时代文化石器石料的种类也就多种多样，不尽相同。例如，舞阳贾湖遗址裴李岗文化的石料以砂岩为主，另外还有砺岩、页岩、碳酸盐岩、辉长辉绿岩，闪长岩和闪长纷岩、安山岩、花岗岩和花岗斑岩、石英岩、长英岩、片岩、片麻岩、板岩等[②]。庙底沟遗址仰韶文化石器多燧石、砂岩、板岩、石英岩、闪长岩、辉绿岩、玄武岩、片麻岩等[③]。下王岗仰韶文化二期的石器主要有火成岩、板岩、火山岩、泥岩、大理岩、泥灰岩、石英、石英岩、石灰岩、细晶岩、大理岩、蛇纹岩、透闪岩、钙质火成岩等[④]。

生产工具种类的不同，对石料性质要求也会有所差异，如下王岗仰韶文化二期的247件石斧中，189件为火成岩、28件为板岩、13件为火山岩，其他石料则甚少用于制造石斧；而108件石凿中，有71件为板岩制成，这是因为板岩容易打成薄石板，硬度也比较大。有研究者将登封王城岗遗址（2002～2005年）出土的龙山文化晚期石器与禹州地区调查搜集到的石器种类与岩性进行了对比，发现“两区均以碳酸岩类的灰岩和白云岩为主要原料制作石铲，用砂岩制作石刀和砺石，用辉绿岩、变粒岩、碎屑岩和凝灰岩制作石斧，而用硅质岩制作石锛和石凿。但两区又略有不同，除了砂岩以外，登封王城岗地区更多地使用碎屑岩制作石刀，禹州地区则使用少量页岩；王城岗地区更多使用变粒岩制作石斧，而禹州地区更多使用辉绿岩”[⑤]。这就说明在长期的制造石器的过程中，古人慢慢掌握了关于岩石的各种特性，也逐渐认识到各种不同种类工具，要选择不同岩性的岩石，并有目的的采集不同种类的岩石。

由于各种生产工具因功能不同，而具有各自独特的形状，古人在选择石料的时候，会直接选择形状类似的石料来加工不同种类的工具，以减少工序，节省劳动量，提高石器制作的效率。主要是按照石器需要的形状、大小、长短、厚薄去选择砾石，不少石器由于形选得当，稍加工即可成器。佟柱臣先生对仰韶、龙山文化石材选形的方法进行了研究，指出：石斧，石料长宽都适宜的，只打制刃部；宽度适宜，长些的，只打顶部和刃部，稍宽一些的，则只打两侧。石锛，多经砥磨，选形不易观察，有宽一些，打了两侧的。石凿，选择适宜的条状砾石，上下略加打制。石镢，表面微凸的长块砾石，自上部劈裂，一面和两侧保留砾石面，然后打去两腰。石铲，选择一块长石板，两侧略打。敲砸器，多选扁圆形砾石，然后从周缘一面或两面加工，保留一面或两面砾石面。石网坠，多选择一块椭圆形扁砾石，两侧打成缺口[⑥]。

---

① 河南省文物管理局、河南省文物考古研究所：《新安荒坡——黄河小浪底水库考古报告》（三），大象出版社，2008年，第100页。

② 河南省文物考古研究所：《舞阳贾湖》，科学出版社，1999年，第345页。

③ 中国科学院考古研究所：《庙底沟与三里桥》，科学出版社，1959年，第54页。

④ 河南省文物研究所等：《淅川下王岗》，文物出版社，1989年，第128页。

⑤ 北京大学考古文博学院、河南省文物考古研究所：《登封王城岗考古发现与研究（2002～2005）》，大象出版社，2007年，第765页。

⑥ 佟柱臣：《仰韶、龙山文化石质工具的工艺研究》，《中国东北地区和新石器时代考古论集》，文物出版社，1989年，第128、129页。

（二）石器的制造技术

打制石片的方法主要有两种形式：直接打击法和间接打击法。

（1）直接打击法，是指打击工具（石、木或角锤等）与石头直接接触的打制方法，又可以分为锤击法、碰砧法、摔击法、砸击法等几种形式（图1-1）。

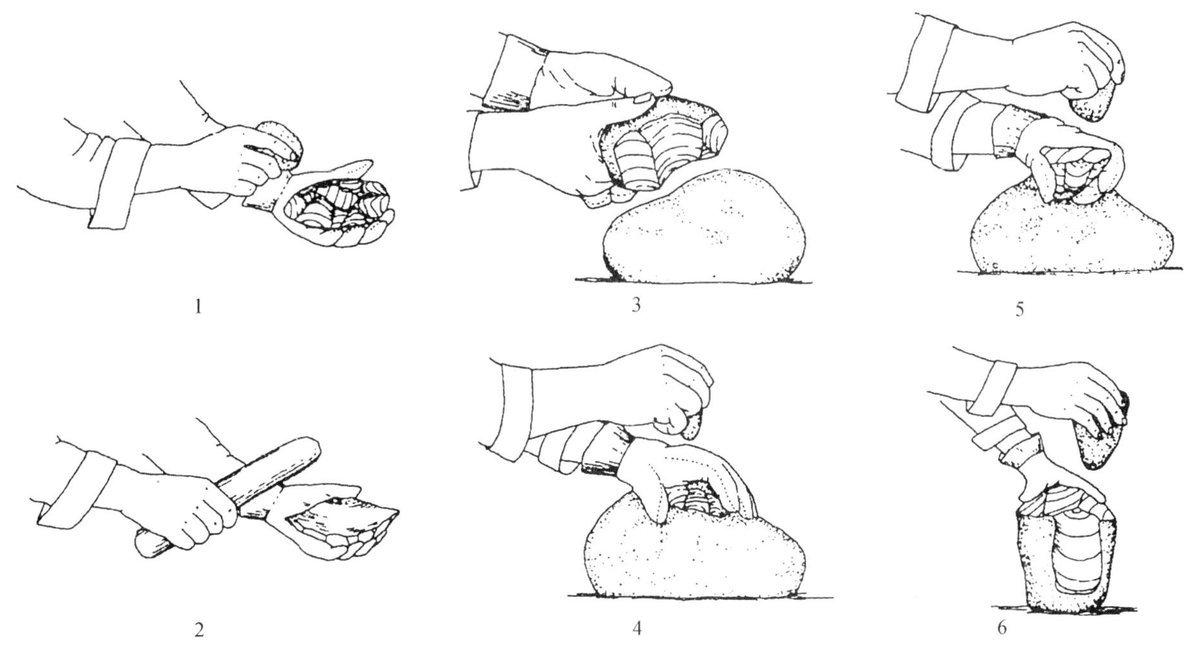

图1-1　石器直接打击法示意图

（秦文生等主编：《中原文化大典·文物典·古人类·旧石器》，中州古籍出版社，2008年，第57页，图1-23.1）

（2）间接打击法，是指通过一定的媒介物打击石器的方法，又可以分为两种：一种是石锤间接打击法，把选好的石核放在地上，把一根尖木棒或骨棒的尖端顶在石核的边缘，然后砸击木棒或骨棒的另一端获得石片的方法；另一种是压剥法，首先两脚夹住放在地上的石核，然后把“T”字形木棒或骨棒的尖端顶在石核的边缘，再用胸部（或肩部、腹部）顶压木棒或骨棒的另一端，产生石片。

打击产生的石片或者石核没有一定的器形，为了获得各种各样所需要的生产工具，往往需要对它们进行修整。修整的目的不外乎为了使打击产生的石片或石核的刃缘变得规整，或者是为了使形态粗糙的器形变成预期的石器，或者是为了便于把握而打掉尖锐的棱脊等。

裴文中先生指出：“是为石片之有第二步工作者，方可谓之一种器具，一般人常误认为石片为器具，实甚错误，该石片仅是制作石器的材料，石片非经第二步工作后，始方目之为石器。”[①]因

① 裴文中：《史前考古学基础》，《史前研究》1983年第1、2期；《裴文中史前考古学论文集》，文物出版社，1987年，第80页。

此，打击产生的石片、石核须经过进一步的休整，才能称之为“石器”[①]。

石器修整的方法一般和打制时的方法一样，但用力稍轻，即用石锤、木棒或者骨棒在石片或石核的边缘直接敲击。大致可以分为单面加工和双面加工等形式。

单面加工：指单一地由一面向另一面打击的方法，又可分为从破裂面向背面加工和从背面向破裂面加工两种形式，前者修理痕迹只见于背面，后者修理痕迹只见于破裂面。

双面加工：指同一个石器上出现了向背面和向劈裂面加工的两种形式，又可分为错向加工和交互加工两种形式。错向加工，指在石片或石核等毛坯的左、右侧进行方向相反的加工，如在左侧从破裂面向背面加工，则右侧从背面向破裂面加工。错向加工一般用来加工尖状器的刃缘。交互加工，指在石片或石核等毛坯的同一侧边缘进行有规律而方向相反的加工石器方式，如第一下打在向背面上，第二下则相应的打在向破裂面上，交替进行，修整痕迹从侧面看呈“S”形。交互加工一般用来加工砍砸器的刃缘。

根据石器功能的不同可以将石器分为第一类和第二类工具两种。

（1）第一类工具：指主要用于生产石制品的工具，如石锤和石砧等，这类工具多未经加工，使用过程中自然破损。石锤又可细分为砸击石锤、锐棱砸击石锤、锤击石锤等，荥阳织机洞遗址曾出土砸击石锤14件和单端锤击石锤1件[②]。

（2）第二类工具：指毛坯经过加工成为具有一定形状，主要应用于加工生活资料的石器，根据形制和功能兼顾的原则又可以分为刮削器、尖状器、石锥、雕刻器、砍砸器、石球、手斧及手镐等种类。

新石器时代石器制作的主要标志是磨制技术，这种技术在旧石器时代就已经萌芽，如在河南舞阳大岗细石器地点曾经出土了一件磨刃石片，其一侧面可见摩擦痕迹，表面光滑；另一侧面仅在刃口可见磨痕[③]。随着人类知识的不断进步及其他相关因素（如农业）的出现，磨制技术在新石器时代被广泛应用。并不是说磨制技术出现以后，人类使用的工具就是单纯的磨制石器了，在新石器时代打制石器与磨制石器是并存的，如庙底沟仰韶文化层，“石器中以打制石器为多，而磨制石器仅占极少数的比例”[④]。而下王岗仰韶文化二期，发现的247件石斧中，磨制石斧占总数的14.5%，半磨制占43.7%，而打制石斧仍然占41.7%[⑤]。龙山文化的打制石器却逐渐减少，为丰富的磨制石器所代替[⑥]。但是也并不是说打制石器从此绝迹，在河南辉县琉璃阁的殷代遗址中就发现一件用燧石打制而成的两侧刮割器[⑦]。也就是说，直到青铜时代，打制石器仍有出现（图1-2）。

---

① 关于什么是“石器”或“骨器”的“器”问题，裴文中先生在《关于中国猿人骨器问题的说明和意见》（《考古学报》1960年第2期；《裴文中史前学考古论文集》第43页）一文中也曾指出：“在一般考古常识中讲，如果谓之‘器’，则除打击痕迹以外，还要有使用的痕迹，或者第二步加工的痕迹。只有人工打制的痕迹，不能谓之器，只能谓之为骨片、碎骨，或者有人工打击痕迹的骨骼。”

② 张松林、刘彦峰等：《织机洞旧石器时代遗址发掘报告》，《人类学学报》2003年第1期。

③ 张居中、李占扬：《河南舞阳大岗细石器地点发掘报告》，《人类学学报》1996年第2期。

④ 中国科学院考古研究所：《庙底沟与三里桥》，科学出版社，1959年，第106页。

⑤ 河南省文物研究所等：《淅川下王岗》，文物出版社，1989年，第128页。

⑥ 安志敏：《略论新石器时代的一些打制石器》，《古脊椎动物与古人类》1960年第2期。

⑦ 中国科学院考古研究所：《辉县发掘报告》，科学出版社，1956年，第7页。

新石器时代石器的进步还不单单表现在磨制技术的广泛使用这一层面上，伴随着磨制技术的出现，石质生产工具进步性大大扩展，荆三林先生曾指出，新石器时代生产工具进步，具有五点成就：第一社会的分工和分化，使它的种类也随着相应的增加和定型；第二是制造工艺的精致，由半磨制到通身磨光；第三是形体比较均匀，刃部锋利适用，有凸刃、凹刃、圆刃等；第四在石器上，如石刀、石斧、石镰等工具上打出圆度较高的孔，以便装柄，这是钻孔技术的开端；第五，根据不同的加工对象和需要，制作形状和用途不同的切削工具，把坚硬的石片镶嵌在骨或木把上，制成夹固式的石刀或骨刀[①]。这或许与新的经济生活方式——农业的出现有关，农业的出现及其在经济生活中的比例增加，对工具的性能提出了新的要求，最终导致了其革命性的变化。

图1-2　石磨盘、石磨棒
（河南省文物考古研究所：《舞阳贾湖》，科学出版社，1999年，彩版5、6）

在石器打制技术基础上发展起来的磨制技术，大多是在经打制后的毛坯上实施磨制的，如登封王城岗龙山文化二期，共发现生产工具144件，其中以石器数量为多，都是在打制的基础上磨制而成的[②]。因此，新石器时代的制造技术同旧石器打制石器一样，首先要选择适合的原料，进行初步打制，再对其加以磨、琢、切割、钻孔等程序。

新石器时代的石器以磨制为主，但是在实施磨制之前，还必须对石料进行打制等重要程序，整个过程包括很多程序，经研究，仰韶和龙山文化的石器经过了截断、打击、琢、磨和作孔等工艺[③]。

打制是旧石器时代主要采用的制造技术，由于岩石具有不同的节理面，在打制的时候，石料往往会沿着其自身的节理面剥离，从而导致因形状不理想而被废弃，如前文已经提到的匼河“大三棱尖状器”的问题。在长期的实践过程中，古人逐渐认识到岩石节理面对石器制造的不良影响，而积极采取措施利用节理面来进行打制，变不良影响为有利影响。

在制造旧石器阶段里，人类对石料的机理缺乏了解，只能制造厚刃的工具。到裴李岗文化时期，人类已经知道选择片状自然石块，制造出薄壁、薄刃的工具，但是自然界中的片状石块有限，不能满足人类生产的需要，仰韶文化时期，仍然多用没有节理层的砂岩和大理岩或节理层较厚的石灰岩制造石铲（耜）等工具[④]。选择无节理面或节理面较厚的石料，实际上也是古人为防止因节理面而导致制造失败，而采用的一种有效方法。人们在长期的打制过程中，对石料的机理有了一定的认识，发现具有节理层的沉积岩，若在节理缝中敲击，打开的节理面（破裂面）平整，既省力，又不需要对破

① 荆三林：《中国生产工具发展史》，中国展望出版社，1986年，第70页。

② 河南省文物研究所：《登封王城岗与阳城》，文物出版社，1992年，第44页。

③ 佟柱臣：《仰韶、龙山文化石质工具的工艺研究》，《中国东北地区和新石器时代考古论集》，文物出版社，1989年，第127页。

④ 李京华：《登封王城岗夏文化城址出土的部分石质生产工具试析》，《农业考古》1991年第1期。

裂面进行第二步锥击加工。若选用节理层较薄而均匀的石灰岩石料，可以节省两面加工。到仰韶文化晚期至龙山文化早期人们已经掌握了这一制作规律，龙山文化中期已达成熟的规范期[①]。

如果说打制还主要是旧石器时代的技术，那么河南新石器时代石器制造主要采用锉齿、琢制、磨制、钻孔等复合加工技术。

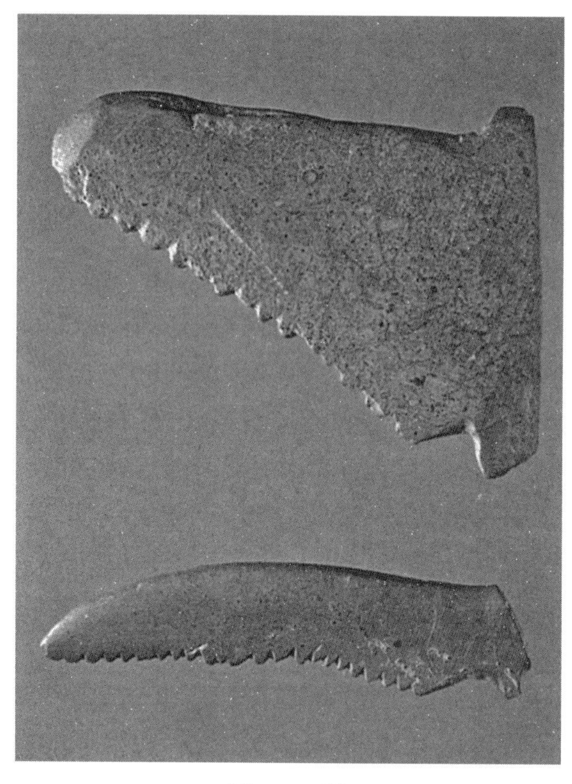

图1-3 石镰
（河南省文物考古研究所：《舞阳贾湖》，科学出版社，1999年，彩版一八：2、3）

锉齿技术：裴李岗文化石镰刃部多呈锯齿状，这在仰韶文化、龙山文化中不多见，形成了裴李岗文化较为明显的特征之一。“锉的方法不是从两面互相对锉，而是从一面向另一面单程的，所以带长沟的一面为上面，只见锯齿状的面为下面。锉出的长沟越接近刃边越深，越接近上部镰体越浅；越接近刃边沟越宽，越接近上部镰体沟越窄；这些长沟多倒向左端前锋，成斜平行沟；沟底部见锉痕，沟边上为磨蚀痕。”[②]作为作物的收割工具，这种锯齿形的石镰，更有利于割断作物的茎秆，提高收获的劳动效率。这种锉齿技术在新石器时代的蚌器上也多有发现，有学者认为：“锉齿工艺显然也是在蚌器制作过程中独立发明的。”但是其与裴李岗文化石镰锉齿技术是否有关系，还不好定论（图1-3）[③]。

琢制技术：萌芽于旧石器时代晚期，如在许昌灵井旧石器时代遗址中就发现了一件带有琢制痕迹的石器（6L782），是目前中国见诸报道的关于琢制技术的最早代表[④]。在裴李岗文化时期，琢制技术已经非常发达，裴李岗文化石磨盘盘面的两端均有很大很深的琢点窝，说明上面是琢平的，盘面的边缘也都是琢成的，特别是盘下面要琢成边缘薄、中间厚的鱼脊背形，圆柱状足或方柱状足也是琢制而成，有的琢点窝竟有0.8～1厘米，是用力猛琢而成，盘面长60～70、宽20～30、厚2～3厘米，有的足高达6～8厘米，反映在石磨盘四足的高度和石磨盘的薄度上，石磨盘盘面较大而薄，四足又比较高，需要将四周的石料全部琢去，做到薄而不断，说明不掌握一定技术是不能完成的[⑤]。仰韶和龙山文化时期，琢制技术已经相当成熟，可分为三种：上下直琢法、保棱琢法和分层琢法。其中上下直琢法最常用，一般石器的表面多使用了该方法；保棱琢法用于石器的棱角部分，即从棱角两侧向不同方向分琢；分层琢法，即分层下琢，起到找平的作用。除找平外，琢还可以成圆、成

① 李京华：《登封王城岗夏文化城址出土的部分石质生产工具试析》，《农业考古》1991年第1期，第276页。

② 佟柱臣：《中国新石器研究》，巴蜀书社，1998年，第75页。

③ 王仁湘：《论我国新石器时代的蚌制生产工具》，《农业考古》1987年第1期。

④ 河南省文物考古研究所：《许昌灵井旧石器时代遗址2006年发掘报告》，《考古学报》2010年第1期。

⑤ 佟柱臣：《中国新石器研究》，巴蜀书社，1998年，第75页、107页。

槽、成孔、成肩、成腰[①]。

磨制技术：磨制技术最早应用于旧石器时代中晚期的骨器制作上，新石器时代磨制技术开始广泛应用于石器制作。许昌灵井遗址就曾发现一件带有磨制痕迹的石器标本（M108），该标本是扁平小砾石，酱红色，小半残缺，缺口被磨平，长4.4、宽3.2、厚1厘米[②]。磨制，即砥磨，可分为纵砥和横砥两种方法。纵砥，即与石器长轴同一方向的砥法。横砥，即与石器长轴成直交方向的一种砥法。磨制技术的应用，对生产力的提高意义表现在：磨制增强了石器刃部的锋度，有助于提高生产效率；磨制可以使工具变得光滑，减少工作时的阻力；磨制使工具规整，形式更加分化，用途趋向专一[③]。磨制石器的工具为磨石和砺石，在新石器时代的遗址中经常发现。例如，在淅川下王岗遗址仰韶文化三期中发现了3块破碎的砂岩磨石，上面留有加工石、骨器的痕迹[④]。在新安荒坡遗址仰韶文化遗存有磨石1件和砺石3件，其中磨石中部经过多次使用，较光滑，砺石（标本T16F3：81）为一薄平石块，铁红色板岩，一面平整，另一面上有5条沟槽，槽宽1厘米，两条间隔1.5厘米[⑤]。磨制技术的应用有一个发展过程，仰韶文化的石斧大多只磨刃部，而龙山文化则多通体磨光，仰韶文化的石刀还多是打制而成，龙山文化通体磨光的石刀则大量出现，可见龙山文化时期，磨制技术臻于成熟。

钻孔技术：钻孔技术最早出现在旧石器时代中晚期的骨器制作上，新石器时代钻孔技术广泛应用于石器的制作。根据对仰韶文化和龙山文化石质工具的研究，当时共有9种作孔方法，即钻孔、先琢后钻、划孔、先划后钻、挖孔、先挖后钻、琢孔、凿孔和管钻[⑥]。钻孔工具也多有发现，裴李岗文化舞阳贾湖遗址中已经发现有钻头和钻帽[⑦]；新安荒坡的仰韶文化遗存中也有一件残断的钻帽（T10F1：19）[⑧]；淅川下王岗龙山文化遗址还发现了2件石钻，其中T23③：73较为特殊，圆柱状，钻头作锥体，钻尾残缺，接近尾处有两道凸棱，通体磨光[⑨]。值得注意的是，尾处两道凸棱可能已安装了用于拉引的弦绳装置。下王岗二里头文化层里，也出土了一件石钻（T14②B：16），该钻头部钝尖，柄部细削，发掘者认为似因用弦绳拉引磨损所致[⑩]，二者是否有联系，还需要进一步研究。裴李岗文化时期，有孔石器尚不多见，据河南舞阳贾湖遗址2001年春的发掘报告，该遗

---

① 佟柱臣：《仰韶、龙山文化石质工具的工艺研究》，《中国东北地区和新石器时代考古论集》，文物出版社，1989年，第130、131页。

② 周国兴：《河南许昌灵井的石器时代遗存》，《考古》1974年第2期。

③ 佟柱臣：《仰韶、龙山文化石质工具的工艺研究》，《中国东北地区和新石器时代考古论集》，文物出版社，1989年，第131、132页。

④ 河南省文物考古研究所等：《淅川下王岗》，文物出版社，1989年，第190页。

⑤ 河南省文物管理局、河南省文物考古研究所：《新安荒坡——黄河小浪底水库考古报告》（三），大象出版社，2008年，第111页。

⑥ 佟柱臣：《仰韶、龙山文化石质工具的工艺研究》，《中国东北地区和新石器时代考古论集》，文物出版社，1989年，第132、133页。

⑦ 河南省文物考古研究所：《舞阳贾湖》，科学出版社，1999年，第358页。

⑧ 河南省文物管理局、河南省文物考古研究所：《新安荒坡——黄河小浪底水库考古报告》（三），大象出版社，2008年，第105页。

⑨ 河南省文物考古研究所等：《淅川下王岗》，文物出版社，1989年，第247页。

⑩ 河南省文物考古研究所等：《淅川下王岗》，文物出版社，1989年，第276页。

址出土有两面钻的绿松石饰，其中有一件（M477：7）两面孔均向右倾斜，显示了左手执坯，右手执钻头钻孔的动作，孔壁有折转痕[①]，可见当时钻孔技术不十分成熟。庙底沟遗址仰韶文化遗存中有一件两面钻孔未透而中止的盘状器（T92：10），这可能与作孔技术不成熟有某种联系。到龙山文化时期，如庙底沟遗址出土的石刀已经采用了三种作孔法，即两面对钻、单面钻和两面用凹沟划透，或再在沟中穿孔[②]，由此可见龙山文化时期的作孔技术已经相当成熟。登封王城岗遗址龙山文化层中发现了6件单面管钻的钻芯[③]，管钻是一种较为进步的作孔技术，管钻钻芯的出现，足以说明钻孔技术的成熟。

（三）石器装柄方式与使用

新石器时代石器的另一个显著进步特征，就是很多工具均已装柄。同旧石器时代用手直接把握石器相比，带有把柄的石器，因动力臂增加，可以节省劳动者的体力，而且操作起来更加方便。例如，旧石器时代的砍砸器或手斧与新石器时代带柄石斧相比，在砍伐树木时显然是带柄石斧劳动效率更高，一是操作方便，二是斧刃施加于树干的力更大。当然二者可比性不大，因为砍砸器与带柄石斧的主要用途可能并不一致，农业的产生同刀耕火种相联系，新石器时代的石斧可能在功能上已经较为固定，主要用于砍伐树木和木材的加工等。不过这也说明石器的装柄或许跟农业的产生有某种联系，彼此之间是一种相互促进的关系。

新石器时代石器装柄使用十分普遍，但是因为柄多为木质，不易保存，因为新石器时代石器装柄方式长期以来不是很清楚，但也不是无迹可寻。在河南临汝阎村出土的仰韶文化彩陶缸上发现有带柄穿孔石斧形象[④]，这为我们了解新石器时代石器的装柄方式提供了可靠资料。

从出土的实物及图像等考古资料中，我们大致可以复原新石器时代生产工具的装柄方式，大体上采用了捆绑和榫卯两种方式。

1. 捆绑式装柄

即用绳索将石器直接捆绑在器柄上的方式。常见的有利用树枝或鹿角的分叉处制成曲尺形柄，以捆绑石器，如河姆渡发现的木质斧柄（T231④A：135），即“取用粗细不一的树枝丫杈部位为材料，其中细枝杈下弧曲作执手的长柄，截断粗枝与细枝相连的一段，大多削制成圆顶的槌头，槌头下端的右侧，加工成片状凸榫形捆扎面”[⑤]。将石器用绳索捆扎在“凸榫形捆扎面”以后，使整个器形与鹤嘴类似，因此也被称为鹤嘴式装柄方式。不同种类的工具，在器柄的设置上稍有不同，如同河姆渡遗址出土的石锛木柄实物（T36④：28），其“取材和外形与斧柄基本相同，唯锛头的

---

① 中国科学技术大学科技史与科技考古系、河南省文物考古研究所等：《河南舞阳贾湖遗址2001年春发掘简报》，《华夏考古》2002年第2期。

② 中国科学院考古研究所：《庙底沟与三里桥》，科学出版社，1959年，第54、79页。

③ 北京大学考古文博学院、河南省文物考古研究所：《登封王城岗考古发现与研究（2002～2005）》，大象出版社，2007年，第136页。

④ 中国社会科学院考古研究所山西工作队：《1978～1980年山西襄汾陶寺墓地发掘简报》，《考古》1983年第1期。

⑤ 浙江省文物考古研究所：《河姆渡——新石器时代遗址考古发掘报告》，文物出版社，2003年，第130页。

最大宽度一般均在正面而不在侧面，或正面与侧面宽度相近，锛头下端的片状凸榫形捆扎面的位置固定于锛头的下后侧，便于将石锛捆扎在前端，以利前后挥动使用时不松脱”[①]。考古发现的有段石锛多采用这种方式装柄。

新石器时代出土石器中，有很多钻孔的，这当是在钻孔技术采用以后，为了方便绳索捆扎而特意钻凿的。登封王城岗遗址龙山文化层就出土了很多钻孔石铲，这些石铲“平面梯形，刃部宽，顶部窄，单面刃，铲中部一般有一孔，孔一般为双面钻，由顶部到孔部一般有安柄的痕迹”[②]。李京华先生曾经对王城岗夏代文化城址出土的石质工具进行过研究[③]，这些石质工具上的形制与磨痕基本上与龙山文化出土的相同。

2. 榫卯式装柄

即在木柄上凿出卯眼，然后将石器顶端安装在卯眼内。河南临汝阎村鹳鱼石斧彩陶缸上的石斧形象，从外部形态上看，斧身与斧柄相交，且未见有用于捆扎的绳索图案，应该是采用了这种榫卯式装柄方式（图1-4）。

图1-4　鹳鱼石斧图
（新石器时代，河南临汝阎村出土。临汝县文化馆：《临汝阎村新石器时代遗址调查》，《中原文物》1981年第1期）

新石器时代的石器已经普遍装柄使用，但是由于器柄的材质多为木质或角质，加以埋藏条件不理想等原因，很难保存至今。因此，考古出土的新石器时代生产工具，多为其石质部分。而石质部分的形态基本相似，不仔细区分和进行微痕分析很难确定其使用功能，导致经常出现将器形类似的石器功能简单划一的现象。而如果将其柄部复原，将会发现它们的使用方式和功能相差甚远。

据李京华先生研究，王城岗夏文化城址出土的平肩铲装有直柄，柄的两侧留有平肩，以便操作者登上右足或左足，增大入土推力，提高翻土效率，可以命名为铲或者耜。而凸肩铲的特有器形和微痕分析显示，它的装柄方式与平肩铲不同，因为其两侧为倾斜面，无法登足增力，其装柄方式为勾柄式，以作为锄来使用。而石刀则分为长距双孔石刀、短距单孔石刀和单孔石刀，根据器身的痕迹和刀形特点，装柄方式各不相同，功能分别为似作为切割工具使用、似作为刮刨具使用、似作为刮刨具使用并兼作锛具[④]。由此看来，我们不能简单地根据出土石器的形态对其进行类型学划分，而应该仔细观察石器表面遗留的微痕，以确定其装柄方式和使用功能，然后从类型学上加以区分。

石器装柄以后，就构成了复合型工具，它们与旧石器时代的无柄手持石器相比，性能要优越得多，大大提高了劳动效率。因此，装柄技术是新石器时代生产工具进步性的标志之一。

① 浙江省文物考古研究所：《河姆渡——新石器时代遗址考古发掘报告》，文物出版社，2003年，第130页。

② 北京大学考古文博学院、河南省文物考古研究所：《登封王城岗考古发现与研究（2002～2005）》，大象出版社，2007年，第130页。

③ 李京华：《登封王城岗夏文化城址出土的部分石质生产工具试析》，《农业考古》1991年第1期。

④ 李京华：《登封王城岗夏文化城址出土的部分石质生产工具试析》，《农业考古》1991年第1期，第279页。

旧石器时代的石器比较原始，虽然根据其形态和功能可以将其大致分为不同的类型，如砍砸器、尖状器、刮削器和石锥等。但是，“以类型学为基础的旧石器分析是从器物的形态特征来推测其用途，其理论依据是器物特定的功能必须要求有特定的形态才能实现。然而，人们从实践中发现，工具的形状和用途之间并没有刻板和机械的相伴关系。这是因为许多石器是多功能的，一件石器会因为环境和目标的不同而有不同的用途，另一方面许多不作任何成型加工的普通石片常常被直接拿来使用”①。因此，对旧石器人为的分类，只能反映其局部的某些功能，并不能完全体现这些“万能工具”在实际使用中的真实情况。

新石器时代随着制造技术的进步、社会开始出现分工等，石器生产工具的种类开始增多，并逐渐向定型化方向发展，虽然尚不能完全摆脱同一生产工具多种功能的现象，但是分工已经十分明确。例如，石斧既可以作为原始刀耕农业砍伐树木的主要工具，又可以作为木作加工工具，同时在争战中也能作为武器使用，因此石斧具有多功能的特点。而裴李岗文化广泛存在的锯齿形石镰，其主要功能当然是用于收割谷物。从目前出土的石器生产工具来看，基本上都是应用在生产领域的，因此，石器功能的定型化，必定同农业的发生、发展有着密切的联系。正是农业生产的过程化和阶段化特征，促使了石器功能由“万能”向专业化方向发展，如有学者把原始农业生产工具分为砍伐农具、翻地农具、碎土农具、播种农具、中耕农具、水利农具、看护农具、收割农具、加工农具和储藏农具②。此外，还有渔猎工具、纺织工具等。从这名目繁多的分类中，我们可以看出生产工具功能专业化的动力，很大一部分来自农业生产实践中不同生产环节的需要。

可以说，新石器时代的石器制造技术以磨制为基本特征，同时出现了运用石器装柄等技术而制造的复合工具，加以为适应生产的不同环节而出现的功能专业化、种类多样化、器形标准化石器生产发展方向，共同缔造了新石器时代生产工具的进步性，酝酿了技术与科学发展的新因素，为新石器时代经济与社会的发展奠定了基础。

二、骨、角、蚌器的制造

中原地区，原始社会遗留下来的骨、角、蚌器较多。角、蚌器的制造和骨器的制造相似。骨器的制造工序大致有五步：一是备料和选料，收集各种动物骨骼，根据所制造的器物进行选材，做到量材制器，以达省工省时之目的，如制针用肋骨、锥用股骨、笄用肢骨等；二是切割，将选好的骨料，根据所制器的要求，切割成粗坯，切割的工具有石刀、石锯等；三是刮削，将粗坯用刀削成制作器的粗略外形，如骨凿呈薄片状，需将骨料先削成薄片，削比磨快，先削成坯，再进一步深加工，可提高效率；四是钻孔，钻孔不是所有骨器都需要的，但在需要钻孔的骨器上，应是在削好粗坯之后，磨制成器之前进行。削后器形初具，骨料已削薄，钻孔容易，此时钻孔，如果钻坏了，也不是很可惜，因还没成器。例如，磨制成器才钻，若钻孔失败，则前功尽弃，如骨针，磨成后钻孔反而没有磨之前钻孔容易；五是磨，用砂石等打磨器物，以使器物光洁华润（图1-5）。

旧石器时代，中原先民已经开始制造和使用骨、角、蚌器了。织机洞遗址旧石器文化层中有

① 陈淳：《考古学理论》，复旦大学出版社，2005年，第175页。

② 宋兆麟：《我国的原始农具》，《农业考古》1986年第1期。

图1-5　骨镞
（裴李岗文化，舞阳贾湖出土。河南省文物考古研究所：《舞阳贾湖》，科学出版社，1999年，彩版二五）

打制骨器，其类型可分为刮削器、尖状器及铲状器等，其中以刮削器为主，尖状器和铲状器偶可见到，加工痕迹在骨片（包括部分保存骨管和关节的碎骨）的一端、一侧或两侧。新石器时代，骨、角、蚌器被大量使用，如属于仰韶文化的郑州大河村遗址出土大量的骨、角、蚌器，种类繁多，有生产工具骨镞、骨凿、骨锥、骨鱼叉、角锤（图1-6）、蚌刀、蚌镞等，生活用具有骨针、骨簪、蚌环等。

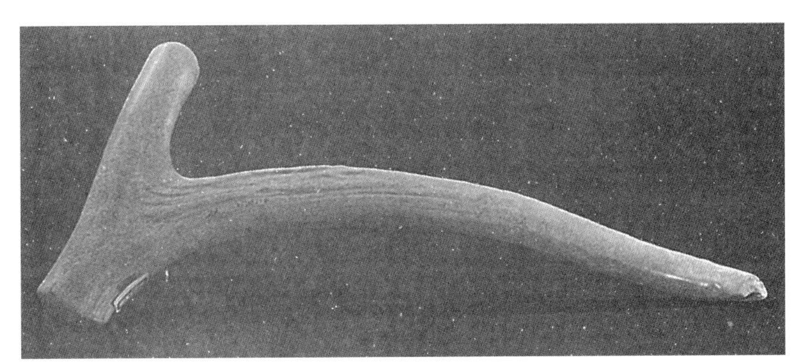

图1-6　角锤
（仰韶文化，郑州大河村出土。郑州市文物考古研究所：《郑州大河村》，科学出版社，2001年，图版一三二：3）

第三节　原始农业与采集、渔猎技术

一、史前中原地区的农业科技

早期人类的经常性采集狩猎活动，逐渐使人们积累了一些有关植物和动物的知识，这些知识，正是人们驯化动植物的先决条件。在旧石器时代晚期第四纪冰期到来时，人类生存的自然条件大大恶化，开辟新的食物来源成为迫切需要。在这种情况下，人们开始尝试在居住地附近将采集来的部分植物的种子、果实种在土里，以期待它们发芽、生长、开花、结果。这个过程大约持续了几十万年的漫长时间，到距今1万年左右，随着全新世早期高温期的到来，中原地区的原始农业便在这种有利条件的孕育下得以诞生。动物的驯化也在同步进行中。

目前中原地区发现最早的旧石器向新石器转化时期的文化是李家沟文化，其时代为距今10500～8600年[①]。以后发展至裴李岗文化，距今为8000 ～ 7000年。通过对裴李岗文化留下来的遗物进行分析，人们推测，当时农业已脱离最原始的状态，其源头可能应为距今1万年前后的李家沟文化。中原地区的原始农业也大致经历了刀耕火种、锄耕农业和犁耕农业三个阶段。

在农业起步的最初阶段，人们没有专门的农业生产工具，还是沿用旧石器时代经常使用的石斧、尖头木棒、石刀、石磨盘、石磨棒来垦耕土壤或对收获物进行加工。由于生产力水平的低下，生产工具的原始，当时农业生产的规模非常小，生产过程只有播种和收获两个环节。发展到一定阶段后，进入“刀耕火种”阶段，即首先选择好地面，一般都是在临近河床的二级阶地，然后把树木砍倒，晒干后放火焚烧，这样一来，焚烧的树木灰烬成为良好的肥料，最后再用手或尖头木棒来戳穴播种，等到收获季节时用石刀收割。这种耕作方法粗放简单，一般情况下，耕种一年后，土壤的肥力就大大下降，无法再继续生产，于是把其撂荒，另觅新地。这种耕作方法属于撂荒制中的生荒阶段。在生荒阶段，土地利用率极低，人工养地的能力很差，地力耗尽后，只得把它放弃，利用自然力量让其重新恢复。据推算，这种撂荒时间有十几年至三四十年不等。这种低下的生产力，致使人们要不断地更换住所去寻找可适于耕种的土地，所以这一阶段遗留下来的农业遗址，往往文化堆积比较薄，目前中原地区尚未发现这样的考古遗址，其工作只能留待考古工作者来做了。

锄耕农业阶段，中原地区农业又有了进一步发展。一方面出土有农作物遗存、家猪遗骨的农业遗址增多了，另一方面在遗址中发现用来储藏粮食的口小底大的袋状窖穴也增多了。这一时期，中原地区农业生产中出现了犁这种新式工具，孟津小潘沟、镇平赵湾等遗址中都出土有原始的犁形器。这种农具与耒耜相比，结构复杂，已初步具有动力、传动、工作三要素的特征，是当时中国最先进的农具。它使掘土方式变为连续式的由后向前的水平作业，破土功效大大提高[②]。尽管当时使用得还不多，但它的出现，说明中原地区的农业已进入一个新的发展阶段——犁耕阶段。生产工具的进步，使得人们对土地的利用年限不断延长，连种几年后再抛荒几年，抛荒的年限大大缩短。

在农作物种植方面，中原地区从裴李岗文化起，就走向了多样化的道路。裴李岗文化，主要分

---

① 王星光：《李家沟遗址与中原农业的起源》，《中国农史》2013年第6期。

② 宋树友：《中华农器图谱》，中国农业出版社，2001年，第6页。

裴李岗类型和贾湖类型，它们的分界线在临汝、长葛一带，临汝中山寨、长葛石固遗址具有这两个类型的特色。裴李岗类型和贾湖类型在农业上最大的区别在于，裴李岗类型的农业属于粟作农业，贾湖类型以稻作农业为主。新郑沙窝李遗址属于裴李岗类型，其第二层就发现有分布面积0.8～1.5平方米的炭化粟粒，在舞阳贾湖遗址中，发现有炭化稻和稻壳印痕，经鉴定为栽培的粳稻。根据考古实物，专家论证淮河上游地区可能是粳稻的起源地之一[①]。这说明中原地区不仅是粟作农业的起源地之一，也是稻作农业的发源地之一，中原地区在新石器时代存在一个“粟稻混作区”。其稻作农业与南方地区似存在传播交流关系。

图1-7　炭化粟粒

（郑州市文物考古研究所：《郑州大河村》，科学出版社，2001年，图版五二：4）

仰韶文化、龙山文化时期，农作物的种植不仅仅局限于粟、稻两种农作物，黍、麦、麻等农作物都已被种植（图1-7）。

在原始社会时期，由于当时的生产力水平比较低下，种植业并不能满足人们生活的需要，所以采集、渔猎仍是人们重要的谋生手段，只不过随着生产的发展，它们在人们的生活中所占的比例越来越小，这可从农业在人们饮食结构中所占的比例来说明。古代食谱测定结果表明，在仰韶文化时期，人们食物结构中的C_4植物已接近50%，而粟、黍为C_4植物，这就说明当时粟作农业已占人们食物来源的一半左右，农业生产此时已成为决定性的经济部门。到龙山文化时期，通过对陶寺人的食物结构做^{13}C测定，发现当时人们所吃的食物中70%为C_4植物[②]，这反映了龙山文化时期粟作农业的进一步发展（图1-8）。

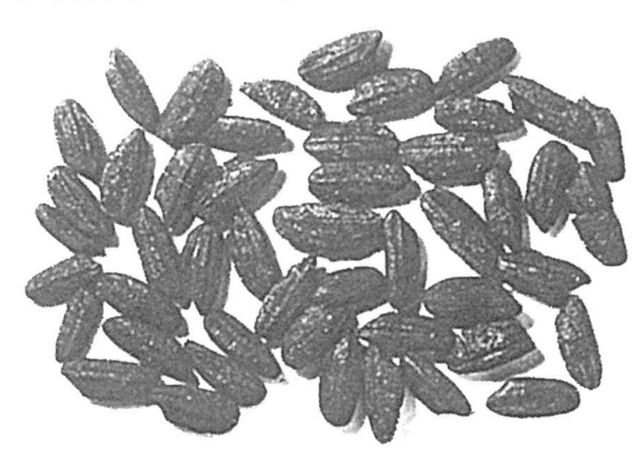

图1-8　炭化稻米

（裴李岗文化，舞阳贾湖出土。河南省文物考古研究所：《舞阳贾湖》，科学出版社，1999年，图版二一三：3）

在裴李岗文化遗址中，还发现有猪、羊、狗、黄牛、水牛骨骼和陶塑猪头、羊头等原始艺术品，证实了当时原始的畜牧业已经产生。到河南龙山文化时期，古代所谓的“六畜”都已被中原古人所饲养。可以说，几千年来，这些家畜一直是中原农家普遍饲养的对象。

二、采集、渔猎技术

在农业出现之前，人类的食物主要来源于采集到的野生植物的果实、根茎和捕获的野生动物。

---

① 张居中等：《舞阳史前稻作遗存与黄淮地区史前农业》，《农业考古》1994年第1期。

② 蔡莲珍、仇士华：《碳十三测定和古代食谱研究》，《考古》1984年第10期。

旧石器时代，采集为人类提供了稳定的食物来源，而狩猎的收获是不稳定的，所以采集是当时经济的主要成分。当时的自然分工是，男子的主要工作是打猎，妇女负责采集，妇女对维持部落的生产和发展较男子发挥的作用更大，所以最初的氏族为母系氏族。

采集到的食物多种多样，主要是植物的果实、种子、植物根茎及一些可以吃的昆虫和软体动物。南召人生活在靠近河流的地方，那里有大片的草原和丛林，大量的植物是南召人采集食物的对象，他们以采集植物种子和果实为食。有学者推测南召人还利用尖状石器挖掘埋在地下的植物块根和块茎为食，只是植物块根和块茎难以形成化石，考古极难发现。

旧石器时代，狩猎多是一种集体活动，猎取的动物是食物来源的一个补充。南召人既捕获鹿、牛、马等食草动物，也捕获熊、狗等凶猛的食肉动物。南召人开始使用弓箭，在南召小空山洞内发现一尖状石器，长24、宽18、厚6毫米，修理痕迹细致平整，外形近似石镞。该石镞与山西峙峪遗址出土的石镞无论在打制方法上还是在形状上都十分相似。石镞的出现，表明当时已经有了弓箭。弓箭的发明和使用对狩猎活动的意义极其重要，利用弓箭，可以提高狩猎效率、远距离射杀野兽，大大减少了狩猎的危险。

新石器时代，弓箭被广泛应用于狩猎活动中。在中原地区新石器时代的各个遗址中大量发现石、骨、蚌等质料制作的箭头。舞阳贾湖遗址出土骨镞278件，按铤部特征，可分为绑附式、镶杆式和插杆式。鱼镖是此时期常见的捕鱼工具。舞阳贾湖遗址出土鱼鳔152件，是数量仅次于镞的大类器物[①]。

第四节　原始手工业技术

一、原始的纺织技术

中原地区的先民在纺织技术发明以前以采集到的树叶、茅草或狩猎所得的兽皮、羽毛等制作衣物来御寒遮羞。新石器时代早期的舞阳贾湖遗址发现大量骨针，这些骨针制作精巧，制作技术已经成熟，说明骨针的出现已经有很长时间了，推测中原旧石器时代晚期的人们已经掌握了缝纫技术，能够利用兽皮等缝制衣物。

新石器时代晚期，中原先民掌握了纺织技术。中原先民最初使用的纺织原料是采集野生植物的纤维，如野麻、野葛、树皮等。农业生产出现后，人们开始种植麻、葛和养蚕抽丝。大麻又称火麻、疏麻、浅麻等，大麻单纤维长度为150～255毫米，强力约42克，呈淡灰黄色，质坚韧、粗硬、弹性差、不易上色，能用以纺织粗纤维。大麻在中原地区的种植历史悠久。郑州大河村遗址出土了不少大麻种子，距今5000多年，说明当时可能已经开始人工种植大麻了[②]。葛又名葛藤，茎皮中含有约40%的纤维，纤维长度为5～12毫米。新石器时代晚期人们已经使用葛皮制衣了。《韩非子·五蠹》记载尧“冬日麑裘，夏日葛衣”，《史记·五帝本纪》记载“尧乃赐舜絺衣”，絺为稀葛布。尧是传说中远古时代的部落联盟首领，说明葛织物是当时一种较为高级的衣料。

① 河南省文物考古研究所：《舞阳贾湖》，科学出版社，1999年，第901页。

② 郑州市博物馆：《郑州大河村遗址发掘报告》，《考古学报》1979年第3期。

纺坠是最古老的纺纱工具，出现于新石器时代初期，由轮杆和纺轮组成。轮杆一般由木、竹制成，木、竹易腐，考古中很难发现。纺轮通常由陶、石、骨、玉等制成，在考古中多有发现。新石器时代中原地区出土了大量纺轮。河南境内的裴李岗文化、仰韶文化、龙山文化等遗址都出土了大量的石质和陶质纺轮，其中仅淅川下集黄楝树遗址就出土陶纺轮263件。纺轮的大批出土，说明当时已经普遍使用纺轮纺纱了。出土的早期纺轮，一般由石片或陶片经简单打磨而成，比较厚重，形状不很规范，有鼓形、圆形、四边形等，适合纺较粗的纱线。晚期的纺轮轻薄而精细，多由细土专门烧制，侧面多呈扁平状和梭子状，有的轮面还有纹饰，可以纺更纤细的纱（图1-9）。

图1-9　有纹饰的陶纺轮
（河南省文物研究所、郾城县许慎研究所：《郾城郝家台遗址的发掘》，《华夏考古》1992年第3期，第82页）

中国是蚕丝的发源地，在新石器时代，人们已经开始利用蚕丝，养蚕缫丝是我国古代在纤维利用上最重要的成就，是对世界纺织技术的一项极为重要的贡献。1984年考古工作者在郑州荥阳青台村仰韶文化遗址出土了一批丝织物残片，这些遗物距今约5600年，是我国北方迄今发现的最早的丝织品实物。青台遗址还出土数百件纺织工具，有陶纺轮、石纺轮、陶刀、石刀、蚌刀、骨币、骨锥、骨针、陶坠、石坠等。由此可见，新石器时代晚期，中原已经利用蚕丝，并掌握了养蚕缫丝技术。传说最早发明推广育蚕技术的是黄帝的元妃嫘祖，嫘祖所处的时代与青台遗址出土的丝织品时代相吻合。

二、陶器的制作技术

在旧石器时代，人们在烧烤食物的过程中发现，经火烧烤后原来松软的泥土会变硬，经火烧过的地面能耐雨水冲刷，从而逐渐认识到泥土在火的作用下会变得坚硬的特性。在长期的生产和用火实践中，人类逐渐掌握了黏土的性能，认识到黏土和水掺和后具有可塑性，干后可定型，被火烧过后具有坚硬、不漏水和耐火的特点，可以用手随意把它塑造成各种形状，经过曝晒或火烧，即可盛放东西。因此，陶器是随着人类在用火烧烤食物和取暖的过程中，经过长期观察，不断实践和反复试验而发明的，是人类第一次利用自然、改造自然，制造出自然界所没有的物质来作为用具的一大发明。陶器的制造是人类技术史上的一项重要成就。陶器的出现在人类发展史上具有里程碑的意义，是人类从旧石器时代迈进新石器时代的一个重要标志。

从河南裴李岗文化、仰韶文化和龙山文化时期的陶器来看，其制作大致有选料、淘洗、制坯、纹饰、晾晒、烧结等程序。制陶首先要选料，即制备陶土，泥质类陶器是就地取材，一般选择遗址周围沙粒少的黏土作为陶土。选好的陶土一般要放进淘洗池内淘洗，陶土经沉淀，反复揉打，具有一定的韧性，便于制作陶器。裴李岗文化早期的泥质陶器多选用天然黏土，未经人工淘洗，但中期以后的陶土已经开始淘洗。贾湖遗址就发现一处淘洗池。

裴李岗文化时期，陶器以手制为主。将加工好的陶泥制成泥片或泥条，再用泥片或泥条盘筑成陶器器形。为防止炊具类陶器烧裂，在陶土中加入石英砂、云母片、滑石粉等羼和料。仰韶文化时期，开始出现慢轮，此时期的陶器经慢轮修整的增多，器壁厚薄均匀，器形明显规整（图1-10）。慢轮是一种以脚踏作为动力的圆盘，泥料在转动的圆盘上用圈（圜）筑法制成陶器毛坯。龙山文化

图1-10　彩陶钵
（郑州市文物考古研究所：《郑州大河村》，科学出版社，2001年，图版一三：1）

图1-11　彩陶双联壶
（郑州市文物考古研究所：《郑州大河村》，科学出版社，2001年，图版一三：2）

时期，出现了快轮制陶技术，陶器制作的质量和效率都大为提高。快轮制陶是利用轮盘快速旋转所产生的惯性力直接将泥料拉坯成形，一些小的陶器如碗、器盖、杯等，可以一次成形；大型陶器如高柄豆、圈（圜）足盘、高领瓮等，可以分段制作然后接合而成。龙山文化时期的袋足陶器的制作还使用了模制法。河南安阳市后冈遗址出土有龙山文化的鬲（或甗）的内膜，空心、轮制，将它置于该遗址出土的袋足内正合适。模制法是先制成袋足模，然后制成袋足，最后将袋足与轮制的上半身粘接成袋足器。

陶器的毛坯成形后，要经过修整，如拍打、滚压纹饰、器物颈肩部的打磨等。这些修整多是在陶坯未干时进行的。陶拍拍打毛坯表面，为了使之光滑，或为了拍压纹饰。很多陶器上的绳纹是利用圆形木棍绕绳子，在未干的陶坯上滚压而成。滚压的方向不同可出现竖绳纹、斜绳纹、交错绳纹等。陶坯颈肩部的打磨多是在轮子上抹平或磨光。陶坯制成后要进行晾晒，等待烧制。舞阳贾湖遗址发现有专门晾晒陶坯的晾坯棚（图1-11）。

陶坯的烧结是制陶的最后一道工序，也是最关键的一步。从早期陶器多有生烧、陶体烧结程度不均来看，此时的陶器可能是露天烧结的。随着陶器烧结技术的不断改进，到裴李岗文化时期，烧制陶器多使用简单的横穴式陶窑。到了龙山文化时期，多用竖穴窑烧制陶器。这种竖穴窑较裴李岗文化和仰韶文化时期的横穴窑前进了一步。河南陕县庙底沟龙山文化时期的陶窑为竖穴窑。窑体由火膛、火道、窑室三部分组成，窑室位于火膛之上，火膛较深，位于窑底的火道分三股主火道，两侧的主火道还有支火道，火道上还分布有多个火孔。窑室呈圆形，直径约1米。当燃烧时，由于火膛较深，一次空气供应充足，使柴、草等燃料得以充分燃烧，火焰很均匀地从窑底的火道再进入窑室，使窑内的温度提高。值得注意的是，窑壁上部往里收缩，窑室结构有利于窑内温度的提高（一般为900～1050℃），这对保持窑内温度的均匀及减小窑内各部温差是有利的。

三、原始的建筑技术

河南是中国古建筑的重要发祥地，早在原始社会，人类就在此进行建筑活动。经过近百年的考古发掘，在河南境内发现了大量的旧石器时代、新石器时代建筑遗存及一些古城址。

旧石器时代人们主要以天然洞穴为栖身之处，此时期人类居住遗址在河南境内发现多处，如南召县小空山洞穴遗址、荥阳织机洞遗址、安阳小南海原始人居住洞穴遗址。

新石器时代，人们开始建造房屋。裴李岗文化的聚落遗址内的房基均为半地穴式，有圆形和方形两种，以圆形为主，直径为2.2～2.8米，个别的达到3.7米。室内边缘或周围有稀疏的柱洞。房基设有斜坡形、阶梯形门道。房屋中间或门相对的后墙附近筑有灶，有的用草拌泥叠筑而成。室内地坪较平，用黄褐色砂土铺垫，比较坚实。房屋多为单间，也有2～4间相连的，大多为依次扩建而成，每间2～3平方米，各间有门槛或隔墙。方形半地穴房基不多，壁较直，室内地坪做法与圆形房基相同，有一处固定的用火痕迹。

仰韶文化的房屋建筑为半地穴式或地面起建的圆形与方形房子。陕县庙底沟遗址的房基可复原为两面坡式木架结构茅屋，居住面和墙基经过火烧处理后可防潮。郑州大河村遗址内发现的房屋墙壁施工程序清晰可见，先挖基槽，槽内栽木柱，缚横木和在木柱间加芦苇束，再涂草拌泥做成墙壁，用火烧烤①。淅川县下王岗聚落遗址，发现有成排的长尾建筑，发现了长达17套、29间连成一排的长屋，有单间、双间，各间面积10～30平方米，各套房屋门前有统一布局又各自开门、相互分隔的长廊。淅川县黄楝树聚落遗址，25座房基坐落在遗址东南部台地上，布局略呈庭院式，房屋形状为方形或长方形，分单间和双间两种。

仰韶文化与龙山文化之间的居住遗址，在建筑技术方面又有进步。房屋内部柱洞下多用扁平的砾石做基础；墙基是先挖沟槽，内填红烧土碎块，或铺一层平整的大块砾石，再在其上筑墙；室内地面一般在草泥土上用石灰质做成坚硬、光滑的居住面，比草泥土地面要适用、清洁、美观。

河南龙山文化的房屋多为圆形平面的半地穴式，室内为白灰面的居住面，室内地面稍低，在草泥土上涂白灰面，中央有一圆形灶，有的南面伸出一段白灰面，作为进门走道。这一时期房屋建筑的一大进步是使用了土坯做墙的技术，如永城市王油坊遗址内一房屋（F1）为地面建筑，其墙基靠里侧部分用黄褐色草泥土坯砌成，砌法与现代砌砖法类似，相间压缝，缝间用黄土黏合。土坯为长方形，一般长0.4、宽0.2、厚0.1米②。这时，还出现了高台建筑和使用木质地板等建筑形式，如淮阳平粮台古城内4号房基为高台建筑，郾城郝家台古城址内曾发现一座木地板房子③。

仰韶文化时期的郑州西山古城，距今约5300年，平面略近于圆形，面积2万～3万平方米。现存部分城墙，最高处3米，宽4～8米，它的发现将中国筑城史向前推进了近千年。城墙采用先进的方块夯筑法建造。先在生土上挖城垣基槽，在基槽内用夹板围成长方形，中间分层填土夯实，夯筑后依法向前推进，局部地段中间立柱固定夹板，四面同时填土，向高处发展。为使城垣牢固，将上层夯土块与下层夯土块错缝相叠，城垣左右两侧向上的夯土块向内收分0.05～0.1米，有的更宽，待上层夯土块完成后，取出夹板将收分处表土填实，使城垣内外两侧呈斜直状。夹板夯土块长宽不一，最长的3.5、宽1.5米，最短的长1.5、宽1.1米。夹板高30～60厘米，板厚4~5厘米，夯土厚3～8厘米，有的厚至10厘米。已揭露夯窝直径约6、深3～5厘米，呈梅花状。据此得知，夯具是用4或5根木棍集束而成，有的部位直接用木棍打实，棍痕清晰可见。从每板夯土块大小不等、厚薄不均、

① 郑州市博物馆：《郑州大河村遗址发掘报告》，《考古学报》1979年第3期。

② 商丘地区文物管理委员会等：《1977年河南永城王油坊遗址发掘概况》，《考古》1978年第1期。

③ 河南省文物研究所等：《郾城郝家台遗址的发掘》，《华夏考古》1992年第3期。

依次逐层逐块夯筑看，费工费时，是夹板夯筑的原始阶段。但它开创了使用夹板夯筑技术的先河，是中国建筑史上的一大进步。古城所用筑城之土取于城垣两侧，主要取自城垣外侧，使外侧取土处形成围绕城墙的城壕。这种就地取材的办法，既省时省力，又加快了筑城进度，是我们先祖的一大创造。

河南龙山文化时期修建了一些古城堡，主要有淮阳平粮台、辉县孟庄、登封王城岗等，有的城堡还在路土下铺设了陶质排水管道等公用设施。淮阳平粮台古城平面为正方形，总面积5万余平方米（图1-12）。该城南门道路下铺设有三条陶质排水管道，残长5米多，管道每节长0.35～0.45米，直筒形，一端稍细（直径为0.23～0.26米），一端稍粗（直径为0.27～0.32米），节节套合，铺成北

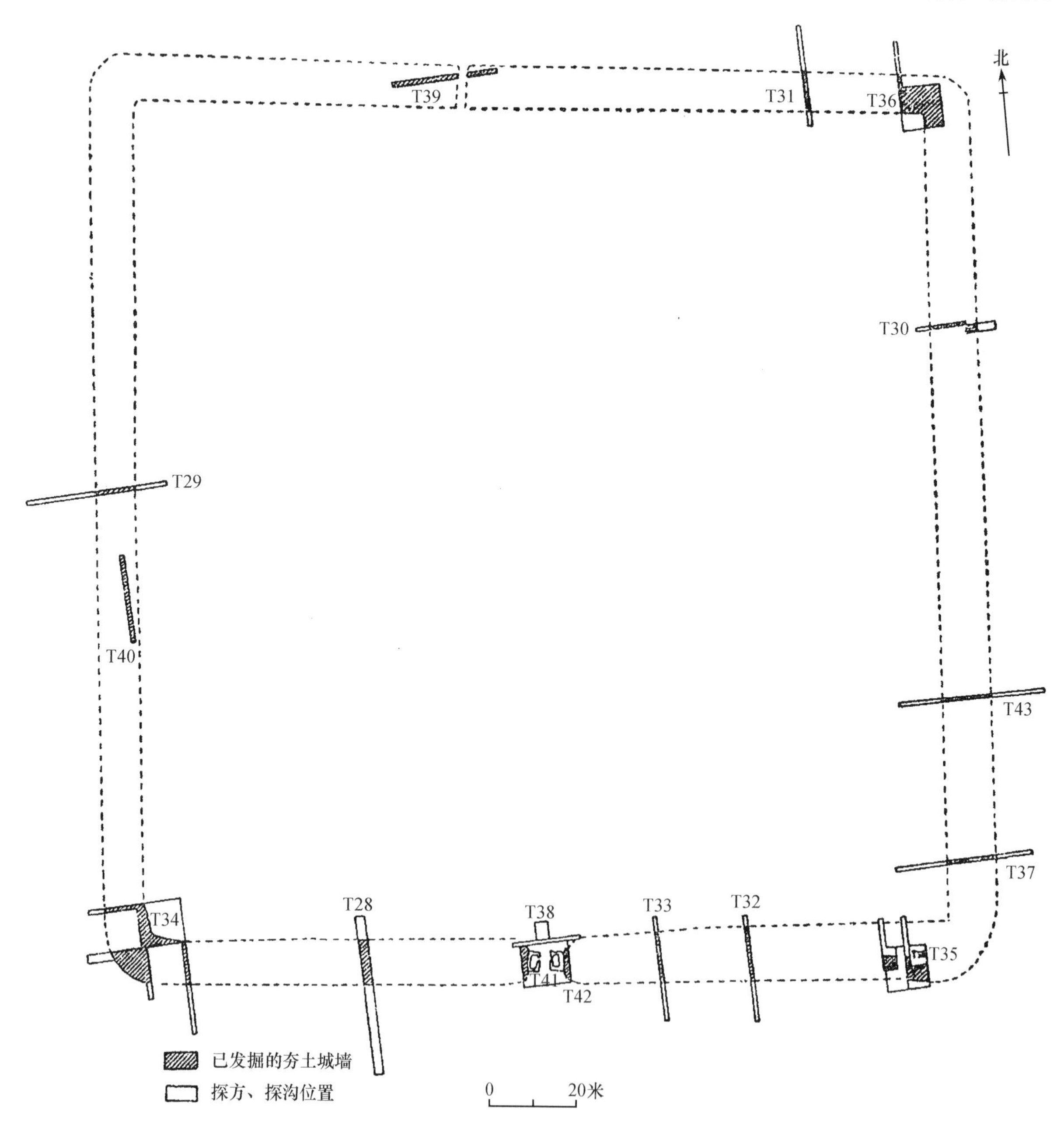

图1-12　淮阳平粮台古城平面图

（河南省文物研究所、周口地区文化局文物科：《河南淮阳平粮台龙山文化城址试掘简报》，《文物》1983年第3期）

高南低，以利排水[①]。

河南史前古城的年代在距今5500～4000年。城址一般选在滨河台地上，周围地势较高，临近有较大河流，地处平原与丘陵浅山的交接处；多为夯土筑就城垣，除少数为堆筑法建造外，多用版筑法夯筑，城外多挖壕沟，以增加其防御功能；平面多为方形，古城布局在建造时都经过统一规划、精心设计，特别是城内出现大规模的宗庙类高等级建筑，城的面积也颇为悬殊，1万～17.6万平方米，表明各城所处的政治地位的悬殊（图1-13）。

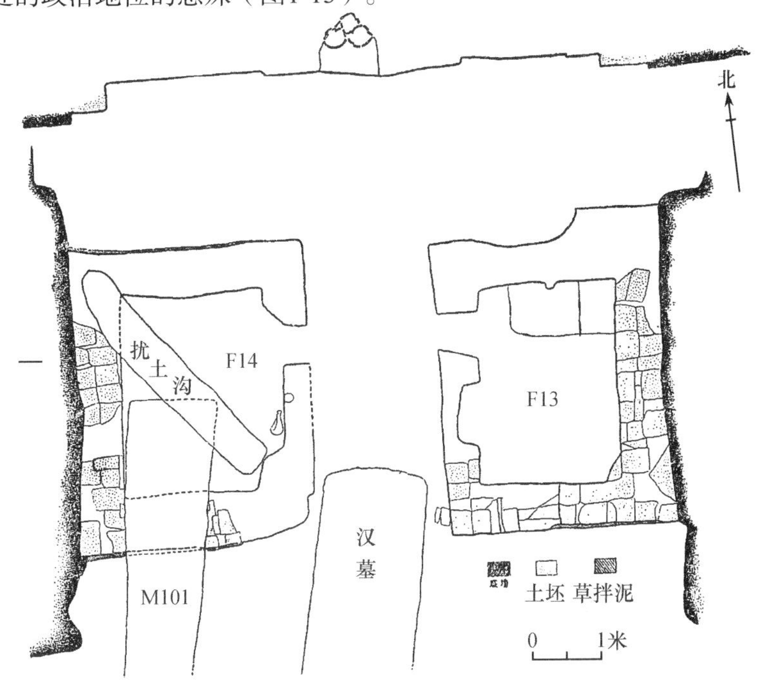

图1-13　淮阳平粮台南门和门卫房平、剖面图

（河南省文物研究所、周口地区文化局文物科：《河南淮阳平粮台龙山文化城址试掘简报》，《文物》1983年第3期）

综上所述，可以清楚地看到原始社会河南先民的居住方式与建筑发展的轨迹。漫长的旧石器时代，人们主要栖身于洞穴之中。新石器时代，人们的居住状况和建筑形式有了很大进步，从地下转到地面及台地；由单间发展到双间、套间、长排房和庭院式建筑；使用了简单的木构架；室内地面由黄沙土、草拌泥、火烧面发展到白灰地面、木板地面，这种地面既坚实又防潮；从聚落发展到城堡，有了道路、排水管道等公用设施。这一系列变化，为夏商时期营建规模很大的都城和大型宫殿、陵墓等建筑创造了必要条件。

四、铜器的出现及冶铜技术的起源

据古文献记载，我国冶铜最早可能起源于传说中的黄帝时期。在古文献记载中，最早的铜器是鼎和刀。“闻昔泰帝，兴神鼎一，一者壹统，天地万物所系终也。黄帝作宝鼎三，象天地人。禹收

① 河南省文物研究所、周口地区文化局文物科：《河南淮阳平粮台龙山文化城址试掘简报》，《文物》1983年第3期。

九牧之金，铸九鼎，皆尝亨鬺上帝鬼神。遭圣则兴，鼎迁于夏商。”[①]“黄帝采首山铜，铸鼎于荆山下。”[②]“此刀黄帝采首山之铜铸之。”[③]

河南龙山文化中晚期，中原地区已经发现了铜器和冶铜实物。河南省登封市告成镇王城岗遗址一个属于龙山文化四期的灰坑（H617）中出土一块铜器残片，残宽6.5、残高5.7、壁厚0.2～0.3厘米，呈凹弧状。此残片为含铅的锡青铜铸件，可能是铜鬶的腹或袋状足上部处残片。从器表的烟熏痕迹来看，此器为实用器。龙山文化时期的郑州牛砦遗址和临汝煤山遗址都出土有熔铜炉壁残块，有铜液痕迹。淮阳平粮台遗址的龙山文化灰坑（H15）发现铜绿色铜渣一块。

从对上述河南龙山文化遗址中出土的冶铜遗物分析研究，证明最迟到龙山文化中期，中原地区已经初步出现冶铜甚至青铜冶铸技术。也就是说，龙山文化中晚期是中国远古铜器时代的较早期阶段，这时的冶铜技术已经有一定的初步发展，并具有以下特点[④]。

首先，冶铜遗物的出土还比较零星，尽管已能炼出铜并能铸出简单的小件铜器，但这时冶铜技术仍然处于萌芽、初始和探索阶段。牛砦遗址和汝州煤山遗址发现的两块熔铜炉壁残块，说明炼铜与熔铜可能已分开进行。很可能此时的冶铜技术已发展到冶炼粗铜在山区、精炼熔铸在平原或重要居住区的分工阶段，而不是冶熔同处的最原始阶段。

其次，从熔铜炉的情况看，煤山遗址的熔炉为泥质。特别是有的炉内壁有六层炉衬熔液，表明熔炉已发展到多次熔炼使用的新阶段，并非一次性熔炼的原始阶段。据研究推测，最早冶铜时可能是破炉取铜，一座炉子只使用一次，而且熔炉容积较小。

再次，经成分分析，汝州煤山遗址熔炼的是红铜，这可能与当地的单生铜矿资源有关。王城岗文化四期的铜鬶形器的成分则是铅锡青铜。这可能表明，在早期，受矿源的决定，在单生矿区冶炼的是红铜，而青铜的起源则可能与在共生矿区进行冶炼有关。

最后，从器形和铸造技术方面观察，登封王城岗四期出土的铜器残片，属于一种器形比较复杂的薄壁容器（壁厚2～3毫米），若作为铜鬶，它的铸造工艺会是较为复杂的。

第五节　自然科学知识的萌芽

一、天文学知识的萌芽

中原地区的先民，早在旧石器时代，在采集和渔猎生产中，就对太阳的出没、月亮的圆缺、寒来暑往、物候等有了一定的认识。进入新石器时代，农牧业生产成为社会经济主体，农业收成的好坏主要取决于天时，人们需要掌握季节的变化规律。中原地区先民的天文历法知识是在生产实践中逐步积累起来的。到了新石器时代中期，人们已经运用对天象的观测来确定时间、方位和季节了。

---

① （汉）司马迁：《史记》卷二十八《封禅书》，中华书局，1959年，第1392页。

② （汉）司马迁：《史记》卷二十八《封禅书》，中华书局，1959年，第1394页。

③ （汉）郭宪：《洞冥记》卷三，《文渊阁四库全书·子部·小说家类》第1042册，台湾商务印书馆，1986年，第307页。

④ 李京华：《关于中原地区早期冶铜技术及相关问题的几点看法》，《中原古代冶金技术研究》，中州古籍出版社，1994年，第16～19页。

仰韶文化时期的大河村人对太阳进行了观测，并把太阳的形象以彩绘的形式表达出来。郑州大河村仰韶文化遗址出土的一片彩陶绘有太阳的图像，此图中间为红色的圆心，四周为褐色发射状太阳光芒（图1-14）。

图1-14　有太阳图像的彩陶片
（郑州市文物考古研究所：《郑州大河村》，科学出版社，2001年，图版三〇：2、3）

从发掘的新石器时代墓葬和房屋的朝向来看，人们已经有了明确的方位观念。舞阳贾湖遗址墓葬朝向以西为主，次为西南，少量为西北，不见东、南、北三个方向[①]。这些墓葬的朝向与天文关系密切，表明当时很可能有了以日落定西方的固定概念。河南淮阳平粮台龙山文化城址发掘的房屋朝向均为南[②]。可见，当时人们已经掌握了确定方位的方法，有明确的四方观念。

早在新石器时代，中原地区已经形成了“四象”观念，四象是中国古代天文学坐标体系的雏形。1988年在河南濮阳西水坡的一座距今6000多年前的仰韶文化墓葬中有了惊人发现。此墓葬中墓主人头朝南，脚朝北，在其身体的东侧有用蚌壳摆成的龙形图案，其东侧是用蚌壳摆成的虎形图案，脚边正北有用两根人胫骨和蚌壳摆成的勺形图案。中国古代把全天黄、赤道附近的天区分为二十八宿，二十八宿按东南西北四个方位分为四组，每组七宿，人们根据各方星宿的形象加上想象，组成一种动物之像，四方之星像即为四象。四象中，东为苍龙，角、亢、氐、房、心、尾、箕，有46个星座；西为白虎，奎、娄、胃、昴、毕、觜、参，有54个星座；南为朱雀，井、鬼、柳、星、张、翼、轸，有42个星座；北为玄武，斗、牛、女、虚、危、室、壁，有65个星座。濮阳西水坡墓葬中墓主人东为龙、西为虎的造型正是四象观念的体现。中国的四象、二十八宿星官体系到汉代最终完善，之后的天文观测中，一直使用这一星官体系（图1-15）。

① 河南省文物考古研究所：《舞阳贾湖》，科学出版社，1999年，第140页。

② 河南省文物研究所、周口地区文化局文物科：《河南淮阳平粮台龙山文化城址试掘简报》，《文物》1983年第3期。

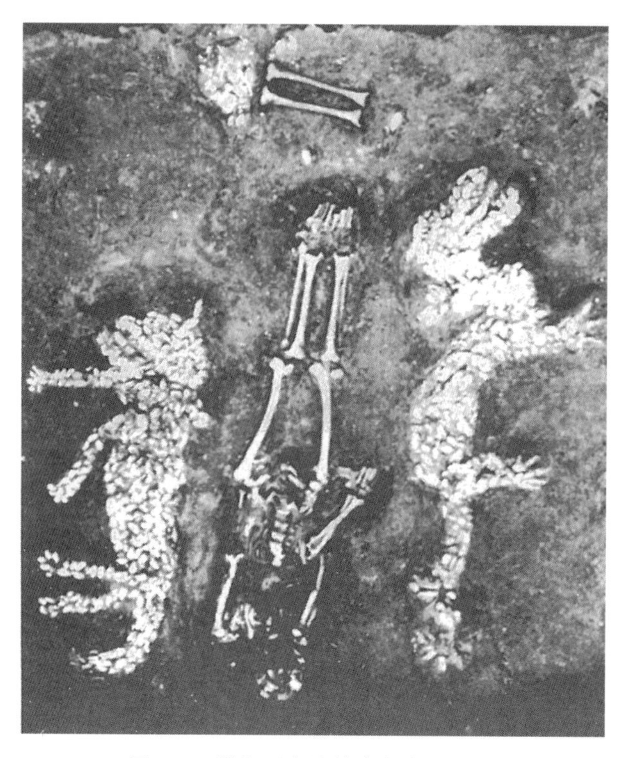

图1-15　濮阳西水坡蚌壳龙虎北斗图
（杜石然主编：《中国科学技术史·通史卷》，科学出版社，
2003年，第42页，图1-33）

二、物理化学知识的萌芽

人类区别于其他动物的显著特征之一就是具有思考能力，有了观测和思考的能力，人们便会在生产和生活实践中，逐步加深对身边物质的物理性质和化学性质的认识。在实践中人们对力、声、光、热等现象及物质形状和性质的变化有了直观的认识，并自觉和不自觉地运用这些知识来制造生产工具和生活用具。

早期的物理学知识体现在石器、弓箭、乐器等的制造上。在生活实践中，人们知道用坚硬的石块可以比较容易地砸开坚果的果壳，用带刃的刮削石器可以较容易地刮兽皮和树皮，尖状石器可以较容易地挖出植物地下的块根。弓箭是利用材料弹性势能的原理，通过把人类自身的力量和物体的弹力结合起来，变势能为箭镞的动能，使箭镞射向远方，从而达到射杀目标物的目的。在中原新石器时代的遗址中常发现大量的骨镞，说明当时人们已经普遍使用弓箭了。弓箭的发明是人类技术的一大进步，是物理学应用技术的典范。中原先民很早就对声学知识有所了解，知道风吹空腔可以发出不同的声音，在人为控制下风吹空腔发出的声音可以延长和缩短。新石器时代，人们运用已经掌握的声学知识制造出了能吹奏优美音乐的乐器。舞阳贾湖裴李岗文化遗址出土了一批骨笛，距今约8000年，多为七孔，已经具备了七声音阶结构（图1-16）。濮阳贾湖遗址出土的骨笛是先民利用声学知识的杰出代表。

化学知识的萌芽最初体现在用火、制陶、冶铜、酿酒等方面。中原先民很早就学会了用火，安阳小南海遗址、南召小空山遗址、荥阳织机洞遗址等洞穴都发现有灰烬层和烧过的兽骨，这些都是人工用火的遗迹。中原先民最初使用的火源应是自然火，后来在摩擦起火的启发下，学会了人工取火。火本身就是一种化学反应，主要是草木中的碳与大气中的氧在高温下产生二氧化碳，并在这个过程中不断释放热量和光。最初人们利用火释放的热量取暖和烧烤食物，利用火发出的光照明和驱赶野兽。火能改变很多物质的物理性能和化学成分，虽然当时人们不知道其中的科学道理，但在长期熟练运用火的基础上，逐渐摸索出了制陶和冶铜技术。

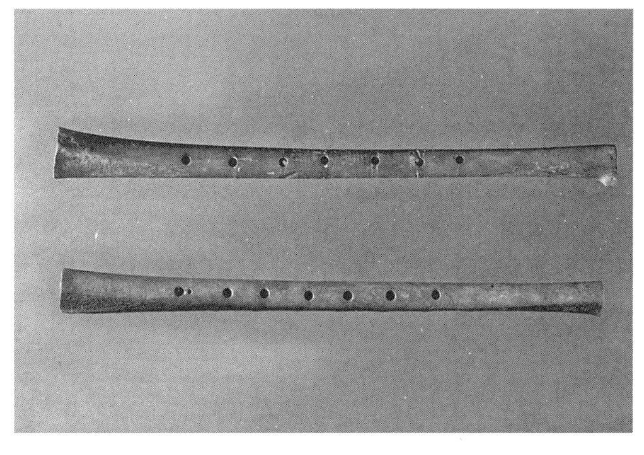

图1-16　舞阳贾湖骨笛
（河南省文物考古研究所：《舞阳贾湖》，科学出版社，1999年，彩版40）

烧制陶器的过程就是把黏土加热烧烤，改变其化学成分和结构的过程。长期积累的烧陶经验使人们知道，用不同的陶土加入不同的羼和料，在不同的烧制温度下，烧制出的陶器性能、外观等理化性质不同，据此，人们烧制出适合不同用途的陶器。新石器时代中晚期，铜的冶炼技术在陶器烧制技术的基础上出现了。人们在烧制陶器等过程中，逐步发现孔雀石在较高温度下可以炼出青铜，青铜是合金，是自然界所没有的、人工制造的物质，其有延展性和韧性，可以根据需要铸造出不同形状和性能的青铜器具。用青铜铸造的器具有石器具和陶器具所不具有的诸多优点。冶铜技术的出现是人类科技史上的巨大进步，是人类对化学知识运用达到一定高度的质的飞跃。酿酒是另一种原始先民运用化学知识的杰作。对贾湖裴李岗遗址出土陶片上残留的酒石酸分析，其化学成分与现代稻米、米酒、葡萄酒、蜂蜡、葡萄丹宁酸包括山楂的化学成分相同，表明新石器时代中原地区的人们已经掌握了酿酒技术。推测，最初的酒可能是人们无意中发现的。堆积的粮食或水果自然发酵形成酒，人们发现这种酒有一种特殊的味道，且对缓解疲劳、疾病的治疗等有一定的功效，于是人们开始尝试人工酿酒，并有意识的改进酿酒技术。

三、数学知识的萌芽

中原地区的原始先民与我国乃至世界其他地区的人类一样，在生活和生产实践中不断积累有关事物的数量和形状的知识，成为自然科学基础的数学随之萌芽。

对“有”与“无”、“多”与“少”的认识是人们识数的开始，进而知道了“一”和“多”“二”“三”等的区别，之后知道的数目逐渐增多。早期的记数方法有石子记数、结绳记数和刻痕记数等。石子记数是采用一一对应的原则进行记数的方法。舞阳县贾湖裴李岗文化遗址出土的装在龟甲中的石子是石子记数的遗物。1987年，考古工作者在该遗址的20多座墓葬中发现大量的装有石子的龟甲随葬品，这些龟甲和石子可能与占卜有关，石子都是数过的（图1-17）。从石子数量分布情况来看，贾湖人或许已经有了三位以上整数的观念。从部分墓葬中发现的龟甲数目都是2、4、6、8等偶数来看，贾湖人可能已经认识了奇偶数的规律。结绳记数的实物因易于腐烂而难以发现，但可以推断，中原先民应该使用过此种记数方法。贾湖遗址的很多随葬品上发现有刻痕记数

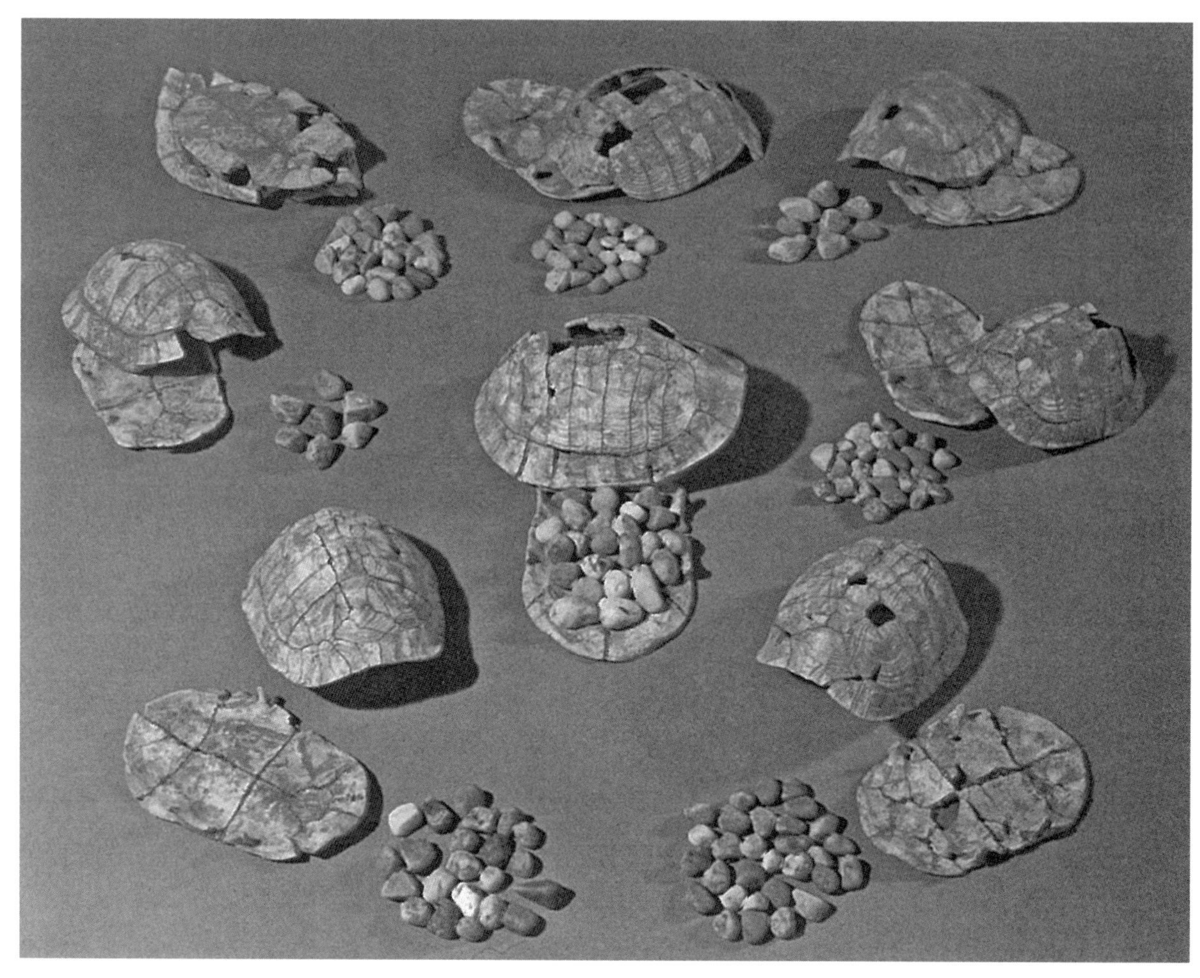

图1-17　舞阳贾湖龟甲及内装石子
（河南省文物考古研究所：《舞阳贾湖》，科学出版社，1999年，彩版四二：2）

的遗迹。该遗址出土的众多随葬品上有大量的刻契符号，有些符号类似于甲骨文和金文中的数字。殷商时期人们对自然数的认识已经相当成熟，对数的认识必然经历了相当长的发展过程。贾湖随葬品上或横或竖的一道或多道直向刻痕，应是人类早期记数遗迹。

舞阳贾湖遗址出土16支完整的骨笛，这些骨笛是截取飞禽的胫骨而成，骨管的形状不是很规则，每支骨笛的粗细、长短、厚薄皆不相同。在如此不规则的骨管上能设计出多个符合音律要求的孔，说明贾湖人已经知晓从1～10的差别，且能灵活运用数的等分和不等分。

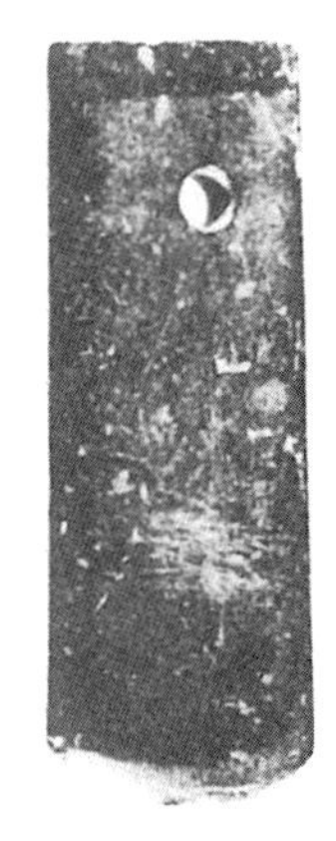

图1-18　长条形石铲
（龙山文化，郾城郝家台遗址出土）

新郑裴李岗遗址出土的石器有石磨盘、石磨棒、锯齿镰、长条形石铲（图1-18）等，从这些石器器物形状来看，人们已经有了平面、球、圆、柱、平行、垂直等初等几何观念（图1-19）。从仰韶遗址出土的陶器器形及其复杂的纹饰来看，人们对几何形状已经有了深刻的认识。此时期的陶器种类丰富，主要有鼎、罐、盆、碗、壶、豆、杯、瓮、尊、瓶、甑、钵、器座等，这些陶器的截口多为圆形和矩形。陶器上的几何纹饰是以点、线、面的粗细、长短、交叉、曲折的变化所表达的，主要有圆形及其变体纹、菱形纹、弧形纹、多边纹等，或为单独图案，或为连续图案。例如，1978年在河南省临汝县阎村出土的一件彩陶缸上绘有鹳鱼石斧图，画面是一只站着的鹳鸟衔着一条鱼，旁边有一带柄的石斧（图1-4）。此图将点、圆、三角形、矩形、弧形等几何图形巧妙地结合在一起，勾勒出鹳的眼睛、鱼的身体和石斧的结构。鹳鱼石斧图画面栩栩如生，是一件难得的史前艺术珍品。

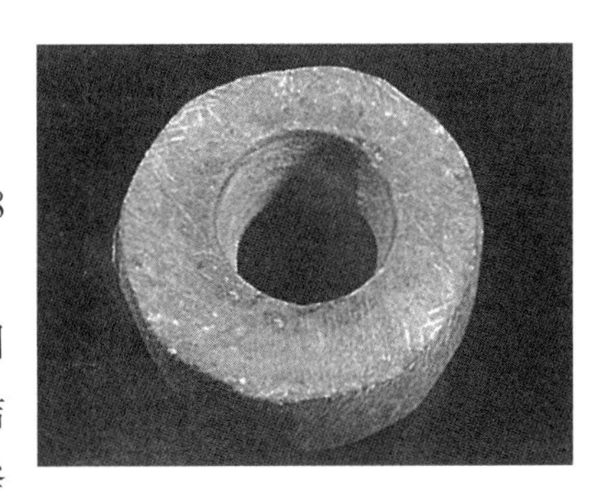

图1-19　石环
（仰韶文化，郑州大河村出土）

四、生物学知识的萌芽

由于生存的需要，人类在长期采集、渔猎过程中对作为食物来源的动植物，逐渐有所认识和了解，积累了一些生物学方面的知识。在旧石器时代，人们在采集植物的过程中，已经能够区别多种植物，知道哪些植物的果实或茎叶或块根可以食用，它们的这些部位生长到何时可以采摘。在渔猎过程中，人们熟悉自己生活的周围都有些什么动物，知道哪些威胁人身安全，哪些动物较易捕获，到什么地方、用什么方法捕获猎物。

河南安阳小南海旧石器时代洞穴遗址中，出土1种安氏鸵鸟及17种哺乳动物，哺乳动物包括刺猬、方氏鼢鼠、洞熊、狗獾、狼、豹、野驴、披毛犀、野猪、水牛、普氏羚羊等。说明这些脊椎动物都是小南海人猎取的对象，他们应对这些动物的习性有所了解。到新石器时代，人们的生物知识更为丰富，能够把自己所熟识的一些形象十分生动地描绘下来，且能进行艺术化创作（图1-20）。河南临汝阎村鹳鱼石斧彩陶缸上的鹳鸟和鱼栩栩如生，鹳鸟和鱼身体各部位的大小比例适当、结构合理。人们熟知鱼是鹳鸟的食物，艺术化地再现了鹳鸟和鱼的关系，展现自然界动物之美。濮阳西水坡蚌壳塑造的龙虎图案具有艺术气息，虎是现实中存在的动物，而龙是自然界所没有的动物，是人们综合多种动物的特点，加以想象的创作。

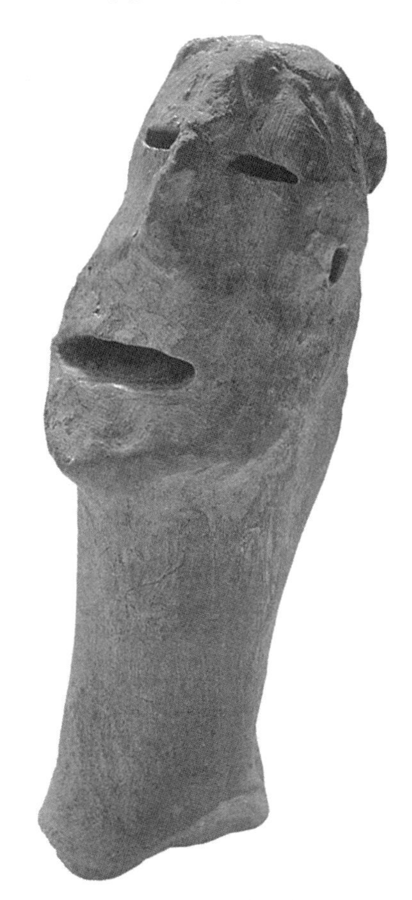

图1-20　灰陶人头
（龙山文化，郑州上街铝厂出土）

新石器时代，中原先民对生物学知识的应用集中体现在农作物的栽培和家畜的驯养技术上。中原先民对植物的知识丰富，较早地从众多植物中优选出粟、稻、麦、高粱、麻等作为农作物进行栽培。粟，又名谷子，去壳后为金黄色的小米。粟具有生育期短、适应性广、耐干旱、耐瘠薄、抗逆性强等特点，粟的子粒可食用、可酿酒、易储藏，其茎叶和谷糠可作牲畜的饲料。粟所具有的诸多优点，使它成为中原地区人们首先驯化成功的农作物之一，且长期把它作为主粮。裴李岗文化遗址中就出土有粟谷的痕迹，如在新郑沙窝李遗址的第2层中就发现有分布面积0.8～1.5平方米的炭化粟粒。稻也是中原地区人们最早栽培的农作物之一。

在舞阳贾湖遗址中，发现有炭化稻和稻壳印痕，经鉴定为栽培的粳稻。渑池仰韶村遗址、淅川下集遗址和黄楝树遗址、洛阳西高崖仰韶文化遗址、郑州大河村仰韶文化遗址、禹州阎寨村遗址、汝州李楼龙山文化晚期遗址、三门峡南交口遗址等，都发现有稻谷或稻壳印痕。新石器时代中原地区的人们还种植麦、高粱、麻等农作物。在陕县庙底沟文化遗址中发现有麦类的印痕，距今有7000年的历史①；在郑州大河村遗址中发现有一瓮高粱和麻籽炭化物②。新石器时代，中原先民的动物学知识不断丰富，从众多动物中优选出猪、羊、狗、牛等作为家畜进行驯养。在中原地区的新石器时代文化遗址中，出土有猪、羊、狗、黄牛、水牛的骨骼，还出土有陶塑猪头（图1-21）、浮雕壁虎陶缸（图1-22）。

图1-21　陶猪头
（仰韶文化，淅川县下王岗出土）

图1-22　浮雕壁虎陶缸
（仰韶文化，汝州市洪山庙出土）

第六节　医药与卫生保健的起源

一、医药的起源

中医药的起源多来自于传说。传说神农尝百草，一日而遭70毒，发现治疗疾病的药物。在河南温县至今犹有神农涧，相传神农采药至此，以杖画地，遂成此涧。此传说反映了当时先民发现药物、治疗疾病的初步尝试。黄帝为新郑一带有熊国首领，传说黄帝及其大臣多是医家，深通医道。黄帝经常问医药于岐伯，相互探讨医理。《黄帝内经》是中医学奠基性著作，其假托黄帝和岐伯之名，以君臣问答的形式写成。岐伯为当时最著名的医家，其他还有善方脉的僦

① 金善宝：《当代科技重要著作·农业领域·中国小麦学》，中国农业出版社，1996年，第18页。

② 郑州市博物馆：《郑州市大河村遗址发掘报告》，《考古学报》1979年第3期。

贷季、精于手术的外科医家俞柎、知兽疾的兽医马师皇，此外雷公、桐君、鬼臾区等亦各有所长。

二、卫生保健的起源

在石器时代，中原先民的卫生保健知识孕育于饮食起居等方面。火的使用和人工取火的发明，对人类而言是一件具有划时代意义的大事。火的使用改变了人类的饮食习惯，扩大了食物的来源，人们更多地食用经过火烧烤加热的熟食。熟食在一定程度上经过了杀菌消毒，易于咀嚼和消化，甚至更富营养，减少病从口入的机会，对身体健康十分有益。火可以取暖除湿，火的使用，对居于潮湿洞穴和处在寒冷冬季的中原先民的健康是有利的。灸、熨等外治疗法就是直接用火治病的。

中原先民居住条件的改善，有利于人们的健康。旧石器时代，人们主要栖身于天然洞穴。新石器时代人们逐步从地下转到地面及台地，室内地面多经火烧、出现白灰地面，如此，居室保暖、防潮性能增强。龙山文化的淮阳平粮台遗址的排水系统具有排水、排污等功能，这在一定程度上减少了人口聚集区的蚊蝇滋生和部分传染病的传播。

凿井取水是古代的一项重要发明。考古发掘证明，距今约5000年前已经出现了深达6～7、直径2米的生活水井。井水经过深层过滤、净化，较江河湖泊等地表水干净，饮用井水利于卫生保健。在河南龙山文化遗址的洛阳矬李、辉县孟庄、汤阴白营等遗址中都发现有水井，汤阴白营遗址中发现的水井，其四壁用4根“井”字形木棍为架，层层叠压而成，既加固井壁，也起到对水的过滤作用。

服装、被褥的出现和改进益于人体健康。旧石器时代，人们利用采集到的树叶、茅草或狩猎所得的兽皮、羽毛等制作成服装、被褥御寒。新石器时代早期的舞阳贾湖遗址出土大量制作精巧的骨针，说明人们已经掌握了缝纫技术。新石器时代晚期，中原先民掌握了纺织技术。中原地区出土大量的骨针、骨锥、纺轮等纺织工具。先民除制作粗布麻衣和葛衣外，还能制作丝织衣物，郑州荥阳青台村仰韶文化遗址发现了丝织品实物。服装既可遮阳防晒，又可御寒保暖。

第二章　中原技术和科学知识的积累（夏商周时期）

第一节　夏商周时期中原的政治、经济与科技的发展

夏朝是我国第一个奴隶制国家，夏朝的建立结束了“共天下”的局面，进入了“家天下”的局面，“普天之下，莫非王土。率土之滨，莫非王臣”就是这一政治格局的写照。禹都阳城，夏朝的政治、经济和文化中心在中原的河、洛一带。洛阳偃师二里头遗址发现大型宫殿基址，说明此处曾是夏代都城之一。夏代从开国君王大禹，到夏桀灭亡，传14世、17王，历时400余年。夏代的政治、经济和科技文化的发展为商周文明的进步奠定了基础。

商汤推翻夏桀的统治，结束夏王朝，建立了商朝。商代自建国到商纣灭国，5次迁都，但都城都在中原一带，其中早、中、晚期三个都城遗迹在河南境内已经发现，分别为洛阳偃师商城、郑州商城和安阳殷墟。说明商代的政治、经济、文化中心在中原。商代建立于公元前1600年前后，传17世、31王，历时500余年。

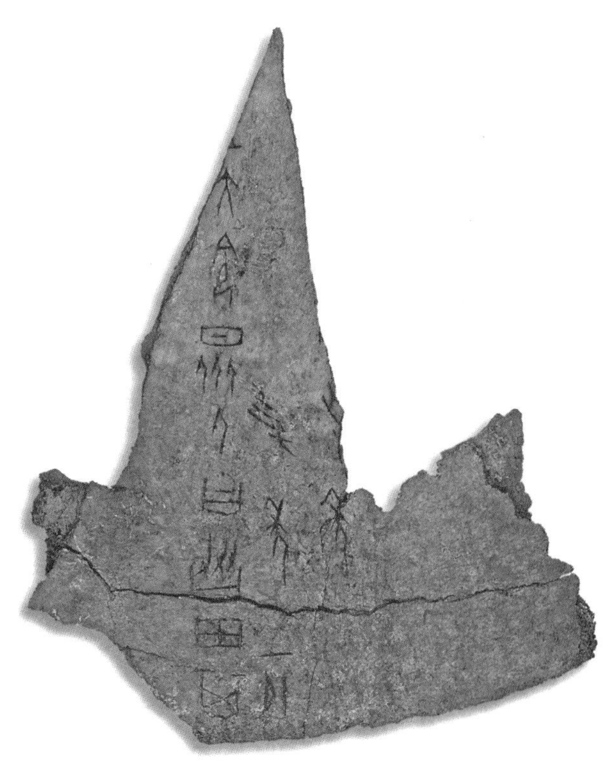

图2-1　殷商“大令众人协（劦）田”牛卜骨

西周王朝建立于公元前11世纪中叶，到公元前770年周平王东迁，共11世、12王，历时200余年。西周的东都在洛邑，洛邑成了这一时期的政治、经济和文化中心之一。

夏商周时期的政治、经济和文化有了重大发展。这个时期，随着生产力的提高、青铜农具和工具的使用和推广，农业在社会经济中的地位已经超过畜牧业，成为社会生产的一个主要部门，而采集、狩猎活动则成了农业经济的补充。人们在农业生产中采用协作的生产方式，甲骨文中商王命令众人“劦田”（图2-1），即命令众人一起耕田，周朝有“千人其耘”的农业生产记载，反映了大规模农业奴隶集体劳动的景象。

商周的手工业生产规模和工艺技术水平，达到前所未有的高度。当时政府对手工业生产十分重视，工商业多由官府直接控制和垄断，

官营的各个手工业部门，都设有专门的机构和官吏来管理。以车的制造管理为例，夏代设有专门管理的“车正”，周王朝有“工师”主管。规模较大的手工业，如车的制造、铜的冶炼和铜器的铸造等，都有细致的内部分工，制造一辆车或一件较为复杂的青铜器，需要多工种的熟练工匠密切协作才能完成。

图2-2　青铜三联甗
（商代晚期，殷墟妇好墓出土。中国青铜器全集编辑委员会：《中国青铜器全集》第2集，文物出版社，1997年，图七八）

夏商周是青铜时代的鼎盛时期，创造了灿烂辉煌的青铜文化（图2-2）。在郑州商城、安阳殷墟及洛阳成周所在地都发现有大型青铜器铸造作坊，出土大量铸造青铜器的陶范、熔炉壁残片、铜渣等。考古工作中，出土夏商周时期的青铜器较多，尤其是出土的商周时期的青铜器，数量多、种类全、工艺水平高。出土的青铜器有青铜礼器、兵器、乐器、工具、饮食器具等，器形多样，这些青铜器多有精美的纹饰，商代青铜器纹饰庄重而神秘，西周青铜器纹饰轻巧而富生活气息。有些青铜器上铸有铭文，这些铭文内容丰富，涉及政治、经济、文化等方面，西周及以前的传世文献很少，这些铭文是研究当时历史的一手材料，弥补了史料记载的不足。

商代的甲骨文和金文是迄今发现最早的中国文字，已是比较成熟的文字。文字的产生使人类脱离了野蛮和蒙昧，跨入了文明的门槛，是人类文明的一个最重大的里程碑。文字记录了人类的历史和人类生产劳动的成果，使后人能够了解历史，总结历史经验和教训，更迅速地推动历史发展进程；也使后人在前人农业、工业、科学技术等成果的基础上向前发展。

第二节　农牧生产技术

一、以种植生产为主的自然经济开始形成

夏商周时期农牧生产有了较大的进步。到了商代后期，农业在社会经济中的地位已经超过畜牧业，成为社会生产的一个主要部门，而采集、狩猎活动则完全成了农业经济的补充。

夏商王朝的中心活动地带是适合农业生产的地方。相传禹臣仪狄开始酿酒，少康创制秫酒，农业生产的发展为用粮食酿酒提供了条件。《尚书·汤誓》是成汤伐夏桀之战前的一篇阵前誓词，在此誓词中，成汤针对“我后不恤我众，舍我穑事而割正夏”的怨言，说服并激励士兵伐桀。“穑事”即农事，士兵不愿放下农活儿而去征伐夏国，他们所担心的主要是荒废了家中的“穑事”。由此可见，夏末商初人民是以农业为主业的。到商纣王酗酒以至亡国，用粮食酿制大量的酒，说明农业生产有了较大发展。从商代甲骨文中数量众多的与农业有关的卜辞来看，农业的重要性已经超过了畜牧业。周朝的经济基础仍然是农业，鉴于中原地区的政治和经济（主要是农业经济）地位，西周初年在洛邑兴建成周。成周洛邑是两周时期的重要政治、经济、文化中心之一。

夏商周时期，农作物中已经有了后世所称的“五谷”——粟、黍、稻、麦、菽（豆）等。这些

作物中，粟和黍最为重要，是此时期黄河流域乃至全国最主要的粮食作物。粟的种植最广，农官和农神多称为稷，而国家则以“社稷”代称。

此时期农业生产工具按质料分，有青铜器、石器、蚌器、骨器、木器、陶器等，以考古发掘出土的实物而论，就其数量而言，石器最多，蚌器、骨器次之，陶制农具居第四位，青铜农具最少。竹、木工具易腐朽，考古很难发现实物，其在当时的实际数量可能并不比石质的少。据陈振中统计，在今河南省境内，考古发掘出土的商代青铜农具有耜6件、镰2件、铲21件、锄7件、镢52件①。斧一般被视为手工业生产工具，但在农业生产中，开垦荒地，清除地面林木时，就必须使用斧，故斧亦可视为农业生产工具的一种。使用斧、锛、凿、锯等青铜手工业生产工具，可以较容易地将坚硬的木、竹材料加工成各式各样的适用农具，故青铜器在农业生产中的作用不能低估。

在商代，已经有青铜农具应用于农业生产，这在学界已是共识。但对商代青铜农具的普及程度，是刚开始的少量使用，还是大量使用，意见不一②。从考古出土的实物来看，有些种类的工具，如掘土翻地的镢，可能已经较多地使用青铜器了。在郑州商代二里冈南关外的铸铜遗址内，发现大量铸造青铜器的陶范，这些陶范中，能辨出器形的范块，以工具范为主，而在工具范中以镢范居多③。说明在商代早期，已经有较多使用青铜挖土农具的倾向。在安阳孝民屯商代铸铜遗址内，也发现有铸造镢的陶范块④。

商周时期统治者十分重视农业生产。不但设有专门主管农业的职官，而且从最高统治者到各级贵族、官吏都亲自参与农业管理活动。人们在农业生产中采用协作的生产方式，甲骨文中商王命令众人“劦田”，即命令众人一起耕田，周朝有“千人其耘”的农业生产记载，反映了大规模农业奴隶集体劳动的景象。

二、耕作制度和耕作技术

夏商周时期农业由撂荒耕作制、熟荒耕作制逐步向休闲耕作制转变。撂荒耕作制一般是土地耕种几年之后，地力衰竭，就要抛荒重新开垦的土地。商代前期撂荒耕作制依然存在，有学者认为，商代多次迁都的原因之一就是因为撂荒。盘庚迁殷后逐渐进入熟荒耕作制，270余年不再迁都。西周时代，开始进入休闲耕作制。

垄作的出现是夏商周时期农业生产技术的一大进步。商代甲骨文中，田字作“田”“田”“田”“田”等形，田字方框内小方块的区划，是田间的小水沟。开水沟与田间打垄是一个工序的两个方面的工作。甲骨文中有农田“作垄”卜辞，另有“尊（墫）田”卜辞，“墫田是把

① 陈振中：《先秦青铜生产工具》，厦门大学出版社，2004年，表2-1。

② 有关此问题的讨论，主要发表在《农业考古》上，主张大量使用青铜农具的一方，有陈振中等；主张开始使用或使用初期阶段的有白云翔、徐学书等。请参看《农业考古》1981年第1期、1985年第1期、1986年第1期、1987年第1期、1987年第2期、1989年第2期的相关讨论文章。

③ 河南省文物考古研究所：《郑州商城》，文物出版社，2001年，第346、365页。

④ 佟柱臣：《二里头时代和商周时代金属器替代石器的过程》，《中原文物》1983年第2期。

开荒的土地作出垄来，使它变成正式的田亩”[①]。开沟可排水亦可灌溉，作垄则有利于保墒防旱排涝。西汉时著名农学家氾胜之在其书中曾讲到，商初伊尹教民“粪种”之事：“汤有旱灾，伊尹作为区田，教民粪种，负水浇稼。”[②]氾胜之此说当有一定根据，甲骨文中“田”字的各种方块形状，就应是商代“区田”的写实。

无论生荒地还是耕垦过的熟荒地，在抛荒期间，地面上都会长满草木，要重新耕种，必先清除地面上的草木。甲骨文中有“柞”和“艿”，都是农事活动，指垦耕之前清除田面草木的工作。商代卜辞亦有中耕除草的记载[③]。西周时期中耕除草的记载越来越多，说明中耕除草已经成为农业生产活动中不可缺少的环节。

三、蚕　桑　业

夏商周时期，中原地区的蚕桑业有了初步发展。《夏小正》是夏代的历书，其中记载：“三月，摄桑……妾子始蚕，执养宫事。”大概意思是指夏历三月，桑树要进行修整，开始育蚕，把蚕养在有相应的养蚕设备的蚕室里。这是人工养蚕的最早记录。《史记·夏本纪》载，大禹平治水土后，“桑土既蚕，于是民得下丘居土”，豫州“贡漆、丝、絺、纻，其篚纤絮”，豫州进贡的物品中有丝织品。由此可见，夏代中原地区的人们已经栽桑养蚕，制作丝织品了。

商代，中原人更为重视蚕桑业。商代甲骨文中有用三头牛来祭祀蚕神的卜辞，为蚕神举行祭祀活动，说明当时蚕在人们生活中具有重要意义。基于蚕对人们服饰等方面的作用，人们在精美的铜礼器上雕刻蚕纹，乃至死后用玉蚕来随葬。在安阳大司空村殷墓和殷墟妇好墓中都发现有陪葬的玉蚕。在安阳武官村所发现的戈援上，还残留着绢纹和绢帛。甲骨文中有桑、丝等字。桑在甲骨文中是地名，可能此地以种桑树多而得名。桑字在甲骨文中出现次数很多，且形态各异，据此学者们认为，甲骨文中桑树有两种：一种是低矮而分枝多的桑树；另一种是植株高大的桑树。由此可见商代中原地区蚕桑业已有了一定程度的发展[④]。

西周时期，中原地区蚕桑业获得蓬勃发展。《诗经》中的《郑风》《卫风》《墉风》等描绘的是中原地区的情况，其中都有关于蚕桑和丝织贸易的记载。反映丝织贸易的如《卫风·氓》的“氓之蚩蚩，抱布负丝，匪来贸丝，来即我谋”；反映蚕桑的如《郑风·将仲子》的“无逾我墙，无折我树桑”，《墉风·定之方中》的“降观于桑”　“说于桑田”　“期我乎桑中”等。由这些诗歌文献来看，西周时期中原地区种桑养蚕普遍，已在宅前屋后栽植桑树，而且还有成片、生长繁茂的桑树林，蚕桑业已具有一定的规模。

---

① 张政烺：《释甲骨文尊田及土田》，《中国历史文献研究集刊》第3集，岳麓书社，1983年；《中国屯垦史》，农业出版社，1990年，第72～74页。

② 万国鼎：《氾胜之书辑释》，农业出版社，1980年，第62页。

③ 裘锡圭：《甲骨文中所见的商代农业》，《古文字论集》，中华书局，1992年，第154～189页。

④ 任克：《从甲骨文看商代桑、蚕、丝、帛业中的几个问题》，《苏州丝绸工学院学报》1995年第2期。

四、畜牧业及其生产技术

畜牧业是商人的传统经济行业，他们经营畜牧业有悠久的历史和丰富的经验。在《周易》（大壮旅卦）、《楚辞·天问》、《山海经·大荒东经》等典籍中都有关于商人的祖先王亥曾赶着畜群到有易部落放牧，结果被杀、畜群被夺，引发了一场战争的记载。《越绝书·吴内传》及《孟子·滕文公下》记载商人建国前，成汤曾用大批牛羊等牲畜馈赠夏桀的诸侯，作为结交、拉拢他们的手段。

商朝建立后，畜牧业得到进一步发展。在商代的考古发掘中，无论是早期的偃师商城、中期的郑州商城，还是晚期的安阳殷墟都出土了大量的牲畜骨骼。这些牲畜骨骼或是祭祀的遗物，或是制作工具及生活用器的遗物。在殷墟出土的甲骨文中，有用牛、羊、猪、犬等牺牲祭祀的卜辞，这些卜辞记载商人祭祀神祇少则用牲一头、数头、十头，多则数十、数百甚至上千头。商人祭祀，一次用牲成百上千，足见其畜牧业的发展程度。从文献记载、考古发掘及殷墟甲骨文我们可以确知，后世的家畜、家禽品种，在商代基本具备了。

（一）家畜及家禽的种类

商代的家畜主要有马、牛、羊、猪、犬、象等，其中象是有史以来作为家畜饲养的特例。饲养的家禽主要是鸡、鸭、鹅。这些家畜、家禽是商人肉类食品的主要来源，其中马、牛、象是商人畜力的主要来源。

1. 马

商代晚期，商人已经用马驾车，甚至骑乘代步。用马驾车的实物均发现于商代晚期的遗址中，这些遗址以河南省安阳殷墟最为典型。在安阳殷墟，自1928年科学发掘以来，共发现车马坑31座[①]。这些车马坑里的马车，一般用两马，也有四马拉一车的，有作为代步的乘车，也有战车。两马拉一车的，如安阳梅园庄编号为93AMM1的车马坑，内埋1车、2马、1人，两马分别侧卧在车辕的东西两头，呈驾乘状[②]。四马战车，如1936年春在小屯东北地的宫殿乙七基址南，发现5座车马坑，皆南北向，呈“品”字形分布，似战斗队列。其中保存较好的M20内有车1辆、马4匹和人3个，车舆内外有3套作战用的兵器[③]。

除车马同葬一坑的车马坑外，有马无车的马坑在安阳殷墟的商代遗址中亦有不少发现，有的马坑与人同葬。1987年在郭家庄发现一马坑（M51），内埋2马和一个10岁左右的少年[④]。甲骨文亦有关于马的记载，驾马车打猎的如《合集》10405，商王训练马的如《合集》13705，卜问马的品质的

① 杨宝成：《殷墟文化研究》，武汉大学出版社，2002年，第126页。

② 安阳市文物工作队：《安阳梅园庄殷代车马坑发掘简报》，《华夏考古》1997年第2期。

③ 石璋如：《殷虚最近之重要发现，附论小屯仾层》，《中国考古学报》1947年第2册。

④ 中国社会科学院考古研究所安阳工作队：《安阳郭家庄西南的殷代车马坑》，《考古》1988年第10期。

如《补编》9264[①]。

商代马的品种优良、形态高大，马体高达140厘米以上，优于我国现在的一般马，与目前国外的良种马高150～160厘米的体态近似。据1953年安阳大司空村M175号车马坑出土的马骨推测，此坑出土的马高145厘米[②]。1972年殷墟孝民屯M7发现的车马坑中的马，实测其前肩高度为140～150厘米[③]。

图2-3　牛方鼎

（商代晚期，安阳殷墟出土。中国青铜器全集编辑委员会：《中国青铜器全集2》，文物出版社，1997年，图四一）

2. 牛

商人已经养殖水牛和黄牛。商代早期的偃师商城，发现有商人用水牛和黄牛祭祀的遗迹[④]。商代养牛规模较大，在甲骨文中，祭祀用牛多达成百上千，如《合集》39531用牛500头，《合集》1027用牛千头。据1948年杨钟健、刘东生对安阳殷墟出土的哺乳动物骨骼鉴定结果，牛的骨骼，以水牛较多，黄牛次之。商代遗址及墓葬内出土铜器纹饰中的牛纹，其牛角多是带节而弯曲度较大的水牛角[⑤]（图2-3）。

3. 羊

商代早期的偃师商城发现有用羊祭祀的遗存，郑州商城二里冈时期和安阳殷墟时期的遗址内都发现有羊的骨骼。商代的羊有绵羊和山羊两个品种。杨钟健、刘东生对殷墟出土动物骨骼鉴定是殷羊（古生物学家称绵羊为殷羊），骨骼在100以上，山羊骨骼在10以下[⑥]。殷墟妇好墓出土两件圆雕玉羊头，皆卷角，是绵羊羊头[⑦]。

甲骨文中，商王用羊祭祀的数目也很大，如《合集》20699用羊1000只，《合集》301用羊600只。一次祭祀用羊如此之多，从一个侧面反映了商人养羊业的可观规模。

4. 猪

在商代早期的偃师商城内出土的动物骨骼以猪骨为多，郑州商城出土的骨料也主要是猪骨[⑧]。

---

① 《补编》9264中，《补编》是《甲骨文合集补编》的简称，9264是著录号，以下《甲骨文合集补编》皆简称《补编》。

② 谢成侠：《中国养马史》，科学出版社，1959年，第33页。

③ 杨宝成：《殷代车子的发现及复原》，《考古》1984年第6期。

④ 中国社会科学院考古研究所：《河南偃师商城商代早期王室祭祀遗址》，《考古》2002年第7期；王学荣、杜金鹏等：《偃师商城发掘商代早期祭祀遗址》，《中国文物报》2001年8月5日。

⑤ 中国社会科学院考古研究所：《殷墟青铜器》，文物出版社，1985年，附图38、39、41等。

⑥ 杨钟健、刘东生：《安阳殷墟之哺乳动物群补遗》，《中国考古学报》1949年第4册。

⑦ 中国社会科学院考古研究所：《殷虚妇好墓》，文物出版社，1980年，第163页。

⑧ 河南省文化局文物工作队：《郑州二里岗》，科学出版社，1959年，第35页。

据杨钟健、刘东生对殷墟哺乳动物骨骼的鉴定，猪的骨骼有两种，较多的一种为肿面猪，另一种为猪，两者都是驯养的猪，多达1100多个个体。

甲骨文中一般称猪为豕，豕是成年猪，幼猪称南或豚，如《合集》40507一次祭祀用去势的猪100头、幼猪50头。甲骨文中卜问用猪，有时还有卜问猪的毛色、牝牡、大小、去势与否等，由此可以窥见殷商时期养猪业的发展状况。

5. 犬

在商代遗址和墓葬中，常见犬作为门的奠基或墓中腰坑的殉葬。郑州商城北墙东段有8个埋犬坑，共埋犬92只，最多的一坑埋23只，这8坑在同一平面，方向一致，分3排排列，可能是同时埋葬的[①]。甲骨文中商人一次祭祀用犬多者上百只，如《合集》32698、32674等一次祭祀用犬100只，《合集》16241一次祭祀用犬300只。商人祭祀用犬数量大，且多与牛、羊、猪一起献祭神祇。这些反映出当时犬应是专门饲养的，而且有一定的规模。

6. 象

河南古称豫州，乃因其地产象得名。《吕氏春秋·古乐篇》："商人服象，为虐于东夷。"服象即驯养大象，利用其力，或骑乘，或驮物。"商人服象"已有考古佐证。1935年秋，在1400号大墓附近发现一象坑，内埋一象一人，其人应是饲养象者[②]。1978年在武官村北地发现一象坑，内埋一象一猪，象的脊背上有一铜铃[③]，证明此象已被驯养（图2-4）。

图2-4　玉象

（商代晚期，殷墟妇好墓出土。中国社会科学院考古研究所：《殷墟妇好墓》，文物出版社，1980年，彩版二九：1）

甲骨文中有捕获大象的记载，如《合集》37364一次捕获大象10头。野象的捕获，为商人"服象"提供了条件。甲骨文"為"字是个象形字，作一手牵象之鼻状。《合集》32954、4611正等卜问"省象"之事，省在此有视察、巡视的意思，"省象"即视察某地驯养之象。

7. 鸡

《尚书·牧誓》"古人有言曰：'牝鸡无晨，牝鸡之晨，为家之索'"。牝鸡即母鸡。周武王引用这一古语，从一个侧面说明雄鸡报晓已有很久的历史了，同时也表明商代末期家庭养鸡较为普遍。

在郑州商城内的二里冈上、下层遗址里都发现有鸡的骨骼，如在属于二里冈下层二期的窖穴C5.IH125中发现大量的禽兽骨骼，其中有较多的鸡骨。在二里冈上层一期的C9.IH142窖穴内也发现

① 河南省博物院、郑州市博物馆：《郑州商代城址发掘报告》，《文物资料丛刊》第1辑，文物出版社，1977年。

② 胡厚宣：《殷墟发掘》，学习生活出版社，1955年，第89页。

③ 杨宝成：《殷墟文化研究》，武汉大学出版社，2002年，第102、103页。

了很多的鸡骨[①]。这些鸡骨当是食用鸡的遗物。在殷墟的一些中、小型墓的随葬陶制器皿中，有供死者食用的鸡骨遗物[②]。甲骨文中有以鸡祭神的卜辞。

8. 鸭

商代遗址中鸭的骨骼还未辨认出来，但在安阳殷墟出土有用石或玉雕刻的鸭。1975年在小屯北地编号为F10的房屋内出土一石鸭[③]，1969～1977年在殷墟西区编号为M861的一个墓葬中出土一玉鸭[④]，两鸭皆作游水状，体态肥硕，具有家鸭的特征。

图2-5　玉鹅
（商代晚期，殷墟妇好墓出土。中国社会科学院考古研究所：《殷虚妇好墓》文物出版社，1980年，彩版三三：1）

9. 鹅

鹅的骨骼在商代遗址中未被辨认出来，但在殷墟妇好墓中出土3件玉质浮雕鹅（图2-5）。3件玉鹅皆站立状，长颈垂首，体态肥硕。可能是商人饲养的家禽[⑤]。

（二）畜牧业生产技术

商代对家畜、家禽的饲养和管理已经摆脱原始野放阶段，较为专业和精细的人工管理初具规模，积累了一定的经验，掌握了一套生产技术。

1. 人工放牧

商代畜牧业已经脱离野放阶段进入人工放牧阶段，这从商代甲骨、金文文字字形及甲骨文所反映的商代牧场的广泛设置两个方面体现出来。商代甲骨文“牧”字是会意字，从牛羊鹿，从攴，如《合集》36969、《合集》32982之、《合集》11404之、《合集》4605之等形，像人持鞭或赶牛，或赶羊，或赶鹿状。甲骨文中有从行从牛羊的字，像牛羊行于道，如《合集》16229之、《合集》20306之，表示出牧或牧归。这些字表明商代放牧有专人来管理。

商王室在王畿内外设有牧场。王畿内的牧场如南牧（《合集》11395）、北牧（《合集》28351）、盖牧（《合集》13515）、兑牧（《屯南》2191）等，在诸侯国，如攸侯、骨子国、奠侯、雇伯等境内皆设有牧场。这些牧场与农田分开，有专人管理。王室主管畜牧的职官称“牧”，或称“牧正”“亚牧”，主要牲畜有职官专司，如“小马臣”掌管马政。各牧场由王室派专人管

① 河南省文物考古研究所：《郑州商城》，文物出版社，2001年，第536、557页。

② 陈志达：《商代晚期的家畜和家禽》，《农业考古》1985年第2期。

③ 中国社会科学院考古研究所安阳工作队：《1975年安阳殷墟的新发现》，《考古》1976年第4期。

④ 中国社会科学院考古研究所安阳工作队：《1969—1977年殷墟西区墓葬发掘报告》，《考古学报》1979年第1期。

⑤ 陈志达：《商代晚期的家畜和家禽》，《农业考古》1985年第2期。

理，牧场管理者定期向王室报告本牧场的情况，商王也不时到各牧场巡视或派人巡察[①]。

2. 圈栏饲养

商人早在建国之前就已经掌握并运用圈栏饲养技术饲养牲畜。圈养牲畜的栏围在甲骨文中多作“[illegible]”形，称为牢。牢栏圈养的牲畜有牛、羊、马。“[illegible]”为圈养之牛，“[illegible]”为圈养之羊，“[illegible]”为圈养之马。甲骨文家字作豕圈于防拦，或房屋之内形。商人称豕牢为圂，甲骨文中有营造猪舍的卜辞，如“贞：呼作圂于专/勿作圂于专”（《合集》11274正）。“专”在此是一地名，此卜辞即贞问是否能在专地建造养猪栏圈。

3. 牲畜的阉割

商代宫刑已见于甲骨文中，其字作以刀割去男性生殖器状[②]。宫刑源于牲畜去势技术，甲骨文中对牲畜阉割有所反映，如去势的公猪称为豕，对牛的阉割称为“戠牛”[③]等。

4. 对牲畜外形的观察

辨识牲畜品质的重要手段就是观察其外形，这在我国古代畜牧业生产中是一种较为发达的专门学问，如相马、相牛等，传世的典籍较多。商代对牲畜外形的观察主要涉及牲畜的性别、毛色、年龄和体态等几个方面。商人祭祀用牲常有性别和毛色的要求，或雌或雄或去势的献祭，见有辨别勿（青色）、白、黄、幽（青黑色）、骍（赤色）、物（杂色）等牲献祭。年幼牲畜则加“子”字以示区别，如小马为“驹”，小猪或为“豰”。对牛的年龄辨别，一般是在甲骨文牛字表牛角的部位加横画，几岁即加几横，有学者认为这是“看牙口”之法以判定牲畜年龄[④]。

5. 对牲畜的保护

商代比较重视对牲畜的保护。如前所述，有专人放牧，牲畜有圈舍。除此外商人还注意野兽对牲畜的侵袭。甲骨文中有贞问虎是否对马群有危害的卜辞，可以想见当时应已有应对虎患的措施。甲骨文中有大量的田猎卜辞，有些田猎活动就在牧区进行，所获猎物有虎、狐、鹰等危害牲畜的凶兽、猛禽。在牧区狩猎，无疑对牲畜起到一定的保护作用。甲骨文中有的马字足蹄处契刻成一小方框或足下有一横画，这足蹄处的一小方框或足下的一横画，当是马蹄上用以保护马蹄的草履或革履一类的附着物。在马蹄上打铁掌之前，人们给马蹄穿草或革做成的履来保护马蹄。

第三节　青铜器及其冶铸技术

中原青铜时代，大致于公元前2000年形成，历经夏商周和春秋，历时约15个世纪，其中商周时期是青铜时代的鼎盛期。夏商和春秋的青铜冶铸是当时先进的科学技术，是先秦社会生产力发展水平的标志。

① 杨升南：《商代的畜牧业》，《华夏文明》第3集，北京大学出版社，1992年。

② 赵佩馨：《甲骨文中所见的商代五刑——并释刖、刵二字》，《考古》1961年第2期。

③ 谢成侠：《中国养牛业》，农业出版社，1985年，第84页。

④ 温少锋、袁庭栋：《殷墟卜辞研究——科学技术篇》，四川省社会科学院出版社，1982年，第254、256页。

一、青铜器及其合金成分

青铜是人类使用最早的合金，其主要是铜、锡、铅等金属的合金。合金是由两种或两种以上的金属，经过高温使它们熔合在一起成为与原来金属性能不同的另一种金属。青铜的出现是金属铸造史上的一次重大技术突破。青铜合金中，纯铜与锡的合金为锡青铜，与铅的合金为铅青铜，与锡、铅的合金为锡铅青铜。由两种金属产生的合金为“二元合金”，由三种金属产生的为“三元合金”，锡青铜和铅青铜属于前者，锡铅青铜属于后者。据成书于春秋战国时期的《考工记·攻金之工》记载“金有六齐：六分其金而锡居一，谓之钟鼎之齐；五分其金而锡居一，谓之斧斤之齐；四分其金而锡居一，谓之戈戟之齐；三分其金而锡居一，谓之大刃之齐；五分其金而锡居二，谓之削杀矢之齐；金、锡半，谓之鉴燧之齐”。“六齐”是六种配比的青铜合金，大体上正确反映了青铜合金配比规律，是世界上最早的合金配比的经验性科学总结。

图2-6　青铜方鼎
（商代早期，郑州二里岗出土。河南省文物考古研究所：《郑州商城》，文物出版社，2001年，彩版一四）

商代人们已经认识到合金成分与性能、用途之间的关系，并能控制铜、锡、铅的配比，从而得到适合不同用途、不同性能的合金。

郑州二里冈杜岭二号方鼎的铜含量为75.09%、锡3.48%、铅17%[①]；郑州南顺城街商代窖藏鼎（H1：4）、鼎（H1：3）的铜含量分别为64.3%、70.9%，锡8.14%、17.8%，铅25.6%、10.1%[②]。此二鼎为三元合金，从其锡、铅含量来看，此时期青铜鼎铸造，铜锡的配比不稳定。同时也显示锡、铅不是铜矿石所夹带，而是有意识加进去的。三元合金的制造，是冶金史上的一大进步，商代三元合金的出现比西方早几个世纪（图2-6）。

图2-7　青铜钺
（商代晚期，殷墟妇好墓出土。《中国青铜器全集》编辑委员会：《中国青铜器全集3》，文物出版社，1997年，图一八八）

中国社会科学院考古研究所实验室选取妇好墓出土的91件青铜器进行了化学成分的测定[③]。该墓青铜器分为锡青铜和锡铅青铜两类。锡青铜中，礼器一半以上含锡量在16%～18%。武器有钺、刀、戈、镞等，锡含量少部分在8%～13%，维氏硬度在100左右，大部分在15%～19%，维氏硬度在150左右。锡含量在15%～19%的锡青铜武器，其铜锡配比与《考工记》中的“戈戟之齐”大致接近。锡铅青铜中，有礼器也有工具，锡含量绝大部分在13%～19.82%，铅含量在2.09%～2.8%，这在铜锡铅合金中，铅的含量是偏低的（图2-7）。

---

① 北京钢铁学院编写组：《中国古代冶金》，文物出版社，1978年，第33页。

② 孙淑云：《郑州南顺城街商代窖藏青铜器金相分析及成分分析测试报告》，《郑州商代铜器窖藏》附录三，科学出版社，1999年。

③ 中国社会科学院考古研究所实验室：《妇好墓铜器成分的测定报告》，文物出版社，1982年。

二、型范的制造工艺

青铜器的铸造离不开型范技术。荀子认为铸造出精美的青铜器需要“刑范正、金锡美，工冶巧、火齐得”[①]。陶范铸造是商代青铜器主要的成型方法，偃师商城、郑州南关外、紫金山、河南柘城孟庄、安阳苗圃北地、孝民屯、薛家庄、小屯东北地等，特别是郑州南关外、安阳苗圃北地、孝民屯三处规模大的商代铸铜遗址内，都出土了大批的陶范。国内外学者对商代制范技术进行了大量研究，一些专家还进行了多次试铸实验[②]。商代制范工艺流程主要有制模、外范的制造、内范的制造、型腔的控制。

制模即制造要铸造器物的模型，是铸造工艺的首要环节，模即荀子讲的“刑”，通“型”。制模的材料主要是陶土。制模是一项精细复杂的工艺，模要准确反映铸造器物的品种、大小、纹饰及文字。陶模制好后，要置于不通风的地方阴干，之后放进特制的窑内焙烧。如此模型坚硬，宜于翻范。郑州商城和安阳殷墟铸铜遗址出土的经过焙烧的陶模，均呈红色或红褐色、灰色。

外范依据材质，分为石范和陶范。石范用石头做成，耐高温，能反复使用。但制范不易，适宜铸造简单的工具和兵器。陶范用泥土制成，因其可塑性强，在铸铜工艺中被广泛应用，商代遗址内有大量发现（图2-8）。制范的方法或用泥片在模上压制，或是夯筑。陶范需要阴干后焙烧定型。大型而复杂的器物需要多块范组合铸造，范与范的结合处多用榫卯结构。据今人研究，出土于安阳殷墟王陵区的“司母戊”鼎铸造时用范达20块以上[③]。

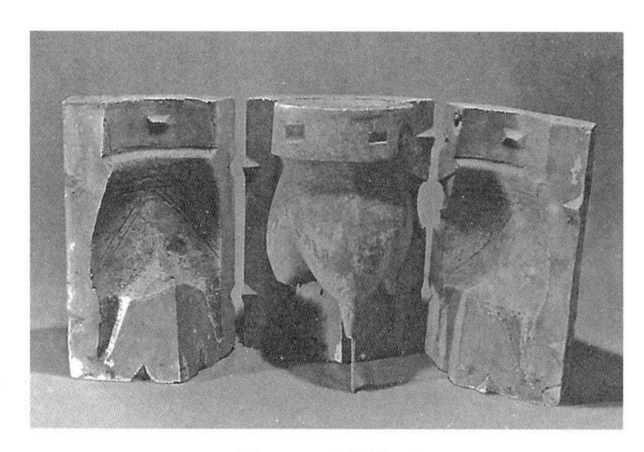

图2-8　鬲范模型

（商代早期，郑州南关外铸铜遗址出土。河南省文物考古研究所：《郑州商城》，文物出版社，2001年，图版五八：3）

内范又称芯心。内范与外范之间的空隙浇注后即成为铸造器物的器壁。内范的制作法有刮模法和范翻制法。对商代遗址出土模、范的考察，结合传统工艺调查和模拟实验，用外范翻内范是内范制作的主要方法（图2-9）[④]。

型腔是合范后外范和内范之间的空隙，浇注后形成铸件的器壁。外范和内范组装后，要内范居于外范的正中位置，保证型腔合乎铸件要求，且内外范结合牢固，不至浇注时内范位移，铸造失败。要控制型腔，一个方法是把内外范都以卯榫的形式固定在一个底座上，此为型座法。安阳殷墟苗圃北地铸铜遗址出土了几件型座陶范，其型座上的榫卯依然可见[⑤]。另一个方法是在型腔

① 王先谦：《荀子集解》，中华书局，2013年，第344页。

② 李济、万家保：《古器物研究》第4本《殷虚出土青铜鼎形器之研究》，1971年台北版；华觉明：《中国冶铸史论集》，文物出版社，1986年，第71～89页；谭德睿：《商周陶范铸造科技内涵的揭示》，《中国文物报》1998年5月6日。

③ 冯富根等：《司母戊鼎铸造工艺的再研究》，《考古》1981年第2期。

④ 谭德睿：《商周陶范铸造科技内涵的揭示》，《中国文物报》1998年5月6日。

⑤ 中国社会科学院考古研究所：《殷墟发掘报告》，文物出版社，1987年，第49页。

内放置支撑垫（芯撑），支撑垫用铜或泥块制成，其厚度与型腔厚度相当。用钴60透视安阳殷墟出土的一件青铜鼎（R1110），可清晰地看到铸造时的支撑垫①。

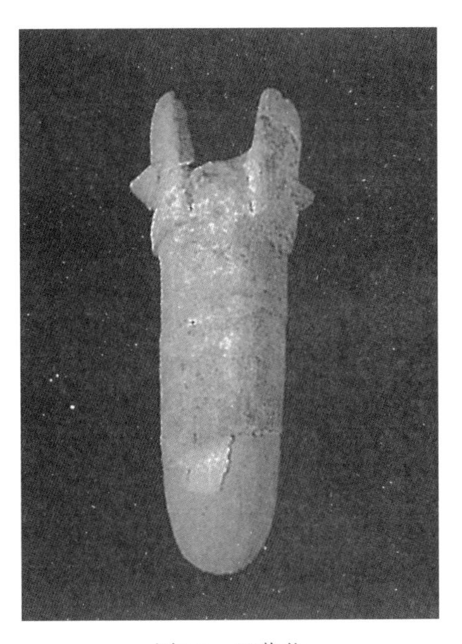

图2-9 镢范芯

（商代早期，郑州南关外铸铜遗址出土。河南省文物考古研究所：《郑州商城》，文物出版社，2001年，图版五四：2）

三、青铜器铸造技术

型范制作后，再经熔铜、浇注、修整铸器，一件青铜器就被铸造出来了。

1. 熔铜

商代铸造铜器已经使用冶炼好的纯铜块为原料，纯铜块在安阳殷墟曾有出土②。熔铜需要耐火熔炉、合适的燃料及达到一定的温度。

熔铜炉主要有三种，即熔铜竖炉、土坑式熔炉和陶质熔炉。熔铜竖炉是殷墟时期主要的铜块熔化炉，由泥条盘筑而成，炉身在地面上，呈圆形或椭圆形，口沿直径1米左右，外涂黄泥以保炉温。苗圃北地铸铜遗址有大量的炉壁残片，其中熔铜竖炉炉壁残片占绝大部分。土坑式熔炉和陶质熔炉在郑州商城和安阳殷墟都有发现。苗圃北地铸铜遗址揭露的土坑式熔炉，炉壁涂一层草拌泥，坑深0.3～0.59米，直径1米左右，或圆形，或椭圆形，或平底，或圜底。郑州商城出土的陶质熔炉多是陶尊，安阳殷墟多是“将军盔”样的陶器，其内外壁皆涂草拌泥（图2-10）。

图2-10 陶质熔炉

（商代早期，郑州南关外铸铜遗址出土。河南省文物考古研究所：《郑州商城》，文物出版社，2001年，图版五四：1）

铜、锡、铅在熔炉里熔化需约1000℃，出炉温度不低于1150℃。在郑州、安阳等地的商代铸铜遗址内，都发现有大量木炭，由此可知，熔解铜、锡、铅的燃料是木炭。郑州商城和安阳殷墟出土的熔炉直径多在1米左右，以木炭为燃料，没有鼓风设备，熔炉内很难达到1000℃的高温，因此，可能当时已经使用皮囊类的鼓风器。安阳孝民屯和苗圃北地铸铜遗址都出土有一种陶管，一端粗，一端细，细的一端呈红色，这种陶管常和熔炉残块伴出，学者们认为这是装在皮囊类鼓风器上的风嘴③。

2. 浇注

浇注有两个技术关键：一是合理设置注口和冒口，

① 李济、万家宝：《殷虚出土鼎形器之研究》，1970年台北版，第8页、图版32。

② 岳占伟：《安阳殷墟出土甲骨600余片》，《中国文物报》2002年10月25日。

③ 中国社会科学院考古研究所：《殷墟发掘报告（1958—1961）》，文物出版社，1987年，第31页。

避免铸件上形成疵点；二是加固内外范，防止跑液。商代青铜器多有纹饰，为了庄重和美观，浇注口多设在器物的底部或足部。较大的青铜器，在浇注时为避免铜液在型腔内冷凝，一般设两个以上的浇注口。冒口即排放热气孔，其设置是为了在浇注时铜液填充型腔的同时，排空型腔内的空气，以避免铸件上产生气泡类疵点。

型腔控制好后，浇注时还要对扣合的内外范进行加固，一般是在其外部涂泥或用绳索捆扎加固，以避免铜液冲胀外范而跑液。为避免浇注时外范破裂，扣合待铸的铸范置于沙坑或沙箱内。苗圃北地铸铜遗址出土一大型铸范，呈方形，型底外范的每一面都有洞，洞中还残留有朽木，推测应是四根木头“井”字形相交于外范下部。当是为加固外范，使注入铜液时不至于将外范胀开。

3. 浑铸和分铸

浑铸是指一件器物，无论其用多少块外范拼拢而成，一次性浇注成器。浑铸法一般用于器型简单、器型较小的器物。

分铸法又称为合铸、二次铸造、多次铸造。是将器身与器身上的附件分开铸造，之后再将其合铸在一起，类似于后世的焊接。分铸法或是匠人在修补铜器的长期实践中创造出来的[①]。

器身和附件铸接有榫卯式、铆接式和多次铸接三种方式。妇好墓所出方罍，其一隅的兽头断裂，露出卯眼，说明此器使用了榫卯铸接技术。妇好墓出土的龙头提梁卣，附件较多，结构复杂，是经多次铸接而成，其提梁是用类似铆接的铸接方式加铸在卣身上的。

分铸法在郑州二里冈时期已经出现，郑州商城内出土的几处窖藏铜器，不少已经应用了分铸法。例如，郑州食品厂窖藏铜器中的1件中柱盂、1件提梁卣，都是用分铸法铸造的[②]。安阳殷墟时期，分铸法使用更为普遍，应用已十分娴熟。

4. 特殊器件的铸接

在商代遗址中出土有玉体铜柄的戈、矛、戚，绿松石或红铜和青铜镶嵌器。青铜和玉质物的铸接，主要是兵器，部分是杂器。妇好墓出土两件玉援铜内戈，制作精美。编号为438的一件，玉援灰黄色，通体抛光，作长条三角形，前锋尖锐，末端被包铸于铜内中。戈全长27.8厘米，玉援长15.8厘米[③]。其制作方法是先制作好玉质的援，然后再铸造铜内，在铸造铜内时将玉援包铸于铜内里，这仍是榫卯式铸接法。在铜液浇注时，温度高达1000℃以上，为使玉援不致在如此高温时破碎，在铸造时先对玉援加热，以提高玉质的受热能力[④]。

镶嵌绿松石的铜器在属于夏代的偃师二里头第三期就有出土，说明此技术在夏代已被当时匠人所掌握。安阳殷墟出土的镶嵌绿松石铜器较夏代多，如妇好墓中出土的玉援铜内戈的铜内上镶有绿松石。北京故宫博物院藏有一件出土于安阳的青铜戈，其上花纹是用红铜镶嵌的。绿松石或红铜镶

---

① 李济、万家宝：《殷虚出土青铜鼎形器之研究》，1970年台北版，第13页。

② 河南省文物考古研究所、郑州市文物考古研究所：《郑州商代铜器窖藏》，科学出版社，1999年，第97～99页。

③ 中国社会科学院考古研究所：《殷虚妇好墓》，文物出版社，1980年，第108页、彩色图版一七。

④ 王琳：《从几件铜柄玉兵器看商代金属与非金属的结合铸造技术》，《考古》1987年第4期。

嵌，皆是将绿松石片或红铜片粘贴在外范内面的花纹相应处，使其高出外范内面，浇注时其被铜液包住而嵌铸于铸件上。不同的是，凸出器表的红铜需打磨掉，而绿松石无须这样处理。青铜的收缩率较大，冷凝后绿松石片或红铜片被铜质紧紧包住，不易脱落。

5. 铸件修整

青铜器脱范后，多有毛刺、飞边和铸缝，这些都需要修整。经过修整、打磨后，一件青铜器的铸造过程就完成了。修整青铜器的工具主要是磨石。磨石在商代铸铜遗址内有大量出土，其形状不一。例如，安阳苗圃北地铸铜遗址内出土磨石660多块[①]。

第四节　手工业技术

一、陶瓷技术

商代已有专门的制陶作坊，而且制陶业内部有了固定的分工。考古工作者在郑州商城西城墙外1300米处，铭功路西侧发现一规模较大的商代制陶作坊遗址，在1400平方米的范围内，发现升焰窑式陶窑14座及10多座小型房屋，据探测其窑场面积有1万多平方米。在陶窑和房基附近堆积有经过淘洗的泥料、陶坯残片、制陶用的工具。在房屋基址和陶窑之间有供整治陶泥料及晾干陶坯的专用场地。在这里发现的大量陶器品种比较单一，绝大部分为泥质陶盆和陶甑，而夹砂陶器类的鬲、甗、缸等却没有发现，由此看出这是一处专门烧制盆、甑等泥质陶器的作坊[②]。

商代制作的原始瓷器，又称釉陶，釉色鲜艳，色彩光亮，硬度高，吸水率低，实用而美观，其制作技术代表了当时制陶工艺的最高水平。商代原始瓷器在郑州商城和安阳殷墟皆有出土，如郑州铭功路西的M2和人民公园遗址的M25各出土一件折肩深腹原始瓷尊[③]，南顺城街一窖藏（H1）出土3件完整原始瓷尊[④]（图2-11），1975年考古工作者在安阳殷墟发掘的一房子（F11）内出土一件原始瓷壶（F11：50）[⑤]。商代原始瓷器由高岭土经1200℃以上温度烧制而成，胎质细腻坚硬，胎色多为灰白色，也有近似纯白略呈淡黄色，少数为灰绿色或浅

图2-11　原始瓷尊
（商代，郑州二里冈出土。孙新民等主编：《中原文化大典·文物典·瓷器》，中州古籍出版社，2008年，第21页，图三）

① 中国社会科学院考古研究所安阳工作队：《1982—1984年安阳苗圃北地殷代遗址的发掘》，《考古学报》1991年第1期。

② 杨育彬：《河南考古》，中州古籍出版社，1985年，第101页。

③ 河南省文物考古研究所：《郑州商城》，文物出版社，2001年，第673、674、790～793页。

④ 河南省文物考古研究所、郑州市文物考古研究所：《郑州商代铜器窖藏》，科学出版社，1999年，第50、51页。

⑤ 中国科学院考古研究所安阳工作队：《1975年安阳殷墟的新发现》，《考古》1976年第4期。

褐色，釉面多均匀光亮，色泽美观。原始瓷器的这些特征基本上都与瓷器应具备的条件相近。但它们与瓷器相比又具有一定的原始性，其胎料不够精细，烧成温度略嫌偏低，还有一定的吸水性，胎色白度不高，没有透光性，器表釉层较薄，胎釉结合较差，易剥落。瓷器是我国享誉世界的传统工艺品，其制作的基本技术、对制作瓷器胎料高岭土的认识、器表上釉的工艺、烧成温度的陶窑、火候的控制等，在商代就已经基本掌握了。我国烧制瓷器实从商代开始。

二、建筑技术

三代的建筑技术较原始社会有了较大的进步。城池建筑、宫殿建筑和居住建筑都自成体系，形成了中华古建筑的基本格局。在地基、墙体建筑、木结构及地面处理等方面都逐渐探索出了比较科学、经济的方法，奠定了中国建筑技术的基础。

城池建筑兴起于夏代以前。早在新石器时代，河南省境内就发现有古城池遗址多处，如仰韶文化中期的郑州西山古城，龙山文化时期的登封王城岗、郝家台、平粮台等古城，此时期城堡规模较小。到了夏代，城邑和宫殿的规划和修建技术有了巨大发展。二里头遗址为夏代都城之一，与新石器时代末期的城堡相比有了飞跃性、划时代的变化，成为后世中国古代王朝都城的滥觞。

二里头遗址现存面积约300万平方米，是经缜密规划、布局严整的大型都邑[①]。二里头遗址作为夏代都城之一，其位置经过精心选择。该遗址位于洛阳平原东部，“北依邙山，南望中岳，东有成皋轘辕之险，西有降谷崤函之固，前临伊洛，后居黄河，依山傍水，水足土厚，具有理想的建都环境”[②]。遗址内部布局经过了缜密规划。整个遗址分为中心区和一般居住活动区两大部分。中心区地势微高，位于遗址的中部至东南部；一般居住活动区地势偏低，位于遗址西部和北部地区。中心区核心为宫城，宫城内为宫殿区，宫城周围为贵族居住区，贵族墓葬集中分布在宫城东北和宫城以北，官营作坊区（包括铸铜作坊和绿松石器制造作坊）位于宫城以南，祭祀活动区位于宫城以北。宫城外围有纵横交错的主干道网，已发现四条大路，大致呈“井”字形，显现出方正规矩的布局。大路一般宽10余米，最宽处达20米。宫城、大型建筑及道路都有统一的方向。

二里头遗址宫城为中国古代宫城的鼻祖，总面积近11万平方米，平面呈长方形，内部为宫殿区，周围有宽2米左右的夯土版筑城墙，城墙上发现有门和门塾遗迹。宫城内有两组大型建筑基址群，它们分别以1号、2号大型宫殿基址为核心纵向分布，都有明确的中轴线。1号宫殿是规模宏大、结构复杂、布局严谨、主次分明的高台复合建筑，基址面积约为10 000平方米，坐北朝南的主殿、四围廊庑、宽阔的庭院、正门门塾和围墙构成一个封闭的四合院。1号宫殿坐北朝南、中轴对称、结构封闭的布局及其土木建筑技术工艺成为后世中国古代宫室营建的规制（图2-12）。

二里头文化聚落是由数百万平方米的王都、数十万平方米的区域性中小聚落、数万至十数万平方米的次级中小聚落及众多更小的村落组成，形成金字塔式的聚落结构和众星捧月式的聚落空间分布格局，这与新石器时代末期龙山文化以城址为主的中心聚落林立、结构分散的状况形成鲜明对比[③]。

---

① 许宏：《从二里头遗址看华夏早期国家的特质》，《中原文物》2006年第3期。

② 中国社会科学院考古研究所：《中国考古学·夏商卷》，中国社会科学出版社，2003年，第61页。

③ 许宏：《二里头的“中国之最”》，《中国文化遗产》2009年第1期。

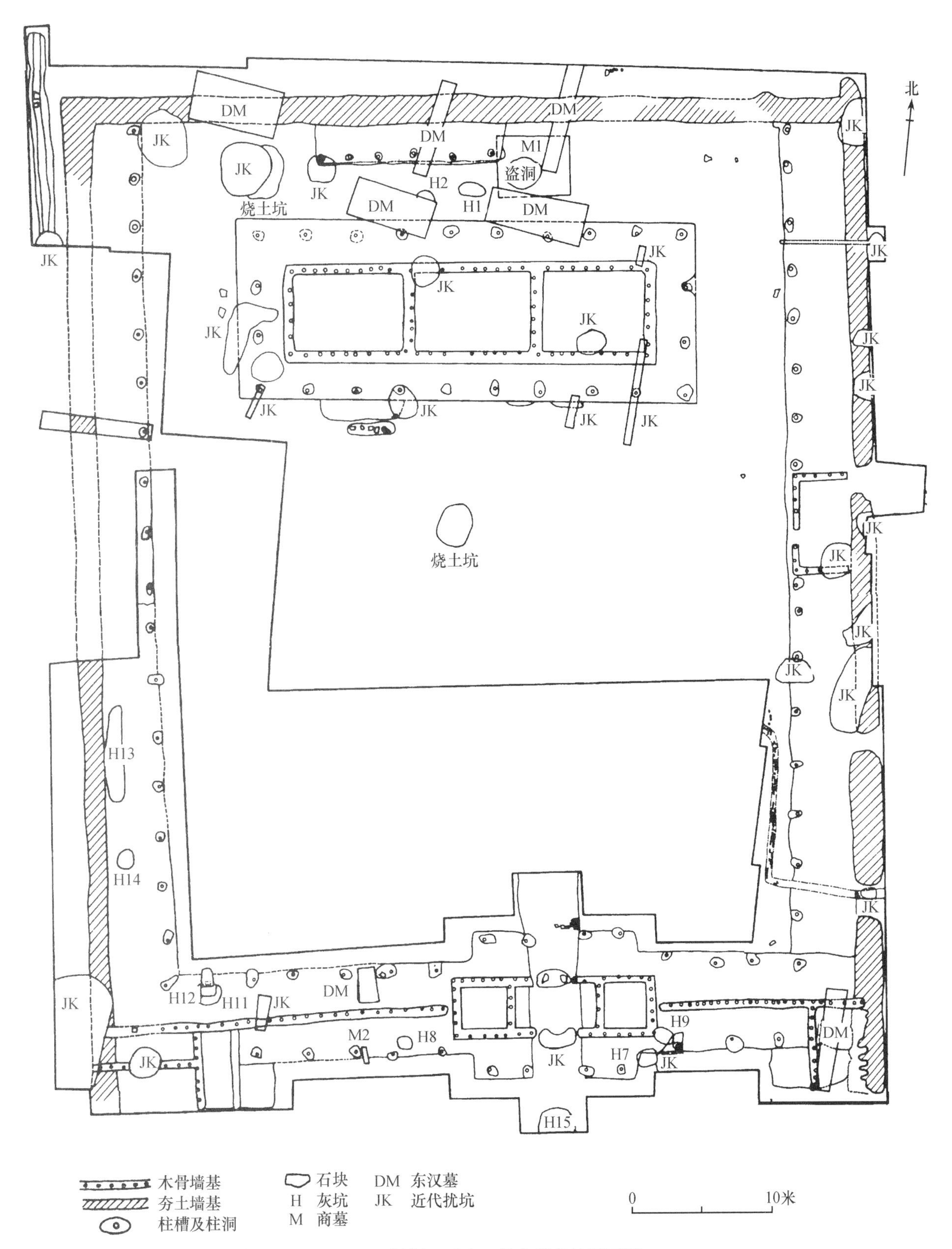

图2-12　偃师二里头二号宫殿基址平面图

（夏代。中国社会科学院考古研究所：《偃师二里头》，中国大百科全书出版社，1999年，第152页，图93）

商代城址全国发现6处，河南省境内有偃师商城、郑州商城和安阳洹北商城三处，分别为商代早、中、晚期都城遗址，其规模都相当大。郑州商城周长近7000米，平面基本呈南北纵向长方形，唯东北角呈圆弧状。城址面积达300万平方米。城中北部偏东发现有宫殿建筑基址，四面城墙有11个缺口，其中部分可能为城门遗迹。城外分布有不同的作坊遗址，似有意区划为不同的功能区。其北面有制骨、冶铜作坊，西面有制陶作坊，南面也有冶铜作坊，东南角有酿酒作坊。

图2-13　郑州商城南城墙夯土层
（河南省文物考古研究所：《郑州商城》，文物出版社，2001年，图版四四：1）

商周城墙的筑造以夯土筑法为主，在具体夯筑技术中，郑州商城城墙主体是夯土版筑而成（图2-13）。版筑是在准备筑墙的位置，用木板将两侧和一头围住，在其中填土分层夯筑，筑成一层后将挡板拆除筑另一段或筑上一层。除夯筑法外，商周墙体建筑也有用土坯的。土坯墙是先制成土坯，然后用土坯一层层叠砌而成，如安阳小屯北一房屋（F10），其墙壁下部为夯土，上部是用烧过的土坯垒砌而成①。

东周王城城墙采用了方块夯筑的方法②。方块夯筑法是夯筑时用木板隔成方块，分块夯实，筑完一层后再筑上一层，上下方块交错叠压，像现在砖墙交错叠砌砖一样，层次分明。这种成方块的夯打和交错叠放，增强了城墙的坚固性。这种方法一直为后世所沿用，成为我国传统建筑技术的特点之一。

为解决城墙基础的水平问题，商代已采用了“水地”的技术。在发掘偃师商城小城墙时，发现小城的基槽底部的两侧或一侧有一条小沟，宽约0.5、深02～0.4米。沟内填充黏土逐层夯实，很可能“是与基槽的水平测量有关”，“小城部分基础的水平测量是采取挖沟灌水以测水平的方法完成的”，相同的遗迹在郑州商城也曾出现过③。

夏商周宫殿建筑规模宏大，这些宫殿是建筑在用夯土筑成的一定高度的土台之上。偃师商城的宫殿基址一般高出当时地面10～40厘米，郑州商城宫殿基址的台基有高达2.5米者。商代宫殿台基的高度普遍在1米左右，不能与后世几米乃至几十米高的台基相比，但以当时的技术条件，工程耗费已是巨大。宫殿建筑在高台之上，利于防潮，延长建筑使用寿命。同时，昭示着统治者的威严和地位。

从考古发掘的夏商周宫殿建筑来看，已经在地基、立柱、排水等方面使用了十分先进的技术。地基是否坚固是衡量建筑物质量的一个重要标准，夏商周宫殿建筑普遍采用先挖基槽，再填土夯打直至高于当时地面的筑基方法。为避免台基被从房檐上流下的雨水冲毁，在夯筑台基的四周筑有“散水”。立柱的方法有栽柱法和用明柱法两种。栽柱法是先挖柱洞，夯实洞底，放置础石，然后置柱于洞中，立直，柱周围填以陶片、料姜石及土等夯打紧实。明柱法是将柱子直接置于台基上的

---

① 中国科学院考古研究所安阳工作队：《1975年安阳殷墟的新发现》，《考古》1976年第4期。
② 杨育彬、袁广阔主编：《20世纪河南考古发现与研究》，中州古籍出版社，1997年，第425、426页。
③ 杜金鹏、王学荣、张良仁：《试论偃师商城小城的几个问题》，《考古》1999年第2期。

石或铜柱础之上。明柱的柱子全部在地面以上，使柱子接触地面的部分不易受潮、腐烂，可延长建筑物的寿命。商代已经按不同用途使用不同的柱子了，依据承重的不同使用不同尺寸的柱子。

商周时期的石砌地下排水管道设置了竖井。郑州商城的宫殿区发现一条封闭的近方形的石水管道，宽和高都约1.5米，管道四壁全用青石板材砌筑，是当时宫殿区的主排水管道。在此管道上修有用石板砌成的竖井形的天井设施，以便在管道堵塞或排水不畅时，人从竖井下去排除堵塞物[①]。在排水管道上设置"竖井"来解决地下排水管道堵塞的方法，在现代城市仍然被广泛采用。商周时代宫殿建筑多使用陶制管道排水。除使用齐口式陶管外，还使用了插口式陶管和三通水管，如安阳苗圃北地发现一条地下水道，水道内放置有插口式的陶制水管，水管长33厘米，一端口直径17.5厘米，另一端口直径15厘米，用套合的方法相含接[②]。1972年，考古工作者在安阳殷墟的白家坟村西发现交接处用一节三通水管相沟通的水管道。三通水管的两端与其他齐口水管相同，中部向外伸出一个圆形管孔，与现代三通管相似，构造巧妙[③]。

商周时期宫殿的顶主要是草顶，在房脊上已经使用板瓦。在郑州商城宫殿区发现的绳纹板瓦[④]，可复原的一件长42.5、宽23、厚1～2.4厘米，有一定的弧度，是用来压在房脊梁上的。

商周宫殿建筑多廊庑组合，较为考究，对称、封闭而安全。廊庑组合是指正殿（即主殿，一般坐北朝南）的东南西三面有廊庑相围，中间是一块空的庭院，建筑整体呈"回"字形，形成四面封闭的"四合院"，偃师商城4号宫殿基址和洹北商城1号宫殿基址反映的就是这样的建筑格局。这种主殿与廊庑组合呈封闭式的"回"字形的庭院，是中国古代宫廷建筑的一个十分显著的特色。

三、玉器和骨、角、牙器的制造

玉器是中国特有的一种艺术品，具有鲜明的民族特色，自新石器时代以来，它被广泛用于礼仪、祭祀、宗教、装饰、丧葬等方面。商人以玉为宝，视玉为权力和财富的象征，商人对玉器的大量需求，推动了商代玉器制作工艺的发展。商代后期，安阳殷墟出土的玉器数量大、种类多、制作精美，其制作工艺传承了前人的工艺技术而又有新的发展。

安阳殷墟发现有商代后期制玉作坊遗址。此遗址位于小屯村北，是一座长方形房屋遗址。在此房屋内出土圆锥形、有锉痕的石料600多块，略呈长方形的磨石260余块，还出土有玉料、石料及玉、石制品的成品和半成品，如玉龟、鱼鳖、石鳖等[⑤]。

加工玉的基本方法是琢磨，所谓"玉不琢不成器"。商代可能已经使用专门的切割和刻画玉器的工具——砣。明代宋应星《天工开物》卷十八中说："凡玉初剖时，冶铁为圆盘，以盆水盛沙，足踏圆盘使转，添沙剖玉，逐忽划断。"并配有琢玉图一幅，图中所用砣为金属制品。商周时代，主要使用石砣。砣的形状像长脚大头钉，将长脚装在能转动的辘轳的一端，用脚踏辘轳使转动

① 河南省文物考古研究所：《郑州商城》，文物出版社，2001年，第234页。
② 中国社会科学院考古研究所：《殷墟发掘报告（1958—1961）》，文物出版社，1987年，第23页。
③ 中国科学院考古研究所安阳工作队：《殷墟出土的陶水管和石磬》，《考古》1976年第1期。
④ 河南省文物考古研究所：《郑州商城宫殿区商代板瓦发掘简报》，《华夏考古》2007年第3期。
⑤ 中国社会科学院考古研究所安阳工作队：《1975年安阳殷墟的新发现》，《考古》1976年第4期。

图2-14　玉臼、玉杵
（商代晚期，殷墟妇好墓出土。中国社会科学院考古研究所：《殷虚妇好墓》，文物出版社，1980年，彩版二一）

的大头切割玉料。切割玉料时，要用一种称为“解玉砂”的硬度很大的中介物质。例如，妇好墓中出土的一件玉璧（M5：588）上，两面各有同心圆三组，每组三周，每周的间距0.1～0.2厘米，布局匀称；一件玉戚（M5：560）的表面有宽窄不一的弧形线八条，其弧度可复原成直径约17厘米的圆周，这应是使用砣之类的工具开料留下的痕迹（图2-14）[①]。

玉器钻孔技术在原始社会已经出现了，到商周时代达到很熟练的程度。商代玉器的钻孔技术有桯钻和管钻两种。桯钻是用细棍状的钻子钻孔，商代玉器上较小的圆孔，是用桯钻法钻成。郑州商城、安阳殷墟等地出土的青铜钻，应是桯钻的钻头。管钻的工具是圆形中空的管子，管壁较薄，应是青铜制造的，但这种青铜管至今还未发现。商代玉器上较大的孔，应是管钻而成。

骨角牙器是指用兽骨（或人骨）、兽角、兽牙制造的用器。夏商周时期骨角牙器被广泛应用于生产和生活之中。骨器、角器和牙器的制作工具及工艺类似。商代城址附近多有制造骨器的作坊遗址，这些骨器作坊遗址主要发现于郑州和安阳殷墟两地。安阳殷墟大司空制骨作坊遗址发现骨料坑12个，一些坑内以废骨料为主，一些以骨料、半成品和碎料为主，说明废料和备用料是分开堆放的[②]。商代的骨器制造业内部已有进一步的分工，如大司空制骨作坊以制骨笄和骨锥为主，郑州商城北城墙外（今新华通讯社河南分社院内）的制骨作坊以制骨笄和骨镞为主（图2-15）。

图2-15　象牙杯
（商代晚期，殷墟妇好墓出土。中国社会科学院考古研究所：《殷虚妇好墓》，文物出版社，1980年，彩版三九）

制作骨角牙器的工具主要有锯、刀、钻、磨石等。以商代为例，锯有石和青铜两种，郑州商城出土石锯1件[③]，安阳殷墟制骨作坊遗址内出土青铜锯5件。刀也有石质和青铜质两种，既可削，也可切割骨料。郑州商城和安阳殷墟的制骨作坊都出土有青铜钻，殷墟范围内制骨作坊遗址出土的8件青铜钻，

① 中国社会科学院考古研究所：《殷墟的发现与研究》，科学出版社，1994年，第327页。

② 中国社会科学院考古研究所：《殷墟发掘报告（1958—1968）》，文物出版社，1987年，第80页。

③ 河南省博物院、郑州市博物馆：《郑州商代城遗址报告》，《文物资料丛刊》第1辑，文物出版社，1977年，第14页。

或长条三棱形或长条圆形或长条扁形，钻尖的锋钝程度不一，可钻大小不一的孔。磨石在郑州和安阳殷墟商代制骨作坊遗址都有大量发现。这些磨石取自天然砂质石料，有粗砂和细砂之分，其大小、规格、样式不一，不少磨石因长期使用，其上已磨出深的凹槽。

河南省境内商周时期的制骨作坊遗址多处，从出土的骨器及制骨工具可以看出，其制作骨器的工序大致为备料、选料、切割、削、钻孔和磨等。

四、纺织和染色技术

夏商周时期纺织和印染技术有了重要的发展，纺织品原料的生产和加工技术逐渐成熟，印染工艺初步形成。

三代纺织物的原料有麻、蚕丝、毛等。这一时期麻织制品原料多是大麻，也有苎麻和葛麻。麻织品在夏商周遗址中都有出土。1975年河南偃师二里头遗址一贵族墓内出土的一件绿松石镶嵌的圆形器正面蒙有至少六层粗细不同的四种布，最粗的经纬线为每平方厘米8根×8根，最细的为52根×14根，除最细的布不能确定其性质外，其余的都是麻布①。麻织品在安阳殷墟多次发现，如殷墟后冈编号为HGH10的圆形祭祀坑内出土麻布12片，最大的一片长5、宽3.5厘米，布纹较粗，每平方厘米经纬线为10根×8根②。丝织品在商代发现不少，绝大多数附在青铜器的表面，如妇好墓出土的青铜礼器中，有50多件表面黏附有纺织品残片，其中除10件鉴定为麻织品外，其余40多件皆为丝织品，有的铜器上包裹的丝织物多达数层③。殷墟后冈编号为HGH10的圆形祭祀坑内出土的铜鼎口沿及2件铜戈上也有丝织品纹痕，其中戈上丝织品纹痕一般每平方厘米经纬线为21根×26根④。

夏商周时期，中国是世界上唯一饲养家蚕、利用蚕丝制造丝绸的国家。商代玉、石制的蚕时有出土，如1953年安阳大司空村商墓出土一件玉蚕，扁圆长条形，白色，长3.15厘米⑤。甲骨文中有桑、丝等字。桑在甲骨文中是地名，可能此地以种桑树多而得名，说明当时桑树种植有了较大的规模。

这一时期，丝织技术有了较大的提高。丝织品种类大量增加，见于记载的有缯、帛、素、练、纨、缟、纱、绢、绮、罗、锦等。有生织、熟织，也有素织、色织，且多数为彩织物（锦）。据殷墟妇好墓所出器物上丝织品遗迹，能辨识的至少有五种，为绢、缟、绮、缣、罗等，足见当时丝织物品种之丰富⑥。

商周时期丝织物的组织逐渐复杂。除平纹外，还出现了斜纹、变化纹、重经组织、重维组织等。殷商时期提花技术的出现是纺织技术的一大突破，它不但丰富和发展了中国古代纺织技术的内容，对世界纺织技术的发展也有很大影响。西方的提花技术是在汉以后由中国传过去的。运用提花技术，人们能够织作比较复杂和华美的提花织物。瑞典西尔凡女士在1937年介绍的远东古物博物馆

---

① 中国科学院考古研究所二里头工作队：《偃师二里头遗址新发现的铜器和玉器》，《考古》1976年第4期。
② 中国社会科学院考古研究所：《殷墟发掘报告（1958—1961）》，文物出版社，1987年，第278页。
③ 中国社会科学院考古研究所等：《殷虚妇好墓》，文物出版社，1980年，第17、18页。
④ 中国社会科学院考古研究所：《殷墟发掘报告（1958—1961）》，文物出版社，1987年，第278页。
⑤ 马得志等：《一九五三年安阳大司空村发掘报告》，《考古学报》1957年第9册。
⑥ 中国社会科学院考古研究所等：《殷虚妇好墓》，文物出版社，1980年，第17、18页。

馆藏的一件商代铜钺，表面附有回纹的丝织物印痕。妇好墓中也发现一例，附着于偶方彝下的一侧。回纹花绮是四枚对称的斜纹起花，平纹织地，作全封闭的正方形。这种回纹图案对称、协调、层次分明、做工精巧，织成这样的花纹，需要专业的分工才能掌握这套织造技术。

夏商周时期人们掌握了石染和草染技术。石染是用矿物颜料使丝织物着色，草染是用植物染料使丝织物上色，人们掌握石染技术要远远早于草染。早在旧石器晚期中原人就知道染色，从出土的赤铁矿粉末、被涂染成赤色的石珠子和鱼骨等装饰品中可以发现早期的人们是利用矿石粉末来染色的。《夏小正》中有关于蓝草的记载，这说明夏代，已经开始种植蓝草，并用之染色。商代妇好墓出土9块用朱砂涂料染的平纹绢织物，这些织物多黏附在一些大型青铜器上，是一种朱染工艺①。

周代，设有职官专门对颜料的采集加工进行管理。《周礼·秋官》记载："职金。掌凡金玉锡石丹青之戒令。"职金的管理范围包括丹青类颜料的征集、颁发、使用等。宫廷手工作坊中设有专职的官吏"染人""掌染草"，管理染色生产。

五、酿酒技术

酒在我国起源很早，目前所知酿酒的历史可以追溯到距今9000年前后。河南贾湖裴李岗遗址出土陶片上残留有酒石酸，其化学成分与现代稻米、米酒、葡萄酒、蜂蜡、葡萄单宁酸包括山楂的化学成分相同，表明这些陶器盛放过以稻米、蜂蜜和水果为原料混合发酵而成的饮料②。

夏商周时期酿酒已经发展到作坊批量生产。河南偃师二里头遗址出土有不少大口尊，日本林巳奈夫认为这些大口尊是用来酿酒的容器。郑州商城东南郊二里冈发掘有酿酒作坊遗址③。商代饮酒之风极盛，统治者酗酒以至于亡国。考古工作者在商代遗址中出土了大量陶制和青铜制的酒器，饮酒器有觚（图2-16）、盉、斝、爵、杯、卣等，盛酒器有壶、尊、罍、彝等。商代高规格的墓葬更出土有成套的青铜酒器，如安阳市花园庄54号商代墓葬，出土青铜酒器有方尊、方斝各1件，觚、爵各9件④。我国古代酒的品种丰富，夏代有醪和秫酒，商代则有醴、鬯，西周又增加了酎。

图2-16　青铜觚
（商代晚期，安阳殷墟出土。《中国青铜器全集》编辑委员会：《中国青铜器全集》第2集，文物出版社，图一二六）

夏商周时期酿酒业的发展十分迅速，已由谷物天然酒化进入人工培植曲糵发酵造酒的新阶段。利用曲来酿酒，是我国特

① 中国社会科学院考古研究所等：《殷虚妇好墓》，文物出版社，1980年，第18页。
② 蓝万里：《我国9000年前已开始酿制米酒》，《中国文物报》2004年12月15日。
③ 河南省文化局文物工作队：《郑州二里岗》，科学出版社，1959年，第29页。
④ 中国社会科学院考古研究所安阳工作队：《河南安阳市花园庄54号商代墓葬》，《考古》2004年第1期。

有的酿酒方法。直到19世纪90年代，欧洲人才从中国的酒曲中得到一种毛霉，在酒精工业上建立起著名的淀粉发酵法。夏商周时期的酒多是谷物酒，谷物的淀粉质需要经过糖化和酒化两个步骤才能酿成酒，曲能够将酿酒的这两个步骤结合起来同时进行。商代酿酒已经使用了酒曲。《商书·说命下》佚文记载武丁之言："若作酒醴，尔惟曲蘖。"商代的"曲蘖"是由谷物芽和生霉谷物所组成的"散曲"，散曲经水泡发酵成酒。用蘖造出的酒是酒精含量少而糖分多，是甜酒，易腐败，且酒味不足，而用曲酿造出的酒酒精含量多而糖分少，酒味浓，耐储藏。商代酿酒既用曲也用蘖，到西周主要用曲酿酒。

商代酒的实物在河南境内屡有发现。1983年安阳郭家庄M1和1984年刘家庄M1商代后期墓均出土有盛在铜卣中的白色透明液体，这些白色液体内都含有植物纤维状杂质，含乙醇（酒精）成分[①]。河南罗山蟒张天湖晚商息族墓地出土一件密封良好的青铜提梁卣，卣内装有酒，经色谱测试，每百毫升内含甲酸乙酯8.239毫克，有果香气味，为浓郁型香酒[②]。

六、车、舟制作技术

车子的发明和使用是人类科技发展史上一个重要的里程碑。传说夏代的奚仲发明了车，《墨子·非儒篇》说"奚仲作车"。夏代的车目前没有发现，但考古工作者于2004年在河南偃师二里头遗址宫殿区南侧大路的早期路土之间发现了两道大体平行的车辙痕，车辙长5米多，且继续向东西延伸，车辙辙沟呈洼槽状，其内可见下凹而呈现出层状堆积的路土和灰土，两者间距约为1米[③]。二里头夏代车辙痕的发现，验证了夏人用车的推论和历史传说。

中国目前考古发现最早的车子实物遗迹是殷墟车马坑。殷墟出土的车子在形制结构上已趋于成熟，商代的车一般有辐式双轮、独辀、一衡、一轴、一舆。辀就是车辕，衡是车辕前头的横木，衡的两端有用以系马的轭。轴是连接两个车轮的横木，舆是车厢。商代车的结构被西周沿用。从商代晚期马车形制结构趋于成熟来看，商代的马车制作业已成为手工业中一个独立的专业部门，即社会中已出现一批专门从事车子制作的工匠，对马车的整体设计亦已形成一种基本的固定模式。

商周的车都是独辀车，独辀车是我国上古时代车型的代表。独辀车与战国时出现的双辕车不同。独辀车需要至少两匹马，而双辕车只需要一匹马就可驾驶。独辀车采用轭靷式系驾法，双辕车采用胸带式系驾法。对辀车以立乘为主，双辕车以坐乘为主。

车轮在车辆中处于最基础而又核心的地位，因此，《考工记》对轮的制造、安装与检验等工艺技术的要求严格而又周密。车轮分毂、辐、辋三部分，均为木质。商周马车的轮径大小是依据人体身高而定的，轮径过高，不利攀登。过低，影响车速，且在战场上处于不利地位。毂略如长珠形，中部鼓起，贤、轵部略作收杀。辐条一端装在毂上，另一端装在最外圈的辋上。商周车轮的辐条个数多在16～22，有逐步增多的趋势。辐条增多可使车轮轻便，增强车轮的强度，延长车

① 中国社会科学院考古研究所安阳工作队：《安阳郭家庄的一座殷墓》，《考古》1986年第8期；安阳市文物工作队：《1983—1986年安阳刘家庄殷代墓葬发掘报告》，《华夏考古》1997年第2期。

② 欧潭生：《三千年前古酒尚飘香》，《人民日报》1987年12月24日。

③ 桂娟：《二里头遗址发现夏代车辙》，《光明日报》2004年7月21日。

轮使用寿命。辋大多是用一根或数根长方木条揉曲拼合而成，辋外缘径即通常所言的轮径或《考工记》的轮崇。

辀利用粗大的整圆木树干加工揉曲而成，呈曲线状， 前端上翘， 后端低平。辀的一端装在车厢底部，与轴垂直相交连接，末端延伸到车厢之外，以供上下车作踏板之用。辀伸出前轸木后，在车厢之前有一段较平直的部分，名軓。軓前逐渐昂起，接近顶端处稍稍变细，名颈，颈外的辀端名軏。辀颈上装衡，衡即用以缚轭驾马的横木，是一根长约1米的圆木棒。轭装在衡的左右两端，用以夹住马的脖颈。辀的某些部位上装配有铜饰件，主要有踵饰、軓饰、軏饰，这些铜饰件起装饰和加固辀体的作用（图2-17）。

轴是与毂互相支撑车厢的圆杆形零件，轴两头贯穿毂，连接两轮车厢位于轴上方，故轴与轮共同托起车厢，在车厢两侧的轸与轴相接处有垫木名轐，亦称輹或伏兔。伏兔多呈屐形或长方形，最初见于西周车。伏兔的外侧有铜轴饰，因为商周车车轴长约 3 米，而车厢又较小，使得在轸、毂之间常裸露25～50厘米长的车轴，而铜轴饰乃用以遮掩这段车轴，初为用楔固定的套管套在轴上，继而又用覆瓦状套管代替，不能加楔，只能钉在轴上。伏兔则上面平以承舆，下凹以含轴。以革带缚伏兔于轴上。轴贯穿毂，在穿过毂以后，露出其末端。末端上套以括约和保护轴头的青铜圆筒，称为“軎”，其作用是在水平方向固轴阻毂。軎的内端有键孔，孔装辖。辖多用青铜制成，呈扁平长方形，上有辖首，插在轴端軎之孔内，再穿以皮革缚之，使毂在运转时，不致因离心作用而被抛出。商多用木辖，西周普遍用青铜辖。商辖细长，16～18厘米；西周初期更长，最长达21厘米，中期后变短，一般为10厘米，且花纹日趋复杂，以人像、人面饰辖。

舆为车的负载部分，舆置于辀和轴十字相交的上面。商周时车为小车厢，多为横方形，进深较浅。车厢有大、小型两种，分别能载三四人或两人。舆主要由轸、軨、较、輢、轼等部件组成。车厢底部的四面粗木框称轸，起着固结作用。轸间的木梁名桄。独辀的立乘之车多在桄上铺板，名阴板，有的在桄间牵以平行的革带。车厢前面和左右两面的横直交结栏木称为軨。车厢后面便上下车的缺口称为襻。在立车左右两旁的车軨上各安一横把手，名较。西周时已有青铜较。车厢前面栏杆顶端供人凭倚的横木称轼。在车厢两旁供人凭倚的木板称輢。西周车开始设车盖，常为伞形，其柄名杠，又名桯。柄顶端膨大，名盖斗。车盖并不是固定在车上，而是能够装卸的。

独木舟和筏是人类发明最早的舟船，在原始社会就已经出现。商周时代舟船已经成为一种广泛使用的水上交通工具。据甲骨文观之， 舟船已在原始形态之基础上有了很大发展。不仅独木船得到了改进， 而且出现了并连几舟而成的连体船。甲骨文中的舟字多是象形字，从其字形上看，当时的船多是由多块木板制成的舢板，有的方头、方尾、平底，首尾上翘且有出角，有的首、尾加有横梁，如此，提高了船体结构的整体性，增加了其牢固性。船的动力为人力，人撑篙或划桨来推动船前进。

商周时期，受木筏原理的启发，人们制造出了舫。舫是将两艘及两艘以上的船，初期用绳索，以后演进为将木板或木梁放置在船上，用竹、木、铜等材质的钉子钉在一起。船与船之间保持一定的间隔，不必船舷靠船舷。舫增加了船的宽度，提高了船的稳定性和装载量。

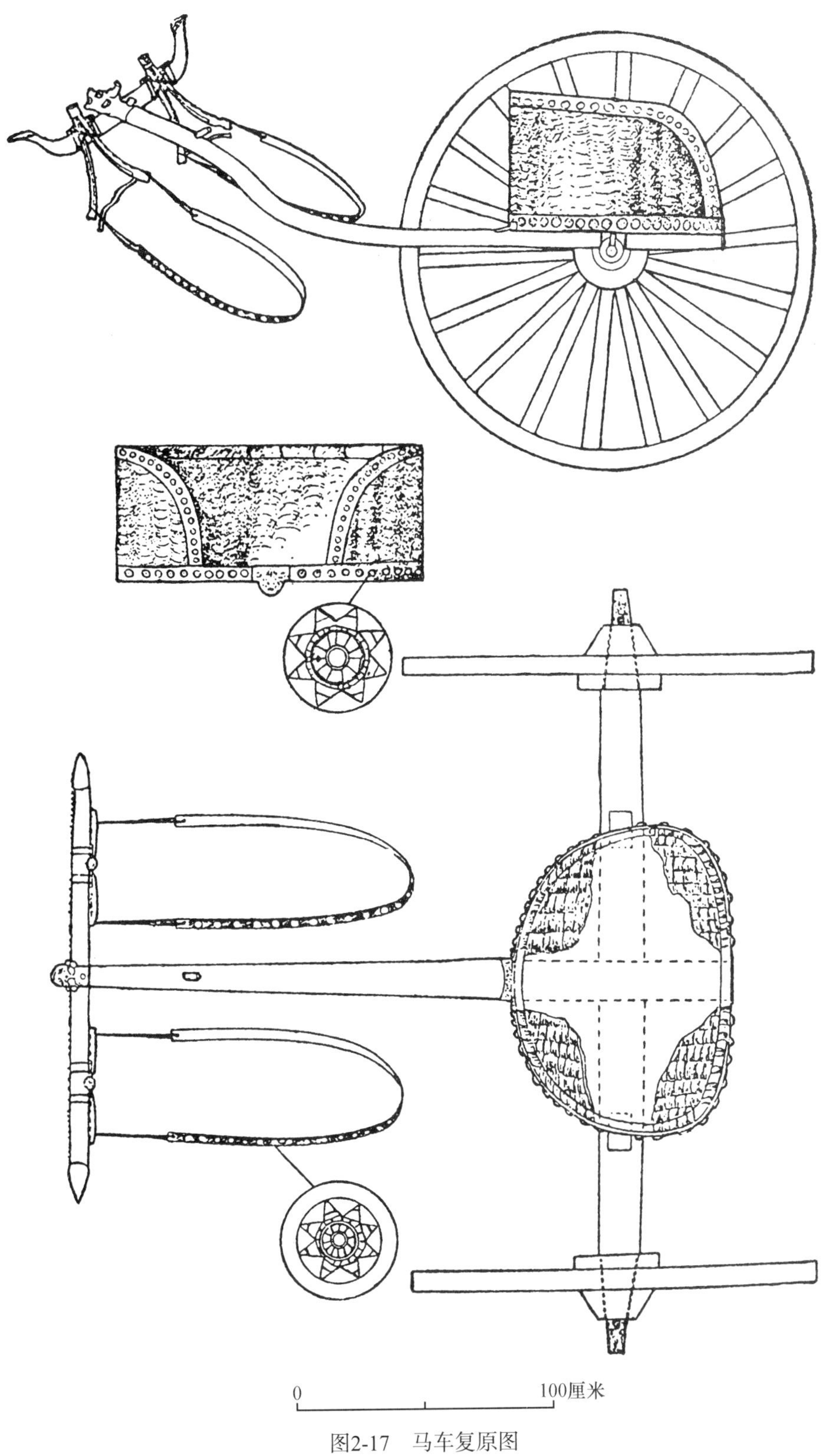

图2-17　马车复原图

（商代晚期，殷墟M20马车。杨宝成：《殷代车子的发现及复原》，《考古》1984年第6期）

七、漆器制作技术

漆是从漆树身上割取出来的一种液体，呈灰乳色，一般称为生漆或天然漆，俗称大漆。生漆与空气接触后，即起化学反应，表面呈赭色，干涸后变成褐黑色，非常坚固，并具有耐酸、耐热、耐磨和绝缘性等特点，还具有防腐蚀、防渗透、防潮和防霉等性能。将提炼后的漆涂在各种器物的表面，制成日常器具和工艺品，就是人们所说的漆器。

漆器是中国的发明创造，是中国对人类的重大贡献。漆器出现于新石器时代，夏商时期，漆器被广泛应用。据《尚书·禹贡》记载："济河惟兖州，厥供漆丝。""荆河惟豫州，厥供漆、枲、絺、纻。"可见，当时的漆工艺已经成了一项专门的手工业。

夏商漆器品种以生活用具为主。夏代漆器器形有鼓、筒形器、觚、盒和漆棺等；漆器上的纹饰主要受当时陶器和青铜器的影响，以动物纹样和几何纹样为主，如在河南二里头遗址中发现有装饰兽面纹的漆器；目前发现的夏代漆器的胎骨，只有木胎一种，其制作工艺继承了前人的方法，如觚、钵、豆等都是采用挖制和斫制相结合，并出现了新的雕刻工艺，如河南偃师二里头遗址出土的雕花漆器残片。

商代漆器的考古发现地主要集中于河南安阳殷墟，同时在黄河中下游及长江一带也有发现。河南安阳殷墟多次发现商代漆器，其中1950年安阳武官村商代大墓出土有许多雕花木器的朱漆印痕；1979年和1980年考古工作者在河南罗山蟒张乡天湖村墓地的发掘中共出土漆器9件，器形为碗和豆。商代漆器的品种以日常用具为主，器形有盒、盘、碗、豆、筒形器、钵、觚等日常用品，乐器有鼓，兵器有盾、甲，马车及丧葬用的棺椁等，并出现了长方形和圆形的漆盒；漆器上的纹饰以动物纹样和几何纹样为主，如饕餮纹、雷纹、蕉叶纹等纹样，并能在漆里掺杂各色颜料，还出现了镶嵌工艺和贴金箔技艺。在出土的一件漆盒的朽痕中发现了半圆形的金饰薄片，正面阴刻云雷纹，背面遗有朱漆痕迹，疑是漆盒上的金箔，表明最早在商代金箔已用于漆器的装饰。商代漆器的胎骨有木胎、陶胎和铜胎三种，其中以木胎为主，陶胎、铜胎则少见（图2-18）。

图2-18　漆木碗

（商代，信阳罗山县天湖出土。陈彦堂主编：《中原文化大典·文物典·漆木器金银器杂项》，中州古籍出版社，2008年，第32页，图上1.6）

西周漆器自20世纪30年代以来，在河南、陕西、湖北等省不断有所发现。在河南洛阳庞家沟墓地发现了一件怀疑是瓷豆器托的镶嵌蚌泡漆器。西周时期种植漆树很多，种植者要向天子贡赋。《周礼·春官·御史》中描述统治者显示身份的出行器物时提到了"髹饰"和"漆车藩蔽"，对髹漆后座车的高贵华丽有详细的描绘。《周礼·考工记》列有30多种工种，多次涉及髹漆。漆的取用已不单单用于髹饰祭祀用具、饮食之器，如豆、觚、壶、簋、杯、盘等，而且已在舟车、宫室、乐器、兵器等方面广泛使用。

西周漆器以木胎为主，兼有瓷胎。按照用途划分，有生活用具、乐器、兵器、车马器和丧葬用具等，其中生活用具占主导地位，且与同时代陶器、青铜器的器形相同的器物为多数，如豆、盘、扁壶等。日常生活用具中还增加了漆耳杯、勺、梳、槌等。乐器中有漆瑟等。兵器中除有盾、甲、矢、剑鞘之外，还有戈、矛等，车马器中有已髹漆的竹木车舆、车辕、车伞盖穹及马饰等。丧葬用具有棺椁、镇墓兽和小木俑等。

西周的装饰纹样较之夏商时期有了明显的增加，其装饰题材的范围也扩大了许多。装饰纹样主要有饕餮纹、凤鸟纹、弦纹、雷纹、云雷纹、回纹和涡纹等。这一时期的装饰纹样继承了商代的技法，用彩绘与蚌片共同组成纹样，而这也成了西周漆器装饰图案中最具特色的装饰手法；而西周漆器上的几何纹样只是作为主要纹样的衬托，数量并不是很多；西周漆器在中国古代漆器发展史上最大的贡献就是有了嵌螺钿工艺，具有极其重要的价值。

第五节　初期的天文学和数学

一、天　文　学

夏商周时期，天文和历法有人专司渐成定制，相应的机构也逐渐建立起来。商周时期的天文工作常有巫、祝、史、卜等宗教人员或记述历史的专业人员兼任。相传夏代已经建立了天文台，称为清台。商代的天文台称神台，周代称灵台①。这些人员和机构的设置，既是统治者政治的需要，也是天文、历法自身发展的需要，同时促进了对分散、零星的天文、历法知识的整理与研究，通过系统的天象观测和计算，使天文、历法得到较大发展，形成了初期的天文学。初期的天文学往往与带有迷信色彩的占星术密切相关。为维护自己的统治，商周的统治阶级十分推崇包括占星术在内的各种占卜巫术。殷商时期的甲骨文，以占卜为主要内容，其中有不少天象记事，这是占星术兴盛的表现。

《夏小正》相传是夏代的历法，由孔子造访杞国时得到，是我国现存的一部最古老的天文历法著作，是含有夏民族传统与特色的物候—星象历法。其按12个月的顺序，分别记述每个月的星象、气象、物象及所应从事的农事和政事。其星象包括昏中星（黄昏时南方天空所见的恒星）、旦中星（黎明时南方天空所见的恒星）、晨见夕伏的恒星、北斗的斗柄指向、河汉（银河）的位置，以及太阳在星空中所处的位置等，并把它们作为一年中某一个月份来临的特定标准。此外，白昼或夜晚时间最长的时日也被作为此类标志之一。

夏代已经使用了甲、乙、丙、丁、午、己、庚、辛、壬、癸十天干周而复始记日的方法。夏代后期的几个帝王，如孔甲、胤甲、履癸等，就以天干为名。此时用十进制的天干记日，并有了“旬”的概念。十天为一旬，这个概念一直沿用至今。商代在夏代天干纪日法的基础上，发展为使用干支纪日的方法，即以十天干与十二地支（子、丑、寅、卯、辰、巳、午、未、申、酉、戌、亥）依次相互搭配，组成60个干支单位纪日。此60个干支单位是循环往复使用的，甲骨文中保存有不少专门用以查检日期的干支表（图2-19）。殷商末期，除使用干支纪日法外，还盛行用周祭祭祀记录日期的方法。在商代晚期商王及王室贵族每当遇有重要事情需要进行占卜或铸铭纪念时，往往都要在刻辞和铭文的最后部分附记上当日的周祭祭祀，以此作为一种纪日的方式。商人往往将干支

① 中国天文学史整理研究小组：《中国天文学史》，科学出版社，1981年，第212页。

图2-19　商代晚期60干支表

纪日和周祭祭祀纪日结合起来，在卜辞和铭文中前记干支日，后记当日的周祭祭祀[①]。干支纪日与周祭祭祀纪日相辅相成，构成商代晚期一种新的纪日制度。

从甲骨卜辞推知：殷商历法以“年”“岁”纪年，殷商晚期多用“祀”纪年，以“祀”纪年源于祭祀。商人以观测大火星的昏见南中来定岁首，其历法为星象历。一年为12个月，历月有大小之分，多为30日，大月30日以上，小月有29日，也有少于29日的，甚至还有25日的。有大小月相间安排的，也有连大月和连小月的现象。商人依据月相来安排月首，以新月初见之日为月首。殷商历法有闰月的安排，他们的置闰是随时依靠观察天象和物候来决定的，发现不合，就随时在年终或年中安置闰月予以调整。由以上可知，殷商历法是以太阴纪月，太阳纪年的阴阳合历[②]。

商代把一天分为不同的时段，白天划分的时段依时间顺序主要有甍（天明）、旦（日出）、食日（日出到日中之间的一段时间）、日中（太阳南中天）、昃（日过中天后的一段时间）、小食（日入前的一段时间）、昏（日入）等，夜晚划分的时段依时间顺序主要有杋（日入之后的一段时间）、住（半夜）、夙（下半夜到天明之间）等，把天明作为一天的开始。商代对一天时段的划分不均匀，白天分段细密，夜间分段疏阔。到了周代，则把一天均分为12个时辰，分别以十二地支纪之。

周代历法在商代历法的基础上有所推进。在西周金文中常见初吉、既生霸、既望、既死霸四个纪时术语，后三个术语是依据月相来命名的，对此王国维的解释影响力较大[③]。商代历法置闰不固定，或年中，或年终，西周历法则年终置闰。

中国古人十分重视对异常天象的观测和记录，有些天象记录远比世界其他地区为早。夏代的文献就留下了人们对当时日食的记录。《尚书·胤征》载“辰弗集于房”，这是对夏代仲康时期发生日食的明确记载。殷商甲骨卜辞中对日月食的记录较多。武丁时期有月食记录5次，分别为“壬申夕月有食”“乙酉夕月有食”“庚申月有食”“癸未……之夕月有食”和“甲午夕月有食”。历组卜辞“癸酉日月有食”，就是对日食的记录[④]。商人不但对日月食有记载，对大火星、岁星、北斗星等也都有观测和记载。甲骨卜辞中有一些新星的记载，如庚午有“新大星并火”[⑤]，这是世界上最早的新星记录。

① 常玉芝：《殷商历法研究》，吉林文史出版社，1998年，第103、104页。
② 常玉芝：《殷商历法研究》，吉林文史出版社，1998年，第426页。
③ 王国维：《生霸死霸考》，《观堂集林》，河北教育出版社，2003年，第6～10页。
④ 方雅松：《殷墟卜辞中天象资料的整理与研究》，首都师范大学硕士学位论文，2004年。
⑤ 《合集》11503反。

二、数　学

夏商周时期，随着农业、手工业的发展，商品交换的扩大，建设城市、宫殿、沟渠等大型土木工程及测量田亩和编制历法等的需要，数学知识在这一时期获得了较大进步。

商代甲骨文和陶文中有不少记数文字。殷墟甲骨文记数是用一至九、十、百、千、万及一些合文来表示的。商人能够用这些记数文字表达十万乃至百万以内的任何自然数。甲骨文中的记数单字有13个，这些字的写法如下：

1　2　3　4　5　6　7　8　9　10　100　1000　10000

甲骨文中用合文记数，是指在记十、百、千、万的倍数时，用两个记数单字组合表示，如：

20　50　80　300　2000　8000　30000

甲骨文中复位数已记到四位，如八千三百五十四记为。商人记数有时在百、十和单位数之间添加“”字或又字，如八十七记为。《合集》22046上有一到十的全部十个自然数，这些数字没有与实物连在一起，说明早在商代，人们已经有了抽象的自然数的概念。周代和商代记数法相同，只是数字字形稍有差别。商、周时期的记数法都是遵循十进制，语言简洁明了，与位置制记数法极为相似。李约瑟博士对我国商代的记数法给予了高度评价：“因此，总的说来，商代的数字系统是比古巴比伦和古埃及及同一时代的字体更为先进、更为科学的。”[①]殷商甲骨文还反映了奇数、偶数和倍数的概念，说明当时人们已经掌握了初步的运算技能（图2-20）。

图2-20　商代晚期刻有数字的龟甲
（《合集》4264正面照片）

除十进位制，商代记数法还使用了六十进位制。商代历法用干支纪日，十天干配十二地支，从干、支的第一个字甲、子开始，配成甲子直至癸亥，共配60次后，再配成一个甲子循环，60个干支单位往复使用。干支组成的60个序数，即六十甲子。商代用六十甲子纪日，后来又用之纪年。六十甲子纪年法具有强大的生命力，直至今日，我们的农历仍沿用这种干支纪年法。

规矩、准绳作为测量工具最迟在夏代就已出现，夏禹治水时“左准绳，右规矩，载四时，以开九州，通九

① 〔英〕李约瑟：《中国科学技术史》（中译本）第3卷，科学出版社，1978年，第29页。

道，陂九泽，度九山”[1]。河南境内出土的夏商周时期的青铜器、马车及已发掘的古代建筑遗址都表明，规矩、准绳在此时期已经广泛应用于生产生活的各个方面了。

第六节　物候学和地学知识的积累

一、《夏小正》和物候知识

物候知识是人们对自然界的动植物与环境条件的周期变化之间所存在的关系的认识，是人们在生产和生活实践中总结出来的。在以农业为主的社会里，物候与人们的生产生活密切相关，人们主要根据物候的变化来掌握农时。夏商周时期，农业已经成为国民经济的主体，由于农业生产的需要，人们更加重视物候知识的积累，并形成了我国第一部物候学著作——《夏小正》。

《夏小正》是我国现存最早的，具有丰富物候知识的著作。该书原文已散佚，我们现在见到的是保存于《大戴礼记》中的，全文共计463字，逐月记载物候变化，内容涉及天象、气象、植物和动物变化、农事安排等。天象主要有每个月的昏旦中星和北斗指向。气象有各个时节盛行的风、降雨、气温情况等。植物和动物变化包括常见草本和木本植物的发芽、开花、死亡，昆虫蛰伏、起蛰、鸣叫等，鸟、鱼及哺乳动物的行为等。农事安排是依据季节变化安排相应的农业生产活动，包括耕田、种黍等内容。

《夏小正》对各月物候观察细致入微，如表2-1所示。

表2-1　《夏小正》对各月物候观察

月份	物候	天象	气象	农事活动
正月	启蛰，雁北乡，雉震呴，鱼陟负冰，田鼠出，獭祭鱼，囿有见韭，鹰则为鸠，柳稊，梅杏杝桃则华，缇缟，鸡桴粥	鞠则见，初昏参中，斗柄悬在下	时有俊风，寒日涤冻涂	农纬厥耒，农率均田，采芸
三月	螜则鸣，田鼠化为鴽，拂桐芭，鸣鸠	参则伏	越有小旱	摄桑，委杨，颁冰，采识
四月	鸣札，囿有见杏，鸣蜮，王萯秀，秀幽	昴则见，初昏南门正	越有大旱	取荼，执陟，攻驹
七月	秀雚苇，狸子肇肆，湟潦生苹，爽死，荓秀，寒蝉鸣	汉案户，初昏织女正东乡	时有霖雨	灌荼

战国时期成书的《小戴礼记》中的《月令》和《吕氏春秋》中的《十二纪》，西汉时期的《淮南子》中的《时则训》，其物候部分大多源于《夏小正》，而稍加修改，在气象观测上稍有增益之处。这些战国以后月令性质的书，其内容没有《夏小正》那么客观、纯朴，他们为迎合当时统治阶级的需要，加进了不少“天人感应”之类唯心主义的东西。《逸周书》中的《时训解》则把《夏小正》和《十二纪》所记的物候按二十四节气和七十二候依次叙述，这使物候观测与季节气候的变化结合得更为紧密，是我国古代物候学的一个进步。

① （汉）司马迁：《史记·夏本纪》，中华书局，1959年，第51页。

二、地形、地图和气象学知识

夏王朝是我国第一个奴隶制国家，其以豫西和晋南为中心，控制范围包括今河南、河北、山东、湖北等地。商和周的控制范围进一步扩大。国家的出现，加之疆域的广大，对地域情况的了解就显得十分必要，地理学知识就会随国家的建立和发展而逐渐积累起来。

夏代对地理知识已有所了解。夏建立之前，大禹之父鲧治水失败，大禹汲取其父治水失败的教训，先观察高山、大川，勘察地形地貌，然后“行山表木，定高山大川”，而“开九州，通九道，陂九泽，度九山”[①]，成功地疏导了河水，打通了水陆交通。通过大禹治水，人们对山川地貌的认识在逐步深化。

在殷商甲骨文中，有大量地形地貌的用词。涉及山地或丘陵地貌的有山、岳、丘、陵、高、封、阜、沙、襄、麓等，涉及平原地貌的有原、畴、林、徉、梁、湿、圃等，涉及水道或河谷地貌的有泉、川、州、渊、河、洹、汫、洋等[②]。不同的地貌有不同的名称，同类地貌又区别称名，说明当时人们对地形地貌有了比较细致的观察和了解。

商代建国后不断开疆拓土，其疆域较夏代有所扩大，疆域地理知识也随之丰富了许多。商代甲骨卜辞所记地名数以百计，还有东土、西土、北土、南土、东鄙、西鄙等记载。商代方国众多，据统计，西方方国有羌、召、羞、巴、周、马等60个，北方方国有土、下危、竹、宋等8个，东方方国有人、林、危、元、杞、逢等23个，南方方国有雇、息、虎、卢等12个，不能确定地望的方国还有55个，共计158个方国[③]。

城市，尤其是国都地址的选择和布局反映了当时城市地理学知识。夏、商、周的都城及其他城市遗址在河南境内都有发现，这些城址都选择建在地势平坦、水路交通便利，进可攻退可守的地方。一般临近大河，水源充足，可满足生产生活用水的需要，同时，又不在低洼地，保证不会被水淹。在河南境内有商朝早、中、晚期都城遗址几座，任何一座商代都城遗址，其规模远远超出夏代都城遗址。郑州商城为商代中期都城，其位置北临黄河，西依嵩山，东南为广阔的黄淮平原，在这里建都有十分优越的条件。郑州商城内外已经形成不同的功能区，城内北部偏东为宫殿建筑，城外北面有制骨、冶铜作坊，西面有制陶作坊，南面有冶铜作坊，东南角有酿酒作坊。这表明当时人们有了一定的城市规划和布局的思想，城市已经发展到成熟阶段。

商代甲骨文中地名繁多，或是农业区，或是田猎区，或与战争有关。商王朝周边方国有150多个，散布于其统治区四周。商末有一组甲骨卜辞与征人方密切相关，这组卜辞含有征人方过程中的时间和地点，学者们据此绘制出商人征人方的路线图[④]。由此可见，商人对直接统治的区域和周边方国地理方位有明确概念，当时应有简单的地图。《尚书·洛诰》涉及西周初期营造成周洛邑的情况，其中记载“伻来以图及献卜”[⑤]，即周公把对洛邑勘察后绘制的图和占卜的情况献给成王。

---

① （汉）司马迁：《史记·夏本纪》，中华书局，1959年，第51页。

② 宋镇豪主编：《商代史·商代地理与方国》，中国社会科学出版社，2010年，第12页。

③ 宋镇豪主编：《商代史·商代地理与方国》，中国社会科学出版社，2010年，第259页。

④ 宋镇豪主编：《商代史·商代地理与方国》，中国社会科学出版社，2010年，第376～395页。

⑤ 刘起釪：《尚书校释译论》，中华书局，2005年，第1457页。

《尚书·洛诰》没有对此“图”做更多的说明，但可以推测，该图应绘有要建城邑的地理位置。从商周时期的文献和考古材料所反映的情况来看，当时已经有了一些制图的要求，所绘制的图能够大致体现一些地理情况。

气象与人们的日常生活息息相关。夏商周时期的气象知识在原始社会的基础上有了进一步的发展。甲骨文中有大量与气象有关的详细记载，记载日照状况的有晴、大晴、小晴、继续放晴、夜晴、昼晴、阴间晴、晴无云等，雨止日出，阴云蔽日，阴，昼盲，日晕；记载水汽状况的有乌云、停滞不动的云、绵延不绝的云、广大的云等，大雨、小雨、细雨、多雨、疾雨、烈雨、阴雨连绵等，雪、雹、雷、雾、霾等；记载大气运动的有风、小风、大风、大飓风、风停、西风、北风等。商代的人们对风和雨、雷等的关系；雨与日晕、云、虹的关系；雨、雷、雹、虹、雪等发生的时间等有较深刻的认识，如云能致雨、日晕是雨的前兆、雷多和雨相伴、虹发生在雨后、雹多发生在春夏之交、雷多发生在夏季。当时已经认识到风、雨、雷等能给人们的生产和生活带来不便，甚至灾害。人们还对一日、一旬，乃至数旬的气象情况进行连续记录，这是世界上最早的详细气象记录，如《合集》11497详细记载了一个祭祀过程中，天气由下雨、雨停、又下雨、天放晴的变化情况。甲骨文还反映出，当时人们已经能够运用已掌握的知识预报天气，这是气象学史上最早的气象预报的文中记录，如《屯南》774准确预报出了第二天不会放晴的天气状况，《合集》24769预报出了第二天晚上会下雨的情况[①]。

第七节　初期医药学

一、巫和医的分化

就世界范围看，最早的医生并非专职，而是由巫师充任，巫医不分。中国医学的发展也经历了巫医不分的阶段。到了商代后期，医药知识已经有了进步，但巫医不分的情况仍然存在。从大量的卜辞中由贞人占测病情来看，贞人实际上就是集巫卜与医道于一身的殷代郎中。商代末期，出现了一些专职医生，甚至设置了管理医生的官员。殷商甲骨文中的“小疾臣”就是管理治疗（王室）疾病的医生的官吏，他应是《周礼·天官·医师》中“掌医之政令，聚毒药以供医事”的“医师”的前身。西周时期医和巫已经分开。在《周礼》中，“巫祝”与“医师”分属不同的职官系统，而医又细分为“食医”“疾医”“疡医”和“兽医”。此外还建立了一套医政组织和医疗考核制度。由“医师”总管医药行政，在年终考核医生们的医疗成绩，并据此定其级别和俸禄。

二、对疾病的认识

“疾病”这一抽象的概念产生于何时，无从详考。但从殷商甲骨文看，商代已经具有了“疾病”的概念。甲骨文中的病字，像一人有疾病倚着之形，或像人有疾病躺于床上之竖置形，有些字形中人形周围有数点，像人发病后的病垢污秽之点，或像病人所发之汗星。甲骨文中的疾字，像

① 温少锋、袁庭栋：《殷墟卜辞研究——科学技术篇》，四川省社会科学院出版社，1983年，第122～165页。

矢（箭镞）着人腋下之形，箭矢伤人，即为外伤。前者造字本义当表示病人卧床不起的内科病，后者造字本义当表示人身受刀兵武器创伤的外科病。但在卜甲骨文中，二者表示“疾病”之意相同，可以通用。甲骨文所见疾病有头、眼、耳、口、牙、舌、喉、鼻、腹、足、趾、臀、肘、骨、尿、产妇、小儿、传染等50余种，涉及内科、外科、五官科、口腔科、脑科、眼科、皮肤科、骨科、消化道科、神经科、妇科、小儿科、传染病科等①。

古文献中有商代医术治病的记载。《世本》载：“巫咸作医。”巫咸亦见于殷商甲骨文中，是商人祭祀的重要功臣之一。《孟子·滕文公上》引《尚书·说命》记载：“若药弗瞑眩，厥疾弗瘳。”相传《说命》为商代武丁、傅说所作。从甲骨卜辞和考古材料可知，商代已采用按摩、针刺、火灸、砭术、简单的外科手术、助产与接生术、药物、食疗、祝由等多种方法来治疗疾病②。

殷商甲骨文中，有大量关于妇女生育的卜辞，涉及商王的妻妾怀孕、分娩、生育等事项，从中可以看出商人对是否怀孕、生男生女、生产是否顺利、母子是否平安、预产期的判断等生理生育过程有了一定的认识，能较准确地推算出预产期，对生养哺育有了一定的经验，反映出了对待生产中出现异常情况的态度和方法等。这是我国传统妇产医学的原始雏形。

在商代，人们不但能够根据病象病症、病发部位或病灶所在识别何种疾病，就病症的感觉反映进行相应治疗，而且关注病变症状，从而留下了病患症状记录。这些病症包括有无疾病、疾病的发起、疾病的迁延、疾病与死亡、疾病的痊愈等③。例如，《合集》13753记录一患者，患有骨科疾病，自出现病理反映病状后12天，病情发作过一次，175天后再度发作，并急剧恶化，在其后第6天黎明时死亡。“这片甲骨文内容，可视为中国医学史上最早而经日最长的骨性病变死亡记录。”④

三、卫生保健

人们在长期的生产和生活实践中，积累了促进人体健康生长、减少疾病侵害、提高体质和延长寿命的保健知识。夏商周时期，人们对此多有继承，并有所发展和更新。环境卫生方面，高台建筑防潮祛病，广泛采用人畜隔离，知道凿井而饮，垃圾集中倾倒于坑、沟、窖穴，住宅附近修有供排水设施。个人卫生方面，甲骨文中有“浴”和“沐”字，说明人们已经有洗脸、洗手、洗澡等习惯。殷墟侯家庄1400号大墓出土一套青铜盥洗用具，包括盛水铜盘、盂、沃水勺和贯耳汲水壶各1件及5个洗澡搓擦身垢用的陶甗⑤；殷墟妇好墓出土用于净耳的玉耳勺2根；1977年小屯北地18号墓出土玉耳勺1根⑥，说明当时有人还有净耳的癖好。

---

① 宋镇豪：《夏商社会生活史》，中国社会科学出版社，1994年，第737页。

② 张炜：《商代医学文化史略》，上海科学技术出版社，2005年，第95页。

③ 朱桢：《殷商时代医学水平概论》，《山东医科大学学报（社会科学版）》1995年第2期。

④ 宋镇豪：《夏商社会生活史》，中国社会科学出版社，1994年，第741页。

⑤ 陈昭容：《从古文字材料谈古代的盥洗用具及其相关问题——自淅川下寺春秋楚墓的青铜水器说起》，《中央研究院历史语言研究所集刊》第71本4分，2000年，第876页。

⑥ 郑振香：《安阳小屯村北的两座殷代墓》，《考古学报》1981年第4期。

第三章　中原古代科学技术体系的奠基（春秋战国时期）

第一节　社会大变革与中原地区的科技

一、生产力的发展与生产关系的变革

春秋战国时期，中原地区社会生产力有了很大的发展，其标志是铁器在农业、手工业等生产领域的使用和推广。铁质工具在生产领域较木、石、青铜等工具性能优良，是大幅度提高劳动生产效率的利器。铁农具和牛耕的应用和普及，一方面降低了农业劳动强度，大量荒地被开垦，私田数量不断增加；一方面促进了农业生产方式由大规模农业奴隶集体劳动向一家一户、个体经营转变。社会上出现了包括佃农和自耕农在内的小农阶层，他们生产劳动的积极性空前高涨。高效的私田和佃耕制在中原地区各诸侯国迅速发展，并逐步取得了合法地位，新的生产关系确立，井田制瓦解。

随着封建制生产关系的形成和发展，手工业也得到了很大的发展。原有的手工业部门获得了铁工具在内的利器，并建立了新的生产关系；同时，一批新的独立的手工业部门应运而生，特别是冶铁业随着社会需要的增加和冶铁技术的发展，成为当时最重要的手工业生产部门之一。这一时期，官营手工业格局发生了重大变化，除官营手工业外，私营手工业和独立的手工业者日益增多，他们共同制造社会所需的各种商品。手工业技术有了很大的进步，产品质量大为提高，手工业部门内部出现分工越来越细的趋势，工艺技术也出现规范化的倾向。手工业者队伍不断扩大，他们在社会生产和生活中的作用日益重要。墨家学派应运而生，作为手工业者利益的政治代表，在当时具有相当大的影响力。

中原地区的农业、手工业在新生动力和生产关系的推动下，出现欣欣向荣的新景象，随之人口增速加剧，经济繁荣。由于政治、经济的发展，原有城市不断扩大，新的城邑陆续出现。

新兴地主阶级借助先进的生产力和生产方式，以强大的经济基础为后盾，谋求政治上的统治地位，与旧奴隶主贵族展开了错综复杂的斗争，促进了社会的变革。新的封建制生产关系适应了当时生产力发展的需要，迸发出了强大的生命力，促进了包括科学技术在内的社会政治、经济、文化的大发展。

二、社会时局与科学技术

春秋战国时期，诸侯割据，战争频仍，应该说不利于社会生产的发展，但实际情况并非如此，当时的局面在某种程度上为科学技术的发展提供了机遇。

在封建制社会大变革的背景下，“学在官府”的奴隶主贵族垄断教育的局面被打破，私学在小农经济为主导的社会里出现并发展起来。

宋人墨翟聚徒讲学，讲学的规模较大，据《墨子·公输》墨翟自称有弟子300人，多是“农与工肆之人”，著名者有禽滑厘、田子方、段干木、高石子、公尚过、耕柱子、曹公子等。墨家后学兴盛，在一些诸侯国里很有实力。墨子所创的私学和墨家是当时唯一可以与孔子及其儒家相抗衡的显学。墨子私学组织严密、纪律严格，师生之间有较明确的纪律约束。墨子的教育以科学技术和思维训练为特色，注重实用生产技能的培养和有关科学技术知识的传授，包括基础科学问题的抽象归纳和具体技术的推广。墨子的私学是这一时期最富科学技术教育色彩的。以墨子聚徒讲学为代表的私学的兴盛，不但直接促进了科学技术的发展，而且为科学技术的传播、总结和提高提供了人才方面的准备。

春秋战国时期的中原地区，在宽容私学的同时，注重公办学校教育。据《左传·襄公三十一年》记载，郑国人到乡校休闲聚会，议论执政者施政措施的好坏，郑国大夫然明建议把乡校毁了。子产没有采纳然明的意见，他把乡校作为士人反馈政事信息的场所，根据这些士人的意见来调整自己的政策和行为。这既说明郑国对士人的尊重，同时也反映出郑国执政者子产对学校教育的重视，不轻易毁坏地方学校。郑国执政者重视学校教育有利于科学技术的传播及其人才的培养。

为了生存和发展，位于中原地区的韩国、魏国、赵国都注意广集士人为其服务。当时，无论公室还是私门，都有养士之风。赵国的平原君、魏国的信陵君都养士数千人。这些门人食客，不免有滥竽充数者，同时也为有才能的人包括从事文化和科学技术研究的人，提供了交流思想、研讨学术和发挥才干的机会。《吕氏春秋》中《上农》等四篇就是吕不韦宾客中的农学之士的杰作。

春秋战国时期，有游说和人才交流之风。宋人墨子曾奔走、讲学、游说于楚、齐、卫、鲁等国，宣传和实践自己的政治主张。作为疲秦之计，韩国曾暗中派水利专家郑国到秦国，修筑泾水与洛水间的水利灌溉工程。士人的自由流动和人才的频繁交流，有利于包括科学技术在内的学术的交流和发展。

中原地区的郑、韩、魏、赵、宋等国为了在激烈而严酷的环境中生存和壮大，各自形成和发展了自己的特色产业，国家间商业贸易不断，这也刺激了商贾贩贱卖贵。在这样的局面下，先进而具竞争力的科学技术在现实中被应用和提高，富含科学技术信息的特产随贸易扩散至周边地区，方便了人们的生活，提高了生产效率，促进了科学技术的传播。

这一时期思想解放、百家争鸣，人们对社会和自然现象研究的活力被强烈而全面地激发出来，科学技术得到了前所未有的发展，在后世得到进一步发展的许多科学技术问题，都可以在这一时期的发明或发现中找到雏形。春秋战国时期是中原地区古代科学技术体系奠基的重要时期。

第二节　中原地区的农业科技

一、铁农具和畜力使用的普及和推广

春秋战国时期，中原地区农业科技发展最突出的成就是铁农具和畜力使用的普及和推广。

春秋时期，中原地区已开始使用铁农具，如洛阳市水泥制品厂遗址曾出土一件春秋晚期的铁

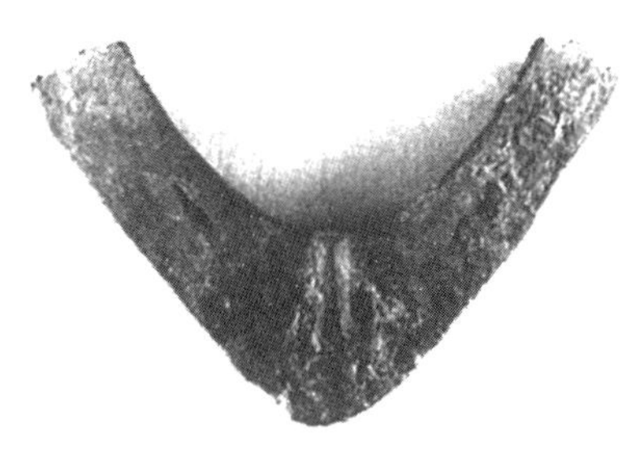

图3-1　铁犁铧冠
（战国，河南辉县固围村出土。王星光主编：《中原文化大典·科学技术典·农业水利纺织卷》，中州古籍出版社，2008年，第49页，图3.1.10）

铸。到战国中晚期，铁农具数量大大增加，已在中原地区农业生产领域中占有主导地位；铁农具种类日趋完备，除播种农具外，农业生产每一个环节所需的农具都已基本成型。例如，辉县固围村战国墓发现铁农具有犁铧（图3-1）、鑁、锄、锸、镰、斧等58件，占全部农具的84.1%；新郑郑韩故城仓城铸铁作坊遗址出土锄、鑁、耙等200多件铁农具，占出土铁器的63.5%。铁农具的使用和推广，逐渐使木、石农具退出历史舞台，而且在提高耕作效率的同时，也为提高耕作质量创造了条件。

战国中晚期，中原地区已进入较为先进的犁耕阶段，牛耕在中原地区得到迅速推广。畜力耕作的普及，使人从繁重的体力劳动中得到一定解放，又为小农生产创造了动力上的前提。

二、精耕细作技术的出现

春秋战国时期，随着铁农具的使用和推广，耕作技术得到了提高，中原农业开始走向精耕细作的道路。

战国时期已经强调深耕和多耕。“深其耕而熟櫌之，其禾繁以滋，予终年厌飧”[①]“深耕易耨”[②]“耕者且深，耨者熟耘”[③]“五耕五耨，必审以尽，其深殖之度，阴土必得，大草不生，又无螟蜮，今兹美禾，来兹美麦。”[④]当时人们已经认识到深耕熟櫌具有抗旱保墒、防止杂草滋生、避免虫害、增加产量等作用。

人们对土地耕作有了规律性的认识，反映出我国传统耕作法的核心。《吕氏春秋·任地》篇提出了耕作的大原则，即所谓的“耕之大方”。“力（刚强的土）者欲柔（柔软的土），柔者欲力；息（休息的土地）者欲劳（频作的土地），劳者欲息；棘（土地的瘠薄）者欲肥（土地的肥沃），肥者欲棘；急者欲缓，缓者欲急；湿者欲燥，燥者欲湿。”正确处理了土地耕作中力与柔、息与劳、肥与棘、急与缓、湿与燥的五大原则。土壤耕作五大原则的基本思想是要求人们因地制宜，采取适当的耕作措施，改善土壤结构性状，协调土壤中的水肥条件，为农作物的生长发育创造良好的土壤环境。

此时期，垄作法发展完善为甽亩法。《吕氏春秋·任地》中提出“上田弃亩，下田弃甽”，亩指田间的垄台，甽是田间的垄沟。“上田弃亩”即在高地的农田里，将庄稼种在垄沟里，而不种在垄台上，高垄可以挡风防旱；“下田弃甽”即在低洼的农田里，将作物种在垄台上，垄沟可以排水防涝。因此，甽亩法除具有排水防渍功能外，还具有抗旱保墒功能。此外，《吕氏春秋·辨土》还对亩和甽提出了具体的要求，如“故亩欲广以平，甽欲小以深；下得阴，上得阳，然后咸

---

① （清）郭庆藩：《庄子集释》，中华书局，1961年，第897页。
② 杨伯峻：《孟子译注》，中华书局，2005年，第10页。
③ 高华平等：《韩非子》，中华书局，2010年，第408页。
④ 陈奇猷：《吕氏春秋新校释》，上海古籍出版社，2002年，第1740页。

生”意即田间的垄台要做得宽而平，垄沟要做得窄而深。甽亩有一定的规格，其耕作亦有相配套的农具，“是六尺之耜所以成亩也，其博八寸所以成甽也”。对于垄台的内部结构，《吕氏春秋·辩土》提出“稼欲生于尘，而殖于坚”，使得垄台具有“上虚下实”的耕层结构，从而利于农作物的生长发育。

在耕作制度方面，逐渐由轮荒制向连种制转变，有的地区还在连种制的基础上创造了轮作复种制。例如，《管子·治国》中载有“四种而五获”，《荀子·富国》中的“一岁而再获之”，《吕氏春秋·任地》中所说的“今兹美禾，来兹美麦”等，都是中原地区实行轮作复种制的证明，从此中原地区的农业生产走上了复种轮作的道路。

此外，适时耕作、因土耕作、条播技术等也已经出现和推广。

三、大型农田水利的兴建

中原地区大型农田水利的兴建在这一时期掀起了一个高潮。一方面，中原地区水利人才辈出，如孙叔敖、郑国、白丹等；另一方面，各种农田水利工程得以修建，有陂塘工程如芍陂，渠系工程如漳水十二渠、水井等。农田水利工程的兴建，为中原地区农业经济的发展提供了强劲的推动力，不仅使中原地区以前一些不能耕种的土地变成肥沃之土，扩大了耕地面积，而且通过灌溉，补充了农作物在生长期所需要的水分，对提高农业产量有积极的作用。总之，通过农田水利工程的兴建，使得中原地区的经济更加繁荣昌盛。

四、园圃业、畜牧业、蚕桑业、渔业

其他如园圃业、畜牧业、蚕桑业、渔业等在这一时期都有了很大的发展。专门的园圃生产户开始出现，相畜术得到发展，栽桑养蚕技术积累了一定的经验。

春秋战国时期，中原地区的小农经济不断壮大，蚕桑生产作为小农经济的有益补充，也逐渐在一家一户的生产中普及。一般农家除耕种农田外，还要种桑养蚕抽丝织绸、植麻沤麻织布。基于此，《孟子·梁惠王上》记载：“五亩之宅，树之以桑，五十者可以衣帛矣。”据成书于春秋战国时期的《禹贡》记载，丝织品为当时豫州上贡的物品之一。河南省光山县宝相寺黄夫人孟姬墓出土紫色绣绢（图3-2）和“绢纺”为重平组织织物，还有多件蚕纹玉器，这些实物是当时信阳地区种桑养蚕抽丝织绸的明证。

图3-2　黄夫人孟姬墓出土紫色绣绢
（河南信阳地区文物管理委员会、光山县文物管理委员会：《春秋早期黄君孟夫妇墓发掘报告》，《考古》1984年第4期）

人工养鱼在中原地区也得到发展。《孟子·万章上》说，有人将鲜活鱼送给郑国的子产，子产让管理池塘的小吏养在池塘里。《庄子·内篇·大宗师》：“鱼相造乎水……相造乎水者，穿池而给养。”《韩诗外传》卷二载：“黄鹄一举千里，止君园池，食君鱼鳖，啄君黍粱……”《太平御览》载：“宋城门失火，因汲取池中水以沃溉之，池水空竭，鱼悉露死。”这些都是当时养鱼普遍的事实。此期中原还出现了养鱼专家范蠡，在越国，他鼓励国家从上至下养鱼致富，后来越国灭吴以后，他跑到齐国，齐国田常常向范蠡请教养鱼的事。正是因为他在养鱼方面有丰富的经验，所以后人托其名，写了一部养鱼著作——《范蠡养鱼经》，这是中国也是世界上最早的一部养鱼著作。

第三节　早期冶铁技术的初步发展

一、中原地区人工冶铁技术的开端

陨铁是人类认识和使用铁的开始。据考古资料，约在商代末期人们就已经认识到陨铁（非人工铁制品）的强度高于青铜，并将陨铁锻接于青铜兵器的刃部以提高兵器的战斗力。

早在西周晚期，中原地区的人们就开始使用人工冶铁制品。1990～1999年，考古工作者在河南省三门峡市上村岭虢国墓地的两座国君墓中出土铁刃铜器6件，分别为虢季墓（M2001）出土的玉柄铁剑、铜内铁援戈和虢仲墓（M2009）出土的铜内铁援戈、铜骹铁叶矛、铜銎铁锛及铜柄铁削。其中，铜内铁援戈、铜銎铁锛及铜柄铁削的铁质部分为陨铁，而玉柄铁剑、铜内铁援戈及铜骹铁叶矛的铁质部分为人工冶铁。铜内铁援戈的铁质部分为块炼铁，玉柄铁剑和铜骹铁叶矛的铁质部分为块炼渗碳钢[①]。这说明在西周晚期，中原地区已经有了块炼铁技术和块炼渗碳钢技术。块炼铁技术是在较低温度（800～1000℃）下固态还原铁矿石的炼铁术。块炼铁渗碳钢技术是块炼铁在炭火中经长时间的反复锻打，碳渗入而增碳变硬的炼钢技术。

春秋时期必然是中原地区古代冶铁技术的初步发展时期，在商周时期高度发展的青铜器冶铸技术基础上，在块炼铁出现的同时或稍晚，出现了液态铸铁（生铁）；到战国早期，液态铸铁冶铸技术就得到了初步普及，并且出现了脱碳铸铁和铸铁脱碳钢，这就从工艺上降低了生铁工具的脆性，提高其韧性，使得铁农具的普及有了技术上的前提和保证。至于中原地区最早的冶铁技术的起源地，综合矿源、冶炼技术准备等因素判断，当在今洛阳及其周边地区。

高度发展的商周青铜冶铸技术无疑是中国产生领先世界近2000年的液态冶铁技术的技术基础，也就是说，商周青铜冶铸技术为中国古代液态铸铁的产生做了充分的技术准备。这可以从战国早期的熔炉结构、材料、筑造技术等特点，铸范的形制、材料等特征得出自然的结论。由于中原地区在春秋时期处于当时全国政治、经济、文化等的发展中心地位，以及有较为丰富的铁矿资源，应是我国古代冶铁技术起源的中心地区之一。

二、早期初步发展的炼铁技术

确切的战国早期及其以前的炼铁炉目前尚未发现，但在西平酒店冶铁遗址中清理出的一座属

① 韩汝玢、姜涛、王保林：《虢国墓出土铁刃铜器的鉴定与研究》，《三门峡虢国墓》（第一卷），文物出版社，1999年，第559～573页。

于战国中晚期的炼铁竖炉，可以对中原地区战国中晚期及更早的炼铁炉的结构与筑造技术等有所了解（图3-3）。

图3-3　酒店冶铁遗址冶铁炉
（河南省文物局：《河南文化遗产》，文物出版社，2011年，第241页）

西平酒店冶铁遗址的炼炉为竖炉，利用土丘陡坡挖坑而建，由炉基底、炉缸、炉腹和风沟组成。炼炉的构筑过程是先依坡控制炉体的基础坑与风沟，然后用由黏土混合石英与砂石颗粒及炭粉组成的耐火材料土夯筑炉壁及风沟壁；炉壁的不同部位使用不同形状的特制的内模分层填充夯筑（内模与炉体基坑壁之间形成耐火土壁厚度），如炉缸部分是用椭圆形内模筑造，从底部到炉缸口共分4层，层厚由下到上逐渐加厚，从0.12米到0.32米不等。炉体基础坑下部内径为1.12～1.66米，上口内径为1.12～1.38米，深度与炉高大致相同，炉体高度超过2米；炉缸内径为0.76～0.96米，高0.72米。风沟的耐火土壁厚约0.4米，层厚0.12～0.2米，炉缸部分耐火土壁厚为0.17～0.28米，炉腹上部耐火土壁厚度为0.3～0.8米。

从该炉的结构、形制和筑造方法等特点看，其结构与湖北铜绿山春秋时期冶铜炉近似，都存在有风沟；利用土丘斜坡掏炉体基坑，建造方法较为原始；炉腹的内径较小；用耐火材料做的炉壁较厚等。但从残存的炉腹看，炉体较高，上口大，内壁较直，下部弧收，已是较进步的竖炉型。

当然，战国时期的筑炉技术，为汉代冶铁炉的筑造技术的大发展做了技术上的积累。

三、铁器铸造技术与再加工工艺

（一）熔炉结构

从目前发掘的冶铁遗址看，受冶铜技术的影响，至迟在战国时期炼铁与熔铁铸造已明确分离，也就是一般矿石炼铁多在矿区，熔铸铁器和铁器进一步加工则多在位于平原的城镇。通过对登封阳城铸铁作坊遗址、鹤壁鹿楼铸铁作坊遗址等的考古发掘，目前对战国时期熔炉的结构与筑造方法等有了较为清楚的了解。

战国早期的熔炉结构与构筑材料、方法等明显是借鉴和继承了熔铜炉的全部技术，为适应较高的熔铁温度进行了改良。从筑炉材料上可分为草泥炉、砂质泥炉、复合材料炉三种。前两种属于单一材料所筑的熔炉，草泥炉有草泥条筑薄壁炉（壁厚在5～7厘米）与草泥堆筑厚壁炉（壁厚约为11.5厘米）之分，砂质泥炉则为砂质条筑厚壁炉（壁厚在10厘米左右）。草泥条筑薄壁炉（早在西周和春秋时期就有此种炉用来熔铜）与草泥堆筑厚壁炉是借用当时熔铜炉的形式与构造方法，其中，炉腹部分内壁涂抹夹砂的炉衬层以耐高温。砂质条筑厚壁炉（仅见于战国早期的铸铜遗址中）是经过材料改良后的炉子，由于过多地考虑炉壁的耐高温性能，泥料中羼入的经人工加工、筛选的石英颗粒过多，造成泥料的可塑性降低，只能制成简单的三角形耐火砖以筑炉口，制成条状构筑炉体。复合材料所筑的熔炉，由里及外分别用夹细砂泥质材料作为耐高温炉衬层、夹粗砂泥质材料构筑炉圈层、泥质或砂质砖砌筑炉体、用草泥做黏结材料并涂抹炉外表面；比较特殊的是，为加固炉壁，在炉壁的中部夹铺有梯形铁板；这种炉的壁厚在30厘米以上，炉内径63～86.1厘米；这是新出现的经过多次改良、应用多种材料构筑不同部位的新型熔铁炉。

到战国中晚期，仍然沿用战国早期的各种炉型，主要体现在炉体的加大和更加完善。草泥质炉内径一般为120～130厘米；砂质炉内径约为146厘米；复合材料熔炉经过复原，炉内径为89～144厘米。炉口部位的构筑结构与早期的相同，炉圈内夹铁有梯形铁板；炉腹壁分为五层，由内到外分别是砂质炉衬层、砂质炉圈层、草泥夹梯形铁板层、弧形薄长方形砖层、草泥层外表；炉缸处炉壁也是多层的，而铺砌的砖多呈梯形或长方形，砖层间铺垫的草泥层上铺有梯形铁板；草泥为泥、沙和少量的草搅拌而成；砖为泥土内羼入大量白色砂粒模制而成，呈弧形，对接后可形成一个完整的炉圈；从结构方面观察，晚期的复合材料熔炉较早期的复合材料熔炉更为完善。

（二）熔炉鼓风

无论是炼炉还是熔炉，鼓风的效果也是制约铁及铁器产量与质量的关键因素之一。从战国时期铸铁遗址出土的鼓风管残块情况看，这时的鼓风方式是顶吹式鼓风。鼓风管多为草泥质，耐高温，内羼粗砂石颗粒。阳城铸铁遗址内出土的鼓风管的用材分为两种，垂直深入炉体下部的鼓风管段纯为草泥质，炉体外部分横向的鼓风管段则为外裹草泥的陶管。这种顶吹式的鼓风方式，应当是借用了当时冶铜鼓风的方式。顶吹式的鼓风方式具有悠久的历史和原始性，这与早期鼓风器具的原始性有关。当夏商时期炉体较小时，除主要依靠自然风外，必要时（比如，点火冶炼的初始阶段），冶炼者可能用口吹细管鼓风或扇风。风量有限，且是在最需要的时候鼓风，也是间歇式鼓风。而在进风位置上，在炉体仍然不够巨大时，还沿用原始的习惯，将鼓风管架设在炉口处，由炉顶部进风。只有到西汉时期，当炉体加大到皮橐鼓风所能提供风量的极限程度时，侧吹式鼓风成为主要鼓风方式。

（三）铸范特点

战国时期除使用传统的陶范、石范外，已经出现了铁范（铜范约出现于春秋时期），但陶范仍然是铁器铸造的主要形式，中原地区目前尚未发现战国时期的铁范。

从战国时期各铸铁遗址出土的陶范情况看，主要是生产工具范，其中尤以农业生产工具铸范数量最多，约占出土铸范总数的90%以上。特别是出现了较多的多腔板材范和条材范。

从陶范的质地上可分为泥质和砂质两种，多数陶范为砂质，内含较多的砂石颗粒，并羼入适量的植物粉末。这种特制的砂质陶范，具有较高的强度、透气性、退让性和耐火性能，这与所铸的以铁农具为主的较小件的铸件的特点相适应。铸范的制作更趋于规范化和科学化。同时，为了增加所铸铁器表面的光泽度，铸面使用细泥浆涂料；泥浆涂料既是涂料又是面料（精料）。

图3-4　镰范
（战国，新郑郑韩故城出土。王星光主编：《中原文化大典·科学技术典·农业水利纺织》，中州古籍出版社，2008年，第56页，图3.1.25）

这时已出现叠铸范（图3-4），如阳城铸铁遗址出土的一套2合4扇带钩范组合，一次可浇铸出40件带钩，这就大大提高了产品的产量和效率。

（四）铁器种类

从遗址中所出的陶范种类看，可分为生产工具、生活实用器、兵器、乐器及半成品铁板或条材，有镬、锄、镰、铲、锛、斧、凿、削、刀、剑、戈、带钩、容器、权、环、编钟、板材、条材等范。其中，农业用生产工具镬、锄、镰、铲、锛等为大宗（图3-5）。

图3-5　铁锄
（战国，新郑出土。王星光主编：《中原文化大典·科学技术典·农业水利纺织》，中州古籍出版社，2008年，第54页，图3.1.21）

作坊遗址出土的1158块（重110千克）残铁器中，以镬、锄和板材最多，约占总数的90%以上。

板材与条材通过脱碳后，可以锻打成各种铁器，也为后来的钢件锻造、贴钢、夹钢等钢制品的产生奠定了物质与技术基础。

（五）生铁铸件的再加工与处理

1. 生铁（铸铁）器的再加工

与块炼铁相比，生铁（液态铸铁）的发明与生产使铁的产量大规模提高成为现实，生产效率提高、成本低廉，但早期最初铸造出的生铁器为白口铁，硬度很高，耐磨损，但性脆，若为生产工具，韧性不足。为了降低白口铁的脆性，人们发明了脱碳退火技术，使得铁器的全面普及有了产品质量上的保证。它的生产工艺流程是熔炉化铁→铸造生铁器件（为白口铁）→脱碳退火处理→成品，脱碳退火后的部分铁器要经过锻打工艺或锻造成形。

脱碳铸铁是指铸件中心部仍为白口铁的组织，仅铸件表层脱碳成钢，以改善铸件的脆性，提高其韧性。

韧性铸铁（展性铸铁）是指白口铁铸件在退火温度为900℃或稍高时，经过长时间退火，可以使白口铁中的渗碳体分解为石墨，石墨聚集成团絮状，铸件性能得以改善，成为韧性铸铁。1974年，考古工作者在河南洛阳水泥制品厂工地出土战国初期铁锛2件、铁铲1件。其中，铁铲经金相鉴定，在纯铁素体基体上有团絮状石墨分布，这是目前所知的世界上最早的黑心韧性铸铁（公元前5世纪）[①]。考古工作者在郑韩故城仓城战国铸铁作坊遗址出土的2件铁材（板材与条材各1件）[②]、登封阳城铸铁作坊遗址出土的1件铁锄等，均为具有球状石墨的韧性铸铁。要得到具有球状石墨的韧性铸铁件，对铸铁退火脱碳的加热温度、保温时间的控制要求较高。

① 北京钢铁学院《中国冶金简史》编写小组：《中国冶金简史》，科学出版社，1978年，第64、65页。

② 李京华：《战国和汉代球墨可锻铸铁》，《中原古代冶金技术研究》，中州古籍出版社，1994年，第178～180页。

2. 铸铁脱碳钢

在古代炼铁温度较低的条件下，把生铁加热到一定温度，在固体状态下进行不同程度的氧化脱碳，可以得到高碳钢、中碳钢、低碳钢，这种方法称为铸铁固体脱碳炼钢法，是脱碳工艺高度发展的结果。这种制品的特点是器物有明显的铸造披缝，金相组织中夹杂物极少，质地纯净，基本不析出石墨，其成分性能与铸钢相近。铸铁脱碳钢是简易、经济的制钢工艺，也是中国古代一种独特的制钢方法。阳城铸铁遗址9件战国时期的铁器取样金相分析表明，7件铁器已脱碳成为低碳钢或熟铁。

条材与板材是半成品，退火脱碳后还需要进一步锻打成各种钢铁器件，这也是中国古代钢铁生产的一种独特方法，能够较高效地大批量生产铁器，而且产品质量较好。

3. 退火脱碳炉

退火脱碳是生铁（铸铁）铸件能够实用的关键环节。战国时期的退火脱碳炉在郑韩故城仓城铸铁作坊遗址与登封阳城铸铁作坊遗址均有发现，且结构大致相同。这时的退火脱碳炉为圆形，直径在2米左右；风道口位于炉底中部，并向下呈坡道与抽风井相连接；抽风井均较深；风道与抽风井壁用小砖或范块筑砌。

钢的出现，表明当时的退火脱碳技术已有较大的提高。锋利而耐用的农具和工具的制造与使用，促进了战国时期农业和手工业的迅速发展。

第四节　墨子及其科技贡献

一、墨子及《墨经》

公元前5世纪初，墨子可能是出生在一个以木工为谋生手段的手工业者家庭。当时的社会是一个“处工就官府”的社会，即工匠处于官府的严格控制之下，隶属和服务于官府，社会地位十分低下。而当时的工匠是世袭的，因此墨子从小就承袭了木工制作技术，他精通手工技艺，可与当时的巧匠鲁班相比。他自称是“鄙人”，被人称为“布衣之士”和“贱人”。汉朝的王充甚至说，孔子和墨子的祖先都是粗鄙之人。

墨子曾做宋国大夫，自诩说“上无君上之事，下无耕农之难”，是一个同情“农与工肆之人”的士人。墨子曾经从师于儒者，学习孔子之术，称道尧舜大禹，学习《诗》《书》《春秋》等儒家典籍。但后来逐渐对儒家的烦琐礼乐感到厌烦，最终舍掉了儒学，形成自己的墨家学派。

墨子“好学而博”（《庄子·天下》），并且是个以天下为己任、立志救民于水火中的大好人。孟子对他这种“士志于道”的精神还是十分赞扬的：“墨子兼爱，摩顶放踵利天下，为之”（《孟子·尽心上》）；庄子也由衷地称赞：“墨子真天下之好也，将求之不得也，虽枯槁不舍也，才士也夫！”（《庄子·天下》）

墨子一生的活动主要集中在两个方面：一是广收弟子，积极宣扬自己的学说；二是不遗余力地反对兼并战争。他的“非命”“兼爱”之论，和儒家“天命”“爱有等差”相对立。认为“官无常贵，民无终贱”。要求“饥者得食，寒者得衣，劳者得息”。其中不少具有朴素唯物主义思想。

相传墨子收藏图书甚多，有图书达三车。《墨子》称：“今天下之士，君子之书，不可胜载。”梁启超在研究私人藏书的起源时：“苏秦发书，陈箧数十；墨子南游，无书甚多。可见书籍已经流行，私人藏储，颇便且当。”在代表新兴地主阶级利益的法家崛起之前，墨家是先秦和儒家相对立的最大的一个学派，并列“显学”。

墨家同时也是一个有着严密组织和严格纪律的团体，最高的领袖被称为“巨子”，墨家的成员都称为“墨者”，必须服从巨子的领导，听从指挥，可以“赴汤蹈刃，死不旋踵”，意思是说至死也不后转脚跟后退。

墨子的思想共有十项主张：兼爱、非攻、尚贤、尚同、节用、节葬、非乐、天志、明鬼、非命，其中以兼爱为核心，以节用、尚贤为基本点。为宣传自己的主张，墨子广收门徒，一般的亲信弟子达数百人之多，形成了声势浩大的墨家学派。墨子的行迹很广，东到齐，西到郑、卫，南到楚、越。

墨子还曾和公输班论战，成功地制止了楚国对宋国的侵略战争。墨子还在名辩说方面有所成就，成为战国时期名辩思潮的渊源之一。墨子的事迹，在《荀子》《韩非子》《庄子》《吕氏春秋》《淮南子》等书中有所体现，他的思想主要保存在墨家弟子所编写的《墨子》一书中。

墨子天资聪慧，据说他用木头削成的车轴能承受300千克的物体；见天上鹰飞鸟翔，制成了木鸢，能在天上飞三天；还比当时的巧手公输班更早地发明了云梯等；看到满山的野果壳在雨水浸泡之后流出色液，就发明了坑布之法引导山民坑染布料。

墨子还把自己对坑布技术的感悟上升到哲学的思维高度，这就是后来他写的名篇《所染》。由此可见，墨子还是一位发明家、科学家。他还擅长守城技术，其弟子将他的经验总结成《城守》二十一篇。在军事上知道以兵制兵、以战制战、以术制术、以器制器。为此，他写了《非攻》《备城门》等一系列军事名篇。

墨子在学习中，常把学到的知识与实践相对照，写出了《非儒》《非乐》《节葬》《节用》等名篇。许多知名之士都投奔到墨子门下，墨家学派开始形成。墨子对其门徒不但授以思想理论，更重视在实践中学习，关键时刻还能挺身而出，出兵打仗。历史上有名的墨子止楚攻宋的故事，就充分说明了这一点。

在墨子的著作中，还有一部分学说涉及自然科学，如力学、光学、声学等。小孔成像原理还是墨子最早发现的。他的微分学原理，也比西方要早。因此，他被西方科学界称为东方的德谟克利特。由于墨子主张从劳动者中选拔人才，受到普通民众的欢迎，因而墨子被称为平民圣人。墨子老年隐居于鲁山县熊背乡黑隐寺并卒葬于此，现存有土掉沟、黑隐寺、坑布崖、墨子城等古迹供人们瞻仰。

墨子生活的时代，正是诸侯争霸的年代，战争持续不断，大国争霸、小国图存。为了恢复社会稳定，使人民早日过上安居乐业的幸福生活，当时诸多思想家提出各自的政治观点和治国理念，产生了“百家争鸣”的局面，而墨家学说就是百家之一。其学说主要体现在《墨子》一书中，《墨子》一般认为是墨子及其后学所作。《墨子》内容非常广泛，既有墨子的治国主张，也有许多其他方面的内容。据《汉书·艺文志》记载，《墨子》有71篇，现存15卷、53篇，亡佚18篇。

《墨经》也称《墨辩》，是《墨子》一书的重要组成部分，有《经上》《经下》《经上说》《经下说》四篇（一说还有《大取》《小取》两篇，共六篇）。《经说》是对《经》的解释或补充，所以有人认为《经》是墨家创始人墨翟主持编写，而《经说》则是其弟子所著录。《墨经》的内容，逻辑学方面所占的比例最大，自然科学次之，其中几何学10余条，专论物理方面的约20余条，主要包括力学和几何光学等方面的内容。此外，还有伦理、心理、政法、经济、建筑等方面的条文。《墨经》是春秋战国时期重要的科学著作。

二、墨子的科技贡献

梁启超在其《梁任公白话文钞·墨经校释序》中说："在吾国古籍中，欲求与今世所谓科学精神相悬契者，《墨经》而已矣，《墨经》而已矣。"[①]墨子的科技成就和贡献是多方面的，涉及物理学、数学等领域，这些科技成就集中体现在《墨经》之中。

（一）物理学方面

墨子关于物理学的研究涉及力学、光学、声学及机械制造等分支，给出了不少物理学概念的定义，并有不少重大的发现，总结出了一些重要的物理学定理。

首先，墨子给出了力的定义，说："力，刑（形）之所以奋也。"（《墨经上》）也就是说，力是使物体运动的原因，即使物体运动的作用叫作力。对此，他举例予以说明，说好比把重物由下向上举，就是由于有力的作用方能做到。同时，墨子指出物体在受力之时，也产生了反作用力。例如，两质量相当的物体碰撞后，两物体就会朝相反的方向运动。如果两物体的质量相差甚大，碰撞后质量大的物体虽不会动，但反作用力还是存在。

接着，墨子又给出了"动"与"止"的定义。他认为"动"是由于力推送的缘故，"止"则是物体经一定时间后运动状态的结束。墨子虽没有明确指出运动状态的结束是因为存在着阻力的缘故，但他已意识到在外力消失后，物体的运动状态是不可能永远存在下去的。

关于杠杆定理，墨子也做出了精辟的表述。他指出，称重物时秤杆之所以会平衡，原因是"本"短"标"长。用现代的科学语言来说，"本"即为重臂，"标"即为力臂，写成力学公式就是力×力臂（标）=重×重臂（本）。此外，墨子还对杠杆、斜面、重心、滚动摩擦等力学问题进行了一系列的研究，这里就不一一赘述。在光学史上，墨子是第一个进行光学实验，并对几何光学进行了系统研究的人。如果说墨子奠定了几何光学的基础，也不为过分，至少在中国是这样。正如李约瑟在《中国科学技术史》物理卷中所说，墨子关于光学的研究，"比我们所知的希腊的为早"，"印度亦不能比拟"。

墨子首先探讨了光与影的关系，他细致地观察了运动物体影像的变化规律，提出了"景不徙"的命题。也就是说，运动着的物体从表象看它的影也是随着物体在运动着，其实这是一种错觉 。因为当运动着的物体位置移动后，它前一瞬间所形成的影像已经消失，其位移后所形成的影像已是

① 梁启超：《梁任公白话文钞·墨经校释序》，文明书局，1925年，第54页。

新形成的，而不是原有的影像运动到新的位置。如果原有的影像不消失，那它就会永远存在于原有的位置，这是不可能的。因此，所看到的影像的运动，只是新旧影像随着物体运动而连续不间断地生灭交替所形成的，并不是影像自身在运动。墨子的这一命题，后来为名家所继承，并由此提出了“飞鸟之影未尝动”的命题。

随之，墨子又探讨了物体的本影和副影的问题。他指出，光源如果不是点光源，由于从各点发射的光线产生重复照射，物体就会产生本影和副影；如果光源是点光源，则只有本影出现。

接着，墨子又进行了小孔成像的实验（图3-6）。他明确指出，光是直线传播的，物体通过小孔所形成的像是倒像。这是因为光线经过物体再穿过小孔时，由于光的直线传播，物体上方成像于下，物体下部成像于上，故所成的像为倒像。他还探讨了影像的大小与物体的斜正、光源的远近的关系，指出物斜或光源远则影长细，物正或光源近则影短粗，如果是反射光，则影形成于物与光源之间。

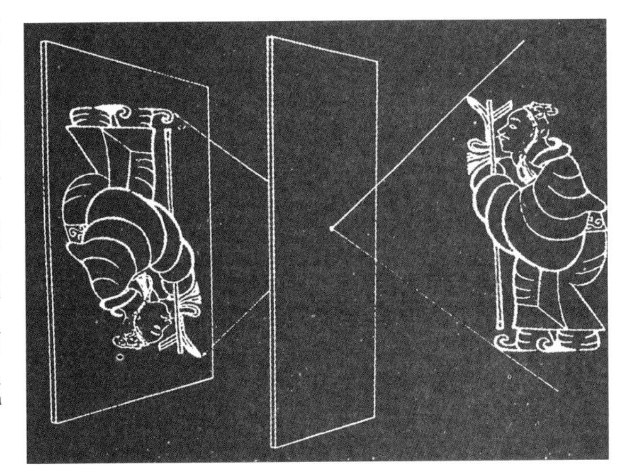

图3-6　墨子小孔成像示意图
（卢嘉锡总主编：《中国科学技术史·通史卷》，科学出版社，2003年，第154页，图3-26）

特别可贵的是，墨子对平面镜、凹面镜、凸面镜等进行了相当系统的研究，得出了几何光学的一系列基本原理。他指出，平面镜所形成的是大小相同、远近对称的像，但却左右倒换。如果是两个或多个平面镜相向而照射，则会出现重复反射，形成无数的像。凹面镜的成像是在“中”之内形成正像，距“中”远所成像大，距“中”近所成像小，在“中”处则成像与物一样大；在“中”之外，则形成的是倒像，近“中”像大，远“中”像小。凸面镜则只形成正像，近镜像大，远镜像小。这里的“中”为球面镜之球心，墨子虽尚未能区分球心与焦点的差别，把球心与焦点混淆在一起，但其结论与近现代球面镜成像原理还是基本相符的。

墨子还对声音的传播进行过研究，发现井和罂（瓮）有放大声音的作用，并加以巧妙地利用。他曾教导学生说，在守城时，为了预防敌人挖地道攻城，每隔三十尺挖一井，置大罂于井中，罂口绷上薄牛皮，让听力好的人伏在罂上进行侦听，以监知敌方是否在挖地道，地道挖于何方，而做好御敌的准备（原文是：令陶者为罂，容四十斗以上，……置井中，使聪耳者伏罂而听之，审知穴之所在，凿内迎之）。尽管当时墨子还不可能明白声音共振的机理，但这个防敌方法却蕴含着丰富的科学内涵。

墨子是一个精通机械制造的大家，在止楚攻宋时与公输班进行的攻防演练中，已充分体现了他在这方面的才能和造诣。他曾花费了三年的时间，精心研制出一种能够飞行的木鸟（风筝）。他又是一个制造车辆的能手，可以在不到一日的时间内造出载重30石的车子。他所造的车子运行迅速又省力，且经久耐用，为当时的人们所赞赏。

值得指出的是，墨子几乎谙熟了当时各种兵器、机械和工程建筑的制造技术，并有不少创造。

在《墨子》一书中的“备城门”“备水”“备穴”“备蛾”“迎敌祠”“杂守”等篇中，他详细地介绍和阐述了城门的悬门结构，城门和城内外各种防御设施的构造，弩、桔槔和各种攻守器械的制造工艺，以及水道和地道的构筑技术。他所论及的这些器械和设施，对后世的军事活动有着很大的影响。

（二）数学方面

墨子是中国历史上第一个从理性高度对待数学问题的科学家，他给出了一系列数学概念的命题和定义，这些命题和定义都具有高度的抽象性和严密性。

墨子所给出的数学概念主要有以下几项。

关于“倍”的定义。墨子说：“倍，为二也。”（《墨经上》）亦即原数加一次，或原数乘以二称为“倍”，如二尺为一尺的“倍”。

关于“平”的定义。墨子说：“平，同高也。”（《墨经上》）也就是同样的高度称为“平”。这与欧几里得几何学定理“平行线间的公垂线相等”的意思相同。

关于“同长”的定义。墨子说：“同长，以正相尽也。”（《墨经上》）也就是说两个物体的长度相互比较，正好一一对应，完全相等，称为“同长”。

关于“中”的定义。墨子说：“中，同长也。”（《墨经上》）这里的“中”指物体的对称中心，也就是物体的中心为与物体表面距离都相等的点。

关于“圜”的定义。墨子说：“圜，一中同长也。”（《墨经上》）这里的“圜”即为圆，墨子指出圆可用圆规画出，也可用圆规进行检验。圆规在墨子之前早已得到广泛地应用，但给予圆以精确的定义则是墨子的贡献。墨子关于圆的定义与欧几里得几何学中圆的定义完全一致。

关于正方形的定义。墨子说，四个角都为直角，四条边长度相等的四边形即为正方形，正方形可用直角曲尺“矩”来画图和检验。这与欧几里得几何学中的正方形定义也是一致的。

关于直线的定义。墨子说，三点共线即为直线。三点共线为直线的定义，在后世测量物体的高度和距离方面得到广泛应用。晋代数学家刘徽在测量学专著《海岛算经》中，就是应用三点共线来测高和测远的。汉以后弩机上的瞄准器“望山”也是据此发明的。

此外，墨子还对十进位值制进行了论述。中国早在商代就已经比较普遍地应用了十进制记数法，墨子则是对位值制概念进行总结和阐述的第一位科学家。他明确指出，在不同位数上的数码，其数值不同。例如，在相同的数位上，一小于五，而在不同的数位上，一可多于五。这是因为在同一数位上（个位、十位、百位、千位……），五包含了一，而当一处于较高的数位上时，则反过来一包含了五。十进制的发明，是中国对世界文明的一个重大贡献。正如李约瑟在《中国科学技术史》数学卷中所说：“商代的数字系统是比古巴比伦和古埃及同一时代的字体更为先进、更为科学的”，“如果没有这种十进位制，就几乎不可能出现我们现在这个统一化的世界了”。

三、墨子的科技思想

（一）宇宙论

墨子认为，宇宙是一个连续的整体，个体或局部都是由这个统一的整体分出来的，都是这个统一整体的组成部分。换句话说，也就是整体包含着个体，整体又是由个体所构成，整体与个体之间有着必然的有机联系。从这一连续的宇宙观出发，墨子进而建立了关于时空的理论。他把时间定名为“久”，把空间定名为“宇”，并给出了“久”和“宇”的定义，即“久”为包括古今旦暮的一切时间，“宇”为包括东西中南北的一切空间，时间和空间都是连续不间断的。在给出了时空的定义之后，墨子又进一步论述了时空有限还是无限的问题。他认为，时空既是有穷的，又是无穷的。对于整体来说，时空是无穷的，而对于部分来说，时空则是有穷的。他还指出，连续的时空是由时空元所组成。他把时空元定义为“始”和“端”，“始”是时间中不可再分割的最小单位，“端”是空间中不可再分割的最小单位。这样就形成了时空是连续无穷的，这连续无穷的时空又是由最小的单元所构成，在无穷中包含着有穷，在连续中包含着不连续的时空理论。

在时空理论的基础上，墨子建立了自己的运动论。他把时间、空间和物体运动统一起来，联系在一起。他认为，在连续的统一的宇宙中，物体的运动表现为在时间中的先后差异和在空间中的位置迁移。没有时间先后和位置远近的变化，也就无所谓运动，离开时空的单纯运动是不存在的。

对于物质的本原和属性问题，墨子也有精辟的阐述。在先秦诸子中，老子最早提出了物质的本原是“有生于无”（《老子》第1章），“天下万物生于有，有生于无”（《老子》第40章）。墨子则首先起来反对老子的这一思想，提出了万物始于“有”的主张。他指出，“无”有两种：一种是过去有过而现在没有了，如某种灭绝的飞禽，这不能因其已不存在而否定其曾为“有”；一种是过去就从来没有过的事物，如天塌陷的事，这是本来就不存在的“无”。本来就不存在的“无”不会生“有”，本来存在后来不存在的更不是“有”生于“无”。由此可见，“有”是客观存在的。接着，墨子进而阐发了关于物质属性的问题。他认为，如果没有石头，就不会知道石头的坚硬和颜色；没有日和火，就不会知道热。也就是说，属性不会离开物质客体而存在，属性是物质客体的客观反映。人之所以能够感知物质的属性，是由于有物质客体的客观存在。

（二）认识论

墨子的哲学建树，以认识论和逻辑学最为突出，其贡献是先秦其他诸子所无法比拟的。

墨子认为，人的知识来源可分为三个方面，即闻知、说知和亲知。他把闻知又分为传闻和亲闻两种，但不管是传闻还是亲闻，在墨子看来都不应当是简单地接受，而必须消化并融会贯通，使之成为自己的知识。因此，他强调要“循所闻而得其义”，即在听闻、承受之后，加以思索、考察，以别人的知识作为基础，进而继承和发扬。

墨子所说的说知，包含推论、考察的意思，指由推论而得到的知识。他特别强调“闻所不知若已知，则两知之”，即由已知的知识去推知未知的知识。如已知火是热的，推知所有的火都是热的；圆可用圆规画出，推知所有的圆都可用圆规度量。由此可见，墨子的闻知和说知不是消极简单地承受，而是蕴含着积极的进取精神。

除闻知和说知外，墨子非常重视亲知，这也是墨子与先秦其他诸子的一个重大不同之处。墨子所说的亲知，乃是自身亲历所得到的知识。他把亲知的过程分为“虑”“接”“明”三个步骤。“虑”是人的认识能力求知的状态，即生心动念之始，以心趣境，有所求索。但仅仅思虑却未必能得到知识，譬如睁眼睨视外物，未必能认识到外物的真相。因而要“接”知，让眼、耳、鼻、舌、身等感觉器官去与外物相接触，以感知外物的外部性质和形状。而“接”知得到的仍然是很不完全的知识，它所得到的只能是事物的表观知识，且有些事物，如时间，是感官所不能感受到的。因此，人由感官得到的知识还是初步的、不完全的，还必须把得到的知识加以综合、整理、分析和推论，方能达到“明知”的境界。总之，墨子把知识来源的三个方面有机地联系在一起，在认识论领域中独树一帜。

（三）逻辑学

墨子又是中国逻辑学的奠基者。他称逻辑学为“辩”学，把其视之为“别同异，明是非”的思维法则。他认为，人们运用思维，认识现实，做出的判断无非是“同”或“异”，“是”或“非”。为此，首先就必须建立判别同异、是非的法则，以之作为衡量、判断的标准，合者为“是”，不合者为“非”。这种判断是“不可两不可”的，人们运用思维以认识事物，对同一事物做出的判断，或为“是”或为“非”，二者必居其一，没有第三种可能存在，不可能二者都为“是”，或二者都为“非”，也不可能既“是”又“非”，或既“非”又“是”。用现代的逻辑学名词来说，这就是排中律和毋矛盾律。

由这一思维法则出发，墨子进而建立了一系列的思维方法。他把思维的基本方法概括为“摹略万物之然，论求群言之比。以名举实，以辞抒意，以说出故。以类取，以类予”（《小取》）。也就是说，思维的目的是要探求客观事物间的必然联系，以及探求反映这种必然联系的形式，并用“名”（概念）、“辞”（判断）、“说”（推理）表达出来。“以类取，以类予”，相当于现代逻辑学的类比，是一种重要的推理方法。此外，墨子还总结出了假言、直言、选言、演绎、归纳等多种推理方法，从而使墨子的辩学形成一个有条不紊、系统分明的体系，在古代世界中别树一帜，与古代希腊的逻辑学、古代印度的因明学并立。

第五节　《吕氏春秋》反映的农耕技术及农业思想

一、吕不韦及《吕氏春秋》

吕不韦，战国末期卫国著名商人，卫国濮阳（今河南濮阳）人。《史记》记载：“吕不韦者，阳翟（今河南禹县）大贾人也。往来贩贱卖贵，家累千金。”[①]他以“奇货可居”[②]闻名于世，曾辅佐秦庄襄王登上王位，庄襄王元年，以吕不韦为丞相，封为文信侯，食河南洛阳十万户。庄襄王即位三年，薨，太子政继位为王，尊吕不韦为相国，号称“仲父”。吕不韦执政时曾攻取周、赵、卫的土地，立三川、太原、东郡，对秦王政兼并六国的事业有重大贡献。后因嫪毐集团叛乱之事受牵连，于秦王十年被免除相国职务，出居河南封地。不久，秦王政复命其举家迁蜀，吕不韦恐诛，乃饮鸩而死。

在中国历史上，吕不韦是一个备受争议的人物，他的一生，有功，也有过。如果把吕不韦放到

---

① （汉）司马迁：《史记·吕不韦列传》，中华书局，1959年，第2505页。

② （汉）司马迁：《史记·吕不韦列传》，中华书局，1959年，第2506页。

他生活的战国时代去考察，就会发现，吕不韦其实是一个对中国历史发展有贡献的人。

吕不韦的功绩主要表现在：

第一，立异人为嫡嗣，稳定了秦王室。异人的祖父秦昭王是一个执政56年的老国王，父亲安国君是一个在位50多年的老太子，安国君有20多个儿子，却迟迟没有确立嫡嗣，王室的此种状况潜伏着极大的不安因素，一旦儿子们为争夺王位发生争斗，将会导致秦国内乱，甚至使秦国形势发生逆转。吕不韦通过游说秦国，打通关节，说动了华阳夫人并由她说服了安国君，确立异人为嫡嗣。吕不韦此举虽然具有政治投机的目的，但立异人为嫡嗣稳定了秦王室，使秦王去世后王室没有发生内乱，加之吕不韦以丞相职位辅佐异人，把握朝政，使秦国在秦昭王、安国君死后没有停步，继续发展，维持了对东方六国的高压态势，加快了统一六国的步伐。从这个角度看，吕不韦对中国历史的发展是有贡献的。

第二，对外战争讲究计谋，避免硬仗、恶战。一部战国史，从始至终战争不绝，一场大战伤亡的人数往往在数十万以上。公元前260年，秦赵长平之战，赵国战俘竟有40万人被坑杀！此战是古往今来最惨烈的战争之一。当时吕不韦正在邯郸，亲历了战争给赵国造成的创伤。他在秦国执政后反对在战争中大规模屠杀。他提出了兴“义兵”的思想，所谓义兵，就是“兵入于敌之境，则民知所庇矣，黔首知不死矣。至于都国之郊，不虐五谷，不掘坟墓，不伐树木，不烧积聚，不焚室屋，不取六畜，得民虏而归之”。应该说，吕不韦的战争观是进步的，他在执政中尽量避免硬碰硬的战争，以减少损失。公元前247年，东方五国联合抗秦，吕不韦设计破坏联军首领信陵君和魏王的关系，信陵君被撤职，联军遂告瓦解。

纵观吕不韦的一生，他没有在治国的大政方针上出现失误，是从政的高手；却在情感的小圈子里丧失理性，迷失方向，导致身败名裂，令人深思。

《史记》记载吕不韦门下有“食客三千人”，他组织门客于秦王政八年（公元前239年）撰写成《吕氏春秋》，又名《吕览》。据《史记·吕不韦传》记载：“是时诸侯多辩士，如荀卿之徒，著书布天下。吕不韦乃使其客人著所闻，集论以为八览、六论、十二纪，二十余万言。以为备天地万物古今之事，号曰《吕氏春秋》。布咸阳市门，悬千金其上，延诸侯游士宾客，有能增损一字者，予千金。”《吕氏春秋》共分为十二纪、八览、六论，共二十六卷，一百六十篇，二十余万字。内容颇杂，有儒、道、墨、法、兵、农、纵横、阴阳家等各家思想，所以《汉书·艺文志》等将其著录于“杂家”类。并说：“杂家者流，盖出于议官，兼儒墨，合名法，知国体之有此，见王治之无不贯，此其长也。”内容上虽然杂，但在组织上并非没有系统，编著上并非没有理论，内容上也并非没有体系。吕不韦的目的在于综合百家之长，总结历史经验教训，为以后的秦国统治提供长久的治国方略。

二、《吕氏春秋》反映的农耕技术

《吕氏春秋》中的《上农》《任地》《辩土》《审时》四篇，是我国现存最古老的农学论文，也是先秦时代中国农业科学技术的一次总结，是中国传统农学的奠基之作。《上农》等四篇中记述有深耕、畎亩、慎种、易耨、审时、中耕除草等精耕细作农业技术，这些技术直接为后世所继承和发展；另外，它所提出的“上田弃亩，下田弃畎”对后世产生了重大的影响，如《氾胜之书》所说的耕田方法，就是继承并发展《辩土》篇所说的耕田方法，并且赵过的代田法和氾胜之的区田法，也和《任地》篇所说“上田弃亩，下田弃甽”有关。

《任地》篇提出了耕作的大原则，即所谓的“耕之大方”。“力（刚强的土）者欲柔（柔软的土），柔者欲力；息（休息的土地）者欲劳（频作的土地），劳者欲息；棘（土地的瘠薄）者欲肥（土地的肥沃），肥者欲棘；急者欲缓，缓者欲急；湿者欲燥，燥者欲湿。”正确处理了土地耕作中力与柔、息与劳、肥与棘、急与缓、湿与燥的五大原则。

“凡耕之道，必始于垆，为其寡泽而后枯；必厚其靹，为其唯厚而及。饱者荏之，坚者耕之，泽其靹而后之。上田则被其处，下田则尽其污。”开始一定要先从耕刚强的垆土开始，因为这种土水分少，干土层厚；一定要把软润的地放到后面耕，因为这种土即使拖延一下也还来得及耕。水分饱和的土地要缓耕，坚硬的土地要立即耕，柔润的土地要放在一边推迟耕。高处的土地耕后要把地面耙平，低湿的土地首先要把积水排净。总之，这是讲耕地之道：要视土地的乾坚、干湿，以定先后之序，耕乾置湿，以收上田保墒下田排水之效。

在种植之前，要耕五次，即种之后，要耨五次，而且耕耨一定要精细详尽，耕种的深度，以见到湿土为准。这样，田垦就不生杂草，又没有各种害虫，这是一种种庄稼的好办法[①]。

甽亩是先秦农田结构的一种形式，甽是沟，亩是垄，甽亩法也就是一种垄作法。中国上古时代的垄作是随着农田沟洫的发生发展而出现的。《吕氏春秋》对甽亩技术规格的总结和理论说明，奠定了我国垄作技术的理论基础[②]。

甽亩的布局。《任地》篇提出甽亩制的特点是“上田弃亩，下田弃甽”。意思是说，高田旱地要将庄稼种在垄沟，低田湿地要将庄稼种在垄台。这是战国后期农学家总结的高田低作，低田高作，因地制宜的垄作技术原则。因为高田怕旱，庄稼种在垄沟里，比较湿润，垄台又能挡风，有利于防旱保墒；低田怕涝，庄稼种在垄台上，则有利于排水防涝[③]。但对“上田弃亩”无具体论述，看来这种适于干旱高地的特殊种植法在当时并没有广泛推行，《任地》和《辩土》通篇论述的中心是“下田弃甽”及其相关技术，即在田间挖排水沟（甽），把庄稼种在高出的垄（亩）上。“故亩欲广以平，甽欲小以深，下得阴，上得阳，然后咸生。”（《辩土》）也就是说，合乎规格的垄，应当是垄台宽而平，垄沟窄而深。甽亩的耕作有其相配套的农具，甽亩的规格以其所使用的农具为标准：“是以六尺之耜，所以成亩也；其博八寸，所以成甽也；耨柄尺，此其度也，其耨六寸，所以间稼也。”[④]这就是说，“甽亩法”要用六尺长的耒耜耕地作垄，用八寸宽的博起土成沟，垄和沟的宽度，都是用一尺长的耨柄作为衡量的标准，据夏纬瑛先生研究，亩基宽六尺（周尺，下同），亩间小沟（甽）深宽各一尺，则亩面宽五尺，高一尺，长为六百尺。可见亩是以甽相间的长垄。在宽五尺的垄面上种两行庄稼，行幅与行距均为一尺。文中所述耕耰、条播、间苗、中耕等项农业技术，均以此为基础进行，农具规格亦与之相适应[⑤]。与此同时，书中还指出了两种不合规格

① 夏纬瑛：《吕氏春秋上农等四篇校释》，农业出版社，1956年，第36～38页。

② 梁家勉主编：《中国农业科学技术史稿》，农业出版社，1989年，第125、126页。

③ 闵宗殿等主编：《中国古代农业科技史图说》，农业出版社，1989年，第131页。

④ 陈奇猷：《吕氏春秋新校释》，上海古籍出版社，2002年，第1740页。

⑤ 李根蟠：《试论〈吕氏春秋·上农〉等四篇的时代性》，《农史研究》第8辑，农业出版社，1989年，第56、57页。

的垄形：一是“大甽小亩”，即沟大垄小。这种垄，长出禾苗只有窄窄的一行，就像马鬃似的，严重浪费耕地，即所谓“苗若直鬣，地窃之也”。二是“高而危”的垄，也是不合格的。因为，高而尖的垄不保墒，容易颓塌，不抗风，易倒伏，不保苗，加上冷热失调，多病多灾，长不出好庄稼，得不到好收成，这样就从反面论证了垄台宽而平，垄沟窄而深的重要。

对于垄的内部构造，即垄体内部的结构状况，如土壤松紧、孔隙多少等，《辩土》也做了精辟的总结。所谓“稼欲生于尘，而殖于坚者”，就是要创造一个“上虚下实”或“硬床软被”的耕层构造。以保证种土相亲和，根土相着，从而为农作物生长发育创造良好的土壤环境。

播种技术。春秋战国时期，对播种技术有相当讲究。《管子》提出了均匀和细致地播种（均种）的要求[①]，《辩土》篇对于播种技术也提出了改进。《辩土》说：“概种而无行，耕而不长，则苗相窃也。”也就是说即播种太密，又不分行，造成苗欺苗，彼此相妨的现象。为了克服这种现象，必须将播种由撒播改为条播。只有在条播的情况下，才能做到“茎生有行，故速长；弱不相害，故速大”。播种应疏密适度，“慎其种，勿使数（密），亦无使疏”。还应实行行种，“横行必得，纵行必术，正其行，通其风”，使作物横竖成行，才便于采光和通风，利于植物生长。疏密要因地而异，“树肥无使扶疏，树硗不欲专生而族居”。在肥土里种植宜密些，薄土种植宜稀些，因为“肥而扶疏则多粃，硗而专居则多死”。《辩土》又进一步指出：“苗，其弱也欲孤，其长也欲相与居，其熟也欲相扶，是故三以为族，乃多粟。”苗期应该相互孤立分离，长大后恰好使植株互相靠近，成熟期植株因分蘖增多，株间互相紧靠在一起，既可防止倒伏，又能最大限度地利用地力和阳光，从而保证获得最高的产量。间苗时还需要掌握一个原则，即“长其兄而去其弟”，因为“先生者美米，后生者为粃”。如果不注意这个问题，那就会造成“不收其粟，而收其粃”的恶果。

在覆土要求上，《辩土》指出“于其施土，无使不足，亦无使有余”，即要求覆土厚薄适度，既不要过多，也不要太少，因为，“厚土则蘖不通，薄土则蕃幡而不发”。也就说覆土无论太厚或者太薄都会影响出苗率。所以覆土一定要适中。

防止“三窃”。所谓“三窃”指地窃、苗窃、草窃。《辩土》说：“大甽小亩，为青鱼胠，苗若直鬣，地窃之也。既种而无行，耕而不长，则苗相窃也。弗除则芜，除之则虚，则草窃之也。”也就是说，大甽小亩就像躺在沙滩上的鱼，禾苗长得像毛鬣一样，这是“地窃”；庄稼种得太密又没有行列，苗出了但长不好，就是“苗窃”；杂草长得太多，不除草就荒了，除草又伤苗根，这就是“草窃”。其实这都是畎亩结构不合理所致。为了克服这些弊端，需要适时耕作播种，畎田的宽窄要得体，禾苗的疏密要得当，并要进行细致的覆土和间苗，使庄稼在田间布局整齐，利于通风透光，也便于中耕。

《吕氏春秋》中《审时》等强调农业生产中，无论播种、耕耨、收获等都要审时。《审时》记载：“凡农之道，厚（候）之为宝。”要据物候定农业生产的环节。“冬至后五旬七日，菖（水草）始生。菖者，百草之先生者也。于是始耕。” 冬至后57日菖蒲开始生长，菖蒲是百草中最先

① 管仲：《管子·小匡》，北京燕山出版社，1995年，第173页。

萌生的，可以视菖蒲出生为开始耕地之时。“孟夏之昔，杀三叶而获大麦。”四月下旬，荠、葶苈、菥蓂枯死，这时就要收获大麦。“日至，苦菜死而资生，而树麻与菽。此告民地宝尽死。”夏至，苦菜枯死，蒺藜长出，这时就要种植麻和小豆。“日中出，狶首生而麦无叶，而从事于蓄藏。”夏至，狶首生出，麦子已经黄熟了，要收麦子，还要赶紧种植其他的晚庄稼，否则来不及了。“此告民究也”，这是告诉人们种地的时节到尽头了。《审时》通过对禾、黍、稻、麻、菽、麦播种得时、先时、后时该种作物产量和质量对比，指出“得时之稼兴，失时之稼约”。

三、《吕氏春秋》反映的农业思想

《吕氏春秋》中的《上农》等四篇虽不是独立的专门农书，但却内容关联，自成一体，集中地反映了战国时期的农学体系，是古代农业科学思想的发端。

（一）上农思想

《吕氏春秋·上农》阐述了农业的重要性，体现了重农的思想。“上农”，就是以农为上。

《上农》从正面指出以农为本的意义：“古先圣王之所以导其民者，先务于农。民农非徒为地利也，贵其志也。民农则朴，朴则易用，易用则边境安，主位尊。民农则重，重则少私义，少私义则公法立，力专一。民农则其产复，其产复则重徙，重徙则死处而无二虑。”统治者应该效法古代圣王，把引导国民从事农业生产作为治国安邦的头等要务。如此，既可以培养淳朴的民风，使国民持重守法、听令易驱使，还可以达到国安君尊的目的，使民富乐业、安土重迁，国家拥有稳定的财政收入和充足的兵役来源。

《上农》从反面指出不重视农业的危害，“舍本而事末则不令，不令则不可以守，不可以战。民舍本而事末则其产约，其产约则轻迁徙，轻迁徙，则国家有患，皆有远志，无有居心。民舍本而事末则好智，好智则多诈，多诈则巧法令，以是为非，以非为是”。舍本事末的人不听使唤，不能依靠他们守战。务农的人作风持重，很少私下议论，这样就会守法令，专心努力地工作；而舍本事末的人喜欢智谋，诡诈多端，玩弄法令，颠倒是非。务农的人财产笨重，难于迁徙，会死守一处而没有二心，舍本事末的人财产容易搬动，国家遇难之时就会远走高飞，没有安居之心。“所以务耕织者，以为本教也。”

同时，为确保农业生产顺利进行，《上农》建议统治者采取“制野禁”“制四时之禁”等政策和措施，确保不“夺民时”。

春秋战国时期的重农思想，源于农业在社会经济中极其重要的地位，同时也与当时统治者鼓励耕战的政治措施有关，还与当时农家积极倡导和践行“以农为本”的理念密不可分。

（二）“三才”理论

中国传统农学的显著特色之一是包含了某种富于哲理性的指导思想，其核心是论述天、地、人关系的“三才”理论。“三才”是中国传统哲学的一种宇宙模式，它把天、地、人看成是宇宙组成的三大要素。这三大要素的功能和本质，人们习惯用天时、地利（或地宜）、人和（或人力）这种通俗的语言来表述它，并作为一种分析框架应用到各个领域。这种理论主要是在长期农业生产实践的基础上形成的，又反过来支配和推动了中国传统农业科技的发展[①]。

《吕氏春秋·审时》第一次明确提出天、地、人为农业生产的三个因素。“夫稼，为之者人也，生之者地也，养之者天也。”“稼”是指农业生产的主要对象，“人”是指从事农业生产的农民，“天”与“地”是指农作物赖以生长的阳光、空气、土壤、水分等自然环境。

农业生产的首要因素是“人”。把人放在第一位，强调发挥人的主观能动作用，但也重视客观因素。这一看法，以后一直成为我国传统农学中的一个最基本的思想。《吕氏春秋》载：“譬之若良农，辩土地之宜，谨耕耨之事，未必收也。然而收者，必此人也始，在于遇时雨。遇时雨，天也，非良农所能为也。”[②]“良农”即使能够区分土地适宜种植什么，勤勤恳恳地耕种锄草，但未必能有收获。因为收获还有其他的因素，如遇到及时雨就是基本的一条。这一条要靠天，不是优秀农民所能做到的。然而有收获的，一定首先是这些人，因为人是首要的因素。如果人不努力，即使遇到及时雨，也不会丰收。《吕氏春秋》又载：“春气至则草木产，秋气至则草木落。产与落，或使之，非自然也。故使之者至，物无不为；使之者不至，物无可为。古之人审其所以使，故物莫不为用。”[③]这是说，春气到来草木就生长，秋气到来草木就凋零。生长与凋零，是受节气影响的，不是草木本身能自主的。因此，节气到了，万物没有不随之变化的；节气没有到，万物没有可以发生变化的。由于古人掌握了节气变化的规律，所以万物没有不能被人利用的。

农业生产的第二个基本因素是“地”。土地是农业生产中最重要的一个物质条件，它供给农作物生长发育所需要的养料和水分。因此，作物的栽培应根据土地条件来决定，这就叫因地制宜。《吕氏春秋》：“五种之于地也，必应其类，而蕃息于百倍。”[④]这是说种植五谷必须因地制宜，才能高产丰收，获得百倍于籽种的产量。

农业生产的第三个基本因素是“天”。这里的“天”是指天时，即自然气候条件。农时就是天时在农业上的运用，必须慎重对待，故称“审时”。农业生产必须根据自然气候条件，因时制宜，才能获得好收成。《审时》篇是论述农时的专篇。开篇就说：“凡农之道，厚之为宝。斩木不时，不折必穗；稼就而不获，必遇天菑。夫稼，为之者人也，生之者地也，养之者天也。”即不按时伐木，不按时播种，作物成熟了而不及时收获，必然造成天灾。其实这并非天灾，而是人祸。篇中对禾、黍、稻，麻，菽、麦这六种主要粮食作物“得时”和“先时”“后时”的不同生产效果做了细致的对比。从中得出的结论是“得时之稼兴，失时之稼约”。“得时之稼”籽实多，出米率高，品质好，服之耐饥，有益健康，远胜于“失时之稼”。《上农》指出有违农时的危害，“夺之以土功，是谓稽，不绝忧唯，必丧其秕；夺之以水事，是谓籥，丧以继乐，四邻来虚；夺之以兵事，是谓厉，祸因胥岁，不举铚艾”。如果在农忙时动土兴工，就会耽误农时，必有后患，造成农业歉收；如果在农忙时去兴修水利，实际是一种冒险行动，若不知其险，反以为功，则必因饥馑而引来邻国的侵犯；如果放下农业而从事征战，导致全年无收，则必将大祸临头。如此“数夺民时，大饥

① 李根蟠：《农业实践与“三才”理论的形成》，《农业考古》1997年第1期。

② 吕不韦著，陈奇猷校释：《吕氏春秋新校释》，上海古籍出版社，2002年，第798页。

③ 许维遹：《吕氏春秋集释》，中华书局，2009年，第326页。

④ 许维遹：《吕氏春秋集释》，中华书局，2009年，第528页。

乃来”。《任地》也指出了农时的重要性，“不知事者，时未至而逆之，时既往而慕之；当时而薄之，使其民而郄之；民既郄，乃以良时慕。此从事下也”。不懂农事的人，耕、种、管理不是过早，就是过迟。对最好的农时不予重视，农时已过，还以为是良时，这只能算是下策了。

（三）农业灾害防御思想[①]

《吕氏春秋》中的《十二纪》等篇目中记载了有关农业灾异方面的内容，蕴含防御自然灾害的思想。

《吕氏春秋》的《十二纪》列举了危害农业生产的十四种灾害，即风雨不时、急风暴雨、水潦之灾、霜雪、大水、淫雨、雹霰、天时雨汁、白露蚤降、氛雾冥冥、水泉减竭、大旱、虫蝗、暴风。《吕氏春秋》指出避免或减小农业生产中灾祸的损失，要有以下几方面的认识。

第一，应当认识自然界运行的规律。《十二纪》总结了一年间从孟春一月到季冬十二月的天象、物候气候的变化规律，如《孟秋纪第七》指出该月物候为“凉风至，白露降，寒蝉鸣，鹰乃祭鸟”。

第二，要知道灾害发生的原因及其危害，如《仲春纪第二》：“行夏令，则国乃大旱，暖气早来，虫螟为害。”《仲夏纪第五》：“仲夏行冬令，雹霰伤谷，道路不通。”在包括西北在内的黄河流域的广大地区，仲春时节，若气候异常，出现过热的暖春气候，容易引起大旱，招致虫害。炎热的夏季，若出现气温过低的情况，会出现雹霰之灾，伤及庄稼，影响交通。

第三，要善于发现灾害的苗头，防微杜渐，防患于未然。《有始览第一·谕大》转述了一个寓言：“‘燕雀争善处于一屋之下，子母相哺也，姁姁焉相乐也，自以为安矣。灶突决，则火上焚栋，燕雀颜色不变，是何也？乃不知祸之将及己也。’为人臣免于燕雀之智者寡矣。”这则寓言是说，燕雀在屋顶为巢穴而争斗，得逞后只顾享受天伦之乐，却对将要来临的火灾毫无察觉，其后果是不言而喻的。

第四，要有一个立足于长远、防患于未然的长效措施。对此，《侍君览第八·长利》有精辟的论述：“天下之士也，虑天下之长利，而固处之以身若也。利虽倍于今，而不便于后，弗为也；安虽长久，而以私其子孙，弗行也。”

第五，应正视自然灾害、从容应对自然灾害。《恃君览第八·知分》指出：“凡人物者，阴阳之化也。阴阳者，造乎天而成者也。天固有衰嗛废伏，有盛盈坌息，人亦有困穷屈匮，有充实达遂。此皆天之容、物理也，而不得不然之数也。古圣人不以感私伤神，俞然而以待耳。”

第六节　天文学和数学的进步

一、天文学的进步

春秋战国时期，对日、月、五星的观测已比较成熟，二十八星宿和十二纪体系逐步完善。

① 王星光：《〈吕氏春秋〉与农业灾害探析》，《中国农史》2008年第4期。

现存先秦历史文献中，“二十八宿”这一名词最早出现在《吕氏春秋》。《吕氏春秋·有始》记载：“何谓九野？中央曰钧天，其星角、亢、氐；东方曰苍天，其星房、心、尾；东北曰变天，其星箕、斗、牵牛；北方曰玄天，其星婺女、虚、危、营室；西北曰幽天，其星东壁、奎、娄；西方曰颢天，其星胃、昴、毕；西南曰朱天，其星觜觿、参、东井；南方曰炎天，其星舆鬼、柳、七星；东南曰阳天，其星张、翼、轸。”[①]其中全部列出二十八宿星名，且与后世二十八宿星名和排序一致。在相关实物出土以前，《吕氏春秋》中的相关记载，是学者了解古代二十八宿体系最早的材料。

《吕氏春秋》中除属于二十八宿体系的星名外，还有极星、行星、荧惑等。天文历法学中的很多术语，如次、宿、离、初、躔、纪、（星）中等，在《吕氏春秋》中都有出现。《吕氏春秋》将一岁分为春、夏、秋、冬四时，对四时的特性有很明确的认识。四时中的每一时又分为孟、仲、季3个月，四时及“孟、仲、季”纪月法为后世所沿用。认识二分、二至、四立、昼夜长短的变化，是历法工作中的大事，在书中，也有相关表述。基于对星象和物候等的观察和总结，《吕氏春秋》十二纪有了24节气和72候的完整系统。

《明理》篇对五星与星云的观察与认识较为深刻。此外，《吕氏春秋》还涉及一些天文历法原理、方法及相关事件。例如，《大乐》：“天地车轮，终则复始，极则复反，莫不咸当。日月星辰，或疾或徐，日月不同，以尽其行。”《有始》：“极星与天俱游，而天枢（极）不移。”“冬至日行远道，周行四极，命曰玄明。夏至日行近道，乃参于上。当枢之下无昼夜。白民之南，建木之下，日中无影，呼而无响，盖天地之中也。”《贵因》：“夫审天者，察列星而知四时，因也；推历者，视月行而知晦朔，因也。”《勿躬》：“大桡作甲子，黔如作虏首，容成作历，羲和作占日，尚仪作占月，……此二十官者，圣人之所以治天下也。”

我国古代取得了大量天体测量成果，为后人留下了很多珍贵的星图、星表，星图和星表是古代天文学发展的基础。星表是把测量出的恒星的坐标加以汇编而成的。春秋战国时期，齐人甘德著《天文星占》八卷，魏人石申著《天文》八卷，后人合称两书为《甘石星经》。其中石申的《天文》载有二十八星宿的距度、去极度，测出了黄道附近138星座、810颗恒星（有的记为120个星官、涉及星数500多）的入宿度和去极度。石氏星表是世界上迄今发现的最古老的恒星表，比伊巴谷星表早约200年，其数据沿用到唐开元年间由一行和梁令瓒用新仪器重新测定为止。但石氏星表在宋代失传，现在有关它的数据是根据《开元占经》中的片断由前人整理而得。当今可据岁差反推这些数据的观测年代，应在公元前4世纪。石氏星表成为战国到秦汉间历法的基础。

二、数学的进步

算筹、筹算及十进位值制的进步。筹算是以“筹”为主要计算工具的一种具有独特风格的计算方法，“筹”即算筹。到春秋战国时期，随着生产的迅速发展和科学技术的进步，大量比较复杂的数字计算摆在人们面前，筹算在解决这些实际数字计算的过程中日趋成熟。《老子》中记载的“善计者不用筹策”之“筹”即算筹，由此可见筹算在当时应用已经十分普遍了。算筹就是计算所用的一些小竹木棍子。算筹从出现到算盘发明推广之前是中国最重要的计算工具。1978年河南登封出土的战国早

① 吕不韦著，陈奇猷校释：《吕氏春秋新校释》，上海古籍出版社，2002年，第662页。

期陶器上，刻有算筹计数的陶文，这些陶文是已发现的关于算筹计数的最早的实物证据（图3-7）。

算筹表示数目，可用横式和纵式表示，如表3-1所示。

表3-1　用算筹表示数目

形式＼数字	1	2	3	4	5	6	7	8	9
纵式	𝍠	𝍡	𝍢	𝍣	𝍤	𝍥	𝍦	𝍧	𝍨
横式	𝍩	𝍪	𝍫	𝍬	𝍭	𝍮	𝍯	𝍰	𝍱

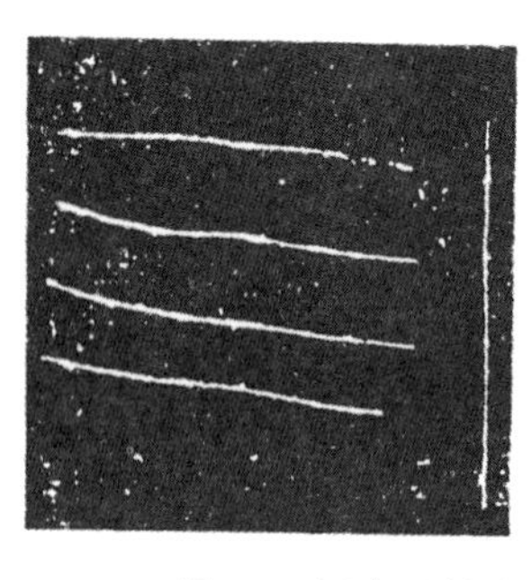
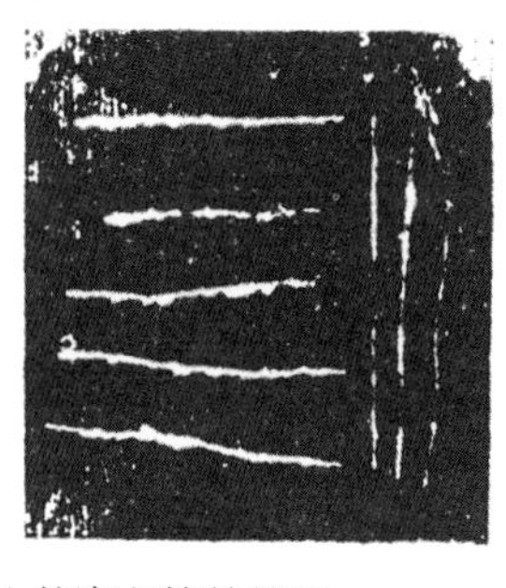

图3-7　河南登封出土的陶文算筹符号
（卢嘉锡总主编：《中国科学技术史·通史卷》，科学出版社，2003年，第168页，图3-35）

在算筹计数法中，以纵横两种排列方式来表示单位数目，其中1～5分别以纵横方式排列相应数目的算筹来表示，6～9则以上面的算筹再加下面相应的算筹来表示。表示多位数时，个位用纵式，十位用横式，百位用纵式，千位用横式，以此类推，遇零则置空。这种计数法遵循十进位制。例如，用算筹表示：

32591 𝍢𝍪𝍤𝍱𝍠　　　60837924 𝍮 𝍰𝍢𝍯𝍨𝍪𝍣

十进位制，又称十进位值制，包含有两方面的含义。其一是“十进制”，即每满十数进一个单位，十个一进为十，十个十进为百，十个百进为千……其二是“位值制”，即每个数码所表示的数值，不仅取决于这个数码本身，而且取决于它在记数中所处的位置，如同样是一个数码“2”，放在个位上表示2，放在十位上就表示20，放在百位上就表示200，放在千位上就表示2000……在我国商代的文字记数系统中，就已经有了十进位值制的萌芽，到了算筹记数和运算时，就更是标准的十进位值制了。

中国古代十进位制的算筹记数法在世界数学史上是一个伟大的创造。把它与世界其他古老民族的记数法做一比较，其优越性是显而易见的。古罗马的数字系统没有位值制，只有7个基本符号，如要记稍大一点的数目就相当繁难。古美洲玛雅人虽然懂得位值制，但用的是20进位；古巴比伦人也知道位值制，但用的是60进位。20进位至少需要19个数码，60进位则需要59个数码，这就使记数和运算变得十分繁复，远不如只用9个数码便可表示任意自然数的十进位制来得简捷方便。中国古代数学之所以在计算方面取得许多卓越的成就，在一定程度上应该归功于这一符合十进位制的算筹记数法。十进位值制的计数法对世界文明进化具有巨大贡献，“如果没有这种十进位制，就几乎不可能出现我们现在这个统一化的世界了”①。

第七节　医学的发展

一、职业医生和医学专著的出现

春秋战国时期，已经出现了专职的医生队伍，医缓、医和、文挚、扁鹊及其弟子子阳、子豹等

① 〔英〕李约瑟：《中国科学技术史》第3卷，科学出版社，1978年，第333页。

都是当时著名的职业医生。据史籍记载，当时中原地区的名医有文挚，扁鹊也曾在中原地区行医，留下医事佳话。

文挚，战国时期宋国人，洞明医术。事迹出于《吕氏春秋·至忠篇》，据说齐王有病，使人请文挚。文挚诊王病，根据病情决定采用心理疗法治疗，遂对太子说："王之疾必可已也。虽然王之疾已，则杀挚也。"太子问："何故"？文挚说："非怒王，则疾不可治，怒王则挚必死。"于是，太子再三恳求说："苟已王之疾，臣与臣之母以死争之于王，王必幸臣与臣之母，愿先生之勿患也。"于是，文挚应允，愿冒死为齐王治病，便与太子约期前往，而文挚故意不守信誉，三次失约，不按约期为王治病，使齐王很生气，当文挚见齐王时，又不脱鞋就上他的床，还故意践踏他的衣服，用很不礼貌的语言询问他的病情，使齐王气得不肯答言。文挚却反口出陋辞，以激怒齐王。于是齐王大怒，与文挚争吵起来，使其病遂愈，而文挚终为齐王所烹死[①]。

当时的扁鹊，医术高超，擅长各科，随俗而变，曾行医中原（图3-8）。在洛阳，知周人敬爱老者，就主要诊治"耳目痹"。行至虢国（东虢，今三门峡一带）遇到虢国太子猝死，在询问相关情况后，以针灸、药熨使虢国太子苏醒。时人认为扁鹊能起死回生，以此扁鹊名闻天下[②]。

图3-8　扁鹊像
（金秋鹏主编：《中国科学技术史·人物卷》，科学出版社，1998年，彩图：扁鹊）

二、《黄帝内经》与中医理论的奠基[③]

春秋战国时，已有为数不少的医学书籍。《黄帝内经》简称《内经》非一人一时之作，其大多数篇章定稿应不晚于战国时期。《黄帝内经》所引古代医籍有《上经》《下经》《揆度》《阴阳》《奇恒》《经脉》《五色》《脉经》等，这说明在《内经》之前已有许多种医书流传于世。

《黄帝内经》是一部综合论述中医理论的经典著作，是中国传统医学四大经典著作（《黄帝内经》《难经》《伤寒杂病论》《神农本草经》）之一，是我国医学宝库中现存成书最早的一部医学典籍。它的成书是以古代的解剖知识为基础，古代的哲学思想为指导，通过对生命现象的长期观察，以及医疗实践的反复验证，由感性到理性，由片断到综合，逐渐发展而成的。因此，这一理论体系在古代朴素唯物辩证法思想的指导下，提出了许多重要的理论原则和学术观点，为中医学的发展奠定了坚实的基础。它的问世，开创了中医学独特的理论体系，标志着祖国医学由单纯积累经验的阶段发展到了系统的理论总结阶段。

---

① 吕不韦著，陈奇猷校释：《吕氏春秋新校释》，上海古籍出版社，2002年，第585页。

② （汉）司马迁：《史记·扁鹊仓公列传》，中华书局，1982年，第2785～2794页。

③ 主要参考了王星光主编：《中原文化大典·科学技术典·医药学》之《黄帝内经》部分，中州古籍出版社，2008年，第280页。

据研究，《黄帝内经》非一时一人之书，约从西周到秦汉时期，为集体创作。其主要反映的是春秋战国时期的医学成就，主要成书之地当在中原地区，作者应多为中原之人。《黄帝内经》分为《素问》和《灵枢》两部分。其基本精神和主要内容包括：整体观念、阴阳五行、藏象经络、病因病机、诊法治则、五运六气、针灸、养生保健，等等。

整体观念是《黄帝内经》的基本精神和总的指导思想。它强调人体与自然界是一个不可分割的整体，人体本身的各个部分都是彼此联系的。人体通过脏腑经络相联系，生理上相互依存，互相为用，病则互为影响，所以诊断和治疗应以整体观念来对待，才能做出客观的诊断，制定出正确的治则，取得良好的疗效。

阴阳五行学说是春秋战国时期流行的用来说明事物之间对立统一关系的理论。《黄帝内经》认为阴阳是“万物之纲纪，生杀之本始”，为宇宙之总规律。《黄帝内经》认为人身阴阳二气与天地阴阳二气呈同步一致的消长变化，认为人身脉象的变化与四时阴阳消长相应。脉象是人体气血阴阳状况的表现。脉象应四时阴阳即意味着人身阴阳与天地四时阴阳相应。阴阳二气失调，会导致疾病的产生。《黄帝内经》运用五行学说来推求人体脏腑之间、脏腑与生命现象之间及脏腑与体外事物之间的同类相区，五行相克和相生的关系，由此形成相应的生理、病因病理诊断和养生治疗理论。《黄帝内经》把阴阳五行运用于中医学，用来说明人体结构、阐述病理变化、阐明药物性质及功能，用于疾病的诊断，指导疾病的治疗。《黄帝内经》通过对阴阳五行学说广泛地、创造性地运用，继承和发扬了阴阳五行这一自然哲学思想。

藏象经络学说以研究人体五脏六腑、十二经脉、奇经八脉等生理功能、病理变化及相互关系为主要内容，是中医理论的核心。其意在“有诸内必行于外”和整体观的理论指导下，重在了解人体的动态功能，相对地忽略形态结构，对获得的大量生理病理信息，以阴阳五行学说对之进行整理归纳。藏象经络学说将人体分为以心、肝、脾、肺、肾为五脏的五大系统，各系统有相应所属部位、官窍、脏腑等，各自有各自的生理病理特点。藏象经络学说的人体动态生理病理观念，能较正确地指导疾病的诊断和治疗，是当时医学成就之高峰，至今仍可弥补现代西医学的不足。

病因病机学说阐述了各种致病因素作用于人体后是否发病，以及疾病发生和变化的内在机理，是在藏象经络的基础上发展而来，是藏象经络理论方法在病机方面的延伸。《黄帝内经》认为病因主要有天气因素（风、寒、暑、湿、燥、火）、情志因素（怒、喜、忧、思、悲、恐、惊）和饮食起居（饮食、劳逸、房事、起居等）三大方面，前者是外来致病因子，后两者是机体自身阴阳失调。有了致病因子的认识，《黄帝内经》认为疾病是体虚与外邪共同作用的结果，邪气单方面并不一定致病；疾病的发生与人的体质有关，不同体质类型的人，其所易患疾病是不一样的；社会因素与发病有一定的关系；疾病的发生与四时更替、月相盈亏等天时有一定的关系，人与天地相应，不仅人之生理机能随天时而变化，而且疾病的发生和变化也受其影响。这标志着中医对疾病的认识逐渐理论化和系统化。

中医的望、闻、问、切四诊在《黄帝内经》中即有较为深入的研究，尤其是对望诊与切诊两项。《黄帝内经》详细阐述了切脉的态度、方法、部位、时间，四季五脏脉的表现，正常脉象及病态脉象的表现。对于病态脉象，《黄帝内经》提出以急、缓、大、小、滑、涩六病脉为纲领，阐述了诸脉的主病。并根据整体观点，提出脉证逆从的问题，以脉象与全身情况对照，审辨逆从，脉象与全身情况相一致者为顺为从，反之为逆为凶，对判断疾病的轻重及预后的吉凶有较大意义。在望诊方面，《黄帝内经》主要阐述了望面色的方法，提出五脏配五色，五部配五脏，以知五脏之病变，总以望神为其纲。对于问诊，《黄帝内经》亦述之颇详，首先强调问诊要有良好的环境，要求“闭户塞牖，系之病者，数问其情，以从其意”。其次不但要问病痛，还要仔细询问病人的社会地位、生活环境、精神状况、所喜所恶等，范围颇为广泛。这些情况的了解，对诊断疾病是非常必要的。闻诊在《黄帝内经》中主要是听病人的声音，通过声音变化判断病人所受的病邪，疾病轻重及预后吉凶。

《黄帝内经》根据阴阳理论，认为人之正常为阴平阳秘，患病则为阴阳失调，故在治疗上，《黄帝内经》以调整阴阳，恢复平衡为总目的。“谨察阴阳所在而调之，以平为期。”在这总目的的指导下，又针对不同的病症，制定了众多的具体治法。这些诊法治则灵活多变，富于哲理，如三因制宜，标本缓急，正治反治等。这对指导临床选方用药有较大的指导意义。

五运六气是一种研究自然气候变化规律及对疾病影响的理论。在《黄帝内经》中占相当大的篇幅。五运六气以五运（金、木、水、火、土）、六气（风、热、湿、火、燥、寒）、三阴（太阴、少阴、厥阴）、三阳（少阳、太阳、阳明）为中心，以天干地支为演绎工具，将运和气、客与主结合起来，并以阴阳盛衰生克胜复的规律，进行运算推演，以预测气候的变化。运气与发病的关系，主要在于运气的太过与不及通过生克乘侮的关系影响人体，若人体适应能力及抗病能力不足，就可能引起脏腑之间关系的失调，而发生疾病。

针灸是《黄帝内经》中阐述最详尽的治病方法。《黄帝内经》认为针灸的目的在于调整脏腑阴阳，使之归于平衡。正如《黄帝内经》所言：“用针之要，在于知调阴与阳，调阴与阳，精气乃光。”《黄帝内经》中阐述了各种具体的针刺手法，通过适当地选择应用这些手法，补以治虚，泻以治实，寒以纠热，热以矫寒，达到调整阴阳的目的。对于针灸的如何得气，如何参合天时人情，针灸的各种禁忌等，《黄帝内经》也进行了详细的阐述。

养生保健也是《黄帝内经》的重要内容。《黄帝内经》根据天人相应理论，指出养生当因时顺养，无逆于天时，无违于四季。重视精神养生，亦是《黄帝内经》养生之一大特色。《黄帝内经》强调不为世俗所诱，要“志闲而少欲，心安而不惧”，“嗜欲不能劳其目，淫邪不能惑其心”，达到“恬淡虚无”“精神内守”的境界。此外还要在体力上不妄劳作，饮食有节，起居有常。如此可能“形与神俱，而尽终天年，度百岁乃去”。

《黄帝内经》的这些医学内容以及其哲学思想、思维方法与观察方法，为后世中医学的发展提供了理论依据，2000年来，一直指导、规范着历代中医的思维与实践，《黄帝内经》实为中医发展的基础，创新的源泉。历代有影响的中医学家，无不是通过学习《黄帝内经》而有成就，故对此深有体会，或言其“为万世所永赖”，或言其“为万世医学之鼻祖”，或言其“垂法以福万世”。确实，用什么语言形容《黄帝内经》对中医的重要性都不过分。

时至今日，用《黄帝内经》的理论指导治疗，在很多方面仍为现代医学所难及，如针灸的奇效就颇为神奇。故《黄帝内经》仍是当今中医本科生的必修课程，也是当代中医深造的必读经典。一部古典科学著作的生命力能如此之旺盛、之持久，在科学史上实为罕见。

由于《黄帝内经》在中医学上的巨大成就，对中华民族的健康繁衍有着巨大的贡献，正如明代中医学家张景岳所赞：“大哉至哉，垂不朽之仁慈，开生民之寿域，其为德也，与天地同。”

第四章　中原传统科学技术的形成时期（秦汉时期）

第一节　中原地区农业的发展[①]

秦汉时期是中原地区农业的大发展时期。铁农具基本上得到普及，农具的种类趋于完备，从开垦土地、播种、中耕、灌溉、收获、脱粒到农产品加工等各个环节基本上都有相应的工具。不仅如此，每一种类的农具还有不同的款式，其中有不少是新式农具。农具的进步，对提高劳动生产率有着重要的意义。耕作技术上，"代田法"在中原地区也得到推行，农作物播种、中耕、施肥、收获等方面的技术，也有一定程度的提高。在耕作制度上，南阳地区出现了一年二熟制。在农用动力的发展上，中原人把水力、风力应用到农业生产上来。这一时期，随着国家的统一，生产力的提高，出现了一个兴建农田水利工程的高潮，井灌、陂塘灌溉工程、渠系工程比前代有所发展。畜牧业上，家禽家畜的饲养受到人们的普遍重视。

一、中原地区的作物

秦汉时期，中原地区粮食作物品种呈现多样化格局，粮食结构也发生了变化。从洛阳汉墓中发现的粮食作物来看，当时人们种植的作物有粟、稻、小麦、大麦、大豆、小豆、黍、麻等，这些粮食实物大都发现在储粮的陶仓模型里。陶仓等模型上大都有陶文，如大麦万石、大豆万石、小麦万石、金豆一钟等。

在粮食格局方面，粟仍是人们的主要食粮。据王充《论衡》记载，东汉年间陈留（今属开封）一带曾下过"雨粟"，关于其成因，王充解释说："谷生于草野之中，成熟垂委于地，遭疾风暴起，吹扬与之俱飞，风衰谷集，坠于中国，中国见之，谓之天雨谷。"[②]由此可见当时粟的播种之盛。而文献中也说中原地区"其地宜禾"，又曰："雒水轻利而宜禾。"[③]这就说明洛阳一带是重要的粟类作物产区。考古工作者在洛阳汉代墓葬中发现的陶仓模型上就写着"粟万石""粱米万石"黍粟万石[④]。

这一时期，中原地区麦的种植仅次于粟。战国秦汉以前，人们食用麦子的方法主要是粒食，而

---

① 本节内容主要参阅了王星光主编：《中原文化大典·科学技术典·农业水利纺织》，中州古籍出版社，2008年。

② 黄晖：《论衡校释》，中华书局，1990年，第251页。

③ 何宁：《淮南子集释》，中华书局，1998年，第351、354页。

④ 洛阳区考古工作队：《洛阳烧沟汉墓》，科学出版社，1959年，第156页。

石磨的出现，使人们可以把麦子加工成面粉来食用，改善了小麦的食用方法，促进了小麦栽培区域的拓展。如洛阳汉墓陶仓上书写的“大麦万石”“麦万石”“小麦万石”等字样[①]。

秦汉时期，中原地区豆类种植的规模也十分可观，据《广群芳谱》引西汉《焦氏易林》记载：“中原有菽，以待饷食……旦树菽豆，暮成藿羹。”[②]《四民月令》中几乎全年的农事安排都与大豆有关。《南都赋》曾说南阳的原野上有“菽麦稷粟”，菽是放在第一位的。豫南的汝南、颍川、南阳一带，两汉时期大豆栽培也较多，据《汉书·翟方进传》记载当地人民以“豆食”为饭。不过人们对大豆的种植，主要是作为一种救荒作物来提倡的。《氾胜之书·大豆》认为：“大豆保岁易为，宜古之所以备凶年也。谨计家口数，种大豆，率人五亩。此田之本也。”汉代时，中原人们还对大豆进行了深层次加工，不仅把它制成豆豉、豆酱，还提取大豆中的植物蛋白制成豆腐，从而扩大了大豆的应用范围。

秦汉时期，随着国家的统一、大型水利工程的兴建，中原地区的稻作农业也获得快速发展。两汉时期，洛阳及其附近一直是水稻产区，在洛阳烧沟汉墓中出土的汉代陶仓上有“稻种万石”题记，器内还有实物炭屑[③]。在南阳，由于召信臣、杜诗修建的水利设施，为水稻的种植提供了条件，使得水稻种植在南阳盛况空前，成为当时南阳盆地的主要农作物[④]，张衡《南都赋》中的“其水则开窦洒流，浸彼稻田”，“滍皋香秔”就是对当时水稻种植的生动描写[⑤]。东汉崔瑗为汲县令，曾倡导百姓开稻田数百顷[⑥]，东汉许杨在汝南修建的隙鸿陂，使当地稻作“累岁大稔”，成为有名的鱼米之乡[⑦]。由此可见，汉代时中原地区的稻作生产还是相当可观的。不过，就当时全国粮食生产情况来说，稻的总产量远不及谷子，至少在西汉以前还赶不上麦和大豆。

秦汉时期中原地区麻的种植规模相当可观。洛阳烧沟汉墓中有写着“麻万石”字样的陶仓[⑧]，可见当时中原地区大麻种植的面积之大。崔寔在《四民月令》中对大麻的生产进行了一番总结，如：二月，种苴麻；五月，可种牡麻等。这与《氾胜之书》中的记载相吻合。《氾胜之书·枲》中首次对大麻的栽培技术进行了精辟的论述。大麻的播种，书中指出：“种枲，春冻解，耕治其土，春草生，布粪田，复耕，平摩之。”“种枲太早，则刚坚、厚皮、多节；晚则皮不坚。宁失于早，不失于晚。”大麻中耕，要在“麻生布叶”时“锄之”。大麻的收获，“获麻之法，穗勃勃如灰，拔之”。大麻的加工，在“夏至后二十日沤枲，枲和如丝”，等等。可以说，书中对大麻生产的全过程，整地、播种、中耕、施肥、灌溉、收获及沤麻等，都有记载。

---

① 洛阳区考古工作队：《洛阳烧沟汉墓》，科学出版社，1959年，第159页。

② （清）汪灏：《御定佩文斋广群芳谱》卷十《谷谱》，《文渊阁四库全书·子部·谱录类》第845册，台湾商务印书馆，1986年，第437页。

③ 洛阳区考古工作队：《洛阳烧沟汉墓》，科学出版社，1959年，第158页。

④ （东汉）班固：《汉书》卷八十九《召信臣传》中华书局，1962年；（南朝宋）范晔：《后汉书》卷三十一《杜诗传》，中华书局，1965年。

⑤ （汉）张衡：《南都赋》，《御定历代赋汇》卷三十二，《文渊阁四库全书·集部·总集类》第1419册，台湾商务印书馆，1986年，第701页。

⑥ （南朝宋）范晔：《后汉书》卷五十二《崔瑗传》，中华书局，1965年。

⑦ （南朝宋）范晔：《后汉书》卷八十二《许杨传》、卷十五《邓晨传》，中华书局，1965年。

⑧ 洛阳区考古发掘队：《洛阳烧沟汉墓》，科学出版社，1959年，第155～159页。

二、中原地区的农具

秦汉时期中原地区是冶铁重地，而汉代中原地区在冶炼技术、铸铁技术、铸铁柔化技术、铸铁脱碳成钢技术、生铁炒钢技术等方面达到了很高的水平，基本上代表了我国汉代先进的钢铁冶炼技术，这对中原地区乃至整个中国农业、手工业、水利、交通、建筑、军事等各方面的发展都有着重要的作用[①]。先进的技术、大规模的生产，对中原地区铁农具产生了深远的影响。

一是铁质农具的普遍使用。西汉时期的遗址中出土了大量的铁质农具，如巩县铁生沟遗址中出土有镬、双齿镬、锄、铲、锸、犁铧等各种铁器166余件，其中农具有75件；古荥镇遗址出土的铁器318件，农具有206件；南阳郡各县汉代冶铁遗址中，均出土有不同数量的铁农具，而且品种全、数量大、质量高，像南阳北关瓦房庄汉冶遗址中出土西汉时期铁农具48件（包括新器和旧器），东汉时期铁农具472件（包括新器和旧器）；洛阳地区的汉墓中出土了大量的农业工具，而且均是实用器[②]。这些都说明当时中原地区铁农具的数量和质量确实有了很大发展。

二是铁农具的种类得到增加。汉代中原地区农业生产各个环节所需要的农业工具都已具备，如耕地用的犁，播种用的耧，中耕用的锄，收获用的镰，灌溉用的桔槔、辘轳，粮食加工用的磨、碓等在考古遗址中都有发现。不仅如此，每一类生产工具又具有不同类型，如锄就可分为半月形锄、梯形锄和曲柄锄等；锸分“一”字形锸和“凹”字形锸等。

三是铁农具在性能上也大大超过前代。比如，犁在战国时期多为铁口犁，这种犁两叶比较窄，銎口比较宽，重量比较轻；到了西汉时期，犁的两叶加宽，銎口缩小，重量加大；东汉时期犁为全铁质犁，形体较大且厚重，这种犁可以加深犁铧耕地时入地深度。犁的这种发展、变化，无疑反映了垦耕工具史的一个重要进步；而且，为使耕地中同时碎土和翻土掩青为肥，还发明了犁镜；为改进灌溉和改进代田法技术，发明镵土而耕地为沟畦和土垄，犁的结构变得越来越完备；其他如铲、锄、镰等也比前代有了很大的发展[③]。

1. 犁

汉代的犁铧，根据出土的实物来看，已由战国时的“铁口铧”演变为“全铁铧”。铁铧因耕作对象的不同，可分为大、中、小三类。小铧形体轻巧，上下两面凸起，銎扁圆形或菱形，前端钝角或锐角，长宽各20厘米左右，主要适用于翻耕熟地；中铧舌形，前端锐角，上面凸起，中有凸脊，下面板平，三角形銎，长宽各30厘米左右，主要适用于开垦荒地；大铧“V”形似中铧，长宽均在40厘米以上，主要用于开沟作渠[④]。在南阳瓦房庄冶铁遗址中出土有用过的旧犁铧156件，三种形制的犁铧都有发现。在洛阳的一些汉代遗址中出土的铁犁铧也有三种：一种洛阳烧沟

---

① 黄宛峰等：《河南汉代文化研究》，河南人民出版社，1999年，第312～330页。

② 杨育彬：《河南考古》，中州古籍出版社，1985年，第230～247页。

③ 周军、冯健：《从馆藏文物看洛阳汉代农业的发展》，《农业考古》1991年第1期。

④ 黄展岳：《古代农具统一定名小议》，《农业考古》1981年第1期。

出土，铁口犁，较原始；两种两叶较一式宽，整个犁铧较为厚重；三种是临汝关庄古城内采集，全铁质犁铧，最先进[①]。不过，在这三种犁铧中，尤以小铧与中铧发现为多，说明这是当时的两种主要耕具。

秦汉时期，随着铁犁铧的逐渐普及和多样化，犁的改进开始由铧转向整体结构，犁的结构形式基本定型。从犁的木结构上看，汉代犁架已有犁床、犁辕、犁箭、犁衡、犁梢等畜力犁的主体构件。这时的犁为长辕犁。长辕犁笨重，回转虽不便，但却是耕犁由笨重向轻巧，由回转不便向回转灵活发展演变中的重要阶段[②]。可以说，汉代耕犁虽带有某些原始的痕迹，但已经具备了畜力犁的基本部件，奠定了中国传统耕犁的基型。这种犁又称框形犁，它有两大特点：一是摆动形，一是早就采用了曲面犁壁。犁在战国时只有铧没有壁，故只有破土、松土的功能，而没有翻土的能力，这种耕作起不到灭茬、压草的作用。到西汉中期以后，随着代田法的逐步推广，能够翻土作垄的镩土和犁镜（即犁壁）被发明。镩土为马鞍形，有的学者称其为“马鞍形双面犁壁”[③]。其功能是向两侧翻土。犁镜则是向一侧翻土的犁壁。犁壁套在犁铧上，就可以一面开沟一面将泥土翻向两侧起垄。由于向一侧翻土，牵引阻力要小，耕后地面平整，是符合耕翻土地的基本要求的，因而有着更广泛的适应性和更长远的生命力。现代犁镜正是在这种一侧翻土的犁镜基础上发展而来的（图4-1）。

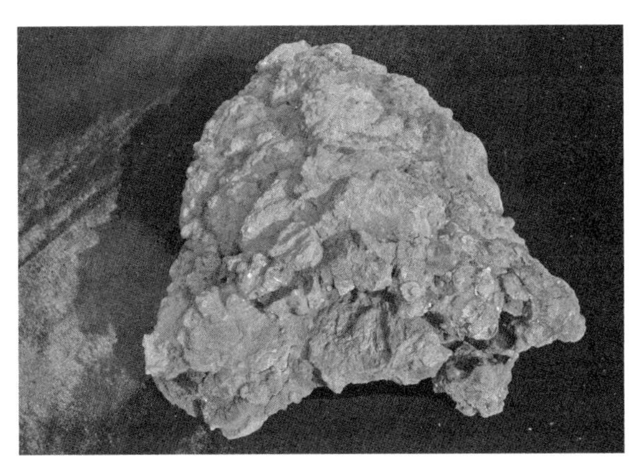

图4-1　三杨庄遗址出土的铁犁铧

2. 耧车

耧车是与条播紧密联系的一种农具（图4-2）。在发明耧以前，古人播种时可能就是用手进行撒播或点播。汉代，耕翻和整地效率的提高推动了播种农具的创制，那就是赵过发明的耧犁。崔寔的《政论》中对此有明确记载：“三犁共一牛，一人将之。下种挽耧，皆取备焉。日种一顷，至今三辅犹赖其利。”[④]所谓的“三犁”，指的是三个耧

图4-2　耧犁模型

（西汉，中国历史博物馆复制。王星光主编：《中原文化大典·科学技术典·农业水利纺织》，中州古籍出版社，2008年，第52页，图3.1.17）

---

① 周军、冯健：《从馆藏文物看洛阳汉代农业的发展》，《农业考古》1991年第1期。

② 王星光：《中国传统耕犁的发生、发展及演变》，《农业考古》1989年第2期。

③ 陈文华：《试论我国传统农业工具的历史地位》，《农业考古》1984年第1期。

④ （元）司农司：《农桑辑要》卷一《代田》，《文渊阁四库全书·子部·农家类》第730册，台湾商务印书馆，1986年，第209页。

脚。山西平陆枣园西汉晚期墓室壁画上有一人在挽耧播种，其耧正是三脚[①]。三脚耧，下有三个开沟器，播种时，用一头牛拉着耧车，耧脚在平整好的土地上开沟播种，同时进行覆盖和镇压，一举数得，省时省力，故其效率可以达到“日种一顷”。耧车最先使用于“三辅”地区，即长安附近的关中平原，后来推广到中原。在河南南阳瓦房庄冶铁遗址、巩义市铁生沟、郑州古荥镇等遗址中都出土有耧足范，说明该地区已普遍使用了耧车。耧车至今仍是北方一些旱地农业中的主要播种机械。

3. 锄

西汉时期，前代使用过的各种形制的铁锄得到大量生产和广泛使用。在河南洛阳出土有凹形铁锄，说明这类锄具在南北各地仍被大量使用。宽刃厚重的六角形铁锄也多有出土，这类锄具在洛阳、南阳[②]等地都有发现。在洛阳孙旗屯还出土有半圆形铁锄，可见这种类型的锄具仍在使用。西汉铁锄的进步表现在多种形式的鹤颈锄的使用上。这些鹤颈锄可分为两种形式：一种以河南南召铁锄为代表[③]，锄板为半圆形，锄板的中央有一方孔，锄板的顶部是空首，锄柄是铁制的，头部为鹤颈形钩状，装配时锄钩穿进锄銎，透过锄板中央的方孔，并用锤铆接紧实。这类锄虽属鹤颈形锄，但鹤钩与锄板是分离的，连接起来也较复杂，它可能是鹤颈锄的最初形式；一种以河南伊川出土的鹤颈锄为代表[④]，锄板也是半圆形，但锄板鹤颈弯钩及锄柄是连在一起的，由熟铁锻打成一个不可分割的整体，手握的柄裤处较粗，便于把握。

到东汉时期，中原地区直板锄的结构也有了较大变化。这表现在半圆形锄的锄板的长度增加，宽度变小，略呈圆台状，同时将装柄的銎移到锄板的顶部。由于銎不像过去那样在锄头的中部，锄板的实用面积增大，其使用的功能也因而扩大。洛阳烧沟出土的铁锄就是其代表[⑤]，它上窄下宽，刃部平齐，体型轻巧，是专用于锄草的锄[⑥]。

中耕农具除了锄、铲、钱、镈以外，在东汉至魏晋南北朝时期，中原地区还出现并逐步推广了一种可连续进行中耕除草的新式农具——耘犁。

耘犁在秦汉文献中没有记载，但在东汉末年遗址中的确发现了铁双柄犁。其形状为“V”形犁头，两翼端各向上伸一直柄，套上“V”形犁冠非常合适[⑦]。在这种犁的双柄上安装木柄，柄上系双杆或绳套，以人力或畜力牵引，可以在行间穿地，松土除草。如果这种推测正确，说明可供畜力牵引的中耕农具在汉末已进入试制阶段[⑧]。

4. 谷物加工工具

谷类作物，如粟、麦、稻等要经过加工，才能变成美味的食物。于是，人们就发明了加工谷物

① 方壮猷：《战国以来中国步犁发展问题试探》，《考古》1964年第7期；吴存浩：《中国农业史》，警官教育出版社，1996年，第363页。

② 陈文华：《中国农业考古图录》，江西科学技术出版社，1994年，第273页。

③ 李京华：《南阳汉代冶铁》，中州古籍出版社，1995年，图版二〇。

④ 陈文华：《中国农业考古图录》，江西科学技术出版社，1994年，第275页。

⑤ 陈文华：《中国农业考古图录》，江西科学技术出版社，1994年，第275页。

⑥ 王星光：《中国古代中耕简论》，《中国农史》2000年第3期。

⑦ 李京华：《河南古代铁农具（续）》，《农业考古》1985年第1期。

⑧ 吴存浩：《中国农业史》，警官教育出版社，1996年，第363页。

的工具。秦汉时期中原地区谷物加工工具主要有杵臼、碓、磨、碾等。

杵臼的产生，是谷物加工工具发展史上的第一个飞跃。杵臼的形制，几千年来似乎没有什么大变化。它进步的地方主要体现在三个方面：一是制作材料的变化，最开始可能是木杵地臼，逐渐又发展为用石（玉）、铜、铁来制作杵臼；二是用途的增加，既可加工粮食，也可用来加工药材、饲料等；三是动力的变化，最开始是使用手来操作杵臼，劳动强度大、效率低，而且十分费力，造成了劳动力的极大浪费。到西汉晚期，出现了践碓，虽名字有异，但其工作原理不变，应为杵臼的进一步发展。以后又使用畜力、水力来操作。

中原地区考古发现了大量的石臼，如洛阳烧沟汉墓、三杨庄汉代聚落遗址等地。尤其是三杨庄遗址，出土了圆形和方形两种石臼（图4-3、图4-4），其中方形石臼形制较特别，在臼窝口外，做出微低于四周的边框线，边长18.5厘米，形成宽3厘米的微高边框；在一边（无纹饰的侧面）特做出一浅凹槽，宽3、进深4厘米（向外稍凸出）。四面均有不同方向的凿痕，以两条对角线分界，把

图4-3　河南内黄三杨庄遗址出土的圆形石臼

图4-4　河南内黄三杨庄遗址出土的方形石臼

侧面分为四个三角区；其中两侧面中部靠上，浮雕有铺首形纹，其内有两圆乳钉像两只眼睛[①]。

桓谭《新论》记载："宓牺制杵臼之利，后世加巧，因借身以践碓，而利十倍。"践碓是以足踏动，借助人体自身的重量来加工谷物，比用手操作省力多了。而且，碓臼一般较大，容纳的谷物较多，速度也较快些。所以说，其功效提高了十倍。陕县刘家渠汉墓中出土有各种形式的陶碓房多件，且作坊内有碓臼[②]。济源泗涧沟汉墓[③]（图4-5）、洛阳东关汉墓出土[④]有陶风车和陶米碓模型。

图4-5　陶风车和踏碓模型
（西汉，济源泗涧沟汉墓出土。王星光主编：《中原文化大典·科学技术典·农业水利纺织》，中州古籍出版社，2008年，第61页，图3.1.28）

除了借人体的自重以践碓外，据桓谭《新论》记载，还使用"驴骡马牛及役水而舂"。畜力和水力的应用，比以人力作动力的践碓又进了一步。水碓是脚踏碓机械化的结果。以水力推动水轮，在延长的水轮轴上装上一列凸轮或拨杆，使其拨动碓杆端末，即可使碓上下自由跳动。水碓的出现，大大节省了人力，《新论》中载"其利百倍"。

随着社会生产力提高，人们要求进一步改善自己的生活条件，制作更美味的食物。而麦粒不磨成粉是相当难于咀嚼和下咽的。旋转的石磨，便在这种历史要求下产生了。磨的发明把杵臼的上下运动改变成旋转运动，使杵臼的间歇工作变成连续工作，大大减轻了劳动强度，提高了生产效率，是一个很大的进步。

石磨在中原地区的使用是在汉代。西汉早期磨齿以凹坑为主，凹坑的形状有枣核形、圆形、菱形、三角形、长方形。由于这种磨齿使面粉不能迅速往外流，导致磨眼容易发生堵塞，甚至有的粮食颗粒还会流在凹坑内，磨不碎，所加工出来的面粉，就会掺杂一些整粒的粮食，所以石磨需要进一步改进。西汉晚期，中原人开始探索对磨进行改进，洛阳烧沟汉墓出土的石转磨摩擦面粗糙不平，其上刻有一些散乱无章的斜线磨齿；唐河县石灰窑村画像石墓出的陶磨，磨齿作辐射形，这些都是中原人探索新磨齿的尝试。三杨庄遗址出土了大量的石磨，这些石磨的形制已经较为成熟，代表了西汉晚期中原地区石磨制造的先进水平（图4-6）[⑤]。

东汉时，前一阶段萌芽的辐射形、分区斜线形磨齿进一步得到推广。分区斜线纹磨齿又可分为四区斜线、六区斜线、八区斜线几个式样，淇县城土产公司院内出土的石磨就是八区斜线状。其他如洛阳汉河南县城东区遗址（出土石磨4件）、泌阳汉墓、禹县白沙汉墓（17副陶磨）、灵宝张湾等遗址中都出土有石、陶磨。

---

① 河南省文物考古研究所、内黄县文物保护管理所：《河南内黄三杨庄汉代聚落遗址第二处庭院发掘简报》，《华夏考古》2010年第3期。

② 黄河水库考古工作队：《一九五六年河南陕县刘家渠汉唐墓葬发掘简报》，《考古通讯》1957年第4期。

③ 河南省博物馆：《济源泗涧沟三座汉墓的发掘》，《文物》1973年第2期。

④ 余扶危、贺官保：《洛阳东关东汉殉人墓》，《文物》1973年第2期。

⑤ 河南省文物考古研究所、内黄县文物保护管理所：《河南内黄三杨庄汉代聚落遗址第二处庭院发掘简报》，《华夏考古》2010年第3期。

图4-6　三杨庄遗址出土的石磨

三、中原地区的土壤耕作技术

秦汉时期，随着耕作工具的进步、牛耕逐步在中原地区的普及、人们对耕作技术认识的逐步加深，土壤耕作技术水平也得以进一步提高。这在《氾胜之书》中得到了集中的反映。《氾胜之书》虽然主要反映的是关中地区的情况，但从书中所记载的内容来看，也适于中原地区。为什么这么说呢？因为反映洛阳农业情况的《四民月令》，其主要参考资料就是《氾胜之书》。有学者将《四民月令》每月土壤耕作安排与《氾胜之书》所载相比较，发现二者非常相似，认为《四民月令》主要参考了《氾胜之书》[①]。

从《氾胜之书》来看，当时北方旱地耕作注意到了以下几个方面：

1. 适时耕作

春耕的适期在"春冻解，地气始通，土一和解"[②]之时；夏耕的适期在"夏至，天气始暑，阴气始盛，土复解"之时；秋耕则是在"夏至后九十日，昼夜分，天地气和"之时。选择这些时候耕作，可起到事半功倍的效果，"一而当五，名曰膏泽，皆得时功"。

2. 因时耕作和因土耕作

《氾胜之书》继承和发展了《吕氏春秋》中《任地》《辨土》《审时》等篇中总结的因时耕作和因土耕作的经验，并进一步具体化。例如，"春地气通，可耕坚硬强地黑垆土，辄平摩其块以生草，草生，复耕之，天有小雨，复耕，和之，勿令有块，以待时。所谓强土而弱之也"。"杏始华荣，辄耕轻土、弱土，望杏花落，复耕，耕辄蔺之，草生，有雨泽，耕重蔺之，土甚轻者，以牛羊践之，如此则土强，此谓弱土而强之也。"尽管强土和弱土的耕法有别，但有一点是共同的，即耕作时都必须选择草生和有雨的时候，这样才能达到除草、肥田和保墒抗旱的目的。

3. 及时磨压

坚硬强地黑垆土，容易耕起大土块，如不及时磨碎磨平，就会造成大量跑墒，引起干旱，因

---

① 董恺忱、范楚玉主编：《中国科学技术史·农学卷》，科学出版社，2000年，第201、202页。

② 万国鼎：《氾胜之书辑释》，农业出版社，1980年，第21页。本节所引《氾胜之书》原文，均出自本书，不再一一作注。

此，氾胜之在谈到春耕“坚硬强地黑垆土”时，就强调“平摩其块”“勿令有块”；在谈到夏耕时，又强调“谨摩平以待种时”；在谈到大麻地的耕作时，再强调“平摩之”。对于轻土、弱土，由于土性松散，缺乏良好的水分传导，所以供水能力较差。因此，氾胜之在谈到轻土、弱土的耕作时，就一再强调“耕辄蔺之”“耕重蔺之”，或以“以牛羊践之”。其目的就在于保墒保苗。

从《氾胜之书》所反映的内容看，中原部分地区在秦汉时期已通过土壤耕作来防旱保墒，形成“耕、摩、蔺”相结合的耕翻平作法耕作体系，使中原地区土壤耕作技术进入了一个新的发展阶段。

汉代，中原地区在耕作方法上还使用了代田法。代田法是战国时畎亩法中“上田弃亩”的发展。据《汉书·食货志》记载：“过能为代田。一亩三甽，岁代处，故曰代田，古法也。后稷始甽田，以二耜为耦，广尺深尺曰甽，长终亩，一亩三甽，一夫三百甽，而播种于甽中。苗生叶以上，稍耨陇草，因隤其土以附苗根。……比盛暑，陇尽而根深，能风与旱，故儗儗而盛也。其耕耘下种田器，皆有便巧。率十二夫为田一井一屋，故亩五顷，用耦犁，二牛三人，一岁之收，常过缦田亩一斛以上，善者倍之。”①

代田法的栽培方法就是把作物种在沟内，等到禾苗出土以后，结合中耕除草用垄土壅苗（图4-7）。这样一来，农作物扎根深，既能防风抗倒伏，又可以做到保墒抗旱，实际上体现了畎亩法中“上田弃亩”的原则。代田法的垄和沟采取年年轮换的方法，今年作垄的地方，明年变为沟；今年作沟的地方，明年变为垄，这就是史书中所载的“岁代处”，也是代田法得名之由来。由于代田总是在沟里播种，垄沟互换就达到了土地轮番利用与休闲，体现了“劳者欲息，息者欲劳”的原则。代田法在使用时又结合新式农具，所以大大提高了劳动生产率和单位面积产量。

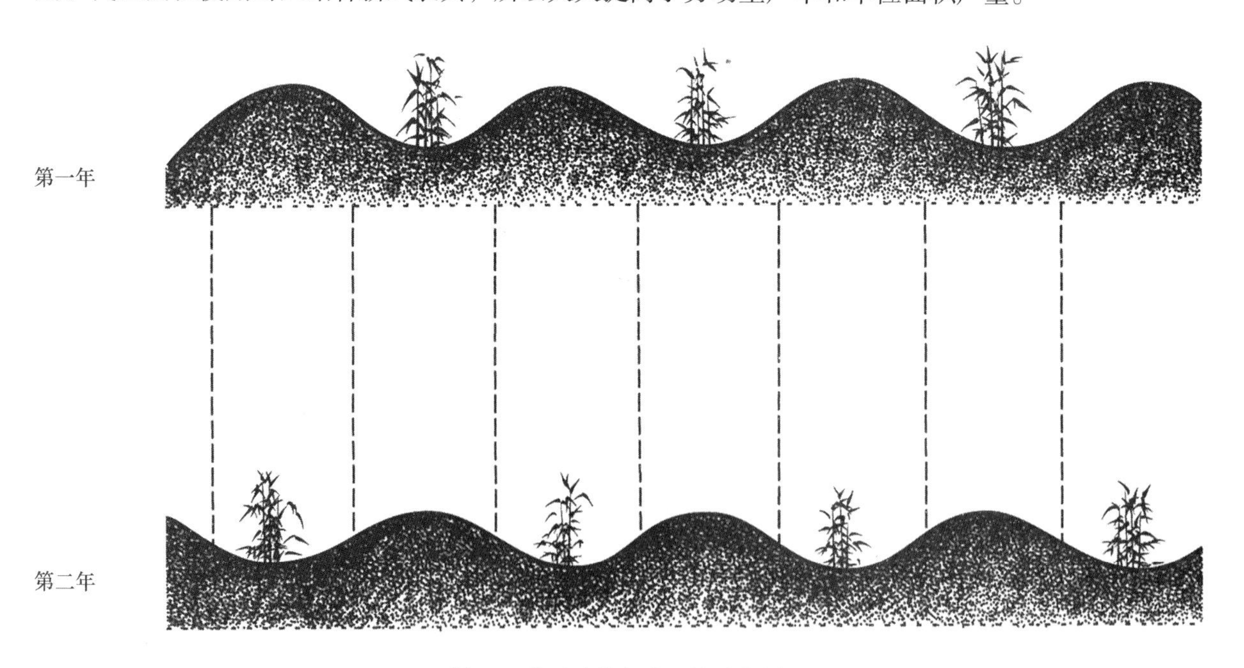

图4-7　代田法沟与垄互换示意图

（王星光主编：《中原文化大典·科学技术典·农业水利纺织》，中州古籍出版社，2008年，第66页，图3.2.2）

① （东汉）班固：《汉书》卷二十四《食货志》，中化书局，1962年，第1138~1139页。

2003年考古工作者发现了三杨庄汉代聚落遗址，该遗址汉代宅院的周围环绕有大量的农田遗迹，以第三处宅院遗址为例，其东西两侧水沟外和后面（北侧）清理出排列整齐的十分明晰的高低相间的田垄遗迹，田垄的走向有东西向的，但多为南北向，宽度大致在60厘米（图4-8）[①]。刘海旺、张履鹏等先生认为："三杨庄汉代遗址中发现的大面积耕作农田可以为我们真正理解汉代的代田法提供真实的实物样本。"[②]也有学者对此提出了不同意见[③]。我们认为三杨庄遗址作为目前发现的唯一的汉代农田遗迹，从其形态上来说，应和代田法有着密切的关系。

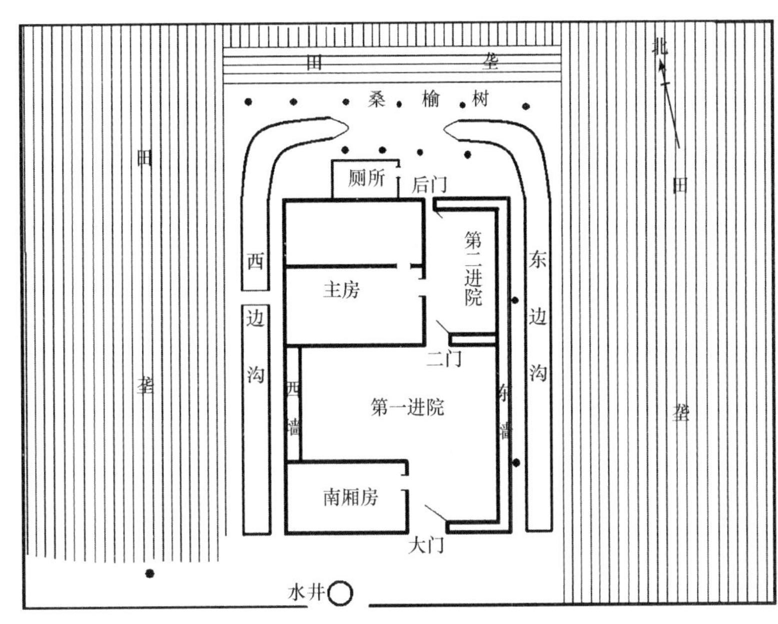

图4-8　三杨庄汉代聚落遗址第三处庭院平面布局示意图

先秦时期的土壤耕作属于"耕—櫌"体系，它的特点是耕作对播种的依附：耕后即播，播后即櫌——覆土、摩平；摩平只是覆土作业的一部分。这时牛耕尚未推广，耕用耒耜，櫌用木榔头。汉代时期，随着牛耕的推广和耕具的进步，出现了"耕—摩—蔺"体系。到魏晋南北朝时期，中原地区的耕作技术又出现了一次飞跃——从"耕—摩—蔺"发展到"耕—耙—耱"，中原地区土壤耕作技术体系臻于成熟[④]。这一时期，因为在农业领域中使用了"耙"，解决了耕地、耙地、耱地三者结合的配套工具，形成耕后耙地，耙后耱地，再加上镇压和中耕，从而形成了中原地区保墒防旱耕作技术体系[⑤]。

四、中原地区的农田水利

水是农业的命脉。在中原地区，由于受季风气候的影响，降雨量一年四季分配不均匀，往往不能满足农业生产的需要，需要修建水利工程加以调配，所以农业生产的发展与水利工程有着密切的

① 刘海旺：《首次发现的汉代农业闾里遗址——中国河南内黄三杨庄汉代聚落遗址初始》，《法国汉学》，中华书局，2006年，第70页。

② 刘海旺：《首次发现的汉代农业闾里遗址——中国河南内黄三杨庄汉代聚落遗址初始》，《法国汉学》，中华书局，2006年，第77页；刘海旺、张履鹏：《国内首次发现汉代村落遗址简介》，《古今农业》2008年第3期。

③ 韩同超：《汉代华北的耕作与环境——关于三杨庄遗址内农田垄作的探讨》，《中国历史地理论丛》2010年第1期。

④ 董恺忱、范楚玉主编：《中国科学技术史·农学卷》，科学出版社，2000年，第275～285页。

⑤ 张芳、王思明：《中国农业科技史》，中国农业科技出版社，2001年，第181页。

关系。中原地区农田水利工程分三种类型，即井灌、渠系工程和陂塘。

1. 井灌

井灌是利用地下水的一种工程形式。中原地区水井的发明比较早，据考古资料，在洛阳矬李龙山文化遗址中，发现有一口水井，井口圆形，口径1.6米，井上部较粗，深至4.75米处往一侧收缩成0.8米，以防倒塌①；临汝煤山遗址所发现的两口水井，分别坐落在两座陶窑附近，其中一口，口为椭圆形，东西径3、南北径2.75米，井向上逐渐缩小，井口以下深1米见水，清至2.5米仍不见底②；在汤阴白营龙山文化时期的村落遗址也发现一口木构架支护的深水井③。这一时期中原地区水井的用途，可能与灌溉无关，主要用于解决生活及部分生产（如制陶等）用水。即便如此，水井的发明与普及也为农业生产发展提供了保证。具体体现在，人们从此可以一定程度上摆脱地表水资源的束缚，开掘浅层地下水，使生存空间得以扩展。

汉代，随着辘轳的应用，中原地区的井灌进入一个新的发展阶段。使用辘轳提水效率高，人畜都可以牵引，水井深浅不受限制，因此不仅可以用来浇灌园圃，而且还可灌溉大田作物。例如，洛阳汉墓出土的农田水利设施有水井模型、井栏模型、陶水管、引水槽等，经学者研究都为灌溉工具。出土的陶水筒口大底尖，根本无法平置于地，提起来行走也不方便，应为专门的浇灌工具。在水井模型上有泻水孔和排水孔，水井旁还有引水槽，这些都说明水井的用途主要是用来浇灌土地。其具体方法就是先将水利用滑轮从井中快速提起，然后利用口大底尖的桶（这种桶重心在上，易于倾倒）将水倒入引水槽内，再经过陶水管流入地里④。目前在洛阳、南阳、新乡、济源、许昌、郑州等地出土有关于井灌的遗物⑤。在淮阳于庄汉代遗址中，发现有水井和干渠。井为圆形，上、下口的直径均为7.7厘米，腹部微鼓，直径为9.5厘米。干渠宽4、长48厘米。北端有一下水孔，孔径为1.2厘米，成圆形。南端成弧形与井底部紧密结合在一起⑥。

2. 渠系工程

秦汉时期，随着国家的统一、社会的稳定，中原地区农田水利事业有了很大的发展。公元前210年，秦朝在今济源市东北约15千米处的五龙口修建引沁枢纽工程。由于其渠首为枋木垒成，“天时霖雨，众谷走水，小石漂进，木门朽败，稻田泛滥，岁功不成”⑦，影响了灌区农业生产的发展。到三国魏时把其改为石门，工程效益大大提高，“若天暘旱，增堰进水；若天霖雨，陂泽充溢，则闭防断水，空渠衍涝”⑧。既避免了因进水过多，造成“稻田泛滥”，又保证了农田灌溉的需要。后来经历各朝各代的修缮，灌溉效益经久不衰，至今仍为广利灌区所沿用。三国时，曹魏政

---

① 洛阳博物馆：《洛阳矬李遗址试掘简报》，《考古》1978年第1期。

② 中国社会科学院考古所河南二队：《河南临汝煤山遗址发掘报告》，《考古学报》1982年第4期。

③ 安阳地区文物管理委员会：《河南汤阴白营龙山遗址》，《考古》1980年第3期。

④ 周军、冯健：《从馆藏文物看洛阳汉代农业的发展》，《农业考古》1991年第1期。

⑤ 陈文华：《中国农业考古资料索引（二十七）·第三编农田水利》，《农业考古》2003年第1期。

⑥ 骆明、陈红军：《汉代农田布局的一个缩影——介绍淮阳出土三进陶院落模型的田园》，《农业考古》1985年第1期。

⑦ 陈桥驿：《水经注校释》，杭州大学出版社，1999年，第155页。

⑧ 陈桥驿：《水经注校释》，杭州大学出版社，1999年，第155页。

权为了发展屯田，在临颍、西华境内开掘河道，名为“枣祗河”，上通许昌南六里的南屯粮库，既可用来灌溉，又兼作运道，使许昌地区大面积地种上了水稻，促进了粮食产量的增长。

3. 坡塘

陂塘主要是利用自然地势，经过人工修建的储水工程，其功能是蓄水灌溉田地。汉代，中原地区陂塘工程兴建达到一个鼎盛时期，主要集中在汝南地区、南阳地区。

汝南地区位于伏牛山的东侧，土地肥沃。地势自西北向东南微微倾斜，有利于自流引灌。淮河及其支流汝水蕴藏着丰富的水利资源可供开发利用。而支冲沟谷的地形条件，也为兴建陂塘水利提供了方便。两汉时期汝南地区的陂塘灌溉事业有了长足的发展，仅《水经注》中就记载有多座（表4-1），其中以鸿隙陂比较有名。鸿隙陂，汉武帝元光年间修建，西汉永始至元延年间（公元前16～前9年）丞相翟方进因这一带洪涝成灾，废毁了这一蓄水设施。鸿隙陂的废除，导致汝南地区又是年年旱涝，父老怨之，歌曰：“坏陂谁？翟子威。饭我豆食羹芋魁。反乎覆，陂当复。谁言者？两黄鹄。”他们要求朝廷恢复鸿隙陂。到东汉时，邓晨为汝南太守，听说许杨（今河南平舆县人）擅长水利，于是任命他为都水掾，主持修复鸿隙陂。许杨“因高下形势，起塘四百余里，数年乃立”。陂成之后，“百姓得其便，累岁大稔”[①]“汝土以殷，鱼稻之饶，流衍它郡。”[②]北魏时鸿隙陂还存在，隋唐以后不见记载。

表4-1　汝南陂塘一览表[③]

名称	时代	方位	规模	典出	说明
青陂	秦代	新蔡西南	灌500顷	《史记》 《水经注·汝水注》	规模系170年重修后数
鸿隙陂	西汉	正阳、息县间	数千顷田起塘四百里	《汉书》 《后汉书》	规模系42年修复后数
葛陂	西汉？	新蔡、平舆间	陂方数十里	《水经注·汝水注》	
鲖陂	西汉、东汉	新蔡、临泉间	溉田三万顷	《后汉书》 《水经注·汝水注》	规模系90年重修后数
石塘陂	东汉	汝南、正阳间	溉400顷	《后汉书》 《三国志·魏书》	
二十四陂	曹魏	西平县境		《太平寰宇记》	
黄陵陂		上蔡北		《水经注·汝水注》	
蔡塘		上蔡东		《水经注》	
三丈陂		新蔡、平舆间		《水经注·汝水注》	
青陂		新蔡东		《水经注·汝水注》	郦注称北青陂
横塘陂		新蔡东		《水经注·汝水注》	
北陂、南陂		正阳北		《水经注·汝水注》	
同陂		正阳东北		《水经注·汝水注》	

① （南朝宋）范晔：《后汉书》卷八十二《许杨传》，中华书局，1965年，第2710页。
② （南朝宋）范晔：《后汉书》卷十五《邓晨传》，中华书局，1965年，第584页。
③ 徐海亮：《古代汝南陂塘水利的衰败》，《农业考古》1994年第1期。

续表

名称	时代	方位	规模	典出	说明
土陂		正阳东北		《水经注·汝水注》	
窖陂		正阳东北		《水经注·汝水注》	
太陂		正阳东北		《水经注·汝水注》	
燋陂		正阳县北		《水经注·淮水注》	
上慎、中慎、下慎陂		正阳东南		《水经注·淮水注》	
马城陂		正阳东南		《水经注·汝水注》	
绸陂		正阳东南		《水经注·汝水注》	
墙陂		正阳东南		《水经注·汝水注》	
壁陂		正阳东南		《水经注·汝水陂》	

南阳地区是汉代中原地区修建陂塘工程最多的地区。这里东、北、西三面地势较高，南面低洼，全地区呈一簸箕形盆地。境内水系发达，发源于伏牛山区的唐河、白河，流经盆地，为发展水利灌溉提供了有利的自然条件。汉武帝时南阳地区的水利事业就已有相当的发展。据《史记·酷吏列传》记载，武帝时，宁成曾于南阳“买陂田千余顷，假贫民，役使数千家”。所谓的陂田，当为陂水灌溉的农田。宁成已拥有千余顷陂田，可见当时的陂塘灌溉获得了很快的发展①。汉武帝以后，南阳地区的陂塘灌溉事业发展得更为迅速，其中著名的就是召信臣对当地水利的开发。西汉时南阳郡太守召信臣在泌阳修建马仁陂，在邓县修建六门碣、钳庐陂等蓄水灌溉工程，而且“行视郡中水泉，开通沟渎，起水门提阏凡数十处，以广灌溉，岁岁增加，多至三万顷”②。东汉时杜诗任南阳郡太守时，“又修治陂池，广拓土田，郡内比室殷足”③。他们被南阳人民称为“前有召父，后有杜母”。正是他们，在南阳掀起了一股兴建水利工程的高潮。张衡《南都赋》述其盛况：“其水则开窦洒流，浸彼稻田，沟浍脉连，堤塍相�，朝云不兴，而潢潦独臻，决渫则暵，为溉为陆，冬稌夏穱，随时代熟。”④根据张衡《南都赋》、北魏郦道元的《水经注》和后世的地方志记述，两汉时期南阳地区水利工程相当多，列表如表4-2所示。

表4-2　两汉南阳水利事业一览表

名称	今地	灌溉概况	水系	出处
六门堨	邓县西1.5千米	溉穰、新野、昆阳（按为朝阳之误）三县五千顷。……遏六门之水下结二十九陂，散流咸入朝水	湍水	《湍水注》 《淯水注》

① 汪家伦、张芳：《中国农田水利史》，农业出版社，1990年，第109页。

② （东汉）班固：《汉书》卷八十九《召信臣传》，中华书局，1962年，第3642页。

③ （南朝宋）范晔：《后汉书》卷三十一《杜诗传》，中华书局，1965年，第1094页。

④ （汉）张衡《南都赋》，《御定历代赋汇》卷三十二，《文渊阁四库全书·集部·总集类》第1419册，台湾商务印书馆，1986年，第701页。

续表

名称	今地	灌溉概况	水系	出处
钳卢陂	邓县南30千米	召信臣所凿，灌田三万顷	朝水	《湍水注》《南都赋》《太平寰宇记·穰县》
楚堨	邓县西北冠军	高下相承八重，周十里，方塘蓄水，泽润不穷。灌田五百余顷	湍水	《湍水注》《元和郡县志》卷二十一
马仁陂	泌阳西北	泉流竞凑，水积成湖，溉地百顷		《沘水注》《读史方舆纪要》卷五十一《泌阳县》
樊氏陂	新野西北	陂东西十里，南北五里，灌田三百余顷	朝水（淯水支流）	《淯水注》
堵阳陂（即赭阳陂）	方城	东西夹冈，水相去五六里，右合断冈两舌，都水潭涨，南北十余里（有东、西二陂）	堵水（今唐河）	《滍水注》《南都赋》
安众港	南阳县	不详	湟水	《湍水注》
豫章大陂	新野县东南	下溉良畴三千顷许	淯水	《淯水注》
邓氏陂	新野西	不详	湍水	《湍水注》
新野陂	新野	东西九里，南北十五里，陂水所溉，咸为良沃	淯水	《淯水注》
大湖	唐河南八十里湖阳	（樊重）能治田，殖至三百顷，陂波灌注（上承隆山水，其水城周四溉）		《沘水注》
唐子、襄乡诸陂	唐河湖阳一带	（南长水）上承唐子、襄乡诸陂，散流也（散流是灌溉的表现）		《沘水注》
醴渠、赵渠	唐河	自今唐河城附近引唐河南流至湖阳西与唐河支流会	沘水（今唐河）	《沘水注》
丹水渠	淅川	丹水原有沟渠引水灌田三十余顷，永寿三年（157年）七月壬午日被洪水冲垮，建宁元年（168年）二月陈卿召民修复，溉田二十余顷	丹水	（丹水丞陈卿纪勋碑）康熙府志卷六艺文引
上默河堰	内乡东	（明嘉靖时溉田七十余顷）杜诗创建	清泉河	嘉靖府志卷四陂堰
斋陂	南阳西南	（安众港支渠）相传召信臣、杜诗修		光绪县志卷九沟渠
石谷 马渡港 蟑螂堰 沙堰	南阳北四十里南阳东南八里新野北	灌田六千余顷	淯水	《方舆纪要》卷五十一《南阳府》
豫山下三十六陂	南阳北独山一带	西汉召信臣、东汉杜诗、晋杜预作陂溉田		《读史方舆纪要》卷五十一《南阳府》
上下陂堰	唐河	位于绵延河与唐河二水交汇处，也是西汉时较大的水利工程之一	唐河	南阳汉代史陈列馆

续表

名称	今地	灌溉概况	水系	出处
霞雾溪	新野北	治召伯兴水利，自厚庄望夫石之东开溪一道，引白水，南北纵贯六十里	白河	南阳汉代史陈列馆
郑渠	内乡	（明嘉靖时溉田十余顷）杜诗创建	湍水	康熙县志卷二井堰

从表4-2可以看出，汉代南阳水利事业是非常发达的，其雄厚的水利基础，为汉代南阳的农业生产提供了可靠的保证。后世，南阳地区的水利建设依然十分兴盛，不仅原有的水利设施不断得到修复，而且兴建了许多新的水利工程。西晋时，杜预在南阳重修召信臣的钳卢陂，引滍水（今沙河）、淯水（今白河）灌溉田地1万余顷[①]。据《水经注·淯水篇》记载，杜预修复了西汉时南阳盆地湍水、朝水（今刁河）之间的六门陂及其下的29处陂塘，重新再现了两汉钳卢陂等塘堰的规模和部分灌溉效益[②]。魏晋南北朝时期，沈亮为南阳郡太守时，对一些水利陂塘进行了修复。宋代时赵尚宽、谢绛等为恢复南阳灌区做了很大的努力，也取得了很大的成绩，受到后人的赞扬。明清时期虽说古代的一些水利工程不能再用，但人们又新建了许多陂堰，尤其在雍正年间，南阳盆地又掀起了一次兴修水利的热潮，从而保持了此地区水利事业的长盛不衰[③]。现在南阳地区遗留下来的水利工程遗迹很多，有人统计过，原南阳县有堰20座，有陂9处；镇平县有堰3座，有陂6处；唐河县有堰7座，有陂7处；社旗县有堰2座，有陂1处；邓州市有堰31座，有陂38处；新野县有堰18座，有陂27处；内乡县有堰16座；淅川县有堰32座；方城县有堰4座，有陂5处。经调查，除古南阳的叶县、泌阳外，全区共有堰133座，陂93处[④]。

综上所述，井灌、渠系工程、陂塘工程构成了中原地区农田水利事业的主要部分，三种方式的结合，为中原地区的农业发展提供了良好保障。当然，在中原地区农田水利事业漫长的发展历程中，有过辉煌，也有过衰落；有很多经验，也有不少教训，而这些都是祖先留给我们的农田水利建设方面的宝贵财富，我们应该倍加珍惜。

第二节　中原地区中医药学体系的形成

秦汉时期中原地区的中医药学体系已经形成，当时将涉及医药学知识的典籍分为四类，即医经、经方、神仙和房中。对医药学典籍的分类，说明对与人身健康有关知识的认识在逐渐深化，从当时的知识背景出发，对已有的医学知识进行了系统化。《黄帝内经》一书全面地总结了秦汉以前的中医药学成就，奠定了中医理论基础，标志着中医理论的成熟。东汉末年医学家张仲景及其在中

① （唐）房玄龄等：《晋书》卷三十四《杜预传》，中华书局，1974年，第1031页。

② 侯甬坚：《南阳盆地水利事业发展的曲折历程》，《农业考古》1987年第2期。

③ 黎沛虹：《历史上汉江上游的灌溉事业》，《农业考古》1990年第2期；侯甬坚：《南阳盆地水利事业发展的曲折历程》，《农业考古》1987年第2期。

④ 人文南阳网站·南阳吧：《汉代文化·南阳汉代科技文化》，http：//tieba.baidu. com/p/26819681，2005年7月26日。

医药学领域的突出成就，更是中原地区医药学体系形成的重要标志之一。

一、秦汉时期中医药学体系的形成

中医药学经历先秦时期的发展演变，在勤劳智慧的先民总结与创新下，到秦汉时期具有中国特色的医药学体系已在中原基本形成。

秦始皇为了统一思想，曾接受李斯的建议下令焚书，其范围包括：“史官非秦记皆烧之。非博士官所职，天下敢有藏《诗》、《书》、百家语者，悉诣守、尉杂等烧之。”“所不去者，医药、卜筮、种树之书。若欲有学法令，以吏为师。”[①]“医药之书”不在焚烧的范围之内，可见即使是雄才大略的始皇帝也不能不重视医学在人类社会发展中所起到的重要作用。

秦汉时期的医药学典籍具体有哪些？汉代刘向、刘歆父子在整理西汉皇室藏书的过程中，曾逐渐编撰完成了目录学著作《七略》一书，对当时能见到的图书进行了分类和著录，惜《七略》早佚。《汉书·艺文志》是班固在《七略》的基础上加以创新完成的又一目录学巨著，其中就包括大量的医药学典籍。

班固在《汉书·艺文志》中将医药著作主要归类在“方技略”中，指出所谓“方技者”：“皆生生之具，王官之一守也。太古有岐伯、俞拊，中世有扁鹊、秦和，盖论病以及国，原诊以知政。汉兴有仓公。今其技术晻昧，故论其书，以序方技为四种。”

“方技”的概念虽应广于医学，但此处所言方伎，实乃指医学而言，并未包括其他“法术”的内容。所谓“方技四种”，即医经、经方、神仙和房中，皆是“生生之具”。故可看成是当时之人对医学所含内容的认识[②]。也就是说班固这里在“方技略”里所著录的“四种”医学典籍，实际上就是秦汉时期人们所认为的医药学的主要内容及其分类标准和分类结果。

所谓“医经者”：“原人血脉、经落、骨髓、阴阳、表里，以起百病之本，死生之分，而用度箴、石、汤、火所施，调百药齐和之所宜。至齐之得，犹磁石取铁，以物相使。拙者失理，以愈为剧，以生为死。”[③]可见“医经”主要是论述医学基本理论的著作，共有七家，班固记为二百一十六卷，实为一百七十五卷：

《黄帝内经》十八卷。

《外经》三十七卷。

《扁鹊内经》九卷。

《外经》十二卷。

《白氏内经》三十八卷。

《外经》三十六卷。

《旁篇》二十五卷。

所谓“经方者”：“本草石之寒温，量疾病之浅深，假药味之滋，因气感之宜，辩五苦六辛，

① （汉）司马迁：《史记》卷六《秦始皇本纪》，中华书局，1959年，第255页。

② 杜石然等主编：《中国科学技术史·通史卷》，科学出版社，2003年，第254页。

③ （东汉）班固：《汉书》卷三十《艺文志》，中华书局，1962年，第1776页。

致水火之齐，以通闭解结，反之于平。及失其宜者，以热益热，以寒增寒，精气内伤，不见于外，是所独失也。故谚曰‘有病不治，常得中医’。”[①]所以，“经方”是指记载实践总结的治疗各种疾病药方的著作，共十一家，班固记为二百七十四卷，实为二百九十五卷：

《五藏六府痹十二病方》三十卷。

《五藏六府疝十六病方》四十卷。

《五藏六府瘅十二病方》四十卷。

《风寒热十六病方》二十六卷。

《泰始黄帝扁鹊俞拊方》二十三卷。

《五藏伤中十一病方》三十一卷。

《客疾五藏狂颠病方》十七卷。

《金创瘲瘛方》三十卷。

《妇人婴儿方》十九卷。

《汤液经法》三十二卷。

《神农黄帝食禁》七卷。

所谓“房中者”：“情性之极，至道之际，是以圣王制外乐以禁内情，而为之节文。传曰‘先王之作乐，所以节百事也’。乐而有节，则和平寿考。及迷者弗顾，以生疾而陨性命。”[②]可知，“房中”主要是有关论述男女交合之术的典籍，古代称之为“房中术”，属“性科学”或“生殖医学”类著作，共八家，班固记为百八十六卷，实为一百九十一卷：

《容成阴道》二十六卷。

《务成子阴道》三十六卷。

《尧舜阴道》二十三卷。

《汤盘庚阴道》二十卷。

《天老杂子阴道》二十五卷。

《天一阴道》二十四卷。

《黄帝三王养阳方》二十卷。

《三家内房有子方》十七卷。

所谓“神仙者”：“所以保性命之真，而游求于其外者也。聊以荡意平心，同死生之域，而无怵惕于胸中。然而或者专以为务，则诞欺怪迂之文弥以益多，非圣王之所以教也。孔子曰‘索隐行怪，后世有述焉，吾不为之矣’。”[③]故此，“神仙”是指追求长生、长寿之术的典籍，有当今“养生学”，甚至是“精神病学”成分的著作，共十家，班固记二百五卷，实为二百零一卷：

《宓戏杂子道》二十篇。

《上圣杂子道》二十六卷。

《道要杂子》十八卷。

---

① （东汉）班固：《汉书》卷三十《艺文志》，中华书局，1962年，第1778页。

② （东汉）班固：《汉书》卷三十《艺文志》，中华书局，1962年，第1779页。

③ （东汉）班固：《汉书》卷三十《艺文志》，中华书局，1962年，第1780页。

《黄帝杂子步引》十二卷。

《黄帝岐伯按摩》十卷。

《黄帝杂子芝菌》十八卷。

《黄帝杂子十九家方》二十一卷。

《泰壹杂子十五家方》二十二卷。

《神农杂子技道》二十三卷。

《泰壹杂子黄治》三十一卷。

综上所述，据《汉书·艺文志》，班固共著录了方技三十六家，八百八十一卷（实为八百六十二卷）。这些医学典籍基本上反映了秦汉时期所能见到的医学典籍的全貌。从其分类来看，当时对医药学已经有了基本的认识，对其理论与治疗实践，以及对当时人们较为关心的生命与性问题均给予了相当大程度的关注，这说明秦汉时期医药学经过先秦时期的长期发展，形成了独特的中医体系。

《汉书·艺文志》中著录的大部分医药学典籍均已遗失，使得今人只能根据书名来推测其可能包含的内容。值得庆幸的是，考古发现的汉代的医简弥补了传世文献佚失的遗憾。

1973年年底，考古工作者在湖南长沙马王堆三号汉墓出土了大量的帛书与竹木简，其中有很多是古代的医书。经过整理小组的整理，依据各书的内容，将它们分别定名为：《足臂十一脉灸经》《阴阳十一脉灸经》《脉法》《阴阳脉死候》《五十二病方》《却谷食气》《导引图》《养生方》《杂疗方》《胎产书》《十问》《合阴阳》《杂禁方》《天下至道谈》等14种。

马王堆三号汉墓出土的这批医书，与《汉书·艺文志》中“方技略”的内容基本吻合，也可以按照医经、经方、房中、神仙的分类方法加以分类。可归于医经类的，如《足臂十一脉灸经》与《阴阳十一脉灸经》主要论述了人体十一条经脉的循行、主病与治则，与《灵枢·经脉》中论述十二经脉部分有很多相同之处，只是缺少“手厥阴脉”的论述；可归于经方类的，如《五十二病方》是中国目前发现的最古老的医方，书首有目录，正文在每种疾病前著有标题，然后分别记载了各种方剂及其他疗法，所涉及的疾病包括内科、外科、妇产科、儿科、五官科等；可归于房中、神仙类的，如《养生方》《杂疗方》的主体，以及《十问》《合阴阳》《天下至道谈》等。这就与《汉书·艺文志》相互印证，证明它们均是秦汉时期在社会上广为流传，仍然在发挥作用的实用医学典籍。

马王堆医书著作的成立时代当为战国中后期，它们的发现对研究中国传统医学从经验医学向理论医学的过渡、早期经脉学说体系的建立、灸法与刺法的使用、药物治疗法的演变、养生学的发展等均有至关重要的价值，提供了最为宝贵的文献资料[①]。

除了马王堆医简外，在其他汉代墓葬中也不同程度地发现有医学典籍，如1972年发现的武威旱滩坡医简、1977年安徽阜阳汉简《万物》，以及1984年湖北江陵张家山汉墓竹简《脉书》《引书》两部医书等。这些埋藏与墓葬医书的发现，说明汉代人对自身的健康极其重视，即使是到了另一个世界，也要带上医书以备不时之需。当然它们也为今人研究汉代的医学水平提供了宝贵的资料，从它们的内容来看，基本上涵盖了中医药学的所有内容，虽然仍处于初级阶段，但是已经奠定了医药学发展的基础和指明了发展方向，中医学体系已经基本形成。

---

① 廖育群等：《中国科学技术史·医学卷》，科学出版社，1998年，第86页。

二、张仲景及其中医药学成就

（一）汉末疾疫的流行与《伤寒杂病论》的产生

医学的发展与古代各种疾病的产生和演变有着密切的关系。中国古代经常发生疾疫，尤其是传染性的大疫，与气候变化、国家控制力度的强弱及社会是否稳定等因素更是联系密切。

据统计先秦两汉时期见于记载的疫灾年份57个，疫灾频度为5.74%，其中春秋战国的疫灾频度为1.64%，西汉的疫灾频度为7.33%，东汉的疫灾频度为15.90%。疫灾的发生有越来越频繁的趋势，但是，年际和年内的波动很明显，两汉之交和东汉末年为疫灾多发期。

东汉末年，地震、水旱之灾不断，疫灾流行。桓帝朝至少有5年发生过疫灾（149年、151年、161年、162年、166年），在梁冀专权的6年中，灾异并臻，《梁冀别传》称："冀之专政，天为见异……太白经天，人民疾疫，出入六年，羌戎判戾，盗贼略平民。"[①]灵帝朝至少有5年发生过疫灾（171年、173年、179年、182年、185年）。光和元年（178年）十月，因为日食，灵帝曾自称"践阼以来，灾眚屡见，频岁日蚀、地动，风雨不时，疫疠流行，劲风折树，河洛盛溢"[②]。献帝朝至少有8年发生过疫灾（204年、208年、209年、212年、215年、217年、219年、220年），是两汉各帝王在位时期发生疫灾次数最多的[③]。

东汉末年疾疫的流行在文学作品中也有反映。曹植《说疫气》："建安二十二年（217年），疠气流行，家家有僵尸之痛，室室有号泣之哀，或阖门而殪，或覆族而丧。"[④]曹丕在给吴质的信中也曾指出："昔年疾疫，亲故多罹其灾，徐、陈、应、刘，一时具逝。"[⑤]徐、陈、应、刘，分别是指徐干、陈琳、应玚、刘桢，他们均是"建安七子"中的成员，也是当时的贵族成员，其生活水平和能得到的医疗条件自然也是一般社会成员所不能比拟的，但是他们也在疾疫中陨落，可见当时疫情的严重性。

更糟糕的是，东汉末年，社会混乱，兵燹连年，社会秩序发生了翻天覆地的变化，统治者自顾不暇，如《后汉书·献帝纪》："建安元年（196年），……是时，宫室烧尽，百官披荆棘，依墙壁间。州郡各拥强兵，而委输不至，群僚饥乏，尚书郎以下自出采稆，或饥死墙壁间，或为兵士所杀。"[⑥]所以，他们没有能力，也没有精力顾及百姓死活，对灾荒、疾疫的控制力度更是十分薄弱，这更加重了疫情的蔓延。在这种情况下，不论是当时的贵族集团，还是处于社会底层的劳动人民都面临着严峻的生存考验。王粲的《七哀诗》就反映了当时整个社会的动荡不安，各阶层人民妻离子散的悲惨景象，其一云：

西京乱无象，豺虎方遘患。

---

① （晋）司马彪：《续汉书志》第十五《五行三》注引《梁冀别传》，中华书局，1965年，第3311页。

② （晋）司马彪：《续汉书志》第十八《五行六》，中华书局，1965年，第3370页。

③ 龚胜生、刘杨等：《先秦两汉时期疫灾地理研究》，《中国历史地理论丛》2010年第3辑。

④ 赵幼文：《曹植集校注》，人民文学出版社，1984年，第177页。

⑤ （梁）萧统编、（唐）李善注：《文选》，中华书局，1977年，第591页。

⑥ （南朝宋）范晔：《后汉书》卷九《献帝纪》，中华书局，1965年，第379页。

复弃中国去，远身适荆蛮。
亲戚对我悲，朋友相追攀。
出门无所见，白骨蔽平原。
路有饥妇人，抱子弃草间。
顾闻号泣声，挥涕独不还。
未知身死处，何能两相完？
驱马弃之去，不忍听此言。
南登霸陵岸，回首望长安。
悟彼下泉人，喟然伤心肝。[①]

所谓时势造英雄，疾疫的流行，就需要有见识的医学家来总结经验，研究治疗疾疫的医术。张仲景便是这样一个适应了时代发展要求，积极总结前代医学知识，发展并创新医学理论和治疗方法，救人民于水火之中的大科学家、大医学家。

图4-9　张仲景祠
（《全国重点文物保护单位》编辑委员会：《全国重点文物保护单位》第Ⅱ卷，文物出版社，2004年，第489页）

张仲景，名机，东汉南阳郡涅阳（今河南南阳）人（图4-9）。范晔《后汉书》与陈寿《三国志》中均不见有关张仲景的记载。除了在《伤寒杂病论》自序题为“长沙太守南阳张仲景”之外，相关的东汉三国时期的文献中也查不到任何有关其生平事迹的资料。晋皇甫谧曾提到“仲景垂妙于定方”[②]，葛洪在《抱朴子》中也说：“仲景穿胸以纳赤饼。”可见，张仲景在当时及稍后确实是相当出名的，只是不知何故史传缺载。

直到唐代的《名医录》才有稍微详细地记载，云：“张仲景，南阳人，名机，仲景乃其字也，举孝廉，官至长沙太守，始受术于同郡张伯祖，时人言，识用精微过其师。”后世的医学文献亦有对其生平进行增补者，如明代李濂《医史》等文献。但有关张仲景许多生平事迹仍然有着颇多的争议。

张仲景医术高明，皇甫谧在《针灸甲乙经·序》中记载了张仲景为王粲看病的史实：

仲景见侍中王仲宣，时年二十余。谓曰：“君有病，四十当眉落，眉落半年而死。”令服五石汤可免。仲宣嫌其言忤，受汤勿服。居三日，见仲宣谓曰：“服汤否？”仲宣曰：“已服。”仲景曰：“色候固非服汤之眕，君何轻命也！”仲宣犹不言。后二十年果眉落，後一百八十七日而死，终如其言[③]。

由此可见，张仲景根据其丰富的临床经验，早在20年前就能看出王粲身患疾病及其最终的后果。

面对东汉末年战争频仍，疾疫流行的社会背景，张仲景撰写了《伤寒杂病论》一书，充分体现了其作为医家悬壶救世的医者之心。他在《伤寒杂病论·自序》中说：“余宗族素多，向余二百，

① （梁）萧统编、（唐）李善注：《文选》，中华书局，1977年，第329页。
② （唐）房玄龄等：《晋书》卷五十一《皇甫谧传》，中华书局，1974年，第1414页。
③ （晋）皇甫谧：《针灸甲乙经》，上海科学技术出版社，1990年，第1页。

图4-10　张仲景墓
（《全国重点文物保护单位》编辑委员会：《全国重点文物保护单位》第Ⅱ卷，文物出版社，2004年，第489页）

建安纪元以来，犹未十稔，其死亡者，三分有二，伤寒十居其七。感往昔之沦丧，伤横夭之莫救。乃勤求古训，博采众方，撰用《素问》《九卷》《八十一难》《阴阳大论》《胎胪药录》，并《平脉辨证》，为《伤寒杂病论》合十六卷，虽未能尽愈诸病，庶可以见病知源，若能寻余所集，思过半矣。”当时的疫情十分严重，张仲景宗族也大量死亡，这对他的刺激必定十分强烈，再目睹整个社会生灵涂炭，因此他“勤求古训，博采众方”编撰了《伤寒杂病论》一书，以“见病知源”，寻求治疗疾疫的方法（图4-10）。

张仲景还对当时社会上只知道追逐名利，而不留意医药、治病救人、应对疾疫流行的社会风气进行了深恶痛绝的批判，他说：

> 怪当今居世之士，曾不留神医药，精究方术，上以疗君亲之疾，下以救贫贱之厄，中以保身长全，以养其生，但竞逐荣势，企踵权豪，孜孜汲汲，惟名利是务，崇饰其末，忽弃其本，华其外而悴其内。皮之不存，毛将安附焉？卒然遭邪风之气，婴非常之疾，患及祸至，而方震栗，降志屈节，钦望巫祝，告穷归天，束手受败，赍百年之寿命，持至贵之重器，委付凡医，恣其所措，咄嗟呜呼！厥身已毙，神明消灭，变为异物，幽潜重泉，徒为涕泣。痛夫！举世昏迷，莫能觉悟，不惜其命，若是轻生，彼何荣势之足云哉！而进不能爱人知人，退不能爱身知己，遇灾值祸，身居厄地，蒙蒙昧昧，蠢若游魂。哀乎！趋世之士，驰竞浮华，不固根本，忘躯徇物，危若冰谷，至于是也！

当时社会疾疫流行，人民生活在水深火热之中，随时都有可能丧失性命，然而有些人却“遇灾值祸，身居厄地，蒙蒙昧昧，蠢若游魂”。张仲景清醒地认识到当时社会现状的危险性，认为人生的根本就是先保证生命个体的健康，而不是去追求身外之物——名利。维持生命个体健康的途径，只有积极地总结、研究和发展医药学知识。因此，张仲景才能成为名垂千古的医学家，撰成的《伤寒杂病论》对中国古代医药学的发展产生了重要影响。

（二）《伤寒杂病论》的主要内容与成就

《伤寒杂病论》亦称《伤寒卒病论》，由于受到战乱的影响，书成之后曾经散佚。经西晋王叔和整理，分为《伤寒论》（图4-11）和《金匮玉函经》[①]两部。后世目录学著作在著录时，名称、卷数等内容也颇为不同，如《隋书·经籍志》载《张仲景方》十五卷，《张仲景疗妇人方》二卷；《旧唐书·经籍志》载《张仲景药方》十五卷，并属名为王叔和撰。宋代设校正医书局，对此二书进行了很好的梳理、校正，如林亿等在《伤寒论序》记载：

① 张仲景的《伤寒杂病论》在汉末战火中散佚，经西晋王叔和整理才得以流传，王叔和整理后分为《伤寒论》和《金匮玉函经》两书，后来，北宋人整理、校订，将《金匮玉函经》称为《金匮玉函方略》，简称为《金匮要略》。

自仲景于今八百余年，惟王叔和能学之，其间如葛洪、陶景、胡洽、徐之才、孙思邈辈，非不才也，但各自名家，而不能修明之。开宝中，节度使高继冲曾编录进上，其文理舛错，未尝考正；历代虽藏之书府，亦阙于雠校。是使治病之流，举天下无或知者。国家诏儒臣校正医书，臣奇续被其选。以为百病之急，无急于伤寒，今先校定张仲景《伤寒论》十卷，总二十二篇，证外合三百九十七法，除重复，定有一百一十二方，今请颁行[①]。

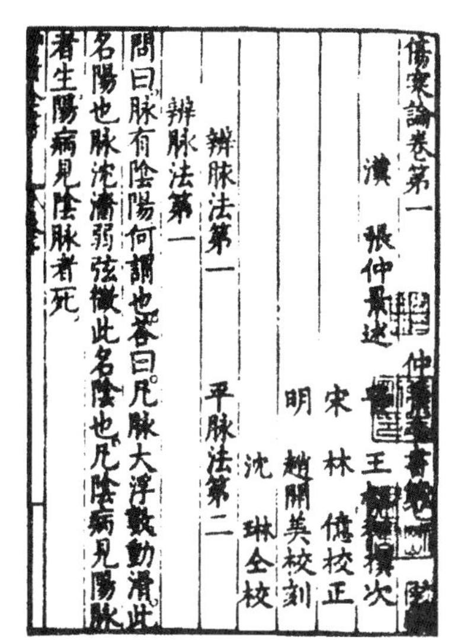
傷寒論卷第一
漢　張仲景述
王叔和撰次
宋　林億校正
明　趙開美校刻
沈琳仝校
辨脉法第一　平脉法第二
辨脉法第一
問曰脉有陰陽何謂也答曰凡脉大浮數動滑此名陽也脉沈濇弱弦微此名陰也凡陰病見陽脉者生陽病見陰脉者死

图4-11　《伤寒论》书影
（王星光主编：《中原文化大典·科学技术典·天文学地理学生物学医药学》，中州古籍出版社，2008年，第290页，图3.1.1）

在《金匮要略方论序》中指出：

张仲景为《伤寒卒病论》，合十六卷，今世但传《伤寒论》十卷，杂病未见其书，或于诸家方中载其一二矣。翰林学士王洙在馆阁日，于蠹简中得仲景《金匮玉函要略方》三卷；上则辨伤寒，中则论杂病，下则载其方，并疗妇人。乃录而传之士流，才数家耳。尝以对方证对者，施之于人，其效若神，然而或有证而无方，或有方而无证，救疾治病，其有未备。国家诏儒臣校正医书，臣奇先校定《伤寒论》，次校定《金匮玉函经》，今又校成此书，仍以逐方次于证候之下，使仓卒之际，便于检用也。又采散在诸家之方，附于逐篇之末，以广其法。以其伤寒文多节略，故所自杂病以下，终于饮食禁忌，凡二十五篇，除重复，合二百六十二方，勒成上中下三卷，依旧名曰《金匮方论》[②]。

上述文献对《伤寒论》与《金匮要略》的传承、卷次、内容等进行了很好的梳理与论述。二者既然已经各自成书，其不同也就比较明显，如在疾病的主次方面，《伤寒论》以论述外感疾病为主，《金匮要略》则以论述杂病为主；在辩证纲领方面，《伤寒论》变化较多，故重在六经气化，以六经作为辩证论治的纲领；而《金匮要略》论杂病多系内伤，本脏自病，传变较少，故重在脏腑经络形质的改变，以脏腑经络学说作为辩证纲领；在治法方面，《伤寒论》以袪邪为主，邪去则正气自安；而《金匮要略》则以扶正为主，正扶则病邪自去[③]。

《伤寒论》主要包含“辨太阳病脉证并治法”“辨阳明病脉证并治法”“辨少阳病脉证并治法”“辨太阴病脉证并治法”“辨少阴病脉证并治法”“辨厥阴病脉证并治法”等几个部分。这里实际上将外感病划分为六个由表入里的阶段，即“三阳”和“三阴”六种证候类型。由于它们与经脉学说名称一致，所以也被称为“六经”。三阳表示热实，三阴表示寒序。凡病之初起，疾病在表，出现热实现象，属于阳证的，便称为太阳病；凡病邪入里，病情属于阳证的，称为阳明病；凡病邪在半表半里之间，出现阳性证候，称为少阳病；凡病邪在里，而出现虚寒证候的，称为太阴病；凡病邪在里，出现阳虚现象，称为少阴病；凡病寒热胜复，病在心胸部位，同时出现阴性病象的，称为厥阴病。总体来说，三阳病，表示肌体抵抗力强，病逝亢奋。三阴病，指肌体抵抗力弱，

① 郭霭春、张海玲编著：《伤寒论校注语译》，科学技术出版社，1996年，第5页。
② 何任主编：《金匮要略校注》，人民卫生出版社，2013年，第17页。
③ 张家礼：《金匮要略讲稿》，人民卫生出版社，2009年，第2页。

病势虚弱而言。六经病证，各有主方，随证加减。《伤寒论》这种以“六经”论治的归纳方法，使后世辨别证候，进行治疗用药有了依据和准则[①]。

《金匮要略》包括“脏腑经络先后病脉证”“痉湿暍病脉证治”“百合狐惑阴阳毒病脉证治”“疟病脉证并治”“中风历节病脉证并治”“血痹虚劳病脉证并治”“肺痿肺痈咳嗽上气病脉证治”“奔豚气病脉证治”“胸痹心痛短气病脉证治”“腹满寒疝宿食病脉证治”“五脏风寒积聚病脉证并治”“痰饮咳嗽病脉证并治”“消渴小便利淋病脉证并治”“水气病脉证并治”“黄疸病脉证并治”“惊悸吐衄下血胸满淤血病脉证治”“呕吐哕下利病脉证治”“疮痈肠痈浸淫病脉证并治”“趺蹶手指臂腫转筋阴狐疝蚘虫病脉证治”“妇人妊娠病脉证并治”“妇人产后病脉证治”“妇人杂病脉证并治”“杂疗方”“禽兽鱼虫禁忌并治”“果实菜谷禁忌并治”等部分。由此可见，《金匮要略》的主要涉及了内科、外科、妇科等杂病，其成就主要包括了首创以病为纲、病证结合、辩证论治的杂病诊疗体系；创立了脏腑经络辩证方法；脉学的广泛运用；辩证的治疗观；方剂学的鼻祖等几个方面[②]。

张仲景《伤寒杂病论》为中国中药学的发展做出了重要的贡献，具有里程碑的意义，正如杜石然等先生所指出的，《伤寒杂病论》一书确立了理、法、方、药（即有关辩证的理论、治疗法则、处方和用药）具备的辩证论治的医疗原则，使中国医学的基础理论更加切合临床应用，从而奠定了中医治疗学的基础[③]。

第三节　中原地区的数学与天文学

秦汉时期，中原地区的数学与天文学在前代的基础上继续发展。数学上，张苍等参与增订、删补《九章算术》，奠定了其基本格局。《九章算术》系统总结了先秦、秦汉时期中国数学成就，该书的初步定型标志着中国数学体系的基本形成，指引和影响着中国古代数学的发展方向。天文学上，东汉时期张衡的天文学思想及实践成为秦汉时期科学发展的又一高峰。

一、张苍的科学成就

（一）张苍生平

张苍，西汉阳武（今河南原阳县）人，“好书律历，秦时为御史，主柱下方书”[④]。他的主要职责就是负责管理图籍文书，这使他熟悉天下图书典籍，为以后取得巨大的学术成就奠定了基础。

秦末，张苍“有罪，亡归。及沛公略地过阳武，苍以客从攻南阳”[⑤]。因为犯罪，他逃亡隐藏在家乡阳武，直到公元前207年，刘邦带领的反秦起义队伍经过阳武，张苍趁机参加了刘邦的起义

① 金秋鹏主编：《中国科学技术史·人物卷》“张仲景条”（赵璞珊撰），科学出版社，1998年，第98页。
② 张家礼：《金匮要略讲稿》，人民卫生出版社，2009年，第4、5页。
③ 杜石然等：《中国科学技术史稿》（修订稿），北京大学出版社，2012年，第121页。
④ （汉）司马迁：《史记》卷九十六《张丞相列传》，中华书局，1959年，第2675页。
⑤ （汉）司马迁：《史记》卷九十六《张丞相列传》，中华书局，1959年，第2675页。

军。不久以客卿的身份参加攻打南阳的战役，在此战中他因自作主张而违反了军令，刘邦派王陵负责审讯，依律决定判处腰斩。行刑之时，张苍“解衣伏质，身长大，肥白如瓠，时王陵见而怪其美士，乃言沛公，赦勿斩”[①]。因身材和白皮肤而被赦，于是张苍跟随刘邦大军西进武关，直至打下秦都咸阳。

刘邦入汉中，还定三秦以后，张苍屡建功勋，先是“陈余击走常山王张耳，耳归汉，汉乃以张苍为常山守”[②]，后又随韩信攻打赵国，而“苍得陈余”[③]，颇有战功。于是汉王任张苍为代（今河北蔚县东北）相，以备边寇。不久改为赵相，相赵王张耳，张耳死后，相赵王张敖。不久又改为代相。后燕王臧荼谋反，高祖刘邦亲率大军征讨，张苍以代相从军攻臧荼。高帝六年（公元前201年），张苍因破臧荼有功被封为北平（治所在今河北满城北）侯，食邑1200户。

张苍还曾担任“计相”，以列侯身份主持各郡国的上计工作，前后历时达4年之久。这与其在秦时曾任柱下史，熟悉天下图籍有密切关系。史载“是时萧何为相国，而张苍乃自秦时为柱下史，明习天下图书计籍。苍又善用算律历，故令苍以列侯居相府，领主郡国上计者”[④]。

公元前196年，淮南王黥布反叛，不久即被平定。汉高祖刘邦另立皇子刘长为淮南王，以张苍为淮南王相辅佐刘长。公元前180年，张苍为御史大夫。同年，吕后崩，张苍与周勃等迎立代王刘恒继位，是为汉文帝。

汉文帝“四年（公元前176年），丞相灌婴卒，张苍为丞相”[⑤]。张苍担任丞相15年，后与公孙臣争论汉为水德、土德等事，公孙臣胜，张苍“由此自绌，谢病称老”[⑥]。张苍于汉景帝五年（公元前152年）去世，享年百余岁，谥为文侯，葬于故里张大夫寨（今河南省原阳县城东北2千米的谷堆村）。

（二）张苍的科学成就

1. 增订、删补《九章算术》

秦始皇帝雄才大略，顺应历史发展潮流，统一天下，在政治、经济、文化、思想等领域进行了前所未有的变革，对中国历史产生了举足轻重的影响。然而因“秦灭六国，兵戎极烦，又升至尊之日浅，未暇遑也”[⑦]，除统一度量衡外，科学技术几乎没有太大的发展。汉代秦而立后，最初只是着重于总结实用技术。

随着天下一统，社会经济和文化迅速发展，逐渐出现了很多急需数学知识来解决的测量和计算问题。例如，实行“履亩而税”的政策，“相地而衰征”要用到“以御贵贱廪税”的衰分术；修建大规模的水利工程、土木工程，修建工程的土方、堆垛需要计算；“上下相希，若望参表，则邪者可知

① （汉）司马迁：《史记》卷九十六《张丞相列传》，中华书局，1959年，第2675页。
② （汉）司马迁：《史记》卷九十六《张丞相列传》，中华书局，1959年，第2675页。
③ （汉）司马迁：《史记》卷九十六《张丞相列传》，中华书局，1959年，第2675页。
④ （汉）司马迁：《史记》卷九十六《张丞相列传》，中华书局，1959年，第2676页。
⑤ （汉）司马迁：《史记》卷九十六《张丞相列传》，中华书局，1959年，第2680页。
⑥ （汉）司马迁：《史记》卷九十六《张丞相列传》，中华书局，1959年，第2682页。
⑦ （汉）司马迁：《史记》卷二十六《历书》，中华书局，1959年，第1259页。

也”等天文方面，也需要数学知识。现实的需要促进了古代数学的发展，可以说中国的传统数学是在不断满足社会需要中产生和发展起来的，它与社会生产、政治经济、思想文化有着密切的联系。

《汉书·艺文志》中记载有两部数学著作，即《许商算术》（二十六卷）和《杜忠算术》（十六卷），可惜均已失传。中国目前传世最早的数学著作却是不见于《汉书·艺文志》的《九章算术》（图4-12）。

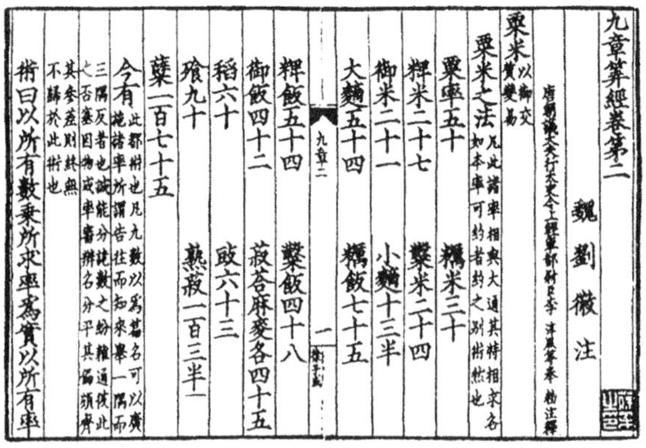
九章算經卷第二
魏　劉徽　注
唐朝議大夫行太史令上輕車都尉臣李淳風等奉勑注釋
粟米 以御交質變易
粟米之法 凡此諸率相與大通其特相求各如本率可約者約之別術然也
粟率五十　糲米三十
粺米二十七　糳米二十四
御米二十一　小䵂十三半
大䵂五十四　糲飯七十五
粺飯五十四　糳飯四十八
御飯四十二　菽荅麻麥各四十五
稻六十　豉六十三
飧九十　熟菽一百三半
糱一百七十五
今有 此都術也凡九數以為篇名可以廣施諸率所謂告往而知來舉一隅而三隅反者也誠能分詭數之紛雜通彼此之否塞因物成率審辨名分平其偏頗齊其參差則終無不歸於此術也
術曰以所有數乘所求率為實以所有率

图4-12　宋本《九章算术》书影

（王星光主编：《中原文化大典·科学技术典·数学物理学化学》，中州古籍出版社，2008年，第62页，图1.8.1）

《九章算术》采用问题集的形式，全书246个问题，分成九章，依次为方田、粟米、衰分、少广、商功、均输、盈不足、方程和勾股。关于这九章，钱宝琮先生指出：“考古人九数之目，方田，粟米，差分，步广，尚功，均输，方程，盈不足，旁要。前六名咸从实用立名，使学者知事物之所在，可以按名以知术也。后三者义理稍深，应用亦较狭，故从其专术得名。古人所知者，只此九种，即称之曰九数。非以数理之事，胥可纳于九数之内也。汉人创勾股、重差等术，刘徽即以勾股章替旁要，而以重差章附于九章之后，深知古人立九数之旨也。”[①]

《九章算术》各章名称的含义和基本内容如下[②]：

《方田》是土地形状的特称，说明该章专讲各种形状地亩面积的计算，设问三十八题，提出二十一术，涉及的数学内容主要是平面图形面积的求法和分数的四则运算。

《粟米》是谷物品种的特称，说明该章专讲各种谷物之间的换算，设问四十六题，提出三十三术，涉及的数学内容主要是比率算法。

《衰分》意为按经率分配，说明该章专讲分配问题的解法，设问二十题，提出二十二术，涉及的数学内容仍是比率算法，但难度较《粟米》章的比率算法要高，是在它基础上的发展。

《少广》名称比较奇特，中国古代称长方形的底、高分别为广、从，长方形面积给定后，广、从之间存在着广多从少或广少从多的关系。所以按定义而论，“少广”就是“广少而从多，需截多以益少”。说明该章专讲给定长方形面积或长方体体积求其边长的方法，设问二十四题，提出十六术，涉及的数学内容主要是开平方和开立方。作为这类问题的扩充，该章的最后提出了两题已知球的体积而求其直径，即所谓“开立圆”问题。

《商功》意为工程大小的估计，说明该章专讲开渠作堤、堆粮筑城等工程的计算和用工多少的确定，设问二十八题，提出二十四术，涉及的数学内容主要是立体图形体积的计算。

《均输》意为平均输送，说明该章专讲按人口多少、路途远近、谷物贵贱推算赋税及徭役的方法，设问二十八题，提出二十八术，涉及的数学内容主要是在《衰分》章基础上发展起来的比率算法。

《盈不足》是中国数学的一种专门算法——盈不足术的代称，说明该章专讲盈不足（包括两

① 中国科学院自然科学史研究所：《钱宝琮科学史论文选集》，科学出版社，1983年，第4页。

② 王渝生：《中华文化通志·科学技术典·算学志》，上海人民出版社，1999年，第18、19页。

盈、盈适足、不足适足等）问题的算法，以及将一般算术问题化为盈不足问题的方法，设问二十题，提出十七术，涉及的数学内容主要是假设法和基于直线内插思想的比率算法。

《方程》指由数字排列而成的方形表达式，演算“方程”的方法称为方程术，说明该章专讲列置和演算“方程”的方法，设问十八题，提出十九术，涉及的数学内容主要是与线性方程组相当的理论和正负数运算法则。

《勾股》指直角三角形，说明该章专讲有关直角三角形的理论，设问二十四题，提出二十二术，涉及的数学内容主要是勾股定理及其应用。

从上述内容简介中可以看出，《九章算术》不仅内容丰富而且实用性强，具有以算为主、数形结合的特点，并在许多数学领域取得了突出的成就，如《开方术》是《九章算术》的重要成就之一。在《少广》章有“开平方术”和“开立方术”，给出了完备的开平方和开立方的演算步骤，它本质上是一种减根变换法。这一方法不仅解决了开平方和开立方问题，而且作为一般的开方法的基础，为后来我国在求高次方程数值解方面取得辉煌成就奠定了基础。“开方术”曰：“置积为实。借一算，步之，超一等。议所得，以一乘所借一算为法，而以除。除已，倍法为定法。其复除。折法而下。复置借算，步之如初，以复议一乘之，所得副以加定法，以除。以所得副从定法。复除，折下如前。若开之不尽者，为不可开，当以面命之。若实有分者，通分内子为定实，乃开之。讫，开其母，报除。若母不可开者，又以母乘定实，乃开之。讫，令如母而一。”

开平方式分四行，第一行预备布置得数，即平方根。第二行布置实，即被开方数。第三行预备布置法。第四行布置借算，即未知数的平方的系数。

今以开方术的第一个例题说明开方程序。此题是：

“今有积五万五千二百二十五步。问：为方几何?”

“答曰：二百三十五步。”

其演算程序的筹式如图4-13所示。

（1）~（10）是按算筹进行演算的，看起来似乎很烦琐，实际上步骤十分清楚，易于操作。它的开平方原理与现代开平方原理相同，其中“借算”的右移、左移在现代的观点下可以理解为一次变换和代换。《九章算术》时代并没有理解到变换和代换，但是这对以后宋元时期高次方程的解法是有深远影响的。《九章算术》开方术借一根算筹表示未知量的平方或立方，使整个筹式具有代数方程的意义。

《九章算术》的另一成就是负数的引进。在“遍乘直除”过程中，可能出现小数减大数的情形，不引进负数就不能保证“直除”程序的进行。另外，在实际问题中，将已知条件整理成各未知数在上、实数在下的一行，即列“方程”的“损益”术中，将一项从等式的一端移到另一端，也会产生负数，甚至合并同类项，必须进行正负数的加减。

《九章算术》正是在“方程”章中提出了“正负术”，即正负数的加减运算法则“正负术曰：同名相除，异名相益，正无入负之，负无入正之。其异名相除，同名相益，正无入正之，负无人负之”。这里的“同名”“异名”即“同号”“异号”。“相益”“相除”是指两数绝对值相加、相减。“无入”即是无对，或对方为零，或不够减。上述引文前四句是正负数减法法则，用现今符号表示，设$a>b>0$，则：

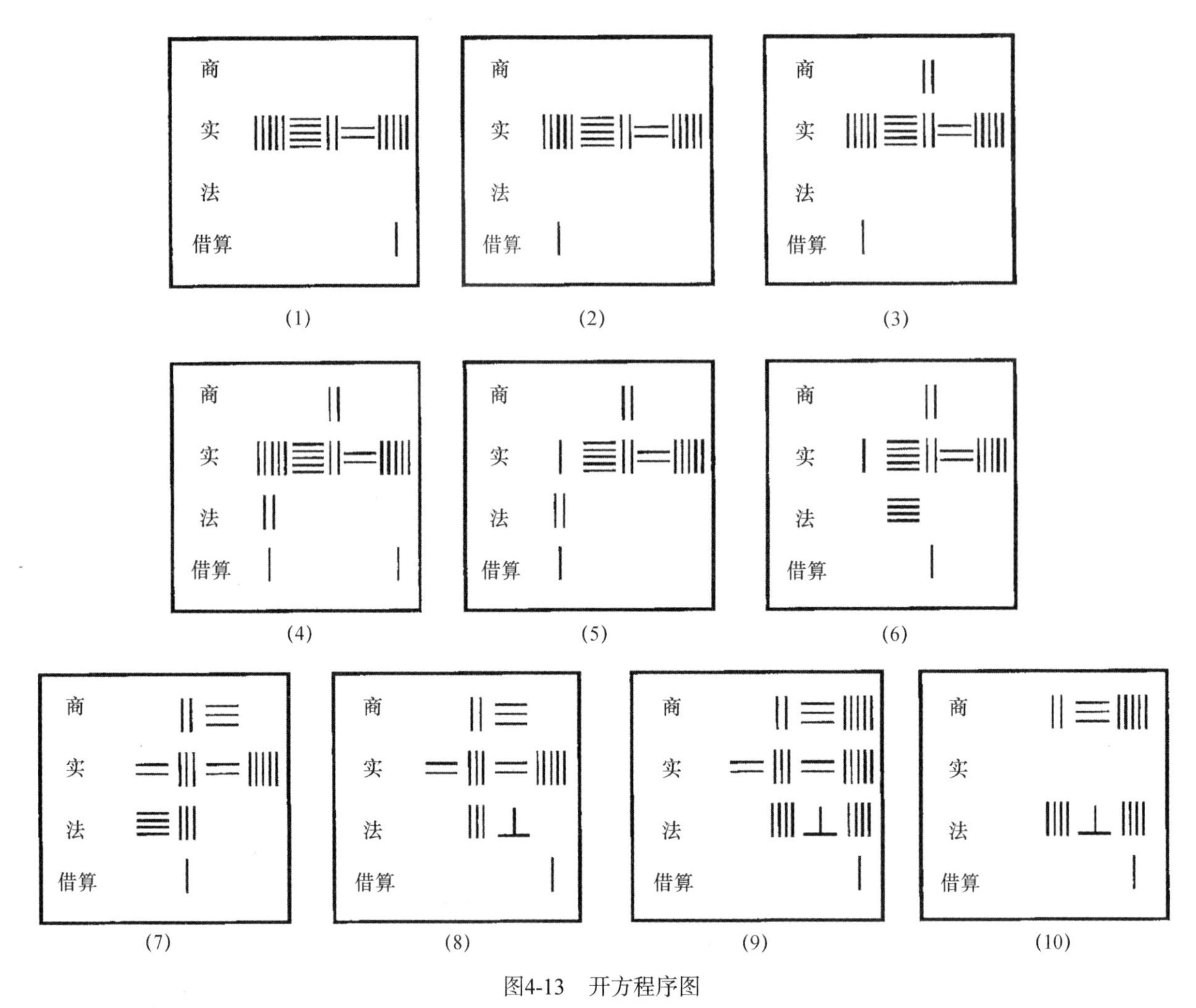

图4-13　开方程序图

（王星光主编：《中原文化大典·科学技术典·数学物理学化学》，中州古籍出版社，2008年，第57页）

同名相除：$\pm a-(\pm b)=\pm(a-b)$

异名相益：$\pm a-(\mp b)=\pm(a+b)$

正无入负之：$0-(+a)=-a$

负无入正之：$0-(-a)=+a$

后四句说的是正负数加法法则：

异名相除：$\pm a+(\mp b)=\pm(a-b)$

同名相益：$\pm a+(\pm b)=\pm(a+b)$

正无入正之：$0+(+a)=+a$

负无入负之：$0+(-a)=-a$

那么筹算是怎样来表示正负数的呢？刘徽有一个说明：“今两算得失相反，要令正负以名之。正算赤，负算黑。否则以斜正为异。”就是说，同时进行两个运算，若结果得失相反，那就要分别叫作正数和负数，并用红筹代表正数，黑筹代表负数。不然的话，将筹斜放和正放来区别。这是世界数学史上第一次突破了正数的范围，也是对负数第一次做出合理的解释[1]。

除上述成就外，《九章算术》在整数论、分数论、比例算法、开立方、面积和体积、盈不足算法、线性方程组解法、加减法则、勾股定理的应用等方面都取得了当时世界领先的成就，可以说，《九章算术》对中国数学的格局产生了决定性的影响。《九章算术》中蕴含的数学思想方法对中国数学产生了巨大的影响，并成为现代数学思想方法的重要来源，它的出现标志着中国古代数学体系的形成。

张苍与《九章算术》的关系，就是对其进行了删补，从而在数学领域做出了突出的贡献，为《九章算术》的广为流传奠定了文献基础。

《九章算术》是先秦到两汉中国数学的集大成著作，是几代学者共同的智慧结晶。魏晋南北朝时期，刘徽在为《九章算术》作注后于《序》中说："往者暴秦焚书，经术散坏。自时厥后，汉北平侯张苍、大司农中丞耿寿昌皆以善算命世。苍等因旧文之遗残，名称删补，故校其目则与古或异，而所论者多近语也。"[2]由此可知在张苍之前已有九章之法，而张苍、耿寿昌等所做的工作是通过自己的实践，在整辑旧文的基础上进行删补成书。

上文已说现实需要数学的发展来解决问题，而身为计相的张苍更需要直接面对这些问题，而史书记载，张苍"好书律历，秦时为御史，立柱下方书……后迁为计相，一月更以列侯为主计四岁。……明习天下图书计籍。苍又善用算律历，故令苍以列侯居相府，领主郡国上计者"[3]。可见张苍本身就是一位数学家。

据有关史书记载："汉代张苍删补残缺，校其条目，颇与古术不同。"[4]这说明张苍不是一般的删补、订正、校核，而是对这部著名的数学著作进行了大量的创造性的劳动，使《九章算术》和没有删补以前的有很大的不同，不少内容都是新增加的。

张苍和耿寿昌等学者对《九章算术》进行增删，使其更加完备，从而完成了数学术语的统一和规范化。例如，在《方田》一章中，虽然提出了系统的分数运算法则，但张家山汉墓竹简《算数书》中关于分数的表示方式没有统一的格式，而是多种多样的。张苍、耿寿昌等在整理《九章算术》时，才选择先秦已有的一种方式进行了统一的标准化处理，将非名数$\frac{a}{b}$分数统一表示为"b分之a"，将名数分数$m\frac{a}{b}$分属同一位"m尺b分尺之a"。他们统一了除法的表示，选取先秦一种固有的方式先指明"法"，再指名"实"。最后对于抽象性术语，说"实如法而一"或"实如法得一"。对非抽象性的具体运算，说"实如法得一尺（或其他单位）"。他们用先秦数学中已有的一种方式统一了问题的起首与发问，对问题的起首，一般用"今有"，同一条术文有新例题时，自第二个题目起用"又有"；而对发问，则用"问……几何？"或"问……几何……？"对问题的答案，先秦数学是否有"答曰"的方式，无从而知，张苍等统一采用"答曰"的方式来表示。

---

① 王星光主编：《中原文化大典·科学技术典·数学物理学化学》，中州古籍出版社，2008年，第56~61页。

② （魏）刘徽著，李淳风注释：《九章算术·原序》（丛书集成初编本），中华书局，1985年，第1页。

③ （汉）司马迁：《史记》卷九十六《张丞相列传》，中华书局，1959年，第2675页。

④ 李俨、钱宝琮：《李俨钱宝琮科学史全集》第四卷《校点算经十书·缉古算经·上辑古算术表》，辽宁教育出版社，1998年，第376页。

张苍等学者在《九章算术》中使用数学学术用语的统一对规范数学学术名词做出了非常重大的贡献，它标志着中国传统的数学发展到了一个新的阶段。此后直到20世纪初期中国传统数学中断，中国数学著作中，分数、除法的表示一直沿用《九章算术》的模式[①]。

另如“方程术”中，是解线性方程组的解法。以该卷第一题为例：

“今有上禾三秉，中禾二秉，下禾一秉，实三十九斗；上禾二秉，中禾三秉，下禾一秉，实三十四斗；上禾一秉，中禾二秉，下禾三秉，实二十六斗，问：上中下禾实一秉各几何？”。术曰：“置上禾三秉，中禾二秉，下禾一秉，实三十九斗于右方。中、左禾列如右方。以右行上禾徧乘中行，而以直除。又乘其次，亦以直除。然以中行中禾不尽者徧乘左行，而以直除。左方下禾不尽者，上为法，下为实。实即下禾之实。求中禾，以法乘中行下实，而除下禾之实。余，如中禾秉数而一，即中禾之实。求上禾，亦以法乘右行下实，而除下禾、中禾之实。余，如上禾秉数而一，即上禾之实。实皆如法，各得一斗。”

用现代符号来表述，该问题相当于解一个三元一次方程组。

$$3x+2y+z=39$$
$$2x+3y+z=34$$
$$x+2y+3z=26$$

《九章算术》中没有未知数的符号，而是用算筹将x，y，z的系数和常数项排列成一个（长）方形的矩阵：

$$\begin{pmatrix} 1 & 2 & 3 \\ 2 & 3 & 2 \\ 3 & 1 & 1 \\ 26 & 34 & 39 \end{pmatrix}$$

“方程术”的关键算法叫“遍乘直除”，在本例中演算程序如下：用右行x的系数遍“乘”中行和左行各数，然后从所得结果按行分别“直除”右行，即连续减去右行对应各数，将中行与左行的系数为0，反复执行这种“遍乘直除”算法。实质上就是我们今天所使用的解线性方程的消元法，以往西方文献中称之为“高斯消元法”，但近年开始改变称谓，如法国科学院院士、苏黎世大学原数学系主任P. Gabriefl教授在他撰写的教科书中就称解线性方程组的消元法为“张苍法”。1559年，法国比特奥在《算术》中开始用不同的字母表示不同的未知数，并用不甚完整地加减消元法解一次联立方程，和《九章算术》相似，这已在张苍之后1700年了[②]。

作为一本不朽的数学巨著，《九章算术》在世界数学史上占有重要的地位。其中关于分数概念及其运算、比例问题的计算、负数概念的引入和正负数的加减运算法则等，都比印度早800年左右，比欧洲国家则早千余年。关于联立一次方程组的解法，在印度最早的记载见于12世纪的巴斯喀拉（Bhaskara，约1150年），而欧洲则要迟至16世纪才出现正式记载。“盈不足术”传入阿拉伯国

① 郭书春：《试论〈算数书〉的数学表达方式》，《中国历史文物》2003年第3期。

② 王星光、尚群昌：《张苍学术贡献略论》，《档案事业创新与发展——新时期河南档案工作调研成果选编》，中国档案出版社，2007年，第18、19页。

家，被称为“契丹算法”（即中国算法），受到阿拉伯数学家的高度重视。《九章算术》在隋唐时期就曾流传到朝鲜和日本，并被定为教科书，其影响是可想而知的[①]。

张苍对《九章算术》的增订、删补意义重大，表明了他在数学方面的杰出成就，不愧是中国古代著名的数学家。

2. 制定历法

农业生产受季节变化的制约非常明显，而古代中国又是一个以农业为主的国家。只有了解一定的天文历法知识，才能保证不误农时，可以说历法家为中国农业的发展也做出了巨大的贡献。早在战国时期，随着天文学的发展，历法家就创立了四分历，标志着我国历法进入了比较成熟的阶段，史书记载有“《黄帝》《颛顼》《夏》《殷》《周》及《鲁历》”[②]六种历法。这六种历法实际上都是由战国时期的不同派别的历法家所创立的，只不过假托古名而已。秦始皇统一中国后，采用了这六种之一的颛顼历，颁行全国。颛顼历是“以十月为岁首，至九月则岁终，后九月则闰月”[③]，它的回归年采用了365的长度，是节气和朔相配合的阴阳历。

张苍参与了汉初历法制定的工作，史书多有记载，如“天下既定，命萧何次律令，韩信申军法，张苍定章程，叔孙通制礼仪，陆贾造新语”[④]，颜师古注引，如淳曰：“章，历数之章术也。程者，权衡丈尺斗斛之平法也。”“汉室初兴，丞相张苍，首言音律，未能审备”[⑤]，“其后张苍治律历”[⑥]等。张苍“明习天下图书计籍”[⑦]。《史记·张丞相列传》上说：“汉家言律历者，本之张苍。苍本好书，无所不观，无所不通，而尤善律历。”[⑧]可知张苍既熟悉秦朝的典章制度，又有深厚的科学素养，具备了制定汉代章程的条件。至于张苍制定章程的内容，史称：“苍为主计，整齐度量，序律历”[⑨]，“吹律调乐，入之音声，及以必定律令。若百工，天下作程品”[⑩]。可见是包括制定历法和规定汉代度量衡等内容。

张苍在秦时作为柱下史，直接接触当时的科学知识，积累了丰富的科研工作经验。史载张苍精通历法，“著书十八篇，言阴阳律历事”[⑪]。《汉书·艺文志》中也有：“《张苍》十六篇，丞相北平侯。”[⑫]的说法，并把它归入阴阳家者流，可惜原书早已失传，我们今天无从考见其详细情形。但可以知道的是张苍并没有创制新的历法，而是主张在古历中采用“颛顼历”。《史记》记

① 杜石然主编：《中国科学技术史·通史卷》，科学出版社，2003年，第243页。
② （东汉）班固：《汉书》卷二十一《律历志上》，中华书局，1962年，第973页。
③ （汉）司马迁：《史记》卷九《吕太后本纪》，中华书局，1959年，第411页。
④ （东汉）班固：《汉书》卷一《高帝纪下》，中华书局，1962年，第81页。
⑤ （唐）魏徵等：《隋书》卷一十六《律历志上》，中华书局，1973年，第386页。
⑥ （唐）魏徵等：《隋书》卷三十二《经籍志》，中华书局，1973年，第905页。
⑦ （东汉）班固：《汉书》卷四十二《张苍传》，中华书局，1962年，第2094页。
⑧ （汉）司马迁：《史记》卷九十六《张丞相列传》，中华书局，1959年，第2681页。
⑨ （汉）司马迁：《史记》卷一百三十《太史公自序》，中华书局，1959年，第3315页。
⑩ （汉）司马迁：《史记》卷九十六《张丞相列传》，中华书局，1959年，第2681页。
⑪ （东汉）班固：《汉书》卷四十二《张苍传》，中华书局，1962年，第2100页。
⑫ （东汉）班固：《汉书》卷三十《艺文志》，中华书局，1962年，第1733页。

载："汉兴，高祖曰'北畤待我而起'，亦自以为获水德之瑞。"[①]《汉书》记载，西汉建国后"方纲纪大基，庶事草创，袭秦正朔。以北平侯张苍言，用《颛顼历》，比于六历，疏阔中最为微近"[②]。《隋书》记载："汉氏初兴，多所未暇，百有余载，犹行秦历。"[③]可见汉初统治者采纳了张苍使用《颛顼历》的主张。张苍认为《颛顼历》"比于六历，疏阔中最为微近"。就是说六种历法中，《颛顼历》相对还较为准确，比较符合四季气候的转变，有利于指导农业生产。张苍从历法对农业的实际作用上反驳在五德终始旗号下的改历法以符合上天意志的迷信行为。后在汉文帝十四年（公元前166年），鲁人公孙臣上书曰："始秦得水德，今汉受之，推终始传，则汉当土德，土德之应黄龙见。宜改正朔，易服色，色上黄。"[④]"诏下其议张苍，张苍以为非是，罢之。"[⑤]限于当时的科学水平，《颛顼历》并非尽善尽美的历法。"然正朔服色，未睹其真，而朔晦、月见、弦望、满、亏，多非是。"[⑥]就是说，月亮的圆和缺，见到与见不到，都与历法不符。可见，由于《颛顼历》所推算的"中节乖错，时月纰缪，加时后天，蚀不在朔，累载相袭，久而不革也"[⑦]，"其后黄龙见成纪，于是文帝召公孙臣以为博士，草土德之历制度，更元年。张丞相由此自黜，谢病称老"[⑧]。《颛顼历》最终由于不合时代变化而退出了历史舞台。

尽管《颛顼历》在多次出现误差后被淘汰，但我们应看到，《颛顼历》在当时还是误差最小、最精密适用的。它是张苍在对战国时期的古六历所推结果与实际天象进行比较研究后而选取使用的，也得到了当时人们的认同，以致形成"汉家言律历者，本之张苍"的局面。自秦至汉初《颛顼历》已沿用了百余年，出现误差实属难免，而由于其历史局限，张苍没有在前基础上加以改进。但我们不能忘却他在汉初历法修订上做出的重要贡献，尤其是张苍所提出的以历法疏密及合天程度来决定取舍的思想，是中国古代历法在农业与其他实践活动中随时代不同而不断改革、演进的主要动因之一，深刻影响了后世历法的发展，应该予以充分肯定。

3. 制定度量衡制度

度量衡事关国计民生，与社会生活息息相关，是维持国家、社会正常运转的技术保障。据史书记载，西周成王六年周公"朝诸侯于明堂，制礼作乐，颁度量，而天下大服"[⑨]。这反映了度量衡制度在行使统治权力方面所具有的社会功能。"平斗斛度量文章，布之天下，以树秦之名。"[⑩]李斯所强调的就是度量衡与治国之间的关系。商鞅在二次变法中建立的度量衡制度，除征收赋税、发放俸禄外，还适应了当时的"上计"制度，"上计"指统计簿册，为保证计量准确，就必须统一度

① （汉）司马迁：《史记》卷二十六《历书》，中华书局，1959年，第1260页。
② （东汉）班固：《汉书》卷二十一《律历志》，中华书局，1962年，第974页。
③ （唐）魏徵等：《隋书》卷一十七《律历中》，中华书局，1973年，第416页。
④ （汉）司马迁：《史记》卷二十八《封禅书》，中华书局，1959年，第1381页。
⑤ （汉）司马迁：《史记》卷九十六《张丞相列传》，中华书局，1959年，第2681页。
⑥ （东汉）班固：《汉书》卷二十一《律历志》，中华书局，1962年，第974页。
⑦ （唐）房玄龄等：《晋书》卷十八《律历志》，中华书局，1974年，第535、536页。
⑧ （汉）司马迁：《史记》卷九十六《张丞相列传》，中华书局，1959年，第2681、2682页。
⑨ （清）阮元校刻：《十三经注疏·礼记正义》，中华书局，1980年，第1488页。
⑩ （汉）司马迁：《史记》卷八十七《李斯列传》，中华书局，1959年，第2561页。

量衡。在中国古代，人们未把度量衡列为专门学科，而随着音律、律算学并存，尤其是与音律学互为参证，成为古代度量衡史上的一大特点。并且由于在中国古代尚没有频率等概念的时候，乐律学家通常用发出固定音高的黄钟律管作为长度的标准，这就是古代度量衡与乐律学之间有密切关系的缘由。而且这与目前世界上采用光波波长作为长度的标准的理论极为相似。

汉兴以后，为加强统治，刘邦即令张苍根据秦制"定度量衡程式"，使汉代度量衡制也很快建立起来，从出土的秦汉度量衡器来分析研究，考古学家发现汉代度量衡单位基本上是继承了秦制。

"度者，分、寸、尺、丈、引也。所以度长短也……一黍之广，度之九十分，黄钟之长。一为一分，十分为寸，十尺为丈，十丈为引，则五度审矣。""量者，龠、合、升、斗、斛也，所以量多少也……合龠为合，十合为升，十升为斗，十斗为斛，而五量嘉矣。""权者，铢、两、斤、钧、石也，所以称物平施，知轻重也……一龠容千二百黍，重十二铢，两之为两。二十四铢为两。十六两为斤。三十斤为钧。四钧为石。"①然而"秦兼并天下，未皇瑕也"②。虽然形成了一套上下关联的单位制度，但却并没有经过系统的整理。

西汉未曾有定制，也没有颁布新的制度，其单位与进位和秦所施行的基本相同。汉代度量衡是在继承前代的基础上发展起来的，在标准建立、单位制定等方面取得了很高的成就，为中国古代度量衡制度的发展奠定了基础。故邵雍曰："世人所见者，汉律历耳。"这中间应包含有张苍的贡献。

综上所述，张苍不仅是汉初一位著名的丞相，还是一位著名的律历学家和数学家：整订、删补《九章算术》，制定汉初的历法和度量衡制度。在西汉初年，像张苍这样高居相位而又博学多识的学者可谓凤毛麟角，说他是中国汉代第一位科学家毫不为过，后世即有人将之与东汉的张衡、张仲景并称为"三张"。张苍为中国科学事业做出的重要贡献值得我们缅怀和弘扬③。

二、偃师东汉灵台遗址

天文台是现代天文学家从事科学研究的主要场所，其上放置各种天文仪器用于观测天象。中国古代天文历法学十分发达，因此很早的时候就出现了与现代天文台功能类似的天文观测场所。当然，当时并没有天文台的名称，而是先后被称为清台、观台、灵台、观象台等。

相传夏代天文观测的场所名叫"清台"，而周人的"灵台"是文献中明确记载的中国古代天文台，《诗·大雅·灵台》："经始灵台，经之营之，庶民攻之，不日成之。经始勿亟，庶民子来。王在灵囿，麀鹿攸伏，麀鹿濯濯，白鸟翯翯。王在灵沼，於牣鱼跃。"郑玄笺云："天子有灵台者、所以观祲象，察气之妖祥也。"陈子展先生在《诗经直解》中指出："据《孔疏》，此灵台似是以观天文之雏形天文台，非以观四时施化之时台（气象台），亦非以观鸟兽鱼鳖之囿台（囿中

①（东汉）班固：《汉书》卷二十一上《律历志》，中华书局，1962年，第966~969页。

②（东汉）班固：《汉书》卷二十一上《律历志》，中华书局，1962年，第973页。

③ 王星光、尚群昌：《张苍学术贡献略论》，《档案事业创新与发展——新时期河南档案工作调研成果选编》，中国档案出版社，2007年，第13～20页。

看台）也。”[①]这座灵台的位置，在今陕西省境内，但是其具体地点仍有两说，一说为长安县客省庄，一说在户县秦渡镇北1千米的沣河北岸[②]。

春秋时期，鲁国建有“观台”，《左传·僖公五年》：“正月辛亥朔，日南至。公既视朔，遂登观台以望而书，礼也。凡分至启闭，必书云物，为备故也。”可见，鲁国以诸侯的身份也有了用于天文观测的“观台”。

秦汉时期，都城屡有变迁，观象授时作为国家统治的象征，长安、洛阳均应建有灵台。东汉灵

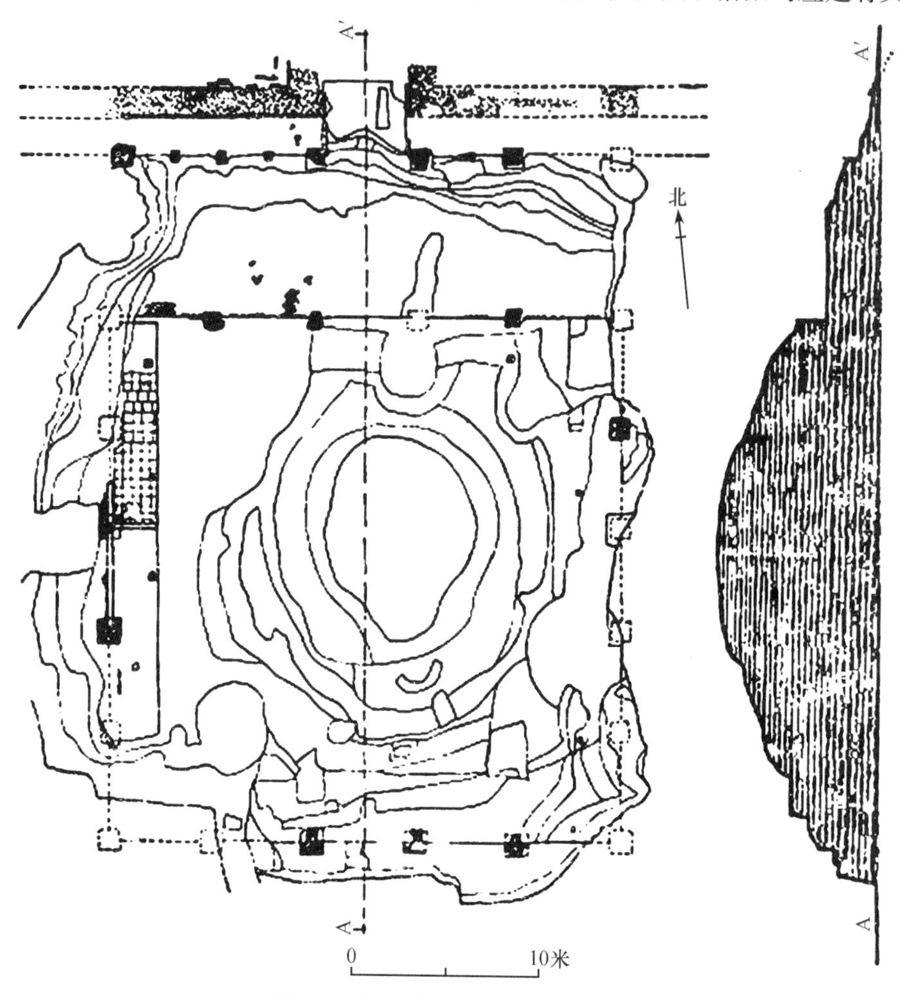

图4-14　灵台遗址平、剖面示意图

（中国社会科学院考古研究所洛阳工作队：《汉魏洛阳城南郊的灵台遗址》，《考古》1978年第1期，第55页，图一）

台遗址位于现在的洛阳偃师岗上村与大郊寨之间，至今遗址尚存（图4-14）。中国社会科学院考古研究所洛阳工作队于1974年冬到1975年春对其进行了发掘，现据发掘报告[③]做如下介绍。

灵台遗址位于汉魏洛阳城的南郊，其范围约为44000平方米（220米×200米）。东西发现有夯筑的墙垣，墙垣内的中心建筑是一座方形的高台。台全部为夯土筑成，地面下的台基长宽约50米见

① 陈子展：《诗经直解》，复旦大学出版社，1983年，第897页。

② 陆思贤、李迪：《天文考古通论》，紫荆城出版社，2008年，第235页。

③ 中国社会科学院考古研究所洛阳工作队：《汉魏洛阳城南郊的灵台遗址》，《考古》1978年第1期。

方，地面以上的夯台已遭破坏，现南北残长约41、东西残长约31、残高约8米。台顶已塌毁成一椭圆形平面，南北长11.7、东西宽8.5米。台的四周有上下两层平台，平台上均有建筑遗迹。下层平台周围原来应环筑回廊，只有北面回廊保存较好。北面正中有坡道（或踏道），可通达台的第二层。坡道宽约5.7米，两旁为回廊，东西各五间以上，每间面阔约2.5、进深约2米。回廊外用卵石铺成散水，宽约1.2米，散水外有砖砌之水沟，散水沿坡道两侧向北延伸出去。

台的第二层比第一层回廊的地面高出约1.86米。四面各有五间建筑，每面总长近27米，每间面阔约5.5米，以北面回廊柱础和第二层建筑的后壁柱础之间的距离计算，第二层台的南北宽度约8.5米。第二层台的西面与其他三面不同，在原来的五间建筑后面，又向台内加辟内室，进深约2米，外室与内室间以土墙相隔，内室的北边两间与南边三间又以土墙隔开。此内室地面铺有方砖，后壁无立柱。发掘者对这种特殊“形制的建筑”，是否与《晋书·天文志》中所记的“作铜浑天仪于密室中”的“密室”有关提出了疑问。

高台的中心台顶已遭破坏，原来的高度与形制也无从考察了。但根据文献记载，应是“上平无屋”的形制。

灵台遗址的东墙外，还有一条古代的南北大道，宽约23米，向北直通汉魏洛阳城内，大道之东有一座东西长63、南北长64米的平面呈方形的夯筑基址，周围还存有三面墙垣，其东西长386、南北近400米。据相关文献记载，如《东观汉记》：中元元年初“起明堂、灵台、辟雍及北郊兆域。”《汉官仪》：“明堂去平城门二里所，天子出，从平城门，先历明堂，乃至郊祀。”《后汉书·明帝纪》：“（永平）二年春正月辛未，宗祀光武皇帝于明堂……事毕，升灵台。”《玉海》162引《洛阳记》：“平昌门南直大道，东是明堂，大道西是灵台。”张衡《东京赋》：“左制辟雍，右立灵台。”可知，东汉灵台和明堂彼此隔洛阳城南平城门外的南北大道左右呼应。而遗址东墙外的南北大道正与洛阳城南汉时的平城门、魏晋时期的平昌门相对应。再结合两处遗址的建筑特点，可以判断此两处遗址，西面是灵台，东面是明堂。

东汉灵台从56年（东汉中元元年）建台开始，一直延续到4世纪初，连续约达250年之久。特别是东汉时期，这座天文台起了很大的作用，灵台是太史令下的一个机构，共有工作人员43人，灵台丞1人，主持全台工作下有“十四人候星，二人候日，三人候风，十二人候气，三人候晷景，七人候锺律”，另有一人为舍人（见《续汉书·百官志》刘昭注补引《汉官》）。由此可见，灵台的规模庞大，分工明确。

中国古代著名科学家张衡从东汉元初三年（116年）至永宁元年（120年）和永建元年（126年）至阳嘉二年（133年），先后两次出任太史令，直接领导灵台的工作，并进行天文观测以观象授时、制定历法、宣告分至日和星占等。他的浑天仪、浑象和候风地动仪都是在此期间设计制造的，并撰写了《灵宪》和《浑天仪图法》等不朽的天文著作，留传至今，成为研究古代天史的珍贵史料。东汉的另一天文学家贾逵也曾在这里观察到月亮运行时快时慢的不均匀性，并对此做出了科学解释。在灵台工作的天文官还在188年观察到太阳黑子的形状并记录下存在的时间。

洛阳偃师的东汉灵台遗址，是中国目前为止考古发掘最早、保存最完整的大型天文台遗址。对古代天文学发展发挥了重要的推动作用，是现存科技文化遗产中的一个标志性建筑。

三、张衡及其科学成就

（一）张衡生平

张衡（78～139年），字平子，东汉南阳郡西鄂县（今河南南阳市卧龙区石桥镇）人。他是中国历史上杰出的天文学家、数学家、发明家、文学家和思想家（图4-15）。

图4-15　张衡墓
（《全国重点文物保护单位》编辑委员会：《全国重点文物保护单位》第Ⅱ卷，文物出版社，2004年，第486页）

张衡出生于名门望族，据崔瑗《河间相张平子碑》记载："其先出自张老，为晋大夫，纳规赵武，而反其侈，书传美之。"而其祖父张堪，字君游，早孤，"让先父余财数百万与兄子。年十六，受业长安，志美行厉，诸儒号曰'圣童'"，曾先后任蜀郡太守和渔阳太守，在对公孙述与匈奴的战争中，战功卓著。例如，堪在渔阳太守任上，曾以数千骑兵大破匈奴1万来犯的骑兵，亦颇有政绩；如"与狐奴开稻田八千余顷，劝民耕种，以致殷富。百姓歌曰：'桑无附枝，麦穗两岐，张君为政，乐不可支。'"①

张衡的父亲史无明文，很可能已经家道中落。但是由于出身于世为著姓之家，张衡仍能受到良好的教育，加以他"天资濬哲，敏而好学，如川之逝，不舍昼夜"②，所以刻苦学习的他，自幼便写的一手好文章。

为了追求知识，张衡约于93年离开家乡南阳郡，"游于三辅，因入京师，观太学，遂通《五经》，贯六艺"③。三辅，即西汉京兆尹、左冯翊、右扶风所管辖的京畿之地，东汉时期虽已逐渐失去原先的政治地位，但作为西京故地，仍不失为当时的科技与文化中心之所在。在"三辅"和洛阳等地的游历，使张衡扩大了视野，增长了见闻，了解了东西二京的风俗人情，加之他能够将读书和实地考察结合起来，从实践中获得了真知。

在游学京师的过程中，张衡结识了不少朋友，如马融、窦章、王符、崔瑗等，尤其崔瑗与张衡的关系最为密切，影响也最大。崔瑗是当时著名的经学家、天文学家贾逵的学生，对天文、数学、历法有精深的研究，他们经常在一起研究问题，交换心得。流传至今的仍可见张衡的《与崔瑗书》④，探讨《太玄经》的问题，而《后汉书·张衡传》也载："衡善机巧，尤致思于天文、阴阳、历算。常耽好《玄经》，谓崔瑗曰……"这种学术交流对张衡在天文学、数学等领域获得巨大的成就有着重要的促进作用。

---

① （南朝宋）范晔：《后汉书》卷三十一《张堪传》，中华书局，1965年，第1100页。
② （东汉）崔瑗：《河间相张平子碑》，《全上古三秦汉三国六朝文》中华书局，1958年，第719页。
③ （南朝宋）范晔：《后汉书》卷五十九《张衡传》，中华书局，1965年，第1897页。
④ （东汉）张衡著，张震泽校注：《张衡诗文集校注》，上海古籍出版社，1986年，第339页。

张衡虽才高八斗，却生性恬淡、为人谦和。崔瑗《河间相张平子碑》说：衡“体性温良，声气芬芳，仁爱笃密，与世无伤，可谓淑人君子者矣”。《后汉书·张衡传》也说：衡“虽才高于世，而无骄尚之情。常从容淡静，不好交接俗人”。因此，他淡泊名利，以追求学问为本务，于“永元中，举孝廉不行，连辟公府不就”[①]。虽然如此，张衡仍然是一个关心政治及民间疾苦的人，针对社会上的一些弊病，以自己擅长的方式提出了抗议。史载：“时天下承平日久，自王侯以下，莫不逾侈。衡乃拟班固《两都》，作《二京赋》，因以讽谏。精思傅会，十年乃成。”[②]

约在汉和帝永元十二年（100年），张衡应南阳太守鲍德之请，出任主簿。鲍德在南阳期间，颇有政绩，“时岁多荒灾，唯南阳丰穰，吏人爱悦，号为神父。时郡学久废，德乃修起横舍，备俎豆黻冕，行礼奏乐。又尊飨国老，宴会诸儒。百姓观者，莫不劝服。在职九年，征拜大司农，卒于官”[③]。这些政绩的取得当与张衡的有利辅佐分不开。

永初五年（111年），“安帝雅闻衡善术学，公车特征拜郎中，再迁为太史令”。据《续汉书·百官志》记载，太史令“掌天时、星历。凡岁将终，奏新年历。凡国祭祀、丧、娶之事，掌奏良日及时节禁忌。凡国有瑞应、灾异，掌记之”。这是张衡第一次出任太史令，在此期间他致力于天文历算之学，史载：“研核阴阳，妙尽璇机之正，作浑天仪，著《灵宪》《算罔论》，言甚详明。”[④]

张衡于121年调任公车司马令，126年“再转，复为太史令”，直到顺帝阳嘉二年（133年）才调任侍中。在这期间他完成了《浑天仪注》，制造候风地动仪、水运浑象及上驳图谶疏。

张衡在担任侍中后，为阉竖们所忌，遂进谗言陷害之，最终于136年外调出京，任河间相。张衡“治威严，整法度，阴知奸党名姓，一时收禽，上下肃然，称为政理”[⑤]。在河间任上三年，张衡欲辞官归田，上疏未获准，被征拜为尚书。永和四年（139年）逝世，终年62岁。

（二）张衡的天文学成就

1. 天文学著作

张衡在天文学方面最重要的著作是《灵宪》和《浑天仪注》这两篇重要的天文学文献，其反映了当时天文学发展的整体水平，并对此后数千年的中国天文学产生了重要的影响。

唐宋时期的史籍中对这两篇文献多有记载：

《隋书·经籍志》：《灵宪》一卷，张衡撰。

《旧唐书·经籍志》：《灵宪图》一卷，张衡撰。

《浑天仪》一卷，张衡撰。

《新唐书·艺文志》：张衡《灵宪图》一卷，又《浑天仪》一卷。

---

① （南朝宋）范晔：《后汉书》卷五十九《张衡传》，中华书局，1965年，第1897页。

② （南朝宋）范晔：《后汉书》卷五十九《张衡传》，中华书局，1965年，第1897页。

③ （南朝宋）范晔：《后汉书》卷二十九《鲍德传》，中华书局，1965年，第1023页。

④ （南朝宋）范晔：《后汉书》卷五十九《张衡传》，中华书局，1965年，第1897页。

⑤ （南朝宋）范晔：《后汉书》卷五十九《张衡传》，中华书局，1965年，第1939页。

令人惋惜的是，这两篇文献大约在南宋末年已经遗失[①]。今人所能目睹的仅是两篇文献的轶文，见于《续汉书・天文志》刘昭注、《续汉书・律历志》刘昭注、《乙巳占》、《开元占经》、《太平御览》、《艺文类聚》、《初学记》等文献所引。为了研究的方便，后人多对《灵宪》和《浑天仪注》进行辑佚钩沉工作，其中吕子方先生作《张衡〈灵宪〉、〈浑天仪注〉探源》为代表作。但薄树人等先生认为，刘昭所录《灵宪》是一篇完整的文字，可能有只言片语的遗漏脱落，但不会有长篇的佚失，吕子方先生所辑《灵宪》的主要部分可能是张衡《浑仪》中的文字[②]。

但需要指出的是，古代文献的在流传过程中，经常会出现真伪问题，所以学术讨论的前提是要搞清楚其真伪。于是，陈久金提出了《浑天仪注》非张衡所作说[③]。陈美东先生在《张衡〈浑天仪注〉新探》[④]《〈浑天仪注〉为张衡所作辨——与陈久金同志商榷》[⑤]等文中所提出的证据进行了商榷，认为《浑天仪注》乃张衡所作无疑。

据《后汉书・张衡传》记载，张衡第一次出任太史令的时候，曾经"作浑天仪，著《灵宪》《算罔论》，言甚详明"。据孙文青先生的考证，张衡第一次出任太史令的时间是在汉安帝元初二年（115年）至永宁元年（120年）之间[⑥]，所以《灵宪》就完成于这一时期。这里面一个关键的问题是"作浑天仪"，是指著作《浑天仪》一书吗？

陈美东先生认为这里是指"铸作了浑天仪这一天文仪器"，并征引东晋刘智《论天》中有关浑仪的记载："象天体，亦以极为中，而朱规为赤游周环，去极九十一度有奇。考日所行，冬、夏去极远近不同，故复画为黄道，夏至去极近，冬至去极远，二分之际交于赤道。二道有表里，以定宿度之进退，为术乃密。至汉顺帝时，南阳张衡考定进退。灵帝时，太山刘洪步月迟疾。自此之后，天验愈详。"[⑦]指出"考定进退"正是《浑天仪注》所述的重要问题之一，所以《浑天仪注》当著成于汉顺帝之时，张衡已经在汉"顺帝初，再转，复为太史令"。这就是说，张衡是在著成《灵宪》至少六年以后，在再任太史令时，以给先前所铸浑天仪（或新近所制水运浑象）作注的形式，总结新的研究所得，而著成《浑天仪注》的[⑧]。

关于《浑天仪注》，薄树人等先生提出了新的观点，认为张衡作了浑天仪这件出色的仪器之后，写过一本说明书，题目就叫《浑天仪》。《后汉书・张衡传》只用"作浑天仪"这四个字就包括了这两件事。而《浑天仪》一书在后世曾被一个佚名的人作了注，因此又成了《浑天仪注》，作注的时代大约在西晋。由于作注者佚名，所以葛洪只能直书《浑天仪注》，由于原作者张衡享有盛

---

① 吕子方：《张衡〈灵宪〉、〈浑天仪注〉探源》，《张衡研究》，西苑出版社，1999年，第224页。

② 陈久金主编：《中国古代天文学家》，中国科学技术出版社，2008年，第98页。

③ 陈久金：《浑天仪注非张衡所作考》，《社会科学战线》1981年第3期。

④ 陈美东：《张衡〈浑天仪注〉新探》，《社会科学战线》1984年第3期。

⑤ 陈美东：《〈浑天仪注〉为张衡所作辩——与陈久金同志商榷》，《中国天文学史文集》第5集，科学出版社，1989年，第196～216页。

⑥ 孙文青：《张衡年谱》，商务印书馆，1935年，第84～104页。

⑦ （唐）瞿昙悉达：《开元占经》，《文渊阁四库全书・子部・术数类》第807册，台湾商务印书馆，1986年，第181页。

⑧ 陈美东：《张衡》，《中国科学技术史・人物卷》，科学出版社，1998年，第67页。

名，因此后人引《浑天仪注》时仍会把张衡名字列上[①]。

由于历史久远、文献传承过程中的佚失等问题，造成了今人所能见到对张衡所作《灵宪》《浑天仪注》（或《浑天仪》）两部重要的天文学著作产生了众多疑问和争议。我们认为这两部书中虽然有可能会掺杂张衡以后天文学家的成果在内，因为受儒家“述而不作”思想的影响，他们往往以注疏等形式来阐述自己的观点和思想，但它们所反映的主要天文学思想及其成就仍然是张衡及其时代的产物。

2. 天文仪器的制造

仰观天文，需依靠先进的观测仪器；演示天体结构及其运行，亦需依靠一定的展示仪器。张衡在前人的基础上，将自己的天文学知识和天文学思想结合起来，制造了先进的天文仪器。

但是关于张衡天文仪器制造的史料十分缺乏，前引见于《后汉书》本传的记载，仅仅“作浑天仪”四字，李贤注引蔡邕《表志》云：“今史官所用候台铜仪，则其法也。”其他各种有关张衡所铸造的天文学仪器的史料，主要有：

张平子既作铜浑天仪于密室中以漏水转之，令伺之者闭户而唱之。其伺之者以告灵台之观天者曰：“璇玑所加，某星始见，某星已中，某星今没”，皆如合符也。

——《晋书·天文志》

至顺帝时，张衡又制浑象，具内外规、南北极、黄赤道，列二十四气、二十八宿中外星官及日月五纬，以漏水转之于殿上室内，星中出没于天相应。因其关戾，又转瑞轮蓂荚于阶下，随月虚盈，依历开落。

——《晋书·天文志》

后汉张衡为太史令，铸浑天仪，总序经星，谓之《灵宪》。

——《隋书·天文志》

永元十五年，诏左中郎将贾逵，乃始造太史黄道铜仪。至桓帝延熹七年，太史令张衡，更以铜制，以四分为一度，周天一丈四尺六寸一分。亦于密室中，以漏水转之。

——《隋书·天文志》论“浑天仪”条

浑天象者，其制有机而无衡。……不如浑仪，别有衡管，测揆日月，分步星度者也。……由斯言之，仪象二器，远不相涉。则张衡所造，盖亦止在浑象七曜，而何承天莫辨仪象之异，亦为乖失。

——《隋书·天文志》论“浑天象”条

衡所作浑仪，传至魏晋，中华覆败，沈没戎虏；晋安帝义熙十四年，高祖平长安，得衡旧器。

——《宋书·天文志》

古旧浑象以二分为一度，凡周七尺三寸半分。张衡更制，以四分为一度，凡周（天）一丈四尺六寸。蕃以古制局小，星辰稠穊，衡器伤大，难可转移。更制浑象，以三分为一度，凡周天一丈九寸五分四分分之三也。

① 陈久金主编：《中国古代天文学家》，中国科学技术出版社，2008年，第102页。

——《宋书・天文志》

汉马融有云："玑衡者，即今之浑仪也。"吴王蕃之论亦云："浑仪之制，置天梁、地平以定天体，为四游仪以缀赤道者，此谓玑也；置望筩横萧于游仪中，以窥七曜之行，而知其躔离之次者，此谓衡也。"若六合仪、三辰仪与四游仪并列为三重者，唐李淳风所作。而黄道仪者，一行所增也。如张衡祖落下闳、耿寿昌之法，别为浑象，置诸密室，以漏水转之，以合璿玑所加星度，则浑象本别为一器。唐李淳风、梁令瓒祖之，始与浑仪并用……至落下闳制圆仪，贾逵又加黄道，其详皆不存于书。其后张衡为铜仪于密室中，以水转之，盖所谓浑象，非古之玑衡也。

——《宋史・天文志》

浑仪是测量天体球面坐标的仪器。浑象是古代用来演示天象的仪表。故此，张衡所铸造的天文仪器，到底是浑仪还是浑象，则成为一个重要的史学问题。以上所罗列的史料，彼此之间抵牾之处颇多。要想得出合理的结论，就需要仔细分析这些史料。

有学者在分析以上史料后，指出：张衡既制观测天体运行之浑仪，又制表现观测结果之浑象，前者仅见《灵宪》《浑天仪注》中的文字记录，后者史志记载较详，并可见其于仪器制造的贡献[①]。陈美东先生认为："张衡在安帝时制作浑天仪是确定无疑的，他在第一次太史令任内（汉安帝时）铸造浑天仪在先，于第二次太史令任内（汉顺帝时）又制作水运浑象在后，它们是两部不同的仪器，当然后者又是在前者的基础上发展而来的。"[②]

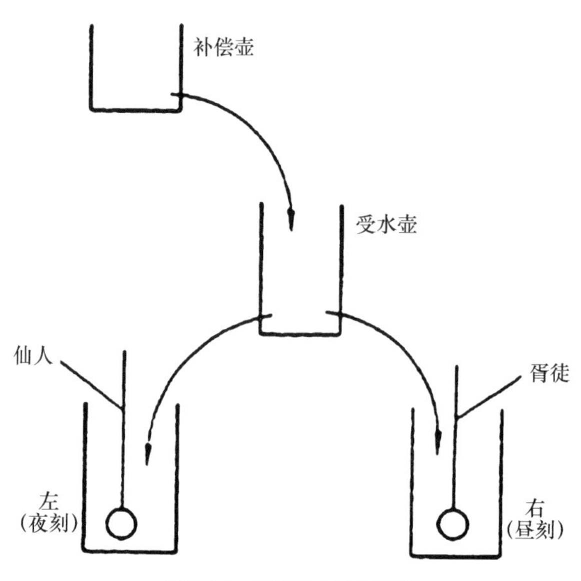

图4-16 张衡漏壶示意图

从上述文献可以看出，张衡所造水运浑象"具内外规、南北极、黄赤道，列二十四气、二十八宿中外星官及日月五纬"。也就是说，浑象已经具有了南北极、黄道、赤道、二十四节气点、二十八星宿中外星官，以及日、月和五星。可以说它是世界上第一台自动演示恒星和太阳周日运行的仪器。

为了使浑象能够自行运转，采用漏水为重要动力的机械装置，如相关记载源"于密室中以漏水转之" "以漏水转之于殿上室内"等。结合历史文献和出土文物可知，西汉漏壶存在两种形制：一为泄水—沉箭式单壶；一为泄水—沉箭和受水—浮箭相结合的双壶。由于漏水先急而后缓。箭杆上的刻度当是不均匀的，依之可读得时刻数（图4-16）[③]。

张衡对漏壶技术做了重要的技术创新，据《初学记》卷二十五引《漏水转浑天仪制》："以

① 许结：《张衡评传》，南京大学出版社，1999年，第264页。

② 陈美东：《张衡》，《中国科学技术史・人物卷》，科学出版社，1998年，第76页。

③ 陈美东：《试论西汉漏壶的若干问题》，《中国古代天文文物论集》，文物出版社，1989年，第137～144页。

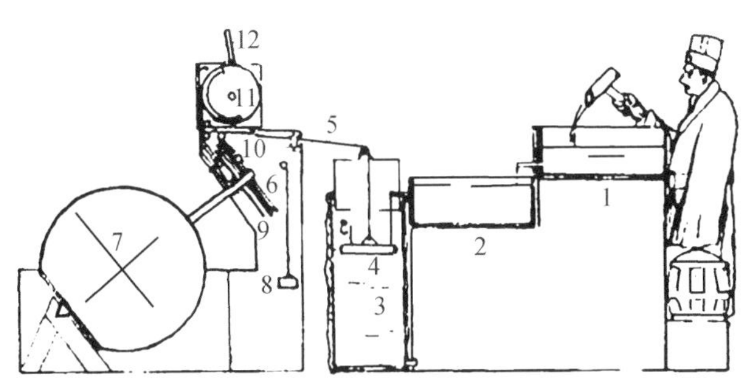

图4-17　李志超复原的张衡水运浑象示意图[3]

1. 上壶　2. 下壶　3. 受水壶（2个）　4. 浮子　5. 绳　6. 绳轮　7. 浑象　8. 重锤　9. 拨杆　10. 拨销　11. 凸轮（15个）　12. 荚叶

铜为器，再叠差置，实以清水，下各开孔。以玉虬吐漏水入两壶，右为夜，左为昼。”《文选》卷五十六陆佐公《新刻漏铭》李善注引张衡《漏水转浑天仪制》：“盖上又铸金铜仙人，居左壶；为胥徒居右壶，皆以左手抱箭，右手指刻，以别天时早晚。”[1]据陈美东先生的研究，上述文献描述的正是一种补偿式受水型新漏壶。其中“再叠差置”可以理解为至少有一个补偿壶。由于受水壶不断接受补偿壶的漏水，可大体上保持其水面的高度，从而初步满足漏壶的流水量保持均匀的条件（如张衡漏壶示意图）。这种新漏壶的设计，在中国古代漏壶发展史是十分重要的一页，它为后世具有多级补偿壶的补偿式漏壶的出现，开拓了道路[2]。

张衡对漏壶做了技术创新以后，就使新漏壶的漏水量在单位时间内相同，也就满足了浑象均匀远转的动力来源。剩下的工作就是将浑象铜漏结合起来。据刘仙洲等先生的研究，张衡采用了齿轮系统和凸轮机构将浑象与漏壶联系起来[3]。但是李志超先生对此提出了异议，认为：首先，东汉时期没有那么精密的齿轮；其次，原动力不是大流量的水流，大流量很难达到所说的稳定度要求；再次，浮漏的浮子可以正常地实现一昼夜三尺或一米的初始行程，这行程是非往复的直线垂直向上运动，其承载力足以推动浑象，只要经由一个转向滑轮，很容易直接把绳子绕在极轴的转盘上，根本无须变速，既简单又精确，还是连续运动[4]。于是，李仙洲先生抛弃了齿轮系统，而采用绳轮传动；把浮箭漏的箭舟改为活塞式的浮子，以漏水对浮子的浮力作原动力，用一个重锤平衡浮力来防止绳轮作加速运动，以便在尚无擒纵机构的条件下，保持浑象匀速转动（图4-17）。

张衡所制造的水运浑象，利用漏壶水流作为浑象的动力来源，将计时用的漏壶和展示天象的浑象有机地结合起来，这样就使水运浑象具有天文钟的性质。而为了得到均匀的水流，张衡又对漏壶进行了技术创新。张衡水运仪象的制作，真可谓独具匠心，巧夺天工。难怪，崔瑗说张衡“制作侔造化”。

3. 天文学成就

张衡的天文学成就包括：宇宙起源、宇宙无限性、天地结构、日月大小、月食成因、五星运行、恒星与星官、流星、陨星的形成等方面，几乎遍及古天文学的全部内容。

什么是“宇宙”？《文子·自然》：“往古来今谓之宙，四方上下谓之宇。”《尸子》：“上下四方曰宇，往古来今曰宙。”《庄子·齐物论》曰：“旁日月，挟宇宙，为其吻合。”

---

① （梁）萧统编，唐李善注：《文选》，上海古籍出版社，1986年，第2430页。

② 陈美东：《张衡》，《中国科学技术史·人物卷》，科学出版社，1998年，第77页。

③ 刘仙洲：《中国在计时器方面的发明》，《天文学报》1956年第2期；刘仙洲、王旭蕴：《中国古代对于齿轮系的高度应用》，《清华大学学报》1959年第4期。

④ 李志超：《张衡水运浑象释疑》，《张衡研究》，西苑出版社，1999年，第254～259页。

③ 李志超：《水运仪象志——中国古代天文钟的历史》，中国科学技术大学出版社，1997年，第43~56页。

“宇”是空间、“宙”是时间。那么古人的时空观念中，它们是有限的还是无限的呢？西汉扬雄曾指出“阖天为宇，辟宇为宙”，认为空间是有限的，时间上也有起点。

对于宇宙的有限与无限，张衡在《灵宪》中指出：“八极之维，经二亿三万二千三百里……过此而往者，未之或知也。未之或知者，宇宙之谓也。宇之表无极，宙之端无穷。”也就是说张衡所谓的宇宙和我们所能知道的天地并不是一回事。他提出了“未之或知者，宇宙之谓也”，进一步提出了“宇之表无极，宙之端无穷”的宇宙无限思想，这是一个十分卓越的见解，闪烁着科学思维的光芒。

天地万物的起源及发展是宇宙观的核心内容之一。张衡在《灵宪》一书中详细阐述了其关于宇宙起源以及发展的观点。他说：

> 太素之前，幽清玄静，寂寞冥默，不可为象。厥中惟虚，厥外惟无，如是者永久焉。斯谓溟涬，盖乃道之根也。
>
> 道根既建，自无生有。太素始萌，萌而未兆，并气同色，浑沌不分。故《道志》之言云：“有物混成，先天地生。”其气体固未可得而形，其迟速固未可得而纪也。如是者又永久焉。斯谓庞鸿，盖乃道之干也。
>
> 道干既育，万物成体。于是元气剖判，刚柔始分，清浊异位，天成于外，地定于内。天体于阳，故圆以动；地体于阴，故平以静。动以行施，静以合化，堙郁构精，时育庶类，斯谓太元，盖乃道之实也。

从《灵宪》中可以看出，张衡把天地的生成分为三个阶段。

第一阶段称作“溟涬”，其特点是“幽清玄静，寂寞冥默，不可为象。厥中惟虚，厥外惟无，如是者永久焉”。这一阶段宇宙是一个空旷的空间，而整个空间一片沉寂，什么物质都没有，经历极长时间幽静寂寞、无形无相的演化。但它是“道之根”。

第二阶段称作“庞鸿”，其特点是“太素始萌，萌而未兆，并气同色，浑沌不分。……其气体固未可得而形，其迟速固未可得而纪也”。也就是说经历“溟涬”阶段的长久发展变化，这个时候宇宙萌生了各种性质不同的物质性的气，但是它们彼此混合在一起，混沌不分。这一阶段是“道之干”。

第三阶段称为“太素”。其特点是“元气剖判，刚柔始分，清浊异位，天成于外，地定于内”。也就是说又经过极长时间的发展变化，“庞鸿”阶段浑浊不清的元气逐渐分开，形成阴阳两气，并且天在外面形成了，地在里面定下了。天地构合精气，生育出万物来。

从第一个阶段“溟涬”发展到第二阶段“庞鸿”，再从“庞鸿”发展到第三阶段“太素”，其在各自阶段内均经历了极长时间的演变过程，这是一个渐变、量变的过程。而在彼此阶段的转化过程中，又出现了“道根既建，自无生有”，“道干既育，万物成体”等突变、质变的过程。

张衡的宇宙发展演变的三段论思想的重要意义：它既包含量变，也包含了质变，且其变化是分层次的，并将其变化的原因归结于物质本身。

关于天地结构的论述，中国古代主要有盖天说、宣夜说和浑天说三种观点，汉代争论最为激烈的当数浑、盖二家。张衡是汉代最重要、最有影响的浑天家。他在《浑天仪图注》指出：

> 浑天如鸡子。天体圆如弹丸，地如鸡中黄，孤居于内，天大而地小。天表里有水，天之包地，犹壳之裹黄。天地各乘气而立，载水而浮。周天三百六十五度四分度之一，

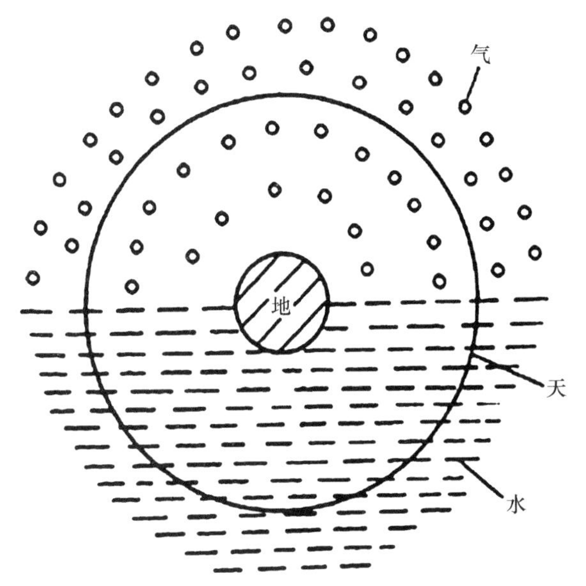

图4-18　张衡《浑天仪注》天地结构示意图

又中分之，则半一百八十二度八分之五覆地上，一百八十二度八分之五绕地下，故二十八宿半见半隐。其两端谓之南北极。北极乃天之中也，在正北，出地上三十六度。然则北极上规径七十二度，常见不隐。南极天之中也，在正南，入地三十六度。南极下规七十二度常伏不见。两极相去一百八十二度半强。天转如车毂之运也，周旋无端，其形浑浑，故曰浑天也。

这里张衡十分形象地用鸡蛋的结构和性状来形容天地的结构和性状（图4-18），其要点可以归纳为以下几项。

（1）天是浑圆的、有形的实体，其两端有南北两极，北极出地三十六度，南极入地三十六度；天又是不停顿地运动着的，犹如车毂一样绕极轴作圆周运动。

（2）地的形状如鸡蛋黄，也是浑圆的，它又是静止不动的，所谓“孤居于内”的“孤”，就有静止不动的含义。

（3）天包在地的外面，犹如鸡蛋壳包裹着鸡蛋黄一样；天要比地大得多，也正如鸡蛋黄要比鸡蛋壳小得多一样。

（4）关于天、地何以不坠不陷的机制，张衡是用“天表里有水”和“天地各乘气而立，载水而浮”来解决的。水在天、地的下半部，使天、地均有所依托；气在天、地的上半部，使天、地立于稳固的状态之中。

由此可见，为了说明天、地之所以不坠不陷的问题，张衡引进了天、地各载水而浮的设想，这不仅产生了天体要转入水中等困难的问题，而且削弱了地体为球形认识的意义，因为这样一来，没入水中的半球只起漂浮、平衡全球的作用，而人类居住的地面仅仅是水面上的半球，这则是《浑天仪注》天地结构学说的重大缺欠。尽管如此，该学说仍不失为当时中国的先进理论，是浑天说发展史上一个重要的里程碑①。

张衡还科学地解释了月食的成因，他在《灵宪》中指出：“夫日譬犹火，月譬如水，火则外光，水则含景”，故“月光生于日之所照，魄生于日之所蔽，当日则光盈，就日则光尽也。”这就对日光和月光做出了合理解释，即月亮是不会发光的，而是由于太阳光照射到月亮上面的原因。认识到月球不会发光，就为科学地解释月食奠定了基础。他说：“当日之冲，光常不合者，蔽于地也，是谓暗虚。在星则星微，遇月则月食。”“冲”指的是黄白道交点或其临近区域，也就是说，“望月”时，经常会看不到月光，这是因为日光被地球遮住的缘故，被地球遮住光照不到的区域叫作“暗虚”，月亮经过“暗虚”便发生月食，精辟地阐述了月食的原理。张衡对月食成因的解释，是完全符合科学实际的。张衡是重要的浑天家，所以他能用浑天的理论创造性地第一次成功地解释

① 陈美东：《张衡》，《中国科学技术史·人物卷》，科学出版社，1998年，第69、70页。

了月食发生的科学道理。

张衡还继承有关月行迟疾与月离地远近相关理论，将其用之于五星运动的解释上，提出了所谓的“近天则迟，远天则速”。在恒星的研究上，他在长期观测的基础上，对恒星进行区分和命名，如《灵宪》说：“众星列布，其以神著，有五列焉，是有三十五名。一居中央，谓之北斗，动变定占，实司王命。四布于方各七，为二十八宿。日月运行，历示吉凶，五纬经次，用告祸福，则天心于是见矣。中外之官，常明者百有二十四，可名者三百二十，为星二千五百，而海人之占未存焉。微星之数，盖万一千五百二十。”说明张衡已经统计了444星官，2500颗恒星。

此外，张衡的天文学研究还涉及彗星、陨石、黄赤道宿度变换等方面，均取得了突出成就。

（三）候风地动仪的制造

中国是一个地震灾害多发的国家。汉代是中国历史上一个地震活跃时期。据有关学者的研究，在张衡发明候风地动仪之前的25年地震空前活跃。107～125年，共计发生6级以上地震20次，平均每年1.1次（图4-19）[①]。

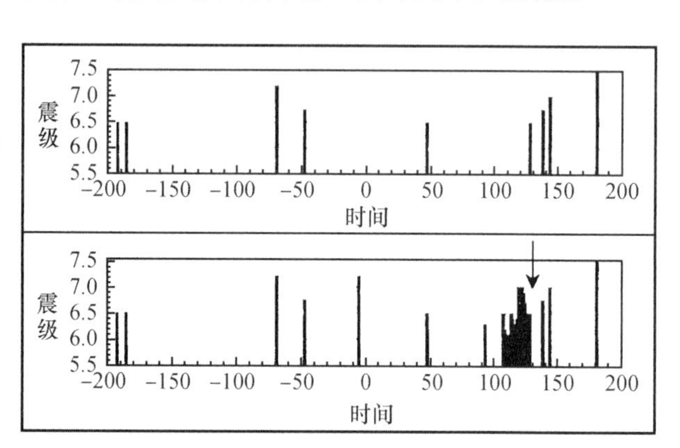

图4-19　新增前后的汉代6级以上的地震M-t图

（上图：历史地震震级序列前，下图：历史地震震级序列+郡国地震震级序列，箭头为候风地动仪发明时间）

在古代社会，地震造成的灾害十分严重，及时获得地震的消息，对抗灾救灾有着重要的意义。张衡精心研制了世界上第一架测定地震发生方向的科学仪器，即候风地动仪。

据《后汉书·张衡传》记载，阳嘉元年（132年）张衡制造了候风地动仪，其性能良好，灵敏度很高，即所谓：“验之以事，合契若神。自书典所记，未之有也。尝一龙机发而地不觉动，京师学者咸怪其无征，后数日驿至，果地震陇西，于是皆服其妙。”关于其形制，《后汉书·张衡传》中也有记述：

> 以精铜铸成。员径八尺，合盖隆起，形似酒尊，饰以篆文山龟鸟兽之形。中有都柱，旁行八道，施关发机。外有八龙，首衔铜丸，下有蟾蜍，张口承之。其牙机巧制，皆隐在尊中，覆盖周密无际。如有地动，尊则振龙机发吐丸，而蟾蜍衔之。振声激扬，伺者因此觉知。虽一龙发机，而七首不动，寻其方面，乃知震之所在。

鉴于候风地动仪在科学史上的地位，自19世纪以来，国际、国内有不少人根据《后汉书》的记载来研究候风地动仪的工作原理，并加以复原。例如，1883年英国人米尔恩（Milne John）推测候风地动仪利用的是悬垂摆工作原理；1937年日本人荻原尊礼则推断候风地动仪利用的是直立杆原理[②]。

中国对地震仪工作原理及复原研究的第一人当是著名的考古学家王振铎先生，1936年王振铎先生根据悬垂摆原理对候风地动仪进行了复原，后否定；1951年又遵循荻原尊礼1937年的直立杆原理，并参照日本人服部一三1875年绘制的外形制作了一个卵形的八条龙模型，存于中国国家博物

① 高建国：《汉代地震考》，《城市与减灾》2001年第5期。

② 冯锐、朱涛等：《张衡地动仪的科学性及其历史贡献》，《自然科学史研究》2006年增刊。

图4-20　王振铎复原直立柱地动仪示意图
1.都柱　2.八道　3.牙机　4.龙首　5.铜丸　6.龙体　7.蟾蜍　8.仪体　9.仪盖　10.地盘

馆，印在1953年的中国特种邮票（特7）上，流传甚广，常用作中国地震学界的徽标。至此，直立杆原理便一直居于主导地位，似成定论，亦收入学校的教材中（图4-20）。

但随着研究的深入和50年间大量秦汉青铜器的出土，卵状模型在原理和外形上的偏谬已渐明显，有必要重新认识。事实上，作为一件地震学专用仪器，对这个模型既未做过理论计算和仪器检测，也从没有作为一架真正的验震器应用过，故地震学界一直未从严格的科学性上接受过它[①]。

为了回应科学界的质疑，近年来中国地震局、中国地震台网中心、中国国家博物馆、河南省博物院等单位对张衡候风地动仪的工作原理及复原工作进行了研究，取得了前所未有的突破。主要体现在以下几项。

（1）除范晔《后汉书·张衡传》196个字的记载外，在《续汉书》《后汉纪》《后汉书·顺帝纪》中也发现了与候风地动仪相关的重要信息，文字量已经增到238个字，时间提早约150年。候风地动仪的史料不是“孤证”，存在科学复原的资料基础。

（2）仪器测到的陇西地震应为134年12月13日事件，早期误解成138年地震，确实与地震史料不符。

（3）地动仪的悬垂摆工作原理已被地震学严格的专业实验所确认，明确了王振铎模型的原理性错误。这一错误曾被李志超指出，也被理论计算否定过。

（4）地动仪的工作期间很短暂。中国历史地震的记载量在张衡后的百年间非增而剧减，明显增多是在宋朝以后。

（5）王振铎模型的啤酒桶状造型不符合出土的汉代酒樽形制，也与灵台开挖后的尺寸相悖，外形需要重新复原。

---

① 冯锐、武玉霞：《张衡候风地动仪的原理复原研究》，《中国地震》2003年第4期。

（6）中国地震局和国家文物局联合专家组提出了新的科学复原模型，具有良好的验震功能，实现了陇西地震的测震模拟，深化了认识（图4-21）。它已于2009年被中国大百科全书和中国科学技术馆采用和展出[①]。

图4-21　新的地动仪青铜复原模型
（王星光主编：《中原文化大典·科学技术典·天文学地理学生物学医药学》，中州古籍出版社，2008年，第144页，图2.2.4）

张衡于东汉阳嘉元年（132年）发明世界第一台测震仪——候风地动仪，和国外相比，张衡地动仪要比西方同类仪器的出现约早1700年。地动仪的发明，在人类同地震做斗争的历史上，写下了光辉的一页，从此，开始了人类使用仪器观测地震的历史。

（四）圆周率的成就

中国古代天文与数学之间联系紧密，张衡所获得的天文学成就，与其优秀的数学素养有关。他的数学成就中，最突出的一点就是在圆周率值上的贡献。《后汉书·张衡传》记载他曾撰写《算罔论》一书，但此书已经失传，今人无法通过该书目睹张衡的数学成就。但是在《九章算术注》中，刘徽在研究圆周率时，曾经对张衡圆周率进行过评价，从而留下了研究张衡数学成就的珍贵史料之一。刘徽《九章算术》“开立圆术注”曰：

> 张衡算又谓立方为质，立圆为浑。衡言质之与中外之浑：六百七十五尺之面，开方除之，不足一，谓外浑积二十六也。内浑二十五之面，谓积五尺也。今徽令质言中浑，浑又言质，则二质相与之率，犹衡二浑相与之率也。衡盖亦先二质之率推以言浑之率也。衡又言质六十四之面，浑二十五之面。质复言浑，谓居质八分之五也。又云：方八之面，圆五之面，圆浑相推，知其复以圆囷为方率，浑为圆率也，失之远矣。衡说之自然，欲协其阴阳奇耦之说而不顾疏密矣。虽有文辞，斯乱道破义，病也。置外质积二十六，以九乘之，十六而一，得积十四尺八分尺之五，即质中之浑也。以分母乘全内子，得一百一十七。又置内质积五，以分母乘之，得四十，是为质居浑一百一十七分之四十，而浑率犹为伤多也。假令方二尺，方四面，并得八尺也，谓之方周。其中令圆径与方等，亦二尺也。圆半径以乘圆周之半，即圆幂也。半方以乘方周之半，即方幂也。然则方周知，方幂之率也；圆周知，圆幂之率也。按：如衡术，方周率八之面，圆周率五之面也。令方周六十四尺之面，即圆周四十尺之面也。又令径一尺方周四尺，自乘得十六尺之面，是为圆周率十之面，而径率一之面也。衡亦以周三径一之率为非，是故更著此法。然增周太多，过其实矣[②]。

从刘徽的这篇注文中可以知道，张衡给立方体定名为质，给球体定名为浑。他对球的外切立方体积和内接立方体积，以及球的体积，其中关于圆周率值$\sqrt{10}$，从“方八之面，圆五之面”出发，

---

① 冯锐、李先登等：《张衡地动仪的发明、失传与历史继承》，《中原文物》2010年第1期。

② 钱宝琮校点：《算经十书·九章算术》，中华书局，1963年，第156、157页。

即给出方、圆之新率：

$$\frac{\text{正方形面积}}{\text{内切圆面积}}=\frac{\sqrt{8}}{\sqrt{5}}$$

推算出：

$$a^2:\frac{\pi a^2}{4}=\frac{\sqrt{8}}{\sqrt{5}}$$

则得：

$$\pi=\frac{4\sqrt{5}}{\sqrt{8}}=\sqrt{10}$$

同其前后的圆周率值相比较，张衡圆周率3.1623，显得较为粗略，如刘歆修正的圆周率值为3.1547。但其重要意义在于，张衡由立圆术公式中的数据以求圆周率的做法是顺理成章的、成功的、精彩的；而且张衡对圆周率的研究，在一定意义上开辟了一个新方向、新路径。在张衡以前，无论是《周礼·遂人》中有关器具如何制作的规定，还是刘歆对王莽嘉量的制作，都是通过实测完成的，即全靠实测修正古率，从来没有人企图从理论上求出圆周率的值。张衡是第一个从理论上（对立圆术公式的解释及其中数据）求出圆周率值的人。而刘徽正是沿着他的道路而获得成功的[①]。

张衡圆周率还有另一数值，就是3.1466[②]，不管是哪个近似值，张衡圆周率与南北朝祖冲之圆周率（当时世界上最精确的圆周率数值，在3.1415926和3.1415927之间）相比，均有差距。但是张衡是中国科学史上第一个从理论上推算出圆周率的人，开创了一条新的研究方向，为后来刘徽等数学家对圆周率的研究奠定了基础。

（五）评价与影响

张衡的好朋友崔瑗称赞他说："天资濬哲，敏而好学，如川之逝，不舍昼夜。是以道德漫流，文章云浮，数术穷天地，制作侔造化，瑰辞丽说，奇技伟艺，磊落焕炳，与神契合。"[③]这是对张衡比较全面的评价。张衡在他的一生中，勤奋学习，刻苦钻研，"如川之逝，不舍昼夜"。在天文学、数学等领域取得了突出的成就，因此可谓"数术穷天地"；而他在机械设计和制作上也颇有高深造诣，如水运浑象、候风地动仪、记里鼓车、指南车等机械的制造，故"制作侔造化"亦非虚辞。

除了在科学技术领域取得卓越的成就外，张衡在中国文学史也占有重要地位，比如脍炙人口的《南都赋》等文学作品。可以说，张衡在科学技术、文学艺术等方面所做出的贡献，不仅是中华民族的光荣和骄傲，也是留给整个人类历史的宝贵财富。正如有学者所云："天降斯人于东汉中，这是一个需要和产生英雄的年代，自秦和汉代早期的恢复，及其后200余年的发展与积累，科学技术

---

① 莫绍揆：《论张衡的圆周率》，《西北大学学报（自然科学版）》1996年第4期。

② 钱宝琮：《张衡〈灵宪〉中的圆周率问题》，《科学史集刊》第1期，科学出版社，1958年；又载刘永平主编：《张衡研究》，西苑出版社，1999年，第381～383页。

③ （东汉）崔瑗：《河间相张平子碑》，《全上古三秦汉三国六朝文》第2册，河北教育出版社，1997年，第433页。

到了需要加以总结和提高的时候。张衡——一位在中国历史上罕见的、如此全面发展的杰出人物应运而生了，这似乎带有某种偶然性，但在此偶然性后面，应更带有一种铁的必然性。”①

当然，由于时代局限性，张衡的科学研究中，也必然存在着这样或那样的缺憾，但是这无损于张衡对中国乃至世界科学、文化所做出的卓越贡献。1800多年来，张衡一直受到人们的敬仰和怀念，为了纪念张衡的功绩，人们将月球背面的一个环形山命名为“张衡环形山”，将小行星1802命名为“张衡小行星”。

第四节　王景治河的科学措施及成就

黄河的泥沙含量非常大，公元前4世纪，就已经有“浊河”②之称。1世纪，又有“河水重浊，号为一石水而六斗泥”③的说法。因为河水中含有大量的泥沙，造就其“善淤、善决、善徙”的特性。周定王五年（公元前602年）黄河于宿胥口改道以后，至西汉以前，黄河较为安定。西汉以后黄河决溢的记载越来越多，到王莽始建国三年（11年）黄河又发生了重大改道，给两汉时期的人民带来了重大的灾难。在同黄河所带来的严重灾害做斗争的过程中，劳动人民不断总结治河经验，东汉时期的水利工程专家王景采取科学的措施治理黄河，使黄河在此后安澜长达800年之久。

一、秦汉时期河患与治理概况

为了同黄河争地，早在战国时期就已经开始修筑河堤，然而当时天下纷争不断，临河各国修筑堤防均出于自身安全利益的考虑，因此导致所修河堤不尽合理。秦统一天下以后，六国遗民皆为秦人，始皇帝即着手改造不合理的堤防，以促进经济的发展、社会的安定。史载公元前215年，秦始皇东临碣石时，刻石自颂曰：“初一泰平，堕坏城郭，决通川防，夷去险阻。”④《中国水利史稿》指出：“这‘决通川防，夷去险阻’，大约是改建不合理的堤防，从而使旧有的险工段化险为夷。这可能包括统一整理黄河大堤。所以秦始皇帝特别重视，要在刻石纪功时专门提上一笔。”⑤这是一个敏锐的发现，西汉初年未见有大规模修筑黄河大堤的记载，直到文帝十二年（公元前168年）“河决酸枣，东溃金堤”时，汉代才开始大规模治理黄河。这足以说明秦帝国是下功夫治理过黄河的，对战国时期的河堤进行了统一的治理，西汉正是得益于此，在最初的几十年，黄河在统一堤防的约束下，未造成大的灾难。

西汉以后，河患日益严重，多次决溢。据统计，这一时期仅见于史书记载的有15年16次⑥，决溢情况参见表4-3。

---

① 杜石然等主编：《中国科学技术史·通史卷》，科学出版社，2003年，第237页。

② （汉）刘向集录：《战国卷·燕策一》，上海古籍出版社，1985年，第1057页。

③ （东汉）班固：《汉书》卷二十九《沟洫志》，中华书局，1962年，第1697页。

④ （汉）司马迁：《史记》卷六《秦始皇本纪》，中华书局，1959年，第252页。

⑤ 武汉水利电力学院、水利水电科学研究院《中国水利史稿》编写组：《中国水利史稿》（上册），水利电力出版社，1979年，第172页。

⑥ 《黄河水利史述要》编写组：《黄河水利史述要》，黄河水利出版社，2003年，第60页。

续表

表4-3　汉代黄河决溢统计表

年份	决溢地点	决溢情况
文帝十二年（公元前168年）	酸枣	“河决酸枣，东溃金堤。于是东郡大兴卒塞之。”（《史记·河渠书》）“十二年冬十二月，河决东郡。”（《汉书·文帝纪》）
武帝建元三年（公元前138年）	平原	“三年春，河水溢于平原，大饥，人相食。”（《汉书·武帝纪》）
武帝元光三年（公元前132年）	顿丘	“三年春，河水徙，从顿丘东南流入渤海。”（《汉书·武帝纪》）
武帝元光三年（公元前132年）	濮阳	“夏五月，河水决濮阳，泛郡十六。”（《汉书·武帝纪》）“孝武元光中，河决于瓠子，东南注巨野，通于淮泗。”（《汉书·沟洫志》）
武帝元封二年后（公元前109年后）	馆陶	“自塞宣房后，河复北决于馆陶，分为屯氏河，东北经魏郡、清河、信都、渤海入海。”（《汉书·沟洫志》）
元帝永光五年（公元前39年）	灵县	“永光五年，河决清河灵鸣犊口，而屯氏河绝。”（《汉书·沟洫志》）
成帝建始四年（公元前29年）	馆陶及东郡金堤	“四年……秋，桃李实，大水，河决东郡金堤。”《汉书·成帝纪》“后三岁（指建始元年后三年），河果决于馆陶及东郡金堤，泛溢兖、豫，入平原、千乘、济南，凡灌四郡三十二县，水居地十五万余顷，深者三丈，坏败官亭室庐且四万所。”（《汉书·沟洫志》）
成帝河平二年（公元前27年）	平原	“后二岁，河复决平原，流入济南、千乘，所坏败者半建始时。”（《汉书·沟洫志》）
成帝鸿嘉四年（公元前17年）	勃海、清河、信都	“是岁，勃海、清河、信都河水溢溢，灌县邑三十一，败官亭民舍四万余所。”（《汉书·沟洫志》）
成帝永始、元延间（公元前13～前12年）	黎阳	“往六七岁（指哀帝元年前六七年），河水大盛，增丈七尺，坏黎阳南郭门入至堤下……水留十三日，堤溃。”（汉书·沟洫志）
平帝元始年间（1～5年）		“平帝时，河、汴决坏。”（《后汉书·王景传》）
王莽始建国三年（11年）	魏郡	“河决魏郡，泛清河以东数郡。”《汉书·王莽传》
殇帝延平元年（106年）		“六州河、济、渭、雒、洧水盛长，泛溢伤秋稼。”（《后汉书·五行志》注引刘昭案：《袁山松书》）
安帝永初元年（107年）		“郡国四十一县三百一十五雨水，四渎溢，伤秋稼，坏城郭，杀人民。”（《后汉书·天文志》）
安帝建光年间（121～122年）		“霖雨积时，河水涌溢”；“青、冀之域，淫雨漏河。”（《后汉书·陈忠传》）
桓帝永兴元年（153年）		“秋七月，郡国三十二蝗；河水溢。”（《后汉书·桓帝纪》）“秋，河水溢，漂害人、物。”（《后汉书·五行志》）

从表4-3的数据可以看出，这些河患多发生在西汉中后期以后及东汉的前期，给沿河人民的生命财产带来了巨大的灾难。例如，汉武帝元光三年（公元前132年）河决濮阳瓠子（在今濮阳西

南），“东南注巨野，通于淮泗”，造成了“岁因以数不登，而梁楚之地尤甚”[①]的局面。由于当时正处于对匈奴战争的关键时刻，以及朝廷中权贵的阻挠，瓠子决口并未堵塞，黄河泛滥了20多年之久，致黎民涂炭，史载：“是时，山东被河灾、及岁不登数年，人或相食，方一二千里。”[②]再如，汉成帝建始四年（公元前29年）“河果决于馆陶及东郡金堤，泛溢兖、豫，入平原、千乘、济南，凡灌四郡三十二县，水居地十五万余顷，深者三丈，坏败官亭室庐且四万所”[③]。成帝鸿嘉四年（公元前17年）：“是岁，勃海、清河、信都河水湓溢，灌县邑三十一，败官亭民舍四万余所。”[④]从这些史料的记载中，可以看出河患的严重性，如果不及时治理，导致出现“人或相食”的局面，难免会对社会的稳定造成隐患。为了社会稳定，统治者不得不致力于河患的治理。

西汉时期，最大规模的黄河堵口工程，当数汉武帝亲自领导，由汲仁、郭昌主持的瓠子堵口。汉武帝亲临堵口现场祭祀河神，并命令随行人员自将军以下都背柴草参加施工。堵口工程中自然需要大量的木料、草料，然而“是时东郡烧草，以故薪柴少，而下淇园之竹以为楗”[⑤]。“淇园”是战国时期卫国的苑囿，堵口工程的浩大，以至找不到足够的柴草、木料，只得砍伐“淇园”之竹了。而面对堵口工程的巨大与艰难，武帝由衷地发出了感叹，曾作诗歌两首，曰：

瓠子决兮将柰何？皓皓旰旰兮闾殚为河！殚为河兮地不得宁，功无已时兮吾山平。吾山平兮巨野溢，鱼沸郁兮柏冬日。延道弛兮离常流，蛟龙骋兮方远游。归旧川兮神哉沛，不封禅兮安知外！为我谓河伯兮何不仁，泛滥不止兮愁吾人？啮桑浮兮淮、泗满，久不反兮水维缓。

河汤汤兮激潺湲，北渡污兮浚流难。搴长茭兮沈美玉，河伯许兮薪不属。薪不属兮卫人罪，烧萧条兮噫乎何以御水！颓林竹兮楗石菑，宣房塞兮万福来[⑥]。

从第一首诗歌中可以看出，汉武帝面对泛滥已久的黄河的无奈和忧愁。从第二首诗歌中可以看出当时采用的堵口技术：

“下淇园之竹以为楗”，裴骃《史记集解》引如淳曰：“树竹塞水决之口，稍稍布插接树之，水稍弱，补令密，谓之楗。以草塞其里，乃以土填之；有石，以石为之。”司马贞《史记索隐》曰：“楗者，树于水中，稍下竹及土石也。”

“搴长茭”，裴骃《史记集解》引如淳曰：“搴，取也。茭，草也，音郊。一曰茭，竿也。取长竿树之，用著石间，以塞决河。”瓒曰：“竹苇絙谓之茭，下所以引致土石者也。”

“颓林竹兮楗石菑”，裴骃《史记集解》引如淳曰：“河决，楗不能禁，故言菑。”韦昭曰：“楗，柱也。木立死曰菑。”

《汉书·沟洫志》引汉武帝诗歌“颓林竹兮楗石菑”句，颜师古注曰：“石菑者谓插石立之，然后以土填塞也。菑亦臿耳，义与插同。”

---

① （汉）司马迁：《史记》卷二十九《河渠书》，中华书局，1959年，第1412页。
② （汉）司马迁：《史记》卷三十《平准书》，中华书局，1959年，第1437页。
③ （东汉）班固：《汉书》卷二十九《沟洫志》，中华书局，1962年，第1688页。
④ （东汉）班固：《汉书》卷二十九《沟洫志》，中华书局，1962年，第1690页。
⑤ （汉）司马迁：《史记》卷二十九《河渠书》，中华书局，1959年，第1413页。
⑥ （汉）司马迁：《史记》卷二十九《河渠书》，中华书局，1959年，第1413页。

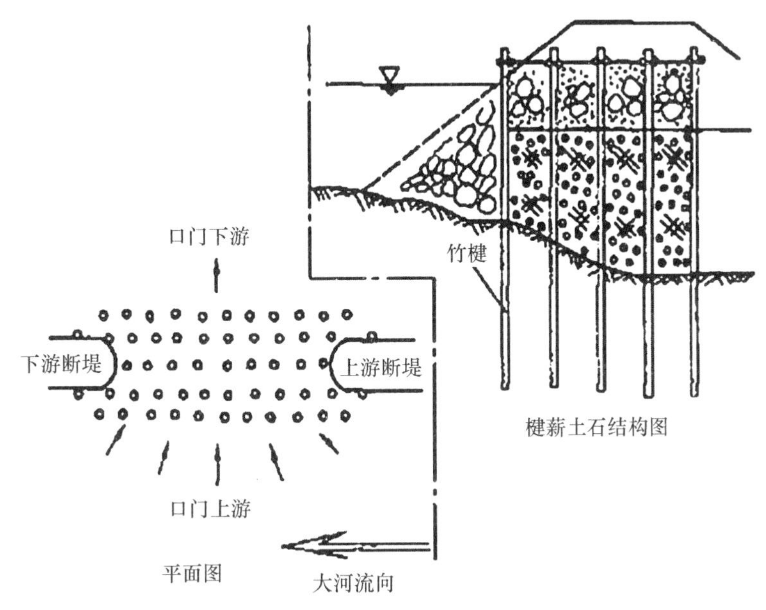

图4-22　瓠子堵口布楗示意图
（《黄河水利史述要》编写组：《黄河水利史述要》，黄河水利出版社，2003年，第70页）

从以上的注释中，可以看出瓠子堵口中使用的堵口技术，实际上就是用竹楗等作为立柱，在决口处打桩，然后将土、石的材料填塞其间的方法（图4-22），这与近代桩柴平堵法十分接近。

西汉时期另一次较大规模的堵塞黄河决口，是在成帝建始四年河决于馆陶、东郡金堤一代，造成了重大灾难以后。时河堤使者王延世采用了“以竹落长四丈、大九围，盛以小石，两船夹载而下之”[①]的方法，迅速取得了堵口的成功。

汉武帝与汉成帝时期的两次堵口所采用的技术是不一样的，可见西汉时期的堵口技术已相当成熟。但是这不能从根本上治理河患的问题，只能治标而不能治本。汉成帝见王延世治河迅速成功，重赏王延世等治河吏卒，史载：“东郡河决，流漂二州，校尉延世堤防三旬立塞。其以五年为河平元年。卒治河者为著外繇六月。惟延世长于计策，功费约省，用力日寡，朕甚嘉之。其以延世为光禄大夫，秩中二千石，赐爵关内侯，黄金百斤。”可见汉成帝对此次堵口十分满意，改元“河平”以自诩。但是仅两年之后，河又在平原决口，此后又屡次决溢，尤其是王莽时期的一次河决，其灾难性及影响更是巨大。

王莽始建国三年（11年），“河决魏郡，泛清河以东数郡。先是，莽恐河决为元城冢墓害。及决东去，元城不忧水，故遂不堤塞”[②]。面对决溢泛滥的黄河，王莽首先考虑的是自己的私利，等发现对自己私利没有危害时，竟然“遂不堤塞”，这种毫不关心百姓疾苦的做法，焉能获得天下黎民之心。其当政其间，虽“徵能治河者以百数”以征集治河方略，“但崇空语，无施行者”[③]。最终，王莽为天下人所弃，在此起彼伏的起义中落得个身首异处。

王莽死后，天下纷争不断，治理河患更是无从谈起。先是西汉平帝时，“河、汴决坏，未及得

① （东汉）班固：《汉书》卷二十九《沟洫志》，中华书局，1962年，第1688页。
② （东汉）班固：《汉书》卷九十九中《王莽传》，中华书局，1962年，第4127页。
③ （东汉）班固：《汉书》卷二十九《沟洫志》，中华书局，1962年，第1697页。

修”，而王莽始建国三年的河决也是“遂不堤塞”，及汉光武帝建武十年（34年），黄河漂没的范围已达数十县。当时的阳武令张汜上言：“河决积久，日月侵毁，济渠所漂数十许县。修理之费，其功不难。宜改修堤防，以安百姓。”在此建议下，光武帝随即征发士卒打算开始营筑河功。而浚仪令乐俊则上言：“昔元光之间，人庶炽盛，缘堤垦殖，而瓠子河决，尚二十余年，不即拥塞。今居家稀少，田地饶广，虽未修理，其患犹可。且新被兵革，方兴役力，劳怨既多，民不堪命。宜须平静，更议其事。”光武帝因此而止。此后“汴渠东侵，日月弥广，而水门故处，皆在河中，兖、豫百姓怨叹，以为县官恒兴佗役，不先民急”[①]，在百姓的哀怨声中，河患的治理迫在眉睫。

汉明帝曾下诏书，对西汉末至东汉初年这一段河患及治理情况做了详细概括：

> 自汴渠决败，六十余岁，加顷年以来，雨水不时，汴流东侵，日月益甚，水门故处，皆在河中，漭瀁广溢，莫测圻岸，荡荡极望，不知纲纪。今兖、豫之人，多被水患，乃云县官不先人急，好兴它役。又或以为河流入汴，幽、冀蒙利，故曰左堤强则右堤伤，左右俱强则下方伤，宜任水势所之，使人随高而处，公家息壅塞之费，百姓无陷溺之患。议者不同，南北异论，朕不知所从，久而不决[②]。

可见面对河患，因为存在着“左堤强则右堤伤，左右俱强则下方伤”的现实情况，因此治河议论一起，就存在着因地方利益之争而引起互相掣肘的局面，置大局于不顾，任黎民于水深火热之中。如果没有一个稳定开明的政治环境，想要治理河患是无从谈起的。

东汉明帝时期，政治稳定，经济好转，至永平十二年（69年）更是“天下安平，人无徭役，岁比登稔，百姓殷富，粟斛三十，牛羊被野”[③]。汉明帝终于下决心全面治理黄河，史载：“永平十二年，议修汴渠，乃引见景，问以理水形便。景陈其利害，应对敏给，帝善之。又以尝修浚仪，功业有成，乃赐景《山海经》《河渠书》《禹贡图》，及钱帛衣物。夏，遂发卒数十万，遣景与王吴修渠筑堤。”[④]中国历史上声势浩大、影响深远的王景治河从此拉开了序幕。

二、王景其人

王景，字仲通，东汉乐浪郡誹邯县（今朝鲜平壤西北）人，约生于东汉建武六年（30年）前，约卒于汉章帝建初八年（83年）。东汉时期著名的水利工程专家。

王景祖上本为琅琊不其（今山东即墨西南）人，在西汉初年的时候，迁至乐浪。据史书记载其八世祖王仲“好道术，明天文”，故此西汉初年诸吕欲为乱，齐哀王刘襄密谋发兵时，曾经多次向他征询意见。济北王刘兴居举兵的时候，甚至“欲委兵师仲”。而王仲担心受此事牵连，便举家渡海东奔到乐浪避山中居。

王景的父亲王闳，是乐浪郡中三老。先更始之乱时，乐浪土人王调杀太守刘宪，自称大将军、乐浪太守。建武六年（30年）光武帝刘秀派王遵击讨王调。王闳与郡决曹史杨邑等一起杀王调，迎王遵有功，于是受封为列侯。独王闳坚决辞爵，光武帝“奇而征之”，可惜的是，王闳在

---

① （南朝宋）范晔：《后汉书》卷七十六《王景传》，中华书局，1965年，第2464页。
② （南朝宋）范晔：《后汉书》卷二《明帝纪》，中华书局，1965年，第116页。
③ （南朝宋）范晔：《后汉书》卷二《明帝纪》，中华书局，1965年，第115页。
④ （南朝宋）范晔：《后汉书》卷七十六《王景传》，中华书局，1965年，第2465页。

中途病故。

王景为人深沉，年少时便致力于《易》的学习，后又博览群书，尤其喜好钻研天文术数，是一位知识渊博的人才，如史书云：王景“少学《易》，遂广窥众书，又好天文术数之事，沈深多伎艺”[①]。

王景擅长水利工程技术，史载：“显宗诏与将作谒者王吴共修作浚仪渠。吴用景墕流法，水乃不复为害。”[②]因此深谙治水之道，于永平十二年（69年）被明帝任命主持治理黄河水患。因治河功绩显著，陆续被提拔担任侍御史、河堤谒者等职。建初七年（82年），王景迁徐州刺史，次年又迁庐江太守。

王景在庐江任上，致力于发展农业，促进中原地区的先进生产技术的南播，为南方地区的农业发展做出了贡献。班固在《汉书》中记载道：

> 先是，百姓不知牛耕，致地力有余而食常不足。郡界有楚相孙叔敖所起芍陂稻田。景乃驱率吏民，修起芜废，教用犁耕，由是垦辟倍多，境内丰给。遂铭石刻誓，令民知常禁。又训令蚕织，为作法制，皆著于乡亭，庐江传其文辞[③]。

可见，王景将牛耕、蚕织等先进技术带到南方，并采用立碑刻铭、“著于乡亭”的方式，让广大农民能有直接的途径接触先进的生产技术，这不失为一种具有高效率的传播方式。

王景在庐江，可谓鞠躬尽瘁，死而后已，最终卒于任上，因此，班固将其视为循吏，并为其立传。除了致力于政事，具有较高的科技素养之外，王景还擅长文学创作，曾反对迁都长安，而作《金人论》以歌颂洛邑之美，天人之符，文采颇有可采据之处。

王景自幼读《易》，对卜筮、术数等术颇为留意。他“以为《六经》所载，皆有卜筮，作事举止，质于蓍龟，而众书错糅，吉凶相反，乃参纪众家数术文书，冢宅禁忌，堪舆日相之属，适于事用者，集为《大衍玄基》云”[④]。

三、王景治河措施和成就

汉明帝永平十二年（69年），任命王景与王吴主持治理河患，史书中对于此次治河过程及措施的记载较为详细，相关史料如下：

> （永平十二年）夏，遂发卒数十万，遣景与王吴修渠筑堤，自荥阳东至千乘海口千余里。景乃商度地势，凿山阜，破砥绩，直截沟涧，防遏冲要，疏决壅积。十里立一水门，令更相洄注，无复溃漏之患。景虽简省役费，然犹以百亿计。明年夏，渠成。帝亲自巡行，诏滨河郡国置河堤员吏，如西京旧制。
>
> ——《后汉书·王景传》
>
> （永平十二年）夏四月，遣将作谒者王吴修汴渠，自荥阳至于千乘海口。
>
> ——《后汉书·明帝纪》

---

① （南朝宋）范晔：《后汉书》卷七十六《王景传》，中华书局，1965年，第2464页。
② （南朝宋）范晔：《后汉书》卷七十六《王景传》，中华书局，1965年，第2464页。
③ （南朝宋）范晔：《后汉书》卷七十六《王景传》，中华书局，1965年，第2466页。
④ （南朝宋）范晔：《后汉书》卷七十六《王景传》，中华书局，1965年，第2466页。

（永平十三年）夏四月，汴渠成，辛巳，行幸荥阳，巡行河渠。乙酉，诏曰："……，今既筑堤、理渠、绝水、立门、河汴分流，复其旧迹，陶丘之北，渐就壤坟。故荐嘉玉洁牲，以礼河神。东过洛汭，叹禹之绩。今五土之宜，反其正色，滨渠下田，赋与贫人，无令豪右得固其利，庶继世宗《瓠子》之作。"

——《后汉书·明帝纪》

分析以上史料，在时间上，从永平十二年夏四月开始治理河患，到永平十三年治理成功，其间仅仅用了一年，面对这样一个"发卒数十万"，耗费以"百亿计"，筑堤"千余里"的工程，一年可谓短暂。

在工程上，主要是治理黄河和汴渠并重。"筑堤自荥阳东至千乘海口千余里"，显然是指修筑黄河大堤，将泛滥已久的黄河固定在新的河道内。"滨河郡国置河堤员吏，如西京旧制"，这说明黄河大堤筑成后，仿效西汉故事设置了黄河大堤的管理与维修制度。王景新修的黄河行洪路线比较径直，是黄河下游距海最近的路线，河流比降大，水流挟沙能力强，是一条理想的行洪路线①。

"商度地势，凿山阜，破砥绩，直截沟涧，防遏冲要，疏决壅积"，这是指对汴渠的治理，黄河决溢以后，侵入汴渠，使汴渠水道遭到破坏，如所谓的"水门故处，皆在河中"。为了使"河汴分流，复其旧迹"，所以开凿新的汴渠引水口，堵塞沟涧，加强堤防险工段的防护，疏浚淤积不畅的渠道。

至于治汴中"十里立一水门，令更相洄注"的记载，因文字简略，理解上分歧较大。清代学者魏源认为，是在黄河堤上每隔十里立一水门，并认为这是治黄的关键措施②。近代治水名家李仪祉则认为，这里所说的"十里立一水门"则是在汴堤上。黄河水盛涨时，河水注入汴渠后，经由水门流入河、汴两道堤防之间，使泥沙沉积下来，澄清后的河水在洪水过后再通过水门，回流到汴渠。这样不仅可以将河水带来的泥沙淤积于堤外，加固堤身，而且回流的清水还可以刷深渠道③。近人武同举则又持另一种见解，他认为"十里立一水门"是在汴渠引黄的口门间。据他推测："盖有上下两汴口，各设水门，相距十里，又各于河滩上开挖倒沟引渠，通于汴口之两处水门，递互启闭，以防意外。"④《中国水利史稿》认为，《水经注》所记述的"通渠古口"，除了济水、荥渎水两水门外，还有宿须口、济隧口、阴沟口、十字沟口、酸水口等，其中有的水口也可能是王景治河时所建，故此王景在汴水引黄上，采用的是一个多水口设施⑤。

通过以上的治理措施，达到预期的效果，最终使"河汴分流，复其旧迹"，而以前黄河泛滥的地区，土地逐渐得到了恢复，如"陶丘之北，渐就壤坟"，黎民百姓又可以在新的土地上进行耕作，为此明帝还特此下诏强调："今五土之宜，反其正色，滨渠下田，赋与贫人，无令豪右得固其

① 武汉水利电力学院、水利水电科学研究院《中国水利史稿》编写组：《中国水利史稿》（上册），水利电力出版社，1979年，第188页。

② （清）魏源：《魏源全集》（十三），岳麓书社，2011年，第309、310页。

③ 李仪祉：《后汉王景理水之探讨》，《水利月刊》1953年第2期。

④ 武汉水利电力学院、水利水电科学研究院《中国水利史稿》编写组：《中国水利史稿》（上册），水利电力出版社，1979年，第182、183页。

⑤ 武汉水利电力学院、水利水电科学研究院《中国水利史稿》编写组：《中国水利史稿》（上册），水利电力出版社，1979年，第184～188页。

利。”也就是说，将这些可以恢复的田地授予贫苦的百姓耕种，不能让那些强宗豪族趁机谋得私利。

四、王景治河与黄河安流

自东汉王景治河以后，至唐代末期大约800余年之中，有关黄河决口的记载甚少，历代政府也没有大规模修筑防洪工程，据黄委会统计，在这800年的时间里，黄河仅有40个年份有决溢的记载[①]。因此，这一时期被称为黄河安流期。

东汉至唐末黄河安流800年的历史事实很久以来就引起了人们的注意，对于黄河是否有安流期，有学者通过对东汉至唐末黄河安流问题研究的回顾，指出通过多年的争论与研究，东汉永平十二年以后至唐的黄河相比其他朝代而言，确实出现了一个相对安流的局面。具体来讲，东汉魏晋南北朝隋时期黄河水患相对较少，而唐以后黄河水患逐渐增多，但明显少于五代及宋以后[②]。

对黄河相对安流的成因，则有许多解释，影响较大的有两种：一种意见主要归功于王景治河。明景泰六年（1455年）徐有贞修沙湾决口时，“用王景治水门法以平水道，而山东河患息矣”[③]，水门法是王景成功的关键的看法。清人魏源和李仪祉均强调指出，东汉以后黄河相对安流局面的形成是王景治河的结果[④]。《中国水利史稿》一书认为王景治河对此后800年黄河安流的影响是比较清楚的，“因为，王景对于黄河的治理，主要措施是修建两岸大堤，这把黄河重新置于两岸大堤的约束之中，使它成为一条地下河，而且‘自荥阳东至于乘海口’，形成了一条入海最近的行洪路线，这条路线入海距离较短，比降较大，河水流速和输沙率均相应有所提高，这不能不对下游河床的稳定发生重要的影响。同时在一定的来水来沙条件下，河流纵剖面总会自动趋向于某个相应的比降上，因此，流路较短，河床抬升高度自然也较低，同样有利于防洪”[⑤]。任伯平也认为这段时间黄河安流的主要原因应当归功于王景治河[⑥]。

另一种意见认为主要是这一时期黄河中游植被状况良好，黄河泥沙较少的缘故：对黄河中游植被状况与黄河下游决溢改道间相互关系的研究，是历史地理学界的一个成果。谭其骧认为消弭黄河下游水害的决定因素是黄河中游的土地合理利用[⑦]。史念海认为，东汉以后，黄河上中游黄土高原地区的土地利用方式由农耕为主变成以畜牧为主，植被增加，水土流失减轻，从而减少了下游河患[⑧]。此论点受到一些学者重视。邹逸麟认为“东汉以后八百年内黄河下游出现长期安流局面是确凿无疑的历史事实。……其根本原因正如谭其骧先生在论文中所指证的，在于中游地区土地利用方

---

① 武汉水利电力学院、水利水电科学研究院《中国水利史稿》编写组：《中国水利史稿》（上册），水利电力出版社，1979年，第189页。

② 闵祥鹏：《东汉至唐黄河“安流”问题研究述论》，《历史教学》2010年第16期。

③ （清）张廷玉：《明史》卷八十三《河渠志》，中华书局，1974年，第2020页。

④ 魏源：《古微堂记·筹河篇》；李仪祉：《后汉王景理水之探讨》，《水利月刊》1953年第2期。

⑤ 武汉水利电力学院、水利水电科学研究院《中国水利史稿》编写组：《中国水利史稿》（上册），水利电力出版社，1979年，第193、194页。

⑥ 任伯平：《关于黄河在东汉以后长期安流的原因》，《学术月刊》1962年第9期。

⑦ 谭其骧：《何以黄河在汉以后会出现一个长期安流的局面》，《学术月刊》1962年第2期。

⑧ 史念海：《历史时期黄河在中游的侧蚀》，《河山集》第2集，生活·读书·新知三联书店，1981年，85～158页。

式的改变”[①]。王英杰认为，谭其骧“从（黄河）中游植被变化来研究下游河患问题，是一进步，较单从王景治河说去分析，说服力更强，是研究黄河变迁的一大突破”[②]。

又有人综合各项因素认为，新形成的河道入海距离较短，比降较大，从而提高了河水的流速和挟沙能力，减轻了河道淤积，这一点对黄河长期安流起到了决定性的作用。此外，植被、气候、堤防乃至海平面的变化等各项因素，也都起到了一定作用。不管大家怎样看待这一现象，但经王景治理后下游河道能在较长时期内很少发生决溢确是事实，王景主持修筑的堤防工程即使没有起决定性作用，也起到了重要作用[③]。

不管所谓的东汉至唐末黄河安流800年的原因是否在于王景治河，但确实由于王景治河，结束了西汉末年以来黄河泛滥成灾的局面，重新固定了黄河河道，恢复了东南水系，使汴渠得以疏通，单就这些来说已经取得了不容低估的成就。东汉人在称赞王景治河时就已经指出：“往者汴门未作，深者成渊，浅则泥涂。追惟先帝勤人之德，底绩远图，复禹弘业。”[④]在帝王时代臣子的功绩是要被记在君主的头上的，这里实际是在称赞王景的功绩，通过王景治河前后黄河状况的对比，就能十分清楚地看出王景治河的功绩所在了。

第五节　汉代的冶铁技术

铁器在中国出现的历史可以追溯到3300年前的商代中期，比如说在河北藁城、北京都发现了3300年前后的铁刃铜钺。虽然只是陨铁，但为铁器时代的到来奠定了技术基础。人工冶铁技术，根据目前的考古发现，是在距今2900年前后的西周晚期。大约到距今2500年前后，也就是春秋战国之际，社会历史进入铁器时代。铁器的出现在中国历史上占有十分重要的地位。铁器比青铜器坚韧、锋利，而且资源丰富，价格低廉，这为铁农具的大量制造创造了物质条件。

一、中原地区冶铁起源与发展概况

中原地区早在商周时期已能用陨铁制造兵器，人们在制造和使用陨铁的过程中积累了一些技术和经验，为冶铁技术的出现奠定了基础，春秋时期晋国曾在中原地区汝河之滨征铁铸刑鼎，说明这里的冶铁业已很发达。“美金以铸剑戟，试诸狗马，恶金以铸 鉏、夷、斤、斸，试诸壤土”[⑤]，这是用铁铸农具的历史证据。三门峡上村岭虢国贵族墓地中属于西周末期（时代相当于公元前9～前8世纪）的M2001（虢季墓）和M2009（虢仲墓）出土有迄今为止中原地区最早的人工冶铁制品。M2001随葬有1件玉柄铜芯铁剑和1件铜内铁援戈。M2009随葬有铜内铁援戈、铜骹铁叶矛、铜銎铁锛和铜柄铁削各1件。经检测，M2009随葬的铜内铁援戈（M2009：703）、铜銎铁锛（M2009：

① 邹逸麟：《东汉以后黄河下游出现长期安流局面问题的再认识》，《人民黄河》1989年第2期。

② 王英杰：《东汉以后黄河下游相对安流时期流域环境变迁与水沙关系的初步研究》，《黄河流域环境演变与水沙运行规律研究文集》第2集，地质出版社，1991年。

③ 辛德勇：《黄河史话》，中国大百科全书出版，2000年，第131页。

④ （南朝宋）范晔：《后汉书》卷三《章帝纪》，中华书局，1965年，第154页。

⑤ 上海师范大学古籍整理组校点：《国语·齐语》，上海古籍出版社，1978年，第240页。

720）和铜柄铁削（M2009：732）为陨铁制品；而M2001随葬的玉柄铜芯铁剑（M2001：393）、铜内铁援戈（M2001：526）和M2009随葬的铜骹铁叶矛（M2009：730）则为人工冶铁制品[①]。登封告成王城岗遗址中出土有属于春秋晚期的1件铁器残片（WT8②：7），似铲形，中厚边薄，微凹；残长5、残宽3.5、厚0.1～0.2厘米[②]。

到战国中晚期，伴随着冶铁业的发展和冶铸技术的进步，战国时期以冶铁著称的宛冯（今荥阳西北）、邓师（指今郑州市）、棠溪（今西平）、龙渊（今舞钢市东）等就在中原地区（《战国策·韩策一》），当时的冶铁技术达到了世界冶铁技术的先进水平，中原地区整个农业领域中铁农具已成为重要的生产工具，占有极大的比例。比如，在辉县固围村战国墓中，发现有58件铁农具，占全部农具的84.1%[③]；在新郑郑韩故城仓城铸铁作坊遗址出土铁农具200余件，占出土铁器的63.5%之多[④]。《管子·海王》就指出，当时“耕者必有一耒、一耜、一铫，若其事立”。《孟子·滕文公章句》：“以铁耕乎？”竟以铁作为农具的总称。可见，铁农具已在当时的生产中占有主导地位。

在铁农具的种类上，这一时期中原地区也有很大的发展，呈现出日趋完备的状态。根据杨宽先生的研究，春秋战国之际，农具只有“𨱏”、“凹”字形侈刃铁口锄、空首布式锄等品种[⑤]。但到战国中晚期，铁农具的种类已大大增多，如辉县固围村战国遗址中出土有犁铧、𨱏、锄、锸、镰、斧等，新郑郑韩故城仓城铸铁作坊遗址出土有铁锄、铁𨱏、镰、耙等[⑥]。总之，到了战国晚期，中原地区铁农具的种类，已由原来的𨱏、铲、镰三种，发展到𨱏（大、中、小三种）、镰、铲、錾𨱏、锄（六角形和半圆形两种）、铧、锸（“一”字形和“凹”字形两种）、锛（斧）等8种，如果细分就有十余种之多[⑦]。可以说，除播种农具外，农业生产每一环节所需要的农具都已基本成型。尤其是大量铁犁铧的出土，表明中原农业已进入较为先进的犁耕阶段。

两汉时期中原地区是冶铁重地，《汉书·地理志》共载47地有铁官，其中在河南的主要冶铁之地有弘农黾池（今渑池西）、河南郡（今洛阳东）、颍川阳城（今登封东）、汝南西平（今舞阳东南）、南阳宛县（今南阳）、河内隆虑（今林州）。《后汉书·郡国志》不载铁官，只言35地“有铁”，其中在河南的有颍川阳城、汝南西平、河内隆虑[⑧]。虽然《汉书·地理志》记载在中原境内只有6处有铁官，但经过考古勘探和发掘，中原地区的郑州、巩县、临汝、登封、温县、鹤壁、南阳、鲁山、桐柏、方城、西平、确山、林县、新安等15地都发现有汉代时期的冶铁遗址，可以说河南省是发现汉代冶铁遗址最多的省区。这些遗址面积大的有12万平方米，小的也有1万多平方米，可见其生产规模是很大的。巩县铁生沟遗址、郑州古荥镇遗址、温县招贤村遗址、南阳瓦房庄遗址的考古发

---

① 河南省文物考古研究所、三门峡市文物工作队：《三门峡虢国墓》，文物出版社，1999年，第573～589页。

② 河南省文物研究所、中国历史博物馆考古部：《登封王城岗与阳城》，文物出版社，1992年，第199页。

③ 中国科学院考古研究所：《辉县发掘报告》，科学出版社，1956年，第108页。

④ 李德保：《河南新郑出土的韩国农具范与铁农具》，《农业考古》1994年第1期。

⑤ 杨宽：《我国历史上铁农具的改革及其作用》，《历史研究》1980年第5期。

⑥ 李德保：《河南新郑出土的韩国农具范与铁农具》，《农业考古》1994年第1期。

⑦ 李京华：《河南古代铁农具（续）》，《农业考古》1985年第1期。

⑧ 程民生：《论两汉时期的河南经济》，《中州学刊》2005年第1期。

掘，充分展示了汉代中原地区的冶铁技术。郑州古荥镇遗址是已知汉代炼铁炉中最大的，而且生产规模和技术水平都走在当时世界的前列。在炉前清理出11块大小不等的积铁，其中一块重约23吨。出土的一件铁镬经过化验，有良好的球状石墨和明显的石墨核心及放射形结构，与现代球墨铸铁国家标准一类A级石墨相当[①]。

可以说，汉代中原地区在冶炼技术、铸铁技术、铸铁柔化技术、铸铁脱碳成钢技术、生铁炒钢技术等方面都达到了很高水平，代表了中国汉代钢铁冶炼技术的先进水平，这对中原地区乃至整个国家的农业、手工业、水利、交通、建筑、军事等方面的发展都有着重要影响[②]。

二、汉代中原地区的冶铁遗址[③]

（一）郑州古荥“河一”冶铁遗址

郑州古荥镇汉代冶铁遗址是一处兼具冶铁和铸造的汉代大规模官营冶铁作坊遗址，位于河南省郑州市西北20多千米的汉代荥阳故城的西墙外（图4-23）。考古工作者于1965年和1966年曾对遗址做过调查和试掘。经初步钻探，遗址南北长400、东西宽300米，面积12万平方米。1975年郑州市博物馆对该处的汉代冶铁遗址进行了部分发掘。发掘主要位于遗址的东北部（Ⅰ区），发掘面积1700平方米。在发掘范围内，最重要的发现是清理出两座冶铁竖炉炉基。以炉基为中心还清理出大积铁块、矿石堆、炉渣堆积区，以及与冶炼有关的遗迹水井、水池、船形坑、四角柱坑、烘范窑等。出土了一批耐火砖和铸造铁范用的陶模，还有铁器318件、陶器380余件、石器8件等。

图4-23　古荥冶铁遗址发掘现场之一
（《全国重点文物保护单位》编辑委员会：《全国重点文物保护单位》第Ⅱ卷，文物出版社，2004年，第478页）

1. 炼炉系统遗迹

（1）炼炉系统基础坑与夯土基础。两座炉基东西并列，间隔14.5米。炉门向南。建炼炉及其有关系统前先挖一个大的基础坑，一号炉基础坑略呈南北长方形，长约17、宽约13米；二号炉基础坑则大致为方形，边长13米。基础坑一般用黄土分层夯填，夯层厚5～10厘米，系用直径8厘米的圆形平底夯夯打。

（2）炉缸基槽与耐火材料土基床。在夯筑好的基础坑当中，开挖需特殊处理的炉缸基槽（与炉前工作面一体筑造，含炉前工作面的长度），基槽亦南北向，一号炉基槽南北长约11、东西宽约

① 河南省博物馆、石景山钢铁公司炼铁厂中国冶金史编写组：《河南汉代冶铁技术初探》，《考古学报》1979年第1期；郑州市博物馆：《郑州古荥镇汉代冶铁遗址发掘简报》，《文物》1978年第2期。

② 黄宛峰等：《河南汉代文化研究》，河南人民出版社，1999年，第312～330页。

③ 本节资料主要由河南省文物考古研究院刘海旺先生提供，特此表示感谢。

4、深2.5米；二号炉基槽南北长9.2、北宽2.6、南宽3.75米。二号炉基进行过局部解剖，炉基是先挖基坑，在基坑内夯填红色耐火土和黑色耐火土。因炉缸基础须耐高温和高压，因而，炉缸基槽主体用红色耐火黏土掺矿石粉、炭末组成特制耐火材料土分层夯筑填平（为增加炉缸基床的抗压性，在上部的耐火土中另外加有小卵石）。

（3）炉缸。在处理好的炉缸基床上，用同样的耐火土夯筑炉体。从残存的情况可知，一号炉炉缸呈椭圆形，现存南北长轴4、东西短轴2.7米；炉缸经高温已变成坚硬的蓝灰色；炉缸底部凹凸不平，有残存的铁块和因腔底耐火材料烧裂而流入缝中的铁；炉壁残高0.54、北壁厚1、东壁残厚0.45米；在夯筑的耐火炉壁之外又增加夯培黄土。东侧残存砖墙基，西侧砖墙基被破坏。结合炉前坑内的积铁研究，炉腹角62°，炉高6米，有效容积约50立方米。用陶泥质鼓风管插入炉内，每侧两管进行鼓风。根据炉子夯土基础的形状和面积的研究，此炉的体形是馒头状，两侧各2个鼓风器，后坡上料和前边操作的大形炼炉。计日产生铁1吨左右。二号炉的炉缸已损坏，从现存的迹象分析，炉缸底部两侧砌有砖墙四层，高0.25米；墙之间用耐火土夯筑，和砖墙平以后，向两边加宽，夯成椭圆形炉缸，然后向上筑炉壁，建成炉体（图4-24）。

（4）炉前工作面。在一号炉前工作面两侧有对称的圆形柱洞两个，间隔4.8、径0.4、深3米，底部以石头为柱础；二号炉前工作面的两侧则有两个边长1.5、深1.2米的方坑，底部置铁块为柱础，它们应为炉前作业栽立架木所用。

（5）炉前坑。紧靠一号炉工作面南边，呈不规则长方形，南北长6.1、东西宽4～6、最深3.7米。坑内有大积铁块1块，较小积铁块2块。从其成因分析，应为移动和掩埋大积铁而特挖。

图4-24　古荥冶铁遗址发掘现场之二
（河南省文物局：《河南文化遗产》，文物出版社，2011年，第267页）

（6）大积铁块。共清理出积铁块9块，分布在一号炉的东、西、南三面。一号积铁最大，在炉前坑中部，平面呈椭圆形，不甚平整，东西两侧各有一缺口；南北长轴3.24、东西短轴1.72～2.13米，北厚南薄，最厚1.1、最薄0.42米；铁块底部凹凸不平，因冶炼过程中炉腔底部逐渐被侵蚀，故积铁凝固后底面留下侵蚀的层次痕迹，并粘接炉底的耐火材料；铁块的大小、形状与一号炉炉缸底部基本相符，因此推测它是一号炉冻炉后处理的炉底积铁；在铁块上部西侧有略呈扁圆形、向外倾斜的形似立柱的炉内结瘤，高2.2、直径0.6、厚0.25～0.45米，外倾斜10°～15°，其底部与大积铁黏结一半，上部分叉；积铁重20余吨。积铁料块上遗留的木炭说明当时炼铁还主要是使用木炭作燃料。

（7）上料系统。在一号、二号炼炉中间后部，打破炉渣堆积，有一夯筑的3.5米见方的黄土台，台中有2米见方的浅坑，坑的四角各有一深

2.2、直径0.45米的柱洞。推测这四个柱子可构成一个竖架；而竖架立在两炉之间，偏向储料场一侧，可用于向炉顶提升原料。

（8）鼓风系统。没有发现与鼓风有关的遗迹，但出土有大量残破陶鼓风管。另外，从一号大积铁块的形状推测，炉缸短轴上各有两个风口，全炉共有4个进风口。值得注意的是“船形坑”和“四角柱坑”，前者位于2号炉的前左侧，后者位于1号炉的左后侧，经研究可能是两种形式的立轮传动鼓风机械的遗迹。

（9）给水系统。炉南有一口南北向的椭圆形水井，直径1.15～1.6米；井口砌有一层砖，以下为土壁。在一号炉北，有一南北向椭圆形水池，口径3.1～5.1、底径2.75～4.75、现深1.5米；池壁砖砌。

2. 铸造遗迹与遗物

冶炼区的东侧是铸造区，出土有大量的熔炉壁残块和泥质模与范块。熔炉形和犁铧的铸造工艺与南阳宛城相同。铲的铸模保存尚好，可知铲的铸造工艺。范的烘烤及窑形与温县烘烤窑相同。但燃料用煤，是我国最早以煤为烘范燃料的实例。农具范的造型工艺与宛城“阳一”遗址类同，但浇口和冒口已分开。出土铁犁、铧、铲、锛、䦆、臿、锄、凿、釭、齿轮、矛等318件。全部进行金相普查，铁器材质的品种有球墨可锻铸铁、可锻铸铁、铸铁脱碳钢、脱碳铸铁、麻口铁、灰口铁、白口铁等。作为具有刃口的工具和农具，铸铁脱碳钢、可锻铸铁、麻口铁等，已是很好的钢铁器具了。

在出土的318件铁器中，有犁、犁铧、铲、锛、䦆、臿等农具206件，均为铸造；此外还有凿、齿轮、矛等。另外还出土一些梯形铁板，板长19、宽7～10、厚0.4厘米；这些生铁铸造的铁板，既可以熔化铸造铁器，又可以经过退火脱碳成钢，作为锻造铁器的坯料。

在灰土和炉渣堆积中还出土了大量铸造铁范用的陶模（母范），计有犁模、犁铧模、铲模、凹形臿模、“一”字形臿模、六角承模。各种模子都分为上内模、上外模、下内模、下外模和范芯上、下模六种类型。一般在上内模上阴刻“河一”字铭。同时出土的还有用于直接浇注成器的陶范，计有铺首范、鼎耳范、鼎足范等。

在部分陶模和10余件铁器上发现有“河一”字铭，因而判断，古荥冶铸遗址当是汉代河南郡铁官的第一号冶铸作坊。

古荥汉代冶铁遗址在我国古代冶金史研究领域，特别是在汉代冶铁史研究领域占有极为重要的地位，遗址所揭示的冶铁规模之大和技术水平之高，充分说明了在汉代三大手工中处于主导地位的冶铁业已达到了空前的发展高度，成为繁荣的汉文明的最为重要的物质基础之一[①]。

（二）巩县铁生沟冶铁遗址

遗址位于今巩义市孝义镇南20千米铁生沟村南地，这里北依山坡，南濒坞罗河。距遗址不远

---

① 郑州市博物馆：《郑州古荥镇汉代冶铁遗址发掘简报》，《文物》1978年第2期；李京华等：《河南汉代冶铁技术初探》，《考古学报》1978年第1期；李京华：《中原古代冶金技术研究》，中州古籍出版社，1994年，第57～73页。

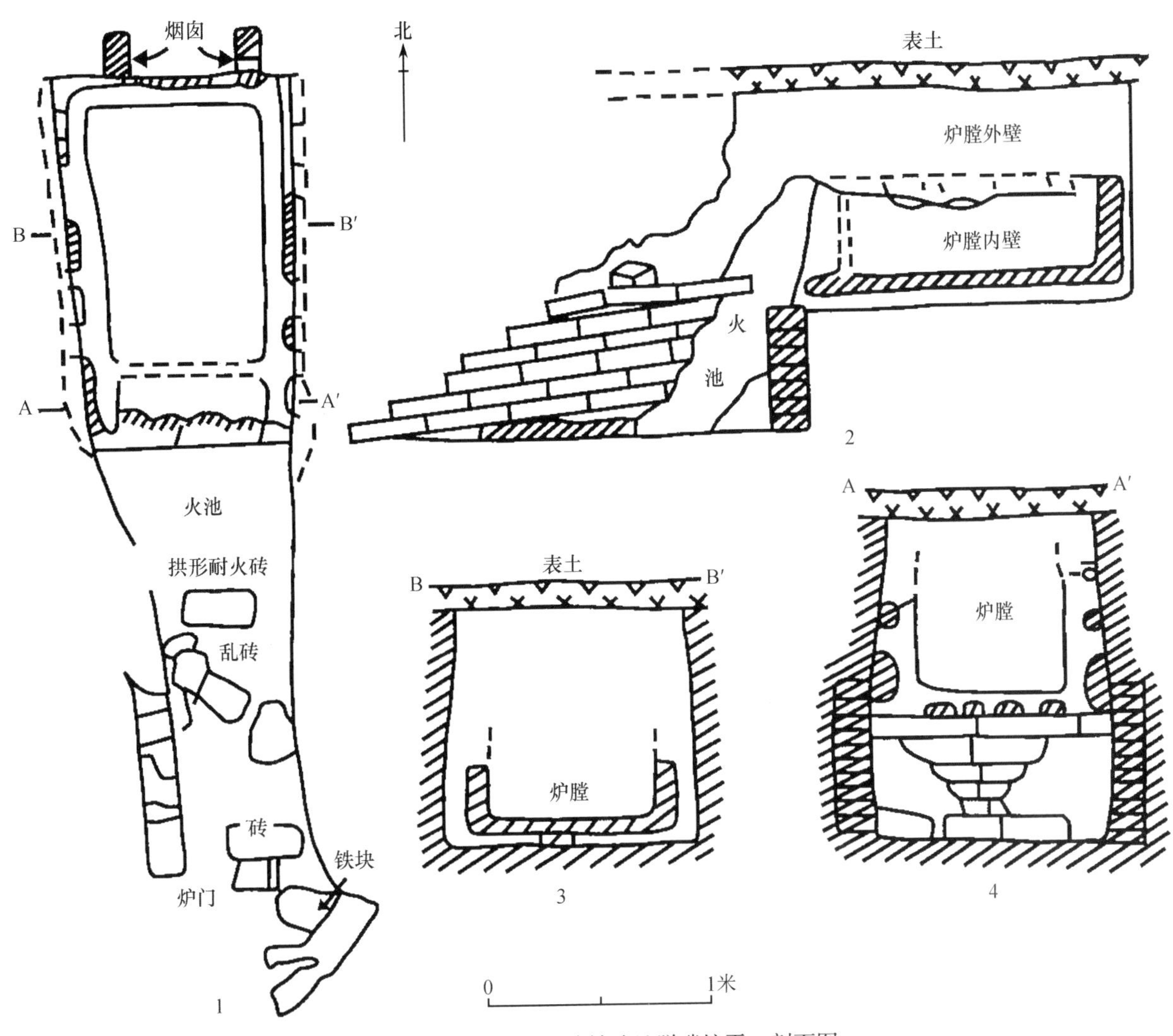

图4-25　巩义铁生沟冶铁遗址脱碳炉平、剖面图

1. 平面图　2. 西剖面图　3. 炉膛北剖面图　4. 炉膛上北剖面图

（王星光主编：《中原文化大典·科学技术典·矿冶建筑交通》，中州古籍出版社，2008年，第92页，图5.1.3）

的南、北和西南山区都有铁矿并有采矿井、巷道等古代采矿场遗迹，附近的森林、煤炭资源丰富。遗址东西长约180、南北宽约120米，面积约2.1万平方米。1958～1969年发掘2000千方米。发掘清理出的冶铁遗迹有炼炉8座、锻炉1座、炒钢炉1座、退火脱碳炉l座、烘范窑11座、多种用途的窑5座、配料池1个、废铁坑8个、房基4座等，还有铁器及铁料200余件、铁范1件、鼓风管残块8件、少量泥范和熔炉壁残块、陶器230余件等出土遗物[①]（图4-25）。

1. 铁矿石的开采与加工

铁生沟位于少室山的北麓，附近有较为丰富的褐铁矿与赤铁矿资源，早在战国时已被开采。调查发现附近的青龙山、金牛山和罗汉寺均有汉代采矿坑井，坑井方形和椭圆形，在坑井壁有镬痕，内遗留有汉代的铁镬、锤、剪、剑等铁器及五铢钱等遗物。在遗址发掘范围内，清理出许多矿石块

① 赵青云、李京华、韩汝玢等：《巩县铁生沟汉代冶铁遗址再探讨》，《考古学报》1985年5期。

和矿石粉，以赤铁矿石为最多，也有褐铁矿石块，矿石含铁64.48%～76%。矿石运进冶炼作坊后，要对矿石块进行整粒加工，大的矿石块用铁锲（一端为圆锥尖，另一端面为锤砸端面，长10厘米，可能用于较大块矿石的小块化）和石杵（上端面方形，上段有方榫以安装木杠，下段为圆柱体，建炉时亦可作为夯具使用）打碎，小矿石块用铁锤和石砧粉碎；然后进行筛选，筛除不适合装炉冶炼的少量矿石粉粒。另外，作为燃料的木炭入炉前也要整粒，以与矿石块的大小相适应。

2. 冶炼与铸造等遗迹

（1）炼炉。8座炼炉分布在遗址东部、中部与西部，其中的2个炉为长方形，余为圆形和椭圆形；长方形炉长约1.3、宽0.62～1米。圆形或椭圆形炉内径在1～2米。T20炉4为圆形，保存较好，炉缸内表面烧成青灰色琉璃状，残深1.1、内径2米左右，炉壁残存厚度0.6米；出铁槽向南，长3.4、宽0.9、低于炉底约0.5米。从炼炉的筑建遗迹看，都存在用红色黏土或白色黏土夯筑的炼炉系统夯土基础，而炉缸基床部分则用与夯筑炉体相同的掺煤的黑色耐火材料夯筑。炉子附近遗留有积铁块和炉料块，有的积铁块底黏结有黑色耐火材料痕迹（T12炉8内椭圆形积铁块长轴1.85、短轴1.35、高1.5米，积铁底部厚度为0.8米）。虽然已开始使用铝土（白色土）做耐火材料，但使用位置不固定，说明尚未认识铝土耐高温的性能。

（2）熔炉。遗址内未发现熔炉炉基，但出土有大量的熔炉耐火砖，分别位于炉口、炉腹、炉底等处。有的弧形耐火砖厚6厘米，内有1厘米厚的炉衬层，外糊2厘米草泥，砖内掺大量石英砂。根据弧形耐火砖的弧度，推测炉内径为0.85～1.15米。

（3）退火脱碳炉。炉由炉门、火池、炉膛、烟囱等部分组成；炉膛为长方形，长1.47、宽0.83、残深0.8米；火池低于炉膛0.54、长2、宽0.61～1、残深0.78米。炉膛壁砖砌，但炉壁和底均筑有8厘米宽的空腔，前端腔口与火池相接，后壁腔与烟囱相通，通风性能好并使前后炉温均匀。显然，该炉的设计与建造是较为科学的，退火脱碳时可以得到较多的可锻铸铁、铸铁脱碳钢等优质钢铁器。据计算炉内容积1立方米，以铁铲为例，每炉脱3天时间，一次可脱2000件左右。

（4）炒钢炉。发现1座。炉体筑在坚硬的红色土层上，缶形炉膛很小，内涂一层耐火泥，炉门向西，炉长0.37、宽0.28、残深0.15米，内残存一铁块。经金相检测的73件铁器中发现有14件炒钢制品。

（5）锻炉。发现1座。用白色铝土夯筑炉基，用红色耐火砖和土坯筑炉墙，炉膛近方形，长0.5、宽0.36、深0.24米，平底，门向南。附近出土有经过锻造的铁块、铁条等铁料。

（6）烘范窑。遗址内烘范窑可分为两种形式。一种为勺式，呈圆形或椭圆形，小者窑膛内砌2或3块砖作为窑齿，大者砌5块砖作为窑齿，用于烘烤大型的盆（冼）、釜、鼎等铸范。另一种为大小不等的方形或长方形平底窑，壁与底的烧色与范同。

（7）多用途窑。位于遗址中部，属长方形排窑，5座窑南北向并列成一排。遗址内出土有烧变形的筒瓦和陶器，所以推测作坊中使用的砖瓦、陶器、陶风管应为本窑所烧。当然，这些窑也可以烘烤叠铸范等小型铸范。

（8）其他遗迹。遗址内还清理出配料池、房基、积铁块与炉料块堆积坑等遗迹。

3. 冶炼与铸造等遗物

（1）鼓风管。分草泥质和陶质。草泥质鼓风管有的内径8、管壁厚6厘米，有的内径5、壁厚约1.5厘米；内面光滑，外面烧结有熔融层和气泡；有的有修补痕迹，其中泥料中掺有耐火砖碎块（熟料）。陶鼓风管有的外饰绳纹，内饰布纹，内径7.5厘米；有的一端粗，一端细，外裹草泥。依插入炉内的方式，鼓风嘴分为两种：一种是垂直插入炉内，周壁的烧流现象呈垂直方向；另一种是从炉侧插入炉内，仅端部一侧有烧流现象，内径为6.3厘米；其泥料中也掺有耐火砖碎块（熟料）。

（2）铸范。遗址内出土的与铸造有关的遗物有车马器（六角釭）叠铸范残块、一字臿铁范芯、浇口铁等。

（3）铁器。在200件铁器中，生产工具104件，计有䦆9、双齿䦆8、锄11、六角锄1、铧27、犁镜1、铲25、“一”字形臿7、“凹”字形小臿1、大铁臿1件等农具，合计91件；锤3、锲1、凿2、锛7等工具13件。刀3、钉30、钩3、鼻2、釜1等用具39件；还有剑、镞、弩机扳机（悬刀）各1件；铁板、铁块、余料铁板、锻造条材、锻造板材及残铁器等近50件。其中有“河三”铭文的铁器共8件（铲、铧各4件），未发现其他铭文。

选择出土铁器中的73件进行金相普查，其中的22件又取样分析，发现白口铁19、灰口铁和麻口铁8、可锻铸铁15、铸铁脱碳钢14、炒钢14。

（4）积铁块与炉料块。在遗址内炼炉的附近清理的7个坑状遗迹中，填埋有较多的大小不同的积铁块和炉料块。积铁是冶炼过程未能最终完成而形成的炉冻体（最大一块长1.8、宽1.5、高1.8米）或积存在炉底的铁水凝结物，当时的条件下只能废弃，清除后就地掩埋，这在汉代冶铁遗址中是比较普遍的现象。炉块料是呈海绵状的未完全熔化的炉渣和部分还原的矿石等的结合物，里面夹有木炭与熔融状的还原铁等，形状与大小均不规则，这也是冶炼未能完全顺利结束的产物。

（5）燃料。遗址中发现的燃料有3种，即木炭、煤和木柴。炉料中只见有木炭块，经分析，铁器中含硫量很低，所以，炼铁和熔铁均使用木炭作燃料。陶窑中和窑附近有煤灰、煤块，看来是使用了煤为烧窑的燃料。木柴则主要用于引火。

（6）陶器。陶片出土数量较多，其中有烧变形的陶器，证明此作坊烧陶；“舍”字陶片证明为工师的专用器；“大赦”陶盆片，说明冶铁劳动者中有刑徒。

铁生沟冶铁遗址是到目前为止我国考古发现的一处包括冶炼生铁、熔铁铸造、退火脱碳、炒钢、锻造等冶铁技术工艺、内涵最为丰富的古代冶铁作坊遗址。

（三）鲁山望城岗冶铁遗址

望城岗冶铁遗址位于鲁山县城南关外望城岗一带（图4-26）。这里地处伏牛山和外方山东麓，北、西、南三面环山，东部为沙河冲积平原。这里现存的汉代冶铁遗址东西长约1500、南北最宽约500米，面积近百万平方米，与冶铸有关的遗物的堆积极为丰富。2000年底到2001年初，曾对该冶铁遗址进行过一定规模的考古发掘[①]。发掘表明遗址西部是以一座大型冶铁竖炉为中心的冶炼小区，遗址东部则是铸造区。其中，通过对该冶铁炉炉基及其有关系统的清理，可发现其总体设计、布局与筑造上的特点。

① 河南省文物考古研究所等：《河南鲁山望城岗汉代冶铁遗址一号炉发掘简报》，《华夏考古》2002年第1期。

图4-26　鲁山望城岗冶铁遗址
（河南省文物局：《河南文化遗产》，文物出版社，2011年，第309页）

第一，具有设计明确的系统布局。发掘清理的结果表明，炼炉建筑之前，已存在一个明确的设计方案。该区域就以超大型冶炼竖炉为中心，炉门朝西。炉前（炉西）为操作与出铁和出渣场，左前侧建有工棚，右前侧建有储水池等。而竖炉本体，形状规整、结构清晰，坐落于一次筑成的夯土基础上；位于夯土基础的中部，用耐火材料夯筑的炉缸基床；布局紧凑的炉后系统遗迹、炉侧遗迹等。这些方面的情况说明，其整体布局的设计方案十分明确，设计思路相当清晰。

第二，炼炉及冶炼操作系统基础完整清晰。为建炼炉及冶炼操作系统的基础，先开挖一长方形的基础坑（约18米×12米）。基础坑做好后，首先在坑的最底部铺一层木炭，接着再铺两层石灰，这可能用于防潮；然后，用经过加工的灰白色土（这一区域不见有这种土）逐层夯筑，形成较为厚实的高炉夯土基础（现厚约1.8米）。而夯土基础南北方向（或左右方向）较长，而东西方向（或前后方向）较窄，这样，高炉两侧的外炉壁可以加宽加厚，更保证了炉腹的使用安全，也可起到一定的保温作用；同时，顺便在左右两侧形成南北两条坡道，可以方便地登炉装料。

第三，炉缸基床坚实致密。炉缸基床是在夯筑好的夯土基础中部再开挖一东西向基槽（开口7米×5米），基槽深度可能与基础坑等深。为更有利于承重，基槽向下分级收窄。在做好的基槽内分层夯筑耐火材料土，在这里，耐火材料的组成为：以红褐色耐火黏土为基础，均匀地掺入石英或砂石颗粒和木炭颗粒，石英或砂石颗粒经过筛选，木炭则经过整粒。使用木炭，目的在于提高炉体抗渣铁侵蚀的能力①；石英或砂石颗粒的使用，可以提高耐热度，又可提高抗压性。

第四，炉缸遗迹内涵丰富。由于后期对炼炉基础的利用，原炼炉的炉缸，除东壁有极少部分残余外，其余部分炉底以上无存。但从现存迹象仍可得出许多认识。炉缸壁的最内部分和炉壁以内的炉底上层直接与炉料相接触，因而受热最强，这些部位的耐火材料土烧结度最高，颜色呈蓝褐色；炉底中心部位表面呈铁褐色，带有铁的褐色亮泽，从迹象上看，似乎是一大块炉底石。耐火材料炉壁的最外部分，因仅受了较强的热辐射，颜色显示变化不大，仍为红褐色，只不过色度加深。而炉壁中部的耐火材料的颜色则呈灰褐色，具有过渡性。从以上这些迹象，可以较清楚地判断出炉缸的内径（综合估计，长轴在4米以上，短轴约为2.8米）、耐火材料内壁的厚度（约为1米）。另外，因炉腔底部渗入铁渣的线状残留，再结合上述迹象及炉前坑内出土的大积铁判断，炉缸的改建痕迹明显，也就是说，因炉缸越大，每炉的出铁量就会越多，但所需的鼓风量就越大，各方面的技术要求就会越复杂，生产的控制难度就越大，在当时的鼓风条件下，就较易发生冻炉现象。所以，炉缸就改小了（内径估计，长轴约2米，短轴约1.1米）。

---

①　《中国冶金史》编写组：《从古荥遗址看汉代生铁冶炼技术》，《文物》1978年第2期。

第五，炉后系统独特新颖。在炉缸耐火材料基床的东侧，也就是炉后，由一个南北向的长多柱洞坑和两个石柱础坑，共同组成一个系统设施。南北向的长坑的长度比基床的宽度稍短，且不超出基床的南北范围，方向与炉向大致垂直；坑内均匀地排列有4个圆形柱洞（直径为0.5、间隔0.4米），且坑内下部部分填土有夯打过的迹象；坑的南北两端向下有台阶存在。两个石柱础坑对称地位于长坑南北两端的外侧，两个石柱础分别呈方形和圆形，不算太厚。从这一组合的三个遗迹的特点判断，它们最可能是用于构成架设鼓风器具（皮橐）的基架的遗迹；可架设2个或2个以上风橐。当然，进风口仍应位于炉缸的短轴上①。

第六，炉侧遗迹有待明确。在炉缸基床的西端，也就是炉缸出铁口的南北两侧，打破高炉夯土基础，分别有一个开口略呈长方形的南北向坑（约2.5米×1.2米），深度比夯土基础坑略浅。这两坑的外侧两壁（西壁和南北壁）均做成可供上下的台阶，这可能是为方便最初挖坑并在坑内作业，因为坑较深；坑挖好后，待有关作业完成，坑被填平，台阶即失去意义。坑的外侧两壁均有台阶，应是多次使用的结果。坑的底部均有一小方坑，而小坑的底部又都铺有一层板瓦块。迹象表明，这两个坑可能用于栽立木柱。

第七，出渣沟首次发现。炉缸的出铁和排渣口已不复存在，但炉向确定无疑为西向（约为260°）。在炉缸方向的右前方，清理出一条与炉口方向一致的出渣沟（6米×0.5米，深0.3米），在近炉处有一定的内弧度；两侧壁及底部均用与高炉相同的耐火材料夯衬（厚5～10厘米），经火已变成灰褐色。

另外，在炉缸基床的西侧有一较大范围的坑状遗迹，在该坑的东北部，也就是紧靠炉缸基床，清理出一东西向、平面呈椭圆形的大积铁。积铁长轴约3.6、短轴约2.5、最厚处超过1米；该积铁呈浑圆一体，显系冶炼温度较高。坑内还有其他一些冶炼遗迹。

鲁山这一高炉遗迹的出土和清理，它所表现的设计上和建筑上独有的特色及其他方面的丰富内涵，对研究汉代冶铁技术的发展状况提供了极其珍贵的实物资料②。

（四）南阳瓦房庄铸铁遗址

该遗址位于今南阳市汉冶路北侧，在汉代宛城小城以北和大城以内的手工业作坊区内，其东南是冶铜遗址，东北为制陶作坊。该遗址面积12万平方米，考古工作者曾于1959～1960年在此发掘，发掘面积4864平方米。发掘表明，该遗址属于汉代铁器铸造与加工作坊遗址③。

发掘清理出的属于西汉时期的遗迹有熔炉基4座、地面范8个、水井9眼、水池3个、勺形鼓风机械基址1处；遗物分熔炉壁残块、鼓风管残块、范块和110件各种铁农具和工具。属于东汉时期的遗迹有熔炉基5座、烘范窑和退火脱碳炉窑4座、锻炉6座、炒钢炉1座、水井2眼、火烧槽4个、范坑3个、灰坑21个、瓦洞3个；遗物分炉壁残块、鼓风管残块、铸模和铸范（多达560余块），还有近千

① 刘云彩：《中国古代高炉的起源和演变》，《文物》1978年第2期。

② 河南省文物考古研究所、鲁山县文物管理委员会：《河南鲁山望城岗汉代冶铁遗址一号炉发掘简报》，《华夏考古》2002年第1期；刘海旺：《河南鲁山新发现的汉代大型椭圆冶铁高炉特点初探》，《科技考古论丛》第3辑，中国科技大学出版社，2003年，第124、127页。

③ 河南省文物研究所：《南阳北关瓦房庄汉代冶铁遗址发掘报告》，《华夏考古》1991年1期。

件的各种铁器。

1. 铸铁遗迹

（1）熔炉（图4-27）。发现西汉时期熔炉基4座及一些炉壁残块。炉基从结构上看，是将地面先平整夯实，然后铺垫一层厚5厘米的草拌泥，草拌泥的范围呈圆形，直径2.5～4米。草拌泥层上建炉底座。炉座底层所用的耐火材料掺入有大颗粒的自然沙粒。炉体是用长方弧形耐火材料砖与耐火材料筑砌，耐火材料是耐火黏土掺入人工粉碎的石英砂石颗粒混合而成。炉壁的结构大致是弧形耐火砖内涂草泥加石英砂形成炉衬层，砖外护敷较厚的草泥层。炉衬层经常需要修补。熔炉座是空心的，在中空部位有较多的耐火材料束腰形圆柱支撑炉底。炉座周壁用黄黏土特制的梯形砖砌成。

发现东汉时期的熔炉基5座，建筑方法和用材较西汉炉基复杂。分别用红烧土块（厚20～40厘米）或黄土夯筑炉基面，有的炉基面铺草泥。炉体各部残块的形状、材料构成和制作方法与西汉基本相同。根据各种迹象推算，熔炉的高度在3米左右，外径为1.16～1.84米。

（2）地面范。是在地面上制范并铸造大型铸件如大型盆、甑等的铸范。西汉时期的地面范发现8个，制造方法：首先平整地面，用草拌黄胶泥铺成圆形平面，直径2.8～2.85米；然后用火烘烤草拌泥面；接着用规具画出直径为1.52米的圆圈，在圈内用掺有植物粉末的泥与小而厚的砖砌筑中空的容器内范；外范为灰黄色泥质。从地面范面残存的遗迹看，铸件腔宽（铸痕宽）8厘米，形成一个内径1.52、外径1.68米的圆形铸痕。范腔铸面光滑，铸痕呈蓝灰色。

（3）给水设施。主要是水井和水池。属于西汉时期的水井9眼，为圆形陶井圈叠砌而成，内径

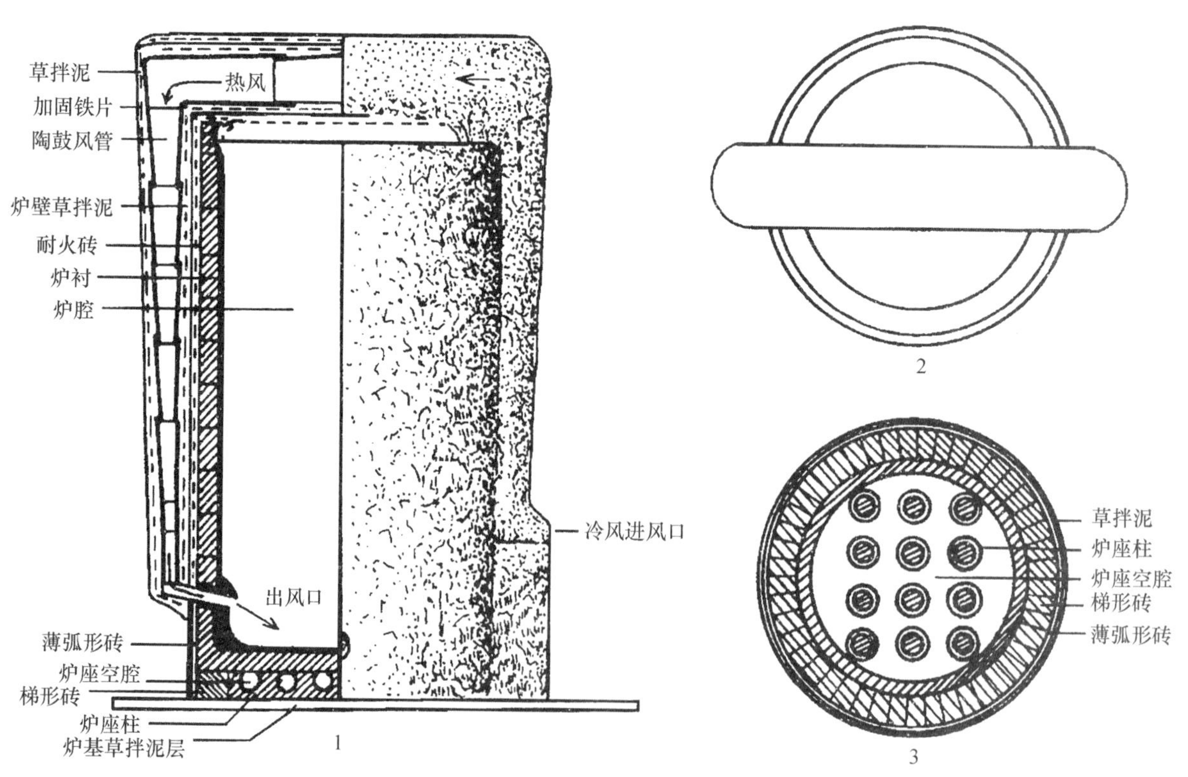

图4-27　南阳瓦房庄铸铁遗址熔炉复原示意图

1. 炉体结构图　2. 俯视图　3. 炉座断面结构图

（王星光主编：《中原文化大典·科学技术典·矿冶建筑交通》，中州古籍出版社，2008年，第96页，图5.2.2）

90厘米左右。水池3个，均为方形，位于井的周围，用坩子土夯筑，边长3米左右，深分别为0.8、0.95、2.14米。

属于东汉时期的水井2眼，一个用弧形斜端小砖砌筑井壁，另一个用长方形砖横平砌筑井壁。

（4）勺形鼓风机械坑。1座，属于西汉时期。平面开口成勺形，坑南部呈圆形，北部则呈长条沟槽形，圆形部分直径7.8～8.5米，沟槽部分长9.4、宽1.4～1.6米，深度均为2.6米。坑的西部有一个窄仅可供一人上下的四级台阶通道。圆坑部分内中部向下还有两个南北向排列的长方形坑，南坑长3、宽1.5米，北坑长2、宽1.5米，深度同为1米。勺形坑的南侧4～8米处分布有4座熔炉（现仅存炉基）。由勺形坑与熔炉基相共处，可推知勺形坑是装置以人为动力的卧轮传动的鼓风机械的基址。

（5）烘范窑和脱碳窑。4座，均为借用烧陶窑，属于东汉时期。窑由工作坑、窑门、火池、窑堂、烟囱所组成。其中1座窑的窑堂内堆有残破杂铁块300余千克，有的铁器熔黏在一起，说明此窑曾兼作退火脱碳炉使用。

（6）锻炉。发现东汉时期的锻炉8座，多为长方形，部分为椭圆形，多用耐火砖和草拌泥平地筑砌（个别为普通小砖和草拌泥砌成）。部分炉内残留有铁块或残铁铲。炉子的大小不等，小的炉腔长35、宽27厘米。大的炉腔长86、宽22～81厘米。从炉膛腔壁的烧结痕看，中部温度最高，推测可能从上口中部向下鼓风。

（7）炒钢炉。1座，系羼砂泥筑成，属于东汉时期。椭圆形，由火池和炉膛组成，炉膛底遗留有一块铁。炉膛东西长27、南北宽22～28、残深16厘米。火池在炉膛东，半圆形，东西长0.25、南北宽0.29、深0.12米。

其他遗迹还有烧土槽、范坑、渣坑、灰坑、渣堆、沙堆等。

2. 铸铁遗物

（1）鼓风管。西汉时期的鼓风管残块发现较多，分为草泥质和陶质。陶质管（直径约为17.5厘米）外裹掺有较多沙粒的草泥。鼓风嘴为草泥质，一端粗，一端很细。

遗址内出土的东汉时期的鼓风管内层为陶质，起骨胎作用，外为草泥壳层，起密封与耐火作用。一般一端粗另一端细，以便依次套接，内径15～25厘米。有的外草泥层中夹有铁片。这时的鼓风嘴分泥质和陶质两种；泥质鼓风嘴以筒瓦作为内胎。

遗址内出土有属于东汉时期的鼓风管支垫砖，置于炉口以支撑鼓风管。这些砖为泥质，弧形或长方形，有的砖上或砖间夹铺有梯形铁板。

从鼓风管等的情况看，推测鼓风管架设在炉口之上，是一种热鼓风的鼓风设备。

（2）原料与燃料。遗址内没有发现铁矿石或矿石粉，但出土较多的梯形铁板材和旧铁器，有的互相粘连，说明铸造的原料是铁板材与旧铁器。在许多熔渣内含有大小不等的木炭痕迹，表明使用的燃料是木炭。

陶塞：出铁口的塞子，一端细另一端粗，细端被烧熔。塞子的周围有裹挟细砂的草泥痕。长15、直径9.5～11.5厘米。

（3）铸模和铸范。属于西汉时期的有铁耧铧范芯2件、泥质带钩范1件等。

遗址内出土的属于东汉时的铸模与铸范数量较多，约有602件残块；铸模均为泥质，用来铸造铁范或翻制泥范；铸范用来铸造铁器成品，大部分是铁质、泥质，少量是石质。泥模和泥范都是用黏土和细砂制成，范芯和模芯内夹大量的植物粉末和细砂。所铸器形分铧、臿、耧铧、镢、锛、六角釭、锤、臼、軎、杈、釜、字范等20多种。

犁铧模与范：能够复原的42块，主要是泥质上下内外模和1件铁范芯残块。用上内模与上外模可合铸出上范，下内模与下外模可合铸出下范，芯上模与芯下模合铸出芯范。因依模翻制出的泥外范较薄，浇铸铁器前外面均需涂糊较厚的草泥。

臿模与臿范：9件。主要是上下内外模和铁上范。

耧铧模与范：13件。为一范两腔的翻范模具。

镢模与范：仅发现上内模和两件铁范芯。

锛模与范：7件，有上外模、上内模、范芯上模、铁质锛范芯等。锛的形式与铸造工艺和耧铧同，但器形略大。

六角釭模与范：50件。分上外模、下内模，此二模扣合铸出釭外范，然后与范芯、下范挡合铸六角釭铁铸件。

锤范：112件。有上范、下范。

车軎范：133件。双堆叠铸，一层二腔，多层相叠，浇口、直浇道、内浇口位于左右铸腔之间。

圆釭范：41件。叠铸。

还有杈范、铺首范、夯范、筒形器范、鼎（足）范、熨斗范、鐎斗范、字范、砝码范、销形器范、盖形器范、凹形器范、环形器范、梯形范、盆形器范芯、烛灯范芯、釜芯模、臼模、印章模等。

（4）铁器。属于西汉时期的铁器（多数为残旧器，也有残次品），计有犁铧2、耧铧7、“凹”字形臿3、镢7、铲3、“凹”字形锛8、斧18、圆形釭2、凿2、钩2、锥1、杈1、刀8、锤3、鼎1、熨斗1件等铸铁器，还有铁材锻制品剑2、三棱形铁条1、圆铁条1、方铁条1、圆形圈1、方形圈3、环4件等。

遗址内出土的东汉时期的铁器，依据表面有无锻打痕迹和金相分析结果，可分为铸造铁器和锻造铁器（包含部分经过锻打的铸铁脱碳制品）。铸造铁器（没有经过锻打）较多，大部分是回收的废旧铁器，另一部分没有使用痕迹的新器则多为有铸造缺陷的残次品。铸造制品主要有“V”字形犁铧154、犁6、臿23、耧铧86、镢71、锛21、锄4、铲41、斧66、锤14、釭21、齿轮1、杈11件，还有一些残铁器块：车軎3、鼎9、釜17、炉1、臼2、熨斗4、鐎斗2、灯2、夯1、耙齿形器1、纺轮1、铁板15件。

锻制铁器的种类和数量计有镢1、镰96、刀116、凿35、铁钩19、鼻21、锥4、矛5、镦3、衔9、镳2、环16、扁体铁条74、方体铁条44、圆体铁条36件。此外还有残铁剑2、镞2、斜口刀2、钳形器4、泡形器3件等。

在东汉时期的犁铧上内模、六角釭下内模、铁镢等带有“阳一”铁官字铭，说明该作坊很可能是南阳郡铁官第一号作坊。

铁范和双堆叠铸，都是高工效生产技术，所以汉代铁工具之多并大量输往周边地区发展经济是有技术保障的。

经分析，南阳铁器材质有白口铁、灰口铁、白心和黑心可锻铸铁、脱碳铸铁、铸铁脱碳钢、炒钢等品类。

（五）温县招贤冶铁遗址

遗址位于温县西招贤乡西招贤村西北，汉温县城故址北墙中段之北，遗址面积1万余平方米。地表散存大量汉代陶片、铁渣、炉壁残块、碎范块等，文化层厚1～2米。遗址南部曾发现残炉基4座。在该遗址中，主要是清理出一座内涵丰富的、保存较好的烘范窑①。

烘范窑窑门向西，通长7.4、宽3米，由工作坑、火膛、窑室、烟囱等组成。工作坑近方形，长2.7、宽2.34米，西南角有上下的台阶，内堆积有车軎的范芯及大量烧废的范块、烧土块、铁渣和陶片等。窑门拱形，高1.44、宽0.84米，残存有0.36米高的封门土坯墙。火膛平面呈梯形，比窑室与工作坑底面低50厘米，内遗留有厚约15厘米的白灰和未燃尽的木炭。窑室近方形，长2.86、宽2.72米，底部铺砖，四壁用土坯砌成，向上收成拱券顶。窑室后壁有三个方形烟道，两侧的烟道向上弧形接入中间烟道。

从窑室内叠铸范的烧成温度看，在靠近火膛处的叠铸范表面，有的烧成琉璃态，有的烧软而变形；位于窑后和窑的底层的范块，仍成土色而一触即粉。这说明前者温度太高而后者温度太低，窑温不够均匀，也就是说靠近火膛处温度最高，离火膛越远温度越低；窑室上部温度高于窑室底部。

窑室内遗存有500多套已烘烤好待铸的摆放整齐的泥质叠铸范。所叠铸的器物种类有36种，大部分是用来铸造车马器的，可分为圆形釭、六角形釭、方形釭、车销、车軎、马衔、衔链、马镳、三连环、革带扣、圆环、钩形器、权等。

圆形釭范：254套。范块平面呈桃形，每块可铸1～2件，每套铸范由6～7块范块上下叠成。所铸釭以大小可分10个规格，孔径3～10、壁厚0.5、高3.5～4.6厘米。

六角形釭：3套完整。范块平面呈六角形，每套由5～7块叠成。铸件孔径分别为4.8、6、10.8厘米，壁厚0.8～1、高2.2～4厘米。

方形釭：仅发现1块，内圆外方。每块可铸2件，推测每套有11块叠成，一次可浇铸成22件方形釭。铸件内径1.8厘米。

车销范：51套，完整。范块平面呈方形，每范可铸4件，每套由6块叠合，每次可浇铸成24件车销。

车軎范：完整者18套。范面作桃形，每块范铸1件，每套由4块叠合，一次可铸4件车軎。车軎外径6.5、6.7、8厘米，长度与外径大致相同。还出土有部分车軎范芯及翻制軎范芯的模具。

马衔范：完整者3套。范面呈长方形，为双面带腔范，每套10层、每层铸2件，一次可铸20件。

衔链范：1套。范平面呈方形。衔接链长6厘米，两端环留有开口，中间则呈算珠状。10层（每

---

① 河南省博物馆、《中国冶金史》编写组：《汉代叠铸——温县烘范窑的发掘和研究》，文物出版社，1978年，第8页。

层为两块带腔范合成）一套，每套铸20件。

绳链衔范：2套完整。范块平面呈长方形，有4个铸件腔，一套10层（每层为两块带腔范合成），一次可铸40件。铸件长5厘米，扭绳状，两端有环。

镳范：2套。范块平面呈长方形。10层一套，每套铸20件。

三连环范：1块。范平面呈方形。每个三连环是由三个小环作“品”字形相连而成。一范4件。

革带扣范：17套。范块平面呈长方形或切角方形。可分为一范2、4、6件带扣三种。每套分12与14层两种，一次可铸24或56件。一范6件若每套按14层，一次可铸84件。

圆环范：80余套。范块平面呈长方形或方形。一范2或4件，每套16或17层两种，一次可铸32或68件。

钩形器范：2套，完整。范块平面呈长方形。一范6器，一套10层，一次可铸 60件。

权范：6套，完整。范呈圆柱状。一范1件，每套6层，一次可铸6件。

制范的材料由黏土、旧范土（用过的范，经破碎过筛后复用）、细砂、粗砂，以及草秸、草木灰等组成。旧范已经高温相变，热稳定性较好，研磨很细后适量羼入制范泥料中，不但可以提高泥料的可塑性，在干燥和烘烤的过程中也不易开裂。加入砂石颗粒可以降低范体的干强度，提高透气性。羼入一定量的草木灰或草秸可以减少范体的收缩率，防止在干燥及烘烤中产生裂纹；而经过高温焙烤，草秸屑炭化后又可使范体空隙增加，提高透气性及退让性。

外范（绳链衔范、马衔范、革带扣范）泥料中土成分含量较高（分别为27%、22.1%、16.7%），沙的含量相对较低（分别为73%、77.9%、83.3%），这是一种适宜的配比。黏土含量稍多，可以增加范体的强度，如果过量，黏附性增加，透气性则较差。

范芯（车軎范芯）泥料中土成分占11.6%、沙成分占88.4%，还加入有旧范粉、草秸屑等，含沙量高于外范。这就适应了浇铸时对范芯的要求：热化学稳定性高、透气性好、发气性低，既有一定的强度，又要有良好的退让性。遗址中出土的范芯质地疏松，沙粒分布不均，有很多细小的孔隙。

从泥范表面痕迹可以看出泥范是用金属范盒制作的。在一些革带扣范上中心斗合线及两侧木纹痕迹清晰可见。先制木质样模、模板和模框，而后制作泥模和浇铸金属模盒。再用金属模盒翻制叠铸范片。范片叠合后糊以草泥，入窑烘烤，趁热取出浇铸产品。

温县叠铸范浇注系统由浇口杯、直浇道、横浇道和内浇道组成。内浇道出口处口断面厚度仅2～3.5毫米，使得浇口处在固体凝固时自然断裂，在开范取铸件时不损伤铸件。

温县汉代招贤冶铁遗址叠铸范技术全面继承了商周以来制范技术传统的发展成果，对叠铸工艺规律的认识和掌握已非常精细，几十种叠铸范的制作规整而又精致，说明当时叠铸技术已相当普及。

三、冶铁鼓风技术的进步——水排的发明

南阳郡是当时中国的冶铁技术中心之一，冶铁业及冶铁技术均十分发达，在全国占有十分重要的地位。当时南阳郡太守杜诗，做了一件在冶铁技术史、科学技术史上具有重要意义的事情，

那就是改进了冶铁鼓风技术，发明了水排（图4-28）。

杜诗，字君公，两汉之际河内郡汲县人，生年不详，东汉建武十四年（38年）卒。杜诗才能出众，深受光武帝器重，先后担任过成皋县令、沛郡都尉、汝南都尉等职。建武七年（31年），杜诗迁升为南阳郡太守。在任期间，他“性节俭而政治清平，以诛暴立威，善于计略，省爱民役”“政化大行”[①]。

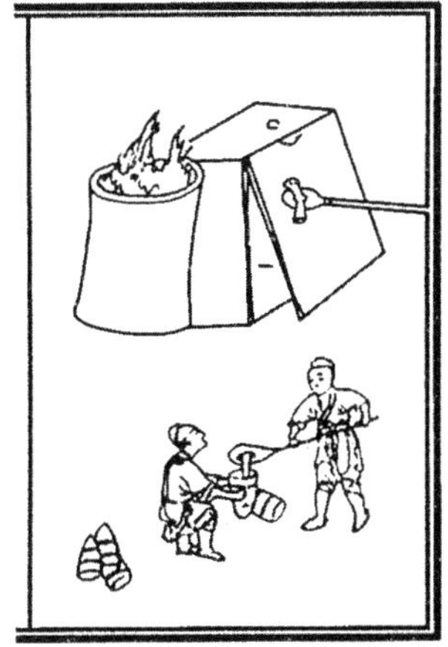
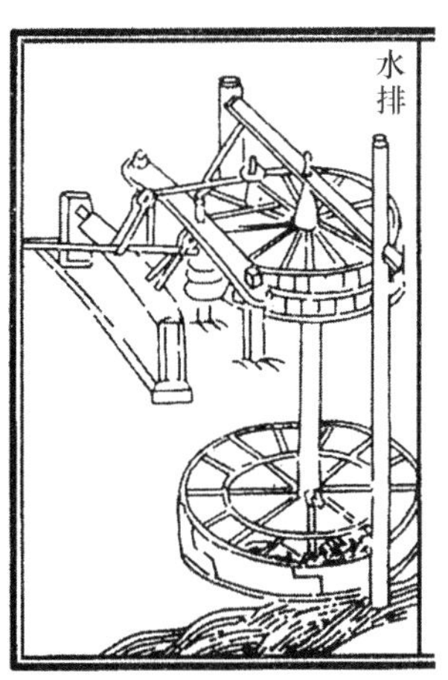

图4-28　水排

（依王祯《农书》绘制。王星光主编：《中原文化大典·科学技术典·数学物理学化学》，中州古籍出版社，2008年，第142页，图2.2.1）

杜诗不仅政治才能突出，而且对科学技术颇有研究，为了促进了农业生产的发展，他在南阳大修农田水利。史载“修治陂池，广拓土田，郡内比室殷足。时人方于召信臣，故南阳为之语曰：‘前有召父，后有杜母’”。可见他对水利技术十分熟悉，也正是因为拥有这样的技术背景，他才能对当时南阳郡冶铁鼓风技术做出改进，发明了以水为动力的鼓风设备——水排。

所谓的水排，是中国古代一种冶铁用的水力鼓风装置。因早期的鼓风器多是皮囊，一座炉子用好几个囊，放在一起，排成一排，就叫“排囊”；用水力推动这些排囊，就叫“水排”，它通过滚动机械，使皮制鼓风囊连续开合，将空气送入冶铁炉，《后汉书·杜诗传》记载：“造作水排，铸为农器，用力少，见功多，百姓便之。”这种机械用力少而见效大，不仅比人排，就是比马排的功效也高得多。《三国志·魏志·韩暨传》写道：“旧时冶作马排，每一熟石，用马百匹。更作人排，又费功力。暨乃以长流为水排，计其利益，三倍于前。”

关于水排的形制，《王祯农书·农器图谱·利用门》有详细的记载，主要分为卧轮式和立轮式两种水排。王祯曰：

> 以今稽之，此排古用韦囊，今用木扇。其制：当选湍流之侧，架木立轴，作二卧轮；用水激转下轮，则上轮所周迭絃索，通缴轮前旋鼓，掉枝一例随转；其掉枝所贯行桄，因而推挽卧轴左右攀耳，以及排前直木，则排随来去，扇冶甚速，过于人力。
>
> 又有一法：先于排前直出木簨，约长三尺，簨头竖置偃木，形如初月，上用秋千索悬之。复于排前植一劲竹，上带捧索，以控排扇。然后却假水轮卧轴所列拐木，自上打动前排偃木，排即随入；其拐木即落，捧竹引排复回。如此间打，一轴可供数排，宛若水碓之制，亦甚便捷，故并录此。

水排是在中国历史上影响深远的重要发明。它是利用水流这种自然力来从事手工业生产的重大发明，也使得中国成为世界上最早使用水力鼓风机的国家，比欧洲早了1000多年，表明了汉代冶铁鼓风技术及冶铁技术的先进性。杜诗发明的水排，在三国时期又得到更大范围的推广。到了元代，仍在推广利用。

---

① （南朝宋）范晔：《后汉书》卷三十一《杜诗传》，中华书局，1965年，第1094~1097页。

第五章 中原传统科学技术持续发展时期（魏晋南北朝隋唐时期）

第一节 中原地区天文学的持续发展

一、陈卓与三家星官的定纪

为了满足占星术和恒星观测等需要，厘定一个相对完整的全天星官系统，绘制比较完善的星表和星图，逐渐成为天文学发展的一件必须解决的大事。三国时期的陈卓适应时代发展的要求，对战国秦汉以来较为流行的几家星官体系进行了汇总和整理，构成了一个相对完整的全天星官，从而奠定了中国古代星官系统的基本模式，一直沿用到明代末年，为中国古代的占星术和恒星观测做出了突出贡献。

（一）陈卓的生平

关于陈卓的生平、事迹，各类史料的记载十分了了，屈指可数，主要有以下几条：

《隋书·天文志》："三国时，吴太史令陈卓，始列甘、石、巫咸三家星官，著于图录，并注占赞，总有二百五十四官，一千二百八十三星，并二十八宿辅官附坐一百八十二星，总二百八十三官，一千五百六十五星。"

《开元星占》："吴太史令陈卓与王蕃大同，作《浑天论》。"

《晋书·天文志》："武帝时，太史令陈卓总甘、石、巫咸所著星图，大凡二百八十三官，一千四百六十四星，以为定纪。"

《宋书·天文志》："永嘉三年，镇星久守南斗，……其年十一月地动，陈卓以为是地动应也。"

《晋书·戴洋传》："元帝将登祚，使洋择日，洋以为宜用三月二十四日丙午，太史令陈卓奏用二十二日。"

将这些零星记载和有关史料结合起来分析，可知陈卓约出生于三国吴大帝孙权黄龙末年至嘉禾初年（3世纪30年代初）。青壮年时期在吴国任太史令，精通天文星象，善于星占，曾整理古籍。晋太康元年（280年）吴亡入洛，时已中年，仍留任太史令，长期工作于著名的洛阳平昌门灵台。他经历了晋室八王之乱，约于惠、怀之际（3世纪末至4世纪初）可能因年事已高，不再任太史令，但仍参与天文事务。五胡乱华起，怀、愍两帝相继被执，西晋亡。具有爱国主义精神的陈卓以耄耋之年，于北上37载之后，又间关跋涉，重返故地。在东晋的都城建康，他参加了元帝的立国，约于

4世纪20年代初期去世，享年80余岁或近乎90岁[①]。因陈卓从事的天文研究主要集中在中原地区，尤其多是在京城洛阳进行的，且时间长达37年之久，因此他的天文成就与河南有着密不可分的关系。

陈卓久任太史令一职，并十分精通占星术，一生著述颇丰，据《隋书·经籍志》记载有《天文集占》十卷，晋太史令陈卓定；《陈卓四方宿占》一卷，梁四卷；《五星占》一卷，陈卓撰；梁有《石氏星经》七卷，陈卓记；《天官星占》十卷，陈卓撰[②]。《旧唐书·经籍志》记载有陈卓著作三种，所记与《隋书·经籍志》稍有差异，分别为：《天文集占》七卷、《四方星占》一卷、《五星占》二卷[③]。其他涉及陈卓著作的史籍有《晋书·天文志》："魏太史令陈卓更言郡国所入宿度，今附而次之，……"；李淳风《乙巳占》"今录古占书目于此：……《陈卓占》……《陈卓分野》……"

综合以上史料的记载，陈卓的著作主要有《天文集占》十卷、《四方宿占》一卷、《五星占》一卷、《天官星占》十卷、《陈卓分野》、《浑天论》及《甘石巫咸三家星官》等，此外尚有《五星出度分记》五卷、《悬捴记》三十卷，合计共九种。

从上述著作及现今能见到的各类著作的遗文来看，作为太史令陈卓对占星术十分精通，故其于占星术相关的论著也较多。与其占星活动密切相关的，陈氏还对具有悠久历史的"分野"进行了整理，并著《浑天论》阐述天文思想。但是其对中国古代天文做出的最突出的贡献，还是对甘、石、巫咸三家星官的整理工作。

（二）甘石巫咸三家星官的定纪

甘德、石申夫、巫咸三家星经是战国秦汉时期广为流传的星官系统，但是它们各自的星官体系还比较凌乱，缺乏统一的体系，尤其是当时还没有一个全天星官系统。有鉴于此，陈卓在甘德、石申夫、巫咸三家星官系统的基础上，对其进行了整理，首次确立了系统的全天星官，使众说纷纭的各家星官体系得到了统一。但是陈卓整理甘德、石申夫、巫咸三家星官的著作已经失传，如今已经很难得见其原著的原貌。

值得庆幸的事，由于中国古代占星术十分发达，历代占星师们对陈卓整理的全天星官体系均十分重视，并在实践中加以应用，故此陈卓原著虽然已经遗失，但是他所整理的星官体系却仍然在其后的相关著作中流传，其中《步天歌》《天象赋》《晋书·天文志》《隋书·天文志》《开元占经》均是以陈卓整理的星官体系为基础，加以发展而成，它们之间虽然有差别，但是从中也可窥见陈卓星官体系的大致面貌。陈美东先生对此做过十分细致的研究，对陈卓星官系统的嬗变及其历史影响做了系统总结[④]。

陈美东先生指出《步天歌》以歌诀的形式记述陈卓星官的星官、星数等；《晋书·天文志》和《隋书·天文志》是分"中宫""二十八舍""星官在二十八宿之外者"三个部分记述陈卓星官、

① 潘鼐：《陈卓》，《中国古代天文学家》，中国科学技术出版社，2008年，第129、130页。

② （唐）魏徵等：《隋书》卷三十四《经籍志》，中华书局，1973年，第1018、1019页。

③ （后晋）刘昫等：《旧唐书》卷四十七《经籍志》，中华书局，1975年，第2037页。

④ 陈美东：《陈卓星官的历史嬗变》，《科技史文集》第16辑，上海科学技术出版社，1992年，第77～91页。

星数等；而《开元占经》则有关于石德、甘申夫、巫咸三家星官、星数的记载，它十分明确地记述了某些属于某家的状况。也就是说，通过对后世《步天歌》等星官系统的分析完全可以清楚地得知陈卓星官的原貌[①]。

更让人瞩目的是，在敦煌文献中保存有唐初写本的三家星经。该星经编号为P2512，是一份天文星占残卷，卷首已残，现存三百行，约八千五百字，包括星占残卷、二十八宿次位经、三家星经、玄象诗、日月旁气等部分。据卷内“自天皇已来至武德四年二百七十六万一千一百八岁”一语，潘鼐先生认为该天文星占残卷当抄于唐初武德四年（621年），实较《晋书·天文志》《隋书·天文志》及《开元占经》等书为早，因此这是一份很重要的古代天文星象著作的原件[②]。

敦煌唐写本残卷《三家星经》记述了全天各星座的名称、星数及相对位置，其依次顺序为：“石氏中官”“石氏外官”“甘氏中官”“甘氏外官”和“巫咸中外官”。其所记载的具体的星座和星数如下：

石氏中官六十四坐，二百七十星赤；

石氏外官三十坐，凡二百五十七星；合廿八宿及中外官一百廿一坐，八百九星赤；

甘氏中官七十六坐，二百八十一星皆黑；

甘氏外官卌二坐，二百三十星；合中官一百一十八坐，五百十一星黑；

巫咸中外官卌四坐，一百卌四星黄；

合石、甘氏、巫咸三家星，总有二百八十三坐，一千四百六十四星。

敦煌写本《甘石巫咸三家星经》与《开元占经》《晋书·天文志》《隋书·天文志》等书有关星官的记载大同而小异，潘鼐先生的研究是目前较为完备者，详可参看氏著《中国恒星观测史》，其中所列《石氏、甘氏、巫咸氏三家星官的星名、星数及相对位置表》展示了陈卓所整理的三家星官体系的原貌，如表5-1所示。

表5-1　石氏、甘氏、巫咸氏三家星官的星名、星数及相对位置表[③]

按《敦煌唐写本》三家星官分家编号	星官总编号	星官名称	星数				按《敦煌唐写本》的相对位置
			写本	隋志	占经	论定数	
1	2	3	4	5	6	7	8
石氏 1	1	摄　提	6	6	6	6	夹大角
中官 2	2	大　角	1	1	1	1	摄提间
3	3	梗　河	3	3	3	3	大角北
4	4	招　摇	1	1	1	1	梗河北
5	5	玄　戈	1	2	1	1	招摇北
6	6	天　枪	3	3	3	3	北斗柄东
7	7	天　棓	5	5	5	5	女床东北
8	8	女　床	3	3	3	3	纪星北
9	9	七　公	7	7	7	7	招摇东

① 陈美东：《中国科学技术史·天文学卷》，科学出版社，2003年，第225页。

② 潘鼐：《中国恒星观测史》，学林出版社，2009年，第129页。

③ 潘鼐：《中国恒星观测史》，学林出版社，2009年，第135～142页。

续表

按《敦煌唐写本》三家星官分家编号	星官总编号	星官名称	星数				按《敦煌唐写本》的相对位置
			写本	隋志	占经	论定数	
1	2	3	4	5	6	7	8
10	10	贯　索	9	9	9	9	七公前
11	11	天　纪	9	9	9	9	贯索东
12	12	织　女	3	3	3	3	天纪星东端
13	13	天市垣	22	22	22	22	房心东北
14	14	帝　坐	1	1	1	1	在天市中（侯星西）
15	15	候	1	1	1	1	帝坐东北（东）
16	16	宦　者	4	4	4	4	帝坐西
17	17	斗	5	5	5	5	宦者西南
18	18	宗　正	2	2	2	2	帝坐东南（东）
19	19	宗　人	4	4	4	4	宗正东北（东）
20	20	宗	2	2	2	2	宗人北
21	21	东　咸	4	4	4	4	房东北
22	22	西　咸	4	4	4	4	房西北（北）
23	23	天　江	4	4	4	4	在尾北
24	24	建	6	6	6	6	南斗北
25	25	天　弁	9	9	9	9	建星北
26	26	河鼓、鼓旗	12	12	12	12	牵牛北
27	27	离　珠	5	5	5	5	须女北
28	28	匏　瓜	5	5	5	5	离珠北
29	29	天　津	9	9	9	9	在匏瓜（须女）北河中
30	30	螣　蛇	22	22	22	22	营室北
31	31	王　良	5	5	5	5	在奎北河中
32	32	阁　道	6	6	6	6	王良东北
33	33	附　路	缺（1）	1	1	1	（阁道南傍）
34	34	天将军	缺（12）	12	11	12，11	（在娄北）
35	35	大　陵	缺（8）	8	8	8	（在胃北）
36	36	天　船	缺（9）	9	9	9	（大陵北河中）
37	37	卷　舌	6	6	6	6	在昴北
38	38	五车、三柱	14	14	14	14	毕东北
39	39	天　关	1	1	1	1	五车南参西北
40	40	南河、北河	6	6	6	6	夹东井
41	41	五诸侯	5	5	5	5	东井北近北河
42	42	积　水	1	1	1	1	北河西星北
43	43	积　薪	1	1	1	1	积水东南

续表

按《敦煌唐写本》三家星官分家编号	星官总编号	星官名称	星数				按《敦煌唐写本》的相对位置
			写本	隋志	占经	论定数	
1	2	3	4	5	6	7	8
44	44	水　位	4	4	4	4	东井东南北列
45	45	轩　辕	17	17	17	17	七星北
46	46	少　微	4	4	4	4	太微西南北列
47	47	太　微	10	10	10	10	翼轸北
48	48	黄帝坐	1	1	缺（1）	1	太微中
49	49	四帝坐	4	4	缺（4）	4	夹黄帝坐
50	50	屏	4	4	缺（4）	4	帝坐南近
51	51	郎　位	15	15	缺（15）	15	帝坐东北
52	52	郎　将	1	1	缺（1）	1	郎位东北
53	53	常　陈	7	7	缺（7）	7	如毕状帝坐北
54	54	三　台	6	6	6	6	两两而居起文昌列抵太微
55	55	相	1	1	1	1	北斗南
56	56	太阳守	1	1	1	1	相星西北（西南）
57	57	天　牢	缺（6）	6	6	6	（北斗魁下）
58	58	文　昌	缺（6）	6	6	6	（斗魁前）
59	59	北斗、辅	缺（8）	8	8	8	（太微北）
60	60	紫微垣	缺（15）	15	15	15	（北斗北）
61	61	北极、钩陈	11	11	11	11	皆在紫微宫中
62	62	天　一	1	1	1	1	紫微宫门外，右星南（与紫宫门右星同度）
63	63	太　一	1	1	1	1	天一南相近
石氏 1	64	库楼、五柱、衡	29	29	29	29	在左角南
外官 2	65	南　门	2	2	2	2	库楼南
3	66	平　星	2	2	2	2	库楼北
4	67	骑　官	27	27	27	27	在氐南
5	68	积　卒	12	12	12	12	房心南
6	69	龟	5	5	5	5	在尾南
7	70	傅　说	1	1	1	1	在尾后
8	71	鱼	1	1	1	1	在尾后河中
9	72	杵	3	3	3	3	在箕南
10	73	鳖	14	14	14	14	在斗南
11	74	九　坎	9	9	9	9	牵牛南
12	75	败　臼	4	4	4	4	虚危南
13	76	羽林、垒壁阵	57	57	57	57	室壁南（营南）
14	77	北落师门	1	1	1	1	羽林西南
15	78	土司空	1	1	1	1	在奎南

续表

按《敦煌唐写本》三家星官分家编号	星官总编号	星官名称	星数				按《敦煌唐写本》的相对位置
			写本	隋志	占经	论定数	
1	2	3	4	5	6	7	8
16	79	天　仓	6	6	6	6	在娄南
17	80	天　囷	13	13	12	13	在胃南
18	81	天　廪	4	4	4	4	在昴南
19	82	天　苑	16	16	16	16	昴毕南
20	83	参　旗	9	9	9	9	在参西，一名天弓
21	84	玉　井	4	4	4	4	在参左足下
22	85	屏	2	2	1	2	玉井南
23	86	厕	4	4	4	4	在屏东
24	87	天　矢	1	1	1	1	厕南
25	88	军　市	13	13	12	13	参东南
26	89	野　鸡	1	1	1	1	军市中
27	90	狼	1	1	1	1	参东南
28	91	弧	9	9	9	9	狼东南
29	92	老　人	1	1	1	1	在弧南
30	93	稷	5	5	5	5	七星南
甘氏 1	94	天皇大帝	1	1	1	1	钩陈口（口中）
中官 2	95	四　辅	4	4	4	4	抱北极枢
3	96	华盖，杠	16	18	16	16	大帝上
4	97	五帝内坐	5	5	5	5	华盖下
5	98	六　甲	6	6	6	6	华盖柱（杠）旁
6	99	天　柱	5	5	5	5	在紫微宫中近东垣
7	100	柱下史	1	1	1	1	北极东（东北）
8	101	女　史	1	1	1	1	柱下史北
9	102	尚　书	5	5	5	5	紫微宫门内东南维
10	103	阴　德	3	2	2	2	尚书西
11	104	天　床	6	6	6	6	紫微宫门外
12	105	天　理	4	4	4	4	北斗魁中（口中）
13	106	内　厨	2	2	2	2	紫微宫西南角（外）
14	107	内　阶	6	6	6	6	文昌北
15	108	天　厨	6	6	6	6	紫微宫东北维外
16	109	策	1	1	1	1	王良前
17	110	傅　舍	9	9	9	9	华盖上，近河旁
18	111	造　父	5	5	5	5	傅舍南河中
19	112	车　府	7	7	7	7	天津东近河旁
20	113	人	5	5	5	5	车府东南
21	114	内　杵	3	3	3	3	人星南河旁

续表

按《敦煌唐写本》三家星官分家编号	星官总编号	星官名称	星数				按《敦煌唐写本》的相对位置
			写本	隋志	占经	论定数	
1	2	3	4	5	6	7	8
22	115	臼	4	4	4	4	人星东（南东）
23	116	扶　筐	7	7	7	7	天津北
24	117	司　命	2	2	2	2	在虚北
25	118	司　禄	2	2	2	2	司命北
26	119	司　危	2	2	2	2	司禄北
27	120	司　非	2	2	2	2	司危北
28	121	败　瓜	5	5	5	5	匏瓜傍
29	122	河鼓左旗	9	9	9	9	河鼓左傍
30	123	天　鸡	2	2	2	2	狗国北
31	124	罗　堰	3	9	3	3	牵牛东
32	125	市　楼	6	6	6	6	在市中临箕（箕上）
33	126	斛	4	4	4	4	在中斗南
34	127	日	1	缺（1）	1	1	旁中道前
35	128	天　乳	1	1	1	1	在氐北
36	129	亢　池	6	6	6	6	在亢北
37	130	渐　台	4	4	4	4	属织女东足
38	131	辇　道	5	5	5	5	属织女西足
39	132	三　公	3	3	3	3	北斗柄东（南）
40	133	周　鼎	3	3	4	3	摄提西
41	134	帝　坐	3	3	3	3	大角北
42	135	天　田	2	2	2	2	右角北
43	136	天　门	2	2	2	2	左角北（角南）
44	137	平　道	2	2	2	2	左右角间
45	138	进　贤	1	1	1	1	平道西
46	139	谒　者	1	1	1	1	左执法东北（北）
47	140	三公内坐	3	3	3	3	谒者东北
48	141	九卿内坐	3	3	3	3	三公北
49	142	内五诸侯	5	5	5	5	九卿西
50	143	太　子	1	1	1	1	黄帝坐北
51	144	从　官	1	1	1	1	太子西北
52	145	幸　臣	1	1	1	1	太子南（帝坐东北）
53	146	明　堂	3	3	3	3	太微西南角（外）
54	147	灵　台	3	3	3	3	明堂西
55	148	势	4	4	4	4	太阳守西南（北）
56	149	内　平	4	4	4	4	中台南
57	150	爟	4	4	4	4	轩辕尾西（尾南柳北）

续表

按《敦煌唐写本》三家星官分家编号	星官总编号	星官名称	星数				按《敦煌唐写本》的相对位置
			写本	隋志	占经	论定数	
1	2	3	4	5	6	7	8
58	151	酒　旗	3	3	3	3	轩辕右角南（右角）
59	152	天　樽	3	3	3	3	东井北
60	153	诸　王	6	6	6	6	五车南
61	154	司　怪	4	4	4	4	钺室北（钺南）
62	155	坐　旗	9	9	9	9	司怪南（东北）
63	156	天　高	4	4	4	4	参旗西近毕
64	157	砺　石	4	5	4	4	五车西北（西）
65	158	八　谷	8	8	8	8	五车北
66	159	天　谗	1	1	1	1	卷舌中
67	160	积　水	1	1	1	1	天船中
68	161	积　尸	1	1	1	1	大陵中
69	162	左　更	5	5	5	5	在娄东
70	163	右　更	5	5	5	5	在娄西
71	164	军南门	1	1	1	1	将军西北
72	165	天　潢	5	5	5	5	五车中
73	166	咸　池	3	3	3	3	天潢东（西北）
74	167	月	1	1	1	1	在昴东
75	168	天　街	2	2	2	2	昴毕间，在月星西（近月东）
76	169	天　河	1	1	1	1	在天廪西（昴西）
甘氏 1	170	青　丘	7	7	7	7	在轸东南
外官 2	171	折　威	7	7	7	7	在亢南
3	172	阵　车	7	3	3	3	在氐南
4	173	骑阵将军	1	1	1	1	骑官中东端
5	174	车　骑	3	3	3	3	骑官南
6	175	糠	1	1	1	1	箕舌前
7	176	农丈人	1	1	1	1	南斗西南
8	177	狗	2	2	2	2	南斗魁前
9	178	狗　国	4	4	4	4	建星东南
10	179	天　田	9	9	9	9	牵牛南
11	180	哭	2	2	2	2	在虚南
12	181	泣	2	2	2	2	在哭东
13	182	盖　屋	2	2	2	2	在危南
14	183	八　魁	9	9	9	9	北落东南
15	184	雷　电	6	6	6	6	营室西南
16	185	云　雨	4	4	4	4	霹雳南

续表

按《敦煌唐写本》三家星官分家编号	星官总编号	星官名称	星数				按《敦煌唐写本》的相对位置
			写本	隋志	占经	论定数	
1	2	3	4	5	6	7	8
17	186	霹　雳	5	5	5	5	土公西南
18	187	土　公	2	2	2	2	东壁南
19	188	土公吏	2	2	2	2	营室西南
20	189	铁　锧	5	缺（5）	5	5	天仓西南
21	190	天　溷	7	7	7	7	外屏南
22	191	外　屏	7	7	7	7	在奎南
23	192	天　庾	3	4	2	3	天仓东南
24	193	刍　藁	6	6	6	6	天菀西
25	194	田　园	13	13	13	13	天菀南
26	195	九州殊口	9	9	9	9	天节下
27	196	天　节	8	8	8	8	在毕附耳南
28	197	九　斿	9	9	9	9	玉井西南
29	198	军　井	4	4	4	4	玉井东南（屏东南）
30	199	水　府	4	4	4	4	东井南
31	200	四　渎	4	4	4	4	东井南辕东
32	201	阙　丘	1	3	2	2	南河南
33	202	天　狗	7	7	7	7	狼东北
34	203	丈　人	2	2	2	2	军市西南
35	204	子	2	2	2	2	丈人东
36	205	孙	2	2	2	2	在子东
37	206	天　社	6	6	6	6	在弧南
38	207	天　纪	1	1	1	1	外厨南
39	208	外　厨	6	6	6	6	在柳南
40	209	天　庙	14	14	4	14	在张南
41	210	东　瓯	5	5	5	5	在翼南
42	211	器　府	32	32	32	32	在轸南
巫咸 1	212	太　尊	1	1	1	1	中台北
中外 2	213	三　公	3	3	3	3	北斗魁第一星西
官 3	214	大　理	2	2	2	2	紫微宫门右（左）星内
4	215	女　御	4	4	4	4	钩陈星北（后北）
5	216	天　相	3	2	3	3	七星北（七星大星北）
6	217	长　垣	4	4	4	4	少微西南北列
7	218	虎　贲	1	1	1	1	下台南
8	219	军　门	2	2	2	2	青丘西
9	220	土司空	4	4	4	4	军门南
10	221	阳　门	2	2	2	2	库楼北（东北）

续表

按《敦煌唐写本》三家星官分家编号	星官总编号	星官名称	星数				按《敦煌唐写本》的相对位置
			写本	隋志	占经	论定数	
1	2	3	4	5	6	7	8
11	222	顿　顽	2	2	2	2	折威东南
12	223	从　官	2	2	2	2	房星东东北列（南？）
13	224	天　辅	2	2	2	2	房星东东西列（西）
14	225	键　闭	1	1	1	1	房东北
15	226	罚	3	3	3	3	东咸西南北列
16	227	列　肆	2	2	2	2	天市中斛星西北
17	228	车　肆	2	2	2	2	天市门左星内
18	229	帛　度	2	2	2	2	宗星东北（宗人东北）
19	230	屠　肆	2	2	2	2	帛度北（东北）
20	231	奚　仲	4	4	4	4	如衡状，天津北
21	232	钩	9	9	9	9	如钩状，造父东南（北）
22	233	天　桴	4	4	4	4	河鼓右旗端南北列
23	234	天　籥	8	8	8	8	南斗柄第一星西（南斗南，杓第二星西）
24	235	天　渊	10	10	10	10	在鳖东南九坎间
25	236	齐	1	1	1	1	九坎东星北（九坎东）
26	237	赵	1	2	2	2	在齐北（西北）
27	238	郑	1	1	1	1	在赵北（东北）
28	239	越	1	1	1	1	在郑北（西北）
29	240	周	2	2	2	2	在越东（东北）
30	241	秦	2	2	2	2	在周东南北列（东南）
31	242	代	2	2	2	2	在秦南（东南）
32	243	晋	1	1	1	1	在代西（西南）
33	244	韩	1	1	1	1	在晋北
34	245	魏	1	1	1	1	在韩北（东北，近秦星）
35	246	楚	1	1	1	1	在魏西（西南，近郑星）
36	247	燕	1	1	1	1	在楚南（东南，近晋星）
37	248	离　瑜	3	3	3	3	秦代东南北列
38	249	天垒城	13	13	13	13	如贯索，哭泣南
39	250	虚　梁	4	4	4	4	在危南
40	251	天　钱	10	10	10	10	北落西北
41	252	天　纲	1	1	1	1	北落西南
42	253	鈇　钺	3	3	3	3	八魁西北
43	254	天　厩	10	10	10	10	东壁北
44	255	天　阴	5	5	5	5	毕柄西（南）
石氏 1	256	角	2	2	2	2	
二十 2	257	亢	4	4	4	4	

续表

按《敦煌唐写本》三家星官分家编号	星官总编号	星官名称	星数				按《敦煌唐写本》的相对位置
			写本	隋志	占经	论定数	
1	2	3	4	5	6	7	8
八宿 3	258	氐	4	4	4	4	
4	259	房	4	4	4	4	
		鉤钤	2	2	2	2	
5	260	心	3	3	3	3	
6	261	尾	9	9	9	9	
		神宫	无	1	1	0，1	
7	262	箕	4	4	4	4	
8	263	南　斗	6	6	6	6	
9	264	牵　牛	6	6	6	6	
10	265	须　女	4	4	4	4	
11	266	虚	2	2	2	2	
12	267	危	3	3	3	3	
		坟墓	4	4	4	4	
13	268	营　室	2	2	2	2	
		离宫	6	6	6	6	
14	269	东　壁	2	2	2	2	
15	270	奎	16	16	16	16	
16	271	娄	3	3	3	3	
17	272	胃	3	3	3	3	
18	273	昴	7	7	7	7	
19	274	毕	8	8	8	8	
		附耳	1	1	1	1	
20	275	觜　觿	3	3	3	3	
21	276	参	10	10	10	10	
22	277	东井	8	8	8	8	
		钺	1	1	1	1	
23	278	舆鬼，积尸	5	5	5	5	
24	279	柳	8	8	8	8	
25	280	七　星	7	7	7	7	
26	281	张	6	6	6	6	
27	282	翼	22	22	22	22	
28	283	轸	4	4	4	4	
		长沙	1	1	1	1	
		辖	2	2	2	2	
283	283	合　计	1402	1470	1419	1464，1465	

陈卓整理当时流行的甘氏、石氏和巫咸氏三家星官，总结出283星官、1464颗恒星的全天星官系统，结束了此前各家星官众说纷纭的混乱局面，奠定了我国古代星官系统的传统模式，其意义是十分重大的。

二、张子信的天文学新发现

南北朝时期，张子信隐居海岛30余年，默默无闻地坚持天文学研究，其最主要成就是发现了太阳视运动的不均匀性、五星运动的不均匀性及月亮视差对交食的影响等，这些发现为隋唐及其以后时期的历法学产生了至关重要的影响，从而奠定了其在中国天文学史上的地位。

（一）张子信其人

与陈卓一样，史籍对张子信这样一位开创了中国古代天文学新局面的科学家也语焉不详，关于其生平及天文学新发现的具体内容，只能根据极简略的史料加以分析。容易引起争议的是，相关史料中记载了两个张子信，且彼此的事迹与活动迥然有别。

《北齐书》卷四十九《张子信传》云：

张子信，河内人也。性清净，颇涉文学。少以医术知名，恒隐于白鹿山。时游京邑，甚为魏收、崔季舒等所礼，有赠答子信诗数篇。后魏以太中大夫征之，听其时还山，不常在邺。又善易卜风角。武卫奚永洛与子信对坐，有鹊鸣于庭树，斗而堕焉。子信曰："鹊言不善，向夕若有风从西南来，历此树，拂堂角，则有口舌事。今夜有人唤，必不得往，虽敕，亦以病辞。"子信去后，果有风如其言。是夜，琅邪王五使切召永洛，且云敕唤。永洛欲起，其妻苦留之，称坠马腰折。诘朝而难作。子信，齐亡卒[①]。

《北史》卷八十九《张子信传》所记与《北齐书》基本相同，唯关于征张子信为"太中大夫"一事，云：

大宁中，征为尚药典御。武平初，又以太中大夫征之，听其所志，还山[②]。

《隋书》卷二十《天文志》云：

至后魏末，清河张子信，学艺博通，尤精历数。因避葛荣乱，隐于海岛中，积三十许年，专以浑仪测候日月五星差变之数，以算步之，始悟日月交道，有表里迟速，五星见伏，有感召向背。

言日行在春分后则迟，秋分后则速。合朔月在日道里则日食，若在日道外，虽交不亏。月望值交则亏，不问表里。又月行遇木、火、土、金四星，向之则速，背之则迟。五星行四方列宿，各有所好恶。所居遇其好者，则留多行迟，见早。遇其恶者，则留少行速，见迟。与常数并差，少者差至五度，多者差至三十许度。

其辰星之行，见伏尤异。晨应见在雨水后立夏前，夕应见在处暑后霜降前者，并不见。启蛰、立夏、立秋、霜降四气之内，晨夕去日前后三十六度内，十八度外，有木、火、土、金一星者见，无者不见。

---

① （唐）李百药：《北齐书》卷四十九《张子信传》，中华书局，1972年，第680页。

② （唐）李延寿：《北史》卷八十九《张子信传》，中华书局，1974年，第2941页。

后张胄玄、刘孝孙、刘焯等，依此差度，为定入交食分及五星定见定行，与天密会，皆古人所未得也[①]。

以上《北齐书》和《北史》所载张子信与《隋书》所载判若两人，或“以医术知名”，或“尤精历数”，一为河内人（今河南沁阳人），且彼此生平事迹并没相重合者。因此，这就产生了他们是否是同一人的争议。赞同是一人者，如阮元《畴人传》将以上有关张子信的史料撮合为一，并列于张子信传记内，显然认为是同一人。而陈美东先生认为钱宝琮先生在介绍张子信其人和论及其科学贡献时，直书“清河张子信”[②]，就已经把《隋书》同《北齐书》《北史》所载的两个张子信区分开来，力主为二人说[③]。近又有学者撰文指出《北齐书》《北史》两传的传主就《隋书》所载历算学家张子信，但是却认定其为清河（今河北清河）人[④]。

从相关的史料和今之学者的分析来看，鉴于资料有限，实难确定孰是孰非，而目前两说中亦不过是信者自信，疑者自疑。故此，关于这一问题尚不宜于仓促间下结论，在叙述中应两者兼顾。重要的是张子信的新发现，在中国天文学史上具有重要的意义，对后来中国历法编撰影响深远。

（二）张子信的天文学成就

所谓“葛荣之乱”是指北魏孝明帝孝昌二年（526年）至孝庄帝建义元年（528年）之间鲜于修礼和葛荣等领导的农民起义。张子信为了避难，隐居海岛30余年之久，致力于天文观测和天文学的研究，实属难能可贵之举。在这30余年的时间里，他有三项重要的天文学新发现，分别是太阳视运动的不均匀性、五星运动的不均匀性及月亮视差对交食的影响。

首先，张子信发现了太阳视运动的不均匀性。在张子信以前，人们将周天分为365.25°，并认为太阳每天在黄道上运行1°，且太阳运行的速度无论何时均是相等的。他在长期观测和计算的基础上提出了“日行在春分后则迟，秋分后则速”[⑤]的说法，这句话就是说，从春分到秋分，太阳视运动的平均速度要小；而从秋分到春分，太阳视运动的平均速度要大。

相关史料并未记载张子信是如何得出这一发现的。但是从“专以浑仪测候日月五星差变之数，以算步之”一语，可推知张子信在用浑仪做长期观测的基础上，推算太阳交在赤道，即其去极度正好等于91°31′（今90°）时的定春分和定秋分时刻，再求出它们与平春分、平秋分时刻之差。张子信发现太阳视运动不均匀性的又一途经，大概正如刘焯所谓：“春秋分定日，去冬至各八十八日有奇，去夏至各九十三日有奇。”[⑥]张子信也有可能已经测得了类似的数值，即定春分应在平春分前二日有奇，而定秋分应在平秋分后二日有奇[⑦]。

唐代天文学家一行曾指出：“北齐张子信积候合蚀加时，觉日行有入气差，然其损益未得其

① （唐）魏徵等：《隋书》卷二十《天文志》，中华书局，1973年，第561页。
② 钱宝琮：《从春秋到明末的历法沿革》，《历史研究》1960年第3期。
③ 陈美东：《张子信》，《中国古代天文学家》，中国科学技术出版社，2008年，第195页。
④ 郭津嵩：《北朝天文学家张子信的历史考察》，《河南社会科学》2009年第1期。
⑤ 所引见前揭《隋书·天文志》，以下所引不加注者，均类此。
⑥ （唐）魏徵等：《隋书》卷一十九《天文志》，中华书局，1973年，第529页。
⑦ 陈美东：《张子信》，《中国古代天文学家》，中国科学技术出版社，2008年，第187、188页。

正。”[1]在发现太阳视运动的不均匀性之前，人们已经认识月亮运行的不均匀性。张子信在推算交食时，虽然充分将月亮运动的不均匀性考虑进去，但是不能得出正确地交食时刻。而要想得到正确地交食时刻还必须再加上一修正值，即所谓的“入气差”。而它的正负、大小与二十四节气有规定的关系。虽然一行说其“损益未得其正”，但是张子信的贡献仍功不可没。正如陈美东先生评价云：“张子信率先提出太阳视运动不均匀的概念，编成日躔表，并奠定了我国古代太阳视运动不均匀性改正计算的经典形式，这些都是张子信对我国古代天文学的重大贡献。”[2]

其次，张子信发现了五大行星运动的不均匀性。金、木、水、火、土五大行星的视运动是中国古代天文历法中的重要内容之一。但是由于地球和五大行星在各自椭圆形绕日轨道上运行，且速率不均匀，这样就造成它们的视运动现象十分复杂，表现为见、顺、逆、留、伏等不同的状态。五大行星位置的预测是以它们的会合周期及该周期内的不同运动状态来推算的。但是进行推算的数值是取若干个会合周期中各个不同状态阶段所经时间、运动速度的平均值，这样推算位置就会跟五大行星的实际运动状况存在着偏差。

张子信经过研究指出：“五星行四方列宿，各有所好恶。所居遇其好者，则留多行迟，见早。遇其恶者，则留少行速，见迟。与常数并差，少者差至五度，多者差至三十许度。”这里张子信指出了五星存在着“留多行迟，见早”，以及“留少行速，见迟”的现象，即五星视运动的不均匀性现象。他对产生这种现象的原因解释为“五星行四方列宿，各有所好恶”，这种“五星好恶”之说显然是不合科学的臆测之说，但是却反映出张子信已经认识到五星视运动速度的不均匀性与其在各恒星间的位置有着稳定的关系。

《隋书·天文志》中所谓“少者差至五度，多者差至三十许度”，是张子信给出的五大行星视运动与运用此前一直使用的推算方法得出的位置之间的偏差范围。为了弥合这种偏差，张子信还采用了在不同的节气上加上不同修正值的方法，即所谓的五星“入气加减，亦自张子信始，后人莫不遵用之”[3]，北宋天文学家周琮所说：“凡五星入气加减，兴于张子信，以后方士，各自增损，以求亲密。”[4]

而关于五星的入气差，仅在《隋书·天文志》中对水星进行了描述：“其辰星之行，见伏尤异。晨应见在雨水后立夏前，夕应见在处暑后霜降前者，并不见。启蛰、立夏、立秋、霜降四气之内，晨夕去日前后三十六度内，十八度外，有木、火、土、金一星者见，无者不见。”这里所描述的张子信的方法与隋唐时期历法家所谓水星“应见不见”术基本相同，可谓对后世产生了深远的影响，直到宋代（也许也包括唐后期）历法家在对其成因的正确认识基础上得到了消解[5]。

再次，张子信发现了月亮视差对交食的影响。中国古代十分重视对交食发生时刻的推测，尤其是对日食时刻的推测更是国家政治生活中的一件大事。日食发生于阴历每个月的初一日，即“朔”，这时月亮正好处于太阳和地球的中间；月食发生在阴历每个月的十五日或十六日，即

---

① （宋）欧阳修等：《新唐书》卷二十七《历志》，中华书局，1975年，第621页。

② 陈美东：《张子信》，《中国科学技术史·人物卷》，科学出版社，1998年，第219页。

③ （宋）欧阳修等：《新唐书》卷二十七《历志》，中华书局，1975年，第634页。

④ （元）脱脱等：《宋史》卷七十四《律历志》，中华书局，1977年，第1698页。

⑤ 钮卫星：《张子信水星“应见不见”术考释及其可能来源探讨》，《上海交通大学学报》2009年第1期。

“望”，这时地球正好处于太阳和月亮之间。但是并不是每个月的朔、望日均会发生日食或月食，因为太阳、地球、月球三者必须在同一条直线上，才能遮蔽住来自太阳的光线。但是由于白道（月球绕太阳运转轨道）和黄道（地球绕太阳运转轨道）并不在一个平面上，它们之间存在夹角，这个交角在4°57' ~ 5°19'变化，平均值约为5°09'，所以发生日食或月食的另一要素必须满足月球朔、望日处于白道和黄道的交点附近。

但是张子信发现“合朔月在日道里则日食，若在日道外，虽交不亏”，也就是说日食发生的条件，除合朔时是否入食限外，还必须考虑太阳和月球的相对位置。所谓“日道里”是指月球在太阳北，即上方；而“日道外”是指月球在太阳南，即下方。造成这种合朔时入食限，只有月球在太阳上方才发生日食，如在下方则不发生的原因是什么？这实际上跟月球的视差有关系。

观测者在地面上所见到的月亮视位置，总要比在地心看到的真位置要低，月亮视、真位置的高度差叫作月亮视差（图5-1）。同理，太阳视、真位置的高度差叫作太阳视差，只是它较月亮视差小得多，可以忽略不计。当合朔时入食限，月又在日之北，由于月亮视差的影响，月亮的真位置更接近太阳，所以，必发生日食；若月在日之南，同理，月亮的真位置距离太阳要远些，于是，虽已入食限还是不发生日食[①]。当时张子信的时代不可能真正理解到对月球视差对入食影响的天文原理，但是他在长期观测的基础上所做的经验性的规律总结，已经表面他对这一原理所表现出来的天文现象有了认识，已经发现了月球视差会对入食造成影响。

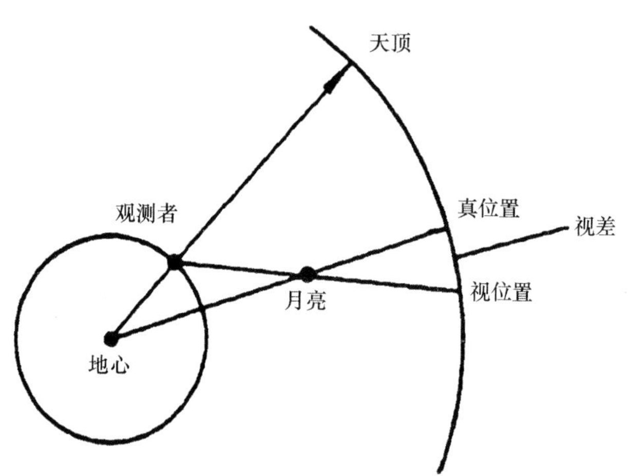

图5-1　视差使月亮视位置降低示意图

（陈美东：《中国科学技术史·天文学卷》，科学出版社，2003年，第302页）

对于月食，张子信指出“月望值交则亏，不问表里”，也就是说月食现象的发生不受太阳和月球位置的影响，只要月望时入食限，必然发生月食。这是因为地影的视差与月球视差相互抵消了。

张子信在海岛上隐居30年之久，虽然史料中记载仅有浑仪来“测候日月五星差变之数”，但是其在天文学领域的三大新发现，在中国天文学史上占有重要的地位。其中，太阳运动不均匀性的发现，为同时考虑日、月运动不均匀性影响的定朔法，为太阳位置及与之密切相关的五星位置计算准确度、交食时刻推算准确度的提高拓宽了道路；月亮视差影响的发现，则对日食时刻和食分计算的精细化奠定了基础；五星运动不均匀性的发现，则为五星位置计算精度的提高创造了条件。张子信的这三大发现，大大开阔了人们的天文学视野，他对此所做的定量或定性的描述为后世历家树立了典范，他的成功预示着历法发展新时期的到来[②]。

① 陈美东：《张子信》，《中国科学技术史·人物卷》，科学出版社，1998年，第222页。

② 杜石然主编：《中国科学技术史·通史卷》，科学出版社，2003年，第330页。

三、一行的天文学成就

（一）一行其人

图5-2　1955年发行的《中国古代科学家（第一组）》邮票之僧一行像
（原画作者蒋兆和，邮票设计者孙传哲）

一行，俗名张遂，是中国唐代著名的天文学家和佛学家（图5-2）。

一行的生年史籍无载，只能依据其卒年上推之。但是关于其卒年却有两种不同的记载。《旧唐书·一行传》：开元“十五年卒，年四十五，赐谥曰大慧禅师。”[①]开元十五年，即727年，以其享年45岁计，则其生于683年，即唐高宗永淳二年。但是陈垣先生据《释门正统》“寿五十五”[②]年之说，认为：

> 中岳嵩阳寺一行，钜鹿张氏。唐开元十五年卒，年五十五（673～727）。《宋僧传》五无年岁，《旧唐书·方技传》作年四十五，是生于武后临朝之前一年也。武后临朝，武三思已拜夏官尚书，而传云“三思慕其学行，就请与结交，一行逃匿以避之”。是三思欲与乳臭小儿为友也。惟《释门正统》八作年五十五，武后临朝，行已十余岁。三思欲与为友，尚可信。今从之[③]。

学术界目前多采生于683年之说[④]，我们认为此说可信。陈垣先生之所以采用673年生说，是因为他认为武三思欲与一行结交的时间在武后临朝之时，而与一乳臭未干的小儿结交与情理实为不合。据《旧唐书》本传，武三思欲与其结交时，是在一行已经颇有名气之后。究其缘故是他从“博学先达、素多坟籍”的道士尹崇处，借阅《太玄经》后，数日而还，并撰《大衍玄图》及《义决》，并“究其义矣”，崇大惊，赞誉有加，谓“此后生颜子也”。一行由是大知名[⑤]。可见，武三思欲与之结交的定然不会是“乳臭小儿”一行，据严敦杰先生所著《一行禅师年谱》，此时一行已经23岁[⑥]。

以上陈垣先生的论述中，还涉及一个学术界有争议的问题，就是一行的籍贯问题，很显然陈垣认为其是“钜鹿张氏”，其源于《宋高僧传》的记载，即所谓“释一行，俗姓张，钜鹿人也，本名遂”[⑦]。钜鹿，今河北巨鹿县。而《旧唐书》谓其为“魏州昌乐人”[⑧]，而据《旧唐书》其曾祖父张公瑾为“魏州繁水人”[⑨]，这样一行与其曾祖父的籍贯看似矛盾，据《旧唐书·地理志》云：

---

① （后晋）刘昫等：《旧唐书》卷一百九十一《一行传》，中华书局，1975年，第5112页。

② （宋）宗鉴集：《释门正统》，《卍续藏经》第130册，新文丰出版有限公司，1994年，第923页。

③ 陈垣：《释氏疑年录》，中华书局，1964年，第114页。

④ 李迪等编：《中国历代科技人物生卒年表》，科学出版社，2002年，第19页。

⑤ （后晋）刘昫等：《旧唐书》卷一百九十一《一行传》，中华书局，1975年，第5112页。

⑥ 严敦杰：《一行禅师年谱》，《自然科学史研究》1984年第1期。

⑦ （宋）赞宁撰，范祥雍点校：《宋高僧传》卷五《唐中岳嵩阳寺一行传》，中华书局，1987年，第91页。

⑧ （后晋）刘昫等：《旧唐书》卷一百九十一《一行传》，中华书局，1975年，第5111页。

⑨ （后晋）刘昫等：《旧唐书》卷六十八《张公瑾传》，中华书局，1975年，第2506页。

“晋置，属阳平郡。后魏置昌州，今县西古城是也。隋废昌乐县入繁水。武德五年复置，隶魏州。今治所，武德六年筑也。”[①]可见，隋废昌乐县入繁水，直至武德五年（622年）始复置，作为唐朝的开国功臣张公瑾生活在隋末唐初，其籍贯自然是魏州繁水，而到一行时，昌乐县已经复置，故史称其为魏州昌乐人。

“昌乐”后改称“南乐”，《读史方舆纪要》大名府“南乐县”条云：“汉置乐昌县，属东郡。……晋改置昌乐县，属阳平郡。……隋初郡废，县属魏州。大业初省入繁水县。唐武德初复置，属魏州。五代唐讳昌，改曰南乐，属兴唐府。宋仍属大名。崇宁五年改属澶州。金还隶大名府。元因之。今编户三十五里。”[②]从此以后，南乐之名沿用至今，故一行是今河南南乐人[③]。

如前所述，一行出生于官宦世家，其曾祖父张公瑾为唐初开国功臣[④]，而关于其祖父、父亲的世系有更大的争议[⑤]。近来，有学者考证一行上三代家谱[⑥]为（图5-3）：

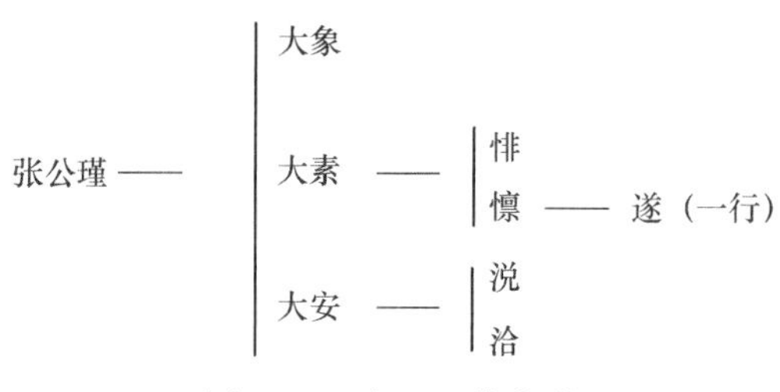

图5-3　一行上三代家谱

因曾祖父张公瑾的显赫功绩，一行祖父辈的大象、大素、大安均在朝为官，父亲懔（《旧唐书·一行传》作“擅”）亦做过武功令，但是到了一行时，家道衰落，甚至靠邻里接济度日，史载：僧一行“幼时家贫，邻有王姥，前后济之数十万。”[⑦]家贫，却不忘读书治学，他曾从道士尹崇处借阅《太玄经》已见前述，足见其志向所在及其之聪颖。《旧唐书》云：“一行少聪敏，博览经史，尤精历象、阴阳、五行之学。”[⑧]《宋高僧传》：“丱岁不群，聪黠明利，有老成之风。读书不再览，已暗诵矣。”[⑨]这又反映了他的博闻强识。

一行是被迫出家为僧的，据《旧唐书·一行传》记载：他不愿结交权贵，更无意与武三思之徒结交，故“逃匿以避之。寻出家为僧。隐于嵩山，师事沙门普寂”[⑩]。一行出家后，曾屡次拒绝皇

---

① （后晋）刘昫等：《旧唐书》卷三十九《地理志》，中华书局，1975年，第1494、1495页。

② （清）雇祖禹：《读史方舆纪要》，中华书局，2005年，第707页。

③ 许永璋：《一行究竟是哪里人》，《学术月刊》1981年第4期。

④ 《旧唐书》误为公瑾之孙。宋赞宁《宋高僧传》“释一行，……唐初佐命郯国公公谨之支孙也”。《大唐新语》卷十五作“公瑾之曾孙”，不误。参阅严敦杰：《一行禅师年谱》，《自然科学史研究》1984年第1期。

⑤ 陈肃勤：《关于一行（张遂）世系的商榷》，《文物》1982年第2期；史国强：《也谈一行（张遂）世系》，《文物》1982年第7期。

⑥ 吴慧：《僧一行研究——盛唐的天文、佛教与政治》，上海交通大学博士学位论文，2008年，第17～25页。

⑦ （唐）段成式：《酉阳杂俎·天咫》，中华书局，1981年，第9页。

⑧ （后晋）刘昫等：《旧唐书》卷一百九十一《一行传》，中华书局，1975年，第5112页。

⑨ （宋）赞宁撰，范祥雍点校：《宋高僧传》卷五《唐中岳嵩阳寺一行传》，中华书局，1987年，第91页。

⑩ （后晋）刘昫等：《旧唐书》卷一百九十一《一行传》，中华书局，1975年，第5112页。

帝的征召，以游学四方、遍访名师为旨趣。例如，曾在荆州当阳山习梵律，后又至天台山国清寺，跟随一隐居老僧学习历算，如《佛祖统纪》卷二十九中记“至国清学历于老僧。初至，僧布算谓侍者曰：‘当有弟子求吾算法。’除一算曰：‘门前溪水西流乃至。’师突入稽首，受诀毕。水复东注。自是算法卓诡”[①]。据考证，一行游学的路线是“嵩山—荆州—天台山—荆州—长安”[②]。一行不畏千辛万苦，跋山涉水的游学经历，使其在佛学及天文学领域均取得了巨大的进步，奠定了日后在天文学领域做出突出贡献的基础。

唐玄宗李隆基登基之初，一片欣欣向荣景象，为了笼络人才，开元五年（717年），唐玄宗令其“族叔礼部郎中洽赍敕书就荆州强起之”[③]，于是一行来到长安，唐玄宗数次就安国抚人之道垂询于他，一行无不言皆切直，无所隐匿。

开元九年（721年），因旧历预报日食多不准，故下诏由一行负责改造新历。史籍中对此事缘起多有记载，如《旧唐书·天文志》：“玄宗开元九年，太史频奏日蚀不效。诏沙门一行改造新历。”[④]《新唐书·历志》载：“开元九年，《麟德历》署日蚀比不效，诏僧一行作新历，推大衍立术以应之，较经史所书气朔、日名、宿度可考者皆合。十五年，草成而一行卒。”[⑤]《旧唐书·历志》：“开元中，僧一行精诸家历法，言《麟德历》行用既久，晷纬渐差。宰相张说言之，玄宗诏见，令造新历。遂与星官梁令瓒先造《黄道游仪图》，考校七曜行度，准《周易》大衍之数，别成一法，行用垂五十年。”[⑥]由此可见，一行深通历算，见旧历“行用既久，晷纬渐差”，于是主动要求改历，在唐玄宗的支持下，从开元九年（721年）到开元十五年（727年），前后历7年之久，终于使新历草创，然而一行却圆寂了，未能亲眼见到所编之新历颁布实行，可谓遗憾之至。

改造新历，就需要获得更为精确的天文观测数据，于是一行与梁令瓒一起制造黄道游仪等天文观测仪器；又与南宫说一同组织了全国性的大地测量工作；一行本人则致力于对前代历法的考校工作；这一系列工作得以有组织的顺利完成，最终为《大衍历》编制和颁布奠定了基础。一行圆寂后，由当时的宰相张说和历官陈玄景、赵昇等编成《历术》七篇、《略例》一篇、《历议》十篇，而《大衍历》也于开元十七年（729年）正式颁行。

一行组织编撰的《大衍历》在天文仪器制造、天文观测、大地测量，以及相关的数学方法上均取得了非凡的科学成就。

（二）天文仪器的制造与观测活动

1. 黄道游仪

要编制精密的历法，就必须掌握太阳、月亮、恒星，以及五大行星位置及变化的精确数据。因

---

① （宋）志磐：《佛祖统纪》卷二十九《法师一行》，《大正新修大藏经》49册，新文丰出版公司，1983年，第296页。

② 吴慧：《僧一行研究——盛唐的天文、佛教与政治》，上海交通大学博士学位论文，2008年，第33页。

③ （后晋）刘昫等：《旧唐书》卷一百九十一《一行传》，中华书局，1975年，第5112页。

④ （后晋）刘昫等：《旧唐书》卷三十五《天文志》，中华书局，1975年，第1293页。

⑤ （宋）欧阳修等：《新唐书》卷二十七《历志》，中华书局，1975年，第587页。

⑥ （后晋）刘昫等：《旧唐书》卷三十二《历志》，中华书局，1975年，第1152页。

此，一行受诏主持编历后，首先就是改造仪器以观测天文。但是当时尚没有黄道游仪，太史监诸官无法观测。一行得知梁令瓒已经制造有木游仪后，就上奏由其制造铜、铁质游仪。关于黄道游仪制造前后，史载：

> 一行奏云："今欲创历立元，须知黄道进退，请太史令测候星度。"有司云："承前唯依赤道推步，官无黄道游仪，无由测候。"时率府兵曹梁令瓒待制于丽正书院，因造游仪木样，甚为精密。一行乃上言曰："黄道游仪，古有其术而无其器。以黄道随天运动，难用常仪格之，故昔人潜思皆不能得。今梁令瓒创造此图，日道月交，莫不自然契合，既于推步尤要，望就书院更以铜铁为之，庶得考验星度，无有差舛。"从之，至十三年造成[①]。

关于一行与梁令瓒设计制造的黄道游仪，其结构和各部件的尺寸，《旧唐书·天文志》和《新唐书·天文志》均有详细记载，计有阳经双环、阴纬单环、天顶单环、赤道单环、黄道单环、白道月环、旋枢双环、玉衡望筒等七个环的外径、外周、环宽及环厚的具体数值。对比两书所载的数据，《新唐书》中除赤道单环的直径为4.58宋尺外，其他均与《旧唐书》一致。据李志超先生考证，这是因为《旧唐书》赤道单环外周数1459的记载有误差，而《新唐书》沿用此数值，再以3.18除之，故此得到了其直径是458，从而将《旧唐书》上的490改为了458。实际上490的数值无误，以此数乘以3.18则得其外周数值为1559[②]，故此需要改正的是《旧唐书》中记载的外周数值，而不是其直径的数值（表5-2）。

表5-2　《旧唐书·天文志上》中所列黄道游仪尺寸表[③]　　（单位：尺）

<table>
<tr><th>层次</th><th>层名</th><th>部件名称</th><th>对应的天文基本圈</th><th>直径</th><th>广</th><th>厚</th><th>外周</th><th>内周</th></tr>
<tr><td rowspan="3">外层</td><td rowspan="3">六合仪</td><td>阳经双环</td><td>子午圈</td><td>5.44</td><td>0.40</td><td>0.04</td><td>17.30</td><td>14.64</td></tr>
<tr><td>阴纬单环</td><td>地平圈</td><td>5.44</td><td>0.40</td><td>0.04</td><td>17.30</td><td>14.64</td></tr>
<tr><td>天顶单环</td><td>平行于卯酉的小圆</td><td>5.44</td><td>竖广0.08</td><td>0.03</td><td>17.30</td><td></td></tr>
<tr><td rowspan="3">中层</td><td rowspan="3">三辰仪</td><td>赤道单环</td><td>天赤道</td><td>4.90</td><td>横0.08</td><td>0．03</td><td>14.59</td><td></td></tr>
<tr><td>黄道单环</td><td>黄道</td><td>4.84</td><td>横0.08</td><td>0．04</td><td>15.41</td><td></td></tr>
<tr><td>白道月环</td><td>白道</td><td>4.76</td><td>横0.08</td><td>0.03</td><td>15.15</td><td></td></tr>
<tr><td rowspan="2">内层</td><td rowspan="2">四游仪</td><td>旋枢双环</td><td>赤经圈</td><td>4.59</td><td>竖0.08</td><td>0.03</td><td>14.61</td><td></td></tr>
<tr><td>玉衡望筒</td><td></td><td colspan="5">长4.58、广0.12、厚0.10、孔径0.06</td></tr>
</table>

根据相关记载可知，黄道游仪由三重环组成，外层为阳经双环、阴纬单环及天顶单环三个环组成，是固定不动的，实际上就是六合仪；中层由赤道、黄道和白道三个环组成，均可绕极轴转动，组成了三辰仪；内层为旋枢双环、玉衡望筒组成，相当于四游仪，旋枢双环可以绕极轴转动，带动玉衡望筒灵活地观测天空中任何一天体，从而确定其赤道、黄道、白道和地平等坐标值（图5-4）。

与此前的浑仪相比，黄道游仪最大的特点是它的黄道单环不固定，可在赤道单环上移动，这

---

① （后晋）刘昫等：《旧唐书》卷三十五《天文志》，中华书局，1975年，第1293、1294页。

② 李志超：《关于黄道游仪及熙宁浑仪的考证和复原》，《自然科学史研究》1987年第1期。

③ 黄盛炽：《开元黄道游仪的结构研究》，《中国天文学史文集》第5集，科学出版社，1989年，第248页。

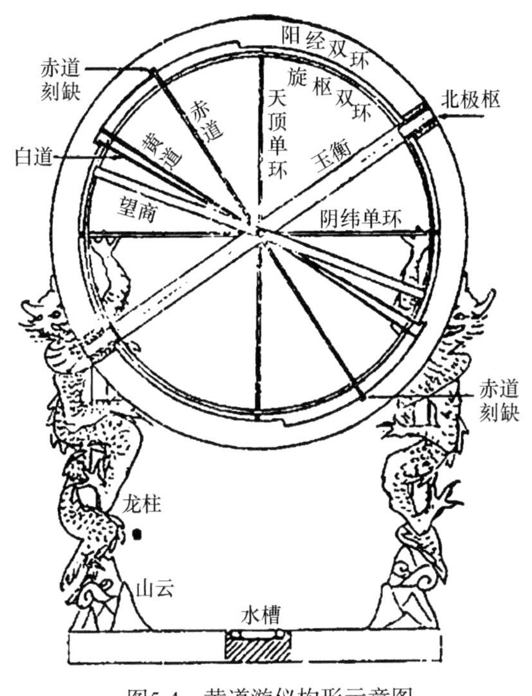

图5-4 黄道游仪构形示意图
（李志超：《关于黄道游仪及熙宁浑仪的考证和复原》，《自然科学史研究》1987年第1期）

符合岁差的概念。黄道单环斜交与赤道单环春秋二分处，并成24°角，在赤道单环内“度穿一穴”，共366各空穴，这样黄道单环就可以在赤道环上移动，每度一格，这样与节气随岁差在赤道上西移现象相符合。而在黄道环内侧亦“度穿一穴”，以安置白道月环，令两环相交6°，这样的设置使白道月环又可以在黄道环上移动，从而又适应了黄、白交点在黄道上从东向西移动。

黄道游仪的先进性使一行等在利用其进行天文观测及研究时，得出了许多新的发现，如在对二十八宿的观测中，一行等所测得的二十八宿去极度的绝对平均误差为1.6°，而旧值为3.5°，一行等测得的二十八宿距度的误差绝对值平均为0.56°，还略逊于当年测得旧值时的精度[①]。虽然如此，新法敢于采用新观测值就是一大突破，因为此前的历法均墨守成规，一直采用西汉早期所测得的二十八宿距度值，这个值在一行的时代其误差已经远远大于一行等的误差了。此外，一行等还得出二十八宿中有斗、虚、毕、觜、参、鬼六宿的距度，古今不同。对该六宿新旧距度值的精度分析表明，新值的绝对平均误差为0.26°，而旧值为0.86°，可见，一行等的新测值较旧值要准确得多[②]。此外，当时太史监还约测定了130颗恒星的坐标。通过分析，一行发现除二十八宿外，文昌、北斗七星、天关、天尊等星官的去极度也存在着古今变化。对于这种恒星位置的变化，一行并没有给出理论说明，导致学术界有人认为一行已经发现了恒星的自行。仔细分析，可知汉唐恒星观测的位置差异实际上是由岁差引起的，不能用岁差解释的应归结为“古测”的误差或记载的错误所导致[③]。但是，这并不影响一行在实测基础上发现星宿位置存在位置变化的意义。由此可见，黄道游仪的创制与一行的历法制订工作的顺利完成及其所取得的成就关系密切。

2. 水运浑天仪

在一行与梁令瓒于开元十二年（724年）制成黄道游仪后，唐玄宗又让一行等人再制造一座浑天仪。《旧唐书·天文志上》对浑天仪制造的缘起及其形制做了简要记录：

又诏一行与梁令瓒及诸术士更造浑天仪，铸铜为圆天之象，上具列宿赤道及周天度数。注水激轮，令其自转，一日一夜，天转一周。又别置二轮络在天外，缀以日月，令得运行。每天西转一帀，日东行一度，月行十三度十九分度之七，凡二十九转有余而日

① 薄树人：《中国古代的恒星观测》，《科学史集刊》1960年第3期。

② 陈美东：《中国科学技术史·天文学卷》，科学出版社，2003年，第374页。

③ 席泽宗：《僧一行观测恒星位置的工作》，《天文学报》1956年第2期；潘大钧：《关于唐代一行未发现恒星自行的再论证》，《中国科学院上海天文台年刊》1980年第2期。

月会，三百六十五转而日行帀。仍置木柜以为地平，令仪半在地下，晦明朔望，迟速有准。又立二木人于地平之上，前置钟鼓以候辰刻，每一刻自然击鼓，每辰则自然撞钟。皆于柜中各施轮轴，钩键交错，关锁相持。既与天道合同，当时共称其妙。铸成，命之曰水运浑天俯视图，置于武成殿前以示百僚。无几而铜铁渐涩，不能自转，遂收置于集贤院，不复行用①。

“注水激轮，令其自转”一语说明它是把水的流动作为动力的，故此也将这座浑仪称为“水运浑天仪”。它的基本功能依《旧唐书》的描述，是用铜铸造大圆球，并在上面布满星宿，在注水激荡水轮以后，它就自行运转，一昼夜自转1周。而球外面又设置日、月，日每天东行1°，月每天行$13\frac{7}{19}^{\circ}$。将大圆球装在大木柜内，一半在上，一半则在下。以柜面为地平，上立两人，在二人前面设置了钟或鼓一个。一刻钟敲鼓一次，一个时辰则敲钟一次。它是在张衡所造演示天象的水运浑象的基础上，增设报时系统而成。通过“各施轮轴，钩键交错，关锁相持”等机械设置，巧妙地将它们结合在一起，使展示天象运转的浑象、日、月等各部件同时运转，且一并带动机械钟报时，可谓匠心独运，巧夺天工。

这座由水力推动浑仪的动力系统是一套十分复杂的齿轮系机构，结合北宋宣和年间王黼和元代郭守敬所制造的水力天文仪器，刘仙洲先生对一行等设计的水运浑仪的齿轮系统进行了合理的推测，并绘制了结构推测示意图，加以复原（图5-5）②。据刘仙洲先生的研究，其动力系统主要由四组齿轮控制。

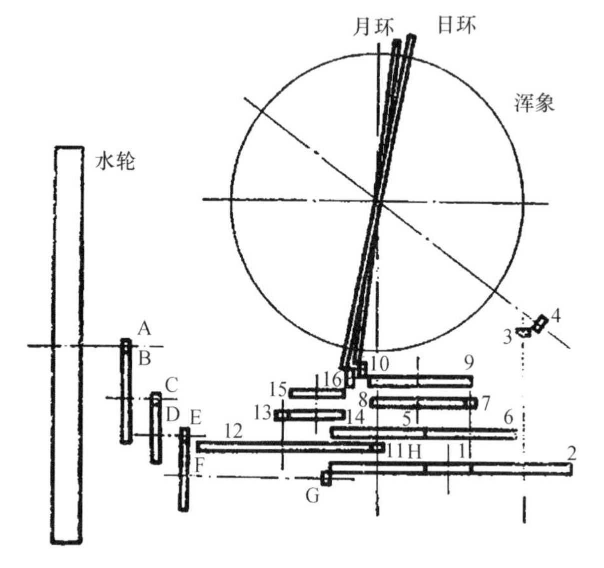

图5-5　一行、梁令瓒水力天文仪器中各齿轮系推想图
（刘仙洲：《中国机械工程发明史》，科学出版社，第109页）

第一组齿轮，由水轮上的A轮起，到H轮止，它们的齿数依次为48、6、30、6、36、6、48，倘H轮每天回转一周，则水轮每天须回转1920周，即每小时必须回转80周。

第二组齿轮，由H轮间接着带动浑象，假使齿轮1的齿数为24，齿轮2的齿数为48，齿轮3与4的齿数均为12，这样浑象也就每天只转一周。这一组齿轮只是为了便于装置，在速比上没有变化。也可以用其他齿数和其他数目的齿轮相组合，达到同样的目的。

第三组齿轮，由固定在H轮立轴上的齿轮11起，经过齿轮12、13、14、15、16间接着带动日环。它们的齿数是6、72、12、60、12、6、73（日环周围有齿73）。倘H轮每天回转一周，则日环应转1/365周。

第四组齿轮，由固定在H轮立轴的齿轮5起，经过齿轮6、7、8、9、10间接带动月环。它们的

① （后晋）刘昫等：《旧唐书》卷三十五《天文志》，中华书局，1975年，第1295、1296页。
② 刘仙洲：《中国机械工程发明史》，科学出版社，1962，第105～110页。

齿数是127、114、6、60、24、6、73（月环周围也有齿73），倘H轮每天回转一周，则月环应转$\frac{13\frac{7}{19}}{365}$周。其中有一部分对于速比不发生关系的齿轮，如齿轮10与齿轮16，也是因为便于装置和改变方向的原因加上去的。

水运浑天仪实际上是一台集演示日、月、恒星位置变化和计时、报时于一身的复合式天文仪器。唐时将其称作“水运浑天俯视图”，并“置于武成殿前以示百僚”，文武百官等通过对该仪器的观测，就能十分明白地了解天体的运转实况，对天文学知识的普及起到了一定的作用，而其计时、报时系统则是后世自动天文钟的始祖，对后世天文仪器的制作产生了重大影响。宋代苏颂制作的水运仪象台就是以此仪器为滥觞。

（三）大地测量及成就

为了编造更精密的新历，唐玄宗开元十二年（724年），一行组织了全国范围的大地测量工作。《新唐书·天文志》：“中晷之法。初，淳风造历，定二十四节气中晷，与祖冲之短长颇异，然未知其孰是。及一行作《大衍历》，诏太史测天下之晷，求其土中，以为定数。”[①]可见李淳风《麟德历》与祖冲之《大明历》中所采用的24节气中晷影值颇有差异，而时人莫衷一是。有鉴于此，一行决定重新测量各地的实际数值，“以为定数”。他精心选择了13个地点进行测量：铁勒（今俄罗斯贝加尔湖附近）、蔚州横野军（今河北蔚县）、太原府（今山西太原）、滑州白马（今河南滑县）、汴州浚仪太岳台（今河南开封）、河南府告成（河南登封告成镇）、阳城（今河南登封告成镇）、许州扶沟（今河南扶沟）、蔡州上蔡武津馆（今河南上蔡）、襄州（今湖北襄阳）、朗州武陵县（今湖南常德）、安南都护府（今越南北部）、林邑国（今越南中部）等地。从这13个地点来看，基本上涵盖了当时唐王朝从南至北的所有区域，最北端铁勒所处北纬约51°，最南端林邑约北纬18°，范围十分广泛，从而为制造新历测得了丰富的数据。

这次全国范围内的大地测量，包括用八尺圭表测量日影，以漏壶测量昼夜时刻，以及用覆矩测量北极高度。其中覆矩，《新唐书》有“今以勾股校阳城中晷，夏至尺四寸七分八氂，冬至丈二尺七寸一分半，定春秋分五尺四寸三分，以覆矩斜视，极出地三十四度十分度之四”“又以图校安南，日在天顶北二度四分，极高二十度四分”[②]等记载。这里所谓的“以图”的“图”，当指覆矩图，《旧唐书》云：“沙门一行因修《大衍图》，更为《覆矩图》，自丹穴以暨幽都之地，凡为图二十四，以考日蚀之分数，知夜漏之短长。”[③]刘金沂先生认为“图”字当作动词解，为谋划之意，即为了求得某地北极出地度和晷影长度的一种计谋，也就是方法，而覆矩是一种简单的侧脚工具无疑[④]。有关专家对覆矩的结构进行了复原（图5-6）。

在这次大地测量中，今河南范围内测量工作是由南宫说负责的，其中在登封测量时还亲自立下纪念周公测影的周公测影台（图5-7）。南宫说亦是唐朝著名的天文学家，制定有《景龙历》，因政局变动而未曾颁行。南宫说在接受任务以后，对测量点经过了精心的选择，《旧唐书·天文志》

① （宋）欧阳修等：《新唐书》卷三十一《天文志》，中华书局，1975年，第812页。
② （宋）欧阳修等：《新唐书》卷三十一《天文志》，中华书局，1975年，第813、814页。
③ （后晋）刘昫等：《旧唐书》卷三十五《天文志》，中华书局，1975年，第1307页。
④ 刘金沂：《覆矩图考》，《自然科学史研究》1988年第2期。

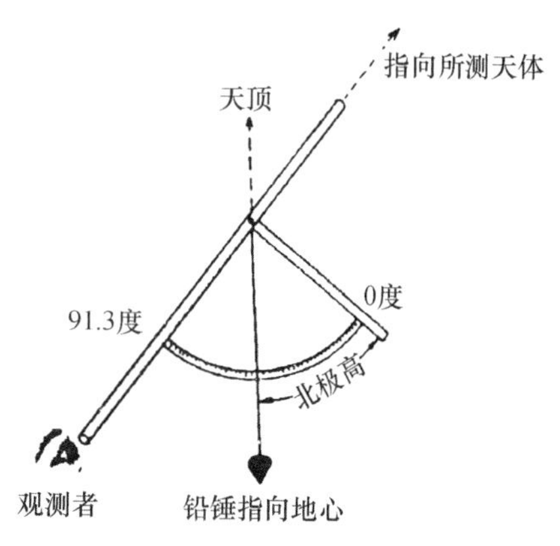

图5-6　覆矩结构示意图
［中国科学院陕西天文台天文史整理研究小组：《我国历史上第一次天文大地测量及其意义——关于张遂（僧一行）的子午线测量》，《天文学报》1976年第2期］

图5-7　周公测景台（唐代立制）
（《全国重点文物保护单位》编辑委员会：《全国重点文物保护单位》，文物出版社，2004年，第376页）

称："太史监南宫说择河南平地，以水准绳，树八尺表而以引度之。"[①]其选择的白马、浚仪、扶沟、上蔡四地大致位于同一经度上，这样就有利于对在同一时刻测量的数据进行比较。

《旧唐书》对这四处影长度有记载："始自滑州白马县，北至之晷，尺有五寸七分。自滑州台表南行一百九十八里百七十九步，得汴州浚仪古台表，夏至影长一尺五寸微强。又自浚仪而南百六十七里二百八十一步，得许州扶沟县表，夏至影长一尺四寸四分。又自扶沟而南一百六十里百一十步，至豫州上蔡武津表，夏至影长一尺三寸六分半。"[②]据此可知白马距武津的水平距离为198里179步＋167里281步＋160里110步＝526里270步，而两地的影差为1.57尺－1.365尺＝2.05寸。从而在实测的基础上，一行经过运算得出了"大率五百二十六里二百七十步，影差二寸有余。而先儒以为王畿千里，影移一寸，又乖舛而不同矣"。这就直接否定了被此前历算家奉为圭臬的八尺之表"千里影差一寸"的谬论。一行还认识到了里差和影差之间并不存在固定的线性关系，指出："凡日晷差，冬夏至不同，南北亦异，而先儒一以里数齐之，丧其事实。"

这次大地测量最重要的发现就是里差和极差的关系，指出"其北极去地，虽秒分微有盈缩，难以目校，大率三百五十一里八十步，而极差一度"[③]。北极去地高度与现在所说的地理纬度基本相等。一行实际上已经指出了地理纬度1°的子午线长度为351里80步。对数据进行换算，则子午线1°的长为131.11千米，这与现代测量的纬度35°处，子午线1°的长110.94千米相比，短了20.17千米，其误差在15.3%。但是潘鼐先生指出，滑州白马同豫州上蔡武津的纬度差并不是古度1°半，两地纬差实有2°16'，即古度2°3'。对于这次大地测量的精度，只有按实际纬度差来评价才是合理和公允的。故此，以唐大尺计算则得出了纬度1°的弧长为103.14千米，则其误差仅为7%。一行、南宫说等的测量和计算等工作，是世界科学史上第一次得出的子午线1°的长度，虽然他们还没有子午线的概念，但这丝毫不影响此发现的科学意义。

---

① （后晋）刘昫等：《旧唐书》卷三十五《天文志》，中华书局，1975年，第1304页。
② （后晋）刘昫等：《旧唐书》卷三十五《天文志》，中华书局，1975年，第1304页。
③ （宋）欧阳修等：《新唐书》卷三十一《天文志》，中华书局，1975年，第813页。

（四）《大衍历》的内容及成就

1.《大衍历》的内容

一行为制定精密的历法，做了充分准备，先与梁令瓒一起为制造黄道游仪等天文仪器进行天象观测，后组织南宫说等进行全国范围的大地测量。通过这些工作，一行获得了制历所需要的可靠的天文数据，最终完成了新历的编撰工作。可惜的是一行却不幸辞世，经张说等整理编次完毕，于开元十七年（729年）以《大衍历》（又称《开元大衍历》）之名正式颁行全国。

关于《大衍历》的主要内容，张说在《大衍历·序》中说："臣说奉诏金门，成书册府。先有理历陈景，善算起昇，首尾参元之言，接承转筹之意。因而会辑编次，勒成一部，名曰《开元大衍历》。《经》七章一卷，《长历》三卷，《历议》十卷，《立成法》十二卷，《天竺九执历》一卷，《古今历书》二十四卷，《略例奏章》一卷，凡五十二卷。"①

《开元大衍历经》基本保留在《旧唐书·历志》和《新唐书·历志》中，包括："步中朔"（计算节气、望朔等）、"步发敛"（计算七十二候等）、"步日躔"（计算太阳运动等）、"步月离"（计算月亮运动）、"步轨漏"（计算日影和刻漏长度）、"步交会"（计算日月交食）和"步五星"（计算五大行星运动）七章，构成了新历本身。它的体例具有结构合理、逻辑严密等特点，成为后世历法体例的经典形式；在内容上有很多创新，对后世历法产生了深远的影响。

《长历》：是依新历推算而得到的古今若干年代日、月、五星位置的长编。

《历议》："历议，所以考古今得失也。"②这是对古今历法优劣的分专题评议。

《立成法》：是新历本身的各种数值表。

《天竺九执历》：关于印度历法的译著及研究。

《古今历书》：可能是对前代各家历法的研究论集。张说《大衍历·序》说："沙门一行，上本轩、顼、夏、殷、周、鲁五王一侯之遗式，下集太初至于麟德二十三家之众义，比其异同，课其疏密。或前疑而后定，或始会而终乖。"③

《略例奏章》："略例，所以明述作之本旨也。"④这是关于历法的理论说明。

以上七种一行有关制定《大衍历》的著作中，《长历》《天竺九执历》和《古今历书》三种已佚，其余四种大都为《新唐书》和《旧唐书》历志和天文志所引录，流转至今⑤。

2.《大衍历》的成就

《大衍历》得到了后世的普遍赞扬，如《旧唐书·历志》云："近代精数者，皆以淳风、一行

---

①（唐）张说：《大衍历·序》，《张燕公集》卷十二（丛书集成初编本），商务印书馆，1937年，第129页。

②（宋）欧阳修等：《新唐书》卷二七《历志》，中华书局，1975年，第587、588页。

③（唐）张说：《大衍历·序》，《张燕公集》卷十二（丛书集成初编本），商务印书馆，1937年，第129页。

④（宋）欧阳修等：《新唐书》卷二七《历志》，中华书局，1975年，第587页。

⑤ 陈美东：《一行》，《中国科学技术史·人物卷》，科学出版社，1998年，第278、279页。

之法，历千古而无差，后人更之，要立异耳，无逾其精密也。”而《新唐书·历志》也说：“自太初至麟德，历有二十三家，与天虽近而未密也。至一行密矣。其倚数立法固无以易也。后世虽有改作者，皆依仿而已。”

但是开元年间《大衍历》颁行以后，却发生过有关《大衍历》抄袭的争议，这是怎么回事呢？据《新唐书·历志》载“时善算瞿昙譔者，怨不得预改历事，二十一年，与玄景奏：‘《大衍》写《九执历》，其术未尽。’太子右司御率南宫说亦非之。诏侍御史李麟、太史令桓执圭较灵台候簿，《大衍》十得七八，《麟德》才三、四，《九执》一、二焉。乃罪说等，而是否决”[①]。

对于瞿昙譔发起南宫说参与的对《大衍历》提起控诉的真实目的，有学者已经做了详细的论述[②]。不过从《大衍历》“较灵台候簿”后，“十得七八”来看，是远远超过《麟德历》与印度《九执历》的，也就是说《大衍历》在当时确实是最为精密的历法。那么，《大衍历》较以前的历法有哪些创新呢？

首先，改进了交食的推算方法。《大衍历》给出了月食、日食食分的计算公式；还给出了节气对日食食分的影响，列出了以定气为基点的24节气食差表，基本上反映了月亮视差对日食食分的影响。

其次，改革了五星位置推算法，即提出了五星运动轨道不与黄道相重合，而两者之间存在一定夹角的概念，并给出了相应的五星在黄道南或北的计算方法；提出了五星近日点运动的观念，并给予定量描述；编制了以五星近日点为起点、每经15°给出一个五星实际行度与平均行度之差的数值表，称之为“五星爻象历”；对五星在一个会合周内的动态表做了改革等。

再次，发明和应用了若干数学方法。主要包括不等间距二次内插法、两级等间距二次差内插法，以及反函数算法等。

最后，编制了正切函数表：《大衍历》给出了太阳天顶（T）为0°～81°时，8尺表影长（L）的数值表，其天文学和数学含义是：$L=8\times \mathrm{tg}T$，这是世界上最早的正切函数表[③]。

此外，《大衍历》创立了九服晷长、九服漏刻和九服食差算法。所谓九服是指王畿以外的地方，也就是指全国的范围，通过九服食差等算法的应用，解决了此前一部历法只能适用一地的问题，使《大衍历》成为中国历史上第一部适用于全国范围的历法。

综上所述，陈美东先生认为《大衍历》无论从历法的结构和形式，还是实质性的内容和方法，都在前代历法的基础上有了重大的进步。它是中国古代独特的历法体系已经成熟的标志，作为一座里程碑，《大衍历》在中国历法史上占有崇高的地位[④]。

---

① （宋）欧阳修等：《新唐书》卷二十七《历志》，中华书局，1975年，第587页。

② 钮卫星：《从“〈大衍〉写〈九执〉”公案中的南宫说看中唐时期印度天文学在华的地位及其影响》，《上海交通大学学报》2006年第3期。

③ 刘金沂等：《唐代一行编成世界上最早的正切函数表》，《自然科学史研究》1986年第4期。

④ 陈美东：《中国科学技术史·天文学卷》，科学出版社，2003年，第376～390页。

第二节　中原地区医药学的新成就

一、皇甫谧与针灸学的发展

皇甫谧是中国古代著名的医学家、文学家、史学家、思想家，其所著《针灸甲乙经》是中国现存最早的针灸学著作，对晋代之前的中医药学基础理论，尤其是针灸学进行了系统总结，并为以后针灸学的发展奠定了基础，在中国科技史上占有重要的地位。

（一）皇甫谧生平

皇甫谧是晋代名士，《晋书》为其立传，关于其生平事迹记载颇详，如：

> 皇甫谧，字士安，幼名静，安定朝那人，汉太尉嵩之曾孙也。出后叔父，徙居新安。年二十，不好学，游荡无度，或以为痴。尝得瓜果，辄进所后叔母任氏。任氏曰："《孝经》云：'三牲之养，犹为不孝。'汝今年余二十，目不存教，心不入道，无以慰我。"因叹曰："昔孟母三徙以成仁，曾父烹豕以存教，岂我居不卜邻，教有所阙，何尔鲁钝之甚也！修身笃学，自汝得之，于我何有！"因对之流涕。谧乃感激，就乡人席坦受书，勤力不怠。居贫，躬自稼墙，带经而农，遂博综典籍百家之言。沉静寡欲，始有高尚之志，以著述为务，自号玄晏先生。著《礼乐》《圣真》之论。后得风痹疾，犹手不辍卷①。

从上面这段史料的记载中，可见皇甫谧是晋"安定朝那人"，虽然史有明文，今人对其籍贯还是发生了争议，据廖育群先生的研究，因宁夏回族自治区成立于1958年，故在此以前的著作称皇甫氏为甘肃人是正确地，而此后则当释为今宁夏回族自治区固原地区为妥②。

皇甫谧出身官宦世家，《晋书》所谓"汉太尉嵩"，就是指汉末曾经参与镇压黄巾军起义的皇甫嵩。《世说新语·文学》第68条刘孝标注引王隐《晋书》亦云："谧，字士安，安定朝那人，汉太尉嵩之曾孙也。祖叔献，灞陵令。父叔侯，举孝廉。谧族从皆累世富贵，独守寒素。"③但是年少的皇甫谧并"不好学"，而是整日"游荡无度"，并且喜欢"编荆为楯，执杖为戈，分陈相刺，有若习兵"。这当与其所生活的边郡地区尚武风气有关，如《汉书·地理志》："安定、北地、上郡、西河，皆迫近戎狄，修习战备，高上气力，以射猎为先。……汉兴，六郡良家子选给羽林、期门，以材力为官，名将多出焉。"

从《晋书》的记载来看，皇甫谧在过继给其叔父，受叔母一番感人肺腑的教育之后，他才开始发奋图强，致力于读书问学，"遂博综典籍百家之言"。那么皇甫谧是不是20岁时"始学"的呢？

《太平御览》卷六百七引皇甫谧《玄晏春秋》曰：

> 十七年，予长七尺四寸，未通史书。与从姑子梁柳等或编荆为楯，执杖为戈，分阵相刺，有若习兵，母数谴予。予出得瓜果，归以进母，母投诸地，曰：《孝经》称：

---

① （唐）房玄龄等：《晋书》卷五十一《皇甫谧传》，中华书局，1974年，第1409页。

② 廖育群：《皇甫谧》，《中国科学技术史·人物卷》，科学出版社，1998年，第121页。

③ 余嘉锡笺疏：《世说新语笺疏》，中华书局，2007年，第292页。

日用三牲之养，犹为不孝，何？孝者莫大于欣亲。今尔年近乎二十，志不存教，心不入道，曾无怵惕，小慰我心，修身笃学，尔自得之，于我何有？因对予流涕。予心少感，遂伏书史①。

这是皇甫谧的自述，基本内容与《晋书・皇甫谧传》相同，《晋书》本传的资料或就是来自皇甫氏的自述。皇甫谧自称自己当时“十七年”，其母责之亦曰“年近乎二十”。此外，《北堂书钞》卷一百二十一引《玄晏春秋》云：“皇甫谧年十七，未通史书，始编荆为楯，执枝为戈。”②可见其“始学”之年当为其17岁的时候。

皇甫谧从“尚武”到“致学”的转变，当与其随叔父迁居“新安”（今河南省渑池县一带）一事有关。据景蜀慧先生的研究，皇甫谧少时入继叔父，从安定前往新安的时间，时无明书。曹魏中期之安定，由于魏蜀争夺陇右战略要地，加之邻近之匈奴氐羌族势力之侵扰，一直战乱不绝。明帝太和二年，诸葛亮出祁山，天水、南安、安定皆叛应。以后连年出兵，在这一带形成拉锯局面。到青龙元年秋末，还有安定保塞匈奴大人胡薄居姿职等的叛乱。太和二年，皇甫谧14岁，估计他就在此后不久，徙离原籍③。

新安汉魏时期属弘农郡，西晋属河南郡，位于长安和洛阳之间，南邻穀洛二水，北滨黄河，正处于当时文化中心地带。皇甫谧徙居此地以后，个人思想发生急剧转变，与其徙居中原腹地，深受当时新学风的影响关系密切。

《太平御览》卷七四三引《玄晏春秋》曰：“夏四月，予疟于河南。归于新安，不瘳。”这里的河南、新安均是指当时司州河南郡属县而言。

《初学记》卷二十六引《玄晏春秋》云：“卫伦以郎应会于京师，过予而论及于味。”京师，指洛阳。这说明皇甫谧居住在洛阳附近。

《晋书・张轨传》云：轨“与同郡皇甫谧善，隐于宜阳女几山”。

《华阳国志》卷十一《后贤志》载，李宓“著《述理论》，论中和仁义、儒学道化之事，凡十篇。安东将军胡罴与皇甫士安深善之。又与士安论夷、齐，及司马文中、杜超宗、郄令先、文广休等议论往返，言经训诂，众人服其理趣”。李密曾任河内温令（今河南温县），与新安相距不远。

从以上史料分析，可知皇甫谧徙居新安后，始致力于学，其后又隐居与“宜阳女几山”，晚年又居住在洛阳附近，其学术成就的取得与河南深厚的文化积淀有着密切的关系，甚至皇甫谧去世之后，还安葬在河南新安一带④。可以说其一生的主要成就均是在河南完成的，并与河南这片土地血肉相连，成了影响中原文化发展的历史文化名人。

皇甫谧卒于太康三年（282年），享年68岁。在其一生当中，由于其“耽翫典籍，忘寝与食，时人谓之‘书淫’。或有箴其过笃，将损耗精神。谧曰：‘朝闻道，夕死可矣，况命之修短分定悬天乎！’”⑤正是有这种“朝闻道，夕死可矣”的读书精神，使皇甫谧著作颇丰，并取得了突出的学术成就，使他成为中国历史上著名的医学家、文学家、史学家、思想家（表5-3）。

---

① （宋）李昉等：《太平御览》卷六百零七，中华书局，1960年，第2733页。

② （唐）虞世南：《北堂书钞》，中国书店，1989年，第464页。

③ 景蜀慧：《魏晋政局与皇甫谧之废疾》，《文史》2001年第2期。

④ 丁宏武：《皇甫谧籍贯及相关问题考论》，《文史哲》2008年第5期。

⑤ （唐）房玄龄等：《晋书》卷五十一《皇甫谧传》，中华书局，1974年，第1410页。

表5-3　皇甫谧著作表①

书名	原卷数	存佚状况	备注
《针灸甲乙经》	12	存	存明代以后刊本数十种
《依诸方撰》	1	佚	《隋书·经籍志》存目
《脉诀》		佚	《难经集注》二难杨注存残句
《论寒食散方》	2	存片断	《诸病源候论·寒食散发候》等书保留有部分内容
《高士传》	6	存	今流传本分为三卷，有《古今逸史》《广汉魏丛书》《四部备要》等十余种版本
《帝王世纪》	10	存辑本	清代宋翔凤辑本（见训纂堂丛书）、顾观光辑本（见《指海》《丛书集成初编》）
《年历》	6	存片断	清马国翰辑本一卷，见《玉函山房辑佚书》
《玄晏春秋》	3	存片断	一卷残本，见《说郛》卷五十九
《逸士传》	1	存片断	清王仁俊辑本一卷，见《玉函山房辑佚书补编》
《列女传》	6	存片断	《说郛》《五朝小说大观》等书存一卷残本
《庞娥亲传》	1	存	见《甘肃通志》卷四十八、《绿窗女史》等书
《皇甫谧集》	2	佚	《隋书·经籍志》存目
《韦氏家传》	3	佚	《旧唐书·经籍志》存目
《帝王经界纪》	1	存片断	清王谟辑本一卷，见《重订汉唐地理书钞》
《地书》		佚	《补晋书艺文志》存目，《北史》卷八十八与《隋书》卷七十七之《崔颐传》存残句
《朔七长历》	2	佚	《补晋书艺文志》存目
《鬼谷子注》	3		文廷式《补晋书艺文志》谓“日本国见存书目尚有此书”

注：1.《周易解》因“示必有专书”（见丁国钧：《补晋书艺文志刊误》）故未列入

2.文成书的文论之品如《三都赋》《玄守论》《释劝论》《笃终》等未列入

（二）《针灸甲乙经》的编撰及内容

《针灸甲乙经》是中国现存最早的针灸学专著，全称为《黄帝三部针灸甲乙经》，又名《黄帝三部针经》《黄帝三部针灸经》《黄帝甲乙经》，简称《甲乙经》。

皇甫谧在自序中指出，《针经》《素问》《明堂孔穴针灸治要》，“三部同归，文多重复，错互非一。甘露中，吾病风加苦聋，百日方治，要皆浅近，乃撰集三部，使事类相从，删其浮辞，除其重复，论其精要，至为十二卷”②。故此，《针灸甲乙经》集《素问》《针经》（即《灵枢经》）与《明堂孔穴针灸治要》）三书中有关针灸学内容等分类合编而成，约成书于魏甘露年间（256～260年）。

原书根据天干编次，内容主要论述医学之理论和针灸之方法技术，故命名为《针灸甲乙经》。该书卷数历来说法不一，现在通行的是12卷本，共128篇。主要内容包括腑脏生理、经脉循行、腧穴定位、病机变化、诊断要点、治疗方法和针灸禁忌等，无论在理论上还是临床上都进行了比较全面系统的整理。

《针灸甲乙经》主要内容，卷一主要阐述了脏腑、卫、气、营、血、精神、魂、魄等功能；卷二主要阐述经络系统的循行路线等；卷三主要按头、面、颈、背、胸、肩、腋胁、腹及四肢所

---

① 孔详序：《〈针灸甲乙经〉成书年代和卷数考》，《中华医史杂志》1985年第1期。

② （晋）皇甫谧：《针灸甲乙经·序》（中国医学大成本），上海科学技术出版社，1990年，第2页。

划分的三十五条线路，确定腧穴部位及其治疗部位、针刺深度等；卷四主要阐述了各种脉象的诊法及三部九候的诊断方法；卷五主要阐述九针的形状、用途、针刺手法及针灸禁忌等；卷六主要阐述人体生理、病理等内容；卷七至卷十二为临床部分，包括内、外、妇、儿、五官等科疾病及针灸处方等。

《针灸甲乙经》通行的版本有《古今医统正脉全书》本、《医统正脉全书》本、《槐庐丛书》本、《四库全书》本、《中国医学大成》本等。

（三）《针灸甲乙经》的医学成就及影响

《针灸甲乙经》作为中国第一部针灸学专著，它的出现奠定了后世针灸学的基础，历代均将其列为学医者必读之书。

《针灸甲乙经》对针灸穴位之名称、部位、取穴方法等，逐一进行考订，使全书定位孔穴达到350个，其中双穴299个、单穴51个，共记649个。并且独创了分部依线检穴法——即将头、面、项、胸、腹、四肢等划分为35条路，对后世针灸学的发展产生了深远的影响。

《针灸甲乙经》对针灸手法和针灸禁忌做了探讨，如“病有浮沉，刺有浅深，各至其理，无过其道，过之则内伤，不及则生外壅，壅则邪从之；浅深不及，反为大贼，内伤五脏，后生大病”①。这就明确阐述了针刺时要注意深浅，不然反而对身体造成伤害。而对于针刺的基本原则，指出“凡刺之道，必中气穴，无中肉节，中气穴则针游于巷，中肉节则皮肤痛；补泻反则病益笃，中筋则筋缓，邪气不出，与真相薄，乱而不去，反还内著，用针不审，以顺为逆也；凡刺之理，补泻无过其度，病与脉逆者无刺”②。这就是说针刺的部位要准确，以及补泻适当的问题。

《针灸甲乙经》在前人经验的基础上，提出适合针灸治疗的疾病和症状等共计880多种，分述的热病、头痛、痓、痁、黄胆、寒热病、脾胃病、癫、狂、霍乱、喉痹、耳目口齿病、妇人病等，对这些病症的治疗方法、配穴规律、操作方法均有详细记载，以便于后人学习。

《针灸甲乙经》以其突出的医学成就，得到后世的普遍赞誉。唐代王焘《外台秘要》中说：“皇甫士安，晋朝高秀，洞明医术，撰次《甲乙》，并取三部为定。如此则《明堂》《甲乙》，是医人之秘宝，后之学者，宜遵用之，不可苟从异说，致乖正理。”③

宋代光禄卿直秘阁林亿评价《针灸甲乙经》时说：“晋皇甫谧博综典籍百家之言，沉静寡欲，有高尚之志。得风痹，因而学医，习览经方，遂臻至妙，取黄帝《素问》《针经》《明堂》三部之书，撰为《针灸经》十二卷，历古儒者之不能及也。”④

四库馆臣也认为该书“存其精要，且节解章分，具有条理，亦寻省较易，至今与《内经》并

---

① （晋）皇甫谧：《针灸甲乙经》卷五《针灸禁忌第一下》（中国医学大成本），上海科学技术出版社，1990年，第6页。

② （晋）皇甫谧：《针灸甲乙经》卷五《针灸禁忌第一下》（中国医学大成本），上海科学技术出版社，1990年，第7页。

③ （唐）王焘：《外台秘要》卷三十九《明堂序》，人民卫生出版社影印，1955年，第1077页。

④ （宋）林亿：《新校正黄帝针灸甲乙经·序》，《针灸甲乙经》（中国医学大成本），上海科学技术出版社，1990年，第1页。

行，不可偏废”[①]。

《针灸甲乙经》还流传到国外，在日本、朝鲜、法国等国家享有崇高的声誉和地位，并对他们国家的针灸学产生了重要影响。

二、孟诜在食疗本草学上的开拓

中医药学自古就十分重视饮食在维护身体健康上的重要作用，如《管子·形势解》曰：“起居时，饮食节，寒暑适，则身利而寿命益。起居不时，饮食不节，寒暑不适，则形体累，而寿命损。”《吕氏春秋·尽数》亦曰：“凡食之道，无饥无饱，是之谓五脏之葆。”《周礼·天官》中专门设置食医“中士二人”，以“掌和王之六食、六饮、六膳、百羞、百酱、八珍之齐”，负责调和王的饮食。可见，中国古代很早就对饮食和健康的关系，以及食疗的作用有了较为清晰的认识。相传商代的伊尹曾著有一部《汤液论》的食疗专著，而《汉书·艺文志》亦载有《神农黄帝食禁》七卷，惜均已失传。我国现存的最早的食疗专著，是唐代孟诜的《食疗本草》。

（一）孟诜生平

孟诜，生于唐武德四年（621年），卒于先天二年（713年），享年93岁。《旧唐书》《新唐书》均称其为汝州梁（今河南汝州）人，但是《泾州大云寺舍利石函铭并序》却署名“朝散大夫行司马平昌孟诜撰”[②]，《太平广记》卷一百九十七《博物·孟诜》引《御史台记》也称“唐孟诜，平昌人”[③]；另外，新旧《唐书》有《孟简传》，既明确说孟简系孟诜之后，又称其籍贯为“平昌人”。这是怎么回事呢？原来唐代士人习称郡望，而平昌正是孟姓的郡望[④]，故此，各类史料中出现了孟诜为平昌人的说法。

孟诜“少敏悟，博闻多奇，举世无与比”[⑤]，后拔擢为进士，起家长乐尉，累迁凤阁舍人，曾在官员刘祎家见赐金，孟诜察为药金，火烧可见五色气，愿刘烧之，果如其言。而武则天“闻而不悦，因事出为台州司马”[⑥]。累迁春官侍郎，睿宗诏为侍读，后迁同州刺史，加银青光禄大夫。神龙初年（705～707年）辞官归隐，于伊阳山以药饵为事。孟诜晚年气力如同壮年，曾对亲近人言：“若能保身养性者，常须善言莫离口，良药莫离手。”[⑦]

孟诜交游甚广，如《旧唐书》卷一百九十一《孙思邈传》载：“上元元年（674年），（邈）辞疾请归，特赐良马，及潘阳公主邑司以居焉。当时知名之士宋令文、孟诜、卢照邻等，执师资之礼以事焉。”而《新唐书》卷一百九十六《孙思邈传》亦载：“思邈于阳阴、推步、医药无不善，孟诜、卢照邻等师事之。”可见，孟诜与孙思邈等当时知名之士的关系密切，并师从孙思邈学习中

---

① （清）永瑢等：《四库全书总目》，中华书局，1965年，第857页。

② 杜斗城：《〈泾州大云寺舍利石函铭并序〉跋》，《敦煌学辑刊》2005年第4期。

③ （宋）李昉等：《太平广记》，中华书局，1961年，第1479页。

④ 潘民中等：《孟诜数疑考辨》，《中国当代医药》2011年第18期。

⑤ （宋）李昉等：《太平广记》卷一百九十七引《御史台记》，中华书局，1961年，第1479页。

⑥ （后晋）刘昫等：《旧唐书》卷一百九十一《孟诜传》，中华书局，1975年，第5101页。

⑦ （后晋）刘昫等：《旧唐书》卷一百九十一《孟诜传》，中华书局，1975年，第5101页。

医药学，尤其善于食疗和养生。

孟诜的著作亦不在少数，《旧唐书·孟诜传》记载，孟氏撰“《家》《祭礼》各一卷，《丧服要》二卷，《补养方》《必效方》各三卷”①。《旧唐书·经籍志》记载《补养方》三卷、《孟氏必效方》十卷②。《新唐书·艺文志》载“孟诜《家祭礼》一卷”“孟诜《丧服正要》二卷”③“孟诜《食疗本草》三卷”④等。而《食疗本草》是最为重要的一部著作，是目前世界上最早的食疗专著，对研究中国本草学、食疗学史等有重要参考价值。

（二）《食疗本草》编撰及内容

隋唐时期，中国食疗学取得了进一步的发展，食疗本草学已经从本草学中独立出来，如唐代著名医药学家孙思邈指出“仲景曰：人体平和，惟须好将养，勿妄服药，药势偏有所助，令人脏气不平，易受外患。夫含气之类，未有不资食以存生，而不知食之有成败，百姓日用而不知，水火至近而难识”。故“概其如此，聊因笔墨之暇，撰五味损益食治篇”，即在《千金要方》卷二十六专门设置了“食治”部分，被称为《千金食治》，可见孙氏对食疗的推崇。他进一步说：“夫为医者，当须先洞晓病源，知其所犯，以食治之，食疗不愈，然后命药。”认为“药性刚烈，犹若御兵。兵之猛暴，岂容妄发？”而“食能排邪而安脏腑，悦神爽志，以资血气，若能用食平疴释情遣疾者，可谓良工”⑤。明确地提出“食治”“食疗”的概念。

孟诜少时即喜好方术，后又师从孙思邈学习医道，他继承了孙思邈的食疗思想，在总结唐代及其以前历代医家有关食疗的理论及方法的基础上，编著成食疗专著《补养方》三卷。据范行准先生研究，《食疗本草》正是以《补养方》为底本，经张鼎增改，而易此名⑥。《嘉祐本草》“补注所引书传”云：“《食疗本草》，唐同州刺史孟诜撰，张鼎又补其不足者89种，并旧为227条，凡3卷。”⑦

《食疗本草》原书早已亡佚，其部分内容尚存于《证类本草》《医心方》等书。张鼎史书无传，尚志钧先生怀疑《医心方》所载“晤玄子张”，即张鼎的别名⑧，《宋史·艺文志》载：“《吾玄子安神养生方》一卷，张鼎撰。”可知，“晤玄子”确实是张鼎的别名或道号。据尚志钧先生考证《证类本草》援引《食疗本草》的资料共260条；《医心方》援引《食疗本草》标注“孟诜云”162条，标注“孟诜食经云”16条，标注“晤玄子张云”13条，共191条⑨。

1907年，清朝末年在敦煌莫高窟藏经洞中发现了唐钞本《食疗本草》残卷，为英人斯坦因窃

---

① （后晋）刘昫等：《旧唐书》卷一百九十一《孟诜传》，中华书局，1975年，第5102页。

② （后晋）刘昫等：《旧唐书》卷四十七《经籍志》，中华书局，1975年，第2049、2050页。

③ （宋）欧阳修等：《新唐书》卷五十八《艺文志二》，中华书局，1975年，第1492页。

④ （宋）欧阳修等：《新唐书》卷五十九《艺文志三》，中华书局，1975年，第1570页。

⑤ 李景荣等：《备急千金要方校释》，人民卫生出版社，1998年，第554、555页。

⑥ 范行准：《两汉三国南北朝隋唐医方简录》，《中华文史论丛》第6辑，中华书局，1965年，第336页。

⑦ （宋）唐慎微：《证类本草》，《文渊阁四库全书·子部·医家类》第740册，台湾商务印书馆，1986年，第25页。

⑧ 尚志钧：《食疗本草考》，《皖南医学院学报》1983年第1期。

⑨ 尚志钧：《食疗本草考》，《皖南医学院学报》1983年第1期。

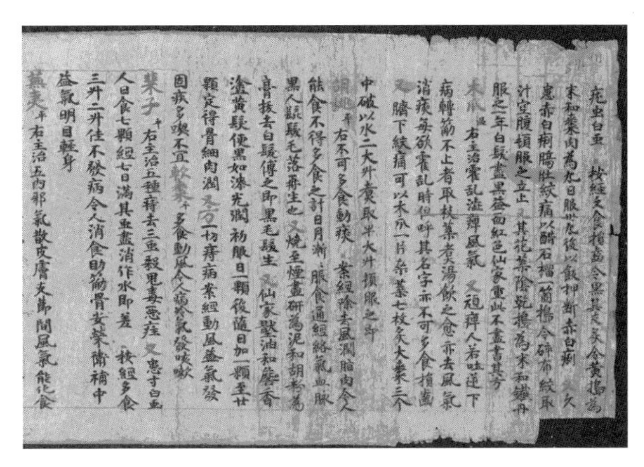

图5-8　《食疗本草》敦煌残卷（局部）

去，现藏大英博物馆，编号为S.0076。

敦煌残卷本《食疗本草》存137行、每行20个字左右、共2774字，收药26味，朱墨分书，药名朱书于首，大于正文（图5-8）。右下以小字注明温、平、寒、冷四种药性。下述该药的主治、功效、服食宜忌、单方验方，有些药物还记述采集、修治、地域差别及生活用途等。其26种药为：石榴、木瓜、胡桃、软枣、榧子、芜荑、榆皮、吴茱萸、蒲桃、甜瓜、越瓜、胡瓜、冬瓜、瓠子、莲子、覆子、查子、藤藜、羊梅、覆盆子、藕、鸡头子、菱实、石蜜、沙塘、芋。

《食疗本草》敦煌残卷后经罗振玉、王国维、唐兰等研究扩大了该书的影响。目前见到的《食疗本草》主要是根据敦煌残卷、《医心方》及《证类本草》所引的辑校本。

（三）《食疗本草》的食疗学成就

孟诜师从孙思邈，深得食疗学的精髓，所著《食疗本草》从一般的本草著作中独立出来，成为食疗专著。《食疗本草》的出现，正式确立了比较完备而系统的食疗学科，对本草学、食疗学、营养学均有贡献。

《食疗本草》所言食疗作用，主要有以下三个方面。

第一，提倡以食物治病养生，《食疗本草》记载各种食物治病的方法。例如，甘蕉主黄疸；干苔，味咸，寒。主痔，杀虫，及霍乱呕吐不止，煮汁服之；吴茱萸，右主治心痛，下气，除咳逆，去藏中冷，能温脾气消食；柿，主治鼻、耳气，补虚劳不足。《食疗本草》收录了大量的动物脏器的食疗方法，如猪肾治肾虚。猪舌和五味煮取汁饮，能健脾，补不足之气，令人能食。猪肚主消渴，风眩，补五脏，以醋煮食之。猪髓安五脏，平三焦，温中，久服增年，以酒送。羊肝性冷，治肝风虚损等。

第二，《食疗本草》比较详细地指出了饮食禁忌，如不可食者：犬自死，舌不出者，食之害人；兔死而眼合者，食之杀人；鸡死爪不伸者，食之害人；鹅肉性冷，不可多食，令人易霍乱。再如，食物之间配伍的禁忌：兔与生姜同食，成霍乱；肉不宜与姜、橘同食之，令人卒患心痛，不可治也。又如，指出了病患不宜食某些食物：猪肉虚人动风，不可久食。令人少子精，发宿疹。肉发痰，若患疟疾人切忌食，必再发。牛头、牛蹄患冷人不可食；此外还指出了妊、产妇饮食禁忌，如狗肉，女人妊娠勿食；凡产后诸忌，生冷物不食，唯藕不同生类也，为能散血之故。

第三，《食疗本草》还指出了不同地域饮食的差别，充分体现了“因地制宜”食疗的思想，如醋，江外人多为米醋，北人多为糟醋；海藻，南方人多食之，传于北人，北人食之，倍生诸病，更不宜矣；昆布，海岛之人爱食，为无好菜，只食此物，服久，病亦不生，遂传说其功于北人，北人食之，病皆生，是水土不宜尔。

总之，在中国食疗学发展的历史长河中，《食疗本草》是中国现存第一部食疗学专著，对唐代及其以前的食疗思想和食疗学做了系统地总结，并为后世食疗学的发展奠定了坚实的基础。因此，《食疗本草》是中国历史上璀璨夺目的食疗学名著，对以后中国食疗学的发展产生了重大而深远的影响。

第三节　《南方草木状》的植物学成就

一、《南方草木状》的作者及其生平

（一）《南方草木状》的作者

《南方草木状》是世界上现存最早的地方植物志，是中国历史上第一部记述岭南地区植物学的专著。《百川学海》本《南方草木状》署款“永兴元年十一月丙子振威将军襄阳太守嵇含撰”[①]，永兴为晋惠帝年号，即304年。据此，则其为嵇含撰成于304年。但查《隋书·经籍志》《旧唐书·经籍志》《新唐书·艺文志》等均未有《南方草木状》的相关记载，而嵇含的著作《嵇含集》十卷、《录》一卷，始见《隋书·经籍志》，并注明已亡[②]。此后《旧唐书·经籍志》[③]和《新唐书·艺文志》[④]等书又著录有十卷本《嵇含集》。

《南方草木状》首载于南宋尤袤的《遂初堂书目》中，尤氏仅云“晋嵇含《南方草木状》”[⑤]，卷数不详。陈振孙《直斋书录解题》谓：“南方草木状一卷，襄阳太守嵇含撰。”[⑥]元马端临《文献通考》云：“《南方草木状》一卷，陈氏曰晋襄阳太守嵇含撰。”[⑦]《宋史·艺文志》载嵇含《南方草木状》作三卷。由此可见，《南方草木状》在南宋时突然出现，而不被此前的各家书目著录。虽然著录较晚，但几百年来却不被人见疑，均相信是晋嵇含所著。更是为其晚出做了辩护，《四库全书总目》云：是书“叙述典雅，非唐以后人所能伪，不得以始见《宋志》疑之。其本亦最完整，盖宋以后花谱、地志援引者多，其字句可以互校，故独鲜讹阙”[⑧]。这里四库馆臣可谓对其倍加推崇，对宋人旧题加以肯定。清江藩甚至作《续南方草木状》以继之。

但是到了晚清，文廷式却对此书提出了疑问，指出“嵇含《南方草木状》三卷，见《宋志》，今存。……此书文笔渊雅，叙述简净，自是唐以前作，然以为嵇含则非也”[⑨]。其主要论据有两点：一是嵇含未到广州，不得为此书；二是书中提到“刘涓子”，而涓子为东晋末人，远在嵇含之后，故是书非含作益明矣。此后，关于《南方草木状》的作者、成书时间等问题，引起了学术界的

① （晋）嵇含：《南方草木状》卷上（丛书集成初编本），商务印书馆，1939年，第1页。
② （唐）魏徵、令狐德棻：《隋书》卷三十五《经籍志四》，中华书局，1973年，第1063页。
③ （后晋）刘昫等：《旧唐书·经籍志》卷下（丛书集成初编本），商务印书馆，1936年，第98页。
④ （宋）欧阳修：《唐书·艺文志》卷四（丛书集成初编本），商务印书馆，1936年，第73页。
⑤ （宋）尤袤：《遂初堂书目·地理类》（丛书集成初编本），商务印书馆，1935年，第15页。
⑥ （宋）陈振孙：《直斋书录解题·地理类》（丛书集成初编本），商务印书馆，1937年，第252页。
⑦ （元）马端临：《文献通考》卷二百五，中华书局，1986年，第1704页。
⑧ （清）永瑢等：《四库全书总目》，中华书局，1965年，第622页。
⑨ （清）文廷式：《补晋书艺文志》卷四，《二十五史补编》第3册，开明书店，1936年，第3755页。

极大兴趣，各专家学者纷纷撰文加以论证。1983年华南农学院就召开过一次《南方草木状》国际学术讨论会，有中国、美国、法国、日本等国36名学者出席，其中心问题就是讨论该书的真伪，会后编撰了《〈南方草木状〉国际学术讨论会论文集》一书。关于该书的真伪问题，主要形成真、伪和存疑三种意见。

这次会议上认为《南方草木状》是嵇含原著的包括李惠林、梁家勉、黄兴宗、芶萃华、张寿祺、吴万春、彭世奖等；认为是伪书者，多主张是宋以后所伪作的，如马泰来、马宗申、胡道静、李仲钧、刘昌芝、梁继健、杨宝霖等；存疑派的杨直民、董恺忱两位先生则认为，《南方草木状》与嵇含的名字结连起自宋代，根据前人古籍考辨例则，称之为后人伪托是可以接受的。但经广泛查阅文献，如唐代《艺文类聚》中即录有嵇含撰著的《菊花铭》《怀香赋序》等七段文字，说明稽含对植物描述有着浓厚的兴趣，且《艺文类聚》曾出现《南方草木状》书名，学术探讨上疑点尚多。认为目前情况下，“存疑待考”是值得采取的态度①。

此次会议后，有关《南方草木状》真伪问题的探讨仍在继续，如缪启愉先生经过考证认为：《南方草木状》并非嵇含之书，当是南宋时人根据类书和其他文献编造的，而利用前书编缀成文的迹象，主要有五种情况：一是综合，二是全抄，三是摘抄，四是承误，五是增饰②。罗桂环先生也认为《南方草木状》并非嵇含所作，而今本的面貌直到《百川学海》刊行时（1273年）才定型③。赞成此书是嵇含所作者也不乏其人，如张宗子先生对作伪于南宋时期说提出了质疑④。孙启明先生发现了两条内证，支持《南方草木状》是嵇含所作说：一是《南方草木状》卷下有“本朝自泰康后亦如之”语，“泰康”即“太康”，为晋武帝司马炎之年号，此语气当属嵇含本人所言，唯嵇含之身份方可称“本朝”；二是《南方草木状》卷下“今华林园有柑二株，遇结实，上命群臣宴饮于旁，摘而分赐焉”。“今华林园”之“今”，即嵇含时代之“今”，亦非后人所能言。“上”指晋武帝司马炎⑤。此外，如《南方草木状》卷上“豆蔻花”条所记“泰康二年，交州贡一篚。上试之有验，以赐近臣”等，亦同理当为嵇含所言。

从以上各家的论证来说，关于《南方草木状》之真伪，目前学术界尚难形成统一认识。《南方草木状》于宋代突然出现，确实令人怀疑，但是目前持伪书说者尚无铁证能证明其伪。而就其内容所表现出来的伪迹，与其在早期以抄本流传、古人著书立说特点不无关系。由于古书散佚甚多，能与《南方草木状》相互考校者已不多见，其间缺环太多，很难于仓促间证明彼此之间的互相征引与抄袭的关系。因此，在作伪铁证出现以前，而又有很多嵇含所作之明证，应该认定《南方草木状》成书于嵇含之手。

（二）嵇含生平

嵇含（263～306年），字君道。其祖父喜是嵇康之兄，康是竹林七贤之一，名震一时。嵇氏本

---

① 仲农：《〈南方草木状〉国际学术讨论会纪实》，《农业考古》1984年第1期。

② 缪启愉：《〈南方草木状〉的诸伪迹》，《中国农史》1984年第3期。

③ 罗桂环：《关于今本〈南方草木状〉的思考》，《自然科学史研究》1990年第2期。

④ 张宗子：《对〈南方草木状〉作伪于南宋时期之质疑》，《中国科技史料》1990年第4期。

⑤ 孙启明：《嵇含撰〈南方草木状〉内证二则》，《中华医史杂志》2003年第3期。

奚姓，后因迁居而改。史载："嵇康，字叔夜，谯国铚人也。其先姓奚，会稽上虞人，以避怨，徙焉。铚有嵇山，家于其侧，因而命氏。"[①]虞预《晋书》云"嵇康家本姓奚，会稽人。先自会稽迁于谯之铚县，改为嵇氏，取稽字之上与山以为姓，盖以志其本也。一曰：铚有嵇山，家于其侧，遂因氏焉"[②]。

嵇含之祖父喜，有当世之才，据《文选》嵇叔夜《幽愤诗》注引《嵇氏谱》："康兄喜，字公穆，历徐、扬州刺史，太仆、宗正卿。"[③]父亲嵇蕃亦曾做过太子舍人。嵇含叔父绍（嵇康子）死于君难，是封建社会时期忠君的典范，受到统治者的旌表，嵇含为人深受绍之影响，如《晋书·嵇绍传》载："绍诞于行己，不饰小节，然旷而有检，通而不杂。与从子含等五人共居，抚恤如所同生。"[④]因此，在嵇康、嵇绍等父辈的感染下，含少小便有高节，史载："含好学能属文。家在巩县亳丘，自号亳丘子，门曰归厚之门，室曰慎终之室。"[⑤]"巩县亳丘"，即今之河南巩义市鲁庄镇，所谓"归厚之门""慎终之室"，取《论语·学而》"慎终追远，民德归厚矣"之意，可见其志向之一斑。

嵇含曾为楚王玮辟为掾，因玮被诛而免，后又举秀才，除郎中。西晋惠帝永兴中累官至振威将军、襄城太守。范阳王虓为刘乔所破，奔镇南将军刘弘于襄阳。后刘弘表含为平越中郎将、广州刺史，假节。未发，而弘卒，因与弘司马郭劢素有嫌隙，被其杀害。时年44岁。嵇含被害一事，葛洪在《抱朴子》中叙述云："故人谯国嵇君道见用为广州刺史，乃表请洪为参军，虽非所乐，然利可避地于南，故黾勉就焉。见遣先行催兵，而君道于后遇害。"[⑥]可见，嵇含虽已被任用为广州刺史，但是并未到任。

嵇含性通敏，自幼好学，博览艺文，故能属文，如史载："时弘农王粹以贵公子尚主，馆宇甚盛，图庄周于室，广集朝士，使含为之讚。含掾笔为弔文，文不加点。"[⑦]可见嵇含的文采颇高，已经到了独具匠心、文思泉涌的境界。嵇含十分擅长诗赋的撰写，据严可均《全上古三代秦汉三国六朝文·全晋文》，他撰有《困热赋序》等文二十五篇，《先秦汉魏晋南北朝诗·晋诗》七载有其《说情》诗等四首。

嵇含的诗赋中很多咏植物的，如《宜男花赋》《孤黍赋序》《瓜赋》《朝生暮落树赋序》《长生树赋》《槐香赋》《菊花铭》等，其中多涉及对植物的性状描写，如《初学记》卷二十七引嵇含《菊花铭》曰："煌煌丹菊，暮秋弥荣。旋蕤圆秀，翠叶紫茎。诜诜仙徒，食其落英。"这从侧面反映了嵇含平时就对各种植物钟爱有加，素有研究，为其撰写《南方草木状》奠定了基础。正如胡道静先生所谓："君道之子植物，观察有素，研习为深，其著《南方草木状》盖由来有自也。"[⑧]

① （唐）房玄龄等：《晋书》卷四十九《嵇康传》，中华书局，1974年，第1369页。
② （清）汤球辑，杨朝明校补：《九家旧晋书辑本》，中州古籍出版社，1991年，第310页。
③ （梁）萧统编，（唐）李善注：《文选》，中华书局，1977年，第327页。
④ （唐）房玄龄等：《晋书》卷八十九《嵇绍传》，中华书局，1974年，第2301页。
⑤ （唐）房玄龄等：《晋书》卷八十九《嵇含传》，中华书局，1974年，第2301页。
⑥ （晋）葛洪：《抱朴子外篇》卷五十《自叙》（四部丛刊初编本），商务印书馆，1919年，第9页。
⑦ （唐）房玄龄等：《晋书》卷八十九《嵇含传》，中华书局，1974年，第2301页。
⑧ 胡道静：《嵇含文辑注·序》，中国农业科技出版社，1992年，第1页。

二、《南方草木状》的成书时间及内容

（一）《南方草木状》的成书时间

如前所述，隋唐时期的目录学著作中均不见有《南方草木状》的记载，始见于《遂初堂书目》中。雕版印刷产生于唐，而兴盛于宋。在此之前，书籍的传承多靠手抄。《南方草木状》或许在正式刊刻流传以前，以抄本形式为私人收藏，不曾为《隋书·经籍志》《旧唐书·经籍志》等官方藏书目录所收入亦属正常。在印刷术的推动下，宋代刊刻书籍之盛超过此前历代，《南方草木状》始得见天日，宋人对其真伪不曾有疑，定有所据，而对其著录、刊刻应在情理之中。

现存《南方草木状》最早的版本见于宋人左圭所辑的《百川学海》中，作三卷。此本前面的题署“永兴元年十一月丙子振威将军襄阳太守嵇含撰”一语，历来被人诟病，如嵇含并未做过襄阳太守。这可能是传抄致误，因嵇含与襄阳的渊源颇深，且暴死于襄阳，而传抄者不慎将两个与他一生关系密切的“襄城”“襄阳”两地名，误笔错录。

“永兴元年十一月丙子”的记载也存在矛盾，胡道静先生指出：“永兴元年这一年，晋惠帝四次改换年号，初名永安，后改建武，又复永安，到十二月二十四日丁亥才改名永兴，那么，十一月时应称‘永安’，不当称‘永兴’；这一年十一月的日干支，只有丙申、丙午、丙辰，没有‘丙子’；如果说‘十一月’是‘十二月’之误，此月的‘丙子’是十三日，这一天的年号也没有改为‘永兴’。”[①]304年这一年晋惠帝四次更改年号，在历史上实属不多见，胡道静先生对此进行了审慎的考证，证明《百川学海》本《南方草木状》的题署，如果严格按照封建帝王年号更换标准来纪年的话，此纪年确实违反了封建王朝的大忌，谬误百出。

《四库全书总目》对此亦进行了辨证，云：“《晋书·惠帝本纪》，永宁二年正月改元永安，七月改建武，十一月复为永安，十二月丁亥立豫章王炽为太弟，始改永兴。是永兴元年不得有十一月。又永兴二年正月甲午朔。以干支推之，丙子当在上年十二月中旬，尚在改元前十二日，其时亦未称永兴，或其时改元之后，并十二月、一月皆追称永兴，而辗转传刻又误十二月为十一月。”[②]我们认为四库馆臣的考辨是值得肯定的，为了方便纪年，很可能是将十二月二十四日丁亥改元以前的所有这个月的日期均计入永兴元年内，即便是封建制度下年号制度比较严格，而实际应用中，由于年号的更改如此频繁，记载年月时，如稍不仔细也有可能出错，最终导致出现上述错误。因此，《南方草木状》成书于304年是可信的。

《南方草木状》在《百川学海》本之后，陆续出版了十几种版本，通行的版本有丛书集成本、四库全书本、说郛本、汉魏丛书本等，并有英译本行世。1955年商务印书馆排印本附上了上海历史文献图书馆珍藏的《南方草木状图》60幅，是目前难得的善本之一。

---

① 胡道静：《如何看待今本〈南方草木状〉》，《〈南方草木状〉国际学术讨论会论文集》，农业出版社，1990年，第81、82页。

② （清）永瑢等：《四库全书总目》，中华书局，1965年，第622页。

（二）《南方草木状》的内容及所载植物名录

嵇含在《南方草木状》卷首云："南越交趾植物有四裔最为奇，周秦以前无称焉。自汉武帝开拓封疆，搜来珍异，取其尤者充贡，中州之人或昧其状，乃以所闻诠叙，有裨子弟云尔。"[①]"以所闻铨叙"一语正与嵇含未曾到过当时的南越交趾等地的史实相符合。但是即便如此，在急于了解中州之外植物性状等好奇心下，其所闻所记仍是一部内容丰富的植物学专著。

今本《南方草木状》分上、中、下三卷，按草、木、果、竹四类记述，所记载的植物大部分是生于岭南的热带、亚热带植物，对每种植物的记述详略不一，各有侧重，一般是介绍其形态、生态、功用、产地和有关的历史掌故。据统计书中共记植物80种，其中卷上草类29种，卷中木类28种，卷下果类17种、竹类6种（表5-4）。

表5-4　《南方草木状》所载植物名录[②]

部类	序号	原名	今名	拉丁学名	科名
草类	1	甘蕉	香蕉（大蕉）	*Musa paradisiaca* L.var.*sapientum* O.Ktze.	芭蕉科
	2	耶悉茗花	素方花	*Jasminum officinale* Linn	木犀科
	3	末利花	茉莉花	*Jasminum sambac*（L.）Ait.	木犀科
	4	豆蔻花	白豆蔻	*Amomum Cardamomum* Linn.	姜科
	5	山姜花	华山姜	*Alpinia chinensis* Rosc.	姜科
	6	鹤草	龙头兰（白蝶花）	***Pecteilis susannae*（L.）Raf., *Haoenaria susannae*（L.）Br.	兰科
	7	甘藷	甜薯	*Dioscoreaesculenta*（Lour.）Burk.	薯蓣科
	8	水莲	睡莲	**Nymphaea tetrgona* Georgi var. *angustata* Casp ***Nymphaea rubra* Roxb, *N.nouchali* Burm.f.	睡莲科
	9	水蕉	石蒜属某一种	***Lycoris* sp.（?）	石蒜科
	10	蒟酱	蒌叶	**Piper betle* Linn.	胡椒科
			胡椒	***Piper nigrum* Linn	
	11	菖蒲	石菖蒲	*Acorus gramineus* Soland.	天南星科
	12	留求子	使君子	*Quisqualis indica* Linn.	使君子科
	13	诸蔗	甘蔗	*Saccharum officinarum* Linn.	禾本科
	14	草麹			
	15	芒茅	白茅	**Imperata cylindrica*（L.）eauv.var.*major*（Nees）C.E.Hubb. ***Imperata cylindrica*（L.）Beauv.	禾本科
	16	肥马草	三裂叶野葛	*Pueraria phaseoloides*（Roxb.）Benth.（?）	蝶形花科
	17	冬叶	柊叶（苳叶、棕叶）	*Phrynium capitatum* Willd.	竹芋科

① （晋）嵇含：《南方草木状》卷上（丛书集成初编本），商务印书馆，1939年，第1页。

② 吴万春：《〈南方草木状〉植物名录》，《〈南方草木状〉国际学术讨论会论文集》，农业出版社，1990年，第248～257页。

续表

部类	序号	原名	今名	拉丁学名	科名
草类	18	蒲葵	蒲葵	*Livistona chinensis* R.Br.	棕榈科
	19	乞力伽	茅术	**Atractylodes lancea*（Thunb.）DC.	菊科
	20	赪桐花	赪桐	**Clerodendron japonicum*（Thunb.） Sweet ***Clerodendron kaempferi*（Jacq.）Sieb	马鞭草科
	21	水葱	茖葱	**Allium victorialis* Linn. ***Hemerocallis* spp.	石蒜科萱草属 百合科
	22	芜菁	芜菁	*Brassica rapa* Linn.	十字花科
	23	茄树	茄	*Solanum melongena* Linn. var. *esculentum* Ness.	茄科
	24	绰菜	睡菜	*Menyanthes trifoliata* Linn	莕菜科
	25	蕹菜	蕹菜	***Ipomoea aquatica* Forsk. [*I. reptans（L.）Poir.]	旋花科
	26	冶葛	钩吻	*Gelsemium elegans* Benth.	马钱科
	27	吉利草	钗子兰	***Luisia teres* Blume	兰科
	28	良耀草	石斛属之一种	***Dendrobium* sp.（？）	兰科
	29	蕙草	罗勒	**Ocimum basilicum* Linn.	唇形科
			广藿草	***Pogostemon cablin*（Blanco） Benth.	
木类	30	枫人	枫香	*Liquidambar formosana* Hance	金缕梅科
	31	枫香		*Liquidambar formosana* Hance	金缕梅科
	32	薰陆香	乳香黄连木	**Pistacia lentiscus* Linn.	漆树科
			乳香	***Boswellia thurifera* Colebr.	橄榄科
	33	榕树	榕树	*Ficus microcarpa* Linn.（F.reiusa Linn）	桑科
	34	益智子	白豆蔻	*Amomum kravanh* Pierre rx Gagnep. （**Amomum amarum* F.P.smith）	姜科
				***Myristica fragrans* Houtt.	肉豆蔻科
	35	桂	桂	*Cinnamomum cassia* Blume. ***C.aromaticun* Nees	樟科
	36	朱槿	朱槿	*Hibiscus rosa-sinensis* Linn.	锦葵科
	37	指甲花	指甲花	*Lawsonia inermis Linn.***L.alba Lam.	千屈菜科
	38	蜜香	沉香	*Aquilaria agallocha* Roxb	瑞香科
	39	沉香	沉香	*Aquilaria agallocha* Roxb	瑞香科
	40	鸡骨香	沉香	*Aquilaria agallocha* Roxb	瑞香科
	41	黄熟香	沉香	*Aquilaria agallocha* Roxb	瑞香科
	42	栈香	沉香	*Aquilaria agallocha* Roxb	瑞香科
	43	青桂香	沉香	*Aquilaria agallocha* Roxb	瑞香科
	44	马蹄香	沉香	*Aquilaria agallocha* Roxb	瑞香科
	45	鸡舌香	丁子香	***Syzygium aromalicum*（L.）Merr. & Perry （caryphyllus aromaticus L.）	桃金娘科
	46	桄榔	桄榔	*Arenga pinnata*（Wurmb.） Merr.， **A. Saccharifera Labill	棕榈科

续表

部类	序号	原名	今名	拉丁学名	科名
木类	47	诃梨勒	诃子	*Terminalia chebula* Ketz.	使君子科
	48	苏枋	苏方木	*Caesalpinia sappan* Linn.	苏木科
	49	水松	水松	*Glyptostrobus pensilis*（Lamb.）K. Koch，**G. Heterophyllus Endl.	杉科
	50	刺桐	刺桐	*Erythrina variegats* L. Var. Orientalis（L.）Merr.，**E. indica Lam.	蝶形花科
	51	棹树	印度楝	***Azadirachia indica* A. Juss.，Meliaazadirachta L.	楝科
	52	杉	杉	*Cunninghamia lanceolata*（Lamb.）Hook.，***C.sinensis* Lamb.	杉科
	53	荆	紫荆	**Cercis chinensis* Bge. ***Bauhinia* spp.	羊蹄甲属 苏木科
	54	紫藤	紫藤	**Wisteria sinensis* Sweet var. *Alba Bailey*	蝶形花科
		类	降真香	***Acronychia pedunculata*（L.）Miq. *A.laurifolia* Blume	芸香科
	55	榼藤	榼藤子	**Entada phaseoloides*（L.）Merr. ***Entsda pursaetha* D C., E.scandens Benth	含香草科
	56	蜜香纸			
	57	抱香履			
果类	58	槟榔	槟榔	*Areca catechu* Linn.	棕榈科
	59	荔枝	荔枝	*Litchi chinensis* Sonn.	无患子科
	60	椰树	椰子	*Cocos nucifera* L.	棕榈科
	61	杨梅	杨梅	*Myrica rubra Sieb.* et Zucc.	杨梅科
	62	橘	橘	*Citrus nobils* Lour.	芸香科
	63	柑	柑	*Citrus reticulata* Blanco	芸香科
	64	橄榄	橄榄	*Canavium album* Raeuseh .	橄榄科
	65	龙眼树	龙眼	*Dimocarpus longgana* Lour. [*Wuphoria longan*（Lour）Stoud.]	无患子科
	66	海枣	海枣	*Phoenix dactylifera* Linn.	棕榈科
	67	千岁子	蔓上葡萄（葛藟，野葡萄）	***Vitis floxuosa* Tbunb.	葡萄科
	68	五敛子	杨桃	*Averrhoa carambola* L.	酢浆草科
	69	钩缘子	钩缘	*Citrus medica* L.	芸香科
	70	海梧子	蘋婆	*Sterculia nobilis* smith	梧桐科
	71	海松子	岛松	*Pinus insularis* Endl.	松科
	72	菴摩勒	余甘子	*Phyllanthus emblica* Linn.，***Emblica officinalis*（L.）Gaertn.	大戟科
	73	石栗	栗属之一种	**Castanea* sp.	山毛榉科
			印度栲	***Castanopsis indica* A. DC.	
	74	人面子	人面子	*Dracontomelon dao*（Blanco）Merr. et Rolfe	漆树科

续表

部类	序号	原名	今名	拉丁学名	科名
竹类	75	云丘竹	大麻竹	***Sinocalamus giganteus*（Wall.）Keng f., dendrocalamus giganteus Munro	禾本科
	76	思篣竹	木贼	***Equisetum hiemale* L.	木贼科
			思篣竹属之一种	**Schizostachyum* sp.	禾本科
	77	石林竹	刚竹属之一种	*Phyllostachys* sp.	禾本科
	78	思摩竹	簕竹属	***Bambusa* spp.	禾本科
	79	箪竹	单竹	**Lingnania Cerosissima*（Mc Clure）Mc Clure	禾本科
			粉单竹	***Lingnania chungii* Mc Clure	
	80	越王竹	凤尾竹（观音竹）	***Bambusa multiplex*（Lour.）raeusch.var. Nana（Roxb.）Keng f., B. Nana Roxb.	禾本科

三、《南方草木状》的植物学成就

《南方草木状》是世界最早的区系植物志之一，所记虽然只有80种植物，但却蕴含了丰富的植物学等知识，因此在植物学史上具有重要意义。

《南方草木状》对植物形态做了详细的描述，如“朱槿花”条：“朱槿花，茎、叶皆如桑，叶光而厚，树高止四、五尺，而枝叶婆娑。自二月开花，至中冬即歇；其花深红色，五出，大如蜀葵，有蕊一条，长于花叶，上缀金屑，日光所烁，疑若焰生；一丛之上，日开数百朵，朝开暮落，插枝即活。出高凉郡。一名赤槿，一名日及。”这里对朱槿花的茎、叶、花等植物器官进行了描述，十分形象逼真，值得一提的是已经注意到对花蕊的描述，准确地反映了朱槿花的植物学性状。再如“豆蔻花”：“其苗如芦，其叶似姜，其花作穗。嫩叶卷之而生。花微红，穗头深色，叶渐舒，花渐出。”从这里对植株形态，开花状况的描述来看，作者已经注意到各种植物不同器官的差别，并按照不同器官进行仔细描述，说明初步具备了植物学的方法。

《南方草木状》记载了很多生长在热带、亚热带果类和竹类植物，具有很强的地域性，是岭南区系植物志的宝贵资料，如“槟榔树”：“高十余丈，皮似青桐，节如桂竹。下本不大，上枝不小，调直亭亭，千万若一。森秀无柯，端顶有叶，叶似甘蕉。条派开破，仰望眇眇，如插丛蕉于竹杪，风至独动，似举羽扇之扫天。叶下系数房，房缀数十实，实大如桃李，天生棘重累其下，所以御卫其实也。”

《南方草木状》十分注重对植物生长环境的记载和描述，如记述“菖蒲：涧中生菖蒲”；“越王竹：根生石上”；“薰陆香：生于沙中”；“桂：出合蒲生必以高山之巅”；“绰菜：夏生于池沼间”；“石栗：树与栗同，但生于山石罅间”等。这些描述虽然简单，但是说明作者已经注意到植物与生态环境的关系，尤其是植物对环境的适应性及环境对植物个体的影响，具有很高的植物生态学意识。

《南方草木状》在记述植物形态的时候，还十分注意记载它们的药用价值，如“留球子”条：“留球子形如栀子，棱瓣深而两头尖，似诃梨勒而轻，及半黄而已熟，中有肉白色，甘如枣，核大，治婴孺之疾，南海、交趾俱有之。”“留球子”（Fructus Quisqualis），又名使君子。落叶攀援状灌木。夏天开花，每簇一二十朵，初为淡红色，后变红色。花后结果，熟时紫黑色，橄榄形有五棱瓣，取其中种子则称为使君肉。味甘、温、无毒。主治小儿疳积，虫积腹痛，乳食停滞等。据现代科学方法测定，其主要成分具有使君子酸、使君子酸钾等多种驱虫作用的药效。历代本草书中对使君子的药用多有描述，如《开宝本草》云：使君子“生交、广等州，形如栀子，棱瓣深而两头尖，亦似诃梨勒而轻，俗传始因潘州郭使君疗小儿多是独用此物，后来医家因号为使君子也”[①]。《南方草木状》类似记载植物药用的地方还有许多，如“蕙草，一名薰草，叶如麻，两两相对，气如蘼芜，可以止疠，出南海”等。

更值得一提的是《南方草木状》对“柑”的描述，“柑乃橘之属，滋味甘美特异者也。有黄者，有赪者。赪者谓之壶柑，交趾人以席囊贮蚁，鬻于市者。其窠如薄絮，囊皆连枝叶，蚁在其中，并窠而卖。蚁，赤黄色，大于常蚁。南方柑树若无此蚁，则其实皆为群蠹所伤，无复一完者矣”。首先，这里根据柑和橘的滋味香甜和花果颜色描述了它们的共同特性，首次提出了“柑，乃橘之属”，把柑和橘合并为一种。其次，蚁，指黄猄蚁（Oecophylla smaragdina Fabricius），昆虫纲，膜翅目，蚁科。对某些柑橘害虫如大绿蝽有显著防治效果（驱除成虫，防止产卵，减少落果），对潜叶甲、粉绿象虫、铜绿丽金龟等也有一定防治效果。此处的记载说明在1700余年前，岭南一带的种植柑者已经常到市场上连窠购买黄猄蚁，用于防治害虫，而作为一种商业行为买卖，足见这项技术已经得到普遍的应用[②]。

除了防治病虫害技术，《南方草木状》还记载了水面种植技术，“蕹，叶如落葵而小，性冷，性甘。南人编苇为筏，作小孔，浮于水上，种子于水中，则如萍，根浮水面。及长，茎叶皆出于苇筏孔中，随水上下，南方之奇蔬也”。蕹菜（Pomoea aquatica Forsk），又名竹叶菜、空心菜、藤菜。旋花科，一年生或多年生草本植物，南方多在水面栽培。这是世界上有关蕹菜浮筏栽培种植的最早文献，以后在《王祯农书》和《农政全书》已都有浮园介绍，如今已经发展到了水培和营养液培蔬菜的技术。

综上所述，《南方草木状》包含了丰富的植物学、医药学、农学等知识，尤其是其将植物分为草、木、果、竹四大类的方法，为后世所继承，为植物分类学之滥觞。单就中原地区来说，明清时期的《救荒本草》《植物名实图考》等书的植物分类更加细致。

第四节　中原地区地理学的新进展

一、裴秀与制图六体

（一）裴秀生平

裴秀（224～271年），字季彦，河东闻喜（今山西闻喜）人。他出生于官宦世家，祖父裴茂、父亲裴潜分别做过东汉和曹魏的尚书令，其叔父裴徽亦颇有盛名，宾客甚众。在这样的家庭环境熏陶下，裴秀幼时便聪慧过人，《世说新语》引虞预《晋书》云：“秀有风操，八岁能著文。”[③]

① （宋）卢多逊、李昉等撰，尚志钧辑校：《开宝本草》（辑复本），安徽科学技术出版社，1998年，第218页。

② 董恺忱、范楚玉主编：《中国科学技术史·农学卷》，科学出版社，2000年，第196～199页。

③ 余嘉锡笺疏：《世说新语笺疏》，中华书局，1983年，第499页。

魏渡辽将军毋丘俭将他推荐给掌管辅政大权的曹爽时，评价秀云："生而岐嶷，长蹈自然，玄静守真，性入道奥；博学强记，无文不该；孝友著于乡党，高声闻于远近。诚宜弼佐谟明，助和鼎味，毗赞大府，光昭盛化。非徒子奇、甘罗之俦，兼包颜、冉、游、夏之美。"[①]可谓称赞、溢美之词有加，而时人亦称其为"后进领袖"[②]。

裴秀出仕以后，于嘉平元年（249年）升任黄门侍郎。但是因其原为曹爽部下，在司马懿诛灭曹爽后被免官。不过很快又被重新起用，嘉平三年（251年），执掌国政的大将军司马昭起用裴秀为廷尉正。东山再起的裴秀，抓住机会，为大将军司马昭提出了很多富有成效的军政大议，其突出的政治才能崭露头角，被任命为散骑常侍，常伴随帝侧，以备顾问。

甘露二年（257年），裴秀因跟随司马昭征讨诸葛诞有功，升任尚书，进封鲁阳乡侯。从此以后官运亨通，甘露五年（260年）晋爵县侯，迁尚书仆射。咸熙元年（264年），裴秀参与官制改革，"议五等之爵"[③]，有功封济川侯。咸熙二年（265年）八月，相国、晋王司马炎升裴秀为尚书令、右光禄大夫。司马炎称帝后，裴秀又加左光禄大夫，封钜鹿郡公。

入晋后，裴秀的地位更加显要，泰始四年（268年），裴秀出任司空，成为当时负责军政的最高长官之一，"又以职在地官"[④]，积极着手编撰《禹贡地域图》，这是他在京城洛阳取得的最重要的学术成就，在世界科技发展史，尤其是地图学史上占有重要地位。然而让人惋惜的是，泰始七年（271年），他因病服用寒食散后，误饮冷酒而中毒身亡，时年仅48岁，令人扼腕生叹。但是他所总结的中国地图学史上著名的"制图六体"，让他的名字永远镌刻在科技史册中。

（二）制图六体

在《禹贡地域图·序》中，裴秀提出了著名的绘制地图的六大原则，即"制图六体"。这是他在中国古代地图学史上做出的最主要贡献之一，可谓中国古代制图理论的肇始，影响中国地图学长达1000多年之久。《禹贡地域图·序》今存于《晋书·裴秀传》[⑤]中，然文有遗漏，据《艺文类聚》[⑥]和《初学记》[⑦]等著作所引之内容补正后，文理方通。

裴秀首创"制图六体"，即绘制地图的六项原则：

> 制图之体有六焉。一曰分率，所以辨广轮之度也。二曰准望，所以正彼此之体也。三曰道里，所以定所由之数也。四曰高下，五曰方邪，六曰迂直，此三者各因地而制宜，所以校夷险之异也。
>
> 有图象而无分率，则无以审远近之差；有分率而无准望，虽得之于一隅，必失之于他方；有准望而无道里，则施于山海绝隔之地，不能以相通；有道里而无高下、方邪、迂直之较，则径路之数必与远近之实相违，失准望之正矣。

---

① （唐）房玄龄等：《晋书》卷三十五《裴秀传》，中华书局，1974年，第1038页。
② （唐）房玄龄等：《晋书》卷三十五《裴秀传》，中华书局，1974年，第1038页。
③ （唐）房玄龄等：《晋书》卷三十五《裴秀传》，中华书局，1974年，第1038页。
④ （唐）房玄龄等：《晋书》卷三十五《裴秀传》，中华书局，1974年，第1039页。
⑤ （唐）房玄龄等：《晋书》卷三十五《裴秀传》，中华书局，1974年，第1040页。
⑥ （唐）欧阳询：《艺文类聚》卷六《地部》，上海古籍出版社，1982年，第100、101页。
⑦ （唐）许坚：《初学记》卷五《地部》，中华书局，1962年，第90页。

> 故以此六者参而考之。然（后）远近之实定于分率，彼此之实（定于准望，径路之实）定于道里，度数之实定于高下、方邪、迂直之算。故虽有峻山钜海之隔，绝域殊方之迥，登降诡曲之因，皆可得举而定者。准望之法既正，则曲直远近无所隐其形也①。

这里“分率”“准望”“道里”“高下”“方邪”及“迂置”，即所谓的“制图六体”，但是由于去古已远，裴秀所述也变得佶屈聱牙，不为后世之人所能熟知。历史上也颇有人对此进行解释，其中胡渭《禹贡锥指》云：

> 分率者，计里画方，每方百里五十里之谓也。准望者，辨方正位，某地在东西某地在南北之谓也。道里者，人迹经由之路，自此至彼里数若干之谓也。路有高下、方邪、迂直之不同。高谓冈峦，下为原野；方如矩之钩，邪如弓之弦；迂如羊肠九折，直如鸟飞准绳：三者皆道路险夷之别也。人迹而出于高与方与迂也，则为登降屈曲之处，其路远；人迹而出于下与邪与直也，则为平行径度之地，其路近。然此道里之数，皆以著地人迹计，非准望远近之实也。准望远近之实，必测虚空鸟道以定数，然后可以登诸图，而八方彼此之体皆正。否则得之于一隅，必失之于他方，而不可以为图矣②。

胡渭的注解虽有不确之处，但对“制图六体”的解释已经相当精辟，基本上奠定了近代以来研究的基础。学术界围绕这一问题做了很多工作，争议仍存，但基本的共识已经形成。

1. 分率

胡渭将其解释为“计里画方”，王庸先生指出：“至于图上的分率怎样表现，裴秀虽没有明说，大概是用计里画方的办法。”③关于“分率”和“画方”的关系，有学者指出它们既有联系又有区别，“画方”是“分率”的具体表现。但是设“分率”的图未必都画方，因此设有“分率”的图看成是必定“画方”论据不充分④。但是不管其采不采取“画方”，“分率”所指于今之地图的“比例尺”概念相同。辛德勇先生对分率做了仔细研究，指出：“分”作“分合”之“分”解，意划分开来的每一量度单位；“率”为“比率”的意思，两字合为一制图术语，表示每一量度单位的比率，即比例或比例尺。将“分率，所以辨广轮之度也”整句联系起来，“辨”通“辦”，为办理、处理之意。“广轮”表示广袤的程度；“度”表示“幅度”。因此，可将其解作比例缩小的幅度。从而提示大家仅仅从阅读和利用地图的角度，而不从地图制作流程的角度来理解“制图六体”，并不符合裴秀论述的主旨⑤。

2. 准望

胡渭云：“准望者，辨方正位，某地在东西某地在南北之谓也。”因此，多将其解释为“方位”或“方向”，如王庸先生说：“‘准望’就是方位，各地方位必须明确，而后各地的前后、左

---

① （唐）房玄龄等：《晋书》卷三十五《裴秀传》，中华书局，1974年，第1040、1053页。

② （清）胡渭著，邹逸麟整理：《禹贡锥指》，上海古籍出版社，1996年，第122、123页。

③ 王庸：《中国地图史纲》，商务印书馆，1959年，第20页。

④ 卢志良：《“计里画方”是起源于裴秀吗？》，《测绘通报》1981年第1期。

⑤ 辛德勇：《准望释义——兼谈裴秀制图诸体之间的关系以及所谓沈括制图六体问题》，《九州》第4辑《中国地理学史专号》，商务印书馆，2007年，第257、258页。

右和距离才可以确定。”[①]曹婉如先生更进一步将“方位”理解为“方向”[②]。李约瑟将“准望”理解为“画矩形网格”，他解释“准望，所以正彼此之体也”时说：“画矩形网格（准望），这是绘出地图各个部分之间的正确相对位置的一种方法（所以正彼此之体也）。”[③]辛德勇先生则对准望提出了新的见解，认为裴秀“制图六体”中的“准望”，就是地理坐标。并进一步强调所谓的地理坐标，在制图准则的意义上，首先是指实际地物在水平投影平面上的坐标，其次才是把它转绘到地图上的反映[④]。

3. 道里

胡渭云：“人迹经由之路，自此至彼里数若干之谓也。”这里胡渭的解释是符合裴秀本意的，也就是两地之间道路的里程。需要注意的是，制图所用的“道里”是两地之间的水平直线距离。

4. 高下、方邪、迂直

如前所述，制图时两地之间的距离为水平直线距离，但是现实的情况是两地之间肯定会被地表存在的高山、低谷、湖泊、河流等自然景观所阻隔，那么就需要通过一定的数学方法来计算彼此直接的直线距离。所谓“高下”“方邪”“迂直”，曹婉如先生解释为“高取下”“方取邪（邪即斜之意）”“迂取直”，就是说必须逢高取下，逢方取邪，逢迂取直，把人行的道路变为水平直线距离，这样图上地物的位置，才能准确（图5-9）[⑤]。

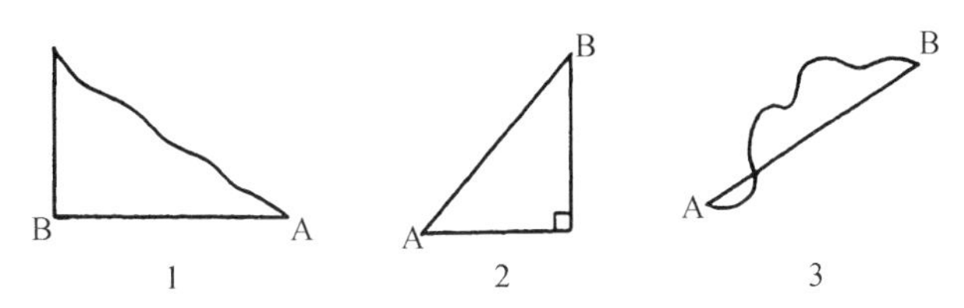

图5-9　裴秀“制图六体”之“高下”“方邪”“迂直”示意图

1.高取下　2.方取邪　3.迂取直

辛德勇先生认为胡渭解释“高下”的含义，说“高谓冈峦，下谓原野”有些片面，指出“高下”不仅针对高出于原野的冈峦。在绘制地图的实际操作中，应当是以比较辽阔的平野为推求“准望”的基准水平面。因此，“高下”也应当包括比基准原野低洼的沟谷陂池，而“高取下”，也可更改为“逢高、下取平”[⑥]，所论至确。按照辛德勇先生的理解，裴秀的“制图六体”实际表述的

---

① 王庸：《中国地图史纲》，商务印书馆，1959年，第19页。

② 曹婉如：《中国古代地图绘制的理论和方法初探》，《自然科学史研究》1983年第3期。

③ 李约瑟：《中国科学技术史》第五卷第一分册，科学出版社，1976年，第110、111页。

④ 辛德勇：《准望释义——兼谈裴秀制图诸体之间的关系以及所谓沈括制图六体问题》，《九州》第4辑《中国地理学史专号》，商务印书馆，2007年，第252页。

⑤ 曹婉如：《裴秀》，《中国科学技术史·人物卷》，科学出版社，1998年，第134页。

⑥ 辛德勇：《准望释义——兼谈裴秀制图诸体之间的关系以及所谓沈括制图六体问题》，《九州》第4辑《中国地理学史专号》，商务印书馆，2007年，第252页。

是绘制地图的基本工作流程（图5-10）。

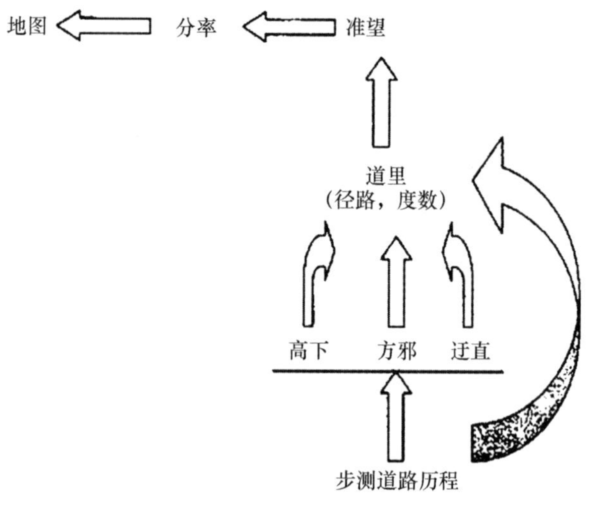

图5-10 裴秀“制图六体”关系图
（辛德勇：《准望释义》，《九州》第四辑，商务印书馆，2007年，第255页）

裴秀的“制图六体”是相互联系又相互制约的有机整体。在绘制地图时，只有综合考虑这六条原则，才能做到比例协调，地理坐标正确，水平直线距离计算无误。这样就可以做到裴秀所谓的“故虽有峻山钜海之隔，绝域殊方之迥，登降诡曲之因，皆可得举而定者”。

中国中古之前的地图绘制技术的实践经验虽然十分丰富，但缺乏系统地总结，裴秀创新性地将其概括为“制图六体”理论，对中国古代的地图绘制产生了重要的影响，如唐贾耽的《海内华夷图》、宋沈括的《守令图》、元朱思本《舆地图》、明罗洪先的《广舆图》等，均是在以“制图六体”为技术指导原则的基础上绘制而成，并进行了某些技术创新。

由于创造了系统的制图理论，后人对裴秀及其‘制图六体’评价极高，如胡渭称之为“三代之绝学，裴氏继之于秦、汉之后，著为图说，神解妙合”[①]。侯仁之先生也认为它奠定了中国自古以来就已经发达的地图制作，因此“裴秀是中国传统地图学的创始人”[②]。著名科学技术史家李约瑟赞誉他是“中国科学制图学之父”[③]，称他和古代希腊著名的地图学家托勒密（99～168年），是世界古代地图学史上东西辉映的两颗璀璨明星。

（三）裴秀的地图绘制工作

东汉末年，天下纷争，经过长期军阀混战，到西晋时终于完成了全国的统一，为了适应政治、经济、军事、文化等各方面发展的需要，统治者必须掌握全国的地形、郡县分布、物产等情况。但是当时的西晋王朝却缺乏精确的可资参考的地图。裴秀指出：

> 暨汉屠咸阳，丞相萧何尽收秦之图籍。今秘书既无古之地图，又无萧何所得，惟有汉氏《舆地》及《括地》诸杂图。各不设分率，又不考正准望，亦不备载名山大川。虽有粗形，皆不精审，不可依据。或荒外迂诞之言，不合事实，于义无取[④]。

这里并不是说西晋以前所有的地图均是“不设分率”“不考正准望”，而是裴秀见到的当时西晋王朝所掌握的地图如此而已。

此外，由于时代变迁，造成《禹贡》等古山川、地名“多有变易”，而“后世说者或强牵引，渐以暗昧”。在这种情况下，裴秀“甄摘旧文，疑者则阙，古有名而今无者，皆随事注列，作《禹

① （清）胡渭著，邹逸麟整理：《禹贡锥指》，上海古籍出版社，1996年，第122页。

② 侯仁之：《中国古代地理学简史》，科学出版社，1962年，第19页。

③ 李约瑟：《中国科学技术史》第五卷第一分册，科学出版社，1976年，第108页。

④ （唐）房玄龄等：《晋书》卷三十五《裴秀传》，中华书局，1974年，第1039页。

贡地域图》十八篇，奏之，藏于秘府”[①]。

《禹贡舆地图》是中国历史上有文献记载的最早的一部全国性的历史地图集，裴秀在《禹贡舆地图·序》中对此交代得很清楚，云：

> 大晋龙兴，混一六合，以清宇宙，始于庸蜀，采入其岨。文皇帝乃命有司，撰访吴、蜀地图。蜀土既定，六军所经，地域远近，山川险易，征路迂直，校验图记，罔或有差。今上考《禹贡》山海川流，原隰陂泽，古之九州，及今之十六州，郡国县邑，疆界乡陬，及古国盟会旧名，水陆径路，为地图十八篇。

首先，从这段史料中可以看出，《禹贡舆地图》是一部全国性的地图，包括当时新并入西晋疆域的吴、蜀等区域在内，这充分反映了大一统时代到来之后，统治者在大一统思想支配下，对全国性地图的迫切需要。

其次，编撰地图时，除了依据“六军所经”“校验图记”的一首资料外，还包括对《禹贡》等古代地理专著所载之“山海川流，原隰陂泽”等资料的考证，当然也包括汉代《舆地》《括地》等图。而所谓“古之九州，及今之十六州”说明它是一部内容包括古今历史的地图集。

最后，地图的主要内容是有关各郡国县邑的疆域、地理位置、水路交通，以及古代方国及其会盟之所等。

关于《禹贡地域图》中所采用的比例尺也有迹可循。《隋书·宇文恺传》记载：“裴秀《舆地》以二寸为千里。”除《禹贡舆地图》十八篇外，据有关史料记载，他还绘制有《方丈图》。

《北堂书钞》卷九十六《方长图》条引“《晋诸公赞》云：‘司空裴秀以旧天下大图用缣八十匹，省视既难，事又不审，乃裁减为《方丈图》。以一分为十里，一寸为百里，从率数计里，备载名山都邑，王者可以不下堂而知四方也’”。《晋诸公赞》见于《隋书·经籍志》，西晋秘书监傅畅撰，所记当具有高度的真实性。通过这些记载，对裴秀在绘图过程中所采用的比例尺就有所了解。

作为司空的裴秀位高权重，需要处理的军政事务必然较多。故此，《禹贡舆地图》的编撰，定然需要有人从旁协助，实际上很多具体的事务估计都是由其门客完成的，如《水经注·谷水》：“京相璠与裴司空彦季修《晋舆地图》，作《春秋地名》。”《隋书·经籍志》于《经·春秋类》《史·地理类》两见《春秋土地名》一书，分别注作：“三卷，晋裴秀客京相璠等撰”；“三卷，晋裴秀客京相璠撰”。可见京相璠是协助裴秀考证古今地理沿革、绘制地图的众多门客中较为重要的一位，为裴秀地图绘制工作做出了不少贡献，但这丝毫不会影响裴秀在中国古代地图学史上的地位。

总之，裴秀适应当时全国大一统形式对地图需要的形势，编撰了中国历史上第一部历史地图集，并将当时地图绘制经验创造性地总结为“分率”“准望”“道里”“高下”“方邪”和“迂直”等所谓的“制图六体”系统，形成中国古代最早的地图绘制理论，并持续影响中国古代地图绘制达1000余年之久。裴秀不愧为中国古代制图之父，其在科学研究中的创新精神值得后人学习。

---

① （唐）房玄龄等：《晋书》卷三十五《裴秀传》，中华书局，1974年，第1039页。

二、《大唐西域记》的史地学成就

《大唐西域记》，简称《西域记》，为唐代高僧唐玄奘奉唐太宗之敕令口述，其门人辩机笔录编集而成。玄奘（约600～约664年），又名三藏法师，汉传佛教历史上最伟大的译师之一，与鸠摩罗什、真谛并称为中国佛教三大翻译家，佛教法相宗（唯识宗）创始人。《大唐西域记》是中西交通史、佛教史、民族史、历史地理学、印度史等领域重要的参考资料。

（一）玄奘西游始末

玄奘，法号也，其俗姓陈，名祎（亦有作“祎”者）。玄奘出生于官宦世家，高祖湛，北魏清河太守；曾祖山（一作“钦”），北魏上党太守、征东将军、爵南阳郡开国公；祖父康，北齐国子博士，转司业，又转礼部侍郎；父名惠（一作“慧”），隋初曾任陈留县令、江陵县令，后辞官归田。陈惠有四子，玄奘是其第四子。

玄奘，唐代洛州缑氏人，但是关于玄奘的出生地尚有争议，僧传称为缑氏县，《旧唐书》称为偃师县。季羡林先生认为在今偃师县缑氏陈河村[①]，匡亚明主编中国思想家评传丛书之《玄奘评传》也认为玄奘“故居在今缑氏镇东北凤凰谷谷东之陈河村”[②]。据温玉成等先生考证，认为玄奘的初生地及故里在今河南省偃师县府店镇滑城河村[③]（图5-11）。

图5-11　偃师玄奘故居
（王星光主编：《中原文化大典·科学技术典·天文学地理学生物学医药学》，中州古籍出版社，2008年，第152页，图2.5.4）

玄奘的卒年，除《旧唐书》本传外，均载为高宗麟德元年（664年），学界对此无甚异议，唯各类史料中对玄奘享年的具体数值记载差别较大。据统计就有63岁、65岁、69岁、56岁、60岁、61岁、64岁等说法，杨廷福先生认为玄奘卒年为65岁说较为可信，根据其卒年逆推则其生于隋开皇二十年（600年）[④]。

玄奘自幼跟随父亲接受儒学教育，始龀之年，曾有效“曾子避席”之举，其聪慧可知。在此后的学习中，“备通经典，而爱古尚贤。非雅正之籍不观；非圣哲之风不习；不交童幼之党，无涉阛阓之门；虽钟鼓嘈嘈于通衢，百戏叫歌于间巷，士女云萃，亦未尝出也。又少知色养、温清淳谨”[⑤]。可见玄奘幼时即已经心无旁骛地致力于学术研究，这种刻苦钻研的精神，暗示着其将来必

---

① 季羡林等：《大唐西域传校注》，中华书局，1985年，第1页。

② 傅新毅：《玄奘评传》，南京大学出版社，2006年，第4页。

③ 温玉成、刘建华等：《玄奘生平等几个问题的再考证》，《文物春秋》2005年第1期。

④ 杨廷福：《玄奘年谱》，中华书局，1988年，第1～13页。

⑤ （唐）慧立、彦悰：《大慈恩寺三藏法师传》，中华书局，2000年，第5页。

有一番成就。

玄奘八九岁时，父母前后去世，于是无所依靠的他只好跟随二哥陈素（法名长捷）住在洛阳净上寺；13岁时，正式出家，皈依佛门。当时兵荒马乱，玄奘兄弟二人先后避居长安、四川等地。在此期间先后学习《毗昙》《摄论》《迦延》等佛学经典，因其悟性极高，在数年之间，对佛学各部学说的掌握已经达到了炉火纯青的程度，如道基法师曾赞叹道："余少游讲肆多矣，未见少年神悟若斯人也。"[①]于是，武德五年（622年），年仅20岁的他就在成都受具足戒，成为比丘。

武德六年（623年），玄奘沿长江东下，离蜀游学。武德七年（624年），他到达荆州天皇寺，讲《摄论》《毗昙》，又辗转扬州、会稽等地，与名僧智琰相晤。后北上到相州（今河南安阳市）慈润寺会晤三阶教信行弟子灵琛，又到赵州（今河北赵县）从道深学《成实论》。武德八年（625年），他回到长安，从道岳学《俱舍论》。武德九年（626年）从法常习《摄论》、僧辩学《俱舍》、玄会学《涅槃》。经过这样一番游学，玄奘已经学有所成，如《大慈恩寺三藏法师传》云："法师既曾有功吴、蜀，自到长安，又随询採，然其所有深致，亦一拾斯尽。"[②]于是被当时号称长安二大德法常、僧辩誉为："释门千里之驹，其再明慧日当在尔躬，恨吾辈老朽恐不见也。"[③]从此以后，玄奘誉满京师。

玄奘在对佛门经典的学习中，深究其义理，发现佛教宗派甚多，缺乏统一的理论，各学说之间也是纷纭争论，极容易造成思想上的混乱，以致影响佛教的发展。但当时传到中国的佛教经典尚不完备，无法解决他心中的疑问。史载：

> 法师既遍谒众师，备飡其说，详考其义，各擅宗途，验之圣典，亦隐显有异，莫知适从，乃誓游西方以问所惑，并取《十七地论》以释众疑，即今之《瑜伽师地论》也。又言："昔法显、智严亦一时之士。皆能求法导利群生。岂使高迹无追、清风绝后？大丈夫会当继之。"于是结侣陈表，有诏不许，诸人咸退，唯法师不屈[④]。

为了解决心中的疑问，深究佛教义理，玄奘立志要效仿法显、智严到佛学发源地去求取真经。即便是在"结侣陈表，有诏不许，诸人咸退"的情况下，仍然不改志向，可见其探求真理的精神是值得后人称赞的。

关于玄奘从长安出发西行的时间也是众说纷纭，如有贞观元年（627年）、贞观二年、贞观三年等说法，这里不详述，依温玉成等先生的考证当在贞观二年冬[⑤]。当他到达凉州后，却不得出关，当时的唐王朝，因"时国政尚新，疆场未远，禁约百姓不许出蕃"[⑥]，最后在高僧慧威法师的帮助下，于贞观三年四月偷渡出关。途经瓜州、玉门关、伊吾（今哈密）、高昌（今吐鲁番）、焉耆、龟兹（今库车），经中亚、阿富汗、兴都库什山进入北印度（图5-12）。

在北印度，玄奘游历了滥波国（今阿富汗东境拉格曼）、那揭罗曷国（巴基斯坦西北边省北部）、犍陀罗国（今巴基斯坦北厦华城）、加湿弥罗国（今克什米尔一带）等十余国。后又到达

① （唐）道宣：《续高僧传》卷四，《高僧传合集》，上海古籍出版社，1991年，第128页。

② （唐）慧立、彦悰：《大慈恩寺三藏法师传》，中华书局，2000年，第9页。

③ （唐）慧立、彦悰：《大慈恩寺三藏法师传》，中华书局，2000年，第9页。

④ （唐）慧立、彦悰：《大慈恩寺三藏法师传》，中华书局，2000年，第10页。

⑤ 温玉成、刘建华等：《玄奘生平等几个问题的再考证》，《文物春秋》2005年第1期。

⑥ （唐）慧立、彦悰：《大慈恩寺三藏法师传》，中华书局，2000年，第12页。

中印度的劫比罗伐窣堵国（今尼泊尔南）、摩揭陀国（今印度比哈尔省城东北）等地。需要指出的是，玄奘在摩揭陀国的那烂陀寺跟戒贤法师苦学5年之久，成为当时寺内能通50部经典以上的10位高僧之一，可见玄奘的勤奋和悟性极高，已经是当时世界上首屈一指的佛学宗师了。后又在东印度参加了著名的曲女城佛学大会，从此玄奘声誉东印度。此后，玄奘继续游历，其足迹可谓遍及恒河与印度河流域，以及印度东南沿海地区。

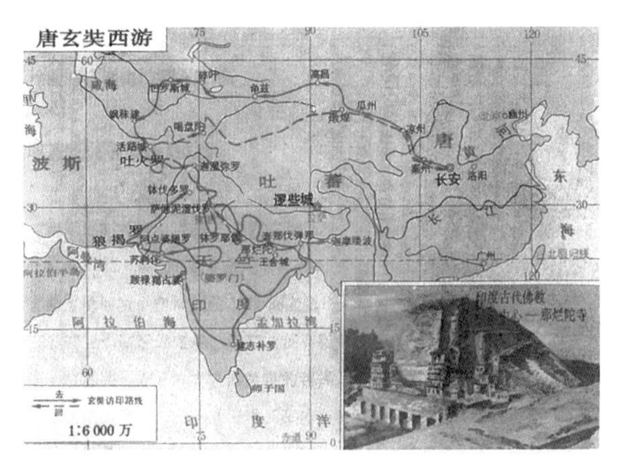

图5-12　玄奘西游取经路线图

（王星光主编：《中原文化大典·科学技术典·天文学地理学生物学医药学》，中州古籍出版社，2008年，第151页，图2.5.2）

玄奘在游历印度诸国，充分掌握了佛学经典及佛学精髓以后，又不远万里，翻越雪山（今兴都库什山）和葱岭，经疏勒（今新疆喀什）、于阗（今新疆和田西南）、敦煌等地，于贞观十九年（645年）回到长安。与他一同回来的还有如来舍利、佛像，以及佛教经典五百二十夹，计六百五十七部等物品。

从贞观二年出发，到贞观十九年回到长安，这期间玄奘克服各种艰难险阻，游历了中亚诸国和印度诸国，遍访名师，学习佛学、探寻佛典，历经19年，行程达50 000里，实在让人肃然起敬。回国后，他主要从事译经事业，先后译出经书75部、1335卷。关于玄奘在中国佛经翻译史上的贡献和地位，《续高僧传》云："自前代已来，所译经教，初从梵语，倒写本文，次乃廻之，顺同此俗，然后笔人观理文句，中间增损，多坠全言。今所翻传，都由奘旨，意思独断，出语成章，词人随写，即可披翫。"①章太炎评云："佛典自东汉初有译录，自晋、宋渐彰，犹多皮传。留支、真谛，术语稍密。及唐玄奘、义净诸师，所述始严栗合其本书，盖定文若斯之难也。"②可见玄奘为中国佛教的发展、当时中国与印度等地区等文化交流做出了卓越贡献。

（二）《大唐西域记》的编撰及内容

玄奘回到长安之后，受到了唐太宗李世民礼遇。出于政治、军事的需要，要求玄奘将其游历时所见到的西域诸国地理、风俗等情况撰成专书，以满足他对西突厥等国情报的需要。《大慈恩寺三藏法师传》记载：

> 因广问彼事。自雪岭已西，印度之境，玉烛和气，物产风俗，八王故迹，四佛遗踪，并博望之所不传。班、马无得而载。法师既亲游其地，观觌疆邑，耳闻目览，记忆无遗，随问酬对，皆有条理。帝大悦。谓侍臣曰："昔苻坚称释道安为神器，举朝尊之。朕今观法师词论典雅，风节贞峻，非惟不愧古人，亦乃出之更远。"时赵国公长孙无忌对曰："诚如圣旨。臣尝读《三十国春秋》，见叙安事，实是高行博物之僧。但彼

① （唐）道宣：《续高僧传》卷四，《高僧传合集》，上海古籍出版社，1991年，第135页。

② 章太炎：《太炎文录·别录三·初步梵文典序》，《章氏丛书》，江苏广陵古籍刻印社，1981年，第113页。

时佛法来近，经、论未多，虽有钻研，盖其条叶，非如法师躬窥净域，讨众妙之源，究泥洹之迹者矣。”帝曰：“公言是也。”帝又谓法师曰：“佛国遐远，灵迹法教，前史不能委详，师既亲睹，宜修一传，以示未闻。”①

从这段史料来分析，第一，玄奘在一番游历以后，对西域诸国的情况了如指掌，陈述也十分有条理；第二，当时唐王朝所能掌握的西域情况还十分有限，尚未突破前代的认识范围；第三，唐太宗迫切想了解有关西域地理、政治、民俗等新知识。故此告知玄奘“宜修一传，以示未闻”。

于是，玄奘口授自己西行见闻，其门人辩机笔撰，最后经玄奘校正、修润，贞观二十年（646年）《大唐西域记》编撰完成。玄奘亲撰《进大唐西域记表》，云：“所闻所履，百有二十八国。窃以章允之所践藉，空陈广袤；夸父之所凌厉，无述土风，班超侯而未远，张骞望而非博。今所记述，有异前闻。虽未极大千之疆，颇穷葱外之境，皆存实录，匪敢雕华。谨具编裁，称为《大唐西域记》，凡一十二卷，缮写如别。”②

但关于《大唐西域记》的作者，历来却颇有争议。今本《大唐西域记》卷端下题有“三藏法师玄奘奉诏译”和“大总持寺沙门辩机撰”两行题名，据此有人认为是辩机所撰，陈垣③、贺昌群④、周连宽⑤等已对此进行了考辨，此不赘言。

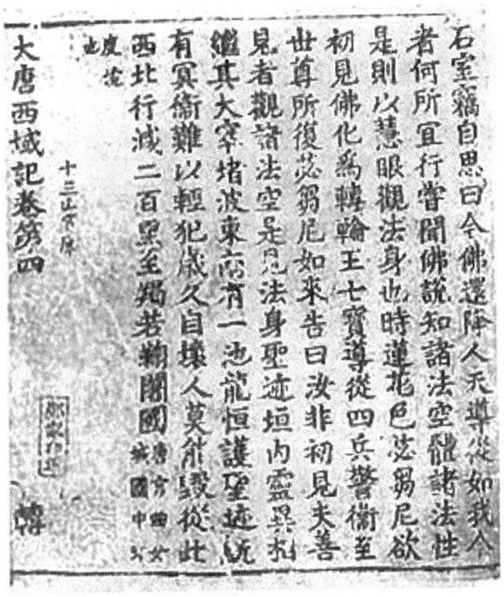
石室竊自思曰今佛還降人天導從如我今
者何所宜行嘗聞佛説知諸法空體諸法性
是則以慧眼觀法身也時蓮花色苾芻尼欲
初見佛化爲轉輪王七寶導從四兵警衛至
世尊所復苾芻尼如來告曰汝非初見夫善
見者觀諸法空是見法身聖迹垣内靈異相
繼其大窣堵波東南有一池龍恒護聖迹
有冥衞難以輕犯歲久自壞人莫能毀從此
西北行減二百里至羯若鞠闍國
大唐西域記卷第四

图5-13　《大唐西域记》书影

（王星光主编：《中原文化大典·科学技术典·天文学地理学生物学医药学》，中州古籍出版社，2008年，第152页，图2.5.3）

《大唐西域记》流传的版本很多，自唐以后，历朝历代都有刻印版本。敦煌吐鲁番本残卷十分珍贵⑥。刻本亦较多，北宋崇宁二年（1103年）福州等觉禅院刊本、南宋安吉州资福寺刊本、明嘉兴府楞严寺刊本等（图5-13）。关于其研究，季羡林先生的《大唐西域记校注》可以说是一部集大成之作，代表了目前《大唐西域记》研究的水平。

《大唐西域记》共十二卷。第一卷，记玄奘离高昌至迦毕试国的经历和沿途阿耆尼、屈支、愉漫、拘谜陀等34国地理等情况。第二卷，首为印度做总述，叙述五印度诸国的名称、疆域、数量、岁时、邑居、衣饰、馔食、文字、教育、佛教、族姓、兵术、刑法、敬仪、病死、赋税、物产等概况，并记叙了滥波、那揭罗曷、健驮罗等3国详况。第三卷，记乌仗那、钵露罗、乌剌尸等北印度8国情况。第四卷，记磔迦、屈露多、波理夜旦罗、劫比他等北印度、中印度10国情况。第五卷，记从羯若鞠阇国、阿愉陀、索迦国等中印度6国情况。第六卷，记室罗伐悉底国、劫比罗伐窣堵国、蓝摩国、拘尸那揭罗4国情况。第七卷，记婆罗痆斯、战主、弗栗恃等5国情况。第八、九卷，叙述摩揭陀国情况，详载该国首都波吒

① （唐）慧立、彦悰：《大慈恩寺三藏法师传》，中华书局，2000年，第129页。

② （唐）慧立、彦悰：《大慈恩寺三藏法师传》，中华书局，2000年，第134、135页。

③ 陈垣：《大唐西域记撰人辩机》，《大唐西域记》附册，文学古籍刊行社，1955年，第1～20页。

④ 贺昌群：《大唐西域记之译与撰》，《大唐西域记》附册，文学古籍刊行社，1955年，第21～30页。

⑤ 周连宽：《大唐西域记的译与撰问题》，《大唐西域记史地研究论稿》，中华书局，1984年，第293～299页。

⑥ 余欣：《大唐西域记古写本述略稿》，《文献》2010年第4期。

厘子城、无忧王诸营造遗迹、那烂陀寺、伽耶城、伽耶山、前正觉山、菩提树、上茅宫寺、王舍诸城和那烂陀寺附近地区情况。第十卷，记玄奘在印度半岛东部和南部诸国巡游，叙述瞻波、迦摩缕波、秣罗矩吒等中印度、东印度、南印度17国情况。第十一卷，记恭建那补罗、摩腊婆等南印度、西印度及听传闻的僧伽罗等国情况。第十二卷，重点记述玄奘返回途中从漕矩吒国至纳缚波故国所经20余国，以及大沙以东行程等情况。

《大唐西域记》为玄奘游历印度、西域等地的见闻录，记载了他“亲践者一百一十国，传闻者二十八国”[①]等国家、城邦、地区的面积、都城、气候、地形、物产、交通、民族及风俗习惯等基本情况。《大唐西域记》是历史上杰出的地理著作，是中国古代边疆及域外地理专著之一，也是今天研究中亚和印度一带历史、考古、历史地理等的重要文献之一。

（三）《大唐西域记》的学术成就

《大唐西域记》在地理学、历史学等学术领域的成就主要有以下几个方面。

首先，《大唐西域记》是一部重要的地理学著作，为研究今中亚和南亚等地的历史、地理提供了大量的可靠资料。《大唐西域记》是一部游记性质的地理学著作，其所记大部分古国和地区的资料，均是玄奘足迹所及，而非道听途说所得。其中得自传闻诸国的资料，也是“皆存实录，匪敢雕华”之作。故此，它是一部以第一手资料编撰而成的可靠性很强的地理学著作。《大唐西域记》所记载有关中亚和南亚的区域十分广泛，西至今伊朗和地中海东岸，南达印度半岛、斯里兰卡，北面包括中亚南部和阿富汗东北部，东到今中南半岛和印度尼西亚一带。对于这些地区，《大唐西域记》详细记载了其山川地形、城邑关防、交通道路、风土习俗、物产气候、政治文化等情况。例如，卷二的“印度总述”中记载了有关古印度地区的名称、疆域、数量、岁时、邑居、衣饰、馔食、文字、教育、佛教、族姓、兵术、刑法、敬仪、病死、赋税、物产等内容，可以说是一部古印度地理志。而此前文献中有关西域的记载，要么过于简单，要么充斥着神话传说，相比之下，更彰显了《大唐西域记》的珍贵价值。《大唐西域记》亦不乏自然地理学的记载，如在卷一提到迦毕试（今阿富汗境内）阿路猱山的上升现象，指出“其峰每岁增高数百尺”。这个数字可能不一定准确，但是用具体数字来描述地壳上升现象，玄奘是首次，这在地质学史上具有重要意义[②]。

其次，《大唐西域记》对研究中国西北地区民族历史和地理也具有重要的文献价值。除《北史》《陈书》外，中国古代正史中均载有有关民族的资料，但是内容均不及《大唐西域记》丰富。例如，书中所记中国新疆境内阿耆尼（焉耆）、屈支（库车）、跋禄迦（阿克苏）、朅盘陀（塔什库尔干塔吉克）、乌铩（英吉沙），瞿萨旦那（和田）等，丰富了中国西北地区的历史、地理和民族史料。例如，卷十二中有关“波谜罗”的记载，指出它是葱岭的一部分，“其地最高”，这是中国典籍中首次对帕米尔（波谜罗）这一地理概念的认识。

再次，《大唐西域记》是一部重要的宗教史著作，尤其是对佛教史的研究具有重要价值。卷二概括论述了当时印度佛教的部派分歧：“部执峰峙，诤论波腾，异学专门，殊途同致。十有八部，各擅锋锐；大小二乘，居止区别。”通过对其有关佛教和其他宗教的相关记载，可知当时佛教和

① （唐）敬播：《大唐西域记·序》，《大唐西域传校注》，中华书局，1985年，第9页。

② 杜石然主编：《中国科学技术史·通史卷》，科学出版社，2003年，第437页。

“异道”势力分布的状况，以及佛教内部大小乘势力消长和宗派分布的情况。《大唐西域记》对佛教史上的重要活动和重要人物详加记载，如如来在菩提树下“成正觉”的故事、戒贤大师击败南印度“外道”辩难佛理的事迹，以及南传佛教所承认的阿育王的结集等。所以，印度史学家辛哈·班纳吉的一段评论确实不是溢美之词：“中国的旅行家如法显、玄奘，给我们留下了有关印度的宝贵记载。不利用中国的历史资料，要编一部完整的佛教史是不可能的。”①

最后，《大唐西域记》在文学方面也有很高的价值。六朝以来的声韵和谐、造句齐整、选词典丽的影响，在该书中是显而易见的。然而，综观全书，却又并不拘泥于旧有的格式，而是与散文融合在一起，既便于叙述，又宜于诵读。书中关于宗教的叙述，庄严隆重；关于玄奘见戒日王等的会谈则温文得体；关于一些神话传说，尤其写得有情有景，生动如画。这些都是值得我们来细心阅读和欣赏的②。

综上所述，佛学家、思想家、旅行家、科学家玄奘以其惊人的毅力、高尚的品行，在古印度等地探求佛学真谛，收集并翻译佛学典籍，为中国古代佛教的兴盛和传播做出了杰出贡献，深受后人敬仰。而其所著《大唐西域记》是一部游记性质的地理学专著，其记述地理范围甚广，涉及古代社会的内容丰富，堪称世界历史、地理学上最伟大的著作之一。明代文学家吴承恩根据玄奘西行取经的史实创作的小说《西游记》，更使玄奘的故事家喻户晓，传遍天下。

第五节　中原地区建筑发展的新方向

3～9世纪，是中国历史上一个较为特殊的时期。这一时期的主要特征之一就是域外文明与华夏文明的冲突、交流与融合，其中最为突出的是佛教在中国的兴盛。伴随着西域僧人的来华以及中国僧人的西游取经，其所带来的西域与印度文明与中国文化产生了激烈的碰撞，对古代中国以及中原地区的科学技术发展均产生了重要而深刻的影响。例如，张子信的天文学三大新发现就与印度天文学有着某种疑似的渊源关系，而一行所编撰的《大衍历》更是继承并创新了印度《九执历》的许多内容，唐僧玄奘的西域游记更是扩大了当时整个中国人的国际视野，使中国人对西域及印度的历史、文化、地理、风俗等有了更清晰的认识。可以说，佛教的传入与中国化对中华文明的影响十分深远。这也表现在了建筑学领域，这一时期中国建筑受佛教的影响，出现了新的发展方向，石窟寺、塔等佛教建筑以耳目一新的形式出现在人们面前，并与人们的生活紧密相连。

一、石　窟　寺

石窟寺起源于古印度，是佛教寺院的一种特殊形式，为释迦牟尼及其弟子坐禅或苦修的场所，称为“石室”或“石窟”。古代印度的石窟寺有两种类型：一种称作“毗诃罗”，是沙门禅定、止息、睡眠处，又为僧房；另一种称为“支提”，是沙门集会、诵戒、布萨处，往往置塔、像，以供礼拜，又为塔庙。集合讲堂、禅堂、食堂等设备于一处的僧房，叫作“僧伽蓝”，它可以是石窟构

① 章巽、芮传明：《大唐西域记导读》，中国国际广播出版社，2009年，第77、78页。

② 章巽、芮传明：《大唐西域记导读》，中国国际广播出版社，2009年，第78页。

成，也可以是砖木构成[1]。随着佛教的传播与发展，石窟寺逐渐演变为集建筑、雕塑、壁画等于一体的艺术瑰宝。

中国石窟主要分布在西北——古代的西域、河西四郡、黄河流域，以及长江流域的上游，长江流域中下游则寥寥无几[2]。这与当时社会的政治、经济、文化状况联系紧密。北魏官府主持开凿的有云冈、龙门、巩县石窟寺等，民间平民也在大窟中刻造小龛，形成一大景观。隋唐时期延续了这一历史发展势头，帝王贵族直接支持开凿石窟。因此，华北地区遗存有很丰富的中世纪石窟寺院遗迹，保存着成千上万的不同时代的精美雕刻、塑像及壁画[3]。在这些石窟寺中，龙门石窟和巩义市石窟寺是中原地区的杰出代表。

（一）龙门石窟

龙门石窟，位于洛阳市城南约12千米处的伊阙峡谷间，是闻名世界的佛教石窟寺雕刻艺术宝库，与敦煌、云冈石窟齐名，并称为中国三大石窟（图5-14）。

图5-14　龙门石窟西山远眺

（李振刚主编：《中原文化大典·文物典·龙门石窟》上册，中州古籍出版社，2008年，龙门石窟远眺彩图局部）

龙门，春秋战国时期就有“阙塞”“伊阙”之称，《左传》载：“晋知跞、赵鞅帅师纳王，使女宽守阙塞。”[4]秦昭王“十四年（公元前293年），左更白起攻韩、魏于伊阙，斩首二十四万，虏公孙喜，拔五城”[5]。北魏时，习惯上称“伊阙”，郦道元《水经注·伊水》云：“两山相对，望之若阙，伊水历其间北流，故谓之伊阙矣。”隋唐以后则多称“龙门”。

龙门石窟的开凿始于北魏太和十七年（493年），尤其是在孝文帝迁都洛阳以后，作为都城重要的门户，“伊阙”的地位彰显出来，北魏皇室开始大规模营造龙门石窟，史载：“景明初（500年），世宗诏大长秋卿白整准代京灵岩寺石窟，于洛南伊阙山，为高祖、文昭皇太后营石窟二所。……永平中（508～512年），中尹刘腾奏为世宗复造石窟一，凡为三所。”[6]此处所谓石窟“三所”，指的就是宾阳三洞。

北魏以后，历东魏、西魏、北齐、北周、隋、唐、五代、宋、明等朝代又连续营造，在东、西两山南北长达约1000米的峭壁上，开凿出了2100多个窟洞，有窟龛2345个，碑刻题记2800余块，佛塔40余座，造像10万余尊，其中最大的佛像高达17.14米，最小的仅2厘米。北魏和唐代是龙门石窟的营造高峰期，五代以后，虽有小龛的雕凿，但是已经不成规模。龙门石窟建筑群中的30%为北魏时期开凿，称为魏窟，60%为唐代开凿，称为唐窟，它们是龙门石窟艺术成就的典型代表。

---

① 温玉成：《中国石窟与文化艺术》，上海人民美术出版社，1993年，第2页。

② 阎文儒：《中国石窟艺术总论》，天津古籍出版社，1987年，第12页。

③ 荆三林：《中国石窟雕刻艺术史》，人民美术出版社，1988年，第1、2页。

④ 杨伯峻：《春秋左传注》（修订本），中华书局，1990年，第1474页。

⑤ （汉）司马迁：《史记》卷五《秦本纪》，中华书局，1959年，第212页。

⑥ （北齐）魏收：《魏书》卷一百一十四《释老志》，中华书局，1974年，第3043页。

北魏时期的洞窟主要有古阳洞、莲花洞、宾阳中洞、火烧洞、慈香洞、魏字洞、皇甫公窟、普泰洞、路洞；北魏时期开凿，至北齐时完工的汴州洞；北魏时期开凿后未能完工，唐代继续在洞窟内造像的有宾阳南洞、宾阳北洞、药方洞、赵客师洞、唐字洞等。这些魏窟以古阳洞、宾阳中洞和莲花洞为代表。

古阳洞，其本名“石窟寺”，明清时期称为古阳洞。它始凿于太和十七年（493年），是龙门中开凿最早、内容十分丰富的洞窟，为利用天然溶洞开凿并逐渐扩展而成。古阳洞位于西山南段，坐西朝东，平面为圆角长方形，宽约7、深约13、高约11米，其规模是龙门石窟中较大的一座。古阳洞的正壁主像为一坐佛二胁侍菩萨，据学者研究，这尊主像为北魏孝文帝的造像。南、北两壁整齐排列着三层大佛龛，每层各四龛，窟顶和四壁雕满各式各样的小龛。古阳洞内采用的装饰纹样十分丰富，如双龙、双凤、莲花、捲草、葡萄、石榴、葫芦、几何纹、火焰纹、云纹、帐幔纹等，配以飞天、伎乐、佛传故事、闻法比丘、金刚力士、获法狮子等，意境巧妙，丰富多彩，令人目不暇接、叹为观止[①]。此外，古阳洞内造像题记十分丰富，约三千六百品，其中最为人称道的是“龙门二十品”，十九品都集中在这里，另有一品在西山中部偏南老龙洞崖壁的慈香窟里。“龙门二十品”是珍贵的魏碑体书法艺术精品。

宾阳中洞，正（西）壁一坐佛二弟子二菩萨，左、右（北、南）壁各一立佛胁侍二菩萨，为三世佛题材，即正壁主尊为“现在佛”、左壁为“过去佛”、右壁为“未来佛”。窟顶雕莲花宝盖，四周环绕八体伎乐飞天，地面雕饰莲花纹、龟甲纹等。门洞甬道南北两侧分别雕大梵天、帝释天，窟门外屋形龛内雕二力士等护法神像。宾阳中洞是北魏时期佛教石窟寺艺术成熟的标志，有学者指出：宾阳中洞的布置是以本尊为中心，其他各种形象及装饰都很紧凑，互相联系，产生照应及陪衬作用。而在设计意匠中，又充分利用主从、加强与减弱的手法，以突出集中到本尊身上的宗教主题。这一洞窟完整的布局，代表着北魏末期佛教庙堂的流行样式。这一完整布局的出现，也说明佛教艺术的成熟[②]。宾阳中洞门内两侧为大型浮雕，共分四层，自上至下分别为《维摩变》《佛本生故事》《帝后礼佛图》《十神王像》，这些浮雕具有极高的艺术价值。尤其是《帝后礼佛图》，分别以孝文帝和文昭太后为中心，前簇后拥，组成礼佛行列，构图精美，雕刻细致，充分反映了当时帝王将相礼佛的真实图画。令人惋惜的是新中国成立前，已经被帝国主义分子盗往国外，现藏于美国。

莲花洞位于龙门西山中部偏南，大概开凿于北魏孝明帝孝昌年间（525～527年）。该洞的平面呈长方形，高约6米多，宽亦约6米多，深约10米。正壁主尊是释迦牟尼立像，左右为二弟子、二胁侍菩萨，这五尊造像中以迦叶的形象最具特色，为高浮雕侧面形象，头偏向左侧，身披袈裟，左手握禅杖，右臂抚袈裟一角。其面部特征刻画得栩栩如生，宽大的额头上布满层叠的皱纹，大口薄唇，颈部青筋暴露，俨然一睿智老者。该洞窟之所以命名为“莲花洞”，是因为它以窟顶的高浮巨型雕莲花及飞天著称，支配该窟整个穹隆顶的壮丽的大莲花，乃是装饰雕刻的一大杰作。圆心刻出莲子；外绕以三重单式莲瓣；最外环绕以单式卷草纹样。环绕着大莲花的南、北侧各有三身供养天人，皆面向主尊，或捧香炉，或托果盘，或持莲花，长裙纡曲飘荡，披帛飞扬，敏捷而刚劲。温玉

① 温玉成：《中国石窟雕塑全集》第4卷《龙门》，重庆出版社，2001年，第7页。

② 王逊：《中国美术史》，上海人民美术出版社，1989年，第147页。

成先生认为这反映了“北魏艺术繁荣的精神”[①]。

龙门唐代石窟的建造始于宾阳南洞，是唐太宗第四子魏王李泰为其生母长孙皇后作功德，利用北魏废止的洞窟继续雕凿而成，到武则天时期达到高潮。龙门唐代的洞窟主要有西山的药方洞、唐字洞、宾阳南洞、宾阳北洞、腾兰洞、潜溪寺、敬善寺、双窑、老龙洞、破窑、惠简洞、奉先寺、万佛洞、奉南洞、清明寺、净土堂、摩崖三佛龛、龙华寺、极南洞、火顶洞、八作司洞，以及东山的大万伍千佛龛，擂鼓台南洞、北洞，高平郡王洞，大弥勒洞，四雁洞，二莲花洞，看经寺等，此外，小窟和小龛数以千计。奉先寺摩崖造像是其中最具代表性的唐代石窟造像，其规模之大，雕刻之精，在龙门石窟中堪称第一（图5-15）。

图5-15　龙门石窟卢舍那大像龛全景
（李振刚主编：《中原文化大典·文物典·龙门石窟》上册，中州古籍出版社，2008年，第77页）

据镌刻在大佛像北侧面底座上的《河洛上都龙门山之阳大卢舍那像龛记》：

> 大唐高宗天皇大帝之所建也。佛身通光、座高八十五尺，二菩萨七十尺，迦叶、阿傩、金刚、神王各高五十尺。粤以咸亨三年壬申之岁四月一日，皇后武氏助脂粉钱二万贯。奉敕捡校僧：西京实际寺善道禅师、法海寺主惠暕法师。大使、司农寺卿韦机，付使东面监上柱国樊玄则。支料匠：李君瓒、成仁威、姚师积等。至上元二年乙亥十二月卅日毕功。调露元年己卯八月十五日，奉敕于大像南置大奉先寺，简召高僧行解兼备者二七人，阙即续填，创基住持，范法、英律而为上首。至二年正月十五日，大帝书额。[②]

可知，此卢舍那大佛造像为唐高宗所建造，咸亨三年（672年）武则天出脂粉钱二万贯助建，上元二年（675年）竣工。调露元年（679年）奉敕于大像南置大奉先寺。次年，高宗为之书额。

大卢舍那像龛造像摆脱了窟室的桎梏，为依山劈岩呈“凹”字形的敞口式摩崖造像，背西面东，正壁为高达17.14米的大卢舍那佛，即光明普照之佛，两侧依次为二弟子、二菩萨、二天王、二力士造像，均在10米以上。佛龛整体布局严谨，气势宏伟，充分体现了大唐盛世的经济、科技、文化、艺术达到了古代社会登峰造极的地步，是整个龙门石窟艺术的经典代表之一。

除了奉先寺大卢舍那像龛造像外，唐代石窟中潜溪寺、万佛洞、摩崖三佛龛等均是唐代造像艺术风格的经典之作。关于唐代佛教造像的艺术特征，李裕群先生指出：“唐代是佛教造像艺术发展的巅峰时期，雕刻艺术家们侧重于表现人物造型丰满圆润的肌体和优美健硕的身姿，具有浓厚的写实意味。佛像、菩萨等均面相浑圆丰满，宽肩细腰，肢体丰满健美而不显臃肿。尤其是菩萨造型，双肩略宽，胸部和腹部微微鼓起，下身穿紧贴臀部和双腿的长裙，整个身体扭成三道弯，显得婀娜多姿，妩媚动人。这种造型艺术的出现与唐代崇尚丰腴为美的审美观不无关系。”[③]

---

① 温玉成：《中国石窟雕塑全集》第4卷《龙门》，重庆出版社，2001年，第10页。

② 温玉成：《〈河洛上都龙门山之阳大卢舍那像龛记〉注释》，《中原文物》，1984年第3期。

③ 李裕群：《古代石窟》，文物出版社，2003年，第170页。

2000年，龙门石窟被联合国教科文组织列为“世界文化遗产”，它以其卓越雕刻艺术为世人所折服，是研究中外交通史、宗教史、风俗史、音乐史、舞蹈史、建筑史、医药史、美术史等东方文化的艺术宝库。

（二）巩义石窟寺

巩义石窟寺，位于今河南省巩义市河洛镇寺湾村，北依大力山，山后即为黄河，南临伊洛河，是中国北方著名石窟寺之一，已有1500多年历史。

巩义石窟寺，创建于北魏孝文帝时期，是北魏皇室继云冈石窟、龙门石窟之后开凿的第三座石窟，供皇家礼佛之用。据寺内大唐龙朔年间（661～663年）《后魏孝文帝故希玄寺之碑》记载：“昔魏孝文帝，发迹金山，途遥玉塞，弯拓弧而望月，控翼马以追风，电转伊原，云飞巩洛，爰止斯地，创建伽蓝。”据此碑文，有学者推测石窟寺与龙门石窟开凿于同一时期，即可能也是在太和年间[①]。北魏之后，各代相继有所开凿或修葺，其名称历代亦有不同，北魏时期称为希玄寺，唐代称净土寺，宋时称十方净土寺，清代方称石窟寺，沿用至今。

巩义石窟寺现存5个大窟、3尊摩崖大像、1个唐代千佛龛，328个历代造像小龛，共有造像7743尊，造像题记及其他相关铭刻186篇。从西向东编号为第1～5号窟，其中1～4号窟为塔庙窟，平面均呈方形、平顶、中央设中心柱窟，属于大中型石窟。第5号窟与第1～4号窟相比，规模较小，且无中心柱，为小型石窟。从整个石窟寺的形制、造型风格及题记来看，巩义石窟寺自北魏开凿以来，其后东魏、西魏、北齐、唐、宋等时期增凿不断。关于这5个大窟的始凿时期，据考证，第1、2号窟是为宣武帝和胡太后所造，开凿于熙平二年（517年）至正光四年（523年）。第3、4号窟是为孝明帝、后所造，开凿于熙平二年（517年）或稍后至孝昌末年（528年）。第5号窟则可能是为孝庄帝所造，开凿于永安二年（529年）至永熙年间（532～534年）[②]。

图5-16　巩义石窟寺第1窟外壁摩崖大佛（王景荃主编：《中原文化大典·文物典·中小型石窟与石刻造像》，中州古籍出版社，2008年，第40页）

第1号窟：窟外左右两侧各刻与窟门同高的大龛，龛内均雕护法金刚立像。西侧力士像龛已坍塌，不复存在。东侧力士像龛上部残存疑似一佛、一菩萨的雕刻像2个。窟内平面呈方形，有中心柱。窟内各壁长、宽均在6.5米以上，高6米。窟顶为雕方格平綦，分层刻飞天、莲花和化生等图案，平綦表面隐约可见黑、黄、红彩绘。中心柱长、宽各2.8米，下有方形基座，高0.61米，长、宽各3.3米左右。柱四面各有一个方形垂帐纹佛龛。南、北、西三面龛均由一坐佛、二弟子、二菩萨组成，东面佛龛为一弥勒菩

① 荆三林：《中国石窟雕刻艺术史》，人民美术出版社，1988年，第57～63页。
② 河南省文化局文物工作队：《巩县石窟寺》，文物出版社，1963年，第19、20页。

萨。窟内四壁的顶端和平綦相接处，雕莲花化生一周，其下为垂幔。四壁垂幔之下，均刻排列整齐的千佛龛15层。值得一提的是，在南壁窟门内两侧千佛龛下各雕礼佛图浮雕三层。礼佛图浮雕特别精致，形象地刻画了鲜卑王室、贵族、侍从等形象，反映了北魏王室及贵族礼佛的情景（图5-16）。

1979年10月，在中心柱北主龛两侧壁面发现有镌刻题记两条。西侧是“上仪同昌国县开国侯郑叡赠开府陈州刺史息乾智侍佛时”；东侧为“叡妻成郡君侍佛时”。据考证，此二条应是北周武帝（561～578年）时或稍后所刻。1号窟造像年代，大约与龙门皇甫度石窟寺（527年）相近，应在正光、孝昌年间（520～528年）。温玉成先生认为：“郑叡的题名有两种可能，一种是该窟中心柱北面龛完工较晚；另一种可能是该龛完工时尚无题名，由出资的郑叡晚辈以其原有官职补刻之。但是，还有更大的一种可能，即北魏后期至东魏时，郑叡的官职已存在，只是史书无载。”[①]

第2号窟：位于第1号窟东侧，高3.6、南北长约5、东西宽6米。该窟可能始于北魏时期，但未能按时完工，只雕出了中心柱凿雏形，柱长、宽均约3、高约3.6米。窟内佛龛造像均为后代补刻，除东魏时期在东壁雕凿一大龛之外，其余为唐代所造。

第3号窟：窟门上无明窗，其形制与第1号窟略同。窟内长、宽各5米左右，高4.25米。窟顶与第1号窟亦基本相同，刻飞天、莲花、卷草和化生等图案。中心柱的长、宽约2.3米。柱下有方形基座，高0.56米，长、宽约2.8米，顶端和平綦相接处，上部刻莲花化生、垂鳞山纹和彩铃等雕饰。柱四面各刻大佛龛一个，高约2.5、底宽约1.7米，内刻一佛、二菩萨、二弟子像。四壁顶端和平綦相接处雕刻一周垂幔，东、西、北三壁的垂幔下雕千佛龛。其中西壁龛缘柱头的浮雕十分精致，是巩义石窟，乃至中国石窟中的精品。在壁脚处所刻的伎乐人像，从南依次为：吹横笛、吹笛、奏阮咸、吹排箫、弹箜篌、鼓瑟及吹竽等七座，十分珍贵。

第4号窟：位于第3号窟的东侧，其大小、风格与3号窟类似。窟门为拱形，上方无明窗。窟内高4.5、四壁长4.54～4.83米。窟顶平綦保存完整，刻有各种姿态的飞天和莲花化生等图案。中心柱宽约1.8米，柱下方形基座，高0.56、宽2.2米。四面各刻两层佛龛。南面，上龛为一佛、二菩萨、二弟子像，下龛为一佛、二菩萨像。东面，上、下龛皆为一佛、二菩萨像。西面，上龛刻一佛、二菩萨像，下龛内刻释迦、多宝并列的坐像。窟内南壁门两侧上部刻四层千佛龛，龛下刻礼佛图4列，采用浮雕技术，其中第2列女贵族像的雕法精致，形象十分完美。东、西、北三壁，在千佛龛中各刻大佛龛一个，其中北壁龛内刻一佛、二菩萨像，东、西壁龛内刻一佛、二菩萨、二弟子像。

第5号窟：位于第4号窟东面，但比第4号窟向南凸出2.8米左右，且两窟的地面不在同一水平面上。该窟是巩义石窟寺中最小的一座，窟内高约3米，长、宽均约3.2米，洞内没有中心柱。窟内东、西两壁等长，北壁较东西两壁略宽，三壁各刻大佛龛一个，龛内刻一佛、二菩萨、二弟子像。

除了这五大窟以外，在东区（第1、2号窟）与西区（第3、4、5号窟）之间，还有一个中区。该区位于第2号窟和第3号窟之间的岩壁上，由40个排列整齐的摩崖小龛组成，主要为北齐时期的作品。在第5号窟之东，尚有开凿于唐代乾封年间的千佛龛，雕有菩萨、金庛罗神王、护法神王、小佛像等。

整体来说，巩义石窟寺布局严谨，全部洞窟和佛龛等均开凿在东西约75米长的崖面上；结构合理，第1～4号窟中心柱形式，既加大了雕刻面积，又根据大力山岩石为砂岩的实际情况，可以起到支撑洞窟的作用，反映了建筑设计师建筑技术水平的高超；雕刻的佛教题材丰富，以三世佛、千

① 温玉成：《中国石窟与文化艺术》，上海人民美术出版社，1993年，第211页。

佛、释迦多宝、维摩文殊等为主题，而其现保存的礼佛图、飞天、伎乐、神王、异兽等作品，雕刻技术精湛，实为其他石窟寺所不多见，具有较高的艺术价值。

与云冈石窟和龙门石窟相比，巩义石窟寺的规模略小，但是其高超的艺术价值，向人们展示了北魏时期中原地区石窟寺建筑雕刻技术的精湛，是中华建筑史、艺术史的瑰宝之一。

二、佛　　塔

塔，梵文称作stupa，是伴随着佛教传入中国的，曾被翻译为卒诸波、塔婆、浮屠、浮图等名称，用以埋葬佛祖乔达摩·悉达多的舍利子。还有一佛塔是作为佛祖的象征，即梵文所谓的chaitya，译作“支提”或“制底”等。伴随着佛教的东传，这两种塔均传入中国，并在原有的形制与功能的基础上，取得了发展与变化。尤其是作为埋葬舍利的塔，与中国原有建筑形式结合起来，成为中国古代建筑史上一道亮丽的风景线。

中原地区佛塔的历史悠久，在东汉明帝营造白马寺时就已经在寺内建造有塔，据《魏书》卷一百一十四《释老志》载：“自洛中构白马寺，盛饰佛图，画迹甚妙，为四方式。凡宫塔制度，犹依天竺旧状而重构之，从一级至三、五、七、九。世人相承，谓之浮图。”可见，该塔为方形木塔，并且是白马寺内的主要建筑物，但是其具体形制及与寺内其他建筑的布局关系已经不可详考。

中原地区历史上著名的木塔为北魏孝明帝熙平元年（516年）始建的洛阳永宁寺塔，至神龟二年（519年）完工，可惜的是该塔于永熙三年（534年）起火焚毁，文献中多有记载，如《魏书》卷一百一十四《释老志》：“肃宗熙平中，于城内太社西，起永宁寺。灵太后亲率百僚，表基立刹。佛图九层，高四十余丈。其诸费用，不可胜计。”《水经注》卷十六《谷水》：“水西有永宁寺，熙平中始创也，作九层浮图。浮图下基方一十四丈，自金露槃下至地四十九丈。取法代都七级，而又高广之。虽二京之盛，五都之富，利刹灵图，未有若斯之构。”《洛阳伽蓝记》卷一：“永宁寺，熙平元年，灵太后胡氏所立也，在宫前阊阖门南一里御道西。……中有九层浮图一所，架木为之，举高九十丈。上有金刹，复高十丈，合去地一千尺。……刹上有金宝瓶，容二十五斛。宝瓶下有承露金盘一十一重，周匝皆垂金铎，复有铁鏁四道，引刹向浮图四角。……浮图有九级，角角皆悬金铎，合上下有一百二十铎。浮图有四面，面有三户六窗。户皆朱漆，扉上各有五行金钉，合有五千四百枚，复有金环铺首。”

通过以上文献的描述，可知该塔十分壮丽，只可惜今人无法得见其真容。不过，永宁寺遗址位于今洛阳东郊7.5千米的“汉魏故城”内，东北距北魏宫城南门基址约1千米处，考古工作者曾经对其进行了调查和发掘[①]，为了解永宁寺塔的形制及其寺院中的布局关系取得了第一手资料。

中原地区现存古代佛塔众多，其中登封嵩岳寺塔和安阳修定寺塔是其中的代表，无论是其历史、形制及其在中国建筑史上的地位都是首屈一指的。

（一）嵩岳寺塔

河南省登封市西北5千米太室山南麓，巍然矗立着中国现存最古老的砖塔——嵩岳寺塔，因位

① 中国社会科学院考古研究所洛阳工作队：《北魏永宁寺塔基发掘简报》，《考古》1981年第3期。

于嵩岳寺内而得名。

嵩岳寺原名闲居寺，隋代始改今名。闲居寺原为北魏皇室的离宫。《魏书·冯亮传》："亮既雅爱山水，又兼巧思……世宗给其工力，令与沙门统僧暹及河南尹甄琛等，周视嵩高形胜之处，遂造闲居佛寺。林泉既奇，营制又美，曲尽山居之妙。"[①]冯亮卒于延昌二年（513年），故此闲居寺当始建于北魏宣武帝永平年间（508～511年）[②]。嵩岳寺塔的创建始于北魏正光年间（520～524年）[③]。关于嵩岳寺塔的创建年代，主要文献依据为唐北海太守李邕所撰的《嵩岳寺碑》：

> 嵩岳寺者，后魏孝明帝之离宫也。正光元年，牓闲居寺。广大佛刹，殚极国财。济济僧徒，弥七百众；落落堂宇，踰一千间。藩戚近臣，逝将依止；硕德圆戒，作为宗师。及后周不祥，正法无绪。宣皇悔祸，道叶中兴。明诏两京，光复二所。议以此寺为观，古塔为坛。八部扶持，一时灵变。物将未可，事故获全。隋开皇五年，隶僧三百人；仁寿一载，改题嵩岳寺，又度僧一百五十人。……十五层塔者，后魏之所立也。发地四铺而耸，凌空八相而圆，方丈十二，户牖数百[④]。

对这段文字分析后，结合其他相关资料，曹汛先生认为嵩岳寺塔是唐代开元二十一年（733年）重建，故此应该重写这段建筑史[⑤]。学术界对此展开了讨论，多同意北魏建造说[⑥]。通过对地宫砖的热释光测定，地宫东北角砖（TK-234）的年代为距今1560年±160年；地宫东壁砖（TK-235）的年代为距今1000年±80年；塔基十二面东南角砖（TK-236）的年代为距今1580年±160年；塔覆莲砖（TK-239）的年代为距今1080年±110年，结合在地宫中发现刻有"大魏正光四年"题记造像，可以推定嵩岳寺塔的地宫与塔同时建造，并经后代尤其是唐代的全面维修，使现存地宫基本上保留了唐代维修后的面貌[⑦]。这为学术界断定嵩岳寺塔的建造年代提供了科学依据。

图5-17　嵩岳寺塔

（《全国重点文物保护单位》编辑委员会：《全国重点文物保护单位》第Ⅱ卷，文物出版社，2004年，第37页）

嵩岳寺塔，为塔身平面呈正十二边形的15层密檐砖塔，全塔由基台、塔身、密檐和塔刹等几部分组成，以塔内残存原始地坪计，内部（至凿井顶部）高

---

① （北齐）魏收：《魏书》卷九十《冯亮传》，中华书局，1974年，第1931页。

② 傅熹年主编：《中国古代建筑史》第二卷，中国建筑工业出版社，2001年，第189页。

③ 参阅刘敦桢《河南省北部古建筑调查记》《中国古代建筑史》等著作。

④ （清）董诰等编：《全唐文》卷二六三，中华书局，1983年，第2673、2674页。

⑤ 曹汛：《嵩岳寺塔建于唐代》，《建筑学报》1996年第6期。

⑥ 萧默：《嵩岳寺塔渊源考辨——兼谈嵩岳寺塔建造年代》，《建筑学报》1997年第4期；钟晓青：《火珠株浅析——兼谈嵩岳寺塔的建造年代》、朱永春：《论嵩岳寺塔唐代重建说不成立》，《合肥工业大学学报》2000年第2期。

⑦ 河南省古代建筑保护研究所：《登封嵩岳寺塔地宫清理简报》，《文物》1992年第1期。

度为31.035米，外部至现存塔刹顶部为36.025米，现存塔南地表高度为1.02米，故塔外部自现在地表至刹顶之高为37.045米（图5-17）①。

塔身被中部叠涩腰檐分为上、下两段。下段为无装饰的素壁，在东、西、南、北四面，各辟有拱券门，通向塔心室。券门采用两伏两券的砌筑方法，作尖拱状，尖拱门楣的顶部有三瓣莲花组成的饰物。上段四正面辟半圆拱券门，门道与下段相连通，其余八面塔壁上各砌一座单层方塔形佛龛。龛顶部砌出叠涩檐、覆钵、山花蕉叶等；龛身正面嵌铭石一方，下为尖拱状龛门，龛内原应置有佛像，今已不存，仅保存有佛像背光之类的彩绘图案；龛下部砖座上辟有两壶门，内雕有狮子，呈正、侧、蹲、立形象，十分逼真；腰檐上部各转角处均砌一八边形倚柱，柱头饰火焰宝珠与覆莲，柱下为覆盆式础。上述塔门尖拱、柱头火焰宝珠、壁龛山花蕉叶等雕饰，凡与第一层塔檐衔接处，都浮雕层层叠出的弧形砖檐表面，这一处理手法，使塔身与密檐紧密地结合在一起，毫无生硬之感，在艺术效果上也是非常的巧妙②。

塔身以上为密檐部分，共15层，整体外轮廓呈现柔和丰圆的抛物线形。这是由于每层塔体的叠涩檐中，各层叠涩砖叠出宽度自里向外由3～4厘米至8厘米左右渐次递增，使各层叠涩砖外侧下沿之间的连线呈优美的弧线；而各层反叠涩砖叠出宽度一般相等，使各层反叠砖外侧上沿之间的连线基本呈直线③。这种抛物线外廓造型对此后的砖塔建筑产生了巨大影响。此外，各层檐间的壁高自下而上递减，檐宽也逐层收分，而在叠涩檐间的塔壁上均辟有门、窗。据统计，除11个小门为真门外，其他皆为假门，叠涩檐间共砌门窗492个④。

塔刹，通高4.745米。自下而上由基座、覆莲、须弥座、仰莲、相轮及宝珠等组成，皆为青灰条砖平顺垒砌后砍磨而成。

嵩岳寺塔内部结构也十分有特色，不用塔心柱，而是砌出叠涩内檐，分作九层，其平面上下也有相同，下部为正十二边形，而二层以上至顶却为正八边形。

嵩岳寺塔以其独特的形制出现于北魏时期，是目前所知仅存的一个孤例，故此容易让人对其建造的年代产生疑问。不过，现存的嵩岳寺塔确实不是北魏时期的原构。它主要是三个时期的遗构，即外部1～13层叠涩檐（当内1～8层下部叠涩檐）为原始塔体；外13层反叠涩至刹部仰莲（内8层叠涩檐以上）为二次构筑，相轮及宝珠为第三次砌造物⑤，这与后世对塔的修葺有关。

嵩岳寺塔的造型渊源并非无迹可寻，《魏书·释老志》载："熙平元年（516年），诏遣沙门惠生使西域，采诸经律。正光三年冬，还京师。"《洛阳伽蓝记》卷五载："惠生遂减割行资，妙简良匠，以铜摹写雀离附图仪一躯。"嵩岳寺塔的建造时间正与惠生等从西域回国时间相前后，从惠生"以铜摹写雀离浮图仪"来看，他本人是十分注重收集有关塔样资料的，这可能跟国内兴建寺院、佛塔之急切需要有关，而嵩岳寺塔的造型抑或受惠生等在西域所收集塔样的影响。

当时，迁来中原的西域沙门也不在少数，如《洛阳伽蓝记》卷四云："时佛法经像盛于洛阳，

---

① 河南省古代建筑保护研究所：《登封嵩岳寺塔勘测简报》，《中原文物》1987年第4期。

② 张家泰：《嵩岳寺塔》，《河南文博通讯》1978年第3期。

③ 河南省古代建筑保护研究所：《登封嵩岳寺塔勘测简报》，《中原文物》1987年第4期。

④ 任伟等：《嵩岳寺塔——中国现存在最古老的砖塔》，《中国文化遗产》2009年第3期。

⑤ 河南省古代建筑保护研究所：《登封嵩岳寺塔勘测简报》，《中原文物》1987年第4期。

异国沙门，咸来辐辏……百国沙门，三千余人，西域远者，乃至大秦国……”这些来自西域的3000沙门提供了获得当时流行的标准印度教神殿式样的充足而合理的渠道。因此通过嵩岳寺塔与同期印度建筑热点的比较，可知从平面到立面，从洞口的开辟方式到分层的比例与排布，从外轮廓的梭形弧线到空腔式的砌筑方式，除些许的地方性装饰题材的不同外，所有本质性特征都一一吻合[①]。

嵩岳寺塔塔体上段为曲线，下两段基本为直线，类似“三段式”的立面处理手法，使塔体曲线与《营造法式》梭柱上段三瓣卷杀法的卷杀内切线吻合很好。故此，有学者认为中国密檐式塔的独特造型是源于中国传统木构建筑而发展的，其与木构建筑之间的深厚关系密不可分[②]。

有关嵩岳寺塔造型的渊源尚需进一步研究，但是其所开创的佛塔形制新特征，以及对西域建筑特色的吸收等，对中国的佛塔建筑产生了巨大的影响，为中国密檐式塔的鼻祖，说明此时密檐式建筑的技术水平已经十分成熟。

（二）安阳修定寺塔

安阳市西北清凉山东南麓的砂岩峡谷台地上，有一座用雕砖饰面的单层方形砖塔，这就是著名的修定寺塔（图5-18）。因塔身遍涂橘红色，故又称为红塔。

图5-18　安阳修定寺塔

（河南省文物局：《河南文化遗产》，文物出版社，2011年，第17页）

关于此塔及饰面砖雕的年代，建筑史学界有争议。根据塔门额颊石上“大功德主，银青光禄大夫，前相州刺史兼御史中，摄相州刺史仍充本州防御使，上柱国苻”的题名，有学者曾考证指出：“根据‘大功德主’在塔上题铭不仅可推断该塔为唐代建筑，而且题铭时间应在唐懿宗‘咸通’以前，唐肃宗乾元元年以后。”[③]罗哲文在《中国古塔》中指出：“从塔的型制与雕刻风格分析，……应是初唐遗物，即唐太宗贞观年间（627～649年）所建。”[④]而曹汛先生认为“此塔初建于北齐，重建于隋开皇三年，当时隋朝还没有统一中国，仍属北朝，于是此塔就成了迄今所知我国传世最早的古塔”[⑤]。可见，此塔在中国建筑史上意义重大。

修定寺塔命运多舛，新中国成立前塔身价值连城的精美文物曾屡遭盗窃破坏，当地群众为了保护此塔，将塔身四壁的砖雕用白灰泥覆盖，此后其本来面目很少有人知晓。1973年秋和1978年冬，河

① 武蔚：《嵩岳寺塔的困惑》，《建筑史论文集》第11辑，清华大学出版社，1999年，第129、130页。

② 丛文：《嵩岳寺塔塔体曲线的研究》，《建筑史论文集》第12辑，清华大学出版社，2000年，第88～90页。

③ 河南省文物研究所等：《安阳修定寺塔》，文物出版社，1983年，第23页。

④ 张驭寰、罗哲文：《中国古塔精粹》，科学出版社，1988年，第133页。

⑤ 曹汛：《安阳修定寺塔的年代考证》，《建筑师》2005年第4期。

南省文物部门将塔身的白灰泥剔除，并对其进行了初步修整，方使塔身的砖雕重见天日。

修定寺塔通高近20余米，由塔基、塔身、塔刹三部分组成。其中基座为砖砌，平面呈八角形，下为束腰须弥座，内以六层夯土填充（每层夯土厚25～45厘米）。砖基外表镶嵌有浮雕砖，其图案有力士、伎乐、飞天、滚龙、飞雁、帐幔、花卉，以及仿木建筑结构的斗拱等有二三十种。其图案与塔身雕砖不同，就艺术风格来看，多为北魏末或北齐的作品。基座之上为方形塔身，高9.3、宽8.3米。南面开拱券门，高3.3、宽1.95、深0.55米。塔身外部四檐残缺，其余基本完好。塔身四隅砌有遍雕精致小团花的角柱一根，均一十六节断面呈马蹄形的雕砖连接而成。柱身下为石雕覆莲柱础。塔心室平面接近正方形，四壁用绳纹小砖垒砌，内安装有小木顶棚两层。塔身的厚度不一，南壁为2.32、东壁为1.98、西壁1.99、北壁1.86米。塔身壁砖用三种黏料垒砌，塔身部分用白灰浆和澄浆泥，内壁砖用细黄泥勾缝，塔檐以上使用料礓粉掺白灰垒砌，十分坚固。修定寺塔的塔顶已经全毁，但是地面尚有不少残存的塔顶构件，如筒瓦、勾头、滴水、三彩琉璃装饰构件等。从这些构件的造型和纹饰特征看，塔的琉璃顶可能为明代之物①。

修定寺塔塔身的模制砖雕是其最重要的价值之一。塔身镶嵌的浮雕青砖达3775块之多，使砖雕图案面积达300平方米，以精美人物、动物、花卉图案为主，包括佛像、菩萨、弟子、天王、力士、飞天、伎乐、胡人、真人、童子、白虎、猛狮、象、天马、龙、莲花、石榴花等72种图案。这些精美的砖雕，使修定寺塔远看整体造型庄严大方、古朴稳重；近视则繁缛密致，精刻入微，内容丰富多彩，形象生动逼真，华丽壮观。修定寺塔的浮雕砖上，各种形象因不同的外形配以适合的纹样构图。全塔构图，布局严谨，层层叠叠，既吸收了传统的格式布局，又因用于建筑而有所发展。各种图案在手法上充分利用了浮雕的特点。在大面积的平面帐幔上，衬托有做工精细玲珑的各种装饰，清晰明快，每个细部刻画入微。下垂的彩带，用不同形式的彩带团花束装饰。结带穿插层次分明，立体感很强。浮雕高低起伏，产生了明暗效果，给人以丰富多彩的感觉。帐幔上的莲花塑造得十分逼真，似在荷花盛开的季节。整个莲花是处理在一块浮雕上，近大远小，中间一瓣完整突出，左右一瓣压一瓣，透视效果、立体感很强。在修定寺塔的饰面砖雕中，各种人物、动物、花草、几何云气纹等图案广泛应用。虽然都是用在佛教建筑物上，但并不尽受佛教思想的束缚，充满了浓厚的生活气息②。

为使这些砖雕能和塔身紧密结合，塔的设计者和建造者精心设计了四壁砖雕的嵌砌方法，其具体做法概括起来有四：①雕砖背面烧制有背榫，嵌砌时将榫楔入墙内，或以素面砖的叠涩压在背榫之上；②按照浮雕砖的不同厚度，将壁上内层素面砖砌成各种凹槽，如叠菱形砖的嵌砌，就是先用素面砖砌出菱形深环凹槽，槽内镶嵌四块长条边框砖和四块小菱形砖又构成一个浅菱形凹槽。槽的深度正好是菱形砖的厚度，这样就牢固地卡住了菱形雕砖；③用雕砖背榫互相搭连的方法，如塔的四根角柱和门洞的券状雕砖就是用此种方法嵌砌的；④利用大铁钉和铁片等牵拉支托，如塔门两旁的四臂力士雕砖等即用此法嵌砌③。这些先进的雕砖嵌砌技术，就使整个塔身达到浑然一体的效果，十分坚固。

---

① 河南省博物馆等：《河南安阳修定寺唐塔》，《文物》1979年第9期；河南省文物研究所等：《安阳修定寺塔》，文物出版社，1983年。

② 杜启明：《中原文化大典·建筑》，中州古籍出版社，2008年，第100页。

③ 河南省文物研究所编：《安阳修定寺塔》，文物出版社，1983年，第6页。

修定寺塔建筑技术上的另一大特色，就是在塔檐内部大量采用木骨结构。在四壁檐部饰面砖的背后，均上下排列着两层断面呈长方形的木骨洞槽共92个，其中木骨长度为2～2.5米。在使用上，其里端砌在塔内素面砖中，外端则套在檐部花砖呈燕尾状的背榫内。它们起着牵拉、支托整个塔檐的作用[①]。

修定寺塔具有独特的艺术价值，这些砖雕制作技术精湛，图案优美，罗哲文先生评价说：修定寺塔的“塔身遍布华丽的雕刻，简直就是一件大型的雕刻艺术品”[②]。砖雕图案的内容，除佛教题材外，还包括道教，甚至是舞蹈的胡人形象，这反映了当时民族文化、宗教文化融合时代的特征。从建筑技术层面来说，其塔身的整体结构，以及砖雕与塔身的嵌砌技术，均独具匠心，反映了当时具有高超的建筑技术水平。因此，修定寺塔是高超的建筑技术与艺术价值的结合体，是名副其实的全国重点文物保护单位。

第六节　中原地区的陶瓷烧造技术

中国古代陶器烧造历史悠久，新石器时代早期就已经出现了陶器，并于商周时期出现了原始瓷器。在原始瓷器烧造技术不断进步的基础上，在东汉时期终于出现了青釉瓷器，揭开了中国陶瓷史的新篇章。到魏晋南北朝隋唐时期，瓷器的烧造技术日趋成熟，原料、制釉、施釉、窑炉结构、炉温的控制等方面均取得了新的突破。这一时期的中原地区瓷器烧造也取得了相当成就。

一、魏晋南北朝隋唐时期中原的陶瓷

（一）魏晋南北朝时期

瓷器出现的时期，目前学术界一般将其认定为东汉晚期[③]，据目前考古发现的资料来看，当时的瓷器为青釉瓷，且窑址多分布在南方，如越州窑、婺州窑、岳州窑、寿州窑、洪州窑、浙江温州瓯窑、江苏宜兴均山窑、广州新会官冲窑、四川邛崃窑等在唐代或唐代以前就已经开始烧制青釉瓷器[④]。而北方地区到目前为之尚未找到东汉时期的窑址，只是在墓葬或遗址中出土有青釉瓷，如洛阳中州路出土的青瓷就具有一定的代表性[⑤]。虽然如此，有学者仍认为北方地区在东汉遗址或墓葬中出土的瓷器其胎、釉与南方同类瓷器相比有一定的差异，而且制作工艺也较南方的粗糙，尤其是洛阳一带东汉墓葬中出土的大量青瓷器，与同墓出土的陶器在造型、纹饰方面都有许多相似之处，都为当地的产品[⑥]。

两晋时期，北方战乱不断，当时河南的制瓷业要落后于南方，考古发掘中出土的青瓷多为南方

① 杨宝顺：《修定寺塔的建筑特点与修整复原研究》，《中原文物》1987年第2期。
② 罗哲文：《罗哲文古建筑文集》，文物出版社，1998年，第122页。
③ 中国硅酸盐学会：《中国陶瓷史》，文物出版社，1982年，第127页。
④ 李家治主编：《中国科学技术史 · 陶瓷卷》，科学出版社，1998年，第4页。
⑤ 中国科学院考古研究所：《洛阳中州路（西工段）》，科学出版社，1959年，第134页。
⑥ 孙新民等主编：《中原文化大典 · 文物典 · 瓷器》，中州古籍出版社，2008年，第35页。

图5-19　青釉狮形烛台
（西晋，洛阳矿山厂出土。孙新民等主编：《中原文化大典·文物典·瓷器》中州古籍出版社，2008年，第41页，图七）

的产品，如1996年淮阳西湖出土的西晋青釉鸡首壶，盘口，短颈，腹圆鼓，平底。肩部一侧饰鸡首流，对称处饰一鸡尾，间隔处装饰双系。肩部另饰弦纹三周。施青釉不及底。1972年洛阳矿山厂出土的西晋青釉狮形烛台，卧狮昂首，双目前视，张口露齿，颌下饰长须，背脊分披毛，自然下垂至腹部，腹两侧毛发旋卷如水波纹，尾巴弯曲上拱，背伏一圆管状口（图5-19）。通体施青釉，底部露胎，釉质匀净，釉色青黄，整体造型优美，纹饰刻划精细，是一件难得的艺术珍品[①]。

北朝时期，中原地区在中国陶瓷史上的地位日趋重要。首先，青釉瓷在墓葬中不断被发现，如1975年在安阳县张家村北齐和绍隆夫妇合葬墓出土一件青釉盘口盂[②]。1990年在偃师杏园村和南蔡庄乡两座北魏时期的墓葬中出土了青釉蟾蜍烛台、青釉瓷碗、青釉龙柄鸡首壶、青釉莲瓣碗等器物[③]。1991年6月北魏世宗宣武帝陵中出土的北魏时期的青釉鸡首壶、青釉盘口龙柄壶、青瓷钵等器物[④]。2005年在安阳固岸北齐墓发现青黄釉碗、高足盘及黄釉罐等器物[⑤]。这些器物是研究北朝时期中原地区青釉瓷器的发展水平，尤其是1958年濮阳这河寨北齐武平七年（576年）车骑将军李云夫妇合葬墓出土的青釉六系刻花罐是北朝时期河南出土的青釉瓷代表作之一。该罐白胎细腻，表里均施豆青色透明釉，里薄表厚，器腹以下釉不到底，有凝脂状滴痕。直口，圆腹，平底，肩附六系，系间刻有花卉图案，腹绕两周袋状划纹，二带间刻有鸭、树等图案[⑥]。该罐出土自有明确纪年的北齐墓中，是一件难得的断代标准器。有学者根据其胎、釉及装饰特征，认为它应该是安阳相州窑的产品[⑦]。

图5-20　白釉绿彩三系罐
（北齐，安阳洪河屯范粹墓出土。孙新民等主编：《中原文化大典·文物典·瓷器》，中州古籍出版社，2008年，第56页，图六）

北朝时期，中原地区在瓷器发展史上的一大贡献就是出现了白瓷，如1972年安阳洪河屯村北齐武平六年（575年）范粹墓出土一批白釉瓷罐、瓷瓶等（图5-20）[⑧]，它们是中国到目前为止发现的带有明确纪年

① 孙新民等主编：《中原文化大典·文物典·瓷器》，中州古籍出版社，2008年，第41页。
② 河南省文物研究所等：《安阳北齐和绍隆夫妇合葬墓清理简报》，《中原文物》1987年第1期。
③ 偃师商城博物馆：《河南偃师两座北魏墓发掘简报》，《考古》1993年第5期。
④ 孙新民等主编：《中原文化大典·文物典·瓷器》，中州古籍出版社，2008年，第47页。
⑤ 河南省文物考古研究所：《河南安阳县固岸墓地2号墓发掘简报》，《华夏考古》2007年第2期。
⑥ 周到：《河南濮阳北齐李云墓出土的瓷器和墓志》，《考古》1964年第9期。
⑦ 孙新民等主编：《中原文化大典·文物典·瓷器》，中州古籍出版社，2008年，第55页。
⑧ 河南省博物馆：《河南安阳北齐范粹墓发掘简报》，《文物》1972年第1期。

的最早白瓷。白瓷是在青瓷的基础上发展而来，其主要区别是白瓷原料中铁的含量较低，这说明了当时已经对金属成色剂有所认识，是中国瓷器史的一大突破，为以后彩瓷的发展奠定了基础。

（二）隋唐时期

隋唐时期，中原地区的制瓷业十分发达，青釉瓷继续得以烧造，白瓷技术也更加成熟。目前经过调查和发掘的隋代主要窑址有河南巩县铁匠炉村窑址①、安阳相州窑址②。安阳相州窑是隋代中原地区十分重要的窑址，位于安阳市北郊安阳桥洹河南岸附近。经考古发掘，发现的窑具有支烧具、支棒、器托、垫饼及范模等；烧制的器物有碗、高足盘、四系罐、钵、杯、瓶、瓷塑及明器等；釉色为青釉；装饰方法为刻花、划花、印花等；纹饰多以莲花纹居多，还有忍东纹、草叶纹、三角纹及水浪纹等。

白釉瓷器萌芽于南北朝时期，到隋唐时已经十分成熟。1959年5月在安阳豫北纱厂附近发掘的隋开皇十五年（595年）张盛墓中出土了一批白瓷器③，如白瓷俑、罐、壶、瓶、坛、三足炉、博山炉、炉、烛台、碗、钵、盆等，更值得一提的是，该墓出土白釉瓷围棋盘，棋盘呈正方形，纵横19道线，构成361目，中央和四角处各有一小黑点（图5-21）。盘面和四侧施白釉，底座露胎。其形制与现代棋盘已经完全相同，它的出现及其造型与工艺水平不仅说明隋代白瓷烧造技术达到了的新境界，也是中国迄今发现时代最早的19道围棋盘，在体育史上亦占有一席之地。

图5-21　隋代白釉瓷围棋盘
（隋代，安阳豫北纱厂张盛墓出土。孙新民等主编：《中原文化大典·文物典·瓷器》，中州古籍出版社，2008年，第79页，图一三）

从北朝到唐代这一阶段，中国古代制瓷艺术逐步形成了青釉和白釉两个大的系统，逐渐形成了“南青北白”的瓷业布局，到唐代这种局面固定下来。中原地区在唐代烧制瓷器的区域扩大，产品增多，白瓷的烧造真正成熟。目前已发现的有河南巩县窑、鹤壁窑、登封窑、郏县窑、荥阳窑、安阳窑等都烧白瓷。其中以巩县窑的产品最为出色。

巩县窑1957年发现，分布于巩县小黄冶、铁匠炉村、白河乡等地，以烧白瓷为主，兼烧三彩等陶器④。其烧制的白瓷器物主要有碗、盘、壶、瓶、罐、枕等。巩县窑生产白瓷的时代应是从唐初开始，武则天至玄宗时期生产比较兴旺，陶器和瓷器生产的品种增多，开元天宝以后则逐渐下降⑤（表5-5、表5-6）。

---

① 冯先铭：《河南巩县古窑址调查纪要》，《文物》1959年第3期。

② 河南博物馆等：《河南安阳隋代瓷窑址的试掘》，《文物》1977年第2期。

③ 中国科学院考古研究所安阳发掘队：《安阳隋张盛墓发掘记》，《考古》1959年第10期。

④ 冯先铭：《河南巩县古窑址调查纪要》，《文物》1959年第3期。

⑤ 中国硅酸盐学会：《中国陶瓷史》，文物出版社，1982年，第205页。

表5-5　河南巩县白瓷胎的化学组成[①]　（单位：%）

地区	时代和品名	SiO_2	Al_2O_3	Fe_2O_3	TiO_2	CaO	MgO	K_2O	Na_2O	P_2O_5	总量
	隋代厚胎影青釉瓷	67.73	26.78	0.59	1.31	0.39	0.41	2.11	0.50	0.04	99.86
	唐代中胎白釉瓷	63.06	30.27	1.30	1.20	0.47	0.49	2.00	0.50	0.06	99.35
巩县白瓷胎	唐代垫饼	66.31	28.04	1.02	1.31	0.27	0.45	2.27	0.45	0.04	100.16
	唐代薄胎白釉瓷	53.41	37.15	0.65	0.80	0.55	0.41	5.05	2.10	0.04	100.16
	唐代中胎白釉瓷	66.46	28.01	0.50	1.23	0.23	0.37	1.80	0.44	0.06	99.10
	唐代厚胎白釉瓷	52.75	37.49	0.73	0.85	0.61	0.40	5.12	2.23	0.04	100.22

表5-6　河南巩县白瓷釉的化学组成[②]　（单位：%）

地区	时代和品名	SiO_2	Al_2O_3	Fe_2O_3	TiO_2	CaO	MgO	K_2O	Na_2O	总量
巩县白窑	隋代厚胎影青釉瓷	64.65	13.90	0.84	0.16	12.29	1.89	2.97	2.17	98.89
	唐代中胎白釉瓷	67.66	15.87	0.87	0.43	10.85	1.53	2.43	0.78	100.42
	唐代薄胎白釉瓷	62.51	17.03	0.74		10.36	1.07	4.07	2.14	98.10
	唐代中胎白釉瓷	62.87	17.85	0.78	0.32	12.18	2.03	1.74	1.03	98.80
巩县白窑	唐代厚胎白釉瓷	66.82	14.46	0.87		9.35	1.09	4.28	1.75	98.62
	唐代中胎白釉细瓷	69.99	17.04	0.47	0.33	3.30	4.14	2.86	2.79	101.04

隋唐时期北方地区，包括中原在内的瓷器制造与南方突出的区别就是白瓷的制造技术日趋成熟，逐渐形成了“南青北白”的瓷业布局。此外，更令人瞩目的就是唐三彩陶器的出现，充分展示了大唐经济、文化、科技的魅力。

二、唐三彩的烧造技术及成就

唐三彩是唐代彩色釉陶的总称。清末在修陇海铁路时，破坏了洛阳邙山许多唐代墓葬，在这些墓葬发现了许多色彩斑斓、姿态各异的三彩马、骆驼、人物俑及其他器皿，这批器物被运往北京，

① 赵匡华等主编：《中国科学技术史·化学卷》，科学出版社，1998年，第79页。

② 赵匡华等主编：《中国科学技术史·化学卷》，科学出版社，1998年，第80页。

引起了著名金石学家罗振玉、王国维等的重视，从此唐三彩遂蜚声于中外。但是直到民国三十一年（1942年）赵汝珍在《古玩指南》一书才首次提到“唐三彩”，并指出“以铅黄绿青等三色描画花纹于无色釉之白地胎上，即世所称之唐三彩者为最佳”[①]（图5-22）。

图5-22　黄冶三彩窑址出土唐三彩水注
（《全国重点文物保护单位》编辑委员会：《全国重点文物保护单位》，文物出版社，2004年，第479页）

“唐三彩”实质上包含黄、绿、蓝、褐、紫、白等多种颜色，由于大多以黄、绿、白三种颜色为主调，习惯上称之为“唐三彩”。所以，这里的“三”字泛指多的意思。

唐三彩是在汉代低温铅釉、魏晋南北朝单色釉及唐初彩绘釉陶的基础上逐渐发展起来的低温釉陶器。一般以高岭土作胎，而胎的化学组成铅的含量高，而含铁质和熔剂矿物成分低（表5-7）[②]，故烧成到相近的吸水率所需的烧成温度较高，需经过1100℃的高温素烧而成素胎。

表5-7　巩县黄冶唐三彩胎的化学组成和物理性能

氧化物含量（重量）/%									物理性能			
SiO_2	Al_2O_3	Fe_2O_3	TiO_2	CaO	MgO	K_2O	Na_2O	总量	吸水率 /%	抗折强度 /×10^5Pa	素烧温度 /℃	釉烧温度 /℃
63.84	29.82	1.44	0.93	1.64	0.59	0.71	1.17	100.14	11.99	293.4	1100+20	950

唐三彩素胎烧成以后，用含Fe、Cu、Co和Mn等过渡金属的氧化物作为釉料的着色剂，施在已素烧过的胎体上，再经过900℃的低温二次烧制而成。故此，唐三彩彩釉的呈色取决于釉中所含着色剂的种类和含量，其中黄色釉的着色剂为Fe_2O_3，绿色釉的着色剂为CuO，蓝色釉的着色剂为CoO，白色釉则不用着色剂，而是配以含低铁的黏土即可制作。色釉的深浅可依据釉中所含着色剂的量加以适当调节（表5-8）[③]。釉料在窑炉内，随着炉温的升高，在受热过程中向四周扩散流淌，各种颜色浸润交融，形成非常自然、明艳柔和、变幻莫测的彩色釉，而铅作为釉的助熔剂，在烧制过程中具有流动性，从而烧成黄、赭黄、翠绿、深绿、天蓝、褐红、茄紫等各种色调。

表5-8　河南唐三彩釉的化学组成

名称	氧化物含量（重量）/%										
	SiO_2	Al_2O_3	Fe_2O_3	CaO	MgO	K_2O	PbO	CuO	CoO	P_2O_5	总量
绿釉	30.66	6.56	0.56	0.88	0.25	0.79	49.77	3.81	—	0.29	93.93
	28.43	18.83	1.60	0.64	1. 38	0.20	44.92	4.35	—	—	100.45
黄釉	28.65	8.05	4.09	1.65	0.42	0.72	54.59	—	—	0.32	98.9
蓝釉	34.10	19.05	1.07	2.28	0.54	0.30	42.11	—	1.22	—	101.07

① 赵汝珍编述：《古玩指南》第三章《瓷器》，北京市中国书店，1984年，第1页。

② 李家治主编：《中国科学技术史·陶瓷卷》，科学出版社，1998年，第467、468页。

③ 李家治主编：《中国科学技术史·陶瓷卷》，科学出版社，1998年，第468页。

图5-23 黄冶三彩窑址6号窑炉
（《全国重点文物保护单位》编辑委员会：《全国重点文物保护单位》，文物出版社，2004年，第479页）

目前，中原地区唐三彩的生产窑址主要为巩义黄冶窑址和巩义白河窑址，这两个窑址的科学发掘为了解唐三彩的烧造技艺提供了科学的考古学依据。1957年，冯先铭先生首次发现了巩义黄冶唐三彩窑址①，1976年，河南省博物馆与巩义市文物管理所联合对黄冶窑址进行了试掘，发掘出大批三彩制品、窑具、模具等实物标本②。2002年8～12月，由河南省文物考古研究所、郑州市文物考古研究所和巩义市文物保护管理所等单位联合进行了考古发掘，抢救发掘面积950平方米。2003～2004年，河南省文物考古研究所与中国文物研究所联合组队，先后对黄冶窑址进行了三次发掘，揭露面积为970平方米，计清理出窑炉10座、作坊5处、淘洗池及沉淀池配套设施1处、沟4条、灶3个、灰坑186个，出土三彩、素烧器残片和各类窑具3000多件③（图5-23）。

巩义白河窑址位于巩义市北山口镇白河村，遗址主要分布在水地河村和白河村一带沿西泗河两岸的台地上，总面积约100万平方米。2005年4月至2008年3月，河南省文物考古研究所与中国文化遗产研究院合作，对巩义白河窑址进行了考古发掘。发掘面积2400平方米，出土了大量器物，其中以北魏青、白瓷最多，还发现有北魏和唐代窑炉，出土了唐青花瓷器和唐三彩马俑④。

除了窑址以外，唐三彩还大量出土于唐代的墓葬中，其器类包罗万象，再现唐代社会生活风貌。唐三彩制品主要分为随葬明器和生活用具两大类。随葬明器主要有镇墓兽、人物俑、动物俑及各种仿生的生活模型等。生活用具包括枕、罐、盘、瓶、灯、尊、钵、砚、壶、炉、烛台、执壶、杯等。可以说，唐三彩的内容几乎包括了当时社会生活的各个方面，其种类比任何一个朝代的明器品种都丰富。

唐三彩的烧造从唐初始，其间经历了初创期走向成熟时期、高峰时期和衰退时期三个历史阶段，这三个阶段与通常划分的唐代三个重要历史时期即初唐、盛唐、晚唐大致相同。7世纪初到8世纪即武德年间至武则天执政以前，是唐三彩在唐代漫长烧造过程中的初创时期。其制作的多为单一色釉而不是色彩斑斓的三彩陶器，品种较为单一。第二阶段为武则天上台到唐玄宗统治时期，即8世纪初到8世纪中叶，这一阶段包括开元天宝和整个盛唐时代。随着唐朝国力的强盛，唐三彩也随之进入鼎盛时期。现今所见的唐三彩大都出于这一时期，其烧制数量之多、质量之精，代表了唐三彩烧造的最高水平。8世纪中叶到10世纪初，“安史之乱”的出现导致了唐王朝政权的动摇，政治、经济严重衰

① 冯先铭：《河南巩县古窑址调查纪要》，《文物》1959年第3期。
② 郭建邦、刘建洲：《巩县唐三彩窑址的试掘》，《河南文博通讯》1977年第1期。
③ 河南省文物考古研究所等：《河南巩义市黄冶窑址发掘简报》，《华夏考古》2007年第4期。
④ 河南省文物考古研究所等：《巩义白河窑考古新发现》大象出版社，2009年。

退，唐三彩的制作也随之进入了衰退期，随着唐政权的消亡，唐三彩也结束了它的历史使命[①]。宋、辽时期虽也烧制三彩器，但各方面都无法与唐三彩相媲美。

唐三彩在世界上影响十分深远，深受世界各国人民的喜爱，是当时重要的输出商品之一。从考古资料看，目前发现出土过唐三彩的国家，有日本、朝鲜、韩国、印度、巴基斯坦、伊朗等国，其中以日本和朝鲜出土最多。此外，埃及也寻觅到唐三彩的踪迹。而日本更是在仿中国唐三彩的基础上，生产出了具有奈良时代特点的三彩制品，即“奈良三彩”。据统计，日本共有48处遗址出土唐三彩，主要集中在京都、奈良等地的遗址中，器形主要有陶枕、碗、盘、杯、罐、壶、长颈瓶、兽脚、执壶、盖、钵、砚、俑等，都是小型器皿，没有马、骆驼、武士等大型的陶器[②]。可见，唐三彩在世界上影响之大。

① 王晓等编著：《唐三彩收藏知识三十讲》，荣宝斋出版社，2006年，第25页。

② 〔日〕楢崎彰一：《日本出土的唐三彩》，《中原文物》1999年第3期。

第六章　中原地区传统科学技术鼎盛时期（宋元时期）

第一节　中原地区的植物学与农学

一、《离骚草木疏》的植物学成就

《离骚草木疏》四卷，南宋吴仁杰所撰，是一部专门考辨《离骚》草木名实的著作。吴仁杰广征博引，对55种（另荪、茝、芷、蘼芜下各附一种）草木名实进行了精详的考辨，虽然难免由于时代背景、知识水平，甚至是政治等原因造成了《离骚草木疏》的某些局限性，但仍不失为一部宋元时期植物名实考证的上乘之作。

吴仁杰，字斗南，又字南英，号蠹隐，河南洛阳人，后迁居江苏昆山。于淳熙五年考中进士，历罗田县令、国子学录等职务。仁杰博洽经史，曾讲学于朱子之门，名动一时，著作甚多。据《宋史翼》记载：他"所著《古易》十二卷，《两汉刊误补遗》十卷，《禘祫緜丛书》三卷，《周易图说》《乐舞新书》《庙制罪言》《郊祀赘说》《盐石论丙丁》各两卷，《集古易》、《尚书洪范辨图》、陶渊明、杜子美年谱各一卷，皆行于世"[①]。其中陶渊明年谱，全名为《陶靖节先生年谱》，始见于《直斋书录解题》卷一六。此外，尚著有《汉通鉴》一书。由此可见，吴仁杰对经学、史学均有颇深造诣，而所著《离骚草木疏》则是其在治经史之余，有关《离骚》植物名实的考辨之作。

关于《离骚草木疏》的写作，吴仁杰自序云："仁杰少喜读《离骚》文，今老矣，犹时时手之，不但览其昌辞，正以其竭忠尽节，凛然有国士之风。每正冠敛衽，如见其人。凡芳草佳木一经品题者，谓皆可敬也。因按《尔雅》《神农》书所载，根茎华叶之相乱，名实之异同，悉本本元元，分别部居，次之于桀，会萃成书，区以别矣。夫椴似椒，萧、艾似蘩，与夫紫菊之似兰，及己之似杜蘅，犹夫佞之于忠，乡原之于德也。得是书，形现色屈或庶几焉，举无以乱其真。"[②]吴氏通过自序表达了自己强烈的政治观点，虽然其对《离骚》中的一些草木名实进行了考辨，且"本本元元，分别部居"，但是他这样做的目的却是借屈原在《离骚》中对草木的描写及品性的寄寓，以辨别当时朝局中人物的是非忠奸，这与当时的政治背景紧密相连。仁杰道："《离骚》以芗草为忠正，莸草为小人，荪、芙蓉以下，凡四十又四种，犹青史氏忠义独行之有全传也；賫、菉、葹之类

---

① （清）陆心源辑：《宋史翼》，中华书局，1991年，第310页。

② （宋）吴仁杰：《离骚草木疏·跋》（丛书集成初编本），商务印书馆，1939年，第1页。

十一种，传著卷末，犹佞幸奸臣传也，彼既不能流芳于后世，姑使之遗臭万载云。”[①]此书的前三卷均为芳草佳木，卷端下题均署“通直郎行国子录河南吴仁杰撰”，但第四卷《莸草附录》卷端并未题署己名，表明作者不愿与小人为伍的决心。即如前贤所云：吴仁杰“祖述《离骚》，譬诸草木，按《神农本草》诸书，为之别流品，辨异同，熏莸既判，忠佞斯呈，……因以畅其流芳遗臭之旨，庶几言者无罪，闻者足戒。观其自序，厥意微矣”[②]。吴仁杰之目的是以物喻人，但是涉及的都是有关植物的考辨，因此保留了大量珍贵的植物学资料。

《离骚草木疏》书成后，吴仁杰曾送与朱熹审阅，朱子指出“若论为学，则考证已是末流，况此又考证之末流，恐自不须更留意”[③]。朱子这种评价与宋人重义理的空疏学风有关，颇有失公允。至清乾嘉考据之风兴起后，对其考据之功方才做出了适当的评价。四库馆臣指出：“（《离骚草木疏》）以其征引宏富，考辨典核，实能补王逸《训诂》所未及，以视陆玑之疏《毛诗》，罗愿之翼《尔雅》，可以方轨并驾，争骛后先，故博物者恒资焉。迹其赅洽，固亦考证之林也。”[④]可见吴仁杰考辨之功，甚得乾嘉学者之赞誉，也说明了《离骚草木疏》在草木名实的考证上极具价值。

吴仁杰所撰《离骚草木疏》后序的落款时间为“庆元岁丁巳四月三日”[⑤]，庆元丁巳，即南宋宁宗庆元三年（1197年），说明1197年《离骚草木疏》即已成书。卷尾又有庆元六年（1200年）方灿写的后跋，云“比以《离骚草木疏》见属，刊于罗田县庠”，证明此书于1200年初刻罗田县。《四库全书》收有此书，其所据底本是安徽巡抚采进本，“提要”中指出：“此本为影宋旧钞，末有庆元庚申方灿跋，又有校正姓氏三行，盖仁杰官国子学录时，属灿刊于罗田者（图6-1）。旧板散佚，流传颇罕。写本仅存，亦可谓艺林之珍笈矣。”[⑥]可见早在乾隆时抄本已经十分珍贵。

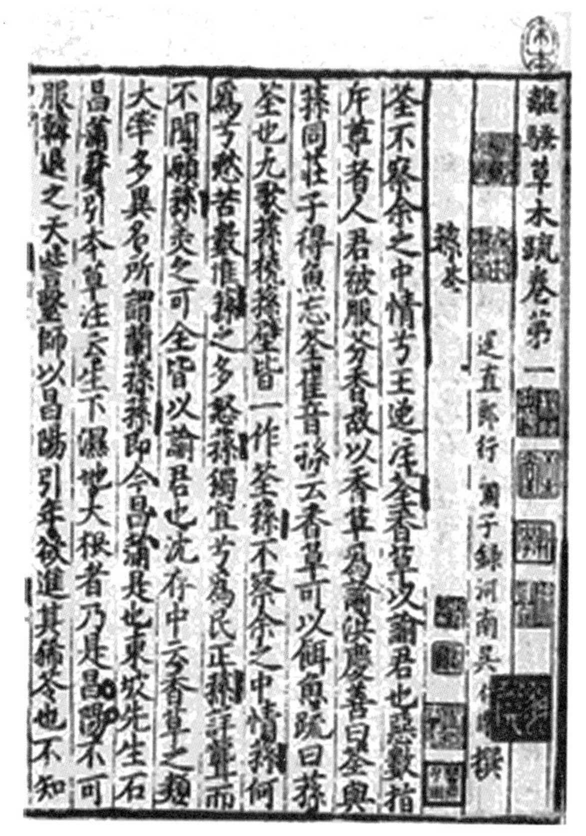
離騷草木疏卷第一
通直郎行國子錄河南吳仁傑撰
蓀荃
荃不察余之中情兮王逸注荃香草以諭君也疏數稍
所草者人君被服芳香故以香草爲諭洪慶善曰荃與
蓀同莊子得魚忘荃崔音孫云香草可以餌魚疏曰蓀
荃也九歌蓀橈兮蘭旌皆一作荃蓀不察余之中情蓀何
爲兮愁苦數惟蓀之多怒蓀獨宜兮爲民正蓀詳審而
不聞願蓀美之可全皆以諭君也沈存中云香草之類
大率多異名所謂蘭蓀蓀即今昌蒲是也東坡先生石
昌蒲贊引本草注云生下濕地大根者乃是昌陽不可
服餌退之天豎師以昌陽引年欲進其豨苓也不知

图6-1　吴仁杰《离骚草木疏》南宋罗田县庠刻本书影
［（宋）吴仁杰：《离骚草木疏》（南宋罗田县痒刻本），中华书局，1987年］

《离骚草木疏》四卷，共考证《离骚》中所涉及的植物55种，其中卷一14种，分别是荪

① （宋）吴仁杰：《离骚草木疏·跋》（丛书集成初编本），商务印书馆，1939年，第1页。
② （清）鲍廷博：《离骚草木疏·跋》（丛书集成初编本），商务印书馆，1939年，第1页。
③ 郭齐、尹波点校：《朱熹集》（五），四川教育出版社，1996年，第3047页。
④ （清）永瑢等：《四库全书总目》，中华书局，1965 年，第 1268 页。
⑤ （宋）吴仁杰：《离骚草木疏·跋》（丛书集成初编本），商务印书馆，1939年，第1页。
⑥ （清）永瑢等：《四库全书总目》，中华书局，1965 年，第1268页。

（荃附）、芙蓉、菊、芝、兰、石兰、蕙、芷（芳附）、茝（药附）、杜蘅、蘼芜（江离附）、杜若、芰、�；卷二20种，分别为荼、薜荔、女萝、菌、茹、紫、华、芪、荨、苹、蒿、苴、萎、蘋、胡、绳、芭、薆茅、揭车、留夷；卷三10种，分别是橘、桂、椒、松、柏、辛夷、木兰、莽草、楸、黄棘；卷四11种，分别是薋、菉、葹、艾、茅、萧、葛、萹、薺、椵、篁。吴仁杰对这55种《离骚》中的植物进行了详尽的考辨，对历代相关训诂著作加以辨正，如在卷二“华”条，吴氏考证云：

“华采衣兮若英。”仁杰按上下文，浴兰兮沐芳，华采衣兮若英。兰也、芳也、华也、若也，四者皆香草。洪庆善以芳为白芷，固当。至以华采为五色采，则因王逸之误，而莫之能正。《山海经》单弧之山多华草，逢水出焉。《尔雅》：葭，一名华。《说文》：葭，苇之未秀者。《诗》：葭菼揭揭，《正义》引《尔雅》：葭芦菼薍，云大车传以菼为芦之初生，则毛意以葭菼为一。陆玑云薍或谓之荻，以今语验之，则芦薍别草也。芦，苇之初生，其名为葭，稍大为芦，长成乃名苇耳。《本草》：芦根条，其花名蓬蕽。《图经》云：其状都似竹，而叶抱茎生，无枝，花白作穗，若茅花，根亦若竹根，而节疏。《尔雅》：芦为葭华。郭璞云：芦草也，谓蒹为薕，似萑而细，长高数尺，江东人呼为薕藡。谓菼为薍，似苇而小，中实，江东人呼为乌苣。其华皆为苕。所谓芦苇，通一物也。薕今作蒹者是也，菼今以薪爨者是也。今人罕能别蒹菼与芦苇。又北人以苇与芦为二物。水傍下湿所生者，皆为苇，其细不及人指。人家池圃所植者为芦，其竿差大，深碧色者谓之碧芦，亦难得，其笋味小堪食。《集韵》：采与彩通，文色也。《诗》：蒹葭苍苍，言其色之青华，为芦之未秀，盖尤青嫩之时。《西京杂记》：太液池边，皆是彫胡紫萚之类，长安人谓葭芦之未解叶者为紫萚云[①]。

吴仁杰博学多才，精通经史，从其对“华”的考证过程，可以看出其引经据典，对与“华”相关的植物，如芦、苇等进行了审慎的考证，且不说其考证的内容是否完全正确，仅从其论述中就可以看出吴仁杰的考证十分难得，实与宋代注重义理的学风迥异，且深谙考据之道。其对植物本身生长环境、形态，以及历史文献的记载均做了详细的描述，是宋元时期中原学者所著的一部具有代表性的植物学著作。

二、畅师文与《农桑辑要》的农学价值

《农桑辑要》成书于元至元十年（1273年），是中国现存最早的由政府组织编撰的农书，主要是颁发给各级官员以指导农业生产。它与《氾胜之书》《齐民要术》《王祯农书》《农政全书》一起被称为中国古代五大农书。《四库全书总目》评价道：《农桑辑要》“大致以《齐民要术》为蓝本，芟除其浮文琐事，而杂采他书以附益之。详而不芜，简而有要，于农家之中最为善本。当时著为功令，亦非漫然矣”[②]。可见，《农桑辑要》在内容上承《齐民要术》，系统地总结了自北魏以来黄河流域旱作农业生产技术体系，对当时的农业生产的恢复与发展起到了促进作用。

① （宋）吴仁杰：《离骚草木疏》（丛书集成初编本），商务印书馆，1939年，第22、23页。

② （清）永瑢等：《四库全书总目》，中华书局，1965年，第853页。

（一）《农桑辑要》的作者

由于是官修农书，《农桑辑要》并未署名，只署“元司农司撰”，故此对于其作者颇有疑问和争议。

王磐在《农桑辑要·序》中说：“圣天子临御天下，欲使斯民生业富乐，而永无饥寒之忧，诏立大司农司，不治他事，而专以劝课农桑为务。行之五、六年，功效大著，民间垦辟种艺之业，增前数倍。农司诸公，又虑夫田里之人，虽能勤身从事，而播殖之宜，蚕缫之节，或未得其术，则力劳而功寡，获约而不丰矣。于是徧求古今所有农家之书，披阅参考，删其繁重，摭其切要，纂成一书，目曰《农桑辑要》，凡七卷。”[①]王磐此序作于至元十年（1273年），一般认为也是《农桑辑要》成书的时间。序中交代了《农桑辑要》的编撰缘由，而关于其作者问题却只提到“农司诸公”。

元刻本《农桑辑要》在第二卷末“论九谷风土及种莳时月苎麻木棉”条下，署名“孟祺”，明代徐光启在《农政全书·木棉》中引用《农桑辑要》时，说“孟祺《农桑辑要》”[②]，这表明徐光启认为《农桑辑要》的作者是孟祺。但又指出“《农桑辑要》作于元初，当时便云：‘木棉种陕右，行之其他州郡，多以土地不宜为解。’独孟祺、苗好谦、畅师文、王祯之属能排贬其说”[③]。此外，在卷二“蔓菁”与卷三十一“养蚕法”下有同样的题署，但是徐光启在《农政全书》其他部分内容中引用《农桑辑要》时，并未注明“孟祺”，所以徐光启此处注明的“孟祺《农桑辑要》”定然有自己的依据，而对于其他部分仍以严谨的态度不标明作者。

徐光启提到的苗好谦与畅师文确实都与《农桑辑要》的编撰有关系，王圻的《续文献通考·经籍考》说：“《农桑辑要》《农桑图说》，俱苗好谦撰。好谦城武人，勤于织务，因著此书行于世。又畅师文，字纯甫，南阳人，所著亦有《农桑辑要》。”[④]据《新元史·苗好谦传》：“大德中，由大宗正府都事累擢佥江北淮南道廉访司事，弹劾不法，甚有名誉。至大二年，佥淮西道廉访司事，献种桑之法，分农民为三等，上户地十亩，中户五亩，下户二亩或一亩。周筑垣墙，以时收采桑椹，依法种之，武宗善之，颁其法于各路。延祐三年，以好谦所至，种桑皆有成效，申命各路著为令，入为司农丞。五年，大司农买住等进好谦所撰《载桑图说》，帝曰农桑为衣食之本，此图甚善，命刊印千帙散之。”[⑤]《元史·仁宗本纪》曾提到：“淮东廉访司佥事苗好谦善课民农桑，赐衣一袭。”[⑥]这表明苗好谦确实十分擅长农桑种植管理与技术诸事宜，尤其在种植桑树方面，并撰有《栽桑图说》，但是却并未提到他撰有《农桑辑要》。因此，有学者认为王圻《续文献通考》中的《农桑图说》著录误了一个字。至于他所著的《农桑辑要》，则极有可能是误记了，实际上并

① （元）王磐：《农桑辑要·序》，影印《文渊阁四库全书·子部·农家类》第730册《农桑辑要》，台湾商务印书馆，1986年，第200页。

② （明）徐光启撰，石声汉校注：《农政全书校注》，上海古籍出版社，1979年，第961页。

③ （明）徐光启撰，石声汉校注：《农政全书校注》，上海古籍出版社，1979年，第963页。

④ （明）王圻：《续文献通考》，《续修四库全书》第765册，上海古籍出版社，2002年，第448页。

⑤ 柯劭忞：《新元史》卷一百九十四《苗好谦传》，开明书店，1935年，第388页。

⑥ （明）宋濂：《元史》卷二十五《仁宗本纪》，中华书局，1976年，第573页。

没有这部书[①]。不过好谦本人很有可能在担任司农丞的时候，参与了《农桑辑要》的修订等工作，这也许正是王圻误记的原因。

至于畅师文，《元史》说他于“至元二十三年，拜监察御史，纠劾不避权贵，上所纂《农桑辑要》书。二十四年，迁陕西汉中道巡行劝农副使，置义仓，教民种艺法”[②]。据此，如果认为《农桑辑要》是畅师文单独一人完成也存在疑问，王磐为《农桑辑要》所作的序在至元十年，显然时间上不相符合。那么是否是畅师文另外又纂有一部同名著作呢？目前学术界认为这是不可能的，他和《农桑辑要》发生关系，只能是参与了初编的修订工作，很有可能是主要修订人，于至元二十三年重新编定献上[③]。胡道静先生指出至元十年书竣镂成版本是《农桑辑要》最早的一版，但是第一个版本行世后，肯定有修订的正式版本出来。至元二十三年畅师文所上的版本是个修改了的“定本”，这个版本是《农桑辑要》的第一个正式版本[④]。

《农桑辑要》的编撰与元代推行的重视农桑政策分不开，作为官修农书，其主要作用在于颁布给各级地方官员，作为指导农业生产的重要参考文献。因此，从其问世以后，元政府就一再对其进行修订、重刻，这是由其本身的实际功能所决定的。而负责这项工作的机构正是大司农司，正如王磐所言“不治他事，而专以劝课农桑为务”，所以历届在司农司任职的官员都很有可能参与到《农桑辑要》的编撰与出版工作中去，而这也就决定了《农桑辑要》是出自众人之手，因此王磐在序中只称“农司诸公”，且该书不是一时成书，而是在重新刊刻颁布的过程中，屡有完善。

孟祺、畅师文、苗好谦等是《农桑辑要》的主要编撰者或修订者，而畅师文是其中最为重要的一个，正如王毓瑚先生指出的：“由于《元史》记事很多遗漏和错误，又缺乏其他材料可资引证，所以关于《农桑辑要》这部重要农书的作者，是不易确定的。虽说是用司农司的名义刊行，究竟应当是有人担负主编的责任的。从孟祺的本传里，看不出他对农业技术有什么研究。而苗好谦就年岁来推测，好像没有赶上参加这部书的编辑工作。真正负责工作的也许就是畅师文。他的本传里面的记载大约是有根据的。”[⑤]这里应当指出的是，根据推测如果苗好谦确实参与过《农桑辑要》的再版工作，但是由于他所处的时代已经离《农桑辑要》成形40余年之久，所以他所做的工作是有限的。所以畅师文不仅是《农桑辑要》的主要编撰人员之一，很有可能也是其中贡献最大的一个。

（二）《农桑辑要》的主要内容

元朝虽然是由游牧民族建立的少数民族政权，但在王朝稳定以后，在中原文明和现实的影响下，逐渐意识到了农业的重要性。元世祖忽必烈登基以后，逐渐改变了重牧轻农的政策，《元史》载：“世祖即位之初，首诏天下，国以民为本，民以衣食为本，衣食以农桑为本。”于是“中统元年，命各路宣抚司择通晓农事者，充随处劝农官。二年，立劝农司，以陈邃、崔斌等八人为使。至

---

① 王毓瑚：《关于农桑辑要》，《北京农业大学学报》1956年第2期。

② （明）宋濂：《元史》卷一百七十《畅师文传》，中华书局，1976年，第3995页。

③ （元）大司农司编撰，缪启愉校释：《元刻农桑辑要校释》，农业出版社，1988年，第539页。

④ 胡道静：《述上海图书馆所藏元刊大字本〈农桑辑要〉》，《农书、农史论集》，农业出版社，1985年，第61、62页。

⑤ 王毓湖：《关于农桑辑要》，《北京农业大学学报》1956年第2期。

元七年，立司农司，以左丞张文谦为卿。司农司之设，专掌农桑水利。仍分布劝农官及知水利者，巡行郡邑，察举勤惰。所在牧民长官提点农事，岁终第其成否，转申司农司及户部，秩满之日，注于解由，户部照之，以为殿最。又命提刑按察司加体察焉。其法可谓至矣。”[①]可见元朝统治者对农业的重视。就是在这样的背景下，《农桑辑要》得以编撰完成（图6-2），成为现存最早的由官方颁布的农书。

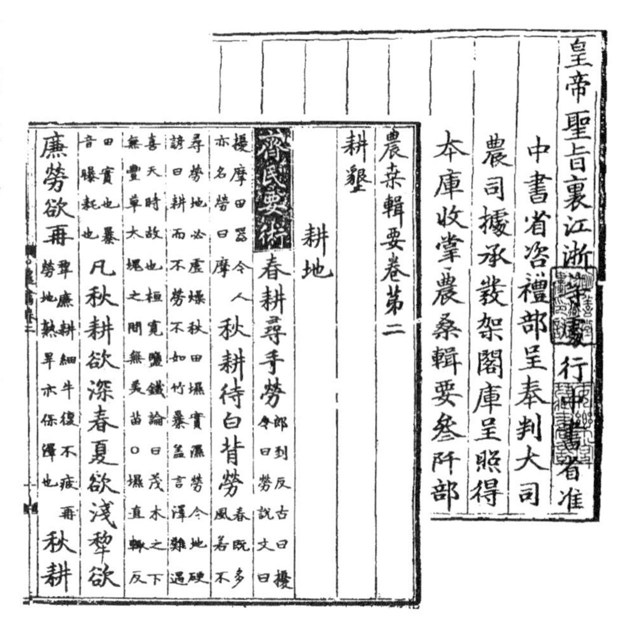
皇帝聖旨裏江浙等處行中書省准
中書省咨禮部呈奉判大司
農司據承發架閣庫呈照得
本庫收掌農桑輯要叁阡部

農桑輯要卷第二
耕墾
耕地
齊民要術春耕尋手勞郎到反古曰耰今曰勞說文曰耰摩田器今人亦名勞曰摩秋耕待白背勞春既多風若不尋勞地必虛燥秋田㙇實濕勞令地硬諺曰耕而不勞不如作暴蓋言澤難遇喜天時故也桓寬鹽鐵論曰茂木之下無豐草大塊之間無美苗○㙇直輒反田實也暴音曝耗也凡秋耕欲深春夏欲淺犂欲廉勞欲再犂廉耕細牛復不疲再勞地熟旱亦保澤也秋耕

图6-2　元刻大字本《农桑辑要》书影
［（元）大司农司编撰、缪启愉校释：《元刻农桑辑要校释》，农业出版社，1988年］

《农桑辑要》包括七卷，卷一典训，主要记述农桑起源及古典文献中的重农言论和事迹，是全书的绪论部分；卷二耕垦、播种，主要论述了土壤耕作技术的一般方法（如区田法等），以及大田作物的选种与播种方法（如九谷、大小麦、旱稻、水稻、大豆、麻等）；卷三栽桑，主要讲述桑树的种植技术，包括选种、育苗、移栽、压条、布行、修莳、科斫、接枝等技术；卷四养蚕，主要讲述养蚕的技术和注意事项，以及蚕茧、蚕丝的处理方法；卷五瓜菜、果实，主要论述西瓜、黄瓜、冬瓜、芋、葵、茄子、韭、葱、桃、李、梅、杏、木瓜、柿等园艺作物的种植方法；卷六竹木、药草，主要论述了竹、榆、白杨、棠、槐、梧桐、柞、柳、松柏等树木和紫草、红花、栀子、茶、茱萸、茴香、地黄、枸杞、百合、菊花、苜蓿、罂粟、薄荷等药草种植方法；卷七孳畜、禽鱼，主要论述马、牛、羊、猪、鸡、鸭、蜜蜂的养殖技术。最后附有“岁用杂事”，排列了一年十二个月主要农事以外的行事历。

《农桑辑要》全书共65000余字，大部分都是从古代和同时代农书中辑录得来的。其中全书引用《齐民要术》的内容最多，大约有2万字占全书内容的30%多。此外，还大量引用了《士农必用》《务本新书》《四时类要》《博闻录》《韩氏直说》《农桑要旨》和《种莳直说》等一些农书中的内容，而这些农书大多数现都已失传，只有通过《农桑辑要》才能部分地了解其中的一些内容。因此，《农桑辑要》客观上在保留和传播古代农业科学技术上做出了巨大的贡献。当然《农桑辑要》的内容并非完全来自辑录，其编撰者新添的内容约占十分之一强，这些内容虽然不多，但是大都属于总结经验所得的第一手资料，具有很高的农业生产技术价值。

《农桑辑要》在元代一再刊刻重印，但保存到后世的却十分少见。上海图书馆藏有元延祐元年甲寅（1314年）刻大字本、后至元五年己卯（1339年）印本的《农桑辑要》，是仅存的元代大字刻本孤本。明代有三个版本，但也仅是据各家藏书所获情况，实际已不多见[②]。清代乾隆时修《四库

① （明）宋濂：《元史》卷九十三《食货志》，中华书局，1976年，第2354页。

② 刘毓瑔：《〈农桑辑要〉的作者、版本和内容》，《农业遗产研究集刊》第1册，中华书局，1958年，第219页。

全书》时，认为此书已经遗失，从《永乐大典》中把它辑出，这就是所谓的库本。后来官方用活字刊印的《武英殿聚珍版丛书》也收入此书，此后的通行本多是根据武英殿本重刻的，如浙江本、广雅书局本、浙西村舍汇刊本、丛书集成初编本、四部丛刊本等。与殿本相比较，元大字刻本孤本具有较多优点，1988年农业出版社出版由缪启愉校释的《元刻农桑辑要校释》一书，是目前较好的校订本。

（三）《农桑辑要》农学价值

《农桑辑要》是中国现存最早的官修农书，在农学史上占有重要地位。《农桑辑要》主要成就体现在以下几个方面。

首先，《农桑辑要》主要反映的是北方旱作农业生产技术，对自《齐民要术》以来北方耕作技术进行了更为细化的总结，如所引《种莳直说》："今人只知犁深为功，不知耙细为全功。耙功不到，土粗不实。下种后，虽见苗，立根在粗土，根土不相着，不耐旱；有悬死、虫咬、干死等诸病。耙功到，土细又实，立根在细实土中；又碾过，根土相着，自耐旱，不生诸病。"[①]这里详细地阐述了耕耙的技术细节问题。对中耕除草的方法，《农桑辑要》引《种莳直说》道："芸苗之法，其凡有四：第一次曰'撮苗'，第二次曰'布'，第三次曰'壅'，第四次曰'复'。俗曰'添米'。一功不至，则稂莠之害，秕糠之杂入之矣。"[②]也就是将中耕总结为间苗、平垅，壅土培根，以及在劳动力富足的情况下再锄第四遍的"复"等四个不同层次和环节，只有这样才能保证获得好的收成。更难能可贵的是为了推广先进的生产技术，详细地描述了新发明的耧锄的构造、使用方法及其功效，如"爰有一器，出自海壖，号曰'耧锄'。耧梓一如下种耧；但独脚无耧斗尔。于独脚下端，从后向上斜凿一窍，两辕中央近后旧安耧斗处横桄中，亦凿一窍。锄制：柄项弯曲，一如芸苗锄，但其柄纯以铁为之，麄细上下若一；锄刃尖圆，如杏叶样。用时，将锄柄于耧脚下端斜窍中穿过，其柄末上出横桄窍中；其锄刃横冒于耧脚下端"[③]。

其次，《农桑辑要》比以前的农学增加了新的资料，使《农桑辑要》超出了《齐民要术》的范围，大大丰富了古代农书的内容，如在苎麻、木绵、西瓜、胡萝卜、茼蒿、人苋、莙荙、甘蔗、养蜂等章节中，都注明了"新添"。新添的内容虽然不多，但这些内容毕竟为总结当时的经验写出的第一手材料。以苎麻为例，苎麻是一种重要的纤维作物，主要分布于南方。元代北方苎麻种植面积开始扩大，《农桑辑要》适时总结了苎麻的种植技术，包括选地、整地、作畦、播种、作棚防晒、浇灌、移栽、分根、施肥、收割、剥麻、纺织等情况，可谓详细备至。但是因为当时苎麻刚引种到河南地区还为时不久，故此时人对栽培技术并不熟悉造成引种失败，于是以为北方之风土不宜种植苎麻，《农桑辑要》驳斥这种说法，云："大哉！造物发生之理，无乎不在。苎麻，本南方之物；木绵亦西域所产。近岁以来，苎麻艺于河南，木绵种于陕右，滋茂繁盛，与本土无异。二方之民，深荷其利。遂即已试之效，令所在种之。悠悠之论，率以风土不宜为解。盖不知中国之物，出于异方者非一：以古言之，胡桃、西瓜，是不产于流沙、葱岭之外乎？以今言之，甘蔗、茗芽，是不产

① （元）大司农司编撰，缪启愉校释：《元刻农桑辑要校释》，农业出版社，1988年，第38页。
② （元）大司农司编撰，缪启愉校释：《元刻农桑辑要校释》，农业出版社，1988年，第62页。
③ （元）大司农司编撰，缪启愉校释：《元刻农桑辑要校释》，农业出版社，1988年，第62、63页。

于牂柯、邛、筰之表乎？然皆为中国珍用。奚独至于麻、绵而疑之？虽然，讬之风土，种艺之不谨者有之；抑种艺虽谨，不得其法者亦有之。”[①]

再次，《农桑辑要》中对蚕桑的描述远远超过了前代。从篇幅来看，虽然栽桑养蚕各占其中的一卷，但这两卷的篇幅占全书的近三分之一。篇幅之大和内容的详细远远超过宋元以前的农书，其中有不少内容是《齐民要术》、秦观《蚕书》和陈旉《农书》中没有的。例如，《齐民要术》没有养蚕专篇，仅在《种桑柘》篇中作为附录，而篇幅仅相当于《农桑辑要》的十分之一。所以《农桑辑要》在养蚕技术史上占有重要地位，同时也体现了宋元时期将蚕桑生产放在了与农业同等重要的地位。其中最为突出的是将养蚕经验总结和概括为“十体”“三光”“八宜”“三稀”“五广”[②]十个字五个大的方面，其中十体指寒、热、饥、饱、稀、密、眠、起、紧、慢，即养蚕时的十项注意事项。三光即“白光向食，青光厚饲，皮皱为饥，黄光以渐住食”[③]，是古人看蚕体皮色变化来确定饲养措施的一个概括。八宜即“方眠时，宜暗；眠起以后，宜明；蚕小并向眠，宜暖、宜暗；蚕大并起时，宜明、宜凉。向食宜有风（避迎风窗，开下风窗），宜加叶紧饲；新起时，怕风，宜薄叶慢饲。蚕之所宜，不可不知。反此者，为其大逆，必不成矣”[④]。此专就饲养环境而言。三稀指下蛾、上箔、入簇时要稀放。五广即人、桑、屋、箔、簇等五个基本条件要求宽裕。十字经验是中国古代对养蚕经验的高度概括。

总之，《农桑辑要》成书于元代初年，当时南宋尚未灭亡，因此它所辑录的资料仅限于北方黄河流域地区，对江南地区水田农业生产技术未有涉及，但是其所总结的北方旱作农业生产技术比前代更加具体和详细，而其首次将蚕桑的养殖与栽培技术提到了与农作物等生产技术同等重要的地位，其在中国农学史上的地位不言而喻。

《农桑辑要》在修成之后，多次颁发给各级劝农官员，对当时各地方的农业生产起到了技术性的指导作用，取得了显著效果，促进了北方农业经济的恢复和发展，成为一部具有广泛影响和实际作用的官修农书。虽然在它之前，唐代有经武则天删定的《兆人本业》和宋代《真宗授时要录》等两部官修农书，但均已遗失，《农桑辑要》也就成了现存最早的官修农书。此后，清代的《授时通考》是中国封建社会时期第二部官修的大型农书，但那已是460多年以后的事了。

第二节　中原地区的天文学

一、天文仪器的制造及水运仪象台

天文仪器的制造是伴随着天文观测的实际需要诞生和发展起来的。它们在一定程度上反映了当时天文知识和制造工艺技术的水平，而它们的设计水平又反过来决定了天文测量的精度，从而影响天文学知识的进步与发展。可以说，历代天文知识的进步和历法的改进都与制造和使用精确先进的

---

① （元）大司农司编撰，缪启愉校释：《元刻农桑辑要校释》，农业出版社，1988年，第148页。
② （元）大司农司编撰，缪启愉校释：《元刻农桑辑要校释》，农业出版社，1988年，第272～274页。
③ （元）大司农司编撰，缪启愉校释：《元刻农桑辑要校释》，农业出版社，1988年，第273页。
④ （元）大司农司编撰，缪启愉校释：《元刻农桑辑要校释》，农业出版社，1988年，第273页。

天文仪器密不可分。

宋元时期是我国古代天文历法发展的鼎盛时期，天文仪器的制造达到了登峰造极的地步。例如，北宋时期就多次制造浑仪，较著名的有太平兴国四年（979年）张思训制作的太平浑仪、至道元年（995年）韩显符的至道铜候仪、大中祥符三年（1010年）的龙图阁铜浑仪、皇祐三年（1051年）舒易简的皇祐新浑仪、熙宁七年（1074年）沈括的熙宁浑仪、元祐七年（1092年）苏颂的元祐浑仪等。

陈遵妫先生曾经指出："北宋在天文仪器上的制作发明，无论在数量上还是质量上，都大大超过了以往任何一个时代。"不仅北宋如此，纵观宋元时期，天文仪器的制作十分频繁，元代郭守敬更是提出"历之本在于测验，而测验之器莫先仪表"，因此他致力对天文仪器的研制，制作了不少天文仪器，如高表、浑天仪、灵台水浑、简仪、仰仪、立运仪、玲珑仪、证理仪、日月食仪、星晷定时仪、候极仪、景符、窥几、赤道式日晷、丸表、浑天象等。此外，如大型秤漏、燕肃的莲花漏、盂漏、田漏、几漏等计时仪器的创制更是层出不穷。

宋元时期在以往天文仪器制造的基础上做了许多创新，如沈括制造熙宁浑仪时去掉了三辰仪中的白道环，并改变了黄道环和赤道环的相对位置，使之不遮蔽视线，开启了简化浑仪的方向；郭守敬则进一步简化浑仪，创造了简仪，即将浑仪一分为二，成为两个独立的赤道仪和经纬仪，分别按赤道坐标和地平坐标进行测量，赤道仪被科学史界公认为世界上最早的赤道仪；张思训所造太平浑仪则认识到水银的流速受到四季温度变化的影响要比水要小得多，创造性地采用水银作为浑仪的动力，这样就大大提高了仪器的精准度；苏颂的水运仪象台是一座综合性的天文仪器，集浑仪、浑象、圭表、计时及报时于一身，是宋元时期乃至整个中国古代天文仪器发展水平的代表。

（一）苏颂与水运仪象台

苏颂（1020～1101年），字子容，出生于北宋泉州南安县（今福建同安）苏氏故居芦山堂。苏颂原籍河南光州固始县，唐末其先祖苏益随威武节度使王潮入镇福建，是为苏氏家族入闽一世祖，其二世祖苏光诲为漳州刺史，居泉州同安，遂为同安人。曾祖苏佑图、祖父苏仲昌、父苏绅等均在朝为官，可谓官宦世家。苏颂本人也于宋仁宗庆历二年（1042年）得中进士，开始其50余年的宦海沉浮生涯，后历官至吏部尚书、右宰相等职。

苏颂一生除了值得称道的政绩外，最大的贡献还在于其的科学研究及取得的非凡成就。嘉祐二年（1057年）他主持编写完成《嘉祐补注神农本草》一书，并在研究的过程中，对历代本草书中的错讹进行了整理研究，于嘉祐六年（1061年）完成了《本草图经》20卷的编撰。苏颂在天文学上的成就更加突出，元祐元年（1086年）宋哲宗即位，诏令苏颂"定夺新旧浑仪"，根据实地考察他发现至道浑仪和皇祐浑仪虽然仍可使用，但是已陈旧不堪，而沈括主持制造的熙宁浑仪则已经不能使用。因此，需要铸造新仪。元祐二年（1087年），经皇帝下诏肯准，苏颂在开封正式开始了水运仪象台的研制工作，并于元祐三年（1088年）五月和十二月分别完成了大、小木样制作，最终在元祐七年（1092年）制成元祐浑天仪象，现称水运仪象台。

水运仪象台（图6-3），高约12、宽约7米，为上窄下宽的正方形木构建筑。仪象台分三隔：上隔放置浑仪和圭表，用以测天。中隔放置浑象，用以演示天象。下隔放置报时仪器和全台的动力机构等，可以通过摇铃、打钟、敲鼓、击钲或出现木人等声像形式，报告时、刻、更、筹的推移。其动力机构以漏壶的流水为原动力，驱动原动轮（枢轮）转动，并由一组相当于近代钟表中的擒纵器的杠杆装置，控制枢轮做等间歇的匀速运动。枢轮又带动贯通全台上中下的传动轴（天柱）做匀速运动，进而使浑仪、浑象和报时装置均做与天同步的运转。于是，浑仪可以自动地跟踪天体，是后世转仪钟的雏形；浑象和报时装置亦可自动显示天象和报时。台顶系由9块屋面板构成，可以随意组装和摘除，是近代望远镜室活动屋顶的先声。

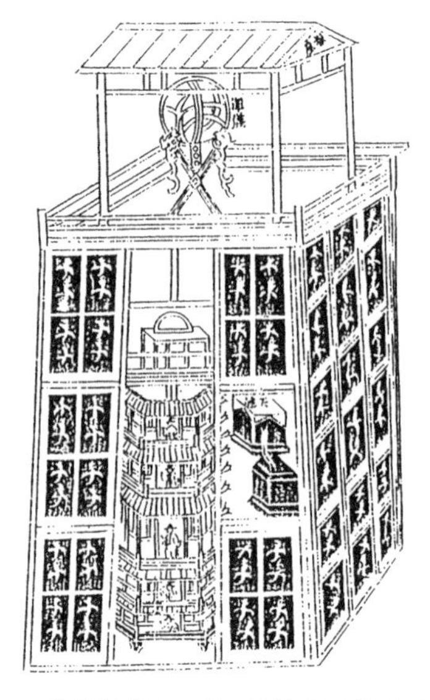

图6-3《新仪象法要》所绘水运仪象台外观图

（王星光主编：《中原文化大典·科学技术典·数学物理学化学》，中州古籍出版社，2008年，第152页，图2.2.9）

由此可见，苏颂主持制造的水运仪象台的结构十分复杂，巧妙的设计，使其成为11世纪末中国最杰出的天文仪器之一，同时也是世界上最古老的天文钟。苏颂主要靠水流动所产生的动能来驱动仪象台的循环运转，据苏颂描述：

> 水运之制始于下壶，先实水于升水下壶，壶满，则拨河车八距，河车动，则升水上下轮俱动。升水下轮以八庳斗运水入升水上壶。升水上轮以十六庳斗运水入天河。天河东流入天池，天池水南出渴乌，注入平水壶，由渴乌西注入枢轮受水壶。受水壶之东与铁枢衡格叉相对。格叉以距受水壶，壶虚即为格叉所格，所以能受水；水实即格叉不能胜壶，故格叉落。格叉落，即壶侧铁拨击开天衡关舌，掣动天条，天条动则天衡起，发动天衡关，左天锁开，即放枢轮一辐过，一辐逼，即枢轮动。……已上枢轮一辐过则左天锁及天关开，左天锁及天关开，则一受水落入退水壶，一壶落则关锁再拒次壶，则激轮右回，故以右天锁拒之，使不能西也。每受水一壶，过水落入退水壶，由下窍北流入升水下壶，再动河车运水入上水壶，周而复始[①]。

水运仪象台水的循环过程大致是：起初因轮辐被左右天锁抵住，整个枢轮无法转动，同时受水壶无水时被托在壶底的格叉架住，可以接受由平水壶注入的水，当注入的水到一定重量，格叉就托不住受水壶，开始下降，受水壶也随着格叉的下降而下降，装在壶侧的铁拨牙就向下击开关舌，关舌拉动连在其上的天条，天条再拉下天衡的天权端，天衡天关端随之抬起，带动天关，拉开左天锁，则枢轮被允许在受水壶中水的重力作用下转过一辐，此时壶侧的铁拨牙已滑过关舌，天条松弛，天衡在左天锁、天关及天衡左侧的重力作用下，左端下落，抵住枢轮上的下一个辐板，使枢轮不能继续转动，同时，天衡右端抬起，并经天条拉起关舌，等候下一次拨击。受水壶在拨过关舌后，其中的水便落入下方的退水壶中。右天锁是预防格叉反冲力过大引起水轮倒退而设计，即防止枢轮因突然被左天锁抵住而产生的反弹。平水壶再把后一只水斗加满，重复前面的动作。因此水轮旋转是间隙运动，其时间周期由水流量控制调节，天权、枢权也是配合调节水壶中的重量而设计。水轮北面是提水机构，用人力转动河车带动升水上、下轮，把水提升到天河再流入天池，使天池之

① （宋）苏颂：《新仪象法要·仪象水运法》，文渊阁《四库全书》第786册，台湾商务印书馆，1986年，第127～129页。

水循环使用[①]。

水运仪象台集浑仪、浑象、圭表、计时、报时及演示于一体，可谓功能强大，而其机械结构的复杂性、精密性及其规模等也堪称一绝，它反映了当时中国机械设计上的最高成就，综合了多种机械设计装置，如水轮动力装置、二级提水装置、平水漏壶装置、秤漏计时装置、水轮间歇运动联动控制装置等，并运用了齿轮传动、链传动、杠杆机构、凸轮机构、铰链连接、滑动轴承等。可见，其机械学成就在当时世界上也是首屈一指的。

总之，水运仪象台是集中体现了中国古代科学技术在机械工艺、天文历算、冶金铸造、建筑工程等多方面的成果，是中国古代科学技术最杰出的代表作之一。可惜这样精确的天文仪器并没有延长北宋王朝的寿命，其本身也在北宋亡后，随金人北迁中都，时人竟无会安装者，被废弃不用，随致使逐渐残破、泯灭。不过，难能可贵的是苏颂在制造水运仪象台以后，撰写了《新仪象法要》一书，详细记载了水运仪象台的机械构造、部件尺寸及形制，为后人了解水运仪象台留下了无比珍贵的文献资料。

（二）《新仪象法要》的编撰及科技成就

《新仪象法要》是一部详细记载北宋元祐年间由苏颂设计制造的大型天文仪器——水运仪象台的机械构造、部件尺寸及形制的著作。在水运仪象台大木样完成之后，苏颂就已经为其撰写了详细的说明书，1092年水运仪象台铸造完成之后，苏颂便于次年——元祐八年（1093年）辞去官职，开始潜心撰写《新仪象法要》一书，在原设计说明书的基础上进行了更为详细的修改和补充，最终于绍圣三年（1096年）完成了全书。

《新仪象法要》三卷，约3万字，书首有《进仪象状》一篇，苏颂记述了制造水运仪象台的缘由、经过及水运仪象台的特点等内容。由于是水运仪象台的说明书，所以全书图文并茂，几乎每节均配有图，其中卷上说明了浑仪的设计、构造及其发展史，有图17幅，其中总图4幅，即浑仪、六合仪、三辰仪、四游仪各1幅；分图13幅，即天经双环、阴纬单环、天常单环、三辰仪双环、赤道单环、黄道双环、四象单环、天运单环、四游仪双环等9幅，以及供人眼窥测的望筒、直距及固定浑仪的龙柱、鳌云、水趺等图4幅。卷中介绍了浑象的由来、设计和构造等内容以及星图，共有图18幅，其中浑象仪总图1幅，组成浑象的六合仪、木地柜、赤道牙等部件图3幅；星图则包括“浑象紫微垣星之图”“浑象东、北方中外官星图”“浑象西、南方中外官星图”“浑象北极图”“浑象南极图”等5幅，以及“四时昏晓加临中星图”“春分昏中星图”“春分晓中星图”“夏至昏中星图”“夏至晓中星图”“秋分昏中星图”“秋分晓中星图”“冬至昏中星图”“冬至晓中星图”等9幅。卷下描述水运仪象台构造、功能及运动状况等内容，共有图29幅，分别为水运仪象台（图6-3）、运动仪象制度、木阁、昼夜轮机、机轮轴、天轮、拨牙机轮、木阁第一层、昼时钟鼓轮、木阁第二层、昼夜时初正司辰轮、木阁第三层、报刻司辰轮、木阁第四五层、夜漏金钲轮、夜漏司辰轮、枢轮、退水壶、铁枢轴、天柱、天毂、天池、平水壶、天衡、升水上下轮、河车、天河、浑仪圭表等，最后附南宋施元之据别本补入的浑象天运轮、铁天轴、天梯、天托图4幅。苏颂

① 胡维佳：《〈新仪象法要〉中的“擒纵机构”和星图制法辨正》，《自然科学史研究》1994年第3期。

在图后，用精练的文字对它们的尺寸、构造及功能等内容进行了详细的描述，将11世纪中国天文学领域最突出成就——一个运转自如的水运仪象台及其功能活灵活现地展现在人们面前。

《新仪象法要》的主要科技成就，除了详细地介绍了水运仪象台的结构和功能外，还体现在它的机械配图上，为我们留下了天文仪器和机械传动的全图、分图、零件图50多幅，绘制机械零件150多种，这是中国也是世界上保存至今的最早、最完整的机械图纸①。而正是有这些图纸的存在，现代学者王振铎、李约瑟等才分别复原出了水运仪象台。通过对《新仪象法要》等书中的制图方法的研究，宋代工程图已经自发地出现了标准化倾向，反映出宋代的工程制图已完全脱离了绘画色彩，基本统一了工程制图的技术语言，从过去那种半经验、半直观的阶段向着专业化、科学化的方向发展，形成了自己独立的绘制技术和技术体系，成为一门独立的工程制图技术，自立于我国古代的科学技术之林。在宋代整个工程制图学及机械制图学领域里，《新仪象法要》的图样达到了最高水平②。

《新仪象法要》另一项令人注目的科技成就是保存至今的国内最早的全天星图5幅，其画法除了继承前人圆图（如“浑象紫微垣星之图”）和横图（如“浑象东、北方中外官星图”“浑象西、南方中外官星图”）外，还创造性地发明了双圆图的方法，苏颂云：“今仿天形为覆仰两圆图。以盖言之，则星度并在盖外，皆以图心为极。自赤道而北，为北极内官星图；赤道而南，为南极外官星图。两图相合，全体浑象，则星官司阔狭之势吻与天合，以之占候，则不失毫厘矣。”③以赤道为分界线，将天球一分为二，以圆心为极点，再用圆图法分别绘制南、北极星图，从而减小了单一圆图所造成的星图失真现象。且“浑象东、北方中外官星图”“浑象西、南方中外官星图”“浑象北极图”“浑象南极图”均采以二十八宿宿度线作为框架，这样就使其相对位置标注的更加准确，便于观测时参照，具有很强的科学价值。

《新仪象法要》中的“苏颂星图”一共记载了283座星官、1464颗星，是浑象所表现天象的星空背景与基本资料，完整地保存了陈卓在3世纪末整理石氏、甘氏和巫咸三家星官时所绘制的标准星图的内容和形式，并按照当时的实测数据绘制，因而可称之为当时世界上最完备的科学星图④。

宋元时期天文仪器的制造十分频繁，这种制造并不是简单的复制，而是为了取得更为精确的观测效果进行的技术层面的创新，这也是宋元时期中国天文学取得前所未有的成就的主要原因之一。中原地区，天文学在这一时期走在全国前列，尤其是北宋王朝的政治、经济、科技中心均在京师东京地区，当时杰出的科学家、天文学家均汇集此地，致力于科学研究事业，大大促进了天文学的发展。水运仪象台及《新仪象法要》一书就是其中最为杰出的代表，将中原地区天文学推向了历史的高峰。《新仪象法要》以其卓越的科技成就，为后世所重，屡加刊刻，现在通行本有四库全书本、守山阁丛书本、中西算学丛书初编本及丛书集成本等。

---

① 陆敬严、钱学英译注：《新仪象法要译注·前言》，上海古籍出版社，2007年，第3页。

② 黄德馨、刘克明：《宋代机械制图学的杰出代表苏颂》，《湖北大学学报（哲社版）》1989年第3期。

③ （宋）苏颂：《新仪象法要·浑象北极南极星图》，《文渊阁四库全书·子部·天文算法类》第786册，台湾商务印书馆，1986年，第108页。

④ 潘鼐：《中国古代恒星观测史》，学林出版社，1989年，第252页。

二、历法的编撰与成就

宋元时期是中国颁布历法最为频繁的时期，单就宋代而言，320年间颁行的历法就达19个，其中从北宋初年（960年）到靖康二年（1127年）的168年间，就颁行9种，如《应天历》《乾元历》《仪天历》《崇天历》《明天历》及《纪元历》等；而南宋从建炎二年（1128年）到祥兴二年（1279年）的152年间颁行10种，如《统元历》《淳熙历》《统天历》及《开禧历》等；此外还有《至道历》《乾兴历》《五星再聚历》和沈括的《十二气历》未被使用。金元两代也多次重修和编撰新的历法，如赵知微重修并颁行的《大明历》，元耶律楚材的《庚午元历》、札马鲁丁的《万年历》及《授时历》等。频繁改历一方面充分体现了宋元时期中国天文学取得了前所未有的成就，另一方面说明当时出现了各种历法编撰水平不一、质量参差不齐的状况。在这些历法中，由中原科学家杨忠辅制定的《统天历》引进了不少制定历法的新思想和新方法，而元代中原大儒许衡参与编撰的《授时历》连续使用了360余年之久，将中国古代天文历法学推向了高峰。

（一）《统天历》

《统天历》的编撰者是杨忠辅。忠辅，字德之，原籍河南，由于文献所载缺失，其生卒年月不详，主要活动于淳熙十二年（1185年）至嘉泰二年（1202年），是南宋中期著名的天文学家。

南宋淳熙四年（1177年）曾颁布了由刘孝荣主持修订完成的《淳熙历》，7年之后，即淳熙十二年时任成忠郎的杨忠辅指出淳熙历“简陋，与天道不合”[①]，要求改历，并用自己制定的新历推算交食，提出以当年九月望月食为验，检验二者的精确性，惜当时“阴云避月，不辨亏食”[②]而作罢。随后于次年八月十五日又进行了一次检验，刘孝荣据《淳熙历》的推算仅误差0.5个小时，而忠辅误差在1.5个小时之久。虽然如此，淳熙十四年（1187年）他与皇甫继明等仍然重提旧议，认为《淳熙历》所推朔、望、二弦有误，建议改历，后因无法验明其所制历法高明所在，而继续沿用《淳熙历》。

杨忠辅虽屡次对《淳熙历》提出异议，却均因自己所造历法之疏漏，如推算交食之误差远较《淳熙历》为大而不得启用。不过这不但没用影响他制定出更为精确历法的信念，反而促使他再接再厉继续进行天文研究，以毫不气馁的科学精神勇攀科学高峰，终于编撰了在天文学史上具有里程碑意义的《统天历》。

宋宁宗庆元四年（1198年），因当时《会元历》占候多有差，故改历之议蜂拥而起，此时的杨忠辅经过多年的研究对自己所造历法的缺陷进行了修订和补充，因此被任命为新历的编撰者。次年（1199年）历成，赐名《统天历》。为了阐明新历法的具体事项，杨忠辅向朝廷进献了14种著作，其中《历经》三卷、《八历冬至考》一卷、《三历交食考》三卷、《晷景考》一卷、《考古今交食细草》八卷、《盈缩分、损益率立成》二卷、《日出入晨昏分立成》一卷、《岳台日出入昼夜刻》一卷、《赤道内外去极度》一卷、《临安午中晷景常数》一卷、《禁漏街鼓更点辰刻》一卷、《禁

① （元）脱脱：《宋史》卷八十二《律历志》，中华书局，1977年，第1937页。
② （元）脱脱：《宋史》卷八十二《律历志》，中华书局，1977年，第1938页。

漏五更攒点昏晓中星》一卷、《将来十年气朔》二卷、《己未、庚申二年细行》二卷等。仅从这些书名中就可以看出杨忠辅对古今交食、冬至时刻、晷影测量、太阳出入、太阳运动盈缩宿度等进行了观测和研究，而其制定的《统天历》更是引入了此前诸多历家所没有的新思维和新方法。

首先，《统天历》对上元积年法提出了挑战，虚设而实废之。所谓上元积年，即在推算历法的时候，取一个既是朔又是冬至节气的甲子日夜半，作为历元，从这个起点开始往上推算，求一个“日月合璧，五星联珠”天象的时刻，即日月的经纬度正好相同，五大行星又聚集在同一个方位的时刻，这个时刻就是上元，从上元到编历年份的年数就是积年，通称上元积年。这些推算过程十分复杂，却实际对历法编撰并无多少益处，但是从西汉刘歆开始推求上元积年的风气已经形成，历史上虽不乏想跳出上元积年的圈子，但均遭非议，而致失败。杨忠辅《统天历》的历元选择了近距颁历仅五年的绍熙甲寅年（1194年）为元，即“演纪上元甲子岁，距绍熙五年甲寅，岁积三千八百三十，至庆元己未，岁积三千八百三十五年”，从表面上看这里仍保留了上元积年的形式，但是这个“上元”并不是甲子夜半，也不是日月合璧、五星联珠，更为重要的是杨忠辅也并没有把它作为历算的起点，所以为了避免《统天历》因废除“上元积年”的历法改革遭到非议而虚设之，实际上已经将其废除了。但是在《统天历》仅实行了9年时，杨忠辅的继任者鲍澣之批评这是民间小历之术，而非朝廷颁正朔之书。“上元积年”直到元《授时历》时才完全将其根除，“今《授时历》以至元辛巳为元……比之他历积年日法，推演附会，出于人为者，为得自然”[①]。由此可见上元积年的影响力是如此的根深蒂固，从侧面也看出了杨忠辅废除上元积年的努力需要很大的勇气，而这种制历思想更是难能可贵。

其次，杨忠辅对回归年长度进行了精确的考证，提出了“斗分差”概念。为了提高历法的精确性，他多次测量圭影，并撰写了上述《晷景考》《临安中午晷景常数》《八历冬至考》及《将来十年正朔》等相关著作，他所测定的冬至时刻的误差仅为1刻（14.4分），并将回归年长度值推求为365.2425日，《授时历》中的回归年长度亦采用相同的数值。与宋代其他历法相比，这一数值显然要精确得多，但是杨忠辅并没有在推求出的精确数值上止步，他指出历代回归年长度数值的不同，并不仅仅是因为历家推求回归年长度数值的精确度问题，实际上是回归年长度并非恒定的，而是随着时间的推移而发生变化，从而第一次提出了“斗分差”的概念。所谓“斗分”就是回归年长度数值中日以下分数的分子。杨忠辅同时给出了计算任一年（t）的回归年长度（T）的公式：

$$T=365.2425-0.00000216(t-1195)$$[②]。

《统天历》是建立在系统精密的天文数据测量基础之上的历法，杨忠辅打破历代历家的局限废除了上元积年，而其推求出的回归年长度数值较以往精确，在此基础上历史性地发现了回归年长度的不恒定性，并提出“斗分差”的概念，可谓极具科学眼光，这也赋予了《统天历》在古代天文历法史上独具特色的地位。梅文鼎曾经评价道：“宋术莫善于纪元，尤莫善于统天。”[③]对杨忠辅和《统天历》可谓推崇备至。

---

① （明）宋濂等：《元史》卷五十三《历志》，中华书局，1976年，第1177、1178页。

② 陈美东：《中国科学技术史·天文学卷》，科学出版社，2003年，第510页。

③ （清）阮元：《畴人传》卷二十二《杨忠辅》，彭卫国、王原华点校：《畴人传汇编》，广陵书社，2009年，第243页。

（二）许衡与《授时历》

元代于1280年颁布的《授时历》是中国古代创制的最为精密的历法，明朝实行的《大明历》实际上也是《授时历》，所以它是中国古代历史上施行时间最长的历法——达364年之久。作为中国古代历法中的佼佼者，它赢得了国际科学史界普遍的赞誉，如席文评价道："它无疑最具创新性，是中国众多天文历法中最先进和最有影响力的一部。"[①]这样一部具有世界影响的历法，与中原有着密不可分的关系，元代大儒许衡正是该历编撰的主持者。

许衡（1209～1282年），字仲平，号鲁斋，谥文正，元怀庆河内（今河南焦作市中站区）人，中国13世纪杰出的政治家、教育家、思想家、天文学家。元人有"北有许衡，南有吴澄"之称，后又有"南北二许"（指许衡、许谦）之说，在中国思想史上占有很高的历史地位。

许衡"幼有异质"[②]，"年七八岁入学，授章句，过目辄不忘"[③]。已经表现出了非凡的气质。当时正赶上金元政权更迭，战火不断，民不聊生，许衡隐居山林，潜心向学，遍阅群书，奠定了其博学多识的基础，成为元代著名的理学大师，其继承和发扬了程朱理学思想，对自然科学领域也颇有研究，如指出"长生长春，如何长得？春夏秋冬，寒暑代谢，天之道也。如春可长，亦不足贵矣。南北东西是定体，相对春夏秋冬是流行运用，却便相循环，一体一用"[④]，即春夏秋冬的季节变换，天体位移与寒来暑往，都是相互对应的自然循环。他在《读〈易〉私言》《阴阳消长》等著述中，也阐述了许多辨证道理。这可谓弥足珍贵的自然观。而《元史》也称他"凡经传、子史、礼乐、名物、星历、兵刑、食货、水利之类，无所不讲"[⑤]，其中的名物、星历、食货、水利等都与科学技术相关，而"星历"更是修订历法的专门学问。这都说明许衡在自然科学，尤其是在天文历法学领域均有颇深的造诣。

许衡以其高深的学问，得到时人的普遍赞扬，被誉道："皇元授命，天降真儒，北有许衡，南有吴澄，所以恢宏至道，润色鸿业，有以知斯文未丧，景运方兴也。"[⑥]王恂曾"谓人曰：先贤吾不得而见之，今得许公可矣"[⑦]。后参与《授时历》工作的著名科学家郭守敬评价其道："天佑我元！似此人世岂易得？"[⑧]可见在元朝初年，他有公认的学术地位。编制一部超越前人的历法，牵涉仪器的制造、天文台的修建，遍布全国的大地日影测量，确是一项庞大浩繁的系统工程，需要一位德高望重的长者来主持。当元至元十三年（1276年）下诏修历时，由他来主持修订事关国祚命脉的新历，当具有无可替代的号召力和凝聚力。

据《元史·世祖本纪》记载，元世祖忽必烈命太子赞善王恂与江南日官置局更造历，以枢密副

---

① Nathan S. Granting the Seasons: The Chinese Astronomical Reformof1280, With a Study of Its Many Dimensions and a Translation of its Records. Springer, 2008: 5.

② （明）宋濂等：《元史》卷一百五十八《许衡传》，中华书局，1976年，第3716页。

③ （元）许衡：《许文正公遗书·考岁略》，清光绪丁亥年（1887年）刊本，第5页。

④ 淮建立、陈朝云：《许衡集》，中州古籍出版社，2009年，第2页。

⑤ （明）宋濂等：《元史》卷一百五十八《许衡传》，中华书局，1976年，第3717页。

⑥ （元）揭傒斯著，李梦生标校：《揭傒斯全集·吴澄神道碑》，上海古籍出版社，1985年，第454页。

⑦ （元）苏天爵：《元朝名臣事略》，中华书局，1996年，第184页。

⑧ （元）苏天爵：《元朝名臣事略》，中华书局，1996年，第195页。

使张易董其事。王恂和张易得到指令后，联合上奏道：“今之历家，徒知历术，罕明历理，宜得耆儒如许衡者商定。”于是“诏衡赴京师”。也就是说，王恂在受命后的第一件事就是请许衡出山领军修历。《元史·许衡传》也说：“国家自得中原，用金《大明历》，自大定是正后六七十年，气朔加时渐差。帝以海宇混一，宜协时正日。十三年，诏王恂定新历。恂以为历家知历数而不知历理，宜得衡领之，乃以集贤大学士兼国子祭酒，教领太史院事，召至京。”经王恂等的推荐，兼通明历理、历数的天文学家许衡被任命为集贤大学士兼国子祭酒，教领太史院事，成为大元王朝统一后首次制定历法的总负责人。许衡为《授时历》的编撰做出了巨大的贡献，《元史·许衡传》载：

> 衡以为冬至者历之本，而求历本者在验气。今所用宋旧仪，自汴还至京师已自乖舛，加之岁久，规环不叶。乃与太史令郭守敬等新制仪象圭表，自丙子之冬日测晷景，得丁丑、戊寅、己卯三年冬至加时，减《大明历》十九刻二十分，又增损古岁余岁差法，上考春秋以来冬至，无不尽合。以月食冲及金木二星距验冬至日躔，校旧历退七十六分。以日转迟疾中平行度验月离宿度，加旧历三十刻。以线代管窥测赤道宿度。以四正定气立损益限，以定日之盈缩。分二十八限为三百三十六，以定月之迟疾。以赤道变九道定月行。以迟疾转定度分定朔，而不用平行度。以日月实合时刻定晦，而不用虚进法。以躔离朓朒定交食。其法视古皆密，而又悉去诸历积年月日法之傅会者，一本天道自然之数，可以施之永久而无弊。自余正讹完阙，盖非一事。十七年，历成，奏上之，赐名曰《授时历》，颁之天下。

“明历理”是指洞悉关于历法的理论思想、关于历法的立法之本等[①]。自西汉以来，形成了在实测天体运行的基础上来制定历法，并检验历法的主流历法思想，《元史·历志》载“衡等以为金虽改历，止以宋《纪元历》微加增益，实未尝测验于天”，乃“参考累代历法，复测候日月星辰消息运行之变，参别同异，酌取中数，以为历本”[②]。许衡深谙日月星辰与春夏秋冬自然循环等“历理”，而日月星辰之间的距离、运行的迟速需要测量和计算，这样才能为修订历法提供精确的数据。因此，许衡等将“测验于天”作为新历创制基础的指导思想是完全正确地。许衡“明历理”，确立制定历法的指导思想。

关于历法之本，许衡“以为冬至者历之本，而求历本者在验气”。《授时历议》也说：“天道运行，如环无端，治历者必就阴消阳息之际，以为立法之始。阴阳消息之机，何从而见之，惟候其日晷进退，则其机将无所遁。候之之法，不过植表测景，以究其气至之始。”[③]这都强调了冬至日测影的重要性。天文学家陈美东先生指出：冬至日是天文间循环往复、阴阳消长的关节点，值其时阴始尽而阳始生，是治历者的立法之始。并且冬至是二十四节气之首，其时测算的精确度也就决定了其他二十三节气的准确度，这对直接指导农业生产的农时是极其关键的。而且，冬至又是诸多天文历法问题的重要基点和不可或缺的出发点。所以，许衡“冬至者历之本”的观点是有道理的，也是对前人之说的进一步发展[④]。

① 陈美东：《许衡与〈授时历〉》，《许衡与许衡文化》，中州古籍出版社，2007年，第358～364页。
② （明）宋濂等：《元史》卷五十二《历志》，中华书局，1976年，第1120页。
③ （明）宋濂等：《元史》卷五十二《历志》，中华书局，1976年，第1121页。
④ 陈美东：《许衡与〈授时历〉》，《许衡与许衡文化》，中州古籍出版社，2007年，第358～364页。

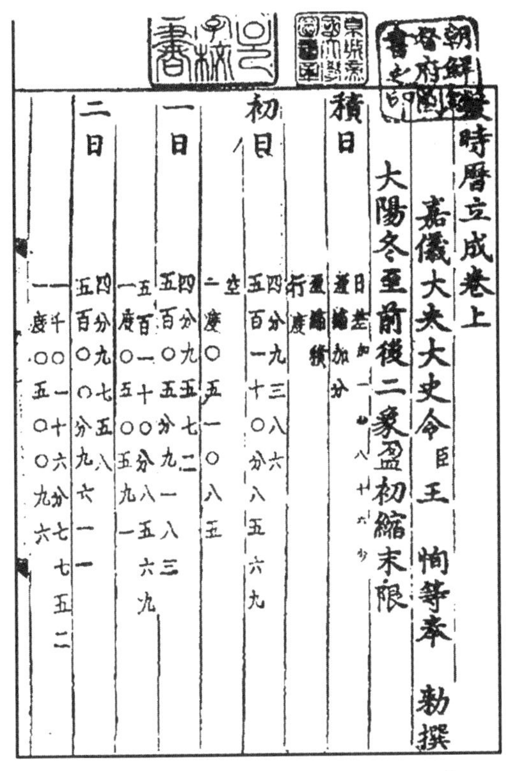
授時暦立成卷上
嘉議大夫太史令臣王恂等奉勅撰
太陽冬至前後二象盈初縮末限
積日　日差　盈縮加分　盈縮積　行度
初日
一日
二日

图6-4　朝鲜奎章阁本《授时历立成》[①]
（李银姬等：《朝鲜奎章阁本的〈授时历立成〉》，《中国科技史料》1998年第2期）

历法的编撰必须以精确的天文观测数据为依据，许衡深知此理，在编历之初便指出：“今所用宋旧仪，自汴还至京师已经自乖舛，加之岁久，规环不叶。乃与太史令郭守敬等新制仪象圭表。”此后，郭守敬负责制作的简仪、仰仪、圭表、候极仪、浑天象、玲珑仪、立运仪、证理仪、景符、窥几、日月食仪、星晷、定时仪等十多种，与许衡的倡议和大力支持分不开。这么多的仪器设备需要一个场所加以安置，进而进行天文观测，所以需要建立国家天文台，许衡在指导设在北京的元代皇家天文台的建设方面也多有贡献（图6-4）。

许衡作为《授时历》工程的领军人物，表现出了非凡的组织和协调能力，为历法顺利编撰完成发挥了不可磨灭的重要作用。新修《授时历》是一项庞大浩繁的系统工程，需要许多人的密切配合和协作。王恂、张易、张文谦、郭守敬等都参与其中。他们都是当时元初的才俊之士，而唯有许衡是众望所归的领军人物，由他确定历法修订的基本理论和重大决策，把握历法改革的正确方向。作为召文馆大学士的张文谦是行政事务的总管，张易身为中书平章政事、枢密副使，又兼秘书监事，正可发挥上传下达、内外协调的作用，而“以算术名”的王恂和“精于算术水利”的郭守敬则可视为今天的首席科学家。《授时历》的修订工作，之所以进展顺利，圆满成功，是与整个科技团队的密切配合分不开的。

《元史》的编撰者在作《历志》时，将《授时历》部分内容收入其中，“今衡、恂、守敬等所撰《历经》及谦《历议》故存，皆可考据，是用具著于篇”[②]。通过对《授时历》的研究可知，其所推算的回归年长度为365.2425日，距近代观测值365.2422仅差26秒，精度与公历（1582年的《格里高利历》）相当，但比西方早了300多年。所谓“自古及今，其推验之精，盖未有出于此者也”[③]。它正式废除了古代的上元积年，而截取近世任意一年为历元，打破了古代制历的习惯，是我国历法史上的又一次重大改革。新历将许多先进的数学方法用于天文计算，如用三次差内插法求太阳每日在黄道上的视运动速度；用类似球面三角的弧矢割圆术，由黄道的黄纬求其赤经赤纬、求白赤交角和白赤点与黄赤焦点的距离。作为这部历法的设计、组织和领导者，许衡做出了重要贡献。

① 《元史·历志》中收有《授时历经》和《授时历议》，而《授时历立成》是关于《授时历》天文数据的表格，韩国保存有奎章阁本《立成》，刻于朝鲜世宗时代。李银姬等：《朝鲜奎章阁本的〈授时历立成〉》，《中国科技史料》1998年第2期。

② （明）宋濂等：《元史》卷五十二《历志》，中华书局，1976年，第1120页。

③ （明）宋濂等：《元史》卷五十二《历志》，中华书局，1976年，第1120页。

三、登封观星台

（一）登封观星台的修建

登封观星台位于河南省登封县东南15千米的告成镇，是中国现存最早的天文台，它的修建与元代许衡、郭守敬等编撰《授时历》有着直接关系。

编撰历法关键在于“明历理”和确定历本，如前所述许衡指出：“冬至者历之本，而求历本者在验气。”所谓“验气”实际上就是测量出不同日期正午时的表影长度数据，通过计算，推求相应年份的冬至、夏至等所对应的具体时刻及回归年长度，这在中国古代历法制定中占有重要的地位。“工欲善其事，必先利其器。”正如登封观星台的建造者郭守敬指出的“历之本在测验，而测验之器莫先仪表”。也就是说要制定出精确历法的基础是对日、月、星等天体的实际测量数据，就必须制造出精确的天文仪器。为此，郭守敬制造了很多天文仪器，而位于登封的观星台，则是他利用这些仪器进行“四海测验”的产物。

“四海测验”是郭守敬等为了提高其所制定历法的适用区域和精度而进行的大范围的天文观测活动，于元世祖至元十六年（1279年）正式开始。大元的疆域面积十分辽阔，郭守敬一共在全国设立了27个观测站，今登封告成镇就是其中之一，且是当时最主要的五个观测点之一，即《元史·世祖本纪》所谓：“又请上都、洛阳等五处，分置仪表，各选监候官，从之。”洛阳所指即今之告成镇。可见在27处观测站中登封观星台是十分重要的点之一。这是为什么呢？元人纳新云：

> 测景台，在登封县东南二十五里天中乡告成镇，周公测景台石迹存焉。告成，即古嵩州阳城之墟，是为天地之中也。台高一丈二尺，周十六步，可容八席。《周礼·大司徒》以土圭之法测土深，正日景，以求地中，乃建王国焉。日至之景尺有五寸，谓之地中。唐开元十一年，诏太史监南宫说以石立表。宋大中三年，汜水令李偃重建，增崇七尺。国朝，至元十六年，太史令郭守敬奏设监候十有四员，分道测景。十八年，奉敕于古台之北筑台，高三十六尺，中树仪表，上为四铜环，规制极精致。命有司营廨舍门庑，又于古台、新台南建周公之庙以祀之。其碑则河南宪史李用中譔文也。台西则天中观云①。

这里纳新详细记载了登封观星台的建造情况，如位置、高度、仪器配置、附属建筑、周公庙之建造等。其始建原因正是至元十六年郭守敬主持的“四海测验”，当时设置监候14人以负责测景，其建造时间是在《授时历》颁布后的至元十八年（1281年）。而之所以选择这里显然因为这里自古就是人们心目中的“天地之中”，尚有唐南宫说所立周公测景台之遗迹存在。据学者考证，正是从唐代一行、南宫说（724年）始，也可以说从李淳风《麟德历》（664年）开始，到周琮《明天历》（1064年）前的约400年间，是阳城地中说及与之密切相关的以阳城晷影长度作为历法基准的理念和实测工作最为盛行的年代②。此后，虽然一度中落，但其“天地之中”的理念影响颇深，所以郭

---

① （元）纳新：《河朔访古记》卷下《河南郡部·测景台》，《文渊阁四库全书·史部·地理类》第593册，台湾商务印书馆，1986年，第56页。

② 潘鼐主编：《中国古代天文仪器史》（彩图本），山西教育出版社，2005年，第58页。

守敬在进行全国范围内的晷影观测时，将其作为最重要的观测点之一，并在阳城周公测景台北建立观星台，可见阳城在中国天文学史的地位十分突出。

（二）登封观星台的功用与成就

登封观星台实际上就是郭守敬所造用于测景高表的一种变体，即城墙式高表。为了提高测量的精确度，郭守敬一改自古被奉为神明的圭表表高8尺之旧制，代之以四丈的高表。《元史·天文志》："表长五十尺，广二尺四寸，厚减广之半，植于圭之南端圭石座中，入地及座中一丈四尺，上高三十六尺。其端两旁为龙，半身附表上擎横梁，自梁心至表颠四尺，下属圭面，共为四十尺。"在大都，郭守敬先以木为表，后又以铜为之。那么，郭守敬为什么要打破常规设置如此高大的圭表呢?

《元史·历志》载："旧法择地平衍，设水准绳墨，植表其中，以度其中晷。然表短促，尺寸之下所为分秒大、半、少之数，未易分别。……今以铜为表，高三十六尺，端挟以二龙，举一横梁，下至圭面，共四十尺，是为八尺之表五。圭表刻为尺寸，旧寸一，今申而为五，厘毫差易分。"八尺之表过于短促，导致表上的分秒毫厘这些长短单位不宜分别，因此将表加长5倍，则那些分厘毫秒等单位也就相应的变成原来的5倍，这样就容易识别，从而提高精确度。但关增建先生指出这种观念是不正确地，高表的影子虽然变长，但是测量用的长度单位并没有改变，所以影长的实际读数并没有改变。

据现代误差理论，测量的准确度通过其相对误差表现出来，而相对误差等于绝对误差与测量值的比。就立表测影而言，读数精度反映了绝对误差，而影长则是测量值的表现。在高表情况下，读数精度不变，即绝对误差不变，但影长却增加了，即测量值增加。显然，影长增加几倍，相对误差就同样缩小几倍，这就意味着测量的准确度也提高了同样的倍数。因此，高表测影可以提高测量数据的准确度[①]。

为配合四丈高表之测影，郭守敬相应地增加了圭的长度，并对其进行了改进，"圭表以石为之，长一百二十八尺，广四尺五寸，厚一尺四寸。座高二尺六寸。南北两端为池，圆径一尺五寸，深二寸，自表北一尺，与表梁中心上下相直。外一百二十尺，中心广四寸，两旁各一寸，画为尺寸分，以达北端。两旁相去一寸为水渠，深广各一寸，与南北两池相灌通以取平"[②]。与传统的石圭稍有不同之处为座高在二尺六寸，这样就使观测者不必俯身至地面读取影长数值。登封观星台实际上就是一种城墙式高表，与郭守敬木、铜高表的设计理念是一脉相承，只是基本形制有所不同（图6-5）。

图6-5　登封观星台
（河南省文物局：《河南文化遗产》，文物出版社，2011年，第15页）

现存登封观星台台身高9.46米，连同

① 关增建：《登封观星台与郭守敬对传统立杆测影的改进》，《郑州大学学报》1998年第2期。

② （明）宋濂等：《元史》卷四十八《天文志》，中华书局，1976年，第996页。

台上明人所建之小屋通高12.62米，地面四边各长16余米，台面四边均长8余米。在台身北面，筑有回旋通往台顶的砖石踏道和约1米高的梯栏。北壁正中砌成上下垂直的直壁凹槽，直壁凹槽上端距石圭面垂直距离为36尺。郭守敬原设计擎举横梁的龙身高4尺，这样就满足了表高40尺之数。石圭取南北方向，据测石圭中线的方位角为179º53.3′，误差仅为6.7′①。圭面由36块方石组成，长31.19米，北端有水池，中轴两旁有两股平行水渠，并刻有尺、寸、分的刻度。

由于郭守敬增加了表的高度，使之成为4丈的高表，导致了由于空气中尘埃等物质漫射的作用使表影变得模糊不清。为了解决这一问题，他利用小孔成像的原理，在圭面上另外设计了景符，以提高观测数值的精度。关于景符之制，《元史·天文志》载："以铜叶，博二寸，长加博之二，中穿一窍，若针芥然。以方框为趺，一端设为机轴，令可开阖。榰其一端，使其势斜倚，北高南下，往来迁就于虚梁之中。窍达日光，仅如米许，隐然见横梁于其中。旧法一表端测晷，所得者日体上边之景。今以横梁取之，实得中景，不容有毫末之差。"景符的创制体现在两个方面：一是解决因漫射造成的虚像问题；二是所得的数值是太阳中心的影长，而非太阳边缘的影长，更加精确。高表与景符的适用方法，如图6-6所示。

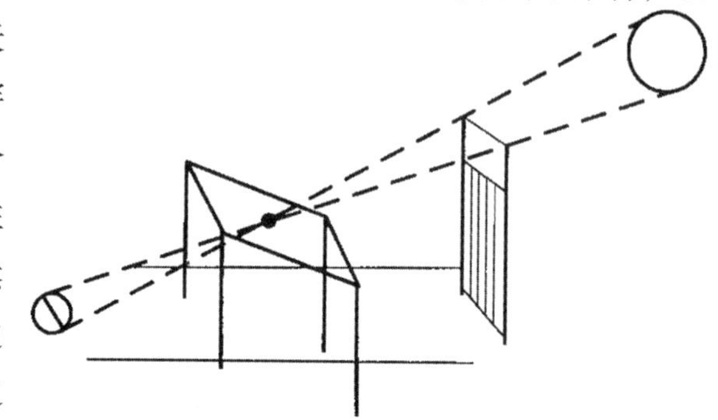

图6-6　高表与景符示意图
（王星光主编：《中原文化大典·科学技术典·天文学地理学生物学医药学》，中州古籍出版社，2008年，第98页，图5.3.3）

除了用于测量晷影外，登封观星台还可用于测量月亮、恒星的影长。就阳城的地理（纬度为34.5°）位置而言，冬至时的晷影长度大约为64尺，但是石圭设计的长度是128尺，显然这并非专为测量晷影而设。而月亮的地平高度最低时的影长也才79尺，因此有学者指出观星台实际上还用于观测地平高度不低于约16.7°的恒星②。这个16.7°的求得还要跟另外一个天文仪器联系在一起，那就是窥几。

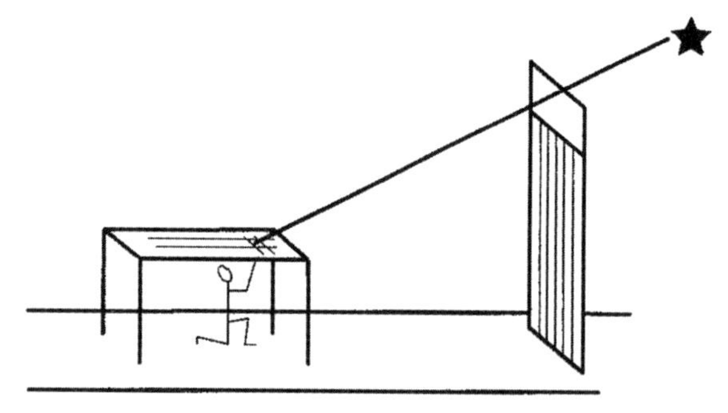

图6-7　窥几使用示意图
（王星光主编：《中原文化大典·科学技术典·天文学地理学生物学医药学》，中州古籍出版社，2008年，第98页，图5.3.4）

窥几的形制类似于几案，在几案面正中开一个长方形的缺口，在几面上有与缺口垂直的代刀口的木条两根。夜间观测时，将窥几置于圭面上沿南北方向移动，观测者位于窥几下，移动几面上的小木条，使它们的刀口分别于高表横梁的上下边缘与所观测的天体处于同一直线上。然后记录两根木条所处位置中点在石圭上垂直投影的数值。再运用数学方法就可求出天体在南中天时的地平高度角。其使用方法如图6-7所示。

登封观星台的建造与元代《授时历》的编撰有

① 潘鼐等：《郭守敬和他的科学贡献》，《自然杂志》1981年第11期，第845页。
② 潘鼐主编：《中国古代天文仪器史》（彩图本），山西教育出版社，2005年，第59页。

着密切的关系，它不仅用于观测晷影，同时还可用于月亮及恒星的观测，所以它是一座名副其实的观星台，再加上其台面上可以放置其他天文仪器，所以它也是一座天文台，而且是中国现存最早的天文台，在中国天文学史上占有重要地位。

第三节　中原地区的医药学

一、《本草图经》的本草学成就

（一）《本草图经》的编撰

《本草图经》是世界现存最早的图谱类本草学著作，苏颂奉敕撰写，于北宋嘉祐六年（1061年）完成。苏颂是北宋时期著名的科学家，为中国天文学的发展做出过卓越贡献（见前节所述）。不仅如此，苏颂还多次参与北宋朝廷组织的古代医籍整理工作。

苏颂博学多闻，故于皇祐五年（1053年）被任命为馆阁校勘，校订朝廷藏书。嘉祐二年（1057年）宋仁宗下诏置校正医书局，掌禹锡、苏颂等为校正医书官，主持校正古代医籍。前后共整理、审定了《神农本草经》《灵枢》《太素》《针灸甲乙经》《素问》《广济》《备急千金方》《外台秘要》等八部医书。

掌禹锡等对《神农本草经》的整理工作，是在《唐新修本草》和《开宝本草》的基础上，并吸收《蜀本草》等各家之说，加以正误、补注而成，称为《嘉祐补注神农本草》。《嘉祐补注神农本草》共二十卷，实载药物1083种[①]（原书称载药1082种），较《开宝本草》多出99种，其中新定药17种，新补药82种。

掌禹锡、苏颂等在编撰《嘉祐补注神农本草》等过程中，发现历代本草书中混乱、错讹现象十分严重，而仅靠文字描述很难明确无误地辨别、认识各种药物，更不要说治病救人了。苏颂云："五方物产，风气异宜，品类既多，赝伪难别，虺床当蘼芜，以荠苨乱人参，古人犹且患之，以况今医师所用，皆出于市贾。市贾所得，盖自山野之人随时采获，无复究其所从来。以此为疗，欲其中病，不亦远乎？"[②]因此，为了帮助人们识别各种中药材，曾有过相关药物图问世，但是均已失传，无法得见真本。据记载："唐永徽中，删定本草之外，复有《图经》相辅而行，图以载其形色，经以释其同异，而明皇御制，又有《天宝单方药图》，皆所以叙物真滥，使人易知，原诊处方，有所依据。二书失传且久，散落殆尽，虽鸿都秘府，亦无其本。天宝方书，但存一卷，类例粗见，本末可寻，宜乎圣君哲辅留意于搜辑也。"[③]于是苏颂等仿唐修本草附图经并行的旧制，上书建议在《嘉祐本草》之外，编撰图经与之相配。

苏颂等的建议很快得到了朝廷的批准，并诏令全国各军州郡县认真鉴别当地所产药物之根、茎、草、叶、花、实，以及虫、鱼、鸟、兽、玉石等可作药物者，一一图画其形态，并辅以文字，说明其开花结实收采时间及其功效，就算是"番夷"所产，也要询问市场船舶商客，连同标本一同

① 廖育群等：《中国科学技术史·医学卷》，科学出版社，1998年，第337页。

② （宋）苏颂撰，胡乃长等辑注：《图经本草》（辑复本），福建科学技术出版社，1988年，第1页。

③ （宋）苏颂撰，胡乃长等辑注：《图经本草》（辑复本），福建科学技术出版社，1988年，第1页。

上报给朝廷，当时全国150多个军州进献了本草药物图上千幅，这可以说是一次大规模的全国药物普查工作。

苏颂以其丰富的博物学和药物学知识，被宋廷任命主持这项编撰工作。苏颂在领旨以后，“裒集众说，类聚诠次，粗有条理”[①]，将各地送来的实物、图谱、资料进行鉴别、分类、整理、考订，于嘉祐六年（1061年）十月撰成《本草图经》一书。嘉祐七年（1062年）十二月进呈朝廷，奉敕镂版印行。《本草图经》虽然已经失传，然尚有部分内容存于《证类本草》等书中，使今人得以管中窥豹，研究其科技价值与学术贡献。

（二）《本草图经》的贡献

《本草图经》二十卷，共收入药物780种（其中新增103种），药物图933幅。每味药下依次述所产地区、生成环境、形态辨别、采收加工、药物性味，末附单方。《本草图经》编撰之目的是图画各类药物形态图，以利于后人用药之辨别。因此，《本草图经》一大特色就是其大量的药图，它们是当时各州郡据实物真实临摹，所以形态逼真，准确地反映了它们的性状特征，如“黄精”条，绘有荆门军、永康军、解州、商州、丹州、兖州、滁州、洪州、相州等地的黄精图 9 幅，将各地黄精之间的形态差异充分地表现出来。

《本草图经》不仅配有栩栩如生的药物图，而且还仔细辨别形态类似的各类药物之间的差别，如“细辛”条，“今人多以杜蘅当之。杜蘅吐人，用之须细辨耳。杜蘅春初于宿根上生苗，叶似马蹄性状，高三、二寸，茎如麦藁粗细，每窠上有五、七叶，或八、九叶，别无枝蔓。又于叶茎间罅内、芦头上贴地生紫花，其花似见不见，暗结实如豆大，窠内有碎子，似天仙子。苗叶俱青，经霜即枯。其根成窠，有似饭帚密闹，细长四、五寸，微黄白色，味辛。江淮呼为马蹄香，以人多误用，故此详述之”[②]。这里对细辛的苗、茎、叶、花、果、实、根等部位形态进行了详细的描述，以避免被人误用。再如“黄芪”条，指出“今人多以苜蓿根假作黄芪，折皮亦似绵，颇能乱真。但苜蓿根坚而脆，黄芪至柔韧，皮微黄褐色，肉中白色，此为异耳” 。通过这些描述，再加上书中所配药物图，使人们十分容易辨别药物之异同及真假。

《本草图经》是在全国性药物普查的基础上编撰而成的，故此，它收录了很多在民间具有实际治疗效果的药方，如“石南藤”条：“生天台山中。其苗蔓延木上，四时不调，彼土人采其叶入药，治腰痛。”[③]“百棱藤”条：“生台州。春生苗，蔓延木上无花、叶。冬采皮入药，治盗汗，彼土人用之有效。”[④]“紫袍”条：“生信州。春深发生，叶如苦益菜。至五月生花如金钱，紫色。拔方医人用治咽喉口齿。”[⑤]“紫背龙牙”条：“生蜀中。味甘，无毒。彼土山野人云：解一切蛇毒甚妙，兼治咽喉中痛。含咽之便效。”[⑥]诸如此类，不胜枚举，可谓保存了许多珍贵的民间

① （宋）苏颂撰，胡乃长等辑注：《图经本草》（辑复本），福建科学技术出版社，1988年，第1页。
② （宋）苏颂撰，胡乃长等辑注：《图经本草》（辑复本），福建科学技术出版社，1988年，第94页。
③ （宋）苏颂撰，胡乃长等辑注：《图经本草》（辑复本），福建科学技术出版社，1988年，第595、596页。
④ （宋）苏颂撰，胡乃长等辑注：《图经本草》（辑复本），福建科学技术出版社，1988年，第593页。
⑤ （宋）苏颂撰，胡乃长等辑注：《图经本草》（辑复本），福建科学技术出版社，1988年，第566页。
⑥ （宋）苏颂撰，胡乃长等辑注：《图经本草》（辑复本），福建科学技术出版社，1988年，第546页。

药方。

《本草图经》除了仔细描述了每味药的形态外，还注意药与方的结合。在每味药后面附上以该药为主要成分的方剂。例如，“鹤虱”条付方：“《古今录验》疗蛔咬心痛，取鹤虱十两，捣筛蜜和，丸如梧子，以蜜汤空服吞四十丸，日增至五十丸，慎酒肉。韦云患心痛十年不差，于杂方内见，合服便愈。李绛《兵部手集方》治小儿蛔虫噬心腹痛，单用鹤虱细研，以肥猪肉汁下，五岁一服二分，虫出便止，余以意增减。”[①]再如“杜仲”条：“《箧中方》主腰痛补肾汤：杜仲一大斤，五味子半大升，二物细切，分十四剂，每夜取一剂，以水一大升浸至五更，煎三分减一，滤取汁，以羊肾三、四枚，切，下之，再煮三、五沸。如作羹法。空腹顿服，用盐、酢和之亦得。此亦见崔元亮《海上方》，但崔方不用五味子耳。”[②]这里不仅记载了方剂用量，而且将如何炮制和服用方法也详细地记载下来。而其所引用的众多方书中，如《古今录验方》《集验方》《姚僧垣方》《删繁方》等均是六朝隋唐时期的重要方书，现今已佚失，正是因《本草图经》的征引才得以保存下来。

《本草图经》是最早把本草药物与方剂一同论述的著作，开创了以药带方的本草学体例，为其后的医药学所继承，如明代李时珍在《本草纲目》中，即以“附方”为目，详列有关方剂。

此外，《本草图经》旁征博引，参考过200多种经、史、子、集著作，可谓资料翔实，考证审慎，因此取得了巨大的成就，除了医学史资料外，还记载了很多其他科技史学科的资料，如矿物学、植物学、地质学、食品工艺等，其中不乏珍贵的，如“食盐”条，对当时东海盐、北海盐、河东池盐、梁益井盐、西羌山盐，以及胡中盐的制作工艺等的记载，完全是一篇盐业史料。

总之，《图经本草》总结了北宋以前的本草学成绩，是我国本草学发展史上具有里程碑意义的著作，具有承前启后的作用，占有十分重要的位置。李时珍称其“考证详明，颇有发挥”，在《本草纲目》中引用《本草图经》的药物计有70多种。日本科技史家薮内清指出：“《本草图经》已经远远超越了它作为《嘉祐补注本草》的补充附图的意义，而是（一部）全新的科学的本草书。”[③]该书所取得的医药学成就已经达到了世界先进水平。

二、针灸学的新发展

针灸是中国传统医学独具特色的一种疗法，是劳动人民在长期的经验积累基础上发展起来的。例如，针灸追溯的渊源，大约和早期的针砭有一定的关系，到战国秦汉时期，随着经络学说的成熟，针灸疗法从理论到实践也逐渐稳定下来。魏晋隋唐时期针灸学说继续发展，影响越来越大。晋皇甫谧针灸学经典著作《针灸甲乙经》，南朝刘宋医家秦承祖编撰的《明堂图》是中国历史上最早的针灸图谱，隋唐时期针灸学专著和图谱大量出现，如唐甄权新撰《明堂图》、孙思邈《针经》、《明堂经》等。针灸疗法也已经成为当时常用的治疗方法之一。

---

① （宋）苏颂撰，胡乃长等辑注：《图经本草》（辑复本），福建科学技术出版社，1988年，第279页。

② （宋）苏颂撰，胡乃长等辑注：《图经本草》（辑复本），福建科学技术出版社，1988年，第302页。

③ 转引自廖育群等：《中国科学技术史·医学卷》，科学出版社，1998年，第338页。

（一）针灸铜人、《新铸铜人腧穴针灸图经》及其石碑

宋元时期，针灸学说得到了进一步的发展和应用，出现了空前的繁盛，也正是这种原因造成了医家各承师说，出现了穴位繁杂、经络循行诸说不一的现象，针灸学著作错讹颇多。正所谓，时“去圣寖远，其学难精。虽列在经诀，绘之图素，而粉墨易糅，豖亥多讹。丸艾而坏肝，投针而失胃。平民受弊而莫赎，庸医承误而不思”①。也就是说，由于时代久远的原因，已经很难精通古代圣人们的针灸学说，虽然医学经典中有针灸学，且绘有经络图像，但是这些图像已经混杂不清，文字也多错讹百出。如果错用艾灸就会伤害肝脏，误用针刺便损伤胃。百姓因此屡屡受到伤害而无法补救，那些庸医却不假思索地仍在沿袭错误。由此可见，宋代时，针灸学说虽然大行其道，但由于缺乏对传统针灸学说的梳理，导致针灸理论五花八门，其疗法也是莫衷一是，出现了治病不成反害人的局面。

天圣四年（1026年）宋仁宗任命王惟一对针灸文献进行广泛收集和整理，编撰成《新铸铜人腧穴针灸图经》三卷。王惟一，即王维德，其人籍贯、生卒年代均不可考，约生活于宋雍熙四年（987年）至治平四年（1067年）之间，宋仁宗赵祯时曾任太医局翰林医官、殿中省尚药奉御、掌管宫廷药政事务。

关于王惟一编撰《新铸铜人腧穴针灸图经》一事，时人夏竦说：“非夫圣人，孰救兹患？洪惟我后，勤哀兆庶，迪帝轩之遗烈，袛文母之慈训，命百工以修政令，敕大医以谨方技。深惟针艾之法，旧列王官之守，人命所系，日用尤急，思革其谬，永济于民。殿中省尚药奉御王惟一，素授禁方，尤工厉石，竭心奉诏，精意参神。定偃侧于人形，正分寸于腧募。增古今之救验，刊日相之破漏。总会诸说，勒成三篇。”②由此可见，王惟一十分精通针灸学，对人体经络循行线路、腧穴位置和分寸等进行了详细的考证、订正，最终汇集各家学说，编撰出《新铸铜人腧穴针灸图经》三卷。

《新铸铜人腧穴针灸图经》编撰完成以后，仁宗皇帝“以古经训诂至精，学者封执多失，传心岂如会目，著辞不若案形”③，即认为对针灸腧穴等的学习，口传心授与编撰文辞，不如根据模型更加直观，于是“复令创铸铜人为式。内分腑臓，旁注谿谷，井荥所会，孔穴所安，窍而达中，刻题于侧。使观者烂然而有第，疑者涣然而冰释”④。这种针灸铜人于体内安置了五脏六腑，在体表表明了经络穴位，井穴、荥穴交会处所，各种孔穴的位置，并凿成孔巧使通达于体内，将穴位名称刻于孔穴旁边。这样一目了然，使疑惑犹如冰释一般迅速消失。

王应麟《玉海》卷六十三载：天圣“五年十月壬辰，医官院上所铸腧穴铜人式二。诏：一置医官院，一置大相国寺仁济殿。先是，上以针砭之法传述不同，命尚药奉御王惟一，考明堂气穴经络之会，铸铜人式，又纂集旧闻，订正讹谬，为《铜人腧穴针灸图经》三卷。至是上之，摹印颁

① （宋）夏竦：《新刊补注铜人腧穴针灸图经序》，《重订铜人腧穴针灸图经》，人民卫生出版社，1957年，第3页。

② （宋）夏竦：《新刊补注铜人腧穴针灸图经序》，《重订铜人腧穴针灸图经》，人民卫生出版社，1957年，第3页。

③ （宋）夏竦：《新刊补注铜人腧穴针灸图经序》，《重订铜人腧穴针灸图经》，人民卫生出版社，1957年，第3页。

④ （宋）夏竦：《新刊补注铜人腧穴针灸图经序》，《重订铜人腧穴针灸图经》，人民卫生出版社，1957年，第3页。

行。翰林学士夏竦序。……序以四年岁次析木秋八月丙申上。七年闰二月乙未赐诸州。”[①]据此，天圣四年《铜人腧穴针灸图经》并夏竦序完成，但是好像并未颁行，而是到针灸铜人于天圣五年（1027年）铸造完成进献给皇帝后，方才正式付梓，即所谓“至是上之，摹印颁行”，并于天圣七年（1029年）二月乙未赐诸州。而夏竦序云：“乃命侍臣为之序引，名曰《新铸铜人腧穴针灸图经》。肇颁四分，景式万代。”[②]可见编撰针灸图经，铸造针灸铜人，以及夏竦为图经作序均是出自宋仁宗的圣命。而夏竦在天圣四年的序中已指出“复令创铸铜人为式”，则其铸造始于天圣四年，只是其铸造完成时间比图经晚而已。可见，图经之编撰是与所铸之针灸铜人相互配合，并彼此之间起到相互解释说明的作用，它们是同一事件的不同组成部分而已，故此才在铜人铸造完成后颁布诸州。而王惟一所撰图经之书名被御赐为《新铸铜人腧穴针灸图经》，即如《宋史·艺文志》所著录“王惟一《新铸铜人腧穴针灸图经》三卷”[③]

《续资治通鉴长编》卷一百零五载：天圣五年冬十月“壬辰，医官院上所铸俞穴铜人式二，一置医官院，一置相国寺。先是，上以针砭之法，传述不同，俞穴稍差，或害人命。遂令医官王惟一考明堂气穴经络之会，铸铜人式。又纂集旧闻，订正讹谬，为《铜人针灸图经》。至是，上之。因命翰林学士夏竦序，摹印颁行。”这里的描述与上述事件时间先后顺序基本符合，“铸铜人式”和“为《铜人针灸图经》”的开始时间是一致的。至于命夏竦作序的时间非天圣五年也，因其序落款时间本身是天圣四年，与图经之编撰完成在同一年。

苏颂在《本草图经·序》中也论及天圣针灸铜人铸造与《新铸铜人腧穴针灸图经》编撰的情况，他说：“早岁屡敕近臣，雠校岐黄《内经》，重订针灸腧穴，或范金揭石，或镂板联编。”[④]苏颂所谓“范金”即指针灸铜人的铸造，“楼板联编”即指《新铸铜人腧穴针灸图经》的刊刻，而“揭石”则是指北宋政府在该书天圣五年开始刊刻后，不久又将其雕刻于石碑上。

关于石刻的雕刻时间，并未有详细的记载，相关史料，如《北道刊误志》载：“仁济（殿）立铜人式，并刻针灸图经于石。”可知大相国寺仁济殿内除了放置有针灸铜人以外，尚有《新铸铜人腧穴针灸图经》刻石。另《事物纪原》卷七“相国寺”条载“《东京记》又曰：仁济殿，天圣八年建，后与宝奎殿同赐名”。《玉海》卷三十四也说：“（庆历）二年正月辛未，诏以大相国寺新修太宗御书殿为宝奎殿，摹太宗御书寺额于石。……二月庚寅，又以针灸图经石壁堂为仁济殿。”据此，大相国寺仁济殿原名“针灸图石壁堂”，创建于天圣八年（1030年），庆历二年（1042年）改名仁济殿。因此，有学者推测说：“《新铸铜人腧穴针灸图经》的刻石年代，当在图经摹印颁行之后，针灸图石壁堂建成以前，即宋天圣五年（1027年）至天圣八年（1030年）间。”[⑤]

至此，北宋天圣年间，由仁宗皇帝亲自发起，王惟一主持的对汉唐以来中国针灸学的整理与研究工作全部结束，为了普及和适用社会对针灸学知识的需要，分别以针灸铜人、摹印书籍、雕刻石刻等多种方式向外公布，以利于学习者学习，起到了统一当时颇为纷乱的针灸学说的作用，推广了

---

① （宋）王应麟：《玉海》，江苏古籍出版社、上海书店，1987年，第1196、1197页。

② （宋）夏竦：《新刊补注铜人腧穴针灸图经序》，《重订铜人腧穴针灸图经》，人民卫生出版社，1957年，第3、4页。

③ （元）脱脱：《宋史》卷二百零七《艺文志》，中华书局，1977年，第5315页。

④ （宋）苏颂撰，胡乃长等辑注：《图经本草》（辑复本），福建科学技术出版社，1988年，第2页。

⑤ 于柯：《宋〈新铸铜人腧穴针灸图经〉残石的发现》，《考古》1972年第6期。

中国独具特色的疾病治疗方法，在中国医药史上是一件意义重大的盛事。

天圣五年北宋官医院所铸铜人是世界上最早的针灸铜人，由于其体内设有脏腑器官模型，体表标注有经络穴位及其名称等，所以它可以同时用于验证人体脏腑器官的位置，又可以展示经络与各穴位的处所，直观地加深了学习者对体表之经络穴位与脏腑器官关系的深刻认识。因此，有学者认为天圣铜人是世界上最早的一种人体内脏模型，而中国也是世界上最早的创立人体解剖学的国家，因此铜人的学术价值和历史意义均非常重大，促进了解剖学和医学的发展[①]。

（二）针灸铜人与《新铸铜人腧穴针灸图经》石碑的流传及贡献

南宋周密《齐东野语》云："尝闻舅氏章叔恭云：昔倅襄州日，尝获试针铜人，全像以精铜为之。府藏无一不具。其外俞穴，则错金书穴名旁，凡背面二器相合，则浑然全身，盖旧都用此以试医者。其法外涂黄蜡，中实以水，俾医工以分折寸，按穴试针，中穴，则针入而水出，稍差，则针不入矣，亦奇巧之器也。后赵南仲归之内府，叔恭尝写二图，刻梓以传焉。"[②]其中"水"为"汞"之误，周密此处叙述了针灸铜人的一大用处，就是内灌注汞，外涂黄蜡封之，供学习者试针、演练针法。另外还交代了北宋亡后，针灸铜人辗转的过程，最终又回归南宋政府。但并未记载铜人的数量，有可能金攻汴京之时已经不知所踪。这具失而复得的铜人，很快被南宋政府于1233年送给蒙古政府，此后又经辗转为明政府所得，并于嘉靖、正统时期重铸过，再经明末兵燹，其去向已不可详考。据马继兴先生考证，现藏于日本东京博物馆的针灸铜人就是宋天圣针灸铜人，其传入经过亦颇为周折[③]。

天圣五年付梓的《新铸铜人腧穴针灸图经》三卷已经遗失，不复得见。金大定二十六年（1186年）有"平水闲邪聩首"将该书加以整理补注，名之《补注铜人腧穴针灸图经》，可惜这个版本也失传。不过，后世流传众多据此本影印的元明清诸本，可知金大定本将原书三卷扩展至五卷，并增补了《太乙避忌图》等内容。

北宋天圣刻本的真貌虽已不得复见，但如果结合天圣刻石的内容尚可窥其一斑。如前所述，天圣刻石刻成后藏于大相国寺仁济殿内，元朝初期与从南宋政府所得之针灸铜人一起放置在大都皇城以东明照坊太医院三皇庙的神机堂内，如《大明一统志》卷一云："三皇庙在府志南明照坊，元元贞初建，内有三皇并历代名医象，东有神机堂，内置铜人针灸图二十有四，凡五藏旁注为溪谷所会，各为小窍，以导其源委，又刻针灸经于石，其碑之题纂，则宋仁宗御书，元至元间，自汴移置此，洪武初，铜人取入内府，图经尚存。"《日下旧闻考》卷七十一引《燕都游览志》："三皇庙内有针灸经石刻，元元贞初制，其碑之题纂，则宋仁宗御书，至元间自汴移至此者。"元贞为元成宗年号，仅用两年，即1295年与1296年，则三皇庙之建在1295年，针灸铜人与针灸图经石刻于此时入藏。洪武初，将针灸铜人取入内府后，图经仍在此处。明英宗正统八年（1443年）重新铸造铜人和雕刻图经，并去掉"新铸"二字，名曰《铜人腧穴针灸图经》。

明英宗正统十年和十一年，修筑京城城垣和东城垣时，可能鉴于天圣针灸图经石刻残破不全，

---

① 马继兴：《针灸铜人与针灸穴法》，中国中医药出版社，1993年，第6～8页。

② （宋）周密：《齐东野语》卷十四《针砭》，中华书局，1983年，第251、252页。

③ 马继兴：《针灸铜人与针灸穴法》，中国中医药出版社，1993年，第20～23页。

而新刻石经已经完成，故被当作修筑城墙的石料。机缘巧合，1965～1971年北京市文物管理处在配合拆除明代北京城墙的时候，发现宋天圣《新铸铜人腧穴针灸图经》刻石五方；1983年4月，北京市文物局又于朝阳门雅宝路东口附近，发掘出《新铸铜人腧穴针灸图经》残石两方（图6-8）[①]。

图6-8　宋天圣《新铸铜人腧穴针灸图经》残石拓片

（于柯：《宋〈新铸铜人腧穴针灸图经〉残石的发现》，《考古》1972年第6期）

结合后世补注各本图经和现存宋天圣刻图经残石，宋天圣刻本《新铸铜人腧穴针灸图经》的内容分为上、中、下三卷，而刻石时为了方便检索腧穴，又增刻了“腧穴都数”一卷。大致如下：

卷上：包括人身十二经脉周流全身之短论，十四经脉周流全身正、伏、侧三图、十二经脉气穴经络图等内容。

卷中：首载“用针之理”“针灸避忌之法”“针灸避忌之图”；以下按照全身部位顺序分别叙述各部腧穴名、部位、经脉交会、主治病症、针灸方法及禁忌等。

卷下：首载十二经气血多少及有关浮络色诊之短论，和傍通十二经络流注孔穴图。以下按四肢的十二经脉叙述各经脉的腧穴名称、部位、经脉交会、主治病症、针灸方法

① 关于这两次发现的残石情况及所刻内容，请参阅于柯：《宋〈新铸铜人腧穴针灸图经〉残石的发现》，《考古》1972年第6期；吴元贞：《宋〈新铸铜人腧穴针灸图经〉残石的再次发现及其整体复原初探》，《燕京文物与考古》1987年第2期。

及禁忌等。

《穴腧都数》卷：首先总括全身各部位的穴名即部位，以下为“修明堂诀式”“五脏六腑大小形状”及“避针灸诀”等内容，具有索引性质。

王惟一所著《新铸铜人腧穴针灸图经》仔细考订了人体穴位354个，并详细记述了经络、穴位位置，主治病症等内容。而其对全身经络腧穴分类论述是按照十二经和任、督二脉相结合方式进行的，这实际上是后世针灸学十四经系统的源头，被元末明初著名医学家滑寿所继承发展，撰成《十四经发挥》一书。因此，该书可谓是中国针灸学集大成之作，对自汉唐以来，北宋之前的针灸学说进行了系统的整理，促进了整个针灸学科的发展。

三、张从正的医学思想

（一）张从正生平

张从正，字子和，金睢州考城（今河南兰考县）[①]人，因其地春秋时为戴国，故自号戴人，因长期在宛丘（今河南淮阳）行医，被称为“张宛丘”。据刘祁《归潜志》所载，“从正”是其初名[②]。其生卒年不可详考，陈邦贤先生认为“约生于1156～1228年”[③]，近来又有人考证其生于金大定七年（1167年）前后，而卒于金正大六年（1229年）前后[④]，均属推测之辞，尚无直接证据。约言之，张子和活动于12～13世纪，是继医圣张仲景之后，中原最著名的医家，故此与张长沙一起被称为“豫医双璧”，而与大约同时代的名医刘完素、李杲、朱丹溪并称为金元四大家。

张子和之医术自有家学渊源，《儒门事亲》称“余自幼读医经”“余承医学于先人，阅病多矣”“余立于医四十余岁”[⑤]等语，可见他自幼便在长辈的指导下学习医术，且很早便开始行医治病，在实践中发展了自己的医学知识和临证经验，他说：“余尝用张长沙汗、下、吐三法，愈疟极多。大忌错作脾寒。用暴热之药治之，纵有愈者，后必发疮疽下血之病，不死亦危。余自先世授以医方，至于今日，五十余年，苟不谙练，岂敢如是决也！”[⑥]

他年轻时曾“从军于江淮之上”[⑦]，后又于兴定（1217～1222年）中，被诏补为太医，但很快就辞官归去，《归潜志》云：“后召入太医院，旋告去。”[⑧]可能是因为“居无何求去，盖非好也。于是退而从麻征君知己、常公仲明辈，日游滍水上，相共讲明奥义，辨析至理”[⑨]，并继续四方云游，为人看病。

---

① 一说河南省民权县林七乡一带人。

② （金）刘祁《归潜志》卷六载：“张子和，唯州考城人。初名从正……游余先子门。”见中华书局，1983年，第65页。

③ 陈邦贤：《中国医学史》，商务印书馆，1957年，第214页。

④ 董尚朴等：《张从正生平考略》，《天津中医学院学报》1997年第1期。

⑤ （金）张从正撰，张海岑等校注：《儒门事亲校注》，河南科学技术出版社，1984年，第151、52、146页。

⑥ （金）张从正撰，张海岑等校注：《儒门事亲校注》，河南科学技术出版社，1984年，第44页。

⑦ （金）张从正撰，张海岑等校注：《儒门事亲校注》，河南科学技术出版社，1984年，第151页。

⑧ （金）刘祁：《归潜志》，中华书局，1983年，第65页。

⑨ 〔日〕丹波元胤：《中国医籍考》卷五十，人民卫生出版社，1956年，第840页。

张子和云游和医疗活动范围十分广泛，从《儒门事亲》的记载来看，是以河南省为中心，足迹遍布今江苏 、山东、安徽、湖北等省部分地区，因此对中原地区的常见疾病、治疗方法及药物都较为了解，如他指出："中州食杂，而多九疸、食痨、中满、留饮、吐酸、腹胀之病。盖中州之地，土之象也，故脾胃之病最多。其食味、居处、情性、寿夭，兼四方而有之。其用药也，亦杂诸方而疗之。如东方之藻带，南方之丁木，西方之姜附，北方之参苓，中州之麻黄、远志，莫不辐辏而参尚。"[①]张子和用其精通的医术为金代中原地区人民的健康做出了杰出的贡献 。

（二）《儒门事亲》的内容

张子和辞官后，一边继续悬壶济世和传道授业，一边著书立说，阐述自己所用医术的本源与疗效。李濂《医史》云：他"遂以平日闻见及尝试之效，辑为一书，名之曰《儒门事亲》，以为惟儒者能明辨之，而亲事者不可以不知也"[②]。

《儒门事亲》是张子和传世医学著作，其金刊本十二卷，内分"儒门事亲"三卷，"直言治病百法"二卷，"十形三疗"三卷，"撮要图"一卷，"附扁、华诀病论三法六门方"一卷，"世传神效方"一卷，"治法杂论"一卷。日本京师伊良子氏藏元刊本则仅为三卷，题作"太医张子和先生儒门事亲三卷"。另一元刊本则为"儒门事亲"三卷，"直言治百病法"三卷，"十形三疗"三卷。自明嘉靖辛丑（1541年）邵伯崖刊本以后，才改为十五卷本[③]。

嘉靖辛丑邵氏本木刻本，《儒门事亲》十五卷，细目如下。

卷一至卷三：无总目，卷一包括首篇"七方十剂绳墨订"等十篇；卷二首篇包括"偶有所遇厥疾获瘳记"等十篇；卷三包括"喉舌缓急砭药不同解"等十篇。

卷四至卷五：每卷五十篇。

卷六至卷八：总目"十形三疗"，分为风、暑、火、热、湿、燥、寒、内伤、外伤、内积、外积等十一形，细目一百三十九。

卷九：总目为"杂记九门"，包括"误记涌法"等十八篇。

卷十：无总目，包括首篇"撮要图"等四十四篇。

卷十一：总目为"治法杂论"，包括"风论"等十五篇。

卷十二：总目为"三法六门"，包括吐、汗、下三剂，载四十八方，又有风、暑、湿、火、燥、寒等六门方，及兼治、独治、调治诸方。

卷十三：刘河间先生三消论。

卷十四：无总目，包括"扁鹊、华佗察声色定死生诀要"等十三篇。

卷十五：总目为"世传神效名方"，包括首篇"疮疡痈肿"等十八篇。

对于以上十五卷本《儒门事亲》，日人丹波元简认为"今考之于《医统正脉》所收本，从第一卷'七方十剂绳墨丁'至第三卷'水解'，凡三十篇，此即《儒门事亲》也；自第四卷至第五卷别是书；自第六至第十一，乃《十形三疗》也；自第十二至第十五，乃《三法六门世传方》也"[④]。

---

① （金）张从正撰，张海岑等校注：《儒门事亲校注》，河南科学技术出版社，1984年，第1页。

② （明）李濂撰，俞鼎芬等校注：《李濂医史》，厦门大学出版社，1992年，第90页。

③ 江静波：《张子和先生的学说及其著作》，《上海中医药杂志》1958年第1期。

④ 〔日〕丹波元简：《医賸》，人民卫生出版社，1955年，第30页。

亦有学者指出卷一至卷三即所谓“《儒门事亲》三卷”；卷四、卷五为《治病百法》；卷六至卷八为《十形三疗》；卷九为《杂记九门》；卷十为《撮要图》；卷十一为《治法杂论》；卷十二为《三法六门》；卷十三为《刘河间先生三消论》；卷十四为《治法心要》；卷十五为《世传神效名方》。其中除去《三消论》是后人补进去的，则《儒门事亲》十四卷，且为张子和所亲撰，也有后人润色和补记的成分[①]。确实，据李濂《医史》云：“是书凡十四卷，盖子和草创之，知己润色之，而仲明又摭其遗，为治法之要。兵尘澒洞，藏之查牙空穴中，幸而复出人间，谓非鬼神诃，获之力可乎。其中妙论精义不可缕述，善读者当自得之。”[②]可见，麻九畴、常仲明等确实为《儒门事亲》一书的编撰出力不少。正如颐斋引曰：《儒门事亲》“大义皆子和发之，至于博之以文，则征君（笔者注：即麻九畴知己）所不辞专，议者咸谓非宛丘之术，不足以称征君之文；非征君之文，不足以弘宛丘之术，所以世称二绝，而尤为难得与！”[③]

（三）张从正的医学思想与成就

《儒门事亲》集中反映了张子和的医学思想与临证经验，他在对《内经》《难经》和《伤寒论》等中医经典深入研究的基础上，接受并继承和发扬了刘完素的医学思想和观点，创立了中医攻邪说，对汗、吐、下攻邪三法运用独到，为中医病理病机的发展、治疗方法的深化做出了贡献，是金元四大家中“攻下派”的代表。

中医治疗疾病一般分为汗、吐、下、和、温、清、补、消等八法，自古有之。张从正认为：“夫病之一物，非人身素有之也，或自外而入，或由内而生，皆邪气也。……夫邪之中人，轻则传久而自尽，颇甚则传久而难已，更甚则暴死。若先论固其元气，以补剂补之，真气未胜而邪已交驰横骛而不可制矣！惟脉脱下虚，无邪无积之人，始可议补。其余有邪积之人而议补者，皆鲧湮洪水之徒也。今予论吐、汗、下三法，先论攻其邪，邪去而元气自复也。况予所论之法，谙练日久，至精至熟，有得无失，所以敢为来者言也。”[④]既然疾病是邪气入侵人体造成的，那么就必须去邪气后，才能用补剂补之，要不然就犹如鲧湮洪水，适得其反。

但是吐、汗、下三法相对于补法来说不宜为人所接受，而医者也往往利用病人的心理，一味给病人用补药，就算是病人因此致死，也不会因此获罪，正所谓：“庸工之治病，纯补其虚，不敢治其实，举世皆曰平稳，误人而不见其迹，渠亦自不省其过，虽终老而不悔。且曰‘吾用补药也，何罪焉？’病人亦曰‘彼以补药补我，彼何罪焉？’虽死而亦不知觉。”[⑤]这种观念当时已经深入人心，张子和吐、汗、下三法往往因此遭人诟病，不被世人所理解，张子和在《儒门事亲》中屡屡论及此时，颇为之痛心，如云“余之所以书此者，庶后之君子，知余之用心非一日也”[⑥]“余之所以屡书此者，叹知音之难遇也”[⑦]等语，足见他曲高和寡，不为一般之庸医，甚至是士大夫所理解

① 刘道清：《张从正著作考》，《中华医史杂志》1996年第3期。
② （明）李濂撰，俞鼎芬等校注：《李濂医史》，厦门大学出版社，1992年，第90页。
③ 〔日〕丹波元胤：《中国医籍考》卷五十，人民卫生出版社，1956年，第840页。
④ （金）张从正撰，张海岑等校注：《儒门事亲校注》，河南科学技术出版社，1984年，第95、96页。
⑤ （金）张从正撰，张海岑等校注：《儒门事亲校注》，河南科学技术出版社，1984年，第94页。
⑥ （金）张从正撰，张海岑等校注：《儒门事亲校注》，河南科学技术出版社，1984年，第87页。
⑦ （金）张从正撰，张海岑等校注：《儒门事亲校注》，河南科学技术出版社，1984年，第92页。

的苦闷心情。

张子和为世人所误解，是因为世人没有搞清楚张子和吐、汗、下三法的实质，以市井庸医之法视之，实际上并不是他不分寒热虚实而一味用寒凉之法，他曾申辩道："俗工往往聚讪，以予好用寒凉，然予岂不用温补？但不遇可用之证也。譊譊谤喙，咸欲夸己以标名，从谁断之？悲夫！"[①]而他所采用的三法内容包含着许多方法："予之三法，能兼众法，用药之时，有按有蹻，有揃有导，有减有增，有续有止。……所谓三法可以兼众法者，如引涎、漉涎、嚏气、追泪，凡上行者，皆吐法也；灸、蒸、熏、渫、洗、熨、烙、针刺、砭射、导引、按摩，凡解表者，皆汗法也；催生、下乳、磨积、逐水、破经、泄气、凡下行者，皆下法也。以余之法，所以该众法也。然予亦未尝以此三法，遂弃众法，各相其病之所宜而用之。以十分率之，此三法居其八、九，而众所当才一、二也。"[②]由此可见，张子和并未只用三法，而是兼取诸法并根据具体的症状具体采用之。

金元时期北方的医学出现了不同的派别，即《四库全书总目》所谓"儒之门户分于宋，医之门户分于金元"也。当时主要有两大学派：一派是河间派，代表人物刘完素的主要学术主张是外感病的病因是"火热"，所以疗法应当采用苦寒药，因为刘完素地望河间，因此被称为河间派；另一派是河北易水人张元素等易水派，主张以脏腑的寒热虚实来分析疾病的发生和演变，在治法上采"养正"强调正气强而邪气自除。两派之间虽互相争鸣，互相攻伐，但他们积极进行的研究与探索却客观上促进了医学的发展，为明清时期医学的进步奠定了基础。

张子和是刘完素的私塾弟子，他的三法"攻邪"思想是对刘完素医学思想的继承和发展，他《儒门事亲》中直言不讳地表明了这一点，如他说："解利伤寒温湿热病，……止可用刘河间辛凉之剂，三日以里之证，十痊八、九。予用此药四十余年，解利伤寒，湿热、中暑、伏热，莫知其数。"[③]所以张子和是河间派的主要代表人物之一，因为他治病强调攻邪为先，故此被后世称为"攻下派"的创始人。虽然自其弟子常仲明、麻九畴、栾企、张仲杰、游君宝等之后，明代鲜有相应者，但是张子和作为一代宗师，其学术主张对中医学的贡献是有目共睹的，其所主张攻邪论对温病学说起到了一定的借鉴作用。

四、滑寿中医药学的贡献

（一）滑寿生平

滑寿，字伯仁，晚号攖宁生，其生卒年史载有缺，如《明史》仅云："年七十余，容色如童孺，行步蹻捷，饮酒无算。"[④]《四库全书总目》称："寿卒明洪武中，故明史列之方技传。"[⑤]有学者认为他大约生于元大德八年（1304年），卒于明洪武十九年（1386年），享年82岁；也有学者称他约生于元延祐元年（1314年），卒于洪武十九年，享年72岁。故此，其主要活动于元末明

① （金）张从正撰，张海岑等校注：《儒门事亲校注》，河南科学技术出版社，1984年，第153页。
② （金）张从正撰，张海岑等校注：《儒门事亲校注》，河南科学技术出版社，1984年，第98~100页。
③ （金）张从正撰，张海岑等校注：《儒门事亲校注》，河南科学技术出版社，1984年，第34、35页。
④ （清）张廷玉等：《明史》卷二百九十九《滑寿传》，中华书局，1974年，第7635页。
⑤ （清）永瑢等：《四库全书总目》，中华书局，1965年，第856页。

初，是中原历史上著名的医家，在中国医学史上占有重要地位。

滑寿祖上为襄城名门望族，世代为官，元初时，他的祖父、父亲因为官江南，因此自襄城徙居仪真，仪真即今江苏省仪征县，滑寿就出生在这里，《仪征县志》道："世为许襄城人，当元时，父、祖官江南，自许迁仪真，生寿。"[①]后来又辗转迁徙至余姚。相关史料表明，滑寿本姓刘，是明初名臣刘伯温的哥哥，如《绍兴府志》载："寿，盖刘文成基之兄，易姓名为医。文成既贵，尝来劝之仕，不应，留月余乃去。"[②]《浙江通志》亦载："按《滑氏家谱》则为刘基之兄弟也，基尝访之于余姚，留数月而去。"[③]但是滑寿并未因有如此功绩显赫的兄弟而欲仕途，以谋求荣华富贵，而是继续钻研医学，治病救人，造福百姓。

滑寿生性聪慧，思维敏捷，据说他幼时曾"习儒书于韩说先生，日记千余言，操笔为文，辞有思考，尤长于乐府"[④]。可见他记忆力极强，且文风也颇为温雅，如果继续努力会有一番成就，不过他后来虽然参加过乡试，但终因爱好医术，而放弃科举，转而学习岐黄之术，潜心医药。

为了学习医术，滑寿遍访名师，初学于京口（今江苏镇江）名医王居中，王氏非常重视《素问》和《难经》，认为医祖黄帝、岐伯医术所传者仅此二书而已，要求滑寿认真学习二书。滑寿不负所望，很快就领悟到其中的要旨，并且针对其中存在的问题，大胆地提出自己的见解，指出《素问》虽然十分详备，但篇次无绪，又有错简，因此将其重新分类抄录而读之，而《难经》则是阙误很多，需要加以注释而读之。王居中闻此曰："甚矣，子之善学也。善哉！子学之得其道也。予守师说者。子识卓理融，契悟前训，子过我矣！他日以医名世，其子也邪！"[⑤]此后，滑寿博览群书，贯通张仲景、刘完素、李杲等诸家古今之说，并用之于临证实践中，均取得了成功。滑寿又学针灸于东平高洞阳，促其针灸理论和方法都有了高深的造诣。

滑寿以其精湛的医术、高尚的医德，获得了老百姓的认可，百姓对其大加赞赏。朱右在《撄宁生传》中指出他行医："无问贫富皆往治，极不报弗较也。遂知名吴楚间。在淮南曰滑寿，在吴曰伯仁氏，在鄞越曰撄宁生。云生年七十余颜容如童，行步轻捷，饮酒无称，人有请，虽祈寒暑雨弗惮，世多德之。"[⑥]江浙一带医家没有声望能超过他的。《绍兴府志》谓："滑寿医能决生死，……与朱丹溪彦修齐名。"[⑦]刘仁本《难经本义序》称："许昌滑君伯仁甫，挟岐黄之术，学仿于东垣李先生，精于胗而审于剂者也，痛疴起瘤，活人居多。"[⑧]凡此种种足以说明滑寿医学素

---

① （清）王检心等修纂：《道光重修仪征县志》，《中国地方志集成·江苏府县志辑》第45 辑，江苏古籍出版社，1991年，第588页。

② （清）陈梦雷等：《古今图书集成·博物汇编·艺术典》第五百三十卷《医部·医术明流列传》，第465册，中华书局，1934年影印版，第20页。

③ （清）陈梦雷等：《古今图书集成·博物汇编·艺术典》第五百三十卷《医部·医术明流列传》，第465册，中华书局，1934年影印版，第20页。

④ （明）李濂撰、俞鼎芬等校注：《李濂医史·撄宁生传》，厦门大学出版社，1992年，第148页。

⑤ （明）李濂撰、俞鼎芬等校注：《李濂医史·撄宁生传》，厦门大学出版社，1992年，第148页。

⑥ （明）李濂撰、俞鼎芬等校注：《李濂医史·撄宁生传》，厦门大学出版社，1992年，第150页。

⑦ （清）陈梦雷等：《古今图书集成·博物汇编·艺术典》第五百三十卷《医部·医术明流列传》，第465册，中华书局，1934年影印版，第20页。

⑧ （元）滑寿撰，吴润秋整理：《难经本义》，中医古籍出版社，1999年，第2页。

养非一般医家所能比拟，在治病行医之余，他深入研究传统医学，著作多种行世，对中医理论与实践均做出了巨大贡献。

（二）滑寿的中医药学成就与贡献

滑寿一生十分重视对医学经典的学习，著述颇丰，如《读素问钞》《难经本义》《诊家枢要》《十四经发挥》《伤寒例钞》《滑氏脉诀》《痔瘘篇》《医韵》《本草发挥》《撄宁生五脏补泻心要》《撄宁生要方》《医学引彀》《本草韵会》《脉诀》《滑氏方脉》《医学蠡子书》《正人明堂图》《素问注钞》等。这些著作多数已经遗失，仅能从相关书目中查阅到，它们从不同的方面反映了他的医学成就。

首先，滑寿对古代医学典籍进行了整理与研究，如《黄帝内经·素问》是中医奠基之著，习医者必读之作，然其非出于一时一人之手，语体散漫，内容编排也颇为杂乱无章。鉴于此，滑寿遂以“删去繁芜，撮其枢要”[①]为原则，将《素问》之内容归纳为脏象、经度、脉候、病能、摄生、论治、色诊、针刺、阴阳、标本、运气、汇萃十二类，最后附补遗一篇，并对之进行了简要注释，名之曰《读素问钞》。滑寿所抄基本上涵盖了《素问》的精华部分，起到了钩玄提要的作用，方便了后来学习者，深受后世医家的赞誉。《读素问钞》是第一部对《素问》进行摘要分类整理的著作，开后代《内经》整理之先河，如张景岳之《类经》，李中梓《内经知要》均以之为滥觞。而明代著名医家汪机称其“各以类从，秩然有序，非深入岐黄之学者不能也”[②]。汪氏并为之补注，收入《汪氏医学丛书》中，明代丁瓒又为之补注，并将滑寿的《诊家枢要》一卷附于书后，名为《素问钞补正》。

《难经》相传为秦越人所作，是中医理论经典之作。滑寿在认真研读之后发现也存在编简错乱、文字阙误等问题，他指出：“历代以来，注家相踵，无虑数十。然或失之繁，或失之简，醇疵淆混，是非攻击。且其书经华佗煨烬之余，缺文错简，不能无遗憾焉。”[③]于是“考之《枢》《素》，以探其原，达之仲景、叔和，以绎其绪。凡诸说之善者，亦旁搜而博致之。缺文断简，则委屈以求之”[④]。撰成《难经本义》两卷。首列“汇考”一篇，论《难经》名义之源流；次列“阙疑总类”，记脱文误字；又列“图说”一篇；此三篇不计入正文。正文八十一难，首列经文，然后以《素问》《灵枢》为据，并博采众家，融会贯通，参以已见，凡荣卫部位、脏腑脉法、经络腧穴，以及病机、诊断、治疗等事项，均逐一考订，成为注释《难经》的经典之作。《四库全书总目》评价道：“其注则融会诸家之说，而以己意折衷之，辨论精核，考证亦极详审。”[⑤]故《难经本义》是各注本中影响最大的，数百年来，一直是学习研究难经的重要参考书。

其次，对针灸经络学做出了贡献。滑寿精通针灸学，认为古人治病主要靠针灸，而当时的现状却是针灸之道湮而不彰，经络之学晦而不明。滑寿云：“观《内经》所载服饵之法才一二，为灸者

① （明）汪机：《重集读素问钞序》，《读素问钞》，人民卫生出版社，1998年，第7页。
② （明）汪机：《重集读素问钞序》，《读素问钞》，人民卫生出版社，1998年，第7页。
③ （元）滑寿撰，吴润秋整理：《难经本义》，中医古籍出版社，1999年，第3页。
④ （元）滑寿撰，吴润秋整理：《难经本义》，中医古籍出版社，1999年，第3页。
⑤ （清）永瑢等：《四库全书总目》，中华书局，1965年，第857页。

四三，其它则明针刺无虑十八九。针之功，其大矣！厥后方药之说肆行，针道遂寝而不讲，灸法亦仅而获存。针道微而经络为之不明，经络不明则不知邪之所在。求法之动中机会，必捷如响，亦难矣。”[①]为了改变这种自方药盛行以来，针道式微的现状，他撰成了《十四经发挥》。

《十四经发挥》共分三卷：卷上为《手足阴阳流注篇》，总论经脉气血、阴阳流注的规律；卷中为《十四经脉气所发篇》，按照十二经脉、督脉、任脉的顺序，论述了经络循行、俞穴寸法、病候主脉和虚实补泻等；卷下为《奇经八脉》篇，对奇经八脉的循行、病理等进行了论述。此外，全书共附十四经的经穴分图和正背面骨度分寸图16幅。滑寿在针灸经络学上的贡献主要提倡十四经脉说，将为历代医家所重的十二经脉和奇经八脉中任督二脉相结合，组成十四经，并在《内经》的基础上，把十四经穴逐一做了考证和训释，计657个俞穴，辨其阴阳之往来，推其骨孔之所驻会，纠正前代医籍中的某些经穴排列次序的误差和经脉循行走向错误等缺点。十四经脉说从此得到后世医家的重视和赞同，全身俞穴和经络的关系也从此完全固定下来，这是滑寿对经络学说的重要贡献[②]。因此，《十四经发挥》在中国针灸史上具有显著的成就和地位。

此外，滑寿所著《诊家枢要》一书对中医之脉学也做出了一定贡献。此书约撰成于1359年，虽仅一卷，但却为脉学的发展起到了承上启下的作用。例如，指出凡诊脉“大抵提纲之要，不出浮、沉、迟、数、滑、涩之六脉也”。并进一步阐述道：“所谓提纲，不出乎六字者，盖以其足以统夫表里阴阳、冷热、虚实、风寒、湿燥、脏腑、气血也。浮为阳、为表；诊为风、为虚；沉为阴、为里；诊为湿、为实；迟为在脏，为寒、为冷；数为在腑，为热、为燥；滑为血有余；涩为气独滞也。人一身之变，不越乎此。能于是六脉之中以求之，则疢疾之在人者，莫能逃焉。”[③]对诊脉以浮、沉、迟、数、滑、涩六脉为纲的原因做出了十分精辟的解释。除此之外，滑寿对诊脉的方法做了深入的研究，指出“察脉须识上下、来去、至止六字”，并对之进行了详细的解释，“上者，自尺部上于寸口，阳生于阴也；下者，自寸口下于尺部，阴生于阳也；来者，自骨肉之分而出于皮肤之际，气之升也；去者，自皮肤之际而还于骨肉之分，气之降也；应曰至，息曰止也”[④]。清代周学海在其《脉简补义·诊法直解》曾评价说：滑氏之“六字”，“则脉之妙蕴几于无遗，而讲脉学者，可得所宗主矣”[⑤]。可见滑寿在诊脉学上的成就也十分突出。

综上所述，滑寿所著《读素问钞》，实为后世摘要注释《素问》之滥觞；《难经本义》注释精详，使《难经》之旨彰显于世；《十四经发挥》强调任督二脉的重要性，与十二经合并为十四经，为后世医家所宗，为针灸基础理论的普及和在实践中推广做出了贡献；《诊家枢要》也是我国较早的脉学专著，对诊脉理论和方法进行了推进，而其他传世著作如《撄宁生五脏补泻心要》简称《五脏方》，是脏腑辨证选方用药的专著，纵观滑寿一生，可谓为中医学的发展做出了重要贡献。

---

① （元）滑寿：《十四经发挥·序》，《续修四库全书·子部·医家类》第995册，上海古籍出版社，2002年，第682页。

② 廖果：《滑寿》，《中国古代科学家传记》，科学出版社，1993年，第753、754页。

③ （元）滑寿：《诊家枢要》，人民卫生出版社，2007年，第18、19页。

④ （元）滑寿：《诊家枢要》，人民卫生出版社，2007年，第19、20页。

⑤ 郑洪新等主编：《周学海医学全书》，中国中医药出版社，1999年，第543页。

第四节　中原建筑学集大成之作——《营造法式》

一、《营造法式》编撰经过及其作者

（一）《营造法式》编撰背景与经过

《营造法式》的编撰与北宋时期的政治有着密切的关系。北宋中期以后，由于国家承平日久，统治阶级日益腐败不堪，导致土地兼并现象严重，民不聊生。加上当时民族矛盾尖锐，北宋政府同北方少数民族之间战争不断，为了换取和平每年要向他们提供巨额的“岁币”，使当时的政府财政更加捉襟见肘，而当时政府又存在着大量的冗官、冗兵、冗费。为了改变这种积贫积弱的局面，宋自神宗时起，任用王安石变法，以图达到“富国强兵”的目的。

王安石变法以“因天下之力以生天下之财，取天下之财以供天下之费”为原则，曾对政府的收入与开支进行合理的规划。在这种背景下，针对当时大兴土木之风，以及在建设过程的挥霍无度、贪官污吏的虚报冒领等现象，政府也费了不少心思加以控制，如仁宗至和元年（1054年）就曾下诏：“比闻差官缮修京师官舍，其初多广计功料，既而指羡余以邀赏，故所修不得完久。自今须实计功料申三司，如七年内损堕者，其监修官吏工匠并劾罪以闻。”①但无济于事。北宋政府只能规定“凡一岁用度及郊祀大费，皆编著定式”②，作为政府各项工程与开支的标准。

宋神宗熙宁五年（1072年）正式下令将作监编撰一部有关土木工程的《营造法式》，所谓“法式”，就是有明文规定的规章、制度、标准等，如《宋史・职官志》：“门下省，……尚书省、六部所上有法式事，皆奏覆审驳之”；“中书省，掌进拟庶务，宣奉命令，……及中外无法式事应取旨事。……凡事干因革损益而非法式所载者，论定而上之”。此外，政府颁布的某项规章或标准，还有称为“式”的，如上节《新铸铜人腧穴针灸图经》，夏竦所谓仁宗皇帝“复令创铸铜人为式”，也是这种情况，就是作为天下之标准的意思。

《营造法式》最初的编撰工作并不顺利，将作监在接到命令后，用了足足20年的时间，方于哲宗元祐六年（1091年）完成，故也称为《元祐营造法式》。但是这部法式存在着众多问题，如“《元祐营造法式》，祇是料状，别无变造用材制度，其间工料太宽，关防无术”③，“《营造法式》旧文，祇是一定之法，及有营造，位置尽皆不同，临时不可考据，徒为空文，难以行用，先次更不施行”④。可见它的编撰体例十分凌乱，只是堆砌资料，且规定的功料太过宽松，根本起不到节省控制政府工程经费的作用。因此，哲宗绍圣四年（1097 年）命李诫“重别编修”⑤。于是李诫“考究经史群书，并勒人匠逐一讲说编修海行《营造法式》，元符三年（1100年）内成书”⑥，宋徽宗崇宁二年（1103年）经过皇帝批准，以小字刻板印行。

---

①（清）徐松辑：《宋会要辑稿》，中华书局，1957年，第2999页。

②（元）脱脱：《宋史》卷一百七十九《食货志下一》，中华书局，1977年，第4354页。

③（宋）李诫：《营造法式・劄子》，商务印书馆，1954年，第17页。

④（宋）李诫：《营造法式・看详・总诸作看详》，商务印书馆，1954年，第41页。

⑤（宋）李诫：《营造法式・劄子》，商务印书馆，1954年，第17页。

⑥（宋）李诫：《营造法式・劄子》，商务印书馆，1954年，第17页。

（二）李诫生平

李诫，字明仲，郑州管城县（今河南新郑）人，北宋时期著名的建筑师（图6-9）。李诫的曾祖父李惟寅、祖父李惇裕、父亲李南公、兄李譓，都曾经在朝为官。李诫本人也长期为官，且多年从事与建筑有关的工作，建筑经验丰富，因此能担当起重修《营造法式》的重任。

图6-9　李诫墓

（河南省文物局：《河南文化遗产》，文物出版社，2011年，第370页）

李诫的生年史籍有缺，据傅冲益为其做的《李公墓志铭》："元丰八年，哲宗登大位，正议时为河北转运副使，以公奉表致方物，恩补郊社斋郎，调曹州济阴县尉。"[①]"元丰八年"即1085年，"正议"指李南公，乃其被赠予的官号"左正议大夫"的简称。结合北宋荫官的年龄限制，梁思成先生推测，李诫的父亲替他捐官的时候，他的年龄很可能是20岁左右，故此，他可能出生在1060～1065年[②]。也有学者认为当在1063～1064年[③]，或1064～1065年[④]。李诫的卒年，《李公墓志铭》有详细记载："大观四年二月丁丑，今龙图阁直学士李公譓对垂拱。上问弟诫所在。龙图言，方以中散大夫知虢州，有旨趋召。后十日，龙图复奏事殿中，既以虢州不禄闻。上嗟惜久之。诏别官其一子，公之卒二月壬申也。"其卒于大观四年二月壬申，即1110年2月23日。

李诫于元丰八年恩荫获官后，从而开始了他的仕途生活。哲宗元祐七年（1092年）任将作监主簿；绍圣三年（1096 年）升将作监丞，并与次年奉旨重新编修《营造法式》；徽宗崇宁元年（1102 年）又升将作少监；崇宁二年（1103年）任京西转运判官；随后于崇宁三年（1104年）任将作监，直到徽宗大观三年（1109年）虢州知州，并于次年卒于任上。纵观李诫一生，也不过四十六七岁，但是却在将作监任职达16年之久，可谓为北宋的建筑事业付出了毕生的精力。除了编撰官方营造标准《营造法式》外，其还主持修建或重建过很多政府的土木工程，如五王邸、辟雍、尚书省、龙德宫、棣华宅、朱雀门、景龙门、九成殿、开封府廨、太庙、钦慈太后佛寺等。

李诫为人"孝友、乐善、赴义、喜周人之急"[⑤]，是一个勤于学习，酷嗜读书之人，如傅冲益云："（诫）博学多艺能，家藏书数万卷，其手抄者数千卷。"[⑥]所以他知识面较为广博，除《营造法式》外，尚著有《续山海经》十卷、《续同姓名录》二卷、《琵琶录》三卷、《马经》三卷、《六博经》三卷、《古篆说文》十卷等书[⑦]。

① （宋）程俱：《北山小集》（四部丛刊续编本）卷三十三，上海商务印书馆，1934年，第14页。

② 梁思成：《营造法式注释》，《梁思成全集》第七卷，中国建筑工业出版社，2001年，第7页。

③ 左满常、张大伟：《李诫与〈营造法式〉》，《古建园林技术》2002年第2期。

④ 张玉霞：《李诫生年考》，《中国文物报》2012 年1 月20 日第 6 版。

⑤ （宋）程俱：《北山小集》（四部丛刊续编本）卷三十三，上海商务印书馆，1934年，第15页。

⑥ （宋）程俱：《北山小集》（四部丛刊续编本）卷三十三，上海商务印书馆，1934年，第15页。

⑦ （宋）程俱：《北山小集》（四部丛刊续编本）卷三十三，上海商务印书馆，1934年，第15页。

傅冲益称其“多艺”也非空泛的赞誉之辞，《琵琶录》书名即反映出他很可能对音律也有研究，而对书画更是十分精通，深得当时名家的赞赏，如他“工篆籀草隶皆入能品，尝纂《重修朱雀门记》，以小篆书丹以进，有旨勒石朱雀门下。善画得古人笔法，上闻之遣中贵人谕旨，公以《五马图》进，睿鉴称善”[①]。可惜的是除了《营造法式》外，其他个人著作均已失传。

需要指出的是，关于《营造法式》作者的名字到底是李诫还是李诚自古以来就颇有疑问。元陆友仁《研北杂志》云：“李明仲诚所著书，有《续山海经》十卷、《古篆说文》十卷、《续同姓名录》二卷、《营造法式》二十四卷……”[②]四库馆臣云：“友仁称诫字仲明，而书其名作诚字，然范氏天一阁影钞宋本及《宋史·艺文志》《文献通考》俱作诫字，疑友仁误也。”[③]余嘉锡先生指出：“诫所著书已见墓志铭，《提要》不知诫有墓志在《北山小集》中，故仅以《研北杂志》为据。至其人之名，考墓志铭及《郡斋读书志》卷七、《直斋书录解题》卷七、《玉海》卷九十一皆作‘诫’，《石林燕语》卷八记建都省事，亦称为将作少监李诫，则《研北杂志》及他书或作‘李诚’者，以字形相近而误也。若《宋史·艺文志》五行类则固作‘李戒’，《通考》卷一百二十九又作‘李诫’，皆不作‘诚’字也，《提要》误矣。”[④]近来关于此之争议又起，详见曹汛先生的《〈营造法式〉崇宁本——为纪念李诫〈营造法式〉刊行九百周年而作》《李诫本名考正》[⑤]等文，此不赘述。

二、《营造法式》的版本与内容

北宋崇宁二年（1103年），《营造法式》首次以小字本刊刻颁行全国，作为工程建造的准则，后世称此次刊刻为“崇宁本”。但是此时已是北宋末期，很快发生了“靖康之难”，政府的大量图书在此次兵燹之中散佚，《营造法式》当然也在其中。故此“崇宁本”《营造法式》基本于衣冠南渡之后，就罕有再见者，仅有少数文人有著录。南宋时期，于绍兴十五年（1145年）在平江府（今苏州市）王唤加以重刻，世称“绍兴本”。到绍定间（1228～1233 年）平江府又曾第二次重刻，是目前仅存的《营造法式》宋刻本，只存三卷半，共41叶，收在中华书局影印的《古逸丛书三编》内[⑥]。

宋刻本《营造法式》到明代流传亦不广，杨士奇《文渊阁书目》和张萱《内阁书目》有记载。此外，毛晋汲古阁、钱谦益绛云楼各藏有刻本。关于毛氏藏本，周亮工云：“近人著述，凡博古、赏鉴、饮食、器具之类，皆有成书，独无言及营造者。宋人李诫之有《营造法式》卅卷，皆徽庙宫室制度，如艮岳、华阳诸宫法式也。闻海虞毛子晋家有此书，凡六册，式皆有图，款识高妙，界画

① （宋）程俱：《北山小集》（四部丛刊续编本）卷三十三，上海商务印书馆，1934年，第15页。

② （元）陆友仁：《研北杂志》卷上，《宝颜堂秘笈·普集第八》，文明书局，1922年，第9页。

③ （清）永瑢等：《四库全书总目》，中华书局，1956年，第713页。

④ 余嘉锡：《四库提要辨证》，中华书局，1980年，第485、486页。

⑤ 载《建筑师》2004年第2期；王贵祥主编：《中国建筑史论汇刊》第3辑，清华大学出版社，2010年，第3～37页。

⑥ 傅熹年：《重印陶湘仿宋刻本〈营造法式〉·序》，《中国建筑史论汇刊》第4辑，清华大学出版社，2011年，第14页。

精工，竟有刘松年等笔法，字画亦得欧、虞之体，纸板黑白之分明，近世所不能及。子晋翻刻宋人秘本甚多，惜不使此书一流布也。”[①]而范氏天一阁、赵氏脉望馆等藏本均是钞本。清代，据天一阁及《永乐大典》等编入《四库全书》中，且《营造法式》钞本收藏者也不乏其人，有张氏爱日精庐藏本、张氏小琅嬛仙馆藏本、瞿氏铁琴铜剑楼藏本、陆氏皕宋楼藏本、蒋氏传书堂藏本和丁氏八千卷楼藏本等。

1919年朱启钤先生在南京江南图书馆（今南京图书馆）发现了丁氏钞本《营造法式》（后称“丁本”）。1925年陶湘用丁本与《四库全书》文渊、文溯、文津各本进行校勘后，按宋残页版式和大小刻版印行，是为陶本。后由商务印书馆据陶本缩小影印成《万有文库》本，1954年重印为普及本。

《营造法式》在流传过程中造成了很多残缺，各藏书家之著录也颇为不同。关于其内容、卷数等，李诫云：“《营造法式》，总释并总例共二卷，制度一十五卷，功限一十卷，料例并工作等第共三卷，图样六卷，目录一卷，共三十六卷。计三百五十七篇，共三千五百五十五条。”[②]这些都是根据工匠的实际经验总结、提炼而成，而李诫在编撰的过程中，“其考工庀事，必究利害。坚窳之制，堂构之方，与绳墨之运，皆了然于心”[③]。所以全书体例明晰，结构严谨，各卷内容安排如下：

卷首为看详和目录：对各作的理论说明和历史依据的解释；

第一、二卷为总释和总例：总释广征博引对建筑术语和构件名称进行了考证和释解；总例对工程中常用的数据和计算作了统一规定。

第三卷为壕寨及石作制度：壕寨制度详细论述了筑基、筑城、筑墙、筑临水基的施工方法和材料配比，以及“取正”“定平”测量方法和工具仪器的使用方法等；石作制度主要介绍建筑石构件的适用和加工方法。

第四、五卷为大木作制度：建筑主体木结构的制度，如梁、柱、枓拱、槫、椽等。

第六至十一卷为小木作制度：凡门、窗、栏杆、佛道帐、经藏等房屋的小型木构件的制度。

第十二卷为雕作、旋作、锯作、竹作制度：木料加工三种技术的制度和竹器的制造方法等制度

第十三卷为瓦作、泥作制度：有关砖、瓦的制造和使用的制度。

第十四卷为彩画作制度：在建筑物上进行彩绘的原则与方法的制度。

第十五卷为砖作、窑作制度：砖的使用，以及砖、瓦、琉璃等的烧制技术及窑的制造方法等。

第十六至二十五卷为诸作“功限”：对各作所需要的施工限额进了具体规定。

第二十六至二十八卷为诸作“料例”：对各作构件按等第、大小规定其用料的限制。

第二十九至三十四卷为诸作图样：其中图样193幅，约占全书五分之二的篇幅。

可见《营造法式》对建筑的设计、结构，以及建造过程中材料的使用和施工限额等都做出了详

① （清）周亮工：《书影》卷一，上海古籍出版社，1981年，第38页。

② （宋）李诫：《营造法式·看详·总诸作看详》，商务印书馆，1954年，第41页。

③ （宋）程俱：《北山小集》（四部丛刊续编本）卷三十三，上海商务印书馆，1934年，第14页。

细说明。在体裁上首先释名，次为诸作制度，次为诸作功限，再次为诸作料例，最后为诸作图样。因此梁思成先生认为《营造法式》全书纲举目张，条理井然，它的科学性是古籍中罕见的。《营造法式》是北宋官订的建筑设计、施工的专书。它的性质略似于今天的设计手册加上建筑规范。它是中国古籍中最完善的一部建筑技术专书，是研究宋代建筑以至中国古代建筑的一部必不可少的参考书①。

三、《营造法式》的建筑学成就

李诫“考阅旧章，稽参众智”②，积极吸收、利用当时工匠们的实践经验，并与旧有之典章相比较，编撰出《营造法式》一书，是对北宋及其以前建筑工艺的系统总结，因此具有很高的建筑科学和应用价值。

北宋政府组织编撰《营造法式》的目的，就是为了统一当时杂乱无章的建筑工程体系，这不仅包括建筑物主体结构及其构件形状、大小等详细规定，还包括在施工过程中的用工制度等，通过这种严格的制度化规定，以达到节省政府财政支出的目的，如在《大木作制度》中详细规定了建筑主体的用材制度，对于小木作也规定了彼此之间的固定比例，严格控制它们的大小。而对于彩画和雕刻等艺术性较强的部分，也做出了细致的规定和说明。可以说《营造法式》体现了一种建筑标准化倾向，在总结历代建筑工艺的基础上，追求形制统一的建筑标准模式，并以《营造法式》带有的法令性质，作为工程条例和规范而颁布全国。

《营造法式》编著的基本方针是“有定式而无定法”，虽然对一般建筑工程做出了精细的设计和构件规范，而为了使建筑设计和材料运用的灵活多样，依然给建筑设计师和营造工匠留有很大的余地。例如，对建筑设计的开间、柱高、进深等，只规定“柱虽长，不越间之广”等原则，而不做具体规定；柱础规定“方倍柱之径”，而厚度分三种范围分别规定，使柱础具有合理的强度。对结构设计的门窗只规定总尺寸的范围，细部尺寸“取门每尺之高积而为法”，求出每个构件的大小。这样既保证了建筑的整体稳定性，又使建筑的设计、施工具有多样性（图6-10）。

图6-10 《营造法式》中的建筑侧面图样
（中国建筑设计研究院建筑历史研究所选编：《〈营造法式〉图样》，中国建筑工业出版社，2007年，第108页）

《营造法式》后六卷为诸作图样，李诫指出：“各于逐项制度、功限、料例内创行修立，并不曾参用旧文，即别无开具看详，因依其逐作造作名件内，或有须于画图可见规矩

① 梁思成：《营造法式注释》，《梁思成全集》第七卷，中国建筑工业出版社，2001年，第5、6页。

② （宋）李诫：《营造法式·进新修营造法式·序》，商务印书馆，1954年，第16页。

者，皆别立图样，以明制度。”[①]因此，绘制了大量的图样，包括建筑主体的仰视平面图、横剖面图、构件构造图、雕饰图、施工仪器图等。这些图样十分形象具体，弥补了文字说明的深奥不利于传播的缺陷，是在影视发明以前最好的建筑工艺传承方式。其中很多直接反映了一些早已失传的建筑技术，是一份宝贵的建筑学参考资料（图6-11）。

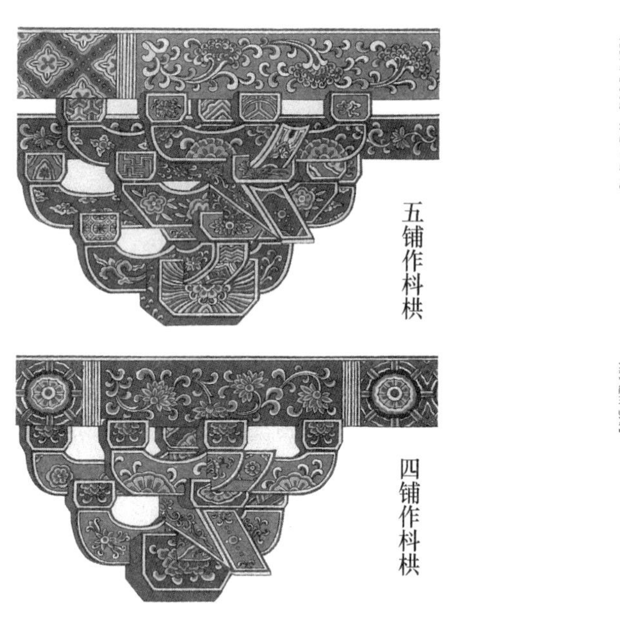

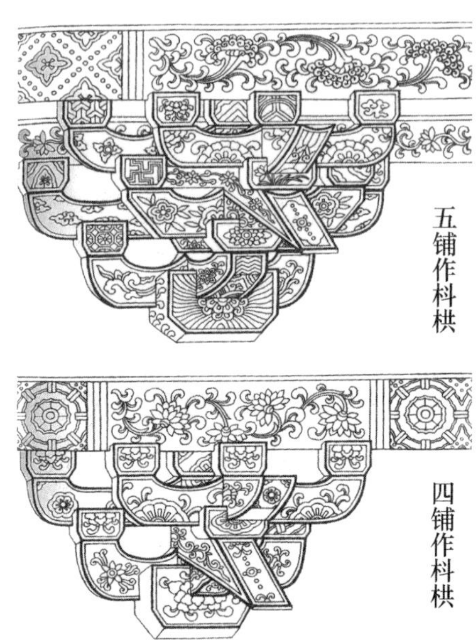

彩畫作制度圖樣下
五彩遍裝名件第十一

图6-11　《营造法式》中的彩画图样

（中国建筑设计研究院建筑历史研究所选编：《〈营造法式〉图样》，中国建筑工业出版社，2007年，第310、311页）

《营造法式》作为中国古代建筑学的经典之作，其中蕴含着丰富的科学知识，如其在《大木作制度》中开门见山地指出：“凡构屋之制，皆以材为祖；材有八等，度屋之大小，因而用之。”并详细地规定了“材分八等”的具体尺寸大小和使用范围，即

第一等：广九寸，厚六寸。以六分为一分。

右殿身九间至十一间则用之。若副阶并殿挟屋，材分减殿身一等；廊屋减挟屋一等。余准此。

第二等：广八寸二分五厘，厚五寸五分。以五分五厘为一分。

右殿身五间至七间则用之。

第三等：广七寸五分，厚五寸。以五分为一分。

右殿身三间至殿五间或堂七间则用之。

第四等：广七寸二分，厚四寸八分。以四分八厘为一分。

右殿三间，厅堂五间则用之。

第五等：广六寸六分，厚四寸四分。以四分四厘为一分。

右殿小三间，厅堂大三间则用之。

---

① （宋）李诫：《营造法式·看详·总诸作看详》，商务印书馆，1954年，第42页。

第六等：广六寸，厚四寸。以四分为一分。

右亭榭或小厅堂皆用之。

第七等：广五寸二分五厘，厚三寸五分。以三分五厘为一分。

右小殿及亭榭等用之。

第八等：广四寸五分，厚三寸。以三分为一分。

右殿内藻井或小亭榭施铺作多则用之。

栔广六分，厚四分。材上加栔者谓之足材。施之栱眼内两枓之间者谓之闇栔。各以其材之广，分为十五分，以十分为其厚。凡屋宇之高深，名物之短长，曲直举折之势，规矩绳墨之宜，皆以所用材之分，以为制度焉。凡分寸之"分"皆如字，材分之"分"音符问切。余准此[①]。

李诫这里建立的材分八等制度，确定了中国木结构的模数制，便于工匠对构件的加工，在保证强度的同时，使之标准化，并为建筑的尺度变化创造了条件。所谓"材"，指木构建筑中栱或枋的断面，即矩形断面（图6-12）。例如，以一等材为基准建造建筑物，则栱或枋的断面的高度为9寸，宽度为6寸，其高宽比率为3∶2，那么如果梁的断面为3材的话，则梁高为（3×9）寸，宽为（3×6）寸，这样就建立了以一等材为模数的建筑取材标准。为了解决不足一材的构件的尺寸问题，把材的分尺寸定为分，一分相当于材高的十五分之一，材宽的十分之一。而在材与分之间又栔作为补充模数单位，所谓栔是指栱或枋之间的空当尺寸，所谓"栔广六分，厚四分"，则栔高宽比率也是3∶2。这个比率具有很高的力学价值，比意大利科学家伽利略提出的2.8∶2的相近数据早了近600年[②]。而这种模数体制的建立又十分有利于施工过程中的估料和估工，可谓实用价值极高，满

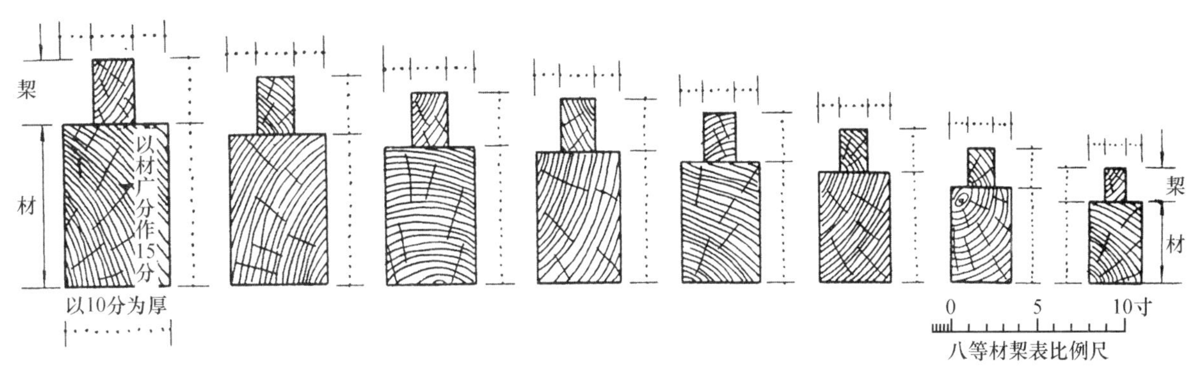

图6-12　八等材示意图

（郭黛姮：《李诫》，《中国科学技术史·人物卷》，科学出版社，1998年，第365页）

足了当时北宋政府对建筑工程进行预算和控制功料的目的，而其又极具科学价值，因此它无疑是中国古代建筑史上的一大创新之举。

总之，《营造法式》体系严谨，内容丰富，是当时建筑科学技术的一部百科全书。书中几乎包括了当时建筑工程，以及和建筑有关的各个方面，是进行工程建筑不可缺少的技术手册。元朝水利工程技术中关于筑城部分的规定，几乎和《营造法式》的规定完全相同，而明朝的《营造法式》和

---

① （宋）李诫：《营造法式》卷四《大木作制度一·材》，商务印书馆，1954年，第73～75页。

② 郭黛姮：《从近现代科学技术发展看中国古代木结构建筑技术成就》，《自然科学史研究》1983年第4期。

清朝的《工部工程做法则例》也吸取了其中很多内容。

《营造法式》对当时及历代建筑技术都做了系统的总结，是北宋官方颁布的一部关于建筑设计、施工的规范书，标志着宋代建筑技术向标准和定型方向发展，是中国古籍中最完整的一部建筑技术专著，对后世建筑技术影响深远。

第五节　指南针、火药与活字印刷术应用

一、指　南　针

辨别方向是人类生产、生活中一件十分重要的事情，如《周礼》云：“惟王建国，辨方正位，体国经野，设官分识，以为民极。乃立天官冢宰，使帅其属而掌邦治。”[①]所谓“辨方正位”即辨别方向，此处《周礼》所云建邦立国的第一件事就是“辨方正位”，足见其在国家政治生活中占有极其重要的地位。在指南针发明以前，古人主要利用圭表测影及观测北极星的方法确定方向，如《考工记》载：“昼参诸日中之景，夜考之极星，以正朝夕。”[②]在长期的生产、生活中，人们又逐渐认识到磁石的吸铁性和指极性，最终发明了指南针，并将其应用到航海等领域中。

（一）中国古代对磁石的认识

早在公元前7世纪古人就已经对磁石有了认识，如《管子·地数》载：“上有丹砂者，下有黄金；上有慈石者，下有铜金；上有陵石者，下有铅锡、赤铜；上有赭者，下有铁。”这里论述的是矿物之间的共生关系，“慈石”，即“磁石”。据王振铎先生考证据慈、礠、磁三个字出现的先后次序观之，慈为原文，礠为繁体，磁为礠的省书，盖后起字也[③]。大约在唐宋时期，“慈石”方写成“磁石”或“礠石”。

战国秦汉时期，《吕氏春秋·精通》记载：“慈石召铁，或引之也。”高诱注云：“石，铁之母也。以有慈石，故能引其子。石之不慈者，亦不能引也。”唐陈藏器《本草拾遗》云：“磁石，毛铁之母也。取铁，如母之招子焉。”[④]可见，古人对磁石的吸铁性有了形象的认识，同时也认识到磁石对其他物质，如瓦、铜等，则不具有吸引性。例如，《淮南子·览冥训》云：“慈石之能连铁也，而求其引瓦，则难矣。”而《淮南子·说山训》又云：“慈石能引铁，及其于铜，则不行也。”而随着认识的深化，人们开始根据磁石吸铁能力的强弱，对其进行分类，如“夫欲验者：一斤磁石，四面只吸铁一斤者，此名延年沙；四面只吸得铁八两者，号曰续夫石；四面只吸得五两已来者，号曰磁石”[⑤]。

---

① （清）阮元校刻：《十三经注疏·周礼注疏》，中华书局，1980年，第639页。

② （清）阮元校刻：《十三经注疏·周礼注疏》，中华书局，1980年，第927页。

③ 王振铎：《科技考古论丛》，文物出版社，1989年，第50页。

④ （宋）唐慎微：《证类本草》卷四《玉石部·磁石》引陈藏器云，《文渊阁四库全书·子部·医家类》740册，台湾商务印书馆，1986年，第149页。

⑤ （宋）唐慎微：《证类本草》卷四《玉石部·磁石》引《雷公炮炙论》，《文渊阁四库全书·子部·医家类》740册，台湾商务印书馆，1986年，第149页。

除了吸铁性，磁石彼此之间还具有同性相斥，异性相吸的性质。汉代人们已经认识到这一点，如《史记》载“（栾）大曰：‘臣师非有求人，人者求之。陛下必欲致之，则贵其使者，令有亲属，以客礼待之，勿卑，使各佩其信印，乃可使通言于神人。神人尚肯邪不邪。致尊其使，然后可致也，于是上使验小方，斗棋，棋自相触击”[①]。王振铎先生考证，“斗棋”是博棋或卜棋，“小方”是小体方形的斗棋子[②]。“自相触击”即各具南北二级的棋子磁体，互相吸引或排斥而产生的现象。当时，人们已经掌握了制作磁化棋子的方法，如《太平预览》卷七百三十六引《淮南万毕术》道：“取鸡磨针铁，以相和慈石，棋头置局上，自相投也。”同书卷九百八十八又引《淮南万毕术》云：“取鸡血与作针磨铁，捣之，以和磁石，日涂棋头，曝干之，置局上，即相据不休。”这实际上是采用胶合剂将具有磁性的铁碎屑黏合在棋子上，从而使之具有磁铁的性质。

宋代，这种人造磁体技术继续得以传承，《鸡肋篇》载：“有人自云能是碌轴相博，因先敛钱，以二瓢为试，置之相去一二尺，而跳跃相就，上下宛转不止。人皆竞出钱，欲看石轴相击。遂有告其造妖术惑众，收赴狱中，固以铁锁，灌之猪血。其人诉云：‘二瓢尚在怀中。乃捣磁石错铁末，以胶涂瓢中各半边，铁为石气所吸，遂致如此。其云使石者，特给众以率钱耳。’破之信然，久乃释之。”[③]

由此看来，早在汉代人们就能制出人造磁体，虽然是将它应用到博棋或卜棋中，但是这种对磁性的充分认识，说明当时人们已经具备了相应的知识储备，一旦在实际生产、生活中提出了相应的需求，很快就会被推广应用。

（二）司南的形制

除了吸铁性外，古人在与磁石的接触过程中，还发现其具有指极性，并加以利用，用来制造司南。例如，战国时期的《韩非子·有度》中这样记载：“夫人臣之侵其主也，如地形焉，即渐以往，使人主失端，东西易面而不自知。故先王立司南以端朝夕。”此后，《鬼谷子·谋篇》也有记载：“郑人之取玉也，必载司南之车，为其不惑也。”这些都说明当时有可能已经出现了利用磁性制造的指向器——司南。此后，有关这类的记载屡见于各类文献，张衡《东京赋》“良久乃言曰：‘鄙哉予乎！习非而遂迷也，幸见指南于吾子。若仆所闻，华而不实。先王之言，信而有征’”。陈寿《三国志·蜀书·许靖传》“南阳宋仲子于荆州与蜀郡太守王商书曰：‘文休倜傥瑰玮，有当世之具，足下当以为指南’”。据此记载足见当时司南已经成为十分普遍和为大家所熟知，并被用以形容人品才智之高尚。

现在已知关于司南形状的最早记载出自东汉王充之手，他在《论衡·是应篇》说：“司南之杓，投之于地，其柢指南。”王振铎先生指出：“《论衡》谓司南投之于地。其所谓地，非土地之地，乃地盘之地。古有栻占，地形如栻之方盘。”[④]并经过考证和实验将天然磁石琢成圆底的瓢勺

---

① （汉）司马迁：《史记》卷二十八《封禅书》，中华书局，1959年，第1390页；（汉）司马迁：《史记》卷十二《孝武本纪》第二册，中华书局，1959年，第463页。

② 王振铎：《科技考古论丛》，文物出版社，1989年，第85页。

③ （宋）庄绰：《鸡肋篇》卷中，中华书局，1983年，第72页。

④ 王振铎：《科技考古论丛》，文物出版社，1989年，第105页。

形状的“杓”，而“投之于地”的“地”被制造为铜质光滑的“栻占”地盘。据此复原了历代文献记载中的所谓“司南”（图6-13）。

潘吉星先生认为磨制磁石时，宜按“不倒翁”（self-righting doll）原理使重心稳定，其旋转半径小于天盘盘心半径，其外形以带有短柄的中空半椭圆球状为宜，实际上像瓢勺而非餐具汤勺，但又不是真正的瓢勺。勺长约3厘米，盘心直径7厘米，地盘10厘米×10厘米，盘厚8毫米，天盘盘心磨光。地盘因勺小，减去不必要的层位而相应变小。这样复制出的司南，制成实物模型，当更便利使用与携带，也更近于古代形制[①]。

尽管对司南是否是磁性指向器的争议不绝于耳，但是古代文献的记载确实言之凿凿，不容否定。不过，利用天然磁石制造的司南与指南针的制造有着本质的区别。

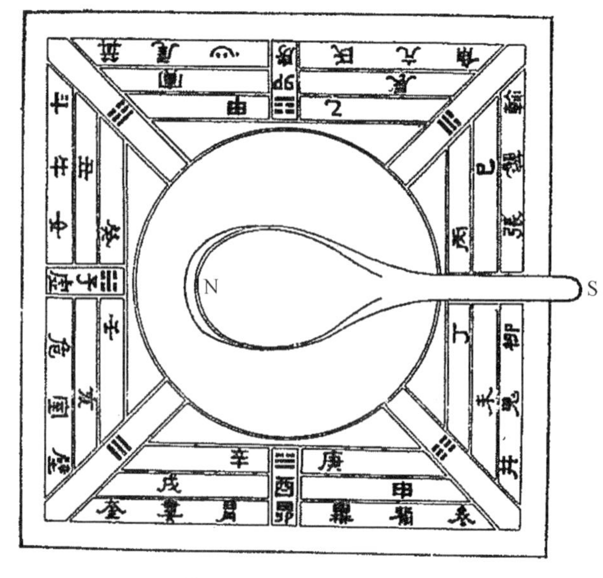

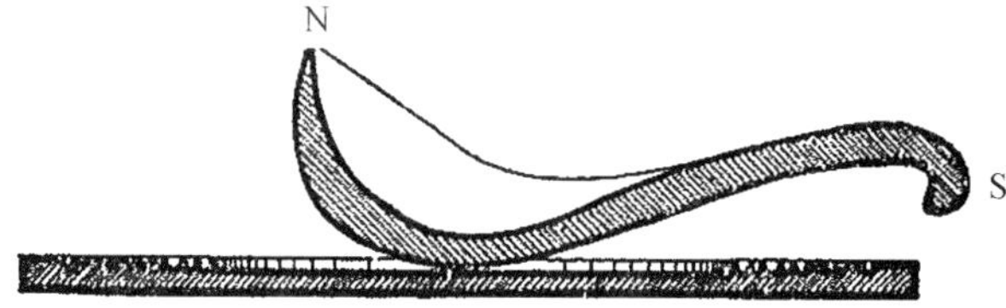

图6-13　汉代司南及地盘复原图

（潘吉星：《中国古代四大发明——源流、外传及世界影响》，中国科学技术大学出版社，2002年，第329页，图224）

（三）指南针的制造与使用

人们在利用天然磁石制造司南的时候，已经认识到了磁体的指极性，但是它跟指南针还有本质上的差别。只有利用人工磁化技术制造的指向器，才是真正的指南针，人工磁化技术和指南针是紧密联系在一起的。

迄今所发现最早的有关指南针文献是北宋时期杨惟德编撰的相墓著作《茔原总录》，是书卷一记载：“匡四正以无差，当取丙午针。于其正处，中而格之，取方直之正也。” 意思就是若要没有误差的确定四方的方向，那么就让指针的方向指向“丙午”的正中间，那么就可以确定出“午”所指的就是正南方向了。指针是和刻有方位的罗盘配合使用，“午”代表的是地理正南方向，“丙”代表的是地理正南偏东方向，参见潘吉星先生所复制之“司南图”的地盘方位。

杨惟德的记载说明已经使用磁针和罗盘配合以确定方向，且认识到指南针所指之南与地理正南方向的偏差，即已经发现了地球的磁偏角。当然他们当时对其中的科学原理并没有足够的认识，但是已经能够在实践中利用它来校正方向了，已实属不易。

《茔原总录》说明当时利用指南针辨别方向的方法已经十分成熟，但是并没有记载指南针的制造方法，最重要的就是如何用人工的方法将指针磁化。北宋《武经总要》记载了以地磁场磁化钢铁片获得磁化指针的方法。

《武经总要》是曾公亮和丁度等奉宋仁宗之敕编撰的。丁度（990～1053年），字公雅，祥符

① 潘吉星：《中国古代四大发明——源流、外传及世界影响》，中国科学技术大学出版社，2002年，第330页。

（今河南开封）人。宋真宗大中祥符中登服勤词学科，仁宗时历知制诰、翰林学士、河东宣抚副使、知审刑院、枢密副使、参知政事等，除与曾公亮一起编撰《武经总要》外，尚著有《土牛经》《备边要览》《庆历兵录》《行军须知》等，多已佚失。从其所著书目上，可知此人对军事学素有研究。《武经总要》这段关于指南针的制造和使用方法的介绍，正是为了在部队行军过程中辨别方向所用：

> 如在旷野四隅莫辨，又值夜晦，当视北辰及候中星为正。……若遇天景曀霾，夜色暝黑，又不能辨方向，则当纵老马前行，令识道路。或出指南车及指南鱼，以辨所向。指南车世法不传，鱼法以薄铁叶剪裁、长二寸、阔五分、首尾锐如鱼形，置炭中火烧之，候通赤，以铁钤钤鱼首出火，以尾正对子位，蘸水盆中，没尾数分则止。以密器收之。用时置水碗于无风处，平放鱼在水面令浮，其首当南向午也[1]。

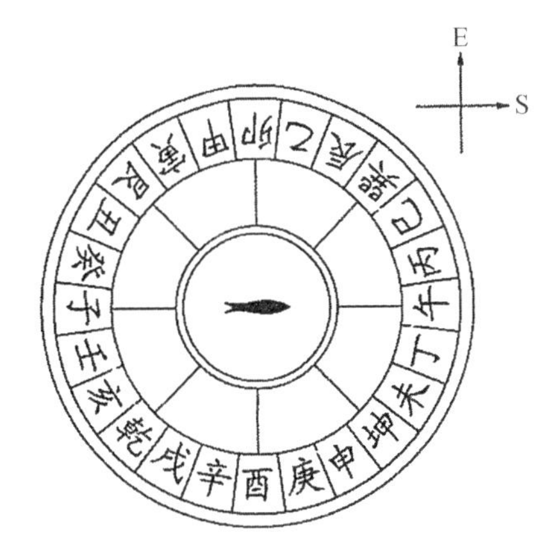

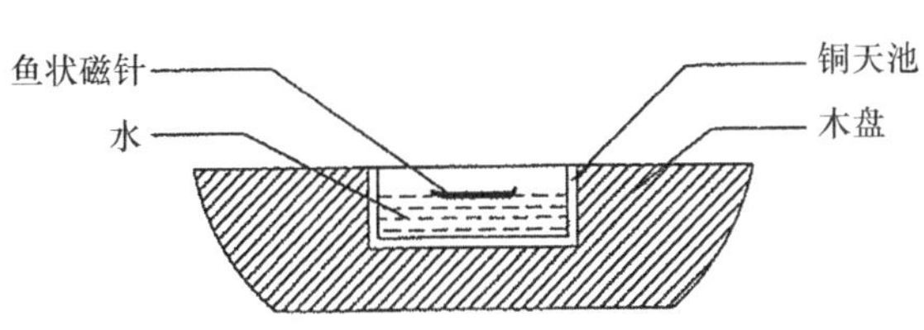

图6-14　“指南鱼”复原图

（潘吉星：《中国古代四大发明——源流、外传及世界影响》，中国科学技术大学出版社，2002年，第341页，图229）

《武经总要》这段文字将常用的辨别方向的方法一一加以介绍，如夜间视北极星及候中星等观天象的方法，尚涉及指南车，指明其制已失传，但是却详细记述了指南鱼的制作和使用方法（图6-14）。

这里描述的“薄铁叶”很可能是钢，将其剪成鱼形片、烧红，当炉温高于居里点（约700℃）时，钢铁的磁畴排列完全被瓦解。而当它“蘸水”即淬火急冷时，磁畴排列又复形成。关键在于其冷却时，“以尾正对子位”。这相当于铁片是按地球子午线方向，即地磁的南北方向冷却的。因此，在地磁场的影响下，冷却后的铁片磁畴就都顺地磁方向排列，从而使铁片产生了磁性。在冷却铁叶的过程中，将铁叶“没尾数分”，利用了地磁倾角，增强了对铁叶的磁化程度。当铁片完全冷却，其磁畴也就完全按地磁方向排列，则鱼头为北极，鱼尾为南极。将这种指南鱼平放入水碗后，受地磁场影响，鱼头指向南方，鱼尾指向北方。古人不懂得地球磁场和地磁倾角，但在实践中把握住了这些因素[2]。

《武经总要》所记载的制造指南针的方法，主要是利用强大的大地磁场来磁化铁片。沈括在《梦溪笔谈》卷二十四中又记载了一种方法：

> 方家以磁石磨针锋，则能指南，然常微偏东，不全南也。水浮多荡摇，指爪及碗唇上皆可为之，运转尤速，但坚滑易坠，不若缕悬为最善。其法，取新纩中独茧缕，以芥子许蜡，缀于针腰，无风处悬之，则针常指南。其中有磨而指北者。予家指南、北者皆有之。

① （宋）曾公亮、丁度等：《武经总要》卷十五，《中国兵书集成》第3册，解放军出版社、辽沈书社联合出版，1988年，第773～775页。

② 戴念祖：《中国科学技术史·物理卷》，科学出版社，2001年，第410页。

磁石之指南，犹柏之指西，莫可原其理。

《梦溪笔谈》的《补笔谈》卷三：

以磁石摩针锋，则锐处常指南，亦有指北者，恐石性亦不同，如夏至鹿角解，冬至麋角解，南北相反，理应有异，未深考耳。

沈括这里主要介绍了用磁石摩擦针锋的方法来磁化指针，并发现了磁针“常微偏东，不全南也”的地磁偏角现象。同时也指出经过磁石摩擦的针锋，常出现指南和指北的不同现象，这是因为每一磁性物体都存在南北两极，用天然磁石的“北极”磨针，就能使针指南，用“南极”磨针就能使针指北，限于当时的科学整体水平，沈括不可能了解这些知识，甚至对于指南针之所以指南，也仅仅用一句“莫可原其理”做总结，不过这正反映了他严谨的科学态度，不采用那些五行学说的附会之辞强为之说。

对于指南针的装置方法，沈括介绍了四种指南针：将指南针放在指甲上的指爪法；将指南针放在碗口边上的碗唇法；将指南针悬挂在新蚕丝上并用蜡粘住的缕悬法；将指南针横贯灯尺而浮水面的水浮法。

在沈括介绍的四种方法中，并未详载水浮法的具体内容，北宋本草学家寇宗奭在《本草衍义》中说：“磨针锋则能指南，然常偏东不全南也。其法取新纩中独缕，以半芥子许蜡，缀于针腰，无风处垂之，则针常指南。以针横贯灯心，浮水上，亦指南，然常偏丙位。”[①]“灯心”，即灯芯草也，将磁针贯穿灯芯草，至于水中，是为了增加浮力，使磁针漂浮于水面。这实际上与中国水罗盘的悬针方法是一致的。潘吉星先生根据《梦溪笔谈》和《本草衍义》的记载，对这种样式的指南针进行了复原。

此后，中国于南宋时期还发明了旱罗盘，但是在中国得到广泛使用的还是水罗盘，其主要被用于风水先生的堪舆之学及海洋航行中，对中国产生了很深的影响。指南针用于航海的记录，最早见于宋代朱彧的《萍洲可谈》：“舟师识地理，夜则观星，昼则观日，阴晦观指南针。”[②]以后，关于指南针的记载极丰。到了明代，遂有郑和下西洋，远洋航行到非洲东海岸之壮举。

从磁石到司南，再到指南针，这是中国古代人民在长期的生产劳动中逐渐总结经验，依靠集体智慧的创新和发明。尤其是到了宋代指南针的制造技术与在航海中的实际应用都得到了发展，此时的政治、经济、文化与科技中心均在中原地区，尤其是当时的首都东京，汇集了一大批杰出的科学家，如沈括等，他们通过自己的研究为当时科学技术的发展做出了杰出的贡献。就指南针之所以指南北的问题，虽然沈括并未给出符合现代科学原理的解释，但是，在当时的背景下，科学技术的特征是注重实用性，沈括对指南针的制造、装置及应用均做出了科学严谨的研究，是那个时代世界上独一无二的，不能以现在的科学知识水平来否定古人的科学研究成果。科学不仅仅是结论，更是一种研究方法，也是一种科学思想与态度，沈括对指南针的研究及实事求是的解释指南针原理的史实，是中原科技史乃至世界科技史上，最辉煌的成就之一。

---

① （宋）寇宗奭：《本草衍义》卷五《磁石》，人民卫生出版社，1990年，第32页。

② （宋）朱彧撰、李伟国点校：《萍洲可谈》卷二，中华书局，2007年，第132页。

二、火　药

（一）什么是火药

火药，顾名思义“着火的药”，所以“火”是其主要特性之一，包括燃烧性和爆炸性。这主要是因为火药是将硝石（KNO_3）、硫黄、木炭三种粉末按比例配制成的混合物。这种混合物在不借助外界助燃剂的情况下能迅速燃烧起来，释放出大量气体和化学能量。硝石的主要成分硝酸钾是氧化剂，为火药的燃烧提供氧气；木炭是燃烧剂，与氧化剂反应，增加燃烧速度；而硫黄则是硝石和木炭的黏合剂，而硫本身具有可燃性，可使火药爆炸后产生更多的气体，增加其威力，因此，硫在火药爆炸中起着重要的作用。因此，火药具有一套自供氧气系统，故此，同古希腊等西方早期使用的燃烧剂有着本质的区别。

火药的点火和燃烧机理十分复杂，1952年英国的布莱克伍德（J.D.Blackwood）和波登（F.P.Bowden）分别考察了火药中二元混合物（KNO_3+S、S+C和KNO_3+C）的反应机理：

硫和木炭中的有机物反应：S+有机物→H_2S　①

硝与有机物反应：KNO_3+有机物→NO_2　②

可能发生下列反应：$2KNO_3+S \rightarrow K_2SO_4+2NO$　③

$KNO_3+2NO \rightarrow KNO_2+NO+NO_2$　④

$H_2S+NO_2 \rightarrow H_2O+S+NO$　⑤

当有NO_2时，⑤式一直反应到H_2S为止，NO_2始按⑥式与未耗尽的S反应：

$2NO_2+2S \rightarrow 2SO_2+NO_2$　⑥

SO_2与KNO_3反应：$2KNO_3+SO_2 \rightarrow K_2SO_4+2NO$　⑦

⑤与⑥式为吸热反应，⑦实为强放热反应，①至⑦构成点火过程。火药起燃时，主要是炭被硝石所氧化。

而据1921年德国卡斯特（H.Kast）对黑火药的研究，其总反应式为：

$$74KNO_3+30S+16C_6H_2O\text{（木炭）}$$
$$\rightarrow 56CO_2\uparrow+14CO\uparrow+3CH_4\uparrow+2H_2S\uparrow+4H_2\uparrow$$
$$+35N_2\uparrow+19K_2CO_3+7K_2SO_4+2K_2S+8K_2S_2O_3$$
$$2KCNS+(NH_4)_2CO_3+C+S+665kcal/kg$$ [1]

中国历史上发明的火药是黑火药，与今天所用的黄色炸药系统不同，黄色炸药来源于1771 年发明的黄色染料苦味酸，因其具有很强的爆炸性，1885年法国首次将其用于军事用途，充当炮弹的炸药。但是从其发明到充当炸药使用要比黑火药晚得多，且已经是步入近代科学体系下的产物，两者不能盲目比较，或用以否定中国在近代科学产生以前的发明。

“火药”之所以称为“药”，主要是因为他的主要成分硝石和硫黄是古代中医治病用的重要的药材。例如，中国最早的药物学著作《神农本草经》对它们的药性做了详细的描述，将硝石

① 潘吉星：《中国古代四大发明——源流、外传及世界影响》，中国科学技术大学出版社，2002年，第230、231页。

列为上品第六种，云："朴消，味苦，寒，治百病，除寒热邪气，逐六腑积聚，结固，留癖，能化七十二种石。铢饵服之，轻身，神仙。""消石，名芒消，味苦，寒，无毒。治五脏积热，胃胀闭，涤去蓄积饮食，推陈致新，除邪气，铢之如膏，久服轻身。"而将石硫黄列入中品，称它"能化金银铜铁奇物"。即使在火药发明之后，火药本身仍被引入药，明代著名医药学家李时珍所著的《本草纲目》中，说火药能治疮癣、杀虫、辟湿气和瘟疫。由此可见，"火药"之"药"与治病救人之"药"的关系源远流长。

当然"火药"的发明，与中国古代炼丹家追求长生不老，用硝石和硫黄等炼制丹药有着密不可分的关系。

（二）火药的发明

中国古代对长生不老的追求可谓孜孜不倦，如秦皇、汉武之流者层出不穷，有些皇帝甚至自己也坠入炼制求仙丹药的春秋大梦之中，如明嘉靖皇帝就是其中一例。炼丹术可分为内丹和外丹，内丹又称还丹、金丹等，是以人体为鼎炉，以静功和气功来修炼人体自身的精、气、神，在体内凝练结丹的修行方式。相对于内丹，采用炉鼎烧炼金石，配制成药饵，并服用之，以求长生不老的方法，就是外丹。而火法和水法是外丹的两种主要炼制方法，其中火炼法主要包括煅、炼、炙、熔、蒸馏、升华、伏火等方法；水炼法主要包括化、淋、煮、熬、酿、浇、渍等方法。常用的金、石等物质包括金、银、铜、铁、锡、丹砂、雄黄、雌黄、空青、硫黄、云母、戎盐、硝石等，此外，还有木炭、松脂，以及其他草本药物。

在长期的炼丹过程中，唐代中期以后炼丹家们逐渐对硝石、硫黄、木炭等混合在一起会引起燃烧的特性及其危害有了清晰的认识："硝石宜佐诸药，多则败药。生者不可合三黄等烧，立见祸事。凡硝石伏火了，赤炭火上试，成油入火不动者即伏矣。……不伏者才入炭上，即便成焰。"[①]其中三黄是指硫黄、雄黄和雌黄。所谓的"伏火"，就是指采取加热、烘煅等措施，将一些炼丹所用金石药料的毒性、易燃易爆性、挥发性等改变的方法。这里就是指用伏火去除硝石易燃的特性，通过此描述可知，当时人们已经对硝石、硫黄、木炭等混合的燃烧性有了充分的认识，具有了制造火药的实践基础。

火药的广泛应用或许与其燃烧、爆炸等巨大的杀伤力在军事上的用途有着密切联系。例如，路振在其所撰的《九国志》中提到："天祐初，王茂章征安仁义于润州，……从攻豫章，璠以所部发机飞火烧龙沙门，率壮士突火先登入城。"[②]时人许洞谓："飞火者，谓火炮、火箭之类也。"[③]唐时五火炮的称谓，始见于《武经总要》一书，指以抛石机发射的带有引线火药包，而路振所谓的"发机飞火"当指原始的、抛掷型或弹射型的火药火炮或火箭。因此，目前学术界比较一致的意见是中国大约在晚唐时期，即9世纪末或10世纪初发明了真正的火药[④]。

---

① （唐）郑思远：《真元妙道要略》，《道藏》第19册，文物出版社、上海书店、天津古籍出版社，1988年，第294页。

② （宋）路振：《九国志》卷二《郑璠传》，江苏古籍出版社，1998年，第69页。

③ （宋）许洞：《虎钤经》卷六《火利》（丛书集成初编本），上海商务印书馆，1936年，第44页。

④ 赵匡华等：《中国科学技术史·化学卷》，科学出版社，1998年，第450、451页。

由此可见，中国历代炼丹家孜孜不倦的炼丹活动直接导致了火药的发明，但是其得到推广却在于其在军事上的应用。目前所知最早的火药的配方正是出自军事学著作——《武经总要》，该书记载的三个火药配方如下。

毒药烟球火药法："球重五斤，用硫黄一十五两，草乌头五两，焰硝一斤十四两，芭豆五两，狼毒五两，桐油二两半，小油二两半，木炭末五两，沥青二两半，砒霜二两，黄蜡一两，竹茹一两一分，麻茹一两一分，捣合为球，贯之以麻绳一条，长一丈二尺，重半斤，为弦子。更以故纸一十二两半，麻皮十两，沥青二两半，黄蜡二两半，黄丹一两一分，炭末半斤，捣合涂傅于外。若其气熏人，则口鼻血出。二物并以砲放之，害攻城者。"[①]此方中所用焰硝，即硝石重30两、硫黄重15两、各种含碳物质共重15.07两，三者共重60.07两，组配比率分别是49.06%、24.08%、26.6%[②]。

蒺藜火球火药法："蒺藜火球以三枝六首铁刃，以火药团之，中贯麻绳长一丈二尺，外以纸并杂药傅之，又施铁蒺藜八枚各有逆，须放时烧铁锥烙透令焰出。火药法：用硫黄一斤四两，焰硝二斤半，粗炭末五两，沥青二两半，干漆二两半，捣为末；竹茹一两一分，麻茹一两一分，剪碎，用桐油、小油各二两半，蜡二两半，熔汁和之。外傅用纸十二两半，麻一十两，黄蜡二两一分，炭末半斤，以沥青二两半，黄蜡二两半，熔汁和合，周涂之。"[③]此方中所用硝石重40两、硫黄重20两、各种含碳物质共重19.07两，三者共重79.07两，组配比率分别是50%、25%、25%。

火砲火药法："晋州硫黄十四两，窝黄七两，焰硝二斤半，麻茹一两，干漆一两，砒黄一两，定粉一两，竹茹一两，黄丹一两，黄蜡半两，清油一分，桐油半两，松脂一十四两，浓油一分。右以晋州硫黄、窝黄、焰硝同捣，罗砒黄、定粉、黄丹同研，干漆捣为末，竹茹、麻茹即微炒为碎末，黄蜡、松脂、清油、桐油、浓油同熬成膏。入前，药末旋旋和匀，以纸五重裹衣，以麻缚定，更别熔松脂傅之。以砲放，复有放毒药烟球法，具火攻门。"[④]窝黄则是天然产品，而砒霜则是砷素化合物，定粉为含毒物质，黄丹属铅化物。如果将各种物质分别按硝石、硫黄、含碳物进行分类，则硝石重40两，硫黄与窝黄共重21两，各种含碳物质共重18.02两，三者共重79.02两，组配比率分别是50.6%、26.6%、22.8%。

《武经总要》中所记述的三个配方（图6-15），表明当时火药的主要成分是硝石、硫黄和木炭，然后根据不同的实际需要，再掺杂其他物质就配制成具有不同功用的火药。例如，在火砲火药和蒺藜火药配方中，硝石、硫黄、木炭成分均占80%以上，而竹茹、麻茹、清油等其他物质才占不到20%的比例。虽然毒药烟球火药配方中硝石、硫黄、木炭的含量占总配方的65%，竹茹、麻茹、桐油、沥青等占35%，硝石、硫黄、木炭的比例有所下降，但是毒药眼球火药配方中，其他有毒物

---

① （宋）曾公亮、丁度等：《武经总要》卷十一，《中国兵书集成》第3册，解放军出版社、辽沈书社联合出版，1988年，第521页。

② 此处三个火药配方中硝石、硫黄、含碳物质三者的组配比率参引王兆春：《中国火器史》，军事科学出版社，1991年，第10、11页。

③ （宋）曾公亮、丁度等：《武经总要》卷十二，《中国兵书集成》第3册，解放军出版社、辽沈书社联合出版，1988年，第635页。

④ （宋）曾公亮、丁度等：《武经总要》卷十二，《中国兵书集成》第3册，解放军出版社、辽沈书社联合出版，1988年，第622、623页。

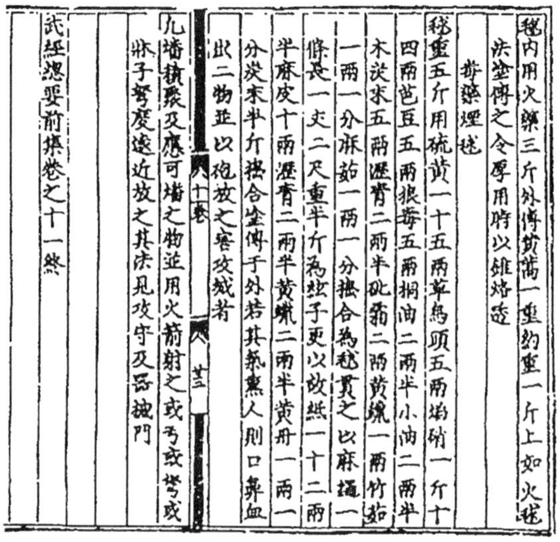

毬內用火藥三斤外傅黄蒿一重約重一斤上如火毬法塗傅之令厚用時以錐烙透

毒藥煙毬

毬重五斤用硫黄一十五兩草烏頭五兩焰硝一斤十四兩芭豆五兩狼毒五兩桐油二兩半小油二兩半木炭末五兩瀝青二兩半砒霜二兩黄蠟一兩竹茹一兩一分麻茹一兩一分擣合爲毬貫之以麻繩一條長一丈二尺重半斤爲弦子更以故紙一十二兩半麻皮十兩瀝青二兩半黄蠟二兩半黄丹一兩一分炭末半斤擣合塗傅于外若其氣熏人則口鼻血出二物並以砲放之害攻城者

凡燔攻聚及應可燔之物並用火箭射之或弓或弩或牀子弩度遠近放之其法見攻守及器械門

武經總要前集卷之十一終

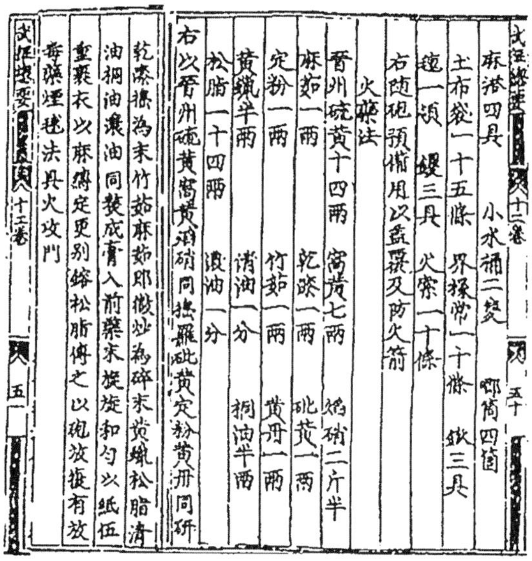

麻搭四具 小水桶二隻 唧筒四箇

土布袋一十五條 界扠索一十條 鈎三具

氈一領 鏁三具 火索一十條

右隨砲預備用以蓋覆及防火箭

火藥法

晉州硫黄十四兩 窩黄七兩 焰硝二斤半

麻茹一兩 乾漆一兩 砒黄一兩

定粉一兩 竹茹一兩 黄丹一兩

黄蠟半兩 清油一分 桐油半兩

松脂一十四兩 濃油一分

右以晉州硫黄窩黄焰硝同擣羅砒黄定粉黄丹同研乾漆擣爲末竹茹麻茹即微炒爲碎末黄蠟松脂清油桐油濃油同熬成膏入前藥末旋旋和勻以紙伍重裹衣以麻縛定更別鎔松脂傅之以砲放復有放毒藥煙毬法具火攻門

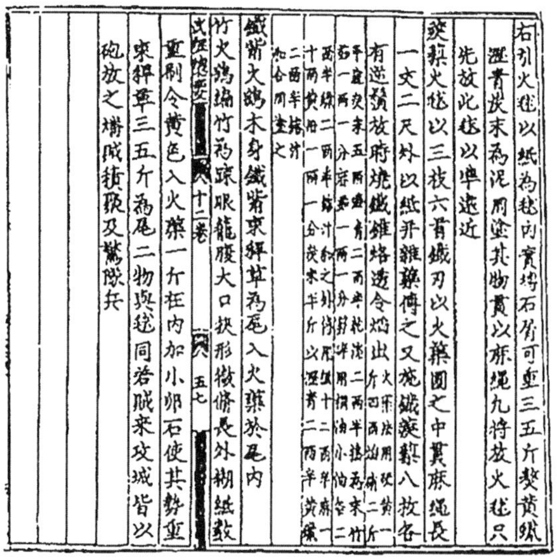

右引火毬以紙爲毬內實塼石屑可重三五斤熬黄蠟瀝青炭末爲泥周塗其物貫以麻繩凡將放火毬只先放此毬以準遠近

蒺藜火毬以三枝六首鐵刃以火藥團之中貫麻繩長一丈二尺外以紙并雜藥傅之又施鐵蒺藜八枚各有逆鬚放時燒鐵錐烙透令焰出 火藥法用硫黄一斤四兩焰硝二斤半麤炭末五兩瀝青二兩半乾漆二兩半擣爲末竹茹一兩一分麻茹一兩一分剪碎用桐油小油各二兩半蠟二兩半鎔汁和之外傅用紙十二兩半麻一十兩黄丹一兩一分炭末半斤以瀝青二兩半黄蠟二兩半鎔汁和合周塗之

鐵嘴火鷂木身鐵嘴束稈草爲尾入火藥於尾內

竹火鷂編竹爲疎眼籠腹大口狹形微修長外糊紙數重刷令黄色入火藥一斤在內加小卵石使其勢重束稈草三五斤爲尾二物與毬同若賊來攻城皆以砲放之燔賊積聚及驚隊兵

图6-15 《武经总要》所载三种军用火药的配方

（潘吉星：《中国古代四大发明——源流、外传及世界影响》，中国科学技术大学出版社，2002年，第253页，图172）

质见多的原因是其具有用“其气熏人，则口鼻血出”的功效。由此可见，当时的火药配方已经是以硝、硫、炭为主要成分，且配置方法十分成熟和灵活。

这三种配制方法均是以硝石、硫黄、木炭为主要原料，它们之间的配组配比率虽有差异，但是已经十分接近，毒药烟球火药的组配比率是49.06%、24.08%、26.6%；蒺藜火球火药的组配比率分别是50%、25%、25%；火砲火药的组配比率分别是50.6%、26.6%、22.8%。这就说明此时的火药配方中各主要成分比率已经基本接近统一，显然已经脱离了其最初的混乱形态。尤其值得注意的是这些火药配方比和近现代的火药配方相比已具有相似的方面，如美国为74%、10%、16%，德国为75%、10%、15%①，这说明当时的火药配方虽需要进一步发展，但在当时的历史条件下实属难得。

三种火药的配方，除了硝石、硫黄、木炭三种主要原料外，还根据不同的需要，在配方中加上了其他原料，以达到不同的目的。例如，桐油、沥青、干漆、松脂、黄蜡等含碳物质除了起到黏合剂的作用外，在燃烧时黑烟滚滚、烟幕浓浓，更适合在战场上迷惑敌人的需要。而砒霜、狼毒、草乌头、巴豆等均为剧毒物质，火药球在燃烧、爆炸后能继续产生持续的杀伤力，伴随着烟雾可以熏人致死。这表明当时的火药配方确实是为了战争的需要，在随着时代的发展，出现了与火药相匹配的更先进的火器以后，火药的配方也在发生变化，尤其在对其爆炸性要求增强后，其硝石的比例自然得到提高。由此看来，宋代火药配方爆炸性较弱，是与当时火器的发展水平及使用火药的目的不同相关。因此，不能简单地将古今火药的爆破力加以对比，来贬低古代火药的历史地位和影响。

《武经总要》中记录的早期火药兵器，尚局限在传统战争中达到火攻的目的，因此其火药的配方多注重燃烧性能的优越与否。而它们的出现，却预示着军事史上将发生一系列的重大变革，从而揭开了从冷兵器时代向热兵器时代转化的序幕。

（三）火药在军事上的应用

历代炼丹家的炼丹活动最终促进了火药的发明，虽然他们已经认识到了火药的威力和构成其配方的主要成分，但他们在炼丹活动中主要是为了避免燃烧、爆炸等情况的发生，因此，火药在其产生之后的发展与其在军事上的应用是分不开的。可以说火药天生不需要战争，但是战争天生需要火药。

如前所述，目前所知的最早将火药应用在军事中的记载出自《九国志》，即大概在晚唐以后火药开始应用在战争中，随后其以巨大的威力很快得到了广泛应用，这也正是丁度等在北宋政府组织编撰的《武经总要》中详述火药配方的原因，其目的无非是加大其军事用途，由此可见北宋政府十分重视火药的军事应用。

王应麟在《玉海》卷一百五十中记载：“咸平五年（1002年）九月戊午，石普言能发火球、火箭，上召至崇政殿试之，辅臣同观。先是，开宝二年（969年）三月冯继昇、岳义方上火箭法，试之，赐束帛。”《宋史·兵志》亦云：“开宝三年（970年），……时兵部令史冯继昇等进火箭法，命试验，且赐衣物束帛。……（咸平）三年（1000年），……八月，神卫永军队长唐府献所制火箭、火球、火蒺藜，造船务匠项绾等献海战船式，各赐缗钱。……五年（1002年），知宁化军刘

① 杜石然等主编：《中国科学技术史·通史卷》，科学出版社，2003年，第543页。

永锡制手砲以献，诏沿边造之以充用。”[①]在朝廷对火器的重视下，有关火药的兵器研制出现了繁盛的局面，朝廷也往往给予物质上的奖励。不过，北宋初年主要利用的是火药的燃烧性能。《武经总要》中记载的火球、引火球、蒺藜火球、霹雳火球、烟球、毒药烟球、铁嘴火鹞、竹火鹞、火药箭、火药鞭箭等均属于此类，这表明当时军事上对火药的运用还处于早期阶段。

为了加强火器的研发与制造，北宋政府曾专门设置了制作火器的作坊，如《宋会要辑稿·职官三十之七》记载当时兵器作坊二十一作“曰：大木作、锯匠作、小木作、皮作、大炉作、小炉作、麻作、石作、砖作、泥作、井作、赤白作、桶作、瓦作、竹作、猛火油作、钉铰作、火药作、金火作、青窑作、窑子作”。宋神宗熙宁年间（1068～1077年）改革军制时，设立了军器监，专门负责监管兵器的制造，如《麈史》引宋敏求《东京记》云：“八作司之外，又有广备攻城作。今东西广备隶军器监矣。其作凡一十目，所谓火药、青窑、猛火油、金火、大小木、大小炉、皮作、麻作、窑子作是也。皆有制度作用之法，俾各诵其文，而禁其传。”[②]“火药作”即制造火药的制造厂，已经被列为国家制造武器项目的首位，从“禁其传”一语可见对于这些属于国家先进军事技术的火器等制造技术是禁止向外泄露的。

北宋政府积极发展火药武器，并将之应用到抵抗外族入侵的战争中，发挥了很大的作用，可惜北宋政府还是因其内部种种原因，被金所灭。金在灭宋以后获得了北宋大量的火器、工匠及占用了北宋不少兵器作坊，很快学会了火器的制造和使用。

于是为了获得在战争中的优胜地位，金和南宋政府纷纷致力于火器的研制，于是出现了许多新的火器，从而也突破了北宋初期利用火药燃烧性能的局限，开始利用火药的爆炸性。这一时期主要的火器创造有：

南宋绍兴二年（1132年），陈规在与李横军事集团的对抗中，“以六十人持火枪自西门出，焚天桥，以火牛助之，须臾皆尽，横拔砦去”[③]。他在《守城录》中称是“以火炮药，造下长竹竿火枪二十余条”[④]。

南宋绍兴三十一年（1161年），宋金采石之战，宋军发明了霹雳炮，“盖以纸为之，而实之以石灰、硫黄，砲自空下，落水中，硫黄得水而火作，自水跳出，其声如雷，纸裂而石灰散为烟雾，眯其人马之目，人物不相见”[⑤]。

金正大九年（1232年）和金开兴元年（1232年），金人发明了飞火枪。[⑥]《金史·蒲察官奴传》载：“以敕黄纸十六重为筒，长二尺许，实柳炭、铁滓、磁末、硫黄、砒霜之属，以绳系枪端。军士各悬小铁罐藏火，临阵烧之，焰出枪前丈余，药尽而筒不损。”《金史·赤盏合喜传》亦云：“飞火枪，注药以火发之，辄前烧十余步，人亦不敢近。”

---

① （元）脱脱：《宋史》卷一百九十七《兵志》，中华书局，1977年，第4910页。

② （宋）王得臣：《麈史》卷上《朝制》（丛书集成初编本），上海商务印书馆，1937年，第3页。

③ （元）脱脱：《宋史》卷三百七十七《陈规传》，中华书局，1977年，第11643页。

④ （宋）陈规：《守城录》卷四，《文渊阁四库全书·子部·兵家类》第727册，台湾商务印书馆，1986年，第202页。

⑤ （宋）杨万里：《诚斋集》（四部丛刊初编本）卷四十四，上海商务印书馆，1929年，第8～9页。

⑥ （元）脱脱等：《金史》卷一百一十三《赤盏合喜传》，中华书局，1975年，第2497页；《金史》卷一百一十六《蒲察官奴传》，中华书局，1975年，第2548页。

金哀宗天兴元年（1232年），蒙古军进攻金南京（今河南开封），金人使用了“震天雷”，它是一个装有爆炸性很强的火药铁罐，史载“震天雷者，铁罐盛药，以火点之，砲起火发，其声如雷，闻百里外”①。

宋开庆元年（1259年），寿春府军民发明了突火枪，《宋史》卷一百九十七《兵志十一》载：“又造突火枪，以巨竹为筒，内安子窠，如烧放，焰绝然后子窠发出，如砲声，远闻百五十余步。”

在火药武器制造史上的一个突出成就，是管形火器的出现。它的问世，表明人们已经在更高层次上利用了火药的性能，能够更加有效地控制和操纵烈性火药②。上述新火器中陈规发明的竹竿火枪就是最早的管形器，金人的飞火枪也属于此类，但最重要的还是突火枪，其内能直接装子弹用于杀伤敌人。潘吉星先生认为：1259年寿春府的突火枪，是将大毛竹截断成4～5尺长的中段，取壁厚者，去掉其内部中节，只留下最后一节，该节以下1.5尺留作嵌入木柄之用。有节处加入与内径一样大的圆铁片，上面铸实2寸厚的黄泥。黄泥层上开一火门，以便放入药线。用麻绳将竹筒紧紧缠固。使用时向筒内加入发射用的火药，以木棍轻轻压实，再放入一团纸，最后将石弹丸送入筒内（图6-16）③，临阵时点燃发射。

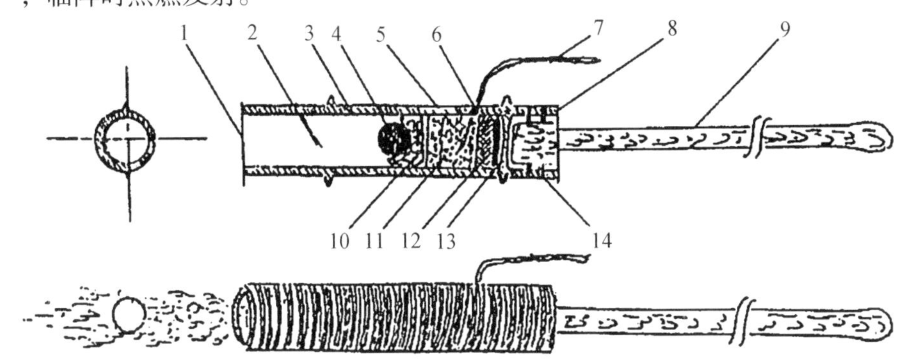

图6-16　南宋开庆元年（1259年）突火枪复原图

1. 膛口　2. 前膛　3. 膛壁　4. 弹丸　5. 燃烧室　6. 火门　7. 引线　8. 窝口　9. 木柄　10. 垫纸　11. 火药　12. 泥层　13. 铁垫　14. 铁钉

（潘吉星：《中国古代四大发明——源流、外传及世界影响》，中国科学技术大学出版社，2002年，第279页，图182）

元代火器取得的重大突破是出现了金属火铳，开近代火炮之先河。因为其本身采用了金属材料，所以比起早期的竹质突火枪等保留时间更长，在考古发掘中屡有元代火铳遗物出土的报道，如1970年出土于黑龙江省阿城县阿什河右岸半拉城子的铜火铳，其铸造时间不晚于1290年④，这是中国目前发现的最早的金属管形火器实物。

1970年北京市通州出土的铜火铳，据考证为元代前期遗物⑤。

1971年内蒙古托克托县黑城公社出土了四尊铜火铳，其中三尊有“洪武”字样，一尊没有铸造

---

① （元）脱脱等：《金史》卷一百一十三《赤盏合喜传》，中华书局，1975年，第2496页。

② 杜石然主编：《中国科学技术史·通史卷》，科学出版社，2003年，第547页。

③ 潘吉星：《中国古代四大发明——源流、外传及世界影响》，中国科学技术大学出版社，2002年，第279页。

④ 魏国忠：《黑龙江省阿城县半拉城子出土的铜火铳》，《文物》1973年第11期。

⑤ 刘旭：《中国古代火药火器史》，大象出版社，2004年，第51页。

年号[①]，从其形制和制造工艺来看，也应是元代火铳，大致为元代中期或稍晚一点的遗物[②]。

1974年8月西安东关景龙港南口外的建筑工地出土的铜火铳，其年代在元代中晚期，相当于13世纪末到14世纪初。更难能可贵的是，这火铳药室内还装有当时的火药，虽然长期以来在环境作用下已经发生了变化，但是检测表明其是黑火药[③]。

元至顺三年（1332年）铸造的铜火铳，现藏于中国国家博物馆。铳筒中部盖面镌刻有“至顺三年二月吉日绥边讨寇军第三佰号马山”三行铭文（图6-17）[④]。

元至正十一年（1351年）铸造的火铳，前端镌有“射穿百札，声动九天”，中部镌有“神飞”，尾部镌有“至正辛卯”和“天山”等铭文[⑤]。

以上只是出土的元代火铳的一部分，它们已经完成了从竹、木、纸制管形火器向金属管形火器的过渡，且其结构和原理与现代火炮已经一致，这是兵器发展史上的一大突破。

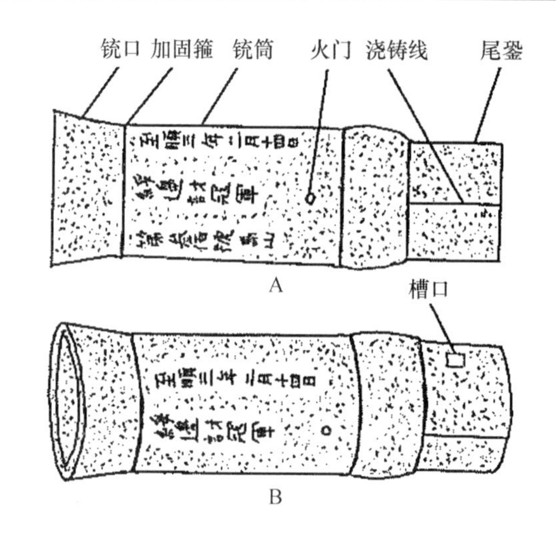

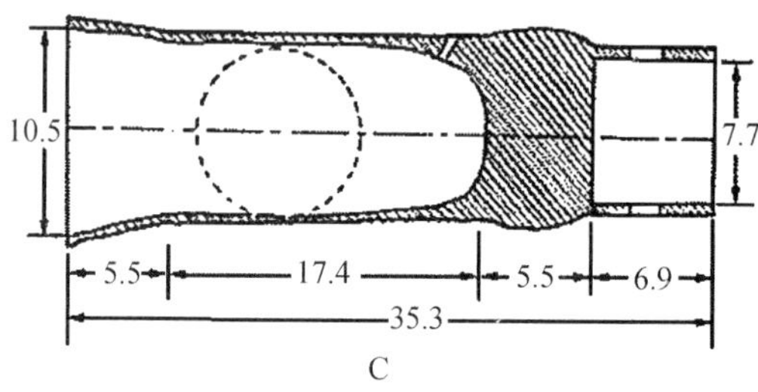

图6-17　元至顺三年铜火铳图

A. 正视图　B. 侧视图　C. 剖面图

（潘吉星：《中国古代四大发明——源流、外传及世界影响》，中国科学技术大学出版社，2002年，第290页，图191）

从火药的发明到其在军事上的应用，是古代中国人民智慧的结晶，从炼丹家到军事家，从普通的军人到王朝的统治者均为此做出了贡献。尤其是宋元时期，使火药配方逐步合理化，以及古代中国火器制造逐步先进化的阶段，使火药从炼丹家的丹炉走向战场，并得到广泛应用的重要时期。而这一切都跟中原地区关系密切，当时国内民族矛盾尖锐，宋、金、元彼此之间的战争不断，均以中原为争夺的核心地区，为了夺得战争的胜利，他们纷纷研制火器，如北宋在首都汴京地区设立了“火器作”负责火器制作，丁度等在《武经总要》中也记载造火药的配方和火器制造技术等。而一些先进的火器在中原地区的战争中，尤其是在当时的汴京保卫战中纷纷亮相。可以说，当时火药在军事上的使用，以及火器的发展是建立在中原地区人民的血泪和苦难之上的。在我们盛赞火药的伟大发明的时候，也应该反思战争给人类带来了什么？或许火药在烟花上的应用正反映了中国人民对和平的热爱，对自然的敬畏，而其所反映的科学技术思想的价值实际上一点也不比作为武器炫耀时逊色。

---

① 崔璿：《内蒙古发现的明初铜火铳》，《文物》1973年第11期。

② 刘旭：《中国古代火药火器史》，大象出版社，2004年，第51页。

③ 晁华山：《西安出土的元代铜手铳与黑火药》，《考古与文物》1981年第3期。

④ 王荣：《元明火铳装置的复原》，《文物》1962年第3期。

⑤ 王荣：《元明火铳装置的复原》，《文物》1962年第3期。

三、印　刷　术

（一）印刷术的产生

墨子云："吾非与之并世同时，亲闻其声、见其色也，以其所书于竹帛、镂于金石、琢于盘盂，传遗后世子孙者知之。"可见，文化之传承是由各种记载着历史的文字材料得以发扬之，而简牍、帛书、金文、碑刻等均是其中最为重要的形式之一。在纸发明及其制造技术成熟以后，其作为书写材料得到了广泛应用，而与之关系密切的印刷术也随之产生。

关于印刷术的定义，钱存训先生曾指出："印刷术是以反体字或图画制成版面，然后着墨（或其他色料）；就纸（或其他表面），加以压印以取得正文的一种方法。这里所说的以'反体'取得'正文'乃印刷术发明的一个基本原理，无论是中国传统的雕版或活字，或是西方的凸版、凹版或平版，基本上都是应用这个原理而产生的不同方法。"①

中国古代传统的印刷术包括雕版印刷和活字印刷两种，潘吉星先生指出："木版印刷是按原作品文字、图画在整块木板上刻出凸面反体，于板面上施以着色剂，将纸覆于板上，用压力施于纸的背面，从而显示正体文字、图画的多次复制技术。活字印刷是将原作文字在硬质材料上逐个制成单独凸面反体字块，再将单独字块拼合成整版，以下程序与木版印刷相同。"②

通过以上有关印刷术的定义可知，印刷术实际上是一种文字或图画的复制技术，应用这种技术的动因，就是随着文化的发展，人们对文字等印刷物的大量需求。中国历史到汉武帝"罢黜百家，表彰六经"以后，经学思想逐渐形成，在这一思想体系下，要求人们对传统典籍，尤其儒家经典要十分熟悉。尤其是到隋唐科举制度形成以后，读经、背经、研经成为普天之下读书人进入仕途，改变命运，阶层流动的主要途径之一。可想而知，在这一将知识与命运相结合的历史背景下，社会上掀起的读书之风是何其盛行，而众所周知中国古代文献也是浩如烟海，其中不乏长篇累牍者，那么如果紧靠手抄来完成对一部部经典的复制，费时不说，而且亦会造成传抄之误，不利于读书人对经典原义的学习。由此可见，唐宋时期印刷术出现兴盛的局面，与这种大量对文字及图像的强烈需求有着密切的关系。

印刷术的产生与中国古代印章的使用、碑石拓印技术及纺织品印花技术都有着密切的技术渊源关系。早在先秦时期，印章已经产生，且应用广泛，现在考古发现的封泥就是其中之一。封泥是用黏性泥土封住简牍绳札处，并加盖印章，以防止被人私拆。在纸发明以后，印章于是又被加盖在文件上纸的接缝处以防止伪制，或加盖在装有文件的密封袋内以防止偷拆。据相关学者研究，大约在两汉之际（1世纪）从"封泥"到"封纸"的转变已经开始，2世纪时两者并存，但"封纸"逐渐通行，从晋代（4世纪）起封泥逐渐消失。而在纸上盖印章，已经是印刷术的萌芽了③。

碑石拓印技术也是一种文字或图像的复制技术，但是碑刻拓印与印刷不同的是，碑刻的文字是正刻，而印刷必须是反刻文字，但是这种方法已经是通向雕版印刷路途中具有重要启发的技术因素

① 钱存训：《中国古代书籍纸墨及印刷术》，北京图书馆出版社，2002年，第141页。

② 潘吉星：《中国、韩国与欧洲早期印刷术的比较》，科学出版社，1997年，第2页。

③ 潘吉星：《中国科学技术史·造纸与印刷卷》，科学出版社，1998年，第286、287页。

（图6-18）。

纺织品印花技术的印花板实际上已经和印刷术雕版的形式相差无几，只是内容和材料的不同（是纺织物，还是纸）。潘吉星先生指出：如将纺织工业中的印花技术用于印染纸，就是雕版印刷，这类印刷品有壁纸等，区别只是材料与用途。而如果借用印花技术手法制成凸面印板或镂空印板，将花纹图案改成别的图画，比如佛像，用这种印板印在纸上，便成为雕版印刷品了，这就是宗教画。只要有纸，就能很容易实现这一转变[1]。

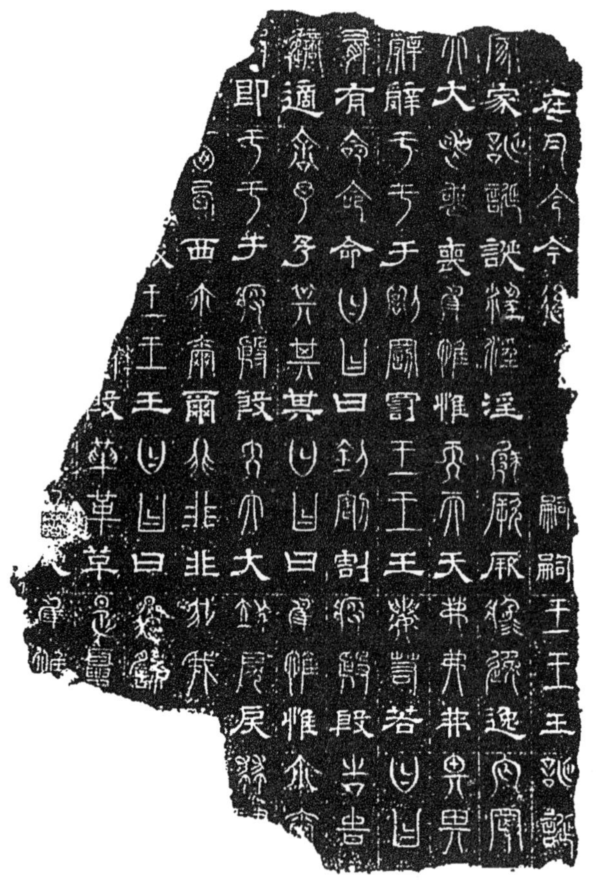

图6-18 魏正始年刻三体石经
（潘吉星：《中国古代四大发明——源流、外传及世界影响》，中国科学技术大学出版社，2002年，第108页，图81）

纺织品的板型印花技术历史悠久，如1972年湖南长沙马王堆一号汉墓出土了2件印花纱，为凸版所印，呈现云纹[2]；1979年江西贵溪崖墓也出土有板型印花织物[3]，根据其形制，陈维稷先生认为这种技术可能早于秦汉，而溯源至战国时期[4]。当然也有学者认为将这件作品的工艺定性为“印花织物”缺乏说服力[5]。但是无论如何，在雕版印刷产生的前夜，纺织品印花技术已经十分成熟，而这种技术对雕版印刷的影响简单到只是将纺织品换成纸而已。这从另一个角度说明，技术的发明与社会的需要是紧密联系在一起的。当社会产生某种需要的时候，相应的技术应用就会被创造出来，如果没有社会的需要，技术是不能转变为现实的。

（二）雕版印刷术的兴盛

关于印刷术的起源时间众说纷纭，张秀民先生统计了7种，分别是汉朝说、东晋咸和（326～334年）说、六朝说、隋朝说、唐朝说、五代说以及北宋说等，各说法下又或有具体年代不同的说法[6]。张秀民先生对以上7种说法进行了分析，认为中国雕版印刷术大概起源于7世纪初（636年左右）[7]，此外唐代说中还有很多种，此不详述。据潘吉星先生的研究，印刷术起源的时间上限

① 潘吉星：《中国科学技术史·造纸与印刷卷》，科学出版社，1998年，第292页。
② 张宏源：《长沙汉墓织绣品的提花和印花》，《文物》1972年第9期。
③ 刘诗中等：《贵溪崖墓所反映的武夷山地区古越族的族俗及文化特征》，《文物》1980年第11期。
④ 陈维稷主编：《中国纺织科学技术史》，科学出版社，1984年，第269页。
⑤ 赵承泽主编：《中国科学技术史·纺织卷》，科学出版社，2002年，第289页。
⑥ 张秀民：《中国印刷术的发明及其影响》，人民出版社，1958年，第27～54页。
⑦ 张秀民：《中国印刷术的发明及其影响》，人民出版社，1958年，第64页。

定在500年，下限为640年，而590～640年这50年间可能是早期印刷品出世的关键时期。潘吉星先生进一步指出，各家主张的起源时间在590～640年，已接近共识，不宜在某个具体年份上再争论下去，这种争论永无止境，从技术史角度看是没有必要的[①]。

唐代早期的雕版印刷实物屡有发现，如1906年新疆吐鲁番出土的唐武周时期刻本《妙法莲华经》残卷，年代不晚于690～699年；1966年韩国庆州佛国寺释迦塔出土的《无垢净光大陀罗尼经》，据钱存训先生推断该经为中国寺庙赠送给佛国寺作为释迦塔的一个纪念品[②]；其刻成年代在702年[③]。1974年陕西西安柴油机厂唐墓出土的梵文《陀罗尼咒》，据考证为7世纪初期的印刷品，比《无垢净光大陀罗尼经》早半个多世纪，是迄今发现的最早的雕版印刷品[④]。该单页印刷品的纸质为麻纸，作方形，长27、宽26厘米。印文正中是一个宽7、高6厘米的空白方框。其右上方有竖行墨书“吴德□福”四字。在方框四周是经咒印文。均为十三行经咒印文四边，围以三重双线边框，内外边框间距3厘米，其间布满莲花、花蕾、法器、手印、星座等图案。

唐代最出名的雕版印刷品当为咸通九年（868年）刻印的《金刚般若波罗蜜经》，斯坦因于1907年在甘肃敦煌石室内发现，现藏于英国伦敦大不列颠图书馆。该佛经印刷纸呈白色，间淡肤色，麻纸，表面平滑，纤维交织紧密。全长5.25米，由7张纸连接而成，取卷子形式，起首为一小纸，印有精美的插图，描写释迦牟尼在孤独园坐在莲花座上对弟子须菩提说法的情景。接下6张纸印有经文，每纸直高26.67、横长75厘米[⑤]。

《金刚经》卷尾题款为“咸通九年四月十五日王玠为二亲敬造普施”等字样，咸通是唐懿宗年号，咸通九年即868年，它是现存世界上第一部标有明确印刷年代的雕版印刷品。《金刚经》图文并茂，墨色清晰，刻工精湛，刀法纯熟，表明当时雕版印刷工艺已经成熟，是唐代雕版印刷的代表作（图6-19）。

图6-19　唐咸通九（868年）年刻《金刚经》
（潘吉星：《中国古代四大发明——源流、外传及世界影响》，中国科学技术大学出版社，2002年，第124页，图89）

五代时期雕版印刷工业继续发展，考古发现的中原地区雕版印刷品亦不在少数，如1958年，在洛阳东郊史家湾砖厂出土了雕版印制的《大随求陀罗尼》，长0.38、宽0.3米。中心画一面八臂大随求菩萨，左侧四手分持三钴杵、轮、戟、索；右侧四手分持宝幢、剑、宝珠和梵箧。环绕大随求菩萨之外是八圈梵文。在外是方形七周梵文。在圆形与方形梵文的死角，绘出四身供养天人。在方形梵文的四个方位，中心画一坐佛，左右各有两个字，以金刚杵间隔之。四角

① 潘吉星：《中国科学技术史·造纸与印刷卷》，科学出版社，1998年，第303页。
② 钱存训：《中国古代书籍纸墨及印刷术》，北京图书馆出版社，2002年，第151页。
③ 潘吉星：《中国科学技术史·造纸与印刷卷》，科学出版社，1998年，第346页。
④ 保全：《世界最早的印刷品——西安唐墓出土印本陀罗尼经咒》，《中国考古学研究论集——纪念夏鼐先生考古学50周年》，三秦出版社，1987年，第409页。
⑤ 潘吉星：《中国科学技术史·造纸与印刷卷》，科学出版社，1998年，第352、353页。

画四天王。在此陀罗尼右侧印有文字曰："经云，佛告大梵天王，此随求陀罗尼，过去九十九亿诸佛同共宣说，若人依法书写佩戴，所有恶业重罪并得消除。当知是人，一切如来加持，一切菩萨护念，一切天龙守护。离一切灾横，除一切忧惧，灭一切恶趣，不被水火雷电毒恶之所伤害。如经广说。岁在丙戌朱明之月初有八日。报国寺僧知益发愿印施。布衣石弘广雕字。"其下墨书云："天成二年正月八日徐般弟子依佛记。""天成二年"是五代时期后唐明宗年号，即927年，"丙戌"是天成元年，也就说该雕版印刷品印制的年代是926年①。

后唐时期洛阳刊印的《弥勒下生经》残片，仅存改经最后一行经文的下部。此后印有"洛京朱家装印""洛京历日王家雕字记"两行。再后残存墨书尾题两行："从悔奉为亡妣特印此经一百卷，伏……""□往净方面礼弥陀亲……"荣新江先生考证这是后唐时期洛阳刊印历日的王家雕字，由另一朱家装印的②。

中原地区雕版印刷业的鼎盛时期出现在宋代，尤其北宋时期在皇帝的提倡和支持下，印刷业出现了前所未有的崭新局面。当时中央政府国子监、崇文院、司天监、太医局负责相关书籍的刊刻工作，其中国子监的刊刻最为著名，被后人称为"监本"，王国维先生曾作《五代两宋监本考》对北宋监本进行了详录和考证。而民间印刷业也十分活跃，尤其是当时的首都汴梁（今开封）更是汇集了大量的印刷作坊和书肆。正如宿白先生所云："北宋是我国雕版印刷急剧发展的时代。都城汴梁国子监、印经院等官府刊印书籍盛极一时；民间印造文字的迅速兴起，尤为引人注目。汴梁作为当时雕印的代表地点，应是无可置疑之事，惟靖康之变，遗迹稀少，汴梁雕印的繁荣情况，只能就文献记录仿佛之。"③此处不再对当时雕版印刷书籍之详情进行考证，王国维、宿白二位大师言之已详矣，有兴趣者可自参看。

需要指出的是，在雕版印刷业急剧发展的背景下，为了提高印刷的效率和质量，人们积极地探讨印刷技术本身的革新，最终由毕昇发明了活字印刷术，可谓是一大创举。

（三）毕昇与活字印刷术

北宋时期，雕版印刷业出现了繁盛局面，但是其本身也存在不足，如一页一板，一部书需要雕刻很多木板才能完成，十分费时、费力，还要占用大量房屋存放书板。为了解决雕版印刷的不足，一些具有实践经验的劳动者，便开始尝试着改进印刷术。

大约在宋仁宗庆历年间（1041～1048年），布衣（平民）毕昇首次发明了先进的活字印刷术，但是由于出身低微，名不见经传，所以使得今天人们对毕昇这样一位伟大发明家的生平了解甚少。不过值得庆幸的是，活字印刷术在北宋科学家沈括的《梦溪笔谈》卷十八中留下了最可靠的记载（图6-20）：

板印书籍，唐人尚未盛为之，自冯瀛王始印五经已后，典籍皆为板本。庆历中，有布衣毕昇又为活板。其法：用胶泥刻字，薄如钱唇，每字为一印，火烧令坚。先设一铁

---

① 温玉成：《中国石窟与文化艺术》，上海人民美术出版社，1993年，第350、351页。

② 宿白：《唐宋时期的雕版印刷》，文物出版社，1999年，第10页；荣新江：《五代洛阳民间印刷业一瞥》，《文物天地》1997年第5期。

③ 宿白：《唐宋时期雕版印刷》，文物出版社，1999年，第12页。

版印書籍唐人尚未盛爲之自馮瀛王始印五經已後典籍皆爲版本慶曆中有布衣畢昇又爲活版其法用膠泥刻字薄如錢脣每字爲一印火燒令堅先設一鐵版其上以松脂臘和紙灰之類冒之欲印則以一鐵範置鐵板上乃密布字印滿鐵範爲
筆談十八　八
一板持就火煬之藥稍鎔則以一平板按其面則字平如砥若止印三二本未爲簡易若印數十百千本則極爲神速常作二鐵板一板印刷一板已自布字此印者纔畢則第二板已具更互用之瞬息可就每一字皆有數印如之也等字每字有二十餘印以備一板內有重複者不用則以紙貼之每韻爲一貼木格貯之有奇字素無備者旋刻之以草火燒瞬息可成不以木爲之者木理有疏密沾水則高下不平兼
與藥相粘不可取不若燔土用訖再火令藥鎔以手拂之其印自落殊不沾汚昇死其印爲余羣從所得至今保藏

图6-20　《梦溪笔谈》关于毕昇发明活字印刷技术的记载
（潘吉星：《中国古代四大发明——源流、外传及世界影响》，中国科学技术大学出版社，2002年，第175页，图130）

板，其上以松脂、蜡和纸灰之类冒之。欲印，则以一铁范置铁板上，乃密布字印。满铁范为一板，持就火炀之，药稍镕，则以一平板按其面，则字平如砥。若止印三二本，未为简易；若印数十百千本，则极为神速。常作二铁板，一板印刷，一板已自布字。此印者才毕，则第二板已具，更互用之，瞬息可就。每一字皆有数印，如‘之’、‘也’等字，每字有二十余印，以备一板内有重复者。不用，则以纸贴之，每韵为一贴之，木格贮之。有奇字，素无备者，旋刻之，以草木火烧，瞬息可成。不以木为之者，木理有疏密，沾水则高下不平，兼与药相粘，不可取。不若燔土。用讫，再火令药镕，以手拂之，其印自落，殊不沾污。昇死，其印为予群从所得，至今保藏。

通过以上记载，可知毕昇创制印刷术的时间在北宋庆历年间中期，李约瑟将其理解为庆历五年（1045年），潘吉星先生认为将活字印刷术的时间定在1045年是可行的[①]。关于单活字的制造方法、制版方法、印刷方法、活字的保存方法等也记载翔实。尤其值得注意的是，毕昇是在实验对比木活字和泥活字的优劣后，发现木活字因为木质纹理的疏密不一，存在沾水后变形，以及排版时会和松脂、蜡、纸灰等黏合剂粘连，不方便拆取等缺陷，故此才没有采用木活字技术。

毕昇泥活字印刷成功的关键因素之一，就是对制造单泥活字的原料的选择，有学者认为是古代炼丹家的“六一泥”[②]，但亦有学者认为就是烧制陶器的一般黏土，到处都有，是大自然提供的现成原料，十分廉价易得，其化学成分主要为二氧化硅（SiO_2）、三氧化二铝（Al_2O_3）、氧化钠（Na_2O）、氧化钙（CaO）及氧化钾（K_2O）等[③]。之所以出现这样的争议，主要还是对采用胶泥制成的单活字是否能够排版印刷成功存在疑问。为此，张秉伦等便使用了淮南八公山的黏土，筛去石块等杂物，加水和成泥浆，用布过滤、沉淀，抽去上清液，再以草木灰隔布吸湿，初步风干后搥熟成坯。然后根据《梦溪笔谈》等文献的记载将其制成字模，并用600℃的炉温烧制，结果字模无一开裂。又以白瓷土为原料，依泥活字法制出几枚活字坯，经过1300℃以上的高温焙烧，制成素烧瓷活字，结果个个“坚致胜木”，洁如白瓷，十分漂亮。经试验得知，600℃高温焙烧的泥活字字体清秀，不乏爽心悦目之感，而1300℃高温焙烧的瓷活字也可以印刷[④]。由此可见，毕昇发明的泥活字印刷术完全可以印刷出质量上乘的书籍。

毕昇发明的泥活字印刷术不仅可行，而且从中原地区推广到了相对较为边远的地方，如南宋周必大就曾根据《梦溪笔谈》的记载成功地采用了泥活字印刷术印制《玉堂杂记》，如他在给好友程

① 潘吉星：《中国科学技术史·造纸与印刷卷》，科学出版社，1998年，第306页。
② 冯汉镛：《毕升活字胶泥为六一泥考》，《文史哲》1983年第3期。
③ 潘吉星：《中国科学技术史·造纸与印刷卷》，科学出版社，1998年，第325页。
④ 张秉伦等：《泥活字印刷的模拟实验》，《中国图书文史论集》，台北正中书局，1991年，第57～60页。

元成的信中写道："近用沈存中法，以胶泥铜版，移换摹印，今日偶成《玉堂杂记》二十八事，首恩台览。"[①]周必大只是将沈括所记的铁板换成铜板，其他未见其说明改变。周必大印刷完成后，将书籍赠送友人，可见其对泥活字印刷的质量还是满意的，泥活字印刷术取得了成功。

以上有关周必大采用泥活字印刷术进行印刷只是文献的记载，更有利的证据是考古也发现了北宋泥活字印刷作品。1965年浙江温州市在拆除市郊白象塔时，在该塔第二层发现了北宋回旋式《佛说观无量寿佛经》残叶。据清理者描述，该残叶残阔13、残高左8.5、右10.5厘米。可辨认者计166字，为该经第四至九观一部分。宋体字，字体小且草率，长短大小、笔画粗细不一。字布列甚密，有得几乎首尾相插，如将"一一"印成"="，"天作"印成"奃"等。每行回旋萦绕，作不规则的排列；在回旋转折处出现倒字现象，如将"皆以杂色金刚"印成"皆以杂⊕金刚"；还有一个句子中间出现一个或三个"○"号，如"有无○量诸天，作天伎乐"。有漏字现象，如第六观中，脱漏"其楼"和"名"三字。纹面字迹可见轻微凹陷，具有较为明显的活字印刷特征[②]（图6-21）。

金柏东先生根据《佛说观无量寿佛经》残叶的字迹特征，以及《梦溪笔谈》中对毕昇活字印刷术的描述，认定此佛经残叶是当时极其罕见的早期活字印刷本，而与《佛说观无量寿佛经》残叶同层出土的还有崇宁二年《舍经缘起》残叶，它们纸质完全相同，色泽亦颇相似。因此可以推定，此残经的绝对年代，也是北宋崇宁二年，据毕昇发明活字印刷术的庆历年间仅50余年，因此可以说是沈括关于毕昇活字印刷术的确切证实[③]。但是有学者对此提出了质疑，认为它应该是一件雕版质量不高的印刷品[④]。后经钱存训[⑤]、潘吉星[⑥]等先生的论证，基本上可以确定它就是目前所知的世界上最早的活字印刷品。

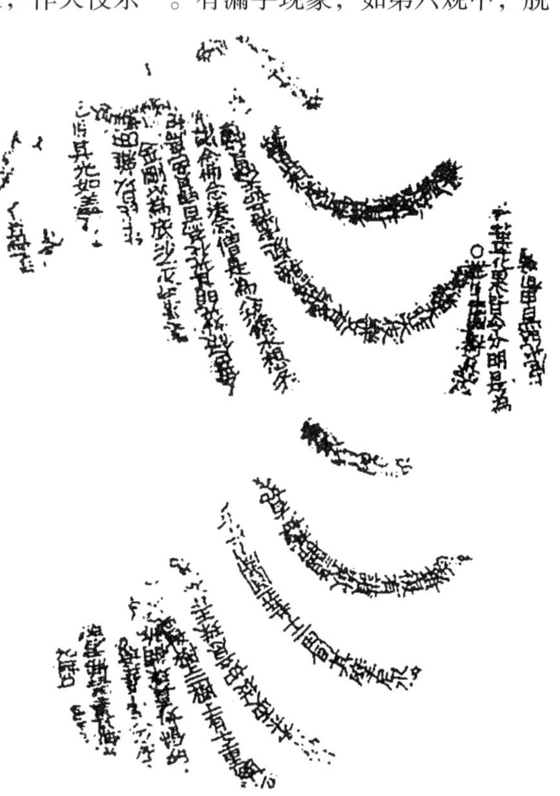

图6-21　北宋泥活字本《佛说观无量寿佛经》
（潘吉星：《中国科学技术史·造纸与印刷卷》，科学出版社，1998年，第383页）

除温州的发现外，其他泥活字印刷术还有1985年在甘肃武威新华乡出土的西夏文印本《维摩诘所说经》残本，共54页，每页7行，每行17字，每页高28、宽12厘米，经折装[⑦]；1909年俄国

① （宋）周必大：《庐陵周益国文忠公集》卷一百九十八《宋集珍本丛刊》第53册，线装书局，2004年，第118页。

② 温州市文物处、温州市博物馆：《温州市北宋白象塔清理报告》，《文物》1987年第5期。

③ 金柏东：《早期活字印刷术的实物见证——温州市白象塔出土北宋佛经残叶介绍》，《文物》前1987年第5期。

④ 刘云：《对〈早期活字印刷术的实物见证〉一文的商榷》，《文物》1988年第10期。

⑤ 钱存训：《中国古代书籍纸墨及印刷术》，北京图书馆出版社，2002年，第151～153页。

⑥ 潘吉星：《中国科学技术史·造纸与印刷卷》，科学出版社，1998年，第384页。

⑦ 孙寿龄：《西夏泥活字版佛经》，《中国文物报》1994年3月27日，第3版。

人在黑水城（今内蒙古额济纳旗）发现的西夏文佛经，也是泥活字印刷技术的印刷品，其年代在12世纪中叶至13世纪初[①]。这说明当时的泥活字印刷技术已经传播到中国西部地区。

在毕昇发明了泥活字印刷术以后，木活字技术也日益成熟，金属活字也出现了。活字印刷技术一步步走向成熟和多元化。可以说活字印刷术的出现是对雕版印刷术的革命性改进，但是中国历史上雕版印刷并没有因此而被取而代之，而是两者并行，甚至是雕版印刷更受人青睐。这或许要从汉字的字形、古代文化教育的普及程度，以及传统文化下读书人对美的追求标准不同等做进一步的探索。

但不管怎么说，印刷术产生于唐代，繁荣于宋元时期，且在雕版印刷技术的基础上出现了活字印刷术。它们对文化传播的作用功不可没，是人类物质文化遗产和精神文化遗产传承的重要载体。

第六节　瓷器的烧制技术

一、汝　　窑

唐宋时期，尤其是北宋以来，在中原地区相继出现了工艺多样、产品丰富、风格有异的瓷窑，包括登封境内的曲河窑、白坪窑、前庄窑，禹州境内的钧台窑、神垕窑、扒村窑，宝丰境风的清凉寺窑，汝州境内的张公巷窑、严和店窑、大峪店，巩义境内的黄冶窑，新密境内的窑沟窑、西关窑和黄河以北地区修武境内的当阳峪窑，鹤壁境内的鹤壁窑。形成了举国罕见的中原瓷窑群。而以汝州汝瓷、禹州钧瓷最为著名。

汝窑是中国宋代五大名窑之一，与官、钧、哥、定窑并称，且为诸窑之首，如《南村辍耕录》卷二九引南宋叶寘《坦斋笔衡》云："本朝以定州白磁器有芒，不堪用，遂命汝州造青窑器，故河北、唐、邓、耀州悉有之，汝窑为魁。"[②]《宣德鼎彝谱》卷一亦云："内库所藏柴汝官哥钧定各窑。"[③]汝窑烧造较少，十分珍贵，南宋周辉《清波杂志》记载："汝窑，宫中禁烧，内有玛瑙末为油。唯供御，拣退方许出卖，近尤难得。"[④]

由于汝窑烧造时间较短，很长时间内没有找到汝窑的窑址，1987年在河南省宝丰县大营镇清凉寺村中部发现了宝丰清凉寺汝窑遗址，这是汝窑研究史上具有里程碑的事件，河南省文物考古工作者后对该遗址进行了多次科学的发掘，取得了巨大的收获[⑤]。

根据宝丰清凉寺汝官窑址考古发现的层位关系及出土的实物（图6-22），参照宝丰县大营镇蛮

① 史金波：《现存世界上最早的活字印刷品——西夏活字印本考》，《北京图书馆馆刊》1997年第1期。

② （元）陶宗仪：《南村辍耕录》，中华书局，1959年，第363页。

③ （明）吕震：《宣德鼎彝谱》（丛书集成初编本），商务印书馆，1936年，第1页。

④ （宋）周辉撰，刘永翔校注：《清波杂志校注》，中华书局，1994年，第213页。

⑤ 河南省文物考古研究所：《宝丰清凉寺汝窑的调查与试掘》，《文物》1989年第11期；河南省文物考古研究所：《宝丰清凉寺窑址第二、三次发掘简报》，《华夏考古》1992年第3期；河南省文物考古研究所等：《宝丰清凉寺汝窑址的新发现》，《华夏考古》2001年第3期；河南省文物考古研究所等：《宝丰清凉寺汝窑遗址发掘简报》《文物》2001年第11期；河南省文物考古研究院等：《河南宝丰清凉寺汝窑发掘再获重要发现》，《中国文物报》2014年11月25日第8版。

子营发现的窖藏汝瓷珍品[①]，以及汝州市汝瓷博物馆收藏的传世品的工艺特征，赵青云先生把汝瓷的烧造年限分为五个不同的时期。

图6-22　汝瓷青釉圈足洗
（北宋，宝丰清凉寺窑址出土）

第一期，即北宋早期。从宋太祖建隆元年（960年）至宋真宗乾兴元年（1022年），前后历时共62年，这个时期是汝瓷的创烧阶段，其产品造型简单，不太注重装饰，但釉色比较莹润，具有汝青瓷的基本特点。

第二期，即北宋中期。从宋仁宗天圣元年（1023年）至宋神宗元丰八年（1085年），其间62年，是汝瓷的发展时期。汝窑产品不仅造型多样，而且注重装饰效果，多见刻花纹样，碗、盘以凸线纹分成六等份，有的用刀刻成直线纹，碗心印有团菊。刻花线条流畅。此期产品釉色莹润，开片密布，在发展中独具特色。

第三期，即北宋晚期。从宋哲宗元祐元年（1086年）至宋徽宗宣和七年（1125年），历时39年，为汝瓷生产的鼎盛时期。正是由于汝瓷工艺精湛，技艺超群，使其印花技法广为流传，产品享有极高声誉，因而得到北宋宫廷的赏识，从此，在汝州建窑，专为宫廷烧制御用汝瓷。这期间大约为宋哲宗元祐元年（1086年）至宋徽宗崇宁五年（1106年），共20年。烧制的御用品，以玛瑙为釉，出现了特殊色泽，工艺愈加精湛，产品优良。然而由于受到宫廷严格的限制，所以持续生产的时间短，产量有限，传世更少，特别是北宋徽宗政和年间，在京师设窑烧造，名曰“官窑”，从此汝窑又被北宋官窑取代，直到南宋时汝官器已是“近尤难得”的稀世珍品。

第四期，即金代。北宋晚期，宋金对峙，中原地区的汝窑和钧窑大都停烧，造成人亡艺绝。直到南宋绍兴十二年（1142年），即金熙宗皇统二年，二月宋进誓表于金，称臣割地，三月金使册封康王赵构为宋帝，从此战乱平息，至金哀宗天兴元年（1232年），前后历时90年。汝窑和钧窑皆为宋代名窑，自成特有风格，在此期间开始按照传统瓷艺，进行恢复生产。然由于技术南流，金人占据中原，对汝窑虽有恢复之举，但已是每况愈下，产品釉色欠佳，装饰简单，仅能烧制出一般的青瓷制品。

第五期，即元代。从元世祖至元十六年（1279年）至元顺帝至正二十八年（1368年）的89年间，为汝窑的衰落时期。金元相继大战中原，1279年战乱结束，元代继续恢复汝瓷生产，然由于多年战争创伤，技术失传。加上受北方蒙古族生活习俗影响，汝瓷产品胎厚粗笨，工艺欠佳，生产品种仅为简单的一般日用青釉瓷器，全部上半釉。[②]

临汝窑釉色有豆绿釉、天蓝釉、月白釉几种，汝官瓷则为天青釉。汝瓷主要有以下几点特征[③]。

胎色：汝瓷胎质细腻，胎土中含有微量铜，迎光照看，微见红色，胎色灰中略带着黄色，俗称“香灰胎”，这是鉴定汝窑瓷器的要点之一，多见于汝州蟒川严和店、大峪东沟、汝州文庙、清凉

① 赵青云、王黎明：《河南宝丰发现窖藏汝瓷珍品》，《华夏考古》1990年第1期。

② 河南省文物研究所等：《汝窑的新发现》，紫禁城出版社，1991年，第3、4页。

③ 王星光主编：《中原文化大典·科学技术典·数学物理学化学》，中州古籍出版社，2008年，第229页。

图6-23　青釉碗
（北宋，洛阳市出土，洛阳博物馆藏品）

寺等窑址；汝州张公巷汝窑器，胎呈灰白色，比其他窑口的胎色稍白，是北宋官窑的主要特征。

釉色：汝瓷为宫廷垄断，制器不计成本，以玛瑙入釉，釉色呈天青、粉青、天蓝色较多，也有豆绿、青绿、月白、橘皮纹等釉色，釉面滋润柔和，纯净如玉，有明显酥油感觉，釉稍透亮，多呈乳浊或结晶状。釉中多布红晕，有的如晨日出海，有的似夕阳晚霞，有的似雨过天晴，有的如长虹悬空，世称“天青为贵，粉青为尚，天蓝弥足珍贵”（图6-23）。

支钉：宋代宫廷用汝窑器物一般均采用满釉支烧，为了避免窑炉内杂质的污染，需用匣钵装好，并将器物用垫圈和支钉垫起，防止与匣钵粘连。在器物底部可见细如芝麻状的支钉痕三、五、七个，六个支钉的很少，痕迹很浅，大小如粟米。

器形：有盘、碟、洗、出戟尊、玉壶春瓶、胆式瓶、三足洗、撇口碗、十瓣葵花口碗、葵瓣盏托、椭圆形水仙盘等。盘的圈足较大，圈足外卷呈八字状。少数器物有铭款。见有两种，器底刻“奉华”和“蔡”字款。

开片纹：汝瓷开片堪称一绝，开片的形成，开始时是器物于高温焙烧下产生的一种釉表缺陷，行话叫“崩釉”。汝窑的艺术匠师将这种难以控制的、千变万化的釉病，通过人为操作转换为一种自然美妙的装饰，而且控制得恰到好处。釉面开片较细密，多呈斜裂开片，深浅相互交织叠错，像是银光闪闪的片片鱼鳞，或呈蝉翼纹状，给人以排列有序的层次感。

汝窑瓷器的烧造工艺，首先是原料的制备、成形、修坯、晾干、素烧、施釉，然后用各类匣钵一钵一器入窑二次烧成。完全支烧的器物有各类洗（裹足、三足、深腹平底）、盘（裹足、隐圈足、平底）、盆（裹足、隐圈足、四足、平底）、碟、钵、樽等。碗类器，除裹足支烧外，直圈足花式口碗也有满釉支烧；个别的敞口小矮圈足碗支烧于圈足着地面上，而垫烧占绝大多数。瓶的种类繁多，满釉支烧仅见于盘口折肩瓶和个别矮圈足小型瓶类器上。盏、盏托、套盒比较特殊，这类器物以垫烧为主，满釉支烧者，三枚或五枚支钉横置在圈足着地面上，个别较矮套盒支点在盒的底面上，盏（盖碗）亦如此。一般情况下，支钉的多少与器物的大小有关，常见的支钉有三枚和五枚，六枚支钉仅见于椭圆形水仙盆，除此之外，还有少量六枚、七枚、八枚支钉的，常见于大型盘类器①。

汝窑瓷器在中国青瓷史上占有显著地位。正如赵青云先生指出的，汝窑系我国北宋时代的五大名窑之一，从兴起到昌盛，直到衰落，经历了漫长的岁月，铁的还原气氛的运用掌握已至完成阶段，在我国青瓷发展史上具有划时代的意义。汝窑的刻花工艺具有较高的艺术效果，然刻花工艺复

① 孙新民等：《中原文化大典·文物典·瓷器》，中州古籍出版社，2008年，第143页。

杂，效率低，仅是昙花一现，遂被印花工艺所取代。由于印花制作方便，加上花卉图案丰富多彩，颇受民间欢迎，因此得以较快的发展，汝窑为宫廷烧制的御用品、做工精细、胎坚致密、釉层浑厚、清澈蕴润、清雅素净、质美蕴蓄、光泽柔和、富有水色、开片密布，隐若蟹爪、芝麻花的艺术效果真可谓工艺精湛、技艺卓绝，为我国古代陶瓷发展史谱写了光辉的篇章[①]。

二、钧　窑

钧窑是我国宋代五大名窑之一，目前最早记录钧窑的文献是《宣德鼎彝谱》卷一载宣德三年(1428年)圣谕："并内库所藏柴汝官哥均定各窑器皿款式典雅者，写图进呈拣选，照依原样，勒限铸成，今特赐尔工部，可速开冶鼓铸。"[②]不过，有学者考证此书为后人伪托吕震名编，书中关于宣德炉的款式、工艺及来源所记颇详，应为明后期人所作，亦有参考价值[③]。

明清时期关于钧窑的记载多起来，明张应文《清秘藏》卷上《论窑器》："均州窑红若胭脂者为最，青若葱翠色、紫若墨色者次之，色纯而底有一二数目字号者佳，其杂色者无足取。"[④]明高镰《遵生八笺·燕闲清赏笺》："若均州窑，有朱砂红、葱翠青（俗谓鹦哥绿）、茄皮紫。红若胭脂，青若葱翠，紫若墨黑，三者色纯，无少变露者，为上品，底有一二数目字号为记。猪肝色，火里红，青绿错杂，若垂涎色，皆上三色之烧不足者，非别有此色样。"[⑤]清蓝浦《景德镇陶录》载："均窑，亦宋初所烧，出钧台，钧台宋亦称钧州，即今河南之禹州也。土脉细，釉具五色，有兔丝纹。红若胭脂朱砂为最。青若葱翠、紫若墨者次之。三者色纯无少变杂者为上。底有一二数目字号为记者佳。"[⑥]

关于钧窑的考古及发现，自20世纪50年代开始，北京故宫博物院、河南省博物馆、禹县文管会、禹县瓷厂等单位多次调查和发掘以及地方的一些瓷家的参与调查研究，证实河南禹县为钧瓷的发源地。钧窑遗址以禹县神垕镇为中心，刘家门、刘庄、刘家沟为代表，共发现窑址150多处。这些窑址属民窑，时代可以划分出北宋早期的有红石桥、长观春、刘庄、张庄、苗家门、下白裕、刘家沟等10处；和钧台窑同时的北宋中、晚期的有钧台窑、五代泉、王家门、石峪、铁炉沟、扒村、桃园等25处；金、元时期的有白沙、党寨、西炉、百家门、刘家门等61处。钧瓷始烧于北宋，盛于北宋中、晚期，靖康以后因战乱停烧，金大定以后恢复并发展而成为许多地方烧制的宋金、元钧窑系，除河南省禹县外，有临汝、郏县、新安、鹤壁、安阳、林县、浚县、淇县；河北省磁县；山西省浑源县和内蒙古自治区呼和浩特市；以禹县城内北门的钧台窑（八卦洞）最有代表性[⑦]（图6-24）。

关于钧台窑瓷的烧造工艺，可概括为以下几点[⑧]。

---

① 河南省文物研究所等：《汝窑的新发现》，紫禁城出版社，1991年，第7页。

② （明）吕震：《宣德鼎彝谱》（丛书集成初编本），商务印书馆，1936年，第1页。

③ 秦大树：《钧窑三问——论钧窑研究中的几个问题》，《故宫博物院院刊》2002年第5期。

④ （明）张应文：《清秘藏》，《文渊阁四库全书·子部·杂家类》第872册，台湾商务印书馆，1986年，第3页。

⑤ （明）高濂编撰，王大淳点校：《遵生八笺》，巴蜀书社，1992年，第535页。

⑥ （清）蓝浦等：《景德镇陶录校注》，江西人民出版社，1996年，第75页。

⑦ 李家治：《中国科学技术史·陶瓷卷》，科学出版社，1998年，第425页。

⑧ 王星光主编：《中原文化大典·科学技术典·数学物理学化学》，中州古籍出版社，2008年，第231、232页。

图6-24　钧台钧窑遗址1号窑炉

（《全国重点文物保护单位》编辑委员会：《全国重点文物保护单位》第Ⅱ卷，文物出版社，2004年，第457页）

（1）钧台窑瓷的烧造工艺不仅胎、釉选料精细，而且制备釉浆的用水也非常讲究。由于钧釉中的金属氧化物及矿物质的含量对钧釉呈色影响较大，所以制备钧釉时一定要用纯净的河水，宋钧官窑烧制御用钧瓷制釉时用的是颍河水。

（2）钧窑利用铁、铜呈色的不同特点，经过窑烧釉药起化学变化，它以盛烧红、蓝色釉和衍生的紫色瓷器著称，五光十色，打破了以往青、白瓷的单纯色调。据分析，钧窑釉的红色，是由还原铜的呈色作用产生的。铜和铁的呈色原理十分相近。在钧窑红釉的成分中，含氧化铜大约0.33%。虽然釉中的其他微量金属元素也可能起呈色作用，但是，宋代劳动人民懂得利用铜盐的呈色作用，通过控制火焰性质来得到几种釉色的技术，是难能可贵的（图6-25、图6-26）。

图6-25　钧瓷玫瑰紫釉葵花式花盆

（宋代，北京故宫博物院藏品）

图6-26　钧瓷天蓝釉鼓钉三足洗

（宋代，北京故宫博物院藏品）

（3）钧窑传统的烧成方法是以氧化铜作为着色剂，在还原气氛下，用1250～1270℃烧成。胎体先在900℃中素烧（与唐三彩同），以强化胎体并便于筛选。而后进行釉烧（含铁、铜）。由于釉层较厚，因此烧制初期，有些釉层会干裂，再由黏度较低的釉填补，所以会有“蚯蚓走泥纹”的现象产生。由于钧瓷呈色对气氛敏感性强，在工艺上很难控制，窑内气氛、温度的波动会使窑内不同区域的产品形成不同的艺术效果。

（4）钧台窑瓷的制作方法大多使用传统手拉坯技艺，在某些器物的局部制作上也采用模制、手工捏制等方法。

（5）装窑采用匣钵、支架、垫饼相结合的方法。一般中、小型圆形器均是采用渣饼垫烧法。

钧窑一般需要高温烧成，故此窑的结构十分重要，以禹州钧台窑炉结构为例，其特点是利用就地下挖、其上券顶的方法，除个别窑在窑门或烟囱口部发现少量砌砖外，其余全为土筑。其烟道大多设于窑后，为古代北方常见的半倒焰式自然通风的保温窑炉结构。采用这种办法建造的窑炉的优点在于蓄热量大，最高温度可以达1300℃；散热慢，即使窑门扒开，也不会出现风惊炸裂现象。相反，由于高温逐渐冷却，易使钧瓷釉面光亮，并出现细碎开片。尤其是双乳火膛长方形窑室（即1号窑炉）为中国历代瓷窑中较为特殊的一例，这种窑炉结构更便于窑内还原焰气氛的形成，烧成的钧瓷易于成色，窑变效果明显，比较好地解决了高温阶段还原火不易升温的问题①。

我国传统高温色釉最重要的是以氧化亚铁着色的青釉系统。从原始青瓷到晋代和唐代的越窑，宋代的龙泉窑、耀州窑、官窑、哥窑、汝窑等各地名窑基本上都以烧造青瓷为主。在宋代以前，青瓷是我国陶瓷生产中的主流。宋代钧窑创用铜的氧化物作为着色剂，在还原氛围下烧制成功铜红釉，为我国陶瓷工艺、陶瓷美学开辟了一个新的境界。铜红釉的呈色与着色剂的加入量、基础釉的化学组成以及温度和气氛灯因素都十分敏感，条件稍稍偏离规定要求，就得不到正常的红色，技术难度比较大。宋代的钧窑首先创造性地烧造成功铜红釉，这是一个十分了不起的成就，这一成就对后来的陶瓷业有着深刻的影响②。

---

① 孙新民等：《中原文化大典·文物典·瓷器》，中州古籍出版社，2008年，第194页。

② 中国硅酸盐学会主编：《中国陶瓷史》，文物出版社，1982年，第261页。

第七章　中原传统科学技术缓慢发展时期（明清时期）

第一节　明清时期中原的植物学

一、朱橚与《救荒本草》

（一）朱橚生平

朱橚，是明太祖朱元璋的第五个儿子，明成祖朱棣的胞弟。关于朱橚的生年颇有争议。因为是皇子所以很多明代的史料都能找到关于他的记载，如焦竑《国朝献征录》、王鸿绪《明史稿》、傅维麟《明书》、张廷玉《明史》等，但记载都过于简略。例如，《明史》卷一百《诸王世表一》载："周定王橚，太祖嫡五子。洪武三年封吴，十一年改封周，十四年就藩开封府。洪熙元年薨。""洪熙"是明仁宗年号，朱橚卒于"洪熙元年"，即1425年，谥周定王，但并未记载其生年。而据《明太祖实录》卷九"辛丑年秋七月丁巳，皇帝第五子生"的记载可推知，朱橚实生于元至正二十一年（1361年）七月初九日（公历8月9日）。

《明太祖实录》："（朱橚）孝慈皇后出也。"《明史》："太祖，二十六子。高皇后生太子标、秦王樉、晋王棡、成祖、周王橚。"[①]《明实录·太宗实录》卷一也记载：朱棣是"太祖圣神文武钦明启运俊德成功纯天大孝高皇帝第四子也，母孝慈昭宪至仁文德承天顺圣高皇后生五子，长懿文皇太子标、次秦愍王樉、次晋恭王棡、次上、次周定王橚。"以上史料说明朱橚是马皇后所生。近人傅斯年、吴晗、朱希祖等都曾撰文阐述过朱棣生母的问题[②]。又因朱橚与朱棣为同母所出，故此有关朱橚生母的史料也引起了学术界的普遍质疑。孟森通过考证认为朱棣与朱橚为同母兄弟，但并非嫡出，即马皇后所生，实乃出自高丽碽妃[③]。

《罪惟录》载："庚子年癸酉，皇第四子棣生，母碽妃，皇后以为子。"南京《太常寺志》所载孝陵神位，"左一位淑妃李氏，生懿文太子、秦愍王、晋恭王；右一位碽妃，生成祖文皇帝，是皆享于陵殿"。成祖以前实录虽被修改三次，但燕王、周王为同母兄弟仍有蛛丝马迹，如《太宗实

---

① （清）张廷玉等：《明史》卷一百一十六《太祖诸子列传》，中华书局，1974年，第3559页。

② 傅斯年：《明成祖生母记疑》，"国立中央研究院"《历史语言研究所集刊》第二本第四分册，1932年；吴晗：《明成祖生母考》，《清华学报》1935年第3期；朱希祖：《明成祖生母记疑辩》，"国立中山大学"《文史学研究所月刊》1933年第1期。

③ 孟森：《明史讲义》，上海古籍出版社，2002年，第115页。

录》卷九下四年六月乙丑条载朱橚语云“赖大兄救我”可证。故此，王星光等认为“朱橚与朱棣是同母兄弟，俱是朱元璋庶妃‘碽妃’所生”[①]。

洪武三年（1370年）四月乙丑，年仅10岁的朱橚就被封为吴王，因年龄尚小，仅保留其封号，在宫中接受正规教育，“待其壮，遣就藩服”[②]，洪武九年（1376年）十月丙子，朱橚受父命与秦、晋、燕、楚、齐诸王治兵凤阳。洪武十一年（1378年）正月朔日，朱橚被改封周王。洪武十四年（1381年）十月，朱橚就国开封。作为朱元璋的儿子，朱橚当然会有所抱负，想干一番大事业。因此，他在政治上比较开明，就藩开封以后，做了一些有利于生产发展的事情，如兴修水利、减免租税、发放种子等。

但毕竟身份特殊，在激烈的宫廷斗争的环境下，朱橚也多次遭受横祸，如《明天祖实录》卷一百九十八记载：洪武二十二年（1389年）十二月甲辰，朱橚因“擅弃其国来居凤阳”，被朱元璋流放云南。又因其与朱棣为同母兄弟，故此据《明太宗实录》卷一记载，建文帝时期，朱橚被“削王爵为庶人，迁之云南”。也许正是因为多次被贬谪，使他得以了解民间疾苦，加之在激烈的政治斗争中得以明哲保身，所以他将其主要的精力用在了有关民生的科学研究上，最终取得了卓越的成就，如在中医药学上先后编撰了《保生余录》《袖珍方》《普济方》等著作，在本草学上则编著了《救荒本草》一书。其中以《救荒本草》的成就最为突出，使朱橚在世界科技史上获得了至高的荣誉。

（二）《救荒本草》的编撰与内容

元末，自然灾害频仍，遍布全国，加上民族压迫极其严重，导致生灵涂炭，食不果腹，衣不遮体。明初致力于发展经济，恢复生产，朱橚就国开封时，经济情况虽有好转，但自然灾害却依然频发，黄河屡次决口，如洪武二十年，河决开封城，自安远门侵入，没官民廨宇甚众[③]。洪武二十二年（1389年）：“河没仪封、徙其治于白楼封。”洪武二十三年（1390年）：“其秋，决开封西华诸县，漂没民舍。”洪武三十年（1397年）：“八月决开封，城三面受水。”[④]因此，人民生活并未立即得到好转，以野生植物为食的现象普遍存在。为避免误食伤身，就要学会辨别可食和有毒的野生植物，劳动人民虽然在长期的食用过程中积累了不少经验性知识，但仍然有待提高。

关于朱橚撰写《救荒本草》的宗旨，周王府左长史卞同在给《救荒本草》作的序中指出：“敬惟周王殿下体仁遵义，孳孳为善。凡可以济人利物之事，无不留意。尝读《孟子》书，至于‘五谷不熟，不如荑稗’，因念林林总总之民，不幸罹于旱涝，五谷不熟，则可以疗饥者，恐不止荑稗而已也。苟能知悉而载诸方册，俾不得已而求食者，不惑甘苦于荼、荠，取昌阳，弃乌喙，因得以裨五谷之缺，则岂不为救荒之一助哉。”[⑤]从中可以看出，朱橚是本着救荒济民的目的，着手编撰《救荒本草》的。

---

① 王星光、彭勇：《朱橚生平及其科学道路》，《郑州大学学报（哲社版）》1996年第2期。

② 夏燮：《明通鉴》卷三《太祖高皇帝纪》，中华书局，1959年，第242页。

③ （清）王士俊等：《河南通志》卷十四《河防三》，《文渊阁四库全书·史部·地理类》第535册，台湾商务印书馆，1986年，第369页。

④ （清）张廷玉等：《明史》卷八十三《河渠志》，中华书局，1974年，第2014页。。

⑤ 倪根金：《救荒本草校注》，中国农业出版社，2008年，第1页。

朱橚在编撰《救荒本草》时，曾经“购田夫野老，得甲坼勾萌者四百余种，植于一圃，躬亲阅视，俟其滋长成熟，乃召画工绘之为图，仍疏其花实根干皮叶之可食者，汇次为书一帙”[①]。可见，为了搞清各种野生植物之可食者，他亲自开辟植物园，通过观察、鉴别、记录，并请画工绘图，足见其用心之诚。

《救荒本草》的初刻本收植物414种，分为2卷，共5部：草部245种，木部80种，米谷部20种，果部23种，菜部46种，其中已见于历代本草者138种，新增加276种。

《救荒本草》中所载植物的产地和分布，以开封为主轴，北至太行山麓的辉县，南至桐柏山、南阳，西达伊洛二水、伏牛山、崤山、嵩山，远及陕西的华山、太白山。全书不仅载明植物的名称、别名、产地、分布、特征、性味、可食部分及烹调食法等，并且从不同角度对植物多重分类，划分细致，将分类和数量的概念结合起来，注重观察和试验，精细地绘制植物图像，都蕴含了近代科学产生的因子，具有重要的意义。

《救荒本草》的初版大约在嘉靖四年（1525年）后佚失，现存最早的版本是明代嘉靖四年山西都御史毕昭和按察司蔡天佑重刻于太原的版本，该本绘图准确，刊刻精良，以后多个版本多以此翻印，前有李濂的序言。此后，《救荒本草》屡有重刻，如嘉靖三十四年（1555年），晋人陆柬又刊之，分为四卷，并附《野菜谱》一卷。崇祯十二年（1639年），徐光启将《救荒本草》收录在《农政全书》，作为荒政的内容之一，其间或附有徐氏语言，故与原本也稍有差异[②]。但随着《农政全书》的广为流传，也扩大了《救荒本草》的影响；清咸丰元年（1851年）来鹿堂刻本；1929年上海商务印书馆万有文库本；1959年中华书局影印本；1980年农业出版社影印本等。

（三）《救荒本草》的科技价值

《救荒本草》具有通俗性、实用性、科学性等特征，成为由药物学向应用植物学发展的标志，也是中国最早的以植物群为基础的河南植物志，对野生植物的研究起到了开创性作用，开启了明代中后期编纂同类书籍的先河，后来的《茹草编》《野菜谱》《野菜赞》等皆因受该书影响而作。

1. 通俗性

《救荒本草》是中国历史上第一部以救荒为主旨的植物学专著，主要目的在于使劳动人民在发生饥荒时能够准确地辨别植物以免误食伤身。

但是，封建社会的劳动人民文化程度不高，为了使他们能够掌握有关野生植物的救荒知识，朱橚在《救荒本草》中为一些较难以认读的字不厌其烦的一一注音，同时将每一种野生植物的本草名、俗名、别名等都罗列出来，使不同地区的劳动人民知道虽然具有不同的名称，但其实是同一植物，可以大胆采食。例如，《救荒本草卷上·草部·叶可食》“红花菜”条：“《本草》名红蓝花，一名黄蓝。出梁、汉及西域，沧魏亦种之，今处处有之。苗高二尺许，茎叶有刺，似刺蓟叶而润泽，窊（五化切）面。稍结梂彙（音求胃），亦多刺，开红花，蕊出梂上。圃人采之，采已复出，至尽而罢。梂中结实，白颗如小豆大。其花暴干，以染真红及作胭脂。花味辛，性温，无毒。

① 倪根金：《救荒本草校注》，中国农业出版社，2008年，第1页。

② 闵宗殿：《读〈救荒本草〉（〈农政全书〉本）札记》，《中国农史》1994年第1期。

叶味甘。救饥：采嫩叶煠熟，油盐调食。子可笮（音乍）作油用。”又如“车轮菜”条：“《本草》名车前子，一名当道，一名芣苢（音浮以），一名虾蟆衣，一名牛遗，一名胜舄（音昔），《尔雅》云马舄，幽州人谓之牛舌草。”

在给难字注音、罗列植物名的同时，朱橚在《救荒本草》中尽量使用劳动人民的语言来进行描述，“川芎”条：“山中出者，瘦细，味苦、辛。其节大、茎细，状如马衔，谓之马衔芎；状如雀脑者，谓之雀脑芎，此最有力。”“马兜零”条：“春生苗如藤蔓，叶如山药叶而厚大，背白。开黄紫花，颇类枸杞花。结实如铃，作四、五瓣。叶脱时，铃尚垂之，其状如马项铃，故得名。”用劳动人民熟悉的“马衔”“雀脑”“马项铃”作为比喻，既形象又容易辨识。

此外，与传统的本草著作不同，朱橚在《救荒本草》中对各种野生植物不做烦琐的考证，只是用极其简单的语言将它们的形态、食用方法、功用等记载下来。但在简单的语言描述以后，每一野生植物都配有一幅逼真的插图，把植物的各部位都相当精确的描绘出来。李濂《重刻救荒本草序》说：“是书有图有说，图以肖其形，说以著其用。”[①]这样图文相配合，使读者能够很容易就辨别出不同的植物，如刺蓟菜、孛孛丁菜等画得就十分生动逼真（图7-1、图7-2）。

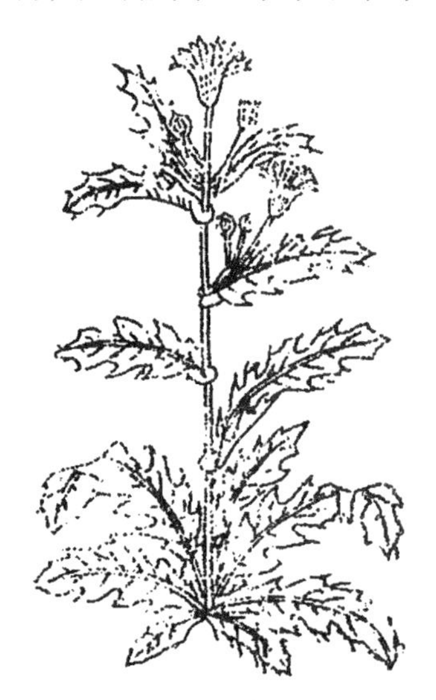

图7-1　刺蓟菜图

（王家葵等：《救荒本草校释与研究》，中医古籍出版社，2007年，第1页）

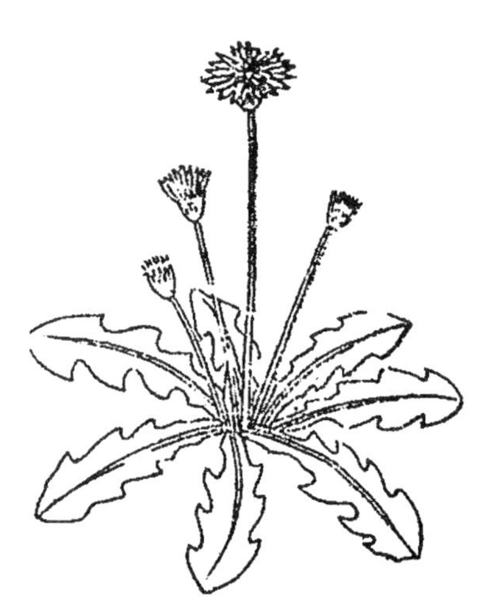

图7-2　孛孛丁菜图

（王家葵等：《救荒本草校释与研究》，中医古籍出版社，2007年，第349页）

2. 实用性

同以往的本草著作相比，《救荒本草》编撰的目的不是为了治病救人，而是为了在发生饥荒时，为普通老百姓提供可备充饥的野生植物，是以救荒为目的的。卞同《救荒本草序》说：“植物之生于天地间，莫不各有所用。苟不见诸载藉，虽老农老圃亦不能尽识。而可亨可芼者，皆躏藉于牛羊鹿豕而已。自神农氏品尝草木，辨其寒温甘苦之性，作为医药，以济人之夭札，后世赖以延生。而本草书中所载，多伐病之物，而于可茹以充腹者，则未之及也。”李濂在《重刻救荒本草序》中说：“或遇荒岁，按图而求之，随地皆有，无艰得者。苟如法采食，可以活命。是书也，有

① 倪根金：《救荒本草校注》，中国农业出版社，2008年，第1页。

功于生民大矣。”因此，实用性是《救荒本草》特征之一。

《救荒本草》按照可食部位对所记载的414种植物进行了更为细致的分类，分别为“叶可食”“实可食”“叶及实皆可食”“根可食”“根叶可食”“根及实皆可食”“根笋可食”“根及花可食”“花可食”“花叶可食”“花、叶及实皆可食”“叶、皮及实皆可食”“茎可食”“笋可食”“笋及实皆可食”，各类所包含的植物数量详见表7-1。

表7-1　《救荒本草》植物统计表[①]

食用部位	草部	木部	米谷部	果部	菜部	合计
叶可食	40+123	8+33	0+0	0+0	14+19	62+175=237
实可食	4+16	6+14	0+7	10+4	0+0	20+41=61
叶及实皆可食	6+6	5+3	5+8	4+1	3+2	23+20=43
根可食	9+15	0+0	0+0	2+0	0+21	1+17=28
根叶可食	4+7	0+0	0+0	0+0	1+4	5+11=16
根及实皆可食	1+1	0+0	0+0	2+0	1+0	4+1=5
根笋可食	3+0	0+0	0+0	0+0	0+0	3+0=3
根及花可食	2+0	0+0	0+0	0+0	0+0	2+0=2
花可食	0+0	0+5	0+0	0+0	0+0	0+5=5
花叶可食	2+2	1+0	0+0	0+0	0+0	3+2=5
花、叶及实皆可食	0+0	0+2	0+0	0+0	0+0	0+2=2
叶、皮及实皆可食	0+0	2+0	0+0	0+0	0+0	2+0=2
茎可食	1+2	0+0	0+0	0+0	0+0	1+2=3
笋可食	0+0	1+0	0+0	0+0	0+0	1+0=1
笋及实皆可食	1+0	0+0	0+0	0+0	0+0	1+0=1
总计	73+172=245	23+57=80	5+15=20	18+5=23	19+27=46	138+276=414

注：表中前一数字代表该类中本草原有植物数，后一数字为新增者

为了更好地指导人们食用，朱橚将每种野生植物制作成食物的方法详细地记载在“救饥”栏下，并指明食用时的注意事项，如：

“川谷”条：“采子捣为米，生用冷水淘净后，以滚水汤三五次，去水下锅，或作粥，或作炊饭食，皆可。亦堪造酒。”

“鸡眼草”条：“采子捣取米，其米青色。先用冷水淘净，却以滚水汤三五次，去水下锅，或煮粥，或作炊饭食之；或磨面作饼食，亦可。”

“菱角”条：“采菱角鲜大者，去壳生食。壳老及杂小者，煮熟食。或晒其实，火燔以为米充粮。作粉极白润，宜人。服食家蒸暴，蜜和饵之，断谷长生。又云，杂白蜜食，令人生虫。一云多食脏冷，损阳气，痿茎，腹胀满。暖姜酒饮，或含吴茱萸，咽津液即消。”

“同蒿”条：“采苗叶煠熟，水浸淘净，油盐调食。不可多食，动风气，熏人心，令人气满。”

① 王家葵等：《救荒本草校释与研究》，中医古籍出版社，2007年，第387页。

很多野生植物本身含有很多有毒成分，如果误食后果将不堪设想，但经过适当的处理后，这些有毒的野生植物也能被利用。因此，《救荒本草》详载有毒野生植物去除毒性的方法，如《救荒本草·草部·叶可食》“白屈菜”条：“采叶和净土煮熟，捞出，连土浸一宿，换水淘洗净，油盐调食。”白屈菜，白屈菜属，罂粟科。多年生草本，高30～100厘米，有黄色乳汁。茎直立，多分枝，嫩绿色，被白粉，疏生柔毛。含白屈菜碱、原阿片碱，别隐品碱、胆碱等数种不溶于水的生物碱。这些植物碱具有较强的毒性，“采叶和净土煮熟，捞出，连土浸一宿”，这是用净土吸附法除掉毒素，与现代植物化学的分离手段相比显得很简单，但在当时却是难能可贵的，它和1906年俄国植物学家茨维特（1872～1919年）发明的色层吸附分离法在理论上是一致的。

又如，《救荒本草·果部·根可食》“芋苗”条：“《本草》芋有六种：青芋细长毒多，初煮须要灰汁，换水煮熟乃堪食；白芋、真芋、连禅芋、紫芋，毒少，蒸煮食之。又宜冷食，疗热止渴。野芋大毒，不堪食也。”这是针对不同的芋种，针对其毒性的大小，分别采用不同的处理方法。青芋毒性较大，用灰汁同煮，灰汁含有碱性物质如碳酸钾、碳酸钠、碳酸氢钾、碳酸氢钠等，其溶液pH值较大，一些不能在碱性环境中存在的有毒成分就会水解，可以分解和降低毒性。

再如，《救荒本草·草部·根可食》“章柳根”条：“取白色根，切作片子，焯熟，换水浸洗净，淡食，得大蒜良。凡制，薄切，以东流水浸二宿，捞出，与豆叶隔间入甑蒸，从午至亥。如无叶，用豆依法蒸之，亦可。花白者年多，仙人采之，作脯，可为下酒。”章柳根中含有植物碱、商陆素、氧化肉豆蔻酸等化学成分，不宜直接食用。用水煮也不能将毒素全部除去，因此用“与豆叶隔间入甑蒸”的方法进行除毒，豆类物质充当了吸附剂，吸附掉其中的有毒物质，是利用了近代化学领域中的吸附分离法。

可见，《救荒本草》本着救荒的目的，是以食为中心详细记载各种野生植物的可食用部位、制作方法，以及去除有毒成分的方法，和之前的本草学著作以治病为目的有着根本的区别。因此，罗桂环指出：“《救荒本草》具有资源调查性质，其编撰仅以食用植物为限，这一点又与传统本草有所区别。可以说，《救荒本草》作为一种记载食用野生植物的专书，是从传统本草学中分化出来的产物，同时也是我国本草学从药物学向应用植物学发展的一个标志。”①

3. 科学性

为了准确地描述各种野生植物的性状，朱橚建立了自己的植物园，将400多种植物种植在里面，对它们进行了长期细致的观察。因此，《救荒本草》一改过去本草学著作对植物性状描述过于简单，只注重记载其药物功效的习惯，对植物进行了全面形象逼真的描述。

花是植物的生殖器官，不同种属的植物有很大的区别，因此植物的花是对其分类鉴定的关键因素。但以前历代的植物学著作一般对植物描述简单，很少详细记载花的性状，朱橚对植物的花器官（花冠和果实）进行了细致的观察，在《救荒本草》中自觉地对其进行描述。对花的描述，如“地黄苗”条：“茎稍开筒子花，红黄色，北人谓之牛妳子花。”“费菜”条：“叶稍上开五瓣小尖淡黄花，结五瓣红小花蒴儿。”“柳叶菜”条：“稍间开四瓣深红花，结细长角儿。”“青荚儿菜”条：“花叉颇大，状如荏子叶而狭长尖艄。茎叶稍间开五瓣小黄花，众花攒开，形如穗状。”“山

① 罗桂环：《朱橚》，《中国古代科学家传记》（下集），科学出版社，1992年，第769页。

甜菜”条：“其茎叶间开五瓣淡紫花，结子如枸杞大。”

在植物学上，花冠数是单子叶植物和双子叶植物的主要区别之一。例如，单子叶植物的花三数，即三数性花冠；双子叶植物的花四数或五数，即四数或五数性花冠。单子叶植物，如“水慈菇”条：“稍间开三瓣白花，黄心。”“泽泻”条：“稍间开三瓣小白花。”双子叶植物，如“白屈菜”条：“四瓣黄花。”“银条菜”条：“四瓣淡黄花。”“龙芽草”条：“稍间出穗，开五瓣小圆黄花。”

朱橚在观察中已经注意到伞形科植物的“伞形花序”和菊科植物的“头状花序”，在《救荒本草》中进行了描述，如“蛇床子”条：“开白花如伞盖状。”“茴香”条目：“稍头开花，花头如伞盖。”还发现了“隐头状花序”，如“无花果”条；“蝎尾聚伞花序”如“蝎子花菜”条目。

朱橚在《救荒本草》中创造性地使用了一些植物学术语，如描写草本植物生长习性的：就地丛生（铁扫帚）、托蔓而生（金银花）、就地科叉生（荞麦）、细茎分叉而生（苜蓿）。对茎的描述，如“四楞”“方形”“茎方形四楞”的描述，如紫苏、风轮菜、苏子苗、薄荷和脂麻，它们属于唇形科，茎四楞正是该科植物的主要特征。对叶的生长方式、叶片形状、叶序、叶脉、叶缘锯齿都有描述。例如，“苦荬菜”条：“脚叶”，是近代植物学中所定义的“基生叶”，又如“小叶布茎”是今天所说的“茎生叶”。近代植物学根据叶序的排列方式分类为互生叶序、对生叶序和轮生叶序三种。《救荒本草》一书中对这三种叶序都有记载，如“马兰头”条：“无椏，不对生。”“山觅菜”条：“叶皆对生。”“歪头菜”条：“两叶并生一处。”它们的叶序是典型的对生。“桔梗”条：“四叶相对而生。”是轮生叶序的代表。对叶脉分布记述十分详细，如“豨莶”条：“叶纹脉竖直。”“牛尾菜”条：“纹脉皆竖。”对于结实器官的描述，如有“穗”“小叉穗”（如雀麦、稗子、莠草）、“蒴果”（如紫苏、脂麻）和“角儿”（即荚果）等术语[①]。

《救荒本草》在描述植物器官时使用的术语，具有很高的科学性，有些应成为通用和常用术语。1858年李善兰等翻译的西方著作《植物学》是近代西方植物学传入我国的标志，其中一些术语的翻译，沿用了《救荒本草》提出的新概念。例如“蕊”等。

此外，朱橚在《救荒本草》中探讨了地理环境对植物品质的影响，如“麦门冬，……出江宁者，小、润；出新安者，大、白。其大者，苗如鹿葱，小者如韭。味甘，性平，微寒，无毒”；“天门冬，……其生高地，根短味甜气香者上；其生水侧下地者，叶细似蕴而微黄，根长而味多苦、气臭者下”；“瓜楼根，俗名天花粉。……入土深者良，生卤地者有毒”；“椒树，……江淮及北土皆有之。茎实皆相类，但不及蜀中者，皮肉厚腹里白，气味浓烈耳。又云：出金州西城者佳。味辛，性温，大热，有小毒”。

《救荒本草》不仅对我国植物分布有研究，而且对地域和生态环境影响植物产量和品质也有了科学的认识，这种观点与现代植物生态学的理论是吻合的。现代植物生态学是在植物学发展到较高水平之后才分化出来的一门新的学科。它是专门研究植物相互之间及植物与生存环境相互关系的科学，它阐述外界环境条件对植物的形态结构、生理活动、化学成分、遗传特性和地理分布的影响，以及探讨植物对环境条件的适应和改造的作用。早在500多年前朱橚就认识到地理环境能影响植物

---

① 周肇基：《我国最早的救荒专著——〈救荒本草〉》，《植物杂志》1990年第6期。

的产量和品质，这不能不说是科学上的一项伟大创举[①]。

（四）《救荒本草》的地位与评价

朱橚本着救荒的宗旨，编撰了《救荒本草》一书。在编撰过程中，为方便自己种植和观察野生植物，他建立了植物园，对以今河南为中心区域内的野生植物进行了研究，分别详细地记载了植物的名称、性状、生长地区、食用方法等内容。由于著书的目的与以往的本草学著作有很大不同，朱橚将对植物描述的重点放在了如何辨别植物上，加上他亲自参与观察的结果，所以《救荒本草》对野生植物性状的描述在植物学上取得了很多成就。《救荒本草》具有通俗性、实用性、科学性等特征，它是中国本草学从药物学向应用植物学发展的一个标志，在世界科学史上占有重要的地位。

明代本草学家李时珍认为《救荒本草》“颇详明可据”，在其《本草纲目》中，不仅引用了很多《救荒本草》的资料，还吸收了它描述植物的先进方法。明代徐光启编撰的《农政全书》更是将《救荒本草》全文收编。清代重要类书《古今图书集成》中“草木典”的许多图文也引自《救荒本草》。近年国内王作宾等对《农政全书》中转录自《救荒本草》中的400种植物做了研究定出学名，并作为石声汉校注的新版《农政全书》附录刊行。

《救荒本草》在国际上享有盛誉，美国植物学家H.S.里德在《植物学简史》（*A Short History of The Plant Sciences*）中指出，朱橚的《救荒本草》是中国早期植物学一部杰出的著作，是东方植物认识和驯化史上一个重要的知识来源。美国科学史家G. 萨顿（1884～1956年）在《科学史导论》（*Introduction to the History of Science*）一书中，认为朱橚是一位有成就的学者，他的植物园是中世纪的杰出成就，他的《救荒本草》可能是中世纪最卓越的本草书。英国的中国科技史专家李约瑟（Joseph Needham）等认为，朱橚等的工作是中国人在人道主义方面的一个很大贡献，朱橚既是一个伟大的开拓者，也是一个伟大的人道主义者。

二、吴其濬与《植物名实图考》

（一）吴其濬生平

吴其濬，字瀹斋，一字季深，号吉兰，别号雩娄农，河南固始人。生于乾隆五十四年（1789年），卒于道光二十七年（1847年），终年59岁。

吴其濬世居江西南昌，后迁至河南商城，再迁至固始定居，为中州望族。五世祖吴大朴是明代天启二年（1622年）进士，知庐州府。祖父吴延瑞，乾隆三十一年（1766年）进士，官至广东按察使。父亲吴烜，乾隆五十二年（1787年）进士，官至礼部侍郎。从兄其彦，嘉庆四年（1799年）进士，官至兵部右侍郎。此外，其伯父吴湳、堂兄吴其浚、堂弟吴其傣等，均是清代进士。吴其濬的母亲是翰林院庶吉士许家齐之女，可见固始吴氏一门诗书传家。

固始吴氏家教相当严格，吴烜曾说：“余读史至历代名臣，未尝不向往之。其嘉言懿行不可胜纪，其大要总以敦厚、宽恕、公正、勤谨、谦和、俭约。用能保全身名，励翼家国。其根柢总以读

① 马万明：《试论朱橚的科学成就》，《史学月刊》1995年第3期。

书致用为本。凡勋业隆茂者，皆自少至老，手不释卷，不仅文学之士穷年占毕已也。其治家必有礼法，其教子必有义方，不独理学之士方行矩步已也。”①

出身于这样的官宦书香门第，使吴其濬受到良好的教育。加之他聪颖过人，有过目不忘之誉，于科举仕途均极顺遂。嘉庆十五年（1810年）中举，嘉庆二十二年（1817年）中进士，殿试时名列魁首，点为状元，旋授翰林院修撰，时年29岁。此官运亨通，曾先后担任文东乡试正考官、实录馆纂修官、湖北学政、内阁学士兼礼部侍郎、兵部左侍郎、江西学政、户部右侍郎兼管钱法堂事务、户部左侍郎、湖广总督、湖南巡抚、云南巡抚、云贵总督、山西巡抚兼督盐政等官。

吴其濬“宦迹半天下”②，但他居官清廉，“洁己奉公”③“学优守洁，办事认真”④，为政之余，本着经世致用的思想，以“医国苏民”⑤为己任，因此在植物学、农学、医药学、矿冶学及水利学等方面取得了巨大的科学成就，留下了许多宝贵的科学遗产，在中国科学技术发展史上占有重要地位。

（二）吴其濬的治学经历

吴其濬一生治学严谨、为官清廉，在仕途和科学上都取得了辉煌的成就，终其一生，其治学经历可分为三个阶段。

第一个阶段，从乾隆五十四年（1789年）至嘉庆二十二年（1817年），共29年的时间，是吴其濬学习阶段。他勤奋好学、博览群书，打下了良好的从事科学研究的知识基础，形成了严谨的治学态度，并深受家族经世致用家风的影响。因此，在他考取状元之后，能在仕途和科学领域都取得突出的成就。

第二个阶段，从嘉庆二十三年（1818年）至道光二十年（1840年），共23年的时间，是吴其濬从政初期和植物学研究初期。这一时期，他在积累政治经验的同时，也一边收集与植物学相关的资料，尤其是从道光元年（1821年）到道光十年（1830年），他丁忧守制在固始老家居住的这段时间。他购地建立了三园（上园、下园、里园）及“东墅”等植物园，与当地的老农一起参与到植物的种植中，在实践过程中，他通过仔细观察各种植物的形态、生长发育等习性，研究了它们的药用、实用价值，为日后《植物名实图考》的编撰奠定了一定的基础。

第三个阶段，从道光二十年（1840年）至道光二十六年（1846年），共6年的时间。这段时间吴其濬在仕途上飞黄腾达，在科学研究领域也取得了成功。他利用自己“宦迹半天下”的便利条件，广泛采集各地植物标本，询问当地有经验的老农，并及时绘图，并持续不断地编写《植物名实图考》这部杰出的植物学著作及其他科学著作。

纵观吴其濬一生，他治学严谨，以科学的精神和治学方法在从政之余，将身心投入到科学研究中，在文学与科学领域均留下丰富的遗产，著作颇丰，如《念余阁诗钞》《滇行纪程集》《军政辑

---

① （清）吴烜：《读史笔记》，广文书局，1971年，第37页。

② （清）陆应谷：《植物名实图考叙》载张瑞贤等《植物名实图考校释》，中医古籍出版社，2008年，第1页。

③ 赵尔巽撰：《清史稿》卷三百八十一《吴其濬列传》，中华书局，1977年，第11634页。

④ 王钟翰点校：《清史列传》卷三十八《吴其濬传》，中华书局，1987年，第2996页。

⑤ （清）陆应谷：《植物名实图考叙》载张瑞贤等《植物名实图考校释》，中医古籍出版社，2008年，第1页。

要录》《奏议存稿》《滇南矿厂舆程图略》《云南矿厂工器图略》《植物名实图考长编》《植物名实图考》等。

（三）《植物名实图考》的内容

吴其濬在植物学领域有深厚的造诣和成就，以其编撰《植物名实图考》为代表。《植物名实图考》是在《植物名实图考长编》的基础上，又经过多年的实地考察，绘制完备的植物形态图，才得以完成（图7-3）。

《植物名实图考长编》，全书22卷，约89万字，可分为谷类、蔬类、山草、石草、隰草、蔓草、水草、毒草、果类、木类等10余类，每类下又包含许多种，共著录了838种不同的植物。《植物名实图考长编》主要是吴其濬从历代典籍中辑录的有关植物的资料，包括各种植物形态、产地、药性和用途等，对于各种典籍中所包含的有关植物的“辞藻”和“典故”则不予收录。陆应谷曾指出：“瀹斋先生具希世才，宦迹半天下，独有见于兹（指植物切于民生日用较他物特重），而思以愈民之瘼。所读四部书，苟有涉于水陆草木者，靡不剬而缉之，名曰《长编》。”[①]

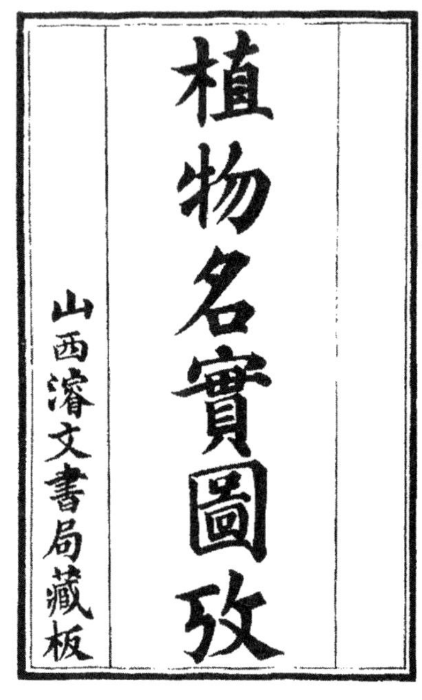

图7-3　《植物名实图考》书影（王星光主编：《中原文化大典·科学技术典·天文学地理学生物学医药学》，中州古籍出版社，2008年，第234页，图1.3.1）

《植物名实图考长编》还完整地收录或节录了许多植物专谱之类的文献，如《芍药谱》《菌谱》《打枣谱》《桐谱》《菊谱》《荔枝谱》《蚕书》《茶经》《牡丹谱》等。《植物名实图考长编》保存了大量的植物学文献，其数量超过历代任何一种本草和植物学著作，为撰写《植物名实图考》做了充分的资料准备。

《植物名实图考》，全书共分38卷，71 000余字，分谷类（53种）、蔬类（177种）、山草（202种）、隰草（287种）、石草（包括苔藓，共98种）、水草（包括藻类，共37种）、蔓草（236种）、芳草（71种）、毒草（44种）、群芳（包括寄生在一些木类上的担子菌，共143种）、果类（102种）、木类（271种）等12类，共1714种植物，附图1800多幅。从地理分布上来看，《植物名实图考》主要记述的植物涉及中国大多数省份，其中以江西（400余种）、云南（370余种）、湖南（280余种）等省采集入“图考”的植物为最多，尤其是云南等边远地区植物很多是首次记载，这和吴其濬的宦迹是分不开的。

《植物名实图考》于道光二十八年（1848年）由陆应谷初次刊刻，此后又有光绪六年（1880年）山西浚文书局重印本，1919年商务印书馆有排印本和1957年商务修订本等。

（四）《植物名实图考》的科技价值及地位

---

① （清）陆应谷：《植物名实图考叙》载张瑞贤等《植物名实图考校释》，中医古籍出版社，2008年，第1页。

1. 中国近代植物学建立的标志

《植物名实图考》突破中国历代本草学著作的局限，首次以“植物”命名，标志着中国本草学发展到成熟阶段，植物学从中脱颖而出，成为具有近代植物学意义的植物学著作，其建立的比较科学的植物分类体系对中国近现代植物分类学产生了重大影响。

中国的本草学有悠久的历史，至迟在汉代就出现了《神农本草经》，南北朝时有陶弘景的《本草经集注》，唐代出现了官修的《新修本草》，宋代有《开宝本草》，明代有李时珍的《本草纲目》。但这些书都是以医药为中心的本草著作，所叙述的是专门治病的药物。而吴其濬的《植物名实图考》却突破了“本草”的局限，首次以“植物”命名，在叙述植物的用途时，除记述其药用外，还详尽地记载了有关药物产地、形态、品种、鉴别等方面的知识。还把那些尚未发现其实用价值的植物记载下来。

因此，《植物名实图考》把中国的传统植物学发展到了高峰，并且是一部具有近代植物学意义的著作，对李善兰翻译西方《植物学》有直接影响。而且许多现代植物学家在考虑植物的中文名称时，至今仍需利用该书或依据该书来定名。例如，中国目前的植物志中，以《植物名实图考》的植物名称标名科名的有10余种，标名属名的有50余种，足见《植物名实图考》不朽的科学价值，是开近代植物学之先河的巨著。

2. 对植物的形态和性状进行了细致描述

《植物名实图考》对各种植物的根、茎、枝、叶、花、果的描述十分精细、准确。例如，“野芝麻”条：“野芝麻，临江、九江山圃中极多。春时丛生，方茎四棱，棱青，茎微紫；对节生叶，深齿细纹，略似麻叶；本平末尖，面青背淡，微有涩毛；绕节开花，色白，皆上矗，长几半寸，上瓣下覆如勺，下瓣圆小双歧，两旁短缺，如禽张口；中森扁须，随上瓣弯垂，如舌抵上腭，星星黑点，花萼尖丝，如针攒簇。叶茎味淡、微辛，作芝麻气而更腻。”[①]吴其濬的描述与现代植物志“茎方形”“对节生叶”“绕节开花”“唇形”的描述完全相符。而对茎色、叶纹、花形、叶味的记述则更生动、更细致。

再如，《植物名实图考》首次记载了蕨类植物生殖器官的孢子囊，如“剑丹”条记载说：“面绿背淡，亦有金星如骨牌点。”[②]“金星草”条描述道：“金星草，生山石间。横根多须，抽茎生叶，如贯众而多齿，似狗脊而齿尖，叶背金星极多。盖狗脊之别种。”[③]此外，对鹅掌金星草、金交翦、飞刀剑、铁角凤尾草等蕨类植物的孢子囊也做了形象的描述。“金星”（即孢子囊群）是蕨类植物共同的特征，吴其濬对其首次进行了描述，这说明了他经过仔细观察和研究，对蕨类植物的孢子囊的形态已经有了清晰的认识（图7-4）。

在对植物的描述上，吴其濬往往对其产地和生产环境，以初生到开花结实的整个过程，从形体特征到色味药用，都加以全面详述，并注意抓住它们的典型特征，尤其注重花和果的描述。对某些结构较为复杂的花，吴其濬甚至运用解剖学的观察研究方法，把一朵花的各个部分，分门别

---

① 张瑞贤等：《植物名实图考校释》，中医古籍出版社，2008年，第292页。

② 张瑞贤等：《植物名实图考校释》，中医古籍出版社，2008年，第302页。

③ 张瑞贤等：《植物名实图考校释》，中医古籍出版社，2008年，第302页。

类地肢解下来，弄清各部分的着生位置、形状、颜色、大小，然后详述之。这种一丝不苟的研究态度，此前是绝无仅有的。现代植物学认为，植物的花、果形态结构相当稳定，最能代表种的特点，所以在确定植物的科、属、种时，主要根据花和果的特征。这说明吴其濬在长期的科学研究中，已经把握了植物分类的科学方法。而对那些暂时未弄清或难以解决的问题，吴其濬宁肯质疑阙如，也决不轻易下结论。由此可见他扎扎实实、严谨认真的治学风尚，这使得他的研究成果达到了前所未有的水平。

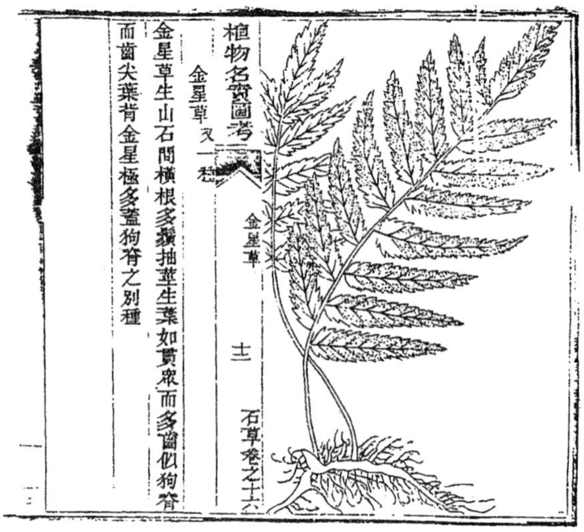

图7-4　金星草图

（吴其濬：《植物名实图考》石草卷十六，《续修四库全书》1118本，第106页）

3. 纠正前人解误，记述更为全面、确切

由于《植物名实图考》中的许多植物系吴其濬亲身考察实验所得，故他能纠正历代本草和农书中所载的植物名称、性状、生长特点和用途等谬误多处，并以科学的态度加以纠正和补充。

如《植物名实图考》“冬葵”条中，吴其濬通过实地调查，指出：“冬葵，《本经》上品，为百菜之主，江西、湖南皆种之。湖南亦呼葵菜，亦曰冬寒菜；江西呼蕲菜。葵、蕲，一声之转。志书中亦多载之。李时珍谓：今人不复食。殊误。”①

又如，“鸢尾”条，指出：“鸢尾，《本经》下品。《唐本草》：花紫碧色，根似高良薑。此即今之紫蝴蝶也。《花镜》谓之紫罗栏，误以为其根为即高良薑。三月开花。俗亦呼扁竹。李时珍以为射干之苗。今俗医多仍之。”②（图7-5）

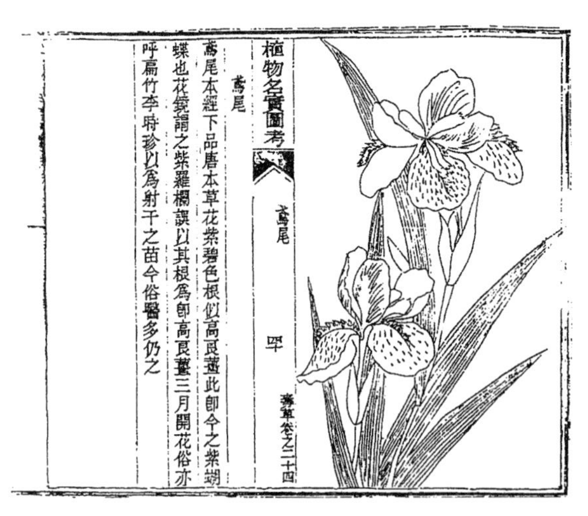

图7-5　鸢尾图

（吴其濬：《植物名实图考》毒草卷之二十四，《续修四库全书》1118本，第359页）

李时珍的《本草纲目》一向以取材严谨、考证精细而著称，吴其濬能发现并纠正它的失误，可见其植物学功底之深厚。

4. 图文并茂，形象逼真

吴其濬在编撰《植物名实图考》的过程中，根据自己对各种植物的实体观察，描绘出精美准确的图谱，既有利于人们的辨识，又具有很大的科学性。

中国古代的本草类图书配有图谱，始于唐显庆四年（659年）成书的《新修本草》，惜此书后来散佚。后来唐慎微在《证类本草》中，对苏颂《本草图经》（已佚）的图予以重新描绘，但并未订正

① 张瑞贤等：《植物名实图考校释》，中医古籍出版社，2008年，第33页。

② 张瑞贤等：《植物名实图考校释》，中医古籍出版社，2008年，第445页。

《本草图经》的舛误。明代李时珍在《本草纲目》中也配有1110余幅图，但与《植物名实图考》相比，仍然有很多不足之处。由于吴其濬注重亲身的观察实验，把握了植物的本质特征，书中所绘植物图形清晰精确，线条流畅，形象逼真，超过了以往任何著作。因此，图文并茂，是《植物名实图考》的重要特色，具有重要的科学价值。

对于外形相似极易混淆的植物，吴其濬往往要分别绘出详尽的图谱，以便于辨认。例如，在《植物名实图考》卷二十四毒草类，天南星、魔芋、由跋、半夏等天南星科的植物，吴其濬除了详尽地用语言文字加以描述其差别之外，还分别绘制了7幅形态逼真的图谱（图7-6）。

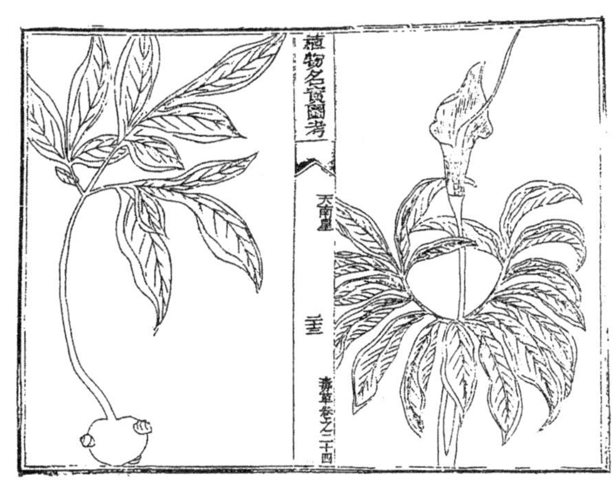

图7-6　天南星图
（吴其濬：《植物名实图考》毒草卷之二十四，《续修四库全书》1118本，第350页）

正是由于吴其濬所绘图谱形象逼真，将植物的形态准确地表达出来，后人在翻印《本草纲目》时，因吴其濬图谱精美，遂将李时珍的原图抽去400幅，换上吴图，流传至今。即使现在的植物学者也可以从吴其濬所绘图谱中确定植物的科和种，足见《植物名实图考》图谱之精湛。

5. 在世界植物学界影响巨大

《植物名实图考》在世界植物学界颇具影响，受到国际学术界的高度评价。《植物名实图考》是中国较早受到国外植物学家重视的植物学著作。德国学者布雷特施奈德（Emil Bretschneider）早在1870年出版的《中国植物学文献评论》一书中，认为《植物名实图考》中的图谱“刻绘尤极精审”，“其精确程度往往可资以鉴定科或目甚至种”，并说：“欧美植物学者研究中国植物必须一读《植物名实图考》。”1880年，《植物名实图考》第二版印出后即传入日本。当时日本正值明治维新之后，西学渐盛，东学渐微，但对《植物名实图考》仍大加推崇。1883年日本就出现了《重修植物名实图考》的翻刻本。1885年，东京大学第一位讲授植物学的伊藤圭介就着手翻印此书，认为《植物名实图考》“辩论精博，综合众说，析异同，纠纰缪，皆凿凿有据，图写亦甚备，至其疑似难辩者，尤好详细精密”。1888年，日本出现了小型木夹板式《植物名实图考》三十八卷本。1940年牧野富太郎著《日本植物图鉴》，不少地方也取材于吴其濬的《植物名实图考》。美国的劳佛和米瑞等学者，对《植物名实图考》也多有高度评价。现在许多国家的图书馆都藏有此书。

（五）吴其濬的科学精神和方法

1. 讲求实际，经世致用的治学目的

吴其濬虽出身科举，成为千万学子瞩目的状元，但他真正感兴趣的是对利国益民的植物学、医药学、矿物、水利等实用科学的研究，并身体力行“读书致用”“励翼家国”的家训。

他为官期间，做了许多于国于民有益的事情，如在湖北平反冤狱，惩罚酷吏[①]；在云南，“对于矿政，著有成绩”“对滇省矿厂，富有研究，曾著《滇南矿厂图略》二卷，条分缕晰，为采滇矿者不可少之书”[②]；在湖南，他曾“以廉俸所入，悉力捐输东河河工”[③]，对救灾治河，做出了贡献；在山西，他兼管盐政，奏裁公费一万两，严禁鸦片[④]。平时，他往往“择其关系民生至重者上于朝，虽寥寥数折，而通经致用之本，时一流露”[⑤]。上述这些建树正是吴其濬经世致用思想在政治上的反映。特别是他集后半生的精力致力于植物学等实用科学的研究，使他的“经世致用”思想在科学研究中得到了充分的实践和发展。

吴其濬潜心于植物学的研究，是为了发现和认识植物的用途，以使“物尽共用”，为人类服务。他在《植物名实图考》中认为自然界的万千生物，各有所用，“天生一物，必畀一物之用。用其材而不时，与知其材而不用，皆曰暴天物”。他指出：“圣人尽物之性，即以足财之源”“如是则天下无弃物，无弃物则无弃财”[⑥]。这里的“尽物之性”，就在于认识植物的特性及生长规律，发现其实用价值，使其变为“足财之源”，为人类所享用。他说道：“安得多识之士，遇物能名，……使山中小草，皆得扬眉吐气于阶前咫尺之地哉!”[⑦]这正抒发了他研究植物以使其为民所用的明确目的。

吴其濬从事植物学研究的目的十分明确，他的治学态度更是严肃认真。因此，他严厉斥责那些文人墨客对花草树木一味赞赏歌吟而不注意其济世之用的轻浮习气。他在记述俗称为“洛阳花”的“瞿麦”时指出：“药中有瞿麦，其花绝纤丽，人第玩其装翠翦霞，摹之丹青，咏之雕镂，至其通癃结、决痈疽、出刺去翳、下难产、止九窍血，灼然有殊效者，虽学士大夫，亦罕言之。其与士之以文掩其实者何异!”[⑧]这表明了他不同于那些文人雅士的鲜明态度。

2. 古为今用，勇于创新的科学态度

吴其濬为了完成《植物名实图考》这部巨著，坚持古为今用的原则，广泛征引了当时所能见到的植物学、本草学、农学、史志学等学科的成果，参考了800多种文献。

对于前人的研究成果，吴其濬注重吸取其中的精华。他对李时珍的《本草纲目》、朱橚的《救荒本草》及沈括的《梦溪笔谈》尤为推崇，这些著作是我国科学史上的珍贵遗产，这表明他有极高的鉴赏能力和极深的科学造诣，他在《植物名实图考》的“甘草”条说：“《梦溪笔谈》谓甘草如槐而尖，形状极确。”[⑨]对明代著名医药学家李时珍也尤其推崇，他说：“李时珍博览远搜，厥功甚钜。其书已为著述家所宗，而乡曲奉之尤谨。”[⑩]充分肯定了李时珍在医药学中的地位。可见他

① 赵尔巽等：《清史稿》卷三百八十一《吴其濬传》，中华书局，1977年，第11633页。
② 周钟岳等：《新纂云南通志》卷一百八十一《名宦传》，云南人民出版社，2007年，第58、59页。
③ 李宗泉等：《中州艺文录校补》，中州古籍出版社，1995年，第623页。
④ 赵尔巽等撰：《清史稿》卷三百八十一《吴其濬列传》，中华书局，1977年，第11634页。
⑤ 李宗泉等：《中州艺文录校补》，中州古籍出版社，1995年，第623页。
⑥ 张瑞贤等：《植物名实图考校释》，中医古籍出版社，2008年，第205页。
⑦ 张瑞贤等：《植物名实图考校释》，中医古籍出版社，2008年，第221页。
⑧ 张瑞贤等：《植物名实图考校释》，中医古籍出版社，2008年，第211页。
⑨ 张瑞贤等：《植物名实图考校释》，中医古籍出版社，2008年，第115页。
⑩ 张瑞贤等：《植物名实图考校释》，中医古籍出版社，2008年，第33页。

把前人的成果作为自己科学研究的起点。

吴其濬尊重古人，但决不迷信古人，而是以自己的真知灼见大胆指出古人的缺陷和错误，表现出求实、求真的科学精神。他指出：“且谓尽信书则不如无书，目睹手记，盖实录矣。”[①]在对“黄药子”的研究中，他指出：“不敢尽以古方所用必即此药，以贻害于后世。”[②]这就是说不能人云亦云，而要详加考察验证，以求真谛。

吴其濬还对那些迷信书本、墨守古训的文人予以尖锐的批评，认为“经生家言，墨守故训，固与辨色尝味，起疴肉骨者，道不同不相谋也”[③]。提出要通过亲身考察实践，验证古人经验的思想。这种不拘泥于古训，对古代遗产批判继承的“扬弃”态度和敢于创新的进取精神，即使在今天也是值得提倡的。

3. 不耻下问，虚心请教的朴实学风

吴其濬出身贵族，又长期担任巡抚、总督等显赫官职，但他却没有封建官僚那种骄横傲慢、蔑视民众的劣习，而是对劳动人民充满了关切之情。他曾以物类人，提出人不应有贵贱之分的进步思想：“至贱之中，乃有殊常之效。……凡物之利益于人，孰非贱者？……且畎亩版筑，渔盐贩竖，人之贱者，而圣贤出焉。……得时则驾，不得时则蓬虆而行，人亦何贱之有？”[④]可见，他树立“人无贵贱之分”的正确思想，尊重劳动人民，并在科学研究中经常虚心向他们请教。

在编撰《植物名师图考》的过程中，他常深入民间，处处留心向群众学习，如“癞蝦蟆”条：“余遣采访，多不识名，偶逢樵牧，随其指呼。”[⑤]“滇钩吻”条：“礼失求野，其言犹信。乃召土医而询之，云黄精、钩吻，山中皆产，采者须辨别之，其叶钩者有大毒。”[⑥]

吴其濬认为俚医、牧童、樵叟、农民对植物的认识，要远比士大夫丰富得多，如“黍”条：“黍稷则乡人之食，士大夫或未尝取以果腹，即官燕蓟者偶食之，亦误认为黄粱耳。余所询于舆台者如此。他日学稼，尚诹于老农。”[⑦]他在“芜菁”条说：“芜菁、萝卜，《别录》同条，陶隐居亦有分晓，后人乃以叶根强别，《兼明书》不知其误，而博引以实之，何未一询老圃?”[⑧]这里，吴其濬深刻指出了文人学士的局限和出现错误的原因就在于他们脱离实际，轻视群众的贵族习气。

作为清朝高级官吏的吴其濬，能不拘一格，礼贤下士，广泛搜寻，把百姓的经验记载在自己的著作里，这无论是在当时还是在以前的著作中都是极为少见的，大大扩展了编撰《植物名实图考》所需资料的来源。吴其濬广泛搜集、详细记录下层群众的植物学、药物学知识，在总结群众经验的基础上以求创新，构成了《植物名实图考》的一大特色，这也正是《植物名实图考》的可贵和富有价值之处。

---

① 张瑞贤等：《植物名实图考校释》，中医古籍出版社，2008年，第439页。
② 张瑞贤等：《植物名实图考校释》，中医古籍出版社，2008年，第362页。
③ 张瑞贤等：《植物名实图考校释》，中医古籍出版社，2008年，第115页。
④ 张瑞贤等：《植物名实图考校释》，中医古籍出版社，2008年，第401页。
⑤ 张瑞贤等：《植物名实图考校释》，中医古籍出版社，2008年，第345页。
⑥ 张瑞贤等：《植物名实图考校释》，中医古籍出版社，2008年，第450页。
⑦ 张瑞贤等：《植物名实图考校释》，中医古籍出版社，2008年，第8页。
⑧ 张瑞贤等：《植物名实图考校释》，中医古籍出版社，2008年，第55、56页。

4. 勤于观察，注重实验的研究方法

传统植物学是以研究植物的形态、类别、用途及分布为主要内容的，这就需要对植物进行直接观察和实验。对此，吴其濬有明确的认识，并把观察实验作为植物学研究的主要方法。

吴其濬每到一处，都特别留心观察描述那里的植物，随时随地收集标本，积累资料。例如，《植物名实图考》"鬼臼"条："此草生深山中，北人见者甚少，江西虽植之圃中为玩，大者不易得。余于途中，适遇山民担以入市，花叶高大，遂亟图之。"[①]这生动地记述了他于途中偶遇"鬼臼"，描绘植物的情景。吴其濬从《宋图经》中得知"湖岭诸州产零陵香"，到湖南后就急忙四处寻找，但"遍访无知有零陵香者，以状求之，则即醒头香，……赣南十月中，山坡尚有开花者，高至四五尺"一丛[②]。吴其濬通过实地观察，弄清了零陵香的不同称谓及功用，纠正了《宋图经》的失误、弥补了李时珍的缺陷。

为了对植物进行系统的研究，吴其濬不仅仅满足于出外考察采录，还千方百计地创造条件，进行栽培植物的实验。他在家乡建成的"东墅"植物园，就为他从事植物学的观察研究创造了良好的场所。他还亲自进行栽培甜瓜、冬葵、甘蓝等植物的试验。他说："余课丁种葵两三区，终岁取足。晨浸夕茁，避露惜根。"通过亲身实践，他指出李时珍所言冬葵"今人不复食之，亦无种者"为"殊误"，并尖锐批评道："此语出而不种葵者不知葵，种葵者亦不敢名葵，……呜呼！以一人所未知，而日今人皆不知；以一人所未食，而曰今人皆不食，抑何果于自信耶!"[③]

吴其濬在科学研究的过程中，十分注重实地观察和实验的方法，因此，他在《植物名实图考》中才能对各种植物的形态、生活习性及实用性做出精确的描述，使《植物名实图考》一书成为世界科学史上的名著，为科学的进步做出卓越的贡献。

5. 反对迷信，实事求是的科学思想

科学与迷信是孪生的对立物。科学家在进行科学探索的过程中，必然要遭到来自迷信的挑战，而要揭示大自然的奥秘，认识自然界的固有规律，就必须采取实事求是的思想，冲破迷信的藩篱，揭露迷信的虚伪面目。

大自然中千姿百态的植物、矿物等事物，使吴其濬易于产生唯物主义自然观。他认为，物质的运动变化，有其自身的规律："物理盛衰，良可增慨""天地之生物，亦日出不穷"[④]，并且"夫物盛衰，固自有时"[⑤]。既然自然界的万事万物各自遵循其固有规律，在永无休止地变化运动，因此人们应该尊重自然，了解自然，然后才能改造自然。他指出："万物迴薄，振荡相转，忽然为人，何足控抟？百卉困蠢，乌知其然？顺四时而各有宜，毋辄惑其所偏。"[⑥]

由于树立了科学的自然观，吴其濬对迷信观念进行了大胆的揭露和批判。他批判师旷"岁

① 张瑞贤等：《植物名实图考校释》，中医古籍出版社，2008年，第444页。
② 张瑞贤等：《植物名实图考校释》，中医古籍出版社，2008年，第469、470页。
③ 张瑞贤等：《植物名实图考校释》，中医古籍出版社，2008年，第33页。
④ 张瑞贤等：《植物名实图考校释》，中医古籍出版社，2008年，第2页。
⑤ 张瑞贤等：《植物名实图考校释》，中医古籍出版社，2008年，第401页。
⑥ 张瑞贤等：《植物名实图考校释》，中医古籍出版社，2008年，第208页。

欲恶，恶草先生”[①]的说教为荒诞之语，斥责那种以为“七叶荆”“为鬼所畏”的传说“语极诞”[②]。他还对方士、道士之类的迷信活动进行了尖锐的抨击。他在“黄连”条说：“黄连苦寒，而《汉武内传》封君达服黄连五十余年，《神仙传》黑穴公服黄连求仙，此非蔡诞欺人语耶？”[③]他深刻揭露服食丹石、求仙问道给健康带来的恶果：“然有求长生服金石，丹毒暴躁，痈疽背裂，是不同捣椒而饮药乎?”[④]“后世贵极富溢，乃思神仙，秦皇汉武姑不具论，李赞皇、高骈皆惑于方士，宋之朝臣多服黄石，又希黄白，脏腑熏灼，毒发至危。”[⑤]吴其濬的唯物自然观是对当时社会盛行的迷信观念的有力批判，也为他从事科学研究奠定了正确的思想基础。

吴其濬在治学上是实事求是、严谨不苟的典范。他在科学研究中，遇到不解的难题总是毫无掩饰地坦露出来，实事求是，决不自欺欺人。例如，《植物名实图考》“薤”条“香山诗：‘酥暖薤白酒’，或谓以酥炒薤白投酒中，此味吾所不解”[⑥]。“地胆”条：“《南越笔记》有还魂草，一名地胆，……未知即此否？”[⑦]对于自己确实尚未弄清或暂时难以解决的问题，他宁肯质疑阙如，也决不轻易下结论，如在“凤尾蕉”条说：“《本草纲目》并海棕、波斯枣、无漏子为一种，未敢据信；或同名异物，尚俟访求。”[⑧]如上例子还有许多，由此可见吴其濬扎扎实实、一丝不苟、严谨认真的治学风尚。

吴其濬在植物学、农学、矿物学等领域取得的卓越成就，与其经世致用的治学目的、勇于创新的科学态度、虚心向群众求教的学风、注重观察与实验研究方法、反对迷信与实事求是的科学思想有着直接的关系，这才决定了他在世界科学发展史上的地位，使他成为中原地区明清时期著名的世界性科学家之一。

第二节　明清时期中原的医药学

一、《普济方》的编撰

《普济方》是在明朝开封藩周定王朱橚领衔主持下，由周王府教授滕硕、长史刘醇等编辑而成，该书载中医药方剂高达61 739个，是中国古代规模最大和内容最为丰富的一部中医药方剂汇编。

周定王朱橚的生平，前节已经详细介绍，此不赘述。滕硕（1311？～1380年？），祥符（今河南开封）人。洪武元年（1368年）举儒士，官周王府教授，著有《纬萧集》，已佚。刘醇，一作刘淳，字文中，号菊庄，晚年占籍祥符（今河南开封）。李濂在《周府长史刘先生淳传》中说：

---

① 张瑞贤等：《植物名实图考校释》，中医古籍出版社，2008年，第334页。
② 张瑞贤等：《植物名实图考校释》，中医古籍出版社，2008年，第249页。
③ 张瑞贤等：《植物名实图考校释》，中医古籍出版社，2008年，第124页。
④ 张瑞贤等：《植物名实图考校释》，中医古籍出版社，2008年，第126页。
⑤ 张瑞贤等：《植物名实图考校释》，中医古籍出版社，2008年，第118页。
⑥ 张瑞贤等：《植物名实图考校释》，中医古籍出版社，2008年，第47页。
⑦ 张瑞贤等：《植物名实图考校释》，中医古籍出版社，2008年，第305页。
⑧ 张瑞贤等：《植物名实图考校释》，中医古籍出版社，2008年，第625页。

“（淳）自幼颖敏……，长嗜学问，博物洽闻，凡天文地理阴阳医卜诸子百家，无所不窥。”[①]《明史》有传，记载道：“南阳人，洪武末为原武训导，周王聘为世子师。寻言于朝，补右长史，以正辅王。端礼门槐盛夏而枯。淳陈咎徵进戒。王用其言修省，枯枝復荣。王旌其槐曰‘攄忠’。致仕十余年而卒，年九十有七。”[②]李濂亦曾指出：“洪熙元年卒，寿九十有七。”[③]洪熙元年是1425年，其享年97岁，则其生年当在1329年。据《千顷堂书目》《祥符县志》《国史经籍志》及《百川书志》等著录，他一生著述颇丰，先后著有《四书解疑》四卷、《刊正王叔和脉诀》、《白云小稿》、《纂述伤寒秘要》一卷、《伤寒治例》一卷、《寿亲养老补遗》、《菊庄集》、《菊庄诗》等[④]。刘醇平生所著多涉及医学，可见，他对中医药学有一定的研究，功底深厚，故此能够协助朱橚完成《普济方》的编撰工作。

朱橚少时即有志于医药，其在重刻《袖珍方》序中自谓：“予当弱冠之年，每念医药，可以救夭伤之命，可以延老疾之生。尝令集‘保生余录’‘普济’等方，方虽浩瀚，编辑多讹。至洪武庚午，寓居滇阳，知彼夷方，山岚瘴疟，感疾者多，惜乎不毛之地，里无良医。由是收药诸方，得家传应效者，令本府良医，编类鋟诸小板，分为四卷，方计三千七十七，门八十一，名曰《袖珍》。袖者，易于出入，便于巾笥；珍者，方之妙选，医之至宝。故名《袖珍》。数年以来，印板模糊，今于永乐十三年春，令良医等，复校订正刊行于世，庶使不失妙方，永兹善事。呜呼！天高地厚，春往秋来，日陵月替，海水桑田，况人物乎。吾尝三复思之，惟为善迹，有益于世，千载不磨。昔太上有立德、有立功、有立言，今吾非以徇名，将以救人之疾苦也，将以于世立功也。”[⑤]可见，朱橚十分关心民间疾苦，抛弃名利，欲以治病救人之方，求立功于世，认准了“惟为善迹，有益于世，千载不磨”的道路，于是他利用自己特殊的政治经济地位，召集组织了一批对中医药颇有研究的学者，如刘醇、滕硕、李恒[⑥]、瞿佑等，以协助自己的医方编辑工作，先后主持编辑过《保生余录》《普济方》和《袖珍方》等中医药方剂学著作，其中《普济方》是最具有影响力的一部。

《普济方》书成于永乐四年（1406年）[⑦]，共168卷，由于卷帙浩繁，故长期未能再度刊刻，由于保管等种种原因，原刊本残缺不全。《四库全书总目》指出：“（是书）卷帙浩博，久无刊版，好事家转相传写，舛谬滋多，故行于世者颇罕，善本尤稀。然宋元以来，名医著述，今散佚十之七八。”[⑧]至清朝乾隆年间编纂《四库全书》时，收入是书，并将其改编为426卷。

《普济方》全书内容大致可以分为七大部分：第一部分为方脉总论、运气、脏腑；第二部分为

---

① （明）李濂：《周府长史刘先生淳传》，《国朝献征录》第一百零五卷，《续四库全书》第531册，上海古籍出版社，2002年，第154页。

② （清）张廷玉等：《明史》卷一百三十七《桂彦良列传附刘淳列传》，中华书局，1974年，第3950页。

③ （明）李濂：《周府长史刘先生淳传》，《国朝献征录》第一百零五卷，《续四库全书》第531册，上海古籍出版社，2002年，第154页。

④ 吕友仁：《中州文献总录》，中州古籍出版社，2002年，第639页。

⑤ 〔日〕丹波元胤：《中国医籍考》，人民卫生出版社，1956年，第916、917页。

⑥ 李恒，字伯常，合肥人，洪武初，选入太医院，擢周府良医。

⑦ 《中国医学百科全书》编辑委员会：《中国医学百科全书·医学史》，上海科技出版社，1987年，第186页。

⑧ （清）永瑢等：《四库全书总目》，中华书局，1965年，第873页。

身形，包括头、面、耳、鼻、口、舌、咽喉、牙齿、眼目等；第三部分为诸疾，包括诸风、伤寒、时气、热病及杂治等；第四部分为诸疮肿，包括疮肿、痈疽、瘿瘤、痔漏、折伤、膏药等；第五部分为妇人，包括妇人诸疾、妊娠诸疾、产后诸疾、产难等；第六部分为婴孩，包括儿科诊断法、新生儿护理法、新生儿常见疾病、各类儿科疾病等；第七部分为针灸，包括总论、经络腧穴、各种病候针灸疗法等；最后附有本草药性畏恶和异名两卷。

朱橚在《普济方》编辑结构上，创造性地采用了"论""类""法""方"，以及"图"等五种手段相互结合方式，对中医药方剂进行了一次大规模、高水准的整理、编辑、考证、校订等工作，把中国古代方剂学典籍的编辑推向一个新的历史高度。据《四库全书》统计，《普济方》共收录"凡一千九百六十论，二千一百七十五类，七百七十八法，六万一千七百三十九方，二百三十九图"①。面对如此洋洋大观的药方，四库馆臣不禁发出了《普济方》"采摭繁富，编次详析，自古经方，无更赅备于是者"②的感叹。

朱橚等在《普济方》中旁征博引历代各家方书，编选材料十分广泛，如《卫生保鉴》《三因方》《宣明论》《王氏博济方》《圣济总录》《仁存方》《千金方》《济生方》《圣惠方》《医方集成》《鲍氏方》《永类钤方》《朱焦验方》《续易简方》《济生拔粹方》《卫生家宝方》《十变良方》《京邑良方》《澹寮方》《危氏良方》《杨氏家藏方》《直指方》《经验良方》《海上良方》《德吉堂》《和剂方》《危氏方》《如宜方》《医方大成》《兰室秘藏方》《朱氏集验方》《本草经验方》《鸡峰方》《本草巽方》等医家方书。

由此可见，朱橚在广泛搜罗天下图书，尤其是历代医家方书的基础上，汇编了卷帙浩繁的《普济方》，收入的药方也可以说是前无古人，也正是因此，才出现"其书收罗务广，颇不免重复抵牾，医家病其杂糅，罕能卒业"的现象。但是需要指出的是《普济方》在中医药方剂学上最大的贡献正在于其保存了大量历代药方，历史文献价值巨大。

中国古代医籍汗牛充栋，但由于兵燹等种种原因，使许多医籍未能流传下来，而散见于医籍中的古方剂亦随之散佚，这不能不说是中医药学的一个重大损失。而《普济方》编撰完成于明代初年，书中所载之药方又经周王府教授滕硕、长史刘醇等擅长中医药学的医家系统地整理、考证、校订，去伪存真，使许多明代及以前的珍贵方剂得以保存下来。

明末李时珍编撰《本草纲目》时，一些医籍和药方已不是其所能亲见，他在《本草纲目》中只能转载自《普济方》，如《本草纲目》第四十卷《虫部二·蛱蝶》中，谈到了"蛱蝶"的药用功能，李时珍说："胡蝶，古方无用者，惟《普济方》载此方，治脱肛，亦不知用何等蝶也。"③再如关于"蝇"的药用功能，李时珍说："蝇，古方未见用者，近时《普济方》载此法，云出海上名方也。"④

鉴于朱橚所编撰的《普济方》在保存古代珍贵药方上具有功不可没的贡献，所以四库馆臣公允地评价道："橚当明之初造，旧籍多存。今以永乐大典所载诸秘方勘验是书，往往多相出入。是古之专门秘术，实籍此以有传，后人能参考其异同，而推求其正变，博收约取，应用不穷，是亦仰山

① （清）永瑢等：《四库全书总目》，中华书局，1965年，第872页。
② （清）永瑢等：《四库全书总目》，中华书局，1965年，第872页。
③ （明）李时珍：《本草纲目》，人民卫生出版社，1975年，第2265页。
④ （明）李时珍：《本草纲目》，人民卫生出版社，1975年，第2291页。

而铸铜，煮海而为盐矣，又乌可以繁芜病哉。”[①]

《普济方》是中国古代最大、最完备的一部方剂学著作，它对明代及其以前中医方剂学进行了高度概括和科学的总结，是一部全集性著作，集中国15世纪以前方书之大成，使中医方剂学典籍的编辑在明代达到了历史的最高峰。

二、李中立对中医药物鉴别的贡献

（一）李中立与《本草原始》

李中立，字正宇，明代雍丘（今河南省杞县）人。其父李尚褒曾中进士，李中立少时亦致力于科举，于万历二十三年考中进士，曾任大理寺评事等官职。史载李中立“年幼而姿敏，多才艺”[②]，从罗文英业儒，“博极秦汉诸书”[③]，兼通医理，尤精于本草。

李中立鉴于当时有些医家“谬执臆见，误投药饵，本始之不原而懵懵”[④]，于是“核其名实，考其性味，辨其形容，定其施治，运新意于法度之中，标奇趣于寻常之外”，著成《本草原始》一书。该书图文并茂，且李中立“手自书，而手自图之”[⑤]，足见李中立在此书上用功之勤。《本草原始》编撰的目的在于推原药物之本始，以济临床之用，故名《本草原始》，又因为其中所配药物图谱多幅，图文并茂，后世又称为《绘图本草原始》（图7-7）。

《本草原始》的撰写年代，根据罗文英、马应龙二人撰写序的年代，可知约成书于明万历四十年（1612年）。而李中立何时开始编纂，序中未提及，但通过考察全书，知《本草原始》有关临床、炮制等内容多录自《本草纲目》。1612年前《本草纲目》仅有三个版本，即1593年金陵版、1603年江西版及1606年湖北版，三版文字内容微有差异。因此，比较《本草原始》所录三版本有差异的文字（且非转引其他本草），可发现李中立所用《本草纲目》是金陵版。由此推断《本草原始》是李中立1593～1612年编纂而成的[⑥]。

《本草原始》分为十二卷十部，即卷一草部上，卷二草部中，卷三草部下，卷四木部，卷五谷部，卷六菜部，卷七果部，卷八石部，卷九兽部，卷十禽部，卷十一虫鱼部，卷十二人部，共收药物478种，药图约420幅，并附有药方369副（表7-2）。每药详述其产地、释名异名、名实考证、基原形态、用药部位，采收季节、传说逸闻、功能主治、形态辨析、真伪鉴别、入药部位，修治方法、七情和合、服食宜忌、各家论述、附方等。

---

① （清）永瑢等：《四库全书总目》，中华书局，1965年，第873页。
② （明）李中立撰，张卫等校注：《本草原始》，学苑出版社，2011年，第6页。
③ （明）李中立撰，张卫等校注：《本草原始》，学苑出版社，2011年，第4页。
④ （明）李中立撰，张卫等校注：《本草原始》，学苑出版社，2011年，第4页。
⑤ （明）李中立撰，张卫等校注：《本草原始》，学苑出版社，2011年，第6页。
⑥ 王玠：《〈本草原始〉再考察》，《中国药学杂志》1995年第9期。

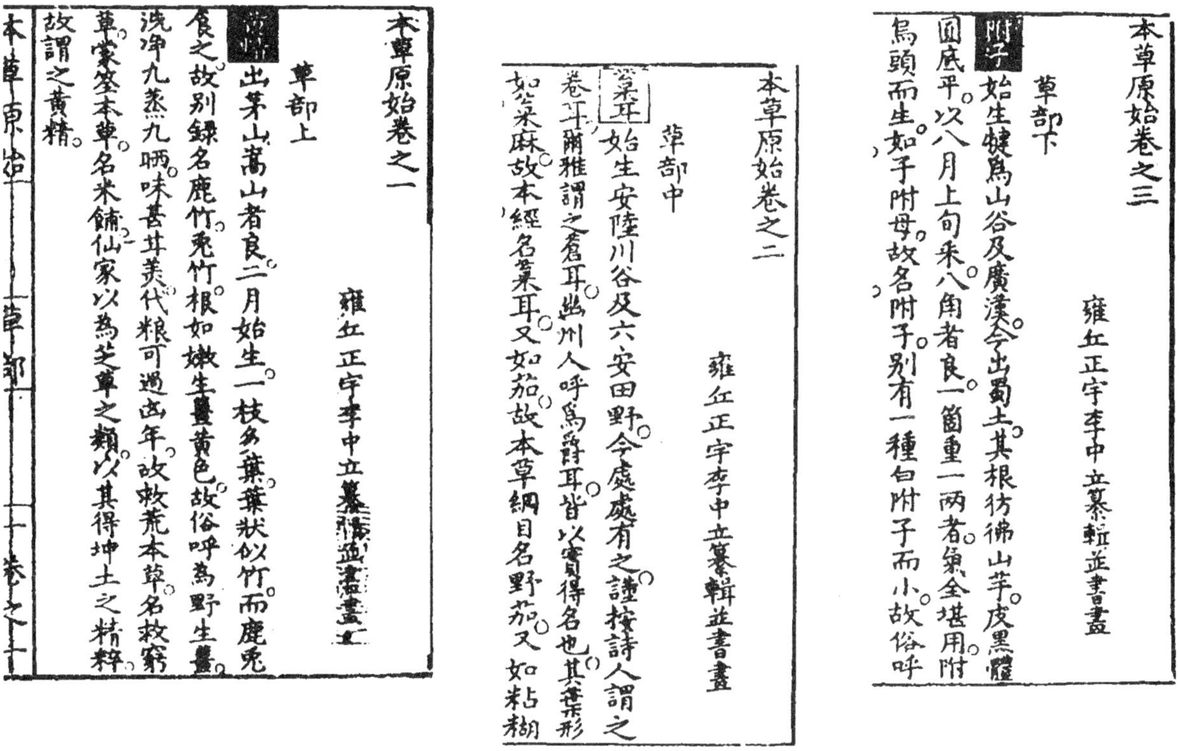
本草原始卷之一
雍丘正宇李中立纂輯並書畫
草部上
黃精 出茅山嵩山者良。二月始生。一枝多葉。葉狀似竹。而鹿兔食之。故別錄名鹿竹兔竹。根如嫩生薑黃色。故俗呼為野生薑。洗淨九蒸九晒。味甚甘美。代粮可過凶年。故救荒本草名救窮草。蒙筌本草名米餔。仙家以為芝草之類。以其得坤土之精粹。故謂之黃精。

本草原始卷之二
雍丘正宇李中立纂輯並書畫
草部中
葈耳 始生安陸川谷及六安田野。今處處有之。謹按詩人謂之卷耳。爾雅謂之蒼耳。幽州人呼為爵耳。皆以實得名也。其葉形如葈麻。故本經名葈耳。又如茄。故本草綱目名野茄。又如粘糊

本草原始卷之三
雍丘正宇李中立纂輯並書畫
草部下
附子 始生犍為山谷及廣漢。今出蜀土。其根彷彿山芋。皮黑體圓底平。以八月上旬采。八角者良。一箇重一兩者。氣全堪用。附烏頭而生。如子附母。故名附子。別有一種旁附子而小。故俗呼

图7-7　《本草原始》（明万历四十年刊本）书影

表7-2　《本草原始》卷数、药数统计表[①]

卷数	部类	药数	图数	附方
1	草（上）	55	55	52
2	草（中）	66	66	62
3	草（下）	75	75	62
4	木	58	58	41
5	谷	17	13	13
6	菜	20	20	19
7	果	25	25	17
8	石	64	26	40
9	兽	23	23	12
10	禽	13	13	18
11	虫鱼	47	46	28
12	人	15	0	13
合计	10	478	420	377

李中立在《本草原始》中广征博引，考证精详，其所征引的主要著作有《政和本草》《本草蒙筌》《本草纲目》《救荒本草》《本草集要》《医学入门》《王祯农书》《博物志》及《野菜谱》等书。

① 王玠：《〈本草原始〉再考察》，《中国药学杂志》1995年第9期。

（二）《本草原始》的中医药物鉴定成就

由于中药材生长的地域不同、形态差异、功效之别、入药部位各异等种种原因，再加上历代本草学之讹误，常常造成药物常一物多名，或一名多物，或名实不符，给药材采集及临床用药造成不便。

李中立在《本草原始》一书中，根据自己亲见，并参考古籍所载，广征博引，追源寻流，对历代本草中的药名与实物加以核实，从药物的名称演变、产地变迁、形态描述和采收季节、质量、疗效等进行考证研究，以正本清源，并予以图解，如黄精“出茅山、嵩山者良。二月始生，一枝多叶，叶状似竹而鹿兔食之，故《别录》名鹿竹、兔竹。根如嫩生姜，黄色，故俗呼为野生姜。洗净，九蒸九晒，味甚甘美。代粮可过凶年，故《救荒本草》名救穷草，《蒙筌本草》名米脯。仙家以为芝草之类，以其得坤土之精粹，故谓之黄精”①。

历代本草著作中的本草附图多为基原图，而《本草原始》所附药图以药材图为主，主要描绘药用部分，以突出药材的形状特点，有助于药材的辨别。例如，黄精附图仅是其入药部分——根，李中立指出：“（黄精）入药用根，故予惟画根形。后仿此。”②

在“石斛”节中，李中立详细地辨别了石斛和木斛的差别：“石斛，始生六安山谷，今出荆襄及汉中江左。有两种，一种生水旁石上，茎似小竹，节节间出碎叶，折之有肉，中实，名石斛；一种生栎木上，茎似麦秆而匾大，叶在茎头，折之无肉，中虚，名木斛。因茎如金钗之股，故获金钗石斛之称。”③石斛的入药部位为茎，但是常有医家将木斛错认为是石斛，故此为了使用者能够辨别二者的区别，李中立将它们的茎分别形象地绘出，并在图旁将二者形态上的差别一一标出（图7-8），并指出：“石斛入药佳，木斛不堪用。今人见木斛形匾如钗，多用木斛，医家亦不能明辨。予并写其象，令用者知茎圆中实者为石斛，实者有力；茎匾中虚者为木斛，虚者无能。不特此也，入药皆然。”④

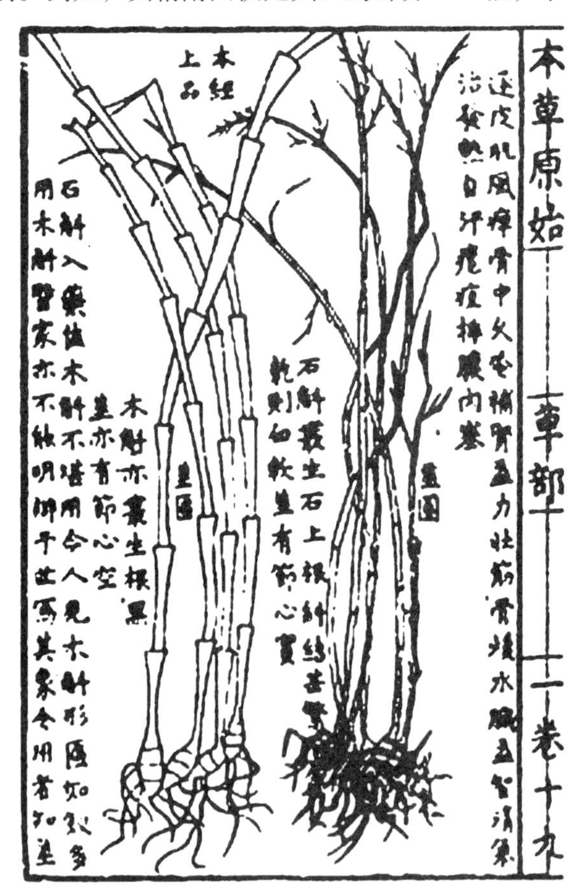

图7-8　《本草原始》（初刊本）石斛图

由于药材因入药部位形态相同，一些不法商家经常掺假制造伪劣药材，以欺骗世人，对此李中立深恶痛绝，愤慨指出：“近有无耻小人，以制过半

① （明）李中立撰，张卫等校注：《本草原始》卷一《草部上·黄精》，学苑出版社，2011年，第9页。

② （明）李中立撰，张卫等校注：《本草原始》卷一《草部上·黄精》，学苑出版社，2011年，第10页。

③ （明）李中立撰，张卫等校注：《本草原始》卷一《草部上·石斛》，学苑出版社，2011年，第41页。

④ （明）李中立撰，张卫等校注：《本草原始》卷一《草部上·石斛》，学苑出版社，2011年，第42页。

夏削成两瓣，内入须心，合为一颗，仿佛西贝母形状欺人，深为可恨，买者宜细辨之。”[①]普通百姓对这些药材的真伪实难辨别，于是李中立根据民间经验，以及自己的中药材知识，在《本草原始》中记载了很多辨别真伪的药材形态知识和方法，如对人参的辨伪：“生人参，形类蔓菁、桔梗，故世以桔梗造参欺人，形像亦相似，亦有金井玉阑，但皮无横纹，味亦淡薄，不同耳。市人参者，皆绳缚杆上蒸过，故参有绳痕。买者若不识真伪，惟要透明似肉、近芦有横纹者，则假参自不得紊之。”又如，“续断”条“续断，市之货者，形类山玄参，色皂而瘦，折之有烟尘起者为良。状如鸡脚，赤黄色，节节断皮多皱者，是为真也。极少，难得；川断续，皮微白，肉微皂，一根二三枝及五六枝。今入药惟用川”[②]；“乳香”条：“松香可乱乳香，焚之乃辨真伪”[③]；“蒲黄”条：“世多以姜黄末和麦面充之，每称为罗过蒲黄，其色嫩黄可爱，其面细如黄粉，用是治病，安得获效？人当择色淡黄、有蕊屑者入药方真”[④]；“牛黄”条：“摩手甲上，透甲黄者为真”[⑤]；该书还最早明确记载蒜藜芦入药，并将石莲子与藕实明确区分为两种药物。

中国历代本草学均较为兴盛，著作颇多，李中立所著《本草原始》并不为所拘，决不盲从，对于前人著述之误，指出错误本原所在。“五味子”条，李中立注“雷公云：小颗，皱，有白朴盐霜一重。其味酸、咸、苦、辛、甘味全者为真。则南五味陈久自生白朴，是雷公之言，是南而非北，不知南北各有所长”[⑥]。这里李中立在认真观察与研究的基础上细加辨别，指明了药材因生长地域之不同而具有的差异，不可一视同仁。

百草皆可入药，历代本草虽多，然亦有遗漏。对此，李中立详加记述并增绘药材图，对其中有疑问或不懂的地方，则采取老老实实的科学态度，予以说明。例如，“防己”条，他写道：“市卖防己，一种如上条形，类木通，文如车辐理解，诸本草曰汉防己，或者是此也；一种如上瓜形，俗呼瓜防己，今用甚多。诸本草并无载瓜防己者。陈藏器曰：如陶隐居所说，汉、木二防己，即是根苗为名。予玩条防己像苗，瓜防己像根，或者是根苗为名乎？予未见其鲜形，难辨是否，以俟后之君子再正之。”[⑦]再如，“两头尖”条：“自辽东来货者甚多，每呼为附子，今呼两头尖，象形也。……形似草乌而两头尖锐，黑色。予考诸本草，俱无载之者，是以不知出处之，故俟后之君子再正之。”[⑧]又如，“儿茶”条：“按：儿茶乃治疮之圣药，遍查本草并无载之者。予补之，未知其详，待后之识者再考之。”[⑨]这充分反映了李中立实事求是的科学精神。

综上所述，李中立充分汲取了当时及以前药家的辨药经验及术语。对于各种伪品，详述其造假原料、方法及鉴别要点，并以图示。亦指出何为地道药材。书中药图是作者据实物自绘，较为逼真。所绘多为当时市售药材，包括其基原及药用部位，或绘其断面。图旁以文字注释，注其异名、

① （明）李中立撰，张卫等校：《本草原始》卷二《草部中·贝母》，学苑出版社，2011年，第123页。
② （明）李中立撰，张卫等校：《本草原始》卷一《草部上·续断》，学苑出版社，2011年，第68页。
③ （明）李中立撰，张卫等校：《本草原始》卷四《木部·乳香》，学苑出版社，2011年，第330页。
④ （明）李中立撰，张卫等校：《本草原始》卷一《草部上·蒲黄》，学苑出版社，2011年，第66页。
⑤ （明）李中立撰，张卫等校：《本草原始》卷九《兽部·牛黄》，学苑出版社，2011年，第620页。
⑥ （明）李中立撰，张卫等校：《本草原始》卷一《草部上·五味子》，学苑出版社，2011年，第24页。
⑦ （明）李中立撰，张卫等校：《本草原始》卷二《草部中·防已》，学苑出版社，2011年，第153页。
⑧ （明）李中立撰，张卫等校：《本草原始》卷三《草部下·两头尖》，学苑出版社，2011年，第280页。
⑨ （明）李中立撰，张卫等校：《本草原始》卷四《木部·茗》，学苑出版社，2011年，第351页。

鉴别要点、用药部位，采收时间等，注文简洁明了。此方式乃《本草原始》之首创，对于辨别药材之真伪、地道与否有较大意义。故此，《本草原始》主要的成就在于详载药材的形态特征，以助辨别真伪，区分优劣，使医家与患者得良药，而药到病除。

三、医学史家李濂及其成就

李镰辑《医史》一书，是第一部以“医史”为名的专著，以历代名医的生平事迹为主要线索，详尽地概括了中国中医药学发展史，标志着中医药学史学科的建立，填补了我国医史研究之空白。因此，《医史》有着重要的科技价值。

（一）李濂生平

关于李濂的生平，据《明史·李濂传》载：

李濂，字川父，祥符人。举正德八年乡试第一，明年成进士。授沔阳知州，稍迁宁波同知，擢山西佥事。嘉靖五年以大计免归，年才三十有八。濂少负俊才，时从侠少年联骑出城，搏兽射雉，酒酣悲歌，慨然慕信陵君、侯生之为人。一日，作《理情赋》，友人左国玑持以示李梦阳，梦阳大嗟赏，访之吹台，濂自此声驰河、雒间。既罢归，益肆力于学，遂以古文名于时。初受知梦阳，后不屑附和。里居四十余年，著述甚富。

由于《明史》记载过于简单，对于他的一生极具概括性，并未言明李濂的生卒年。不过，从“嘉靖五年以大计免归，年才三十有八”的记载中，可对其生卒年进行推算，嘉靖五年是1526年，而当时他38岁的话，那么，他的生年当在1488年，即明孝宗弘治元年。又“里居四十余年”，以40年来算的话，他的卒年又应当是在1566年，即嘉靖四十五年，享年78岁。另，据陈柏《嵩渚李先生墓碑》载：“先生生于弘治戊申，卒于嘉靖丙寅，享年七十有九，以隆庆戊辰葬于苏村。”[①]从“弘治戊申”到“嘉靖丙寅”之间是78年，之所以说他“享年七十有九”，是因为乡里计算岁数都以“虚岁”计算，就是把实际年龄加上一岁，所谓“天公赐岁”也。

李氏家族世代从医，据李濂自述云：“吾宗以医传家，凡十余世，自宋元至今日，世为儒医，所活婴孩无算。”[②]曾被赐“金钟”，而号称“金钟李氏”，陈柏《嵩渚李先生墓碑》中详载之，云：“其先为大梁人，世业小儿医，宋季有以医显者，曾赐金钟，因称曰‘金钟李氏’，曾祖得祥、祖信皆传其业，父敬少业儒，长精于医，其所存活者数百人。”从以上记载可知李氏家族世代传医的家学渊源为李濂撰写《医史》奠定了雄厚的基础，正是这种悠久的家族从医史，使得李濂具有了史学眼光，撰写了第一本以“医史”为名，关于中医药发展史的专著。

据清管竭忠所撰《开封府志》卷二十六《人物》记载，李濂“幼颖敏，好读书，九岁攻古文”。而如前引《明史》也称“濂少负俊才，时从侠少年联骑出城，搏兽射雉，酒酣悲歌，慨然慕信陵君、侯生之为人”[③]。可见，李濂不仅天资聪颖，好读书，而且是一位具有战国侠士之风的英

---

① （明）陈柏：《苏山选集》，《四库全书存目丛书·集部》第124册，齐鲁书社，1997年，第62页。

② （明）李濂：《嵩渚文集》，《四库全书存目丛书·集部》第71册，齐鲁书社，1997年，第316页。

③ （清）钱谦益《列朝诗集小传·李佥事濂》：“川父少负俊才，时时从侠少年，联骑出夷门，驰昔人走马地，酾酒悲歌，慕公子无忌、侯生之为人。”上海古籍出版社，1959年，第325页。

姿少年。青年时期的经历往往决定一个人的一生，李濂与明“前七子”李梦阳的交往，对他产生的影响十分巨大。李濂文名大振，与李梦阳的推崇不无关系。其所著《理情赋》经友人左国玑转示李梦阳，得到了李梦阳的赞赏，而“声驰河、雒间”。

明武宗正德八年（1513年），李濂在河南乡试中获得第一名，次年中进士，随后授以沔阳州知州，后累迁山西按察使佥事。进入仕途以后，李濂显示了其政治的干练与文学的才华。史载他“才器闳迈，吏事精敏。且以儒学饰之，诗文古雅为时称。尚政暇，则引诸生开阁讲论，多所启迪，一时士习为之丕振”[①]。正当其前途光明，大展宏图之际，却因为“坐忤权贵，嗾言者论罢，年才三十八”[②]，过早的结束了政治生涯。对此，童承叙评价道：“余为诸生，尝逮事二公[③]，亲见其行事，皆大用材也。及李讲艺，余復卒业焉。李公独属意余，余赖造就为多。然余所自树立，汩汩无有也。追念国士之期能亡忝乎！诗曰：‘有斐君子，终不可諼。’此之谓也。后李公竟以才致谤，遂被废。此固古今才士之通憾也，悲夫！”[④]

李濂致仕以后，杜门谢客，日以著述为娱，因慕汉延笃叔坚之为人，建立了景延堂，“朝则肆力六籍手自笺注，夕则咏诗南轩百家众氏，投间而作请文者，无虚日”[⑤]。因此，造就了李濂这样一位蜚声于中原文坛的明代中期诗人、学者。

李濂虽然仕途坎坷，却才华横溢，史载廖鸣吾云：“川父词藻俊拔，廻出尘表”，而俞汝成云：“川父诗率意走笔，不事锻炼，有古朴风。”[⑥]曾任国史馆总裁的大学士贾咏誉之为“中州豪俊，馆阁遗才”[⑦]。

（二）李濂的主要著作及内容

李濂在文学、史学、方志学、医学、数学等领域都卓有建树，尤其是在中医药学史上取得了开创性的功绩。他一生致力于著述，文学方面著有《嵩渚文集》和续集与外集、《汴京知异记》和别集多种、《乙巳春游稿》、《观政集》、辑录整理《稼轩长短句》、批点明李堂的《堇山文集》等；史志方面著有《汴京遗迹志》《祥符乡贤传》《祥符文献志》《河南进士名录》《朱仙镇岳庙集》等，并主编了《河南通志》；医学方面，除《嵩渚文集》中收录的《医说》《医辩三首》《医

---

① （明）童承叙：《嘉靖沔阳县志》卷十六《良牧传》，载《天一阁藏明代方志选刊》，上海古籍书店，1962年，第8页。

② （清）田文镜：《河南通志》卷六十五《文苑·李濂》，《文渊阁四库全书·史部·地理类》第538册，台湾商务印书馆，1986年，第130页。

③ 指徐咸、李濂。

④ （明）童承叙：《嘉靖沔阳县志》卷十六《良牧传》，载《天一阁藏明代方志选刊》，上海古籍书店，1962年，第8页。

⑤ （明）陈柏：《苏山选集·嵩渚李先生墓碑》，《四库全书存目丛书·集部》第124册，齐鲁书社，1997年，第62页。

⑥ （清）朱彝尊：《明诗综》卷四十《李濂》，《文渊阁四库全书·集部·总集类》第1460册，台湾商务印书馆，1986年，第5页。

⑦ （明）贾咏：《嵩渚文集序》，《四库全书存目丛书·集部》第70册《嵩渚文集》，齐鲁书社，1997年，第329页。

有三品对》等诗文外，他还编纂有《医史》《李嵩渚医书目》两部专著；在数学方面有《勾股算术图解》。其中《汴京遗迹志》和《医史》二书在科学技术史上占有重要地位。

《汴京遗迹志》，共24卷，前11卷记宋之东京内外城、宋大内宫室、宋内外诸司、宋明堂、官署、山岳、河渠、宫室宫楼阁亭门堂馆、台池园苑洞峡渚洪、冈堆陂陂关梁井墓、寺观、祠庙庵院等。第12、13两卷为杂志，记北宋九帝纪年，宋官制沿革，宋登科记总目，户口、财赋总数，四京，畿内16县，汴京四园，五学，六更，十迹八景及靖康之难等；第14～24卷称为艺文，包括奏议、记、序、碑铭、杂文、诗赋、长短句等。

《汴京遗迹志》一书，基本内容为辑录前代正史及笔记材料，加以选择去取，凡留531条分门别类编排而成。但书中亦有作者“考据采访”，指明宋之旧京遗迹在当时开封之位置及毁废情况，有助于追述开封历史古迹的沿革。在材料取舍的过程中，表明了作者治史的严肃态度[1]。

《汴京遗迹志》一书，填补了“历代都会皆有专志，独汴京无之”的缺憾，且“义例整齐，颇有体要，征引典核，亦具见根据，在舆记之中，足称善本。虽其精博辨晰，不及《长安志》《雍录》诸书，而自朱梁以迄金源，数百年间建置沿革之由，兴废存亡之迹，皆为之汇考胪编，略存端绪，亦复灿然如指诸掌。宋敏求《东京记》今已不传，得濂此书，亦足以补其阙矣”[2]。因此，获得了“援引周详，考据精核，使一代文物信而有征，诚可以列诸著作之林，与正史并传不朽”[3]的美誉。

《医史》，是中国现存最早的中医药学人物传记（图7-9）。共10卷，大致可以分为两个部分，第一部分是前5卷，收录了古代史书所载医药学家55位，上至春秋时期的医和、医缓、扁鹊等，下至金元时期的刘完素、张从正、李杲等。第二部分为后5卷，该部分取自诸家文集所载，从卷之六到卷之十收录了从宋代到明代的16篇正史未录的名医传记，如张扩、丹溪翁及张养正等。其中张仲景、王叔和、启玄子、王履、戴原礼、葛应雷等的传记为李濂自己所补。

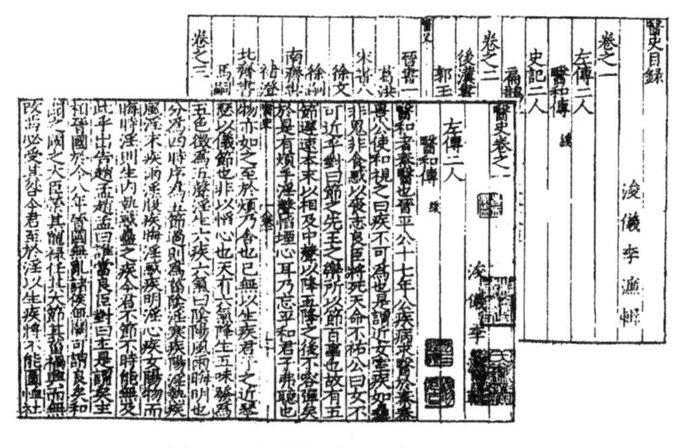
醫史目錄
卷之一
左傳二人
醫和傳
史記二人
浚儀李濂輯
醫史卷之一
左傳二人
醫和傳

图7-9　李濂辑《医史》部分书影
（上海图书馆藏明刻本）

关于这样的内容安排是李濂特意为之，他在凡例中指出：“历代名医，凡史传所载者，谨备录之于前五卷矣。其有散见各家文集者，亦录之以备遗，则俱列于后五卷。”[4]此外，在各医家传记之后，附有李濂评注，包括评论、订正、补遗等内容。

《医史》以中国古代医药学家为中心，在广泛收集史料的基础上，对从先秦时期至明代数千年间，中国医药学的发展源流脉络做出了详细的描述，具有强烈的医史意识，成为中国医学史学科建

① 周宝珠：《李濂和他的〈汴京遗迹志〉》，《河南大学学报（社科版）》1998年第1期。

② （清）永瑢等：《四库全书总目》，中华书局，1965年，第621页。

③ 胡具庆：《书汴京遗迹志后》，《汴京遗迹志》，中华书局，1999年，第504页。

④ （明）李濂辑：《医史》，《四库全书存目丛书·子部》第42册，齐鲁书社，1995年，第221页。

立的标志。

（三）《医史》的学术价值及贡献

中国医学发展历史悠久，但有关医史资料基本上都是散布在历代医学典籍及史书之中，如《史记·扁鹊仓公列传》《后汉书·华佗传》等单篇，均依附于正史之中。宋代周守忠所撰《历代名医蒙求》和南宋张杲的《医说》中虽然均涉及历代医家之传记，但是内容都过于简略，缺乏系统性，不能反映出中国医药学发展的历史。

李濂家族自宋以后世代从医，其从小耳濡目染，对中医药知识亦是十分熟悉，所以在这种强烈的家族从医史的影响下，李濂自主地形成了医史意识，积极探讨医学发展的历史，从而编著《医史》一书，有利于医学知识的传播及医史学科的形成与发展。

李濂在《医史》的凡例中，将其选择历代医家的标准加以详细地叙述，对于"古之名医，前史已有传者，既录之矣"。而对一些属于"医之宗"者，如张仲景、王叔和、王冰等，"良不可无传，今皆补之"。至于一些"绝无事实"者，如"巫咸、巫彭、矫氏、卢氏、俞氏、崔文子、公孙光之类，则阙之"。而对于荒诞不经之类"如《晋书》所载佛图、澄单、道开之类，颇涉幻诞，悉黜之不录，恐滋后人之惑"。而对于各家文集中"所载序记、杂文，凡为名医而作者，实繁其篇，悉弗录，盖不可胜录也"。对于据李濂时代较近的医家，如刘守真、张子和、李明之等，因为他们"平生著述颇多，其治疗奇验不可胜数，而金、元史载之甚略，今姑依史录之，不敢增也"。总之，对于"诸名医学本《素》《难》，方术醇正者则录之"[①]。李濂在此所确立的选择标准，为后世医史学家的研究提供了有益的借鉴、树立了科学的范例。

李濂编撰《医史》之资料，虽多来自以往之文献资料，但他在辑录以后，往往多加以评论或补遗，亦有不少订正。例如，在辑录砚坚《东垣老人传》后，评论道："余阅《元史·李杲传》，颇病其不详，而复采真定路儒学教授邙城砚坚所为《东垣老人传》以益之。然犹病其不尽载著述。甚矣，叙事之难也。"可见，李濂为众医家立传，是十分注意钩沉索隐，企图将相关史料收罗殆尽，而为之详细立传。在《庞安时传》后，他评论道："余尝阅黄山谷撰《庞安常伤寒论后序》。言其少时豪纵，斗鸡走狗，蹴鞠击毬，无所不为。博弈音技，一工所难，而兼能之。盖其天资英迈，故从事于医，而精妙绝人如此。山谷又称其轻财如粪土而乐义，耐事如慈母而有常；似秦汉间游侠而不害人，似战国四公子而不争利。凡此，皆传之所未备，故附录于后云。"李濂在这里高度赞扬了为医者应当具有好善乐施，视金钱如粪土，豁达仁义的侠士风度，这与他本人的性格十分吻合。

再如，对医家褚澄所著之《褚氏遗书》评述云："《褚氏遗书》十篇，总二千六百二十言。简切幽眇，多前人之未发，盖深有会于《素问》《灵枢》之旨者也。唐末黄巢之乱，盗发澄墓，得石十有八片，形制如椁，上有刻字，即是书云。维扬萧广叔常得之，深加宝重，亦以此殉葬。宋靖康时，金人犯顺，盗窥萧氏塚，意有厚藏，欲发之。其子孙因会乡人，启视，得石十有九片，其一乃广之子渊所撰序，繇是十篇遂传于世。呜呼！物之显晦，著述之传世与否，因亦有数哉。余夙嗜是书，漫缀数语于传后，聊亦识珍重之意云尔。"[②]表现出李濂广博的学识。

① （明）李濂辑：《医史》，《四库全书存目丛书·子部》第42册，齐鲁书社，1995年，第221页。

② （明）李濂辑：《医史》，《四库全书存目丛书·子部》第42册，齐鲁书社，1995年，第240、241页。

李濂对历代医家的评论，本着事实求是的态度，对一些社会上的迷信认识进行了批判，如在《太仓公传》后，评论云："太仓公，神医也。其治疗之奇，迁史备载之矣，无容赘赞。然生五女而不生男，兹可见子之多寡有无，皆天也。而世之人乃有以种子术授人者，多见其妄也已。太仓公师公乘阳庆，亦年七十余，无子。读书察理之士，固不为是惑。窃附此于太仓公传后，以示戒云。"

李濂在其为张仲景、王叔和、启玄子、王履、戴原礼、葛应雷等六人所补的传记中，分别叙述了他们籍贯、著作、生平、学术渊源、学术成就及在医学史上的地位，并进行了恰当的评论。例如，指出张仲景所著《金匮玉函要略方》："实为千古医方之祖，自汉魏以迄于今，海内学者，家肄户习，通读不暇，如士子之于六经然，论者推为医中亚圣。而范晔《后汉书》乃不为仲景立传，是故君子有遗憾焉。"[①]再如，《启玄子补传》，李濂评价王冰云："启玄子所撰《玄珠》，世无传者，今有《玄珠》十卷、《昭明隐旨》三卷，皆后人依托为之，虽非启玄子真书，然于《素问》阃奥，颇有发明，其《隐旨》三卷，实与世所传《天元玉册》相表里，盖亦不可废云。抑又闻启玄子注《素问》二十四卷，书成献之，唐令列之医学，遂使上古圣人，精微幽眇之书，顾付之方技之流。于是缙绅先生咸罕言之，而是道益衰矣，呜呼惜哉！"[②]李濂认为虽然存世的《玄珠》与《昭明隐旨》虽为后人伪托之书，但是作为一种文献资料，是不可轻易废之的，而官府不重视医学成果，而将之与方技等同，最终造成了"是道益衰"。

《医史》书中还结合大量案例介绍了很多医学知识，发表了很多关于养生、防病的议论，所以李濂自言："人能常阅是编，可以窥医术源流之正，可以谙入门造奥之阶，可以识攻击滋补之机，可以得未病先防之道，可以养身，可以事亲，可以慈幼。裕乎己而周乎人，实为有益之实学。"[③]

《医史》亦存在选择不精不当之处，如葛洪属于道家，其所收集的方术，书中多有详述；陶弘景撰有《名医别录》，实对本草学之发展属大功一件，李濂在《医史》中详载葛洪，却遗漏陶弘景，实属不应该。再如，辽之直鲁古，仅以"长，亦能医，专事针灸，……尝撰《脉诀》《针灸书》行于世"[④]而入传。因此，四库馆臣评价该书，云："濂，他书颇可观，而此书乃冗杂特甚，殊不可解。"[⑤]白璧之瑕，不掩其质，就连四库馆臣也不得不承认"其论仓公神医乃生五女，而不生男，其师公乘阳庆亦年七十余无子，以证医家无种子之术，其理为千古所未发，有足取焉"[⑥]。

《医史》代表了明代医史研究的较高水平，是我国第一部系统的纪传体医史专著。从中体现了李濂具有强烈的医史意识。《医史》，标志着医史这一学科在中国的形成，《医史》所辑各医家之传记资料为后代对古代医学家的研究提供了大量的史学材料，为中国医学的发展做出了不可磨灭的贡献。

除编撰《医史》一书外，李濂的另一主要医学成就是出版医籍。其中，最重要的一部医药书是重刻《救荒本草》，该书刻于明永乐四年（1406年），至嘉靖时，该书已近于失传，李濂搜求到此书后，于嘉靖四年（1525年）重刻，并为之作序，使此书能够以近于原貌的状态流传至今。

---

① （明）李濂辑：《医史》，《四库全书存目丛书·子部》第42册，齐鲁书社，1995年，第261页。
② （明）李濂辑：《医史》，《四库全书存目丛书·子部》第42册，齐鲁书社，1995年，第263、264页。
③ （明）李濂：《医史序》，《明文海》卷三一六《序》，中华书局，1987，第3259页。
④ （明）李濂辑：《医史》，《四库全书存目丛书·子部》第42册，齐鲁书社，1995年，第256页。
⑤ （清）永瑢等：《四库全书总目》，中华书局，1965年，第885页。
⑥ （清）永瑢等：《四库全书总目》，中华书局，1965年，第885页。

四、《王氏医存》的医学成就

（一）王燕昌生平

王燕昌，字汉皋，清代医家，河南固始人。他家学渊远，世代业医，燕昌得其祖传医技，并有所发展。

青少年时又受业于固始的蒋子潇、阎牧堂两先生，刻苦好学，尽得其传，如周春暄《新选验方叙》曾指出："王君汉皋，嵚崎士也。其先七世皆精医，君顾刻苦为学，弗少辍，邑先达蒋子潇、阎牧堂两先生，设经帐，君受业，得其秘。由是而书靡不读，艺靡不精，常慷慨欲以见诸世。"[①] 因此，他遍览医书，医技多能，临床经验丰富，常能起沉疴，为时医称道。

王燕昌刻苦好学，治学严谨，得到了时人的称赞和嘉许，他的好友费民誉《新选验方叙》说："汉皋器质古重，好学多艺能。"[②]王燕昌自己说："闻之先正有言，学者穷年而著一书，不如穷年而读一书。诚以抄撮者尚虚辞，而研覃者多实得也。"[③]他宁肯皓首穷读一书，仔细研究而获得真才实学，而不愿抄撮虚辞而著一书，可见其对待学问的态度和其为人之品格。

正当王燕昌想有一番作为之时，却遭遇兵燹，使其空怀一腔热血无法施展，其时"粤逆起，江淮间草窃者，率奉知名士为主谋。一渠魁耳君名，百计罗致。乃避居大梁，数岁不归。及渠败，众始服君之守正而识远也"[④]。为了躲避战乱，王燕昌只能远离家乡，避居大梁，但是等其返回家乡之时，已经是室宇荡然无存，毁于战火，于是为了生存，只能继承世代相传的医术，幡然曰："古人谓不为良相，当为良医，盖胥此纳民仁寿之意也。天靳吾于遇，天不能靳吾于学，于是益肆力焉。"[⑤]因为，其家七世传医，故而对医术相当精通，常常遇见"群医却走之症，君独奋袂往，目矐矐不俯视，刀圭一投，则沉疴立起"[⑥]。

王燕昌虽然身怀医术绝技，却不愿走上背离功名的道路。1870年曾出幕于其好友周春暄处，协助周氏治理全椒县。在这个时候，他编撰了《新选验方》，周春暄《新选验方叙》指出："岁庚午（笔者注：即1870年），君勷余治全椒，文酒谭宴，极一时之乐。一日出视所辑经验各方，读既尽，余拍案呼曰：是不可秘之枕中也。"[⑦]

王燕昌随后又在英翰都两广时，客于英翰幕中。据英翰为《王氏医存》所作序，可知王燕昌于行政、军旅均有一定方略，只是年事渐高，而未被加以重用。英翰说："固始王君汉皋，老于医，客余幕中，余尝从问方诀，……君早事占毕，蹇于遇，比军兴，尝在围中出奇画以济军，事定，卒让功于同事者。余又以嘉君之志行，而惜君之将老也矣。"[⑧]

① （清）王燕昌：《王氏医存》，江苏科学技术出版社，1983年，第193页。
② （清）王燕昌：《王氏医存》，江苏科学技术出版社，1983年，第194页。
③ （清）王燕昌：《王氏医存》，江苏科学技术出版社，1983年，第6页。
④ （清）王燕昌：《王氏医存》，江苏科学技术出版社，1983年，第193页。
⑤ （清）王燕昌：《王氏医存》，江苏科学技术出版社，1983年，第193页。
⑥ （清）王燕昌：《王氏医存》，江苏科学技术出版社，1983年，第193页。
⑦ （清）王燕昌：《王氏医存》，江苏科学技术出版社，1983年，第193页。
⑧ （清）王燕昌：《王氏医存》，江苏科学技术出版社，1983年，第3、4页。

正是在两广总督衙门任幕僚时，王燕昌将其家传七世之医术及其临床经验，通过回忆、笔录、整理，撰成《王氏医存》十七卷，另附《新选验方》（不分卷），所论有医学理论、诊断及药物，于杂病之诊治，亦颇有心得。至今在河南、安徽、湖北、江苏、浙江等地广为流传，对中医药理论与实践有不少创新之处。

（二）《王氏医存》的主要内容

王燕昌祖上曾七世为医，可谓以医道传家，积累了丰富的医学知识。《王氏医存》一书正是王燕昌整理其家传之医术，并结合自己的临床经验而成，王燕昌在《王氏医存·自识》指出：

顾维先代，以医业世其家者七传矣。昌生也晚，闻见所及，自曾大父以至先子，慕时府君日用留余，必施药济世，汎应有暇，则闭门著书，手泽所遗，总若干种，中更兵火，荡然灰烬。回忆往者，趋庭承讯，忽忽犹前日事。而昌潦倒，青衫蹉跎，皓首俯仰，高矩感慨系之矣。昨岁薄游皖江，西林制府，忘其谫陋，招致幕下，幸奏微长，谬蒙优顾，屡辱下问，谨就畴昔所尝奉教于父师者，条列件系，具以笔对，久渐成帙，都无诠次，自题曰《王氏医存》。

光绪乙亥年春仲固始王燕昌识于两广节署

光绪乙亥年，即光绪元年（1875年），王燕昌又自道“昨岁薄游皖江，……自题曰《王氏医存》”云云，可见该书编撰完成之年代在1874～1875年。

《王氏医存》共计十七卷，为医论、医话、医案、验方的杂论与札记体，计医论、医话258节472条；医案（临证述略）69例，并附有按语；验方200余首，涵盖内容包含医学理论、诊断方法、药物知识、杂病的治疗等内容。

王燕昌在该书中主要关注的内容有四点，即脉学、伤寒学、妇产科、医案等，他在《王氏医存·凡例四则》中对此加以详细地阐述：

一古人言病多言症。陶节庵有言，脏以证盗，刃以证杀，有明证、见证、对证之义。以浮、中、沉三脉详而治之，则病无遁情。然病有因脉知证，亦有弃脉从证者，因时消息，在会心人善参之。

一伤寒治法，仲景后诸家辨析毫厘，非鄙人所敢赘议也。兹编杂病为多，昔巢元方以伤寒、时气、温病、热病为四种；周禹载分温、热、暑、疫为四种。况复古今异宜，南北异气，人欲日开，病情递变，衰朽书生，确守绪论，阅者亮之。

一妇人胎前产后，姓名所关，生死存亡，间不容发，尤医者所当慎之加慎也。乳子病尤难治，前辈亦名哑科，盖以四诊之法，至此俱穷。兹编于妇人、乳子一切证治，不嫌繁复，聊自尽其一得之愚云尔！

一名医立案，各有有心得，流传既久，嘉惠无穷。盖临证多则阅理精，练事深则处方稳，此前贤医案所以可贵也。兹编附以鄙案若干条，非敢自褐所长，区区心苦，藉以就正高明焉！

（三）《王氏医存》的医学成就

《王氏医存》论述的范围广泛，内容丰富，以论杂病为主，兼及温病瘟疫，对妇儿科病的证治亦多反复阐发；诊法强调四诊合参，而论述脉诊尤为精详，辨证时注重脉与症，但以症为主要依据；他如对基础理论中的精气神、命门、病因病机，以及治则、治法、方药等，均有所论及。其所选医案，本着“名医立案，各有心得”的精神，介绍了自己的临证经验与心得体会。所选验方，有古方，有民间单方，而以单方为主，均务求实效，并有便、廉之优点[①]。以下摘其要者，综述如下，以窥王氏医学之成就。

在脉学上，王氏在寸口脉诊法上独创了“脉上鱼际”“脉下尺泽”之说，即把脉的具体部位为：“本人中指中节大纹两端，相去曰一寸。太渊高骨曰关，鱼际至关一寸，尺泽至关一尺，故曰寸、关、尺。诊病只用三指捺处，身长者三指疏捺，身短者三指密捺。”[②]人体的脉象与人体内外的环境关系密切，由于年龄、性别、体质、精神状态及气候等因素的不同，往往会影响到人体脉象的变化，因此，王燕昌指出要根据人体内外环境的变化来确定脉象与病症的关系。例如，王燕昌在《王氏医存·呼吸致脉缓急》中指出：“医者之呼吸，平人无病和缓者也；病者之呼吸，有实热则速，有虚寒则慢，非缓和者也。呼吸速则脉至多，呼吸慢则脉至少，而医以无病之呼吸量之，故知其迟、数、强弱也。婴孩气盛，身短，脉络近，故呼吸速，脉至多。老耄元气耗，而脉络有不尽之痰，故呼吸不匀，六脉滑细。痛急则呼吸亦急，痛缓则呼吸亦缓。病痛皆呼吸不匀，故脉结与促。”[③]食物的性质亦会影响到脉象，如“食燥热性者，脉浮数；食寒滞性者，脉沉缓；食热生性者，脉上鱼际；足心贴膏者，脉下尺泽；食滑肠物者，右尺浮；食利水物者，左尺浮：皆物食使然，非必病使然也”[④]。因此，王燕昌指出诊脉之时不可拘泥，要根据具体的情况而定，他说：“病各有一定主脉，既变常象，必有变故，临证时宜加察也。”[⑤]

王燕昌十分重视从医者的人品，《王氏医存·临证》中说 “医有八要：一要立品；二要勤学；三要轻财；四要家学；五要师承；六要虚心；七要阅历；八要颖悟”。八要中首重医德，并举例说：“诊室女视如女侄，诊幼妇视如姊妹嫂娣。故在闺门言病，则有引证比例，无谈笑戏谑。或脉证未明，病家之夫姑婶嫂妈姆等人，宜代为明告，纵有隐暗苦疾，万勿忍而不语。倘致遗误，是自贻害耳！”[⑥]此与孙思逸《千金方》的“大医精诚”和“大医习业”对从医者的要求是一致的。而对于有家学、有师承的从医者来说，其“用法而不拘于法，乃活法也。彼以记汤头、谈脉药为能者，三指一按，藐茫若迷，抄录方书，葫芦依样，自误误人，医云乎哉？”因此，要成为一名优秀的医生，必须有良好的品行学养，要有良好的医德。

在涉及性与生育等问题上，王燕昌首先强调“妇无病而不孕者，责其夫病。常见再醮之妇，于前夫不孕，于后夫多生子者，知其前夫之不能种子也”[⑦]。这对在“夫为妻纲”的封建社会里，打破重男轻女，提高妇女地位，无疑具有积极的社会意义。对于性功能障碍与不孕者，王燕昌特别反对

---

① 王新华：《王氏医存·前言》，江苏科学技术出版社，1983年，第1、2页。
② （清）王燕昌：《王氏医存》，江苏科学技术出版社，1983年，第7页。
③ （清）王燕昌：《王氏医存》，江苏科学技术出版社，1983年，第21页。
④ （清）王燕昌：《王氏医存》，江苏科学技术出版社，1983年，第25页。
⑤ （清）王燕昌：《王氏医存》，江苏科学技术出版社，1983年，第25页。
⑥ （清）王燕昌：《王氏医存》，江苏科学技术出版社，1983年，第164页。
⑦ （清）王燕昌：《王氏医存》，江苏科学技术出版社，1983年，第114、115页。

过分强调房中术和服用春药，告诫人们“服春方药，演采战，皆自戕其生也。春方乃热燥药，采战乃矫揉事，使人气血皆偏，施受非时，岂能成胎？倘内里损伤，定致危亡”[①]。封建社会里，人们认为“不孝有三，无后为大”，娶妻以得嗣为主要动机，但是对于采用所谓“采战”术求子，王燕昌认为这是“自愚”[②]也。他进一步指出：“至称黄帝、彭祖房中之术，诞谬不足信也。夫男女媾精，万物化生，愚夫愚妇，某不孕育，禀天地之自然，岂勉强哉！”[③]故此，求嗣者，不可在春方药上下功夫，因为“春方药为害最烈，近则杀身，远则绝嗣”[④]。

《王氏医存》卷十三特设有治疗烟瘾一章，王燕昌自注曰：“有瘾者之苦楚，非无瘾者所知，昌身受其害，特略言之。”可见，这一卷王燕昌所述实本其亲身体验。对于洋烟的危害，他指出：“洋烟味苦，性涩，臭香。苦则助火，涩则凝血，香则散气，与各血相反，犯之者死。”[⑤]王燕昌所谓的洋烟实际上就是鸦片，他说：“古有淡巴菰，即今之烟草。《本草纲目》有阿芙蓉，即今之洋烟。”[⑥]阿芙蓉即鸦片也。对于吸食鸦片成瘾者，他提出“戒烟须先治其本病”：“凡欲戒烟，须先治愈其本有之病，俟气血足，然后立方以戒烟。若不先治其病，而顿然戒烟，定生大病。盖无瘾之人，卫气自充于腠理，中气自升于中宫；有瘾之人，其气久遭烟之提涩，即赖烟为助力，若偶而不吸，则卫气之力不足充于腠理，中气之力不足升于中宫矣。故其凡病忌开腠理，开则汗出不易收；忌攻脾胃，攻则便泻不易止。”[⑦]这与现代医学的认识是一致的。人体内部自身会产生恒量的阿（鸦）片样物质作用于人体，在医学上称为“内源性阿片样物质”和“阿片受体”。而从外部摄入的阿片类物质被称为“外源性阿片样物质”。常量内源性阿片样物质通过阿片受体及其阿片肽系统调节体内诸多神经体液免疫系统，保持正常的体内功能平衡。当人体长期大量吸入外源性阿片类化合物时，体内内源性阿片样物质因受到抑制而减少自主产生，直至外源性阿片样物质代替了内源性阿片样物质，这时阿片受体及其阿片肽系统虽然能够调节体内各系统，使人体内的功能暂时得以维持正常。但如果外源性阿片样物质骤然被阻断，就会造成体内内源性和外源性阿片样物质同时缺乏的局面，随即发生阿片受体及其阿片肽系统的调节紊乱，甚至造成生命危害。王燕昌自己深受烟瘾之害，加以自身具有的中医药学知识，故能对鸦片成瘾者的病因、病理、诊断、治疗、预后、用药禁忌等方面提出精辟的见解。

药方中药材的用量是十分重要的，然而古今度量衡制度变化很大，随时代发展而不同。但是一些庸医仅懂得照抄古代之中医药方，而对古今度量衡制不加考证辨别，往往导致中药材的用量发生风马牛不相及的错误，从而对患者造成致命伤害，不仅不能治病，反而加剧病情，更有甚者丧失生命。对此，王燕昌指出：“汉文帝二年，造四铢钱，文曰半两，盖以八铢为一两也。凡所制度，皆于今有差。仲景后汉人，其用权量度数，皆准诸汉。其于方剂各注，分温再服、三服、续服、顿

① （清）王燕昌：《王氏医存》，江苏科学技术出版社，1983年，第114页。
② （清）王燕昌：《王氏医存》，江苏科学技术出版社，1983年，第124页。
③ （清）王燕昌：《王氏医存》，江苏科学技术出版社，1983年，第126页。
④ （清）王燕昌：《王氏医存》，江苏科学技术出版社，1983年，第50页。
⑤ （清）王燕昌：《王氏医存》，江苏科学技术出版社，1983年，第136页。
⑥ （清）王燕昌：《王氏医存》，江苏科学技术出版社，1983年，第138页。
⑦ （清）王燕昌：《王氏医存》，江苏科学技术出版社，1983年，第139页。

服、方寸匕、一钱匕之类。夫制度多寡，代各不同。近医读汉世书，不详汉制，辄录汉数以立今方，统使顿服，最为可怪。叙灵胎、陈修园各辨其略，人又忽之。兹摭录《千金方》数条，俾知唐初固已析别多寡之异，今更不同于唐也。”[①]针对这种现象，王燕昌忠告道：“今医诊病处方，须知计量。盖今之制度，皆数倍于汉，宜考察也。”[②]

《王氏医存》中收录了大量的医案，据统计在《临证述略》中，一共收录了69条医案，所谓“名医立案，各有有心得，流传既久，嘉惠无穷。盖临证多则阅理精，练事深则处方稳，此前贤医案所以可贵也”。可见王燕昌十分重视医生临床实践的重要性，他将自己的临床经验和心得体会详细地表述出来，以供人参照。其中如用当归之辛温，发汗解表，治疗伤寒一案，功效奇特，药到病除。“一仆人，二十七岁，冬月在京伤寒，头疼，身热，无汗，发之三日不解，六脉沉细。乃血盛、气弱，郁闭不能出也。以当归三两，煎服，遂愈。”并附记道：“按咸丰十年冬，大梁一行商，年三十余，伤寒，同此脉证，发汗不出，因用当归四两，得汗。”[③]当归性温味辛，《名医别录》说它“主温中，止痛，除客血内塞，中风痉，汗不出……”故用当归煎服，得汗而表解。又，一少年因戒烟而感冒，自服桂、附、燕窝，导致尿赤、多汗、谵语。庸医又误用大黄，致大便数泻，结胸十日矣。王燕昌在医案附记自己的临证经验道：“凡有烟瘾者，皆忌桂、附等疏肝之药，防汗也；又忌大黄等攻下之药，防泻也。瘾者，阳受烟耗而虚，阴受烟耗而竭，苟汗之、下之，难为止也。”[④]

《王氏医存》涉及的医学领域十分广泛，对老年病、肥胖病等理论与诊疗都有一定贡献。英翰在《王氏医存·叙》中指出：“盖汉皋之于医，审脉辨证，准以许、庞两大医[⑤]之言，时有互相发明者。然则是书之存，匪特王氏数世之医学藉是以传，要其条举件系，反覆辨证，诚救世之针砭、活人之津筏。初学者，苟由是而究心焉，将寻流溯源，则是书也，其庶几首涂者之指南车乎！”[⑥]可见，《王氏医存》不仅是“救世之针砭、活人之津筏”，且对中医理论与实践均有所创新。

第三节 明清时期中原的数学与天文

一、朱载堉的科学成就

（一）朱载堉生平

朱载堉（1536～1611年），字伯勤，号句曲山人，又号狂生、山阳酒狂仙客，出生于河南怀庆府（今沁阳）郑王府，明仁宗朱高炽的第六代孙。朱载堉是中国古代具有世界影响力的科学家，不但在音乐、历法、数学领域取得了巨大的成就，而且在哲学、文学、艺术方面也建树颇丰

① （清）王燕昌：《王氏医存》，江苏科学技术出版社，1983年，第101页。

② （清）王燕昌：《王氏医存》，江苏科学技术出版社，1983年，第107页。

③ （清）王燕昌：《王氏医存》，江苏科学技术出版社，1983年，第169页。

④ （清）王燕昌：《王氏医存》，江苏科学技术出版社，1983年，第185页。

⑤ 指许胤宗、庞安常两人。

⑥ （清）王燕昌：《王氏医存》，江苏科学技术出版社，1983年，第4页。

（图7-10）。

图7-10　朱载堉之墓

（河南省文物局：《河南文化遗产》，文物出版社，2011年，第360页）

朱载堉是郑恭王朱厚烷的长子，5岁时（嘉靖二十四年，1545年）受封为世子，据《河南通志》载：“载堉儿时即悟先天学。稍长，无师授，辄能累黍定黄钟，演为象法、算经、审律、制器、音叶节和，妙有神解。”[①]可见朱载堉天资相当聪慧，这与他父亲不无关系。他的父亲朱厚烷酷爱音乐与数学，经常教小载堉学抚琴、撰写乐谱等，在这种生长环境的熏陶下，培养了他对音乐和数学的浓厚兴趣。朱载堉自述道：“臣父及臣笃好数学，弱冠之时读《性理大全》，见宋儒邵雍《皇极经世书》，朱熹《易学启蒙》，蔡元定父子《律吕新书》《洪范》《皇极内篇》等而悦之，口不绝诵，手不停披，研究既久，数学之旨颇得其要。壮年以来，復观历代诸史志中，所谓历者五十余家，考其异同，辨其疏密，志之所好，乐而忘倦，但以未睹。”[②]加上他显赫的身世，拥有得天独厚的物质和文化环境，使他从小能够接受良好的教育，从而奠定了他从事科学研究的基础。

作为明代藩王的世子，按理讲朱载堉理所当然应该按部就班地继承王位，像其他藩王一样过着无忧无虑的奢侈豪华的贵族生活。但是有一件事却打乱了他世界的秩序，对他的成长和人生道路产生了具有决定意义的影响。那就是其父郑恭王朱厚烷于嘉靖二十七年（1548年）上疏明世宗朱厚熜，言辞恳切、直言不讳地规谏皇帝。这引起了嘉靖帝的龙颜大怒，而怀庆府郑王第三支朱厚烷的族叔朱祐橏夺爵心切，借机诬告厚烷有四十叛逆之罪。于是嘉靖二十九年（1550年），朱厚熜削夺了厚烷爵位，并将其禁锢于祖籍安徽凤阳老家。

当时朱载堉才15岁，他痛心自己的父亲遭此不白之冤，于是于府外筑土屋以居之，《明史》称：“世子载堉笃学有至性，痛父非罪见系，筑土室宫门外，席藁独处者十九年。”[③]在这19年中，他并没有因为父亲的不幸而自暴自弃，相反他“益肆力于玉策鸿宝”[④]，仔细研读经典与罕见的古代典籍，致力于科学研究，在此期间于嘉靖三十九年（1560年）完成了他音乐学的处女作《琴谱》的写作工作。

嘉靖四十五年（1566年）十二月，世宗皇帝殡天，穆宗朱载垕登基，大赦天下，被幽禁了19年之久的朱厚烷终于沉冤得雪，并于隆庆元年（1567年）恢复了王位，四个月后，朝廷下令恢复朱载堉世子名义，至此结束了他19年的土室独居生活。

---

① （清）田文镜等：《河南通志》卷五十八《人物·朱载堉》，《文渊阁四库全书·史部·地现类》第537册，台湾商务印书馆，1986年，第484页。

② （明）朱载堉：《进历书奏疏》，《文渊阁四库全书·子部·天文算法类》第786册，台湾商务印书馆，1986年，第453、454页。

③ （清）张廷玉等：《明史》卷一百一十九《诸王传四》，中华书局，1974年，第3628页。

④ （明）王铎：《郑端清世子赐葬神道碑》，《拟山园选集》卷六十二，《北京图书馆古籍珍本丛刊》第111册，书目文献出版社，2000年，第697页。

父亲朱厚烷的不幸也延误了朱载堉的婚期，“年十八，议婚。公曰：‘不也。吾日惧渊陨，敢知曰余家室”。直到他35岁那年，“钦依筮婚，公乃从之。御轮于何文定公瑭之孙女，则公年三十五也”[①]。何瑭其人，朱载堉自己亦曾多次提到，如在《律吕精义·序》中写道：“臣外舅都御史祖何瑭。”[②]

何瑭（1474～1543年），字粹夫，号伯斋，武陟人。弘治十五年（1502年）进士，曾担任过浙江提学、南京太常少卿、工户吏三部侍郎、南京都察院右都御使等职，是当时著名的学者。著作有《柏斋集》十一卷、《医学管见》一卷、《柏斋三书》等。朱载堉及其父亲在学术上均受到过何瑭的影响，朱载堉在《进历书奏疏》中说：“何瑭，乃臣外舅江西抚州府通判何諮之祖也。臣父恭王壮年盖尝师友于瑭，臣虽未获面觌，而亦幸私淑焉。瑭与元儒许衡同里，慕其象数之学，衡所撰《授时历》备载元史。瑭亦尝著阴阳律吕之说，名曰‘管见’。臣性愚钝，嗜好颇同，忝居桑梓，復与瓜葛，静居多暇，读其书而悦之。探索既久，偶有所得，是故不揣狂谬，敢以一得之愚，敬为皇上陈之。”何瑭去世时朱载堉尚处于幼年时期，虽然不曾亲见，但是何瑭的学术思想和成就深深地影响着朱载堉。

万历十九年（1591年）朱厚烷因疾去世，朱载堉理应继承父爵，但是却屡次上疏请求将爵位让给当年诬告其父有叛逆罪的朱祐橏之孙朱载玺，这虽然反映了他对王室之间的倾轧，以及对当时的政治黑暗和世态炎凉的彻底灰心，也体现了经过多年的政治斗争，他已经变得十分成熟，人生的目标不在于荣华富贵、碌碌无为，而是致力于著述、将自己全身心地投入到学术研究中。

万历三十四年（1606年），在朱载堉15年内七疏的“累疏恳辞”之后，终于获准让爵于载玺，当时他已是70余岁高龄了。万历皇帝有感于载堉的高风亮节，敕建玉音坊：“尔能非道不处，惟义是循，固逊王爵，至廑屡疏，敦复伦序，克振纲常，朕心嘉悦。兹特敕旌奖，给禄建坊，以示优贤之义。仍令有司办送彩币羊酒，以为诸藩矜式，尔宜益懋素修以永令誉，钦哉故敕。”[③]

朱载堉在让爵后就搬出了郑王府，居住在城郭外。王士禛在《池北偶谈》中记述道：“郑端清世子让国，自称道人，造精舍怀庆郭外居之。”[④]此时的他本可以安享晚年，但他却“晚节务益著书”[⑤]，先后著有《律吕正论》《嘉量算经》和《律吕质疑辨惑》等书。

关于朱载堉的卒日，历来有争议。王铎在《郑端清世子赐葬神道碑》中记载道：“岁辛亥四月，哉明后疾。子侄请曰：‘勿杀生。’距既魄止九日乃薨，年七十有六。神庙闻讣，辍朝去籥，谥之曰‘端清世子’。令有司治丧，壬子，三月二十六日葬九峰山之原。”[⑥]戴念祖先生考证朱载堉卒于“辛亥四月哉（生）明”，“距既（生）魄止九日”，这就是说朱载堉卒于四月哉生明到既

---

① （明）王铎：《郑端清世子赐葬神道碑》，《拟山园选集》卷六十二，《北京图书馆古籍珍本丛刊》第111册，书目文献出版社，2000年，第697页。

② （明）朱载堉撰，冯文慈点注：《律吕精义·序》，人民音乐出版社，1998年，第1页。

③ （清）田文镜等：《河南通志》卷七十五《艺文·郑世子载堉勅》，《文渊阁四库全书·史部·地理类》第538册，台湾商务印书馆，1986年，第505页。

④ （清）王士禛：《池北偶谈》，中华书局，1982年，第605页。

⑤ （清）田文镜等：《河南通志》卷五十八《人物·朱载堉》，《文渊阁四库全书·史部·地理类》第537册，台湾商务印书馆，1986年，第484页。

⑥ 戴念祖：《朱载堉神道碑文注》，《中国音乐学》2007年第2期。

生魄这段时间之内。“距既生魄止”可以理解为距既生魄的第一天即哉生魄止。距哉生魄止九日，当是初七。据此，可推定朱载堉卒于四月初七日，即1611年5月18日[①]。朱载堉死后，于万历三十九年十二月己卯（1612年1月16日），赐谥“端清”[②]。

（二）朱载堉的著作

朱载堉是百科全书式的科学家，他自幼就喜欢乐律和数学。然一生经历颇为坎坷，但是在黑暗的政治斗争和家族纠纷面前，他没有放弃自己的科学研究，而是“益肆力于玉策鸿宝”，直到晚年还一直在著书立说，可谓孜孜不倦地追求自己的科学研究活动（图7-11）。

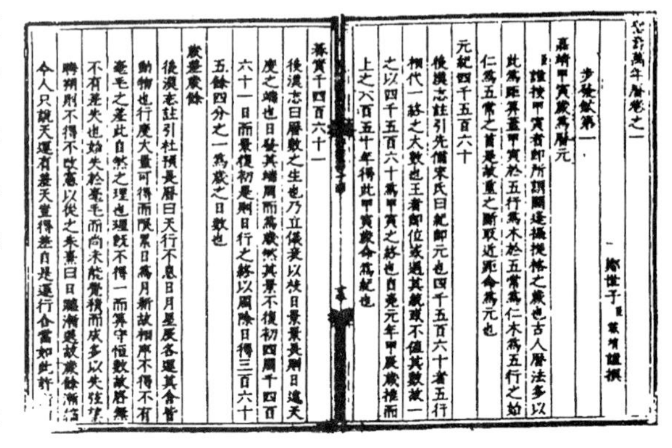

聖壽萬年曆卷之一

鄭世子臣載堉謹撰

步發斂第一

嘉靖甲寅歲爲曆元

謹按甲寅者即所謂閼逢攝提格之歲也古人曆法多以此爲距算蓋甲寅於五行爲木於五常爲仁木爲五行之始仁爲五常之首是故重之斷取近距命爲元也

元紀四千五百六十

後漢志註引先儒宋氏曰紀即元也四千五百六十者五行相代一終之大數也王者即位或遇其歲或不值其數故一之以四千五百六十爲甲寅之終也自堯元年甲辰歲推而上之六百五十年得此甲寅歲命爲紀也

蔀實千四百六十一

後漢志曰曆數之生也乃立儀表以校日景景長則日遠天度之端也日發其端周而爲歲然其景不復初四周千四百六十一日而景復初是則日行之終以周除日得三百六十五餘四分之一爲歲之日數也

歲差歲餘

後漢志註引杜預長曆曰天行不息日月星辰各運其舍皆動物也行度大量可得而限累日爲月新故相序不得不有毫毛之差此自然之理也理既不得一而算守恆數故曆無不有差失也始失於毫毛而尚未能覺積而成多以失弦望晦朔則不得不改憲以從之朱熹曰日躔漸退故歲餘漸縮

今人只說天運有差天豈得差自是運行合當如此[illegible]

图7-11　朱载堉《圣寿万年历》书影

（金秋鹏主编：《中国科学技术史·人物卷》，科学出版社，1998年，第163页）

朱载堉的著作大部分收录在《乐律全书》内，自明代开始目录学著作中关于《乐律全书》的著录颇有差异，《明史》卷一百一十九《诸王传》仅言朱载堉于万历二十三年（1595年）“上历算岁差之法，及所著《乐律书》，考辩详确，识者称之”，并未注明卷数。《明史》著录为：“朱载堉《乐律全书》四十卷。”[③]《四库全书总目》卷三十八《经部·乐类》著录《乐律全书》四十二卷，载书凡十一种。王重民先生在《中国善本书提要》中著录有明代两个版本，即明万历二十三年（1595年）郑藩刻本三十八卷和明万历三十四年（1606年）内府刻本三十八卷附历书十卷[④]。1933年出版的万有文库本是以明补刻本为底本排印的，它收书十六种，除有四库全书本的十一种外，还有《乐经古文》、《小舞乡饮谱》、《圣寿万年历》二卷、《万年历备考》三卷另有附录、《律历通融》四卷。《郑端清世子赐葬神道碑》又称“献《乐律全书》二十卷，神庙可之”[⑤]。

戴念祖先生考证《乐律全书》共计十四部书四十八卷（不分卷书一部算一卷），其中《律历融通》四卷附《音义》一卷、《圣寿万年历》二卷、《万年历备考》三卷（以上十卷统称为《历书》或《历学新说》）；《律学新说》四卷；《算学新说》不分卷；《乐学新说》不分卷；《律吕精义》“内外篇”各十卷，其中内篇又统称为《律书》；《操缦古乐谱》不分卷；《旋宫合乐谱》不分卷；《乡饮诗乐谱》六卷；《小舞乡乐谱》不分卷；《六代小舞谱》不分卷；《灵星小舞谱》不分卷；《二佾缀兆图》不分卷[⑥]。《乐律全书》所包含的十四种著作包括了律学、乐学、数学、历法、计量学物理学、舞蹈学等多学科内容，既有自然科学，也有艺术科学，还有经学、史学、哲学

① 戴念祖：《朱载堉卒日考》，《自然科学史研究》1987年第3期。

② 《明神宗实录》卷四百九十“万历三十九年十二月”条：“己卯，赐郑世子载堉谥端清。”

③ （清）张廷玉等：《明史》卷九十六《艺文志》，中华书局，1974年，第2362页。

④ 王重民：《中国善本书提要》，上海古籍出版社，1983年，第47页。

⑤ 戴念祖：《朱载堉神道碑文注》，《中国音乐学》2007年第2期。

⑥ 戴念祖：《朱载堉——明代的科学和艺术巨星》，人民出版社，1986年，第35页。

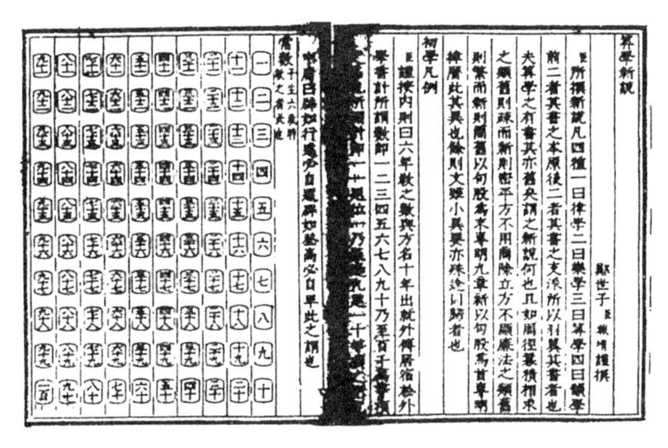

图7-12　朱载堉《算学新说》书影
（金秋鹏主编：《中国科学技术史·人物卷》，科学出版社，1998年，第163页）

等方面的知识。它是朱载堉自撰、自刻的多学科综合丛书，可谓是中国古代以乐律为主题的一部大百科全书（图7-12）。

除《乐律全书》外，朱载堉还著有《瑟谱》十卷、《律吕正论》四卷、《律吕质疑辨惑》一卷、《嘉量算经》三卷并附《嘉量算经问答》一卷、《圆方勾股图解》一卷、《古周髀算经图解》一卷、《醒世词》，以及清代朱彝尊辑录朱载堉的诗集《补亡诗》六篇二十五首。据各种文献资料记载，还有很多佚书，如《瑟铭解疏》《金刚心经注》《算经秬秠详考》《古乐图谱》《先天图正误》《韵学新说》《切韵指南》《毛诗韵府》《礼记类编》等。

（三）朱载堉的主要科学成就

1. 十二平均律的创立

中国在周代已经形成了系统的乐律理论，主要采用“三分损益法”，用数学法计算出五声音阶中各音的管长，如《管子·地员》记载：“凡将起五音，凡首：先主一而三之，四开以合九九，以是生黄钟小素之首以成宫；三分而益之以一，为百有八，为徵；不无有，三分而去其乘，适足以是生商；有三分而复于其所，以是成羽；有三分去其乘，适足以是成角。”这就是将弦长分为三份，去其一为之损，加一份为之益，转换成数学关系表示则为：宫……$1\times3^4=81$；徵……$81\times4/3=108$；商……$108\times2/3=72$；羽……$72\times4/3=96$；角……$96\times2/3=64$。

古人仍用“三分损益法”求十二律，如《吕氏春秋·音律》采用“隔八相生法”，“黄钟生林钟，林钟生太簇，太簇生南吕，南吕生姑洗，姑洗生应钟，应钟生蕤宾，蕤宾生大吕，大吕生夷则，夷则生夹钟，夹钟生无射，无射生仲吕”，即用黄钟为元声，依十二律次序循环计算，每隔八位，律管即增（或损）三分之一，将一个八度分为十二个不完全相等的半音。但是采用三分损益法计算出来的十二个音，音程大小不一，无法返宫和转调。

为了解决采用“三分损益法”所造成的音律无法旋宫和转调的问题，朱载堉创造性地创建“新法密率”，即十二平均律。之所以称之为“新法密率”，是因为它将“三分损益法”称为“约率律度”，他在《律学新说·约率律度相求第二》中说：“古法颇疎，得其大略而已，非精密之算术，故谓之约率也。”关于“新法密率”朱载堉指出：

> 尝宗朱熹之说，依古三分损益之法，以求琴之律位，见律位与琴音不相协而疑之。昼夜思索，穷究此理，一旦豁然有悟，始知古四种律皆近似之音耳，此乃二千年间，言律学者，之所未觉，惟琴家安徽其法，四折去一、三折去一，俗工口传，莫知从来，疑必古人遗法如此，特未记载于文字耳。礼失求诸野，不可以其下俚而忽之也。传曰：今五音之无不应者，其分审也，宫徵商羽角，各处其处，音皆调均，不可以相违，此所以不乱也。夫音生于数者也，数真则音无不合矣，若音或有不合，是数之未真也。达音数

> 之理者，变而通之不可执于一也。是故不用三分损益之法，创立新法置一尺为实，以密率除之，凡十二遍，所求律吕真数比古四种术尤简捷而精密。数与琴音相互校正，最为吻合[①]。

朱载堉为了解决“三分损益法”所求得的十二律无法旋宫和返调的问题，苦思冥想，最终受古之遗法的“四折去一、三折去一”的启发，弃“三分损益法”，创立新法，并指出音律与数之关系，即所谓“音生于数者也”，可见朱载堉创立“十二平均律”是建立在他对数学方法的创新的基础之上。

朱载堉在《律吕精义》中详细地阐述了“十二平均律”的计算方法：

> 度本起黄钟之长，则黄钟之长即度法一尺。命平方一尺为黄钟之率。东西十寸为句，自乘得百寸为句幂，南北十寸为股，自乘得百寸为股幂；相并共得二百寸为弦幂。乃置弦幂为实，开平方法除之，得弦一尺四寸一分四厘二毫一丝三忽五微六纤二三七三〇九五〇四八八〇一六八九为方之斜，即圜之径，亦即蕤宾倍律之率。以句十寸乘之，得平方积一百四十一寸四十二分一十三厘五十六毫二十三丝七十三忽〇九五〇四八八〇一六八九为实，开平方法除之，得一尺一寸八分九厘二毫〇七忽一微一纤五〇〇二七二一〇六六七一七五，即南吕倍律之率。仍以句十寸乘之，又以股十寸乘之，得立方积一千一百八十九寸二百〇七分一百一十五厘〇〇二毫七百二十一丝〇六十六忽七一七五为实，开立方法除之，得一尺〇五分九厘四毫六丝三忽〇九纤四三五九二九五二六四五六一八二五，即应钟倍律之率。盖十二律黄钟为始，应钟为终，终而复始，循环无端，此自然真理，犹贞后元生，坤尽复来也。是故各律皆以黄钟正数十寸乘之为实，皆以应钟倍数十寸〇五分九厘四毫六丝三忽〇九纤四三五九二九五二六四五六一八二五为法除之，即得其次律也。安有往而不返之理哉！旧法往而不返者，盖由三分损益算术不精之所致也。是故新法不用三分损益，别造密率[②]。

朱载堉这里是以弦线长度的比例2来确定八度音高的数值，即求得2的12次方根值1.059463……，这个数值就是应钟律数，然后将八度值2连续除以这个应钟律数十二次，就得到了八度内的十二个音的音高。这样就严格地将八度音程分成十二个音程相等的半音的音律系统，实现按照等比数列方式分配各律相应的弦长，完全能够满足音乐实践中的旋宫转调、演奏和声等要求。而这个公比数就是$\sqrt[12]{2}$，也即朱载堉所说的“密率”。朱载堉用此“密率”计算出了十二平均律详细数值，如表7-3所示。

---

① （明）朱载堉撰，冯文慈点注：《律学新说·密率律度相求第三》，人民音乐出版社，1986年，第18、19页。

② （明）朱载堉撰，冯文慈点注：《律吕精义·内篇》卷一《不用三分损益第三》，人民音乐出版社，1998年，第9、10页。

表7-3　朱载堉十二平均律表

律名	正律	倍律		
		计算结果	计算方法	现代音名
黄钟	1	2	$2^{12/12}$	c^2
大吕	0.943874	1.887748	$\frac{2}{\sqrt[12]{2}}=2^{11/12}$	b^1
太簇	0.890898	1.781797	$\frac{2^{11/12}}{\sqrt[12]{2}}=2^{10/12}$	$\#a^1$
夹钟	0.840896	1.681792	$\frac{2^{10/12}}{\sqrt[12]{2}}=2^{9/12}$	a^1
姑洗	0.793700	1.587401	$\frac{2^{9/12}}{\sqrt[12]{2}}=2^{8/12}$	$\#g^1$
仲吕	0.749153	1.498307	$\frac{2^{8/12}}{\sqrt[12]{2}}=2^{7/12}$	g^1
蕤宾	0.707106	1.414213	$\frac{2^{7/12}}{\sqrt[12]{2}}=2^{6/12}$	$\#f^1$
林钟	0.667419	1.334839	$\frac{2^{6/12}}{\sqrt[12]{2}}=2^{5/12}$	f^1
夷则	0.629960	1.259921	$\frac{2^{5/12}}{\sqrt[12]{2}}=2^{4/12}$	e^1
南吕	0.594603	1.189207	$\frac{2^{4/12}}{\sqrt[12]{2}}=2^{3/12}$	$\#d^1$
无射	0.561231	1.122462	$\frac{2^{3/12}}{\sqrt[12]{2}}=2^{2/12}$	d^1
应钟	0.529731	1.059463	$\frac{2^{2/12}}{\sqrt[12]{2}}=2^{1/12}$	$\#c^1$
清黄钟	0.5	1	$\frac{2^{2/12}}{\sqrt[12]{2}}=1$	c^1

在朱载堉创建十二平均律约半个世纪以后，法国数学家、音乐理论家默森（Marin Mersenne，1588～1648年）于1636年采用了同样的计算方法，得到了同样的结果，但他们之间是否有联系，目前还是个值得商榷的问题①。

2. 朱载堉的数学与天文历法成就

朱载堉在乐律学上创立了十二平均律，与他对数学的深厚研究有着密切的关系。这从他的著作中也能反映出来，除《律学新说》《律吕精义》中的数学知识外，尚著有《算学新说》《嘉量算经》《圆方勾股图解》《古周髀算经图解》等数学专著。

朱载堉的数学工作是和他乐律的研究结合在一起的，他在创立十二平均律的同时，也正确地解答了求解等比数列的问题。朱载堉在《算学新说》中举例说明了求解等比数列的方法，如“以黄钟正律乘蕤宾正律得平方积……，开平方所得，即夹钟正律”“以黄钟正律乘蕤宾倍律得平方积……，开平方所得，即南吕倍律”，这两例实际是求等比数列中项的方法。“置夹钟正律以黄钟再乘，得立方积……，开立方所得，即大吕正律”“置南吕倍律以黄钟再乘，得立方积……，开立方所得，即应钟倍律”，这两例实际是已知四项等比数列的首项和末项为求第二、三项的方法。这

① 戴念祖：《关于朱载堉十二平均律对西方的影响问题》，《自然科学史研究》1985年第2期；安程：《浅论朱载堉十二平均律与西方十二平均律的关系》，《中原文物》2010年第4期。

里朱载堉虽然没有将十二平均律中的律数一一求出，但并不影响朱载堉在求解等比数列中的卓越贡献，他所举的例子实际已经将其他各律的求法阐述的明白无疑。

从朱载堉求解十二平均律的计算中，可以看出他广泛地运用到了开方的方法，但是在当时他是如何完成如此大量的开方计算的呢？尤其是精确地计算到25位数。为了完成这些计算工作，朱载堉首创了运用珠算开方的方法，并且总结了一些用珠算开方的口诀，如在《算学新说》中给出了开立方口诀："一已上开一，八已上开二，二十七已上开三，六十四已上开四，……一千已上开一十，八千已上开二十，……"又说："隅法定式：一减〇〇一，二减〇〇八，三减〇二七，四减〇六四，五减一二五，六减二一六，七减三十四三，八减五一二，九减七二九。"而且为了方便计算者开方过程中操作算盘，朱载堉提出了对普通算盘进行改进，如他在《算学新说》中写道："凡学开方，须造大算盘，长九九八十一位，共五百六十七子，方可算也。不然，只用寻常算盘，四五个接在一处算之，亦无不可也。其算盘梁上贴纸一长条，上写第一位、第二位等项字样，使初学易晓也。"对于开立方为了防止计算过程出错，也需要"将算盘梁上贴纸一条，写千百十寸、百十寸、百十厘、百十毫、百十丝、百十微、百十纤之名，至于纤已下位数，不立名色，只隔二位画一圈，使开方除实不错耳"。朱载堉这些对算盘进行的小小改动虽然看似与其杰出的科学成就关系不大，但是这正反映了他只有进行过大量的算盘开方的计算实践工作，才会对计算过程有深刻体会，对其中一些操作算盘的小技巧做出总结，从更深层次上说明了他数学成就的取得是自己努力的结果。

此外，朱载堉为确定律管的内外周、内外径、横截面和容积的问题，还对圆周率进行了研究。他指出"旧法平圆、周、径、积互相求，但系围三径一术者，皆疎舛不可用；惟周、径相乘，四归得积，及半周半径相乘得积，二者可用"[①]。但是不论求圆的面积，还是周长等，圆周率的值十分关键，关系到计算数据的精确与否，朱载堉认为"围三径一"误差太大，故不予采用。他在《乐学新说》中给出了圆周率的求法，即"诀曰：圆周四十方容九，勾股求弦可知。遂以此求径率、求周、求积亦如之"。据此他得到所谓"周公密率"，即圆周率 $\pi=\frac{40}{\sqrt{9^2+9^2}}=3.1426968$ 。这个数值虽然没有刘徽和祖冲之的计算结果精密，但是他用自己的方法经过实验确定下来的圆周率，体现了他敢于创新、不拘泥于古人成说的科学精神。而且，在实际应用中，在以寸为单位的测量时，毫位数（小数点下三位数）已经是估计值了。因此，朱载堉的圆周率数值并不影响他制造发音准确的律管[②]。

此外，朱载堉用珠算演算了九进制和十进制的小数换算方法。不同进位制之间的换算问题，一般认为是从德国数学家G.W.莱布尼兹于1701年发现二进制开始的。可见朱载堉早在百余年前就已经成功地进行了不同进位制之间的换算工作。朱载堉大部分的数学工作都是为其乐律学研究服务的，但却取得了十分辉煌的成就，正如戴念祖先生指出的："朱载堉不仅是一位声学家，而且也是一位

---

① （明）朱载堉撰，冯文慈点注：《律吕精义·内篇》卷二《不取围径皆同第五》，人民音乐出版社，1998年，第47页。

② 戴念祖：《朱载堉——明代的科学和艺术巨星》，人民出版社，1986年，第186页。

名符其实的数学家。”[①]

朱载堉还对天文历法进行了研究，著有《历学新说》一书，并取得了相当可观的成就。《历学新说》主要包括《律历融通》四卷，即《黄钟历法》二卷、《黄钟历议》二卷；《圣寿万年历》二卷；《万年历备考》三卷，即《诸历冬至考》一卷、《二至晷景考》一卷、《古今交食考》一卷，以及《进历书奏疏》和《上进表》二文。在这些著作中朱载堉提出了许多新的观点，对《大统历》和《授时历》的某些方面进行了批评，如采用了比南宋杨忠辅及郭守敬均要精确的回归年长度每年消长0.00000175日的数值，并建立了确定回归年长度古今变化的新公式。朱载堉的研究正处在当时明朝天文历法发展的停滞期，可以说给当时的天文历法研究带来了新气象。

（四）朱载堉的影响及评价

朱载堉的科学成就是多方面的，无论是数学、乐律学，还是在天文历法方面均做出了卓越的贡献，然而其中最为世界科学史所称道的应当是他创立的十二平均律理论。朱载堉自己也深知这一点，他曾经自豪地宣称：“是以新法不用三分损益，不拘隔八相生，然而相生有序，循环无端，十二律吕，一以贯之。此盖二千余年之所未有，自我圣朝始也，学者宜尽心焉。”[②]但是真如朱载堉所言吗？

朱载堉的十二平均律创建以后，因为和传统的三分损益法相悖逆，故此屡遭冷遇。《明史》卷六十一《乐志》载：“明自太祖、世宗，乐章屡易，然钟律为制作之要，未能有所讲明。……神宗时，郑世子载堉著《律吕精义》《律学新说》《乐舞全谱》共若干卷，具表进献。……宣付史馆，以备稽考，未及施行。”[③]可见，当时并未获得明朝廷的认同，抑或是根本没有明白朱载堉十二平均律的原理和计算方法，故此只能将其收藏于史馆，以待后之贤者加以研究。

近人陈沣对朱载堉十二平均律评价道：“连比例三率有首率末率求中率之法。……此于算法则密矣，而非古人易简之意。古法三分损益，人人皆解。若连比例算法，则必明算而后能知之。载堉著书，可以精研算法，如欲通行于天下，安能使工人学算而后制其器，伶人学算而后按其声乎？且黄钟九寸，三分损益之数，与连比例之数，所差者不多，固可以不必计也（古无连比例算法，然三分损益即连比例之意，故所差不多也）。……且京房、朱载堉推衍算法而不惮烦者，皆以为合于数而后合于音也。而房与载堉所算之数则不同，房之音合则载堉之音不合矣，载堉之音合则房之音不合矣，然而房与载堉皆自以其音为密合也。此尤可见数虽微差，而音则不觉有差也，古法诚不必改也。”[④]陈沣明知朱载堉算法精确，却仅仅单凭京房与朱载堉之间的算法与音律的矛盾，得出了数虽微差，而音不觉有差也，古法诚不必改的结论。

与十二平均律在国内遭受到的冷遇相反，德国伟大的物理学家亥姆霍茨（H.von Helmholtz，821～1894年）在他的名著《论音感》一书中写道：“在中国人中，据说有个王子叫载堉的，他在旧派音乐家的大反对中，倡导七声音阶。把八度分成十二个半音以及变调的方法，也是这个有天才

---

① 戴念祖：《明代大乐律学家朱载堉的数学工作》，《自然科学史研究》1986年第2期。

② （明）朱载堉撰，冯文慈点注：《律吕精义·内篇》卷一《不拘隔八相生第四》，人民音乐出版社，1998年，第40页。

③ （清）张廷玉等：《明史》卷六十一《乐志》，中华书局，1974年，第1516页。

④ 陈沣：《声律通考》卷二，《续修四库全书》第116册，上海古籍出版社，2002年，第288页。

和技巧的国家发明的。”[①]李约瑟也指出：“平心而论，在过去的三百年间，欧洲及近代音乐确实有可能曾受到中国的一篇数学杰作的有力影响，但是还没有得到传播的证据。与这发明相比较，发明者的名字是次要的。……第一个使用平均律数学上公式化的荣誉确实应当归之中国。”[②]

朱载堉十二平均律的创建，树立了明清时期中原地区科学成就的最高峰，其贡献和影响都很深远，正如刘复先生所说：“朱载堉先生所发明的十二等律，却是个一做就做到登峰造极的地步的大发明。……全世界文明各国的乐器，有十分之八九都要依着他的方法造。”[③]可以说，朱载堉是我国封建社会末期和近代社会前夜的一颗科学和艺术巨星，是明代一位百科全书式的学者。

二、李子金的数学成就

（一）李子金其人

李子金，原名之铉，号隐山，河南柘城骡车李村（今河南省柘城县皇集乡后罗李村）人，是明末清初著名的数学家，对中西算学、历法都有研究。

关于李子金的生卒年月，据其墓志铭记载：“晚岁村居，怡然自乐。所与往来，率当时耆旧，或往往白鹤青骡，扪华岳而窥缑岭。然终不以溺志，年八十以寿终。生于前天启二年二月二十二日子时，卒于康熙四十年六月初十子时。”[④]可知，李子金生于1622年4月2日，卒于1701年7月15日。

李子金家境比较殷实，是当时柘城的大家族，子金的曾祖父李相、祖父李自峥、父亲李熊兆（字叶梦），都上过儒学，是当地著名的绅士。他还有一个哥哥，名之钵，字子传，是柘城县儒学增广生员，“亦有文名，里中目为李氏连璧”[⑤]，可见他们兄弟二人文采过人。

李子金天资聪颖，才智过人，史载他“清才隽思，童年即驾其曹”[⑥]。明朝末年，正当他参加科举考试时，李自成已经尽破河南。郡县督学不敢渡过黄河，于是集诸郡士子于辉县而校之。应试而至者有数千人，于是督学“有号于众曰：‘怀抱磊砢，文笔英敏者，会苏门”[⑦]。但很多人均不敢前往，独李子金一人“历阶直上”，因文章出众，“一日之间，声动两河”[⑧]。于是督学使者将他列入柘城诸生籍中。李子金的性格随和，平易近人，其墓志铭中关于他的为人描述道：“子金乐易人，平居油油，不见喜愠之色，与人处，略无崖岸，虽屠沽佣保，咸知敬而慕之。然而持身甚

---

① 转引自戴念祖：《明代的科学家和艺术家朱载堉》，《自然辩证法通讯》1986年第6期。

② 转引自戴念祖：《朱载堉——明代的科学和艺术巨星》，人民出版社，1986年，第308页。

③ 刘复：《十二等律的发明者朱载堉》，《庆祝蔡元培先生六十五岁论文集》上册，历史语言研究所，1933年，第279页。

④ 高宏林：《清初数学家李子金》，《中国科技史料》1990年第1期。

⑤ （清）于沧澜主纂、蒋师辙纂修：《光绪鹿邑县志》（光绪二十二年刊本），成文出版社，1976年影印，第676页。

⑥ （清）于沧澜主纂、蒋师辙纂修：《光绪鹿邑县志》，成文出版社，1976年影印，第676页。

⑦ （清）于沧澜主纂、蒋师辙纂修：《光绪鹿邑县志》，成文出版社，1976年影印，第676页。苏门，即苏门山，在河南辉县西北，又名苏岭、白门山。

⑧ （清）于沧澜主纂、蒋师辙纂修：《光绪鹿邑县志》，成文出版社，1976年影印，第676页。

严，不可以非礼动，可谓介然有守者。"[①]

在友人笔下，他是一个热衷于追求仙道，故此未有大成就的人，如田兰芳曾作《赠李子金》诗曰："造化茫无垠，人命若朝露，愚者贪长生，往往穷智数，祀竈鬼物逼，服药金石误，徒然形神劳，未见寿命固，我友冰雪姿，灵通绝障雾，一朝披丹经，欣欣如可遇，精诚注黄芽，阃奥抉蟾兔，执卷笑向余，神仙真有路，嬴政和刘彻，焉得知其故。"[②]他的另一友人刘榛说："子金多艺术，而尤喜神仙家言。尝衣宽博之衣，色正白，顶毗卢帽，来应学使者试，而言神仙于稠人之途，昉、廉以异端呼之。而问以乐律、勾股、天文、青乌、日者之说，子金与之纵谈连日夜，甚辨。汤潜庵司空尝欲设坛以听之，然子金为说尽驳古人之非，而闻者亦或疑曰：'子金其果独是耶？'"[③]

不过，由此可见，李子金虽曾追求仙道，但是他本人对天文历算学方面却有着颇深的造诣，这跟他后来无意于科举有着直接的关系。李子金曾自述："予尝谓友人曰，学性命之学上也，学经济之学次也，学文章之学下也，既守一已迂阔之见，复无变通趣时之才，即世所重制科之艺，亦未尝刻意为之，至于诗赋辞章之属，不过涉猎游览略知大意而已。"[④]这成为他专心从事历算研究的重要契机，从而将大部分时间从事于数学、律吕、声韵及天文学研究，尤其精通数学，善勾股嘉量之术。

清初王士禛《池北偶谈·谈异》记载有李子金测量楼高水深的事迹："李子金，…… 善钩股嘉量之术。尝与侪辈聚饮，邻有高楼，众谓子金能算此高楼寻丈乎？子金曰诺。即用小尺就地上，纵横量之，良久，自卧地睨视，又久之，跃起曰：得之矣。使一人缒上，垂繘于地，试之不爽铢黍。又尝渡河，睨视水面，即能知水浅深。"[⑤]由此可见，时人即已不谙勾股之原理与应用，故而对李子金应用勾股之于实践中，视为奇异。而《光绪鹿邑县志》对此也评价道："其能事盖天授也。"[⑥]这虽然反映了李子金在数学，尤其是在几何学上有着高深的造诣，也让我们看到当时人们数学知识的贫乏。

（二）李子金的著作

李子金终生不曾为官，晚年时期虽与社会名流等有着来往接触，却不为功名所累，怡然村居，勤奋著书。

在数学方面他撰有《算法通议》（1676年）、《几何易简集》（1679年）、《天弧象限表》（1683年）、《解环谱》等。

对律吕、音韵学李子金也有研究，他能制作精巧的乐器并能熟练的演奏，睢州贤达王祖恢在《浮香阁轶闻》中赞美和推崇李子金在律吕方面的成就："十五人声独会心，下姑洗管少知音。当年河右飘零日，未遇睢阳李子金。"[⑦]在律吕方面他撰有《律吕心法》（1661年）、《传声

① 高宏林：《清初数学家李子金》，《中国科技史料》1990年第1期。

② （清）田兰芳：《逸德轩诗集》，《四库未收书辑刊》第8辑第17册，北京出版社，2000年，第145、146页。

③ （清）刘榛：《虚直堂文集·李子金孙昉郑廉传》，《四库未收书辑刊》第7辑第25册，北京出版社，2000年，第116页。

④ （清）李子金：《隐山鄙事·自序》，《北京图书馆古籍珍本丛刊》第84册，书目文献出版社，2000年，第5页。

⑤ （清）王士禛：《池北偶谈》，中华书局，1982年，第617页。

⑥ （清）于沧澜主纂、蒋师辙纂修：《光绪鹿邑县志》，成文出版社，1976年影印，第677页。

⑦ 睢县史志编纂委员会：《睢州志》（清光绪十八年），中州古籍出版社，1990年，第485页。

谱》等书。

此外，李子金尚著有天文历法学著作《历范》（1688年）、哲学著作《狂夫之言》，以及其他方面的著作《书学慎余》《周易后天图说》《闲居五操》《蛩鸣录》等，共12种，27卷，30余万言，总起名曰《隐山鄙事》。

在这12种著作中，以《算法通义》《几何易简集》《天弧象限表》及《历范》等著作较为重要，取得的成就也较为突出。

《算法通义》，全书五卷，第一卷分三部分，分别是论乘除、论勾股测望论和论勾股容方圆。第二卷论弧矢，其中给出一个径背求弦新法。第三卷是分法论，涉及和叙述了差分法、二色方程法、三色方程法、四色方程法、三色方程正负法、盈朒法、粟米法。第四卷论述《九章算术》中方田、少广、商功、均输四章中某些比较复杂的问题并阐述理论根据。第五卷是该书的核心部分，主要介绍了方圆相减以余弦求原径法、径背求弦新法说、诸法相较、径背求弦法可代八线表、径弦求背法可代象限仪、各率考实、以三差之术求日行盈缩月行迟疾法、求日行盈缩差、创立四差求日行盈缩差法、求月行迟疾差、创立四差求月行迟疾差法、创立三差通用法、创立四差通用法等[①]。

李子金在该书序中指出："《算法九章》，本书载之详矣。学者按法布算，无所不合矣。然本书虽详，止著其法，而不言其义，遂使学算之士，有终身由之，而不知其道者。唐荆川先生著为《六论》，以讲求其当然之则，其文约，其旨远。予犹恐中材以下未易通晓也，因本其义而发明之，或敷演为图，或推广其说，无非示学者，以易知易能而已。盖天下之物，莫不有一定之数，而数之所在，莫不有一定之理。苟明其理，虽法有万变，皆可即此以通之矣。孔子曰：'述而不作。'予小子窃愿附焉。"[②]可见他按照《九章算术》的体例为本，中间加上自己的见解，写成此书，目的在于"因本其义而发明之，或敷演为图，或推广其说，无非示学者，以易知易能而已"。尤其值得注意的是他提出了"盖天下之物，莫不有一定之数，而数之所在，莫不有一定之理。苟明其理，虽法有万变，皆可即此以通之矣"的思想，如其所言，自然界万事万物均具有一定的数学关系，而这些数学关系的背后又都具有一定的原理。一旦将其原理与数学关系弄清楚，就可以应用到实践中去。这种追求探讨事物之数学原理的思想史在当时是难能可贵的，具有一定的时代特征和意义。

《几何易简集》，四卷，此书是《几何原本》与明崇祯末年艾儒略口述、瞿式谷笔受、郑洪猷作序的《几何要法》二本的综合删注本。

自序略曰："《几何原本》者，西洋所习之举业也。自利玛窦先生西来，口译其文，徐太史光启秉笔以成之，而中国始有传书。西国之儒，又有《几何要法》一书，文约而法简。崇祯辛未有西先生艾儒略者，口述是书，陆安郑洪猷先生为之作序。而《要法》遂与《原本》并传矣。予思《要法》所载，于法虽隐括无遗，而其当然之则与其所以然之故，则未尝明言也。若止读《要法》而不读《原本》，是徒知其法而不知其理，天下后世，将有习矣而不察者。予用是，取《要法》删而注之，于《要法》之外，复取《原本》中之不可不载者，亦删而注之。或旁通其说，或发明其理，无非使读《要法》者，知《几何》之有《原本》，而不至有学而不思之弊则已矣。"[③]可见李子金是

① 吴主俊：《中国数学史大系》第七卷《明末到清中期》，北就师范大学出版社，2000年，第121、122页。

② 李敏修辑录，申畅总校补：《中州艺文录校补》，中州古籍出版社，1995年，第223页。

③ 李敏修辑录，申畅总校补：《中州艺文录校补》，中州古籍出版社，1995年，第224页。

针对《几何要法》中只谈要法而不谈原本，缺少必要的原理阐述，故而将《几何原本》与《几何要法》两书加以整理删节注释，以方便后之学者的学习。

从某种意义上说，《几何易简集》只能算作是几何学方面具有概括和总结性的入门书，但对清初几何学的传播和发展起到了一定的推动作用。

《天弧象限表》，全书仅一卷，“乃本西洋《割圆八线表》，而变通其数，省约其文”[①]后写成。主要包括以下几部分主要内容：象限表，约4500字，占全书的三分之一，并对表的使用方法做了说明；给出了解三角形的主要方法；给出了去正弦、余弦函数的两个近似公式；给出了一个径弦求背近似公式。

李子金编撰《天弧象限表》一书的中心思想是简便易行，务求实用。例如，把《割圆八线表》中六个函数线减为两个函数线，其篇幅把原来的九十七页缩减为七页半。再如，他创立的“径背求弦新法”可以代替象限表，在无象限表的情况下进行测量有法可依。他还用自制的象限仪测角，并用径弦求背法代替象限仪。《天弧象限表》一书虽然是对《割圆八线表》的简化和改进，但从整体内容上看，它不仅是一个三角函数表，更重要的是它还包括测量的基本知识，是一本测量人员必备的三角学实用手册。所以，《天弧象限表》一书内容相当丰富，涉及面广泛。《天弧象限表》兼收并蓄，将中西方数学会通起来，对数学的发展不无裨益。例如，李子金在书中给出了中西象限表换算关系，使中西三角学融为一体，互为通用；而径背求弦新法是他深入研究西洋数学后，利用我国古代数学中的“衰分术”所得出的崭新结果，具有显著的传统数学特点；“径背求弦法可代象限仪”中计算角度近似公式，是李子金利用传统数学中勾股术解决西洋数学问题的一个典型的例子[②]。

《历范》，三卷，本书“历学源流”中，李子金回顾了从元王恂、郭守敬到郑世子朱载堉这段时间内历法的修改过程。自序略曰：“中历之法，畴人世业之外，学士大夫未有过而问者。自昔称为绝学，以郑世子之贵，而不得见大统之书，则其他可知。况西法既传，而中法愈湮没而不传。吾惧其称为绝学者，乃真绝矣。《元史》所载，虽有历经历议，而无所引喻，颇费推求。予用是，详察西历之理，而通以中历之法，精思数年，始得其概，不得不笔之于册，以备后人之采择。予之所以为此者，盖欲借郭太史之遗法，以存容成羲和之旧典，非敢以蹈袭前说，浪博虚名也。”[③]《光绪鹿邑县志·艺文》云：“未刻者，惟见《历范》一种，《历之理》《历之法》《中历西历异同考》，凡三卷，意所宗主在元郭守敬《授时历》，而要其指归，则不外杜预‘当顺天以求合，非为合以验天’二语。所推日行盈缩，用象限表求之得数最真。惜写本仅存，虑其终佚矣。”[④]

---

① 李子金：《天弧象限表》，柘城县文化馆李继光抄本。

② 高宏林：《李子金〈天弧象限表〉研究》，《数学史研究文集》第4辑，内蒙古大学出版社、九章出版社，1993年，第42～46页。

③ 李敏修辑录，申畅总校补：《中州艺文录校补》，中州古籍出版社，1995年，第224、225页。

④ （清）于沧澜主纂、蒋师辙纂修：《光绪鹿邑县志》，成文出版社，1976年影印，第385页。

（三）李子金的科学成就

李子金在数学、律吕、天文历法及音韵等方面均有研究，其科学成就则主要表现在数学方面，集中于《算法通议》《几何易简集》《天弧象限表》等书中。

《算法通义》卷二《径背求弦新法》和卷五《径背求弦新法说》，以及在《天弧象限表》“径背求弦法可代象限表”中给出了求正弦余弦函数值的近似计算公式。关于这两个公式，《算法通义》记载：

> 视所有现径及弧背各若干。置现背以原径二十尺乘之，以现径除之，即得原径所应有之正背若干。用减半周，余为余背。两背各自乘为各背幂，即各背一乘方也。并之，减去径幂，余为两背幂大于两弦幂之共积。另置各背幂再以各背乘之，为二乘方。置二乘方再以各背幂乘之，为三乘方。以各背一乘方、二乘方加三乘方之半为各率，并之，为总率。置共积以各率乘，以总率除，则得各背幂大于各弦幂之积，以减各背幂，余为各弦幂之积。平方开之，得各弧之通弦。折半，即象限表中半背之各正弦、余弦也。

即设所给角为A（以度为单位），直径d为20尺，那么，$2A$所对弧长$l=\dfrac{2A\times 3.141}{180^{\circ}}\times 10$，余弧长$l'=\dfrac{3.141\times（180^{\circ}-2A）}{180^{\circ}}\times 10$，计算角$A$正、余弦函数公式分别为

$$\sin A=\frac{1}{2}\sqrt{l'^{2}-\left[\left(l^{2}+l'^{2}\right)-d^{2}\right]\frac{l'^{2}+l'^{3}+\frac{1}{2}l'^{4}}{\left(l^{2}+l^{3}+\frac{1}{2}l^{4}\right)+\left(l'^{2}+l'^{3}+\frac{1}{2}l'^{4}\right)}}\div\frac{d}{2} \quad ①$$

$$\cos A==\frac{1}{2}\sqrt{l'^{2}-\left[\left(l^{2}+l'^{2}\right)-d^{2}\right]\frac{l^{2}+l^{3}+\frac{1}{2}l^{4}}{\left(l^{2}+l^{3}+\frac{1}{2}l^{4}\right)+\left(l'^{2}+l'^{3}+\frac{1}{2}l'^{4}\right)}}\div\frac{d}{2} \quad ②$$

《算法通义》卷五的“创立三差通用法”和“创立四差通用法”两节中，记载了计算正弦函数的“三差”和“四差”公式。其中“三差通用法”：

> 置太阳太阴入历日及分秒，各以日率乘之，视在象限（九十）已下者，为初限；已上者反减半周（一百八十），余为末限。置立差三十八以入历限数乘之，加平差三千六百，再以限数乘之，用减定差一百七十七万，余再以限数乘之，得数若干。各以盈缩迟疾差之度分乘之，满亿为度；不满亿为分秒，即所求盈缩迟疾差。

“四差通用法”原文是：

> 置立差三十八秒以入历限数乘之，加曲差一十八分，再以入历限数乘之，用减定差一百七十四万五千六百，余再以限数乘之，得数若干。各以盈缩迟疾差度分乘之，即得所求，余仿前例。

“三差通用法”和“四差通用法”是计算太阳和太阴盈缩迟疾差的。而“欲知弧弦之数，置所得盈缩差以极差二度四十分除之，即得。满亿为一百分，千万为十分，百万为一分，十万为十秒，

一万为一秒”。这样，只要得出中间结果，再乘以极差就是正弦函数值。用m表示角的度数，那么计算正弦函数的“三差通用法”公式为

$$\mathrm{Sin}\ m=(1770000m-3600m^2-38m^3)\div 10^8 \quad ③$$

其中m、m^2、m^3三个系数依次是定差、平差和立差。

“四差通用法”公式为

$$\mathrm{Sin}\ m=(1745600\mathrm{m}-2350m^2-18m^3-0.38m^4)\div 10^8 \quad ④$$

其中m、m^2、m^3、m^4四个系数依次是定差、平差、曲差和立差[①]。

李子金三角函数造表法公式经过了一个逐步改进过程，中心问题是提高计算的精度。据有关学者研究李子金改进内插法公式的大致思路是，首先对《授时历》盈缩迟疾三差法公式的三差进行调整，使其相对误差减小，不超过2%。再增三差为四差，使精度更高，所用数据也尽量往象限表中靠拢，然后　把日行盈缩、月行迟疾两类三差法公式归纳为一个通用三差法公式。虽然精度不高，进行调整之后，相对误差基本上在2%以内。进而创立四差通用法，使精度再次提高，相对误差不高于1.5%，便于实用。

公式①、②属于经验型的，形式美观，结构对称，计算方便，是一种难得的计算正弦和余弦函数的方法。公式③、④是用函数逐次逼近法求出的。如用a、b、c、d分别表示定差、平差、曲差和立差，则李子金是用多项式函数：

$$fm=am+bm^2+cm^3+dm^4$$

来逐次逼近正弦函数sin m的。

现代科学技术研究中，建立数学模型是一种普遍采用的重要方法。所谓数学模型就是自然界或人类社会某些特征的数学表达式。建立一个合适的数学模型不仅需要通过实验、理论分析、判断和归纳等步骤，还要有足够的数学和相关学科的牢固基础知识，同时还应具备较高的分析、判断、归纳能力[②]。李子金三角函数造表法公式①、②、③、④所使用的方法即属于数学模型范畴。

因此，李子金的三角函数造表法在清初三角学发展史中占重要地位，只是受当时条件限制，未能得到广泛的传播[③]。他的数学研究工作在清初中西数学会通时期起到了重要作用。《四库全书总目》卷一百零七子部天文算法类存目中说：“子金，柘城人，隐山其号也。与梅文鼎、游艺、揭暄、王寅旭辈互以算术相高。”[④]

明末清初伴随着传教士的来华，他们将西方历算知识传入中国，面对西方历算逐渐兴盛的挑战，很多传统士大夫也着手研究中国传统的历算学以应对，李子金便是其中之一，他在重新研究中国传统的数学方法过程中，并未抱残守缺，而是采取了会通中西数学知识的态度，对传统中国数学的“复兴”不无裨益。但是在研究过程也存在者过于看重中西方法在实际测量中所表现的优劣结果，而忽视了阐述西方历算学原理的真正特点和优势。

---

① 吴文俊主编：《中国数学史大系》第七卷《明末到清中期》，北京师范大学出版社，2000年，第122～124页。

② 谌安琦：《科技工程中的数学模型》，中国铁道出版社，1988年，第1～29页。

③ 高宏林：《李子金关于三角函数造表法的研究》，《自然科学史研究》1998年第4期。

④ （清）永瑢等：《四库全书总目》，中华书局，1965年，第913页。

当代著名数学史家钱宝琮先生指出："清初人崇尚西法历算，撰著甚富。通历学者有黄宗羲、薛凤祚、王锡阐、揭暄等；通算学者有方中通、杜知耕、李子金、年希尧等。惟历象家言大都殚精研穷，致力于中西同异之辩，非深于历者不能评其得失。畴人家言往往详于法而略于理，搜罗虽多，初学算者又不能得其条贯。"[①]中国科学之所以落后，同数学之落后，同只重方法不重视科学原理的归纳有着直接的关系。故而，有学者指出："从这个意义上，李子金的例子说明西方数学在清初发生的影响或许仍然是片面和肤浅的。"[②]

三、杜知耕的数学成就

杜知耕是清初康熙年间著名的科学家，学术研究涉及多个领域，研究的主要方向是中国传统数学，其著作主要有《数学钥》（六卷）、《几何论约》（七卷）及由他的儿子杜允璇整理而成的《杜端甫诗集》。杜知耕的工作对清初数学的发展有着举足轻重的影响。

（一）杜知耕生平

杜知耕，字端甫，号伯瞿，归德府柘城人，生卒年月不详。祖父杜齐芳，字元韡，明万历己未（1619年）进士，曾任刑科给事中、刑垣都谏等职。先后受魏忠贤、温体仁等的陷害下狱，遇赦归故里。他的父亲杜行恕，字无忮，顺治辛卯年举人。可见，杜知耕出身书香门第，这对他的成长有着一定的影响。

杜知耕天资过人，聪慧无比，又踏实肯干，乐于钻研。李子金说他："凡读一书必求实，实有得；凡讲一事，实可行，反之则不好也。"[③]他对天文、地理、律吕、历法、声韵、算学、医学都有研究。在他大约20岁的时候便以太学生的身份游京城，广拜名师，与李光地等交游。杜知耕的好友田叔度在《杜端甫诗集序》中曾说：杜知耕"游京师，初受知于诸王，留其邸教授数年，又受知于安溪学士"[④]。安溪学士即李光地。此外，杜知耕和当时的著名数学家及其他名人均有交往，如李子金、梅文鼎、孔林宗、吴学颢等，其中李子金可能是他的启蒙老师。

杜知耕与梅文鼎更是一直保持着书信往来，学术交流频繁，梅文鼎曾经指出："续遇无锡顾景范、北直刘纪庄二隐君，嘉禾徐敬可先辈，朱竹垞供奉，淮南阎百诗，宁波万季野两征士于京师，并蒙印可；又得中州孔林宗学博，杜端甫孝廉，钱塘袁惠子文学，共相质正，乃重加缮录，以为定本。"[⑤]年近七十的梅文鼎仍然给杜知耕写信探讨数学问题，他说：杜知耕"著撰知益多，其有关历算者，望不吝赐示，或付小儿录副，亦可行笈中有林宗新撰之书，亦望借钞，即同晤聚一堂矣。此学甚孤，我辈数人，落落在天地间。……而所辨多在几微之际，非从事于此最深，不

---

① 钱宝琮：《钱宝琮科学史论文选集》，科学出版社，1983年，第609页。

② 郭书春等主编：《中国科学技术史·数学卷》，科学出版社，2010年，第641页。

③ （清）李子金：《杜端甫数学钥序》，《数学钥》，开封荣兴斋石印本，河南省图书馆藏本。

④ 田叔度：《杜端甫诗集序》，《柘城县志》卷八。

⑤ （清）梅文鼎：《历算全书》卷四十《方程论·发凡》，《文渊阁四库全书·子部·天文算法类》第795册，台湾商务印书馆，1986年，第69页。

能相为质难，思我同心，无日去怀。有小札寄林宗，亦可同览也”[①]。可见，梅文鼎对杜知耕的成就相当重视，寄信祈其新著，而“此学甚孤，我辈数人，落落在天地间”一语，更道出了当时从事数学研究的学人寥寥无几，彼此惺惺相惜，互相鼓励，互相切磋，希望通过彼此的努力使之发扬光大的诚恳心情。

杜知耕在京师交游期间，不但认真学习了中国古代传统的算学知识，而且接触到了西方的几何学，开始了对利玛窦和徐光启合译的《几何原本》（前六卷）的学习，并将中西数学知识结合起来，融会贯通，初步形成了自己偏重应用的学术风格，奠定了他一生从事数学研究的基础。

由于家族的原因，杜知耕积极参加科举考试，并最终于康熙二十六年（1687年）中举人，但这并没有影响他的科学研究活动。晚年致仕以后，他回到柘城老家，仍然是挑灯夜读，致力于学术研究，著书立说于柘城郊外的学圃园。

（二）杜知耕的著作及其主要内容

杜知耕在数学方面的主要成就，就是撰写《数学钥》和《几何论约》两部专著，奠定了他在清初中国数学发展史上的地位。

1.《数学钥》

杜知耕的《数学钥》（六卷）于康熙二十年（1681年）写成，主要以《九章算术》为体例，按照中国古代数学著作的传统模式，积极吸收当时中西方先进的数学知识，配合图解，使深奥的数学知识变得浅显易懂，有利于其推广及在实践中的应用。《四库全书总目》指出：“其书，列古方田、粟布、衰分、少广、商功、均输、盈朒、方程、勾股九章，仍取今线、面、体三部之法隶之，载其图解，并摘其要语以为之注。……每章设例，必标其凡于章首，每问答有所旁通者，必附其术于条下，所引证之文，必著其所出，搜辑尤详。”[②]

《数学钥》一书，之所以命名为“钥”，李子金说该书：“训诂而疏通之，画图而剖析之，以考验之形，合布算之数，使古人用法之意，无微不出，诚前此未有之书也。因名之曰《数学钥》，意谓学算之士，苟得是书而读之，如锁之得钥，向之扃锢而不可解者，无不豁然而洞开矣。”[③]显然，杜知耕是希望给初学者一个学习数学的金钥匙。而梅文鼎指出“杜端甫《数学钥》，图注九章，颇中肯綮，可为算家程式”[④]。可见，杜知耕《数学钥》是一部浅入深出，循序渐进，即能满足初学者的学习要求，又具有一定深度的数学专著。《数学钥》现有康熙二十年（1681年）初刊本、四库全书本、杜氏式好堂刊本、民国五年（1916年）开封荣兴斋石印本等版本。

杜知耕在《数学钥》中将《九章算术》的九个部分分为六卷，卷一、卷二为方田；卷三为上下，为粟布和衰分；卷四为少广；卷五分为上之上、上之下、下之上、下之下等部分，为商功、均输、盈朒、方程；卷六为勾股。从以上分卷的情况可以看出，杜知耕对方田、少广和勾股比较重

---

① （清）梅文鼎：《绩学堂文钞》卷一《寄杜端甫孝廉书》，《续修四库全书·集部·别集类》第1413册，上海古籍出版社，2002年，第349、350页。

② （清）永瑢等：《四库全书总目》，中华书局，1965年，第908页。

③ 吕友仁主编：《中州文献总录》（下册），中州古籍出版社，2002年，第1195页。

④ （清）梅文鼎：《勿庵历算书目》（丛书集成初编本），商务印书馆，1939年，第32页。

视，而这三卷均较多的涉及了几何学问题，反映了他比较重视几何问题在实践中的应用，以及其深厚的几何学功底。

《数学钥》每卷都设有凡例、目录和正文几部分。第一卷凡例14则，57则问题；第二卷凡例6则，40则问题；第三卷凡例6则，51则问题；第四卷凡例7则，49则问题；第五卷凡例5则，32则问题；第六卷凡例5则，40则问题。共有凡例43则，269则问题。

在“凡例”中对该章所涉及问题及相关数学术语进行了界定，如卷一共有凡例14则，其中第一则指出：“数非图不明，图非手指不明。图用甲乙等字作志者，代指也。作志必用甲乙等字者，取其笔画省而不乱正文也。甲乙等字尽则用子丑等字，又尽，则用乾坤等字。如云甲乙丙丁方形则指第一图（图7-13），戊巳庚辛方形则指第二图。或错举二字谓第一图为甲丁或乙丙形；谓第二图为戊辛或巳庚形。又指第一图左下角曰甲角，右下角曰乙角。又或有两角相连如第三图，两形相同一角如第四图，举一字不能别为某形某角，则连用三字曰寅癸丑角，或壬癸子角，以中一字为所指之角。”[①]在这一则中，杜知耕详细阐明了几种数学图形的表示方法和规则，并指出了“数非图不明，图非手指不明”的思想，注重用图形的方法来解释数量之间的关系。第二则是对现今所谓正方形、长方形及三角形等分别进行了定义，指出“四边皆等、四角中矩者曰方形，如第一图。四角中矩、四边两两相等者曰直形，如第二图。或四边等或两边等，而四角俱不中矩者曰象目形，如第三图。四边俱不等、两角中矩、两角不中矩者曰斜方形，如第四图。角不中矩，两边相等者曰梯形，如第五图。边及角俱不等者曰无法形，如第六图。三边形有一方角者（甲为方角）曰勾股形，如第七图。无方角者曰三角形，如第八图”（图7-14）[②]。

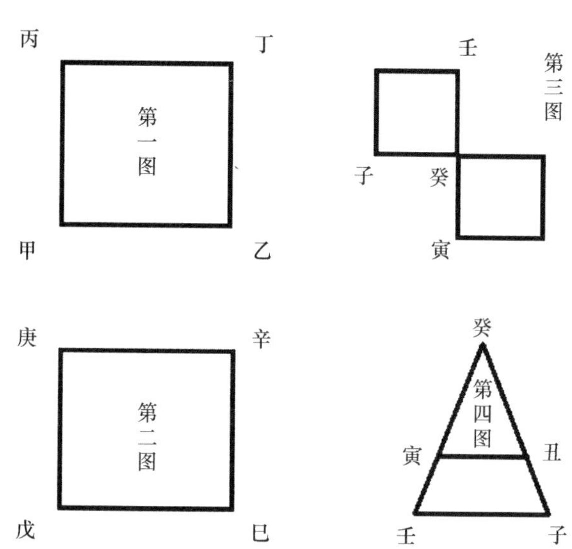

图7-13　杜知耕《数学钥》卷一“凡例”第一则图

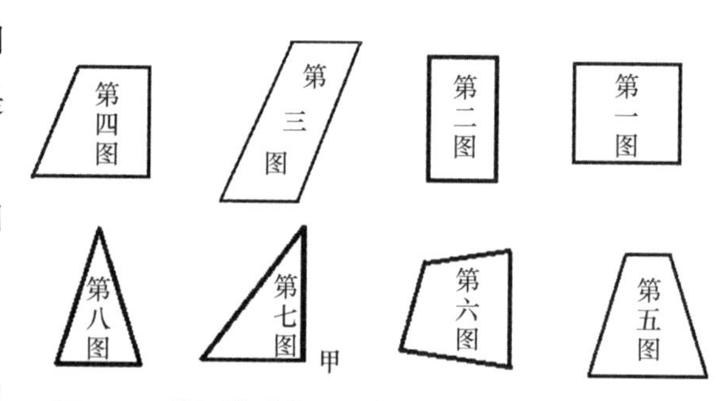

图7-14　杜知耕《数学钥》卷一“凡例”第二则图

在“目录”中，将本卷所要讨论的问题分别详细列目，分别包括四个部分的内容：一是传统问题；二是作者新增问题；三是西洋输入问题；四是作者附加解决问题。例如，第四卷列有49则问题，其中36则传统问题、新增11则问题及两则西法问题。新增的问题是第七则五边体、第九则椭圆体、第十则弧矢体、第十四则浑椭圆、第十六则鳖臑、第十七则等广锐面体、第二十一则锐面椭圆体等求

① （清）杜知耕：《数学钥》，《文渊阁四库全书·子部·天文算法类》第802册，台湾商务印书馆，1986年，第92页。

② （清）杜知耕：《数学钥》，《文渊阁四库全书·子部·天文算法类》第802册，台湾商务印书馆，1986年，第93页。

积；第二十六、二十七则方体以积求边、第二十九则直体以积求边、第三十一则浑椭圆以积求径等11则，西洋问题是第十三则浑圆求积和第二十二则诸锐面体求积等两则。而附加所解决的问题是第六则六边体求积法后所附的八边和十二边求积法、第七则五边体求积法后所附九边体求积法，以及第三十二则三乘还原法后所附五乘和七乘还原法等五则。

《数学钥》中对于既定的数学问题，首先给出现代数学解答问题时的公理、公式、定理，即所谓的“法”，然后给出运用这些公理等进行求解的步骤，即所谓的“解”。例如，《数学钥》卷四第八则“圆体求积”，“设圆体径三十尺，高四十尺，求积。法曰：置径自乘（得九百尺），再以高乘之（得三万六千尺），用圆法十一乘十四除（二卷四则），得二万八千二百八十五尺七寸有奇，即所求。解曰：以径自乘，再以高乘之方体积也。方体与圆体等高，则两体即若两底之比例，故用平圆法求圆体之积也”[①]。

杜知耕在解题过程中，充分利用“数非图不明”的原则，将数形结合的思想充分运用起来，大多数问题均给出了图解加以说明，而论证的步骤极其简洁，结论明确，便于在实践中的应用与推广。例如，在《数学钥》卷六第二十四则“勾股形求对角之垂线”，“设勾六尺，股八尺，弦十尺，求对角垂线。法曰：置勾股相乘（得四十八尺），以弦除之，得四尺八寸，即所求。解曰：勾股相乘必得丁丙直形与甲戊直形等，何也？丁丙直形倍大于甲乙丙勾股形，甲戊直形亦倍大于甲乙丙勾股形，故等也。以弦除积，得垂线，即以长除积得阔也”（图7-15）[②]。

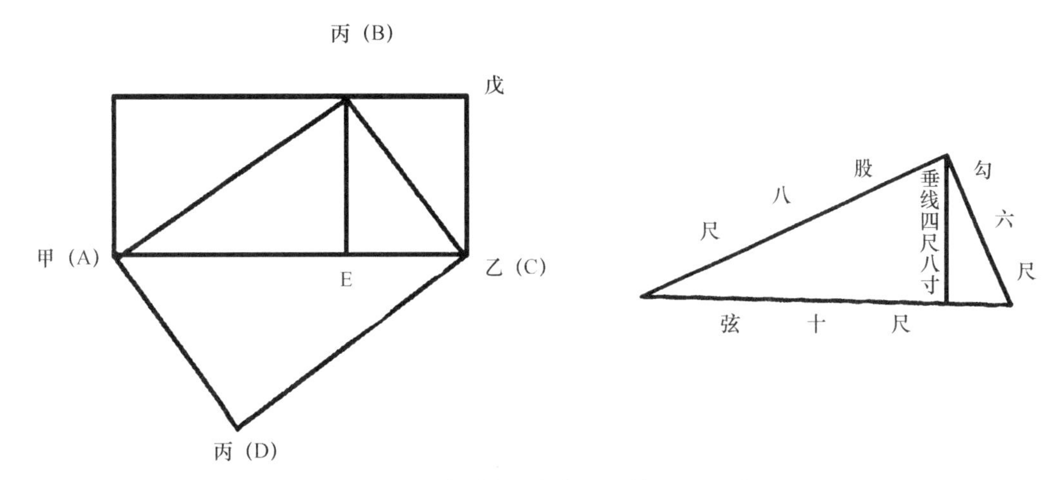

图7-15　杜知耕《数学钥》卷六第二十四则图

根据杜知耕的描述，用现代几何学论证方法加以证明，过程如下：过A、C两点作AD、CD相交于D点，使AD∥CB、CD∥AB。

①（清）杜知耕：《数学钥》，《文渊阁四库全书·子部·天文算法类》第802册，台湾商务印书馆，1986年，第168、169页。

②（清）杜知耕：《数学钥》，《文渊阁四库全书·子部·天文算法类》第802册，台湾商务印书馆，1986年，第223、224页。

$\because \angle ABC$为$Rt\angle$

$\therefore$矩形ABCD的面积$=AB \cdot CB$

$\because AD /\!/ CB$、$CD /\!/ AB$

$\therefore \triangle ABC \cong \triangle CDA$

$\triangle ABC$的面积$=\frac{1}{2}AC \cdot BE$

$\therefore$矩形ABCD的面积$=AC \cdot BE$

$\therefore BE=\frac{AB \cdot CB}{AC}$

杜知耕在“法”中给出的计算公式是十分正确和简便的，在实际计算过程中，可以直接利用公式而省去论证的过程。由此可见，杜知耕十分重视数学的社会实用功能，主要以数学在实践中广泛应用为目的，使用者可以直接利用他所给出的“法”去解决遇到的计算问题，这反映了杜知耕深受传统数学重视算术的影响。但是，他并没有满足于此，在“解”中，他给出了“法”的详细论证过程，这些论证部分周密而严谨，而且大多配有在当今看来也是十分严格规范的几何图形，这跟他曾经深入学习过《几何原本》及西方数学知识不无关系。

可以说，杜知耕将中国传统数学重视算术和西方几何学注重逻辑推理过程的思想结合起来，会通中西，为中国数学的发展起到了巨大的推动作用。

2.《几何论约》

《几何论约》是杜知耕以利玛窦和徐光启合译欧几里得的《几何原本》删减而成，成书于康熙三十九年（1700年），其版本有康熙三十九年刊本、清内府藏本、四库全书本等。

《几何原本》成书于公元前3世纪，是世界数学史上的经典名著，作者是古希腊的欧几里得，爱因斯坦曾经评价欧几里得和《几何原本》道：“我们推崇古代希腊是西方科学的摇篮。在那里，西方世界第一次目睹了一个逻辑体系的奇迹，这个逻辑体系如此精密的一步一步推进，以致它的每一个命题都是绝对不容置疑的——我这里说的就是欧几里得几何。推理的这种可赞叹的胜利，使人类理智获得了为取得以后的成就所必需的信心。”[①]《几何原本》获得如此高的评价，与其自身科技价值及其在世界科学发展中所起的作用是分不开的。

中国最早的《几何原本》译本是1607年意大利传教士利玛窦和中国科学家徐光启根据德国神父克里斯托弗·克拉维乌斯校订增补的拉丁文本《欧几里得原本》（十五卷）合译的，定名为《几何原本》（前六卷）[②]。徐光启指出：“《几何原本》者度数之宗，所以穷方圆平直之情，尽规矩准绳之用也。”[③]“此书有四不必：不必疑，不必揣，不必试，不必改。有四不可得：欲脱之不可得，欲驳之不可得，欲减之不可得，欲前后更置之不可得。有三至、三能：似至晦实至明，故能以

① 艾尔伯特·爱因斯坦：《关于理论物理学的方法》，《爱因斯坦文集》第一卷，商务印书馆，1976年，第313页。

② 徐光启和利玛窦只翻译了《几何原本》的前六卷，后九卷由英国人伟烈亚力和中国科学家李善兰在1857年译出。

③ （明）徐光启：《刻几何原本序》，《徐光启集》，中华书局，1963年，第75页。

其明明他物之至晦；似至繁实至简，故能以其简简他物之至繁；似至难实至易，故能以其易易他物之至难。易生于简，简生于明，综其妙在明而已。”[①]徐光启道出了《几何原本》是实际上数学乃至整个科学的基础，融会贯通几何学知识以后，也就为解决其他科学难题奠定了坚实的数学根基。

徐光启翻译《几何原本》及其以后的科学研究工作，对当时的学风产生了重要的影响，打开了中国人认识世界的眼界，开始了中西科学的交流与贯通。梁启超写道：“明末有一场大公案，为中国学术史上应该大笔特书者，曰：欧洲历算学之输入。……最著名者，如利、徐合译之《几何原本》，字字精金美玉，为千古不朽之作，……要而言之，中国知识线和外国知识线相接触，晋唐间佛学为第一次，明末的历算学便是第二次。中国元代时和阿拉伯文化有接触，但影响不大。在这种新环境之下，学界空气，当然变换，后此清朝一代学者，对于历算学都有兴味，而且最喜欢谈经世致用之学，大概受利、徐诸人影响不小。”[②]

《几何原本》的数学体系与中国传统的以九章为基础的数学体系有着根本的不同，如利玛窦指出：“没有人比中国人更重视数学了，虽则他们的教学方法与我们的不同；他们提出了各种各样的命题，却都没有证明。这样一种体系的结果是任何人都可以在数学上随意驰骋自己最狂诞的想象力而不必提供确切的证明。欧几里德则与之相反，其中承认某种不同的东西；亦即，命题是依序提出的，而且如此确切地加以证明，即使最固执的人也无法否认它们。”[③]也就是说，中国数学重视命题和结果，而《几何原本》重视论证过程和推理的递进。所以将西方几何学知识引进入中国数学，将会促进中国数学的发展与进步。

但是《几何原本》翻译出版后，并未受到当时学界的充分重视，如杜知耕指出，徐光启翻译《几何原本》后，“至今九十年，而习者尚寥寥无几，其故何与？盖以每题必先标大纲，继之以解，又继之以论，多者千言，少者亦不下百余言，一题必绘数图，一图必有数线，读者须凝精聚神，手志目顾，方明其义，精神少懈，一题未竟，已不知所言为何事，习者之寡不尽由此，而未必不由此也”[④]。故此，《几何原本》内容冗繁复杂，阅读起来相当困难，是最初该书没有在中国广泛传播的原因。因此，杜知耕认为：“若使一题之蕴，数语辄尽，简而能明，约而能该，篇幅既短，精神易括，一目了然，如指诸掌，吾知人人习之，恐晚矣。……于是就其原文，因其次第，论可约者约之，别有可发者以己意附之，解已尽者节其论题，自明者并节其解，务简省文句，期合题意而止，又推义比类复缀数条于末以广其余意。”[⑤]也就是说，他根据实际需要选取命题，尽量省略论证过程，简化学习难度，使西方的数学理论经典成为东方文明古国“百年之后必人人习之”[⑥]的数学教材。

杜知耕的友人吴学颢曾为《几何论约》作序，指出：“友人杜子端甫，束发好学，于天文律

---

① （明）徐光启：《几何原本杂议》，《徐光启集》，中华书局，1963年，第77页。

② 梁启超：《中国近三百年学术史》，东方出版社，2004年，第9页。

③ 利玛窦：《利玛窦中国札记》，中华书局，1983年，第517页。

④ 杜知耕：《几何论约》，《文渊阁四库全书·子部·天文算法类》第802册，台湾商务印书馆，1986年，第4页。

⑤ 杜知耕：《几何论约》，《文渊阁四库全书·子部·天文算法类》第802册，台湾商务印书馆，1986年，第4、5页。

⑥ 徐光启：《几何原本杂议》，《徐光启集》，中华书局，1963年，第77页。

历轩岐诸家，无不该览，极深湛之思而归于平，实非心之所安，事之所验，虽古人成说不敢从也。其于是书，尤沛然有得，以为原书义例条贯，已无可议。而解论所系，间有繁多，读者难则知者少矣，于是为之删其冗複，存其节要，解取诂题，论取发解，有所未明，间以己意附之，多者取少，迂者取径，使览者如指掌，列眉庶人不苦难，而学者益多。”[①]可见，《几何论约》是根据《几何原本》删繁就简而成，以方便后来者学习，传播几何学知识。

《几何论约》共七卷，每卷包括卷之首和正文两部分。卷之首是“界说”“求作”及“公论”等内容。关于“界说”，杜知耕指出“凡造论，先当分别解说，论中所用名目，故作界说”[②]，即对所涉及的名词术语进行界定。如卷一之首：“一界点无长短广狭厚薄；二界线有长短无广狭厚薄（线有曲有直）；三界线之界是点；……二十三界三边形三边线等为平边三角形；二十四界三边形两边线等为两边等三角形；二十五界三边形三边俱不等为三不等三角形；二十六界三边形有一直角为三边直角形……”[③]；而“求作”即按照给定条件，求作几何图形；“公论”相当于“公理”，所谓“公论者，不可疑”[④]。

《几何论约》正文部分大致可分为几个部分，首先给出命题，然后是“法曰”和“论曰”，有的甚至加上了“耕曰”，即杜知耕自己的心得与体会，如第一卷之第十一题：

> 一直线任于一点上求作垂线：
>
> 法曰：甲乙直线任指丙点，求作垂线。先任用一度于丙左右各截一界为丁、为戊，次以丁、戊为底作丁巳戊两边等三角形（本卷一），末作巳丙线即为甲乙之垂线。
>
> 用法于丙点左右，如前，截取丁与戊，即以丁为心，任用一度，但须长于丙丁线，向丙上方作短界线，次用元度，以戊为心亦如之。两界线交处即巳。
>
> 增，若所欲立垂线之点，在线末甲界上，甲外无余线可截，则于甲乙线上，任取丙点如前法，于丙上立丁丙垂线，次平分甲丙丁角为巳丙线，次于丁丙线截取戊丙与甲丙等，次于戊上立垂线与巳丙线相遇于庚末，自庚作庚甲线为所求。
>
> 论曰：庚丙甲、庚丙戊两角形等，甲与戊两角必等，戊既直角，则甲亦直角，故庚甲为甲乙之垂线（界十），用法甲点上，欲立垂线，先以甲为心，向元线上方任抵一界为丙，次用元度以丙为心作大半圆，圆界遇甲乙线于丁，次自丁至丙作直线引长至戊，遇圆界于巳末，作巳甲线为所求。
>
> 耕曰：丁巳既遇丙心，即是圆径，而巳甲丁则全圆之半也，丁甲巳角既负半圆必为直角（三卷三一），故巳甲为甲乙之垂线（图7-16）[⑤]。

---

① 吴学颢：《几何论约序》，《文渊阁四库全书·子部·天文算法类》第802册，台湾商务印书馆，1986年，第3页。

② 杜知耕：《几何论约》，《文渊阁四库全书·子部·天文算法类》第802册，台湾商务印书馆，1986年，第5页。

③ 杜知耕：《几何论约》，《文渊阁四库全书·子部·天文算法类》第802册，台湾商务印书馆，1986年，第5、6页。

④ 杜知耕：《几何论约》，《文渊阁四库全书·子部·天文算法类》第802册，台湾商务印书馆，1986年，第7页。

⑤ 杜知耕：《几何论约》，《文渊阁四库全书·子部·天文算法类》第802册，台湾商务印书馆，1986年，第10、11页。

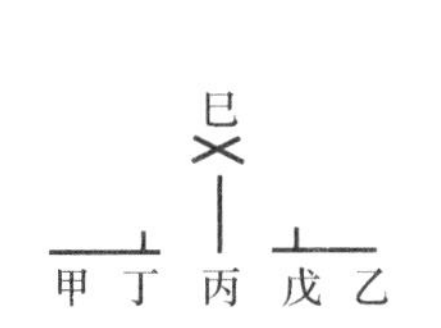

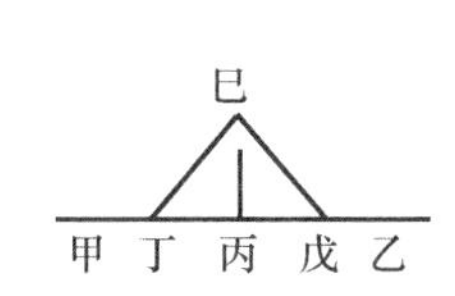

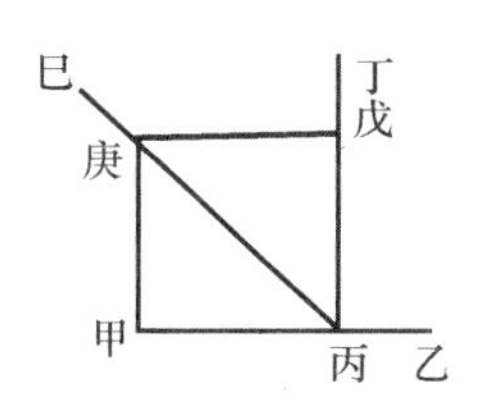

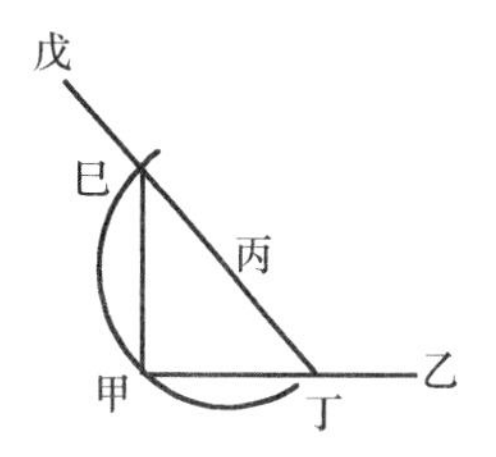

图7-16　《几何论约》（四库本）卷一第十一题图

杜知耕本着删繁就简的原则对《几何原本》进行了重新编撰，有很多题删去了原书的“论”“解”等部分内容，只抄录结论，用定理的形式标出，如第一卷第六题之三角形两角相等则两角所对边相等、第十九题之凡三角形大角对大边小角对小边、第二十题之两直线与他直线平行，则原两直线亦平行（此题所指线在同面者，不同面线后别有论）等题。杜知耕省去了这些定理的例证和论证过程，以极其简单明了的结论加以显示，有利于初学者学习和掌握。

《几何论约》很多题后均附“耕曰”部分，如第一卷第三十二题“凡三角形之外角与相对之内两角并等，凡三角形之内三角并与两直角等”，在“解”“论”之后，“耕曰”：“不论何形，凡形四边，可当四直角；五边可当六直角；六边可当八直角；七边可当十直角，从此可推至无穷。”[①]这里实际在说多边内角和公式，即多边形内角和=（2×边数−4）×90º。杜知耕这里将《几何原本》中的内角和公式省去，而代之以更具中国传统数学特色的内角和数据表，虽然方便了查询和应用，但是不利于掌握公式这个具有规律性的东西。

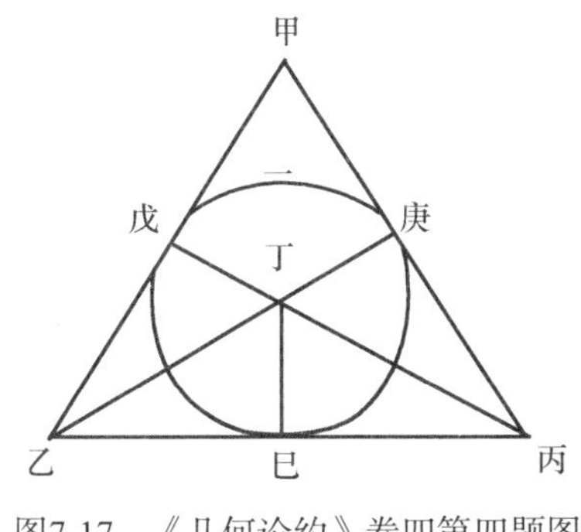

图7-17　《几何论约》卷四第四题图

杜知耕在《几何论约》中十分重视几何学上的尺规作图技巧，如卷四全部是关于各类尺规作图的命题，如第四题“三角形求作形内切圆”（图7-17）：

> 法曰：甲乙丙角形，求作形内切圆。先于乙丙两角各平分之，作乙丁丙两线相遇于丁，次自丁至各边作垂线为丁巳、丁庚、丁戊，其戊丁乙角形之丁戊乙、丁乙戊两角与乙丁巳角形之丁巳乙、丁乙巳两角各等。乙丁同边即丁戊、丁巳两边亦等（一卷二六），依显丁巳、丁庚两边亦等。夫三线俱等，丁必圆心，即以丁为心，戊为界，在巳戊庚圆为所求。
>
> 耕曰：两分角线相遇处，即圆心，任作一垂线，便可作圆，不必更作余两线，余两线为论理而设，非作法所需也。[②]

《几何论约》卷四中这部分命题涉及几何学的各个方面，因为这部分命题更加接近实际运用，有很大的推广价值。

《几何原本》当时只翻译了前六卷，而杜知耕在《几何论约》卷六之后增附一卷，称为《几何

---

① 杜知耕：《几何论约》，《文渊阁四库全书·子部·天文算法类》第802册，台湾商务印书馆，1986年，第17页。

② 杜知耕：《几何论约》，《文渊阁四库全书·子部·天文算法类》第802册，台湾商务印书馆，1986年，第46、47页。

论约卷末》，一共有二十六个命题。分为增题和附题。卷首一题是利玛窦自增的，而后十五道题是徐光启增加的，“利氏曰：丁先生言欧几里得六卷中，多研察有比例之线，竟不及有比例之面，故因其义类，增益数题补其未备，窦复增一题，窃弁于首，仍以题旨从先生旧题，随类附演，以广其用，俱称今者，以别于先生旧增也”[①]。最后附十道题则是杜知耕学习《几何原本》的心得，是关于三角形、四边形和圆形等的各种数据的求解问题。杜知耕指出：“耕自为图论附之卷末，其法似为本书所无，其理实函各题之内，非能于本书之外别生新义也。称后附者，以别于丁氏利氏之增题也，计十条。”[②]

《几何论约》是一部《几何原本》在东方向现代教科书形式过渡的著作，《四库全书总目》称：“是书取利玛窦与徐光启所译《几何原本》，复加删削，故名《论约》”，并对杜知耕删繁就简的做法持肯定态度。四库馆臣指出：“梅文鼎算数造微，而所著《几何摘要》亦有所去取于其间，且称知耕是书足以相证，则是书之删繁举要，必非漫然矣。”[③]可以说《几何论约》是当时几部有关《几何原本》著作中相当优秀的一部。

（三）杜知耕的数学思想与成就

杜知耕数学成就的取得与其踏实的学风是分不开的，在他游学京师的时候，京师中颇有一些人在学习《几何原本》，但是他们有些是不学无术，哗众取宠之辈，如李子金曾经指出：“京师诸君子，即素所号为通人者，无不望之反走，否则掩卷不谈，或谈之亦茫然而不得其解。”但是对于杜知耕，他说：“端甫则寓目辄通，莫不涣然冰释而无所凝滞。一时皆翕然称异，而不知其为端甫等闲之事也。”[④]从李子金的描述中可以看出，对于刚刚传入中国不久的《几何原本》，在当时很少有人真正懂得其中的奥妙。而杜知耕知难而上，踏实肯干，早已将《几何原本》烂熟于胸，运用自如。

杜知耕十分重视数学名词的界定，一门学科的发展，必然会产生相关的专有名词，形成一门学科的独特特征，而通过对专有名词的学习和理解，能够加深对学科的认识程度。在一定意义上，学科的专有名词体现了该学科发展的程度，是其成熟与否的标志。

杜知耕在其《数学钥》和《几何论约》两部专著中，十分重视对数学名词的解释和界定。如前所述的《数学钥》在每卷之前均有“凡例”，而《几何论约》每卷之首也均有“界说”一节，将在本卷中所涉及的名词等加以解释和界定。有些甚至配有专门的几何图形，与文字解说相结合，十分明了地将相关名词的内涵与外延呈现在读者面前。

线段的黄金分割点是几何学上一个十分重要的名词，欧几里得在《几何原本》中对它进行了系统论述。黄金分割是一种数学上的比例关系，具有无与伦比的和谐性和艺术性。杜知耕在《几何论

---

① 杜知耕：《几何论约》，《文渊阁四库全书·子部·天文算法类》第802册，台湾商务印书馆，1986年，第81页。

② 杜知耕：《几何论约》，《文渊阁四库全书·子部·天文算法类》第802册，台湾商务印书馆，1986年，第87页。

③ （清）永瑢等：《四库全书总目》，中华书局，1965年，第908页。

④ 李子金：《杜端甫数学钥序》，《数学钥》，开封荣兴斋石印本，河南省图书馆藏。

约》第六卷之首“界说”中，对其进行了简要的界定，当然当时还没有黄金分割的名称。他指出：“理分中末线，一线两分之，其全与大分之比例，若大分与小分。”[①]这一表述用现代几何学来表述，就是将一条线段分成不等的两部分，设较长部分为a、较短部分为b，如果$\frac{a+b}{a}=\frac{a}{b}$，则分点为该线段的黄金分割点。对于此点，杜知耕指出：“此线为用甚广，至量体尤所必需，古人目为神分线也。”[②]可见，杜知耕已经对此黄金分割的用途有了充分的认识。

此外，杜知耕十分注重数与图形的结合，游学京师时，曾经认真学习过《几何原本》，他对欧几里得的几何学有着很深的造诣，这必然对其产生了重大的影响，可以说他对《几何原本》的学习，奠定了其取得巨大数学成就的基础。因此，他十分重视将几何图形广泛地应用在其相关的数学著作中，如他在《数学钥》中就十分重视几何学，并且强调图形的运用，给很多命题配上了图形。如前所述，对于“图”和“数”的关系，他曾经指出：“数非图不明，图非手指不明。”他在《数学钥》及《几何论约》中充分运用了这种思想，配备了充分的几何图形借以说明数学问题。

中国传统数学经典《九章算术》原书和刘徽的注中，都极少配有图形，杜知耕的《数学钥》将《九章算术》中的九章并为六卷，着重论述方田、少广和勾股三部分内容，广泛引用了西方数学的内容，如《几何原本》和《测量全义》等著作。

运用尺规作图的能力也是几何学上一个重要的内容，杜知耕在《几何论约》卷末，即第七卷中所附的十个几何命题中，有四个都是关于如何画图的问题，如“八附又法求理分中末线”“九附求于三角形内作一线抵两腰与底线平行又与所设线等”“十附有多线求理分中末”等。

可见，杜知耕积极吸收、融会西方数学知识，使用比较的数学方法，有选择地吸收西方先进的数学知识，将这些知识合理巧妙地和中国数学知识相结合，融会贯通，并不断发掘中国传统数学的精华，利用中国传统数学方法来解释西法，使本来晦涩的西法较容易被理解。

杜知耕对中国数学的贡献及取得的成就还在于他推动了几何学在中国的传播与发展。《几何原本》首次传入中国是利玛窦和徐光启合译的欧几里的《几何原本》前六卷，由于西方数学重理论，逻辑性强，比较抽象，传统中国数学重实用，以布算为主要形式。所以中国学者对《几何原本》茫然不得其解，致使《几何原本》始终无法得到大规模的推广，更不会用于生产实践了。因此，杜知耕按中国古代传统数学体例编成《几何论约》，其中的选题注重实用，始终贯穿着生产实际和社会需要，选题由易渐难，使用简单明了、实用的运算方法，同时又列举复杂的理论证明。这也极大地推动了中国数学的发展，这是杜知耕为中国数学和几何学发展做出的最为重要的贡献。

综上所述，杜知耕是清初著名的数学家，其主要成就主要体现在《数学钥》和《几何论约》两部专著中，他即继承了中国传统数学思想与成就，又会通了中西数学，尤其是为了推动《几何原本》在中国的推广，其编撰的《几何论约》，对初学几何者尽快入门起到了促进作用。

① 杜知耕：《几何论约》，《文渊阁四库全书·子部·天文算法类》第802册，台湾商务印书馆，1986年，第65页。

② 杜知耕：《几何论约》，《文渊阁四库全书·子部·天文算法类》第802册，台湾商务印书馆，1986年，第65页。

第四节　明清时期中原的地学

章学诚在《文史通义》中说：“夫家有谱，州县有志，国有史，其义一也。”[①]意思是说家谱、地方志和官方史书一样都有史料价值。地方志不仅记载了一个地区的自然现象，包括天文现象、山河湖泊、风霜雨露、自然灾害等，而且还记载了一个地区的社会现象，包括经济、政治、军事、文化教育、科学技术、风俗习尚、方言民谣等。可以说，地方志既是地方史料集成，也是一部百科全书。中国方志的内容从简单到复杂，体例由不完备到逐渐完备，大约到宋元时期已经基本定型。明清时期是中国方志发展的鼎盛时期，现存的旧志中尤以清朝为多。

一、明清时期中原地方志的修纂

（一）地方志编撰概况

明清时期是我国古代方志编撰的高潮时期，大到全国的“一统志”、省的“通志”，小到各府、州、县、乡的志书都在这个时候涌现出来。

中原地区，这一时期也涌现出大量的志书。在通志方面，据相关学者统计，现今可考的明清时期通志编纂总共有七次：第一次是明天顺年间（1457-1464年）至成化年间（1465-1487年），由刘昌和胡谧先后主修完成的《河南总志》；第二次是嘉靖三十四年（1555年）邹守愚修、李濂纂的《河南通志》；第三次是顺治十七年（1660年）贾汉复修、沈荃纂的《河南通志》；第四次是康熙九年（1670年），徐化成增修顺治年间的《河南通志》；第五次是康熙三十四年（1659年）顾汧修、张沐纂的五十卷本的《河南通志》；第六次是雍正八年（1730年），田文镜等修，孙灏等纂的八十卷本的《河南通志》；第七次是乾隆年间的《续河南通志》，由阿思哈、嵩贵纂修，此书为雍正田志的续修本，故名为《续河南通志》，亦分八十卷，初刻于乾隆三十二年（1767年），以后又在道光六年（1826年）与雍正《河南通志》重刻合刊，称《正续河南通志》，成为流传最广的一部《河南通志》

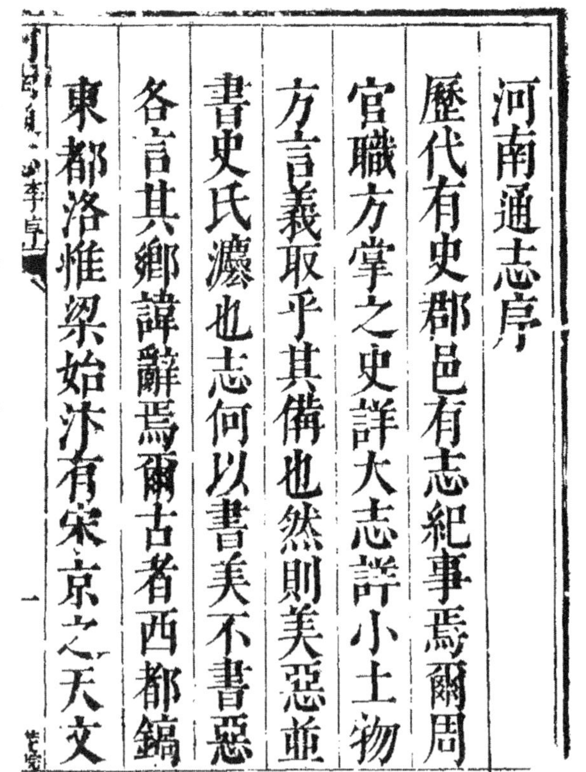
河南通志序
歷代有史郡邑有志紀事焉爾周
官職方掌之史詳大志詳小土物
方言義取乎其備也然則美惡並
書史氏灋也志何以書美不書惡
各言其鄉諱辭焉爾古者西都鎬
東都洛惟梁始汴有宋京之天文

图7-18　贾汉复修《河南通志》序
（栾星主编：《中原文化大典·著述典·外编河南方志总目》，中州古籍出版社，2008年，第9页）

① 章学诚著，叶瑛校注：《文史通义校注》卷八外篇三，《为张吉甫司马撰大名县志序》，中华书局，1985年，第882页。

（图7-18）[①]。

以上是由政府编纂而成的，除此之外，还有一些私人编纂的“通志”，如明代王士性撰的《豫志》，清代朱云锦撰的《豫乘识小录》和《河南关塞形胜说》，龚柴撰的《河南考略》，马冠群撰的《河南地略》等。这些个人著述大部分虽只是涉猎一个或几个方面，极为简单，但却有很多官修《通志》中未载入的资料，还有的是对《通志》进行了修正，具有一定的学术价值。

当时中原各府州县志的编纂也蔚然成风，张邦政万历《满城县志》序言说：“今天下自国史外，郡邑莫不有志。”现存明代方志中，河南有通志2部，府州志25部，县志72部，居全国前列[②]。而清代方志更是中原方志发展的顶峰，据学者统计，现存的清朝方志有5701种，约占现存全国地方志总数8200多种的70%，其中府州志901种，县志4714种[③]。可见中原地区当时修志之盛。

明清时期地方志的兴盛，是与从中央到地方统治官员的重视密切相关的。明朝刚建立，朱元璋便诏令天下编撰地方志，洪武三年（1370年）命魏俊民、黄篪、刘俨等撰修明代最早的总志《大明一统志》；洪武二十七年（1394年）又诏令修撰专记全国交通的《寰宇通衢志》；明成祖在位时，为了统一地方志的编撰体例，在永乐十年（1412年）和永乐十六年（1418年）两次颁降《纂修志书凡例》，这是目前发现最早，也是最系统的封建王朝关于修纂志书的详细规定。共有建置沿革、分野、疆域、城池、山川、坊郭镇市、土产、贡赋、田地、税粮、课程、税钞、风俗、户口、学校、军卫、郡县廨舍、寺观、祠庙、桥梁、宦迹、古迹、人物、仙释、杂志、诗文等类目，每个类目都规定了需要记叙的内容，对克服方志门类的划分杂乱和统一编撰体例起到了规范化的作用。

清朝是少数民族建立的政权，为了统治全国，政权刚刚建立，一方面用修志来全面考察各地钱粮人丁、山川地理、兵防险要、风俗人情的资料，以便统治；另一方面聘请地方名流编修邑志，也是团结汉族地方士绅，减少他们的反抗情绪，笼络人才，以便巩固政权。所以从中央到地方，都对纂修邑志颁发过命令。顺治时，河南巡抚贾汉复一上任，便下令各地纂修邑志，限期缴省。康熙时，河南巡抚阎兴邦不仅命令各县编修邑志，还亲自一一披阅，安阳、汲县两地，因没修出县志，还受到他的申斥。雍正时，河南巡抚田文镜再次命令各县修志，他在雍正六年冬接到皇帝命令天下巡抚诸臣纂修各省通志的谕旨后，于雍正七年初又“檄河南各府、州、县整辑郡邑志”送省[④]。

总而言之，明清两代不仅是我国方志发展的鼎盛时期，而且是方志学形成的重要时期。明清修志工作的盛兴和长期持续，积累了丰富的修志经验，而文人学者参与修志，为总结修志经验、进行方志理论的研究提供了良好的条件。“中国方志学就是在乾隆嘉庆时期通过继承历代方志理论研究成果，同时积极总结现实经验的基础上形成的。”[⑤]

---

① 张万钧：《河南地方志概述》，《中国地方志分论》，中国地方史志协会、吉林省图书馆学会，1981年，第260、261页。

② 唐锡仁、杨文衡主编：《中国科学技术史·地学卷》，科学出版社，2000年，第406页。

③ 王星光主编：《中原文化大典·科学技术典·天文学地理学生物学医药学》，中州古籍出版社，2008年，第216页。

④ 张万钧：《河南地方志概述》，《中国地方志分论》，中国地方史志协会，吉林省图书馆学会，1981年，第263页。

⑤ 王星光主编：《中原文化大典·科学技术典·天文学地理学生物学医药学》，中州古籍出版社，2008年，第216页。

（二）明清时期中原的地方志

明清时期，中原地方志的编撰十分兴盛，在行政区划方面，省志、府志、州志、厅志、县志、乡土志和里镇志等在数量及质量上均有一定的代表性。其中很多中原地区的方志学家参与编撰的志书也取得了相当高的成就。

1. 嘉靖《睢州志》

睢州，秦襄邑县，汉属陈留郡。隋开皇年间属宋州。宋初属开封府，崇宁四年（1105年）升为拱州，金天德三年（1151年）拱州更名睢州。明洪武初属开封府。嘉靖二十四年（1545年）属归德府，清仍属归德府，1913年废州改为睢县。

《睢州志》的编撰始于明宪宗时期，即成化二十一年（1485年）睢州知州喻孔修请李孟旸纂辑《睢州志》。李孟旸，字时雍，号南冈，出生于明朝代宗景泰年间，河南睢州人。他自幼聪明好学，诗词歌赋无不精通，且记忆力强，有过目成诵之才。明宪宗成化八年（1472年），李孟旸与弟李孟晊同榜中进士，时人称这对李氏才子“双凤齐鸣”。李孟旸先后担任户部给事、布政司参政、右副都御史、南京户部侍郎、工部尚书等职，明武宗正德元年（1506年）李孟旸告老还乡。正德四年卒，年78岁。除《睢州志》外，另著有《南冈集奏议》等书。

李孟旸接受编撰工作之后，在工作之余，检阅旧志，查找正史，广泛搜集资料，附以旧闻，形成初稿。但不久李孟旸守备湖广常德，喻孔修也亦升迁调离睢州，这样《睢州志》就停留于初稿状态。关于这段编纂历史，李孟旸自述道：

> 成化乙巳，予以给事中出使外番，便道展省。时麻城喻公孔修以进士知州事，因论及之。累造予，求为纂辑。予窃惟郡之有志，风化系焉。志失其录，则事无纪述，后将何徵。是故职政者之责。而士生其乡，于邦之文献亦有不容不究心者。但志念犹史也。古之人才如江淹，犹以作志为难，顾予谀闻寡识，曷敢当此，以犯僭妄之讥。特以孔修意在举废，且于政教有裨，不得已勉以应之。乃于公务余闲，检阅旧志，参以史传，附以今之所闻；讹者正之，遗漏者补之，琐言嵬说出于传闻者削去之，事有关于民风化理者据实详录之。一时名人文章诗咏并以书之。其凡例本一统，尊时制也。稿粗成编，适予有出参湖藩之命，孔修未几亦进秩南台，用是因循。且惧芜秽之词不足以传，稿藏故箧，亦有年矣。比来山阴徐公时用守睢，累致书以郡志未成为请，冀终其事。取前所编者阅之，愧多谬遗，意不自惬；亟欲再加稽索窜改。而年衰力惫，竟亦未能也。遂以原稿畀之，以俟后之博闻君子续为订正[①]。

可见李孟旸主持编撰的《睢州志》仅属草稿，故此难免会存在记载较为简略，遗漏的地方也不少。但是李孟旸所编《睢州志》是第一部睢州地方志，也是中原地区较早的地方志之一，以后的《睢州志》大都是在李志的基础上加以补充扩展完成的，因此李孟旸的《睢州志》具有开创之功。

---

① 睢县史志编纂委员会：《睢州志·艺文志》，中州古籍出版社，1990年，第419、420页。

嘉靖三十年，时任知州的王栻曾对李孟旸《睢州志》进行过修订，但是志未就而去。嘉靖四十一年（1562年）程应登上任睢州知州对《睢州志》再增修，他请本州人李一经主持，本州进士徐养相、鲁邦彦，以及举人孙域、吴宗尧、蔡崇俊等担任协修，查阅正史、旁采遗闻，把李孟旸所修旧志增加了十分之七八，历时五月而书告成。

《睢州志》从李孟旸开始编纂起，其间经过多次重修，到程应登时最终得以完成。但因志出多人之手，历代书目均加以著录时错误亦不少，如《千顷堂书目》中记载："程应登睢州志七卷，嘉靖癸卯（嘉靖二十二年1543年）修。李孟旸睢州志一卷。"[①]《明史·艺文志》记载与此大致相同[②]。李孟旸《睢州志》无年代，据李孟旸自述应该是在成化、弘治年间修成。程应登《睢州志》应该是在嘉靖癸亥年（嘉靖四十二年，1563年）修成，而不是嘉靖癸卯年（嘉靖二十二年，1543年），因为程应登是在嘉靖四十一年（1562年）才开始担任睢州知州的，所以"癸卯"应为"癸亥"。同时，卷数应该是"九卷"而非"七卷"。

王重民先生在《中国善本书提要补编·地理类》中说："《天一阁书目》史部地理类云：'《睢州志》二卷，蓝丝阑钞本，明弘治乙丑李孟旸序。又《睢州志》九卷，蓝丝阑钞本，明弘治十八年郡人李孟旸修并序。'此以二卷本为李孟旸所序，九卷本为李孟旸所修；以余考之，恐非是。按乙丑即为弘治十八年，盖两书同弁一序，一题弘治乙丑，一题弘治十八年。按此本殆即天一阁旧藏，即《天一阁书目》所谓李孟旸所修九卷本也。然考其内容，实为嘉靖间所重修。盖二卷本乃孟旸原修，此九卷本则嘉靖间知州程应登所重修者"[③]。《睢州志》二卷本是李孟旸修撰，九卷本是嘉靖年间程应登所重修，而《天一阁书目》中把九卷本当作是李孟旸修撰的。在《天一阁藏明代地方志考录》[④]《中国地方志联合目录》[⑤]等著作中也都把九卷本程氏《睢州志》记成李氏《睢州志》。

程应登所增修的《睢州志》仅一抄本流传至今，原藏于北京图书馆，现藏于台湾，为明蓝丝栏抄本，两册一函，共九卷，无封面，卷前有弘治十八年（1505年）李孟旸序，睢州城垣图、境内地理图、凡例、目录。目次曰：卷一地理：分野、沿革、疆域、郡名、形胜、山川、风俗、土产、古迹、陵墓；卷二建置：城池、坛祠、公署、街坊、铺舍、市集；卷三田赋：地粮、户口、里甲、徭役附额外改拨诸差、税课、屯田；卷四学校：儒学、射园、书院、社学；卷五典礼：公式、祀典、宾兴、乡饮、乡仪、恤政；卷六官师：守令、师儒、名宦、军卫附民兵教场；卷七人物：宦业、乡贤、孝行、贞烈；卷八选举：进士、举人、岁贡附例贡、仕进、封赠附任子；卷九杂述：祥异、方伎、仙释、记文、诗。

程应登《睢州志》每卷纲举目析，层次分明，条理清晰。其叙地理沿革简明扼要，山川详略有致。黄河条详自元代改道以后，元代录自正史，明代则经过实际考察，记其在本地之流经、现状与变迁，以及灾后的治理。田赋纲下有目，目下分细项，据各朝实况，分别载录户口，如洪武、永

---

① （清）黄虞稷撰，瞿凤起、潘景郑整理：《千顷堂书目》，上海古籍出版社，2001年，第172页。

② （清）张廷玉等：《明史》卷九十七《艺文志》，中华书局，1974年，第2409页。

③ 王重民：《中国善本书提要补编·地理类》，北京图书馆出版社，1991年，第86页。

④ 骆兆平：《天一阁藏明代地方志考录》，书目文献出版社，1982年，第120、121页。

⑤ 中国科学院北京天文台主编：《中国地方志联合目录》，中华书局，1985年，第579页。

乐、宣德、景泰、天顺、成化、弘治、正德，至嘉靖共九朝的数额，明代以来几无遗漏。选举记自洪武年起，明代各朝均录，每人均有简历，眉目灿然。

总之，嘉靖《睢州志》以明代资料最为翔实。唯其分类以军卫、民兵、教场三目附在官师门；又不列艺文门，将文、诗列于杂述内，多有悖于一般志例，归类甚不妥当。另外，祥异目自宋太平兴国八年始，但宋仅一条、元代三条、明代四条，共录八条，显然多所缺漏[①]。

清入关后，在明嘉靖《睢州志》的基础上，又屡次修纂《睢州志》。康熙十年，由知州程正性主持，汤斌修纂；此后，康熙二十九年（1690年）和康熙三十二年（1693年），《睢州志》分别又由当时的知州马世英和陈应辅加以重修和增补。到光绪十八年（1892年）时，知州王枚又加以续修，至此明清时期《睢州志》的编纂工作圆满结束。

嘉靖《睢州志》是明代比较有代表性的一部地方志。它内容翔实，体例规范完备，涉及自然地理、灾害地理、经济地理、人口地理、旅游地理等地学的诸多方面，蕴含着丰富的地方史料。李孟旸对《睢州志》编纂做出了巨大的贡献，在以后的《睢州志》上都可以看见李志的印迹，可以说李孟旸对《睢州志》有开创之功。

2. 嘉靖《鄢陵志》

鄢陵，西周时为鄢国，春秋时期被郑武公所灭，改为鄢陵。汉置鄢陵县。

鄢陵县志的修纂在中原修志史上颇值得一提，鄢陵县志是明清两代中原地区修纂最为频繁的方志之一。最早的修纂开始于明永乐年间，由当时儒学训导王贤负责，今除薛瑄之的序外，其他皆已不可见。成化时期，第二次修纂了鄢陵县志，该志正德时期被县令孙赞刻板成书，惜已经遗失。

明代所修鄢陵县志唯一保存下来的旧志为刘讱所修纂。刘讱，字思存，号春冈，鄢陵人。正德十二年（1517年）考中进士，后到芜湖做地方官。刘讱为官正直，武宗南巡之时，刘讱拒绝向中央官员行贿，得罪权贵，因谗言而被罢官。明世宗即位后，刘讱得以昭雪复官，不久升迁为御史，接着又担任南京通政参议，后又担任南京刑部尚书、北京刑部尚书。刘讱为官公正廉洁，《明史》中说："时法官率骩法徇上意。稍执正，谴责随至。讱于是狱能持法，身虽黜，而天下称之。"[②]刘讱之子刘巡继承父志，撰有《编年鄢陵县志》一部，体例颇为特殊，已佚失。有明一代，可考证的鄢陵县志编纂共四次，仅存刘讱所纂一部。

清代鄢陵县志的编纂工作更是十分频繁，先后有八次。顺治五年（1648年）孙丕承修纂（存）、顺治十六年（1659年）经起鹏修纂（存）、康熙二十五年（1686年）刘伟纂（佚）、乾隆十年（1745年）县令姜绾纂（佚）、乾隆二十七年（1762年）施诚修纂（存）、嘉庆十三年（1808年）吴堂修纂（存）、道光十三年（1833年）何萼联修纂（存）、刘友莲《鄢陵志稿》（佚，不知修纂年代）。

除官修外，尚有私人所撰方志两种：一是康熙年间鄢陵县令《鄢署杂钞》十八卷和咸丰年间邑人苏源生所著《鄢陵文献志》四十卷。可见，明清之间鄢陵修志之风十分兴盛。如果从明永乐算起

① 河南省地方史志编纂委员会编印：《河南地方志提要》（下），河南大学出版社，1990年，第111、112页。

② （清）张廷玉：《明史》卷二百二《刘讱列传》，中华书局，1974年，第5333页。

至清末，500余年间鄢陵县一共修志14次之多，平均下来不到40年就修志一部，修志事业及所成之志书真可谓洋洋大观。

刘讱《鄢陵志》是现存最早的鄢陵县志，始修于嘉靖十四年（1535年），在嘉靖十六年（1537年）完成（图7-19）。卷前是颍川进士杜楠作的序，还有县境图、县城图、县治图和儒学图共4幅，其中县境图详细标出了鄢陵县的县界，如北抵尉氏、西北抵洧川、西抵许州、西南抵临颍等。卷后是刘讱自己作的序，另转载正德孙赞所修《鄢陵志》前后序文两篇。

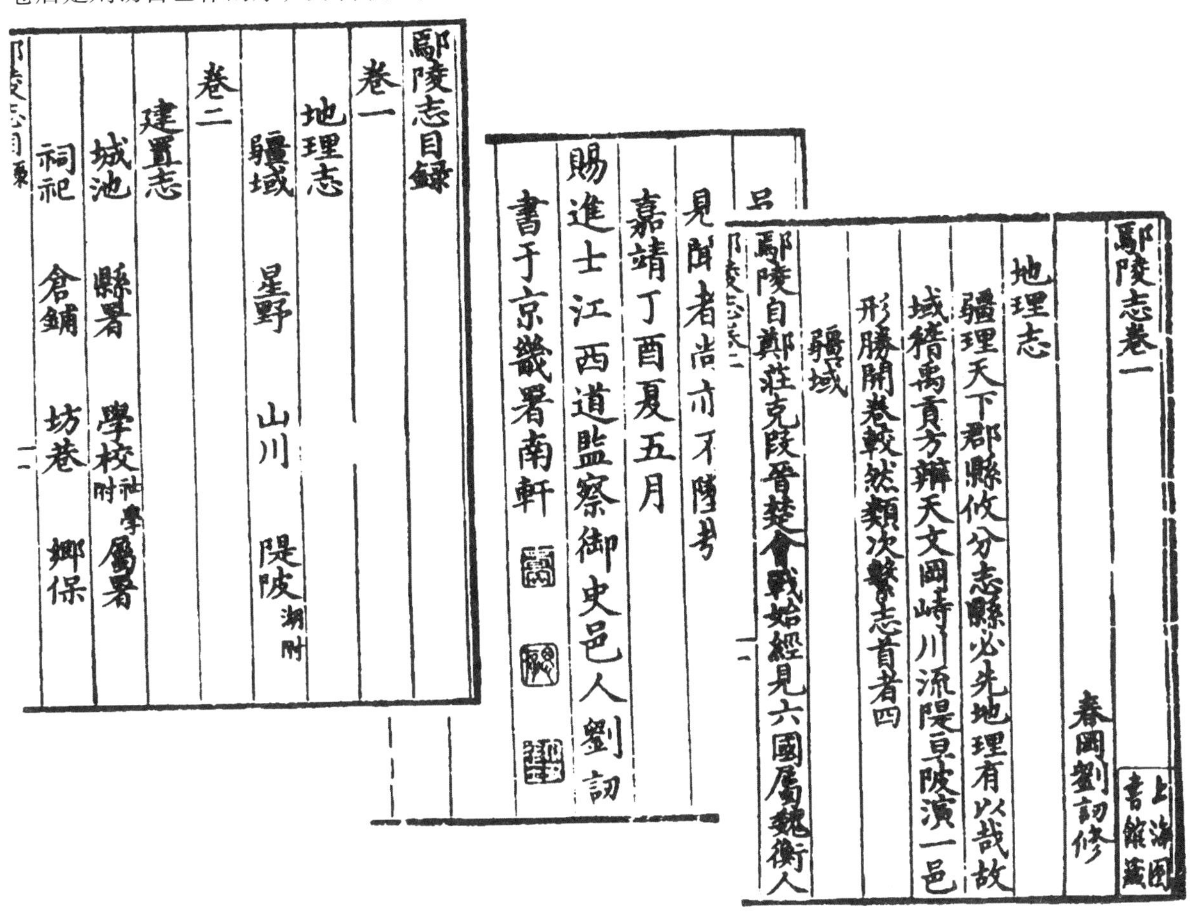
鄢陵志目錄
卷一
地理志
疆域　星野　山川　隄陂湖附
卷二
建置志
城池　縣署　學校社學附　屬署
祠祀　倉鋪　坊巷　鄉保

見聞者尚亦不隨考
嘉靖丁酉夏五月
賜進士江西道監察御史邑人劉訒
書于京畿署南軒

鄢陵志卷一
春岡劉訒修
地理志
疆理天下郡縣攸分志縣必先地理有以哉故
域稽禹貢方辨天文岡峙川流隄亘陂瀆一邑
形勝開卷較然類次繫志首者四
疆域
鄢陵自鄭莊克段晉楚會戰始經見六國屬魏衛人

图7-19　明刘讱修纂嘉靖《鄢陵志》书影

（《天一阁藏明代方志选刊》，上海古籍书店，1963年）

全志共八卷，卷一地理志，包括疆域、星野、山川、堤陂（湖附）等；卷二建置志，包括城池、县署、学校（社学附）属署、祠祀、仓铺、坊巷、乡保、镇店、村庄、津梁等；卷三田赋志，包括土田、户口、税粮、农桑、课贡、徭役、土产等；卷四官师志，包括官制、县官、学官、名宦、风俗等；卷五人物志，包括孝友、忠义、理学、经术、名德、文学、隐逸、科目（贡荐任子）、褒邮、册谥、贞节、应募等；卷六人品志，包括武职、例授、材艺、掾阶、耆寿、义民、义官、邑属等；卷七杂志，包括古迹、冢墓、庙宇、寺观、祥异、补遗等；卷八文章志，包括汉魏文、宋文、元文、国朝文、唐诗、宋诗、元诗、国朝诗等。

从以上简洁的纲目中，可以看出刘讱《鄢陵志》虽是中原地区较早的地方志，但其体例已经十分完备，从其内容上来说，该志翔实地记载了鄢陵县两千年来疆域沿革和行政区划，对山冈、河流、坡堤、湖潭的起源与流向，城池、县署、仓铺、津梁、寺观、祠庙的建设及学校的兴废，镇店、村庄的分布与治理，土田，户口的变化，税粮、课贡、徭役的增减，农桑、土产的历史现状及特点，风俗的演变与现状，明代县级职官的设置与历代县官、学官的更选，以及古迹、墓冢分布、重大自然灾害、奇闻、诗词、文章等内容。可以说虽然它仍然具有明代地方志内容简洁、精练的特点，但是却在内容的安排上纲举目张，井然有序，具体内容上考证缜密，文辞精练，堪称后世所修诸鄢陵县志的典范。

《鄢陵志》包含丰富的地方史史料。鄢陵县的花卉种植历史悠久，概始于唐，兴于宋，盛于明清，素有“花都”“花县”之美誉。《鄢陵志》卷三《土产》中对该县的花卉种植加以介绍，云“花卉名品甚多，近年有仕秦者，移牡丹十余种，其最佳者曰武夷青、平头紫、观音面、狮子头、玉楼春、宝楼台、出嘴白、醉杨妃、鹤翎红、真紫粉梢。杂花：春有紫丁香、金地棠、紫匾竹、蓝玉簪、凌霄、酴醾、夜合殊佳；秋则黄葵及各色奇菊。终岁开者，月季花、四季槐、芍药以下不尽载”[①]。此寥寥数笔将天下“花都”的气势展现在读者面前，为探讨鄢陵花卉种植保留了极其珍贵的原始文献资料。

《鄢陵志》另一大特点就是详细地记载了地方职官制度。作为地方史研究的重要内容之一的地方官制，往往容易被人忽视。为此，刘讱在《鄢陵志·官师志》一卷中，记载了大量可贵的地方职官制度史料。例如，在《官制》一节中记述道：“大明建官，县设知县一员，秩正七品，县丞一员秩正八品。成化十年添设主簿一员，秩正九品。成化四年添设首领官典史一员，未入流。正德二年，县丞、主簿俱裁革（以阉瑾乱制革）。正德六年，诏復如旧。嘉靖十一年革县丞（以本县路僻事简，四员冗滥，议应革）。”[②]其他尚涉及“儒学”“阴阳学”“医学”“僧会司”“道会司”“吏、户、礼、兵、刑、工六房”等职官制度。刘讱将他之前有明一代的鄢陵县职官设置与废除等变化做了极其简明扼要说明，不仅是研究地方史的必备文献，也有益于对明代历史的整体理解，如刘瑾乱制条，正可见当时阉宦张牙舞爪、扰乱朝纲、胡作非为的嘴脸。

当然，刘讱所纂修的嘉靖《鄢陵志》因尚属草创时期，也有缺憾的地方。正如《河南地方志提要》所指出的：是编之失体，仅从其纲目分类中即可得而知。文章志占全书一半，以“文章”命目，其意思显而易见，文章志包括汉魏文、宋文、元文、国朝文；唐诗、宋诗、元诗、国朝诗。此种文选体裁竟发展为河南旧方志的主要模式，顺治鄢陵志原封不动地继承下来。是编既置人物志，又置人品志，可谓画蛇添足，再益之官师志，共得一百五十一页，即全书基本为此等人志物及其诗文选所垄断。其分类，大目从简，其所领之小目必有不经者，如官师志领风俗等小目即是[③]。

瑕不掩瑜，任何一部地方志的修纂都存在或多或少的问题，且刘讱《鄢陵志》是保存下来的唯一一部修纂的较为完善的明代志书，其所开创的体例多为后来志书所继承，以鄢陵修志之盛，现存诸清代志成就及价值能超过嘉靖《鄢陵志》者亦不多见。颍川杜楠在《鄢陵县志·序》云：“读是

---

① （明）刘讱修纂：《鄢陵志》卷三《田赋志》，《天一阁藏明代方志选刊》，上海古籍书店，1963年，第6页。

② （明）刘讱修纂：《鄢陵志》卷四《官师志》，《天一阁藏明代方志选刊》，上海古籍书店，1963年，第1页。

③ 河南省地方史志编纂委员会：《河南地方志提要》（下册），河南大学出版社，1990年，第34、35页。

志也，典章人物，远迩毕陈。真哉！事妄者排乎，舛者准乎，阙者洋洋乎，文哉！词疏者益乎，复者换乎，俚者飒飒乎。遡惟厥源，匪以侈观美也。可以兴，可以警。可以善治，可以敦俗。"[①]由此可见，《鄢陵志》堪称中原地区诸方志中的佼佼者。

3. 嘉靖《开州志》

开州，西周卫国之帝丘。战国时因在濮水北得濮阳之称。秦置濮阳县。隋分濮阳县为昆吾、澶渊两县。唐置澶州。北宋时改为开德州。金皇统五年（1145年）改开州。明清时期，开州隶属于直隶。1913年改为濮阳县。中华人民共和国属平原省，后隶属安阳市。1983年划出建濮阳市。

若曰稽古，开州（今濮阳）方志的纂修，历史源远流长。据张国淦先生考证，濮阳地区原有旧志两种，"《澶渊旧志》，佚。《大明一统志》四：大名府，风俗'俗尚义概'，引《澶渊旧志》一条。又'好学而乐善'引《澶渊志》一条。……《澶渊地域志》，佚。《大明一统志》四：大名府，形胜'地当两河之驿路'，引《澶渊地域志》一条"[②]。《澶渊旧志》和《澶渊地域志》两条轶文，既为《大明一统志》所引，可以看出它们编纂之年代定在《大明一统志》之前。

明杨士奇等编撰《文渊阁书目》记载有"《开州图志》二册"[③]"《开州志》"[④]。该书的编撰始于正统六年（1441年），表明在此之前已有开州的方志编纂问世，并为明廷收藏于文渊阁内。然惜古志多佚失，今已不得见矣。现存最早的《开州志》为明嘉靖十三年（1534年）王崇庆所纂。此后，万历、崇祯时期知州沈尧中、唐铉分别又予以重修，然书已不存，更彰显了嘉靖《开州志》的价值。

有清一代，开州地方志凡三修。康熙十三年（1674年）知州孙棨修纂《开州志》十卷；嘉庆十一年（1806年）知州李苻清修纂《开州志》八卷；光绪八年（1882年）知州陈兆麟修纂《开州志》八卷：光绪三十四年（1908年）又有《开州新编乡土志》不分卷。

王崇庆所纂嘉靖《开州志》是现存最早的有关濮阳的地方志（图7-20）。王崇庆，字德征，号端溪，明开州（今河南濮阳）人。王崇庆自幼聪慧好学，正德三年（1508年）考中进士，授户部主事。正德六年（1511年）因议论朝事，被锦衣卫逮捕，被贬为广东肇庆寿康驿丞。不久又被任命为沁州通判，同知登州。后又升江西按察司佥事，山西布政司参议，再升按察司副使。嘉靖四年（1525年）疏归，嘉靖八年（1529年）起河南按察司副使，嘉靖九年迁辽东苑马寺卿，终官南京吏部尚书[⑤]。王崇庆的著作，《千顷堂书目》著录多种：《周易议卦》一卷（《明史·艺文志》"一"作"二"）、《书经说略》一卷、《诗经衍义》七卷（《明史·艺文志》"七"作"一"）、《礼记约蒙》一卷、《春秋断义》二卷、《五经心义》五卷、《南京户部志》二十卷、

---

① （明）杜柟：《鄢陵县志·序》，《天一阁藏明代方志选刊》，上海古籍书店，1963年，第3页。

② 张国淦：《中国古方志考》，中华书局，1963年，第464页。

③ （明）杨士奇等：《文渊阁书目》（丛书集成初编本）卷十九《暑字号第一厨书目·旧志》，商务印书馆，1935年，第232页。

④ （明）杨士奇等：《文渊阁书目》（丛书集成初编本）卷二十《往字号第一厨书目·新志》，商务印书馆，1935年，第254页。

⑤ （明）王崇庆：嘉靖《开州志》卷七《选举志》，《天一阁藏明代方志选刊》上海古籍书店，1964年，第4、5页。

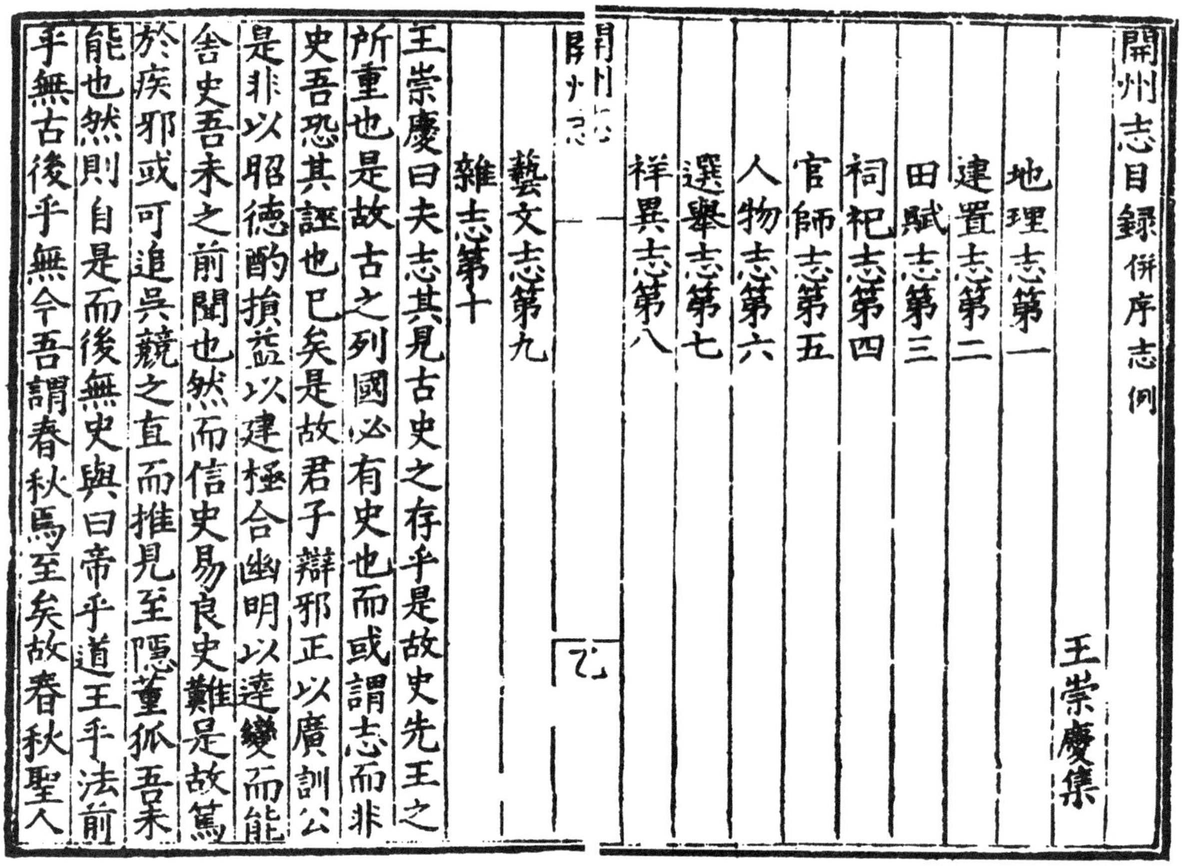

開州志目録 併序志例

王崇慶集

地理志第一

建置志第二

田賦志第三

祠祀志第四

官師志第五

人物志第六

選舉志第七

祥異志第八

開州志　乙

藝文志第九

雜志第十

王崇慶曰夫志其見古史之存乎是故史先王之所重也是故古之列國必有史也而或謂志而非史吾恐其誣也已矣是故君子辯邪正以廣訓公是非以昭德酌損益以建極合幽明以達變而能舍史吾未之前聞也然而信史易良史難是故篤於疾邪或可追吳兢之直而推見至隱董狐吾未能也然則自是而後無史與曰帝乎道王乎法前乎無古後乎無今吾謂春秋焉至矣故春秋聖人

图7-20　王崇庆纂嘉靖《开州志》书影
（《天一阁藏明代方志选刊》，上海古籍书店，1964年）

《山海经释义》十卷、《嘉靖长垣县志》九卷、《蓬莱观海亭集》三卷（一作十卷）、《海樵子》七卷、《海樵滥语》二卷、《古学选注》二卷、《溪野问答》一卷、《解刘元诚语录》三卷、《海市辨》一卷、《玄风录辨衍》一卷、《端溪文集》八卷等。

王崇庆十分精通方志的编纂之道，除《开州志》外，还修纂有嘉靖《长垣县志》，并撰写有《内黄县志·序》。他在《长垣县志·序》中详细地阐述其修志体例的认识，云："故吾之论志，亦异乎人之撰与！是故，邑志九：一曰地理，则疆域为大焉，吾欲其无忘慎守已矣；二曰田赋，则征税为大焉，吾欲其无效暴横已矣；三曰祠祀，则祭供为大焉，吾欲其无涉淫祀已矣；四曰建置，则城室为大焉，吾欲其无失浑坚已矣；五曰官师，则治教为大焉，吾欲其无亵士民已矣；六曰人物，则孝贞为大焉，吾欲其无忝所生已矣；七曰选举，则科贡为大焉，吾欲其无倍于正已矣；八曰古迹，则陵墓为大焉，吾欲其无愧仰止已矣；九曰文章，则实用为大焉，吾欲其无辱达意已矣。"可见，王崇庆修志义例十分明确，每项设置均以教化为目的。修志之目的："辨邪正以广训，公是非以昭德，酌损益以建极，合幽明以达变。"①认为修纂志书应该避免"华以炫实，伪以乱真，疑

①（明）王崇庆：嘉靖《开州志·目录并序志例》，《天一阁藏明代方志选刊》上海古籍书店，1964年，第1页。

以侵信，辩以轧讷”[①]，指出：“沿实而履道之门也，崇名而华德之弃也，用中而时化之本也，守恒而一治之顺也。夫四者先王之所以教万世也。不然，名存而实且亡矣！恶在其为志也。”[②]

嘉靖《开州志》的修纂始于嘉靖六年（1527年）知州张寰，然志未就因升迁而去，后新任知州孔巨鲸继续修志，并由王崇庆主持修纂。嘉靖《开州志》共十卷，前有赵延瑞嘉靖十二年（1533年）序和志例六则：“一曰寺观淫祀不书，以崇正也；二曰宦贤之存，不书政行，以俟定也；三曰官师详古而略今，限于所考，非有去取也；四曰每事或立论，以断广试听也；五曰大书启纲，分注竟目，法前修也；六曰文无关系不录，敦雅教也。”[③]卷后有王崇庆后序和孙巨鲸跋。正文卷一地理志，包括星野、沿革、疆域、属邑、里甲、山川、镇屯、风俗、方物、古迹、陵墓、城丘、台亭、废治等目；卷二建置志，包括城池、州署、儒学、属署行署、仓库、桥梁、坊等目；卷三田赋志，包括公田、正赋、杂赋、新田、新粮、旧草、新草、驿传、学田、户口、丁赋、课赋、马政等目；卷四祠祀志，包括祠庙、坛壝等目；卷五官师志，包括古圣君师、汉、东汉、魏、晋、南宋、南齐、北齐、梁、后魏、隋、唐、五代梁、宋、金、元、大明等目；卷六人物志；卷七选举志；卷八祥异志；卷九艺文志；卷十杂志，包括冠礼、昏礼、丧礼、祭礼、兵政、食政、教政、荒政、乡约等目。

嘉靖《开州志》的一大特点就是王崇庆仿照《左传》《史记》等著作中的“君子曰”“太史公曰”的形式，在志中所列条目下设“王崇庆曰”，对所收入的条目进行评论。例如，《开州志》卷三《田赋志》“马政”目，“王崇庆曰：……旧规里各一马以送往迎来，民未始告劳也，其后有借称省民而革之者，马辄不足于用，里甲者共称贷而益之，有日费几于百金者，甚至夺人之马于郭门外，百姓始不堪命矣！则向之所谓省民不转，而病民也耶！”[④]可见所谓革马政者，美其名曰省民，实者处心积虑搜刮百姓。再如“课赋”目，“王崇庆曰：国初，户口犹尚食盐于官，故百姓计口而输钱谓之户口食盐，盖官民之相须者。今不食盐久矣，而民犹纳钞如故法之初，意岂固然哉。近时复有所谓协济云云，此又赋出常例之外者，并列于后以告司牧”[⑤]。所谓“协济”，就是地方政府根据上级政府的命令将财政调拨到另一地方政府使用。《开州志》记载当时开州需要“协济广平府临洺、邯郸工食银共五十二两；协济艾家口递运所食银七百八十一两一钱；……协济在京五城弓兵：东城兵马指挥使司弓兵三人、东城兵马指挥使司弓兵二人、西城兵马指挥使司弓兵四人、北城兵马指挥使司弓兵三人、中城兵马指挥使司弓兵四人”[⑥]等。《开州志》“王崇庆曰：力役，古也。而今也，力有限而役无穷也。是故以力斯竭，以财斯耗矣，而况所谓协济之类，方兴未艾也，

---

① （明）王崇庆：嘉靖《内黄县志序》，《天一阁藏明代方志选刊》，上海古籍书店，1963年，第2页。

② （明）王崇庆：嘉靖《长垣县志》，《天一阁藏明代方志选刊》，上海古籍书店，1964年，第5页。

③ （明）王崇庆：嘉靖《开州志·志例》，《天一阁藏明代方志选刊》，上海古籍书店，1964年，第2页。

④ （明）王崇庆：嘉靖《开州志》卷三《田赋志》，《天一阁藏明代方志选刊》，上海古籍书店，1964年，第6页。

⑤ （明）王崇庆：嘉靖《开州志》卷三《田赋志》，《天一阁藏明代方志选刊》，上海古籍书店，1964年，第4页。

⑥ （明）王崇庆：嘉靖《开州志》卷三《田赋志》，《天一阁藏明代方志选刊》，上海古籍书店，1964年，第4、5页。

如之何其不使民亡且惫与？”[①]王崇庆以时人直言批评时政，一方面反映了当时百姓的疾苦，另一面体现了王崇庆秉笔直书的史家风骨，令人钦佩！呜呼！士大夫之脊梁挺且直兮！从以上的例子可以看出，王崇庆纂嘉靖《开州志》，以史述实，以论明义，史论结合，十分精彩。

嘉靖《开州志》有些体例编排值得商榷，官师、人物两门所著录的人物不是按类别而是按朝代排列，这样显得比较混乱臃肿。此外，王崇庆在《开州志》无处不发议论，如上所引，有精彩者，但亦有空泛之论，实无意义。王志虽有缺点，但总体上算是一部地方志上乘之作，其纂志书义例严谨，对以后修志颇有贡献。

嘉靖《睢州志》《鄢陵县志》《开州志》三部只是中原地区地方志的沧海一粟，是明清时期河南地方志的典型代表，也是中原人写中原地方志的典型代表。河南明清时期的地方志体例完备，内容翔实，无论质量还是数量都在全国前列。这些地方志是河南地理学知识的一部分，也是河南科技史料的一部分，里面保存了大量的地方史料，为我们研究河南的明清地方史提供了巨大的方便。

二、明清时期中原地区的山水志

中国方志的类型有主体与支流之分。主体类型主要是按行政区划而定，如通志（省志）、府志、州志、厅志、县志、乡土志和里镇志、岛屿志（卫志、关志、道志、盐井志、土司志也属于此类）等。支流类型就自然对象而分则有山志、水志、湖志、塘志、河闸志等；就人文对象而分则有书院志、古迹志、寺观志、游览志、路桥志（记一方之琐闻、逸事，也兼及政治、经济、文化的杂志也属于此类）等[②]。

（一）孙枝荣与《河南府山川志》

孙枝荣（约1754～1812年），字于阳，号大朴，清河南巩县（今河南巩义）人。乾隆四十四年（1779年）考中举人。家世传伊洛之学，藏书万余卷，寝馈其中。孙枝荣，资禀超异，幼从祖学，后学诗于朴学大师偃师裴希纯，学古文于河朔张生馨，并与武亿等相师友，遂学问日渐深邃。乾隆四十一年（1776年）参修《河南府志》。晚年居家，潜心著述以自娱。

孙枝荣所撰《河南府山川志》十卷，起源于乾隆《河南府志》之纂修。乾隆四十一年（1776年），河南府知府施诚拟修郡志，聘会稽童钰主持志局，请裴希纯、孙枝荣分任编辑。孙枝荣负责《山川》《古迹》两部分，《河南府山川志》就是为其参修《河南府志》时所纂，实际上就是乾隆《河南府志·山川志》部分。

关于《河南府志》山川部分的编撰工作，施诚道：“山川脉络支派非亲历不能详，旧志多沿袭旧闻。有一山而名称不一，以至二三见者；有两山而合为一山者。至于水之源流，随其盈缩而书之，不特与山经诸书不合，即就土人而问之，亦茫然也。今志皆孙君枝荣躬为考订，穷岩绝壑，无不亲至。庶几为兹郡山水开一生面也。”[③]民国《巩县志》记载孙氏“枝荣于山经地志讨论有素，

---

① （明）王崇庆：嘉靖《开州志》卷三《田赋志》，《天一阁藏明代方志选刊》上海古籍书店，1964年，第5页。

② 《中国方志大辞典》编辑委员会：《中国方志大辞典》，浙江人民出版社，1981年，第1页。

③ （清）施诚修、童钰、裴希纯、孙枝荣纂：《河南府志·凡例》，同治六年（1867年）重校补刊本，第6页。

又躬历穷岩绝壑，详察脉络支派，务求翔实秉笔”[①]。可见，孙枝荣在实地考察的基础上，对旧有地志所载内容进行了考订，重新厘定了一些山川走向、名称，如：

《河南府志》卷之七《山川志》：“又东为青要山，即强山”下，首先罗列旧有舆地著作所载之内容，如《山海经》：“敖岸东十里曰青要之山，实维帝之密都。”《水经注》：“新安县青要山，今谓之强山。”《隋书·地理志》：“新安有强山。”然后，孙枝荣考证云：“按《新安志》青要山在县西北七十里黄河南岸，强山在县西北三十五里，即石寺南山，别为二山，与《水经注》异。考《山海经》有青要山，无强山。《隋志》有强山，无青要，则《水经注》以为一山者是矣。但今俗所称青要者，大山滨河畛水东界，而强山、䰠山东西相接，俱在其南。则《新安志》别白言之，亦不可废。”[②]

再如，《河南府志》卷之十二《山川志六》：“河水又东入孟津界，正回之水从东南来注之。”先罗列《山海经》云：“䰠山正回之水出焉，而北流注于河。”次《孟津志》云：“横水出洛阳、新安，两源各流三里，至孟津良堡合而西北流，故称横水，即《山海经》正回之水也。又北流二十里，注于河。金《疆域图》，孟津有横水镇。”然后，孙枝荣考证道：“按《水经》河水迳洛阳县北，盖当时洛阳北界至大河也。今孟津西九十余里直接新安界，洛阳北不至河，而《禹贡锥指》以为河水迳新安县北，又东迳洛阳县北，乃东迳孟津县北，非其实矣。新安与济源分水，孟津西北与济源分水，北与孟县分水。”[③]

《河南府志·山川志》中考订内容颇多，以其是本郡之人，熟悉郡之风俗人情，对山川等地理知识自然较外人清楚，所以其考证颇能补前人之失。对河南府之山川分布走向之大势，他在《河南府志·山川志》前概述道：

> 河南郡背负北邙，前对伊阙，阙外为三涂，阙东连嵩岳，阙西接宜阳山，而郡城西又有周山。凡河南郡山皆与五山连体，故表五山而出之，以经诸山。其水之大者曰河，曰洛，曰伊，曰谷。北则河与谷、洛夹北邙，次南则谷与洛夹周山，次西南则洛与伊夹宜阳山，而东南则伊、洛带嵩岳之北。颍水出嵩岳之阳，汝水又出三涂之西南。凡河南郡水皆入河、洛、伊、谷四水，唯汝、颍别流。故表四水而出之，以经诸水，别以汝、颍附焉。至纪叙山川皆自西而东者，仿《禹贡》导山、导水例也。志山用邙山[④]。

孙枝荣对河南郡内史山川河流可谓了如指掌，对山川整体分布之概括既精简而又明确，使读者无不目见而了然于胸。孙枝荣在其中阐述的山川志之体例也是有经有纬，秩然不紊。

《河南府山川志》详细描写了河南府所辖的山川河流，在明清地理学史上占有重要地位，是研究中原明清地理的重要史料。

《河南通志艺文稿》引《巩县志》云：“枝荣胸罗万有，过眼诗书无虑数千卷，诗文随意挥

---

① 刘莲青、张仲友等纂修：民国《巩县志》，成文出版社，1968年，第848页。

② （清）施诚修、童钰、裴希纯、孙枝荣纂：《河南府志》卷之七《山川志一》，同治六年（1867年）重校补刊本，第4页。

③ （清）施诚修、童钰、裴希纯、孙枝荣纂：《河南府志》卷之十二《山川志六》，同治六年（1867年）重校补刊本，第2页。

④ （清）施诚修、童钰、裴希纯、孙枝荣纂：《河南府志》卷之七《山川志一》，同治六年（1867年）重校补刊本，第1页。

洒，意度波澜，斐然成章，有时气象肃穆，涵蓄渟泓，读《斋中杂咏》诸篇，令人悠然意远，或颂其步昌谷，效玉川，甚至高挹彭泽，皆不似也。蝉脱古人，成其在我而已。文则排戛雄浑，不事雕琢，绳墨自具。生平肆力考据之学，其古奥诘屈处，后学企攀莫及。”[①]故此，孙枝荣著述颇多。

《周南古迹考》二十二卷，也是孙枝荣在分纂河南府郡志时所辑，包括都邑、宫殿、观台楼阁堂室、苑囿、园圃、亭池馆轩庵、宅里、乡聚、坊街、书院、沟渠、关塞、屯堡、驿递、津渡、桥梁、道路、仓场、库藏、庙坛、陵墓、寺观等内容。此外，尚有《周官传》五卷、《春秋集传》、《春秋三传摘句》十二卷、《四书余记》四卷、《罗志》六卷、《石刻》二卷、《剑经注疏》一卷、《青桐阁诗文集》等著述流传。

（二）裴季伦与《清河宣防纪略图说》

裴季伦，字芝阶，河南（洛阳）人。光绪年间曾在直隶（今河北省）做官，主要负责河道治理，前后凡20余年。在任时尽职尽责，对直隶内河道源流及治理工事十分熟悉，做到了切实讲求，详察利弊。

《清河宣防纪略图说》，是专门论述清河宣防工事的。清河是直隶五大河之一，其支流多而杂，回环贯注，加上由于永定南岸年久失修，挟河而入，常常将清河淤塞，导致河水无处流淌，治理起来比较困难。形成清河宣防问题的原因是多方面的，那么提出解决方案也需全方位思考，这需要详细实地调查和运筹帷幄的全盘谋划能力。裴季伦能知难而上，提出清河宣防策略，并付梓刊行，以求推广治理策略，为百姓谋福利，可见《清河宣防纪略图说》之编撰实难能可贵也。

关于裴季伦在直隶任官及撰写《清河宣防纪略图说》的经过，他自叙道：“自光绪五年己卯需次保阳，历蒙各宪知遇，派司河工文案兼理各项工程，迄今二十有三年。凡清河所属堤界及大清、潴龙、赵王、西淀、滋河水势、土性、情形，并春日工作、夏秋防汛暨挖河、堵口各事宜，靡不细心考究，切实讲求，详察利弊，审定从违，守成规而不拘一格，因时地而制其宜。公余之暇，书纪数条，绘诸草图，以便考证，演为俚说，以期易明，名曰《清河宣防纪略图说》。”[②]裴季伦在长期从事清河河工工程的管理过程中，对清河的水性、土性及诸河工事宜无不深谙于心、轻车熟路，故此他在闲暇之余将之付诸笔端，最终形成《清河宣防纪略》一书，而为了治河方略在实践中能得到普遍推广，采用老百姓习以为常的口语来表示，可见其用心之良苦及对百姓疾苦之关怀，诚非那些舞文弄墨借著书立说流传芳名之辈的著作所能比拟。

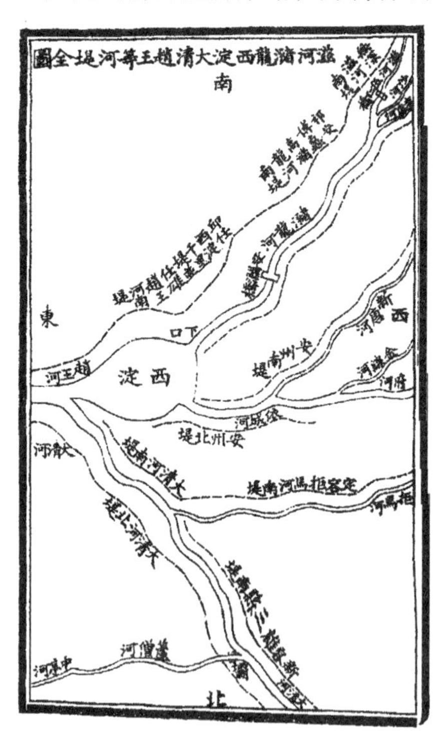

图7-21　滋河潴龙西淀大清赵王等河堤全图
（光绪二十九年天津大公报馆排印本）

---

① 转引自吕友仁主编：《中州文献总录》（下册），中州古籍出版社，2002年，第1438页。

② （清）裴季伦：《清河宣防纪略图说·自序》，《中华山水志丛刊》第1册，线装书局，2004年，第506页。

《清河宣防纪略图说》书成于光绪二十九年（1903年），共一卷，前有吴钟英序及裴季伦自序。卷首是5幅有关清河等河道宣防堤工图，分别是滋河潴龙西淀大清赵王等河堤全图、新容雄大清河南北堤图、无深滋河南堤图、祁安博蠡高潴龙河南北堤图、任邱西淀千里堤并任雄赵王河南堤图（图7-21）。后面六十六目全面介绍清河所属堤界及大清、潴龙、赵王、西淀、滋河水势土性情形，并详细介绍一年四季关于河务的各种合适工作，靡不条分缕析。

《清河宣防纪略图说》“春工”目中，对估工、估土方、估苇方、设局派员、购椿料、分工、取土、定方价、钉椿法、铺苇法、护堤埽、挑水坝、裁湾取直引河、土格、裁淤嘴、抽水沟、筑堤、夯硪工、做堤坡、加高培厚、筑越堤、加戗堤、挖淤、堆土牛土埝、修道口、栽柳株、插柳条、钉柳椿、种苇、獾洞鼠穴等河工事务进行了详细论述，这些事务看起来十分烦琐细碎，似乎与治河方略无涉。其实，空谈大禹治河之义例实与实践中治河能力和效果不可同日而语，裴季伦以其就任河务，方能将治河事宜安排的如此周密细致，如上所述即涉及河工之准备事宜，如估工、估土方等，又有治河方略与技术，如裁湾取直引河、筑越堤、加戗堤、钉椿法、铺苇法等，更甚者有对獾洞鼠穴的形状与应对之策，看似细碎实则关系重大，且往往容易被人们忽略，他指出：“以上两事，自应责成汛夫，然必须在工各员随时随处留心查看，并严立赏罚，方能于事有济。”[①]看来他实则表达了一种河工无小事，须制定细致周密的河工宣防制度，并严格执行，方能保证所谓的治河方略得到认真的贯彻与执行。

裴季伦负责河务20余年，河工经验丰富，他将自己的理论与实际相结合，撰写而成的《清河宣防纪略图书》，图记结合，详略得当，疏证缜密，详细介绍各种河防措施的利弊，所写的治理清河的措施简单实用，体现了明清时期中原地理学的较高成就。正如吴钟英评价《清河宣防纪略图说》云：“图者了如指掌，说者朗若列眉，皆具有心得。从躬亲阅历中来，其尤可宝贵者于水性、土性及一应办法靡不倾筐倒箧指示精详，足补畿辅水利丛书所未备，为来者所取法，非全局在胸，洞明形式者，乌能言其只字哉。”[②]

此外，裴季伦尚著有《直隶全省舆图》一册，书前有李映庚作的序和裴季伦自序，书后有孔繁淦作的跋。原直隶省舆图为咸丰九年（1859年）知府徐志导所制，已经距裴季伦的时代有40多年，这40年间河道变迁，建置沿革，大都已非原貌，原图与现实已脱节。裴季伦于是以原图为基础，大量查阅正史记载、地方史志，又根据调查的当时具体形势，增订修改原图，最终绘图26幅，开始为直省总图，后面领以各府厅及直隶州县图，又次为铁路、河道、海口诸图。因裴季伦熟悉河务，善于治河，故此在《直隶全省舆图》中对当时直隶的河道记载颇为翔实。故此，《续修四库全书总目提要稿本》评价说：“惟志导原图，均有开方计里，此图削去之，殊为妄诞。至其河道图，则较志导原图特详。盖因季伦尝从事宣防之役，故能熟悉水道之大势也。”[③]

《直隶全省舆图》全面形象地反映了当时直隶全省的行政区划和直隶境内的山川河流、交通线路、海岸线等地理知识，为现在研究清朝后期直隶的行政区划、山川河流等地理概念提供了丰富的史料。

---

① （清）裴季伦：《清河宣防纪略图说》，《中华山水志丛刊》第1册，线装书局，2004年，第514页。

② （清）吴钟英：《清河宣防纪略图说·序》，《中华山水志丛刊》第1册，线装书局，2004年，第505页。

③ 中国科学院图书馆整理：《续修四库全书总目提要》（稿本）第7册，齐鲁书社，1996年，第346页。

（三）黎世序与《续行水金鉴》

黎世序（1773～1824年），字景和，号湛溪，初名承惠，河南罗山县人，清嘉庆、道光年间治河名臣。

嘉庆元年（1796年）黎世序中进士，同年任江西星子县知县，不久调任南昌知县。嘉庆十三年（1808年）黎世序升任镇江知府。镇江丹阳练湖（旧名曲阿后湖）年久失修，积淤成田，汛期即成水患。黎世序依据图籍和民众意见，制定浚淤方案，动工建造3座大闸。工程竣工后，练湖通航，水患减少，淹没区农田受益。嘉庆十六年（1811年）黎世序任淮海道员。为疏通海口，黎世序力排众议，改开挖新河与修筑长堤为“束水攻沙”，使海口淤积疏浚，河复返故道入海。

嘉庆十七年（1812年），黎世序升任江南河道总督。任职内，黎世序勤政爱民，认真归纳治理河道的经验与知识，于治河方略多有建树，如改“束水攻沙”为“重门钳束”，改厢埽为碎石护坡。《清史稿》说他：“力举束水对坝，课种柳株，验土埽，稽垛牛，减漕规例价。行之既久，滩柳茂密，土料如林，工修河畅。南河岁修三百万两为率，每年必节省二、三十万。”[①]对于河工事宜，他“尤善商功，谨度支，而绳人不苛刻，故工帑岁节，而属吏用命，河淮晏然”[②]。

道光四年（1824年）黎世序病逝于任，终年52岁。道光皇帝为表其功，加尚书衔，晋太子太保，谥襄勤。《清史稿》评价道：“自乾隆季年，河官习为奢侈，帑多中饱，寖至无岁不决；又以漕运牵掣，当其事者，无不蹶败。世序澹泊宁静，一湔靡俗。任事十三年，独以恩礼终焉。”[③]

黎世序很注意积累治河经验，收集河工资料，组织编撰了大部头水利著作《续行水金鉴》。不过，《续行水金鉴》并不是由黎世序一人组织编撰完成的，黎氏去世后，他的继任者张井、潘锡恩二人继续编辑工作，最终于道光十一年（1831年）成书，共一百五十六卷，附卷首一卷，约二百万字，其所辑资料主要从雍正初年到嘉庆末年。

《续行水金鉴》之所以谓之“续”，是因为傅泽洪和郑元庆二人此前已经编辑了一百七十五卷的《行水金鉴》，该书所辑资料始自上古直到清康熙末年，于雍正三年（1725年）成书，约一百二十万字，可谓辑录了大量的治河资料，包含了丰富的治河方略与技术。但是沧海桑田，治河难题代不相同，新的问题不断产生，新的解决办法也就应运而生。潘锡恩指出：“康熙以前之法，遂不可以治乾隆、嘉庆间之河，此续书之不可不亟为纂辑也。黎襄勤从事河干，肫肫悬悬，深悉夫时近则形势未殊，事详则稽核较易，援袭往例，排比成文。”[④]黎世序审时度势，积极投身于《续行水金鉴》的编辑。

《续行水金鉴》资料编排的顺序是河水（卷一至五十）、淮水（卷五十一至六十四）、运河水（卷六十五至一百三十二）、永定河水（卷一百三十三至一百四十五）、江水（卷一百四十六至一百五十六），从这样的编排顺序和卷数多少中，也暗示了当时治河的重点及难点所在。卷首附图

---

① 赵尔巽等撰：《清史稿》卷三百六十《黎世序列传》，中华书局，1977年，第11379页。

② （清）梁章钜：《江南河道总督黎襄勤公墓志铭》，《清代传记丛刊》第121册《碑传集补》卷十六，明文书局，1985年，第84页。

③ 赵尔巽等撰：《清史稿》卷三百六十《黎世序列传》，中华书局，1977年，第11380页。

④ （清）潘锡恩：《续行水金鉴序》，《续行水金鉴》（国学基本丛书），商务印书馆，1937年，第1页。

中顺序与此相同，它们是河水图六附沁水图一、淮水图二、运河图八附图三、永定河图和江水图。《续行水金鉴》与《行水金鉴》相比，体例编排有所不同。《行水金鉴》中，官司、夫役、河道钱粮、堤河汇考、闸坝涵洞、漕规等均单独成卷，而《续行水金鉴》则分散在各厅工程中。此外，也增添了不少新资料，如有关农田水利的记载散见于各章内，而在卷一的附图中增加了《永定河图》，删去《济水图》，并专篇大量笔墨论述了永定河的防洪措施与治理方略。

1936年，武同举又着手收集道光至宣统间的水利资料，编撰了《再续行水金鉴》。《行水金鉴》《续行水金鉴》《再续行水金鉴》三部水利文献资料首尾衔接，系统地汇总了自古及今黄河、淮河、长江、永定河、运河等流域的河道变迁、水利工程技术和行政管理状况，成为“凡讲求水政者，莫不奉为圭臬”①的重要参考文献。

除主持编辑《续行水金鉴》外，黎世序尚著有《治河奏议》二十四卷，收载于《南河成案》中。世序之子黎学淳从《治河奏议》中，取其精华，择要辑录而成《黎襄勤公奏议》一书，前有济宁孙玉庭序，后有其子学淳跋。书凡六卷，按内容分编六卷，卷一录三篇，讲接筑新堤、疏通海口问题；卷二录六篇，为改建山盱五坝之仁、义、礼三坝以蓄清敌黄问题；卷三录六篇，讲统筹整修黄河闸坝，使泄水有制，保证漕运问题；卷四录四篇，讲埽坎工程应采用碎石护基问题；卷五录四篇，讲工程用料筹集与估价问题；卷六录五篇，讲展宽徐州河面的必要性与具体规划。

黎世序不仅为官正直清廉，而且对河务熟悉，取得了巨大的治河业绩，被誉为清代“河神”，为当地的发展做出了巨大贡献。尤其是他的治河奏议都是从各地实际出发，按照水患不同的形成原因提出具体且有效的治理措施，在明清地学史上占有重要地位，也体现了当时治河方略的灵活性。

（四）蒋湘南的地理学成就

蒋湘南（1795～1854年），字子潇，河南固始人，是嘉庆、道光年间博学而见解独到的回族学者。蒋湘南父亲早逝，母亲将他抚养成人。他自幼聪敏好学，过目成诵，叔父奇其才，为他购置了许多书籍。蒋湘南读书刻苦，遇到疑问必负笈千里，求访名师。初师从光州马彭，学经史百家语和诗古文辞。蒋湘南少负盛名，未及弱冠即考取秀才，被传为美谈，人称“蒋才子”。

道光五年（1825年），蒋湘南以解《说文》受知于学使吴慈鹤。后吴慈鹤督学山东，邀蒋湘南入其幕府，其幕中多关中名士，蒋湘南得与之结交。之后蒋湘南受陕甘学使周之桢的邀请，出入鄂尔多斯、额鲁特、哈尔哈、土尔扈特、乌剌惑等地。道光十四年（1834年），蒋湘南举副榜贡生，次年中举人。蒋湘南后来多次投考进士未中，直到道光二十四年（1844年）才科挑副榜，补虞城教谕。但他没有到任，绝意仕途，开始游历四方。后应川督惠诚之邀入幕，但因两人谈兵事不合，蒋湘南力辞回到关中，主持书院讲席，修《全陕通志》。他潜心治学，学问愈发深厚，其始为辞章，然后治经，后来研究释道，旁及景教、喇嘛等宗教书籍。咸丰四年（1854年）八月病逝，享年59岁。

蒋湘南博古通今，号称当时的今古通儒，是位在多学科都卓有建树的大家。其于地学上，所撰志书甚多，如《陕西省通志》《同州府志》《泾阳县志》《六坝厅志》《蓝田县志》《夏邑县志》

① 诸青来：《再续行水金鉴序》，《再续行水金鉴》，水利委员会编印，1932年。

《鲁山县志》《江西水道考》《华岳图经》《中州河渠书》《后泾渠志》《庐山纪游》等。

《江西水道考》五卷（图7-22）。蒋湘南长期任职于江督、河督幕府，对江西诸水脉络了解详细。蒋湘南苦于江西没有描述河流的专著，相关的著作中含糊其辞，并没有仔细地探求河流源流，于是他在查阅资料和实地考察的基础上，完成了这部著作。其中卷一江水，主记九江府水道；卷二至卷五均为赣水，分别记录南安、赣州等江西省辖诸府及彭蠡湖水道状况。可见该书是以江、赣水为纲，全面概述江西水道自然状况，主记漳水、贡水、袁江三大主流，兼及溥水、密水等赣江大小支流500余处，是研究赣江流域自然地理的重要资料。《续修四库全书总目提要稿》指出：“湘南乃清代儒者，深明经史，故此书中每考水源源流，多引史志旧籍，以资证据。凡研地理、河渠之学者，必当参阅此书，不无小补，或得核证，今之好斯学者，岂可弃斯书哉！”[①]

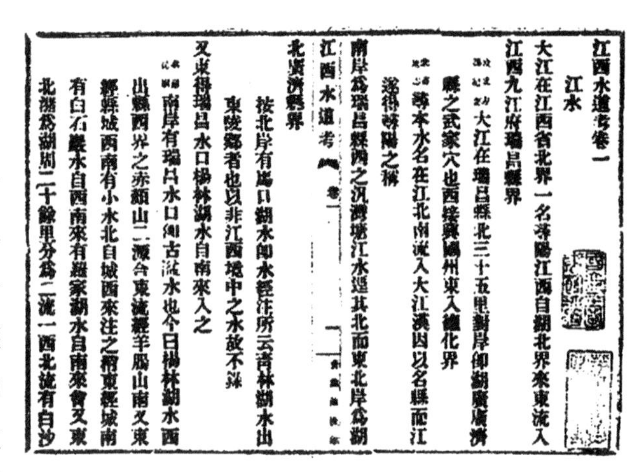
江西水道考卷一
江水
大江在江西省北界一名潯陽江西自湖北界來東流入
江西九江府瑞昌縣界
大江在瑞昌縣北三十五里對岸即湖廣廣濟
縣之武家穴也西接興國州東入德化界
潯本水名在江北南流入大江濱因以名縣而江
遂得潯陽之稱
南岸為瑞昌縣與之汎灣堤江水逕其北而東北岸為湖
江西水道考　卷一
北廣濟縣界
按北岸有馬口湖水即水經注所云靑林湖水出
東陵鄉者也以非江西境中之水故不詳
又東得瑞昌水口楊林湖水自南來入之
南岸有瑞昌水口即古湓水也今曰楊林湖水西
出縣西界之赤額山二源合東流經羊腸山南又東
經縣城西南有小水北自城西來注之稍東經城南
有白石嶺水自西南來有嚴家湖水自南來會又東
北瀦為湖周二十餘里分為二流一西北流有白沙

图7-22　蒋湘南《江西水道考》书影
（据《中华山水志丛刊》）

《华岳图经》二卷，卷上为华岳图，包括华岳全图、太华阴图、太华阳图、少华图、华山之水图、阳华薮图、华岳庙图、水经注南祠中祠下庙图等；卷下则包括华山、华山之水、华岳庙、华岳祀典、阳华薮、华山五洞、镇岳上方剑、华岳图经序录等几个部分。

《续修四库全书总目提要》评价说：《华岳图经》中谓惇物，一名垂山，见《汉书·地理志》注，山在武功县境，或是太白山之古名也。案《汉志》太一山，古人以为终南，今考太一山亦曰太白山，太白山是终南，则非垂山矣。《水经注》引杜彦远曰：“太白山南连武功山，于诸山最为秀杰。”是太白、武功明为二山，武功当为惇物无疑。此说小误，然其辨‘华’字之音，考岳庙之谬，皆至为典核。论韩愈登苍龙岭事，痛哭或未必，投书求华阴令设计当有之耳。又谓毛女始于刘向《列女传》，然而不传其名，至《神仙传》，乃云名玉姜，字正美，则葛洪之杜撰矣。骊山役夫，古丈夫者，元人传奇之说，托为唐大中时，陶太白、尹子虚所遇，而志华山者因之，遂有古丈夫洞，在毛女洞下，岂传奇亦可为典要耶？是皆中肯。顾其自述，入关宿岳庙镇，感李靖上书、裴叔祈梦事，因作祝文一篇。焚告岳神，樵鼓初动，未能骤眠，恍惚见古衣冠人，持简相示曰：岳神召。视其简，字如符篆，不可读云云，可谓语怪矣。全书雅训，斯为累耳。[②]

蒋湘南著述颇多，且文采横溢，得到当时人的大加赞赏，如王济宏说：“其在关中数以书贻余，慨息天下大事，佐以所著《卦气表》《华岳图经》《游艺录》《庐山纪游》诸书，皆可卓卓可传者，然在子潇，则犹其随笔杂录，非其至者也。”[③]当然，为人作序溢美之词在所难免，然在蒋湘南则为实至名归（图7-23）。

---

① 中国科学院图书馆整理：《续修四库全书总目提要》（稿本）第17册，齐鲁书社，1996年，第427、428页。

② 中国科学院图书馆整理：《续修四库全书总目提要》（稿本）第1册，齐鲁书社，1996年，第319、320页。

③ （清）王济宏：《七经楼钞序》，《七经楼文钞》，中州古籍出版社，1991年，第3页。

图7-23　蒋湘南《华岳图经》附《太华阴图》
（据《中华山水志丛刊》）

蒋湘南除了有上面介绍的地理学著作外，还有《周易郑虞通旨》十二卷、《卦气考》一卷附《卦气证》一卷、《春秋纪事考》六册、《十四经楼日记》、《游艺录》三卷、《七经楼文钞》六卷、《壬寅杂稿》、《春晖阁诗抄选》六卷等经学、文学著作。可见蒋湘南在经学、文学及地理学方面都取得了巨大的成就。

（五）乾隆《少林寺志》

少林寺始建于孝文帝太和二十年（496年），因位于少室丛林中，故名之曰少林寺。北魏孝明帝孝昌年间（525～527年）达摩来到少林寺，创造了壁观坐禅法，并使之在中国发扬光大，少林寺也被誉为禅宗祖庭。其间又经历了曲折的发展历程，到明清时期，少林寺的格局已经基本奠定。

少林寺名扬天下，引来了许多善男信女、文人墨客、达官贵人、帝王将相的参拜、游访，这其间留下了大量的诗词歌赋，至今读来仍能让人有身临其境之感。然而对中原地区这一著名的人文胜地，却很少有著作专门系统地介绍它的人文内涵。到清乾隆时期，才出现一部这样的著作——《少林寺志》。

《少林寺志》的编撰历程颇为曲折。康熙时，登封知县叶封与焦钦宠即已着手编撰《少林寺志》。叶封，字井叔，自号退翁，湖广黄陂（今属湖北）人。清顺治进士，康熙八年（1669年）知登封县事，累官工部主事，著有《嵩山志》《嵩阳石刻集记》《嵩山诗集》行世。焦钦宠，字锡三，号樗林，登封县人。康熙中岁贡，任夏邑训导。学问渊博，工诗古文辞，所交皆海内名士，曾与耿介以理学相质。著有《樗林文存》《樗林诗存》《康熙登封县志》等。钦宠所纂《登封县志》是在其父焦复亨所撰的《顺治登封》的基础上续修而成，于康熙三十年（1696年）刊行。但是焦钦宠与叶封所撰《少林寺志》并未刊行。

乾隆十二年（1747年），焦钦宠后人焦如蘅“不惮蹑险仄，穷幽深，屡更寒暑，于巉岩断壑、颓垣藓壁间，得其片碣只字，摩挲珍稀”[①]，经过实地考察，对焦钦宠旧志重新“裁酌编次，俾使完璧”[②]。焦如蘅自述《少林寺志》编辑历程道：“前任叶明府井叔约同先王父樗林，于五十年前

① （清）张学林：《少林寺志·序》，乾隆十三年刻本，第4页。
② （清）施奕簪：《少林寺志·叙》，乾隆十三年刻本，第3、4页。

搜罗钞集，俾万斛珠玉收贮箧笥，遂什袭以贻后人，备采择以修寺志。奈余小子愧乏寸长，才疏既不足以任纂修；力绵又无能以付剞劂。仅继前人之志，不惮校缮之劳，只期别类分门，罔计点金成铁。”[①]焦如蘅重修《少林寺志》的行为得到分巡河陕汝兼管水利道按察副使张学林及登封县令施奕簪的支持，才得以于乾隆十三年（1748年）付梓面世（图7-24）。

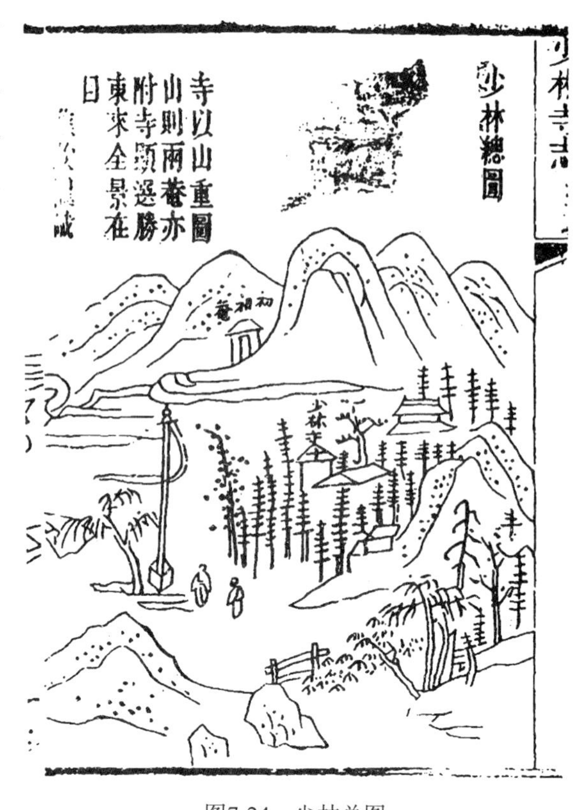

图7-24　少林总图
（乾隆十三年刻本《少林寺志》）

《少林寺志》共有八目，即序、绘图、形胜、营建、古迹、祥异、艺林、题咏。对比其卷目的设置似与康熙景日昣所撰《说嵩》有某些雷同，但收录的有关少林寺的资料更加详细和丰富，是《说嵩》与其他有关嵩岳的著作所不能比的。正如施奕簪所说：“少林为海内名刹，景物艺林虽杂见于《嵩山志》《说嵩》诸书，仅全豹一斑，不可无专志以表其盛。”[②]《少林寺志》作为一部关于少林寺的人文地理学著作，对少林寺的建立、沿革、名胜古迹，以及禅宗的流派与历代朝廷对少林寺的管理制度等进行了详细记载。例如，在“绘图”目下，共绘有关于少林寺的图12幅，分别为总图、寺院全图、初祖庵、达磨像、只履西归像、观音像、鱼篮菩萨像、紧那罗王像、关夫子像、面壁图、影石图、钟馗像等。这些画像是很珍贵的历史资料，如在观音像下注道：“吴道子画在墙东。”[③]从关夫子像和钟馗像上也可以看出佛教在传播的过程中，已经与中国传统文化互相融合。再如，在“营建”目下，“大雄宝殿”条记载：“清康熙四十三年，御书宝树芳莲匾额悬殿内。雍正十三年奉敕重修左梁旋折。乾隆十年邑令晋江施奕簪重修。”[④]“千佛殿”条记载道：“即毗卢阁，在立雪厅后，依山辟基。明慈圣皇太后撤伊王殿材并建。”[⑤]这些记载不仅道明了不同景点的位置，而且对其修建之历史记载详细。

《少林寺》另一大特色就是辑录大量的历代文人骚客的诗词歌赋，如在“艺林”目下，收录宸翰八、藩王文翰二、碑记二十一、僧碑僧传十九；在“题咏”目下，收录五言古十七首、七言古九首、五言律八十九首、七言律一百五首、五言排律十首、七言排律二首、五言绝句十七首、六言绝句六首、七言绝句四十八首、偈六首、赞二首、颂一、词一、赋一。所收录的诗文占了《少林寺志》的大部分篇章，虽然保留了大量的文学史料，但在编辑排列上不免因过于繁杂，存在这样那样

① （清）焦如蘅：《修少林寺志纪事》，乾隆十三年刻本，第2页。
② （清）施奕簪：《少林寺志·叙》，乾隆十三年刻本，第3页。
③ （清）叶封、焦钦宠、施奕簪、焦如蘅辑：《少林寺志·绘图》，乾隆十三年刻本，第4页。
④ （清）叶封、焦钦宠、施奕簪、焦如蘅辑：《少林寺志》，乾隆十三年刻本，第6页。
⑤ （清）叶封、焦钦宠、施奕簪、焦如蘅辑：《少林寺志》，乾隆十三年刻本，第7页。

的问题，而被人诟病。

总之，《少林寺志》是一部珍贵的有关宗教寺院的专志，历史文献价值巨大。此志对现代人研究少林寺的文化、历史沿革、建筑艺术等多方面都有巨大的帮助。

三、《滇南矿厂图略》的矿物学成就

明清时期，中原矿物学取得了巨大的成就，河南固始人吴其濬的《滇南矿厂图略》就是其中的典型代表。

云南是我国矿物资源最丰富的省区之一，所产银、铜、锡等金属，对整个清王朝都有举足轻重的作用。吴其濬在出任云南巡抚兼署云贵总督期间，十分重视当地的采矿冶炼事业，为鼓励矿业的发展，他针对时弊，颁定章程，革除弊政，加强管理，使云南的采矿业出现了繁荣的景象。同时，他还深入矿区调查研究，参阅《云南通志》《铜政全书》等著作，在东川府知府徐金生的帮助下，编写了《云南矿厂工器图略》《云南矿厂舆程图略》两部著作（后合称为《滇南矿厂图略》），这两部著作在道光年间刊行，对矿业管理、矿物学知识及矿物采冶技术等方面均作了精辟的研究。《新纂云南通志》评价道："其濬对于滇省矿厂，富有研究，曾著《滇南矿厂图略》二卷，条分缕析，为采滇矿者不可少之书。"①

《滇南矿厂图略》分上、下卷。上卷为《云南矿厂工器图略》，包括工器图20幅、次滇矿图略、下引第一、硐第二、硐之器第三、矿第四、炉第五、炉之器第六、罩第七、用第八等。后附宋应星《天工开物》（节录五金第十四卷）、王崧《矿厂采炼篇》、倪慎枢《采铜炼钢记》《铜政全书·咨询各厂对》。下卷名《滇南矿厂舆程图略》，有全省图1幅，以及府、州、厅图21幅，下为滇矿图略，其下再分各种矿产、运输等。

《滇南矿厂图略》无论是在我国矿冶史上，还是在近代经济史中均占有重要地位，其主要成就有以下几项。

第一，该书对云南省的矿产资源分布情况进行了详细的记载，计有铜矿33处、锡矿1处、金矿4处、银矿25处、铅矿4处、铁矿14处，由于卷首载有全省及府、州、厅图20余幅，使人对云南全省的矿业情况一目了然。

第二，该书对当时的矿学知识加以总结描写。例如，关于云南铜矿石的描写，说最好的矿石叫作"自来铜"，成分十溜（含铜量100%）的天然金属铜。其次是有待煎炼的矿砂，最上品是滇人称为"彻矿"即是"净矿"，又叫"火药酥"。颜色深黑，组织松脆，成分可达九溜以上（含铜量90%以上），它是名贵不易多得的矿石。属于"锡镴"类的矿石种类很多，其中的"白银镴""紫锡镴"等含铜量都很高。书中还记载有"油锡镴""绿锡镴""烂头锡镴"等含铜量较低的矿石。属于"绿矿"的矿石有"墨绿""黄胖绿""豆青绿"等各种名称，含铜量也较高。以上内容，基本上反映了云南某些大铜矿的矿石分类和产状的实际情况。

第三，该书还对找矿采矿技术进行了叙述，如把寻找矿者之"引"作为开采矿藏的首要环节

① 江燕、文明元、王珏点校：《新纂云南通志》卷一百八十一《名宦传》，云南人民出版社，2007年，第58、59页。

来看待，将其分为“憨闩”（无矿）、“蔓山闩”（微矿）、“竖生闩”（小矿）、“磅刀闩”（大矿）及“大闩”（富矿）五类，并对铜矿、银矿等矿石的品位、质量进行了深入的论述，又对铜银共生、铅银共生等矿物共生现象加以记述，为人们寻找和开发矿物提供了指南。《滇南矿厂图略》以20多幅精致的图谱详细描绘了采矿和冶炼工艺和工具，生动地再现了19 世纪我国矿业生产技术。书中对采矿工具的铁锤、铁尖、凿子、麻布袋、亮子，通风排水的风柜、竹桶及冶炼金属必需的炼炉、风箱、铁锹、拨条等工具的构造和用途详加描述。其中对井下照明用的“亮子”及通风排水装置的记述尤为详细，从中可知当时矿井架设普遍采用“博山形”的“莲花顶”，成批的圆木由下而上，由宽而窄，逐层垒砌，断面呈三角形，井架十分坚固耐用。吴其濬对矿石的开采线路选择记述说：“平进曰推，稍科曰牛吃水，斜行曰陡腿，直下曰钓井，倚木连步曰摆夷梯，向上曰钻蓬。”可见当时已采取了竖井、斜井、巷井、平巷等相结合的采掘方式，矿工们已能根据矿石的品位，灵活地选择采掘方向，具有熟练的采矿技术。

第四，《滇南矿厂图略》还涉及对矿厂经营管理的论述。吴其濬认为，矿藏应加强物资、生产、行政、财务等方面的管理，并促使管理工作制度化，以保障矿厂的顺利发展。他指出，矿厂应实行明确的岗位责任制，如“镶头”一职，实际上是矿厂的技师或顾问，“凡初开洞，先招镶头，如得其人，洞必成效”，这表明他对工程技术人员的高度重视。吴其濬主张建立严格的规章制度，指出：“官之奉者，例也；民之所信者，规也。”并且，制定厂规应在矿厂开办之初即着手，因为“定为初开时易，改于既旺后难”。厂规内容包括有办厂之前应履行的审批手续和承担的义务，对诉讼纠纷的规定，矿厂合资各方需信守的合同，矿厂生产和人事管理制度，安全保护措施等。例如，在矿厂人事管理中规定：“凡洞管事管镶头，镶头管领班，领班管众丁。递相约束，人虽众不乱。”这都有效地保证了矿厂的有组织、有秩序的生产。为保证安全生产，他提出要用多开洞口以通风，设置风柜以扇风等措施，来防止矿井缺氧造成的窒息；并提出要以切实的措施，避免矿井“盖被”（塌陷）造成的危害。吴其濬的合理经营、严格管理和安全生产的思想，对我们今天的企业管理仍有重要的参考价值①。

吴其濬的《滇南矿厂图略》是我国第一部矿业工具的专著，也是详述矿厂经营管理的第一部著作。书中保留了大量的科技史史料，在我国矿冶史上和近代经济史中均占有重要地位，代表了中原矿物学在明清时期的高超水平。

---

① 王星光：《吴其濬生平及科学贡献》，《许昌师专学报（社会科学版）》1999年第2期。

第八章　中原近代科学技术的兴起和发展（1840～1949年）

第一节　西方科学技术思潮引入河南

尽管以四大发明为代表的中国古代科技文明对世界文明的进步做出了不朽的贡献，但在许多西方人眼里，保守的中国文明根本就谈不上有什么科学。在他们看来，科学是西方文明的产物，中国所拥有的最多不过是些实用的技术罢了。有趣的是，恰是这种偏见促使西方一位著名的科学家——李约瑟转向了中国科技史的研究，最终著成了洋洋洒洒的鸿篇巨制——《中国的科学与文明》（*Science and Civilization in China*）。

另外，我们也看到处在传统社会末期的中国人，对西方科学技术的蔑视和鄙夷，最多的只是稀罕和好奇。在那时的中国人看来，自古以来，天文、算学、历法、医学、营造等，都为国人之擅长，传承而有续。因此，西方的那些“奇技淫巧”，原无须大惊小怪，实乃中国固有。在经历了鸦片战争的船坚炮利后，他们的认识开始悄然发生改变：“因思洋人制造机器、火器等件，以及行船、行军，无一不自天文，算学中来。”①

而事实上，我们的天文、算学等远逊于在经学研究上的进展，遑论正在高速发展的西方近代科技。早在明代，徐光启就曾对此慨叹道：“算数之废，特废于近数百年间耳。废之缘，一为名理之儒，土苴天下实事。”②

当然，也正是从明代开始，西方科学技术这股西风开始东渐。

一、西方科学技术的引入

（一）第一次西方科学技术的引入和成果

西方科学技术第一次东渐发生在明清之际。16世纪末，意大利耶稣会传教士利玛窦来华，开始了耶稣会在华“学术传教”的历史。一批实学思潮的人物，如徐光启、李天经、王徵、方以智、王锡阐、梅文鼎等抱着实用的目的，接受和传播西方科学技术。这一时期传入中国的科学技术大多是

---

① 奕䜣：《奏请在同文馆添设天文算学馆折》，《中国近代教育史教学参考资料》（上），人民教育出版社，1986年，第182页。

② 徐光启：《徐光启集》，中华书局，1963年，第80页。

近代形态的，如天文学方面，传教士们介绍了第谷的宇宙体系，介绍了哥白尼的《天体运行论》，传入了天文学的实验仪器，如天球仪、经纬仪、望远镜，写出了《五纬历指》《坤舆全图》等书，并将这些科学知识与技术广泛运用于他们协助徐光启编制的《崇祯历书》当中；地理学方面，传教士编制的世界地图集解释，广泛介绍了近代地理学知识，如地球的经纬、赤道、五带、新大陆的发现等；解剖学方面，有邓玉函的《人身说概》和罗雅谷的《人身图说》，介绍了近代人体解剖学；数学上，罗雅谷的《比例规解》首次介绍了伽利略比例规，他的《筹算》首次介绍了耐普尔筹算；力学上，邓玉函编译的《远西奇器图说》介绍了重心、比重、杠杆、斜面及运动力学和机械力学的基本原理；光学上，汤若望的《望远镜》较全面地讲解了光的直射、反射、折射等几何光学知识；在技术科学上，邓玉函《远西奇器图说》中的《自鸣钟说》一卷，介绍了代表17世纪初西方机械技术的最高成就——自鸣钟，《火攻挈要》则介绍了各式火炮和炮制技术。总之，“西方在17世纪初年及其以前取得的成果，基本上都在明末传入了中国”①。但这次西方科学技术的传播比较短暂，很快，近代科技在中国的传播进入沉寂。

（二）第二次西方科学技术的引入和成果

西方科学技术第二次东渐是在19世纪中叶之后。在鸦片战争失败之后，作为近代放眼看世界的第一代知识分子，林则徐、魏源提出“师夷之长技以制夷”的思想，越来越多的人士抛弃空疏的正统学问，开始自觉学习西方近代科学技术，涌现出了一批在数学、天文、化学、物理、地理等自然科学上较有成就的名家学者。

清政府在1861年1月设立总理各国事务的衙门，负责涉外一切事务，即“洋务”，由此开始了“洋务运动”。他们在理论上打出的旗帜是“中体西用”。随着“中体西用”观的形成，西方科学技术被作为有“用”之物确定下来，始以“专意用剿”，继又作为“御夷之策”，此所谓“自强之道”。“洋务运动”实现的具体内容包括：向西方购买船、炮、机器，雇用外国技术人员，依靠他们的技术力量制造兵器船只；稍后又从军事部门发展到经济领域，兴办民用工矿、交通、电信企业，设立同文馆，翻译外国科技书籍，培训人员，并派人出国留洋。洋务运动持续了30余年，到1894年的中日甲午战争，因为战争失败而告终。

洋务运动期间，西方先进的科学技术在中国传播之广、引进之多及对后来所产生的影响之大，是前所未有的。洋务运动中，清政府建立了一批近代工矿企业，包括由政府官办的军工厂，如江南制造局、湖北枪炮厂等；“官督商办”的一些民用工矿企业，如轮船招商局、基隆煤矿、开平矿务局等。在这期间，中国民族资本也陆续开办了机器制造、丝、纺织、面粉、火柴、造纸、印刷等近代企业。随着近代工矿企业的建立，也就引进了近代科学技术。比如，1865年设立的江南制造局，从美国引进了锅炉、以蒸汽机作为原动机，并建有汽锤车间。1866年开办的上海民营发昌机器厂，于1869年已开始使用近代机床。由于造船技术的传入，1865年我国第一艘轮船在安庆制造完成。19世纪60年代开办的上海江苏药水厂已可以制造酸碱，并于19世纪70年代开始制造肥皂。江南制造局在1890年开始设立炼钢厂，设有15吨酸性平炉一座，日出钢3吨。1890年开始建立的大冶铁矿，乃

① 童鹰：《世界近代科学技术史》（上），上海人民出版社，1990年，第217页。

是我国第一座用机器开采的露天铁矿。1881年建成唐（唐山）胥（胥各庄）铁路，同时制造出了中国第一辆机车头。同年我国正式开通第一条陆路电报线路——津沪线，经过10多年的修建扩展，到1895年形成了“殊方万里，呼吸可通”[①]的电信网，东到吉林、黑龙江，西至甘肃、新疆，东南起闽、澳、台湾，西南迄广西、云南。

同期，西方科学技术理论的引入、介绍、传播成为另一种时代景观。从19世纪中期起，科学著作的译介已陆续开始，但最初主要翻译的是一些与“制器”直接相关的实用性著作，如《汽轮发轫》《汽机问答》等。19世纪后期，出现了有组织的译书机构，如京师同文馆、江南制造局翻译馆等，介绍科学原理的译著逐渐增多，如京师同文馆便翻译了《格物入门》《化学指南》《格物测算》《化学阐原》等。而江南制造局翻译馆的工作则更引人注目，该馆自1871年开始出版译著，前后出书160余种，其中相当一部分是关于各门科学的理论译著，数学方面有《代数学》《微积溯源》《三角数理》等，物理学方面有《电学》《声学》《光学》等，化学方面有《化学鉴原》《化学分原》《化学求数》《化学源流论》等，农业方面有《农学理说》《农务全书》《农学津梁》等，医学方面有《内科理法净》《西药大成》等，此外还有天文学方面的《谈天》、地质学方面的《地学浅释》等，总之，数、理、化、农、医、天、地，几乎各门学科的理论都有所译介。

在洋务运动失败之后，出现了康有为、梁启超、严复等一批主张维新变法的人物。维新派人士竭力提倡学习西方科学技术，要求变革旧体制。他们的口号是“改革中体，以用西学”。他们要求废八股科举，改试策论取士；主张兴学校，学习自然科学；竭力倡议组织学会，广译西书、报纸，加速选派留学生；奖励工艺发明。维新运动对近代科学技术在中国的发展，无论在学科建设方面还是在科学思想的形成方面，无论在舆论宣传上还是在实际措施上，都起到了极大的推动作用。正是在戊戌变法运动的推动下，京师大学堂及相当于教育部的“学部”相继建立。同时，经过长期的宣传和社会力量的推动，科举制度终于在1905年被废除，为科学技术的发展解除了一大绳索。在派遣留学生方面更加集中在理、工、农、医各科。另外，在体制变革的推动下，各种科学学会和科学研究机构逐步建立，如我国第一种医学杂志《利济堂学报》于1897年1月在浙江瑞安利济医院学堂创刊，第一种农业科技杂志《农学报》于同年5月由上海农学会创办，第一种综合性自然科学杂志《亚泉杂志》半月刊由杜亚泉于1900年11月在上海创办。

二、传教士在河南与西方科学技术思潮的引入

在19世纪中外文化关系中，西方传教士担当了具有双重身份的角色：既是圣经福音的布道者，又是西学东渐的先驱者。不过其角色身份的重心，有一个转换过程。

通过传播知识以建立信誉、扩大影响，从而利于进一步传教，这种“知识传教”模式，在明清之际利玛窦、艾儒略、南怀仁等来华时就已初步形成。因此1840年法国天主教重新向中国派出传教士时，“最初计划，是想要在中国重操耶稣会的事业，即科学和传教同时进行”[②]。而此前，新教

---

① 中国史学会：《洋务运动》（第6册），上海人民出版社，1961年，第446页。

② 〔法〕史式微著，天主教上海教区史料译写组译：《江南传教史》（第一卷），上海译文出版社，1983年，第38页。

传教士马礼逊等，已经在其前辈的基础上开创了“知识传教”的新模式，即把传教和出版书刊、创办学校、开设医院等结合起来。他和米怜等创办了第一种中文期刊《察世俗每月统纪传》（*Chinese Monthly Magazine*）（1815年），建立了第一个中文印刷机构马六甲印刷所（1817年），开办了第一所中文学校英华书院（1818年），翻译出版了第一部中文全译本《圣经》[①]（1823年），编印了第一部中英文对照辞典《华英字典》（1815～1823年）。

《察世俗每月统纪传》曾宣明：“至本报宗旨，首在灌输智识，阐扬宗教，砥砺道德，而国家大事之足以唤醒吾人之迷惘，激发吾人之志气者，亦兼收而并蓄也焉。本报虽以阐发基督教义为唯一急务，然其他各端，亦未敢视为缓图而掉以轻心。智识科学之于宗教，本相辅而行，足以促进人类之道德，又安可忽视之哉？中国人民之智力，受政治之束缚，而呻吟憔悴无以自拔者，相沿迄今，二千余载，一旦唤起其潜伏之本能，而使之发扬蹈厉，夫岂易事？唯有抉择适当之方法，奋其全力，竭其热忱，始终不懈，庶几能挽回于万一耳。作始虽简，将毕必巨，若干人创之于前，则后之学者，责无旁贷矣。是故不揣谫陋，而率尔为之，非冒昧也，不过树之风声，为后人之先驱云尔。”[②]

这段话可以说概括了此后几代传教士的“抉择”。这一“抉择”同时包含着另一层考虑即针对当时中国人“天朝中心主义”的盲目自大心理：“要让中国人了解我们的工艺、科学和原则，从而清除他们那种高傲和排外观念……让中国人确信，他们需要向我们学习很多的东西。”[③]因此传教士们不仅出版宣传基督教义的普及读物，而且编译了一些“能启迪中国人智力”“并把西方的技艺和科学传授给他们”[④]的书籍。

早期来华传教士以向中国人介绍世界地理、历史和各国概况为主，很快就产生了效果，突出体现在魏源的《海国图志》[⑤]。梁启超在《中国近三百年学术史》中推崇《海国图志》说：“中国士大夫之稍有地理知识，实自此始”，“其论实支配百年来之人心”[⑥]。而现在我们也可以说，魏源之稍有地理知识，实自传教士始。同时期另一部重要的世界史地理著作徐继畬的《瀛环志略》，很多资料也来源于传教士雅裨理等。正是通过他们，中国人打开了瞭望世界的窗口。

19世纪50年代以后，传教士们继续推进宗教和知识科学“相辅而行”的方式。一批影响较大的科学译著先后出版，同时还开办了一批教会学校。

不过，19世纪前中叶，大多数传教士仍“以阐发基督教义为第一急务”，出版、教育还是作为传教的辅助手段。根据1843～1860年香港、广州、福州、厦门、宁波、上海等6个城市出版的434种西书，我们可以统计出：宗教类占75.8%，若加上相关的道德劝诫类书籍，共占79.5%，其余20.5%。非宗教类出版物中，年鉴、杂志、教科书及语言类等综合性书刊占9.9%；医学、数学、

---

① 当时命名为《神天圣书》。

② 《〈察世俗每月统纪传〉序》，《察世俗每月统纪传》嘉庆丙子年（1816）卷首。

③ 郭实腊：《〈东西洋考每月统纪传〉创刊意见书》，《中国丛报》1833年8月刊，第187页。

④ 《中国丛报》1834年12月刊，第384页。

⑤ 1852年出版的百卷本《海国图志》征引了编撰者所能见到的古今中外关于世界自然地理和人文地理的著作。若仅就征引书目的种数看，中国的著述是外国人的5倍（所引中国正史及专著近百种，外国人著作及报刊约20种），但是实际引录的文字数量，外国人著述却占了80%。

⑥ 梁启超：《中国近三百年学术史》，东方出版社，1996年，第349页。

物理学、天文学、博物学等自然科学著作34种，占7.8%；各国史地、政经类著译仅12种，只占2.8%[①]。可以看出，知识科学所占比例还不大，而且主要是自然科学。

中原地区，平坦广袤，是交通往来必经之要道。因此，也成为传教士活动的主要地区之一。在近现代史上，主要有两大教会在河南传教，一是长老会，二是圣公会。

1888年，加拿大西部长老会向河南派出了第一批传教士，此后，它陆续在豫北的彰德（今安阳）、卫辉、怀庆（今沁阳）、道口、武安（今属河北）和修武建立了6个传教总站和分站，发展教徒6000多人，并建立95所小学、2所中学和5家医院。

豫北有彰德、卫辉和怀庆3府，下辖24个县，2万多个村庄，800多万人口，是一个典型的乡村地区。长老会的传教活动便是从乡村布道开始，最初主要采取一边行医一边传教的方式。经过一段努力后，1890年10月在彰德府内黄县楚旺镇建立了第一个传教点，1892年在卫辉府境内的新镇建立教堂和诊所。1894年10月，豫北差会在彰德府城安阳建立传教站，两年后又建圣经男学堂和男科诊所，实现了在城市建立传教中心的目标。此后工作进展顺利，国内不断增派人员。至1900年，加拿大长老会向豫北派出传教士38名，除去撤离和死亡人员，在职的共26人。差会建立3个传教站、4个诊所和1所学校，吸收教徒82人[②]。

而圣公会于1910年开始在开封建立主教区，吸收教徒1000多人，建立了几十所小学、3所中学和1家医院。

这些医院的建立，让基层的贫苦百姓从西方医药中获益，也逐渐改变了对西方医学技术的偏见，加深了对“西技”的了解和信任。此外，两个教会还从事了社会风俗改革、赈灾救济、民生建设等活动，对当地经济社会的发展产生了一定的影响。

如果从教会学校在中国发展的全过程来看，1860年以前的近20年远不是它的辉煌时期，充其量只能说是“事属草创”；而且，这些零散的小学校和几百名学生与以后教会学校的大发展比较，无论是数量方面还是质量方面都可以说是无足轻重的。但是，换一种角度，如果从教会学校对于中国传统封建教育体系而言是一种完全陌生的新的教育机构的角度审视，问题就要复杂得多。

首先，早期教会学校毫无例外地都把传播宗教教义、培养宗教感情放在首位，这与中国传统教育的非宗教性，以及各级学校始终注重儒家伦理道德熏陶的办学宗旨大相径庭。

其次，教会学校的课程设置，“均本以和平传播基督教及东方一般文化之原则，冀以达致有效影响为目的”[③]。宗教课程之外，均程度不同地开设天文、数学、生理、历史、地理等课程，儒家典籍和经史之学的研习被大大冷落，这对中国传统教育几千年来陈陈相因的教学内容格局是一种明显的突破。

再次，主持教会学校的传教士们自觉或不自觉地把西方近代教育的一些基本观念、教育制度、教学方法等运用于自己的办学实践活动中，使教会学校不同程度地体现出西方近代教育的特点。

最后，这些教会学校还编译出版了用西方教学体系编成的教科书，其中，蕴含着在当时世界上先进的自然科学思想，如伟烈亚力口译、王韬笔述的《重学浅说》，是近代中国译介的第一部关于

---

① 熊月之：《1842年至1860年西学在中国的传播》，《历史研究》1994年第4期。

② Crant W H. North Of the YeIIow Rirver, the United Church of Canada, 1948.

③ 熊月之：《西学东渐与晚清社会》，上海人民出版社，1994年，第123页。

西方力学的专书；合信编的《全体新论》等医书是近代输入的第一批西医著作；艾约瑟、李善兰合译的《植物学》是传入中国的第一部西方植物学著作；哈巴安德的《天文问答》、合信的《天文略论》是介绍西方近代天文学的第一批著作等。这些西学书籍的编译出版，不仅解决了当时教会学校所急需的教材问题，也在中国知识分子中产生了一定的影响，在潜移默化中改变着部分士人的知识结构、思维方式，并进而导致他们对外部世界，对自然、人生、历史观念的转变。近代中国科技教育的先驱李善兰、徐寿、华蘅芳，近代早期改良派思想家、因担任格致书院监院培养新型人才而在近代教育史上有重要影响的王韬，他们的成长都与积极参与编译或认真研读这些西学书籍有密切的关系。

此外，由于教会学校的创办和传教士的早期译书活动蕴含着西方近代资本主义教育和文化的某些因素，对于正在走向衰败的传统封建教育来说也是一种不可低估的冲击力量。由此，一股留学浪潮热开始在中原大地上兴起。

第二节　留学浪潮与河南留学欧美预备学校

大批留学生赴日本、欧美学习，是近代中外文化交流史上颇为壮阔的一幕。19世纪70年代首批留美幼童走出国门，开辟了传统封建教育实现近代化的重要途径。甲午战争失败后，中国人向西方学习的运动进入一个新的时期，师夷之长技不再仅仅是坚船、利炮和声光化电的追求，而开始了“治国之本”“富强之源”的更深层次的探索。深重的民族灾难、变革传统教育的现实需要，掀开了留学教育的新篇章。

一、晚清时期留学浪潮的兴起

1896年新春伊始，湖广总督张之洞上奏清廷，请求派遣学生赴欧洲留学：“中国力图自强，舍培植人才，更无下手之处”，“第念仅在中国学堂肄业，观摩既鲜，收效过迟”，拟派学生40名，赴欧洲各国，各就性之所近，于“史册、地志、富国、交涉、格致、农事、商务、武备、工作”九门中酌量兼习数门，期以6年，“学成归国，除拔擢任用之外，悉令充学堂教习，转相授受。果能实力奉行，不薄西学为末技，二十年后人材必大有可观”[①]。这是甲午战争后重提派遣留学生问题的较早动议。不仅学生学习内容较前一时期大为扩展，而且更强调学生学成归国后以从事新式教育工作为主，以“转相授受”。

同年6月12日，刑部侍郎李端棻上《请推广学校折》，提出总结洋务时期派遣留学生的经验，大量派学生赴各国游历肄业。6月15日，中国第一批留日学生唐宝锷、胡宗瀛等13人抵达东京，由日本教育家、东京高等师范学校校长嘉纳治五郎负责安排。1897年年初，为了适应外交新格局的需要，京师同文馆增设日文馆，招收学生12名，培养日语人才。1898年，随着维新变法运动的紧锣密鼓，派遣学生赴日留学，逐渐成为人们关注的热点。1月底，康有为在向光绪皇帝进呈的《日本变政考》的绪言中写道：日本“以蕞尔三岛之地，治定功成，豹变龙腾，化为霸国……若以中国之广

① 张之洞：《选派学生出洋肄业折》，《张文襄公全集》（一），中国书店，第779、780页。

土众民，近采日本，三年而宏规成，五年而条理备，八年而成效举，十年而霸图定矣”[①]。勾勒了一幅以日本为师变法图强的远景。6月，仅康有为撰写或代别人草拟的重要奏折中，提及派遣学生赴日留学的就有《请派游学日本折》等四种。在这些奏折中他反复申述：“日本变法立学，确有成效，中华欲游学易成，必自日本始。”[②]

同月，经总理衙门议定，准备挑选64名学生赴日留学。7月，张之洞撰写《劝学篇》，书中专设一章《游学》，而以游学日本为议论中心。1898年8月2日，光绪帝谕军机大臣：“现在讲求新学，风气大开，惟百闻不如一见，自以派人出洋游学为要。至游学之国西洋不如东洋。诚以路近费省，文字相近，宜于通晓。且一切西书均经日本择要翻译，刊有定本，何患不事半功倍？”[③]

进入20世纪，随着清政府各项新政的次第举办，清廷迭令各省督抚，遴选在职官员和学生咨送日本游历留学，以后又陆续制定颁布了有关鼓励章程。此外，作为近代留学史上的一种特殊现象，还有大批游历考察人员，从宗室、亲王、贝子、朝廷近臣，到知府、知州、县令、幕僚，往来不绝于东渡途中。一位亲身感受到留日热潮扑面而来的日本学者青柳篤恒曾做过如下描述：“学子互相约集，一声‘向右转’，齐步辞别国内学堂，买舟东去，不远千里，北自天津，南自上海，如潮涌来。每遇赴日便船，必制先机抢搭，船船满座……总之分秒必争，务求早日抵达东京，此乃热中留学之实情也。”[④]在晚清最后的10年中，留日学生在人数、规模和实际影响方面始终处于主流。一个国家在10年左右的时间里派出近万名学生到另一个国度里留学，演出了近代中外教育文化交流史上空前波澜壮阔的一幕。

二、晚清时期河南留学状况

长期饱受外来侵略之苦和担惊受怕，晚清时期，河南官方对留学出洋持谨慎，甚至是反对的态度。一河南巡抚曾说：“中国多一出洋留学生即多一革命党”[⑤]，是以决不派遣学生出洋。但此后因时势驱迫，才始有考送出洋学生之举。不过，也仅限令学习农、工、水利、建筑等实科。

但到了后期，留学之风愈加兴盛，连官衙僚属都参与其中，甚至发文相劝。根据《河南官报》第四十三期中光绪三十一年（1905年）六月三十日《抚部院陈劝谕僚属游学日本文》：“明诏注重教育。直隶、江苏、湖北等省，皆选派实缺候补人员游学日本矣。直隶增订新章，凡新补新选人员，须先赴日本游历三月，考查行政、司法、各官署学堂大概情形，期满回省，再饬赴任。彼中土人大末闻有视为畏途，轨以家贫亲老辞者。动心忍性，知轻重缓急故也。况为之筹给津贴以次执行，优予奖励以为之劝。果能研究有得，期限不过一年半即可毕业，至迟不过两年。度此一年两年中，白驹过隙，何至无法疗贫，而倚门倚闾之徒切换心也。我同僚诸君子忠孝为心，曾亦思当此时局，我国前途至为危险乎？豫省局面，已非复昔日酣歌豢饱之泄泄沓沓乎？与其浮沉宦海，任抛酬

① 汤志钧：《康有为政论集》（上册），中华书局，1981年，第223、224页。

② 汤志钧：《康有为政论集》（上册），中华书局，1981年，第250页。

③ 故宫博物院：《清光绪朝中日交涉史料》卷五十二，大通书局，1977年，第63页。

④ 〔日〕实藤惠秀：《中国人留学日本史》，生活·读书·新知三联书店，1983年，第37页。

⑤ 王天奖：《河南辛亥革命史事长编》（上），河南人民出版社，1986年，第236页。

应之光阴，何如攻铅他山，以扩咫尺之闻见。况地方之事机日多，即政界之交通愈广，平时既不研究，临时必涉张皇。或因小事而酿成大事，或视为可了而诸多未了。一经贻误，上司虽曲加体恤，仍不能不参撤随之。势必至于债台日高，辱亲尤甚。何如免为良吏，艰险不辞，将来学成有效，人皆劫劫，我独有余。小则优予补署升途，大则奏请破格擢用。上游既刮目相待，交游亦指为光荣。富员福泽，莫切于此。孰得孰失，必有能辨之者。本部院之哓音瘏口，为困计，为一省计，直不啻为我同僚一身一家计也。现饬司道于款绌万难之中，宽筹经费。会议章程，呈请选派诸君之或去或否，原可听其自便。而此一片殷殷期望之苦心，用特别白于我同僚。识时务者为俊杰，尚其勉诺。”①

到了光绪三十二年（1906年），河南官府开始拿出专项资金，资助官方派出的76名留日学生每年的开支（表8-1）。

表8-1　光绪三十二（1906年）年河南留学日本官费生情况表②

姓名	籍贯	年龄	留学校名
王印川	修武县	27	早稻田大学
曾祖培	光山县	26	早稻田大学
魏祖梁	汜水县	21	早稻田大学
苗怀新	光山县	26	早稻田大学
李琴鹤	荥泽县	26	早稻田大学
余文藻	光山县	26	早稻田大学
吴维仁	固始县	27	早稻田大学
史金塘	通许县	23	早稻田大学
张文栋	安阳县	25	宏文书院
段世垣	渑池县	23	宏文学院
时 讷	通许县	21	宏文学院
阎 琳	禹 州	16	宏文学院
吴焕然	祥符县	27	宏文学院
阮庆潮	商城县	19	宏文学院
张登云	汜水县	26	宏文学院
陈鸿畴	长葛县	26	宏文学院
赵梦庚	济源县	25	宏文学院
付 铜	兰仪县	20	宏文学院
李梦麟	武安县	24	宏文学院
张钟瑞	许 州	22	宏文学院
关坤元	新安县	24	宏文学院
阮庆澜	商城县	23	宏文学院
周在鼎	祥符县	22	宏文学院

① 河南省教育志编辑室：《河南教育资料汇编》（清代部分），河南省教育志编辑室，1983年，第235页。
② 表格据《清末民初留日人士官学校人名录》《清末各省官费、自费留日学生姓名表》等资料制。

续表

姓名	籍贯	年龄	留学校名
岳秀华	兰仪县	20	宏文学院
丁廷骞	永城县	27	宏文学院
林维辰	商城县	23	宏文学院
宋庆鼎	禹　州	21	宏文学院
王靖芳	河内县	21	宏文学院
贺昇平	许　州	20	宏文学院
李庆临	温　县	21	宏文学院
王泽玢	汲　县	21	宏文学院
张培礼	太康县	20	宏文学院
李沛恩	武安县	28	宏文学院
王庚先	邓　州	28	宏文学院
宋经裕	巩　县	29	宏文学院
陈嘉桓	禹　州	21	宏文学院
秦长明	汲　县	30	宏文学院
孙润芝	裕　州	27	宏文学院
张仲友	巩 县	27	宏文学院
沈兆庆	唐　县	26	宏文学院
赵承钦	温　县	26	宏文学院
刘恒泰	尉氏县	24	宏文学院
海 春	驻防营	25	宏文学院
李荫棠	永城县	27	宏文学院
付 铭	兰仪县	22	宏文学院
王作宾	大康县	29	宏文学院
路具继	祥符县	20	宏文学院
张镜铭	巩　县	21	宏文学院
刘文垣	太　康	21	宏文学院
王炳章	汲　县	28	宏文学院
张善与	新乡县	22	宏文学院
刘积学	新蔡县	23	宏文学院
刘国思	固始县	22	宏文学院
巴忠祥	通许县	20	宏文学院
王治军	宝丰县	23	宏文学院
赵卿云	通许县	19	宏文学院
李锦公	商水县	28	宏文学院
南玉笙	修武县	25	宏文学院
阎铁生	新蔡县	20	宏文学院
罗文华	尉氏县	22	警监学校

续表

姓名	籍贯	年龄	留学校名
李载赓	杞　县	20	警监学校
王锡庆	祥符县	26	警监学校
王锡昌	泌阳县	25	警监学校
郑思贵	祥符县	21	警监学校
徐廷麟	祥符县	24	警监学校
智　信	开封府	23	警监学校
沈予善	祥符县	21	警视厅
吴　琛	祥符县	23	警视厅
陈景南	光山县	26	警视厅
罗延庆	汝阳县	25	警视厅
段鹏翱	罗山县	25	警视厅
张青选	汜水县	30	蚕丝学堂
李　恒	淮宁县	23	东海学校
黄宗宪	项城县	21	东斌学堂
孙　锺	祥符县	17	航海学校
吴　肃	固始县	24	帝国大学

与此同时，自费留学也越来越多，甚至还出现了不少女生。为此，政府下达了《提学司通饬各属女生自费赴日本留学应有地方官送考验文》。其中说道："为通饬事。案奉学部札开：为通札事。专门司案呈准留日学从监督函陈，女学生留学情形，及请定划一女生补给官费办法，等因前来。查女学生游学为养成母教之基，关系极重。而留学外国，以进求高等专门学艺为主，故部章凡出洋学生必须有中学毕业程度，方能遣派。目前女学尚未发达，学校无多。虽不能限以中学毕业程度，亦应慎重选择。嗣后女生自费赴日留民应由该管地方官呈送提学司衙门考验。必须在本园受过教育，中文明顾，品行聪淑者，方予给咨。若识字无多，文理不明，未受教育者，应令送本国女学堂肄业，毋庸咨送出洋留学。嗣后无咨文之女学久监督处概不送学，以示限制。至自费女学生补给官费，应以考入东京高等女子师范学说奈良高等女子师范学校，蚕业讲习所女子部之校为限。照考取之前后，多次与男生一体挨次补给本省官费。其从前记名之女生，如非考入以上之校肄业者，应即一律除名，以归划一。台行礼知该司，札到即便遵照办理，此札。等因奉此，除牌示外，合亟札饬。札到该府，即便转所属，如有女生自费赴日留学，应由该地方官呈送本司衙门考验合格与否，分别给咨。其无咨文之女学生，钦使监督处概不送学。并自费女生非考入东京高等女子师范学校，奈良高等女子师范学校，蚕业讲习所女子部之校，不得补给官费。应即转饬知照，切切此札。"①

在众多自费留学的女性中，有一位必须提及，这就是与秋瑾并称为"南秋北刘"的刘青霞。"当缠足作为保持妇女顺从的一种古老方法，仍在中国广泛流行时，不难想象那些涉足教育的中国

① 河南省教育志编辑室：《河南教育资料汇编》（清代部分），河南省教育志编辑室，1983年，第241页。

妇女的冒险精神和决心。"①

她从日本游历归国后，开办了华英女校②，自己担任校长，向全省招收了30名女学生，聘请日本高山爱子女士和三名日本留学生作为教员。刘青霞要求，凡进入女校的学生必须"放足"，起居严格执行学校规定。学校传授国文、算术、修身、史地等课程，还学习编织、刺绣、植桑、养蚕一些实用技术。在校学生的一切费用由刘青霞承担。华英女校的学生在进步思想的引导下，毕业后大部分走上了革命道路。被周恩来称为"妈妈同志"的孙炳文烈士的遗孀任锐女士，就是女校学生之一。

刘青霞还开办了尉氏高等小学堂、开封第一所小学堂、开封女学堂、开封公学堂等。她还在尉氏创办蚕桑学校、刘氏小学堂，并捐银3000两，资助中州女学堂、中州公学，又捐助北京豫学堂3万两白银。同时对京师女子师范学校、北京女子法政学校和河南《自由报》及其他一些学校、工厂和社会公益事业亦有不同数额的捐赠③。

正是有了这些敢于走出国门，"开眼看世界"的有识之士的努力，他们为河南经济社会的发展及现代化起步，尤其是为教育事业的发展做出的贡献，使河南在晚清风雨飘摇的岁月中，出现了黎明的曙光。

三、河南留学欧美预备学校的建立

（一）建校背景

中华民国成立后，李时灿任河南省教育司长。1912年1月19日，蔡元培颁布中国第一个改造封建教育的法令《普通教育暂行办法》。该办法提出了德、智、体、美全面发展的方略。这使李时灿清楚地认识到资产阶级民主革命的胜利需要教育变革的步伐大大加快④。

图8-1　河南留学欧美预备学校旧址

为了取得改革封建教育和办好普通教育的实践经验，李时灿认为学习欧美先进国家的教育体制十分重要。遂与当时的提学使陈善同、教育司科长林伯襄等上书当局，力陈办学为当务之急，倡议效法欧美，引进西学，谋富国利民之道。于是，河南都督张镇芳咨送河南省临时议会议定，筹设一所培养留学生的预备学校，主要学习外语，为遣送欧美留学创造条件。后来，在陈善同的推荐和支持下，由林伯襄负责筹备留学欧美预备学校（图8-1）。

① 〔美〕费正清、费维恺，刘敬坤等译：《剑桥中华民国史》（下卷），中国社会科学出版社，2006年，第361页。

② 不少书籍说华英女校是河南第一所女校，但此说有争议。可参见李明山：《河南第一所女子学校在哪里》，《河南大学学报（哲学社会科学版）》1985年第1期。

③ 常艳春、石繁亮：《巨富大仁的刘青霞》，《炎黄春秋》2001年第5期。

④ 刘卫东：《李时灿——开创河南近代教育的先驱者》，《河南大学学报（社会科学版）》2002年第5期。

1912年9月，留学欧美预备学校正式建立，林伯襄被任命为该校校长①。这种学校当时在全国还比较少见②。这样，在积贫积弱的内陆中原，河南留学欧美预备学校的出现为黯淡的近代河南闪现了一道亮色。

河南留学欧美预备学校是河南省最早的一所主要学习外国语、为遣送青年学生赴欧美留学深造的专门学校。应该说，河南留学欧美预备学校的成立，不是偶然的孤立事件，而是与当时中国的国内形势发展密切相关的。

其一，辛亥革命的成功使人才的培养与输送成为可能。辛亥革命成功以后，政治变革的胜利促进了在晚清业已开始的教育改革的步伐。1912年1月19日，教育总长蔡元培为改革旧制，发布了《普通教育暂行办法通令》。7月1日，中华民国中央临时教育会议在北京召开，就学校系统、各级校令以及规程、学校细则、社会教育、教育行政等90多项提案进行详细讨论。9月3日，中华民国第一个《学校系统令》公布。此后，为充实学制的各个细节，教育部又陆续公布了各种校令。这些教育法令的颁布与实施，对人才的培养及输送提供了必要的前提条件。

其二，民国国体使中国知识分子在新形势下探索留学从政之路。中国知识分子从来就与政治有着密不可分的关系，习惯于将自己的理想命运与国家政权联系在一起。特别是产生于忧患与追求的历史大环境中的近代知识分子，更具有很强的忧患意识和参与政治的热情③。“中华民国”的建立，使知识分子看到参与改变现实政治，建立近代化的民主政治制度的曙光，特别是从南京临时政府的人员构成中，传递了某种令人鼓舞的信息：在9个部的18名总长和次长中，留学生占了13个席位。新的国体使知识分子对入仕路标的选择重新定位。

其三，共和政治使中国教育从师日变为效法欧美。在清朝末年，由于西方列强坚船利炮的入侵，丧权辱国割地赔款的奇耻大辱，教育落后人才匮乏的触目惊心，明治维新教育发展的成功范例，洋务教育正反两面的历史经验，以及清朝政府“变法自强”的功利性思考和笼络民心的政治需要，即在1904年颁布实施《奏定学堂章程》，不论从学校系统、课程设置或学科标准看，主要师法以儒家思想加现代科技为模式的日本学制。辛亥革命后，中国建立共和，在政治体制上效法欧美。在反对封建专制培养共和国民的时代氛围中，中国知识分子对日本教育中浓厚的封建主义忠君思想和军国主义倾向产生厌恶，因此，就更倾向于以个性解放和人格独立为主体的欧美式的自由主义、民主主义教育中国共和政体的保持，也将有赖于欧美共和精神造就出来的人才。所以，孙中山强调：“教育为立国的要素。”④

其四，欧美教育的实用性适合当时中国实业救国的思想。在民国建立伊始，临时大总统孙中山就明确指出：“现值政体更换，过渡时代，须国民群策群力，以图振兴，振兴之基础，全在国民知识发达。”因此，注重自然科知识和日常生活技能为人们所普遍接受。欧美式的教育注重实用性，与生产领域和社会生活关系密切，适合当时中国人以实业救国、实业报国，使国家图强思想的

---

① 王秀莲：《河南留学欧美预备学校首任校长——林伯襄》，《河南大学学报（哲学社会科学版）》1987年第6期。

② 当时全国仅有河南留学欧美预备学校、北京的清华学校、上海的南洋中学三所。

③ 冯建辉：《使命与命运——中国知识分子问题世纪回眸》，华文出版社，2006年，第32页。

④ 李华兴：《民国教育史》，上海教育出版社，1997年，第9页。

同时，以美国方式为主体的多层次、多系统、多渠道办学的灵活的学校制度，也更适应中国幅员辽阔、发展不平衡的多种需要①。

河南留学欧美预备学校从1912年9月创办，到1923年3月结束，共存在12年。它的成立、运作及其丰硕的教育成果，为河南乃至全国培养了一批科技教育人才。

（二）学校概况与办学特点

1912年8月，河南省选定留学欧美预备学校的校长为林伯襄，择定开封铁塔以南的贡院东半部旧址为校址，开始了延聘教师、购置校具和图书资料等各项筹备工作。经过一番紧张筹划，9月1日正式发布了《河南提学司招考留学欧美预科学生广告》。规定招收身体健全、国文通顺、曾学习过算术的加减乘除及分数的高小毕业生，年龄为12～16岁，学制5年。作为一所培养留学预备生的中等专科学校，学生毕业后，学校将择优公费遣送至欧美各国大学留学深造，其余的学生则视其所长，或继续升学，或充任各校教员。

从1912年9月开始，该校先招收英文科两个班140人入校，以后又陆续招收德文科、法文科各班。当时这类学校在中国仅有北京的清华学校、上海的南洋中学和河南的留学欧美预备学校3所，可谓令人瞩目。因为是新学校无成规可循，学校要在以西方教育为模板的基础上摸索出一套切实可行的办学新路，使其既摆脱尊孔读经的封建教育的窠臼，又不同于近代其他学堂。概括起来讲，河南留学欧美预备学校的特点有以下几个方面：

一是办学宗旨明确，课程设置独特。遵照培养留学预备生的办学宗旨，外语受到特别重视。学生以听学外语种类不同而分为英文、德文、法文等科。外语学时多、分量重，如英文科的英语专业课英文读本，每期计1140学时，英文文法、修辞学和英文作文计646学时，全部英文课程总计1786学时，约占总课时的29%。法文科与德文科的情况与英文科的情况基本相同。同时，每科还开设第二外语。基础课中除中国历史、国文、算术等少数科目外，其他课程，物理、化学、世界历史、世界地理、经济学、教育学等均使用外国原版教科书讲授，并把外语学习渗透到每个教学环节之中，学生大都能用所学外文进行日常会话、作文等。学校所开课程偏重，内容偏深，超出了一般中等学校的要求。学校还购置仪器和标本，使学生开始进行初步的学术活动。创办校刊，用以刊载学生的作品。这些活动有效地扩大了学生的知识领域，提高了学生分析问题和解决问题的能力。

健身为强国之本，河南留学欧美预备学校对体育亦异常重视。5年之中，连续开设体育（体操）课，每周二或三学时，每天下午四点半钟，教室、寝室一律关闭，全体参加体育锻炼，徒手操、兵式操、棍棒术、哑铃，还有拳术、柔术等，活动内容极其丰富。在众多的运动项目中，同学们尤其喜欢足球，校足球队曾获得开封市校际足球赛冠军。在一次省联合运动会上，河南留学欧美预备学校曾派出拥有300名运动员的代表队参加开幕式，以校军乐队为前导，浩浩荡荡的运动员队伍，步伐整齐，威武庄严，大得人们赞赏。

二是师资力量雄厚，教学质量上乘。一个学校没有过硬的教师队伍就无法办好学校。河南留学欧美预备学校在选聘教师方面很下功夫，择师甚严。凡新聘教员，必先到校试讲，校长要亲自听一

① 高全余：《略述河南留学欧美预备学校》，《学习论坛》1996年第6期。

两周课，然后再决定是否录用。遇有优秀者，则不惜重金延揽。经过一番努力，学校聘请了一批学有专长、功力深厚的知名人士，奠定了师资队伍的基础。全校的40余位教师中，有相当一部分是留学海外并取得硕士、博士学位或毕业于国内新型学校、学有专长的人，当时该校以人才荟萃知名。例如，美籍教师哈亨利博士讲授英文，还能讲一口流利的汉语，讲课诙谐、幽默，引人入胜，对学生的英文程度提高助益颇多；德籍教师倪福兰既讲授德文，还讲授世界历史、世界地理，教学非常认真，善用提问启发学生，认真批改学生作业，责任心强；法文教师徐旭生留法归来，法语教学语音纯正，书写俊美；留日归来的王北方教授史地，讲课生动，富有热情和感染力；同盟会员魏松声教授国文，讲课哲理性强且有政治见地；开封教育界名流郑树桐讲授数学，讲课清晰，精益求精。此外还有美籍教师席茂博士，德籍教师林德迈、邵特，国画教师鲍象予，数学教师黄敦慈，外语教师吴忆鲁，体育教师孙菊晨等，都尽力发挥自己的特长，为学校增光添彩。这支可观的教师队伍，为保证教学质量奠定了坚实的基础。当时国家每次举行出国留学考试，该校被录取的人数都超过其他大学豫籍学生被录取人数的总和，如1917年，河南省举行公费留学生考试，原分配给该校20个名额，其他大学毕业的豫籍学生20个名额。考试结束，该校被录取20名，其他院校毕业生仅被录取10名。

河南留学欧美预备学校自1912年9月开办，至1923年3月改为中州大学，历时近12年，共招收学生七届十班，计662人，分英文、德文和法文三科，毕业五届八班，计261人。1918年德文科毕业，正值第一次世界大战结束，中德邦交尚未恢复，留德之事暂罢。法文科因师资力量不足，学生于1922年冬转入上海震旦大学、中法工商通汇学校、北京中法大学和北京大学借读。其他各届学生基本上是就地升学或就业。

河南留学欧美预备学校办学12年，除考取出国留学生80余人外，其余大部考入国内各大学深造。学生们刻苦学习，奋勉自励，成绩优异，为祖国的科学、文化教育的发展和中西文化交流做出了贡献。

如后来成为著名建筑大师和建筑教育家的第一届英文科学生杨廷宝，成为历史学家的法文科学生韩儒林，成为化学家的第二届英文科毕业生高济宇，成为著名生物化学专家的德文科学生梁灿英，以及医学专家、在河南大学医学院先后任院长的陈雨亭、阎仲彝、张静吾、郭鑫斋，著名的医学教授李瑜如，河南大学前理学院院长、眼科专家孙祥正，心理学教授王凤岗，开封师范学院前院长曲乃生，河南大学前教务长郝象吾，农学院院长王陵南、万康民等，均系河南留学欧美预备学校毕业，后留学归国或就读于国内大学的高材生。

另外，早年踏上革命征途，献身中国革命和建设事业的也大有人在。

可以说，河南留学欧美预备学校为我国培养了一批有用人才，在祖国的各项事业中发挥了积极作用。能取得如此成绩，足以说明该校的教学质量和办学水平。

三是管理制度严格，学校风尚优良。河南留学欧美预备学校首先在教学上严格管理，非常重视主要课程的课堂讲授和成绩考核，校长经常深入课堂，亲临教学第一线，严格考察教学质量。先后几任校长都亲自任教，严格执教。教师们对学生用课堂提问、随堂考试、期末考试成绩列榜公布等办法有效地激发了学生的争胜心。同时，实行新的记分方法，将各门功课的记分方法统一为百分制。将各门学业平均记分法改为学分制，其具体方法是：考试成绩×每周授课时数＝每科总成绩；各科成绩总和÷各科授课总时数＝学期成绩。这种方法较之其他记分方法，近于学生的实际学习情况，同时对教学也有促进。学校在生活上也严格管理，学校设有斋务学监和教务学监，学监们坚持白天查堂、查自习，甚至每节课每节自习都要到课堂。学生一律住校，有事请假获准后方可走出校门。学校制定了严格的校规，对违反校规的学生，在耐心劝诫的同时，根据所犯过失大小，依照条例分别给予警告、记过或开除学籍等处分。严格的校纪，对学生的学习起到了保证作用，也培养了学生的良好作风。学校形成了一种奋发苦读、努力争先的浓厚学习氛围。学生普遍崇尚俭朴之风，就是官宦富家子弟也少有奢华。

这些与晚清时学部视学官在河南高等学堂看到的情景形成了鲜明对比。从一个侧面也反映出社会的进步，高等教育现代化进程的推进。

（三）首任校长林伯襄

图8-2　林伯襄铜像

校长是一校之主，不管他的权力来源于何，他的人品学识、办学热忱和领导能力是一所学校成败的关键[①]。林伯襄（1878～1956年）是河南留学欧美预备学校的第一任校长，也是著名的教育家。字襄，出生于河南商城县。他六七岁就诵读经书，14岁以汝宁府试第二游泮[②]。戊戌政变后，他到易姓家馆课徒，等待科举试期。后抛弃举业，在亲族帮助下于1903年创办了“明强学堂”。甲午之后，他考入河南优级师范读书，一年后又考入上海公学修业。在该校上学期间，他接触新事物日多，钻研科学，关心时政，并与当时在上海从事革命工作的河南革命志士刘定甫、罗蜚声、鲁仲和等来往甚密，思想大有转变。1908年修业期满后他返回故乡，在明强学堂任教。他知识渊博，治学严谨，广收弟子，严格育人，享有很高的威信，当时曾有河南五县（光山、潢川、固始、息县、商城）“圣人”之称[③]（图8-2）。

1910年，他应邀到开封，受聘为河南优级师范教习。辛亥革命后，他被任命为河南省教育司科长，后在河南省议长陈善同的推荐支持下，负责筹备留学欧美预备学校。1912年，留学欧美预备学校正式建立，他被任命为校长。在任的4年中，他广罗有识之士，辛苦经营，培养了大批人才。

林伯襄长期从事教育工作，积累了丰富的经验，形成了自己的教育思想，并在实践中不断充实和完善。这些对河南留学欧美预备学校的发展起着重要的积极作用。概括起来说，其教育思想和方法主要有以下几点。

---

① 苏云峰：《从清华学堂到清华大学（1911—1929）》，生活·读书·新知三联书店，2001年，第55页。

② 明清时期的科举制度规定，经州县考试录取为生员者就读于学宫，称游泮。

③ 王秀莲：《河南留学欧美预备学校首任校长——林伯襄》，《河南大学学报（哲学社会科学版）》1987年第6期。

一是以教育致国于富强，以科学开发民智。林伯襄的青少年时代正处在清王朝极端腐败，外国帝国主义疯狂侵略，国家命运岌岌可危的时代。严酷的现实教育启发了他的爱国主义思想。他痛切感到，国家要想立足于世界民族之林，必须强大起来。而强国必先广启人民知识，要广启人民知识，就要办教育。

正是在这种思想指导下，1903年林伯襄以“明聪”“兴邦”为宗旨在林氏祠堂办起了“明强学校”，招收豫鄂皖边区一带一二百名青少年入学，并自任教习。民国成立以后，林伯襄极力主张学习西洋，发展实用科学。他倡议派遣优秀青年出国学习西方先进科学技术，用于我国建设。林伯襄还向省议会陈述自己的育才计划，经省议会决议，由他负责在河南筹办留学欧美预备学校。为此，他全力以赴，日夜操劳，以旧贡院为校舍，延揽省内外知名人士来校任教。该校成立后，林伯襄被任命为校长，更是尽心尽力，不辞辛劳。从此直到新中国成立前夕这几十年的教育生涯中，他实行的每一个措施，提出的每一条建议，都是受他的这种教育思想支配的。教育以强国为目的，靠广启人民知识使祖国富强，这正是林伯襄的良好愿望。

二是重视教师的作用。林伯襄十分重视教师在教学中的主导作用。为了建立一支优秀的教师队伍，他付出了巨大心血。首先是严于择师，在他任河南留学欧美预备学校校长时，选聘教师总是坚持严格的标准。政治上要求开明、进步、爱国；业务上要求有真才实学，是国内外名流，对新聘教员，必先到校试讲，他亲自听课，然后再决定是否录用。对于不合格者，决不聘用；为聘优秀教师，则不惜重金，如聘请善于教书的美籍英语教师哈亨利博士，月薪400银元，教德文的德籍女教师倪福兰，月薪300银元。另外，教初级数学的教师郑树桐、教中国史地的教师王北方、教国文的教师张维元等也都是月薪150银元以上。其次，在教学上对教师严格要求。他多次亲自听课，具体帮助教师改进教学工作。再次，林伯襄在对教师严格要求的同时，还十分尊重和关心教师。他在全校学生中大力倡导尊师之风，而且自己率先做出榜样。他用车接送家在校外的教师，千方百计解决教师生活上、工作上的实际困难。由于他的辛勤工作和努力，留学欧美预备学校名流云集，人才荟萃，形成了一支高质量的教师队伍。除前文提到的哈亨利、倪福兰、郑树桐，以及15岁中举人、具有“神童”之称的王北方，还有精通英、德、日三国文字，有“柏林音”之称的吴肃等。这支教师队伍为保证教学质量，培养有用之才发挥了重要作用。

三是讲求教学内容新颖实用。留学欧美预备学校在课程设置和教学内容方面，以西方教育为楷模，以实用为目的。一、二年级开设英文、国文、数学、物理、化学、中国历史、中国地理、体操、图画等，这些新颖的内容摆脱了尊孔读经的封建教育的窠臼。

四是对学生严格要求、严格管理。留学欧美预备学校从成立开始，就注意建立严格的管理制度，从各个环节上对学生严格要求。首先，在招生时择优录取，严格把关。对报考该校的学生，虽学历不限，但对质量的要求相当严格，不论何人，都不照顾或降低标准。对已被录取的学生，入学三个月后学校将进行认真的甄别考试，不及格者将令其退学。课堂教学是教学的重要环节，从校长到教师都十分重视课堂讲授和成绩考核。为提高教学质量，教师除讲好课外，还采取各种措施如课堂提问、随堂考试，期末考试列榜公布等来督促学生努力学习。对学生的学习，不仅教师管，校长和学监也都十分关心。学监坚持查堂、查自习，甚至每堂课每节自习都要到课堂，风雨无阻，始终如一，发现问题及时解决。林伯襄作为一校之长，工作虽然繁忙，也常常深入课堂，认真严格地考查教学质量。

在生活上，他对学生亲切关怀，严格管理。学校定有严格的校规校纪和功过条例。对违反校规的学生，依据条例分别给予警告、记过和开除学籍等处分。为保证校纪的落实，林伯襄不仅让学监早晚检查，他本人也经常打着灯笼查斋，促其按时休息。林伯襄还十分注意树立朴实整洁的作风，对学生的宿舍，要求衣物、床被整洁；对学生的仪表要求朴素大方。

在建立良好的校风方面，林伯襄校长既重言教更重身教。凡要求别人做到的，他首先做到。他生活简朴，虽有百元工资，仍身穿蓝布长衫，脚着黑粗布鞋。家中事从未雇过佣人。

作为校长外出办事，完全有资格坐三轮、乘洋车，但他只坐一辆小土车。在林伯襄校长的教育和影响下，团结、勤奋、严谨、朴实的校风在河南留学欧美预备学校逐步形成，学生普遍崇尚俭朴之风，衣着朴素，布衣布鞋。这种作风他们不仅在本校保持，到了号称“东方巴黎”的上海也能保持。学习方面，他们刻苦努力，勤奋好学，取得了优良的成绩。学校里尊师爱生之风大兴，学生都比较尊敬自己的老师，而教师也很爱护自己的学生，常把学生引为座上客。

五是注意抓好教育经费。教育经费是办好教育的经济基础。对教育经费的征收、管理和合理使用，林伯襄做了大量工作。林伯襄与教育界人士协力筹划，主张契税独立开征，统归教育部门办理，以期保障专款专用。后来各县设立了契税局，直接征收契税，专款专用。这样不仅河南教育经费有了着落，积欠教职员工的薪金也陆续补发，有力地促进了教育事业的发展。

总之，林伯襄在任留学欧美预备学校校长的4年时间里，为国家培养了一批建设人才，4年中共招收学生290人，其中英文150人、德文140人。这些学生毕业后有的出国留学，有的考取国内其他大学，刻苦勤奋，后来大都成才。不少人成为国内外知名的教授、学者、作家、艺术家和无产阶级革命家，如第一届英文科学生杨廷宝，第一届德文科学生梁灿英，对祖国医学做出重要贡献的医学专家如阎仲彝、张静吾、郭鑫斋、李瑜如等，都是留学欧美预备学校第一届毕业的学生。

林伯襄的办学思想、工作作风及所培育的优良校风，即便在现在也是弥足珍贵的精神财富。

第三节　河南高等教育的创办与近代科技教育的兴起

如果说晚清时期是中国高等教育现代化起步阶段的话，那么，辛亥革命以后，尽管时局动荡、战乱不断，但中国社会的现代化进程还是在加快，与此相应，中国高等教育现代化也逐步进入发展和提高时期，并开始了高等教育中国化抑或本土化的自觉探索。著名比较教育学家、国际颇负盛名的中国高等教育研究专家许美德认为：“只有在这一时期，中国才真正开始致力于建立一种具有自治权和学术自由精神的现代大学。”①

从中国高等教育现代化的发展历程来看，进入民国之后的初期是中国高等教育经历的一个非常重要的阶段，是中国高等教育研究者最值得关注的时期之一。一方面，辛亥革命和中国民族资本主义的迅速发展，推动了新教育的勃发，中国教育现代化进入一个新的历史时期。“辛亥革命推翻了封建专制政体，也使得由它所支撑的价值观念、社会心理、道德规范以及与此相适应的传统封建教育的各个层面统统失去了依托，处于前所未有的备受冲击和挞伐的境地，由此催发了民初教育的

---

① 〔加〕许美德著，许洁英译：《中国大学（1895—1995）：一个文化冲突的世纪》，教育科学出版社，1999年，第66页。

新气象”，“使教育近代化的基本内涵追求民主、崇尚科学、强调实用、求新知于世界等，生动鲜明地在理性思考和实践活动的两个层面突现出来”[①]；而迅速发展的民族资本主义“新事业”促使知识界、教育界从一种新的角度提出和考虑问题，“新事业需灵活之子弟，吾国之教育则重循规蹈矩。新事业需思力，吾国教育则重记忆。新事业需适应力，吾国教育则重胶固之格式。新事业需技能，吾国教育则重纸上谈兵”[②]。

尽管时局维艰，但中国教育现代化在艰难曲折中发展前进；另外，中国人已经习以为常的无所不包的普遍王权的一元结构突然解体，呈现在人们面前的是军阀割据，缺少强有力的中央统一政权，教育和社会其他事业的发展一样陷入困顿、迷茫，各种教育思潮使各地的教育政策和实施情况千差万别，各不相同，教育现代化步履维艰。

在河南，从留学欧美预备学校的建立到中州大学的诞生，既是河南高等教育事业的新开端，也从一个侧面折射出当时的社会现实。

一、民国初年高等教育的发展

（一）南京临时政府的教育改革

1911年10月10日，辛亥革命率先在武昌爆发，得胜的革命军迅速成立湖北军政府，宣布废除宣统年号。在此后的一个多月里，革命浪潮犹如秋风扫落叶一般，迅速席卷了中国大地，湖南、陕西、江西、山西、云南、浙江、贵州、江苏、安徽、广西、四川、山东等14省和上海先后起义，建立军政府，宣布独立，脱离清政府。至此，清王朝陷入土崩瓦解之中，两千多年来的封建君主专制制度的丧钟已经敲响。

1912年1月1日，孙中山在南京就任中华民国临时大总统，宣告中华民国诞生，并组成南京临时政府，宣称“临时政府，革命时代之政府也”，它的任务是“尽扫专制之流毒，确定共和，以达革命之宗旨，完成国民之志愿”[③]。此后，临时政府陆续颁布了一系列改革政治、军事、经济和文化的政策和法令，并制定了《中华民国临时约法》。意气风发的革命先行者以自己的实际行动表现出与封建专制主义决裂、建立一个资本主义新中国的高昂精神，为民国初年的教育改革营造了良好的社会氛围。

1月3日，蔡元培出任南京政府第一任教育总长，1月9日成立教育部。7月10日，蔡元培在北京主持召开了全国临时教育会议，并致力于推进教育改革、创立与公民精神相一致的教育思想、教育宗旨和教育制度，但由于种种原因，蔡元培未及实施其改革宏图即告辞职[④]。但由他倡导的民国教

---

① 田正平：《中国教育史研究》（近代分卷），华东师范大学出版社，2001年，第192页。

② 田正平：《中国教育史研究》（近代分卷），华东师范大学出版社，2001年，第227页。

③ 田正平：《中国教育史研究》（近代分卷），华东师范大学出版社，2001年，第192页。

④ 蔡元培虽然在任时间不长，但却“办了两件有关系的事情：一为发表民国教育意见；一为招集中央教育会议。前者，虽属于他个人的教育主张，但民国时代的教育界莫不受这种主张的影响——如公民道德教育、军国民教育及实利教育，在当时即被采纳；美感教育及世界观教育到民国八年以后确已大受影响。后者，凡民国成立以来，所有教育宗旨、制度及一切革新，莫不由此次会议产生，其关系更大。”蔡氏虽以辞职，但其教育思想和主张仍在继续发挥作用。这可以从民国元年九月教育部所定宗旨中看出，即“注重道德教育，以实利教育、军国民教育辅之，更以美感教育完成其道德”。陈青之：《中国教育史》，东方出版社，2008年，第538～539页。

育改革的思想和由他揭开的民国教育改革的序幕却顺应了社会发展的潮流，开了民国时期中国教育改革之新风。

民国初年的教育改革主要包括以下几个方面。

一是颁布民国教育宗旨。根据建设民主国家的精神，废除清末“忠君、尊孔、尚公、尚武、尚实”的教育宗旨，提出“注重道德教育，以实利教育、军国民教育辅之，更以美感教育完成其道德”的新教育宗旨，明确以培养共和国新国民为目标①。

这个新的教育宗旨，就其性质来说是资产阶级的，是为资产阶级的政治和经济服务的。它的产生，是资产阶级反对封建主义教育的一次重大的胜利，符合历史发展的潮流，具有很大的进步意义。

二是规范办学秩序，重新修订学制系统。1912～1913年，教育部先后颁布了《普通教育暂行办法》（14条）、《普通教育暂行课程标准》（11条）、《学校系统令》等一系列法令和规程，重新修订了学制，建立起新的学校系统，形成《壬子癸丑学制》②。

新学制规定，大学堂改称大学校，大学设校长1人，各科设学长1人；教员分教授、助教授、讲师三级。大学设评议会和教授会，让教授参与学校管理；规定大学以文理科为主，初步触及大学的科系设置问题。

三是调整学科设置。《大学令》明确指出“大学以教授高深学术、养成硕学闳材、应国家需要为宗旨”③。与清末教育制度相比，主要的变化是彻底否定尊孔读经，取消大学经学科，其他七科内涵也做相应变化，各科所设学系如下：文科分为哲学、文学、历史学、地理学4门；理科设数学、星学（天文学）、理论物理学、实验物理学、化学、动物学、植物学、地质学、矿物学9门；法科分为法律学、政治学、经济学3门；商科分为银行学、保险学、外国贸易学、领事学、税关仓库学、交通学6门；医科分为医学、药学2门；农科分为农学、农艺化学、林学、兽医学4门；工科分为土木工学、机械工学、船用机关学、造船学、造兵学、电气工学、建筑工学、应用化学、火药学、采矿学、冶金学共11门④。

从以上学科设置中，我们可以清楚地看到，中国近代高等学校的课程内容已经实现了从传统的经史之学向具有现代性质的“七科之学”的转型，正是在这个转型的过程中，近代高等学校的课程体系得到了丰富和发展，现代意义上的自然科学各学科（数学、物理学、化学、天文学、地质学、生物学等）及人文社会科学各学科（哲学、历史学、文艺学、政治学、经济学、法学等）相继进入近代高等学校的课程体系之中，并使之不断丰富和完善⑤。这是高等教育现代化进程中的重要方面。

四是专门学校的设置。为了鼓励高等教育事业的发展，特设具有高等教育性质的专门学校，包括法政、医学、药学、农业、工业、商业、美术、音乐、商船、外国语十种专门学校⑥，除规定医

---

① 曲士培：《中国大学教育发展史》，北京大学出版社，2006年，第239页。

② 1912年为农历壬子年，1913年为农历癸丑年，故称。

③ 舒新城：《中国近代教育史资料》（中），人民教育出版社，1981年，第640页。

④ 舒新城：《中国近代教育史资料》（中），人民教育出版社，1981年，第644、645页。

⑤ 郭德侠：《传统的调适与西学的移植——论中国近代高等学校课程模式的变革》，《广东工业大学学报（社会科学版）》2005年第3期。

⑥ 舒新城：《中国近代教育史资料》（中），人民教育出版社，1981年，第646、647页。

学、商船修业年限为预科一年、本科四年外，其他专门学校修业年限为预科一年、本科三年。同时允许设立私立大学，无论国立、私立均归教育部管辖。

五是广泛传播新的教育理论和学说。思想观念是改革的先导，民国初期，积极引进西方先进的教育思想和教育理论，使其传播达到了新的高潮，并体现在教育改革的实践之中。综观中西教育交流的历史，可以看到西方教育的传入代表着三个不同的层次和水平。“以耶稣会士开其端的传入是表面、肤浅、零碎的，并且主要是夹杂在其他著作中，如叙述地理、风情和应用科学之类的书籍中附带提及；继之，新传教士开始较为系统地介绍西方的教育制度及编译新式教科书，但仍然是作为传教事业的附属品；进而，以日本为媒介，西方教育全面输入中国，不仅有概况、学制的介绍，而且还深入到教育思想领域，并开始了作为一门独立学科的科学教育学的传入历程，标志着西方教育的传入进入了体系化、理论化的阶段。”①

这个阶段就是从民国初年开始的，由此，欧美各种教育思潮流派、教育制度及教育发展现状被中国人所认识，并对中国的教育发展产生了深刻的影响。

六是遴选人才，吸收和招揽大量留学生，建立一个高效率、吸收各方面新式人才的教育行政部门，“给教育立一个统一的智慧的百年大计”，来宏观指导教育的改革和发展②。

考察民国初年的教育改革，就理论层面（教育宗旨）而言，表现出力图摆脱过分倚重来自日本方面的影响，转而以欧美，特别是以德、法两国教育为取向的倾向，在实践的层面（学制、课程），却仍以取法、吸收日本教育为基本特征。这种变化从一定意义上说是以蔡元培为代表的一批归国留学生努力顺应政体转变而实现的，但却使得中国教育界在思想上获得了一次大解放，为教育理论、教育学说的繁荣提供了必要的条件。虽然这种对封建教育的全面批判和对西方近代教育理论学说宣传介绍的新高潮要到新文化运动以后才逐渐蔚为大观，但其源头却是从辛亥革命，特别是从民国初年的教育改革开始的。

（二）北洋政府时期的高等教育

1913年，袁世凯迁都北京，积极致力于恢复封建君主制度，还上演了一出复辟帝制的闹剧。为了复辟称帝，他全面否定资产阶级新教育，鼓吹尊孔读经，复辟封建主义的教育。1915年1月，袁世凯以大总统的名义颁布了《教育要旨》，其中明确指出“使中华民族为大仁、大智、大勇之国民，则必于忠孝节义植其基，与智识技能求其阙”，要“法孔孟”③，这是完全恢复了封建主义的教育宗旨。他还颁布了《特定教育纲要》，明令“各学校均应崇奉古圣贤以为师法，宜尊孔以端其基，尚孟以致其用”，高等学校要增加经学院，“独立建设，按经分科”，“专以阐明经义，发扬国学为主”④。这是要以儒家经典为教材，向学生灌输封建主义的道德教育。这样就取消了民国初年对封建主义教育的改革措施，是历史的大倒退。同时，袁世凯还网罗社会上的保守势力，充当尊孔复古的吹鼓手，为复辟封建主义教育大造舆论。这些都是逆历史潮流而动的。

---

① 吴式颖、阎国华：《中外教育比较史纲》（近代卷），山东教育出版社，1997年，第215页。

② 霍益萍：《近代中国的高等教育》，华东师范大学出版社，1999年，第99～102页。

③ 舒新城：《中国近代教育史资料》（上），人民教育出版社，1961年，第248页。

④ 舒新城：《中国近代教育史资料》（上），人民教育出版社，1961年，第257页。

袁世凯死后，中国陷入了军阀割据和连年混战的分裂局面，在此期间，又发生了两次复辟复古事件：一次是民国六年（1917年）张勋复辟，另一次民国七年（1918年）段祺瑞复古，虽然他没有明目张胆地称帝，但其思想腐败、行为专断，拒绝恢复《临时约法》和国会是再好不过的证明。加上前面的袁世凯称帝，这三次复古活动，“每复古一次，即引起内战一次，甚至于多次。因屡次的内战，政治无法进行，所以教育事业也常呈停止的状态”[①]。其后是绵延不断的军阀混战，1920年的直皖战争、1922年的第一次直奉战争、1924年的第二次直奉战争等，小规模的战争冲突更是无法统计，政局的连年动荡，致使山河破碎，民不聊生，教育事业之困顿是可想而知的。这种混乱的状况一直延续到1927年北伐战争以后国民政府诞生才逐渐好转。

除了当时的政局，人们的思想、社会风气对教育事业的发展也有重大影响。不能否认，辛亥革命对人们观念的改变是产生了积极的影响，但其波及范围毕竟还是有限的，起码对于一般人来讲是这样，并且彻底性也是不够的。陈青之在他的《中国教育史》中这样写道：“关于普通思想方面，论其进步，在民国初年不过昙花一现，自二年以后则渐渐向后移转。这个时候，一般人的脑袋中，除了君臣一伦用不着外，并没有什么解放的影子，犹在旧日的习俗之下过那呆板的日子，学校的科名奖励虽然取消了，而士大夫身份尤为一般读书分子所向慕。‘士为四民之首’的一句古调，所有在学学生及由学校出身的人们，且日日在高唱着。一般学生进了小学；为的要升中学，进了中学，为的要升大学；进了大学，为的要有官做；因为入学读书之目的在于获取官僚的资格，与科举时代没有两样。他们平日在学校里，只为读书，不会做事；只会呼仆使婢，不肯亲身下架服役。学校教育是造就士族阶级的——官僚候补者，凡学生、教职员、政府官僚及社会上一般人民全是这样看着。”[②]

这些人原本民主、自由、平等的意识就很薄弱，因此，三次复古就很容易对其产生影响，那么，出现“不论教员学生，均抱着死读书，不问政治的态度”[③]的现象也是很自然的。毕竟，新事物战胜旧事物要经历一个艰难曲折的过程，就像垂死的病人也会有回光返照的刹那，刚从睡梦中醒来的人也会有短暂的迷糊。况且，教育虽有唤醒民众力量的作用，但它在通常情况还是会屈服于政治的。

但是，这一时期教育领域的复古逆流并未能从根本上改变中国教育现代化的前进方向。“此间，新知识分子群体开始崛起并逐渐成为教育变革的推动力量。他们革新教育的目的不在于维护既有的统治秩序，所重视的是对教育自身内在联系和发展规律的探讨，使得他们能够与政治保持一定的距离，表现出相对的独立性。从另一方面看，也正是由于这一时期文化教育领域一而再地封建复古回流，激发了与传统决裂的新文化运动的兴起，进而昭示了五四运动前后新教育运动的勃兴，最终促使教育事业走向正常的发展道路。”[④]

在新文化运动中，“新知识分子群体”一方面批判封建的旧教育，另一方面又积极提倡建立以

---

① 陈青之：《中国教育史》，东方出版社，2008年，第535页。

② 陈青之：《中国教育史》，东方出版社，2008年，第536页。

③ 王李金：《中国近代大学创立和发展的路径——从山西大学堂到山西大学（1902—1937）的考察》，人民出版社，2007年，第144页。

④ 张建奇、杜驰：《民国前期中国现代大学制度的确立》，《大学教育科学》2005年第6期。

科学和民主为中心的新教育。陈独秀指出，这种教育的特点是："自由的而非奴隶的"，"进步的而非保守的"，"进取的而非倒退的"，"世界的而非锁国的"，"实利的而非虚文的"，"科学的而非想象的"①。

所以，它在思想文化教育领域，对当时的北洋政府和社会上的封建复古主义者进行了猛烈的抨击。从这一意义上讲，它既是辛亥革命时期反封建主义教育的继续，又是五四运动时期推行新教育的先声。

继之而起的五四运动，以民主和科学的精神，高举反传统的批判旗帜，犹如狂飙怒潮，猛烈地荡涤着旧思想、旧文化、旧道德的污泥浊水，对两千年来的儒学价值观发动了全面的攻击。近代思想史和社会史上的这一伟大解放运动，同样给教育的发展以深刻的影响。揭开了20世纪20年代在中央政府对全国教育大局失去控制的局面下，由国内文化教育界学术团体和机构自发的、吸引成千上万的教育界人士和青年学子参加的教育改革，产生了两大标志性成果：《学校系统改革案》和"壬戌学制"。

必须指出的是，在民国初年，中央政权还无力承担对高等教育的管理责任②。北洋政府从1912年到1928年6月，16年间更换了47届政府；1912～1926年，14年间教育总长变动50次，更换了38个③，由此也可见当时政局的混乱，中央政府对教育的管理失败。教育部人事变动的频繁，财力、物力的匮乏，统辖教育事务能力的缺乏，实际权力的微弱，使得教育部有些"自身难保"，"地位低微"。地方教育当局和教育界人士在实际行动中也往往越过教育部直接向国务院提出抗议和咨议。

在这种情况下，民间组织和社会权力逐渐发展壮大，从而日益成为影响中国教育发展的一股强大力量，各省教育会、全国教育会联合会也承担起了日渐重要的功能。

1915年4月，全国性的民间教育组织——全国教育联合会在天津成立，在成立大会上，与会代表提出了《学校系统改革案》。

《学校系统改革案》首列标准特别强调要适应社会进化之需要，发挥平民教育精神，谋个性之发展等；且要求高等及中等教育之编课，采用选科制，初等教育之升级采用弹性制。这充分体现了学制以儿童为中心，培养和发展学生个性及智能的特点。这些都带有明显的美式色彩。

《学校系统改革案》最重要的功绩是提出了指导中国教育发展的七项标准：一是适应社会进化之需要；二是发挥平民教育精神；三是谋个性之发展；四是注意国民经济力；五是注意生活教育；六是使教育易于普及；七是多留各地方伸缩余地④。这些标准既是制定学制的指导思想，也被时人和后人看作是指导整个20世纪20年代教育改革的方针。

经过几年酝酿，1922年9月，北洋政府教育部将此草案修改后，交给在济南举行的全国教育联合会第八次年会讨论修正，1922年11月1日，以大总统黎元洪的名义公布了《学校系统改革方

① 曲士培：《中国大学教育发展史》，北京大学出版社，2006年，第245页。

② 朱照定：《论中央和地方高教管理权非规范性的成因及其治理》，复旦大学硕士学位论文，2006年。

③ 林荣日：《制度变迁中的权力博弈——以转型期中国高等教育制度为研究重点》，复旦大学出版社，2007年，第99页。

④〔加〕许美德，许洁英译：《中国大学（1895—1995）：一个文化冲突的世纪》，教育科学出版社，1999年，第70页。

案》[①]，并命令在全国施行。这是在当时学习西方，尤其是学习美国教育的总体氛围，经过反复论证和长期讨论，集中了当时中国教育界集体智慧的一个结晶，这个学制是“中国社会政治、经济和文化教育全面变革的一个综合产物，体现了中国教育界力图顺应世界教育发展新潮流，努力探索符合本国国情及教育自身规律的艰苦尝试”。由于它基本沿用到1949年新中国成立前夕，所以影响尤大。

“壬戌学制”最引人注目的地方就是以七项标准取代民初的教育宗旨。整个学制以六、三、三、四分段，即初等教育段6年（初级小学4年，高级小学2年）；中等教育段6年（初级中学3年，高级中学3年），与中学平行的有师范学校和职业学校；高等教育段4～6年。并同步进行了学校课程体系的改革。这部学制与前两部学制相比，无论是指导思想、整体结构还是具体条款，都有其独特的长处和显著的进步。学制的指导思想更加注重教育与社会的联系，强调发展受教育者的个性，体现了一定的民主科学意识。同时，还注意使自身具有相对的灵活性和弹性，以适应国情的需要。尽管在实践中还有不尽如人意的地方，但“毕竟代表了中国教育发展的正确方向”[②]。

应该说，“壬戌学制”在中国教育发展史上具有里程碑式的重大意义，它是中国现代教育制度建立的重要标志。同以往制定的学制相比，“壬戌学制”在教育改革指导思想方面，具有许多突破，它提出：要适应社会进化之需要；发挥平民教育之精神；谋个性之发展；注意国民经济力；注意生活教育；使教育易于普及；多留各地方伸缩余地等[③]。

另一个值得注意的问题就是这个学制把大学预科取消了，并且基本是模仿美国的学制。为什么刚从日本搬来的学制又换成美国的呢?

有研究者认为：“一是中国人对日观的转变。随着甲午战争后日本军国主义野心的日益暴露，日本对中国的侵略行径和种种不平等条约的签订，中国人民对日本从和睦、钦慕逐渐发展为防范和仇恨。二是中国人对美国的认识。认为君主立宪制的日本已不再适合中国新的国情，而被美国自我标榜的民主、自由和科技发达、经济繁荣所吸引，转而把美国作为中国建设共和国的蓝本。三是美国对中国的全面扩张，美国对中国文化教育的扩张也大大加强。除继续利用教会对中国教育进行渗透外，还对中国的整个学务表现出更大的关注。美国利用退还庚子赔款，吸引大量的中国留学生。四是从新文化运动到五四运动，中国人以民主、科学两大旗帜，反对封建主义旧思想、旧道德。而美国教育界占主导地位的实用主义教育理论和进步主义教育运动，正是以标榜民主和反传统的面目出现的，颇迎合中国教育界的需要，为中国批判旧教育提供了理论武器。”[④]

清朝覆亡时，全国共有数所公立大学[⑤]，复旦公学、中国公学等2所私立大学，并在各省设立了27所高等学堂，127所各种专门学堂[⑥]。至民国初年，由于《学校系统令》降低了大学设置的门

---

① 因1922年为农历壬戌年，故又称此为“壬戌学制”。

② 田正平：《中国教育史研究》（近代分卷），华东师范大学出版社，2001年，第283、293页。

③ 熊明安：《中华民国教育史》，重庆出版社，1990年，第59页。

④ 顾明远：《中国高等教育传统的演变和形成》，《高等教育研究》2001年第1期。

⑤ 有学者认为当时有三所官办大学，即京师大学堂、北洋大学堂和山西大学堂。见王李金：《中国近代大学创立和发展的路径——从山西大学堂到山西大学（1902—1937）的考察》，人民出版社，2007年，第2页。

⑥ 郑登云：《中国高等教育史》（上册），华东师范大学出版社，1994年，第87～95页。

槛，明确鼓励发展单科大学，所以一时间各类公私立专门学校快速发展起来，据1917年全国高等教育统计，当时全国共有高等院校80所，其中尤以法政、农业、工业、医学、艺术专门学校和高等师范学校为多。单从数量上看，高等教育发展的速度很快，但办学水平和教学质量参差不齐，多数学校是仓促上马，连基本的办学条件都不具备，很难达到大学教育的水平，在这80所高等学校中，高等师范和专门学校占到72所，而分科大学仅有8所[①]。

"壬戌学制"颁布以后，大学的数量又有了较大的增加。由1921年的13所激增至1927年的52所，其中"各专门学校、高等师范学校，多升格改为大学或师范大学，高等教育骤形发达"[②]，中国现代高等教育出现了第一次数量增长的黄金时期。

二、新文化运动与五四运动推动下的河南高等教育发展

袁世凯篡夺了革命的果实，建立了北洋政府，并在教育领域掀起一股复古逆流。继袁世凯之后，北洋军阀张勋、段祺瑞也先后掀起了两次大规模的复古运动。在河南，从张镇芳到赵倜[③]，他们一方面大力提倡尊孔读经，甚至鼓吹恢复清末业已废止的科举制度；另一方面则在全省城乡滥捕滥杀青年学生，致使"乡中父老，率以（子弟）入校读书为戒"。军阀统治的副产品——"匪祸"又迅趋炽烈，大河南北，几无净土。许多学校师生也成了杆伙架票勒赎的对象，只好停学避祸[④]。

针对这些复古逆流，河南教育界一些民主进步人士对其展开了猛烈地抨击。河南留学欧美预备学校、法政专门学校、农业专门学校、省立一中、省立二中、省立第一师范、省立女师等校的进步师生首先对其进行了抨击。

河南留学欧美预备学校史地教师王北方在给学生讲课时痛斥"二十一条"之凶苛无比。当得知袁世凯复辟称帝时，校长林伯襄更是当即辞职返乡，称病不出，表现出一个进步教育家的铮铮风骨[⑤]。

新文化运动兴起后，在河南教育界引起了比较广泛的响应，包括李元勋、高镇五、王拱璧等在内的一些知名的河南教育家毅然投入这场运动，提倡民主，提倡科学，提倡新文学，对新文化运动在河南的深入发展，起到了积极的推动作用。

1918年，河南留学欧美预备学校法语教授徐炳昶，省立第一师范教师冯友兰、嵇文甫，省立开封二中学监韩殿英等十多名民主进步人士，在开封组织了《心声》杂志社。其宗旨在于"输入外界之思潮，发展良心上之主张，以期打破社会上、教育上之老套，惊醒其迷梦，指示以前途大路而促其进步"[⑥]。《心声》杂志将新文化运动扩及河南并逐步引向深入，在河南教育界起到了响应新文

---

① 王李金：《中国近代大学创立和发展的路径——从山西大学堂到山西大学（1902—1937）的考察》，人民出版社，2007年，第145页。

② 陈东原：《第二次中国教育年鉴》，商务印书馆，1948年，第489页。

③ 1914年1月20日，袁世凯以张镇芳防剿白朗不力为由将其撤职留任，2月13日将其免职。2月2日，陆军总长段祺瑞被派赴河南主持围剿白朗的军事行动并兼河南都督。8月白朗起义失败，段被调入京。9月袁世凯遂派时任毅军翼长、河南护军使的赵倜为河南督理。

④ 王天奖：《民国时期河南的学校教育》，《河南大学学报（社会科学版）》1996年第3期。

⑤ 申志诚等：《河南近现代教育史稿》，河南大学出版社，1990年，第79、80页。

⑥ 申志诚等：《河南近现代教育史稿》，河南大学出版社，1990年，第80页。

化运动，批判复古主义教育的历史进步作用。

1919年5月，因巴黎和会中国外交失败而引发的无私爱国运动，极大地激发了河南人民的反帝爱国热情，从而在全省迅速掀起了一个爱国运动的热潮。

五四运动，不仅仅是一场轰轰烈烈、波澜壮阔的反帝反封建运动，更是一场冲击各界、深入人心的思想解放运动，也就是说，它是一场演绎了救亡与启蒙“双重变奏”的爱国运动。其中，它所擎举的“民主”与“科学”两面大旗更是影响深远。

河南最早响应五四运动的是1919年5月9日开封女界在女子师范学校召开的女界国耻大会。到会者千余人，师生代表相继登台演讲，有张女士者，竟将中指咬破，以血大书“坚持到底”四字，以表爱国之热情[①]。

5月13日，省会开封各校学生在法政专门学校举行联合大会，留学欧美预备学校、法政专门学校、农业专门学校、省立第一师范、女子师范等15校学生1000余人参加了会议。此后，各校又多次举行集会，省会学联、省学联也相继成立，还组织了大规模的罢课活动。爱国运动由学校向社会、由省会向全省发展。河南留学欧美预备学校的师生，在五四运动中表现了高度的爱国热情，为后人树立了好榜样，留下了好传统。

新文化运动、五四运动对深化河南教育改革起到了重要作用。首先是学校教育增加了反帝反封建的内容，加强了自然科学的教育，如河南留学欧美预备学校开设算术、代数、平面几何、立体几何、三角、高等代数、微积分、解析几何等，合计1045个学时，占总学时的14.7%。其次，在新文化运动、五四运动的推动下，大、中、小学的教材全部使用白话文，这对教育的普及有着积极的意义。再次，新文化运动和五四运动也促使河南教育改变了男女不平等的状况，平民女子学校、女子职业学校蓬勃兴起，使女子初步获得了受教育的权利。

经过新文化运动，特别是五四运动的洗礼，广大师生的精神面貌也达到了一个新的境界，寻求真理、向往革命的志士与日俱增。1919年和1926年，嵇文甫相继在《心声》杂志发表《吾所得于文学史者》和《王船山的人道主义》，提出文学是“人类精神之小影”，“一代有一代之精神，即一代有一代之文学”，以此告诫人们要顺应历史潮流而进。还指出王船山学说的主旨是反对保守退化思想，在知行关系上强调行是知的基础，启迪人们用唯物主义观点指导教育改革实践。郭须静发表的译文《理想家的社会主义》可视为河南省教育界知名教育家公开传播马克思主义理论学说的先声[②]。

在学生中，德文科学生武兆镐，留学德国时加入中国共产党旅欧支部，曾和朱德等老一辈革命家一起工作，后又赴莫斯科参加共产国际的活动。第二届英文科毕业生赵毅敏留法勤工俭学，后又留苏，是中国早期的共产党人。侯镜如及其同学周帮彩、王之宇、蔡芷生等预校毕业后到广东参加革命，入黄埔军校学习。杨放之、马霖及孟炳昌等先后赴苏留学，还有一些同学毅然返回家乡从事地方革命活动。第三届英文科毕业生陈育生、尚芳、黄志忠，第四届英文科的陈风翚等为中国人民的革命事业献出了宝贵的生命。

---

① 陈传海、徐有礼：《河南现代史》，河南大学出版社，1992年，第41页。

② 申志诚等：《河南近现代教育史稿》，河南大学出版社，1990年，第93页。

值得注意的是，在五四运动中成长起来的马克思主义者继承了五四精神，并在马克思主义的基础上加以改造，从而赋予了它新的时代内容，使其在更高层次上得到进一步的发扬。就社会科学来说，它主要不再是指那些运用了某些自然科学成果的唯心主义学说，而是指马克思主义的科学世界观和社会革命论。提倡用马克思主义的观点来观察和研究社会、研究历史，这不是对科学的否定，而是使科学方法的运用不再局限于自然科学领域，而且扩展到社会、历史的研究领域中去了，这是对五四精神的进一步发扬。这一点，在当时虽对高等教育制度没有多大作用，但对高等教育的宗旨、指导思想却起到了重大影响。

1921年，中国共产党成立，为了广泛宣传马克思主义理论，培养革命干部，许多共产党人积极从事革命教育活动，他们积极办学校、开讲座，成立教育机构，其中不少还具有大学教育性质。例如，湖南自修大学、上海大学[①]、广州农民运动讲习所、中法大学、劳动学院、平民大学等。这些学校虽然影响范围小、受众少，但它们打破了旧大学的传统，坚持以共产主义思想为指导，坚持教育为革命的政治斗争服务、教育与生产劳动相结合的方针，贯彻理论联系实际的原则。在办学方向、教学内容、教学方法和师生关系等方面，都和传统的旧大学有着本质的区别，它为我国建立无产阶级的教育制度积累了一些宝贵经验。这些学校对革命干部的培养发挥了重大作用。

就河南而言，虽然没有大规模的共产主义学校，但郑州扶轮工人夜校、郑州铁路职工学校、开封老君庙工人夜校中，都有共产党员和工人运动主要领导人亲自授课，郑州还有8名共产党员[②]，这些直接影响了今后河南地区革命运动的开展和高校学生运动的发展动向。在当时，一些初步具有共产主义思想觉悟的青年学生在开封各中等学校开展了勤工俭学活动，也促使青年学生在与工农群众相结合的道路上迈出了可喜的步伐。

三、河南本科高等教育的开端——中州大学的诞生

在新文化运动、五四运动的推动下，河南教育界的一些知名人士，如张鸿烈、李敬斋、冯友兰、嵇文甫等，纷纷要求在河南创办大学，发展本科高等教育，以培养高级专门人才。河南留美学生会组织了一个“教育委员会”，发出宣言，呼吁“救国之道首在广植人才，尤在多设大学”，“本省自立大学实属要图”[③]。这些有远见卓识的教育家早在各自不同的方面，从“民间”发动教育改革运动，促使河南教育在原有基础上有所发展、有所创造、有所前进，努力改变河南长期没有本科大学的落后状况。北洋政府虽无意改革教育，并力图控制教育的任何发展使之一切率由旧章，但是由于资产阶级民主力量的相对增长，尤其是五四运动后的新文化运动的猛烈冲击，军阀政府实难全部维持现状，只能在不动摇其根本统治的前提下，对发展教育的某些主张和措施加以认可。这就是河南高等教育在20世纪20年代初期能够明显发展的一个原因。

---

① 这是中国共产党领导设立的培养革命干部的高等学校。1922年10月创办于上海，1927年5月2日，被国民党政府查封，学校被迫关闭。它与今日的上海大学无关。

② 《中华民国时期大事年表》，郑州市地方史志办公室网站：http://61.163.246.71/szb/html/4028809d197014760119702de6a2000b/2008050417313538.html。

③ 河南大学校史编辑室：《河南大学校史（1912—1984）》，河南大学出版社，1985年，第14页。

（一）中州大学的创立与办学特点

河南省议会虽在1921年通过了筹办大学的决议，提出了建设案和简明计划书，拟将河南留学欧美预备学校改建为河南大学，原案交省政府执行。但因政局不稳，财政拮据，其事遂寝。

1922年5月，冯玉祥率部驱逐了反动军阀赵倜，进驻开封担任河南省督军。他比较重视教育，对力主创办本科高等教育的河南教育界人士无疑是一个十分有利的条件。冯玉祥主豫后，下令把赵倜在省会开封的财产全部没收，除拿出其中的一小部分开办工厂外，其余全部划归河南教育款产。是年暑假，在冯玉祥的积极干预下，河南省议会决定从赵倜财产中拨出一部分作为筹办本科大学的专款，委任河南留学欧美预备学校校长张鸿烈为筹办专员。张鸿烈随即联络李敬斋、冯友兰、嵇文甫等，草拟组织大纲，积极进行筹备。11月，省议会正式确定河南留学欧美预备学校升格为本科学校，定名为"中州大学"[①]，并委任张鸿烈为校长。这是河南本科高等教育的开端。

中州大学分设文、理两科，冯友兰被聘任为文科主任，曹理卿为理科主任。李敬斋被聘任为校务主任。这时，冯玉祥虽已被反动军阀吴佩孚逼出河南，但中州大学的成立已为既成事实。吴佩孚、韩复榘（时任河南督军）等只好做出关心河南教育事业的样子，对中州大学的系科设置、人事安排、教学改革等加以认可。1923年3月3日，中州大学举行开学典礼，向社会各界宣告正式成立。

中州大学是以河南留学欧美预备学校为基础成立的河南省第一所本科高等学校。而一个学校实施教育的要素，最重要的不外乎教授的人选、图书仪器等设备和校舍建筑[②]。也就是说师资、图书仪器等教学设备及校舍建筑是办学的必备条件，三者缺一不可。

中州大学建立之初，原有的预校师资力量显得较为薄弱，延聘教师成为学校的首要任务。到1925年7月，中州大学共有教学人员39人，其中教授22人，有郭绍虞、冯友兰、冯景兰等，其他教员如王志刚、郭须静、嵇文甫等虽还不是教授，也都学有专长。1930年，教师队伍发展到130人，各学科都有一些名教授执教，除上面提到的以外，文科教授有吴家镇、李廉方、张子岱、张邃青、霍树成等，理科教授有黄际遇、杜秀生、李燕亭、黄敦慈等，法科教授有王显汉、杜元载、吴德培、陈道章、熊伯履等，农科教授有王陵南、郝象吾、万康民等，医科教授有阎仲彝、郭鑫斋。这些教师对学校的奠基之功实不可没。

如文科主任兼哲学系主任冯友兰教授，是中州大学哲学系的奠基人之一。他的博士论文《人生理想之比较研究》得到哲学界好评，补写两章后定名为《人生哲学》，成了当时大学通用的教科书。他讲课深刻透辟，还亲自指导学生进行英译汉的翻译练习，以培养学生学习外语的兴趣。外语教授仇春生，数学教授黄敦慈和化学教授林一民等对学生要求严格，讲课深受学生欢迎。地质学教授冯景兰，教学认真，重视实践，地质试验室的标本矿石，大部分是他亲自带领学生精心采集制作的，仅在河南各地采集的标本就有1000种之多。他后来成为全国知名的地质学家。讲授经济史的马

---

① 建校筹备基金系查没的赵倜财产。北京政府认为，河南大学如接受这项基金，就必须于"大学"之上冠以"中州"二字，方为合法。

② 竺可桢：《大学教育之主要方针》，《竺可桢文集》，浙江文艺出版社，1999年，第71页。

非百，他的讲义是以日本人山川均的《唯物史观世界经济史》和郭沫若的《古代社会》为基础自己编写的，公开宣布以商务印书馆印行的英文本《资本论》为重要参考书。他这门课开始只有30人选修，后来听课的人越来越多，最后只好改在一个全校最大的教室上课。教员郭须静是留法勤工俭学学生、旅法中国农学会的组织者。他开设农学园艺课，积极推广从法国带回的香蕉苹果和玫瑰香葡萄种，使这些新品种在中州大地扎根结果，以后又繁衍到全国许多地方。生物系主任张震东教授，留法时专攻生物学，以精于“淡水养鱼”而获得博士学位。他从1923～1926年一直在校执教，与文科主任冯友兰、理科主任曹理卿齐名，他为我国养鱼事业的发展做出了贡献。

这些知名的教授、学者莅校任教，不仅提高了教学质量，也大大提高了学校的声誉，对河南高等教育事业的发展有重大的推动作用。

在校舍仪器方面，预校时期，校舍比较简陋，只有一座主楼是新式建筑，为教学活动的中心。其他校舍加起来不过二三百间，占地面积不到100亩[①]。改建中州大学之后，校务主任李敬斋主持校园的设计工作，仅用了一个多月的时间，便精心绘制了校园整体规划草图。学校扩大后的基址划分为四区：校本部、运动场、农事试验场、职教员住宅，并积极着手兴建。到1925年，学校已初具规模，建成学生宿舍楼6座、校医院楼1座，作为新的教学活动中心的第7号楼也已完工。

这一期间，学校得到冯玉祥的大力支持，不但经费屡有增加，校址也逐步扩充，共占地500余亩，东傍城垣，西环惠济河，南近曹门，北倚铁塔，雄踞古城东北一隅，成为规模宏伟的河南最高学府。

从预校建立开始，学校就尽力添置图书和仪器设备。预校的图书和仪器为数很少，合放在一个地方，到中州大学时期就完全分开。预校的教学活动中心6号楼改为图书馆，共有中文书籍16 500余册，外文书籍2800余册，中文杂志95种，外文杂志73种。设有专门的实验室：化学实验室分设普通化学、有机化学、定性分析、定量分析四室，每室能供25～40人做实验。物理实验室一次能供40人做实验，配有新式设备，力学、热学、电学、光学各科试验仪器有数百种。生物试验室有不少植物和动物标本，其中购自外国的标本就有1500种，还有显微镜20架及各种仪器数百件，另外还专备了10亩育种田。地质试验室面积千余平方尺，标本分矿物、岩石、化石3类，共2000多种。其他还有机械室和手工教室，设备齐全。学校图书设备的不断添置，给教学创造了便利条件。

此时在专业设置方面，河南留学欧美预备学校改为中州大学后，最初开办文、理两科预科，后来开设本科。学制六年：预科二年，本科四年。文科下设哲学系、国文学系、英文学系、历史学系、教育学系；理科下设数理学系、化学系、生物学系、地质学系，共9个专业。改为中州大学后，增设农科和法科，农科下设农艺系、森林系，办有农事实验场和农业推广部；法科下设法律系、政治系、经济系。1928年9月增设医科，下设附属产科学校。各系科学生人数逐年增加：1927年11月学生总计500人，后来又发展到668人，1929年学生为850余人。1930年春，本科、预科学生共有900多人；1928年6月，中州大学首届毕业生为40人。1929年毕业61人；1930年毕业82人。

此外，中州大学各系的课程设置，都有自己的特点，以文科哲学系为例，必修课有国文、英文、高等心理学、中国哲学史、西洋哲学史、高等伦理学、美学等，开设的选修课有周秦哲学、宋

---

① 1亩≈666.7平方米。

明哲学、现代哲学等，都有较高的学术水平。理科各系除规定必须共修的国文、英文、普通物理、普通化学、普通生物学、普通地质学之外，另开设有本专业的必修课程和选修课程。教师既重视传授基础知识，又注意把国外的一些新知识介绍给学生，因此，教学内容比较新颖。例如，地质学系的课程门类虽不多，但该专业在国内是新建的学科，各科参考书和课本多用国内新作，或是外文原版和少数中译本。由于师资力量较强，课程设置有一定特色，同时学生的思想活跃，知识面也较宽，外语程度较高，因而学校办得颇有生气。

除此之外，学校对体育课也一直很重视。中州大学《学生通则》规定，学生体质太弱即令其退学，体育课没有修完或考试不及格，不能毕业。学校经常举行运动会，提出“强身建国，一雪东亚病夫之耻”的口号。一些运动项目的成绩不但在河南各校中领先，而且在华北各校中也处于领先地位。

在教学管理制度方面，中州大学建立后，即开始用学分计算学业成绩的办法，经过不断补充和完善，作为一种制度确定下来，直到以后中山大学时期沿用不废。

在中州大学《学生通则》中，对学分制有比较明确的规定。本科学生学习成绩的计算方法是，每门课程成绩分为六级，甲、乙、丙、丁、戊、己。甲、乙、丙、丁四等为及格，给予相应学分。戊等允许假期后补考，及格者升入丁等，给学分。不及格者列入戊等，不给学分。此外还有一种并行的“加绩点”的记成绩办法：成绩在90分以上者，每学分可得三个绩点，80～89分每学分可得两个绩点，70～79分每学分可得一个绩点，70分以下无绩点。学分按门计算，每门课程在本学期每周讲授时数，一般就是这门课应得的学分数。学分有必修课学分和选修课学分两种。必修和选修课程所占的比例由各系科自定。按照上述办法，大学本科学生需修足160学分的课程，并累计得足160个绩点，且体育课全修及格者，可得毕业证书，并根据有关规定授予相应学位。

实行学分制，不局限于本科学生，预科学生、附中的学生，也一律实行学分制。除初中外，预科、高中均有选修课。预科学生和高中学生分别修足100学分和150学分课程后，发给毕业证书，并升入大学本科；初中学生修足157学分课程后，发给初中毕业证书，并可升入高中，继续学习。采取这样严格的学分制，学生必须努力学习，否则就有被淘汰的危险。

学校实行严格的奖惩制度，凡学期成绩有15学分以上列于甲等，在一学期内不请假外出和未请过病假而记大功一次者，可以免缴下学期学费，以资鼓励。凡学期成绩有五分之二以上列于戊等或己等者，便令其退学，而不准留级。中州大学、中山大学时期，都没有留级制度，凡不合格的一律淘汰，如1928年入学的文科教育系一班50人，学年考试结束仅保留22人。1930年考取的300名预科学生中，第一学年就被淘汰（因考试有两门以上不及格）36人。

此外，还有许多严格的管理制度和办法，如未经允许在外住宿者、聚众要挟者、违抗记过和停学处分者等，均须退学。凡是在开学后两周不到校、不请假或无端旷课达两周者，也须退学。凡是学生在教室或实验室内违背指导，教员可以命其停学该门课程，并将事由通知注册部，作停学处分。停学期间不经教员许可和注册部通知不得上课，所有停学钟点作为旷课计算。

学校所定的一些制度和办法，有的是合理的，起到了积极的作用，有的则过于苛刻，束缚了学生的身心发展。但其中不少制度规定，诸如学分制，对现在也有借鉴意义。

学校除正常的教学外，还开展一些学术活动。延请名家讲学是学校的一项重要活动，如河南教育界名人胡石青（曾任北洋军阀政府教育部次长），学识渊博，讲话幽默风趣，来校讲学，引起师生极大的兴趣。国民党元老李根源也来校讲过《河南地方史》，他把河南的历史、文化、地理的沿革等知识融会贯通，讲得详赡透辟。学者们来校讲学，既活跃了学术氛围，又增加了学生知识，对课堂教学起到了补充作用，收到了良好的效果。

组织学术团体，创办学术性刊物，是学校进行科学研究的又一重要形式。早在留学欧美预备学校时期，曾出版过一个校刊；中州大学时期，办有《中州大学晚报》（日刊）、《中州大学纪实》（半年刊）、《中州大学一览》（年刊）和文科季刊；在国共合作时期，师生中各种思想比较活跃，纷纷建立学术团体，学术刊物如雨后春笋，破土而出，如中州大学文艺研究会，由魏世珍、许敬参发起成立，聘李敬斋、冯友兰任名誉会长，得到教师们的大力支持。这个研究会办的刊物名为《文艺》，冯友兰先生在《发刊词》中说：中州大学文艺研究会以研究国故和文学为宗旨，通过编辑此刊，使会员们的“理智力及想象力，皆有适当练习之机会”。《文艺》每期篇幅十多万字，大部分是刊载会员（学生）的文章，小部分是文史名家教授的学术论文，如它刊载的郭绍虞先生的《晚周古籀考》，刘掞藜先生的《月氏与东西文化之关系》为古文字和历史研究方面的精辟论文，王志刚先生的《爱的牺牲者》是一篇成功的戏剧创作。

王志刚和段凌辰等主办的《孤兴》杂志社，是校中又一重要组织。《孤兴》的篇幅比《文艺》少，刊载的大多是一些短小精悍的诗词新作及研究文章。另外如《青年评论》《谔辉》《心波》《晓钟》等刊物均各有特点，特别是《青年评论》，是一个以马克思主义思想为指导的政治刊物。它言论激烈，笔锋尖锐，公开痛斥段祺瑞之流“黄金黑铁”般的反动统治，尖锐地批判了国民党右派戴季陶之流。当时各个专业、各种形式（铅印、油印、手抄）的刊物很多，如教授黄际遇曾指导学生宋鸿哲等负责办了《数学报》。各系所出的墙报琳琅满目。国文系的墙报出在6号楼，学生魏世珍在墙报上撰文，论述荀子的“性恶”问题，同时有“荀子专家”之称的教授论辩。刊物的规模有大有小，不但系科有，班级有，甚至一个宿舍也出一个手抄的小刊，如东一斋304房间中的于秀民等四位同学，每人轮流出一期周刊《晚声》。

1927年以后，由于国民党蒋介石背叛革命，中州大学这种自由争鸣的活跃空气很快被扼杀了。严密的思想控制代替了浓郁的学术空气。特别是政治性的团体和刊物全被禁止。官方组织的学生会这时也被命令停止活动，出版的刊物大减。学校的学术活动只能在艰难曲折中发展。

应该说，中州大学的成立本身标志着河南省本科高等教育的开端，在河南现代教育史上是一个有重大意义的事件。同时，中州大学校长张鸿烈兼任省教育厅代理厅长，为河南全省各类中、初等学校贯彻“壬戌学制”做出了积极贡献。中州大学文科设哲学系、国文系、历史学系、教育学系和英文学系，河南省教育厅委托教育学系负责在河南全省推广“壬戌学制”。

在新文化运动、五四运动的推动下，留美学生归国者渐多，国内在学制改革上引起了向美国学习的风气。河南如李敬斋，留美归国后担任留学欧美预备学校校长，并聘请留美毕业生杜俊为英文教师，朱龙章为监学。1921年，第七届“全国教育联合会”在广州召开，决议改革学制。1922年，教育部于济南召开“学制会议”，将全国教育联合会通过的学制草案稍加修改，11月公布《学校系统改革令》，即“壬戌学制”。中州大学教育学系在“壬戌学制”公布的同时正式设立。在张鸿烈的主持下，教育学系提出7项标准作为改革河南教育、贯彻“壬戌学制”的指导思想，即教育必须适应社会进化的需要；大力提倡平民教育；发展个性，崇尚自然；注意当地的经济力；注意生活的教育；使教育易于普及，多留各地方伸缩余地。在学制上规定：初等教育六年（初级小学四年，高级小学二年）；中等教育六年（初级和高级中学各三年；师范学校六年，其中后期师范学校三年）；高等教育三至六年（大学本科四至六年，专科三至四年）；入学年龄为6岁[①]。

河南省对“壬戌学制”的贯彻执行，结束了中华民国成立10年来河南教育上的混乱状况。初等教育学制缩短了三年，中等教育分设三年制初中、高中，有利于小学和初中的进一步发展，提高了中等教育的水平，以满足各地对中等教育人才的需求。取消大学和专门学校的预科，减轻了高等学校的负担。使之能集中精力进行专业教育和科学研究。职业教育（包括师范教育）单成系统，取代实业教育，原初等实业学堂仅相当于高级小学水平，“壬戌学制”将其提高到初中水平，加强了职业教育的地位。取消男、女分校制，体现了男女平等思想。小学国文改为国语，修身课变为公民课，并增加手工、图画课，中学加强了人文科学、理科课程。这些都在一定程度上反映了新文化运动、五四运动对教育改革的基本要求，可以说是新文化运动、五四运动在教育界深入发展的综合成果。

（二）河南教育经费独立的初步成功

从河南留学欧美预备学校成立到中州大学诞生的数年间，学校历届校长对争取河南教育经费的独立都进行了坚持不懈的努力，并终于获得了初步的成功。

当河南教育界声援五四运动的斗争正如火如荼之时，河南督军赵倜为扩充军力将河南的田赋、税收都用在军费方面，河南教育经费到1920年积久竟达年余之久，留学欧美预备学校校长李敬斋令学校会计张履乾到省财政机关坐催索讨，省会各校会计纷纷仿效，却毫无效果，“往往是一文不给”[②]。在教育经费困难已达极点的情况下，受到新文化运动、五四运动鼓舞的河南教育界教职工自发组织起河南省教职员联合会，矛头直指赵倜，展开多方面的斗争，要求解决教育经费。1921年春，张鸿烈接任留学欧美预备学校校长，鼎力支持河南省教职员联合会要求教育经费独立活动。5月，省教职员联合会推定法政专门学校校长胡鼎彝拟出四条办法：指定若干县地丁或其他款项完全作为省立各校专款，不得挪用；指定的县若有灾患，收入不敷，得另行指定他县或他项税款补充；省城外各校款项，由指定各县就近拨抵。赵倜勉强接受，但不久直奉战起，被指定各县的收入悉数由军队提用，各校经费依然无着。

1922年5月，直奉战争结束，赵倜潜逃沈阳，冯玉祥继任河南督军。此时，直系军阀曹锟，为了当总统，向教育界讨好，遂于1922年6月28日通电全国：“建议所有财政预算，宜以教育为先，不仅确定，必须扩充。”坐镇洛阳的军阀吴佩孚也装模作样通电响应：“勿令栋舍鞠为茂草，诸生相率饿殍。”省教职员联合会利用这一时机，积极进行活动，留学欧美预备学校校长张鸿烈、法政专门学校校长张跻青、农业专门学校校长王金吾、省长公署教育科长王幼侨、女师校长张亦鲁等，到处奔走呼吁，谋求教育经费真正独立。对此，冯玉祥和张凤台[③]在实际行动上给予支持，授意省

① 河南地方史志办公室：《河南通鉴》（上），中州古籍出版社，2001年，第605、606页。

② 河南教育志编辑室：《河南教育志资料选编》1982年第1期，第9页。

③ 冯玉祥继任河南督军后，张凤台被推举为河南省省长。另，张凤台是教师出身，曾为农业专门学校校长王金吾座师。

财政厅允许拨出一种税收作为教育专款。

省教职员联合会人士大都缺乏税收经验，有的提议从地丁税下划出若干份为教育专款，有的提出以全省盐税为教育专款。省财政厅认为盐税金额较大，反对将其划作教育专款。财政厅内两个教师出身的职员侯仙培、李刚侯对教育经费独立运动全力支持，共同向省教职员联合会建议："地丁乃国家款项，年有定额，没有增加的余地，不如契税，每年税收数目虽只有60万元，但如能很好整顿，大有发展希望。"省教职员联合会接受建议，照此办理。省长张凤台依据财政厅、教育厅呈请发出通令，拟定办法九条，其中第四、五条为："今特指定全省买当契税收入为教育专款；契税收入仍归省地方金库专款存储，由教育厅派员管理。" 1922年8月3日，省财政厅通令全省各县，自8月15日起契税收入金额上缴省厅作为教育专款。10月4日，省教育专款监理委员会成立，负责分配全省教育经费。

省教育专款监理委员会委员7人，除省教育厅厅长、财政厅厅长、民政厅厅长、教育会长外，其余3人由省教职员联合会推举。中州大学教务主任李敬斋当选为监理委员会首任主委。后由何佛情继任主委。改称河南教育款产管理处后，河南大学法科主任王柄程任处长。他对契税的兴革擘划最多，从年收入60万元逐年增至200多万元。林伯襄任处长期间，廉洁奉公，教育总预算也年有增加。抗战爆发后，地价日增，契税猛涨，最高年额愈800万元。1928年1月，省政府颁发了移庙产兴学通令，各县教育经费因接收庙产又得以增加不少[①]。总之，河南教育经费独立后近20年间，使河南教育事业有所发展。

经费独立的初步成功是在新文化运动和五四运动深入发展的形势下实现的，可以说是河南新文化运动、五四运动取得的又一成果。

四、各专门学校的创办与近代科技教育的兴起

在民国初年教育部颁布的《大学令》《大学章程》等制度影响和省情决定下，河南原有"近似专修科或大学预科"的学校都有变化，如河南优级师范学堂改为河南省立高等师范学校[②]；河南官立法政学堂改为河南公立法政专门学校[③]，后又称为河南公立第一法政专门学校[④]，还新设立了河南公立农业专门学校[⑤]。这些都标志着河南教育从清末"中学为体，西学为用"的封建改良教育转变到了民国初年"基本上是以西方资产阶级教育为楷模"的发展道路。

（一）河南公立农业专门学校

农业是邦本，但中州闭塞，生产落后，民生凋敝，改进农林事业，增加地方收入，是富国利民之要图，故创议设立农业专门学校，培养农业专门人才。李时灿被任命为河南省教育总会会长、河南教育司长后，协同提学使掌管河南教育行政。在李时灿与河南省提学使陈善同、河南省巡按使田

① 河南省地方史志办公室：《河南通鉴》（上），中州古籍出版社，2001年，第681页。

② 周邦道：《第一次中国教育年鉴》（丙编），开明书店，1934年，第153页。

③ 在民国三年（1914年）公立第二法专并入，统称河南公立法政专门学校。

④ 潘懋元、刘海峰：《中国近代教育史资料汇编》（高等教育），上海教育出版社，1993年，第479页。

⑤ 周邦道：《第一次中国教育年鉴》（丙编），开明书店，1934年，第149页。

文烈、河南高等学堂督学时经训等的倡导下，为振兴、发展河南农业教育，在省议会的支持下，经省长公署核准，特委派留学日本东京帝国大学林科的毕业生、著名农林科专家吴肃负责筹办农业学校。并在教育经费十分困难的情况下拨款6万元，筹建校舍，购置教学仪器和图书资料。

学校最初设立于开封前营门河南高等学堂附近，或占用河南高等学堂部分校舍。1914年，按照河南民政长张镇芳的训令迁校于中州公学校址——开封东南隅的繁塔寺明道书院。

1913年3月学校开始招生，招收预科生农林各一班，每班80人，共160人。5月11日报到，12日开学典礼。按照教育部令，6月进行甄别，农林两科各录取60名学生。1913年，招蚕科学生60名，1914年元月入学。农、林、蚕预科共3班，每班学生60名。

学校开办伊始，先设农学、林学两科，于本科之前设置预科两班，每班定额80名，中学毕业或与中学毕业有同等程度实验合格者，年龄须在17岁以上20岁以下者可入。另外，报名时要缴纳入学保证金3元，考试未录取者退还，录取而不到校、肄业与中途因事斥除或无故退学者概不退还。书籍仪器费每年4元，讲义、课本、图画纸、几何器、试卷及各种试验品等由校中制备，余均由学生自给，操衣亦一律自备，唯须遵照本校所定式样。在学制上，本科三年毕业。于本科之前各设置预科一年务期，及入本科程度为合格。若一年后程度不足的酌量延期。住宿由学校指定，不得任意散住，一律不收宿舍费，唯宿舍内伙食、灯油、煤炭等物概由学生自备。另外，学校还要在每年暑假前甄别一次，不及格者退学，除保证金外余费一概退还。

学校开设课程有作物学、园艺学、蚕桑学、土壤肥料学、林学概论、地质矿物学、动物学、植物学、病虫害、物理学、应用化学，此外还有英文、国文、党义、数学、体育等多门课程。

教学实习园地有农事试验场、林场、园艺场、畜牧场、农业产品制造厂。农事试验场作为各类作物的试验场所，除供教学研究实习外，还用来培养和繁殖优良品种，向全省农民推广。林场（含部分果树林）供林科教学实习培育、繁殖幼苗。全校师生，每年清明节利用林场幼树，到繁塔附近及黄河大堤植树造林，使大堤形成了保护林带。园艺场种植果树、蔬菜、花卉供教学实习。畜牧场养殖有牛、羊、猪、鸡、蜂等，建有孵化室、蜂房等。农产品制造厂经营罐头加工和酿酒①。

河南公立农业专门学校旨在培养高级农业科学实用人才。为此，李时灿很注重教师队伍的人才选拔，他以教育司长的身份亲自选聘教师，所聘多为赴美、法、德、日留学归来的农林、园艺方面的留学生，以及国内科技界、教育界著名专家、教授。

先后聘请的教员有黄人俊，留学日本，讲授作物学；郭须静，留学法国巴黎凡尔赛园艺专门学校，是著名的园艺家，讲授园艺学；钱养浩，日本东京帝国大学农科毕业，讲授畜产肥料、气象地质；万晋，留学美国耶鲁大学，讲授林业概论；郝象吾，留学美国加州大学，讲授遗传学；俞端甫，讲授地质矿物学；李天平，讲授动物学；陆星桥，讲授植物学；周少牧，讲授蚕桑学；杜嘉瑜，留学日本东京帝国大学林科，讲授造林气象、森林动植物测量、森林工学、林学通论，兼林科主任；马显扬，日本东京帝国大学农科毕业，讲授作物土壤农学、农业经济；宋孝雄，日本东京帝国大学农科毕业，讲授园艺、植物病理、农产制造；魏丹铭，讲授养蚕学、缫丝学；黄作孚，天津直隶工业专门学校毕业，讲授应用化学；张子岱、孙慕刚，讲授英文课；邓正英，讲授党义课；李

① 《河南农业大学校史》编写组：《河南农业大学校史（1913—2002）》，大象出版社，2002年，第1～3页。

静禅，讲授国文课；李贯渠，讲授数学课；郑廉浦，美国麻省大学文科毕业，讲授英文；赵耕莘，讲授代数、几何、三角；祝少莘，北京大学农艺化学科毕业，讲授农艺化学；郝子敬，讲授课外运动；叶尔德女士，美国伯来大学文科毕业，讲授英语。农场场长由黄作楫兼任。

学校创办对河南农林牧副业的发展起到了重要的作用。其中，在科学研究和农业科技推广、普及方面取得的成就尤其令人瞩目。

（二）河南福中矿务学校

19世纪末20世纪初，世界资本主义进入垄断阶段，中国的民族资本主义有了初步发展。西方列强开始大量向中国进行资本输出。他们诱使和强迫清政府接受奴役性的贷款，疯狂攫取在中国修筑铁路、开采矿产的特权。而英国在对中国的侵略中一直走在列强的前头。在这种情况下，就有了英国福公司的成立及其在华的经营活动，包括投资创办焦作路矿学堂。与此同时，中国一些爱国的地主、官绅、富商和维新派人士在空前严重的民族危机刺激下，积极采取行动抵制洋商、创办实业，以振兴经济，拯救国家，使中国的近代工矿企业获得了快速发展。

焦作路矿学堂的创办，既是同外国资本主义侵略势力对中国进行掠夺相伴随的产物，也是中国近代民族工业特别是采矿业迅速发展的结果。这种状况，不仅决定了焦作路矿学堂在办学过程中必然交织着外国资本、官僚资本、民族资本之间复杂的矛盾和斗争，也决定了焦作路矿学堂必然在艰难曲折中发展的历史命运，而且对焦作路矿学堂的人才培养和学生进步、爱国的优良传统的形成，有着深刻的影响。

在河南矿务章程中规定："福公司于各矿开办之始，即于矿山就近开设矿务铁路学堂，由地方官绅选取青年颖悟学生二三十名，延请洋师教授，培养专门人才，以各路矿因材选用、此项经费由福公司筹备。"这是经清政府批准的英国福公司在中国创办焦作路矿学堂的最早法律依据[①]。于是，在1909年，这所最初由英国福公司投资创办，我国建立最早的近代矿业高等学府成立了。

焦作路矿学堂的校舍建筑皆为西式，草木繁茂，名花率有，清静幽雅，可谓就学之善地。学校校址北离太行山约3里，南距道清铁路车站约1里，东接田野，西连街市，矿山矿场举目可见。

1909年3月1日，焦作路矿学堂举行了开学典礼，首批招收学生20人，聘请了英国人李恒礼等四人和华人陈筱波等为教习。河南交涉洋务局选派提调田程任监督（校长），总理其事，首设矿物学门，学制四年，培养采矿、冶金和铁路专门人才。

焦作路矿学堂属于外国公司提供经费在我国创办的私立高等学校，根据《河南交涉洋务局与福公司见煤后办事专条》的规定："除饭食由学生自备外，所有堂中宿息、舍宇、游戏场以及教习员司、夫役薪工、书籍、文具、仪器、标本、灯火、煤水，统归福公司筹给。"[②]

当时焦作路矿学堂的学生多为官绅子弟，他们中许多人痛感在外国资本的入侵之下国家日益贫弱，立志走"实业救国"的道路。

1913年12月，焦作路矿学堂首届学生毕业后，福公司即单方面撕毁合同，停办该学堂。此后，经过近一年时间的交涉，1914年11月9日，签订了《议结英商福公司矿务交涉草合同》，其中第四条

---

① 《焦作路矿学堂的创办》，中国矿业大学网站：http://xcb.cumt.edu.cn/lixing/ReadArticle.aspx?id=622。

② 焦作市地方史志编纂委员会：《焦作市志》第三卷，红旗出版社，1993年，第1047页。

规定："福公司应办矿务学校一处，每年经费由福公司担任。"从而使学校的恢复有了一线希望。

与此同时，河南官绅也在为焦作路矿学堂的恢复而积极努力。1914年8月8日，华商中州、豫泰、明德三个煤矿公司在焦作合并成立了官商合办的河南中原煤矿股份有限公司。1915年，福公司和中原公司合组成立福中总公司，并同时恢复了停办近两年的焦作路矿学堂。恢复后的焦作路矿学堂改名为河南福中矿务学校。

由于路矿学堂在焦作的校舍已被福中总公司借用，福中矿务学校成立后校址暂设于河南省会开封城内大门厅街，以便于学生下矿实习。学校归外交部河南交涉署直辖，由外交部特派河南交涉员许源委任王法歧为校长、杜鸿宾为学监，并由河南交涉署详请河南巡按使报教育部、外交部、农商部立案。经过一系列筹备工作，学校于1915年招生60名。1915年6月1日，在福中总公司宣告成立的同时，福中矿务学校于开封举行了成立典礼，并决定以福中总公司成立纪念之时的6月1日为学校校庆纪念日。

1919年，根据教育部颁布的《专门学校今》和《河南福中矿务学校简章》《河南福中矿务学校管理规定》的规定，在预科毕业后即续办矿务专门，以"养成矿务专门人才"，因而易名为福中矿务专门学校。由外交部特派河南交涉员许源兼任校长。自此。学校进入了正科的创始时期，成为一所既有预科又有本科的专门学校。

作为一所私立高等学校，福中矿务专门学校有一整套完整而严格的管理体系和规范。学校对学生实行操行及学业评价与奖惩制度，学生专治实业并注重实际，使学生很快就投身实践，把理论知识与实际运用相结合，发挥出个人的潜能和知识的效能。

第四节　近代河南实业的兴起及发展

河南因地处中原，距离各开放通商口岸比较远，所以从19世纪末20世纪初开始，随着世界各主要资本主义国家向帝国主义转化，才逐渐成为帝国主义直接追逐的猎物。他们在中原腹地劫夺矿产、修筑铁路、倾销商品、掠取原料，对河南经济社会的发展产生了重大影响。由此，也催生出近代河南实业的兴起。

19世纪末、20世纪初，河南也有许多官僚、地主、商人纷纷招股集资，试图把省内的资源集中起来，开办各种厂矿。在辛亥革命前，河南开办的厂矿到底有多少？这个问题，因为缺乏全面的资料，目前尚难搞清。据汪敬虞的《中国近代工业史资料》（第二辑·下册）统计，1911年前河南各类近代工矿企业，比较大的如表8-2所示。

表8-2　1911年前河南各类近代工矿企业统计

成立时间	企业名称	所在地	资本金额／千元	经营性质	创办人
1902年	三峰煤矿公司	禹县	54	商办	马吉森
1903年	六河沟煤矿	安阳	84	商办	谭士桢
1904年	钧窑瓷厂	禹州	69	官商合办	孙廷林
1904年	继兴面粉公司	道口	50	商办	唐玉田
1905年	耀华火柴厂	开封	20	商办	马吉森
1906年	凭心煤矿	怀庆	238	商办	靳法惠

续表

成立时间	企业名称	所在地	资本金额 / 千元	经营性质	创办人
1906年	广益纱厂	安阳	699	商办	马吉森
1906年	清华榨油实业公司	清化	28	商办	程祖福
1906年	开封自来水厂	开封	204	商办	周惟义
1907年	信成煤矿公司	武安	32	商办	马吉森
1907年	启新榨油厂	周家口	14	商办	丁殿邦、顾若愚
1910年	普临电灯公司	开封	250	商办	魏步云

接下来，我们逐一了解这一时期河南各种实业的发展状况。

一、军　　工

（一）河南机器局

在河南省近代开始创办的主要企业，是由河南巡抚刘树棠等官僚所创建的河南机器局。河南机器局是河南近代创办最早的企业，也是河南近代创办的第一家军火工厂，它创建于光绪二十三年（1897年），厂址设在开封南关。

该局创建后，刘树棠筹集了大量资本从外地购买机器和原材料，并从沿海诸省及本省内招募工匠，很快于同年4月正式开工，主要生产军用火药、子弹和步枪等产品，以装备豫军。但由于生产一段时间之后，其工厂随时添购机器、原料，以及员工匠役工薪伙食等常年经费，仍按创建时由省府竭力腾挪，随时筹拔，就不免过于琐碎。故巡抚刘树棠于光绪二十四年（1898年）又奏准朝廷，将河南省裁兵节饷的两万两银子充作河南机器局常年经费之用度[①]。因此，河南机器局的常年经费解决之后，即可随时添购机器和料物，以扩大生产。所以，建局不久，该局的工人就约有1000名。

1904年，河南巡抚陈夔龙又奏请河南机器局内设铜元局。随派布政司、按察司会同机器局候补道何廷俊试制铜元。立即派人去上海购置铸铜元之机器和铜料，于当年9月开工，制造“光绪元宝”等铜币。这样，河南机器局的职工最盛时达3000余人，成为河南省当时第一家使用机器生产、规模最大的近代工厂。

（二）巩县孝义兵工厂

民国建立后，辛亥革命前开办的河南机器局，虽然由于种种原因早已停办其军火生产，仅保留铜元局铸造铜元。但袁世凯就任中华民国临时大总统后，则立即决定在河南筹建一所比原河南机器局规模更大的“孝义兵工厂”。

根据袁世凯的旨意，一方面在河南巩县购地建筑厂房，另一方面从德国购买了电机、汽轮机，压力机、从法国购进了滚筒机，从美国购进了制枪机等机械设备。

至1925年全部建成投产后，北洋政府正式命名该兵工厂为“巩县孝义兵工厂”。

---

① 李宗棠：《奏议辑览初编》卷一四，大兴李氏刻本，清光绪二十七年（1901年），第39、40页。

巩县孝义兵工厂所生产的主要军火产品有七九式步枪、捷克式轻机枪、捷克式步枪、勃朗宁手枪、八二迫击炮弹、七五式炮弹、十年式炮弹、木柄手榴弹、拨浮肆钢炮弹、催泪弹、防毒面具等。其中以七九式步枪、十年式炮弹、七五式炮弹、拨浮肆钢炮弹质量最好，如拨浮肆钢炮弹在南京参加比赛，曾被评为全国第一，七九式步枪在世界步枪比赛中也曾评价很高。

巩县孝义兵工厂的筹建开始是按北洋政府袁世凯的旨意进行的，但建成之后就被北洋军阀各派系长期争夺并控制，后于1930年中原大战之后，又落入蒋介石之手，直属于南京政府军政部兵工署管辖。一直到1937年抗日战争全面爆发，巩县孝义兵工厂被迫南迁至湘、桂、川、黔等地。这样，在河南历经26年之久的巩县孝义兵工厂就此结束了[①]。

这一时期，除巩县孝义兵工厂外，省内的地方官僚军阀也在各地先后兴建了一些小型军火厂，如赵阑于民国初年在郑县兴建的郑县兵工厂，国民党四十军在豫北新乡建立的武器修械所，豫东张岚峰部队在商丘建立的军备修械所，豫西别廷芳和王金声在西峡和镇平开办的兵工厂等。这些小型军火厂一般被地方官僚军阀所控制，规模较小，技术落后，以修配军械为主，只能生产一些轻型武器弹药等。

二、机械制造

（一）汴洛铁路沿线各机器制造修理厂

1906年和1909年，河南地方政府接收了帝国主义在河南修建京汉铁路南段和汴洛铁路所附设的几个铁路工厂。这些附设的铁路工厂，在京汉铁路河南段内的一是郑州机务修理厂，可制造部分机车配件；二是郑州电务修理厂，可修理电报、电话、电灯等。

此外，在汴洛铁路的开封和洛阳两地也附设有一些铁路工厂。其中较大的是洛阳机务厂，其厂址设在洛阳西站，厂内有各种旋、铣、刨、钻等机床和其他机械，可经常修理机车、客货车，又可制造锚率、平板道岔等，是陇海铁路干线第一个铁路大工厂。此外，在汴、洛两地还建有开封汴洛机器厂和洛阳汴洛机器厂等，主要生产机车零件，并修理车辆。

（二）河南省机器制造局与河南农工机器厂

河南省机器制造局的前身就是河南机器局。民国初年，当河南机器局停办军火生产，而仅仅铸造铜元之后，河南省府就在原机器局的基础上，利用其原来生产军火的厂址、设备和工人等，建河南省机器制造局。主要生产织布机、弹花机、切面机、水压机、大小车辆、锅炉等农工机器设备。

但随着城乡对农工机器的需要，河南省府又在开封城内新建了农工器械制造厂，也主要生产农工一般机器和器械。但该厂经营一段时间后，由于基金缺乏，周转困难，以致各种生产计划均未能实现，故于1932年，河南省府决定将直属省府之机器制造局与农工器械制造厂合并，专造农工器械。其制成的杠杆式畜力双缸吸水机和畜力四缸吸水机两种主要产品，经试验极实用，且定价低廉，非常适应农村需要，受到当时市场的欢迎。

---

① 路宏杰：《巩县孝义兵工厂的概况与变迁》，《中州今古》1984年第2期。

河南省近代的机器制造业比较薄弱，仅有少数几个城市于辛亥革命后才开始兴建一些小型的企业，如省会开封1914年才开始兴建同丰和恒发机器厂，接着老永昌机器厂设立。这几个厂当时的规模都比较小，而且生产也很落后，如最大的同丰机器厂，仅能修理某些机械和生产一些军用品和农具等。

继以上几家之后，1921年又有利丰恒等数家设立，1931年后又有青云庐、华兴厚、宏昌机器厂等数家开设。除开封之外，新乡、许昌、郑州、洛阳、安阳等地也相继兴建了一些工厂。新乡有王晏卿独资于1929年创办的万顺机器制造厂，主要产品为卷扬机、织布机、轧花机、轧面机、榨油机、印刷机、暖气炉等[①]。许昌有高风周于1921年在许昌东大街创设的义丰工厂，每年生产铁机、木机等。郑州有张书堂等于1927年在郑州东新巷创设的广华铁工厂，生产打包机、轧花机和切面机。郑州还有米文涛1928年在郑州大同路创办的华兴厚铁工厂，生产弹花机和轧花机。此外，郑州在这个时期内还开办了大东铁器厂，生产出各种农业机械。

三、矿　业

（一）禹州三峰煤矿公司

在辛亥革命之前，属于河南地方民族资本所兴办的近代工矿企业，从仅有的资料看，在这个时期内先后兴办的采矿业共有7家。其中，兴办最早的是禹州三峰煤矿公司。其是由商人王岑林、万凤来于1902年集资开办的。矿区有东峰、中峰、西峰三处。其采煤使用新法，机器设备有锅炉、卷扬机、水泵。年产煤5万吨左右，主要销于当地[②]。

（二）安阳六河沟煤矿公司

稍晚于三峰煤矿公司开办的是安阳六河沟煤矿公司，它是由安阳马吉森等于1903年集资创办的。矿场设在县境西北的彰河两岸，南岸为观台村矿场，北岸为四台寨矿场。两个矿场总面积为66平方千米。

建矿初期，其机器设备较好，仅观台村矿区就有大锅炉2座、压风机1部、卷扬机数座、水泵数座，矿山工人千余名，年产煤10余万吨，除在本省销售外，常销售于外省京、津、武汉等地。后由于矿区经营亏损严重，遂于1911年之后不断向外商借款，该矿逐渐被外国公司控制[③]。

（三）凭心、信成、荥阳、阜豫厚煤矿公司

随后，晚于以上两家煤矿公司兴办的，有凭心、信成、荥阳和阜豫厚四家煤矿公司，以及凤凰岭煤铁矿。

---

① 王仲成：《新乡同和裕银号始末》，《河南文史资料》第1辑，中国人民政治协商会议河南省委员会文史资料研究委员会，1985年。

② 经济部地质调查所、国立北平地质学研究所：《中国矿业纪要》（民国十八年至二十年），经济部地质调查所、国立北平地质学研究所，1932年，第34页。

③ 实业部中国经济年鉴编纂委员会编：《中国经济年鉴》第10册，商务印书馆，1934年，第632页。

凭心煤矿公司兴办于1906年，开始由商人靳法惠等集资创办，厂址设在怀庆府的小许庄（今博爱县小许庄），后于1907年加入官股，改为官商合办，资本增至84万元①。信成煤矿公司是安阳商人马吉森集资，于1907年在武安县（今属河北省）开办的。同年，荥阳县商人集资1万两银子，在其县境内开办了荥阳煤矿公司。1908年，河内商人也集资在河内境内（今沁阳）兴办了阜豫厚煤矿公司，开始使用机器采煤②。

（四）修武县凤凰岭煤铁矿

修武县凤凰岭煤铁矿的兴办，是因为怀庆府的煤业自英商福公司开办后，使该处民不聊生，河南巡抚吴重熹为了当地民人之生计，于1910年和当地士绅刘纯仁等一起集资，在修武县凤凰岭一带设厂开采，名曰中州铁矿厂。

该矿厂在创办初，先招股2万元，以后陆续招至40万元，购置机器设备，以新法开矿冶炼，获得了一定利益。后因福公司无理取闹，企图侵吞此矿，虽经几次交涉，该公司未能得逞，但此矿以后逐渐萧条。直到杜严创办的宏豫公司接办之后，该矿的面貌才有所改观，矿区面积扩充为127公顷，冶铁厂设在新乡火车站，矿厂两地都有熔化炉、清灰器、送风管、鼓风机、水泵等机器，年产铁矿几万吨。

（五）宏豫公司

民国建立后，商人杜严等对修武县凤凰岭煤铁矿进行了整修，购置了开矿和冶炼机器，并创立了宏豫公司进行开采。此后，矿区从修武县的凤凰岭扩充到沁阳县的红砂固堆一带，每年采矿数万吨，分别在凤凰岭和新乡两地进行熔化冶炼。

在民国期间，除宏豫公司外，还有红山铁矿公司于1919年在豫北武安县开办，主要在红山开采铁矿，运到六河沟煤矿附设的冶炼厂进行冶炼。其开采冶炼能力和宏豫公司不分上下，每年平均采矿数万吨，冶铁万吨左右。

四、交通工程

京广线郑州黄河老铁路桥

京广线在郑州市以北30千米处跨越黄河。为了选择桥位，曾对洛阳、孟津、郑州、开封等沿黄河地段勘查研究。历经四年，直至1900年才最后选定河槽较窄、河势稳定、右岸有土质坚硬的邙山作屏障，左岸有花坡堤、御坝、秦厂大坝等为护导的现址修建桥梁。

该桥的孔跨布置两端各25孔，为31.5米半穿式钢桁梁，跨越两股主流，中间52孔为21.5米上承式钢板梁，跨越河中浅滩，各梁间架设小跨度钢板梁作联结用。全长2990米，钢梁设计荷载为古柏

---

① 这里的货币单位“元”应指银元。清朝宣统二年（1910年）颁布了《币制则例》，规定全国以白银作为主币，重七钱二分，面值一元；另以五角、二角五分、一角三种银币及五分镍币，二分、一分、五厘、一厘四铜币为附币，折合银币使用，这是中国首次确立银本位制度，也确立了计值货币制度。

② 汪敬虞：《中国近代工业史资料》第2辑，中华书局，1962年，第872、873页。

氏E-35级。桥墩台为铸钢管桩，内径30、外径35厘米，每节长2米，节端突缘附有栓孔，以便沉桩时用螺栓连接至设计长度。每根桩由管桩9或10节组成，下端附以直径1.2米，长55厘米的螺旋形桩尖，尖端有射水孔，旋转钻入地层，必要时铺以射水以达到设计标高。最上节管顶端无突缘，套以特制的桩帽，承托桩顶承台，管桩入土深度约14米。

大桥于1903年9月开工，1905年11月15日建成开始通车，速度限制为10千米／时。1906年4月1日正式通车后，逐渐提高到15千米／时。该桥在战争年代曾多次遭到破坏，其中最重大的四次破坏为：1927年直奉战争中，第10孔被炸毁。1930年蒋冯阎战争中，第16孔被炸毁，为修复两次破坏，先后将1号、2号桥孔堵塞，桥梁移去补充。1938年日军侵入中原，国民党军撤退时将大桥破坏，将南端12孔钢梁运走，1944年由侵华日军修复通车，美国飞机频繁轰炸，日伪随炸随修，至1945年日本投降时，原来的钢梁只剩下11孔，另3孔为华伦式下承钢桁梁，南端5孔为木便桥，其余81孔为日式军便梁。

该桥墩台管桩入土过浅，施工时曾在一夜之间有8个桥墩被洪水冲毁，因受施工能力限制，未予加深。仅在洪水退后，拉正管桩，护以石笼，历年洪水时，抛石抢险或汛前以石笼、柴排防护。历史上曾发生重大水害两次，即1918年10月洪水将33号墩冲歪，向下游偏斜50厘米，中断行车14天。1933年8月10日黄河发生特大洪水，流量达22 000立方米／秒，将25号墩冲歪，向下游偏斜40厘米，13～45号墩均发生动摇，中断行车17天。这两次水害，均用抛石护墩，移梁拨道，勉强维持行车。

1919年、1929年和1947年曾三次筹建郑州黄河铁路新桥，但由于种种原因，均未实现。

1948年10月22日郑州解放，解放军某部24日对黄河桥南北夹击胜利会师，历经劫难的黄河大桥已是梁墩残破，轨道屈弱，仅能用轻型机车按5千米以下时速牵引列车通过，每列车过桥需3个多小时。

新中国成立后，1949年冬，铁道部立即做出加固黄河大桥的决定，由郑州铁路局负责执行，1949～1952年进行了5次加固。

五、医疗卫生

（一）医疗机构

河南的现代医学是在1840年鸦片战争后，传入的西方医学科学技术的基础上发展起来的。

1870年，南阳天主教堂内设修道人员保健所，该诊所医疗技术低，设备简单，内服药有阿司匹林、山道年（santonin）、硫酸镁等；外用药有红汞、碘酊、眼药水等，这是有记载的传入河南最早的西医诊疗机构。

1894年，英籍加拿大人在安阳开设“广生医院”，是河南第一家教会医院。

1928年，河南中山大学开设医科，下设附属产科学校。1930年，中山大学改为河南大学后，建立医学院，并附设有助产学校、护士学校、附属医院、产科医院等单位，为发展河南的现代医学培养了技术人才。

（二）专科治疗

1922年后建成的信阳豫南大同医院、潢川信义施医院最早设置内科。随后，开封市立医院、河南大学医学院附属医院也分别于1928年和1931年相继设立内科。至新中国成立初期，内科成为河南省各医疗单位的主要临床科室之一，凡未得到明确诊断的疾病或尚未建立专科的疾病，都先在内科就诊。

妇产科方面，1904年河南省第一位华人妇产科西医刘宇澄在固始县开办“普仁医院”，采用新法接生。1932年河南大学医学院建立产科医院，并进行了全省第一例剖宫产。1948年该院又实施了全省第一例子宫次全切手术。

骨科上，河南的平乐郭氏正骨术最为有名。起源于清嘉庆年间的洛阳县（今孟津县）平乐村，创始人郭祥泰。新中国成立后，高云峰和其子郭维淮冲破陈规陋习，于1952年将祖传的“展筋丹”“接骨丹”秘方公布于世。1956年9月在郭氏老宅建立以高云峰为院长的洛阳正骨医院。

总之，在整个民国时期，西医技术水平很低，医疗机构也少，外科仅能做阑尾切除、疝修补和胃部分切除等腹部手术，眼科只做一般的外眼手术和白内障、青光眼等少数内眼手术，检验仅能做血、尿、粪、痰四大常规，民间仍多采用传统医药治病。

（三）医药研制

晚清至民国时期，因战乱迭起灾荒频扰，医药科技发展缓慢，较为突出的成药有上蔡“竹杆散眼药”、安阳“姚家膏药”、临汝“四知堂药酒”、禹县“九天阿胶”、郑州“肥儿丸”，在国内享有盛誉。

1911年，河南的九制大熟地、柿霜等10种中成药，在德国柏林举办的“万国卫生博览会”上参展，引起关注。1924年，开封太和药房开始配制化学药品十滴水、橙皮酊、樟脑膏等。

六、纺　　织

（一）安阳广益纱厂

纺织加工业兴办最早的是安阳广益纱厂，兴办于1903年。其经办人为清廷大官孙家鼐和安阳绅士马吉森，会同商人郑子固、徐先洲等，集资约70万元开始兴办。厂址设在安阳城北郭家湾，全套机器设备都是从上海等地引进。1906年开始投产，有纱锭22 344枚。全厂工人最初为1559名，后增加到2230人[①]。

在经营上由于该厂规模宏大和技术设备先进，又因为安阳的棉花原料充足和交通便利，开办初期所产棉纱质量较好，得以畅销。但是，迫于当时的国内形势，民族工业是不可能得到顺利发展的，广益纱厂也难于摆脱其破产的厄运。由于其建厂之初没有经验，资金耗费太多，投产后就发生资金匮乏，全套机器设备难以全部开动，再加上洋纱、洋货的冲击，严重影响了其产品的销售。结

① 汪敬虞：《中国近代工业史资料》第2辑，中华书局，1962年，第1189页。

果，它在投产后连年亏本，于1909年被迫停业，把其集资旧股卖于外人经办，并改名为豫新纱厂。以后又几经周折，才复原名，在困难中勉强经营发展。

（二）工业总厂

1920年，赵倜在开封建立济民工厂，主要从事纺织生产。后因省内军阀混战，停产歇业。1922年，冯玉祥进驻开封后，提倡织布业，曾创立公营织布厂四个，妇女习艺所两个，并奖励私营工厂，贷纱织布。1925年，冯玉祥二次进驻开封，又开设惠民工厂。1929年春，因各厂资金紧缺，将要先后停工，于是省府就将各厂合并为一，名曰"工业总厂"，厂址设在贡院内。总厂内分设铁工、织染、草帽、妇女四部。当年秋天，因受时局影响，裁去草帽、妇女两部，并将铁工划出，仅留织染部。自此以后，各自独立，重行开工，裁员减薪，缩小范围，以达营业之目的。

（三）郑州豫丰纱厂

在民国时期新建的纺织工厂中，除多数生产规模较小和技术落后外，也出现了少数几家规模较大、技术设备比较先进的企业。在这些较大企业中规模最大的就是郑州豫丰纱厂。它是由民族资本家穆藕初、毕云程、童估青等集资于1918年筹备兴办的。1920年正式投产。开办初期资本为200万元，厂区面积200亩，纱锭1万枚。1924年纱锭增加到5万枚，开工时职工4000名，1927年增加到5111名。最高日产30包（每包370斤）。该厂由于初办时借债美国慎昌洋行200万元，因无力偿还而于1923年被慎昌洋行兼并"租办"，后至1934年又向中国银行贷款才收回自办。从此，资本扩大为420万元，除增添各种纱机，使纱锭增为56 448枚外，又添置机械设备使各种布机达到228部，并更新了动力设备，使用透平锅炉4座，共有4900马力。结果，职工人数虽不增多，甚至还有减少，但产量大有增加，如1936年共产纱41 580包，布14 580件，大大超过了收回自办前的生产能力[①]。

此外，还有两家较大的纺纱厂：一家是汲县华新纱厂，另一家是武陟县的成兴纱厂。

七、其他轻工业

（一）面粉厂

河南省近代轻工业兴办初期，除安阳广益纱厂外，开办较多的是机器面粉业。在机器面粉厂中，道口继兴面粉公司开办最早。它是由商人唐玉田集资5万元，于1904年在滑县道口镇首先开办的河南第一家机器面粉业[②]。

1907年和1910年，洛阳和开封的商人分别在洛阳和开封两地集资兴办了石桥面粉厂和合丰汽面公司。另外，汲县（今卫辉）和彰德（今安阳）的商人也分别在汲县和彰德两地准备开办华盛面粉公司和广恒汽面公司。两家的集资股份均已招定，但在招股集资开办中被官方禁阻，终未办成。

辛亥革命前河南省仅有滑县道口继兴面粉公司、洛阳石桥面粉厂和开封合丰汽面公司，因规模较小，技术落后，企业发展非常缓慢，直至停办。

---

① 转引自：刘世永等主编：《河南近代经济》，河南大学出版社，1988年，第17页。

② 转引自：刘世永等主编：《河南近代经济》，河南大学出版社，1988年，第17页。

但是，在全省各地先后又新建了7家民族企业和外商合办的企业。在这几家新建的企业中，开封永丰面粉厂开办最早，它由李茂松开办于1914年，初办时日产面粉350袋，后增至550袋。

紧接永丰面粉厂之后是于1918年建立的开封天丰面粉公司和安阳大和恒面粉厂，1919年新乡孙景西等与日商合办的通丰面粉公司，1925年开封的德丰面粉公司，许昌的裕民面粉公司，1933年漯河的大新面粉厂，1935年安阳的普润面粉厂和金聚恒面粉厂等。可见，在民国初年至抗日战争爆发前夕，河南的机器面粉业的发展仍是比较明显的。

（二）榨油厂

当时，河南在近代加工工业方面所兴办的企业，除上面说的纺织业和面粉业外，还有榨油行业。在机器榨油业上，开封绅士丁殿邦和油商顾若愚集资在周口合办启新榨油厂。其资本为4万元，开始使用机器榨油。湖北候补道程祖福集资28万元兴办清华榨油实业公司，公司设在清化镇（在今博爱县），又在新乡建立榨油厂，生产硝酸、榨油两项①。

民国期间，榨油业在全省各县都有数家，其中广武县（在今属荥阳）最为发达。全县有油坊90家，榨油工人300名。资本为22 500元，每年产油25 150斤②。

除手工榨油业外，1929年新乡兴办了德庆祥油厂，主要机械设备有榨油机1部，冷汽榨1部，钢磨2部，蒸锅2部，清油机2部，锅炉1部，引擎1部20匹马力。主要产品为花生油和花生饼，年产量为700吨。

此外，在油业上，郑州开办了开源火油工厂，资本2000元，其主要设备有锅炉1部、镑浦2件等，主要生产品为火油，每年产量为600桶。

（三）火柴厂

在火柴工业上，开封分别于1905年和1910年集资兴办了两个火柴厂。前者为耀华火柴厂，资本最初为2万元，后者为鸿昌火柴厂，资本为7万元③。

1913年，湖南长沙商人刘海楼，在开封独资创办了开封大中火柴厂，该厂于1936年抗战前夕，资金和机器设备大部分转至西安，改名为陕西中南火柴厂。

除开封大中火柴厂外，开封和光山县各建立了迅烈火柴厂，1919年新乡建立了新华火柴厂，1922年洛阳开办了晋昌火柴厂，1925年温县同济火柴厂开办，1927年洛阳大有火柴厂开办，1927年开封民生火柴厂设立，1928年新乡创立同和裕火柴厂等④。

（四）打蛋业与打包业

由于河南近代经济仍以农业为主，所以全省出产的鸡蛋、鸭蛋、棉花等产品比较丰富。辛亥革命之后，河南相继产生了打蛋业和打包业。

---

① 转引自刘世永等主编：《河南近代经济》，河南大学出版社，1988年，第44页。

② 实业部中国经济年鉴编纂委员会编：《中国经济年鉴续编》，商务印书馆，1935年，第80页。

③ 王全营：《河南近代矿业和工业简况》，《河南地方志征文资料选》，河南省地方志编纂委员会总编辑室，1983年第1辑。

④ 青岛市工商行政管理局史料组：《中国民族火柴工业》，中华书局，1963年，第293页。

打蛋主要制成蛋白、蛋黄、干黄、水黄、全蛋五种产品，分别装箱装桶，运往海外。河南的蛋品加工厂最早开办的是新乡裕丰蛋厂，它是于1913年由新乡商人张殿臣集资2万元创办的。并于1916年和1917年在周口、道口、漯河三地各设分厂，经营范围大大扩大。在技术设备上，有飞黄蛋机，采用新式生产①。

除新乡开办的蛋厂外，1916年安阳商人阮雯衷创办元丰蛋业公司，1928年改名为同记蛋厂。此外，还有郾城德和、周口祥盛魁、许昌元丰、郑州志大、洛阳四德、开封永德和大昌等蛋厂，大都为新式生产，各厂每日碎蛋至少在10万个以上②。

在打包业上，根据河南省建设厅1936年统计的材料，属于民族资本兴建的打包厂主要有郑州豫中打包厂、陕县陕州打包厂、郑州大中打包厂、郑州协和打包厂、灵宝中国打包厂、灵宝中华打包厂、彰德中国打包厂等厂家。其中，郑州豫中打包厂创办最早、规模较大、设备较好。所以，每年的打包总量为最多，从而成为河南省民族资本打包业的第一流企业。

（五）制革业和造胰业

由于河南近代是一个农业省，各种牲畜饲养较多，所以全省各地手工制革业比较普遍，如省会开封于民国初年就有20余家，发展到20世纪30年代中期竟达100余家。但是，河南的制革业真正属于近代制革工业的企业，在全省范围内却是较少的。

开封的豫华皮革厂和郑州的豫康制革厂是河南省开办较早的两个企业，它们均开办于1929年，主要机械设备有轧皮机土部和锅炉土具，每年生产各种皮革都在1000张左右。

另外，1931年刘孟真等在开封创办了豫大制革厂，1932年易俊康等在郑州创办了西北制革厂也都颇具规模。

在造胰业上，河南省的民族企业开始于民国初年，主要在省会开封先由露花阁和桂林轩两家手工企业生产鹅胰粉，后因各种肥皂业的发展，至民国十年（1921年），鹅胰粉的生产逐渐减少。开封生产肥皂始于1913年，先由南关大中火柴厂附设肥皂厂制造兰香肥皂，年产6000条左右。1914年开封中兴皂厂成立，生产旭光肥皂，年产8000余条。1925年中兴皂厂又生产“中兴固本皂”，每月产3000条。1926年吕之珍创办了裕华皂厂，生产“裕华利光皂”，开始每月只产4160条，后发展到1928年每月能生产出3万条左右。1930年在开封鼓楼街又创立爱美生肥皂厂，主要生产爱美生香皂。据1931年统计，开封市正常生产各种肥皂的营业户有8家，从业人员55人，每月产各种肥皂和香皂6万余条。1938年日军侵占开封前夕，增至为15户，从业人员80余人，每年平均生产各种肥皂和香皂为3 888 000余条。

造胰业的开办与发展，不仅在当时的省会开封比较突出，而且郑州、许昌、安阳等地也先后开办了一些造胰工厂。其中突出的有郑州华兴烛皂工厂、许昌兰记实业工厂。此外，郑州德成公司、安阳佩德工厂、许昌日新造胰工厂、许昌新华造胰工厂等，也于这个时期先后开办，主要生产各种胰皂和雪花膏等。

---

① 王全营：《河南近代矿业和工业简况》，《河南地方志征文资料选》，河南省地方志编纂委员会总编辑室，1983年第1辑。

② 彭望恕：《中国近代之面粉业》，《农商公报》1921年2月15日，第49页。

（六）其他行业

此外，1910年，商人魏步云在开封创办普临电灯公司；刘冠瀛于1910年前后，集资创立安阳中兴电灯公司；罗山商人于1907年集资兴办了罗山造纸公司；内乡和商城商人集资开办了内乡织绸公司和商城绢业公司等。

在制酒业上，辛亥革命之后，南阳赊旗镇酒厂、宝丰酒厂、商丘林河镇酒厂、宁陵张弓酒厂等，都不同程度地采用了新技术设备，生产有所改进和发展。

在卷烟业上，由于许昌等县盛产烤烟，所以创立了一些近代的小型卷烟厂，如许昌的振华工厂，每月生产各种卷烟83箱。此外，南洋兄弟烟草公司于1920年开始在许昌开设收烟厂，除经常收购各种烟叶运送各地外，也在厂内生产一些卷烟等。由于种植面广，卷烟厂逐步在全省主要城市和主产区建立起来。仅就省会开封而论，据1946年统计，已有私人烟厂24家之多。

总之，河南省近代各类实业经过辛亥革命后长时期的缓慢发展，截止到新中国成立前夕，在企业数目、资本数额、职工人数和产品产量等方面，均有明显的发展和扩大。当然，这种发展与扩大若同本省的经济发展实际要求相比，还是严重不足的。但是，河南近代的各类实业在总体上能够达到这样的发展状况，也是很不容易的。它们在河南近代经济社会的发展中具有不可忽视的重要意义。

第五节　近代河南主要科研机构与著名科学家

一、科研机构

清末，河南各地曾开办过一些带有科学研究和技术推广性质的农事试验场。民国时期，省、区、县曾一度普遍建立农事试验场。20世纪30年代以后．河南省先后建立的科研机构有省地质调查所、省棉产改进所、省农业改进所、省化工试验所、省卫生试验所，以及日伪统治时期的工业改良所和工业试验所等。这些机构，除地质调查所延续到1949年后，其他机构到解放时已都不复存在。

（一）农业科研机构

清光绪三十四年七月（1908年），河南省商务农工局在开封禹王台附近设农事试验场，由官钱局按月供给银3600两。

1916年河南省经中华民国政府农商部转呈大总统批准，在安阳县南关校场设立棉业试验场，并聘请美国人卓伯森为棉业技师，1929年春，河南省建设厅将开封原有的农、林、蚕等机构合并，改为河南省农林试验总场，并先后于尉氏、信阳、洛阳、汲县、商丘、辉县和南阳等七处设区农林试验场，各场每月经费10 600元，但积欠很多，试验困难。1931年春，改组省农林试验场，分设开封园艺试验场、商丘麦作试验场、信阳稻作试验场、洛阳棉作试验场、汲县杂谷试验场、南阳蚕桑试验场和辉县牧畜试验场，每月各经费9000元。由于经费困难，1932年秋又裁减合并机构，将农业试验场与五个林务局和一个林场合并为五个区农林局，每月经费13 800元，负责农、林、牧业的试验研究、技术推广和技术指导。

20世纪30年代以后，河南省开始建立农业科研机构。1934年，河南省棉产改进所建立，并在荥泽（今荥阳境内）和许昌分设两个棉场，后扩大在彰德大韩庄开办棉场，继后又在开封、郑州、太康、洛阳、安阳、灵宝等地设六个棉场。

抗日战争爆发后，日本侵略军进逼河南，开封第一区农林局迁往洛阳。1940年1月，省建设厅将该局改为河南省农业改进所。建所后由洛阳迁到鲁山、西峡、卢氏等地。抗日战争胜利后，由卢氏迁到开封禹王台。该所的内部机构设有农艺、园艺、森林、农业经济、畜牧等系和农业统计室、农业推广处。所内有麦作、棉作、林业、园艺、畜牧等实验场地三十四百亩。下属有商丘、南阳、信阳、洛阳、安阳、辉县、许昌等7个专区农林场，研究项目和种植作物各有侧重。1948年开封解放前夕，该所迁往信阳。

（二）林业科研机构

河南省在道尹制未废除前，每道均有道苗圃，道尹制废后，道苗圃亦随之撤销。

1932年河南省划11个行政督察区，在各行政督察专员驻地设规模较完备的农场一所，附设农林实验学校及农林讲习班。1933～1934年，除第六和第九区外，其他各区均先建立农场。

在河南各县，1907年，浚县、滑县、林县、项城、商城、尉氏和上蔡等县先后设立农林分会、农事试验场。1917年后河南省各县普遍设立农事试验场。1932年，河南省政府通过《各县农事试验场章程》，规定县农事试验场以改良本县农作物、普及农业科学知识与技术指导为宗旨，进行农作物试验、特用作物试验、病虫害防除试验、土壤肥料试验、栽桑养蚕试验和园艺试验等。

1933年12月，河南省政府按照“中华民国”政府行政院颁发的《各县农业机关整理办法纲要》，将经费在600元以上的农场、苗圃改为农业推广所，设农业指导员1或2人，不足600元的改为种子繁殖场。全省111个县中，设农业推广所的90个县，设种子繁殖场的11个县，场所俱无的仅有10个县。后因财政吃紧，多被裁并，到1947年全省仅37个县尚有农业推广所，而幸存的少数农业推广所，又均内容空虚，甚少推进业务。

（三）化工科研机构

1945年抗日战争胜利后，河南省建设厅设立化工试验所。但该所当时只能制造酱油、冰块和酒精。并下属有开封和商丘两个酱油厂，规模较小。新中国成立后，改建为河南省化工研究所。

（四）地矿科研机构

1923年，河南省地质调查所成立，后因经费无着和政局变更，被裁撤两次，1931年恢复，当时有主任1人，技士、技佐各2人，文牍、办事员各1人，书记2人。购置有各种测绘仪器、化验试金仪器和磨片仪器，并从美国购置沙利文人力钻探机一架。

该所主要任务：负责全省矿产调查、钻探矿床及地层、矿质化验及鉴定，地质矿产总分图测制、矿业疑难问题及矿商咨询、有关地质矿产学术研究等。

（五）医疗卫生科研机构

在20世纪40年代，河南省曾建有一个卫生试验所，内设有生物学制晶室、化学药物课和细菌病理课。1943～1946年，曾制出过一些痘苗、疫苗、各种医疗用水和培养基，也在化学药物、细菌病理方面做过少量研究。

二、科研队伍

（一）基本情况

河南省的近代科技队伍起始于清末。鸦片战争以后，为寻找富国强兵之路。各省先后兴办洋务，派人出国留学，学习西方科学技术，而河南仍处在思想禁锢、封闭的状态中，当时河南巡抚曾谓“中国多一出洋留学生，即多一革命党”[①]，是以决不派遣学生出洋。直到20世纪初，才有兴学堂、开矿山、办农场之举。

1904年，河南全省各州县在日本留学的仅有19人，1908年达到96人，其中官费76人、自费20人，以学军事、政法和文科的居多，学自然科学的很少。

民国初年，转向欧美学习自然科学的日渐增多。1918年河南省籍赴美留学生30人，其中学采矿6人、矿科7人、化学7人、机械5人、农科2人、铁路工程1人、电气工程1人、医学1人。

这期间，近代高等教育和中等专业教育的各种学堂开办。清末，河南省有高等学堂2所、理科专门学堂1所、法科专门学堂2所、农业专门学堂10所、工业专门学堂7所、实业预科学堂7所、优级师范学堂2所，这些学堂成为河南早期高等教育的雏形。

图8-3 河南大学

民国以后，发展了正规的现代科学技术教育，到20世纪40年代末，有大专院校3所，省高级职业学校19所，这些学校为河南培养出了一批科技人才。据河南大学（包括前身中山大学）、焦作工学院和省立农业专科学校统计，1949年以前共毕业学生4036人（图8-3）。

在他们中，先后涌现出许多国内、省内知名的专家、学者，他们为社会的发展和进步都做出过重要的贡献。

① 王天奖：《河南辛亥革命史事长编》（上），河南人民出版社，1986年，第236页。

（二）著名科学家

1. 汤仲明

汤仲明，河南孟县人，原名汤俊哲，清光绪二十三年（1897年）生于孟县城关乡中汤庄一个皮裁缝家庭，自幼聪颖好学，父亲认为其为可造之才，在他弱冠之时就送他入学校开蒙。清光绪二十九年（1903年），汤仲明入县立高等小学读书，毕业后考入怀庆中学，其学习成绩一直名列前茅，深得师长的喜爱。

汤仲明初立志当一名教师，因而转入开封师范讲习所，他在校接受了西方新思想的启蒙，决定出国深造，于是北上进京，考入北京法语翻译学校学习外语。1919年6月，汤仲明被学校保送到法国国立南台职业学校学习三年，毕业后转入法国国立昂诺高等工艺学校学习三年，并先后在法国南台火车制造厂、巴不来格飞机制造厂、巴黎来诺汽车制造厂实习，积累了相当丰富的实践经验，毕业后获机械工艺工程师职称。

1926年，汤仲明怀着一颗赤子之心和以实业振兴祖国的雄心，毅然放弃法国的优厚工作和经济待遇，回归祖国。汤仲明先后出任陇海铁路徐州、开封、洛阳、陕州机务段长和厂长，因其技术全面，有总理全面工作的能力，因而被调到郑州铁路总局工作。汤仲明归国后，亲眼目睹了中国因技术落后、交通落后，靠用大量的白银换洋油来维持交通局面的惨状，非常痛心。为了改变中国交通落后和依赖洋油的被动局面，他决定生产一种不用汽油的汽车取代靠汽油为燃料的汽车。

1928年，汤仲明凭着他的专业技术和个人有限的财力，在河南省会开封租了一间破草房，购买了废旧汽车、气缸和水箱，开始了用木炭取代洋油炉的研究，他利用业余时间，投入全部积蓄，废寝忘食、百折不挠地钻研。汤仲明先用泥制作的炉子做试验，旋又改成单体炉试验，最后采用双体炉试验，效果日益显著。

1931年，汤仲明试验成功，造出了第一台木炭汽车。9月，汤仲明拟定好结构图，报送到实业部立案，获得专利5年，并将其木炭取代油炉的性能和图纸公布于众，在全国引起振动。12月，汤仲明驾驶着他研制出来的第一辆木炭汽车在郑州碧沙岗试行，观众如潮，均为这位实业救国者所取得的科技成果而骄傲。

1932年6月14日，经实业部技工舒震东等专家检验，认为木炭取代油炉的造价尚不及一只化油器的钱，并且和国际制造的同类木炭车比较，汤仲明发明的木炭车有三大优点：一是，发动时无需用汽油做媒介；二是，重量不足100斤，安装左右两旁或车后均可，既方便又灵活；三是，加一次木炭可行驶4小时，时速25英里，如果上市，必可为国家节约大量的外汇，从而结束洋油统治中国汽车市场的局面。木炭汽车检测被通过后，陕西省政府主席杨虎城闻知，立即派李卓吾参议赶到河南，邀请汤仲明赴陕西表演。8月23日汤仲明亲自驾驶着汽车行至西安，每次表演都引来万众潮涌，并受到各界一致好评。经杨虎城将军的宣传和推广，全国各省政府都发来邀请，汤仲明应邀开车到太原、上海、杭州、武汉、南京、广州等省市进行表演，取得重大的宣传效果，得到国民党政府的高度重视。

1935年2月2日，南京政府派出专家，在南京汤山镇观看汤仲明驾车进行重载试验，经鉴定合格发给他木炭汽车发明证书，中央财政委员会还奖励汤仲明1000元发明奖金，并由南京政府下令将其发明的汽车在全国进行推广。汤仲明戴着桂冠返回家乡，他将这辆具有民族气节的木炭汽车捐献给河南省政府建设厅，河南省政府立即拨款，下令将全省汽车一律更换成木炭代油汽车。汤仲明回到孟县，创办了“仲明代油炉”厂，并写了本专著流传于世。

1935年，官办的长途汽车营业部汽车部分改装完毕，豫北新乡成立了第一支木炭汽车队。同年，汤仲明在近代著名实业家、同宗汤允青的经济支持下，在上海成立了“上海仲明机器股份有限公司”，汤允青任总经理，汤仲明为总设计师，公司定型生产木炭汽车，企业家都看好此车的前途，纷纷解囊入股，各省订单更是供不应求，使公司在很短的时间内就成为上海的大型企业，木炭汽车也成为20世纪30～40年代中国的王牌汽车风行全国，尤其盛产木炭的大西南，几乎全部使用木炭汽车。汤仲明并没有躺在功劳簿上安于享受，而是积极改进木炭汽车的技术不足，他要使木炭汽车经得起历史的考验，全国人民都非常支持汤仲明的爱国行动，纷纷出资赞助他的研究，由于汤仲明的超前认识，日寇进占中国后，设在西南的中国政府在被日寇切断了外国对中国的经济和物资援助的情况下，仍能坚持抗战，多亏汤仲明提前几年发明了不用汽油的木炭汽车，在抗战时发挥了巨大的作用。上海沦陷后，汤仲明苦心经营和发明的木炭汽车制造厂毁于战火，汤仲明不甘当亡国奴，被迫告别上海，几经辗转流落到江西泰和，被聘为泰和机械制造厂厂长，两年后，他应聘到广西桂林柳河沟工厂做研究工作。

1940年，汤仲明在艰难困苦之中仍研究成功“仲明动力机”，为社会做出了巨大的贡献，并获得经济部批准的10年专利。汤仲明在桂林创立了“中国动力制造厂”，专门生产仲明动力机，其产品远销国内各省，取代了国外进口的同类产品在国内的垄断地位。

新中国成立后，汤仲明先后在杨公桥水利厂、洪发利机械厂、西南工业部206厂、重庆柴油机厂、重庆水轮机厂任工程师、总工程师、总设计师等技术职务，他的爱国精神和科技知识得到人民的敬重，被选为重庆市人民代表和政协委员。

1955年，汤仲明因对社会主义初期建设做出了巨大的贡献，被评选为重庆市劳动模范；1957年，汤仲明这位一心扑在事业上的爱国科学工作者，被错划为右派分子；1961年，汤仲明又被打成现行反革命，被开除公职，判处徒刑，监外执行，交人民群众管制。“文化大革命”后期，汤仲明被遣返回孟县老家，他心怀坦荡，丝毫没有因为身处逆境而放弃科学研究。家乡人民非常同情这位人民的科学家和国家、民族的功臣，孟县政府也处处关心着他的生活和研究环境，并鼓励他继续搞科学研究。汤仲明为了报答家乡人民的厚爱，在逆境之中发明了“转子挤压水泵”，初次试验扬程就达70余米；随着技术改革，扬程可达180余米，彻底解决了家乡人民用水和灌溉问题，此发明被命名为“汤氏转子泵”。1977年，孟县政府为肯定汤仲明的科技成绩，特邀请这位还未解除错划问题的专家出席新乡地区召开的科技表彰大会，这对汤仲明来说是最大的支持和政治上的肯定。

1979年，汤仲明正在埋头研究将水泵扬程提高到几百米时，县里传来了好消息，重庆市党组织为他彻底平反，并恢复名誉，重庆市政府派人来将汤仲明请回重庆。终于迎来了科研的春天，当他准备利用晚年更多地为人民做出更大的贡献时，1980年3月，因患脑出血抢救无效，不幸病逝，享年83岁。

2. 秉志

秉志，字农山，原姓翟佳氏，满族。曾用名翟秉志、翟际潜。1886年生于河南开封，1965年卒于北京。秉志的祖父曾是旗学的教书先生，父亲也以教书为生。他自幼随父读四书五经、文史诗词。父亲对他在思想品德方面要求严格。少时父亲的教导对他一生的为人处世影响很深。1900年丧父。1902年考入河南大学堂（后改称河南高等学堂），学习英文、经学、数学、历史、地理等，同时仍努力攻读古文，入学前已是秀才。1903年考中举人。1904年由河南省政府选送入京师大学堂，四年后毕业。

在北京读书期间，秉志追求进步潮流，积极参加学生爱国运动，反对帝国主义压迫，立下“科学救国”的志向。他博览群书，特别对进化论等著作尤感兴趣。他认为达尔文的学说打破宗教迷信，有利于富国强民。因此，他决定赴美攻读生物学。1909年他考取第一届官费留学生，赴美国留学。

到美国后，他进入康奈尔大学农学院，在著名昆虫学家J. G. 倪达姆指导下学习和研究昆虫学。1913年获学士学位，1918年获哲学博士学位，是第一位获得美国博士学位的中国学者。1918～1920年，在美国韦斯特解剖学和生物学研究所，跟著名神经学家H.H.唐纳森从事脊椎动物神经学研究两年半。

1914年，秉志在美国与留美同学共同发起组织中国科学社，这是中国最早的群众性自然科学学术团体，1915年10月25日在美国正式成立，秉志被选为五董事之一，并集资刊行。

1920年回国后，秉志积极从事生物科学的教学、科研和组织领导工作。1921年他在南京高等师范（次年改为东南大学，后改为中央大学）创建了中国第一个生物系，并根据我国情况编写了教材。在从事教学工作的同时，1922年他在南京创办了中国第一个生物学研究机构——中国科学社生物研究所。1927年创办北平静生生物调查所。当时国家贫穷，经费不足，在极为困难的条件下，秉志以高度的责任感和艰苦奋斗的精神领导南北两所，为开创和发展中国生物科学的研究，做出了历史性的贡献。

1920～1937年，秉志历任南京高等师范、东南大学、厦门大学、中央大学生物系主任、教授，同时担任中国科学社生物研究所和北平静生生物调查所所长兼研究员。这期间，他往返于宁、京、沪等地，一肩双挑教学与科研两副担子。他为中国生物学界培养了大批人才，其中不少人成为有重要贡献的科学家。同时，他在脊椎动物形态学、神经生理学、动物区系分类学、古生物学等不同领域中进行了大量开拓性的研究，发表近40篇学术论文，其中相当一部分在学术上有重要创见，在国内外有重要影响。

抗战时期，秉志因夫人患病，困居上海8年。由于当时他在中国学术界颇有名望，敌伪千方百计寻找他，企图拉他出来工作。他改名翟际潜，蓄须“隐居”。为避敌伪的耳目，他从中国科学社躲到震旦大学，最后躲到友人经营的中药厂里，仍孜孜不倦地坚持做学问，完成论著多种。同时，他以“骥千”和“伏枥”的笔名于报刊发表义正词严的文章，揭露敌人罪行，激励人民的抗战热情。在敌人统治下，秉志敢于以笔作刀枪开展斗争。

抗战胜利后，秉志在南京中央大学和上海复旦大学任教，同时在上海中国科学社做研究工作

（南京的生物研究所已被日寇烧毁）。他曾任中央研究院评议员，1948年当选为中央研究院院士。

秉志在水生生物所和动物所主要进行鱼类的形态学和生理学的研究。在最后10年中，秉志集中精力对鲤鱼形态进行系统深入的研究，写出专著两本，充实和加深了鱼类生物学的理论基础。

作为中国近代动物学的开拓者和主要奠基人，秉志的学识极为广博，在读书时期，他刻苦钻研昆虫学，并兼学人体解剖学。从事研究工作又触类旁通，范围更广。他在形态学、生理学、分类学、昆虫学、古生物学等领域均有重要成就。他生前发表学术论文65篇，将其初步分类，计在脊椎动物形态学和生理学方面有28篇，其中神经解剖及神经生理学约占半数，昆虫学及昆虫生理学7篇，腹足类软体动物分类学11篇，动物区系6篇，古生物学11篇，考古学1篇。由此可见，秉志最擅长形态学和生理学，尤其精于神经解剖和神经生理学。在昆虫学、古生物学和腹足类分类学的研究方面也很有声望。

秉志长期坚持业余研究进化理论，40多年中颇有心得与创见，发表专著多种。他一贯重视普及科学知识，从1915年开始共写科普文章40余篇，多见于《科学》和《科学画报》，还有单独成册者。秉志具有高度的政治热忱，他善诗文，经常以诗文表达自己对国内外大事的关注、见解与感受，留下诗作近200首（内部刊行），在报刊发表政论性文章10余篇（中华人民共和国建立前的未计）。

秉志是中国动物学会的发起人和组织者，1934年中国动物学会成立时，被选为会长，后任理事长。他曾是中国科联常委、中国科协委员、多种全国性学会的理事和委员。秉志在抗美援朝时将自己在抗日战争前节衣缩食在南京购置的四处房地产全部捐献给国家，购买飞机大炮。

秉志治学态度十分严谨，一丝不苟，对待工作严肃认真，极端负责。直到晚年，在实验过程中他仍亲自动手，尤其是关键性问题，更是反复试验，别人做的，也要亲自检查，要求极严，任何小问题都不轻易放过。对每项研究，总是做得完整全面，内容充实，才肯整理发表。他几十年如一日勤奋努力，埋头苦干。他曾说："我一天不到实验室做研究工作，就好像缺了什么似的。"他一直工作到逝世的前一天。

秉志在几十年里为中国生物学界培育了大批人才，其中成长为专家的有数十人，直接或间接受过训练的学生逾千，真是桃李满天下。中国动物学界许多著名的老专家，都是秉志的学生。由于秉志学识渊博，研究范围广泛，所以培养出许多专业不同的学生。以他们从事研究的对象来分，有脊椎动物中的兽类、鸟类、爬行类、两栖类、鱼类，无脊椎动物中的昆虫、甲壳动物、环形动物、线虫、扁虫、原生动物等。以学科而论，有分类学、形态学、生理学、生物化学、生态学等。

秉志对学生要求很严。特别是对年长的、造诣较深的早期学生，更是严格要求。他常对他们说："我这么大年纪还在做呢，你们更要努力啊！"他的许多早期学生，直到古稀之年，仍然难以忘怀当初自己是如何在老师的热情鼓励和具体指导下迈进科学之门，一步步成长起来的；如何在老师以身作则和严格要求下，立志艰苦奋斗，攀登科学高峰的。由于秉志的言传身教，他的许多学生都秉承了其勤奋刻苦、持之以恒的学风，成长为动物学界老一辈的著名专家，成为中国教育界和科技界的一支重要骨干力量。

秉志长期随身带着一张卡片，右侧写着"工作六律"："身体强健、心境干净、实验谨慎、观察深入、参考广博、手术精练。"下首为"努力努力、勿懈勿懈"。左侧写着"日省六则"："心术忠厚、度量宽宏、思想纯正、眼光远大、性情平和、品格清高。”下首为“切记切记、勿违勿违”。这些座右铭正是他一生治学和为人的真实写照。

中华人民共和国成立后，秉志继任复旦大学教授至1952年。筹建中国科学院时，周恩来总理曾多次找秉志谈话，希望他出任副院长。秉志再三谦让，周总理终于接受了他的诚意。中国科学院成立后，他先后在水生生物研究所和动物研究所任室主任和研究员，1955年被聘为中国科学院学部委员。

1949～1965年，秉志曾任全国政协第一次会议特邀代表，华东军政委员会文教委员，河南省人民政府委员和人民代表大会代表，第一、二、三届全国人民代表大会代表。

3. 高振西

高振西，字化白，于1907年7月7日出生于河南省荥阳县（原汜水县）南屯村的一个耕读之家。荥阳县地处黄土高原东缘，地形切割甚烈，沟谷纵横，土地贫瘠，人民生活贫困。高振西自幼受家庭及周围环境影响，深知生活维艰，学习机会来之不易，故能勤奋自勉。

1917年高振西就读于汜水县立高等小学，学习刻苦。1920年入开封河南省立第二中学，1925年考入北京大学理学院，先读预科，两年后转入地质学系，1931年毕业后留校任助教。他在北京大学学习和工作的12年中，先后受到地质学家翁文灏、丁文江、李四光、孙云铸及美籍教授A.W.葛利普等的指导，打下了良好的地质学理论基础，在地质考查实践方面也受到了严格的锻炼。

20世纪20年代，很多外国学者在有关中国地质的著述中，对Sinian这个词的概念及其内涵说法不一，给当时的教学和研究工作带来诸多不便。鉴于此，高振西于1930年发表了题为《Sinian之意义在中国地质学上之变迁》的论文，文中对美国的R. 庞培里和A.W.葛利普，德国的F.von 李希霍芬和B.维理士等各家学说中所用Sinian一词的含义及其所指范围进行了细致的梳理和排列、对照并做了系统的分析和阐述，厘清了各家学说之间的异同及其内在关系。这篇文章不仅对地层学的教学和研究具有参考价值，同时也是一篇中国早期地质学史方面的著述，文中有不少段落，后来被中国“地史学”教科书等所引用。文章发表时，高振西还是北大地质系三年级的学生，年仅22岁。

1937年4月，他被调至南京国民政府实业部（后为经济部）中央地质调查所工作，历任调查员、技士和技正等职，对广西、湖北、南京、北京等地区的地质矿产进行了大面积调查研究。1937年抗日战争爆发，他负责率领员工将中央地质调查所长期积累的图书、标本和仪器等共213 箱辗转经长沙等地运至重庆，为中国地质事业保存了宝贵的资料。1940～1944年他被借调到福建省建设厅地质土壤调查所担任技正兼地质课课长，筹备并主持福建省的地质普查工作，同时创建了该所的地质陈列室。1943～1949年，受李四光教授之聘，兼任中央研究院地质研究所研究员。

1950年，高振西在南京地质探矿专科学校兼任地质学导师，讲授普通地质学。同年调任中国地质工作计划指导委员会（今地质矿产部前身）地质陈列馆馆长。1956年开始主持筹建地质部北京地质博物馆，1959年正式开馆。该馆现改称中国地质博物馆，高振西先后担任馆长、总工程师、名誉馆长。

1960年5月，第一届全国地质博物馆工作会议在北京召开，高振西与刘毅合作，在会上做了《中国地质博物馆事业的发展概况》的发言，以翔实丰富的资料，系统地阐述了地质博物馆在中国发展的历史，从一个方面填补了中国地质学史的空白。1981年10月在地质学史研究会第3次干事

（扩大）会议上，高振西当选为名誉会长。

20世纪80年代初，中国地质学会地质学史研究会成立，标志着中国地质学史的研究揭开了新的篇章。高振西积极参加了这一学术团体的筹创，提出了很多好的建议，并做了题为“中国地质事业早期的几位重要人物”的发言。75岁高寿时，他还发表《中国地质事业创始70年》及《热烈祝贺中国地质学会成立60周年》（笔名化著，见《地球》杂志1982年第1、2期）等文章。所有这些都说明，高振西对中国地质学史研究具有奠基和开拓的作用。

年逾古稀的高振西还担负了培养研究生的任务。他还热心于地质科学的普及工作，为了普及地质知识、培养地质事业的后备人才，他积极倡导组织青少年地学夏令营，担任科学顾问，年近八旬时，还经常参加夏令营组织的野外活动，偕同一批中学生跋山涉水，亲自为他们讲解地学知识。他的讲解生动有趣，通俗易懂，很受青少年的欢迎。地学夏令营活动已在全国普及，在培养青少年对祖国山河的热爱和对地质科学的兴趣方面，正在发挥着越来越大的作用。

高振西1956年加入九三学社。1982年加入中国共产党。是中国人民政治协商会议第五、第六届全国委员会委员。1980年当选为中国科学院地学部委员。曾任中国地质学会常务理事、科学普及委员会主任，北京地质学会副理事长，中国博物馆学会常务理事，中国自然博物馆协会副理事长，《地球》杂志主编等。1991年12月9日病逝于北京。

4. 杨廷宝

杨廷宝，1901年10月2日出生于河南南阳一个知识分子家庭，自幼受到绘画艺术的熏陶。1912年考入河南留学欧美预备学校英文科。1915年，入北京清华学校（清华大学前身），1921年，赴美国留学，在宾夕法尼亚大学学建筑。他的建筑设计和水彩画得到保尔·克芮和瓦尔特·道森的指导，学习成绩优异。1924年获得全美建筑系学生设计竞赛的艾默生奖一等奖。1926年，离美赴欧洲考察建筑。1927年，回国加入基泰工程司，先是关颂声，继而朱彬、杨廷宝、杨宽麟组成建筑事务所（其后梁衍、张镈等也参加了一段时间）。杨廷宝是建筑设计方面的主要负责人（他的作品都称基泰工程司而不计个人姓名）。基泰工程司业务范围开始时在以天津为中心的北方地区，20世纪30年代后，转向上海、南京一带，业务遍及全国许多城市，是当时有影响的建筑事务所之一。杨廷宝在事务所的工作直至1949年止。

杨廷宝学习时，正值美国建筑教育从古典建筑过渡到现代建筑的时期。在当时社会建筑思潮的影响下，他受到严格的西方古典建筑手法的训练与技术知识的教育。他归国后，早期作品如沈阳车站、沈阳东北大学等，不论单体或群体，都有较多的模仿性，表明了那个时代的特征。此后，他开始结合中国自己的特色，在建筑风格上致力于探索和创新。20世纪30年代初，北平地区一些重要古建筑维修工程委托基泰工程司主持，如北平天坛、祈年殿、国子监等，杨廷宝和建筑工匠们修缮了北平这些著名古建筑。1929年，中国营造学社成立，他参加了该社的工作，他对中国古典建筑做法深为熟谙，特别对明清式建筑悉心研究，从中吸取营养。他对民间传统建筑也十分注意，同时他还密切地注视着国外现代建筑的发展。学术上深厚的造诣，使他在建筑设计中具有坚实的创作素质。20世纪30年代初期，他所设计的南京中央体育场、中央医院、金陵大学图书馆（现南京大学老图书馆）等就已有了合理的功能布局，协调的建筑造型，统一的比例和尺度，并具有中国的建筑风格。从这些建筑设计中，可以看到他的设计不是追求虚假装饰以哗众取宠，也不是抄搬现代建筑形式而求时髦。他所探索的建筑风格，不论在建筑造型上还是在功能上，其成就高于同时代的外国建筑师。杨廷宝的设计不论是从总体规划上，还是在单体建筑、内部设计及细部大样上都十分注重环境和现实条件，在建设细部的比例尺度和用材上也都做到精益求精。

1940年，受刘敦桢之聘他兼任中央大学建筑系教授；1949年中央大学改名国立南京大学，他专任南京大学建筑系教授，兼系主任。

中央大学建筑系是中国创办最早的建筑系之一，成立于1927年。抗日战争时期，随着中央大学迁移至重庆沙坪坝。当时教学条件和境遇都比较差。为了办好建筑教育，杨廷宝毅然兼任建筑系的设计教授。沙坪坝位于郊区，他兼顾设计事务和教学，往来颠簸，风雨无阻，从不缺课。他对建筑学不仅有厚实的理论基础，而且对世界上各种建筑传统有很深的了解，对中国的建筑传统更做过脚踏实地的研究工作，他还具有丰富的工程实践经验，知识面广。在教授建筑设计课时，他总是顺着学生的思路，循循善诱，一面修改设计作业，一面耐心讲解，受到同学们的敬爱。更可贵的是，他不仅教学生具体技术知识和建筑设计的本领，而且还教学习的方法。他的教学作风深受学生的喜欢。杨廷宝、童寯、刘敦桢等教授在这期间集中于沙坪坝从事建筑教育活动，从而大大提高了学生的学习质量。新中国成立后，一批优秀的建筑师在祖国各地从事建筑设计、城市规划和管理工作，成为国家建设的骨干人才，他们有的成为中国科学院的学部委员，如吴良镛、戴念慈等；有的成为国家的建筑设计专家和著名教授，这也正是杨廷宝等一代宗师对祖国做出的极大贡献。

在建筑教学中，他十分强调基本功的训练，对学生的练习要求很严，一丝不苟。在学习方法上，他十分强调调查、测绘、观察工作。他常说："资料的积累是建筑创作的源泉。"又说"处处留心皆学问"。他善于观察、分析建筑作品。他常结合实际工程设计讲授工程经验，他到过许多国家和城市，总以自己的所见、经验的小结告诫学生学习要注重务实。每次出差，他都不停地测绘、素描、了解和研究城市的发展史，记载地方的生产和风土人情。几十年如一日，他积累了丰富的建筑知识，养成了深入分析和观察事物的能力，在实际工程中，做到理论联系实际。

杨廷宝在他所从事的教学、科学研究工作中非常重视联系中国实际，充满着强烈的爱国、爱民族文化的民族精神。在教学中，他强调国情和民族习惯，而联系实际的重要精神在于可行性。他治学严谨，不尚空谈，认为一切空话、好高骛远，都是学者的大忌，他身体力行，教育青年做实干家。他认为建筑师不同于一般艺术家，建筑师的创作必须建立在物质的基础上，没有广泛的社会和科学技术知识，没有勤于学习、勤于观察和分析的工作态度是不行的。

20世纪50年代初期，北京和平宾馆的设计，是他将环境、功能、施工、经济和建筑空间艺术高度综合的一个作品。这一简洁、大方、朴素、明朗的新建筑，得到了周总理的肯定和赞扬，赢得了国内外建筑界的好评。新中国成立后的30年，在他主持、倡导、参与下，同有关建筑设计院协作，建成了一批大中型民用建筑工程，如徐州淮海战役革命烈士纪念塔、北京车站、南京长江大桥桥头堡工程建筑、南京民航候机楼等。对北京人民英雄纪念碑、北京人民大会堂、毛主席纪念堂、北京图书馆等工程，他都参与了方案设计和建议，付出了辛勤的劳动。在这期间，他还多次参加国际建筑活动，代表中国建筑界积极工作，为祖国赢得了荣誉，和梁思成被称为"南杨北梁"。

中华人民共和国成立后，杨廷宝历任南京大学建筑系教授，南京工学院建筑系教授、系主任、副院长，建筑研究所所长，江苏省副省长，江苏省政协副主席，中国科学院技术科学部委员（院士），中国建筑学会第五届理事长等职。1957年和1965年，他两次被选为国际建筑师协会副主席。1982年12月23日杨廷宝在南京逝世。杨廷宝的建筑作品，是刻在中国近代建筑史上的印记，时光在消逝，他的建筑作品却闪烁着不朽的光彩。

5. 郭须静

郭须静，字厚庵，笔名天问，1895年出生在唐河县城郊乡郭湾村。自幼就学于村塾。1904年入唐县县立小学堂读书，后进入河南省法政学堂学习，1909年考取天津北洋法政专门学校，并与李大钊结为好友。1910年，他们参加了要求清政府实行宪政的罢课运动。1911年，参加河北革命党人发动的辛亥革命。

民国元年（1912年），郭须静参加北洋法政学会，成为李大钊主编《言论杂志》的得力助手；当年冬，由李大钊介绍加入中国社会党，并与李大钊一起被公推为天津支部主持人之一。1913年，孙中山反对袁世凯窃国，发动"二次革命"，社会党被袁世凯查禁，郭须静遭到追捕，随李大钊辗转避难于河北昌黎。后遂投笔从戎，立即赴江南，参加黄兴讨袁军事行动。1914年，他返归天津，继续从事《言论杂志》编辑工作。袁世凯称帝，他积极参加反袁斗争，屡次发表文章进行抨击，招来袁氏势力之忌，几曾被害。1917年12月，李大钊任北京大学图书馆主任，郭须静受聘到北大图书馆工作，再次成为李大钊的得力助手，把北大图书馆办成了宣传新文化的阵地。

袁世凯死后，时局仍动荡不安，他目睹国家现实，认为政象紊乱，社会贫枯，皆由生产落后所致，遂萌研习实业之志，决心走科学救国、实业救国的道路。1919年年初，郭须静赴法留学，选攻农学，希图振兴中国农业。在巴黎，他密切关注国内"五四"反帝爱国运动的发生与发展，常与在开封的冯友兰、徐旭生等保持联系，积极为河南《心声》杂志撰稿，同时还翻译了一些外国进步著述寄回国内。其中，1920年年初发表的《理想家的社会主义》，既传播了西方先进思想学说，也对几千年封建思想禁锢进行了冲击，产生了较大的社会影响。后因学资中断，郭须静被迫休学，以农圃劳动自养。不久，又入凡尔赛园艺学校，靠勤工俭学，苦读精研，坚持到1923年毕业。

1924年，郭须静学成归国后，执教于中州大学，并主持河南省农业专门学校工作，同时负责筹建开封龙亭中山公园，参与组织制订农专农事实验场发展计划，成功地引种推广香蕉苹果、玫瑰香葡萄、香茄等果蔬优良品种。此间，他还应张嘉谋、仝松亭之邀，兼任北仓女子中学园艺课教师，传授种植嫁接知识，引导学生阅读《茵梦湖》《茶花女》等翻译小说，传播西方文学；又借《新青年》给学生灌输新思想。当时，他还兼任汝南园艺学校教师。郭须静吃大苦，耐大劳，勇于开拓，长于创业的实干精神，时为学界所赞誉。

1927年6月冯玉祥主豫，大办文化教育机构。7月，郭须静受河南省教育厅委托，筹建河南省博物馆。他在开封古物保护所的基础上，征集文物，增加人员，成立机构，制定保管制度，建立了当时全国少有的专门收藏历史文物的博物馆。1928年年初，郭须静辞去在河南省的各种职务，接受上海劳动大学之聘，担任该校农学院院长。他引导学生，注重实践，常着蓝布短衫，率领学生于酷暑炎日之下，辛勤耕耘于园圃，俨然一老农。是年秋，他到南京担任中央大学农学院园艺教授、园艺系主任；1930年秋，任南京特别市公园管理处主任，规划建设五洲公园（今玄武湖公园）、莫愁湖公园等。此时，大革命失败不久，沪宁处于屠杀恐怖之中，一些青年人辄遭逮捕甚至杀害，而他总想方设法进行营救。

对一些经济困难的学生，他常常慷慨解囊相助，扶危济贫，深得学生们的称赞。1932年，郭须静任国民政府实业部林垦署技正，为开发大西北赴西北考察，途中被陕西省政府主席邵力子挽留，任潼关实验县县长，并在建设与改造地方的同时，推行其实业救国、科学救国的理想。1933年夏，应西北农林专科学校筹备委员会主任于右任聘请，郭须静任园艺场筹备员，负责勘定校址、筹划场地，为具体施行学校筹建工作的实际组织领导者。他每日骑车行数十里，沿途进行实地踏勘测量，入夜则在昏暗的豆油灯下绘制蓝图，最后选定校址于武功。时正值陕西大旱，人民多流离失所，渭河两岸一片荒芜。他常常忍饥挨饿，不顾艰难困苦，日夜兼程，加紧进行筹建工作，是年9月27日，因劳瘁过度，突患脑出血，猝然病逝于武功县城。郭须静生前，曾著有《果林园艺学》和有关庭园的设计等论著，其手稿和绘制的近百幅插图，后在战争中散失。

6. 张人鉴

张人鉴，1897年生于河南确山。1917年赴美留学，1921年毕业于美国科罗拉多大学采矿系，获采矿工程师学位，1923年回国。1925～1930年在西北工作，曾任过兰州兵工署矿师养成所所长、陕西省政府矿业参事、陕西省建设厅技正等职。

在西北5年，张人鉴遍历甘肃、宁夏、青海、新疆、陕西及内蒙古诸省（自治区）进行矿产调查，撰写了《甘肃、青海、宁夏矿产调查》《陕西、绥远、新疆矿产记》《开发西北采冶计划》《调查甘肃玉门、酒泉，临泽、张掖四县矿产报告书》等著作。在《开发西北采冶计划》一文中张人鉴认为金、铁、煤、石油为西北最富的资源，指出这四种矿产乃工业之基础，国家之富源，在开发西北整个计划中，其重要当推首屈。他在计划中提出应于于阗、阿尔泰、祁连山等处开采沙金；设计对丁道衡发现的绥远铁矿（即今白云鄂博铁矿）进行钻探，并在该铁矿附近调查石灰石、焦炭等配套矿产，设想第一步计划完成时应建立起年产300万吨的钢铁企业。初步计划开发陕西韩城、铜川和内蒙古大青山之煤田，指出新疆、宁夏及鄂尔多斯等处煤田需进行详细勘测，设计对陕北延长、甘肃玉门、新疆库车、乌苏、塔城等地石油进行调查与钻探。张人鉴在计划中不仅提出了地质矿产的依据，而且初步设计了勘测、开采、运输等所需设备及资金。回顾几十年以来西北及内蒙古地质调查与矿业开发史就不难看出张人鉴之计划是很有远见的，在当时做出这样的计划与设想是十分难能可贵的。

张人鉴对玉门油田的勘探与开发倾注了很大的心血，他对玉八赤金堡和柏杨河村油矿调查后就准备进行钻探，业于1929年借到河南焦作中原煤矿公司沙利文金刚石钻机1台及人员7名。钻机和人员已抵达兰州，可惜因政局变化，无法钻探，不得不败兴东返。张人鉴所筹措的对玉门石油的钻探工程当时虽未能开工，但对玉门油田进行钻探施工设计者他当为第一人。

1931年，张人鉴就任河南地质调查所所长兼技正，河南地质调查所是1923年10月于开封成立的，为全国最早成立的省级地质调查所。但在1922～1930年因政局变动，经费无着等原因6次更换所长，几次关闭保管，初创举步维艰，7年间发表的地质矿产调查报告现存仅有4份。自从1931年河南地质调查所重新恢复并由张人鉴任所长后，河南地质矿产调查工作才初步走上了有计划开展的轨道。

张人鉴申请到重新恢复河南地质调查所所需开办费3.6万元以及每月1000多元的固定开支，利用这笔经费延聘了人员，建立了标本室、化验室，购置了一批图书和美制沙利文手摇钻机一部，大力组织和开展了矿产地质调查。1931～1937年河南地质调查所调查范围遍及全省，特别对煤和沙金给予了极大的注意，也及时出版地质调查所汇刊及地质报告单行本。至1937年年底止共出版汇刊5集，刊登各种地质报告20份，出版了地质报告单行本9本及《河南省矿产志》。在此期间，张人鉴不仅组织本所人力进行调查，而且致函当时北平地质调查所所长翁文瀚，邀请在北平地质调查所工作的豫藉地质学家为家乡出力，遂促成孙健初于1933 年调查禹县煤田。

1934年张人鉴对河南煤矿资料进行初步总结，提出有8大煤田，估算储量94亿多吨。在这几年中他还撰写了《地质测量法述略》《河南省二十二年度矿业概况》《河南省临汝县烟煤区》等论文，分别发表于河南地质调查所汇刊和《地质论评》杂志。

抗日战争爆发后，河南地质调查所于1938年迁往镇平县，1939年又迁至淅川荆紫关，在荆紫关一直驻到1945年。河南地质调查所由开封向豫西南迁移的过程中，由于战争影响、经费骤减，面临被裁撤的境地。经张人鉴多方奔走，和经济部采金局联系，成立了经济部豫陕鄂边区采金处，决定采金处与河南地质调查所合署办公，收采黄金，以处养所，才使河南地质调查所没有被撤销，使河南地质调查工作没有完全中断，也为河南以后地质事业的发展保存了骨干及一批图书、仪器、设备。

张人鉴事业心很强，尽管在严峻的抗日战争时期，在力所能及的情况下仍组织人员进行矿产调查，调查范围以豫西南为主，对组织地质报告的出版也毫不懈怠。抗日期间编印有《河南省铁矿志》和《矿产汇报》第一号和第二号等，两期汇报共刊登地质报告18份。张人鉴此期间还在《地质论评》杂志先后发表了《河南战时燃料之探讨》《淅川县金矿及南召煤矿》《新安县狂口镇黄铁矿概况》《河南省石棍矿概略》《河南省金矿概略》等论文。

抗日战争胜利后，河南地质调查所迁回开封，先后编印了《河南地质调查所十五周年纪号》《河南省煤矿志》和一些矿产简报。

1947年张人鉴已开始认识到平顶山煤田的重要性，亲自设计了第一个钻孔，并进行了施工。张人鉴领导的河南地质调查所经近20年的工作，对河南全省煤矿分布有了大致的了解，为新中国成立后大规模开展煤田地质普查勘探起了奠基作用。此外对全省沙金、新安黄铁矿、禹县神垕县瓷土、内乡和镇平一带石墨和大理石、淅川石棉等的调查都为以后地质工作提供了很重要的线索。

新中国成立后，张人鉴离开河南地质调查所，1953年至宣化地质学校（现河北地质大学）工作，遂后退休，1976年病逝，享年79岁。

综观张人鉴一生业绩，主要是矿产地质调查和领导河南地质调查所的工作。由于他所学的专业使他很少涉及基础地质的领域，但同时也使他在组织和领导矿产地质调查中十分注重矿产的开采、冶炼、运输等条件，以及各地矿业的状况。在新中国成立前的地质调查中，注意矿产地质调查与矿业开发紧密结合，这是河南地质调查所的一大特色。在河南地质调查所的每期汇刊中都记载了当年河南省主要矿产、各开采矿山的名称和产量，对主要矿山沿革、人员、主要设备、开采能力、历年产量都详细加以介绍，这些资料都已成为了解河南省民国时期矿业发展的重要文献。

张人鉴于20世纪20～40年代曾活跃于我国地质学界。在我国西北诸省矿产调查史上特别是玉门油矿的调查史上占有一定地位，是新中国成立前河南早期地质工作最重要的组织者和领导人。对河南早期地质工作做出过历史性的重大贡献。

7. 冯景兰

冯景兰，1898年3月9日出生于河南省唐河县祁仪镇。父亲冯台异是清末进士，哥哥冯友兰是著名哲学家，妹妹冯沅君是现代著名女作家。

冯景兰儿时入家乡私塾，后就读于县城小学，1913年入河南开封省立第二中学学习，1916年考入北京大学预科。1918年赴美就读于科罗拉多矿业学院，后进入美国哥伦比亚大学，攻读硕士研究生学位，1923年回国，从此献身于祖国的地质教育和矿产地质勘查事业。

1923～1927年，冯景兰任河南中州大学讲师、教授和矿物地质系主任。除教学工作外，他还研究了开封附近的沙丘。这使他与黄河治理和开发结下了不解之缘。1927年他到河北昌平黑山寨分水岭调查金矿地质，这是中国最早进行的现代矿床地质工作之一。

1927～1929年，冯景兰任两广地质调查所（广州）技正。他先后与朱翙声、乐森璕等共同工作。期间，调查了广九铁路沿线地质、粤北地质矿产和粤汉线广州至韶关段沿线地质矿产综合考察工作等，这是中国人自己首次在两广境内进行的现代地质调查工作。他们对粤北的地形、地层、构造和矿产进行了详细的调查研究；并充分注意到区内第三纪红色沙砾岩层广泛分布。该层在仁化县的丹霞山发育最完全，因而命名为“丹霞层”。丹霞层厚300～500米，呈平缓状产出，经风化剥蚀后形成悬崖峭壁，到处奇峰林立，构成独特的景观，遂命名为“丹霞地形”或“丹霞地貌”。这个命名至今为中外学者沿用。

1928～1929年，他们又先后进行了以柳州为中心的煤田地质调查工作和对桂北的煤矿、银铅矿、锑矿及“龙山系”“金竹坳砂岩”等地层及区内构造运动做了大量调查研究工作。他们又在上述工作的实际材料的基础上，对两广的地层、地质构造和矿产进行了综合研究。

1929～1933年，冯景兰任北洋大学教授，讲授矿物学、岩石学、矿床学和普通地质学等课程。这段时期他调查过辽宁沈海铁路沿线地质矿产、河北宣龙铁矿成因、陕北地质等。

这时，冯景兰不仅潜心于国内的地质调查工作，而且对国际上地学动态也十分重视，并尽量将重要的信息介绍到国内，以提高国内地质工作的水平。例如，为促进中国矿产资源的开发，他编著了《探矿》一书。该书1933年由商务印书馆初版后，不止一次再版，发行甚广。该书内容全面且简明扼要，介绍了当时国际先进的探矿经验。这本书也是如今《找矿勘探地质学》的前身。同年，他还发表了《放射性与地热学说》的文章。而地热地质在中国较为广泛的传播和应用应是20世纪70年代以后的事情。

1933年年起，冯景兰任教于清华大学地学系，不久，兼任地学系主任，讲授矿床学、矿物学和岩石学等课程。1933～1937年，暑假期间冯景兰等调查了河北平泉、山西大同、山东招远及泰山等地的地质和矿产。他是招远玲珑金矿地质研究的先驱之一。

抗日战争时期，清华大学被迫南迁，在昆明与北京大学等校组成西南联合大学，冯景兰任西南联合大学教授。1943～1945年，他还兼任云南大学工学院院长和采矿系主任。这一时期，冯景兰主要研究四川、西康和云南三省的铜矿。1942年出版了《川康滇铜矿纪要》，书中关于西南铜矿之地理分布、造矿时间、母岩、围岩、产状、构造及矿物成分等均略作分析，以推论其成因，并估计其储量，研究其产量多寡、矿业盛衰之原因，以及其将来发展之可能途径。由于该书既有理论概括又有实际意义，因此，获当时教育部的学术奖。此外，他还发表了《西康铜矿》（1941年）和《云南大理县之地文》（1946年）等文章，后者除做地貌学理论探讨外，还注重实际应用，包括开发水力资源和水利等方面。可以说，这时期冯景兰除在地质教育方面的贡献外，还充分发挥了他在地质、地貌等方面科研的专长。

1946年西南联合大学结束，师生回平津原校。冯景兰仍在清华大学任教。

1949年中华人民共和国成立，冯景兰积极投身于祖国的建设事业。先后在清华大学和北京地质学院任教，努力培养人才；同时还从事地质矿产和水利资源的调查研究。1949年11月，应燃料工业部之邀，冯景兰调查江西鄱（阳）乐（平）煤田。1950年3月，应水利部邀请，参加豫西黄河坝址地质勘察。他指出，三门峡坝址的地质条件最好。同年7月，又应河南省人民政府之请，与张伯声等对豫西地质矿产进行调查。1951年6月，冯景兰被任命为中国地质工作计划指导委员会委员，参与新中国地质工作的全面规划。1954年又被聘为黄河规划委员会地质组组长。同年12月，冯景兰编写了《黄河综合利用规划技术调查报告》中的地质部分。

1957年冯景兰被选为中国科学院学部委员、一级教授。冯景兰根据国家需要，开始招收研究生。他是中华人民共和国成立后第一批研究生导师。他先后指导了约20个研究生。这些学生后来也都成为有名望、有建树的教授、研究员和高级工程师。

在20世纪50年代，冯景兰还调查过吉林天宝山铜铅矿、辽宁兴城县夹山铜矿、甘肃白银厂铜矿等。他对中国重要有色金属矿床的地质特征和成因做了分析研究。

到60年代初期，冯景兰的学术活动主要集中在金、铜等金属矿床成因理论和区域成矿规律方面的研究上。他先后调查了北京市平谷、密云等地的金矿、河北的涞源和兴隆、冀东、浙江、豫西、鄂东、赣北、辽宁丹东等地的矿床。1963年9月，冯景兰提出了“封闭成矿”的概念。1965年冯景兰和袁见齐共同主编出版了《矿床学原理》。

1969年11月至1972年春，冯景兰与夫人在江西峡江农村五七干校度过。他们从干校回京后，冯景兰立即翻译国外新出版的《岩浆矿床论文集》中的文章，一共译了9篇。

1976年9月29日上午8时，冯景兰因心脏病猝发去世。

8. 高济宇

高济宇，1902年5月23日生于河南舞阳。1916年就读于河南开封第一中学，次年转入开封河南留学欧美预备学校。毕业后考入交通部唐山大学（即唐山交通大学，今西南交通大学）土木工程系。

在校期间，他目睹当时中国军阀混战、帝国主义的压迫、政治腐败、民不聊生、教育和科学落后的状况，于是抱着教育救国、科学救国的志向，于1923年春考取河南省官费留美，同年秋入美国西雅图华盛顿州立大学电机系学习。

由于国内军阀混战，留学生学费不能按时发给，入学后生活极端困难，一个多月后，不得不退学做工。1924年春复学后转入化学系，每年暑假都到阿拉斯加渔产加工厂做工，以所得工资补贴学费。1927年入伊利诺伊大学研究生院攻读有机化学，获得博士学位后，于1930～1931年任伊利诺伊大学化学系研究助理。

1931年8月，高济宇回国在中央大学先后任副教授、教授、化学系主任、教务长等职。

在担任中央大学化学系主任期间，他千方百计补充重要的图书杂志、仪器设备和化学试剂，建立新的实验室，使化学系在20世纪30年代较早地开展了科学研究工作。在抗日战争最艰苦的岁月，日本侵略军在重庆大轰炸时，实验工作仍继续进行。当时试剂十分缺乏，他就自己制备酸碱试剂，坚持科学研究，这种艰苦奋斗的精神值得后辈学习。

1949年后，他先后任南京大学理学院院长、教务长和副校长，1980年当选为中国科学院化学学部委员；另外，自1933年加入中国化学会，连续12次当选为该会的副总干事、总干事、常务理事、副理事长等，并先后任《化学通讯》经理编辑与总编辑；曾担任南京市科学普及协会主席，江苏省科学技术协会副主席；1956年加入中国共产党，曾任南京市人大代表，第六届江苏省党代表大会代表，第五届全国人民代表大会代表；2000年4月29日，病逝于南京。

高济宇长期致力于有机合成及反应的研究工作，先后发表研究论文20多篇。他不计名利，凡国家需要的工作他都愿承担，1960年，高济宇开始领导为国防服务的科学研究，默默无闻地做了大量工作，取得了不少成就。

在50多年的教学生涯中，高济宇桃李满天下，为中国化学教育做出了卓越贡献。他长期讲授有机化学课程，数十年如一日，坚持认真备课，精益求精，及时更新和充实教学内容。在日益增多的学科内容中精选最重要、最基本的知识，有步骤地教给学生。使学生学习有充分的主动性，并能发挥他们深入思考和钻研的能力。他在多年的教学实践中摸索出系统性更强，并更能反映有机物内在联系的“官能团编排体系”，该体系使有机化学内容紧凑，便于教学，易与实验配合，因此越来越为人们接受。在此基础上高济宇编写了全国统编教材《有机化学》，此教材经多次修订，一直在高校中使用。他讲课语言精练，启发性和感染力强，关心学生的接受能力；另外，对同学严格要求，在教学过程中经常举行不定期小测验，检查教学效果，学生只有自始至终努力不懈，才能通过大考。此外，他还十分重视实验教学，不断完善实验条件，经常到实验室看学生做实验，对实验结果认真检查。他更重视对学生品德的培养和生活上的关怀。他严于律己，宽以待人，言传身教，堪称一代师表。他的学生多年后重新相聚，对高老师当年的教诲，仍记忆犹新，认为终身受益。

9. 孙健初

孙健初， 1897年8月18日出生于河南省濮阳县后孙密城村一个农民家庭。孙健初的父亲孙云阶是一名秀才，在乡村开办私塾教学。孙健初从8岁起在父亲办的私塾里读书，1912年考入濮阳县高等小学，熟读四书五经。

1920年孙健初从山东曹州（今菏泽）鲁西国立第六中学毕业，父亲希望他留下支撑家业，孙健初则要求深造；同年9月，孙健初考取山西大学采矿系预科班，两年后入本科。孙健初在山西大学期间学习刻苦，生活节俭，他同瑞典籍教授新常富（E. T. Nystrom）接触较密。新常富对孙健初的刻苦精神也很赏识。新常富对地质化学造诣颇深，主办了“瑞华博物考察会”。孙健初毕业后于1927年被吸收为该会第一批地质调查员，逐渐接受了新常富“以纯正科学来救国”的思想。他后来回忆说：“只相信学术可以救国，一心学采矿地质，并且把它学得很好。”

在“瑞华地质调查会”时，孙健初曾多次到山西五台山一带调查地质。在此之前，美国人B.维里士也到这里做过地质调查，B. 维里士是美国地质委员会研究员、著名地质构造学家，对五台山地区地层划分有过权威性的意见，此意见一直是中国古老地层的划分依据。孙健初在掌握大量实地调查的资料以后，对B. 维里士的论断提出了异议。B. 维里士认为“五台山主要区域的东南倾斜包括数个向斜层”。孙健初认为“最近的研究不仅证明这种倾斜的结构实际上并不复杂，而且B. 维里士有关时期的划分，很可能存在错误。在B. 维里士未去的刘定寺附近，发现了一系列岩层，要比山河庙部分的时期新，而较西台的时期老”。原来B. 维里士把命名的滹沱系（滹沱群）部分中的一些层位划归为太古代，而孙健初把它们划为元古代。并把自己的研究成果撰写成《论山西太古界地层之研究》（英文），经新常富教授推荐，刊登在1928年上半年出版的《瑞华博物考察会会刊》上，下半年由《中国地质学会会志》第7卷转载。

1929年1月，经新常富的举荐，孙健初进入农矿部地质调查所，开始任地质调查员，后被提任技佐、技正。在农矿部地质调查所，孙健初参加和主持了一系列地质调查活动。1929～1934年，他三次去绥远大青山、察哈尔一带调查，发现20多处煤矿和一些石棉、水晶、石墨矿；两次前往辽宁、吉林，勘查煤矿、金矿；又去安徽、河南调查铁矿、煤矿。在长期地质调查的实践中，孙健初认真工作，刻苦钻研，专业知识得到了明显的丰富和提高，先后写出《绥远及察哈尔西南部地质志》等20多篇论文和报告。其中有许多得到了地质界权威人士的好评。

1934年，孙健初和侯德封进行了历时5个月的黄河上游地质调查，共同撰写了《南山及黄河上游之地质》报告，后又撰写了《黄河上游之地质与人生》的论文，专门探讨“地质之层序及其经济意义”和“从地文上观察其与人生之关系”。

1935年年初，“中央地质调查所”组成以翁文灏为主任、黄汲清为副主任的中国地质图编纂委员会，孙健初为委员，并负责青海、甘肃、宁夏地区的地质调查，历时8个多月。

1935年4月，孙健初接到赴青海进行地质调查的任务后，即与周宗浚西行经湟源，过日月山到贵德，然后沿黄河继续向西，直到龙羊峡谷。山路崎岖，行走艰难，爬山、涉水、过沼泽，有时一天连一顿饭都吃不上，刚才还太阳当空，忽然变成暴风雪袭来。他们沿青海湖考察，在布哈河一带做了地质调查和地形测绘；回到西宁稍事休整，又开始了对祁连山的考察。

从19世纪末起，先后有14名外国学者到祁连山考察，均有著作问世。有的山峰便以外国人名命名。孙健初认为“这是中国人的莫大耻辱”。孙健初同周宗浚在祁连山中跋涉2个多月，多半时间行走在渺无人烟的崎岖山路上，饿了吃炒面，渴了喝山泉水。面颊被高山日光晒得黝黑，被干燥的山风吹出裂口。他们经过努力，终于走到祁连山主峰之下，采集标本，测绘地质图，考察了地层情况及地层分界。又经过几天跋涉，翻过几个大坂，终于走出祁连山北麓的山口，到达甘肃地界的酒泉金佛寺。孙健初成为第一位跨越祁连山的中国地质学家。

1937年，孙健初根据“中央地质调查所”安排，又参加“西北地质矿产试探队”，开始在甘肃、青海部分地区进行石油勘探。1938～1939年由孙健初主持的玉门油田勘探，取得成功，转入正常开发。此后，孙健初即全力从事石油地质工作。1942～1944年，孙健初去美国考察油田，进修石油地质，写出《美国地质概况及其寻究石油之方法》和《发展中国油矿纲要》。1946年，孙健初任甘肃油矿局探勘处处长（后改为中国石油公司甘青分公司勘探处）。

中华人民共和国建立前夕，为防止国民党军队的抢掠、破坏，孙健初不顾个人安危，组织职工巡逻护厂，将全部勘探仪器和地质资料装箱密封，妥为保护。1949年8月兰州解放后，彭德怀、贺龙亲自到勘探处，对孙健初和勘探处职工的护厂功绩大加赞扬。

1950年，孙健初出席中国第一次石油工作会议，提出西北石油勘探计划，被任命为石油管理总局探勘处处长，后又担任西北财政经济委员会委员等职，并参加编制中国石油勘探方案的领导工作。1951年，在北京石油工业展览会上，孙健初向毛泽东主席汇报了中国石油工业发展情况及远景。1952年10月，为了适应大规模经济建设和发展石油工业的需要，孙健初主持开办了第一期石油地质干部训练班，亲自讲课，参加讨论，指导总结。这批学员后来都成为中国石油地质界的中坚。1952年11月10日深夜，孙健初因煤气中毒逝世，终年55岁。

10. 郝象吾

郝象吾，1899年8月16日生，河南武陟县人。幼时聪颖好学，被誉为神童，从小跟随祖父学四书五经，后进入当时县里唯一的学府——高等小学堂。他学习刻苦认真，专心致志，1912年考入河南留学欧美预备学校英文科。

根据河南留学欧美预备学校的培养目标，学生毕业后择优公费选送欧美各大学留学。当时许多有识之士都认为努力学习西方是一条救国之路，因此报名十分踊跃。校长林伯襄提倡新学，对学生要求严格，郝象吾在这个环境中，学习异常刻苦。他除上好基础课程外，还努力学好外语。学习中，他独立思考，培养自己的创新意识，成绩一直名列前茅，不仅外语成绩好，而且国文成绩也不错，他的作文常被当作范文，教师曾在他的一篇文章中批有："眼大于箕，识高于顶"，"令人拍案叫绝"等字句。

1917年夏，河南举行公费留学生考试，来自国内各大学及专科的河南籍学生参加了40个名额的激烈竞争，1918年郝象吾成为河南第一批公费派遣欧美留学生。郝象吾在美国加利福尼亚州怀着"科学救国"的理想，刻苦钻研生命科学，对达尔文的生物进化论、孟德尔和摩尔根的遗传学说等生命科学广泛涉猎，为今后从事专业教学和研究打下了坚实的理论基础。1922年获得加州大学理学博士学位。

他从美留学归来，家乡群众唱四台大戏表示庆贺，并专门为他修建了一座牌坊名曰"博士第"。这位归国博士没有辜负家乡的期望，为了实现当初立下的"科学救国"的理想，为国家培养人才，郝象吾于1922年到河南农业专门学校（后为河南大学农学院）工作，年仅23岁的他成为当时大学里最年轻的教授，不久便担任农科主任，并兼任农艺系主任，讲授"遗传育种"课。

1927年，北伐军进入开封，河南省政府在开封成立，冯玉祥任河南省主席，他非常支持大学教育。国民党中央政治会议的一些成员也随军到了开封，由国民党中央政治委员会开封分会决议，将河南省农业专门学校和河南省法政专门学校与中州大学（即今河南大学前身）合并，成立开封中山大学（亦即今河南大学前身），委任张鸿烈为校长。郝象吾担任农科主任，并兼任农艺系主任，讲授"遗传育种"课。他教学管理甚严，指定农专并入本校的学生为充实基础学业，必须选修仇春生所授的大一英文和黄敦慈所授的解析几何。

1930年9月，河南大学正式命名，改文、理、法、农、医五科为五个学院，郝象吾相继担任第一任农学院院长及理学院院长。他认为，理学各科建设的重点在于完备仪器设备和聘请名流教授；农学各科重点在于有较好的实习实验场地、工具设备。在他的精心策划和百般努力下，到抗日战争爆发前，河南大学农学院已在开封南关建设了一个占地700多亩的农艺、果林、畜牧基地。他所讲授的“遗传学”被规定为农学院各系学生的必修课程。

1934年1月，学校为推动科研工作，反映学校最新科研成果，创办了综合性刊物——《河南大学学报》。郝象吾在第1卷第1期上发表文章《永久文化与优生运动》，是最早提倡优生优育的人，他的这一见解至今仍有深刻的现实意义。

1937年抗日战争爆发，河南大学开始了8年的流亡生活，先后迁至河南鸡公山、镇平、嵩县、潭头、荆紫关，陕西宝鸡、汉中等地办学，郝象吾在这8年中，曾兼任河南大学教务长，参与学校的领导工作。学校每到一个地方，他总是想方设法克服种种困难，使师生尽快安顿下来，迅速开学上课。因此，抗战期间河南大学教学科研活动照常进行，年年招生，年年有毕业生。河南大学从潭头撤出时，为了保存遗传学实验的重要材料——果蝇的生命，他把果蝇装在小盒中，带在身上，用自己的体温保存果蝇。学校到达荆紫关后，郝象吾借用当地小学校舍并租赁民房，加紧搜罗散失的图书资料、仪器设备，使学校尽快复读。他还发起举办学术讨论会，请知名教授就相关专业做学术报告。

1945年年底，流亡8年的河南大学回到开封。郝象吾仍兼教务长，负责教学行政工作。

当时局势严峻，正处于解放战争边缘，物价暴涨，民不聊生。在这种情况下，他对时局陷入了困惑，除了教好自己的课程外，还埋头撰写《演化与优生》一书，宣传达尔文进化论，分析观察研究优生优育对人类自身发展的重要性，在当时不具备出版条件的情况下，油印数百册以应教学之需。这一时期，他还在《河南大学学报》上发表《有机演化与宇宙程序》等论文，并在校内开设过“优生学”课程。

1948年6月，河南大学搬迁到苏州，12月，姚从吾校长辞职。师生推举郝象吾、马非百、张静吾组成“三人小组”，郝象吾全面负责，以维持河南大学局面。1949年3月“三人小组”集体辞职。1949年下半年，时任上海复旦大学校长的陈望道聘请他到上海复旦大学任教。他努力学习马列主义理论，认真教好专业课程，并且开始自学俄语，以便更好地学习掌握米丘林的有关理论，不到两年已能阅读俄文科技书籍。

1952年4月，郝象吾突发脑出血，经抢救无效，于14日逝世于上海。

除了上述10位科学家外，还有晚清数学家李元勋，于1898年著《天文勾股》《园率引》《招差引》等书。河南省的第一位华人妇产科西医刘宇澄，于1904年在固始开办“普仁医院”，采用新法接生。另外，在全国知名的还有地质学家潘钟祥、工程地质学家谷德振、水利工程专家郭培望、园艺专家田叔民、化学家李俊甫等。

还有一批河南籍的学者散居在全国各地。并在新中国成立后，成为中国科学院学部委员的张炳熹、郭文魁、李春昱、张伯声等。这些科技专家对河南省科学技术事业的发展都做出了重要的贡献。

河南历史悠久，是中华文明的主要发祥地。优越的地理位置、丰富的自然资源、勤劳智慧的人民，使河南成为黄河流域古代文明的璀璨明珠。但是，随着全国政治、经济中心的转移，从南宋以后，河南开始进入封闭落后状态。特别是近代以来，频仍战争的摧残和自然灾害的严重破坏，使河南成为全国落后、贫困的地区之一。但河南人民，特别是广大科技工作者，就是在这样的环境中演绎着一支支悲怆的变奏曲，河南近代科技在风雨如晦的岁月里仍然在砥砺前行。

在这一时期，河南的科技事业取得了一定的发展；在一些领域，河南所取得的成就处于全国先进行列。例如，在20世纪30年代建立起地质调查所、化工试验所、卫生试验所、农业推广所等少数带有科研性质的机构。也先后涌现出一批国内、省内知名的专家和学者，如中州大学园艺师郭须静于20年代初从法国引进种植香蕉苹果和玫瑰葡萄种，以后又繁衍推广到全国许多地方。郑州铁路总局工程师汤仲明于30年代自费研制成功木炭代油炉，在全国推广应用，解决了当时中国公路运输能源缺乏问题。梁际昌的快式纺织机曾获“中华民国”政府发明专利。不少国外的先进科学技术逐渐传入，在生产领域得到应用。1920年开始兴建从清化镇（博爱县城）到济源的第一条公路。1921年开始在洛河上修建第一座钢筋混凝土桥梁。著名建筑设计师南阳人杨廷宝设计的京奉铁路沈阳总站，水平相当于同时期发达国家的火车站。

在高等教育事业方面，1927年6月，在冯玉祥将军的支持下，将河南公立农业专门学校等并入中州大学，改建国立开封中山大学，于1928年增设医科。1930年8月，学校更名为省立河南大学，并改文、理、法、农、医五科为五院，张仲鲁任校长，同时设立附属医院、产科院。虽仅有河南大学、焦作工学院、河南省立水利工程专科学校三所高等院校，但尤其以河南大学支撑起了中原地区高等教育发展的一片蓝天。在风雨如磐的年代，作为一个经济欠发达的内陆省份，虽然高校不多，河南大学等却依然坚持办学，紧跟时代发展的潮流，本身就是一个值得关注的奇迹。它们的办学理念、办学模式、办学质量，在当时都受到了社会、政府和学界的广泛赞誉和支持，从而为河南高等教育步入现代化做出了不可替代的贡献。

河南科技教育事业的发展和进步，也带动了经济社会的发展和变化。从整体上看，1936年以前，商品经济有了一定发展，近代工业也形成了一定规模，但全省广大农村基本上仍是自给自足的自然经济，经济结构仍是单一的农业经济结构，分散的个体农业经济和手工业经济占绝对优势，近代工矿业所占比例很小。近代工业虽有发展，但内部结构残缺不全，近代企业主要集中在纺织、煤炭、卷烟、面粉等少数几个生产部门。在1936年的近代工业产值中，纺织工业占33.4%，煤炭工业占25.3%，卷烟工业占18.1%，面粉工业占15.8%，蛋品工业占6.4%，火柴工业占0.7%，电力工业占0.4%①。到了40年代，河南省建有1个卫生试验所，曾制出一些痘苗、疫苗、各种医疗用水和培养基，做过少量化学药物和病理方面的研究等。

纵观从晚清到新中国成立之初，进而检视中国科技进步的现代化历史进程，我们可以清晰地看出，科技工作者们在风雨飘摇的政治生态，以及极具艰难的社会环境下所表现出来的筚路蓝缕、弦歌不辍、拼搏奋进的开拓创新精神，他们在强权入侵、内乱频仍，以及始终缺乏稳定社会秩序乃至强力政治干预情况下，坚持在乱象中推进建设，在压力下谋求发展，从而使河南科技事业得以延续且逐步生根立足，为中原地区现代化的发展做出了难以估量的贡献，并由此推动了整个社会的近代化发展，这是何等的胆识与气魄！

---

① 河南省地方史志编纂委员会：《河南史志》，河南人民出版社，1997年，第77页。

参 考 书 目

古典文献：

[1] 白居易撰，顾学颉校点：《白居易集》，北京：中华书局，1979 年。
[2] 班固：《汉书》，北京：中华书局，1962 年。
[3] 毕沅编著：《续资治通鉴》，北京：中华书局，1957 年。
[4] 常璩撰，刘琳校注：《华阳国志校注》，成都：巴蜀书社，1984 年。
[5] 陈柏：《苏山选集》，载《四库全书存目丛书》集部第 124 册，济南：齐鲁书社，1997 年。
[6] 陈规等：《守城录》（丛书集成初编本），长沙：商务印书馆，1939 年。
[7] 陈均编，许沛藻等点校：《皇朝编年纲目备要》，北京：中华书局，2006 年。
[8] 陈寿：《三国志》，北京：中华书局，1959 年。
[9] 陈淏子辑，伊钦恒校注：《花镜》，北京：农业出版社，1979 年。
[10] 陈梦雷编：《古今图书集成》，上海：中华书局，1934 年影印版。
[11] 陈师道：《后山居士文集》，上海：上海古籍出版社，1984 年。
[13] 陈子展：《诗经直解》，上海：复旦大学出版社，1983 年。
[14] 陈振孙：《直斋书录解题》（丛书集成初编本），上海：商务印书馆，1937 年。
[15] 程俱：《北山小集》（四部丛刊续编本），上海：上海书店出版社，1934 年。
[16] 程瑶田：《沟洫疆理小记》，载《续修四库全书》第 85 册，上海：上海古籍出版社，2002 年。
[17] 崔述：《唐虞考信录》（丛书集成初编本），上海：商务印书馆，1937 年。
[18] 崔述：《丰镐考信录》（丛书集成初编本），上海：商务印书馆，1937 年。
[19] 董诰等编：《全唐文》，北京：中华书局，1983 年。
[20] 杜佑撰，王文锦等点校：《通典》，北京：中华书局，1988 年。
[21] 杜知耕：《数学钥》，载《文渊阁四库全书本》第 802 册，台湾商务印书馆，1986 年。
[22] 杜知耕：《几何论约》，载《文渊阁四库全书本》第 802 册，台湾商务印书馆，1986 年。
[23] 段成式撰，方南生点校：《酉阳杂俎》，北京：中华书局，1981 年。
[24] 范晔：《后汉书》，北京：中华书局，1956 年。
[25] 范祥雍：《古本竹书纪年辑校订补》，上海：上海古籍出版社，2011 年。
[26] 方诗铭等：《古本竹书纪年辑证》，上海：上海古籍出版社，2005 年。
[27] 房玄龄：《晋书》，北京：中华书局，1974 年。
[28] 高亨：《诗经今注》，上海：上海古籍出版社，1980 年。

[29] 高濂：《遵生八笺》，载《文渊阁四库全书本》第 871 册，台湾商务印书馆，1986 年。
[30] 葛洪撰：《抱朴子外篇》（四部丛刊初编本），上海：商务印书馆，1919 年。
[31] 顾颉刚等：《尚书校释译论》，北京：中华书局，2005 年。
[32] 顾炎武:《历代帝王宅京记》,载《文渊阁四库全书本》第 871 册，台湾商务印书馆，1986 年。
[33] 顾炎武著，黄汝成集释：《日知录集释》，上海：上海古籍出版社，2006 年。
[34] 顾祖禹：《读史方舆纪要》，北京：中华书局，2005 年。
[35] 郭霭春等：《伤寒论校注语译》，北京：科学技术出版社，1996 年。
[36] 郭璞注，邢昺疏：《尔雅注疏》，上海：上海古籍出版社，2010 年。
[37] 郭宪：《洞冥记》，载《文渊阁四库全书本》第 1042 册，台湾商务印书馆，1986 年。
[38] 韩愈撰，马其昶校注：《韩昌黎文集校注》，上海：上海古籍出版社，1986 年。
[39] 何建章：《战国策注释》，北京：中华书局，1990 年。
[40] 何任：《金匮要略校注》，北京：人民卫生出版社，2013 年。
[41] 洪迈：《容斋随笔》，上海：上海古籍出版社，1978 年。
[42] 胡奇光等：《尔雅译注》，上海：上海古籍出版社，1999 年。
[43] 胡仔：《苕溪渔隐丛话》，北京：人民文学出版社，1962 年。
[44] 胡渭撰，邹逸麟整理：《禹贡锥指》，上海：上海古籍出版社，1996 年。
[45] 滑寿：《诊家枢要》，上海：上海卫生出版社，1958 年。
[46] 滑寿撰，傅贞亮等点校：《难经本义》，北京：人民卫生出版社，1995 年。
[47] 滑伯仁著，承澹盦校注：《校注十四经发挥》，上海：上海卫生出版社，1956 年。
[48] 皇甫谧：《帝王世纪》（丛书集成初编本），上海：商务印书馆，1936 年。
[49] 皇甫谧撰，黄龙祥整理：《针灸甲乙经》，北京：人民卫生出版社，2006 年。
[50] 黄怀信等：《逸周书汇校集注》，上海：上海古籍出版社，1995 年。
[51] 黄虞稷撰，瞿凤起、潘景郑整理：《千顷堂书目》，上海：上海古籍出版社，1990 年。
[52] 黄晖：《论衡校释》，北京：中华书局，1990 年。
[53] 慧立、彦悰著：《大慈恩寺三藏法师传》，北京：中华书局，2000 年。
[54] 嵇含：《南方草木状》（丛书集成初编本），长沙：商务印书馆，1939 年。
[55] 季羡林等：《大唐西域传校注》，北京：中华书局，1985 年。
[56] 贾思勰撰，缪启愉校释：《齐民要术》，北京：农业出版社，1982 年。
[57] 贾咏撰：《嵩渚文集序》，载《四库全书存目丛书》集部第 70 册《嵩渚文集》，济南：齐鲁书社，1997 年。
[58] 江燕等点校：《新纂云南通志》，昆明：云南人民出版社，2007 年。
[59] 焦竑辑：《国朝献征录》，扬州：广陵书社，2013 年。
[60] 焦循撰，沈文倬点校：《孟子正义》，北京：中华书局，1987 年。
[61] 揭傒斯著、李梦生标校：《揭傒斯全集》，上海：上海古籍出版社，1985 年。
[62] 柯劭忞：《新元史》，北京：中国书店 1988 年。
[63] 孔颖达：《尚书正义》，北京：北京大学出版社，1999 年。

[64] 寇宗奭：《本草衍义》（丛书集成初编本），上海：商务印书馆，1937年。
[65] 蓝浦等著，欧阳琛等校注：《景德镇陶录校注》，南昌：江西人民出版社，1996年。
[66] 李百药：《北齐书》，北京：中华书局，1972年。
[67] 李昉等：《太平御览》，北京：中华书局，1960年。
[68] 李昉等：《文苑英华》，北京：中华书局，1966年。
[69] 李昉等：《太平广记》，北京：中华书局，1961年。
[70] 李诫：《营造法式》，上海：商务印书馆，1933年初版。
[71] 李吉甫撰，贺次君点校：《元和郡县图志》，北京：中华书局，1983年。
[72] 李濂：《医史》，厦门：厦门大学出版社，1992年。
[73] 李濂：《嵩渚文集》，载《四库全书存目丛书》集部第71册，济南：齐鲁书社，1997年。
[74] 李濂：《汴京遗迹志》，北京：中华书局，1999年。
[75] 李林甫：《唐六典》，北京：中华书局，1992年。
[76] 李绛：《李相国论事集》（丛书集成初编本），上海：商务印书馆，1939年。
[77] 李民、王健：《尚书译注》，上海：上海古籍出版社，2000年。
[78] 李敏修：《中州艺文录校补》，郑州：中州古籍出版社，1995年。
[79] 李时珍：《本草纲目》，北京：人民卫生出版社，1975年。
[80] 李焘：《续资治通鉴长编》，北京：中华书局，1995年。
[81] 李延寿：《南史》，北京：中华书局，1975年。
[82] 李延寿：《北史》，北京：中华书局，1974年。
[83] 李子金：《天弧象限表》，柘城县文化馆李继光抄本。
[84] 李中立：《本草原始》，北京：人民卫生出版社，2007年。
[85] 郦道元注，陈桥驿校证：《水经注校证》，北京：中华书局，2007年。
[86] 利玛窦：《利玛窦中国札记》，北京：中华书局，1983年。
[87] 梁启超：《梁任公白话文钞》，上海：文明书局，1925年。
[88] 梁启超：《中国近三百年学术史》，北京：东方出版社，2004年。
[89] 历史语言研究所校印：《明实录》，上海：上海书店，1982年。
[90] 林亿：《新校正黄帝针灸甲乙经序》，载《针灸甲乙经》（中国医学大成本），上海：上海科学技术出版社，1990年。
[91] 黎翔凤：《管子校注》，北京：中华书局，2004年。
[92] 林之奇：《尚书全解》，载《文渊阁四库全书》第55册，台湾商务印书馆，1986年。
[93] 令狐德棻：《周书》，北京：中华书局，1971年。
[94] 刘安等编著，高诱注：《淮南子》，上海：上海古籍出版社，1989年。
[95] 刘宝楠：《论语正义》（诸子集成本），北京：中华书局，1954年。
[96] 刘徽：《九章算术注》，北京：中华书局，1985年。
[97] 刘讱修纂：《鄢陵县志》，载《天一阁藏明代方志选刊》，上海：上海古籍书店1963年。
[98] 刘文典撰，冯逸等点校：《淮南鸿烈集解》，北京：中华书局，1989年。

[99] 刘向：《战国策》，上海：上海古籍出版社，1985 年。
[100] 刘昫：《旧唐书》，北京：中华书局，1975 年。
[101] 刘榛：《虚直堂文集》，载《四库未收书辑刊》第 7 辑第 25 册，北京：北京出版社，2000 年。
[102] 柳宗元：《柳河东集》，北京：中华书局，1960 年。
[103] 陆玑：《毛诗草木鸟兽虫鱼疏》，《文渊阁四库全书》第 70 册，台湾商务印书馆，1986 年。
[104] 陆心源：《宋史翼》，北京：中华书局，1991 年。
[105] 陆友：《研北杂志》（宝颜堂秘笈本），上海：文明书局，1922 年。
[106] 陆贽：《陆宣公集》，杭州：浙江古籍出版社，1988 年。
[107] 路振：《九国志》（丛书集成初编本），上海：商务印书馆，1937 年。
[108] 吕不韦著，陈奇猷校释：《吕氏春秋新校释》，上海：上海古籍出版社，2002 年。
[109] 吕震：《宣德鼎彝谱》（丛书集成初编本），上海：商务印书馆，1936 年。
[110] 马瑞辰：《毛诗传笺通释》，北京：中华书局，1989 年。
[111] 马端临：《文献通考》，北京：中华书局，1986 年。
[112] 马非百：《管子轻重篇新诠》，北京：中华书局，1979 年。
[113] 梅文鼎：《历学答问》（丛书集成初编本），长沙：商务印书馆，1939 年。
[114] 梅文鼎撰，何静恒等点校：《绩学堂诗文钞》，合肥：黄山书社，1995 年。
[115] 梅文鼎：《勿庵历算书目》（丛书集成初编本），长沙：商务印书馆，1939 年。
[116] 梅文鼎：《二仪铭补注》（丛书集成初编本），长沙：商务印书馆，1939 年。
[117] 孟元老撰，邓之诚注：《东京梦华录注》，北京：中华书局，1982 年。
[118] 缪启愉：《四时纂要校释》，北京：农业出版社，1981 年。
[119] 缪启愉：《元刻农桑辑要校释》，北京：农业出版社，1988 年。
[120] 倪根金：《救荒本草校注》，北京：中国农业出版社，2008 年。
[121] 欧阳修等：《新唐书》，北京：中华书局，1975 年。
[122] 欧阳询：《艺文类聚》，上海：上海古籍出版社，1982 年。
[123] 裴季伦：《清河宣防纪略图说》，载《中华山水志丛刊》第 1 册，北京：线装书局，2004 年。
[124] 彭定求：《全唐诗》，北京：中华书局，1960 年。
[125] 皮锡瑞：《今文尚书考证》，北京：中华书局，1989 年。
[126] 钱宝琮校点：《算经十书·九章算术》，北京：中华书局，1963 年。
[127] 钱谦益：《列朝诗集小传》，上海：上海古籍出版社，1959 年。
[128] 钱仪吉纂，靳斯校点：《碑集传》，北京：中华书局，1993 年。
[129] 《清代诗文集汇编》编纂委员会编：《清代诗文集汇编》，上海：上海古籍出版社，2010 年。
[130] 瞿昙悉达：《开元占经》，《文渊阁四库全书 · 子部 · 术数类》第 807 册，台北：台湾商务印书馆，1986 年。
[131] 阮元校刻：《十三经注疏》，北京：中华书局，1980 年。
[132] 阮元：《畴人传》（国学基本丛书本），上海：商务印书馆，1935 年。
[133] 沈括撰，胡道静校证：《梦溪笔谈校证》，上海：上海古籍出版社，1987 年。

[134] 沈约：《宋书》，北京：中华书局，1974 年。
[135] 石声汉：《齐民要术今释》，北京：中华书局，2009 年。
[136] 施诚修、童钰、裴希纯、孙枝荣纂：《河南府志》，同治六年（1867）重校补刊本。
[137] 司农司：《农桑辑要》，《文渊阁四库全书》第 730 册，台北：台湾商务印书馆，1986 年。
[138] 司马光：《资治通鉴》，北京：中华书局，1956 年。
[139] 司马迁：《史记》，北京：中华书局，1959 年。
[140] 宋 濂：《元史》，北京：中华书局，1976 年。
[141] 宋敏求撰，毕沅校正：《长安志》，台北：成文出版社有限公司，1970 年。
[142] 宋敏求：《唐大诏令集》，北京：中华书局，1968 年。
[143] 苏 颂：《新仪象法要》，载《文渊阁四库全书》第 786 册，台北：台湾商务印书馆，1986 年。
[144] 苏颂撰、胡乃长等辑注：《图经本草（辑复本）》，福州：福建科学技术出版社，1988 年。
[145] 苏 辙：《栾城集》，上海：上海古籍出版社，1987 年。
[146] 睢县史志编纂委员会：《睢州志》（清光绪十八年），郑州：中州古籍出版社，1990 年。
[147] 孙星衍，陈抗等点校：《尚书今古文注疏》，北京：中华书局，1986 年。
[148] 孙诒让，孙启治点校：《墨子间诂》，北京：中华书局，2001 年。
[149] 汤球辑、杨朝明校补：《九家旧晋书辑本》，郑州：中州古籍出版社，1991 年。
[150] 唐慎微：《重修政和经史证类备用本草》，北京：人民卫生出版社，1957 年。
[151] 陶宗仪：《南村辍耕录》，北京：中华书局，1959 年。
[152] 田兰芳：《逸德轩诗集》，载《四库未收书辑刊》第 8 辑第 17 册，北京：北京出版社，2000 年。
[153] 田文镜等：《河南通志》，载《文渊阁四库全书》第 535 ~ 538 册，台北：台湾商务印书馆，1986 年。
[154] 童承叙修：《嘉靖沔阳志》，载《天一阁藏明代方志选刊》，上海：上海古籍书店，1962 年。
[155] 脱 脱：《宋史》，北京：中华书局，1975 年。
[156] 脱 脱：《金史》，北京：中华书局，1975 年。
[157] 万国鼎：《氾胜之书辑释》，北京：农业出版社，1980 年。
[158] 王崇庆纂：《嘉靖开州志》，载《天一阁藏明代方志选刊》，上海：上海古籍书店 1964 年。
[159] 王得臣：《麈史》（丛书集成初编本），上海：商务印书馆，1937 年。
[160] 王夫之：《读通鉴论》，北京：中华书局，1975 年。
[161] 王国维：《水经注校》，上海：上海人民出版社，1984 年。
[162] 王济宏：《七经楼钞序》，载蒋湘南著、李叔毅等点校：《七经楼文钞》，郑州：中州古籍出版社，1991 年。
[163] 王检心等修纂：《道光重修仪征县志》，载《中国地方志集成·江苏府县志辑》第 45 辑，南京：江苏古籍出版社，1991 年。
[164] 王利器：《吕氏春秋注疏》，成都：巴蜀书社，2002 年。
[165] 王利器：《盐铁论校注》，北京：中华书局，1992 年。

[166]　王鸣盛撰，顾田宝等校：《尚书后案》，北京：北京大学出版社，2012年。
[167]　王磐：《农桑辑要序》，载《文渊阁四库全书 · 子部 · 农家类》第730册《农桑辑要》，台北：台湾商务印书馆，1986年。
[168]　王辟之：《渑水燕谈录》，北京：中华书局，1985年。
[169]　王溥：《唐会要》，北京：中华书局，1955年。
[170]　王圻：《续文献通考》，载《续修四库全书》第765册，上海：上海古籍出版社，2002年。
[171]　王钦若等：《册府元龟》，北京：中华书局，1982年。
[172]　王士禛撰，勒斯仁点校：《池北偶谈》，北京：中华书局，1982年。
[173]　王　焘：《外台秘要》，北京：人民卫生出版社，1955年。
[174]　王先谦：《诗三家义集疏》，北京：中华书局，1963年。
[175]　王先谦：《释名疏证补》，上海：上海古籍出版社，1984年。
[176]　王先谦，沈啸寰等点校：《荀子集解》，北京：中华书局，1988年。
[177]　王先慎：《韩非子集解》，北京：中华书局，1998年。
[178]　王燕昌述著；王新华点注：《王氏医存》，南京：江苏科学技术出版社，1983年。
[179]　王应麟：《玉海》，江苏古籍出版社、上海书店联合发行，1987年。
[180]　王钟翰：《清史列传》，北京：中华书局，1987年。
[181]　汪灏：《御定佩文斋广群芳谱》卷十，载《文渊阁四库全书》第845册，台北：台湾商务印书馆，1986年。
[182]　汪机：《读素问钞》，北京：人民卫生出版社，1998年。
[183]　魏收：《魏书》，北京：中华书局，1974年。
[184]　魏征：《隋书》，北京：中华书局，1973年。
[185]　文廷式：《补晋书艺文志》，载《二十五史补编》第3册，上海：开明书店，1936年。
[186]　吴君勉：《古今治河图说》，水利委员会1942年印行。
[187]　吴其濬：《植物名实图考》，北京：商务印书馆，1957年。
[188]　吴仁杰：《离骚草木疏》（丛书集成初编本），上海：商务印书馆，1939年。
[189]　吴毓江撰，孙启治点校：《墨子校注》，北京：中华书局，1993年。
[190]　王惟一：《铜人腧穴针灸图经》，北京：中国书店1987年。
[191]　夏纬瑛：《上农等四篇校释》，北京：农业出版社，1956年。
[192]　夏玮瑛：《夏小正经文校释》，北京：农业出版社，1981年。
[193]　夏燮：《明通鉴》，北京：中华书局，1959年。
[194]　萧统：《文选》，北京：中华书局，1977年。
[195]　萧统编，李善注：《文选》，上海：上海古籍出版社，1986年。
[196]　辛德勇：《两京新记辑校》，西安：三秦出版社，2006年。
[197]　许洞：《虎钤经》（丛书集成初编本），上海：商务印书馆，1936年。
[198]　许衡：《许鲁斋集》（丛书集成初编本），上海：商务印书馆，1936年。
[199]　许坚：《初学记》，北京：中华书局，1962年。

[200] 许慎著，徐铉校订：《说文解字》，北京：中华书局，1963年。
[201] 许维遹：《吕氏春秋集释》，北京：中华书局，2009年。
[202] 徐光启撰、石声汉校注：《农政全书校注》，上海：上海古籍出版社，1979年。
[203] 徐松：《宋会要辑稿》，北京：中华书局，1957年。
[204] 徐元诰，王树民、沈长云点校：《国语集解》（修订本），北京，中华书局，2002年。
[205] 杨伯峻：《孟子译注》，北京：中华书局，1960年。
[206] 杨伯峻：《论语译注》，北京：中华书局，2006年。
[207] 杨明照：《抱朴子外篇校笺》，北京：中华书局，1997年。
[208] 杨万里：《诚斋集》，北京：中华书局，1936年。
[209] 杨士奇等：《文渊阁书目》（丛书集成初编本），上海：商务印书馆，1935年。
[210] 杨天宇：《周礼译注》，上海：上海古籍出版社，2004年。
[211] 姚思廉：《梁书》，北京：中华书局，1973年。
[212] 叶封等：《少林寺志》，郑州：中州古籍出版社，2003年。
[213] 永瑢等：《四库全书总目》，北京：中华书局，1965年。
[214] 尤袤：《遂初堂书目》（丛书集成初编本），上海：商务印书馆，1935年。
[215] 于沧澜主纂、蒋师辙纂修：《光绪鹿邑县志》，台北：成文出版社，1976年影印版。
[216] 余嘉锡：《世说新语笺疏》，北京：中华书局，2007年。
[217] 于慎行：《谷山笔麈》，北京：中华书局，1984年。
[218] 虞世南：《北堂书钞》，载《文渊阁四库全书》第889册，台北：台湾商务印书馆，1986年。
[219] 袁珂：《山海经校注》，上海：上海古籍出版社，1980年。
[220] 圆仁撰、白化文等校注：《入唐求法巡礼行记校注》，石家庄：花山文艺出版社，1992年。
[221] 赞宁撰、范祥雍点校：《宋高僧传》，北京：中华书局，1987年。
[222] 章樵注：《古文苑》，北京：书目文献出版社，2002年。
[223] 章学诚：《文史通义》，上海：上海书店出版社，1988年。
[224] 张从正撰、张海岑等校注：《儒门事亲校注》，郑州：河南科学技术出版社，1984年。
[225] 张衡：《南都赋》，《御定历代赋汇》卷三十二，载《文渊阁四库全书》第1419册，台北：台湾商务印书馆，1986年。
[226] 张华撰，范宁校证：《博物志校证》，北京：中华书局，1980年。
[227] 张家礼：《金匮要略讲稿》，北京：人民卫生出版社，2009年。
[228] 张双棣：《淮南子校释》，北京：北京大学出版社，1997年。
[229] 张双棣：《吕氏春秋》，北京：中华书局，2007年。
[230] 张廷玉等：《明史》，北京：中华书局，1974年。
[231] 张应文：《清秘藏》，载《文渊阁四库全书》第872册，台北：台湾商务印书馆，1986年。
[232] 张说：《张燕公集》（丛书集成初编本），上海：商务印书馆，1937年。
[233] 张咏：《张乖崖集》，北京：中华书局，2000年。
[234] 张震泽校注：《张衡诗文集校注》，上海：上海古籍出版社，1986年。

[235]　张宗子：《嵇含文辑注》，北京：中国农业科技出版社，1992 年。
[236]　赵尔巽：《清史稿》，北京：中华书局，1977 年。
[237]　郑玄注、贾公彦疏：《周礼注疏》，上海：上海古籍出版社，2010 年。
[238]　郑玄注、贾公彦疏：《礼记正义》，上海：上海古籍出版社，1990 年。
[239]　志磐：《佛祖统纪》，载《大正新修大藏经》49 册，台北：新文丰出版公司，1983 年。
[240]　周必大：《庐陵周益国文忠公全集》，载《宋集珍本丛刊》第 51 册，北京：线装书局，2004 年。
[241]　周辉撰、刘永翔校注：《清波杂志校注》，北京：中华书局，1994 年。
[242]　周亮工：《书影》，上海：上海古籍出版社，1981 年。
[243]　周　密：《齐东野语》，北京：中华书局，1983 年。
[244]　周振甫：《诗经译注》，北京：中华书局，2002 年。
[245]　周祖谟：《洛阳伽蓝记校释》，北京：中华书局，2010 年。
[246]　朱熹：《诗集传》，北京：中华书局，2011 年。
[247]　朱熹：《诗经集注》，上海：世界书局印行 1943 年。
[248]　朱熹：《晦庵先生朱文公集》（四部丛刊初编本），上海：商务印书馆，1919 年。
[249]　朱彧：《萍洲可谈》，北京：中华书局，2007 年。
[250]　朱载堉：《律吕精义》，北京：人民音乐出版社，1998 年。
[251]　庄绰：《鸡肋篇》，北京：中华书局，1983 年。
[252]　宗鉴：《释门正统》，载《续藏經》第 130 册，台北：新文丰出版有限公司，1994 年。
[253]　左丘明撰，杜预集解：《左传（春秋经传集解）》，上海：上海古籍出版社，1997 年。

学术著作：

[1]　北京大学考古文博学院、河南省文物考古研究所：《登封王城岗考古发现与研究（2002～2005）》，郑州：大象出版社，2007年。
[2]　北京钢铁学院编写组：《中国古代冶金》，北京：文物出版社，1978年。
[3]　北京钢铁学院《中国冶金简史》编写小组：《中国冶金简史》，北京：科学出版社，1978年。
[4]　常玉芝：《殷商历法研究》，长春：吉林文史出版社，1998年。
[5]　陈邦贤：《中国医学史》，北京：商务印书馆，1957年。
[6]　陈淳：《考古学理论》，上海：复旦大学出版社，2005年。
[7]　陈传海、徐有礼：《河南现代史》，开封：河南大学出版社，1992年。
[8]　陈东原：《第二次中国教育年鉴》，上海：商务印书馆，1948年。
[9]　陈久金主编：《中国古代天文学家》，北京：中国科学技术出版社，2008年。
[10]　陈久金等：《中国古代天文与历法》，北京：商务印书馆，1998年。
[11]　陈青之：《中国教育史》，北京：东方出版社，2008年。
[12]　陈文华：《中国农业考古图录》，南昌：江西科学技术出版社，1994年。

[13] 陈维稷主编：《中国纺织科学技术史》，北京：科学出版社，1984年。
[14] 陈垣：《释氏疑年录》，北京：中华书局，1964年。
[15] 陈振中：《先秦青铜生产工具》，厦门：厦门大学出版社，2004年。
[16] 陈学恂：《中国近代教育史教学参考资料》（上），北京：人民教育出版社，1986年。
[17] 陈遵妫：《中国天文学史》第一册，上海：上海人民出版社，1980年。
[18] 程有为：《黄河中下游水利史》，郑州：河南人民出版社，2007年。
[19] 程有为、王天奖：《河南通史》，郑州：河南人民出版社，2005年。
[20] 谌安琦：《科技工程中的数学模型》，北京：中国铁道出版社，1988年。
[21] 戴念祖：《朱载堉——明代的科学和艺术巨星》，北京：人民出版社，1986年。
[22] 戴念祖：《中国科学技术史·物理卷》，北京：科学出版社，2001年。
[23] 丹波元胤：《中国医籍考》卷五十，北京：人民卫生出版社，1956年。
[24] 丹波元简：《医賸》，北京：人民卫生出版社，1955年。
[25] 董英哲：《中国科学思想史》，西安：陕西人民出版社，1990年。
[26] 董恺忱、范楚玉主编：《中国科学技术史·农学卷》，北京：科学出版社，2000年。
[27] 杜启明：《中原文化大典·建筑》，郑州：中州古籍出版社，2008年。
[28] 杜石然主编：《中国科学技术史·通史卷》，北京：科学出版社，2003年。
[29] 樊洪业、段异兵：《竺可桢文集》，杭州：浙江文艺出版社，1999年。
[30] 冯建辉：《使命与命运——中国知识分子问题世纪回眸》，北京：华文出版社，2006年。
[31] 费正清、费维恺：《剑桥中华民国史》，北京：中国社会科学出版社，2006年。
[32] 傅新毅：《玄奘评传》，南京：南京大学出版社，2006年。
[33] 郭俊民：《中原文脉》，郑州：河南人民出版社，2009年。
[34] 郭书春：《中国科学技术史·数学卷》，北京：科学出版社，2010年。
[35] 故宫博物院：《清光绪朝中日交涉史料》（卷五十二），台北：大通书局，1977年。
[36] 《河南近代建筑史》编辑委员会：《河南近代建筑史》，中国建筑工业出版社，1995年。
[37] 河南省博物馆、《中国冶金史》编写组：《汉代叠铸——温县烘范窑的发掘和研究》，北京：文物出版社，1978年。
[38] 河南省地方史志编纂委员会：《河南地方志提要》，开封：河南大学出版社，1990年。
[39] 河南省地方史志编纂委员会：《河南史志》第33卷，郑州：河南人民出版社，1997年。
[40] 河南省地方史志办公室：《河南省志·科学技术志》，郑州：河南人民出版社，1995年。
[41] 河南地方史志办公室：《河南通鉴》，郑州：中州古籍出版社，2001年。
[42] 河南省教育志编辑室：《河南教育资料汇编》，郑州：河南省教育志编辑室，1983年。
[43] 河南大学校史编辑室：《河南大学校史（1912—1984）》，开封：河南大学出版社，1985年。
[44] 河南农业大学校史编写组：《河南农业大学校史（1913—2002）》，郑州：大象出版社，2002年。
[45] 河南省文化局文物工作队：《郑州二里岗》，北京：科学出版社，1959年。
[46] 河南省文化局文物工作队：《巩县石窟寺》，北京：文物出版社，1963版。

[47]　河南省文化局文物工作队：《巩县铁生沟》，北京：文物出版社，1962年。
[48]　河南省文物管理局、河南省文物考古研究所：《新安荒坡——黄河小浪底水库考古报告》（三），郑州：大象出版社，2008年。
[49]　河南省文物研究所：《安阳修定寺塔》，北京：文物出版社，1983年。
[50]　河南省文物研究所：《淅川下王岗》，北京：文物出版社，1989年。
[51]　河南省文物研究所：《登封王城岗与阳城》，北京：文物出版社，1992年。
[52]　河南省文物考古研究所：《舞阳贾湖》，北京：科学出版社，1999年。
[53]　河南省文物考古研究所：《郑州商城》，北京：文物出版社，2001年。
[54]　河南省文物考古研究所、郑州市文物考古研究所：《郑州商代铜器窖藏》，北京：科学出版社，1999年。
[55]　胡厚宣：《殷墟发掘》，上海：学习生活出版社，1955年。
[56]　胡廷积：《河南农业发展史》，北京：中国农业出版社，2005年。
[57]　华觉明：《中国冶铸史论集》，北京：文物出版社，1986年。
[58]　黄宛峰等：《河南汉代文化研究》，郑州：河南人民出版社，1999年。
[59]　《黄河水利史述要》编写组：《黄河水利史述要》，郑州：黄河水利出版社，2003年。
[60]　侯仁之：《中国古代地理学简史》，北京：科学出版社，1962年。
[61]　淮建立、陈朝云：《许衡集》，郑州：中州古籍出版社，2009年。
[62]　霍益萍：《近代中国的高等教育》，上海：华东师范大学出版社，1999年。
[63]　季羡林：《大唐西域传校注》，北京：中华书局，1985年。
[64]　金秋鹏：《中国科学技术史·人物卷》，北京：科学出版社，1998年。
[65]　金善宝：《当代科技重要著作》，北京：中国农业出版社，1996年。
[66]　荆三林：《中国石窟雕刻艺术史》，北京：人民美术出版社，1988年。
[67]　荆三林：《中国生产工具发展史》，北京：中国展望出版社，1986年。
[68]　焦作市地方史志编纂委员会：《焦作市志》，北京：红旗出版社，1993年。
[69]　李迪：《中国历代科技人物生卒年表》，北京：科学出版社，2002年。
[70]　李济、万家保：《殷虚出土青铜鼎形器之研究》，台北："中央研究院"历史语言研究所，1960年。
[71]　李家治：《中国科学技术史·陶瓷卷》，北京：科学出版社，1998年。
[72]　李景荣：《备急千金要方校释》，北京：人民卫生出版社，1998年。
[73]　李京华：《南阳汉代冶铁》，郑州：中州古籍出版社，1995年。
[74]　李京华：《中原古代冶金技术研究》，郑州：中州古籍出版社，1994年。
[75]　李民：《中原文化大典·总论》，郑州：中州古籍出版社，2008年。
[76]　李俨、钱宝琮：《李俨钱宝琮科学史全集》，沈阳：辽宁教育出版社，1998年。
[77]　李约瑟：《中国科学技术史》，北京：科学出版社，1976年。
[78]　李裕群：《古代石窟》，北京：文物出版社，2003年。
[79]　李志超：《水运仪象志——中国古代天文钟的历史》，合肥：中国科学技术大学出版社，

1997年。
[80] 梁家勉：《中国农业科学技术史稿》，北京：农业出版社，1989年。
[81] 梁思成：《梁思成全集·营造法式注释》，北京：中国建筑工业出版社，2001年。
[82] 廖育群：《中国科学技术史·医学卷》，北京：科学出版社，1998年。
[83] 林荣日：《制度变迁中的权力博弈——以转型期中国高等教育制度为研究重点》，上海：复旦大学出版社，2007年。
[84] 刘旭：《中国古代火药火器史》，郑州：大象出版社，2004年。
[85] 刘仙洲：《中国古代农业机械发明史》，北京：科学出版社，1963年。
[86] 刘巽浩：《中国耕作制度》，北京：农业出版社，1993年。
[87] 刘有富、刘道兴：《河南生态文化史纲》，郑州：黄河水利出版社，2013年。
[88] 陆思贤、李迪：《天文考古通论》，北京：紫荆城出版社，2008年。
[89] 陆敬严、钱学英：《新仪象法要译注》，上海：上海古籍出版社，2007年。
[90] 陆敬严、华觉民：《中国科学技术史·机械卷》，北京：科学出版社，2000年。
[91] 罗哲文：《罗哲文古建筑文集》，北京：文物出版社，1998年。
[92] 骆兆平：《天一阁藏明代地方志考录》，北京：书目文献出版社，1982年。
[93] 洛阳区考古工作队：《洛阳烧沟汉墓》，北京：科学出版社，1959年。
[94] 吕友仁：《中州文献总录》，郑州：中州古籍出版社，2002年。
[95] 马继兴：《针灸铜人与针灸穴法》，北京：中国中医药出版社，1993年。
[96] 孟森：《明史讲义》，上海：上海古籍出版社，2002年。
[97] 闵宗殿：《中国古代农业科技史图说》，北京：农业出版社，1989年。
[98] 培根：《新工具》，北京：商务印书馆，1984年。
[99] 潘吉星：《中国古代四大发明——源流、外传及世界影响》，合肥：中国科学技术大学出版社，2002年。
[100] 潘吉星：《中国、韩国与欧洲早期印刷术的比较》，北京：科学出版社，1997年。
[101] 潘吉星：《中国科学技术史·造纸与印刷卷》，北京：科学出版社，1998年。
[102] 潘鼐：《中国恒星观测史》，上海：学林出版社，2009年。
[103] 潘鼐：《中国古代恒星观测史》，上海：学林出版社，1989年。
[104] 潘鼐：《中国古代天文仪器史（彩图本）》，太原：山西教育出版社，2005年。
[105] 潘懋元、刘海峰：《中国近代教育史资料汇编》，上海：上海教育出版社，1993年。
[106] 彭邦炯：《甲骨文农业资料考辨与研究》，长春：吉林文史出版社，1977年。
[107] 钱宝琮：《钱宝琮科学史论文选集》，北京：科学出版社，1983年。
[108] 钱存训：《中国古代书籍纸墨及印刷术》，北京：北京图书馆出版社，2002年。
[109] 裘锡圭：《甲骨文中所见的商代农业》，《古文字论集》，北京：中华书局，1992年。
[110] 曲士培：《中国大学教育发展史》，北京：北京大学出版社，2006年。
[111] 青岛市工商行政管理局史料组：《中国民族火柴工业》，北京：中华书局，1963年。
[112] 申志诚：《河南近现代教育史稿》，开封：河南大学出版社，1990年。

[113] 史念海：《河山集》第二集，北京：生活·读书·新知三联书店，1981年。
[114] 史式微：《江南传教史》，上海：上海译文出版社，1983年。
[115] 实藤惠秀：《中国人留学日本史》，北京：生活·读书·新知三联书店，1983年。
[116] 实业部中国经济年鉴编纂委员会：《中国经济年鉴续编》，上海：商务印书馆，1935年。
[117] 舒新城：《中国近代教育史资料》（上），北京：人民教育出版社，1961年。
[118] 舒新城：《中国近代教育史资料》（中），北京：人民教育出版社，1981年。
[119] 宋树友：《中华农器图谱》，北京：中国农业出版社，2001年。
[120] 宋镇豪：《商代史·商代地理与方国》，北京：中国社会科学出版社，2010年。
[121] 宋镇豪：《夏商社会生活史》，北京：中国社会科学出版社，1994年。
[122] 孙文青：《张衡年谱》，上海：商务印书馆，1935年。
[123] 宿白：《唐宋时期的雕版印刷》，北京：文物出版社，1999年。
[124] 苏云峰：《从清华学堂到清华大学（1911—1929）》，北京：生活·读书·新知三联书店，2001年。
[125] 孙新民：《中原文化大典·文物典·瓷器》，郑州：中州古籍出版社，2008年。
[126] 唐觉：《中国经济昆虫志》，北京：科学出版社，1995年。
[127] 唐锡仁、杨文衡：《中国科学技术史·地学卷》，北京：科学出版社，2000年。
[128] 汤志钧：《康有为政论集》（上册），北京：中华书局，1981年。
[129] 田正平：《中国教育史研究》（近代分卷），上海：华东师范大学出版社，2001年。
[130] 童鹰：《世界近代科学技术史》（上），上海：上海人民出版社，1990年。
[131] 佟柱臣:《中国新石器研究》，成都：巴蜀书社，1998年。
[132] 王重民：《徐光启集》，北京：中华书局，1963年。
[133] 王重民：《中国善本书提要》，上海：上海古籍出版社，1983年。
[134] 王重民：《中国善本书提要补编》，北京：书目文献出版社，1991年。
[135] 王国维：《观堂集林》，石家庄：河北教育出版社，2003年。
[136] 王国璋、刘清莲纂修：民国《巩县志》，台北：成文出版社，1968年。
[137] 王家葵：《救荒本草校释与研究》，北京：中医古籍出版社，2007年。
[138] 王李金：《中国近代大学创立和发展的路径——从山西大学堂到山西大学（1902—1937）的考察》，北京：人民出版社，2007年。
[139] 王天奖、李绍连：《中州文化》，石家庄：河北教育出版社，2010年。
[140] 王天奖：《河南辛亥革命史事长编》（上），郑州：河南人民出版社，1986年。
[141] 王晓：《唐三彩收藏知识三十讲》，北京：荣宝斋出版社，2006年。
[142] 王星光、张新斌：《黄河与科技文明》，郑州：黄河水利出版社，2000年。
[143] 王星光：《生态环境变迁与夏代的兴起探索》，北京：科学出版社，2004年。
[144] 王星光：《中国农史与环境史研究》，郑州：大象出版社，2012年。
[145] 王星光：《中国科技史求索》，天津：天津人民出版社，1995年。
[146] 王星光主编：《中原文化大典·科学技术典》，郑州：河南人民出版社，2008年。

[147] 王星光、李秋芳：《郑州与黄河文明》，郑州：河南人民出版社，2008年。
[148] 王逊：《中国美术史》，上海：上海人民出版社，1989年。
[149] 王庸：《中国地图史纲》，北京：商务印书馆，1959年。
[150] 王渝生：《中华文化通志·科学技术典·算学志》，上海：上海人民出版社，1999年。
[151] 王玉哲：《中华远古史》，上海：上海人民出版社，2000年。
[152] 王振铎：《科技考古论丛》，北京：文物出版社，1989年。
[153] 汪家伦、张芳：《中国农田水利史》，北京：农业出版社，1990年。
[154] 汪敬虞：《中国近代工业史资料》，北京：中华书局，1962年。
[155] 韦娜：《洛阳古墓博物馆》，郑州：中州古籍出版社，1995年。
[156] 闻人军：《考工记译注》，上海：上海古籍出版社，2008年。
[157] 温少锋、袁庭栋：《殷墟卜辞研究——科学技术篇》，成都：四川社会科学院出版社，1982年。
[158] 温玉成：《中国石窟与文化艺术》，上海：上海人民美术出版社，1993年。
[159] 温玉成：《中国石窟雕塑全集》第4卷《龙门》，重庆：重庆出版社，2001年。
[160] 邬学德、刘炎：《河南古代建筑史》，郑州：中州古籍出版社，2001年。
[161] 吴晗：《吴晗史学论文选集·明成祖生母考》，北京：人民出版社，1984年。
[162] 吴存浩：《中国农业史》，北京：警官教育出版社，1996年。
[163] 吴式颖、阎国华：《中外教育比较史纲》（近代卷），济南：山东教育出版社，1997年。
[164] 吴文俊：《中国数学史大系》，北京：北京师范大学出版社，2000年。
[165] 武汉水利电力学院、水利水电科学研究院《中国水利史稿》编写组：《中国水利史稿（上册）》，北京：水利电力出版社，1979年。
[166] W．Harvey Crant. North of the Yellow Rirver. the United Church of Canada，1948.
[167] 夏纬瑛：《吕氏春秋上农等四篇校释》，北京：农业出版社，1956年。
[168] 谢成侠：《中国养马史》，北京：科学出版社，1959年。
[169] 谢成侠：《中国养牛业》，北京：农业出版社，1985年。
[170] 辛德勇：《黄河史话》，北京：中国大百科全书出版社，2000年。
[171] 熊明安：《中华民国教育史》，重庆：重庆出版社，1990年。
[172] 熊月之：《西学东渐与晚清社会》，上海：上海人民出版社，1994年。
[173] 徐光春：《中原文化与中原崛起》，郑州：河南人民出版社，2007年。
[174] 徐光春：《一部河南史半部中国史》，郑州：大象出版社，2009年。
[175] 许结：《张衡评传》，南京：南京大学出版社，1999年。
[176] 许良英、范岱年编译：《爱因斯坦文集》第一卷，北京：商务印书馆，1976年。
[177] 许永璋：《河南古代科学家》，郑州：河南人民出版社，1978年。
[178] 许美德，许洁英译：《中国大学（1895—1995）：一个文化冲突的世纪》，北京：教育科学出版社，1999年。
[179] 阎文儒：《中国石窟艺术总论》，天津：天津古籍出版社，1987年。

[180] 杨宝成：《殷墟文化研究》，武汉：武汉大学出版社，2002年。
[181] 杨天宇：《周礼译注》，上海：上海古籍出版社，2007年。
[182] 杨廷福：《玄奘年谱》，北京：中华书局，1988年。
[183] 杨育彬：《河南考古》，郑州：中州古籍出版社，1985年。
[184] 杨育彬、袁广阔：《20世纪河南考古发现与研究》，郑州：中州古籍出版社，1997年。
[185] 曾雄生：《中国农学史》，福州：福建人民出版社，2008年。
[186] 张春辉：《中国古代农业机械发明史补编》，北京：清华大学出版社，1998年。
[187] 张芳、王思明：《中国农业科技史》，北京：中国农业科技出版社，2001年。
[188] 张国淦：《中国古方志考》，北京：中华书局，1963年。
[189] 张履鹏、王星光：《吴其濬研究》，郑州：中州古籍出版社，1991年。
[190] 张炜：《商代医学文化史略》，上海：上海科学技术出版社，2005年。
[191] 张新斌：《中原文化解读》，郑州：文心出版社，2007年。
[192] 张秀民：《中国印刷术的发明及其影响》，北京：人民出版社，1958年。
[193] 张驭寰、罗哲文：《中国古塔精粹》，北京：科学出版社，1988年。
[194] 张之恒：《中国新石器时代考古》，南京：南京大学出版社，2004年。
[195] 章巽、芮传明：《大唐西域记导读》，北京：中国国际广播出版社，2009年。
[196] 张一平：《丝绸之路》，北京：五洲传播出版社，2005年。
[197] 张金鹏：《南宋交通史》，上海：上海古籍出版社，2008年。
[198] 张志尧：《草原丝绸之路与中亚文明》，乌鲁木齐：新疆美术摄影出版社，1994年。
[199] 赵丰：《唐代丝绸与丝绸之路》，西安：三秦出版社，1992年。
[200] 赵华盛：《中国的中亚外交》，北京：时事出版社，2008年。
[201] 赵承泽：《中国科学技术史 · 纺织卷》，北京：科学出版社，2002年。
[202] 赵匡华：《中国科学技术史 · 化学卷》，北京：科学出版社，1998年。
[203] 赵青云：《河南陶瓷史》，北京：紫禁城出版社，1993年。
[204] 赵青云、赵文军：《汝瓷珍赏民间收藏》，北京：文物出版社，2007年。
[205] 赵汝珍：《古玩指南》，北京：中国书店1984年。
[206] 中国硅酸盐学会：《中国陶瓷史》，北京：文物出版社，1982年。
[207] 中国科学院考古研究所：《庙底沟与三里桥》，北京：科学出版社，1959年。
[208] 中国科学院考古研究所：《辉县发掘报告》，北京：科学出版社，1956年。
[209] 中国科学院考古研究所：《洛阳中州路（西工段）》，北京：科学出版社，1959年。
[210] 中国科学院自然科学史研究所：《钱宝琮科学史论文选集》，北京：科学出版社，1983年。
[211] 中国社会科学院考古研究所：《妇好墓铜器成分的测定报告》，北京：文物出版社，1982年。
[212] 中国社会科学院考古研究所：《殷墟的发现与研究》，北京：科学出版社，1994年。
[213] 中国社会科学院考古研究所：《殷虚妇好墓》，北京：文物出版社，1980年，
[214] 中国社会科学院考古研究所：《殷墟发掘报告》，北京：文物出版社，1987年。

［215］ 中国社会科学院考古研究所：《殷墟青铜器》，北京：文物出版社，1985年
［216］ 中国社会科学院考古研究所：《中国考古学》，北京：中国社会科学出版社，2003年。
［217］ 中国青铜器全集编辑委员会：《中国青铜器全集》，北京：文物出版社，1997年。
［218］ 中国天文学史整理研究小组：《中国天文学史》，北京：科学出版社，1981年。
［219］ 中国医学百科全书编辑委员会：《中国医学百科全书·医学史》，上海：上海科技出版社，1987年。
［220］ 《中国兵书集成》编委会：《中国兵书集成》，解放军出版社、辽沈书社联合出版，1988年。
［221］ 《中国方志大辞典》编辑委员会：《中国方志大辞典》，杭州：浙江人民出版社，1981年。
［222］ 中国史学会：《洋务运动》（第6册），上海：上海人民出版社，1961年。
［223］ 郑登云：《中国高等教育史》，上海：华东师范大学出版社，1994年。
［224］ 郑东军：《中原文化与河南地域建筑研究 》，天津大学博士学位论文，2008年。
［225］ 郑洪新：《周学海医学全书》，北京：中国中医药出版社，1999年。
［226］ 柘城县志编辑委员会编纂：《柘城县志》，郑州：中州古籍出版社，1991年。
［227］ 周邦道：《第一次中国教育年鉴》（丙编），上海：开明书店，1934年。
［228］ 周昆叔：《科学与人文》，北京：科学出版社，2012年。
［229］ 周菁葆：《丝绸之路与佛教文化研究》，乌鲁木齐：新疆人民出版社，2010年
［230］ 曾问吾：《中国经营西域史》，上海，上海书店出版社，1989年。
［231］ 邹衡：《夏商周考古学论文集》，北京：文物出版社，1980年。
［232］ 邹逸麟：《黄淮海平原历史地理》，合肥：安徽教育出版社，1933年。
［233］ 朱绍侯、张海鹏、齐涛主编：《中国古代史》，福州：福建人民出版社，2004年。
［234］ 竺可桢：《竺可桢文集》，北京：科学出版社，1979年。
［235］ 朱江：《海上丝绸之路的著名港口——扬州》，北京：海洋出版社，1986年。

学术论文：

［1］ 安程：《浅论朱载堉十二平均律与西方十二平均律的关系》，《中原文物》2010年第4期。
［2］ 安金槐：《河南原始瓷器的发现与研究》，《中原文物》1989年第3期。
［3］ 安志敏：《略论新石器时代的一些打制石器》，《古脊椎动物与古人类》1960年第2期。
［4］ 安阳地区文管会：《河南汤阴白营龙山遗址》，《考古》1980年第3期。
［5］ 安阳市文物工作队：《安阳梅园庄殷代车马坑发掘简报》，《华夏考古》1997年第2期。
［6］ 安阳市文物工作队：《1983—1986年安阳刘家庄殷代墓葬发掘报告》，《华夏考古》1997年第2期。
［7］ 北京大学考古文博学院、郑州市文物考古研究院：《中原地区旧、新石器时代过渡的重要发现——新密李家沟遗址发掘收获》，《中国文物报》2010年1月22日第6版。
［8］ 蔡莲珍、仇士华：《碳十三测定和古代食谱研究》，《考古》1984年第10期。
［9］ 蔡全法：《郑韩故城出土陶瓷器工艺浅析》，《中原文物》1988年第4期。

[10] 曹婉如：《中国古代地图绘制的理论和方法初探》，《自然科学史研究》1983年第3期。
[11] 崔璿：《内蒙古发现的明初铜火铳》，《文物》1973年第11期。
[12] 崔志坚：《河南发掘出中更新世古人类化石》，《光明日报》2013年3月11日第8版。
[13] 常艳春、石繁亮：《巨富大仁的刘青霞》，《炎黄春秋》2001年第5期。
[14] 长葛县文化馆：《长葛县裴李岗文化遗址调查简报》，《中原文物》1982年第1期。
[15] 晁华山：《西安出土的元代铜手铳与黑火药》，《考古与文物》1981年第3期。
[16] 陈久金：《浑天仪注非张衡所作考》，《社会科学战线》1981年第3期。
[17] 陈志达：《商代晚期的家畜和家禽》，《农业考古》1985年第2期。
[18] 陈美东：《张衡〈浑天仪注〉新探》，《社会科学战线》1984年第3期。
[19] 陈美东：《〈浑天仪注〉为张衡所作辩——与陈久金同志商榷》，《中国天文学史文集》，北京：科学出版社，1989年。
[20] 陈美东：《陈卓星官的历史嬗变》，《科技史文集》，上海：上海科学技术出版社，1992年。
[21] 陈美东：《许衡与〈授时历〉》，《许衡与许衡文化》，郑州：中州古籍出版社，2007年。
[22] 陈美东：《张子信》，《中国古代天文学家》，北京：中国科学技术出版社，2008年。
[23] 陈美东：《张衡》，《中国科学技术史·人物卷》，北京：科学出版社，1998年。
[24] 陈美东：《试论西汉漏壶的若干问题》，《中国古代天文文物论集》，北京：文物出版社，1989年。
[25] 陈肃勤：《关于一行（张遂）世系的商榷》，《文物》1982年第2期。
[26] 陈文华：《试论我国传统农业工具的历史地位》，《农业考古》1984年第1期。
[27] 陈文华：《中国农业考古资料索引》，《农业考古》2003年第1期。
[28] 陈铮：《清代前期河南农业生产述略》，《史学月刊》1990年第2期。
[29] 陈直：《张仲景事迹新考》，《史学月刊》1964第11期。
[30] 程民生：《论两汉时期的河南经济》，《中州学刊》2005年第1期。
[31] 陈星灿：《黄河流域农业的起源：现象和假设》，《中原文物》2001年第4期。
[32] 杜斗城：《〈泾州大云寺舍利石函铭并序〉跋》，《敦煌学辑刊》2005年第4期。
[33] 杜金鹏、王学荣、张良仁：《试论偃师商城小城的几个问题》，《考古》1999年第2期。
[34] 戴念祖：《关于朱载堉十二平均律对西方的影响问题》，《自然科学史研究》1985年第2期。
[35] 戴念祖：《明代大乐律学家朱载堉的数学工作》，《自然科学史研究》1986年第2期。
[36] 戴念祖：《朱载堉神道碑文注》，《中国音乐学》2007年第2期。
[37] 戴念祖：《朱载堉卒日考》，《自然科学史研究》1987年第3期。
[38] 法乃亮：《河南的古代天文学成就》，《中原地理研究》1986年第2期。
[39] 方酉生：《濮阳西水坡M45蚌壳摆塑龙虎图的发现及重大学术意义》，《中原文物》1996年第1期。
[40] 方雅松：《殷墟卜辞中天象资料的整理与研究》，首都师范大学硕士学位论文，2004年。
[41] 方壮猷：《战国以来中国步犁发展问题试探》，《考古》1964年第7期。
[42] 冯富根：《司母戊鼎铸造工艺的再研究》，《考古》1981年第2期。

[43] 冯汉镛：《毕昇活字胶泥为六一泥考》，《文史哲》1983年第3期。
[44] 冯锐、李先登等：《张衡地动仪的发明、失传与历史继承》，《中原文物》2010年第1期。
[45] 冯锐、武玉霞：《张衡候风地动仪的原理复原研究》，《中国地震》2003年第4期。
[46] 冯锐、朱涛：《张衡地动仪的科学性及其历史贡献》，《自然科学史研究》2006年增刊。
[47] 冯时：《河南濮阳西水坡45号墓的天文学研究》，《文物》1990年第3期。
[48] 冯时：《洛阳尹屯西汉壁画墓星象图研究》，《考古》2005年第1期。
[49] 高建国：《汉代地震考》，《城市与减灾》2001年第5期。
[50] 高宏林：《清初数学家李子金》，《中国科技史料》1990年第1期。
[51] 高宏林：《李子金〈天弧象限表〉研究》，《数学史研究文集》内蒙古大学出版社、九章出版社，1993年。
[52] 高宏林：《李子金关于三角函数造表法的研究》，《自然科学史研究》1998年第4期。
[53] 高敏：《古代豫北的水稻生产问题》，《郑州大学学报》1964年第2期。
[54] 高全余：《略述河南留学欧美预备学校》，《学习论坛》1996年第6期。
[55] 龚胜生、刘杨等：《先秦两汉时期疫灾地理研究》，《中国历史地理论丛》2010年第3辑。
[56] 龚胜生：《汉唐时期南阳地区农业地理研究》，《中国历史地理论丛》1991年第2期。
[57] 顾明远：《中国高等教育传统的演变和形成》，《高等教育研究》2001年第1期。
[58] 郭德侠：《传统的调适与西学的移植——论中国近代高等学校课程模式的变革》，《广东工业大学学报（社会科学版）》2005年第3期。
[59] 郭黛姮：《从近现代科学技术发展看中国古代木结构建筑技术成就》，《自然科学史研究》1983年第4期。
[60] 郭津嵩：《北朝天文学家张子信的历史考察》，《河南社会科学》2009年第1期。
[61] 郭实腊《〈东西洋考每月统纪传〉创刊意见书》，《中国丛报》1833年8月刊。
[62] 桂娟：《二里头遗址发现夏代车辙》，《光明日报》2004年7月21日。
[63] 韩汝芬、姜涛、王保林：《虢国墓出土铁刃铜器的鉴定与研究》，《三门峡虢国墓》，北京：文物出版社，1999年。
[64] 韩同超：《汉代华北的耕作与环境——关于三杨庄遗址内农田垄作的探讨》，《中国历史地理论丛》2010年第1期。
[65] 贺松其：《略论〈吕氏春秋〉中的情志医学思想》，《中医文献杂志》1998年第2期。
[66] 何星亮：《河南濮阳仰韶文化蚌壳龙的象征意义》，《中原文物》1998年2期。
[67] 河南省博物馆：《济源泗涧沟三座汉墓的发掘》，《文物》1973年第2期。
[68] 河南省博物馆、石景山钢铁公司炼铁厂中国冶金史编写组：《河南汉代冶铁技术初探》，《考古学报》1979年第1期。
[69] 河南省博物院、郑州市博物馆：《郑州商代城址发掘报告》，《文物资料丛刊》，北京：

文物出版社，1977年。
［70］ 黄河水库考古工作队：《一九五六年河南陕县刘家渠汉唐墓葬发掘简报》，《考古通讯》1957年第4期。
［71］ 河南文化局文物工作队：《河南新安铁门镇西汉墓葬发掘报告》，《考古学报》1959年第2期。
［72］ 河南省文物研究所：《南阳北关瓦房庄汉代冶铁遗址发掘报告》，《华夏考古》1991年1期。
［73］ 河南省文物研究所：《郾城郝家台遗址的发掘》，《华夏考古》1992年第3期。
［74］ 河南省文物研究所、郾城县许慎研究所：《郾城郝家台遗址的发掘》，《华夏考古》1992年第3期。
［75］ 河南省文物研究所、周口地区文化局文物科：《河南淮阳平粮台龙山文化城址试掘简报》，《文物》1983年第3期。
［76］ 河南省文物考古研究所：《河南鲁山望城岗汉代冶铁遗址一号炉发掘简报》，《华夏考古》2002年第1期。
［77］ 河南省文物考古研究所：《许昌灵井旧石器时代遗址2006年发掘报告》，《考古学报》2010年第1期。
［78］ 河南省文物考古研究所：《郑州商城宫殿区商代板瓦发掘简报》，《华夏考古》2007年第3期。
［79］ 河南省文物考古研究所、鲁山县文物管理委员会：《河南鲁山望城岗汉代冶铁遗址一号炉发掘简报》，《华夏考古》2002年第1期。
［80］ 河南省文物考古研究所、内黄县文物保护管理所：《河南内黄三杨庄汉代庭院遗址》，《考古》2004年第7期。
［81］ 河南省文物考古研究所、内黄县文物保护管理所：《河南内黄三杨庄汉代聚落遗址第二处庭院发掘简报》，《华夏考古》2010年第3期。
［82］ 河南信阳地区文管会、光山县文管会：《春秋早期黄君孟夫妇墓发掘报告》，《考古》1984年第4期。
［83］ 侯甬坚：《南阳盆地水利事业发展的曲折历程》，《农业考古》1987年第2期。
［84］ 洪震寰：《〈墨经〉力学综述》，《科学史集刊》第7期，北京：科学出版社，1964年。
［85］ 洪震寰：《〈墨经〉中的物理》，《物理》1958年第2期。
［86］ 侯中伟：《张仲景针灸学术思想文献研究》，北京中医药大学博士学位论文，2007年。
［87］ 黄秦安：《佛教的物理学和天文学思想》，《陕西师范大学继续教育学报》2005年第1期。
［88］ 黄祥续：《嵇含〈南方草木状〉对岭南药用植物的论述》，《广西中医药》1989年第5期。
［89］ 黄展岳：《古代农具统一定名小议》，《农业考古》1981年第1期。
［90］ 胡铁珠：《大衍历与苏利亚历的五星运动计算》，《自然科学史研究》1990年第3期。
［91］ 胡铁珠：《〈大衍历〉交食计算精度》，《自然科学史研究》2001年第4期。
［92］ 贾兵强：《河南先秦水井与中原农业文明变迁》，《华北水利水电学院学报（社会科学

版）》2012年第1期。
[93] 贾兵强：《裴李岗文化时期的农作物与农耕文明》，《农业考古》2010年第1期。
[94] 姜春华：《伟大医学家张仲景》，《自然杂志》1983年第5期。
[95] 金柏东：《早期活字印刷术的实物见证——温州市白象塔出土北宋佛经残叶介绍》，《文物》1987年第5期。
[96] 蓝万里：《我国9000年前已开始酿制米酒》，《中国文物报》2004年12月15日。
[97] 李德保：《河南新郑出土的韩国农具范与铁农具》，《农业考古》1994年第1期。
[98] 李根蟠：《农业实践与"三才"理论的形成》，《农业考古》1997年第1期。
[99] 李根蟠，《试论〈吕氏春秋·上农〉等四篇的时代性》，《农史研究》，北京：农业出版社，1989年。
[100] 李京华：《关于中原地区早期冶铜技术及相关问题的几点看法》，《中原古代冶金技术研究》，郑州：中州古籍出版社，1994年。
[101] 李京华：《河南古代铁农具》，《农业考古》1984年第2期。
[102] 李京华：《河南古代铁农具（续）》，《农业考古》1985年第1期。
[103] 李京华：《河南汉代冶铁技术初探》，《考古学报》1978年第1期。
[104] 李力：《贾湖遗址墓葬土壤中蚕丝蛋白残留物的鉴定与分析》，中国科学技术大学博士学位论文，2015年。
[105] 李明山：《河南第一所女子学校在哪里》，《河南大学学报（社会科学版）》1985年第1期。
[106] 李秀萍、靳秦生：《沁阳市出土的朱载堉残碑》，《华夏考古》1991年第4期。
[107] 李向东等：《河南农业技术发展史探讨》，《河南农业大学学报》2006年第1期。
[108] 李友谋：《中原地区原始农业发展状况及其意义》，《农业考古》1998年第3期。
[109] 李仪祉：《后汉王景理水之探讨》，《水利月刊》1953年第2期。
[110] 李志超：《张衡水运浑象释疑》，《张衡研究》，北京：西苑出版社，1999年。
[111] 黎沛虹：《历史上汉江上游的灌溉事业》，《农业考古》1990年第2期。
[112] 梁家勉：《对〈南方草木状〉著者及若干有关问题的探索》，《自然科学史研究》1989年第3期。
[113] 梁振忠：《河南省柞蚕业发展史初探》，《中国蚕业》2008年第1期。
[114] 临汝县文化馆：《临汝阎村新石器时代遗址调查》，《中原文物》1981年第1期。
[115] 刘复：《十二等律的发明者朱载堉》，《庆祝蔡元培先生六十五岁论文集》上册，国立"中央研究院"历史语言研究所集刊外编，1933年。
[116] 刘宸：《论明清时期河南棉花的商品化发展》，西南大学硕士学位论文，2014年。
[117] 刘海旺、张履鹏：《国内首次发现汉代村落遗址简介》，《古今农业》2008年第3期。
[118] 刘海旺：《河南鲁山新发现的汉代大型椭圆冶铁高炉特点初探》，《科技考古论丛》，北京：中国科技大学出版社，2003年。
[119] 刘海旺：《首次发现的汉代农业闾里遗址——中国河南内黄三杨庄汉代聚落遗址初始》，《法国汉学》，北京：中华书局，2006年。

[120]　刘诗中：《贵溪崖墓出土的印花苎麻布研究》，《文物》1980年第11期。
[121]　刘卫东：《李时灿——开创河南近代教育的先驱者》，《河南大学学报（社会科学版）》2002年第5期。
[122]　刘新等：《从“中耕图”看南阳汉代铁农具》，《江汉考古》1999年第1期。
[123]　刘学顺、古月：《武丁复兴与农业生产》，《郑州大学学报（哲学社会科学版）》1991年第3期。
[124]　刘学林：《河南内黄三杨庄农田遗迹与两汉铁犁》，《北京师范大学学报（社会科学版）》2011年第5期。
[125]　刘仙洲：《中国在计时器方面的发明》，《天文学报》1956年第2期。
[126]　刘仙洲、王旭蕴：《中国古代对于齿轮系的高度应用》，《清华大学学报》1959年第4期。
[127]　刘云：《对〈早期活字印刷术的实物见证〉一文的商榷》，《文物》1988年第10期。
[128]　洛阳博物馆：《洛阳矬李遗址试掘简报》，《考古》1978年第1期。
[129]　刘云彩：《中国古代高炉的起源和演变》，《文物》1978年第2期。
[130]　路宏杰：《巩县孝义兵工厂的概况与变迁》，《中州今古》1984年第2期。
[131]　骆明、陈红军：《汉代农田布局的一个缩影——介绍淮阳出土三进陶院落模型的田园》，《农业考古》1985年第1期。
[132]　罗桂环：《关于今本〈南方草木状〉的思考》，《自然科学史研究》1990年第2期。
[133]　吕子方：《张衡〈灵宪〉、〈浑天仪注〉探源》，《张衡研究》，北京：西苑出版社，1999年。
[134]　马得志：《一九五三年安阳大司空村发掘报告》，《考古学报》1957年。
[135]　马万明：《试论朱橚的科学成就》，《史学月刊》1995年第3期。
[136]　马雪芹：《古代河南的水稻种植》，《农业考古》1998年第3期。
[137]　马雪芹：《明清时期玉米、番薯在河南的栽种与推广》，《古今农业》1999年第1期。
[138]　闵祥鹏：《东汉至唐黄河“安流”问题研究述论》，《历史教学》2010年第16期。
[139]　闵宗殿：《读〈救荒本草〉（〈农政全书〉本）札记》，《中国农史》1994年第1期。
[140]　莫绍揆：《论张衡的圆周率》，《西北大学学报（自然科学版）》1996年第4期。
[141]　Nathan S. Granting the Seasons: The Chinese Astronomical Reform of 1280. With a Study of Its Many Dimensions and a Translation of its Records. Springer, 2008.
[142]　钮卫星：《张子信水星“应见不见”术考释及其可能来源探讨》，《上海交通大学学报》2009年第1期。
[143]　欧潭生：《河南罗山县天湖出土的商代漆木器》，《考古》1986年第9期。
[144]　欧潭生：《三千年前古酒尚飘香》，《人民日报》1987年12月24日。
[145]　欧阳兵：《明代〈伤寒论〉研究方法述略》，《国医论坛》1995年第6期。
[146]　潘民中：《孟诜数疑考辨》，《中国当代医药》2011年第18期。
[147]　潘鼐：《陈卓》，《中国古代天文学家》，北京：中国科学技术出版社，2008年。
[148]　裴明相：《略论楚国的红铜铸镶工艺》，《中原文物》1992年第2期。

[149] 裴明相：《郑州商代铜方鼎的形制和铸造工艺》，《中原文物》1981年特刊。
[150] 裴文中：《史前考古学基础》，《史前研究》1983年第1、2期。
[151] 裴文中：《关于中国猿人骨器问题的说明和意见》，《考古学报》1960年第2期。
[152] 彭邦炯：《商代农业新探》，《农业考古》1988年第2期、1989年第1期。
[153] 钱宝琮：《〈墨经〉力学今释》，《科学史集刊》第8期，北京：科学出版社，1965年。
[154] 钱宝琮：《从春秋到明末的历法沿革》，《历史研究》1960年第3期。
[155] 钱宝琮：《张衡〈灵宪〉中的圆周率问题》，《科学史集刊》第1期，北京：科学出版社，1958年。
[156] 钱临照：《古代中国物理学的成就Ⅰ：论墨经中关于形学、力学与光学的知识》，《物理通报》1951年第3期。
[157] 钱超尘、温长路：《张仲景生平暨〈伤寒论〉版本流传考略》，《河南中医》2005年第1～4期。
[158] 钱超尘：《〈伤寒杂病论〉六朝流传考》，《中国医药学报》2003年第2期。
[159] 秦玉美：《河南粮食作物发展概况》，《中州今古》1984年第1期。
[160] 乔迅翔：《宋代官方建筑设计考述》，《建筑师》2007年第1期。
[161] 乔迅翔：《宋代建筑台基营造技术》，《古建园林技术》2007年第1期。
[162] 裘锡圭：《甲骨文中所见的商代农业》，《农史研究》第八辑，北京：农业出版社，1989年。
[163] 任伯平：《关于黄河在东汉以后长期安流的原因》，《学术月刊》1962年第9期。
[164] 任克：《从甲骨文看商代桑、蚕、丝、帛业中的几个问题》，《苏州丝绸工学院学报》1995年第2期。
[165] 任伟：《嵩岳寺塔——中国现存在最古老的砖塔》，《中国文化遗产》2009年第3期。
[166] 荣新江：《五代洛阳民间印刷业一瞥》，《文物天地》1997年第5期。
[167] 商丘地区文物管理委员会等：《1977年河南永城王油坊遗址发掘概况》，《考古》1978年第1期。
[168] 史国强：《也谈一行（张遂）世系》，《文物》1982年第7期。
[169] 史金波：《西夏泥活字印本考》，《北京图书馆馆刊》1997年第1期。
[170] 石璋如：《殷虚最近之重要发现，附论小屯低层》，《中国考古学报》1947年。
[171] 宋向元：《张仲景生卒年问题的探讨》，《史学月刊》1965第1期。
[172] 宋兆麟：《我国的原始农具》，《农业考古》1986年第1期。
[173] 孙寿龄：《西夏泥活字版佛经》，《中国文物报》1994年3月27日。
[174] 佟柱臣：《二里头时代和商周时代金属器替代石器的过程》，《中原文物》1983年第2期。
[175] 佟柱臣：《仰韶、龙山文化石质工具的工艺研究》，《中国东北地区和新石器时代考古论集》，北京：文物出版社，1989年。
[176] 谭德睿：《商周陶范铸造科技内涵的揭示》，《中国文物报》1998年5月6日。
[177] 谭其骧：《何以黄河在汉以后会出现一个长期安流的局面》，《学术月刊》1962年第2期。

[178] 屠家骥：《中原种稻史考》，《中州今古》1985年第4期。
[179] 王玠：《本草原始再考察》，《中国药学杂志》1995年第9期。
[180] 王吉怀：《从裴李岗文化的生产工具看中原地区早期农业》，《农业考古》1985年第2期。
[181] 王克林：《殷周使用青铜农具之考察》，《农业考古》1985年第1期。
[182] 王立子：《从六朝医学文献看〈伤寒杂病论〉的学术渊源》，《中国医药学报》2004年第7期。
[183] 王琳：《从几件铜柄玉兵器看商代金属与非金属的结合铸造技术》，《考古》1987年第4期。
[184] 王全营：《河南近代矿业和工业简况》，《河南地方志征文资料选》1983年第1辑。
[185] 王仁湘：《论我国新石器时代的蚌制生产工具》，《农业考古》1987年第1期。
[186] 王荣：《元明火铳装置的复原》，《文物》1962年第3期。
[187] 王天奖：《民国时期河南的学校教育》，《河南大学学报（社会科学版）》1996年第3期。
[188] 王星光：《传统农业的概念、对象和作用》,《中国农史》1989年第1期。
[189] 王星光：《春秋战国时期国家间的灾害救助》，《史学月刊》2010年第12期。
[190] 王星光等：《二十世纪以来〈梦溪笔谈〉的研究》,《中国史研究动态》2011年第2期。
[191] 王星光等：《黄河与中国科技文明》，《郑州大学学报》1999年第1期。
[192] 王星光：《李家沟遗址与中原农业的起源》，《中国农史》2013年第6期。
[193] 王星光等：《历史时期黄河清现象初探》,《史学月刊》2002年第9期。
[194] 王星光：《刘淳〈农病〉探析》,《中国农史》2007年2期。
[195] 王星光：《吕氏春秋》与农业灾害探析，《中国农史》2008年4期。
[196] 王星光：《鲁明善〈农桑衣食撮要〉的灾害防护措施探析》，《青海民族研究》2014年第3期。
[197] 王星光：《农业考古学科的形成与发展》,《中国科技史杂志》2007年4期。
[198] 王星光：On the Chinese Plough. Tools and Tillage. Vol V: 2.1989.
[199] 王星光：On the Ancient Terraced Fields in China. Tools and Tillage. Vol V: 4.1991.
[200] 王星光：《气候变化与黄河中下游地区的早期稻作农业》,《中国农史》2011年第3期。
[201] 王星光：《吴其濬的科学方法与精神》,《中州学刊》1989年第2期。
[202] 王星光、陈文华：《试论我国传统农业生产技术的生命力》,《农业考古》1985年第2 期。
[203] 王星光、李秋芳：《太行山地区与粟作农业的起源》，《中国农史》2002年第1期。
[204] 王星光：《商代的生态环境与农业发展》，《中原文物》2008年5期。
[205] 王星光等：《新石器时代粟稻混作区初探》,《中国农史》2003年第3期。
[206] 王星光：《炎黄二帝与科技发明》，《中原文物》1999年第4期。
[207] 王星光：《中国传统耕的发生、发展及演变》,《农业考古》1989第1、2期，1990年第1、2期。
[208] 王星光：《中国古代中耕简论》，《中国农史》2000年第3期。
[209] 王星光：《中国全新世大暖期与黄河中下游地区的农业文明》,《史学月刊》2005年第4期。
[210] 王星光等：《朱橚生平及其科学道路》,《郑州大学学报》1996年第2期。
[211] 王星光、柴国生：《中国古代生物质能源的类型和利用略论》，《自然科学史研究》2010年第4期。

[212] 王星光、柴国生：《中国早期的冶金鼓风机——皮橐》,《寻根》2007年第3期。
[213] 王星光、柴国生：《中国古代足踏式风扇车考释与复原》，《中国科技史杂志》2011年第4期。
[214] 王星光、符奎：《徐光启〈考工记解〉探析》，《复旦学报》2011年第4期。
[215] 王星光、符奎：《三杨庄遗址所反映的汉代农田耕作法》，《中国农史》2013年1期。
[216] 王星光、符奎：《1213年“汴京大疫”辨析》，《中国史研究》2009年1期。
[217] 王星光、贾兵强：《略论生态环境对先秦水井的影响》，《南开学报》2010年第4期。
[218] 王星光、贾兵强：《中原历史文化遗产可持续发展的问题与对策》，《河南社会科学》2008年第4期。
[219] 王星光、彭勇：《朱橚生平及其科学道路》，《郑州大学学报（哲社版）》1996年第2期。
[220] 王星光、尚群昌：《张苍学术贡献略论》，《档案事业创新与发展——新时期河南档案工作调研成果选编》，北京：中国档案出版社，2007年。
[221] 王星光、张强：《地理环境与武王伐纣进军路线新探》，《史学月刊》2013年第12期。
[222] 王星光、张强：《生态环境视野下的〈诗经·豳风·七月〉》，《福建师范大学学报》2014年第3期。
[223] 王兴亚：《关于元朝前期黄河中下游地区的农业问题》，《郑州大学学报（哲学社会科学版）》1963年第4期。
[224] 王秀莲：《河南留学欧美预备学校首任校长——林伯襄》，《河南大学学报》1987年第6期。
[225] 王学荣、杜金鹏：《偃师商城发掘商代早期祭祀遗址》，《中国文物报》2001年8月5日。
[226] 王英杰：《东汉以后黄河下游相对安流时期流域环境变迁与水沙关系的初步研究》，《黄河流域环境演变与水沙运行规律研究文集》，北京：地质出版社，1991年。
[227] 王毓瑚：《关于农桑辑要》，《北京农业大学学报》1956年第2期。
[228] 王质彬：《黄河流域农田水利史略》，《农业考古》1985年第2期。
[229] 王仲成：《新乡同和裕银号始末》，《河南文史资料》1985年。
[230] 王忠全：《许昌种稻史浅考》，《河南大学学报》1989年第1期。
[231] 魏国忠：《黑龙江省阿城县半拉城子出土的铜火铳》，《文物》1973年第11期。
[232] 温州市文物处、温州市博物馆：《温州市北宋白象塔清理报告》，《文物》1987年第5期。
[233] 吴慧：《僧一行研究——盛唐的天文、佛教与政治》，上海交通大学博士学位论文，2008年。
[234] 吴汝祚：《初探中原和渭河流域的史前农业及其有关问题》，《华夏考古》1993年第2期。
[235] 熊月之：《1842年至1860年西学在中国的传播》，《历史研究》1994年第4期。
[236] 许宏：《从二里头遗址看华夏早期国家的特质》，《中原文物》2006年第3期。
[237] 许宏：《二里头的“中国之最”》，《中国文化遗产》2009年第1期。
[238] 徐海亮：《古代汝南陂塘水利的衰败》，《农业考古》1994年第1期。
[239] 许永璋：《一行究竟是哪里人》，《学术月刊》1981年第4期。

[240] 许天申：《论裴李岗文化时期的原始农业——河南古代农业研究之一》，《中原文物》1998年第3期。
[241] 徐克明：《墨家的物理学研究》，《科技史文集》第12辑，上海：上海科学技术出版社，1984年。
[242] 徐克明：《墨家物理学成就评述》，《物理》1976年第1、4期。
[243] 徐振江：《“营造法式小木作”几种门制度初探》，《古建园林技术》2003年第4期。
[244] 徐振江：《〈营造法式〉瓦作制度初探》，《古建园林技术》1999年第1期。
[245] 严敦杰：《一行禅师年谱》，《自然科学史研究》1984年第1期。
[246] 杨宝成：《殷代车子的发现及复原》，《考古》1984年第6期。
[247] 杨殿：《从〈伤寒论〉看仲景创立辨证论治体系的思路与精髓》，《成都中医药大学学报》1998年第3期。
[248] 杨宽：《我国历史上铁农具的改革及其作用》，《历史研究》1980年第5期。
[249] 杨升南：《商代的畜牧业》，《华夏文明》，北京：北京大学出版社，1992年。
[250] 杨肇清：《河南舞阳贾湖遗址生产工具的初步研究》，《农业考古》1998年第1期。
[251] 杨钟健、刘东生：《安阳殷墟之哺乳动物群补遗》，《中国考古学报》1949年。
[252] 殷墟孝民屯考古队：《河南安阳市孝民屯商代铸铜遗址2003—2004年的发掘》，《考古》2007年第1期。
[253] 余扶危、贺官保：《洛阳东关东汉殉人墓》，《文物》1973年第2期。
[254] 岳占伟：《安阳殷墟出土甲骨600余片》，《中国文物报》2002年10月25日。
[255] 张秉伦：《泥活字印刷的模拟实验》，《中国图书文史论集》，台北：正中书局，1991年。
[256] 张宏源：《长沙西汉墓织绣品的提花和印花》，《文物》1972年第9期。
[257] 张建奇，杜驰：《民国前期中国现代大学制度的确立》，《大学教育科学》2005年第6期。
[258] 张居中：《舞阳史前稻作遗存与黄淮地区史前农业》，《农业考古》1994年第1期。
[259] 张居中、李占扬：《河南舞阳大岗细石器地点发掘报告》，《人类学学报》1996年第2期。
[260] 张松林、刘彦峰等：《织机洞旧石器时代遗址发掘报告》，《人类学学报》2003年第1期。
[261] 张松林、高汉玉：《荥阳青台遗址出土丝麻织品观察与研究》，《中原文物》1999年第3期。
[262] 张玉霞：《李诫生年考》，《中国文物报》2012年1月20日。
[263] 张之恒：《黄河流域的史前粟作农业》，《中原文物》1998年第3期。
[264] 赵魁：《河南野蚕初考》，《丝绸史研究》1987年第1、2合期。
[265] 赵东波：《中俄及中亚各国“新丝绸之路”构建的战略研究》，《东北亚论坛》2014年第1期。
[266] 赵华胜：《“丝绸之路经济带”的关注点及切入点》，《新疆师范大学学报（哲学社会科学版）》，2014年第3期。
[267] 赵佩馨：《甲骨文中所见的商代五刑——并释刓、刵二字》，《考古》1961年第2期。
[268] 赵青云、李京华、韩汝玢、邱亮辉、柯俊：《巩县铁生沟汉代冶铁遗址再探讨》，《考古学报》1985年5期。

[269] 甄尽忠：《论唐代的水灾与政府的赈济》，《农业考古》2012年第1期。

[270] 郑洪春：《略论秦郑国渠汉白渠龙首渠的工程科学技术》，《考古与文物》1996年第3期。

[271] 郑建明：《商代原始瓷分区与分期略论》，《东南文化》2012年第2期。

[272] 郑乃武：《小谈裴李岗文化的农业》，《农业考古》1983年第2期。

[273] 郑学檬、陈衍德：《略论唐宋时期自然环境的变化对经济重心南移的影响》，《厦门大学学报（哲社版）》1991年第4期。

[274] 郑振香：《安阳小屯村北的两座殷代墓》，《考古学报》1981年第4期。

[275] 郑州大学历史学院考古系、河南省文物管理局等：《河南辉县孙村遗址发掘简报》，《中原文物》2008年第1期。

[276] 郑州市博物馆：《郑州古荥镇汉代冶铁遗址发掘简报》，《文物》1978年第2期。

[277] 郑州市博物馆：《郑州大河村遗址发掘报告》，《考古学报》1979年第3期。

[278] 中国科学技术大学科技史与科技考古系、河南省文物考古研究所：《河南舞阳贾湖遗址2001年春发掘简报》，《华夏考古》2002年第2期。

[279] 中国社会科学院考古研究所：《河南偃师商城商代早期王室祭祀遗址》，《考古》2002年第7期。

[280] 中国科学院考古研究所安阳工作队：《殷墟出土的陶水管和石磬》，《考古》1976年第1期。

[281] 中国社会科学院考古研究所安阳工作队：《1975年安阳殷墟的新发现》，《考古》1976年第4期。

[282] 中国社会科学院考古研究所安阳工作队：《1969—1977年殷墟西区墓葬发掘报告》，《考古学报》1979年第1期。

[283] 中国社会科学院考古研究所安阳工作队：《安阳郭家庄的一座殷墓》，《考古》1986年第8期。

[284] 中国社会科学院考古研究所安阳工作队：《安阳郭家庄西南的殷代车马坑》，《考古》1988年第10期。

[285] 中国社会科学院考古研究所安阳工作队：《1982—1984年安阳苗圃北地殷代遗址的发掘》，《考古学报》1991年第1期。

[286] 中国社会科学院考古研究所安阳工作队：《河南安阳市花园庄54号商代墓葬》，《考古》2004年第1期。

[287] 中国科学院考古研究所二里头工作队：《偃师二里头遗址新发现的铜器和玉器》，《考古》1976年第4期。

[288] 中国社会科学院考古所河南二队：《河南临汝煤山遗址发掘报告》，《考古学报》1982年第4期。

[289] 中国社会科学院考古研究所洛阳工作队：《汉魏洛阳城南郊的灵台遗址》，《考古》1978年第1期。

[290] 中国社会科学院考古研究所山西工作队：《1978～1980年山西襄汾陶寺墓地发掘简报》，《考古》1983年第1期。
[291] 《中国冶金史》编写组：《从古荥遗址看汉代生铁冶炼技术》，《文物》1978年第2期。
[292] 中尾佐助：《河南省洛阳汉墓出土的稻米》，《考古学报》1957年第4期。
[293] 周军、冯健：《从馆藏文物看洛阳汉代农业的发展》，《农业考古》1991年第1期。
[294] 周国兴：《河南许昌灵井的石器时代遗存》，《考古》1974年第2期。
[295] 周肇基：《我国最早的救荒专著——〈救荒本草〉》，《植物杂志》1990年第6期。
[296] 邹衡：《郑州小双桥商代遗址隞（嚣）都说辑补》，《考古与文物》1988年第4期。
[297] 邹逸麟：《东汉以后黄河下游出现长期安流局面问题的再认识》，《人民黄河》1989年第2期。
[298] 邹逸麟：《历史时期黄河流域水稻生产的地域分布和环境制约》，《复旦学报（社会科学版）》1985年第3期。
[299] 朱鸿铭：《论张仲景的医疗实践》，《文史哲》1975年第3期。
[300] 朱士光等：《历史时期关中地区气候变化的初步研究》，《第四纪研究》1998年第1期。
[301] 朱显平：《中国—中亚新丝绸之路经济发展带构想》，《东北亚论坛》2006年第5期。
[302] 朱彦民：《商代晚期中原地区生态环境的变迁》，《南开学报（哲学社会科学版）》2006年第5期。
[303] 朱彦民：《关于商代中原地区野生动物诸问题的考察》，《殷都学刊》2005年第3期。
[304] 朱彦民：《商代中原地区的草木植被》，《殷都学刊》2007年第3期。
[305] 朱照定：《论中央和地方高教管理权非规范性的成因及其治理》，上海复旦大学硕士学位论文，2006年。
[306] 朱桢：《殷商时代医学水平概论》，《山东医科大学学报（社会科学版）》1995年第2期。
[307] 竺可桢：《中国近五千年来气候变迁的初步研究》，《考古学报》1972年第1期。
[308] 竺可桢：《物候学与农业生产》，《竺可桢文集》，北京：科学出版社，1979年。

后　记

编写一部较为系统完整的《中原科学技术史》是我多年的夙愿。笔者自1986年硕士研究生毕业后，开始在大学讲授中国生产工具史课程。荆三林教授是我学业的领路人，在我读大学时就曾听过他讲授的中国生产工具史，拜读过他编写的用蜡板油印的厚重讲义。这门课由我接着讲，深感老师的信任和责任的重大。我作为他学术事业的传承者，一方面继续为学生讲授这门课，一方面也不安于坐享其成，而是想如何拓展，以发扬恩师的事业，不辜负老师的谆谆教诲和殷切期望。于是我萌生了开设"中国科学技术史"这门新课的想法，荆师闻讯后给予了充分肯定。并亲自对我的讲课大纲和讲义逐字逐句的加以批改，至今斑斑笔迹仍跃然纸上。备课和讲授的过程，实际上是重新学习、发现问题和思考探究的过程。在讲课的过程中，我特别关注历史上有关河南的科技人物和科技成就。比如春秋战国时期时期天文学家石申、水利家郑国，汉代天文历算家张苍、博学多识的科学家张衡、医学家张仲景，魏晋南北朝植物学家嵇含、天文家张子信，唐代科学家一行、养生学家孟诜、地理学家玄奘，宋金建筑学家李诫、医学家王惟一、张从政，明代植物学家朱橚，清代植物学家吴其濬、数学家杜知耕，等等。在讲述他们的科技贡献时，我特别留意他们的籍贯生平，也撰写了一些相关的研究论文。与此同时，与学界同仁一起筹备了1989年5在信阳举办的清代科学家吴其濬学术研讨会，1994年10月在开封举办的明代科学家朱橚学术讨论会。到了2004年9月，国家"十五"重点出版规划项目、河南省文化产业发展重点项目——《中原文化大典》组委会的领导，邀请我担任《中原文化大典·科学技术典》的主编。经过我与十多位作者的齐心协作，终于在2008年完成了这部具有集成性、经典型、实用性的大型套书的一个分典。在从事这一大型丛书的编写过程中，我们搜集了河南科技史的大量资料，对中原科技史的发展历程、基本特征和地位有了较为清晰的认识。但同时也发现，这套大书，包装精致，装帧考究，重在典藏，以展示见长，读者只有到大的图书馆才能一见；且科技史内容的叙述以学科分类展开，不易了解历史发展的纵向线索；近代科技成就也没有涉及。因此，撰写一部反映近年来的学术成果，更为系统完整、年代延展清晰且简明通俗，易于为读者接受的中原科学技术史也很有必要。于是我于2009年申请了"中原科学技术史研究"这一河南省哲学社会科学规划项目，幸运的是这一项目很顺利的获得批准立项（编号为：2009BLS002）。本书正是在前时长期积累的基础上，对河南科学技术史进行重新审视研究完成的该项目的结题成果。本书也是河南省高等学校哲学社会科学优秀学者资助项目（2013-YXXZ-01）及河南省高等学校哲学社会科学创新团队支持计划项目（编号：2015-CXTD-04，项目名称：中原与中华文明创新）的阶段成果。

本课题由王星光提出编写大纲，撰写前言和后记，并对全书进行统统稿；符奎对本书前期的资料搜集、初稿修订、校对等做了大量具体工作，撰写了第四章，第五章，第六章，第七章；张军涛撰写了第一章，第二章和第三章；刘齐撰写了第八章。课题组成员任劳任怨，齐心协力，付出了辛勤的劳动。郑州大学中国古代史国家重点（培育）学科、中国史河南省重点学科及郑州大学“河南省特色学科——中原历史文化学科群”对本书的出版给予了资助。赵利杰博士协助整理了参考书目。我的爱人魏洛霞为支持我的写作分担了全部家务。科学出版社孙莉、曹伟为本书的出版做了大量认真细致的工作。在此一并致谢。本书的撰写也参考了不少相关的研究成果，已在文中加以引注，特致谢，恐有遗漏处，敬请见谅。由于科技史涉猎自然科学的多种学科，实为本人功力所未逮，舛误之处在所难免，敬请广大读者同仁多加指正，本人不胜感激。

王星光

2016年10月20日